KB072381

地盤力工學 II

지반역공학

Geomechanics & Engineering

지반 해석과 설계

analysis and design

신종호

대학 때 처음 접한 **'土質力學'**이라는 용어가 양주동선생님의 **'몇 어찌(幾何)'** 만큼이나 생경하게 느껴졌음을 잊을 수 없다. 도대체 **'質'**과 **'力學'**의 어색한 조합이라니... 그 어색함의 일부라도 해소가 된 것은 **'Soil Mechanics'**가 중국에서는 **'土力學'**이란 사실을 발견하고 나서였다. 토질(**土質**)의 '**質**'이 일본식 표현이란 것을.

그 후 토질역학과 지반공학이 담고 있는 역학체계의 혼란스러움 속에서 그 정체성을 나름 정의하게 된 것은 **'Geomechanics & Engineering'**이란 표현을 접하고 부터다. 이야말로 이 학문의 속성을 가장 잘 표현한 제목이란 생각이 들었다. 기존의 표현으로는 도저히 이 제목을 우리말로 옮길 수 없었기에 '모방' 보다 '창작'이라는 위안 끝에 **'지반역공학(地盤力工學)'**이란 새로운 작명을 하게 되었다. 이 또한 누군가에게 또 다른 생경함을 주리라는 송구함이 없지 않았지만 ··· .

토질역학과 지반공학은 고체역학, 유체역학 등 여러 분야 학문의 이론, 실험, 경험을 한데 뭉뚱그린 학문이다. 얼핏 보면 이렇다 할 독자적인 체계가 없어 혼란스럽다. 많은 부분이 경험의 산물이지만 그 경험을 지식으로 엮어낸 것이 바로 역학의 융합적 적용이라는 사실을 인지하면, 지반공학의 본질을 조금은 더 이해할 수 있을 것 같다. 하지만 기존의 토질역학이나 지반공학이 대부분 주제(subject)별 전개방식을 택하고 있어 역학에서 공학으로 전개되는 **방법론(methodology)**을 어디에서도 체계적으로 다루지 않는 아쉬움이 있다. 학습체계는 지반엔지니어의 창의적 아이디어와 문제해결능력을 발휘하게 하는 **분석의 틀(framework)**을 제공하는 것이므로 부단히 개선해갈 필요가 있고, 이에 따라 기존 교과과정의 주제별 방식과 달리 방법론적 전개방식은 지반공학전공자의 지식의 체계화에 기여할 부분이 있을 것이란 생각에 이 책을 구상하게 되었다.

이 책은 **토질역학 이후 무엇을 배우고 가르칠 것인가**에 대한 고민에서 출발하였다. 현재의 학부커리큘럼과 개별주제의 지반공학 전문도서(혹은 논문)는 전이구간이 없이 고도의 역학체계로 넘어가는 문제가 있다. 또한 지난 수십 년간 교육과정은 큰 변화가 없었지만 산업환경은 너무도 큰 변화를 겪어 왔다. 이러한 교과과정의 문제와 산업수요와의 괴리에 대한 체험도 본 저술의 모티브가 되었다. 1980년대 이후 상업용 수치해석도구에 접근이 용이해지면서 많은 엔지니어들이 **'Computational Geotechnics'**에 대한 체계적인 학습 없이 상업용 프로그램을 마주하거나, 많은 지반공학영역을 타분야 전문가에게 의지하는 상황을 맞았다. 수치해석 패키지의 과용과 출력물의 현란함은 역학의 본질과 외형을 크게 전도시켜왔고, 이러한 상황을 많은 선배 지반전문가들이 우려해왔다. 새로운 것을 수용하지 못하는 거부감도 문제지만 더 큰 문제는 오류를 야기할 수 있는 '맹목적인 수용'이 아닐 수 없다.

책을 쓰고 자료를 모으는 중에도 환경은 계속 변화하였다. 그간 **학문의 추격자**로서 우리의 노력을 기울여왔지만 이제 해외시장에 나가 **지반공학 선도자**의 일원이 되어 지반공학의 원류국가의 외국엔지니어와 소통하고 발주자를 설득하여야 한다.

이러한 상황변화에 대처하려면 **역학의 펀더멘털에 기반한 기술적 소통**을 이뤄낼 수 있어야 한다. 지반공학이 아무리 경험의 학문일지라도 역학적 펀더멘털이 부실하다면 경험을 이론으로 정리해낼 수 없다. 한편, 컴퓨터의 발달로 비선형해석과 신뢰도해석이 수월해지면서 지반문제의 불확실성을 정량적으로 다루는 추세가 보편화되어 왔다. 앞으로도 지반공학 문제의 해결은 **'Computational Method'**의 활용과 확률과 통계학적 지식에 기반한 **'신뢰도해석'**으로 불확실성의 합리적인 저감을 지향하게 될 것이다.

이 책을 착수한 것은 늦깎이 유학 중이던 1996년이었다. 어느 정도 알 만큼은 안다고 생각했던 자만이 여지없이 깨지고, 이후 맨땅에 집을 짓듯 지반공학의 체계를 다시 세워나가면서 **'기회가 있을 때마다 들척이고, 문제에 부딪칠 때마다 늘 곁에 두고 찾게 되는 전공서'**를 찾아왔다. **'왜?'**에 대한 답변과 역학이 공학으로 자연스럽게 연결되는 **'역학적 흐름이 있는 책'**을. 이후 약 20년의 세월 동안, 책 쓰는 일에 집중할 수 없는 사정도 있었지만 머릿속의 구상이 깔끔하게 정리되지 않아 생각을 거듭하였고, 마침내 이 책의 독자를 **'토질역학의 기초소양을 갖춘, 지반전문가를 지향하는 者'**로 한정한 후에야 많은 것을 버릴 수 있었다. **'무엇이 필요하고 어떻게 정리할 것인지?'**에 대한 고민은 지난 30년간 엔지니어와 기술행정가로서 여러 프로젝트에 직간접으로 참여한 경험이 많은 도움이 되었다. 이 책이 지반공학 전공자들이 역학적 펀더멘탈의 체계화는 물론, 이론, 수치해석, 모형시험 등의 지반공학 설계도구를 더욱 유용하게 활용할 수 있게 하고, 기술소통 능력 증진에 기여하기를 희망한다.

돌이켜 보건대 그간의 삶에서 이 책의 저술에 몰두한 시간이 내겐 가장 생산적이었고, 소중하며, 보람되었다. 이 책 내용의 일부가 된 그간의 여러 연구, 특히 연구재단(2012R1A2A1A01002 326)의 연구지원에 감사드린다. 책을 쓰는 동안 인내로 함께해준 나의 가족, 그리고 새로운 시도의 교과목에 대한 실험을 성실히 받아들이고 열의로 도와준 함께했던 학생들, 그리고 격려와 가감 없는 평가로 이끌어준 후배와 동료, 그리고 선배들께 심심한 감사를 표하고 싶다. 특히 이 책을 처음부터 끝까지 수차례 읽어 주었고, 강의를 해가며 냉정한 비판으로 도전의식과 영감을 일깨워준 KAIST의 학우 李仁模 學兄께 특별한 감사를 표한다. 아무리 고쳐 써도 만족되지 않는 아쉬움 속에서 출판하게 되었다. 앞으로 독자제현께 많은 지도와 편달을 구하며 지속보완해갈 것이다.

지반역공학 **著者**, 신종호

지반역공학(Geomechanics & Engineering)

역학(mechanics)이란 물체의 정적 및 동적 거동을 연구하는 학문(the study of the statics and dynamics of bodies)이며, 공학(engineering)은 역학이나 과학을 설계나 건설에 적용(the application of science and/or mechanics to the design, building and use of machines, constructions etc.)하는 응용학문이다. 전통적인 역학체계에서 보면 토질역학은 고체역학이나 유체역학에 기반을 둔 응용학문이므로 역학보다 공학에 더 가깝다고 생각할 수 있다. 고체와 유체 기체로 구성되는 지반재료의 다상적 특성과 공간 변동성에 따른 불확실성은 여러 역학체계의 융합적 접근을 필요로 한다.

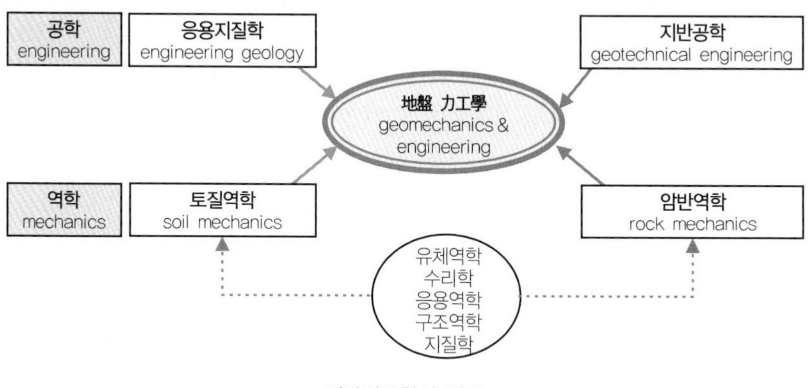

지반역공학의 체계

'지반역공학(地盤力工學, Geomechanics & Engineering)'은 이러한 학문분야의 특성을 고려하여 역학에서 공학으로 매끄러운 흐름을 지향하며, 이를 위해 다음과 같은 새로운 시도를 하였다.

첫째는 **책의 편제와 용어**이다. 대부분의 토질역학이나 지반 공학책은 주제별로 전개된다. 이 책은 기존의 토질역학이나 지반공학에서 다루는 주제를 고려하되, 역학적 펀더멘털의 함양과 방법론적 접근을 중시하였다. 학문영역의 구분 없이 역학과 공학을 한 체계로 다루는 **'역공학'** 개념을 도입하였고, 모호한 지반개념을 구분하기 위해 **'흙 지반(soil formation)'**과 **'암 지반(rock mass)'** 용어를 도입하였다.

둘째는 **지반과 암반을 함께** 다룬다. 이는 다양한 지반문제에서 경계구분이 의미가 없는 경우가 많다는 데서 고려된 것이다. 많은 경우, 구조물이 상부는 흙 지반, 하부는 암 지반에 걸쳐 계획되는 경우가 많다(예, 터널). 따라서 지반문제의 체계적 접근을 위해 흙 지반과 암 지반을 함께 다루는 것이 바람직하다. 또한 '구조물-지반' 및 '구조-수리 상호작용'과 같은 실제 지반 거동문제를 포함하였다.

셋째는 실무에서 중요시되는 **지반 모델링과 수치해석을 중점적**으로 다루었고, 지층모델링과 지반불확실성에 대처하는 설계법, 통계확률적 물성평가와 관찰법 등도 심도 있게 다룬다.

지반역공학의 범위와 구성

'지반역공학'은 체계적인 역학을 기초로 설계해석을 위한 공학서이다. 산업에서 요구하는 기술이 점점 더 고도화하고 불확실성을 반영하려는 노력을 해온 점을 감안하였다. 개념과 이론에 충실하되 원리적 이해를 돕고, 지식의 체계적 축적을 목표로 역학의 기본이론을 다룬다. 특히 실무에서 수치해석이 지반거동 예측의 핵심도구가 되고 있음을 감안하여 **지반 모델링과 수치해석에 많은 분량을 할애하였다.**

지반역공학은 두 권으로 구성되었다. **제1권은 지반의 거동 메커니즘과 수학적 모델링**을 다루는 지반역학(geomechanics)이며, **제2권은 지반문제의 해석과 설계**를 다루는 지반공학(geoengineering)이다. 이 책은 토질역학의 기초 개념과 이의 이해를 기반으로 **지반공학 전문가(Geotechnical Specialists)를 위한 체계서를 지향**한다.

제1권에서는 지반의 거동특성과 이에 대한 수학적 모델링을 다루었다. 제2권에서는 제1권에서 다룬 이론에 기초하여 설계원리와 설계해석법을 다룬다. 제1권이 지반역공학에 대한 전반적이고 체계적인 이해가 목적이라면, 제2권은 이를 실제문제, 즉 설계에 적용하는 방법론을 다룬다.

제1권은 지반공학도 혹은 지반전문가로서 지반문제에 대하여 'Why'와 'How'에 대한 탐구, 그리고 '기술적 소통(engineering communication)' 능력의 배양을 목표로 기술하였다. **1장**에서는 지반역공학의 문제, 범위 및 체계를 전반적으로 고찰하고, **2장**에서는 지반역공학의 전개수단과 표현기법을 다룬다. **3장**은 초기조건을 포함한 현재 지반의 상태정의, **4장**은 실제 지반의 거동특성을 다루며, 지반거동의 핵심요소들을 고찰한다. **5장**은 4장에서 고찰한 지반거동의 수학적 모델링, 즉 구성방정식을 심도 있게 다룬다. **6장**은 지반의 요소거동을 (4장과 5장에서 다룬 내용을 토대로) 지반 시스템으로 확장하는 지배방정식을 다룸으로써 지반역학의 체계를 완성한다.

제2권은 제1권의 이론을 토대로 지반문제를 푸는 도구에 대한 이해와 활용을 다룬다. 따라서 제2권의 주요내용은 지반거동의 공학적 해법이다. **1장**에서는 신뢰도해석을 포함한 지반설계법의 원리와 설계해석체계 전반을 다룬다. 지반설계능력향상, 그리고 지반설계의 Feedback과 관련되는 지반연구와 법(法)지반공학에 대하여도 살펴본다. 이후 **2장**부터 6장까지는 지반해석법인 이론해석법, 수치해석법, 모형시험법 및 관찰법 등 지반설계해석의 각 설계해석도구를 장별로 심도 있게 다룬다. 이 책에서 다루는 지반해석도구는 이론해석(**2장**), 수치해석(**3장**), 모형실험(**4장**), 지반리스크해석과 관찰법(**5장**)이다. 이 중에서도 현재 실무에서 가장 흔하게 사용되는 수치해석에 많은 비중을 두었다. 마지막인 6장에서는 지층모델링과 지반 파라미터 평가법을 다룬다. 지반파라미터의 평가는 각 코드(code)의 규정에 따른 확률 통계적 기법을 포함한다. 또한 지반물성의 분포 범위를 제시하여 지반물성에 대한 전문가로서의 물리적 감각 습득에 도움을 주고자 하였다.

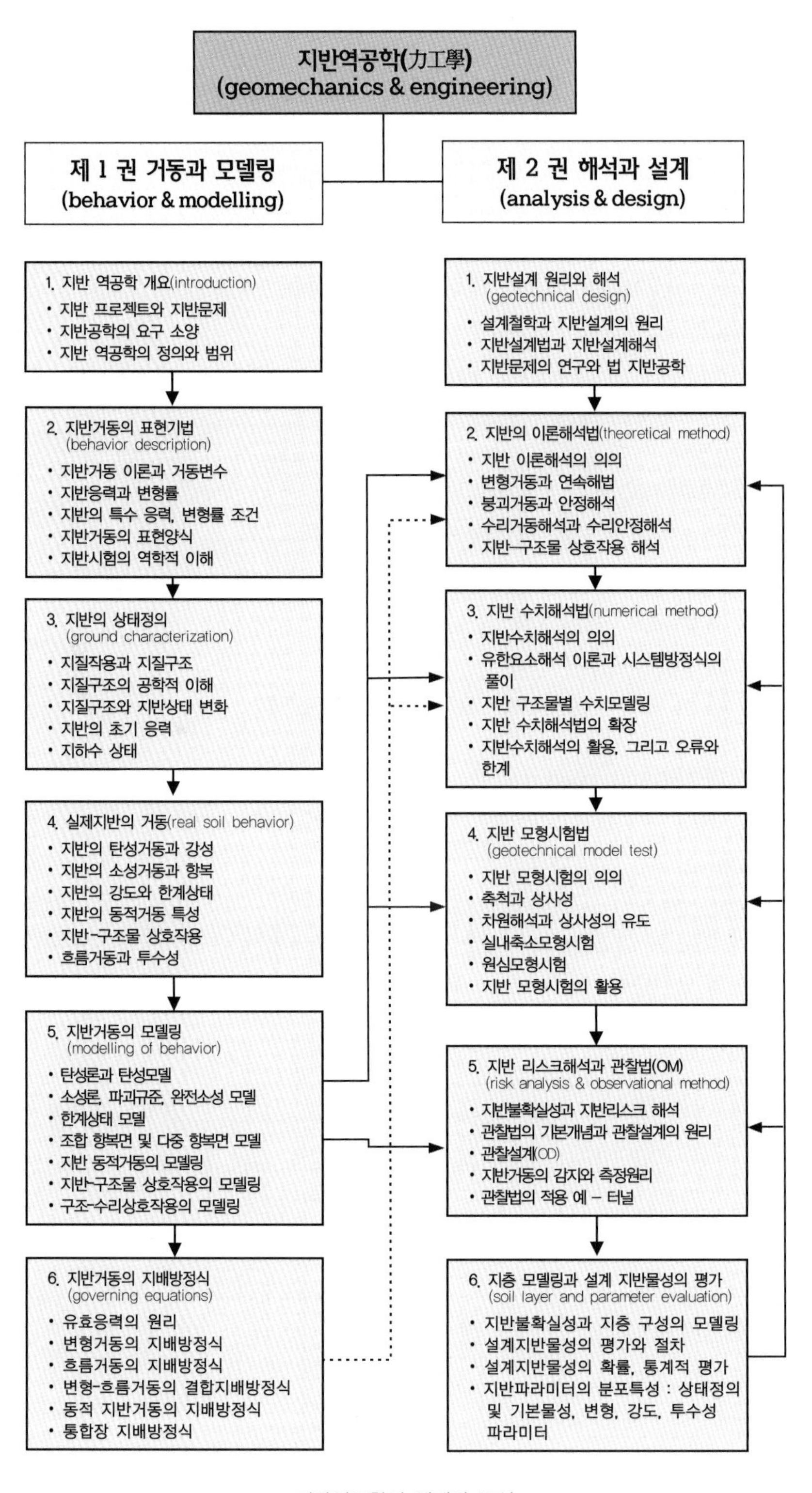

지반역공학의 체계와 구성

단위와 그리스 기호

- 길이(length): m(SI unit)

  1 m = 1.0936 yd = 3.281 ft = 39.7 in

  1 yd = 0.9144 m ; 1 ft = 0.3048 m ; 1 in = 0.0254 m

- 힘(force): N

  1 N = 0.2248 lb = 0.00011 ton = 100 dyne = 0.102 kgf = 0.00022 kip

  1 kgf = 2.205 lb = 9.807 N

  1 tonne (metric) = 1,000 kgf = 2205 lb = 1.102 tons = 9.807 kN

  1 lbf = 0.4536 kgf

- 응력(stress): 1 Pa = 1 N/m^2

  1 Pa = 1 N/m^2 = 0.001 kPa = 0.000001 MPa

  1 kPa = 0.01 bar = 0.0102 kgf/cm^2 = 20.89 lb/ft^2 = 0.145 lb/in^2

  1 lb/ft^2 = 0.04787 kPa

  1 kg/m^2 = 0.2048 lb/ft^2

  1 psi(lb/in^2)= 6.895 kPa = 0.07038 kgf/cm^2

- 단위중량(unit weight)

  1 kN/m^3 = 6.366 lb/ft^3

  1 lb/ft^3 = 0.1571 kN/m^3

- 대기압(p_a): 1 atm = 101.3 kPa = 1 kg/cm^2 , 1 bar =100 kPa
- 물의 단위중량: 1 g/cm^3 = 1 Mg/m^3 = 62.4 lb/ft^3 = 9.807 kN/m^3

- Greek Symbols

Α α alpha [a]	Β β beta, vita [v]	Γ γ gamma [g]	Δ δ delta [ð, d]	Ε ε epsilon [e]	Ζ ζ zeta [z]	Η η eta [ay]	Θ θ theta [th]
Ι ι iota [i]	Κ κ kappa [k]	Λ λ lambda [l]	Μ μ mu [m]	Ν ν nu [n]	Ξ ξ xi (크사이) [ks]	Ο ο omicron [o]	Π π pi (파이) [p, ㅃ]
Ρρ rho [r]	Σ σ ς sigma [s]	Τ τ tau [t]	Υ υ upsilon [i]	Φ φ phi (파이) [f, ㅍ]	Χ χ xhi (카이) [ch, ㅋ]	Ψ ψ psi (프사이) [ps]	Ω ω omega [o]

- 별도의 설명이 없는 경우 σ는 유효능력을 의미한다.

목차

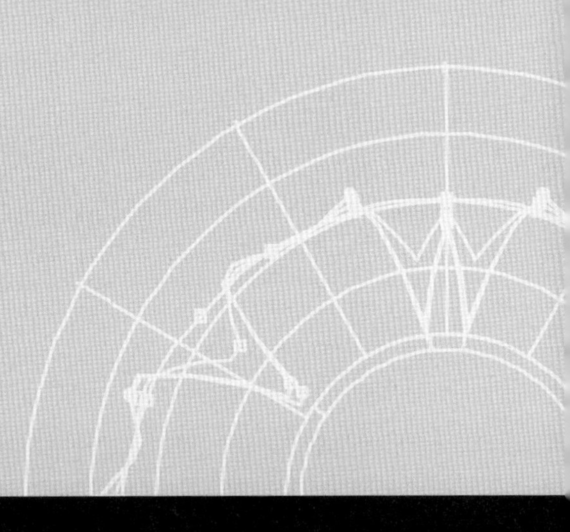

Chapter 01

지반설계의 원리와 지반해석법

지반설계의 원리와 지반해석법

지반설계(geotechnical design)란 지반구조물이 사용 중 기능상 문제가 없고, 설계수명 동안 발생 가능한 최악의 영향에 대하여 붕괴되지 않도록 대상 목적물에 대한 정량적 치수와 공법을 제시하는 일이다. 이때 안정성과 사용성을 만족시키기 위한 요구조건을 설계기준이라 하며, 나름의 설계원리에 기초하여 국가와 지역에 따라 다양한 형태로 제시되어 있다.

해외건설사업 참여 기회가 늘어나면서 설계기준(code)에 대한 관심이 커지고 있으나 이에 대한 정보제공이 부족하고 외국인 기술자들과 공학적 커뮤니케이션(engineering communication)에서 애로를 겪게 되는 경우가 많다. 지반구조물의 설계는 토목구조물의 설계일반원리에 기초하고 있지만 재료조건이 구조분야와 매우 달라 아직 기준으로서 정립되지 못한 부분도 있고 구조재료보다 불확실성과 변동성이 커서 지반설계에 대한 체계화가 쉽지 않은 문제가 있다. 이 장에서는 **일반적인 설계원리에 기초하여 지반설계를 고찰하고 이를 기반으로 지반공학의 해석이론이 설계와 어떻게 접목되는가를 살펴보고자 한다**.

지반공학해석은 설계 외에도 지반문제에 대한 **연구 및 법(法) 지반공학(forensic geotechnical engineering)** 도 포함한다. 지반연구는 지반공학 지식의 확장에 기여하는 것으로 설계에 관련되는 도구를 포함하며, 매우 광범위하다. 한편, 많은 사회기반시설의 붕괴나 불안정문제가 지반문제와 관련된다. 이러한 문제는 법정문제로 비화되는 경우가 많아 법 지반공학에 대한 접근체계와 소양도 중요해지고 있다. 이 장에서 주로 다룰 내용은 다음과 같다.

- 설계철학과 지반설계
- 지반설계의 기본원리 : 허용응력 설계법, 한계상태 설계법, 신뢰도기반 설계법
- 지반 설계해석법(geotechnical design analysis)
- 지반문제의 연구
- 법(法) 지반공학(forensic geotechnical engineering)

1.1 설계의 일반원리와 지반공학적 설계

설계란 '**구조물이 계획된 수명 동안 변화하는 환경에도 기능상 장애 없이 사용 가능하여야 하며, 발생 가능한 최대하중에 대한 붕괴에 안정하여야 한다**'는 조건을 만족하도록 하는 일련의 공학적 과정(engineering process)을 말한다. 이 표현이 의미하는 바를 그림 1.1에 나타내었다.

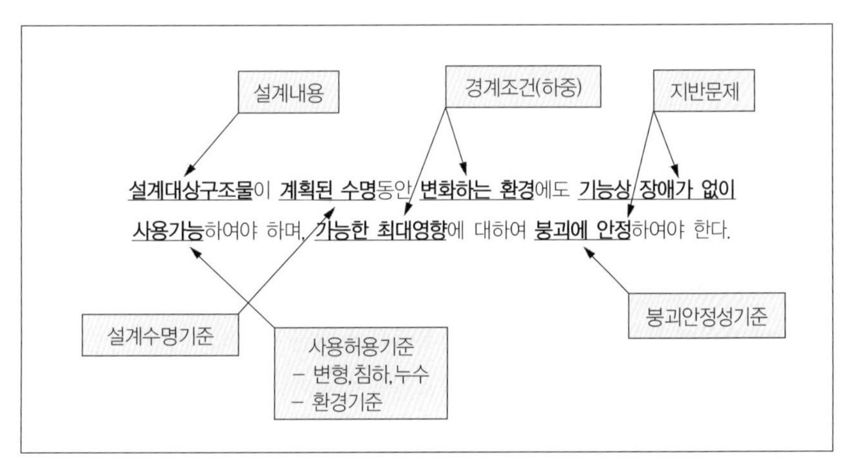

그림 1.1 설계의 공학적 정의

NB : 구조물 또는 구조물의 일부가 대규모 수선 없이 의도한 목적대로 사용되는 것으로 가정한 기간을 '설계수명'이라 한다. 설계수명은 구조물의 중요도에 따라 달리 정할 수 있다. 그림 1.2는 구조물에 따른 설계수명을 예시한 것이며, 간선철도와 같이 중요한 구조물의 경우, EURO Code에서는 120년까지 정할 수 있도록 되어 있다. 운영 중 수선(보수, 보강)을 통해 수명을 연장할 수 있다. 설계수명은 목적물에 대한 것으로 지반이 전부(예, 사력댐, 사면) 또는 일부(예, 기초)를 구성하는 경우, 요소에 따라 설계수명을 달리 정할 수도 있다.

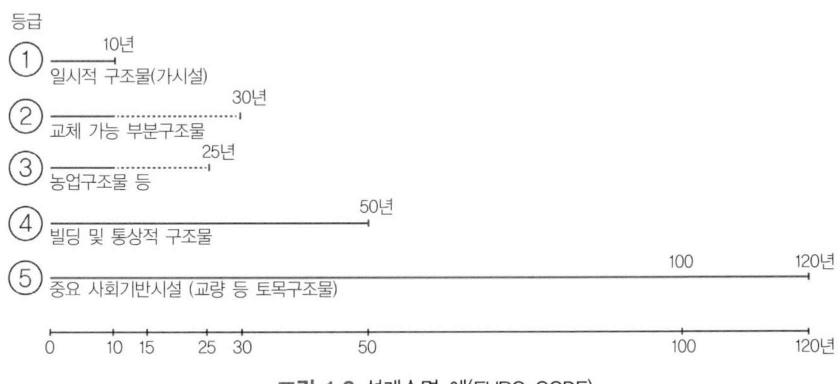

그림 1.2 설계수명 예(EURO CODE)

지반공학의 성능설계

규정기반설계법(regulation-based design)은 목적물의 건설에 소요되는 구조부재의 종류, 규격, 해석법 등을 규칙으로 정하고 그에 기반하여 목적물을 설계하는 방법이다. 반면, 성능기반설계(performance-based design)는 안정성, 사용성 등 구조물의 요구 성능만 만족하고 있다면 어떠한 구조형식이나 구조재료, 설계법, 시공법도 허용하는 설계방법으로 창의적 아이디어의 수용이 비교적 용이하여 최근 지향하고 있는 설계법이다.

성능설계는 발주자의 의도를 반영하여, 목표성능을 정하고 이 밖의 설계내용은 설계자가 합리적으로 결정한다. 설계의 구체적인 내용을 정하지 않는 대신 설계를 위한 조사, 평가, 검증 등의 절차를 명확히 규정하여야 한다.

한계상태설계법의 설계요구조건은 성능기반설계의 요구성능 철학에 부합한다. 지반공학 성능설계에서 주로 인용되는 요구성능은 다음과 같다(이 외에도 목적물에 따라 필요한 성능을 규정할 수 있다).

표 1.1 성능설계의 설계요구조건

한계상태	대상	성능사항	평가항목	공학변수
안정성	구조물 붕괴 안정성 확보 (인명보호)	지반붕괴안정	지지력, 사면안정	지반전단강도
		구조물안정	부재파괴	부재강도
사용성	구조물 사용(기능)성 확보	허용지반거동	잔류변형	변위, 경사
		허용부재거동	변형, 기밀성	변위, 경사, 균열폭

성능설계의 핵심은 요구성능을 규정하고 목표성능을 만족하는지 평가하는 것이다. 성능평가절차를 예시하면 다음과 같다.

① 기본성능 : 예, 안정성

② 요구성능 : 예, '인명에 위해를 가하는 지반파괴가 일어나지 않는다.'

③ 설계목표성능 : 예, '(지지력, 사면안정)파괴가 발생할 가능성은 충분히 낮다.' - 파괴확률기준

④ 성능평가 : 응답이 정해진 여유를 가져 한계 값을 초과하지 않는다(정량적 기준도입).
예, '허용기준을 초과할 확률이 0.001% 이하여야 한다.'

성능설계는 설계내용 및 시공법을 선정하는 데 있어서 설계자의 재량이 충분히 확보될 수 있으나, 설계절차와 검토과정은 훨씬 더 고도화된 방법론을 요구하고 있다. 따라서 성능설계는 고도의 기술력이 갖춰져야 수용 가능하다.

1.1.1 설계철학

설계는 경험, 직관 그리고 기술적 지식을 광범위하고도 종합적으로 요구하는 창조적 활동으로서 자연계에 존재하는 지식을 발견하는 과학과는 구분된다. 공학적 의미의 설계란 구조적으로 안정하고 사용성이 확보되는 경제적 구조물을 도출해내는 일련의 과정을 말한다.

설계철학(design philosophy)이란 설계에 수반된 불확실성을 고려하는 체계적인 생각이라 할 수 있

다. 설계철학은 '**설계요구조건을 만족시키는 데 필요한 제반 수단과 절차 그리고 기준을 정함으로써**' 구현된다. 설계조건의 설정, 불확실성의 고려, 신뢰수준의 결정 등은 실제 데이터에 근거한 고도의 논리적, 체계적 사고를 요한다.

설계철학은 일반적으로 코드(code)로 구현된다. 현재 사용되고 있는 Code의 제 기준은 이론, 연구, 경험과 현장의 실증적 적용을 통해 확립된 것이라 할 수 있다. 설계개념은 계속해서 발전해왔고 현재도 많은 개선연구가 진행 중이다.

설계방법론에 있어서 사용재료, 규격, 치수, 형상 등 설계의 구체적인 내용을 규정(사양)화하여야 한다는 생각과, 규정화가 기술자의 창의적 접근을 어렵게 하므로, 사용성과 안정성에 대한 성능만을 설정하여 설계목표를 달성하는 체계로 전환해야 한다는 생각 간의 대립이 있어 왔다. 전자를 **규정기반설계법(regulation-based design)이라 하며, 후자를 성능기반설계(performance-based design)라 한다.** 성능설계가 현재의 추세이며, 높은 수준의 기술적 검토능력을 요구한다.

설계철학에 대한 입장은 국가 혹은 지역 간에도 차이가 있어, 건설의 국제적 교류에 있어서 점점 더 중요한 사안이 되고 있다.

지반공학적 설계

지반구조물은 단독으로 존재하는 경우보다 구조물과 연계되는 경우가 많고, 대부분의 지반문제가 지반-구조물의 상호작용으로 초래되므로 상부의 구조설계개념과 하부의 지반설계개념의 일관성이 유지되어야 한다. 따라서 지반설계도 설계철학의 일반원리에 따라 수행되어야 한다.

다만, 지반재료는 우리가 생산해내는 것이 아니고 자연지반을 활용하는 경우가 대부분이며, 구조재료와 달리 물성이나 분포가 일정하지 않고 현장마다 달라지는 특성 때문에 **불확실성이 매우 크다**는 사실을 인식할 필요가 있다. 지반재료의 이러한 내재적 특성 때문에 지반설계 개념은 구조설계 개념만큼 체계화가 잘 되어 있지 못하다. 그러므로 **지반공학 설계에 있어서 지반조사와 물성의 평가가 매우 중요한 부분을 구성한다**.

지반설계의 설계철학, 설계원리 등도 상당부분 설계코드(code)로 구현되어 있다. 지반설계코드는 목적물이 설치되는 지역에 따라 차이가 크고, 발주기관이 필요에 따라 임의로 채택할 수도 있다. 따라서 이 장을 통해 지반공학적 설계요구 조건과 각 설계법를 통해 **지반공학적 설계철학(geotechnical design philosophy)**을 이해하되, 실무 설계에 필요한 안전율 혹은 설계계수(design factor) 등은 지역(국가), 그리고 프로젝트에 따라 발주기관이 지정하는 코드에 따라야 한다.

Box에 주요 해외코드를 예시하였다. 북미와 유럽지역이 건설관련 기준을 선도하며, 대부분의 지역은 이들 기준을 준용하는 경우가 많다.

1.1.2 지반공학적 설계원리

설계는 하중, 재료특성, 모델 및 설계해석에 있어 논리적이고 체계적으로 불확실성을 고려하여 소정의 **안전에 대한 여유(safety margin)를 확보하고자 하는 것**이다. 지반설계의 경우 부지마다 달라지는 지반재료가 설계검토의 주 대상이 된다. 그러므로 '**지반정보를 파악**'하는 데 있어서 조사자나 설계자의 주관적 판단에 따라 안정성의 여유가 달라질 수 있기 때문에 체계적인 접근법과 기준이 필요하다.

지반설계의 구성요소는 직접 또는 전달하중, 지반조사, 해석모델 그리고 설계규정(code) 등이다. 그림 1.3은 이를 예시한 것이다.

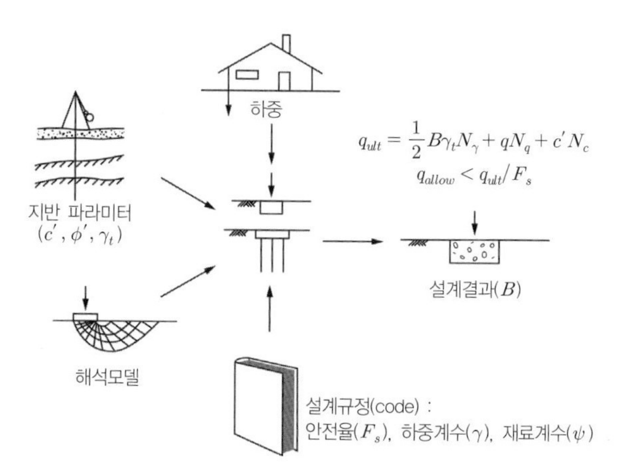

그림 1.3 지반설계의 구성요소(건물 기초설계의 예)

일반적으로 설계는 요구되는 해(구조물의 규모 등)를 가정하고 이 가정이 설계요구조건을 만족하는지를 해석적으로 검증(verification)하며 **재가정과 재해석을 통해 경제적으로 최적의 해를 얻는 과정**으로 이루어진다. 가정한 해에 대한 적정성을 **이론과 계산으로 검증하는 과정을 설계해석(design analysis)**이라 하며, 이는 공학적으로 설계의 '좁은 뜻'으로도 사용된다.

지반설계의 주요 구성요소는 다음과 같다.

- 설계요구조건 설정 : 수명, 내구성, 안정성, 사용성에 대한 기준
- 설계법(설계기준)(design methodology) 선정 : 허용응력설계(WSD), 한계상태설계(LSD, LRFD), 신뢰성기반 설계(RBD)
- 설계조건 설정 및 모델링 : 하중평가, 지층 및 지반물성평가, 해석조건, 해석모델 →6장(지층모델링과 지반파라미터)
- 설계해석(design analysis) : 이론, 수치, 모형, 경험(1.3절)→2장(이론해석), 3장(수치해석), 4장(모형시험), 5장(관찰법)

해외 지반설계 Code

해외건설 참여가 늘어나면서 해외의 코드를 기준으로 설계할 기회가 증가하고 있다. 국가 혹은 지역마다 자체의 설계코드를 사용하고 있지만 대체로 EU나 북미의 기준(Code)이 대부분 Code의 원류이다. 현재 지반분야에서는 EURO Code7의 적용이 늘어나고 있다. 지반공학 분야의 주요 해외 설계코드를 예시하면 다음과 같다.

- EURO Code 7(EU)
- BS(UK)
- AASHTO(USA)
- ANSI(American National Standards Institute, USA)
- CFEM(Canadian Foundation Engineering Manual, Canada)
- AS(Australian Standard, Australia)
- International Building Code

이 밖에도 캐나다, 오스트레일리아, 덴마크 등이 전통적으로 독자적인 설계코드를 가지고 있다. 우리나라의 경우, 지반공학의 여러 분야에서 전통적으로 독일, 영국, 미국, 일본의 기준을 많이 참고하여 지반공학문제의 주제별로 다양한 설계기준을 운영하고 있다.

영문 해외코드를 사용하는 경우, 조동사의 의미와 관련하여 경우에 따라 상당한 오해를 초래할 수 있다. 일반적으로 시방서나 기준의 경우 요구사항과 법적 의무를 혼동하지 않기 위하여 '~해야 한다(must)'는 거의 사용하지 않는다. 조동사에 따른 의미와 사용용도를 정리하면 다음과 같다.

표 1.2 해외 설계규정(code)의 유의표현 예

동사구분	표현의미	용도
~이다(is)	설명	- 방법의 규정 - 표준의 정보 제공
~할 수도 있다(may)	조건부 허용	- 표준의 정보 제공 - 실행준칙을 규정
~할 수 있다(can)	가능성과 능력	- 표준의 정보 제공
~하여야 할 것이다(should)	권고	- 표준의 정보 제공 - 실행준칙을 규정
~하여야 한다(shall)	요구	- 기준 및 시방의 규범

주) 코드의 위계 : 기준 또는 시방>표준>실행준칙(원칙적으로 계약조건에 따른다)

지반공학적 설계요구조건

지반에 구조물을 건설하거나 지반을 구조물로 이용하고자 하는 경우, 지반은 구조물의 수명기간(life time) 동안에 예상되는 어떠한 하중 환경에서도 파괴에 대하여 정해진 정도의 저항력을 갖추어야 하며, 변형이나 그 밖의 거동으로 인한 구조물의 기능저하가 없어야 한다. 지반설계 측면에서 전자를 **안정성(safety)** 확보, 후자를 **사용성(serviceability)** 확보라 한다. 이것이 바로 **설계의 원리(design principle, or**

design philosophy)이며, 다른 표현으로 '**설계요구조건(design requirements)**'라 한다(제1권 1장 참조).

지반공학적 설계요구조건(geotechnical design requirements)의 구체적인 내용은 다음과 같다.

- 안정성 확보 : 설계수명 동안 가능한 어떠한 하중조건에 대하여 붕괴에 안전하여야 한다(그림 1.4).
  - 안정문제 : 사면, 지지력, 토압 등 붕괴 안정성, 피로파괴(변형, 변위, 휨, 응력)
  - 내부침식(internal hydraulic erosion) : 파이핑(piping), 융기(heaving) 등
  - 내구성 : 구조부식(균열 폭, 중성화 깊이 등)
- 사용성 확보 : 설계수명 기간 동안 사용(기능)에 지장이 없어야 한다(그림 1.5).
  - 변위문제 : 침하, 균열
  - 흐름문제 : 누수제어
  - 지반환경문제 : 지하수 이동
  - 동적 거동문제
  - 지진하중 지반–구조물 상호작용 문제
  - 외관손상, 소음 진동, 주행성 및 보행성, 수밀성, 기능손상 등
  - 기타 환경성 문제 : 오염물의 유출 등 환경에 규정 이상의 부정적 영향

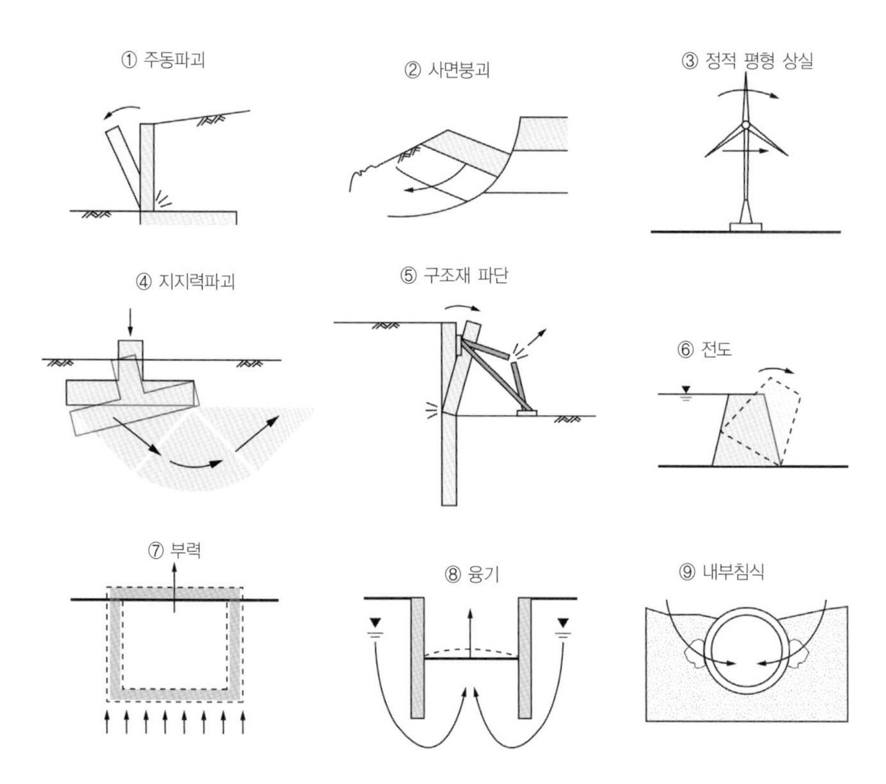

그림 1.4 극한 한계상태(붕괴)(ULS) 예

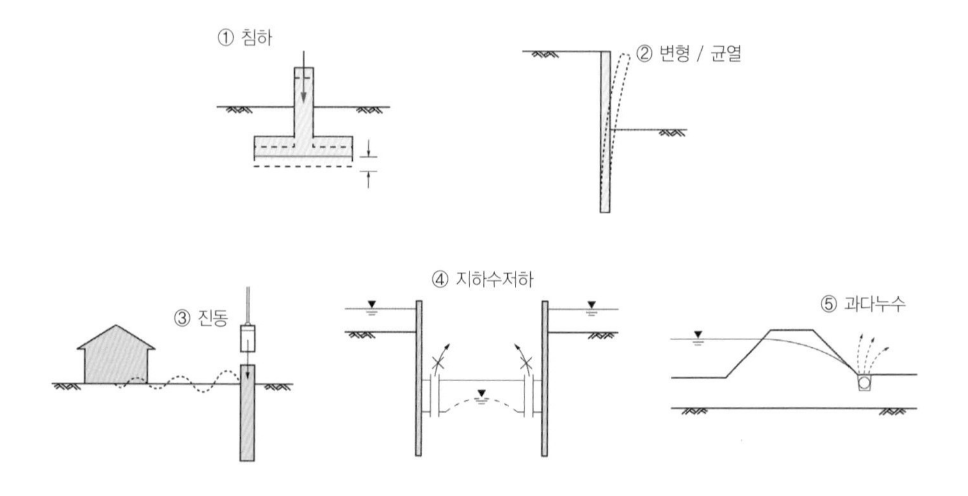

그림 1.5 사용한계상태(SLS) 예

지반공학적 설계원리

설계요구조건의 만족여부는 설계원리에 따라 정량적으로 확인되어야 한다. 정량적 평가법이 바로 설계방법론(design methodology)이다. 각 설계법은 설계요구조건의 만족여부를 판단하는 과정에서 **지반의 불확실성을 어떻게 고려하는가에 대한 방법론**이며, 지반불확실성의 고려개념에 따라 허용응력설계법, 한계상태설계법, 신뢰도기반 설계법 등이 있다.

한계상태설계법의 예를 들면, 설계대상목적물에 대하여 설정된 안정성 및 사용성 조건의 각 항목에 대하여 하중작용 영향(effect) E_d는 저항 R_d(또는 능력(capacity), C_d)보다 작아야 한다(전통적 설계개념은 지내력이 작용하중보다 커야 한다는 것이나, 이를 좀 더 일반화하고 포괄적으로 다루기 위하여 하중과 지내력(저항)대신 영향(effect)과 능력(capacity)으로 표현하는 것이 보다 원리적이다). 즉, 설계요구조건은 다음과 같이 정의할 수 있다.

$$E_d \le C_d \text{ (또는 } E_d \le R_d) \tag{1.1}$$

여기서 C_d는 허용변형, R_d는 저항력(지지력) 등으로 설정될 수 있다.

한편, 허용응력설계법은 안전율(F_s), 신뢰도기반설계는 파괴확률($P[F]$)로 설계요구조건의 만족성을 평가한다.

이상에서 지반설계요소 중 설계요구조건과 설계법에 대하여 살펴보았다. 지반설계법에 대한 구체적인 내용은 다음절에서 구체적으로 살펴볼 것이며, 설계조건과 설계해석은 이 장의 별도의 절에서 다루고자 한다.

1.1.3 지반공학적 설계의 내용과 절차

지반설계의 철학과 설계원리(설계법)의 이해를 위해서는 지반설계 전반에 대한 체계적인 이해가 우선되어야 한다. 그림 1.6은 지반설계의 절차와 각 단계에서 고려 인자를 정리한 것이다.

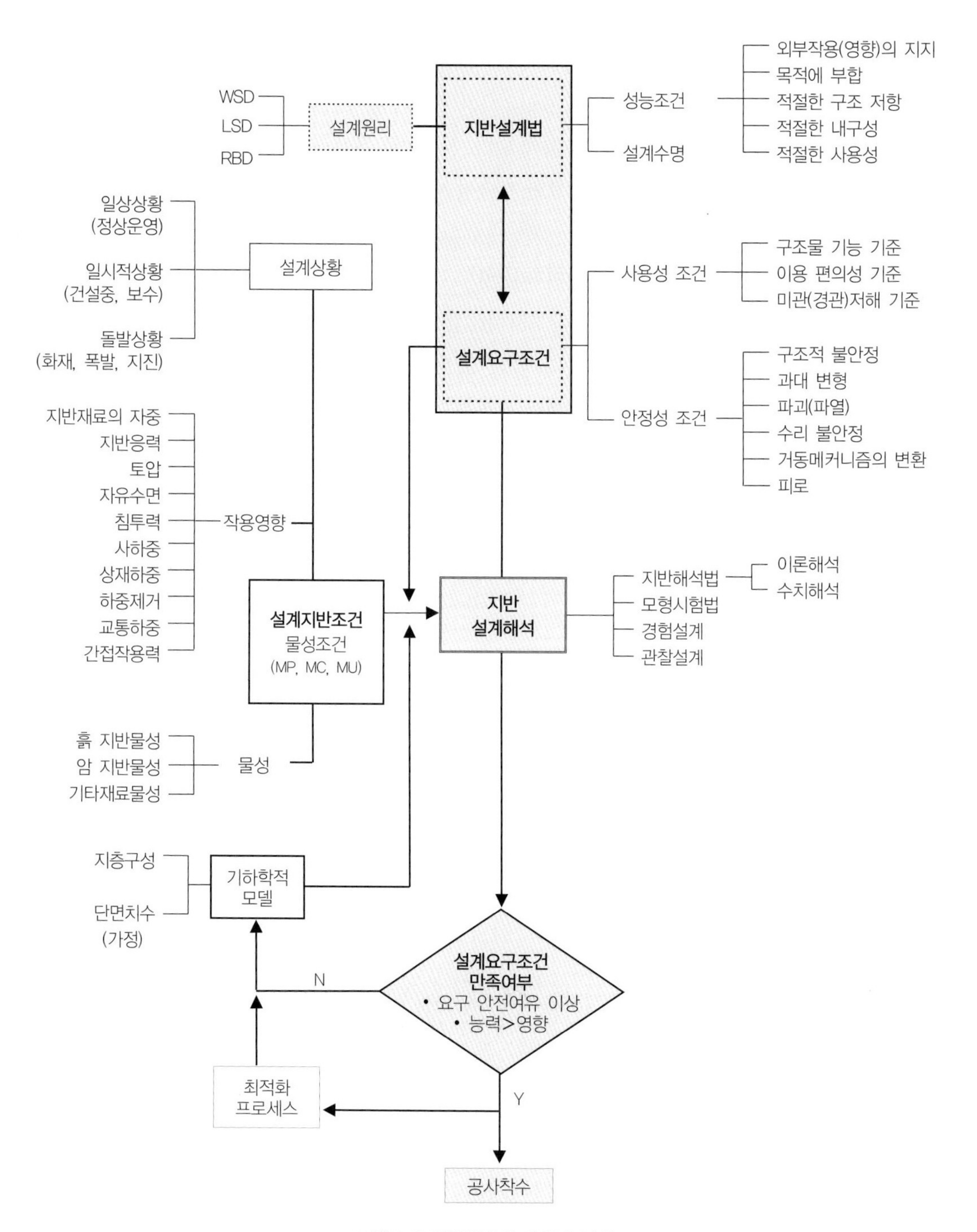

그림 1.6 지반설계의 내용과 절차

NB : 지반공학 목적물에 대하여 검토하여야 할 대상 지반문제는 역사적으로 실패사례를 통해 체계화되어 왔다. 즉, 필요에 의해서 개별문제에 대한 해석법을 개발하고, 경험적으로 보완하는 형태로 발전되어 왔다. 기존의 토질역학이나 기초공학에서 다루는 지반 경계치 문제는 안정문제와 변위 문제, 그리고 흐름문제가 혼재되어 있고 모두 독립적으로 다루어지고 있다. 이것이 현재 토질역학이나 기초공학이 산만한 체계로 인식되는 요인이라고도 할 수 있다.

대부분의 지반설계가 이미 경험하거나 그에 유사한 경우가 많으므로, 설계 대상 내용 중 가변적인 요소가 많거나 불확실성이 높은 부분에 집중하게 된다. 설계기준 등은 코드에 규정되어 있으므로 물성의 평가, 특수 지반 문제, 모델링기법 등이 중요한 기술적 사안이 되는 경우가 많다.

설계 최적화(economic design optimization)

최초 가정한 설계안이 설계요구조건을 만족하였다고 해서 최초 제시안대로 설계가 확정되는 것은 아니다. 그 이유는 최초 가정이 가장 경제적인지 알 수 없으므로 이런 경우 **재가정하여 비용이 최소화되는 경제적인 안을 도출**하여야 한다(하지만 대부분의 경우 이러한 최적화과정을 생략하는 경우가 많다). 그림 1.7은 최적화를 포함한 지반설계프로세스를 보인 것이다.

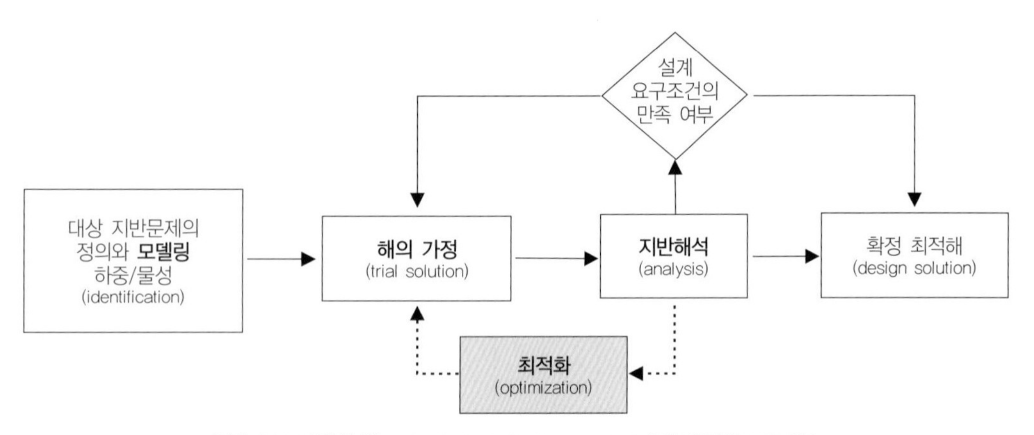

그림 1.7 지반설계(geotechnical design analysis)의 최적화 프로세스

예제 도로건설을 위한 성토공사 시 사면설계를 예로 지반설계 과정을 검토해보자.

풀이 역학적으로 결정할 사항은 사면의 경사각, 보강말뚝의 여부, 사면 단면형상 등이다. 이러한 역학적 검토사항 외에도 비용과 공기, 조달(procurement) 가능성을 포함하여 설계안을 가정하게 된다. 많은 경우 경제성과 공기 조달가능성을 우선 검토하고, 역학적 조건을 만족하도록 하는 것이 일반적이다. 그림 1.8은 토사 사면의 설계를 예로 하여 지반설계절차를 예시한 것이다.

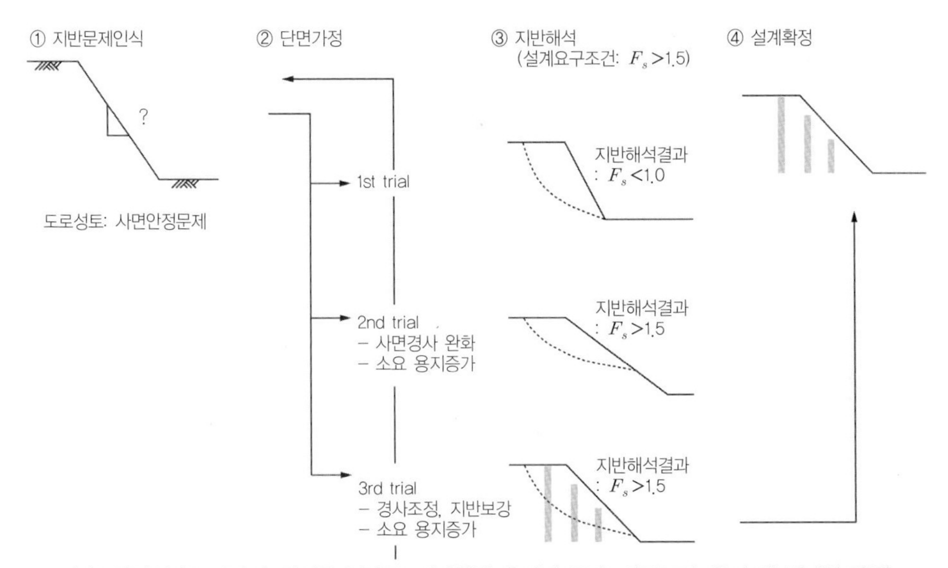

(성토사면설계 : 급경사–안전율 불만족; 경사완화–용지비 증가; 사면보강–용지 및 경제성 만족)

그림 1.8 성토사면 설계절차 예시

설계의 주관성

건설프로젝트가 일반제조업과 유사한 것 같으면서도 분명히 구분되는 특징은 부지조건과 목적물이 상호영향관계에 있어 공정(process)이나 규격을 공장제조 물품처럼 규정화하기 쉽지 않다는 것이다.

건설프로젝트는 목적물을 구현하는 데 있어서 기술자의 자의적인 주관성을 배제하려는 노력과 설계자의 창의적의 주관성을 제고하려는 두 개념이 충돌하면서 발전해왔다. 설계자의 주관성 배제 노력은 코드(code)로 구현되어 왔고, 설계자의 주관적 창의성을 확대하고자 하는 노력이 성능설계 개념으로 발전되고 있다. 설계에 굳이 설계철학(design philosophy)이라는 거창한 표현을 쓰는 데는 이러한 배경도 있다.

코드화(codification)는 최소화하고 창의성(creativity)을 발휘할 수 있도록 주관적인 판단여지를 극대화하는 것이 지향해야 할 설계철학이라 할 수 있을 것이다. 하지만 현실적으로 설계자(혹은 전문가)간에도 역학적 지식, 경험, 판단의 차이가 있어 이 또한 부지의 불확실성을 다루는 만큼 고려하기가 지난한 일이다. 기술자의 편차를 일정수준 이상으로 규정하는 제도가 기술사(PE)와 같은 자격제도이나, 기술의 다양한 개인별 편차를 일정기준으로 보편화 할 만큼 시험으로 선발하는 제도가 합리적이라는 데 쉽게 동의하기도 어렵다.

코드에 규정된 사항보다 그러하지 않은 사항이 더 많으므로 설계자는 상당영역에 대하여 주관적 판단이 불가피하다. 어떤 문제에 논리적이고 체계적인 접근을 하였다하더라도 기술자간 판단의 차이로 결과에도 상당한 차이가 있게 마련이다. 제 3자적 입장(예, 감사)에서 보면 이는 쉽게 이해할 수 없는 일이며 하나의 결과로 통일해야할 대상으로 인식하게 된다. 이는 지반불확실성보다 설계자의 행위만을 보는 오류가 게재되기 때문이다. 하지만, 설계의 결과가 같은 경우라도 어느 곳에서는 붕괴가 일어나고 또 어느 곳은 안전하게 유지되는 경우가 있음을 상기할 필요가 있다. 지반공학적 불확실성을 이해했다면 이는 통일의 문제가 아니라 설계자가 충분한 전문가적 자격을 갖추었고 규정한 철자와 검토를 적절히 이행했는가의 문제이다. 설계의 주관성은 지나쳐도 모자라도 문제가 될 수 있다.

1.2 지반설계법과 설계지반조건

1.2.1 지반공학적 설계법

1981년까지 지반공학설계(geotechnical design)는 대부분 허용응력설계법(WSD)에 의해 전반 안전률(overall factors of safety) 개념으로 이루어졌다. 1940년대 후반과 1950년대 초반부터 여러 연구자들(Taylor, 1948; Freudenthal, 1956; Hansen, 1956)이 전반안전율 F_s보다는 저항과 하중의 개별성분에 안전율을 적용하는 부분안전계수(재료계수)의 조합(a set of partial safety factors)으로 대체하는 방안을 제안하기 시작하였다. 이에 대한 기본 배경은 **하중과 지반물성이 서로 다른 불확실성을 가지므로 이를 합리적으로 고려하기 위함**이었다. 부분계수법은 원인에 따른 불확실성을 보다 더 실질적으로 잘 정량화(quantification)할 수 있는 논리적 접근법이다. 현재 대부분의 토목공학 코드에서 보편적으로 사용되는 한계상태설계법(LSD)은 이러한 부분안전계수 개념을 도입하고 있다.

설계요구조건의 만족 여부는 설계원리에 따라 정량적으로 확인되어야 한다. 하지만, 구조재료와는 다르게 지반재료는 지층구성이 부지마다 다르고 같은 지층이더라도 물성의 변화가 큰 특징이 있기 때문에, 설계요구조건을 규정하기가 쉽지 않다. 설계법(design methodology)은 설계요구조건의 만족 여부를 판단하는 과정에서 **지반의 불확실성을 어떻게 고려하는가에 대한 방법론**이며, 지반불확실성의 고려 개념에 따라 다음과 같이 구분할 수 있다.

- 허용응력 설계(WSD, working stress design)
- 한계상태 설계(LSD, limit state design 또는 LRFD, load and resistance factor design)
- 신뢰성기반 설계(RBD, reliability based design)

지반설계의 설계철학, 설계원리 및 설계기본개념은 지반 불확실성의 고려방법으로서 상당부분 설계코드(code)로 구현되어 있다. 설계코드는 목적물이 설치되는 지역에 따라 차이가 있고, 발주기관이 필요에 따라 임의로 채택할 수도 있다. 따라서 이 장을 통해 **설계철학(design philosophy)과 원리(principles)**를 이해하되, 실무에 필요한 안전율 혹은 설계계수(design factor) 등은 설계조건과 지역, 그리고 프로젝트에 따라 발주기관이 지정하는 코드에 따라야 한다.

지반 설계는 사용성이나 안정성을 지배하는 요소가 유발작용(L, Load)과 저항반응(R, Resistance)으로 표시될 수 있어야 하며, $R > L$ 조건이 성립하여야 함을 앞 절에서 살펴보았다.

$R > L$ 조건이 지반설계의 요구조건이다. 하지만 이 조건에는 지반의 불확실성이나 설계대상구조물의 중요성 등이 반영되어 있지 않다. 따라서 실제 설계에서는 관련된 여러 가지 요인을 고려하여 **안전에 대한 여유(safety margin)를 확보하는 일이 중요**하다. 안전여유는 안전율(예, WSD), 설계계수(예, LSD), 파괴확률(예, RBD) 등의 방법으로 고려되며, 설계법으로서 코드(codes)에 규정된다. 코드는 국가나 지역적으로 합의된 규정이라 할 수 있다. 대표적 설계법의 안전여유에 대하여 비교 고찰해보자.

허용응력설계(WSD, working stress design; ASD, allowable stress design)는 설계에 관여되는 부분요소(하중 L, 저항 R) 의 불확실성에 대한 개별적 고려 없이 모두 안전율 F_s에 뭉뚱그려 불확실성을 고려한 방법이다.

$$F_s = \frac{R}{L} \tag{1.2}$$

지반의 강성 및 강도특성 그리고 작용력에 대한 이해의 수준이 높아지면서 안전율에 대한 마진 혹은 불확실성을 해당요소의 불확실성에 상응하는 부분계수로 고려하는 개념이 도입되기 시작하였다. 이러한 개념으로 제시된 설계법이 한계상태설계법(LSD)이며, 북미를 중심으로 한 하중-저항계수설계법(load and resistance factor design, LRFD)과 유럽지역의 유로코드 한계상태설계법(EURO CODE limit state design)이 그 예이다. LSD의 설계요구조건은 하중과 저항에 각기 다른 계수, 즉 부분계수를 적용하여 다음의 형태로 표시된다.

$$\phi_g R > \gamma L \tag{1.3}$$

여기서 ϕ_g는 지반 저항감소계수($\phi_g \le 1$), γ는 하중 증가계수($\gamma \ge 1$)로 부분계수이다.

한계상태설계(LSD)는 저항산정을 위한 지반파라미터와 하중에 대한 작용력의 신뢰도의 차이를 고려할 수 있으며, **불확실성의 원인제공 인자에 안전 계수를 적용한다**는 측면에서 WSD보다 발전된 개념이다. 한편, 하중과 지반물성의 실질적인 불확실성을 고려하기 위하여 설계 파라미터의 공간적, 시간적 변화를 확률변수로 다루는 **신뢰도기반설계법(RBD, reliability based design)**의 중요성도 지속적으로 강조되어 왔다. 신뢰도설계에서는 지반문제의 안전기준을 파괴확률(또는 신뢰지수)로 설정하여, 파괴확률(failure probability) $P[F]$이 기준확률(target probability) P_D보다 작아야 하는 조건을 만족하여야 한다.

$$P[F] < P_D \tag{1.4}$$

1.2.2 설계지반조건 – 설계지반물성

지반재료는 구조재료와 달리 부지마다 지층마다 성상이 변화하며, 물성도 비균질·이방성 특성을 나타내어 불확실성이 상당히 크다. 따라서 지반 설계법(geotechnical design methodology)의 발전은 대체로 불확실성의 고려 수준과 관련된다. 일반적으로 통계적 관점의 불확실성과 관련한 설계지반조건의 정의와 그 물리적 의미는 다음과 같다.

- 가장 발생 가능한 조건(MP, most probable)≃평균

- 적정 보수 설계조건(MO, Moderately conservative value)
- 설계 특성치 조건(MC, characteristic value) (MO ≈ MC로 보기도 한다)
- 가장 비우호적 조건(MU, most unfavourable)

불확실성은 통계적으로 고려 가능하며, 그림 1.9는 설계지반조건과 설계법의 관계를 보인 것이다.

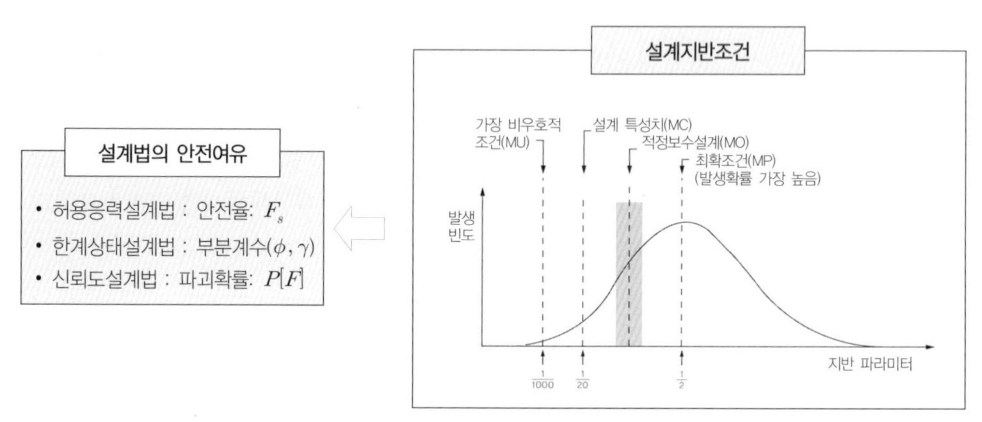

그림 1.9 지반불확실성의 고려 체계

NB : 한계상태와 관련하여 극한한계상태(ULS) 설계해석은 MU 조건, 사용한계상태(SLS) 설계해석은 MP 조건을 주로 사용한다. 하지만 이것은 일반적인 사항으로 실제설계는 프로젝트별 설계지침에 따른다.

설계기준은 지반 불확실성, 시설물의 중요도, 목적물 또는 가시설 여부, 통계데이터의 충분성 등에 의해 결정된다. 일례로 중요한 구조물로서 엄격한 설계 요구조건이 필요한 경우 MU 조건에 해당되며, MP 조건은 통계가 충분치 못한 경우로서 평균값(best estimate)에 해당한다.

위의 설계조건에 따라 설계에 적용하는 하중과 물성의 평가기준이 달라진다. 이 개념은 지반강도를 예로 보다 구체적으로 살펴볼 수 있다. Box에 이를 예시하였다.

지반불확실성의 고려는 데이터가 충분할 경우 통계적 방법으로 다룰 수 있다. 하중과 지반물성을 불확실성을 고려하여 통계적 방법으로 평가하고 코드에서 정하는 부분계수를 적용하는 방식이 사용된다. 따라서 많은 설계기준들이 하중과 물성의 통계적 평가기준을 포함하고 있다.

지반재료의 불확실성은 구조재료(철, 콘크리트)보다 크다. 따라서 설계대상문제의 중요도 및 검토대상문제의 특성에 따라 통계적 신뢰구간을 달리 정할 수 있다. 지반해석에서 흔히 사용되는 지반설계 기준은 발생가능성이 가장 높은(MP, most probable) 조건(즉, 통계적 평균치)과 가장 비우호적인(MU, most unfavourable) 조건, 적정보수(MO, Moderately conservative) 조건, 특성치(MC, characteristic) 조건 등이다.

설계지반조건(conditions of design analysis)

설계조건에 대한 불확실성의 정의와 이에 대한 지반물성의 통계적 조건을 그림 1.10에 예시하였다. 설계지반조건은 Code마다 약간씩 차이가 있으며, 표 1.3에 이를 비교하였다. 이러한 정의대로 검토하기 위해서는 자료가 충분하여 통계적 처리가 가능해야 한다.

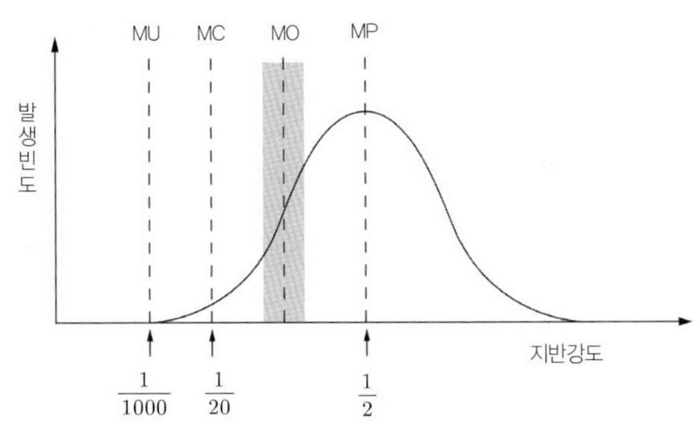

설계지반 조건	물리적 의미 예
가장 발생가능한 조건 (MP, most probable)	설계예측거동을 초과할 가능성이 50%(평균)
설계특성치 조건(MC), EC 7 (적정보수설계조건, MO), UK	설계예측거동을 초과할 가능성이 5%
가장 비우호적 조건 (MU, most unfavourable)	설계예측거동을 초과할 가능성이 0.1%

주) 가장 비우호적 조건은 지나치게 안전측 설계가 될 수 있으므로 특성치 조건과 가장 발생가능한 조건의 중간인 적정보수 설계(moderately conservative)를 도입하기도 한다.

그림 1.10 설계 물성 설계조건의 의미

표 1.3 설계코드에 따른 설계지반조건 규정 예

<table>
<tr><th>출처</th><th colspan="2">MP
(most probable)</th><th>MO(moderately conservative)</th><th>MU
(most unfavourable)</th></tr>
<tr><td>OM(by Peck)</td><td colspan="2">most probable</td><td></td><td>most unfavourable</td></tr>
<tr><td>Euro code1(1985)</td><td colspan="2">50% fractile</td><td>5% fractile</td><td></td></tr>
<tr><td>BS8110(1982)</td><td colspan="2">mean</td><td>characteristic</td><td>worst credible</td></tr>
<tr><td>BS8002(1994)</td><td colspan="2">most likely</td><td>representative or conservative</td><td></td></tr>
<tr><td>Euro code7(1994)</td><td colspan="2"></td><td>characteristic cautious estimate</td><td></td></tr>
<tr><td>OM
(by Powderham)</td><td>most probable</td><td>more probable</td><td>moderately conservative</td><td>most unfavourable</td></tr>
</table>

지반물성에 대한 설계지반조건은 설계요구조건과 밀접하게 관련된다. 붕괴 등 중요도가 높을수록 낮은 강도파라미터, 즉 MU 조건 등이 적용된다. 그림 1.11은 지반설계법, 설계요구조건 및 설계지반조건의 관계와 위계를 보인 것이다(지반의 불확실성을 고려하는 설계지반조건은 6장 6.4절에서 자세히 다룬다).

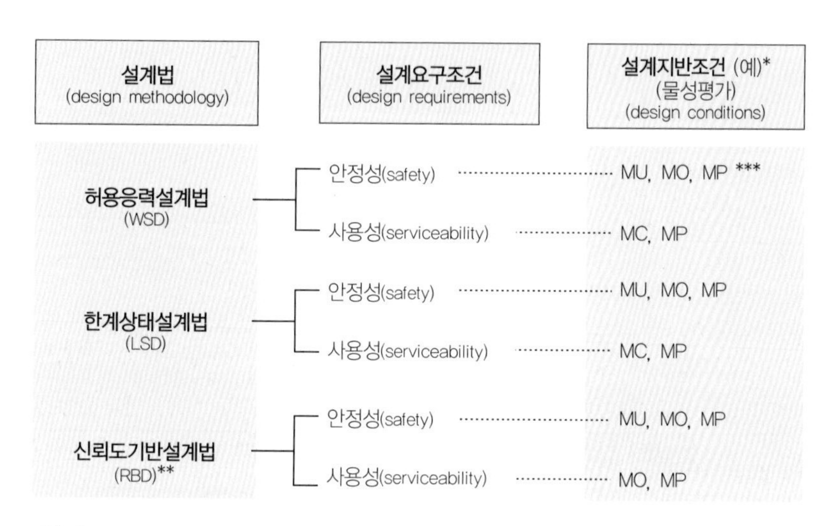

그림 1.11 설계법, 설계요구조건 그리고 설계지반조건 예

가장 발생가능한(MP, most probable) 조건은 강도의 평균값에 해당하며 이의 발생확률은 50%이므로 이를 초과할 확률도 50%이다. 반면 가장 비우호적인(MU, most unfavourable) 조건은 초과할 확률을 0.1%로 설정하면, 분포도의 99.9% 하한값이 설계치가 된다. 즉, MU조건의 설계가 MP조건의 설계보다 안전측(보수적)으로 이루어진다.

예제 실제 설계에서 'most probable' 조건과 'most unfavourable' 조건에 대한 지반설계 파라미터의 평가 예를 찾아 설계지반조건의 물리적 의미를 이해해보자.

풀이 통계적 관점의 설계요구조건이 MP이면 이는 평균치에 해당한다. MP 조건은 가장 많이 발생할 수 있는 지반의 실제 강도조건으로서, 이는 가장 비우호적인 조건(MU)의 설계보다 경제적이나 안전측에서 덜 보수적이다. 표 1.4는 설계지반조건에 따라 실제설계에 사용된 물성을 비교한 것이다. 대상 물성이 강도정수라면, MP 조건의 지반물성이 MU 조건보다 큰 값일 것이므로 설계 안전율이 더 크게 계산된다.

표 1.4 설계조건에 따른 지반파라미터 평가 예

파라미터	MU 조건 Most unfavourable	MP 조건 Most probable
런던점토 (London Clay)	$\phi' = 23°, c' = 0$	$\phi = 24°, c' = 10$kPa
인공조성토 (Made ground)	$\phi' = 25°$	$\phi' = 38°$
비배수강도	300kPa	400kPa
점토의 강성	$1000 s_u$	$1500 s_u$

NB : 특성치(characteristic value)

특성치란 하중 또는 지반강도 값의 공칭(nominal), 허용(working) 값이라고도 하며, 측정이나 시험 및 조사로부터 얻은 값을 통계적으로 처리하고 평가하여 결정한 값이다. 일반적으로 '평균값의 신중한 평가(a cautious estimate of mean values)' 값이 특성치이다.

특성치는 현장 혹은 시험값인 측정치(measured values)와 시험결과에 이론을 적용하여 얻은 유도치(derived values)로 구분된다. WSD에서는 특성치를 백분위수로 명확히 정의한 적은 역사적으로 거의 없다. 이는 지반 공학적 '저항'의 분포가 장소마다 다르고, 알려진 바가 거의 없다는 매우 확실한 사실 때문이다. 일반적으로, 평균 저항 값을 추정하기 위한 충분한 시험을 수행하며, '평균값에 대한 신중한 평가(cautious estimate of the mean)'로 특성치를 얻는다.

LSD에서는 지반 물성이 확률분포를 보일 때 5% 분위수 또는 95% 신뢰구간의 하한치를 특성치로 규정한다. 이에 대한 구체적인 내용은 6장 물성평가의 6.2.3절에서 다룬다.

1.3 지반의 허용응력 설계법(WSD)

불확실성을 안전율(=지지능력/작용력)이라고 하는 단일변수로 나타내는 설계개념은 18세기부터 사용되어 왔다. 이 설계법을 WSD라 하며, 지난 100년 이상 동안 지반의 침하나 파괴상태와 관련한 전통적 지반설계 개념으로 사용되어 왔다. WSD의 설계요구조건은 다음과 같다.

$$F_s = \frac{R}{L} > 1.0 \tag{1.5}$$

지지력의 예로 보면 안전율은 $F_s = Q_{ult}/P$이다. 여기서 Q_{ult}는 극한지지력, P는 작용하중이다. 만일 안전율 F_s(예, 2.0~3.0)가 정해졌다면, 허용하중은 $P_a = Q_{ult} / F_s$로 결정된다($P_a = \sigma_a \cdot A$, A는 단면적, σ_a는 허용응력). 허용응력(σ_a)을 알면 기초의 크기를 결정할 수 있다. WSD의 허용한계(응력)는 보통 탄성해석으로부터 평가한다. WSD의 대표적인(typical) 안전율 기준을 표 1.5에 보였다.

표 1.5 WSD 설계(전반안전율 설계)에 대한 대표적 안전율(after Terzaghi and Peck, 1967)

파괴 형태	항목	안전율
전단	Earthworks	1.3-1.5
	옹벽	1.5-2.0
	기초	2.0-3.0
침투	융기(heaving)	1.5-2.0
	동수경사(gradient), 파이핑	3.0-5.0
파일의 극한 하중	파일 재하시험	1.5-2.0
	동적 지지력공식(항타공식)	3.0

주) 사용성에 대한 기준은 통상 허용변위 및 허용 균열 폭, 허용 누수량 등으로 규정한다.

WSD 설계법을 이후에 다룰 LSD 법과 일관된 체계로 고찰하기 위하여, WSD가 지반문제의 불확실성을 다루는 개념을 통계적으로 고찰해보자. 그림 1.12는 하중(L)과 저항(R)의 확률분포특성을 보인 것이다. 여기서 μ_R은 저항력 평균치, μ_L은 작용력 평균치이고, 평균의 신중한 평가값인 특성하중(characteristic load) $\hat{L}$, 특성저항(characteristic resistance) $\hat{R}$이라 하면 평균 및 공칭(nominal) 개념(특성치)의 전반안전율은 각각 다음과 같이 정의된다.

$$F_s = \frac{\mu_R}{\mu_L}\text{, 또는 } \hat{F}_s = \frac{\hat{R}}{\hat{L}} \tag{1.6}$$

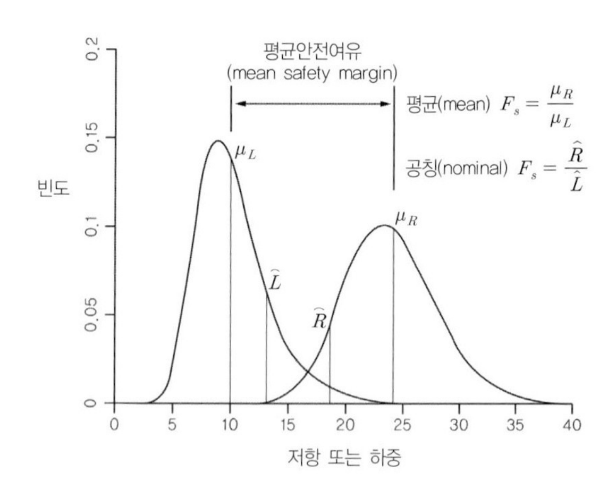

그림 1.12 하중, 저항 분포특성

WSD의 적용한계

WSD 설계법과 관련하여 일반적으로 알려진 문제점은 지반문제에 게재되는 다양한 불확실성을 단일 안전율(single factor of safety) F_s로 뭉뚱그려(lumped) 고려하는 데 한계가 있다는 사실이다. 또한 F_s의 선택은, 비록 지반공학 책이나 코드(code, 기준 또는 시방)를 통해 어느 정도 도움을 얻을 수는 있으나,

허용응력 설계법(WSD)의 불확실성

그림 1.13과 같은 확대기초에 대한 인발력을 WSD로 설계하는 문제를 생각해보자. 인발력에 저항하는 힘은 저면점착력(Q_{tu}), 측면전단저항력(Q_{su}), 자중(W)이다. 작용력의 메커니즘이 다르므로 각 힘에 대한 불확실성도 다를 것이다. 이 문제에 대한 안전율을 3으로 주어 5명의 설계자가 주관에 따라 계산하도록 하였다. 저항력의 고려방법에 따라 표 1.6과 같이 설계 총 인발력이 무려 27kN~214kN 범위로 계산되었다. 불확실성이 없는 중량을 안전율 적용에서 뺀 계산과 다른 저항력을 다 무시하고 확실하게 산정되는 중량에만 안전율을 적용한 두 극단적인 경우가 각각 최소, 최댓값을 나타내었다.

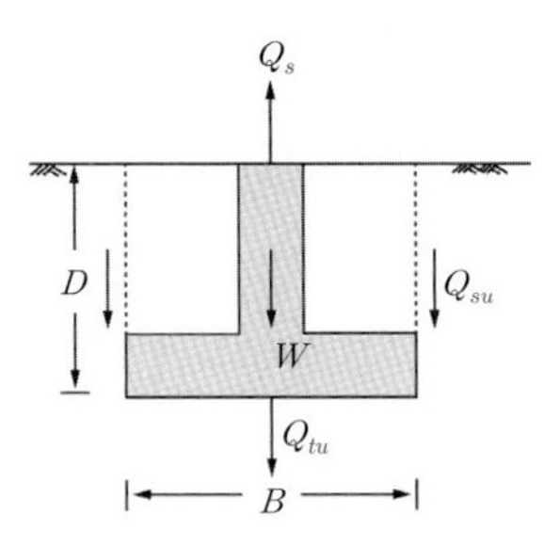

그림 1.13 확대기초의 인발저항

표 1.6 설계편차 예시

설계자	설계식	Q_{ud}(kN) : 안전율 3	Q_u/Q_{ud} : 실제 설계안전율
A	$Q_{ud} = (Q_{su}+Q_{tu}+W)/F_s$	170.7	3.0
B	$Q_{ud}-W=(Q_{su}+Q_{tu})/F_s$	214.2	2.4
C	$Q_{ud} = (Q_{su}+W)/F_s$	108.9	4.7
D	$Q_{ud}-W=Q_{su}/F_s$	152.4	3.4
E	$Q_{ud} = W/F_s$	21.8	23.5

참고: Q_{su}=측면전단저항력=261.8kN, Q_{tu}=저면점착력=184.4kN, W=자중=65.3kN, Q_{ud}=설계 총인발저항력, F_s=안전율, Q_u=허용 총 인발저항력=$Q_{su}+Q_{tu}+W$=511.6kN

위 계산은 두 가지 중요한 시사점을 준다. 첫째는 WSD의 안전율 개념의 통일된 적용기준이 없다는 문제와, 둘째는 하중이나 저항력을 산정하는 데 있어서 요소별로 다른 불확실성의 고려가 필요하다는 사실이다. 두 번째 문제점은 그림 1.14에 보인 바와 같이 동일한 평균 안전율을 갖는 지반문제라도 현저히 다른 파괴의 확률(1.5.1절 참조)을 갖는다는 사실로부터 확인된다. 다시 말해 평균 안전율은 실제 안전율을 적절히 반영하지 못한다.

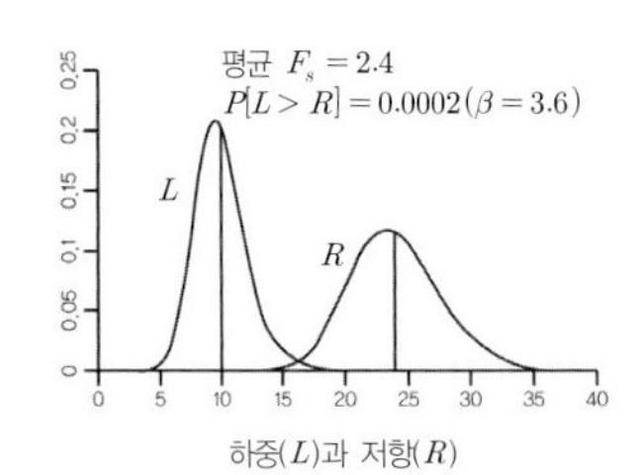

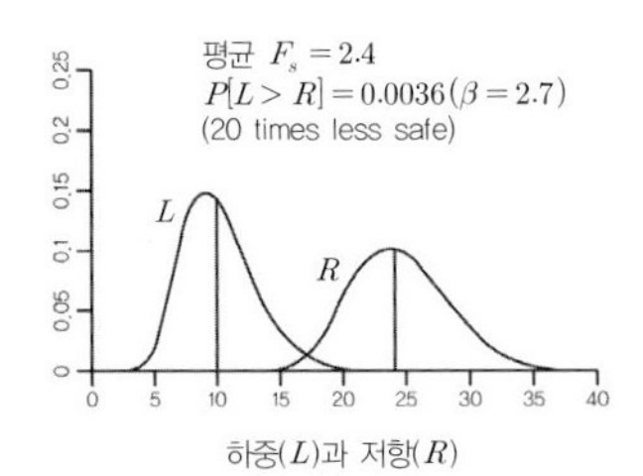

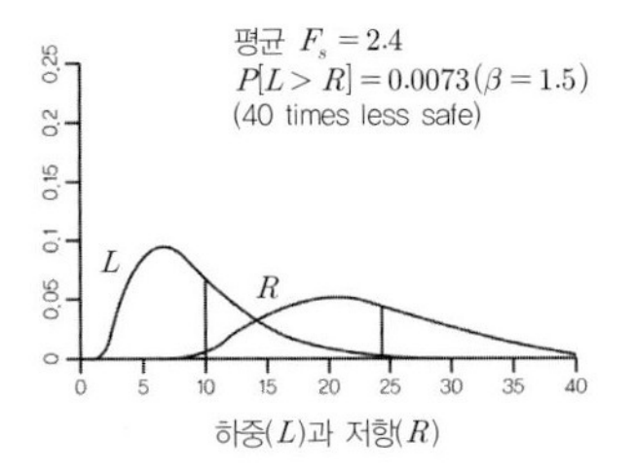

그림 1.14 WSD의 불확실성 고려에 대한 한계(같은 안전율을 갖지만 파괴확률은 현저히 다른 지반문제의 예)

설계자의 판단과 재량에 맡겨지는 경우가 많다. **공학적인 판단은 설계의 필수적인 요소**이기 때문에(Vick,2002), 설계자가 이러한 판단을 할 수 있는 재량을 갖는 것은 매우 타당하다. 하지만 **어떤 값을 사용해도 '그 값을 선택한' 이유는 주관적이라는 한계를 벗어나기 어렵다**.

1.4 지반의 한계상태 설계법(LSD)

WSD 설계법의 안전율에 대한 한계를 극복하기 위하여 20세기 중반부터 지반설계에도 하중형태와 지반강도에 서로 다른 설계계수를 적용하는 **부분계수(partial factor)**개념인 LSD 설계법이 도입되었다. WSD가 LSD로 전환된 요인은 실제 시스템에 대한 신뢰성확보에 더 큰 만족감을 주고 구조설계 코드와도 부합하기 때문이다. 부분계수 설계의 기본 철학은 가급적 불확실성의 유발요소에 더 근접한 부분계수를 적용하는 것이다. 이 방법은 1960년대 이후 덴마크에서 사용되고 1965년 처음으로 코드화되었다. 이후 BS(British Standard)는 물론 유럽지역에서 널리 채용되고 코드화되었다.

LSD 설계법은 유로코드에서 정형화된 설계법으로 먼저 구조공학분야에서 확립되었다. **지반설계에 한계상태 설계개념(limit state design concept)이 일찍 도입되기 어려웠던 이유는 지반조건이 부지마다 다르며 따라서 지반파라미터를 얻기 위한 지반조사법도 달라 지반문제를 정형화하기 어렵기 때문이다.** 또한 부분안전계수는 자중을 포함하여 결정하는데, 지반설계에 있어서 자중은 중요한 요소이나 지반 자중의 어떤 부분이 유리하게 또는 불리하게 기여하는지를 정확히 판단하기 어렵기 때문이었다.

1.4.1 한계상태(limit state)의 정의

한계상태 설계(LSD)는 규정 설계수명 동안 발생 가능한 조건으로 한계상태(limit state)를 설정하여 이 상태에서도 구조물이 안정하고 기능이 유지되도록 하는 설계개념이다. 따라서 한계상태설계는 적절한 모델을 사용한 설계 값이 규정된 한계상태를 초과하지 않음을 확인하는 과정이다. 일반적으로 설계 요구조건을 충족시키기 위한 다음의 두 가지 한계상태(극한한계상태와 사용한계상태) 검토기준이 제시되고 있다.

- 극한한계상태(ULS, ultimate limit state) – 안정성 조건
  - 지반구조물: 평형의 상실로 인한 붕괴, 과대변형으로 인한 붕괴, 불안정, 피로파괴, 시간의존성 과대변형파괴
  - 수리구조물: 수압에 의한 활동, 전도파괴, 상향수압 및 부력파괴, 내부침식 및 파이핑파괴
- 사용한계상태(SLS, serviceability limit state) – 사용성 조건
  구조물의 사용기능과 관련되는(예, 침하, 비틀림, 변형률) 사람의 불편정도, 외관저해 등

ULS는 생명의 보호에 관련된 개념이며, SLS는 구조물의 일상적인 사용을 위한 기능유지와 관련된 개념이다. 따라서 극한상태는 붕괴와 관련되며, 사용한계는 이용자의 불편(기능손상, 외관부적합 등)과

관계된다. SLS는 기능적 한계상태를 정의하는 것으로서, 최근 들어 정밀기계의 설치, 환경기준의 강화 등과 관련하여 사용한계기준은 진동, 오염물의 이동, 누수량 등 보다 다양한 설계조건을 포함하고 있다. 사용한계를 정의하는 데는 시공기술의 한계 등을 감안하여 구조물이 감내할 수 있는 범위의 허용조건(예, 허용침하, 허용 누수량 등)을 설정하여야 한다. 일반적으로 ULS는 최악조건(the worst load case)으로서 단기 최대하중(short-term maximum loading)개념의 하중의 조합으로 평가하며, SLS는 장기 지속 하중의 영향으로 평가하는 경우가 많다.

1.4.2 LSD 설계 요구조건

LSD 설계법(design methodology)은 공학커뮤니티(engineering community)에서 이미 수용된 접근법으로서 어떤 한계상태에서든 다음 조건을 만족하여야 한다.

$$\phi_g \hat{R} \geq \gamma \hat{L} \tag{1.7}$$

여기서, ϕ_g는 (지반)특성저항 $\hat{R}$에 적용하는 저항계수($\phi_g \leq 1.0$)이고, γ는 특성하중 $\hat{L}$에 적용하는 하중계수($\gamma \geq 1.0$)이다. 하중, 지반파라미터 등과 같은 불확실성 변수는 어떤 분포를 갖는 랜덤 변수(random variables)로 나타낼 수 있는데, 변수의 분포는 통상 평균, 표준편차 그리고 분포형상(예, 정규분포, 로그정규분포 등)으로 정의된다. 특성치는 일반적으로 통계적 평가값이며, 작용력 L의 평균값이 μ_L, 저항 R의 평균값이 μ_R인 경우, 하중 특성치와 저항특성치는 각각 다음과 같이 정의된다.

$$\hat{L} = k_L \mu_L \tag{1.8}$$

$$\hat{R} = k_R \mu_R \tag{1.9}$$

여기서 k_L, k_R은 각각 평균값에 대한 특성치의 비(ratio)이며, 일반적으로 $k_L \geq 1.0$이고, $k_R \leq 1.0$이다. 파라미터 위 '^'는 이 값이 통계적으로 평가된 특성치임을 나타내기 위함이다. 특성치란 측정이나 시험 및 조사로부터 얻은 값을 통계적으로 처리하고 평가한 값을 말하며, 일반적으로 지반물성의 불확실성과 변동성을 고려한 '평균값의 신중한 평가(a cautious estimate of mean value)' 값으로 정의한다. 그림 1.15는 이를 개념적으로 도시한 것이며, 구조설계의 경우 $\hat{L}$과 $\hat{R}$은 통상 95% 신뢰구간으로 정의된다(6장 6.4절 통계적 물성평가 참조).

일반적으로, 저항계수 ϕ_g는 1.0보다 작다. 이는 특성 저항 값을 적당히 작은 발생가능성을 지닌 계수 저항(factored resistance) 값으로 감소시킨다. 불확실성을 고려하여 감소시킨 저항 값이 전체 설계상황의 어떤 일부분에서 발생할 수 있기 때문에, 이 저항 값이 설계 과정에 존재하는 것으로 가정한다.

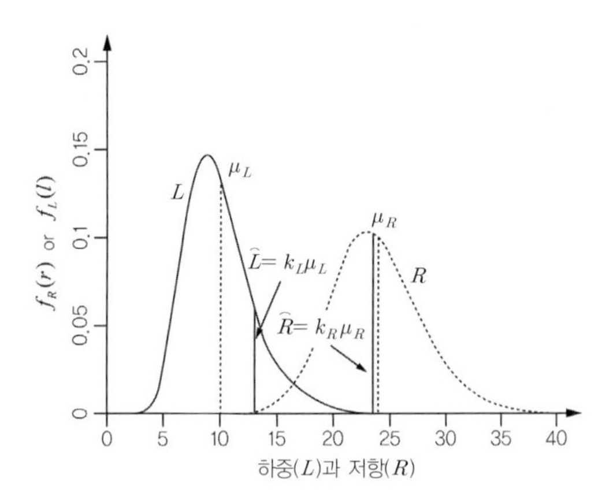

그림 1.15 L, R의 분포와 $\hat{L}, \hat{R}$의 위치

반면, 하중계수 γ는 보통 1.0보다 크다. 이는 특성 하중 값을 계수하중(factored load)값으로 증가시킨 것이다. 이는 전체 설계상황에서 어느 일부에서 일어날 수 있는 상황으로 비록 일어날 확률이 낮더라도 설계에서 고려되어야 할 하중이다.

불확실성을 하중에 따라 달리 고려하기 위하여 다음과 같이 부분계수를 구분하여 도입할 수 있다.

$$\phi_g \hat{R} \geq \eta \sum_{i=1}^{m} \gamma_i \hat{L}_i \tag{1.10}$$

여기서 각각의 하중에 대하여 하중계수 γ_i를 m 개의 특성하중 $\hat{L}_i$에 적용한다. 예를 들어, $\hat{L}_1$은 지속적인 하중이거나 사하중(dead load), $\hat{L}_2$는 최대 수명 기간 중 동적하중이거나 활하중(live load), $\hat{L}_3$는 열팽창에 의한 하중일 수 있다. 이러한 각각의 하중 종류들은 그들만의 분포특성이 있으며, 상관성이 있는 하중계수는 하중의 변동성(variability)에 상응(match)하도록 조정될 수 있다. 파라미터 η는 중요도계수(importance factor)로서 구조물이 중요할수록 증가시킨다(예, 병원).

NB : 코드별 하중(L, F, P), 저항(R, Q) 그리고 하중계수(γ)와 저항계수(ϕ)의 심벌과 적용방법에 차이가 있어 유의하여야 한다. 이 장에서 식 (1.13)로 표현되는 LRFD식의 유로코드 7의 표현은 다음과 같다.

$$\sum_i \eta_i \gamma_i Q_i \leq \phi R_n \tag{1.11}$$

여기서 η_i : 하중수정계수($\approx 0.95 \sim 1.0$, 연성, 중복성 및 운영상 중요성을 고려하는 계수),

γ_i : 하중계수(일반적으로 ≥ 1.0), Q_i : 작용(예, 하중), ϕ : 저항계수(≤ 1.0), R_n : 공칭저항력

WSD의 안전율(F_s)과 LSD의 저항계수(ϕ_g)

지반공학적 LSD 설계법 정립을 위한 대부분의 시도들은 WSD 기준의 보정을 통해 이루어졌다. WSD는 백년 이상의 경험을 축적해왔고, 사회에서 바라보는 허용가능한 위험(acceptable risk)으로 현재의 상태를 대표하기 때문에, 이는 나름대로 합리적인 설계법으로 인정받고 있다.

LSD의 전체저항계수접근법은 단일안전율 F_s와 연관분석이 가능하다. 하중계수는 보통 구조기준(structural code)에 의해 규정되기 때문에, WSD와 LSD의 설계원리로부터 이들 관계를 유도할 수 있다.

$$\hat{R} \geq F_s \sum_{i=1}^{m} \hat{L}_i \qquad \text{(WSD)} \qquad (1.12)$$

$$\phi_g \hat{R} \geq \sum_{i=1}^{m} \gamma_i \hat{L}_i \qquad \text{(LSD)} \qquad (1.13)$$

위 두 식을 지반저항계수 ϕ_g에 대하여 정리하면 다음 식을 얻을 수 있다.

$$\phi_g = \frac{\sum_{i=1}^{m} \gamma_i \hat{L}_i}{F_s \sum_{i=1}^{m} \hat{L}_i} \qquad (1.14)$$

$F_s = f(\phi_g, \gamma)$이므로, F_s는 하중의 불확실성과 지반의 불확실성을 포괄한다. 실제로 하중과 지반불확실성의 특성과 정도는 상이하므로 F_s의 결정은 주로 경험에 의존해왔다.

1.4.3 LSD 설계절차

그림 1.16은 설계의 인자와 이를 이용한 해석(계산)에 의한 지반설계의 절차(LSD)를 개념적으로 정리한 것이다. 가정한 목적물 단면의 설계치수($B_d = B_{nom} + \Delta B, \Delta B$=여유)에 대한 작용력과 저항력을 규정된 안전계수를 곱하여 산정하고, 이를 이용한 설계해석을 수행하여 안정성에 대한 $E_d \leq R_d$, 사용성에 대한 $E_d \leq C_d$를 확인하는 것이다. 이 조건이 만족될 수 있도록 치수변경 혹은 지반조건 변화(예, 지반개량)를 경제적으로 조합한다.

NB: 지반설계가 구조설계와 구분되는 특징 중의 하나는 지반개량을 통해 물성의 변화를 설계에 반영할 수 있다는 점이다. 특히 지반개량을 통해 지반의 강성 또는 강도를 변경하는 설계개념은 공간 제약 상태에 있는 도심지역에서는 매우 중요한 대안이다.

NB: 여기서 특성치는 확률변수인 R, L과 구분하여 $\hat{R}$, $\hat{L}$로 표기하였으나, 여러 기호 사용에 따른 혼동을 줄이기 위해 이후부터는 '^'을 생략하였다.

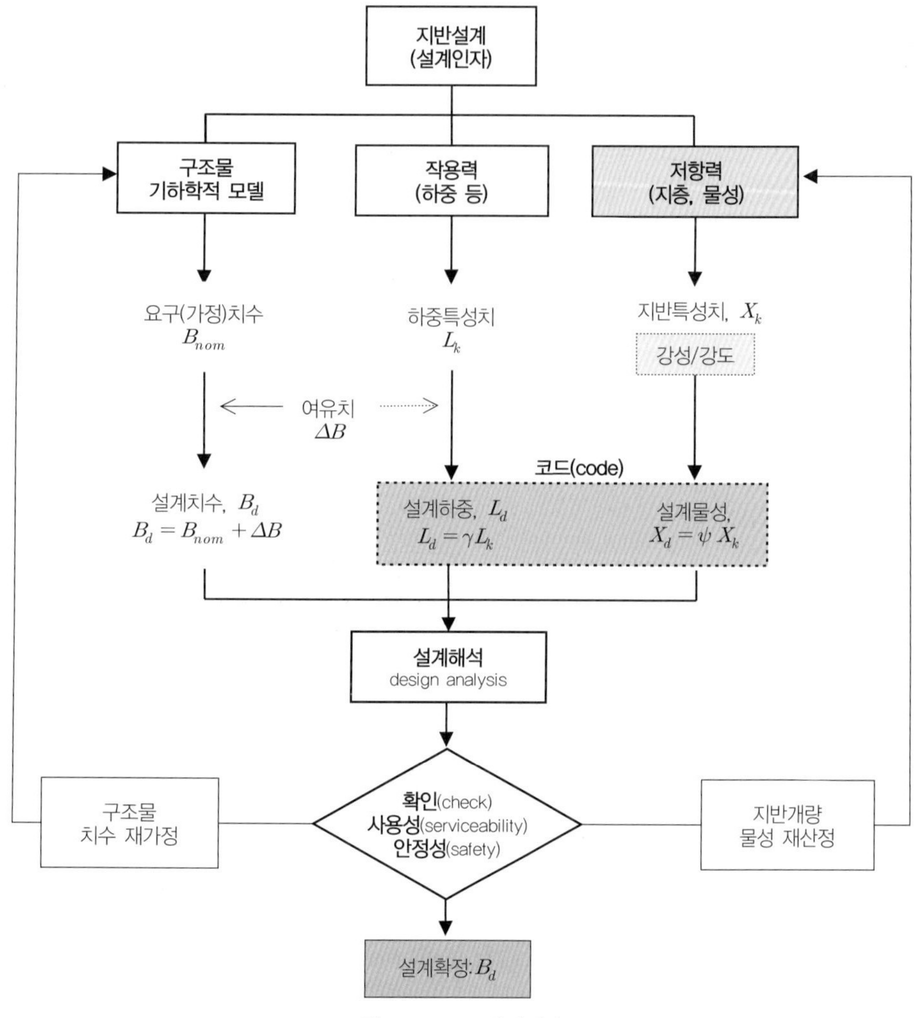

그림 1.16 LSD 설계절차

작용력(action)의 산정. 작용 설계하중(L_d) 결정 시 안전계수를 부여하는 방법은 다음과 같다.

$$L_d = \gamma_L \cdot L_k \tag{1.15}$$

여기서, L_k: 특성하중 값, γ_L : 하중부분계수(partial factor, $\geq$ 1.0). 구조물로부터 전달되는 작용력에는 영구(사)하중(permanent), 활하중(live) 그리고 일시하중(accidental)이 있다. 지반구조물의 사하중은 구조물에서 전달되는 하중과 자중이 있다. 활화중은 건물에 부가되는 상재하중을 들 수 있으며 일시하중으로는 충격, 폭발 그리고 지진하중을 들 수 있다. 지반공학적 작용력은 자중, 수압, 토압, 하중제거(굴착), 지하굴착으로 인한 변형, 기후변화에 따른 팽창과 수축, 동결 및 융해작용이다.

저항력의 산정. 지반파라미터의 공간적 변화, 응력-변형률 거동의 비선형성 등의 불확실성을 고려하기 위해 적절한 부분안전계수를 적용한다. 사용성 검토의 경우 지반물성의 설계특성치 X_k에 부분계수를 적용하여 설계물성치 X_d를 산정한다.

$$X_d = X_k/\psi_M \tag{1.16}$$

여기서 X_k는 특성치(characteristic value) , X_d는 설계치(design value) , ψ_M은 지반물성의 부분(재료)계수(partial factor)이다.

부분계수(재료계수). 지반파라미터 부분계수는 최종 계산된 지반 저항에 단일계수를 적용하는 저항계수법과 지반 강도의 다수의 요소(예, $\tan\phi'$과 c')에 개별적으로 적용하는 부분계수(재료계수)법이 있다. **부분계수는 재료물성감소계수로서 $\tan\phi'$와 c'에 각기 작용하는 계수이며, 저항계수(resistance factors)는 지지력(또는 활동(sliding)) 등 저항능력에 적용하는 계수를 말한다.** 표 1.7에 각 설계규정에 따른 하중계수 및 저항계수를 예시하였다.

표 1.7 설계규정에 따른 하중계수, 재료계수 및 저항계수

설계규정 Code		하중계수 (load factor)		부분계수(재료계수) (partial factor)		저항계수 (total resistant factor)	
		사하중 (dead load)	활하중 (live load)	$\tan\phi'$	c'	지지력파괴 (bearing)	슬라이딩파괴 (sliding)
CFEM	1992	1.25	1.5	0.8	0.5–0.65		
NCHRP 343	1991	1.3	2.17			0.35–0.6	0.8–0.9
NCHRP12-55	2004	1.25	1.75			0.45	0.8
Denmark	1965	1.0	1.5	0.8	0.57		
B.Hansen	1956	1.0	1.5	0.83	0.59		
CHBDC	2000	1.25	1.5			0.5	0.8
AS 5100	2004	1.2	1.5			0.35–0.65	0.35–0.65
AS 4678	2002	1.25	1.5	0.75–0.95	0.5–0.9		
Eurocode 7	Model 1	1.0	1.3	0.8	0.8		
Eurocode 7	Model 2	1.35	1.5			0.71	0.91
ANSI A58	1980	1.2–1.4	1.6			0.67–0.83	

주) CFEM: Canadian Foundation Engineering Manual
NCHRP: National Cooperative Highway Research Program
CHBDC: Canadian Highway Bridge Design Code
AS: Australian Standard
ANSI: American National Standards Institute

부분(재료)계수 적용법과 저항계수 적용법은 각각의 장단점이 있으며, 설계코드들(design codes)도 방법의 선택에 있어 둘로 갈린다(캐나다, 호주 및 Euro Code 7은 두 방법을 모두 허용한다). 부분저항계

수의 적용과 관련하여 다음을 주지할 필요가 있다.

- 서로 다른 지반강도의 구성요소가 분포특성이 다르므로, 개별 저항계수는 각 강도 요소의 불확실성을 반영하여 설정할 수 있다. 예를 들어, 마찰각은 보통 점착력보다 더 정확하게 결정되므로 서로 다른 저항계수를 사용하여야 불확실성의 차이가 반영될 수 있다.
- 부분계수는 명시적으로 재료의 강도파라미터로 인한 불확실성만을 고려한다. 여기에는 시공 불확실성, 모델링 오차, 파괴여파 등은 포함되지 않는다. 따라서 이들 요소의 불확실성을 고려하려면 추가적인 계수가 도입되어야 한다.
- 파괴 메커니즘이 재료의 강도변화에 민감할 때, 재료특성의 조정(adjusting)은 예상과는 다른 파괴 메커니즘을 초래할 수 있다.
- 불확실성의 모든 원인을 설명하기 위하여 너무 많은 부분계수를 사용하면 혼란스럽고, 또 실제 지반거동에 대한 이해를 감소시키는 결과를 초래할 수 있다.

NB : 구조물, 설계상황에 따라 설계지반조건이 다르게 제시되므로 이를 고려하여야 한다. 유로코드의 경우 EU 회원국의 설계법의 차이를 반영하여, 하중계수 및 재료(혹은 저항)계수를 적용하는 방법에 있어 다음의 3가지 설계법을 모두 허용한다.

- 설계법 1 : 하중에만 계수를 적용하는 방법 또는 재료물성(또는 저항)과 변동하중에만 계수 적용
- 설계법 2 : 하중과 저항(예, 지반물성에 계수를 적용하지 않고, 지지력에 적용)에 계수 적용(≈LRFD)
- 설계법 3 : 하중과 재료물성에 계수적용

북미의 LRFD는 한계상태설계원리에 기초한 지반 설계법으로 유로코드의 설계법 2와 유사하다. 그림 1.17에 설계법을 비교하였다.

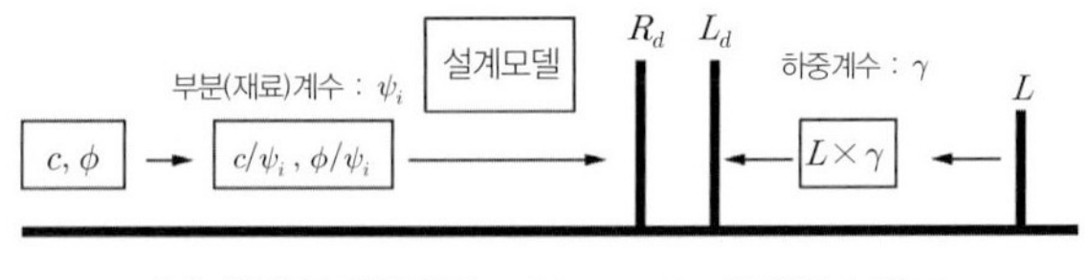

(a) 한계상태설계법 – Eurocode 설계법 1 및 3

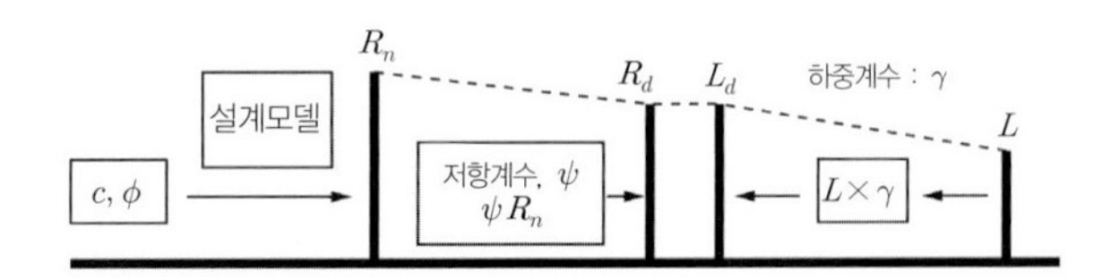

(b) 한계상태설계법 – LRFD 법, Eurocode 설계법 2

그림 1.17 설계법 비교(R, L은 각각 저항과 하중)

예제 부분계수는 각 설계코드에 규정되어 있다. 설계코드는 각 국가가 자연환경과 기술수준 등을 종합하여 결정하므로 국가별로 상이하다. 어떤 지반의 물성이 $c'=100\text{kN/m}^2$, $\phi'=30°$ 일 때 사하중 3700kN, 활하중 1000kN을 지지할 기초의 크기를 Hansen식을 이용하여 부분계수를 채용하는 코드별로 산정하여 비교해보자.

풀이 Hansen의 식은 비배수 점토 급속재하 지지력 공식

$$q_{ult}=(N_q\times S_q\times d_q\times\sigma_o)+[N_\gamma\cdot S_\gamma\cdot d_\gamma\cdot\gamma_\gamma\times(0.5\gamma B-\Delta u)]$$

$$N_q=k_p e^{\pi\tan\phi'},\ k_p=\frac{1+\sin\phi'}{1-\sin\phi'}$$

형상계수 $S_q=1+B/L\cdot\tan\phi'$

심도계수 $d_q=1+2\tan\phi'\cdot(1-\tan\phi')K$

$$K=\frac{D}{B}\left(\frac{D}{B}\leq 1\text{인 경우}\right),\ K=\tan^{-1}\left(\frac{D}{B}\right)(\text{rad})\left(\frac{D}{B}>1\text{인 경우}\right)$$

$$N_\gamma=1.5(N_q-1)\cdot\tan\phi'$$

형상계수 $S_\gamma=1-0.4\left(\frac{B}{L}\right)$

$$d_\gamma=1$$

$$\gamma_\gamma=1-0.25\log_{10}\frac{B}{2}$$

여기서, L : 기초 길이, B : 폭, D : 심도

B.Hansen (1956)	하중계수(load factor)		부분계수(partial factor)		계산 예 (소요면적)
	사하중 (dead load)	활하중 (live load)	$\tan\phi'$	c'	
	1.0	1.5	0.83	0.59	4.145

지지력파괴(극한한계상태)에 대해 설계된 직접기초(spread footing)의 소요면적(required area)을 각각의 기준에 맞춰 계산하여 표 1.8에 나타냈다. 하중이나 저항 계수가 구간으로 주어지는 경우, 구간의 중간점(midpoint of range)을 사용하였다. 가장 보수적인 기준(최대크기)의 경우 5.2m^2, 최소 기준(최소크기)은 2.8m^2으로 나타났다. 이 결과로부터 기준에 따라 요구되는 기초면적이 2배 가까이 차이가 남을 알 수 있다.

표 1.8 설계규정에 따른 소요기초면적 설계결과 비교

설계규정 Code	CFEM	NCHRP 12-55	Denmark	CHBDC	AS5100	Euro code 7	Euro code 7	ANSI A58
	1992	2004	1965	2000	2004	Model 1	Model 2	1980
계산예 (소요면적)	5.217	4.700	4.468	4.064	3.942	3.061	3.035	2.836
비율 주)	1.259	1.134	1.078	0.980	0.951	0.738	0.732	0.684

주) Hansen 결과 소요면적 A=4.145를 1로 함

1.5 지반의 신뢰도기반 설계법(RBD)

신뢰도 기반설계(RBD, reliability-based design)는 지반불확실성을 고려하기 위하여 확률 및 통계개념에 기초한다. 따라서 통계와 확률지식에 대한 점검이 필요한 경우 이 책의 6장 6.4절 '확률과 통계에 의한 지반물성치 평가'를 먼저 학습하여 숙지하기 바란다.

1.5.1 신뢰도기반 설계의 개념

현재까지의 지반공학적 설계에 대한 WSD는 몇 가지 문제에도 불구하고 상당히 성공적이었고 많은 실증적 경험을 축적해왔다. WSD에서 신뢰성기반 설계로 전환이 필요하다는 동인은 **시스템의 실제 불확실성에 대해 보다 논리적 접근이 가능하고, 이미 많은 부분을 채택하고 있는 구조공학분야의 설계기준에 상응하는 조화를 추구하는 데 있다**.

WSD법의 문제점을 개선하기 위한, 보다 발전된(advanced) 설계해석법으로서 불확실성을 보다 논리적으로 고려하기 위한 신뢰도기반(reliability-based) 설계법이 출현한 것은 지극히 정상적인 과정이라 할 수 있다. 적어도 20세기 초반까지는 지반공학적 하중과 저항의 이해에 있어서 '평균치(mean)' 개념을 초월하지 못하였다. 그러므로 평균, 그리고 단일 전체안전율(single global factor of safety) 관점으로 설계개념을 정립할 수밖에 없었다.

하지만 최근 들어 하중과 저항의 분포에 대한 이해가 향상됨에 따라, 이러한 분포를 통계적으로 고려하는 보다 정교한(sophisticated) 설계 방법론을 지향하게 되었다. 앞에서 고찰한 LSD나 LRFD의 하중계수나 저항계수는 기본적으로 불확실성을 고려한 신뢰도 개념을 담고 있다. 하지만 두 설계개념 모두 여전히 설계 안전율로 안전여유(safety margin)를 규정한다. 이에 반해 **신뢰도 설계는 파괴확률로 안전여부를 규정한다.**

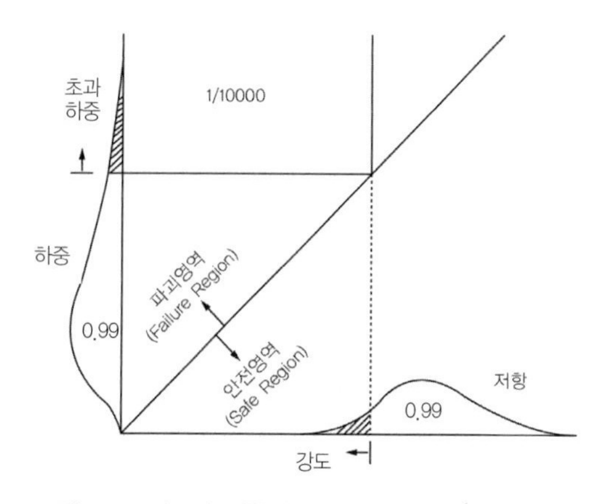

그림 1.18 하중과 저항의 분포특성과 설계영역

그림 1.18은 지반설계의 불확실한 특성과 설계개념을 예시한 것이다. 불확실성을 고려한 방법으로 빗금 친 부분과 과 같은 비우호적 하중과 지반파라미터를 이용한 해석을 통해 파괴확률로 설계기준을 도입할 수 있다.

어떤 물리량의 크기가 정확히 정해지지 않았을 때, 그 양을 어떤 값으로 가정할 수는 있으나 어떤 값인지는 모를 때 이 물리량을 **확률변수(random variable)**라 한다. 우리가 다루는 대부분의 공학파라미터는 정도의 차이만 있을 뿐 거의 모두가 확률변수에 해당된다. 대표적인 예가 지반파라미터이다. **확률변수는 확률이론으로 다룸으로써 여러 가지 불확실성에 대한 상대적 중요성을 고려할 수 있다.**

NB : 구조물, 구조물이 한계상태에 도달할 가능성을 확률론적으로 조사 비교하는 설계법이 신뢰도기반 설계(RBD, reliability based design)이다. 신뢰도기반설계는 불확실성을 고려하는 이론적 수준에 따라 I, II, III 레벨로 분류할 수 있다.

- 레벨 I : 반(半)확률적(semi-probabilistic) 접근법으로서 계수하중과 저항 값에 근거를 둔다. 하중계수와 저항 계수가 확률에 근거하지 않고 낮은 수준의 신뢰도 이론을 통해 정의된다. LSD(LRFD)가 이 범주에 속한다.
- 레벨 II : 하중과 저항에 대한 확률분포(probability distributions)를 고려하는 정확한 확률적(probabilistic) 해석을 수행하지만 하중과 저항이 **독립(independent)확률변수**로서, 하중과 저항의 영향요인들은 공간적(spatially) 또는 시간적으로 변화하지 않다고 가정한다.
- 레벨 III : 지반저항과 하중을 공간 및 시간적 **상관(correlated)확률변수**로 다루는, 가장 정도가 높은 신뢰성 해석기법을 적용한다. 상호관련된 공간-시간 변화성을 가지는 확률장(space-time varying random fields)을 고려한다.

레벨 II 및 레벨 III 의 해석은 확률통계적 접근방식으로서, 복잡한 비선형 다중차원 유한요소 모델과 결합된 Monte Carlo 모의실험을 이용한다. 이 경우 **설계기준은 안전율이 아닌 파괴확률로 규정**한다.

1.5.1 파괴확률과 신뢰지수

WSD에서 안전율의 크기는 파괴가 일어날 것인지에 대한 가능성을 말해주지 않는다. 또한 안전율은 계산하는 절차나 수식들도 명확히 정의되지 않는 경우가 많다. 예를 들어 사면(slope)상의 흙의 허용강도를 선정하는 데 있어서 어떤 기술자는 측정치의 평균값을 쓰고, 또 다른 기술자는 아주 보수적인 평가값을 쓰기도 한다. 게다가 같은 기술자라도 프로젝트마다 다른 기준을 적용하기도 한다.

신뢰성이론을 도입하면 이와 같은 불확실성을 합리적으로 다룰 수 있다(확률 및 통계의 기초이론은 제6장 참조). 기초의 하중-지지력을 예로 하여 이 관계를 살펴보자.

파괴확률

안전율은 저항능력(저항력, 지지력, R) 과 지반의 작용 영향(하중, L)의 비로 정의한다. 즉, $F_s = R/L$.

특정 프로젝트에 대하여 충분한 하중조사와 지반조사를 수행하여 하중과 지지력의 분포를 나타내면 이는 자연현상으로서 정규분포와 같이 나타난다. 작용력(L)이 x라면, 저항력(R)이 x보다 작을 경우 파괴가 일어날 것이다. 만일 R과 L이 독립적이면 x와 $x+dx$ 사이에서 L로 인한 파괴확률이 전체파괴가능성에 기여하는 확률 $P[F]$는 다음과 같이 나타낼 수 있다.

$$P[x \leq L \leq x+dx] \cdot P[R < x]dx \tag{1.17}$$

여기서 요구조건 L에 대한 확률분포함수 $f_L(x)$, 지지력 안정조건에 대한 누적확률분포함수 $P[R < x]$이라면, 모든 L에 대한 전체파괴확률 $P[F]$는 다음과 같다.

$$P[F]) = \int f_L(x)\, P[R < x]\, dx \tag{1.18}$$

따라서, 파괴확률 $P[F]$는 그림 1.19 (a)와 같이 요구조건(작용력)과 저항조건(저항력) 분포함수의 겹침(중첩)의 정도와 관련이 있다. 그림 1.19 (b)와 같이 평균이 증가하여 두 분포 간 거리가 증가하거나, 지지력 분포범위가 좁아지는 경우, 중첩이 줄어 파괴확률이 감소한다.

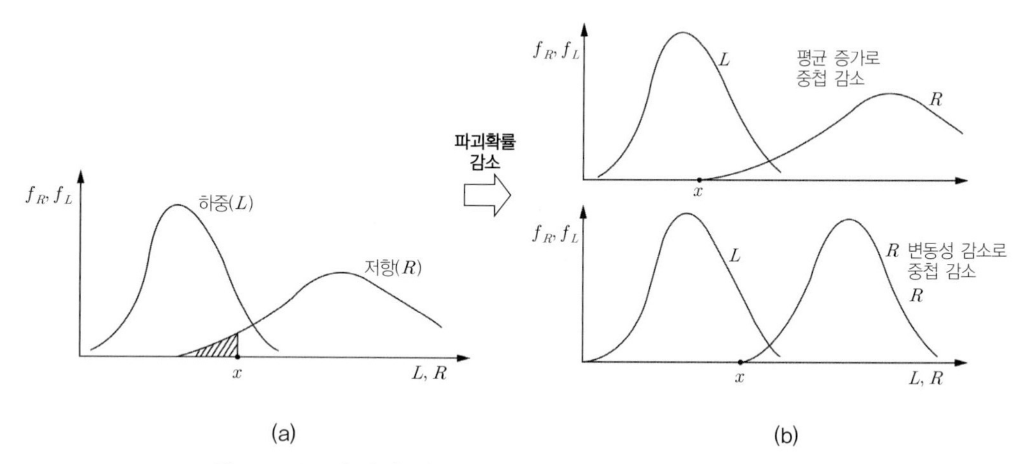

그림 1.19 요구와 지지능력 분포곡선 - 중첩이 감소할수록 파괴확률 감소

요구조건(작용력)과 저항조건(저항력)을 이용하여 안전율을 계산하고 이를 분포로 나타내면 그림 1.20 (a)와 같은 안전율 분포함수를 구할 수 있다. 안전율의 평균 크기가 증가하거나 분포범위(변동성)의 감소는 파괴확률을 감소시킨다(그림 1.20 (b)에서 횡축의 F_s가 1.0보다 작은 영역이 감소한다).

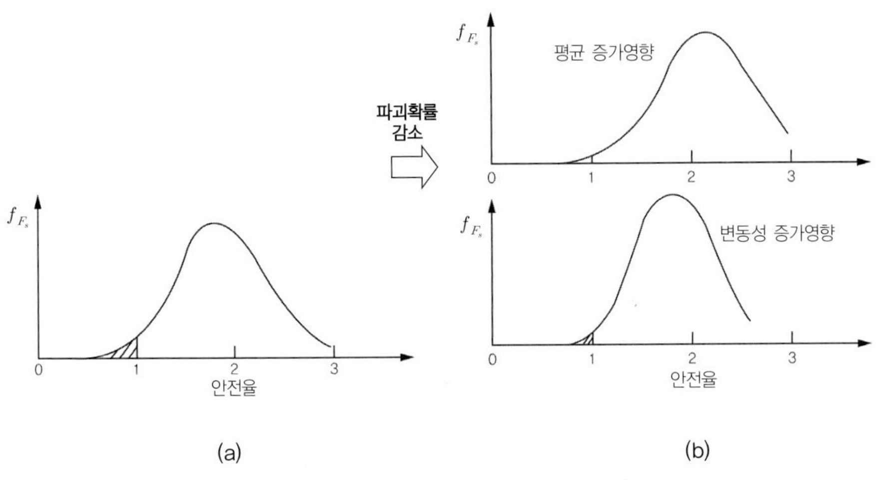

그림 1.20 파괴확률과 안전율 분포곡선

신뢰지수

확률변수 $x(=R/L)$를 다음과 같이 변환하면

$$Z=\frac{x-\mu}{\sigma} \tag{1.19}$$

Z는 평균이 '0'이고, 분산이 '1'인 표준정규분포가 된다. Z의 분포함수는

$$\phi(z)=\frac{1}{\sqrt{2\pi}}e^{-\frac{1}{2}z^2} \tag{1.20}$$

$\phi(z)$의 누적분포함수 $\Phi(z)=P[X<x]=P\left[\frac{X-\mu}{\sigma}<\frac{x-\mu}{\sigma}\right]=P\left[Z<\frac{x-\mu}{\sigma}\right]$이므로 파괴확률은

$$P[F_s<0]=P\left[Z<\frac{0-\mu_{F_s}}{\sigma_{F_s}}\right]=\Phi\left(-\frac{\mu_{F_s}}{\sigma_{F_s}}\right)=\Phi(-\beta) \tag{1.21}$$

여기서 Z는 표준정규분포, Φ는 표준 정규분포 누적확률밀도 함수이다. $\beta=\mu_{F_s}/\sigma_{F_s}$이며 β를 신뢰지수(reliability index)라 한다.

저항력과 작용력이 모두 표준정규분포를 따른다면 파괴확률, $P[F]$는 다음과 같이 쓸 수 있다.

$$P[F]=\Phi(-\beta)=1-\Phi(\beta) \tag{1.22}$$

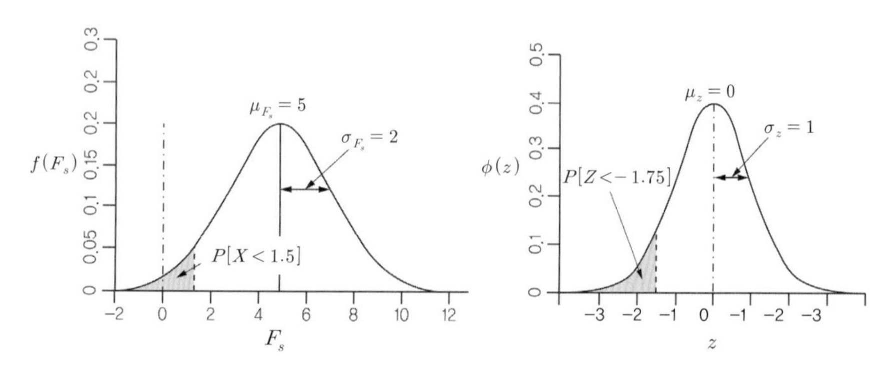

그림 1.21 파괴확률의 정규화

불확실한 변량은 특정분포의 확률변수로 나타내므로 신뢰도기반설계는 파괴확률(failure probability) 혹은 신뢰도지수(reliability index)로 안전율을 규정한다. **'파괴'라는 부정적 의미 때문에 '파괴확률' 표현보다 '신뢰도지수'란 표현을 사용한다**. 신뢰도지수와 파괴확률은 유일성의 관계가 있다. 표 1.9는 이 관계를 보인 것이다.

표 1.9 신뢰지수(β)와 파괴확률($P[F]$)의 관계

신뢰지수(β)	파괴확률($P[F] = \Phi(-\beta)$)	거동수준
1.0	0.16	위험(hazardous)
1.5	0.07	불만족(unsatisfactory)
2.0	0.023	불량(poor)
2.5	0.006	평균수준 이하(below average)
3.0	0.001	평균수준 이상(above average)
4.0	0.00003	양호(good)
5.0	0.0000003	우수(high)

$\beta < 2.5$ 이고, 변동계수($V_c = \sigma/\mu(\%)$=표준편차/평균)가 아주 크지 않을 경우, 식 (1.21) 및 식 (1.22)를 이용하여 $P[F]$를 산정할 수 있다. 이 범위의 β는 입력파라미터의 분포함수에 따라 아주 예민하지 않다. 따라서 이 범위의 β는 안전율을 정의하는 데 매우 유용하다.

β가 큰 경우 $P[F]$는 입력파라미터의 분포형상에 따라 매우 예민하다. 저항 또는 하중조건 중 하나의 분포가 정규 또는 로그정규분포이면 안전율에 관계없이 파괴확률은 그림 1.21에서 보듯이 결코 '0'이 되지 않는다(비록 값은 작더라도).

안전율에 대한 분포를 그림 1.22 (a) 와 같이 정규분포로 가정했을 때, 이에 대한 확률밀도함수는 그림 1.22 (b)와 같은 파괴확률을 나타낸다. 신뢰지수(β)는 평균으로부터 이격거리를 표준편차의 배수로 나타낸 안전율 값이다.

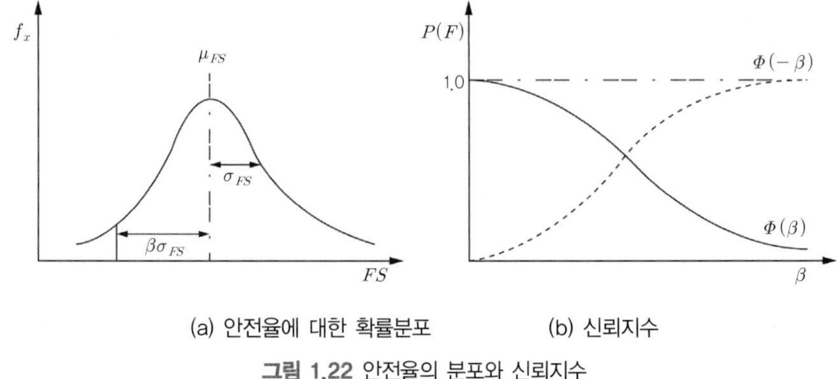

(a) 안전율에 대한 확률분포 (b) 신뢰지수

그림 1.22 안전율의 분포와 신뢰지수

파괴확률은 구조물의 중요성, 설계불확실성에 따라 다르지만 토목구조물의 경우 일반적인 파괴확률은 1/1,000~1/10,000로 가정한다. 일례로 교량상부구조의 경우 목표 신뢰지수는 일반적으로 3.5이다. **낮은 파괴확률의 설정은 사업비 증가를 의미한다**. 파괴확률과 비용의 관계는 다음과 같다.

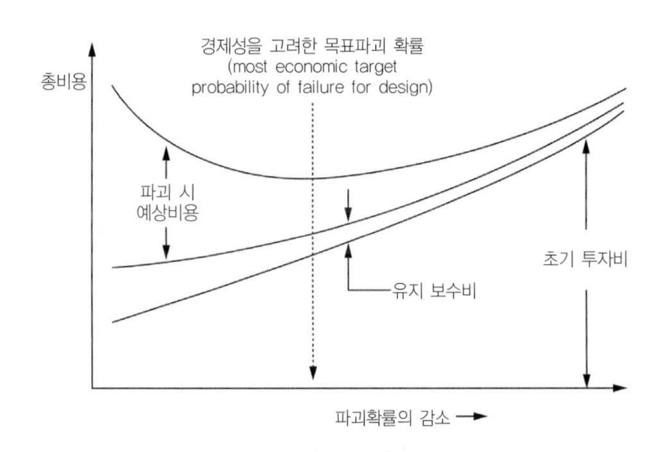

그림 1.23 설계파괴확률과 소요비용

1.5.3 신뢰지수의 산정 예

대부분의 공학문제에서는 저항력의 불확실성에 기여하는 여러 확률변수가 포함되어 있다. 요구조건(하중)도 마찬가지이다. 다행히도 이 경우 평균이나 변동계수와 관련한 간단한 규칙이 존재한다.

정규분포의 경우. 저항이 R, 하중이 L인 경우 안전여유(safety margin) M은 다음과 같다.

$$M = R - L \tag{1.23}$$

파괴는 $R < L$이거나, $M < 0$일 때 발생한다.

$$P[M<0] = P\left[Z < \frac{0-\mu_M}{\sigma_M}\right] = \Phi\left(-\frac{\mu_M}{\sigma_M}\right) = \Phi(-\beta) \tag{1.24}$$

여기서 Z는 표준정규분포, Φ는 표준 정규분포 누적확률밀도 함수이다.

파괴확률은 $\Phi(-\beta)$ 또는

$$P[F] = 1-\Phi(\beta) \tag{1.25}$$

$$\beta = \frac{\mu_M}{\sigma_M} = \frac{E[M]}{\sqrt{Var[M]}} \tag{1.26}$$

안전여유, $M = R - L$에서, 만약 R이 L에 대해 독립적이라면, FOSM으로 전개하면 다음과 같다.

$$Var[M] = \left(\frac{\partial M}{\partial R}\bigg|_{\mu_R}\right)^2 Var[R] + \left(\frac{\partial M}{\partial L}\bigg|_{\mu_L}\right)^2 Var[L] = Var[R] + Var[L] = \sigma_R^2 + \sigma_L^2 \tag{1.27}$$

그리고

$$E[M] = E[R] - E[L] = \mu_R - \mu_L \tag{1.28}$$

이 경우 안전여유 M은 선형이므로 이에 대한 평균과 분산은 일차(first-order)식이다.

$$\beta = \frac{\mu_R - \mu_L}{\sqrt{\sigma_R^2 + \sigma_L^2}} \tag{1.29}$$

대수정규분포의 경우. 토목공학 확률변수의 일반적인 분포특성인 대수분포이며, 이는 그림 1.24와 같이 정규분포로 변환할 수 있다. 이를 대수정규분포라 하며 안전여유는 다음과 같이 정의된다.

$$M = \ln\left(\frac{R}{L}\right) = \ln(R) - \ln(L) \tag{1.30}$$

앞에서 정규분포와 마찬가지 방법으로 대수정규분포에 대한 평균과 분산을 구하면

$$E[M] \simeq \ln(\mu_R) - \ln(\mu_L) \tag{1.31}$$

$$Var[M] \simeq (\frac{\partial M}{\partial R}\bigg|_{\mu_R})^2 Var[R] + (\frac{\partial M}{\partial L}\bigg|_{\mu_L})^2 Var[L] = \frac{Var[R]}{\mu_R^2} + \frac{Var[L]}{\mu_L^2} = V_{cR}^2 + V_{cL}^2 \quad (1.32)$$

여기서 분산(Var)은 평균으로부터 계산되었고, V_{cR}과 V_{cL}은 각각 R과 L에 대한 변동계수(coefficient of variation)이다. 이로부터 신뢰지수를 표현하면 다음과 같다(연산식 Box 참고).

$$\beta = \frac{\ln(\mu_R) - \ln(\mu_L)}{\sqrt{V_{cR}^2 + V_{cL}^2}} \quad (1.33)$$

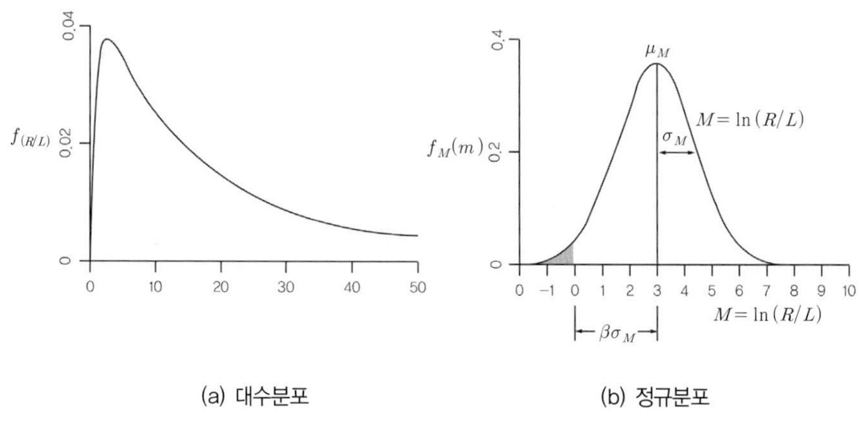

(a) 대수분포 (b) 정규분포

그림 1.24 대수분포의 정규분포로 변환

신뢰도 설계는 신뢰도 지수를 구하여, 그로부터 파괴확률을 산정하는 것이다. 신뢰지수를 구하기 위해서는 설계변수의 분포특성, 즉 평균과 변동계수가 필요하다. 이는 반대로 목표(설계) 파괴확률을 만족하는 설계내용을 찾는 과정이 될 수 있다.

NB : Taylor의 급수 전개하여 1차 항만을 고려하고 분산(2차 모멘트)으로 정리된 식을 FOSM(first-order second-moment method)이라 한다. FOSM은 여러 분포함수를 사용하므로 함수에 따른 평균과 일차 미분(first derivatives)이 달라져 유일성이 성립하지 않는다(매번 다른 파괴확률이 얻어질 수 있다). 파괴확률 계산은 Monte Carlo 모사기법을 이용한다.

예제 신뢰도해석 예 - 강성점토지반에 수평력 H가 작용하여 두부에 모멘트 M을 야기하는 현장타설말뚝을 설치하고자 한다. 이 말뚝의 허용수평변위를(y_a) 10mm로 할 때 파괴확률 $P_f = 1/1000$을 만족하는 최소 말뚝직경 D를 구해보자. 지반물성의 변동성은 그림 1.25와 같이 가정한다(Fan & Liang, 2013).

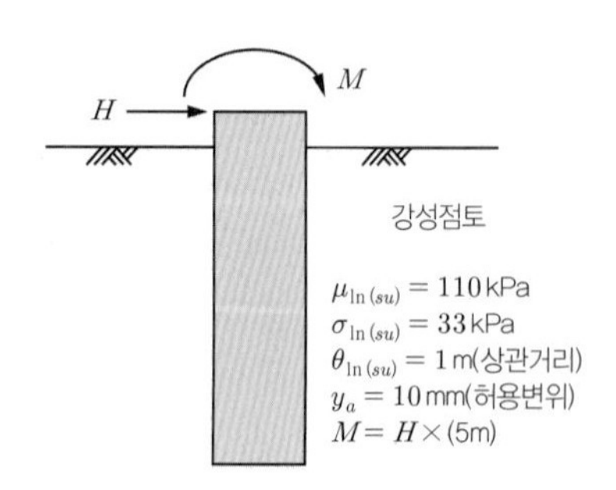

그림 1.25 신뢰도해석 예제

풀이 해석을 위한 입력 파라미터를 표 1.10과 같이 가정하였다.

표 1.10 연습문제 입력파라미터 조건

입력 파라미터	가정 확률분포	평균값(μ)	변동계수	상관거리(θ)	기타
D	-	-	-	-	확정값
L	-	-	-	-	확정값
H	감마분포	110kN	30%	-	-
s_u	대수정규분포	110kPa	30%	1.0m	-
γ	대수정규분포	19 kN/m^3	3%	1.0m	-

① 설계기준 파괴확률 설정: 토목공학에서 보통 1/1,000~1/100,000. 여기서는 P_T=1/1,000.
② 설계치수 가정 및 Monte Carlo Simulation을 위한 샘플사이즈 n을 결정
③ 랜덤 입력자료 생성: 입력변수의 분포특성(평균, 분산)을 이용하여 생성한다.
지반물성은 대수정규분포 등으로 가정 가능 평균, 분산, 상관거리 필요

$$V_{cs_u} = \frac{\sigma_{s_u}}{\mu_{s_u}}, \quad \sigma^2_{\ln s_u} = \ln\left(1 + \frac{\sigma^2_{s_u}}{\mu^2_{s_u}}\right), \quad \mu_{\ln s_u} = \ln\left(\mu_{s_u}\right) - \frac{1}{2}\sigma^2_{\ln s_u}$$

④ Monte Carlo Simulation(MCS)를 이용한 파괴확률 계산: $P[F] \approx \frac{1}{n}\sum_{i=1}^{n} I_i(f)$
⑤ 해석법: FEM, $p-y$법 등 가능. 여기서 $p-y$법을 적용하여 데이터 수 n에 대한 n번의 해석

$I(f) = I(y \le y_a)$: 안정, $I(y > y_a)$: 파괴

여기서 $I(f)$는 파괴정의 또는 성능기준 등으로 정할 수 있다. 파괴면, $I(f)$=1, 아니면 '0'이다. 총 해석수(n)에 대해 '0'인 비율이 파괴확률이다. 이 방법은 파괴확률에 대한 편향되지 않은 결과를 주며, 시행횟수 n을 증가시켜 정확도를 증가시킬 수 있다.

설계기준 파괴확률이 $P[F]$보다 작으면 설계치수가 부족하므로 재가정하여 위 계산을 반복한다. 그림 1.26에 이 과정을 예시하였다.

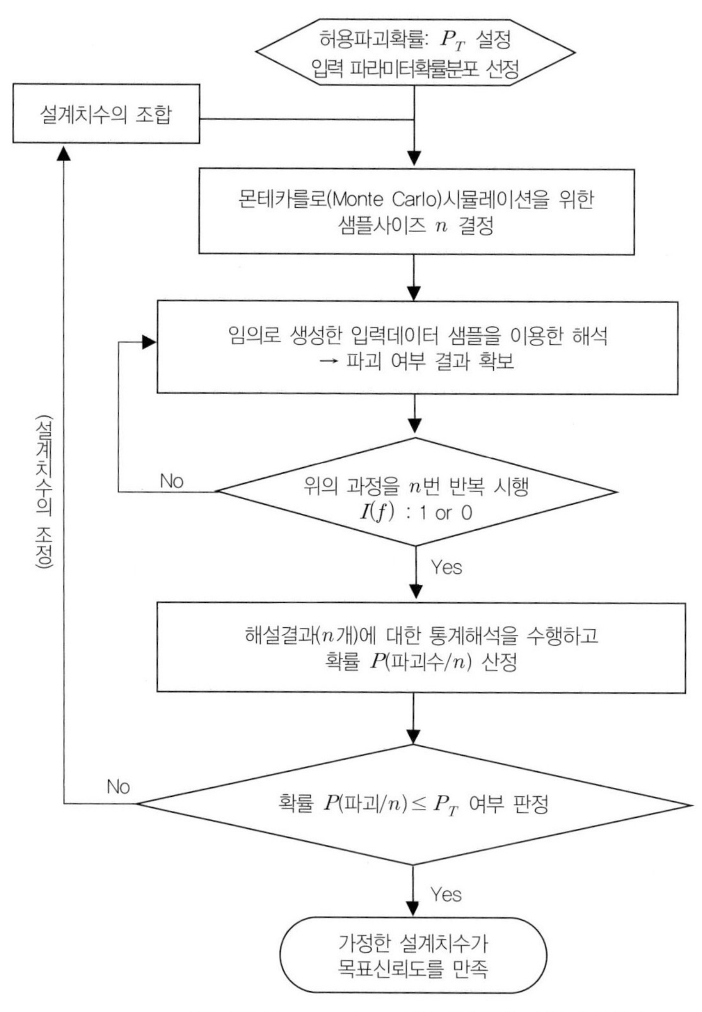

그림 1.26 Monte Carlo 시뮬레이션에 의한 해석절차

⑤의 해석은 D를 가정하고, 각 D에 대하여 n번의 해석을 수행한 다음, 전체 수행해석 수에 대한 파괴횟수로 파괴확률(p_f)를 구하였다.

해석수행 횟수의 적정성을 평가하기 위해 $n-p_f$ 관계를 보였다. n이 2000 이상에서 $p_f=0.082$에 수렴함을 보였다. 따라서 실제해석은 n=10,000~50,000이므로 적정하다.

D에 따른 파괴확률을 표 1.11에 예시하였다. 목표파괴 확률은 $D=1.4$m, $H=8.0$m에서 얻어진다.

NB : 신뢰도 해석의 파괴확률은 n번의 해석을 수행하여 확률을 구하므로 엄청난 계산(해석) 수요가 발생한다. 표 1.11의 예를 보면 약 16만 회의 해석이 수행되었다.

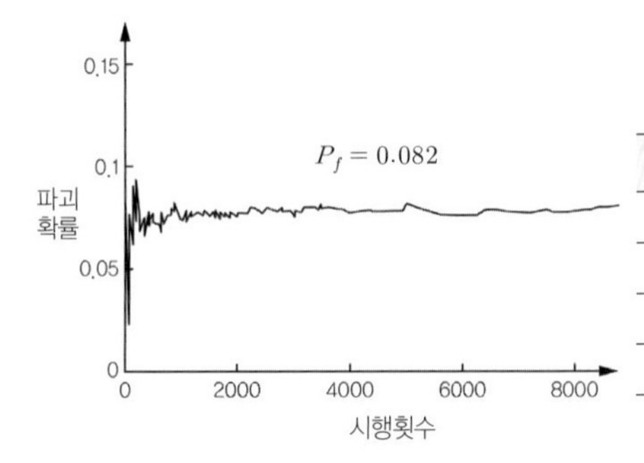

표 1.11 신뢰도 기반설계의 절차 예(설계치수의 예, 말뚝직경)

$D(m)$	n	p_f	$\delta(p_f)$
1.1	10000	0.08200	3.3%
1.2	50000	0.01982	3.1%
1.3	50000	0.00324	7.8%
1.4	50000	0.00020	31.6%

Monte Carlo Simulator

모수(parameter)나 변수에 대하여 확정모형의 수치해석(numerical method)을 반복적으로 수행하여 결과의 확률분포를 얻을 수 있다. 이때 이 분포를 시뮬레이션하기 위하여 반복적으로 이용하는 수치를 일련의 난수(random number)로부터 얻을 때 이를 몬테카를로 시뮬레이션이라 한다. 그 절차는 다음과 같다.

① 난수를 생성(0~1 사이)
② 난수를 이용하여 기 정의된 확률분포함수(하중, 물성)로부터 모델 입력값(확률변수)을 추출
③ 추출된 입력값을 해석모델(예, 사면안정해석)에 적용하여 결과를 산정하고 저장
④ n번의 컴퓨터 시뮬레이션을 통하여 반복 실행된 결과를 통계적 분석 - 확률, 예민도 등

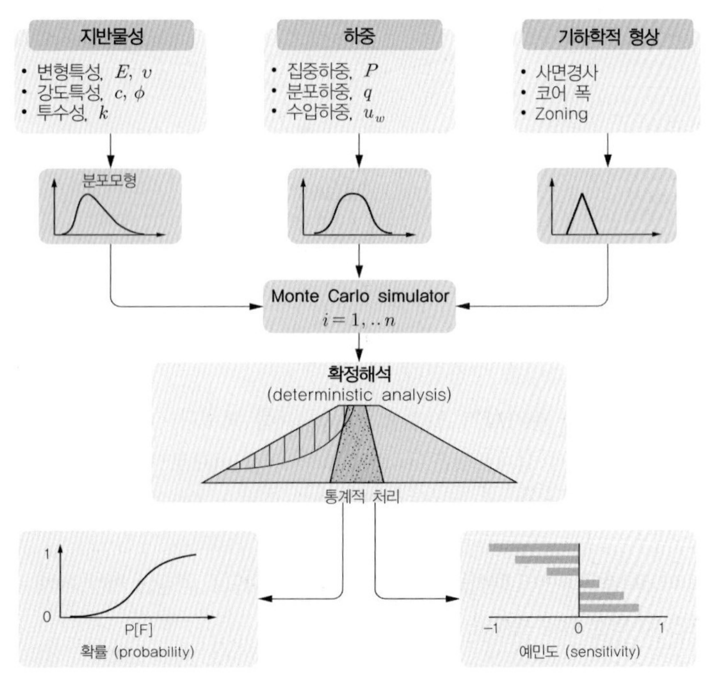

그림 1.27 MonteCarlo Simulation

확률변수(random variables)의 연산기초

확률변수의 선형조합. a,b가 상수인 경우, 확률변수 X에 대한 평균과 분산의 연산은 다음과 같다.

$$E[aX \pm b] = aE[X] \pm b \tag{1.34}$$

$$Var[aX+b] = Var[aX] + Var[b] = a^2\ Var[X] = a^2\sigma_X^2 \text{ (상수의 분산은 '0'이므로)}$$

X, Y가 조합확률분포함수 $f_{XY}(x,y)$에 따른다면

$$Var[aX+bY] = Var[aX] + Var[bY] + 2ab\,Cov[X,Y] = a^2\sigma_X^2 + b^2\sigma_Y^2 + 2ab\,Cov[X,Y]$$

X, Y가 독립인 경우, $Var[aX+bY] \equiv a^2\sigma_X^2 + b^2\sigma_Y^2$ (1.35)

FOSM(first-order second-moment method). 어떤 함수를 Taylor의 급수 전개하여 1차 항만을 고려하고 분산(2차 모멘트)으로 정리한 식을 FOSM이라 한다.

① 단일변수 함수 $g(X)$를 X의 평균 μ_X에 대하여 Taylor 전개하면

$$g(X) = g(\mu_X) + (X-\mu_X)\frac{dg}{dx}\Big|_{\mu_X} + \frac{1}{2}(X-\mu_X)^2\frac{d^2g}{dx^2}\Big|_{\mu_X} + \dots$$

일차근사화(first-order approximation), $g(X) \approx g(\mu_X) + (X-\mu_X)\frac{dg}{dx}\Big|_{\mu_X}$

$g(X)$의 평균과 분산은

$$E[g(X)] \simeq E\left[g(\mu_X) + (X-\mu_X)\frac{dg}{dx}\Big|_{\mu_X}\right] = g(\mu_X)$$

$$Var[g(X)] \simeq Var\left[g(\mu_X) + (X-\mu_X)\frac{dg}{dx}\Big|_{\mu_X}\right] = Var[X]\left(\frac{dg}{dx}\Big|_{\mu_X}\right)^2 \tag{1.36}$$

② 두 확률변수 함수 $f(X,Y)$를 μ_X 및 μ_Y에 대하여 Taylor 전개하면 일차근사항은

$$f(X,Y) \simeq f(\mu_X,\mu_Y) + (X-\mu_X)\frac{\partial f}{\partial x}\Big|_{\mu_X} + (Y-\mu_Y)\frac{\partial f}{\partial y}\Big|_{\mu_Y}$$

평균과 분산은

$$E[f(X,Y)] \simeq f(E[X], E[Y])$$

$$Var[f(X,Y)] \simeq Var\left[(X-\mu_X)\frac{\partial f}{\partial x}\Big|_{\mu_X} + (Y-\mu_Y)\frac{\partial f}{\partial y}\Big|_{\mu_Y}\right]$$

$$= \left(\frac{\partial f}{\partial x}\Big|_{\mu_X}\right)^2 Var[X] + \left(\frac{\partial f}{\partial y}\Big|_{\mu_Y}\right)^2 Var[Y] + 2\left(\frac{\partial f}{\partial x}\Big|_{\mu_X}\right)\left(\frac{\partial f}{\partial y}\Big|_{\mu_Y}\right)Cov[X,Y] \tag{1.37}$$

X, Y가 독립적이라면 공분산은 '0'이므로($Cov[X,Y]=0$)

$$Var[f(X,Y)] = \left(\frac{\partial f}{\partial x}\Big|_{\mu_X}\right)^2 Var[X] + \left(\frac{\partial f}{\partial y}\Big|_{\mu_Y}\right)^2 Var[Y] \tag{1.38}$$

독립확률변수가 n개인 함수에 대하여

$$Var[f(X_1, X_2 \dots X_n)] \approx \sum_{i=1}^{n}\left(\frac{\partial f}{\partial x_i}\Big|_{\mu_{xi}}\right)^2 Var[X_i] \tag{1.39}$$

신뢰도해석으로 본 하중계수와 저항계수의 의미

하중(L)과 저항(R)은 확률변수로서 그 분포특성을 그림 1.28과 같이 대수정규분포로 가정할 수 있다.

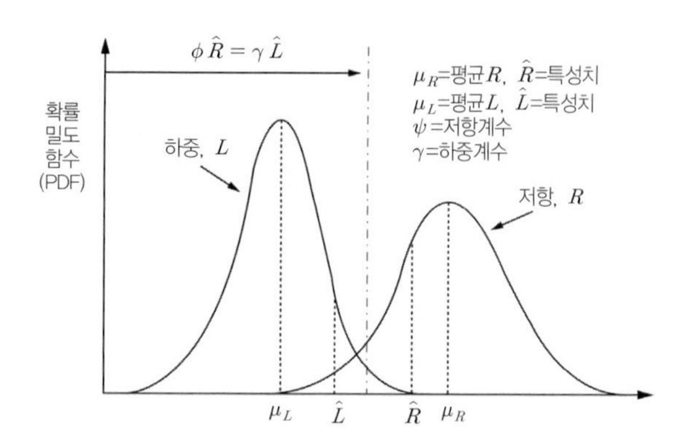

그림 1.28 하중과 저항의 분포

L과 R이 대수분포인 경우 안전 여유 $M=\ln R-\ln L$이며, 이때 신뢰지수는 다음과 같다.

$$\beta=\frac{\mu_M}{\sigma_M}=\frac{\mu_{\ln R}-\mu_{\ln L}}{\sqrt{\sigma_{\ln R}^2+\sigma_{\ln L}^2}}$$

$\mu_{\ln R}$은, $\mu_{\ln R}=\mu_{\ln L}+\beta\sqrt{\sigma_{\ln R}^2+\sigma_{\ln L}^2}\simeq\mu_{\ln L}+0.71\beta(\sigma_{\ln R}+\sigma_{\ln L})$

여기서 $\sqrt{\sigma_{\ln R}^2+\sigma_{\ln L}^2}\simeq 0.71(\sigma_{\ln R}+\sigma_{\ln L})$. 즉, $1/\sqrt{2}=0.71(V_R\simeq V_L$인 경우)

$\mu_{\ln L}=\ln(\mu_L)-\frac{1}{2}\sigma_{\ln L}^2$ 및 $\mu_R=\exp\left(\mu_{\ln R}+\frac{1}{2}\sigma_{\ln R}^2\right)$이므로

$$\mu_R=\mu_L\left[\exp\left(\frac{1}{2}\sigma_{\ln R}^2+0.71\beta\sigma_{\ln R}\right)\right]\times\exp\left(-\frac{1}{2}\sigma_{\ln L}^2+0.71\beta\sigma_{\ln L}\right)$$

LRFD 설계원리에 따라 $\hat{L}=k_L\mu_L$ 및 $\hat{R}=k_R\mu_R$이고, $\phi\hat{R}=\gamma\hat{L}$이므로, μ_R과 μ_L을 대입하여 정리하면

$$\left[\frac{\exp\left(-\frac{1}{2}\sigma_{\ln R}^2-0.71\beta\sigma_{\ln R}\right)}{k_R}\right]\hat{R}=\left[\frac{\exp\left(-\frac{1}{2}\sigma_{\ln L}^2+0.71\beta\sigma_{\ln L}\right)}{k_L}\right]\hat{L}$$

위 식으로부터 신뢰도 해석에 의한 LSD의 하중계수와 저항계수는 각각 다음과 같이 표현된다.

$$\text{하중계수, }\gamma=\frac{\exp\left(-\frac{1}{2}\sigma_{\ln L}^2+0.71\beta\sigma_{\ln L}\right)}{k_L}\qquad(1.40)$$

$$\text{저항계수, }\phi=\frac{\exp\left(-\frac{1}{2}\sigma_{\ln R}^2-0.71\beta\sigma_{\ln R}\right)}{k_R}\qquad(1.41)$$

하중계수(γ)와 저항계수(ϕ)는 각각 해당요소의 불확실성 변수(σ, k, β)의 함수임을 알 수 있다. 즉, 불확실성 분포특성을 알면 각 계수를 결정할 수 있다.

1.6 지반공학적 설계해석(design analysis)

앞에서 고찰한 WSD, LSD, RBD는 설계법 혹은 설계원리이라 할 수 있다. 이중 어떤 설계원리를 채택하였다면 그 원리에 입각하여 지반설계요구조건의 만족여부를 공학적 방법을 동원하여 검토하여야 한다. 설계요구조건의 공학적 검토방법에는 (이론과 컴퓨터 해석에 의한) 계산에 의한 설계, 경험설계, 모형시험, 관찰 등이 있으며, 이들 검토방법을 **설계해석(geotechnical design analysis)**이라 한다. 지반설계해석법 중 이론, 수치해석 등 **계산에 의한 설계해석을 지반해석(geotechnical analysis)**이라 한다.

따라서 엄격히 구분하자면 지반해석은 지반설계해석의 한 방법이라 할 수 있으나, 대부분의 지반설계해석은 지반해석에 의해 이루어지므로 지반설계해석과 지반해석을 동일시하기도 하며, 둘을 합쳐 **지반설계해석(geotechnical design analysis)**이라고도 한다(용어상의 혼동이 없도록 주지할 필요가 있다). 설계해석을 위한 물성과 하중조건을 설계조건이라 한다. 그림 1.29는 개념의 체계화를 위하여 설계법(지반설계원리), 지반설계해석 그리고 지반설계조건의 상관관계와 위계를 나타낸 것이다.

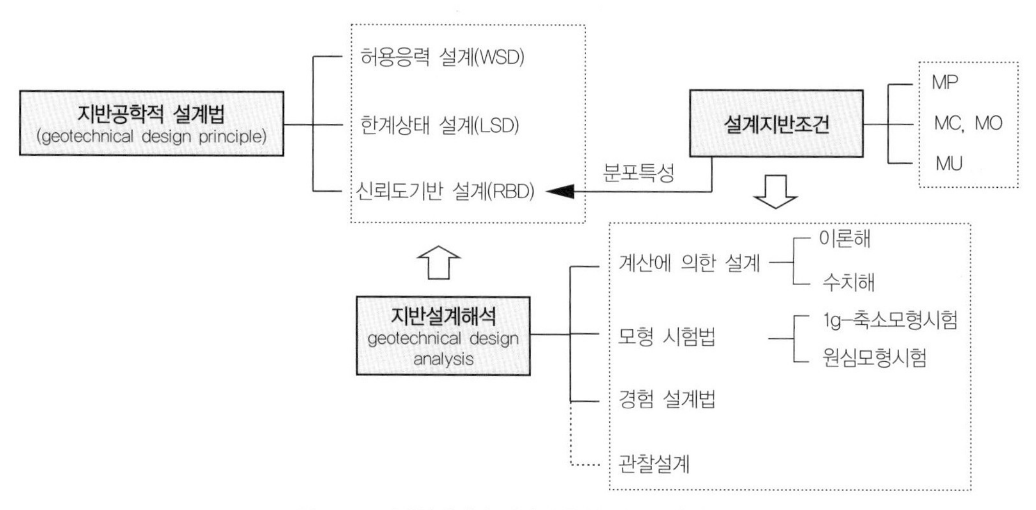

그림 1.29 지반설계법과 지반설계해석법, 설계지반조건

1.6.1 지반 설계해석

일반적으로 지반설계해석은 계산에 의한 방법(design by calculation, computational method)인 지반해석법에 의해 이루어지지만, 충분한 경험으로 정리된 경험설계법(design by prescriptive measures-차트와 표에 의한 설계, 계산 불필요), 이론해석체계가 성립되지 못하였거나 전혀 새로운 문제 등에 대해서는 모형/현장실험에 의한 방법 등이 적용될 수 있다. 이들 **설계해석은 독립적으로 사용될 수 있지만 경우에 따라 상호보완적으로 사용**할 수도 있다.

앞의 3가지 설계해석법은 **제안된 설계안의 검증형 설계법**인데 비해, 지반의 불확실성을 안전하고 경제적으로 고려하기 위해 설계와 시공을 통합한 관찰설계법도 제안되었다. 관찰설계법(observational design)은 다중의 설계조건에 대하여 설계해석을 수행하되 설계내용을 공사 중 모니터링 결과에 따라 수정해 나가는 형식이다.

그림 1.30에서 지반설계해석법 중 계산에 의한 설계, 경험법, 모형시험법은 **가정한(제안한) 모델의 검증개념**의 검토방식이나, 관찰설계는 설계, 시공 통합관리법으로 5장에서 구체적으로 다룬다.

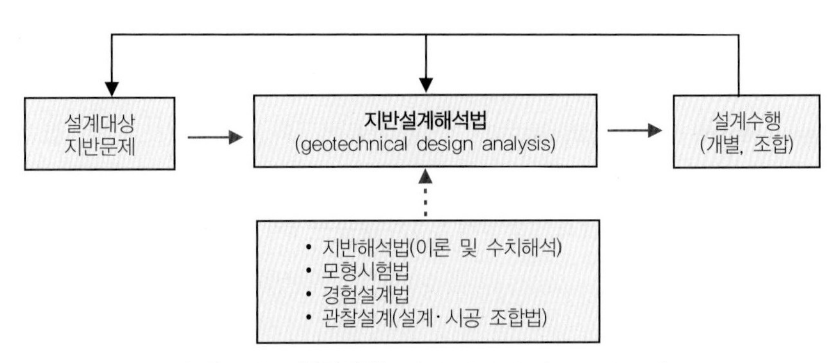

그림 1.30 지반설계법(geotechnical design analyses)

경험법에 의한 지반설계. 오랜 현장실적을 통해 이미 제시된 설계도표 등이 있는 경우 활용 가능한 방법이다. 이용 가능한 계산 모델이 없거나, 해석 모델이 적절치 않지만 경험으로 체계화되고 실증된 설계법이 있는 경우에 유용하다. 주로 내구성 확보설계, 동결심도 등과 같이 잘 정리된 경험설계가 이에 해당한다.

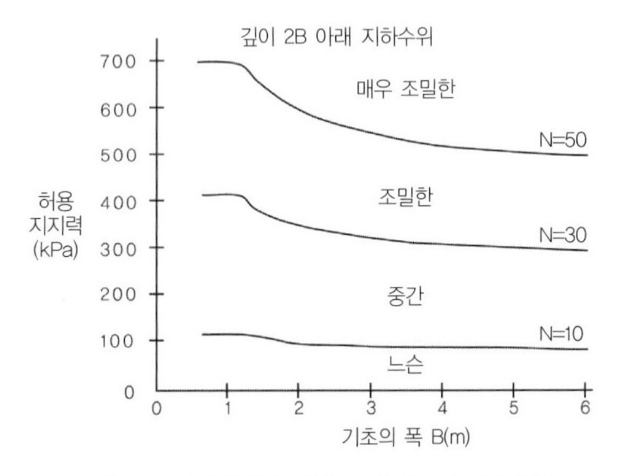

그림 1.31 경험법에 의한 모래지반의 기초설계

시험에 의한 지반설계. 시험에는 실험실 축소시험과 현장시험법이 있다. 실내 시험에는 1g-축소모형실험(small scale physical model test)과 원심모형시험법(centrifuge model test)이 있으며 상사원리를 이용해 모형거동으로부터 원형의 거동을 조사한다. **사례가 없는 새로운 시도의 구조물 설계에 유용**하다. 그림 1.32는 원심모형시험에 의해 제안된 점성토 지반 내 쉴드터널의 안정성 설계도표를 보인 것이다.

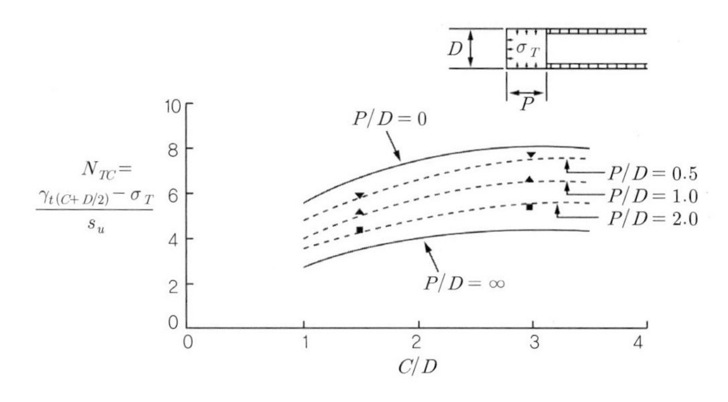

(a) 원심 모형시험으로부터 얻은 쉴드터널 안정성 설계도표

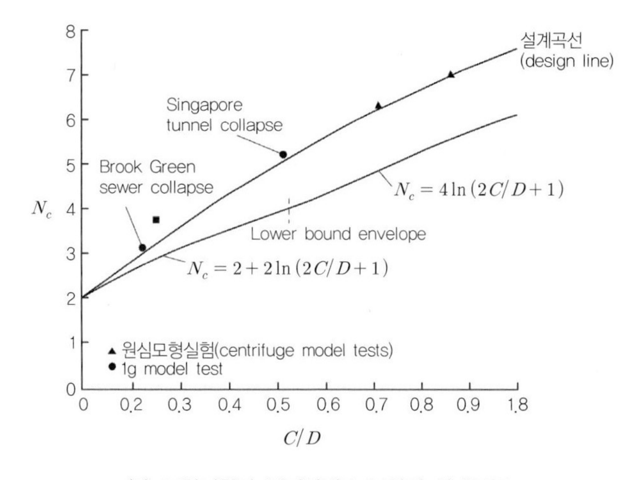

(b) 모형시험과 붕괴사례로 보완된 설계도표

그림 1.32 점토지반의 터널 붕괴안정성 설계(after Mair, 1993; Mair and Taylor, 1997)

이와 함께 현장에서 재하시험을 실시하여 시험결과를 이용하여 설계할 수도 있다. 이에 대한 대표적 예는, **기초설계를 위한 평판재하시험, 말뚝의 재하시험을 이용하여 지지력을 산정하**는 경우를 들 수 있다. 모형실험에 의한 해석법은 이 책의 4장에서 구체적으로 다룬다.

관찰설계(observational design). 관찰설계는 공사 중 모니터링을 통해 설계단계에서 계획된 대로 설계의 수정이 가능하도록 설계와 공사를 수행하는 방식이다. 이는 **지반 리스크관리개념을 건설프로세스에 도입한 개념**으로 이해할 수 있다. 따라서 관찰설계는 앞에서 살펴본 계산에 의한 설계, 경험설계, 재하시험이나 모형시험법과 같이 제안된 설계안을 검증하는 방식이 아니라 위의 3가지 설계방법(지반해석, 모형시험, 경험법 등) 중 어느 것을 사용하되 설계내용을 공사 중 모니터링을 통해 체계적으로 수정해가는 설계법이다.

지반조건이 매우 복잡하거나 불확실성이 큰 경우 설계의 불확실성을 보완하고 공사를 관리하는 기법으로 Peck(1969)이 제안하였다. 이 설계법은 공사참여자 간 의사소통이 원활하고 높은 기술적 · 윤리적 신뢰관계, 그리고 계약 행정상의 협조가 전제되어야 가능한 방법으로서 앞으로 지향해가야 할 설계법이다.

지반설계해석법의 선정과 조합

지반(계산)해석, 모형/현장 실험, 경험설계 중에서 가장 보편적으로 활용되는 방법은 계산에 의한 설계법인 지반해석법이다. 그 중에서도 수치해석의 비중이 지속 확대되어 왔다. 모형시험법은 특정문제에 대한 설계해석법을 검증하거나, 설계의 신뢰성 보완을 위해 조합하여 사용하는 경우가 많다.

복잡한 도심공사는 설계검토 범위를 다양하게 확대시켜 왔다. 일례로 도시화의 진전, 토지 이용한계에 따라 지반문제는 더 이상 전통적인 안정과 변위문제에만 국한되어 있지 않다. 특히 도심지 지하공간 이용에 따른 터널, 깊은 굴착은 인접구조물의 안정에 영향을 미쳐 '**인접구조물에 손상(damages)을 주지 않아야 한다**'는 설계요구조건을 추가하였다. 이러한 설계조건은 많은 비용을 수반하므로 설계와 시공을 조합하는 관찰설계를 통하여 안정성과 경제성을 추구하게 하였다. 또한, 오염 지하수의 이동과 관계되는 지반환경문제, 내부침식 문제 등 새로운 지반문제를 수반해왔다. 이처럼 도시화 및 환경문제는 지하수 이동 혹은 오염지반의 처리와 관련하여 사용성에 대한 지반설계의 다양한 검토를 요구한다.

1.6.2 지반해석법

지반해석법은 이론해석법과 수치해석법으로 대별되며, 이론해석법은 다시 변형거동과 수리거동에 대한 연속해법과 역학 및 수리 불안정을 다루는 단순해법으로 구분된다. 그림 1.33은 지반해석법을 정리한 것이다.

지반해석법(계산에 의한 설계, design by calculation). 지반설계법 중 가장 광범위하게 사용되는 방법으로 계산에 의한 방법을 '**지반해석법(geotechnical analysis)**'이라 하며 다음의 해석법이 있다.

- 연속해법(closed form solution) : 지배방정식의 풀이
- 단순해법(simple method, 또는 관습해법, conventional method) : 한계평형법, 한계이론
- 수치해석

연속해법과 단순법은 이론해석으로서 이 책의 2장에서 다루며 수치해석은 이 책의 3장에서 자세히 다룬다.

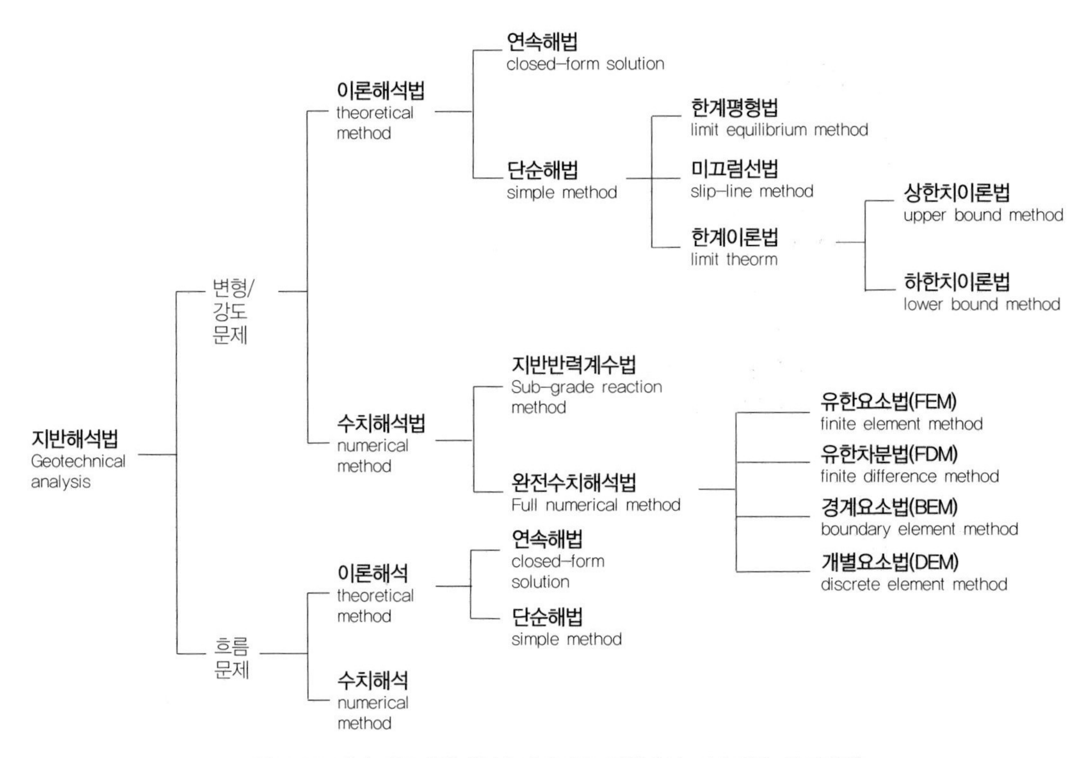

그림 1.33 지반 이론해석법(연속해법기초-변형해석, 단순해법-안정해석)

지반해석은 지반모델과 설계 지반파라미터를 이용하여 계산에 의해 설계 요구조건에 대한 만족 여부를 확인하는 과정이다. 그림 1.34는 지반설계과정에서 설계해석의 위치와 역할을 보인 것이다.

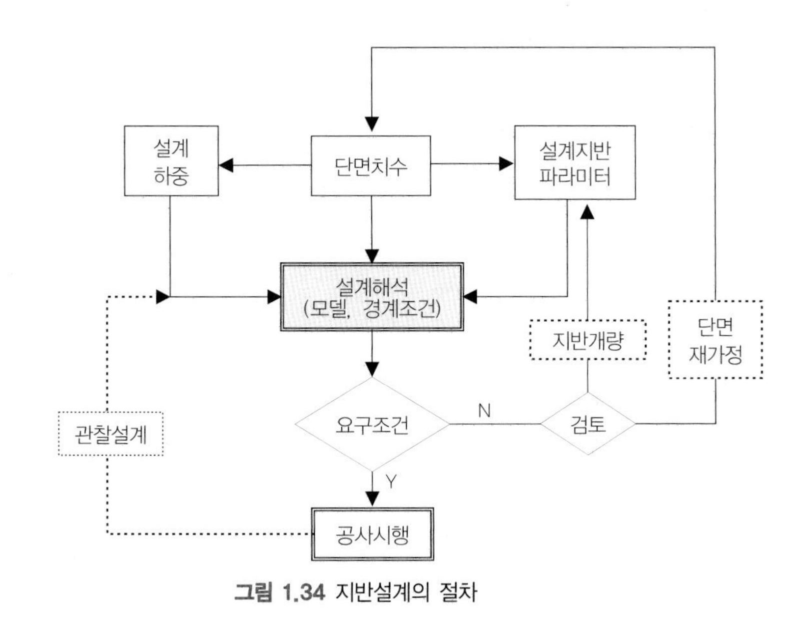

그림 1.34 지반설계의 절차

지반 설계해석 발전단계의 역사적 고찰

지반공학의 경계치 문제의 해법은 고체역학(solid mechanics)의 역사적 발전단계와 맞물려 발전해왔다. Terzaghi(1943)는 'Theoretical Soil Mechanics'에서 지반문제를 '안정문제(stability problem) → 강도문제' 그리고 '변형문제 (deformation problem) → 강성문제'로 구분하였다. 안정문제는 지반의 파괴상태를 다루는 것으로 토압, 지지력, 사면안정 등의 지반문제가 여기에 해당한다. 이들 문제의 해는 보통 파괴를 야기하는 하중을 결정하는 것이다. 전통적으로 안정문제는 파괴상태를 가정한 완전 강체소성론을 사용하는 단순해법(simple method)으로 해석되어 왔다(이를 관습법(conventional method)이라고도 한다).

반면에 파괴가 일어나지 않는 지반거동을 변형(탄성, 사용성)문제라 하며, 기초하부 옹벽배면의 응력, 터널굴착 및 절토에 따른 지반의 변형과 침하의 계산 등이 이 범주에 속한다. 이들 문제는 주로 Hooke의 법칙으로 대표되는 선형 탄성론에 의해 다루어져 왔다. 탄성론에 의한 해는 임의의 위치에 대한 연속된 해를 주므로 이를 연속해법이라고도 한다. 그림 1.35는 기초설계에 대한 '사용성문제'와 '안정문제'를 예시한 것이다.

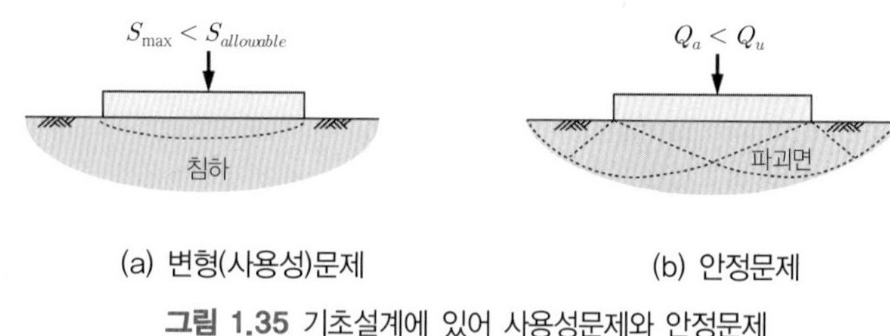

(a) 변형(사용성)문제 (b) 안정문제

그림 1.35 기초설계에 있어 사용성문제와 안정문제

이러한 설계개념을 응력-변형률거동 관점으로 나타내면 그림 1.36 (a)와 같다. **전통적으로 안정문제와 사용성문제는 각각 별개의 형태로, 서로 상관되지 않는 방식으로 다루어져 왔다.** 응력-변형률 관점에서 전통적인 연속해나 단순해는 각각 거동의 양극단을 다루고 있음을 알 수 있다. 사용성문제는 변형거동에 관련되고, 안정문제는 파괴에 관련된다. 따라서 설계기준이 사용성문제에서는 허용 변위, 안정문제에서는 안전율로 주어진다.

컴퓨터 기술의 발달과 함께 수치해석의 도입이 보편화되면서 탄소성거동을 구성방정식으로 모사하는 수치해석이 도입되면서 그림 1.36 (b)의 '진행성(점진)파괴문제'의 개념이 도입되었다.

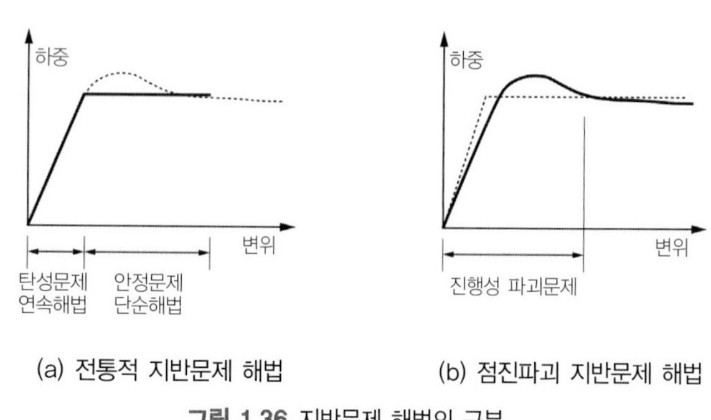

(a) 전통적 지반문제 해법 (b) 점진파괴 지반문제 해법

그림 1.36 지반문제 해법의 구분

이론해석법

연속해법(closed form solution). 어떤 특정 지반 구조물에 대하여, 재료거동에 대한 구성모델 표현이 가능하고 경계조건이 분명히 정의되는 경우 편미분 지배방정식에 대한 정확한 이론해를 얻을 수 있다. 이론해를 유도하거나 적용할 수 있는 범위는 매우 제한적이나, 이 방법은 공학적 직관을 제공한다.

단순해법(simple method). 파괴상태를 가정하여 지배방정식이 만족하여야 할 조건의 일부분만을 만족하는 상태의 근사해를 구하는 지반해석법을 단순해법(simple method) 또는 관습해법(conventional method)이라고 한다. 한계평형해석법(limit equilibrium method), 한계이론해석법(limit theorem), 응력장해석법(slip-line method) 등 안정문제 검토법이 여기에 속한다.

수치해석법

지반 수치해석은 모델링 방법에 따라 그림 1.37과 같이 지반반력계수 모델링법(subgrade reaction method)과 완전모델링법(full numerical approach)이 있다. 이론체계에 따라 유한차분법(FDM), 유한요소법(FEM) 그리고 경계요소법(BEM)이 있다. 이 해법은 앞서 살펴본 다른 해법들이 갖는 어떤 한계도 배제할 수 있다. 컴퓨터 성능의 발달은 수치해석에 소요되는 비용과 시간의 문제를 완화시켜왔다. **수치해석은 다양한 경계조건 및 물성변화를 고려할 수 있어 지반해석에서 적용범위가 가장 넓은 방법이다.** 컴퓨터 기술의 향상과 전산프로그램의 개발로 인해 사용이 급속도로 확대되어 왔다.

지반반력계수법은 지반의 거동을 스프링의 거동으로 단순화하는 것이다. 이 방법은 주로 지반-구조물 상호작용을 조사하기 위하여 사용되며 흙막이벽, 터널라이닝 구조설계 시 사용되고 있다. **완전 모델링법**은 대상지반문제의 모든 부분을 모델링에 포함하며 경계치문제가 요구하는 모든 조건을 만족한다. 특히 실제적인 흙의 응력-변형률 거동을 모사하는 구성방정식을 사용할 수 있으며 현장 조건과 일치하는 경계조건을 고려할 수 있다. 따라서 **수치해석으로 얻어지는 해는 요소를 매우 작은 크기로 줄여갈 수록 이론해에 가까운 해를 얻을 수 있다.**

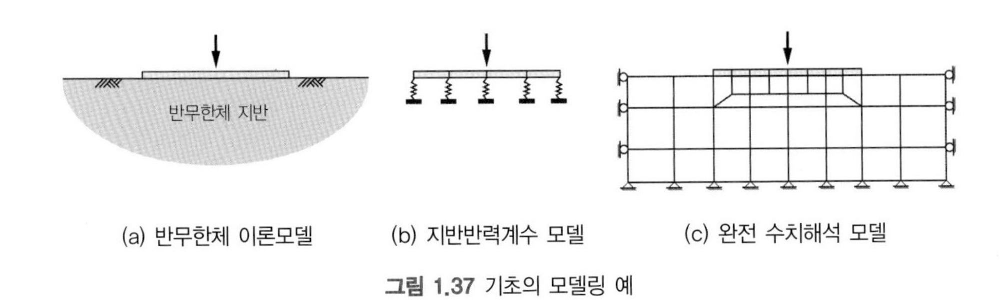

그림 1.37 기초의 모델링 예

토질역학 지반문제와 해법의 이해

기존 토질역학 및 지반공학 교과서에서 다루고 있는 토질역학 문제와 지반해석법을 표 1.12에 예시한 것이다. 지반공학에서 다루는 지반문제와 이의 해법을 수치해석 적용성과 비교하였다.

표 1.12 지반공학의 문제와 해법

지반공학문제		지배방정식	문제의 유형	전통적 해법	수치해석적용성
지반응력		평형·적합방정식	탄성문제(힘의 경계치문제)	연속해법	○
토압		평형방정식	안정문제(힘의 경계치문제)	극한평형해석	○
기초	침하	적합방정식(탄성론)	탄성문제(힘의 경계치문제)	한계이론해석	○
	지지력	평형방정식	안정문제(힘의 경계치문제)	한계이론해석	○(재하시험모사)
사면안정		평형방정식	안정문제(힘의 경계치문제)	극한평형해석	○(강도감소법)
투수와 침투		흐름연속방정식	흐름문제(흐름 경계치문제)	연속해, 도해법	○
		수리평형방정식	수리안정문제(uplift, heave, erosion, piping)	평형조건	○
압밀		흐름연속방정식	흐름거동문제(흐름 경계치문제) 탄성(변위,침하)문제	연속해, 수치해(차분법)	○
터널	지표침하	평형·적합방정식	탄성(변위)문제	경험법	○
	주변응력	평형·적합방정식	탄성문제(복합 경계치문제)	연속해	○
	붕괴	평형방정식	안정문제	한계이론법	(파괴모드 추정)

주) 탄성문제와 흐름거동문제는 사용성과 관련되며, 역학 안정문제와 수치 안정문제는 설계 안정성 확보와 연관된다.
○ : 적용 가능

위 표로부터 기존의 토질역학이나 지반공학이 지반 이론해석에만 치우쳐 있고 실제설계에 요구되는 수치해석과 같은 지반공학적 해법을 적절히 다루고 있지 못함을 알 수 있다. 특히 수치해석의 비중이 크게 확대되고 실무 설계해석활동의 대부분을 구성함에도 이를 위한 체계적인 이해나 접근이 교과과정에서 적절히 다루어지고 있다고 보기 어렵다. 따라서 지반해석법에 대한 전반이해를 기반으로 실무적용에 필요한 수치해석 등에 대한 체계적 학습이 필요하다.

기존토질역학 체계는 주제별 접근방식으로 되어 있다(예, 침투, 토압, 지지력 등). 반면 이 책은 실무적용에 필요한 모델링, 수치해석 등 지반해석법 관점의 기술방식을 택하였다.

1.6.3 지반해석법의 적용성 평가

공학적으로 다루는 경계치 문제의 해는 일반적으로 힘과 모멘트의 평형조건, 변위의 적합조건, 응력-변형률 관계(혹은 파괴규준), 힘의 경계조건, 변위의 경계조건 등을 만족하여야 한다. 경계치 문제의 정확해는 위 모든 조건을 동시에 만족할 때 얻어진다. 그러나 실제 지반문제의 속성상 이들 조건을 모두 만족하는 해를 얻기는 거의 불가능하다. 따라서 지반문제를 단순화하거나 위 조건의 일부만을 만족하는 근사해를 얻는 방법으로 지반문제의 해를 얻어 왔다.

지반해석법의 이론적 요구조건 만족도

지반문제에 따라 구하고자 하는 해의 내용이 다르므로 해석법의 정확도에 대한 직접적인 비교는 쉽지 않다. 다만, 일반적으로 역학에서 만족되어야 할 일반적인 요구조건의 관점에서 근사적인 비교는 가능하다. 표 1.13은 각 해석법에 따른 해의 이론적 요구조건의 만족 여부를 정리, 비교한 것이다. 연속해와 수치해가 지반공학적 요구조건을 가장 잘 만족시킨다고 할 수 있다. 하지만 **수치해석은 이론해석과 달리 어떠한 구성식도 수용 가능하므로 요구조건 만족도에 있어서도 가장 우월하다**.

표 1.13 해석법에 따른 해의 이론적 요구조건의 만족도

구분			요구조건					정해와의 관계
			평형조건	적합조건	구성식	경계조건		
						힘	변위	
연속해석법	연속해법		S	S	선형탄성	S	S	정해(조건부)
	한계평형법		S	NS	강체거동 파괴규준	S	NS	불명
	미끄럼선법(slip-line법)		S	NS	강체거동 파괴규준	S	NS	하한치 (불완전해)
	한계이론법	하한치 이론	S	NS	완전소성	S	NS	하한치
		상한치 이론	NS	S	완전소성	NS	S	상한치
수치해석법	지반반력계수법		S	S	스프링계수	S	S	정해(조건부)
	수치해석법		S	S	어떠한 형태도 가능	S	S	정해(근사)

주) S: 만족, NS: 만족하지 못함

지반해석법의 적용성

표 1.14는 각 지반해석법의 적용범위를 정리한 것이다. 연속해법은 변형거동문제, 그리고 단순해법은 주로 안정문제를 다루나 수치해석은 변형문제와 일부 안정문제(지지력, 사면안정)에 적용 가능하다. 특히 **경계조건이 복잡한 경우 이론해석법은 적용하기 어렵다.**

표 1.14 대표적 지반문제에 대한 지반 해석법의 적용성

구분			적용범위						주요 적용대상 문제의 유형
			안정			구조반력	변형	인접구조물거동	
			옹벽/기초	저면융기	전반안정				
이론해석법	연속해법		–	N	N	Y	Y	Y*	탄성문제
	한계평형법		–	Y*	Y	Y	N	N	안정문제
	미끄럼선법		–	Y*	Y	Y	N	N	
	한계이론법	하한치 이론	Y	Y*	Y*	Y**	N	N	
		상한치 이론	Y	Y*	Y*	Y**	N	N	
수치해석법	지반반력계수법		Y	N	Y	Y	Y	N	주로 탄성문제
	완전수치해석법		Y	Y	Y	Y	Y	Y	진행성 파괴문제

주) Y: 해 가능, Y* : 분리계산에 의한 해 가능, Y** : 근사평가 가능, N : 해 불가능

표 1.15는 다양한 경우의 지반조건에 대하여 지반해석법의 적용성을 정리한 것이다. 연속해법은 아주 단순한 지반조건에 대해서만 해를 얻을 수 있다. 단순해법은 강도의 이방성과 불균일성에 대하여 부분적으로 적용 가능하지만 비선형 지반특성을 고려할 수 없고 층상지반에 적용하기 어렵다. 반면 수치해석은 가장 광범위한 지반특성과 지층의 변화를 고려할 수 있다. 수치해석은 요소화를 통해 다양한 재료특성과 경계조건을 고려할 수 있어 적용범위가 가장 넓다.

표 1.15 지반조건에 따른 지반해석법의 적용성

구분			대상 지반조건			
			강도의 이방성	강도의 불균질성	강도의 응력의존성	층상지반에 적용성
이론해석법	연속해법		일부 가능	점진적 변화만 가능	불가능	일부 가능
	한계평형법		가능	가능	근사적 방법으로 가능	임의상태 가능
	미끄럼선법		점진적 변화만 가능	점진적 변화만 가능	점진적 변화만 가능	간단한 경우만 가능
	한계이론법	상한치 이론	가능	가능	불가능	간단한 경우만 가능
		하한치 이론	가능	가능	점진적 변화만 가능	간단한 경우만 가능
수치해석법	지반반력계수법		–	불가능	부분가능	불가능
	수치해석법		–	가능	가능	임의상태 가능

지반해석법의 적용성을 종합하면 지반문제를 해결하는 데 있어서 **지반설계해석법 중 수치해석법은 점점 더 중요한 부분이 되어 가고 있음**을 알 수 있다. 수치해석법의 활용은 여기에서 살펴본 사례 외에도 매우 다양하다. 통상적인 변형과 안정문제 외에도 전통적인 설계법의 확장 및 이해를 돕는 방편, 민감도 분석(주어진 문제에 대한 여러 파라미터의 상대적 중요성에 대한 직관을 획득), 경계조건의 영향분석(고전적 해법으로 조사할 수 없는 다양한 경계조건의 영향을 파악), 복잡한 부지조건 및 재료물성의 고려, 건설 후 관찰 데이터의 역해석, 단순설계법의 개발 등에 활용될 수 있다. **현재 수치해석법의 정교함은 컴퓨터 기술의 발달로 인해 지반특성을 결정하는 정확도를 훨씬 추월해 있다**. 즉, 지반특성이 결과의 신뢰성을 지배한다.

일반적으로 단순하고 정밀도를 요하지 않는 문제에서는 단순법에 의해 지반문제를 검토하고, 중요하게 다루어져야 할 부분은 고급 수치해석을 수행하는 등의 방법이 타당할 것이다. 예로 타당성 조사나 설계조건해석 등 예비설계 동안에는 연속해나 해석해(단순해)를 사용하고 수치해석은 예비설계의 가정을 입증하거나 상세 설계단계에서 유용할 것이다. 두 개 이상의 해석법을 상호보완적으로 사용하는 경우도 많다.

NB : 수치해석은 만능인가?

기존 해석법으로 해석이 불가능한 문제에 대한 대안 해석법으로 사용이 계속 확대될 것으로 예상된다. 하지만, 수치해석은 해석자가 프로그램의 해석과정을 물리적으로 체감할 수 없고 해석결과가 모델과 물성의 입력에 따라 전혀 다른 결과를 주는 문제가 있다. 이는 수치해석의 정량적 한계와 대안적 활용 가능성

을 함께 보여주는 것이다. 어쨌든 수치해석결과를 맹신해서도 안 되고 수치해석의 활용성을 폄훼해서도 안 된다. 현장의 전문가는 수치해석의 우아한 보고서에서 오류를 발견할 때 투박한 수계산 보고서에 대한 향수를 느낀다고 한다. 수치해석의 정량적 예측은 모델링과 구성식, 그리고 물성에 정통한 지반 수치해석 모델러가 관여할 때 그 신뢰성을 확보할 수 있다.

1.6.4 지반 문제의 모델링과 지반공학적 고려사항

지반설계는 설계규정 등에서 정한 설계상황을 가정하고 이에 따라 해당 지반을 해석할 수 있도록 모델링하여야 한다. 이론해석의 경우 매우 단순한 경계조건, 매질 및 하중조건에 대하여만 해가 가능하다. 반면 수치해석은 매우 복잡한 기하학적 형상, 하중 및 물성조건의 고려가 가능하다. 따라서 설계상황과 해석요구 정도에 따라 적용할 해법에 타당하게 지반문제를 모델링하여야 한다.

설계상황의 설정

일반적으로 설계규정(code)에서는 설계수명기간 동안 구조물이 놓이는 상황을 다음 3가지 조건으로 구분한다.

- 통상적 상황(persistent situation) : 일상적 운영상태
- 일시적 상황(transient situation) : 건설 중, 보수 중
- 돌발적 상황(accidental situation) : 화재, 폭발, 지진 등 예기치 않은 상황

설계상황은 설계가 요구하는 신뢰성의 수준과 관계되며, 일반적으로 구조물 설계의 경우, 설계상황의 차이는 주로 하중조건으로 나타난다. 지반의 경우 설계상황에 따라 구조물에서 전달되는 하중을 감당하도록 설계하지만 이때 설계상황에 따른 지반물성 평가 혹은 간극수압영향 등의 고려가 함께 이루어져야 한다.

목적물과 가시설

지반구조물은 사력댐처럼 지반재료 자체가 건설의 실체인 경우도 있지만, 공사를 위해 일시적으로 축조되었다가 공사 후 철거되는 지반구조물도 있다. 일반적으로 전자를 목적물, 후자를 가시설이라 한다. 전자의 예는 사력댐, 기초, 도로, 제방, 터널 등이며, 후자의 예는 가설 흙막이 구조물, 코퍼댐, 임시 차수벽, 가설 지보 등이다. 지반설계의 대상은 목적물이 아닌, 가시설인 경우가 많다.

일반적으로 **가시설의 안전율의 기준은 중요도를 고려하여 목적물과 달리 설정된다**. 이는 가시설이 본 구조물 축조를 위한 일시적인 구조물로서 내용 년수가 작고, 안전의 기준이 공사장 및 공사내용을 인지하고 있는 작업참여자를 대상으로 하므로 불특정 다수를 대상으로 하는 공용 중의 안전율 기준과 달리 할 수 있기 때문이다.

가시설과 목적물의 구분이 애매한 경우도 있다. 굴토공사를 위한 토류벽을 구조벽체로 활용하는 경우도 있는데, 이는 종래의 가시설을 목적물로도 활용하는 경우로서 가시설과 목적물의 두 조건 중 상위 설계요구조건을 적용하는 것이 타당할 것이다. 공학적 경제성을 확보할 수 있는 좋은 방안이나 설계요구조건의 유연한 적용이 가능해야 한다.

지반공학적 모델링 고려요소

지반문제의 경계조건은 지형, 인접구조물, 지하수 유입, 건설과정 등으로 인해 매우 복잡하고 또 변화하므로 이를 공학적으로 다루기 위하여 먼저 대상 지반문제를 이상화와 단순화하는 모델링이 필요하다.

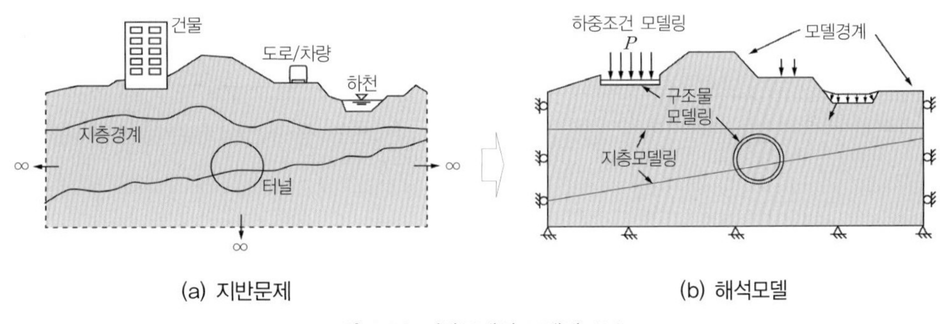

(a) 지반문제 (b) 해석모델

그림 1.38 지반문제의 모델링 요소

지반모델링은 점(point) 조사에 해당하는 시추조사와 시험을 통해 얻어진 극히 한정된 정보로 이루어진다. 지하 조건의 불확실성 그리고 재료의 비균질, 이방성 특성으로 인해 실세계 지반모델링은 사실 어려운 문제이다. 실제로 **모든 조건과 파라미터들을 완벽하게 모델링하는 것은 가능하지도 유용하지도 않다.** 대상문제를 단순화한다고 해서 정확도가 마냥 떨어지는 것은 아니므로 공학적 경제성이 적절히 고려되어야 한다. 모델링은 이상화와 단순화 과정이다. 지반모델링 시 고려하여야 할 지반공학적 요소는 다음과 같다.

- 지반하중의 결정
- 해석영역(모델영역)의 결정
- 차원의 단순화(예: 3차원 조건 → 2차원 조건)
- 지형 및 지층(기하학적)의 모델링 - 단순화 및 이상화(6장)
- 배수조건의 설정: 배수조건 vs 비배수조건
- 경계조건의 설정(모델경계, 국부경계)
- 건설과정의 고려
- 지반재료의 구성모델 선정과 지반물성의 평가(제1권 5장, 제2권 6장)

• 지반–구조물상호작용 모델링(제1권 5장)

위의 모델링 요소는 크게 예상 작용(하중 등), 지반정수, 대상문제의 기하학적 정보의 세 가지로 구분할 수 있다(지반하중은 일반적으로 상부 구조에서 결정되는 문제이므로 여기서 다루지 않는다).

해석영역(모델경계)

지반해석법을 적용하는 지반경계치문제는 각 해법이 성립하는 영역을 그림 1.39와 같이 구분해볼 수 있다. 미분방정식으로 유도되는 이론해석법이 유도되는 영역은 전체모델의 미소요소이다. 반면 유한요소법과 같은 수치해석법의 요소 단위는 이보다는 훨씬 큰 영역이다.

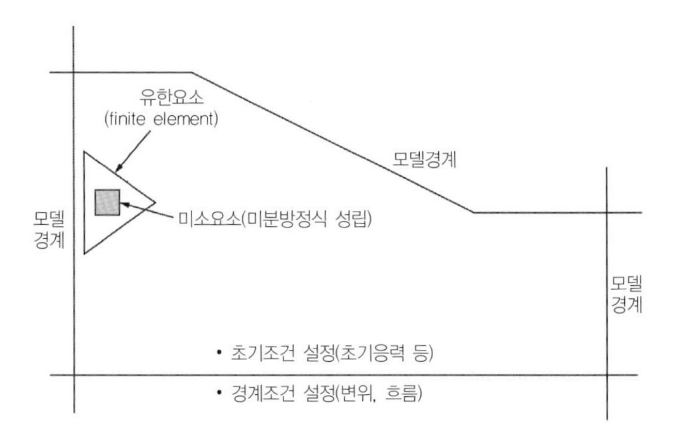

그림 1.39 지반문제의 해석법에 따른 해석영역

일반적으로 **해석모델의 크기는 해석에 포함되지 않은 영역이 해석결과에 영향을 미치지 않는 범위까지 선정**한다. 일례로 지반문제를 선형 탄성 문제로 다룰 경우 해석영역은 모델 경계에서 변위가 거의 일어나지 않을 정도로 충분히 커야 한다(실제로 탄성해석 시 영향범위는 무한대에 이른다). 지하수가 포함되는 경우 수리거동 영향은 지반변위보다 훨씬 넓은 범위까지 미치므로 경계범위가 충분히 넓어야 한다.

해석영역을 선정하는 문제는 지질학적 조건, 해석영역에 포함되는 지반재료 및 구조요소의 종류와도 관련이 있다. 일례로 비압축성 지층 아래 압축성 지층이 존재하는 경우, 압축성 지층의 두께가 해석영역의 깊이를 결정한다. 한편, 경사지층 또는 경사절리가 분포하는 경우 해석영역을 확대하여야 한다.

불균형 비대칭 외부하중이 작용하는 경우에도 해석영역의 확장을 고려하여야 한다(Meissner, 1991). 해석영역의 크기는 소요되는 비용에 영향을 미친다. 해석영역을 줄이기 위하여 가능한 모든 대칭조건을 이용하는 것이 중요하다.

차원의 단순화(2D vs 3D 해석). 많은 지반문제가 3차원적이다. 절리가 많은 암반, 지층두께의 공간적 변화, 3차원적인 공간 구조물(예, 터널입구, 터널 굴착면), 비대칭 하중조건 등은 3차원 모델링이 필요하다. 하지만 3차원 모델링은 많은 노력이 요구되며 결과에 대한 이해도 쉽지 않다. 2차원 해석을 할 것인지, 3차원 해석을 할 것인지는 다음 사항을 검토하여 판단할 수 있다.

- 3차원으로 모델링했을 때 모델의 크기와 복잡성이 해석결과에 역으로 영향을 미칠 수 있거나 복잡한 모델의 도입이 입력파라미터에 따라 부정확하거나 오차를 야기할 수 있을 때, 또는 해석결과가 방대하여 처리나 이해가 어려울 것으로 예상되는 경우, 2차원 해석을 수행한다.
- 지반물성의 불확실 정도가 수학적 계산의 완성도를 초과하여, 3D 해석으로 계산의 정확성을 개선하기 어렵다고 판단되는 경우, 2차원 해석이 적절하다. 다만, 이때의 2차원 해석은 정량해석보다 3차원 거동의 경향을 파악하거나, 대안비교, 계측 위치 선정 등에 활용한다.
- 3차원 계산 비용은 2차원 계산 비용보다 훨씬 크다. 3차원 해석은 입력파라미터의 준비와 결과해석에 더 많은 기술자의 노력과 컴퓨터 자원을 필요로 한다.
- 지표의 형상과 지층의 경계는 연속적으로 변화하므로 실제 변화를 해석에 그대로 고려하기 어렵다. 통상 2D로 단순화하나, 지층의 공간적 변화 영향을 파악하고자 한다면 3D 해석이 필요하다.
- 지반은 연속적이지만 구조물의 범위는 짧은 구간에 한정되는 경우가 많다. 지층의 구성과 연속성, 구조물의 대칭성과 스케일을 종합적으로 고려하되, 2차원 해석 결과가 3차원 해석 결과보다 다소 보수적인 결과를 줄 것으로 판단되는 경우는 2D 모델링이 가능하다.

배수(재하)조건. 지반문제에서 재하조건은 특히, 배수조건과 관련하여 모델링의 중요한 요소이다. 배수조건은 수리경계조건과 관계가 있고, 강도에도 영향을 미치므로 재하조건과 배수조건은 연계하여 파악하여야 한다. 배수조건은 재하 속도와 지반의 투수성을 모두 고려하여야 판단 가능하며 간극수의 유출조건에 따라 통상 비배수조건, 완전배수조건 및 부분 배수조건의 3가지 경우를 생각할 수 있다.

일례로 그림 1.40 (a)에 배수를 허용한 3축 시료에 각기 재하속도를 달리하여 시험한 결과를 보인 것이다. 재하 속도가 간극수의 이탈속도에 비해 아주 큰 경우가 비배수 조건이며, 그 반대의 경우는 배수조건에 해당한다. 그림 1.40 (b)에서 보듯 배수강도가 비배수강도보다 훨씬 크게 나타난다. 강성도 마찬가지 경향으로 나타날 것이다. 따라서 **지반문제의 모델링 시 강도와 강성은 각각 배수조건에 부합하게 선택하여야 한다**.

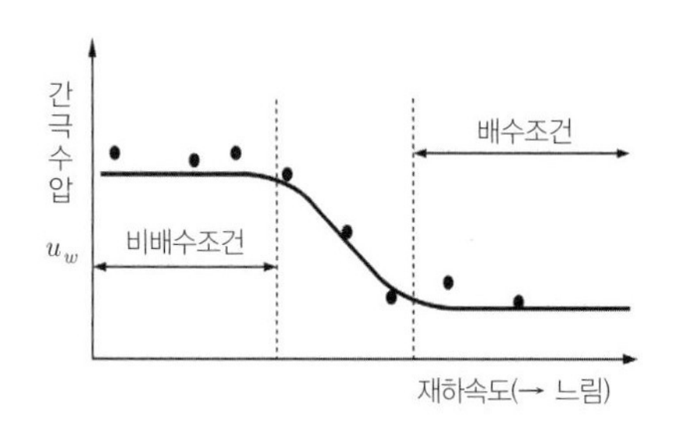

(a) 파괴 시 과잉간극수압과 재하속도

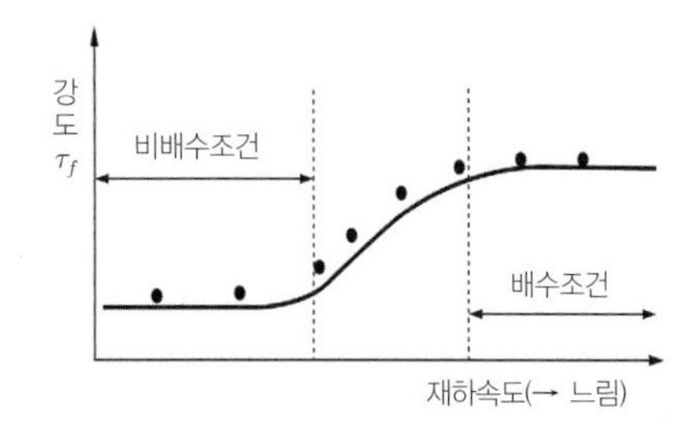

(b) 파괴강도와 재하속도

그림 1.40 재하속도의 영향

구성식의 선정과 입력물성의 평가. 지반거동은 구성식을 통해 재현된다. 따라서 해석결과의 신뢰성은 선정한 구성식이 지반거동을 얼마나 잘 대표하는가에 달려있다. **구성식은 제1권 5장에서 충분히 다루었다.** 구성식은 지반파라미터에 의해 작동한다. 적절한 구성식이라도 지반입력물성의 신뢰성이 낮으면 해석결과 역시 신뢰하기 어렵다. 따라서 물성평가는 매우 중요하며 6장에서 다룬다.

건설과정의 고려. 건설과정은 시간에 따른 변화로서 이를 해석적으로 고려하기 어려운 경우가 많다. 건설과정은 기하학적 형상 변화, 재료의 제거와 추가, 경계조건의 변화, 지반물성의 변화 등으로 고려할 수 있다. 이론 모델 등은 일반적으로 극단적인 최악조건으로 모델링하며, 수치해석은 이러한 변화를 미리 모델에 포함시켜 고려할 수 있다.

1.7 지반문제의 연구와 법(法)지반공학

지반공학의 한 부분으로 지반문제의 연구와 지반 법공학문제가 있다. **지반 연구(geotechnical research)**는 이제껏 다루지 않았던 문제, 방법, 도구들을 해결하거나 개발하여 **지반공학지식(geotechnical knowledge)의 확장에 기여**하는 과정이다. 반면 **법 지반공학(forensic geotechnical engineering)**은 공사 중, 혹은 준공 후 **지반구조물에 발생한 손상이나 붕괴에 대한 법정다툼을 지원**하는 지반공학분야이다.

1.7.1 지반문제의 연구

연구의 궁극적 목적은 **지식의 확장(knowledge expansion)에 기여**하는 것이다. 많은 지반공학의 원리가 연구를 통해 규명되었고, 기술로 일반화되어 더 많은 지반공학 프로젝트가 안전하고 경제적으로 진행되고 있다. 하지만, 여전히 어떤 프로젝트에서라도 전례 없는 지반문제에 마주하게 되는 상황이 나타날 수 있다. 따라서 경제성추구, 공법의 개선, 품질향상, 공기단축 등을 위해 지반공학은 연구를 통해 지

식이 계속 확장되어야 한다. 대표적인 지반연구의 대상을 열거하면 다음과 같다

- 지반상태와 거동의 파악(characterization)
- 지반거동의 모델링 개선
- 해석도구의 개선과 개발
- 지반문제의 해결법의 경제성 추구
- 지반공사의 품질향상과 공기단축
- 지반공사의 안전성 증진
- 붕괴 및 손상사례의 원인규명(법지반공학)

혁신(innovation)은 연구를 통해 이루어진다. 그림 1.41은 지반공학분야에 있어서 혁신과정(innovation cycle)과 산업화의 유기적 상호관계를 보인 것이다.

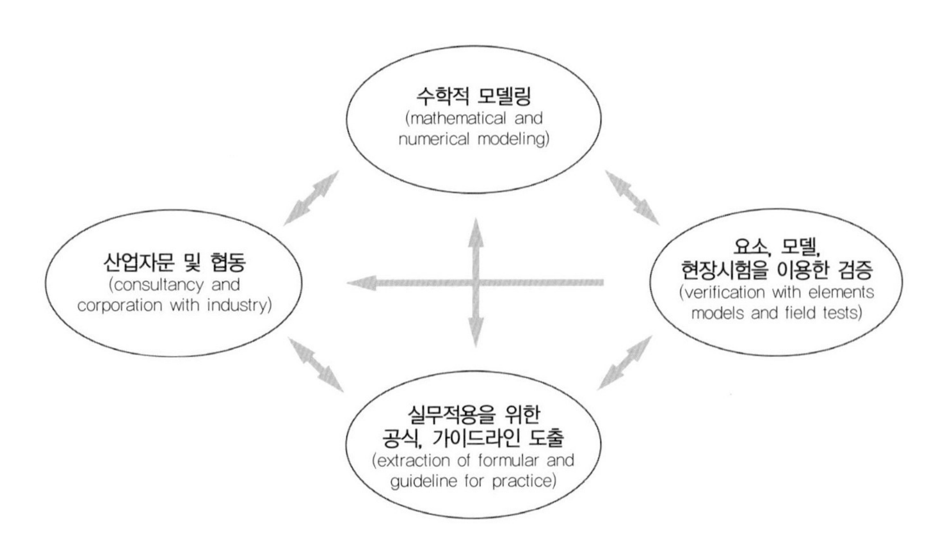

그림 1.41 지반공학 Innovation Cycle(中國, 칭화대 지반공학 연구실 자료)

불완전하거나 부정확한 이론에 근거한 연구결과는 자칫 기술의 방향을 오도하고 사고를 초래할 수도 있다. 연구는 과학적 근거와 체계화된 접근법으로 이루어져야 하며, 연구의 조건과 가정을 분명히 하여 연구결과의 활용범위와 수준을 분명히 할 필요가 있다. 연구는 엄격한 **윤리성과 과학적 합리성에 기초하여야 한다**. 그림 1.42는 일반적인 과학적 연구의 수행체계를 보인 것으로서 그 절차는 '**공학적 질문→ 기존 문헌/연구 확인 → 질문의 구체화 → 가설의 설정 → 가설에 대한 실험 → 결론**'으로 구성된다.

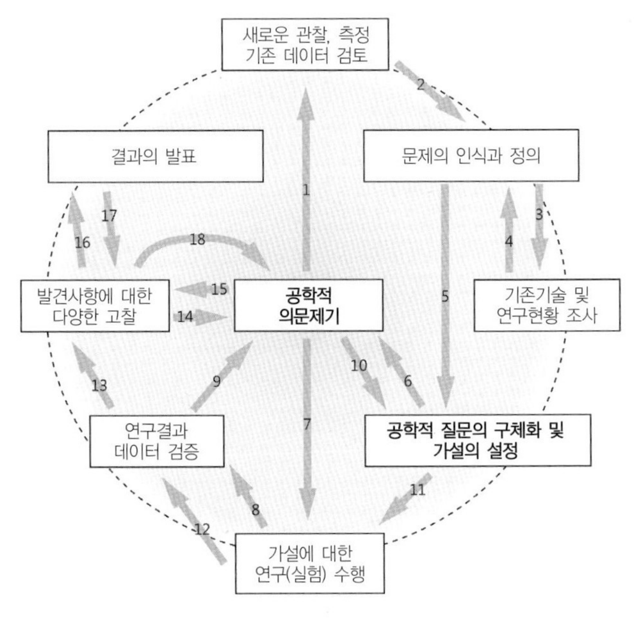

그림 1.42 연구수행체계(방법론)

1.7.2 법 지반공학

'법공학'(法工學, forensic engineering)이란 '수사공학', '법정공학', '재판공학' 등으로 불리기도 한다. **법공학은 붕괴사고, 손상(damage) 또는 열화(deterioration) 등의 지반문제를 관찰, 시험, 추론 등의 조사를 통해 그 원인을 밝혀내는 학문**이다.

그림 1.43은 지반문제의 법공학적 진행절차를 보인 것이다. 법공학적 전문가에게 조사를 위탁하는 의뢰인은 통상적인 발주기관이 아닌 공사 계약자, 보험회사, 분쟁조정자, 물건소유자, 소송당사자들, 개발사업 시행자, 문화재관리자 그리고 정부당국 등 다양하다. 법공학자는 의뢰인의 증인 또는 전문 조력자, 법원의 전문심리위원(expert witness) 등으로 재판에 참여하게 된다.

법 지반공학의 특성

지반법공학자는 지반문제의 원인을 밝혀내야 하므로 지반공학을 체계적으로 이해하고, 설계, 공사에 대한 전문지식은 물론 문제해결에 대한 연구적 마인드와 소양으로 갖추고 있어야 한다. 하지만 무엇보다 중요한 것은 **공학문제를 법적인 틀로 전개하는 데 따른(요구되는) 익숙하고 훈련된 지식과 의사소통 능력**이다.

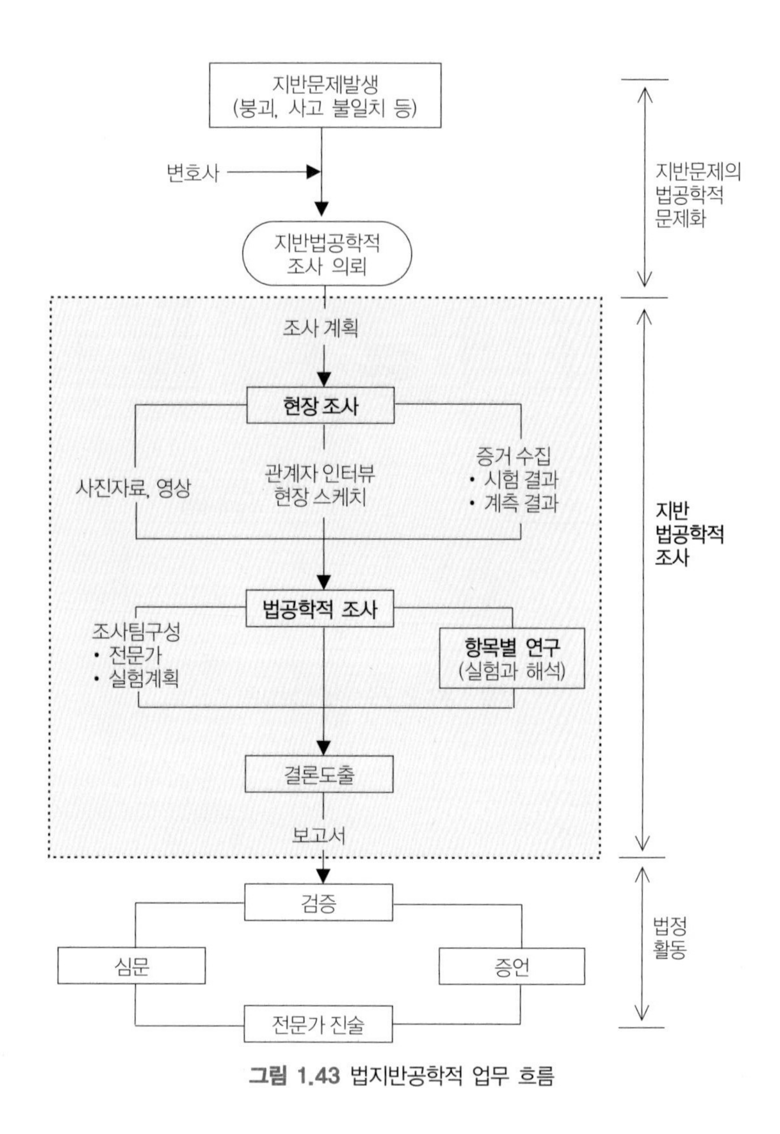

그림 1.43 법지반공학적 업무 흐름

지반 법공학적 문제는 소송과 관련되기 때문에 지반 법공학문제를 다루는 전문가는 법적절차를 잘 이해하고 있어야 한다. 대부분의 소송(lawsuit)이 원고(plaintiff)에 의해 제기되는 민사소송(civil litigation)이다. 따라서 지반법공학문제의 조사의뢰자는 원고인 경우가 많다. 민사소송에 대한 궁극적 판단과 결정권은 판사(judge)에게 있으므로 원고는 증거의 우세(preponderance of evidence) 책무를 잘 지켜내야 한다. 재판의 비용과 불확실성 때문에 다행히도 대부분의 소송은 재판 전 중재에 의해 해결된다. 건설하자와 관련한 소송의 경우 95%가 재판 전 중재에 의해 해결된다.

이미 건설된 구조물의 열화가 늘고 있고, 도심지 좁은 공간에서 건설이 진행되는 경우가 많아지면서 지반 법공학적문제는 단순한 지반공학 문제가 아닌 건강, 환경, 안전 및 위생과 관련한 분쟁이 증가하여 왔다. 이에 따라 향후 법공학의 업무도 증가할 것으로 예측되고 있다.

법공학과 기술적 표현

법공학적 관점에서 지반전문가가 유념하여야 할 것은 용어의 선택이다. 이는 법정에서 비지반 공학자들의 용어에 대한 이해가 전문가 간 의사소통개념과 전혀 다를 수 있기 때문이다. 일례로 흔히 유사한 개념으로 쓰는 '조사(inspect)'와 '관찰(observe)'은 법정에서 상당히 다른 의미를 갖는다. '관찰(observe)'은 '주의깊게 살펴보다(to notice with care)' 정도의 의미이지만, '조사(inspect)'는 이보다 넓은 의미인 '신중하고 공식적인 검사(to examine carefully or critically, investigate and test officially)'가 되므로 훨씬 더 넓은 법적 책임을 내포한다. 따라서 지반문제를 법공학적으로 접근할 경우 계약, 시방서 등의 특정한 조사를 수반하는 '조정(control)', '조사(inspect)', '감독(supervise)' 용어사용에 유의할 필요가 있다. 그 대안으로 '관찰(observe)', '점검(review)', '연구(study)', '검토(look over the job)' 등의 표현을 사용할 수 있다.

공학적 소통에 있어서 비교와 최상급표현이 흔한데, 이러한 표현들은 법정다툼의 중요한 문제를 야기할 수 있다. 일례로 'must', 'always', 'all', 'never', 'none', 'at least', 'entirely' 등이 최상급 표현에 해당한다. 이것은 '전부' 아니면 '아무것도 아닌'에 해당하는 공학적 명료성을 강조한 것이란 걸 전문가들은 이해하지만 이들 표현이 명시된 보고서가 법정으로 가게 되면 상당한 실책이 될 수밖에 없다. 만에 하나라도 예외가 있는 경우라면 최상급표현은 피하는 것이 좋다.

기술적인 용어가 법정에서는 상당히 다른 뉘앙스로 전달될 수 있음을 유의할 필요가 있다. 일례로 'critically expansive soil' 또는 'collapsible soil'에서 critically이나 collapsible은 그 용어자체가 비전문가들에게는 '나쁜' 이미지를 담고 있기 때문에 재판 관련자의 최종판단에 본질과 다른 부정적 영향을 미칠 수 있다. 따라서 이러한 용어를 쓸 경우 용어정의를 명확히 하는 것이 좋다.

Chapter 02

지반 이론해석법

지반 이론해석법

지반문제의 이론해석법(theoretical method)은 지반 설계해석법(geotechnical design analysis) 중 가장 기본적이고 논리적인 접근법으로서 **문제해결의 직관(intuition)을 제공**한다. 따라서 모든 지반해석 도구의 근간이라 할 수 있다. 이론해석 결과는 모형시험의 상사조건을 위한 추론함수의 유도, 수치해석을 비롯한 다른 지반해석법의 검증, 실내 및 원위치시험법의 기반을 제공한다.

지반이론해석은 제1권의 6장 지반거동의 지배방정식의 이론해를 구하는 부분을 포함한다. 이론해는 지배 미분방정식의 해로서 모든 경계조건을 만족하는 연속해(closed form solution)를 얻는 방법과 일부 경계조건만을 만족하는 단순(관습)해(simple method, conventional method)를 얻는 두 갈래로 발전해왔다. 설계해석과 관련하여 **연속해는 주로 사용한계상태(SLS, serviceability limit state)의 변형(탄성)문제와 관련되며, 단순해는 극한 한계상태(ULS, ultimate limit state)의 안정문제와 관련된다**.

토질역학이나 지반공학에서 다루어온 대부분의 이론이 이 장에 포함되며, 다만 **주제별 형식이 아닌 해석법의 체계로 구분**하여 다루고자 한다. 지반거동의 특성상 이론해는 역학문제와 수리문제로도 구분할 수 있다. 각각은 다시 연속해와 단순해로 구분할 수 있다. 이 장에서 주로 다룰 내용은 다음과 같다.

- 지반 이론해석의 의의
- 변형거동해석 및 역학안정해석
  - 연속(변형)해석 : 지반 내 유발응력, 변형문제, 공동 확장 문제, 지반-구조물 상호작용 문제 - 탄성 지반 위의 보(beam on elastic foundation), 탄성 지반 내 말뚝, 터널주변의 지반변형
  - 안정해석(단순해법) : 한계 평형법, 한계 이론법(limit theorem) - 지지력, 사면안정, 토압
- 수리거동해석 및 수리 안정해석
  - 이론 수리해석 : 유량 및 수압산정 문제, 제체 침윤선, 우물의 수리
  - 수리 안정해석 : 파이핑, 내부침식(internal erosion) 문제
- 지반 이론해석법의 활용

2.1 지반문제의 이론해석

어떤 지반문제에 대하여, 지반거동을 수학적 구성모델로 표현할 수 있고, 경계조건이 분명히 정의되는 경우 지배방정식을 풀어 정확한 이론 해를 얻을 수 있다. 이론적으로 볼 때 이 해는 정확해이나, 모델링과정에서 기하학적 형상, 경계조건, 구성 방정식 모두가 어떤 가정의 도입 및 단순화가 이루어지므로, 이 해도 어느 정도는 단순화로 인한 근사해라 할 수 있다. 이론적으로 **연속해법은 모든 해석적 요건을 만족하므로 완전해에 해당한다**. 그러나 흙이 복잡한 다상의 재료이며 경계조건이 명확하지 않고 비선형 거동을 보이므로 지반문제에 대한 완전한 연속해를 얻을 수 있는 경우는 많지 않다.

이 장에서는 지반문제의 이론해석법으로서 변형해석, 역학안정해석 그리고 수리거동과 수리안정 해석법을 다루고자 한다. 변형해석은 탄성론 및 탄소성론에 기초한 지반응력해, 공동확장문제, 터널굴착문제, 탄성기초의 거동 등을 다루며, 안정해법은 한계평형법(limit equilibrium method), 한계이론해(limit theorem)를 다룬다.

또한 수리거동과 유효응력의 원리에 기초하여 수리적 파괴를 검토하는 수리 안정문제를 다루고자 한다. 실제지반은 변형거동과 흐름거동이 결합(coupling)되는 경우도 많지만 결합되는 경우를 이론적으로 다루기는 용이하지 않다. 따라서 **수리거동의 이론해는 대체로 정상상태를 다룬다.** 압밀거동은 부정류 흐름으로 구분될 수 있으나, 이미 제 1권 6장 지반거동의 지배방정식을 통해 다루었으므로 이 장에서 다시 다루지는 않는다.

이 장에서는 현장에서 부딪히는 문제에 대한 이론적 접근능력의 함양을 위해 **토질역학 혹은 지반 공학분야에서 주제별로 다루던 문제를 설계해석법적 관점에서 체계적으로 다루고자 한다.**

2.1.1 지반공학 경계치문제와 이론해석

주어진 미분방정식 또는 편미분 방정식으로 표현된 지배방정식이 지정된 영역에서 만족되고 또한 그 영역의 경계에서 지정된 경계조건을 만족하는 해를 구하는 문제를 경계치 문제(boundary value problems)라 한다.

지반공학의 경계치문제에 대한 지배방정식의 전반적 유형과 형태는 제1권 6장에서 살펴보았다. 지배방정식은 대개 편미분방정식형태로 나타나므로 작용(action, 하중 등)과 물성이 정의되고, 경계조건이 주어지면 연속해를 얻을 수 있다. 경계조건의 일부만을 만족하는 경우, 이를 단순해라 하며 보통 안정해석이 여기에 해당한다. 이때의 지배방정식(조건)은 시스템에 대한 힘 또는 에너지 평형방정식이다. 그림 2.1에 지반거동의 지배방정식과 그를 통해 얻을 수 있는 해의 유형을 정리하였다.

이 책에서는 지반공학문제에서 흔히 나타나며 지반공학 이론전개의 기본 틀로서 인식되고 있는 주요 응력-변형 문제들 중, 경계조건이 분명하여 해가 얻어지는 대표적인 문제를 다룸으로써 이론해의 접근법과 활용을 살펴보고자 한다.

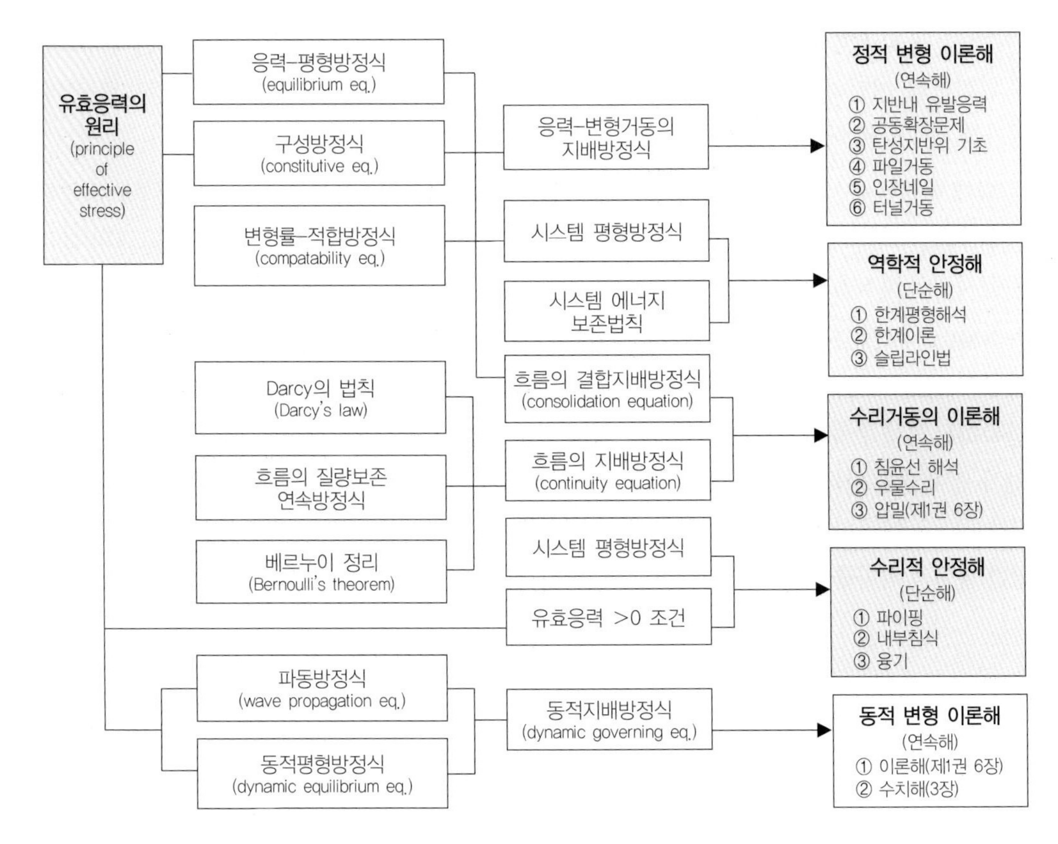

그림 2.1 지반거동의 지배방정식과 이론해의 유형

공학적으로 다루는 지반경계치 문제의 해는 일반적으로 다음 조건을 만족하여야 한다.

① 힘과 모멘트의 평형조건
② 변위의 적합조건
③ 응력-변형률 관계(혹은 파괴규준)
④ 힘의 경계조건(수압경계조건)
⑤ 변위의 경계조건(유량경계조건)

경계치 문제의 연속해는 위의 모든 조건을 동시에 만족할 때 얻어진다. 이 책에서 다루는 응력, 변형해 그리고 수리거동 해가 여기에 해당한다. 그러나 실제 지반문제의 속성상 이들 조건을 모두 만족하는 해는 얻을 수 없다.

지반역학의 역사를 보면 주어진 문제를 단순화하거나 위 조건의 일부만을 만족하는 안정문제에 대한 근사해를 얻어 왔는데, 이 때문에 이러한 해석을 단순해법(simple method), 또는 관습해법(conventional method)라 한다(이 책에서는 '단순해법' 표현을 주로 사용한다).

단순해를 풀기 위한 근사화는 다음 두 가지 방법 가운데 하나를 택할 수 있다. 첫째, 기본해의 요구조건을 완화하되, 여전히 이론해법을 사용하는 것이다. 이는 지반공학의 초기 개척자들이 지반문제의 안정평가를 위해 주로 이용한 방법이다.

두 번째 방법은 좀 더 현실적인 해를 얻을 수 있는 방법으로서 연속장을 요소와 보간함수로 표현하는 수치해석법을 도입하는 것이다. 수치해석법은 모든 해의 요구조건들을 만족하나, 다만 요소와 보간이라는 근사적인 방식을 취한다. 수치해석법은 3장에서 보다 상세히 언급될 것이다.

단순해법은 해의 요구조건을 만족하는 정도에 따라 한계평형법(limit equilibrium method, 2.3.2절)과 한계이론법(limit theorem, 2.3.3절)으로 구분된다. **한계평형법이란 경계치 문제의 해의 조건 ①, ③, ④를 만족하는 해**를 구하는 것이며, 이 경우 변위의 적합조건은 고려되지 않으며, 통상 정확해보다 안전 측의 해가 얻어진다. **한계이론법이란 경계치 문제의 요구조건 ②, ③, ⑤를 만족하는 해**를 구하는 것이며, 정확해보다 위험 측의 해가 얻어진다. **간편법은 이론적 요구조건을 모두 만족하지 못하나 안정에 대한 분명한 물리적 의미를 제공한다.**

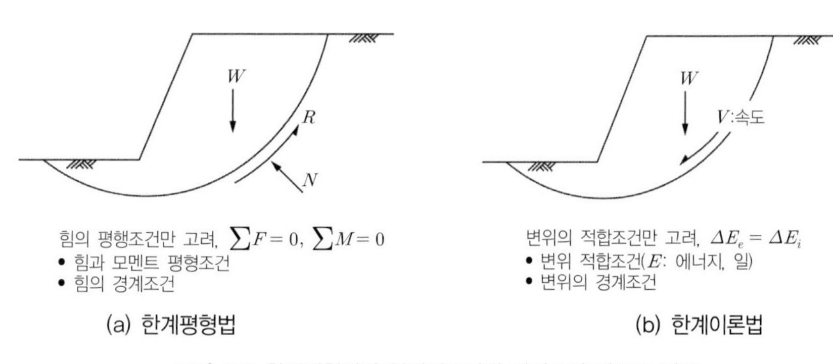

그림 2.2 한계평형법과 한계이론법의 경계조건 만족도 비교

이론해석을 위한 지반문제의 모델링

이론해 중 연속해는 편미분 지배방정식으로부터 얻어진다. 따라서, 이론해는 요소 또는 시스템을 이상화/단순화한 다음, 거동의 지배방정식에 대한 경계조건을 설정함으로써 얻을 수 있다. 그림 2.3은 이론해법의 접근방법을 예시한 것이다.

지형 및 지층 조건의 불확실성 그리고 구성방정식과 관련한 문제와 한계들로 인해 실세계의 모델링은 사실 지극히 어려운 문제이다. 따라서 해석을 위해 어느 정도 이상화와 단순화(모델링)가 불가피하다. 대상문제를 단순화한다고 해서 정확도가 마냥 떨어지는 것도 아니므로 공학적 경제성과 요구되는 해의 정확도를 적절히 비교 형량하여 모델링하여야 한다.

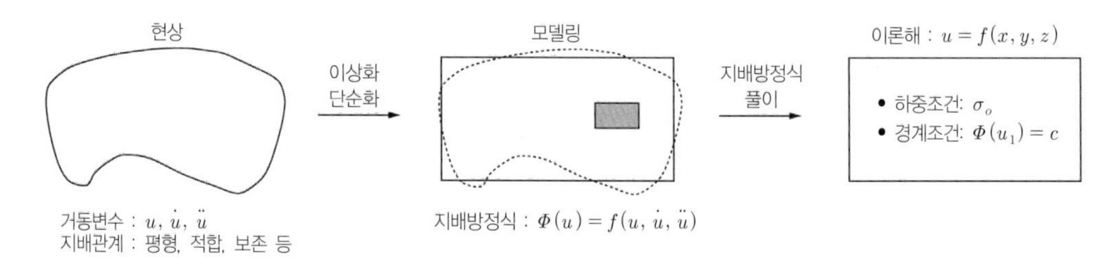

그림 2.3 지반경계치 문제의 이론해법의 절차

이론해는 보통 두 가지 단순한 경우에 대하여만 얻어질 수 있는데, 첫째는 **지반의 거동을 등방성으로 가정**할 수 있는 경우이며, 둘째는 **충분한 기하학적 대칭성을 포함**하는 문제로서 주로 2차원적 단순화가 가능한 경우이다.

이론해석을 위해서는 적절한 가정과 이상화를 통한 모델링이 필요하다. 모델링 주요 대상은 크게 예상 작용(하중 등), 지반정수, 대상문제의 기하학적 정보의 세 요소로 대별된다. 모델링 요소를 구체적으로 열거하면 다음과 같다.

- 지반하중의 결정
- 해석영역(모델영역)의 결정
- 차원의 단순화(예: 3차원 조건 → 2차원 조건, 2차원 조건 → 1차원 조건)
- 지층(기하학적)의 모델링 – 단순화 및 이상화(6장)
- 배수조건의 고려: 배수조건 vs 비배수조건
- 경계조건의 설정(모델경계, 국부경계), 하중경계, 흐름경계, 변위경계
- 건설과정의 모델링
- 지반재료의 구성모델 선정과 지반물성의 평가(제1권 5장, 제2권 6장)
- 지반구조물상호작용 모델링(제1권 5장)

주어진 지반문제에 대하여 모델링 요소에 대한 논리적인 설명이 가능하여야 해가 정량적 의미를 가질 수 있다. 설계해석에 이론해석법을 적용한 경우 **가정과 단순화의 모델링 개념을 분명히 제시하여, 결과의 활용 수준에 참고하도록 하여야 한다. 지반문제의 지나친 이상화, 단순화는 문제를 왜곡시킬 수도 있다.**

2.1.2 이론해석법과 지반설계

변형거동 해석과 역학적 안정해석

이론해법의 설계적용과 관련하여 1장에서 고찰한 지반해석법의 발달과정을 다시 살펴볼 필요가 있다. 전통적인 지반해석은 그림 2.4와 같이 변위와 파괴를 분리하여 각각 변형문제와 안정문제로 구분하여 왔다.

변위는 강성(응력-변형률곡선의 기울기)에 지배되지만 파괴는 강도(최대응력점)에 지배되며, 실제 거동은 연속적으로 일어나나, 비선형문제를 이론적으로 다루는 데 따른 손계산의 어려움으로 인해 변형문제와 안정문제는 두 거동을 완전히 다른 문제로, 별개의 방법으로 다루어온 것이다.

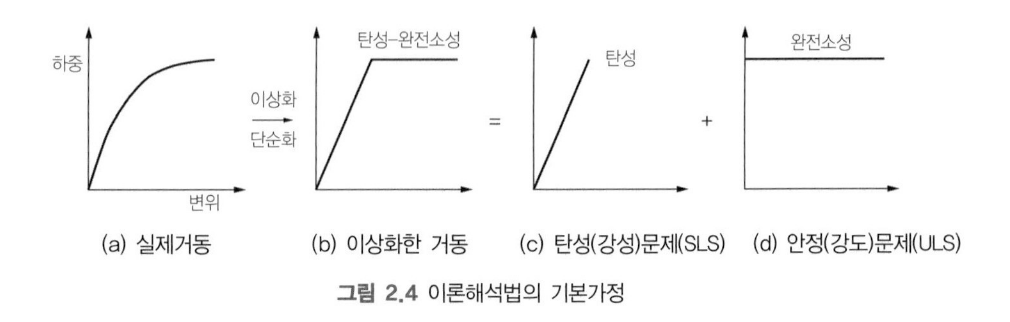

그림 2.4 이론해석법의 기본가정

변위문제와 안정문제(ULS 조건)는 설계해석과 관련하여 각각 사용성 한계(SLS)와 안정성 극한한계(ULS)에 대한 해를 구하는 것이므로 **상호 대체관계가 아닌 각기 다른 설계요구조건**의 검토에 활용된다. 안정해는 단순해법으로 구하며 현재에도 지반설계에 주요 해법으로 이용되고 있다. 물리적 의미가 분명하여 현장에서 선호되고 오랜 기간 사용해온 관습해법으로서 상당한 경험이 축적되어 왔다.

NB: 탄성거동과 파괴거동을 연속적으로 다루는 수치해석은 변위해나 안정해와 같은 설계개념으로 정의할 수 없다. 수치해석법을 변위문제 및 안정문제와 구분하여 이를 진행성파괴(progressive failure)문제로 구분하기도 한다. 수치해석은 경계치 문제가 만족하여야 할 제 조건을 만족하므로 거동예측 능력에 있어서 가장 활용도가 높은 수단이며 대상문제와 활용기법에 따라 변위해와 안정해를 모두 얻을 수 있다.

수리 거동해석과 수리 안정해석

지반문제의 경우 응력-변형률 거동 이상으로 수리거동 및 수리안정문제가 중요하다. 많은 지반사고가 지하수 거동과 연관된다는 사실이 이를 뒷받침한다. 수리거동의 이론해는 유입량, 수압을 구하는 연속해법과 수압에 의한 수리불안정을 검토하는 문제로 구분된다. 수리거동의 해는 수리지배방정식을 풀어 얻으며, 수리 안정문제는 역학적 안정해석에 상응하는 유효응력의 원리 또는 수리평형 조건 등 단순해법으로 검토한다.

NB: 지반공학의 역사로 볼 때 이론해석적 관심이 집중된 영역은 변형거동과 파괴문제이다. 수리문제는 유체역학 및 수리학에 기초하여 다루어져왔고, 이를 변형문제와 통합하여 연계해석개념으로 다루는 것은 수치해석법으로만 가능하다.

이론해의 적용범위를 앞의 1장에서 다룬 설계요구조건(design requirements)인 사용한계상태(SLS)

개념과 극한한계상태(ULS)개념과 연계하여 살펴보면 대체로 다음과 같이 구분할 수 있다(설계규정 혹은 프로젝트마다 다르게 설정될 수 있다).

- 응력/변형거동 해석 : 사용한계상태 개념(SLS)
  - 응력, 변형 문제
  - 공동 확장 문제, 터널굴착에 따른 지반변형 문제
  - 지반–구조물 상호작용 : 탄성지반 위 기초, 탄성지반 내 말뚝 거동, 인장네일의 거동
- 역학안정해석(mechanical stability analysis) : 극한한계(붕괴)상태개념(ULS)
  - 지지력 문제, 사면안정 문제, 토압문제
  - 한계굴착 문제, 매설관 및 Box Culvert 작용하중 문제
- 수리거동 해석 : 사용한계상태 개념(SLS)
  - 침윤선 및 침투유량 문제
  - 우물수리, 허용누수(유입)량, 수압
- 수리안정해석(hydraulic stability analysis) : 극한한계(붕괴)상태개념(ULS)
  - 부력문제, 융기문제(uplift, heaving)
  - 파이핑, 루핑, 보일링, 퀵샌드
  - 내부침식(internal erosion), 침수침하

NB: 1장에서 언급한 바 있지만 기존의 토질역학에서 다룬 주제별 이론은 거의 모두 본 지반역공학의 이론해석법에 해당한다. 토질역학에서 다루는 주제들을 이론해석 체계로 분류하면 표 2.1과 같다. 따라서 기존의 토질역학 주제는 이론해석의 범주에 속하므로 대부분 이 장에서 살펴본다.

표 2.1 토질역학의 주제와 이론해석의 유형

지반공학문제	이론해석의 유형	지반해석법
지반응력	응력/변형거동해석	연속해
토압	역학안정해석(단순해법)	한계평형해석
기초 - 침하	응력/변형거동해석	한계평형/한계이론해석
기초 - 지지력	역학안정해석(단순해법)	한계평형/한계이론해석
사면안정	역학안정해석(단순해법)	한계평형해석
투수와 침투	수리거동해석	연속해
파이핑	수리안정해석(단순해법)	한계평형해석/유효응력이론
압밀	변형–흐름결합거동 해석	연속해
터널 - 터널주변 응력	응력/변형거동해석	연속해
터널 - 붕괴	역학안정해석(단순해법)	한계이론법

NB: 특별한 언급이 없는 한 이 책에서 σ는 유효응력을 의미한다.

2.2 응력-변형거동의 이론해석법(연속해법)

지반공학 문제 중 이론해를 얻을 수 있는 경우는 많지 않다. 이 장에서는 흔하게 나타나는 지반공학문제 중 지반공학 이론전개의 기본 틀로서 인식되고 있고, 경계조건이 분명하여 해가 얻어지는 다음과 같은 지반 문제에 대한 이론해를 다루고자 한다.

- 지반응력 및 변형 문제(탄성문제)
- 공동 확장 문제
- 지반-구조물 상호거동 문제 : 탄성지반 위 기초, 말뚝 및 네일(nail)의 거동 등
- 터널굴착문제 : 탄성지반, 탄소성지반

2.2.1 응력 및 변형의 탄성 이론해

응력-변형거동의 이론해는 모두 탄성론 또는 탄소성론에 기초한다. 탄성해는 재료거동의 이상화 및 단순화가 필요하다. 그림 2.5는 지반재료를 해석적으로 다루는 경우에 대한 재료구분의 예를 보인 것이다. 대부분의 탄성해는 지반을 등방, 균질의 선형탄성 매질로 가정하며 처음에는 단순한 조건의 해에서 시작하여 점점 더 복잡한 하중, 매질, 경계조건으로 확장되어 왔다.

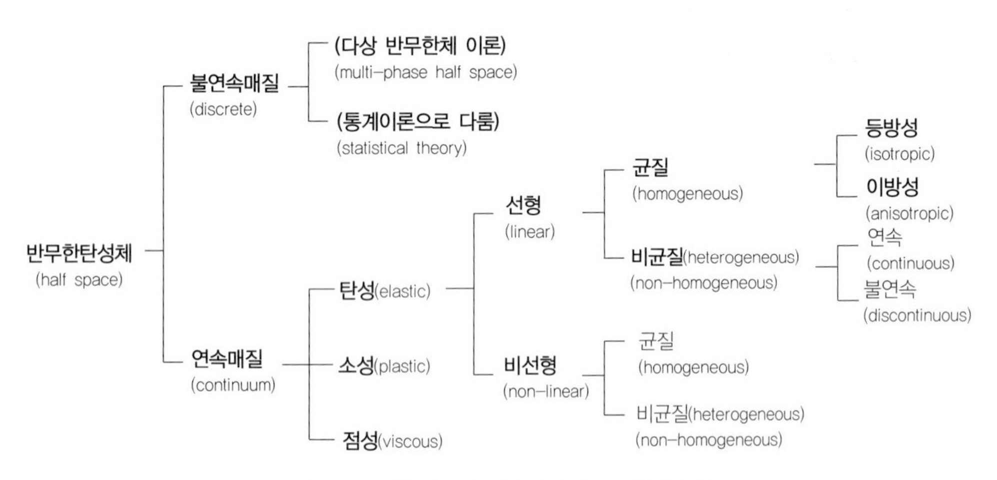

그림 2.5 지반재료의 가정에 따른 이론해의 구분

NB : 수치해석법을 이용하면 기하학적 조건, 재료조건 그리고 경계조건의 제약 없이 근사적 탄성해를 얻을 수 있다. 따라서 아주 복잡한 조건의 경계치 문제를 굳이 이상화와 단순화를 거쳐 이론해를 구하려는 노력은 더 이상 그리 큰 의미가 없다. 수치해석 시 요소의 크기를 아주 작게 취하면 이론해에 근접한 해를 얻을 수 있다.

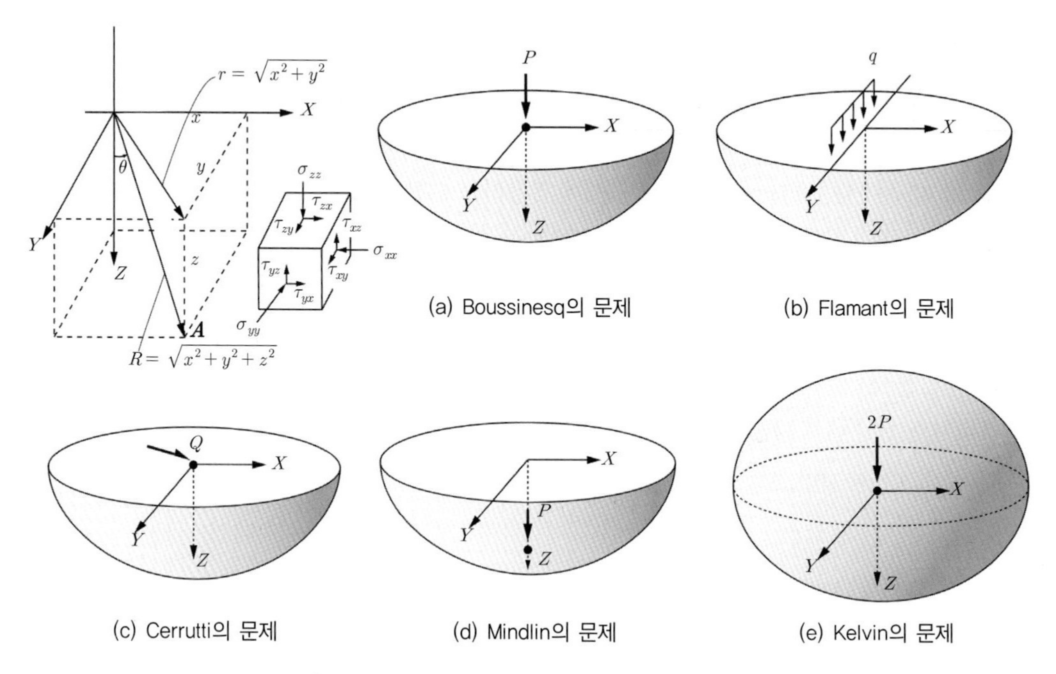

(a) Boussinesq의 문제 (b) Flamant의 문제

(c) Cerrutti의 문제 (d) Mindlin의 문제 (e) Kelvin의 문제

그림 2.6 하중조건에 따른 지반 응력-변형 경계치 문제

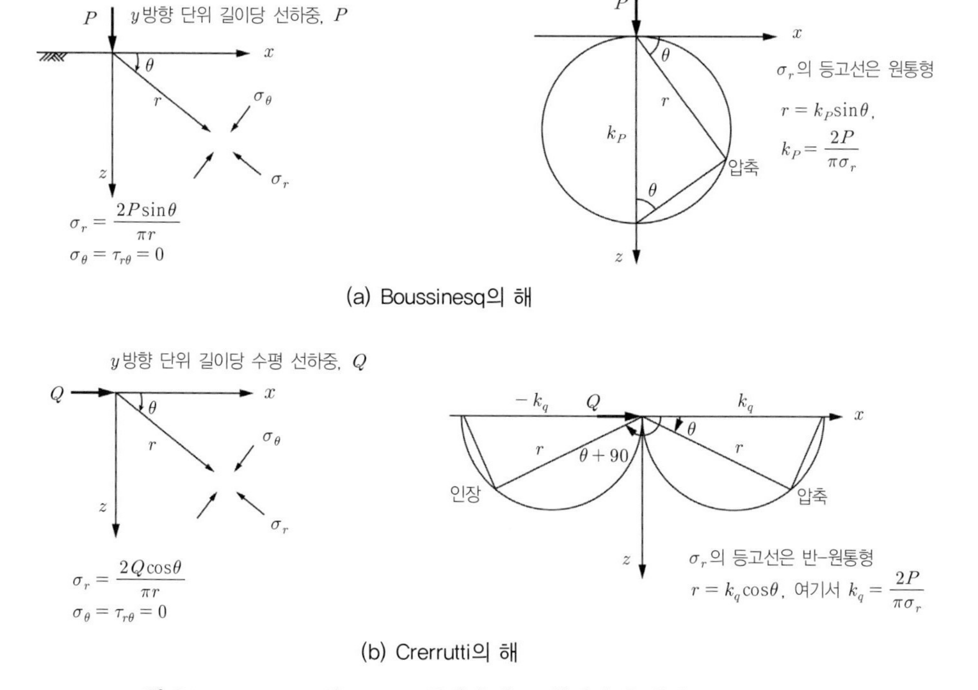

(a) Boussinesq의 해

(b) Crerrutti의 해

그림 2.7 Boussinesq와 Cerrutti 문제의 해 – 해(σ_r)와 응력(σ_r) 등고선

수평지반의 유발 지반응력문제

지반에 하중이 작용하여 발생하는(induced) 응력에 대한 이론해가 다양하게 제시되었다. 그림 2.6에 보인 바와 같이 반무한 탄성체에 작용하는 점 하중으로 인한 Boussinesque 해, 경계면에 작용하는 연속선(線, strip)하중에 대한 Flamant의 해, 경계면에 작용하는 수평 점 하중에 대한 Cerrutti의 해, 반무한 탄성체에 작용하는 점 하중에 대한 Mindlin의 해, 무한탄성체내에 작용하는 점 하중에 대한 Kelvin의 해가 있다.

지반 응력-변형 문제 중 수직 선하중에 대한 Boussinesq 문제와 수평 선하중에 대한 Cerrutti 문제에 대한 해를 그림 2.7에 예시하였다. 이들 해는 탄성론과 Airy의 Stress Function을 이용하여 연속체 이론의 지배방정식을 풀어 얻은 것이다. Airy의 응력함수해법은 시행착오법(trial and error method)에 해당하며, 이론해에 지반물성이 포함되지 않을 수 있다.

자중으로 인한 경사지반 내 지반응력 산정 예

응력-변형 문제에 대한 이론해의 유도과정을 예시하기 위하여 중력에 의한 자중으로 인한 지반 내 응력을 산정하는 간단한 문제를 생각해보자. 그림 2.8 (a)와 같이 지반을 반무한 탄성으로 가정하자.

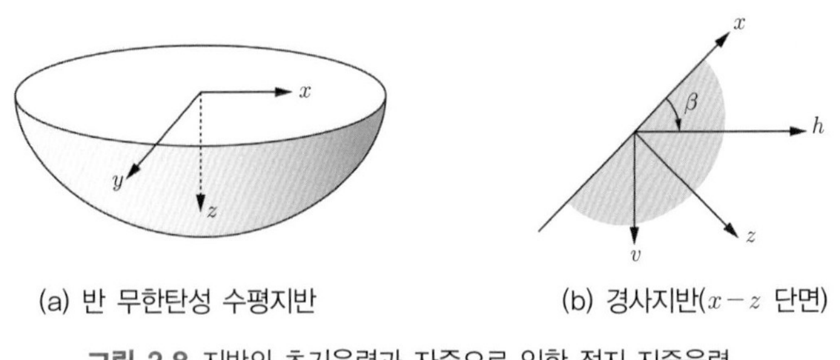

(a) 반 무한탄성 수평지반 (b) 경사지반($x-z$ 단면)

그림 2.8 지반의 초기응력과 자중으로 인한 정지 지중응력

초기응력조건. 그림 2.8 (b)와 같이 지반이 경사진 경우라면, 평면변형조건에서 $\epsilon_{yy}=\epsilon_{xy}=\epsilon_{yx}=\epsilon_{yz}=\epsilon_{zy}=0$. 수평방향 대칭조건에 따라, $\epsilon_{xz}=\epsilon_{zx}$이다. 변형률은 y의 함수가 아니므로

$$\sigma_{xx}\neq\sigma_{yy}\neq\sigma_{zz}\neq 0,\ \sigma_{xz}=\sigma_{zx},\ \epsilon_{yy}=0$$

$$\sigma_{yy}=\nu(\sigma_{xx}+\sigma_{zz})$$

이 경우 단지 3개의 독립응력성분(σ_{xx}, σ_{zz}, σ_{xz})만 존재한다.

평형방정식. x, z방향에 대한 평형방정식은 다음과 같다(제 1권 6장 참조).

$$\frac{\partial \sigma_{xx}}{\partial x}+\frac{\partial \sigma_{xz}}{\partial z}+\gamma_x=0 \tag{2.1}$$

$$\frac{\partial \sigma_{zx}}{\partial x}+\frac{\partial \sigma_{zz}}{\partial z}+\gamma_z=0$$

여기서, $\gamma_x=-\rho g\sin\beta$, $\gamma_z=\rho g\cos\beta$이다. 위 조건을 만족하는 중력함수, $V=\rho g(-x\sin\beta+z\cos\beta)$와 같이 가정하면 위의 평형방정식은

$$\frac{\partial \sigma_{xx}}{\partial x}+\frac{\partial \sigma_{xz}}{\partial z}+\frac{\partial V}{\partial x}=0 \tag{2.2}$$

$$\frac{\partial \sigma_{zx}}{\partial x}+\frac{\partial \sigma_{zz}}{\partial z}+\frac{\partial V}{\partial z}=0$$

적합방정식. 평면변형조건을 고려하면

$$\frac{\partial^2 \epsilon_{xx}}{\partial x^2}+\frac{\partial^2 \epsilon_{zz}}{\partial z^2}=2\frac{\partial^2 \epsilon_{xz}}{\partial x \partial z} \tag{2.3}$$

Hooke 법칙을 이용하여 위 식을 다음과 같이 변형률-응력의 관계로 전환할 수 있다.

$$2G\epsilon_{xx}=\sigma_{xx}-\nu(\sigma_{yy}+\sigma_{zz})$$

$$2G\epsilon_{zz}=\sigma_{zz}-\nu(\sigma_{xx}+\sigma_{yy}) \tag{2.4}$$

$$2G\epsilon_{xz}=\sigma_{xz}$$

여기서 G는 지반의 전단탄성계수이다. 식 (2.3) 및 (2.4)를 이용하여 적합방정식을 구하면

$$\frac{\partial^2 \sigma_{xx}}{\partial x^2}+\frac{\partial^2 \sigma_{zz}}{\partial z^2}-\nu\nabla^2(\sigma_{xx}+\sigma_{zz})=2\frac{\partial^2 \sigma_{xz}}{\partial x \partial z} \tag{2.5}$$

평형방정식 (2.1)을 각각 x와 z으로 미분하여 두 식을 더하면

$$\frac{\partial^2 \sigma_{xz}}{\partial x \partial z}=-\frac{\partial^2 \sigma_{xx}}{\partial x^2}-\frac{\partial^2 \sigma_{zz}}{\partial z^2}+\nabla^2 V=0 \tag{2.6}$$

식 (2.5) 및 (2.6)으로부터 적합방정식은 다음과 같이 나타난다.

$$(1-\nu)\nabla^2(\sigma_{xx}+\sigma_{zz})-\nabla^2 V=0 \tag{2.7}$$

Airy의 Stress Function에 의한 응력해석

어떤 응력함수 Φ가 매질에서 연속체의 평형 및 적합조건을 만족한다면 그 응력함수는 지배방정식의 응력해이다. 이때 이 응력함수를 Airy's Stress Function이라 한다. 따라서 응력해를 구하는 원리는 평형 및 적합조건을 만족하는 임의의 응력함수를 가정하는 것이다.

직교좌표계의 경우 Airy's Stress Function $\Phi(x,z)$이 만족하여야 할 평형 및 적합관계는 다음과 같다.

평형조건은

$$\sigma_x = \frac{\partial^2 \Phi}{\partial z^2}\ ,\ \sigma_z = \frac{\partial^2 \Phi}{\partial x^2}\ ,\ \tau_{xz} = -\frac{\partial^2 \Phi}{\partial x \partial z} \tag{2.8}$$

적합조건은

$$\nabla^4 \Phi = \frac{\partial^4 \Phi}{\partial x^4} + 2\frac{\partial \Phi^4}{\partial x^2 \partial z^2} + \frac{\partial^4 \Phi}{\partial z^4} = 0$$

극좌표계의 경우 Airy's Stress Function $\Phi(r,\theta)$이 만족하여야 할 평형 및 적합관계는 다음과 같다. 즉, 아래

평형조건은

$$\sigma_r = \frac{1}{r}\frac{\partial \Phi}{\partial r} + \frac{1}{r^2}\frac{\partial^2 \Phi}{\partial \theta^2}\ ,\ \sigma_\theta = \frac{\partial^2 \Phi}{\partial r^2}\ ,\ \tau_{r\theta} = \frac{1}{r^2}\frac{\partial \Phi}{\partial \theta} - \frac{1}{r}\frac{\partial^2 \Phi}{\partial r \partial \theta} = -\frac{\partial}{\partial r}\left(\frac{1}{r}\frac{\partial \Phi}{\partial \theta}\right)$$

적합조건은

$$\nabla^4 \Phi = \left(\frac{\partial^2}{\partial r^2} + \frac{1}{r}\frac{\partial}{\partial x} + \frac{1}{r^2}\frac{\partial^2}{\partial \theta^2}\right)(\nabla^2 \Phi) = 0$$

위 식을 만족하는 Φ는 응력해이며, 여러 개의 Airy Function이 있을 수 있다. 따라서 다수의 해가 가능하다.

풀이과정. 따라서 평형방정식 (2.1) 및 (2.7)식 총 3개의 방정식을 알고, 이로부터 3개의 미지수 σ_{xx}, σ_{zz}, σ_{xz}을 구하는 문제가 된다. 이 경사지반에 대하여 자중에 의한 응력의 연속해를 Airy의 Stress Function을 이용하여 구해보자. 이 방정식에 대한 응력해를 함수 $\Phi(x,z)$, 체적력을 V라 가정하면,

$$\begin{aligned} \sigma_{xx} &= \frac{\partial^2 \Phi}{\partial z^2} + V \\ \sigma_{zz} &= \frac{\partial^2 \Phi}{\partial x^2} + V \\ \sigma_{xz} &= -\frac{\partial^2 \Phi}{\partial x \partial z} \end{aligned} \tag{2.9}$$

위 가정은 식 (2.2) 그리고 식 (2.7)을 만족해야 하므로

$$\nabla^2\left(\frac{\partial^2\Phi}{\partial x^2}+\frac{\partial^2\Phi}{\partial z^2}\right)+\frac{1-2\nu}{1-\nu}\nabla^2 V \tag{2.10}$$

$V=\rho g(-x\sin\beta+z\cos\beta)$이므로 V는 x와 z의 선형함수이다. 즉, $\nabla^2 V=0$, $\nabla^2\Phi=0$.

여기서 $\nabla^4=\nabla^2(\nabla^2)=\frac{\partial^4}{\partial x^4}+2\frac{\partial^4}{\partial x^2\partial z^2}+\frac{\partial^4}{\partial z^4}$이다. 이 조건을 Bi-harmonic 조건이라 하며, 이를 만족하는 응력함수는 평형조건과 적합조건을 모두 만족하므로 이 함수는 해가 될 수 있다. Bi-harmonic 함수의 가장 간단한 형태로 $\Phi(x,z)$을 다음의 다항식으로 가정할 수 있다.

$$\Phi(x,z)=C_1x^3+C_2x^2z+C_3xz^2+C_4z^3 \tag{2.11}$$

여기서, C_1, C_2, C_3, C_4는 상수이다. 식 (2.11)을 식 (2.9)에 대입하면

$$\begin{aligned}\sigma_{xx}&=2C_3x+6C_4z+\rho g(-x\sin\beta+z\cos\beta)\\ \sigma_{zz}&=6C_1x+2C_2z+\rho g(-x\sin\beta+z\cos\beta)\\ \sigma_{xz}&=-2C_2x-2C_3z\end{aligned} \tag{2.12}$$

경계조건. $z=0$에서 $\sigma_{zz}=\sigma_{xz}=0$이므로, $C_2=0$, $C_1=\rho g\sin\beta/6$이다.

$$\sigma_{zz}=\rho gz\ \cos\beta\ ,\ \sigma_{xz}=-2C_3z \tag{2.13}$$

또, σ_{xx}가 x에 대하여 선형적이라면 이것은 $x\rightarrow\infty$일 때, $\sigma_{xx}\rightarrow\infty$를 의미한다. 이는 불합리하고 응력계는 유한하므로 σ_{xx}는 x와 무관하다고 가정할 수 있다. 따라서, $C_3=\frac{1}{2}\rho g\sin\beta$.

$$\begin{aligned}\sigma_{xx}&=(6C_4+\rho g\cos\beta)z\\ \sigma_{xz}&=-\rho gz\sin\beta\end{aligned} \tag{2.14}$$

C_4를 구하기 위하여 정지상태의 x방향 변형률, $\epsilon_{xx}=0$로 가정하면, $C_4=-\frac{1}{6}\frac{1-2\nu}{1-\nu}\rho g\cos\beta$이다. 따라서, σ_{xx}는 다음과 같이 구해진다.

$$\sigma_{xx}=\left(-\frac{1-2\nu}{1-\nu}\rho g\cos\beta+\rho g\cos\beta\right)z \tag{2.15}$$

경사지반의 특별한 경우로서, 수평지반을 가정하면, $\beta=0$, 전단응력, $\sigma_{xy}=\sigma_{yz}=\sigma_{xz}=0$이다. 수평

응력은 동일하므로, $\sigma_{xx}=\sigma_{yy}$이다. 이 경우 수평응력 및 응력변형관계는 다음과 같이 얻어진다.

$$\sigma_{zz}=\rho g z$$

$$\sigma_{xx}=\frac{\nu}{1-\nu}\sigma_{zz} \tag{2.16}$$

$$\epsilon_{xx}=\frac{1}{E}[\sigma_{xx}-\nu(\sigma_{yy}+\sigma_{zz})]=0$$

NB: Airy의 응력함수 해는 시행착오법에 의한 수학적 가정해로서 물성을 포함하지 않을 수 있다. 하지만 변형률을 고려하는 경계조건을 포함하면 물성이 포함된다. 응력이 구해지면 변형률은 탄성론(구성식)을 이용하여 구할 수 있다.

2.2.2 공동확장 문제(탄성문제)

공동확장(cavity expansion)문제는 지반공학에서 매우 유용한 이론이다. 일례로 이 이론을 이용하여 프레셔미터(pressure meter)가 개발되었다. 반무한 지반에 그림 2.9와 같이 내압(p)에 의해 공동이 확장되는 원통형 공동문제를 생각하자. 축대칭조건이므로 축대칭 좌표계를 사용하는 것이 편리하다.

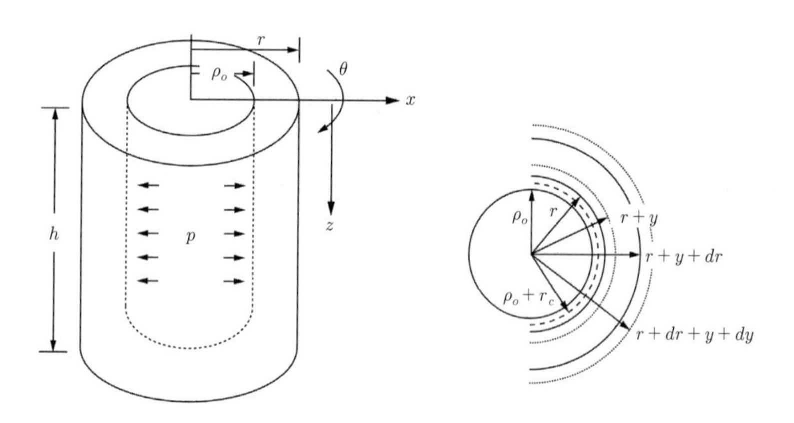

그림 2.9 공동 확장 문제

높이 h가 크지 않다면 h구간에서 수직응력 σ_{zz}는 일정하다고 가정할 수 있다. 즉, $\Delta\sigma_{zz}=0$. 공동 내 압력이 Δp만큼 증가하면 공동의 반경은 초기 ρ_o에서 ρ_o+r_c로 늘어 날 것이다. 공동 외곽에서 초기 위치 r이 y만큼 변형한다고 가정하면 dr은 dy를 야기하여 $(r+dr)$은 $(r+dr)+(y+dy)$만큼 이동할 것이다.

NB: 'Pressuremeter Test'는 공동확장이론을 응용한 예이다.

적합방정식

반경 r에서 반경방향 변형률, $\Delta\epsilon_r = -\frac{\{(dr+dy)-dr\}}{\{(r+dr)-r\}} = -\frac{dy}{dr}$ (2.17)

여기서 (-) 부호는 인장을 나타낸다.

반경 r에서 원주방향(접선방향) 변형률, $\Delta\epsilon_\theta = -\frac{\{2\pi(r+y)-2\pi r\}}{2\pi r} = -\frac{y}{r}$ (2.18)

구성방정식

$\Delta\sigma_{zz}=0$이고, 탄성계수가 E_u인 탄성지반을 가정하면 Hooke 법칙이 성립하므로 다음 식이 얻어진다.

$$\Delta\epsilon_r = \frac{1}{E_u}(\Delta\sigma_r - \nu_u\ \Delta\sigma_\theta)\ , \Delta\epsilon_\theta = \frac{1}{E_u}(\Delta\sigma_\theta - \nu_u\ \Delta\sigma_r)\ ,\ \Delta\epsilon_z = \frac{1}{E_u}(-\nu_u\ \Delta\sigma_r - \nu_u\ \Delta\sigma_\theta) \quad (2.19)$$

구성관계를 이용하여 식 (2.19)를 응력식으로 나타내면 다음과 같다.

$$\Delta\sigma_r = \frac{E_u}{1-\nu_u^2}(\Delta\epsilon_r + \nu_u\ \Delta\epsilon_\theta)$$

$$\Delta\sigma_\theta = \frac{E_u}{1-\nu_u^2}(\Delta\epsilon_\theta + \nu_u\ \Delta\epsilon_r)$$

평형방정식

그림 2.10의 요소 중량을 w라 하면, $w = \gamma\left(r+\frac{dr}{2}\right)d\theta\, dr \approx \gamma r\, dr\, d\theta$

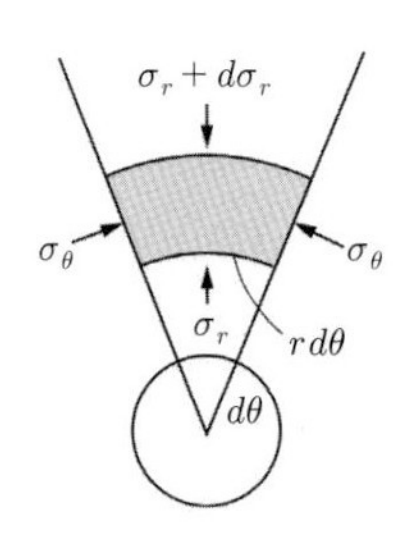

그림 2.10 요소 응력상태

그림 2.10의 반경방향 평형조건에서,

$$[(\sigma_r + d\sigma_r)(r+dr)d\theta] + [\gamma r\, dr d\theta] = [\sigma_r\ r\, d\theta] + \left[(2\sigma_\theta dr)\sin\frac{d\theta}{2}\right]$$, 그리고 $\sin\frac{d\theta}{2} \approx \frac{d\theta}{2}$ 이므로

$$[(\sigma_r + d\sigma_r)(r+dr)d\theta] + [\gamma r\, dr\, d\theta] = [\sigma_r\ r\, d\theta] + \left[(2\sigma_\theta dr)\frac{d\theta}{2}\right]$$

양변을 $d\theta$로 나누고 작은 값의 곱으로 나타나는 미소항 (e.g. $drd\theta$)을 무시하면 앞의 식은

$$\sigma_r\, dr + r\, d\sigma_r + \gamma r\, dr = \sigma_\theta dr$$

$$\frac{\sigma_r}{dr} = \frac{\sigma_\theta - \sigma_r}{r} - \gamma$$

위 식을 응력의 미소변화구간 식으로 변형하면

$$r\left[\frac{d(\Delta\sigma_r)}{dr}\right] = \Delta\sigma_\theta - \Delta\sigma_r \qquad (2.20)$$

그리고

$$\Delta\sigma_r = \frac{E_u}{1-\nu_u^2}(\Delta\epsilon_r + \nu_u\, \Delta\epsilon_\theta) = \frac{E_u}{1-\nu_u^2}\left[-\frac{dy}{dr} - \nu_u \frac{y}{r}\right] \qquad (2.21)$$

$$\Delta\sigma_\theta = \frac{E_u}{1-\nu_u^2}(\Delta\epsilon_\theta + \nu_u\, \Delta\epsilon_r) = \frac{E_u}{1-\nu_u^2}\left[-\frac{y}{r} - \nu_u \frac{dy}{dr}\right]$$

식 (2.21)을 (2.20)에 대입하면 공동확장문제의 지배방정식이 다음과 같이 얻어진다.

$$\frac{dy^2}{dr^2} + \frac{1}{r}\frac{dy}{dr} - \frac{y}{r^2} = 0 \qquad (2.22)$$

경계조건과 미분방정식의 해

식 (2.22)의 미분 방정식의 일반해는 $y = A/r + Br$ 의 형태로 나타난다. A, B는 상수이며 경계조건에 의해 결정된다. $r \rightarrow \infty$ 이면, $y \rightarrow 0$ 이므로 $B = 0$ 이다. 따라서 $y = A/r$ 이다.

확장된 반경이 r_c 라면, $r_c = A/\rho_o$ 이므로 $y = \rho_o r_c/r$ 이다. 공동의 변형률, $\epsilon_c = r_c/\rho_o$ 은 측정을 통해 얻을 수 있으므로 $A = \epsilon_c r r_c$ 이다. 따라서 변형률은 다음과 같다.

$$\epsilon_r = -\frac{dy}{dr} = \frac{A}{r^2} = \frac{\epsilon_c r_c \rho}{r^2} \qquad (2.23)$$

$$\epsilon_\theta = -\frac{y}{r} = -\frac{A}{r^2} = -\frac{\epsilon_c r_c \rho}{r^2} = -\epsilon_r$$

식 (2.23)과 식 (2.21)을 이용하면 응력의 변화량도 구할 수 있다.

2.2.3 탄성지반위의 기초거동의 이론해

등방 탄성지반 위에서 등분포하중 q를 받는 기초의 변형거동을 구하는 문제를 살펴보자. 이 문제는 지반-구조물 상호작용 문제에 해당한다. 그림 2.11 (a)와 같이 보 기초가 탄성지반 위에 있는 경우 보의 임의 점에서 지반반력(지압) p는 그 점에서의 보의 변형 y에 비례한다고 가정할 수 있다. 즉, $p = Ky$이다.

매질의 탄성은 단위 면적당 단위 변형을 일으키는 힘, k(kg/m^3)로 정의할 수 있다.

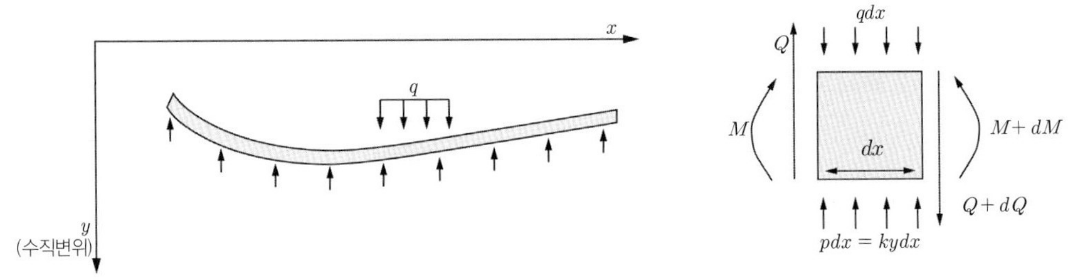

(a) 탄성지반 위의 보　　　(b) 보 요소에 작용하는 힘

그림 2.11 탄성지반 위의 기초(beam on elastic foundation)

보가 균일한 단면을 갖고 폭이 B로 일정한 경우 이 보의 단위변위(침하) 당 반력을 Bk라 하자. 따라서 어떤 점에서 변형이 y이면 단위길이당 반력, $p(kg/m) = Bky$이라 표현할 수 있다(즉, $K = Bk$). 여기서 Bk는 K로 나타내며 이를 지반반력계수라 한다(제1권 6장 6.6절, 지반반력계수 참조). 이 경우 보 기초의 침하량 y의 연속해를 구해보자.

그림 2.11 (b)에 대한 평형조건으로부터, $dQ + qdx = Kydx$ 이므로,

$$\frac{dQ}{dx} = Ky - q \tag{2.24}$$

기초 보 요소에서 전단력과 모멘트의 관계식, $(dx)^2 \approx 0$이면,

$$Q = \frac{dM}{dx} \tag{2.25}$$

식 (2.24) 및 식 (2.25)으로부터

$$\frac{d^2M}{dx^2} = Ky - q \tag{2.26}$$

한편, 기존의 탄성계수와 단면이차모멘트가 각각 E, I 라면 모멘트를 받는 보의 미분방정식은

$$EI\left(\frac{d^2y}{dx^2}\right) = -M \tag{2.27}$$

보의 미분방정식을 두 번 미분하면

$$EI\left(\frac{d^4y}{dx^4}\right) = -\frac{d^2M}{dx^2} \tag{2.28}$$

식 (2.26) 및 식 (2.28)로부터

$$EI\frac{d^4y}{dx^4} = -Ky + q \tag{2.29}$$

식 (2.29)가 탄성지반 상 기초에 대한 미분방정식이다. 만일 $q=0$이라면, 지배방정식은 다음과 같다.

$$EI\frac{d^4y}{dx^4} = -Ky \tag{2.30}$$

식 (2.30)의 해는 다음과 같이 지수(exponential) 형태가 된다.

$$y = e^{\beta x}(C_1\cos\beta x + C_2\sin\beta x) + e^{-\beta x}(C_3\cos\beta x + C_4\sin\beta x) \tag{2.31}$$

여기서 $\beta = \sqrt[4]{\frac{K}{4E_pI_p}}$ 이며 $C_1 \sim C_4$는 경계조건으로 결정할 수 있다. 위의 해는 주어진 조건하에서 얻어진 정해이며 연속해이다.

2.2.4 말뚝거동의 이론해

수직 및 수평하중을 받는 말뚝의 지배방정식

지중에 설치된 임의 하중상태에 있는 말뚝이 직선의 균일한 단면으로서 대칭면을 가지며, 하중과 반력은 평면에 작용한다고 가정한다.

그림 2.12 (a)와 같이 말뚝의 요소를 생각하자. 수평하중과 압축력 V_y, P_z 한 쌍이 탄성 거동을 하는 말뚝 단면의 무게중심 위치에 작용한다고 가정하면, 말뚝의 미소길이 dz에 대하여 **요소 저면 중앙을 기준**으로 한 평형 모멘트 식은 다음과 같다.

$$(M+dM)-M+P_z dy-V_y dz=0$$

여기서 P_z는 말뚝에 작용하는 축 하중, y는 말뚝 축을 따른 위치 z에서의 수평 변위, E_pI_p는 말뚝의 휨 강성이다. 이 식을 정리하면

$$\frac{dM}{dz}+P_z\frac{dy}{dz}-V_y=0$$

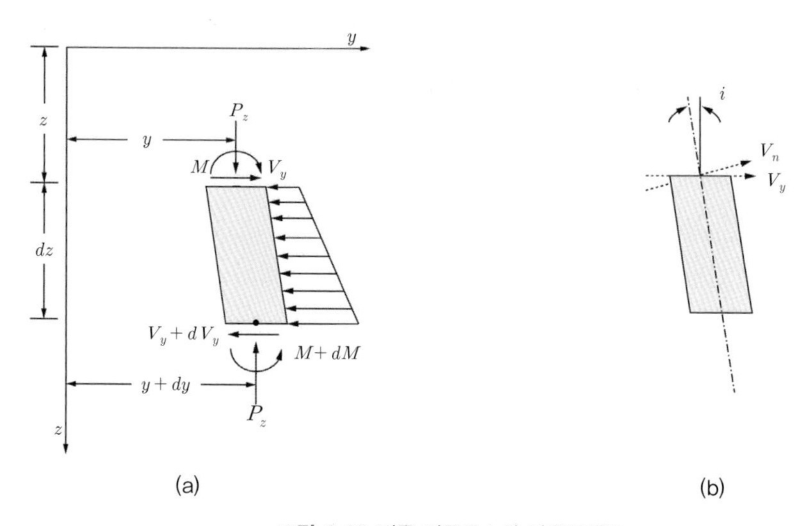

그림 2.12 지중 말뚝요소의 자유물체도

위 식을 z에 대해 미분하면 다음의 식을 얻을 수 있다.

$$\frac{d^2M}{dz^2}+P_z\frac{d^2y}{dz^2}-\frac{dV_y}{dz}=0 \tag{2.32}$$

한편, 말뚝거동은 보 이론(구조역학)에 따라 $\frac{d^2M}{dz^2}=E_pI_p\frac{d^4y}{dz^4}$이 성립한다. 횡방향($y$)지반 반력계수가 K라면, 단위길이 당 흙의 반력(soil reaction) $p=Ky$이고, $dV_y/dz=p$이다. 보 거동의 이론식을 식 (2.32)에 대입하면 말뚝거동의 지배방정식은 다음과 같다.

$$E_pI_p\frac{d^4y}{dz^4}+P_z\frac{d^2y}{dz^2}+Ky=0 \tag{2.33}$$

그림 2.12 (b)와 같이 전단력 V_y는 수평단면에 작용하며, 말뚝의 처짐 곡선의 수직 평면에 작용하는 전단력 V_n은 평형조건을 이용하면 다음과 같이 구해진다.

$$V_n = V_y \cos i - P_z \sin i \tag{2.34}$$

i는 말뚝 축과 수직선의 기울기 각으로서 매우 작은 값이기 때문에 $\sin i = \tan i = dy/dz$, $\cos i = 1$이다. 따라서 식 (2.34)는 다음과 같이 나타낼 수 있다.

$$V_n = V_y - P_z \frac{dy}{dz} \tag{2.35}$$

V_n가 단면력이므로, V_y는 dy/dz가 회전각 i와 같을 경우 위 식을 이용하여 산정할 수 있다. 말뚝 상단의 단위길이당 분포하중이 w라면 지배 미분방정식은 다음과 같다.

$$E_p I_p \frac{d^4 y}{dz^4} + P_z \frac{d^2 y}{dz^2} - p + w = 0 \tag{2.36}$$

위 식을 각각 말뚝의 단면에 작용하는 전단력(V), 모멘트(M), 변형의 기울기(i)로 나타내면 다음과 같다.

$$E_p I_p \frac{d^3 y}{dz^3} + P_z \frac{dy}{dz} = V \tag{2.37}$$

$$E_p I_p \frac{d^2 y}{dz^2} = M$$

$$\frac{dy}{dz} = i$$

NB: 축 하중 P_z를 제외한 부호 관계는 일반적으로 보의 역학적인 방법에서 이용되는 보의 축에서 시계방향으로 90° 회전한 것과 같다. 축 하중 P_z는 일반적으로 보의 방정식에서는 나타나지 않는다.

말뚝거동 방정식의 해

만일 축하중이 작용하지 않거나 깊이에 따라 휨강성 $E_p I_p$가 일정하고, 지반 반력계수 K가 일정하다면 지배방정식인 식 (2.33)은 다음과 같이 단순화된다.

$$E_p I_p \frac{d^4 y}{dz^4} + Ky = 0 \tag{2.38}$$

해의 형태를 단순화하기 위해 $\beta = \sqrt[4]{\dfrac{K}{4E_p I_p}}$ 라 놓으면, 지배방정식은

$$\frac{d^4y}{dz^4} + 4\beta^4 y = 0 \tag{2.39}$$

위 식 (2.39)의 해는 다음과 같다.

$$y = e^{\beta z}(\chi_1 \cos\beta z + \chi_2 \sin\beta z) + e^{-\beta z}(\chi_3 \cos\beta z + \chi_4 \sin\beta z) \tag{2.40}$$

식 (2.40)은 탄성보의 거동과 정확히 같다. 계수 $\chi_1, \chi_2, \chi_3, \chi_4$는 말뚝의 두부 및 선단의 경계조건에 의해 결정된다. 그림 2.13에 실제 현장에서 나타날 수 있는 말뚝 두부의 경계조건을 예시하였다. 그림 2.13 (a)는 구속이 없는 경우로서 수평하중 P_t와 모멘트 M_t가 작용하는 경우이고, 그림 2.13 (b)는 수직변위가 구속되고 모멘트가 '0'인 경우, 그림 2.13 (c)는 수평력 P_t가 작용하고 수직변위가 제한($P_z = K\delta_v$)된 경우이다.

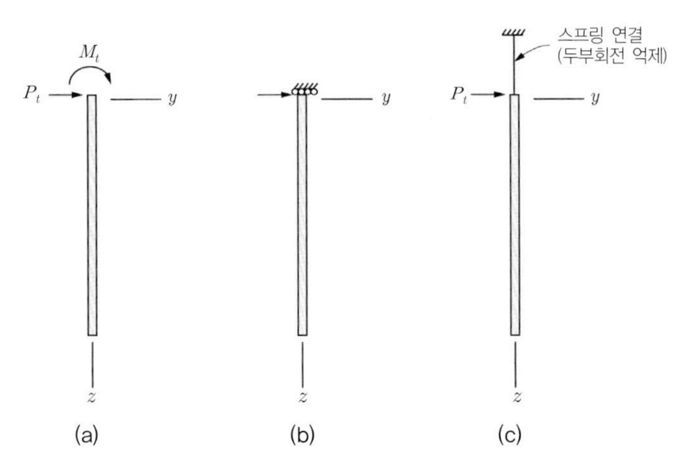

그림 2.13 말뚝에 따른 경계조건

예제 그림 2.13 (a)에 보인 길이가 긴 말뚝에 대하여 해를 구해보자.

풀이 선단에서 말뚝이 충분히 길므로 z가 증가함에 따라 $e^{\beta z}$가 커지기 때문에, χ_1, χ_2는 0으로 수렴된다. 또 두부($z=0$)에서 모멘트 $M = M_t$, 전단력 $V = P_t$이다. 두부(z=0)에서 다음이 성립한다.

$$\frac{d^2y}{dz^2} = \frac{M_t}{E_p I_p} \text{ 및 } \frac{d^3y}{dz^3} = \frac{P_t}{E_p I_p}$$

풀이 일반해인 식 (2.39)의 y를 미분하여 위 두식과 비교하면, $\chi_4 = \frac{-M_t}{2E_p I_p \beta^2}$, $\chi_3 = \frac{P_t}{2E_p I_p \beta^3} - \chi_4$ 식 (2.37)을 이용하면 긴 말뚝의 처짐(y), 기울기(i), 휨모멘트(M), 전단(V), 흙의 반력(p)를 다음과 같이 구할 수 있다. $\alpha = 4E_p I_p \beta^4$라 할 때,

수평변위, $y = \frac{2\beta^2 e^{-\beta z}}{\alpha}\left[\frac{P_t}{\beta}cos\beta z + M_t(\cos\beta z - \sin\beta z)\right]$

경사각, $i = -e^{-\beta z}\left[\frac{2P_t\beta^2}{\alpha}(\sin\beta z + \cos\beta z) + \frac{M_t}{E_pI_p\beta}cos\beta z\right]$

모멘트, $M = e^{-\beta z}\left[\frac{P_t}{\beta}sin\beta z + M_t(\sin\beta z + \cos\beta z)\right]$ (2.41)

전단력, $V = e^{-\beta z}[P_t(\cos\beta z - \sin\beta z) - 2M_t\beta\sin\beta z]$

지반반력(지압), $p = -2\beta^2 e^{-\beta z}\left[\frac{P_t}{\beta}cos\beta z + M_t(\cos\beta z - \sin\beta z)\right]$

말뚝 두부에 수평하중 및 모멘트(P_t, M_t)가 작용하는 경우에 대한 미분 방정식해의 함수형상을 그림 2.14에 예시하였다.

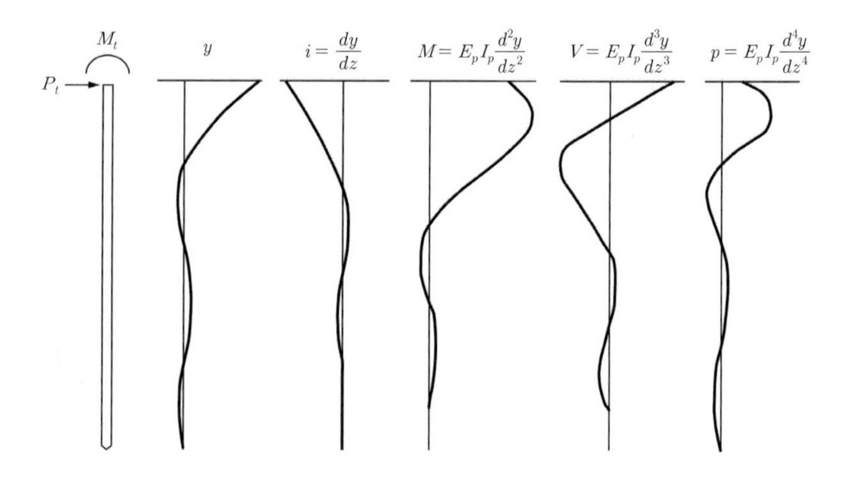

그림 2.14 수평하중과 모멘트를 받는 말뚝의 거동

2.2.5 인장 네일(nail) 거동의 이론해

터널 상부지반의 인장력 보강을 위하여 굴착 전 네일(nail, 강봉 또는 철근)을 설치하는 경우(선지보, pre-nailing)를 생각해보자. 지반은 균질등방이며, 네일과 지반은 완전결합, 탄성 상태에 있다고 가정한다. 굴착 전 미리 설치된 네일은 굴착 전에는 응력상태에 있지 않으나 굴착면이 접근하면서 터널상부 지반의 침하로 인해 응력을 받게 된다. 네일은 터널굴착으로 인한 지반이완에 저항하는 역할을 할 것이며, 이를 그림 2.15 (a)에 보였다. 그림 2.15 (b)는 네일의 미소구간을 보인 것이다.

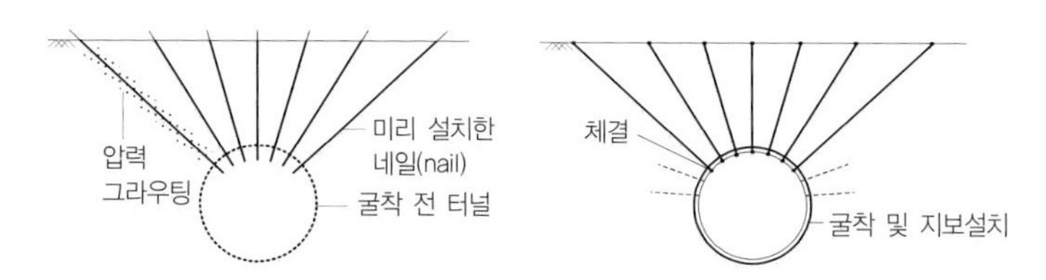

(a) 터널에 인장 네일의 적용 예(pre-nailing method)

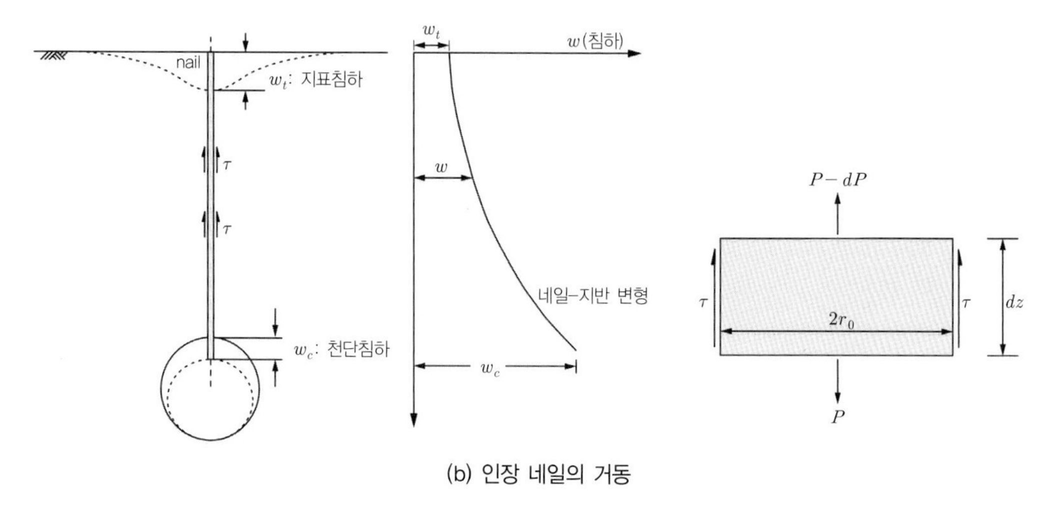

(b) 인장 네일의 거동

그림 2.15 인장 Nail 거동 메커니즘(Seo, Lee, Kim and Shin, 2014)

네일거동의 지배방정식

Fleming et al.,(1985)에 따르면 네일과 지반경계면의 전단력(τ)과 변위(w)는 비례한다. 네일(pile 또는 rod)과 지반의 경계면에서 발생하는 전단응력 τ는

$$\tau \approx \frac{Gw}{4r_o} \tag{2.42}$$

여기서 G, w, r_o는 각각 지반의 전단탄성계수, 네일 변위, 네일의 반경이다. 네일에 부가된 하중 P는 네일 주면의 마찰력으로 전달된다. 그림 2.15와 같이 네일의 미소요소(dz)가 깊이 z에서의 변위(침하) w 상태에 있다고 가정한다.

네일의 미소요소(dz)에 대한 평형조건을 고려하면 네일의 축 하중이 P인 경우 평형방정식은

$$P = P - dP + 2\pi r_o \tau dz$$

따라서, $\frac{dP}{dz} = 2\pi r_o \tau$이다. 위 식에 Fleming et al.(1985)의 전단응력식 (2.42)를 대입하면,

$$\frac{dP}{dz} = \frac{\pi}{2} Gw \tag{2.43}$$

네일의 탄성계수가 E^*라 하면, 네일의 변형률과 구성방정식은 다음과 같이 표현할 수 있다.

$$\epsilon_a = \frac{dw}{dz} \text{ 그리고 } \sigma_a = \frac{P}{A} = \frac{P}{\pi r_o^2}, \text{ 또 } \sigma_a = E^* \epsilon_a$$

따라서 $\frac{dw}{dz} = \frac{1}{E^*} \frac{P}{\pi r_o^2}$ 이며, $P = E^* \pi r_o^2 \frac{dw}{dz}$ 이다. 식 (2.43)으로부터, 인장 네일의 지배방정식은 다음과 같다.

$$\frac{d^2 w}{dz^2} = \frac{Gw}{2E^* r_o^2} \tag{2.44}$$

위 미분방정식은 $w'' + \alpha w = 0$ 형태로서, 해는 $w = Ce^{\lambda z}$로 나타난다. $w'' = \lambda^2 C e^{\lambda z}$로 놓으면, $(\lambda^2 + \alpha)e^{\lambda z} = 0$이므로, $\lambda^2 = -\alpha = \frac{G}{2E^* r_o^2}$ 이다. 따라서

$$\lambda_1 = + \sqrt{\frac{G}{2E^* r_o^2}}, \quad \lambda_2 = - \sqrt{\frac{G}{2E^* r_o^2}}$$

식 (2.44) 미분방정식의 해는 $w_1 = C_1 e^{\lambda_1 z}$, $w_2 = C_2 e^{\lambda_2 z}$이며 중첩원리에 따라 다음과 같다.

$$w = w_1 + w_2 = C_1 e^{\lambda_1 z} + C_2 e^{\lambda_2 z} \tag{2.45}$$

경계조건

경계조건은 $z = 0$, $w = w_t$일 때, $w_t = C_1 + C_2$이며, $z = l$, $w = w_c$일 때, $w_c = C_1 e^{\lambda l} + C_2 e^{-\lambda l}$이다. 따라서 $C_1 = \frac{w_c - w_t e^{-\lambda l}}{e^{\lambda l} - e^{-\lambda l}}$, $C_2 = \frac{w_t e^{\lambda l} - w_c}{e^{\lambda l} - e^{-\lambda l}}$로 구해진다. 네일의 침하량은 다음과 같이 구해진다.

$$w = \frac{1}{e^{\lambda l} - e^{-\lambda l}} \left\{ (w_c - w_t e^{-\lambda l}) e^{\lambda z} + (w_t e^{\lambda l} - w_c) e^{-\lambda z} \right\} \tag{2.46}$$

네일의 변형률은 $\epsilon_z = dw/dz$이므로 네일의 응력은 다음과 같이 산정된다.

$$\sigma_z = E^* \epsilon_z = E^* \frac{dw}{dz} = \frac{E^*}{e^{\lambda l} - e^{-\lambda l}} \{(w_c - w_t e^{-\lambda l}) \lambda e^{\lambda z} + (w_c - w_t e^{\lambda l}) \lambda e^{-\lambda z}\} \tag{2.47}$$

지반강성에 따른 네일거동의 파라미터 해석 결과를 그림 2.16에 나타내었다.

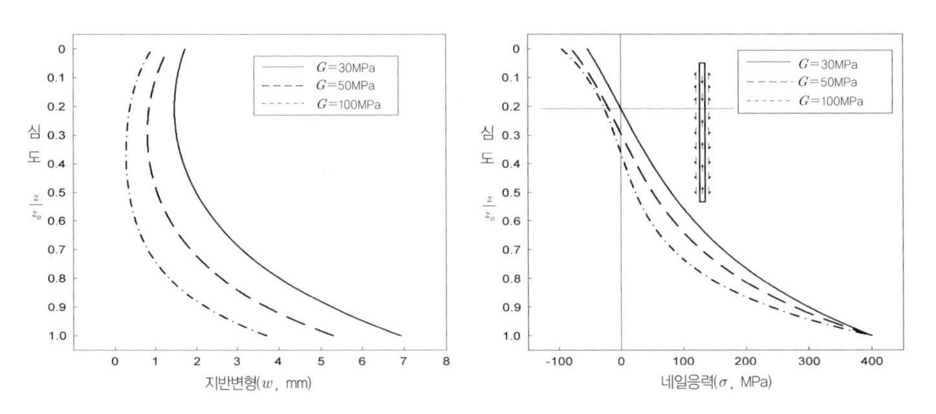

그림 2.16 지반강도와 네일의 거동 (Seo, Lee, Kim and Shin, 2014)

2.2.6 탄성지반에서 터널굴착에 따른 지반변형

탄성지반에 터널을 굴착하였을 때 발생하는 응력문제는 Kirsh(1898)가 최초로 해를 제시하였다. Kirsh는 탄성재료의 2차원 얇은 판 응력 문제를 Airy의 응력함수(stress function)를 이용하여 터널의 응력해를 얻었다.

얇은 판의 응력

그림 2.17 (a)와 같이 응력이 작용하는 얇은 판 문제에 대하여 $\sigma_x = \sigma_0$, $\sigma_y = \tau_{xy} = 0$이고, Airy stress function은 직교좌표계에서 $\Phi' = \sigma_o y^2/2$로 가정할 수 있다. 이 함수는 응력평형조건과 적합조건을 모두 만족하며, 극좌표계로 나타내면 $\Phi' = \sigma_o r^2(1-\cos 2\theta)/4$이다. Kirsh는 Airy의 응력함수가 $\cos 2\theta$항으로 표현됨에 착안하여 얇은 판 응력문제를 그림 2.17 (b)와 같이 반경 a를 가진 원형의 구멍(circular hole)이 있는 얇은 판의 응력문제로 확장하였다. 위 응력장을 만족하는 Airy stress function을 다음과 같이 가정하였다.

$$\Phi = (c_1 r^2 \ln r + c_2 r^2 + c_3 \ln r + c_4) + \left(c_5 r^2 + c_6 r^4 + \frac{c_7}{r^2} + c_8\right)\cos 2\theta \tag{2.48}$$

Φ는 식 (2.16)의 평형 및 적합조건을 만족하므로 원통좌표계 응력(p.76 BOX 참조)은 다음과 같다.

$$\sigma_r = c_1(1+2\ln r)+2c_2+\frac{c_3}{r^2}-\left(2c_5+\frac{6c_7}{r^4}+\frac{4c_8}{r^2}\right)\cos 2\theta$$

$$\sigma_\theta = c_1(3+2\ln r)+2c_2-\frac{c_3}{r^2}+\left(2c_5+12c_6r^2+\frac{6c_7}{r^4}+\frac{4c_8}{r^2}\right)\cos 2\theta \quad (2.49)$$

$$\tau_{r\theta} = \left(2c_5+6c_6r^2-\frac{6c_7}{r^4}-\frac{2c_8}{r^2}\right)\sin 2\theta$$

여기서 c_4는 미분과정에서 소거되었다. 따라서 경계조건으로 구할 미지수는 7개이다.

각 경계조건($r\to\infty$, $r=a$)에 대한 σ_r, σ_θ, $\tau_{r\theta}$와 Airy의 stress function으로 구한 σ_r, σ_θ, $\tau_{r\theta}$를 비교하여 상수 $c_1 \sim c_8$을 구할 수 있다.

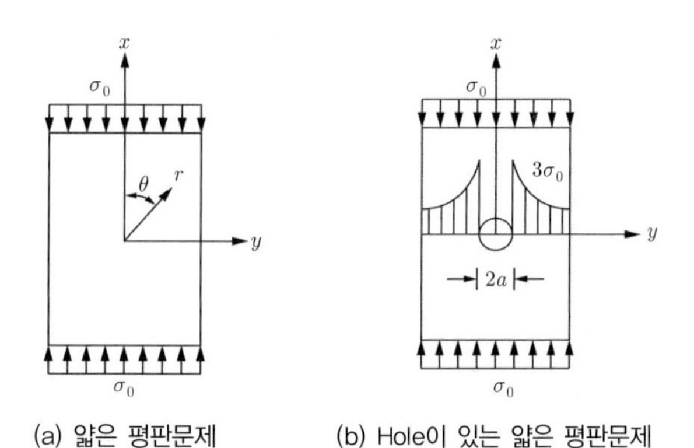

그림 2.17 얇은 판 문제(thin plate problem)

***r*→∞ 인 경우.** 터널의 굴착면으로부터 먼 거리($r\to\infty$)의 조건에서 각 응력들이 유한값을 가지기 위해서는 $\ln r$항과 $r^n(n>0)$ 항은 '0'이 되어야 하므로, $c_1=c_6=0$. 또한, $\sigma_r = 2c_2-2c_5\cos 2\theta = \frac{1}{2}\sigma_o(1+\cos 2\theta)$이다. 따라서 $\sigma_o = 4c_2$, 그리고 $\sigma_o = -4c_5$이다.

***r*=*a* 인 경우.** $\sigma_r = \tau_{r\theta} = 0$이므로, $\sigma_r = 2c_2+\frac{c_3}{a^2}-\left(2c_5+\frac{6c_7}{a^4}+\frac{4c_8}{a^2}\right)\cos 2\theta = 0$이다.

따라서 $2c_2+\frac{c_3}{a^2}=0$ 및 $2c_5+\frac{6c_7}{a^4}+\frac{4c_8}{a^2}=0$이 성립하여야 한다.

또한, 전단응력, $\tau_{r\theta} = \left(2c_5-\frac{6c_7}{a^4}-\frac{2c_8}{a^2}\right)\sin 2\theta = 0$이므로 다음도 성립한다.

$$2c_5 - \frac{6c_7}{a^4} - \frac{2c_8}{a^2} = 0$$

이상의 조건들로부터 상수 $c_1 \sim c_8$은 각각, $c_1 = c_6 = 0$, $c_2 = \frac{\sigma_o}{4}$, $c_3 = -\frac{a^2\sigma_o}{2}$, $c_5 = -\frac{\sigma_o}{4}$, $c_7 = -\frac{a^2\sigma_o}{4}$, $c_8 = \frac{a^2\sigma_o}{2}$로 정해진다.

따라서 얇은 판에서 반경 a인 구멍(hole)의 주변응력은 다음과 같다.

$$\sigma_r = \frac{1}{2}\sigma_o\left[\left(1 - \frac{a^2}{r^2}\right) + \left(1 + \frac{3a^4}{r^4} - \frac{4a^2}{r^2}\right)\cos 2\theta\right]$$

$$\sigma_\theta = \frac{1}{2}\sigma_o\left[\left(1 + \frac{a^2}{r^2}\right) - \left(1 + \frac{3a^4}{r^4}\right)\cos 2\theta\right] \quad (2.50)$$

$$\tau_{r\theta} = -\frac{1}{2}\sigma_o\left(1 - \frac{3a^4}{r^4} + \frac{2a^2}{r^2}\right)\sin 2\theta$$

무지보 터널문제에 적용

지반에 터널을 굴착하였을 때 지반응력은 그림 2.18과 같이 이축 이방성 응력상태이다.

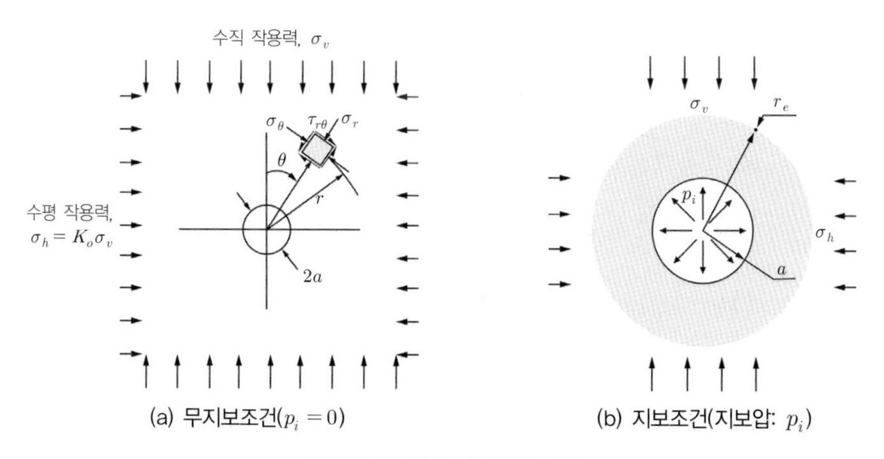

그림 2.18 터널 지중응력 조건

2축 응력상태의 영향은 판이 충분히 넓고 등방조건인 경우, 수직응력(σ_v)과 수평응력(σ_h)이 작용하는 지반에서의 응력은 앞에서 다룬 구멍(hole)이 있는 얇은 평판을 좌우 및 상하로 배치한 문제로 가정하여 식(2.50)으로 주어지는 두 응력해를 중첩(superposition)함으로써 얻을 수 있다.

$$\sigma_r = \frac{1}{2}\left[(\sigma_h + \sigma_v)\left(1 - \frac{a^2}{r^2}\right) + (\sigma_h - \sigma_v)\left\{\left(1 + \frac{3a^4}{r^4} - \frac{4a^2}{r^2}\right)\cos 2\theta\right\}\right]$$

$$\sigma_\theta = \frac{1}{2}\left[(\sigma_h + \sigma_v)\left(1 + \frac{a^2}{r^2}\right) - (\sigma_h - \sigma_v)\left(1 + \frac{3a^4}{r^4}\right)\cos 2\theta\right] \tag{2.51}$$

$$\tau_{r\theta} = -\frac{1}{2}(\sigma_h - \sigma_v)\left(1 - \frac{3a^4}{r^4} + \frac{2a^2}{r^2}\right)\sin 2\theta$$

정지 지중응력은 $\sigma_h = K_o \sigma_v$ 이므로, 이를 이용하여 위 식을 다시 정리하면 다음과 같다.

$$\sigma_r = \frac{1}{2}\sigma_v\left\{(1 + K_o)\left(1 - \frac{a^2}{r^2}\right) + (1 - K_o)\left(1 - \frac{4a^2}{r^2} + \frac{3a^4}{r^4}\right)\cos 2\theta\right\}$$

$$\sigma_\theta = \frac{1}{2}\sigma_v\left\{(1 + K_o)\left(1 + \frac{a^2}{r^2}\right) - (1 - K_o)\left(1 + \frac{3a^4}{r^4}\right)\cos 2\theta\right\} \tag{2.52}$$

$$\tau_{r\theta} = \frac{1}{2}\sigma_v\left\{-(1 - K_o)\left(1 + \frac{2a^2}{r^2} - \frac{3a^4}{r^4}\right)\sin 2\theta\right\}$$

이 응력상태에 대한 주응력은 다음과 같다.

$$\sigma_{1,3} = \frac{1}{2}(\sigma_r + \sigma_\theta) \pm \sqrt{\frac{1}{4}(\sigma_r - \sigma_\theta)^2 + \tau_{r\theta}^2} \tag{2.53}$$

$$\tan 2\theta = \frac{2\tau_{r\theta}}{\sigma_\theta - \sigma_r}$$

굴착경계면($r = a$)에서 응력은 다음과 같이 표시된다.

$$\sigma_r = \tau_{r\theta} = 0$$

$$\sigma_\theta = \{\sigma_v + \sigma_h - (2\sigma_v - 2\sigma_h)\cos 2\theta\} = (1 - 2\cos 2\theta)\sigma_v + (1 + 2\cos 2\theta)\sigma_h \tag{2.54}$$

- 터널 천장, 또는 바닥 : $\theta = 0°$ 및 $180°$에서 각각, $\sigma_r = 0$, $\sigma_\theta = 3\sigma_h - \sigma_v$
- 터널 측벽 : $\theta = 90°$ 및 $270°$에서 각각, $\sigma_r = 0$, $\sigma_\theta = 3\sigma_{v-}\sigma_h$

NB: Kirsh의 해는 등방탄성을 가정한 Airy stress function에 의한 시행(trial)해로서 지반 물성과 무관하게 표현된다. Kirsh의 응력해는 복소함수법으로 구할 수도 있다.

Kirsh 해의 응용 - 암반의 초기응력의 측정시험

암반의 초기응력을 측정하는 대표적인 실험법이 Flat Jack Test와 Hydraulic fracturing test이다. 만일 터널과 같은 원형의 내공에서 각각 초기 접선 응력을 알 수 있다면 Kirsh의 해를 이용하여

- 터널 천정(crown, roof), 또는 바닥(invert, floor)에서, $\sigma_{\theta c} = 3\sigma_{ho} - \sigma_{vo}$
- 터널 측벽(sidewall, spring line)에서, $\sigma_{\theta s} = 3\sigma_{vo} - \sigma_{ho}$

Flat Jack test는 터널축이 수평하다고 가정하면 천단과 측벽에서 측정한 $\sigma_{\theta c}$ 및 $\sigma_{\theta s}$를 이용하여 터널 축에 수직한 초기응력 σ_{vo}, σ_{ho}을 구하는 시험법이다. 이 경우 수직응력이 주응력이라 가정한 것이다. 응력은 암반에 얇은 홈을 절취하여 flat jack을 설치하고 Jack의 압력-암반 변형관계로부터 구할 수 있다.

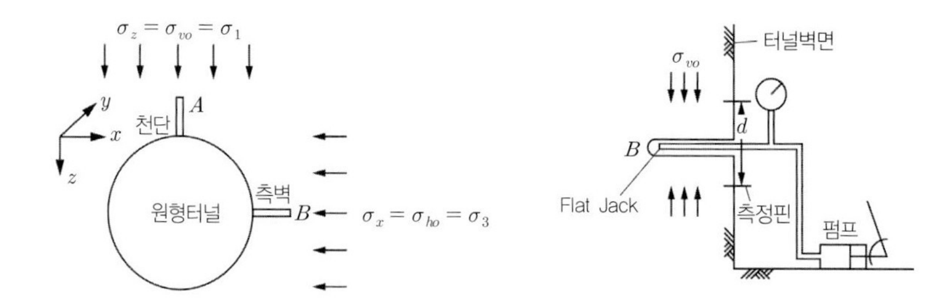

(a) 원형터널에서의 시험($x-z$ 평면)　　(b) 측벽공 시험(B 위치)

그림 2.19 Flat Jack Test의 원리(터널 내) - 수직구에서 시험하면 $x-y$ 평면

Hydraulic fracturing test는 시추공에 수직한 평면(즉, 수평면)상의 주응력상태를 파악하는 시험이다. 이 시험은 시추공 일정구간에 수압을 가하면 최소주응력방향에 수직한 방향으로 균열이 일어난다는 원리와 Kirsh의 해를 이용하여 지중의 수평단면에 대한 주응력을 파악한다.

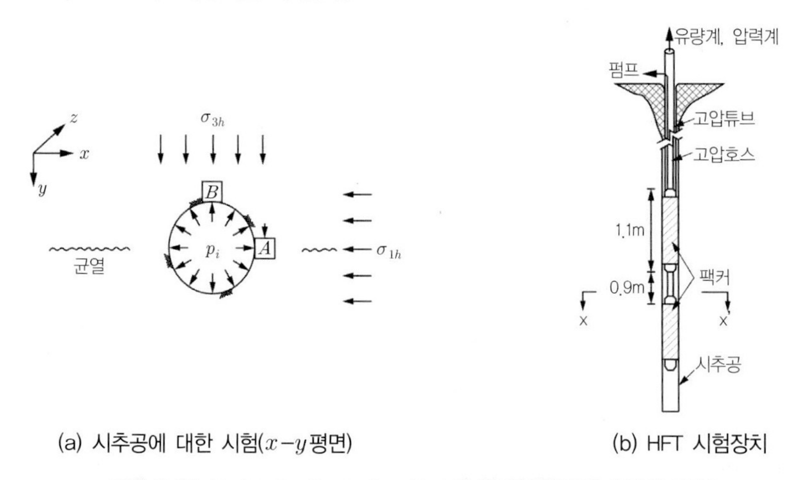

(a) 시추공에 대한 시험($x-y$ 평면)　　(b) HFT 시험장치

그림 2.20 Hydraulic Frcaturing Test의 원리(시추공에 수직한 단면)

지보가 있는 터널의 거동

터널 굴착면에 라이닝이 설치되어 내압(p_i)이 주어지는 경우 응력의 경계조건이 달라진다. 즉, $r=a$ 및 $\sigma_{r=r_o}=p_i$이다. 이를 경계조건으로 고려한 접선응력과 반경응력은 다음과 같다.

$$\sigma_r=\frac{1}{2}\left[(\sigma_h+\sigma_v)\left(1-\frac{a^2}{r^2}\right)+(\sigma_h-\sigma_v)\left\{\left(1+\frac{3a^4}{r^4}-\frac{4a^2}{r^2}\right)\cos 2\theta\right\}\right]+p_i\left(\frac{a^2}{r^2}\right) \quad (2.55)$$

$$\sigma_\theta=\frac{1}{2}\left[(\sigma_h+\sigma_v)\left(1+\frac{a^2}{r^2}\right)-(\sigma_h-\sigma_v)\left(1+\frac{3a^4}{r^4}\right)\cos 2\theta\right]-p_i\left(\frac{a^2}{r^2}\right)$$

예제 $p=\sigma_h=\ \sigma_v=$ 27.6MPa의 탄성지반에서 p_i =276kPa 조건일 경우, 그림 2.19와 같은 터널의 주변 응력을 구해보자.

풀이 식 (2.55)를 이용한 응력 산정결과는 그림 2.21과 같다.

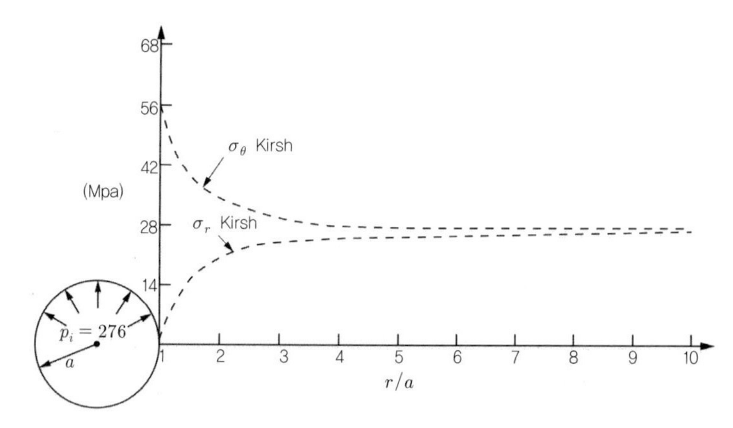

그림 2.21 Kirsh의 탄성해

2.2.7 탄소성지반에서 터널굴착에 따른 지반거동의 이론해

앞 절에서 터널굴착에 따른 주변지반 거동을 살펴보았다. 실제 지반은 아주 작은 변형에서부터 소성거동이 시작되므로 터널굴착은 굴착면 주변지반에 소성영역을 야기하는 것이 분명하다.

터널을 굴착하면 소멸되는 터널반경방향의 지중응력 때문에 굴착면의 응력은 크게 증가하고 굴착면의 변위가 굴착공동 내측으로 발생한다. 이때, 굴착으로 인해 증가된 접선응력이 지반의 항복응력보다 작으면 터널 주변지반은 안정되나 접선응력이 지반의 항복응력을 초과하면 소성변위가 발생되고 지보재로 지반을 지지하지 않으면 지반은 결국 파괴에 이르게 된다. 이때의 응력상태를 그림 2.22에 보였다. 여기서, σ_r는 반경방향응력, σ_θ는 접선방향응력, a는 터널의 반경, r_e는 소성영역의 반경, p_i는 내압을 나타낸다.

응력해석

연직방향 초기응력이 σ_{vo}이고 초기수평응력계수가 $K_o = 1$인 탄소성거동의 지반에 원형터널을 굴착한 경우를 가정하자. 터널굴착으로 인해 소성변형이 $r = r_e$까지 진전되었다면, $a \le r \le r_e$ 영역에서는 Kirsh의 해가 성립하지 않는다. 소성영역에서는 반경방향응력 $\sigma_3 = \sigma_r$는 최소주응력, 접선방향응력 $\sigma_1 = \sigma_\theta$는 최대주응력이 된다. 여기에 다음과 같은 주응력으로 표기한 Mohr-Coulomb 식을 적용하면 다음과 같다.

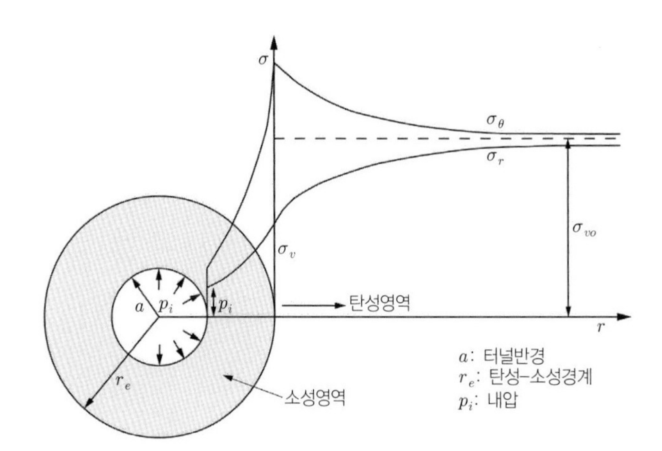

그림 2.22 탄소성지반에서 터널주변의 응력분포

$$\sigma_\theta = K_\phi \sigma_r + 2c' \frac{\cos\phi'}{1-\sin\phi'} \tag{2.56}$$

여기서 $K_\phi = (1+\sin\phi')/(1-\sin\phi')$이다. 축대칭조건의 평형방정식은

$$\frac{d\sigma_r}{dr} + \frac{\sigma_r(1-K_\phi) - c'}{r} = 0 \tag{2.57}$$

① 내압 $p_i = 0$인 경우(무지보, unsupported)

$$\sigma_r = c' \cot\phi' \left(\frac{r}{a}\right)^{K_\phi - 1} - c' \cot\phi' \tag{2.58}$$

$$\sigma_\theta = K_\phi c' \cot\phi' \left(\frac{r}{a}\right)^{K_\phi - 1} - c' \cot\phi' \tag{2.59}$$

탄소성경계($r=r_e$)에서

$\sigma_r = \sigma_{r=re}$, $r \rightarrow \infty$ 이면 $\sigma_\theta = 2\sigma_\infty - \sigma_{r=re}$

$\sigma_\infty \simeq \sigma_{vo}$이고 경계조건을 만족해야 하므로

$$\sigma_{r=re} = \sigma_{vo}'(1-\sin\phi') - c'\cos\phi' \tag{2.60}$$

② 내압(지보압)이 p_i인 경우(supported)

소성영역에 대하여 다음 식을 유도할 수 있다.

$$\sigma_r = (p_i + c'\cot\phi')\left(\frac{r}{a}\right)^{K_\phi - 1} - c'\cot\phi' \tag{2.61}$$

$$\sigma_\theta = K_\phi(p_i + c'\cot\phi')\left(\frac{r}{a}\right)^{K_\phi - 1} - c'\cot\phi' \tag{2.62}$$

탄소성경계($r=r_e$)에서

$\sigma_r = \sigma_{r=re}$, $r \rightarrow \infty$ 이면, $\sigma_\theta = 2\sigma_\infty - \sigma_{r=re}$

$\sigma_\infty \simeq \sigma_{vo}$이고 경계조건을 만족해야 하므로

$$\sigma_{r=re} = \sigma_{vo}(1-\sin\phi') - c'\cos\phi' \tag{2.63}$$

$r=r_e$는 탄성영역과 소성영역의 경계점으로서, 탄성이론과 소성이론을 모두 만족하여야 하므로 탄성 및 소성영역경계에서 응력의 등치조건을 이용하면 소성영역까지의 반경 r_e에서 다음이 성립한다.

$$(p_i + c'\cot\phi')\left(\frac{r_e}{a}\right)^{K_\phi - 1} - c'\cot\phi' = \sigma_{vo}(1-\sin\phi') - c'\cos\phi' \tag{2.64}$$

위 식을 r_e에 관해 정리하면

$$r_e = a\left\{\frac{\sigma_{vo}(1-\sin\phi') - c'(\cos\phi' - \cot\phi')}{p_i + c'\cot\phi'}\right\}^{\frac{1}{K_\phi - 1}} \tag{2.65}$$

r_e를 이용하여 소성 및 탄성영역의 응력상태를 다시 정리하면 그림 2.23과 같다.

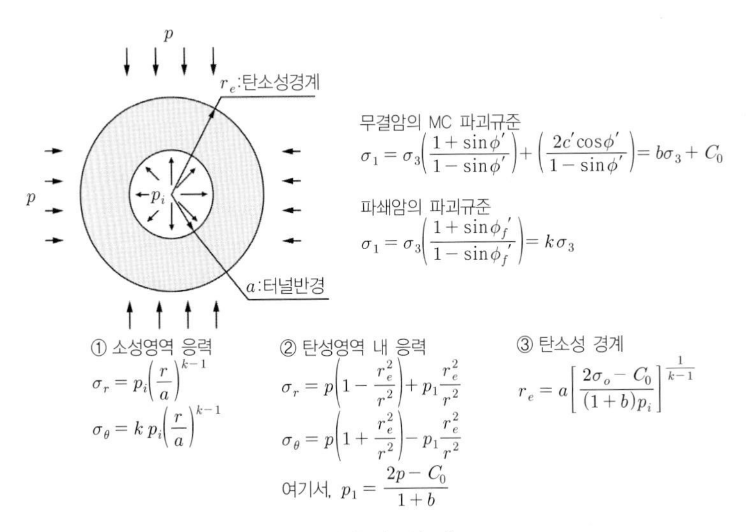

그림 2.23 터널굴착의 탄소성 해

예제 p =27.6MPa, p_i =276kPa, $\phi' = 39.9°$ 인 경우 Bray해를 이용하여 터널주변응력분포를 구해보자.

풀이 식 (2.65)을 이용하면 $r_e \fallingdotseq 3.5a$이며,

탄성영역의 응력분포(MPa)는 $\sigma_r = 27.6 - 232.8\left(\frac{a}{r}\right)^2$, $\sigma_\theta = 27.6 + 232.8\left(\frac{a}{r}\right)^2$

소성영역의 응력분포는(MPa) $\sigma_r = 0.276\left(\frac{r}{a}\right)^{2.73}$, $\sigma_\theta = 1.028\left(\frac{r}{a}\right)^{2.73}$. 그림 2.24는 이를 도시한 것이다.

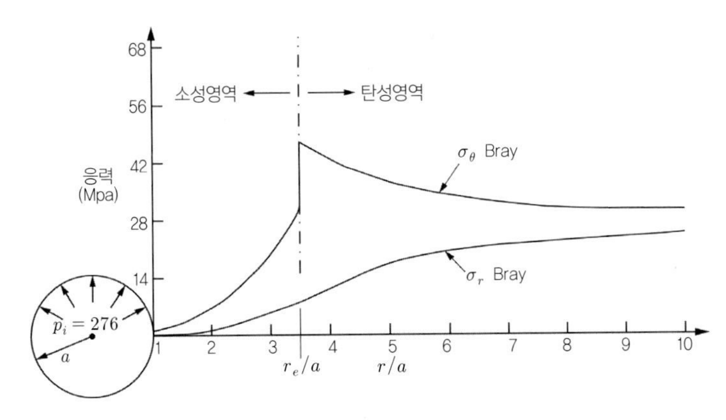

그림 2.24 Bray의 탄소성해

변형해석

터널의 변형도 탄소성이론으로 구할 수 있다. 소성상태의 거동법칙인 소성유동규칙(flow rule)이 필요하다. 일반적으로 MC모델을 사용할 때 체적 팽창이 지배적인 거동인 경우에는 연계소성 유동법칙

($Q=F$)을 사용하고 그렇지 않을 경우에는 비연계소성 유동법칙($Q \neq F$)을 사용한다. 비연계소성 유동법칙의 경우 소성 포텐셜 함수, Q를 MC 항복규준과 동일하게 취하되 파라미터를 ϕ' 대신 ψ를 채택하여 도입할 수 있다(제1권 5장).

$$Q=f(\sigma_r, \sigma_\theta)=\sigma_\theta - k_\psi \sigma_r - 2c'\sqrt{k_\psi}=0 \tag{2.66}$$

여기서, $k_\psi=(1+\sin\psi)/(1-\sin\psi)$ 이고 ψ는 체적 팽창각을 나타낸다.

NB: ϕ' 대신 ψ를 쓰는 이유는 수직성규칙에 의해 파괴 시 체적팽창이 계속되는 문제를 완화(개선)하기 위한 것이다(제1권 5장 참조). 연계소성 유도조건의 경우. $\psi=\phi'$로 놓아 해를 얻을 수 있다.

소성영역의 변형률은 탄성변형율과 소성변형율의 합으로 표현되고, 축대칭 조건에서 변형률과 반경방향 변위 사이에서는 식(2.69)의 관계가 성립한다, 여기서 ϵ_r은 반경방향변형률, ϵ_θ는 접선방향 변형률, u_r은 반경방향변위, 위첨자 e, p는 각각 탄성과 소성을 의미한다.

$$\epsilon_r=\epsilon_r^e+\epsilon_r^p \tag{2.67}$$

$$\epsilon_\theta=\epsilon_\theta^e+\epsilon_\theta^p \tag{2.68}$$

여기서, $\epsilon_r=\dfrac{du_r}{dr}$, $\epsilon_\theta=\dfrac{u_r}{r}$ 이다. (2.69)

소성영역에서는 변형률 간에 다음과 같은 관계가 성립한다(Wang, 1994).

$$\epsilon_r^p=-k_\psi \epsilon_\theta^p \tag{2.70}$$

식 (2.69) 및 식 (2.70)을 미분방정식으로 정리하면,

$$\frac{du_r}{dr}+k_\psi \frac{u_r}{r}=f(r) \tag{2.71}$$

여기서, $\epsilon_r^p+k_\psi \epsilon_\theta^p=f(r)$ (2.72)

식 (2.71)을 풀기 위해 탄소성경계 영역에서의 경계조건을 적용하면(Brady and Brown, 1993),

$$u_{r=r_e}=r_e\frac{\sigma_{vo}}{2G}\left(1-\frac{\sigma_{r=r_e}}{\sigma_{vo}}\right) \tag{2.73}$$

여기서, G는 전단탄성계수이다. 식 (2.71)~식 (2.73)을 종합하면 반경방향 변위에 대한 이론해는 다

음과 같이 정리된다.

$$u_r = u_{r=r_e}\left(\frac{r_e}{r}\right)^{k_\psi} + r^{-k_\psi}\int_{r_e}^{r} r^{k_\psi} f(r)dr \tag{2.74}$$

지반반응곡선과 지보반응곡선

내공변위–지압 $(u_r - p)$ 관계 식 (2.77)를 표시하면 그림 2.25 (a)와 같이 $u_r \propto 1/r^{k_\psi}$ 관계로 나타나는데 이를 지반반응곡선이라 한다. 한편, 지보재가 설치되면 이완되는 지반응력의 일부를 지보재가 분담하게 된다. 원주의 변위가 u이고 지보압이 p_l이라면, 선형탄성영역에서의 지보압과 내공변위의 관계를 단순히 $p_l = ku_r$로 표시할 수 있다. 이를 $u_r - p$ 관계로 나타낸 것을 지보반응곡선(support reaction curve)이라 하며 그림 2.25 (b)에 보였다.

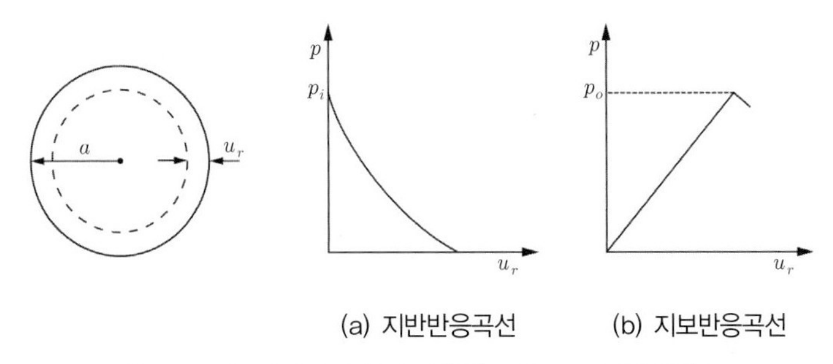

(a) 지반반응곡선 (b) 지보반응곡선

그림 2.25 지보재의 내외부에 작용하는 힘과 지보특성곡선

지보가 받을 수 있는 한계하중 $p = p_l$라 하고, 이를 지반반응곡선의 $u_r - p$ 관계곡선에 더하여 표시하면 지반응력 이완과 지보재 저항이 A점에서 평형을 이루어 그림 2.26 (a)와 같이 나타난다. 만일 지보설치 전 변형 u_o가 발생하였다면, 지보특성곡선은 그만큼 오른쪽으로 이동하게 된다. 지보반응곡선의 기울기는 강성에 비례한다. p는 터널 내압, u_r은 내공변위, p_o는 초기응력, p_{eq}은 지보압, $p_{\max}$는 지보최대 작용압력, k는 지보 강성(force/length[3]), u_{in}는 지보재 설치 전 변위, u_{eq}는 평형상태에서의 변위, u_{el}는 탄성한계에 도달한 변위, $u_{\max}$ 최대 변위(파단 시)이다.

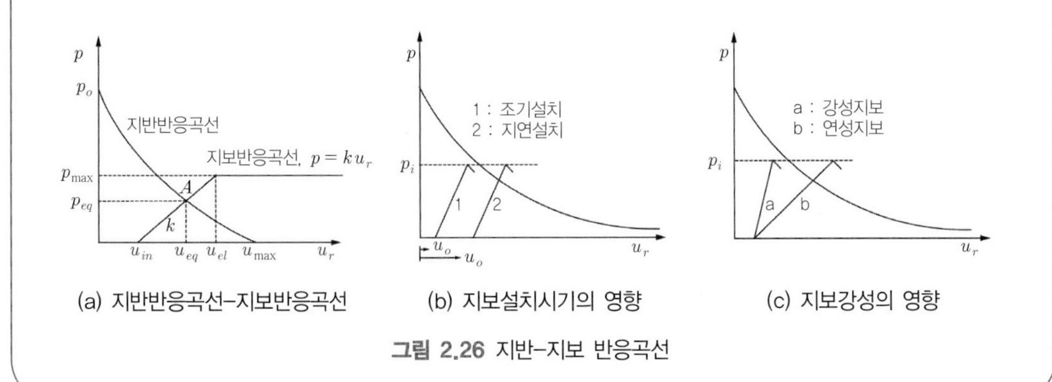

(a) 지반반응곡선–지보반응곡선 (b) 지보설치시기의 영향 (c) 지보강성의 영향

그림 2.26 지반–지보 반응곡선

위 이론해의 적분을 계산하기 위해 극좌표 탄성론을 이용하면 ϵ_r와 ϵ_θ는 다음과 같이 표현된다. ν는 지반의 포아슨비이다.

$$\epsilon_r^e = \frac{1}{2G}\left[(1-2\nu)C - \frac{D}{r^2}\right] \tag{2.75}$$

$$\epsilon_\theta^e = \frac{1}{2G}\left[(1-2\nu)C - \frac{D}{r^2}\right] \tag{2.76}$$

$r = r_e$의 경계조건으로부터 $C = \dfrac{(\sigma_{r=r_e} - \sigma_{vo})r_e^2 - (p_i - \sigma_{vo})a^2}{r_e^2 - a^2}$, $D = \dfrac{a^2 r_e^2 (p_i - \sigma_{r=r_e})}{r_e^2 - a^2}$ 이다. 식 (2.75), 식 (2.76)을 식 (2. 72)에 대입하면, 식 (2.74)의 적분이 수학적으로 계산된다. 이를 이용한 반경방향 변위의 이론해는 다음과 같다(Sharan, 2003).

$$u_r = \frac{-1}{2G}a^{-k_\psi}[C(1-2\nu)(r_e^{k_\psi+1} - a^{k_\psi+1}) - D(r_e^{k_\psi-1} - r^{k_\psi-1})] + u_{r(r=r_e)}\left(\frac{r_e}{r}\right)^{k_\psi} \tag{2.77}$$

2.3 역학적 안정해석(단순해법-Simple Method)

2.3.1 안정해석법의 구분과 기본가정

안정해석법은 경계치 문제의 일부만 만족하는 단순해로서 파괴에 대한 안전율을 산정에 유용하다. 지반공학적 안정해석(geotechnical stability analysis)은 설계개념에 따르면 극한한계상태(ULS) 해석에 해당한다. 주로 사용되는 지반안정해석법은 다음과 같다.

- 한계평형법(limit equilibrium method)
- 한계이론법(limit theory): 상한해법, 하한해법
- 수치해석법: 변위 유한요소법(displacement FEM), 한계 유한요소법(limit FEM)-(3장 참조)
- 슬립라인법(slip-line method)

표 2.2는 현재 주로 사용되고 있는 안정해석법의 모델링과 적용성을 비교한 것이다. 한계평형법보다는 한계이론법이 논리적으로 우월하다. 변위 FEM법은 사면안정법의 강도감소법이나 기초의 지지력 모사시험과 같은 특정문제에만 적용할 수 있다. 한계FEM법은 유한요소법을 한계이론 원리에 적용한 것으로 요소재구성기법을 이용하여 파괴면(또는 응력불연속면)을 찾아 안정해를 얻는 방법이다. 한계이론해석의 물리적 장점과 수치해석의 장점을 조합한 방법이다. 슬립라인법(slip-line method)은 실제문제에 적용하기 위한 범용성 Software로 개발하기 어렵고사용성이 낮아 여기서 다루지 않는다.

유한요소 한계해석(finite element limit analysis)

수치해석을 이용하여 안정해를 얻는 방법은 변형유한요소해석법과, 한계유한요소해석법이 있다. 변형유한요소해석법은 매우 제한된 경우에 대하여만 안정해를 얻을 수 있으며, 수치해석적 불안정성이 크다(3장 참조). 변형유한요소해석을 이용하여 정하중에 대한 안정해를 구할수 있는 문제는 다음에 예시한 지지력 산정과 사면안정 검토이다.

- 하중–변위곡선법(simulation of load–deformation response)에 의한 지지력 산정 : 하중에 대한 증분해석을 실시하여 하중–변위관계를 얻고 최대하중을 작용하중으로 나누어 지지력을 얻는 방법이다. 이 방법은 파괴부근의 하중에서 수치해석적 불안정이 야기될 수 있다.
- 강도감소법(strength reduction analysis)에 의한 사면안정 검토 : 더 이상 평형상태가 유지되지 않을 때까지 강도를 저감시키는 반복해석을 통해 파괴가 야기되는 최소강도를 구하고 파괴강도를 지반강도로 나누어 안전률을 구할 수 있다. 사면안정해석에 주로 사용한다. 파괴상태는 더 이상 해가 수렴되지 않는 상태(non-convergence)로 정의되므로 비수렴 상태가 강도에 의한 것인지 다른 영향인지에 대한 평가가 필요하다.

한편, 한계이론은 단순한 문제에 대하여 물리적으로 명확한 해를 주나 복잡한 문제에 대하여 그 적용범위가 제한되므로 이를 수치해석적으로 풀어내는 한계 유한요소 해석(finite element limit analysis) SW 개발이 부단히 진행되어 왔다. 유한요소 한계해석은 유한요소 변형해석에 대응한 표현이다.

유한요소 한계해석은 한계이론에 근거하되 유한요소 변형해석의 모델링 장점인 복잡한 기하학적 형상, 층상지반 이방성, 지반–구조물상호작용, 인터페이스 영향, 불연속면, 복잡한 하중상태 그리고 다양한 경계조건을 모두 고려하는 수치해석적 장점을 조합하여 안정에 대한 해를 얻는 방법이다.

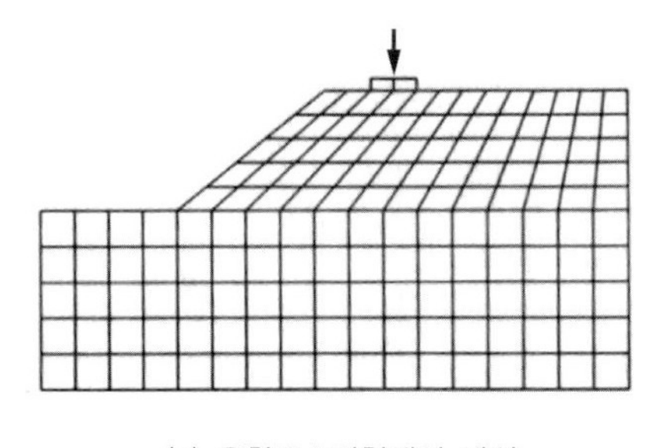

(a) 유한요소변형해석 메쉬

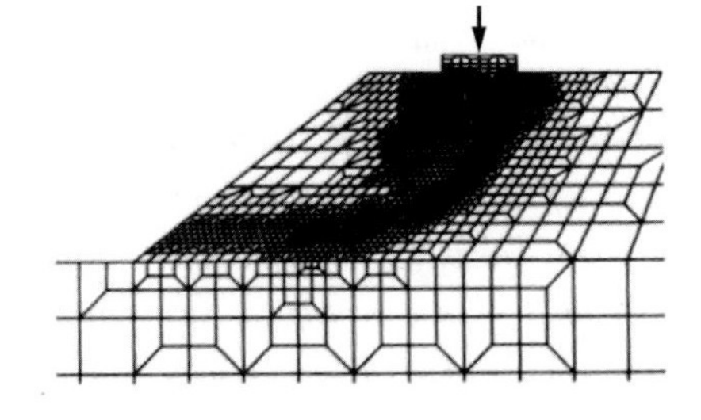

(b) 메쉬수정법에 의한 유한요소 한계해석

그림 2.27 유한요소메쉬(초기)와 메쉬수정(adaptive)에 의한 유한요소 한계해석

유한요소 한계해석은 그림 2.27과 같은 유한요소 메쉬의 세분화와 재구성(refinement)기법을 통해 상한하중과 하한하중의 차이를 최적화기법으로 줄여감으로써 해를 구한다.

표 2.2 안정해석법(간편법)의 비교

비교조건	한계평형법	한계이론		변형유한요소해석
		상한해석	하한해석	
파괴면 가정이 필요한가?	Y	Y	–	N
모든 영역에서 평형조건이 만족되는가?	N (강체평형)	–	Y	N (절점에서만)
모든 영역에서 적합조건(소성유동법칙)이 만족되는가?	N	Y	–	N (적분점에서만)
복잡한 하중 및 경계조건의 고려가 가능한가?	N	Y	Y	Y
다양한 지반구성모델의 적용 가능한가?	N	N	N	Y
변위–흐름 연계해석에 적용 가능한가?	N	N	N	Y
오차평가가 가능한가?	N	Y (하한해와 상한해 비교)		N

이 절의 목적은 안정해석의 지반공학적 개념이해와 실제 적용사례에 대한 다양한 고찰을 통해 안정해석의 응용능력 함양에 있다. 여기서 다룰 안정문제의 일부는 기존의 토질역학이나 지반공학에서 다룬 문제들로서 이를 설계해석의 방법론(methodology) 관점에서 재구성한 것이다.

안정해석법의 기본가정

안정해석은 대부분 재료의 강체-소성 거동을 가정한다. 이는 가상의 재료로서 응력이 항복점 이하인 경우 변형이 전혀 없다. 즉, 강성 값이 무한대에 가깝다고 가정하는 것이다. 실제로 탄성변위가 아주 작아 무시할 수 있는 경우에 강체-소성모델의 적용이 가능하다. 강체소성 모델의 가정은 다음과 같다.

- 전변형률은 소성변형율과 같다. 즉, $\{\epsilon\} \simeq \{\epsilon^p\}$.
- 강체소성 문제는 보통 부정정 문제에 해당하며, 강체의 비 변형성(non–deformability)을 가정하므로 재료 내 응력장을 고려하지 않는다.
- 오직 순간적인 파괴상황을 고려한다.
- 파괴순간 이동하는 블록의 기하학적 형상의 변화는 아주 작아서 모든 변수들이 당초의 형상을 그대로 유지한다.

NB: 일정 응력상태에서 소성유동(plastic flow)이 지속되는 이상적(ideal) 거동을 '완전소성' 거동이라 한다. 그러나 실제 흙의 거동은 응력조건에 따라 다양한 형태로 최대응력에 도달하는 점진파괴(progressive failure) 현상을 나타낸다. 또한 가정한 파괴면에서 어느 곳은 파괴상태이나 어느 곳은 잔류상태 또 어느 곳은 최대응력강도에도 못 미치는 경우도 있어 동시 파괴상태 도달 가정은 실제거동을 매우 단순화한 것이다.

안정해석에서 지반의 거동을 '강체탄성-완전소성'으로 가정하는 것은 응력이 항복점 이하일 경우 '**변형이 무시할 만하다**(E 값이 무한대에 가깝다)'고 가정하는 것과 같다. 강체탄성-완전소성재료의 응력-변형 관계(일축 응력상태)를 그림 2.28에 예시하였다.

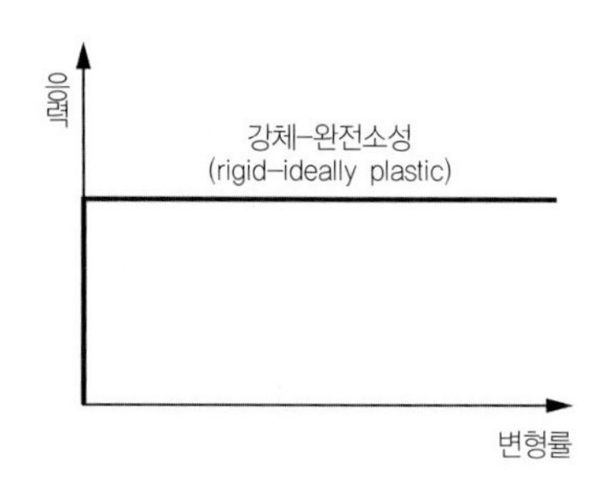

그림 2.28 강체-소성문제의 응력변형관계

대부분의 안정해석법들은 완전소성을 가정하므로 수직성(normality)이 성립하여야 한다. 즉, 소성변형율의 증분방향이 항복면과 수직이어야 한다. 수직성의 물리적 개념은 그림 2.29와 같으며 소성포텐셜을 적절히 선택하여 다일레이션(ψ) 영향을 고려할 수 있다.

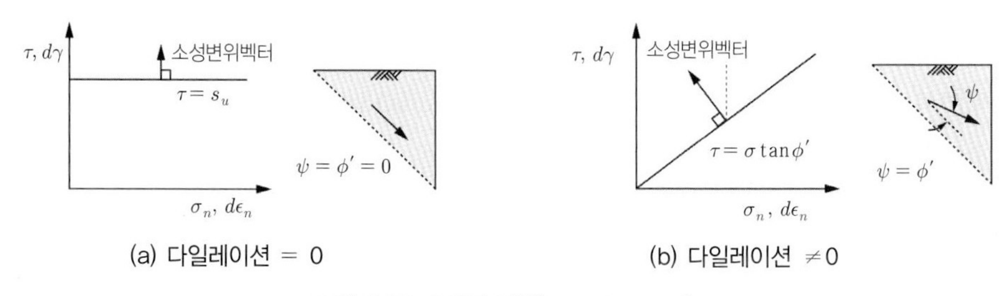

그림 2.29 수직성 법칙(normality rule)

이 경우 강체-소성문제의 응력-변형률 관계는 항복응력 도달 후 그림 2.30과 같이 경화소성과 연화소성을 고려할 수도 있다. 단순해법의 대부분 해법들은 모두 완전소성 개념을 이용한다.

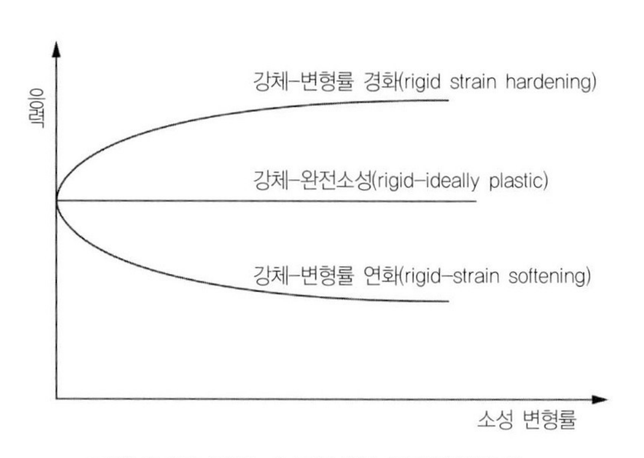

그림 2.30 강체-소성문제의 응력변형관계

2.3.2 한계평형법(limit equilibrium method)

한계평형법은 토질역학이 학문의 한 분야로 정립되기 이전인 1700년대부터 사용되어온 안정해석법으로 1773년 Coulomb에 의해 최초로 지반문제에 적용되었다. 한계평형법은 강체-완전소성거동을 가정하여 파괴면에서의 힘의 정적평형조건을 이용하여 해를 구한다.

이를 위해서 우선 파괴메커니즘(파괴모드, 파괴면 형상)과 위치를 가정하여야 한다. 파괴면이 결정되면 파괴면으로 둘러싸인 강체를 자유물체(free body)화하고 그 물체에 작용하는 모든 힘들이 정적 평형상태에 있다고 가정하여 힘과 모멘트 평형방정식을 적용, 가정된 파괴메커니즘에 대한 파괴하중을 구할 수 있다.

$$\sum F = 0 \ , \quad \sum M = 0 \tag{2.78}$$

일련의 예상 파괴메커니즘을 가정하여 위 과정을 반복했을 때 얻어지는 최소하중을 근사 파괴하중으로 본다.

한계평형법은 강체의 정역학에 기초한 개념으로 경계조건 등 이론적 타당성을 만족시키지 못하여 다수의 해가 얻어지는 문제점이 있다. 이 방법은 2차원 안정문제에 대하여 가장 불안정한 상태를 찾는다는 관점에서 일의 방법인 **한계이론의 상한치해(upper bound solution)와 유사한 해를 준다**. 즉, 한계평형해석을 위하여 가정한 파괴면이 한계이론의 상한치해를 주는 동적 허용변형율장과 일치하는 경우, 같은 해를 준다.

이 방법의 정확도는 가정한 파괴메커니즘이 얼마나 실제에 가까운가에 따라 결정된다. 그러나 실제로 어떠한 파괴메커니즘이 실제에 가까운가를 알기는 어려우며 특히 파괴면에서 뒤틀림(distortion) 거동이 일어나거나 전단대(shear zone)를 형성하는 경우 정해(exact solution)는 얻어지지 않는다. 일반적으로 불규칙한 형상의 문제, 하중조건이 복잡한 문제, 지층구조가 복잡한 문제에 적용하기 어렵다. 다음과 같은 추가적인 문제점이 있다.

- 결과의 응력상태가 해석영역 내 모든 점에서 평형상태에 있지 않다.
- 해의 정확도를 확인할 단순한 방법이 없다.
- 이방성이나 비균질성을 고려하기 어렵다.
- 적용 절차를 일반화하기 어렵다.

이러한 문제점에도 불구하고 단순성과 오랜 기간 사용을 통해 누적된 경험과 신뢰도가 이 방법의 장점이다. 이의 활용 예는 지지력, 토압, 사면안정 등이다.

2.3.2.1 매끈한 저면의 대상기초의 지지력

폭이 B이고 매끈한 저면을 갖는 대상기초의 지지력을 구하는 문제에 한계평형법을 적용해보자. 그림 2.31과 같이 원호파괴면을 가정하면, O점에 대한 모멘트 평형조건 $\sum M_o = 0$에서,

$$q_u B \cdot \frac{B}{2} - q_o B \cdot \frac{B}{2} = \pi s_u B \cdot B$$

$$q_u = 2\pi s_u + q_o \qquad (2.79)$$

이 결과는 파괴면을 원호로 가정했을 때의 값이므로 이 상태로는 정확해에 얼마나 근접한지 알 수 없다. 따라서 쐐기형상 혹은 나선형 형상 등 보다 실제적인 파괴면을 가정하여 지지력을 산정하여 최솟값을 얻어야 한다. 앞에 언급했듯이 파괴메커니즘의 가정에 따라 무한개의 해가 가능하다. 매끈한 저면의 대상 기초에 대한 Prandtl의 정해는 $q_u = 5.16 s_u$이다.

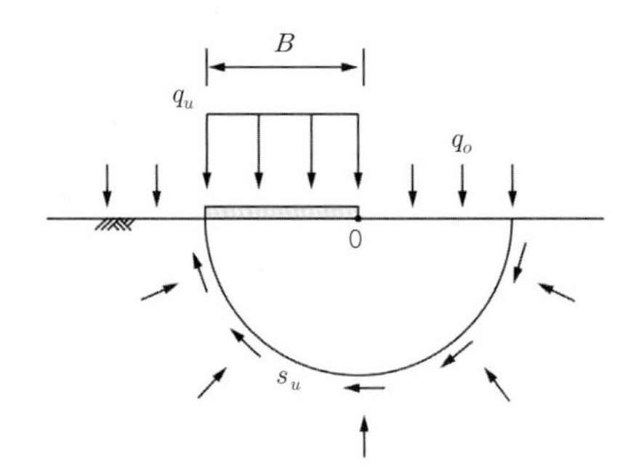

그림 2.31 대상기초와 반원 파괴메커니즘

예제 파괴면을 그림 2.32와 같이 원의 일부 R, θ로 가정하고, 한계평형법을 이용하여 안전율을 구해보자.

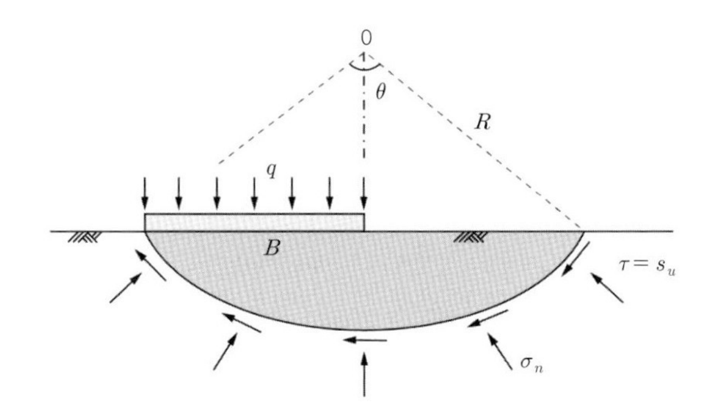

그림 2.32 대상기초의 원호파괴메커니즘

풀이 파괴면의 회전중심을 O라 가정하고, 각 변위가 θ라면 O점에 대한 모멘트 평형조건은

$$q_u B \cdot \frac{B}{2} = (2R\theta)\, s_u R$$

$$q_u = \frac{4 s_u \theta}{\sin^2\theta}$$

q_u의 최저값은 $dq/d\theta = 0$조건으로 얻을 수 있다. 따라서 $\tan\theta - 2\theta = 0$이므로 $\theta_c = 66.8°$ 이다.

$$q_u = 5.52\, s_u$$

이 값은 Prandtl(1920)이 유도한 정해보다 약 7% 크다.

2.3.2.2 한계굴착 깊이

한계평형법을 이용하여 한계굴착 깊이를 산정할 수 있다. 파괴면을 그림 2.33과 같이 삼각형 abc로 가정하면 파괴면에서 파괴규준 $\tau = c' + \sigma \tan\phi'$이 만족될 것이다. $ac = l$이라 하자.

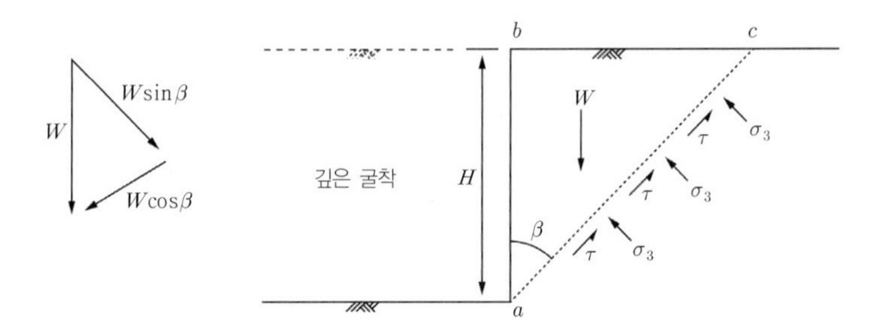

그림 2.33 깊은 굴착(deep excavation)과 파괴메커니즘

파괴면 ac를 따른 저항력의 총합 $= \int_0^l \tau dl = c' l + \tan\phi' \int_0^l \sigma\, dl$이며, 여기서 $\int_0^l \sigma\, dl = W\sin\beta$

파괴면 ac를 따른 작용력 $= W\cos\beta$이다. 파괴면에서 '$\sum$(저항력)$=\sum$(작용력)'이므로,

$$W \cdot \cos\beta = c' l + \tan\phi' \cdot W \cdot \sin\beta \tag{2.80}$$

여기서 $W = \frac{1}{2}\gamma H^2 \tan\beta$, $l = \frac{H}{\cos\beta}$이다. 따라서 식 (2.80)을 H에 대하여 정리하면

$$H = \frac{2c' \cos\phi'}{\gamma \cos(\beta + \phi') \sin\beta} \tag{2.81}$$

$\partial H/\partial\beta=0$를 만족하는 조건은 $\cos(2\beta+\phi')=0$이다. 따라서 $\beta=\pi/4-\phi'/2$이 된다. 따라서 한계깊이 (H_c)는 다음과 같다.

$$H_c=\frac{4c'}{\gamma}\tan\left(\frac{\pi}{4}+\frac{\phi'}{2}\right) \tag{2.82}$$

비배수 조건($\phi'=0$)인 경우

$$H_c=\frac{4c'}{\gamma} \tag{2.83}$$

2.3.2.3 매끈한 옹벽에 작용하는 주동 및 수동토압

지반을 $c'=0$, 그리고 저면이 매끈하다고 가정하자. 힘의 다각형을 이용하여 주동상태의 토압 P를 다음과 같이 구할 수 있다. 파괴면의 수직 및 수평력의 합력성분 F는 그림 2.34와 같이 파괴면에 대하여 ϕ'만큼 기울어져 있다.

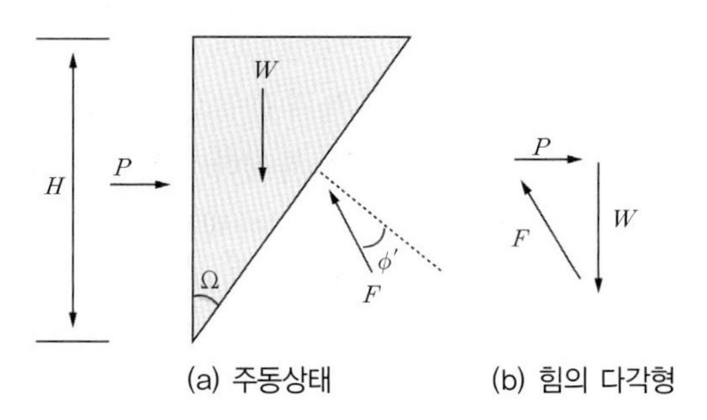

그림 2.34 주동토압과 파괴메커니즘

힘의 다각형의 평형조건을 이용하고, $\partial P/\partial\Omega$ 조건을 적용하면, 최소 토압 P, 즉 주동토압 P_a는 $\Omega=\pi/4-\phi'/2$에서 얻어진다.

$$P_a=\frac{1}{2}\gamma H^2\tan^2\left(\frac{1}{4}\pi-\frac{1}{2}\phi'\right) \tag{2.84}$$

수동토압 P_p는 F가 $\Omega=\pi/4+\phi'/2$에서 얻어지며, 수동토압은 $P_p=\frac{1}{2}\gamma H^2\tan^2\left(\frac{1}{4}\pi+\frac{1}{2}\phi'\right)$이다.

2.3.2.4 매설관에 작용하는 하중

Marston(1913)은 굴착 트렌치 내 채움토의 프리즘 모델에 한계평형법을 적용하여 매설관에 작용하는 토압식을 제안하였다. 매설관은 관의 지반에 대한 상대적 강성에 따라 파괴메커니즘이 달라진다. 그림 2.35와 같이 강성관의 경우 관 측면 지반의 침하파괴, 연성관의 경우 관 상부지반의 침하파괴가 일어난다. 강성관의 경우 주변지반이 관 상부지반을 끌어내리는 영향 때문에 강성 매설관에 작용하는 하중이 연성관에 작용하는 하중보다 훨씬 크다.

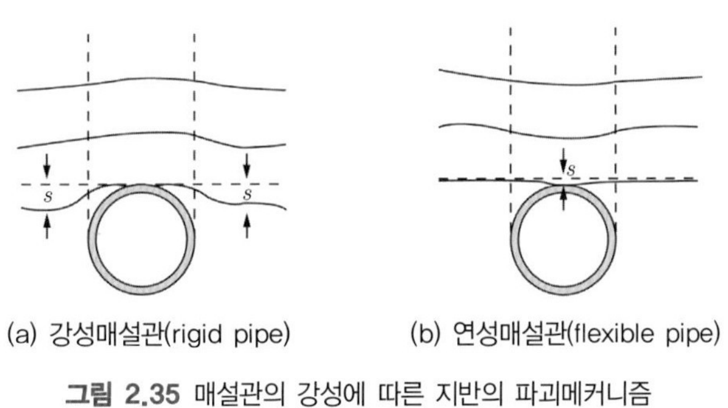

그림 2.35 매설관의 강성에 따른 지반의 파괴메커니즘

강성 매설관(rigid pipe)에 작용하는 하중. 그림 2.36과 같이 트렌치를 파고 관을 매설하는 경우 트렌치 폭이 비교적 좁다면 **주변지반보다 매설관 상부 채움토의 침하가 작아서** 인해 채움토와 원지반간 접촉면에서 전단파괴가 발생한다. 실제로 이 접촉면에서 점착력이 발생하려면 꽤 많은 시간이 흘러야 하나, 비점착성을 가정하는 것이 보수적인 평가를 주기 때문에 시공 직후 바로 발생한다고 가정한다.

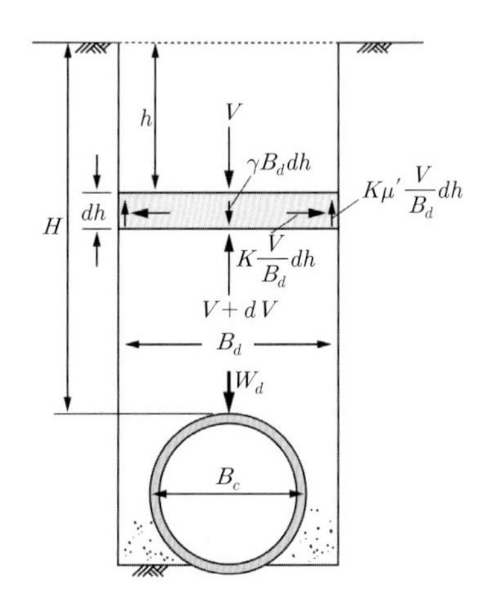

그림 2.36 강성 매설관 상부 채움토의 파괴메커니즘

채움토의 단위 두께당 미소체적 $B_d dh$의 상단에 작용하는 단위 수직력을 V라 하면, 요소 하단에는 $V+dV$의 수직력이 작용한다. 여기서 B_d는 트렌치 폭, dh는 요소의 높이이다. 단위중량이 γ 이라면, 요소의 중량은 다음과 같이 표현된다.

$$W = B_d(dh)(1)\gamma \tag{2.85}$$

깊이 h에서 요소 측면에 작용하는 측압 P_L 은 토압계수를 이용하여 다음과 같이 표현할 수 있다.

$$P_L = K \times \frac{V}{B_d} \tag{2.86}$$

경계면에서 Rankine의 주동파괴상태를 가정하면(즉, 한계평형상태) $K \approx K_a$로 놓을 수 있다. 채움재와 트렌치 원지반 사이의 마찰계수 $\mu' = \tan\phi'$ 이면, 요소의 측면에 작용하는 단위길이당 전단저항력은

$$F_s = \mu'(P_L dh) = K\frac{V}{B_d}\mu' dh \tag{2.87}$$

상향 수직력은 하향 수직력과 같으므로 평형조건은 다음과 같다.

$$(V+dV)+2F_s = W+V$$

저면의 수직력과 측면에서의 전단저항력의 합은 상부에서 전달되는 수직력과 요소의 단위중량의 합과 같다. 따라서 파괴상태의 평형방정식은 다음과 같다.

$$dV + 2K\frac{V}{B_d}\mu' dh = \gamma B_d dh \ \text{또는,} \left(B_d - \frac{2K\mu' V}{B_d}\right)\frac{dh}{dV} = 1 \tag{2.88}$$

위 미분방정식의 해는 다음과 같다.

$$V = \frac{\gamma B_d^2}{2K\mu'}\left(1 - e^{-2KB_d\mu' h}\right) \tag{2.89}$$

$h = H$ 라 놓으면 강성 매설관 상부에 작용하는 단위 길이당 하중($W_d = V_{h=H}$)이 구해진다.

$$W_d = C_d \gamma B_d^{\,2} \tag{2.90}$$

여기서, C_d를 하중계수라하며 $C_d = \dfrac{1 - e^{-2K\mu'(H/B_d)}}{2K\mu'}$ 이다.

연성 매설관(flexible pipe)에 작용하는 하중. 강성이 매우 큰 매설관(주철 등)의 경우, 주변지반의 변형이 매설관 상부의 채움재보다 크나, **연성매설관의 경우 강성이 트렌치 측면지반보다 작으므로 상부채움토의 침하가 주변지반보다 크며,** 따라서 하중전이(load transfer)로 인해 강성관보다 훨씬 적은 하중이 작용한다.

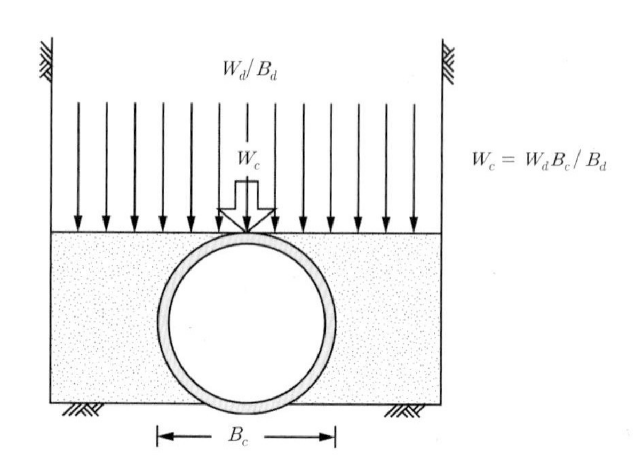

그림 2.37 연성매설관의 하중분포(매설관과 원지반의 강성이 같은 경우)

측면채움재와 매설관의 강성이 같은 경우 수직하중 V의 크기는 매설관 폭에 비례하여 구할 수 있다. 이 의미는 만약 매설관과 측면지반이 같은 강성을 갖는다면, 작용압력은 그림 2.37과 같이 트렌치 폭에 걸쳐 균등하게 분포한다. 강성 매설관에서 구한 단위 수직하중을 트렌치 폭(B_d)에 균등분포시킬 때, 매설관의 폭(B_c)에 작용하는 만큼의 압력이 연성 매설관에 하중, W_c로 작용할 것이므로 $W_c/B_c = W_d/B_d$가 성립한다.

$$W_c = \frac{W_d B_c}{B_d} = \frac{C_d \gamma B_d^{\,2} B_c}{B_d} \tag{2.91}$$

또는, $W_c = C_d \gamma B_c B_d$

여기서, B_c는 연성매설관의 폭이다. 위 식으로부터 연성 매설관에 작용하는 하중은 강성매설관에 비해 B_c/B_d 비율만큼 줄어듦을 알 수 있다.

NB: 실험에 따르면 같은 하중을 재하할 때 연성 매설관에 작용하는 하중이 강성관에 작용하는 하중보다 훨씬 작게 나타난다. 연성관의 변형은 측면지반으로 하중전이를 일으키고 측면지반의 변형에 저항하는 거동 때문에 관에 작용하는 부담이 줄게 된다. 따라서 실제 매설관에 작용하는 하중은 측면지반의 저항과 관의 강성에 따라 좌우된다. 일례로 동일한 지반상태와 하중 재하상태에서 연성인 PVC 하수관은 5% 정도의 처짐 변형이 발생하지만 파괴되지 않아 기능수행에 문제가 없는 반면에 같은 구경의 강성관은 파괴에 이른다. Marston의 강성 및 연성 매설관의 하중공식으로 산정한 하중은 즉시 발생하지 않을 수 있고, 한동안 발생하지 않을 수도 있다. 경우에 따라 초기 하중이 공식으로 예측된 최대 하중보다 20~25% 적을 수 있으며, 장기 하중은 그보다 클 수 있다.

2.3.2.5 Silo 토압

인공섬, 코퍼댐, Silo 등은 내부가 흙으로 채워지는 경우가 많다. 구조물의 측벽에 작용하는 토압을 한계평형법을 이용해 구해보자. 길이가 긴 사각형 Silo의 경우 구조물과 지반의 경계면을 따라 전단파괴가 일어나는 것으로 파괴면을 가정할 수 있다. 이 면에서 수평토압계수는 주동상태(K_a)로 가정한다(K_a: 주동토압계수, μ_s: 벽면마찰계수).

그림 2.38의 파괴상태 요소 dz에 대한 힘의 수직평형조건으로부터, $\gamma D dz + \sigma_z D = (\sigma_z + d\sigma_z) D + 2\mu_s K_a \sigma_z dz$

$$dz = \frac{d\sigma_z}{\gamma - \dfrac{2\mu_s K_a}{D}\sigma_z} \tag{2.92}$$

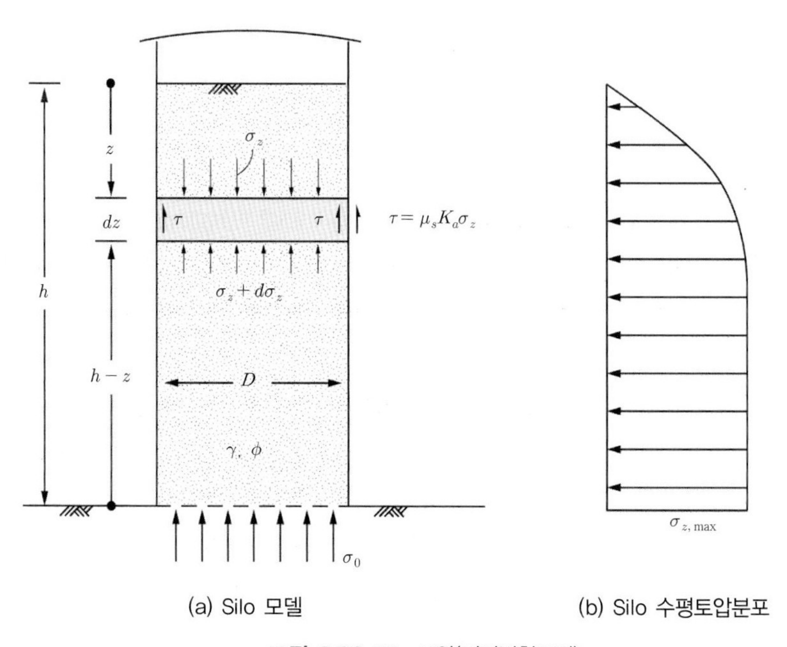

(a) Silo 모델　　(b) Silo 수평토압분포

그림 2.38 Silo 토압(평면변형조건)

양변을 적분하면, $\int_0^z dz = \int_0^{\sigma_z} \frac{d\sigma_z}{\left(\gamma - \frac{2\mu_s K_a}{D}\sigma_z\right)} = -\frac{D}{2\mu_s K_a}\ln\left(\gamma - \frac{2\mu_s K_a}{D}\sigma_z\right) + C$

경계조건 $z=0, \sigma_z=0$을 대입하여 상수 C를 구하면, 수직토압 σ_z은

$$\sigma_z = \frac{\gamma D}{2\mu_s K_a}(1 - e^{-\frac{2\mu_s K_a}{D}z}) \tag{2.93}$$

$z=h$인 경우 수직응력은

$$\sigma_{z=h} = \gamma D \frac{1 - \exp\left(-2\mu_s K_a \frac{h}{D}\right)}{2\mu_s K_a} \tag{2.94}$$

Silo에 작용하는 토압(수평토압)은 파괴면이 Rankine의 주동상태에 있는 것으로 가정하여

$$\sigma_x = K_a \sigma_z = \frac{\gamma D}{2\mu_s}(1 - e^{-\frac{2\mu_s K_a}{D}z}) \tag{2.95}$$

$$\sigma_{x,z=h} = \frac{\gamma D}{2\mu_s}\left[1 - \exp\left(-2\mu_s K_a \frac{h}{D}\right)\right]$$

최대 수평력은 $z \to \infty$ 일 때 나타나므로, $\sigma_{x\max} = \frac{\gamma D}{2\mu_s}$

NB: K_a는 최소토압을 주기 때문에 만일 Silo 내 거동이 주동상태 이내로 억제되어 있는 경우 토압은 더 크게 산정된다. 하지만 이 경우 벽면에서 미끄러짐 파괴는 일어나지 않을 것이다. 이러한 상태에서 지반은 안정하므로 토압에 대한 Silo의 구조적 안정이 검토되어야 한다. 구조안정검토를 위해서 $K_a \to K_o$를 사용할 수 있다.

예제 길이가 짧은 그림 2.39의 Box Culvert에 작용하는 상부 토압을 한계평형법으로 산정해보자.

풀이 Culvert가 콘크리트 강체구조물이므로 구조물 외측이 침하하여 상부지반이 주동파괴 상태에 있다고 가정하자. 단위중량을 γ, 폭이 a, 길이가 b, $\mu = \tan\phi'$, 수직투영면적 $A = a \times b$, 수직투영 주면장 $U = 2(a+b)$이면, 요소 측면은 수평력으로 인한 마찰력 $\mu K_a \sigma_z U dz$, 점착력 $c' U dz$이 작용한다. 따라서 z축에 대한 힘의 평형조건은, $d\sigma_z = \frac{\gamma A - \mu U K_a \sigma_z - Uc}{A} dz$이다. 따라서

$$\sigma_z = \frac{1}{\mu K_a}\left(\gamma \frac{A}{U} - e\right)\left[1 - e^{-(\mu K_a U h / A)}\right] \tag{2.96}$$

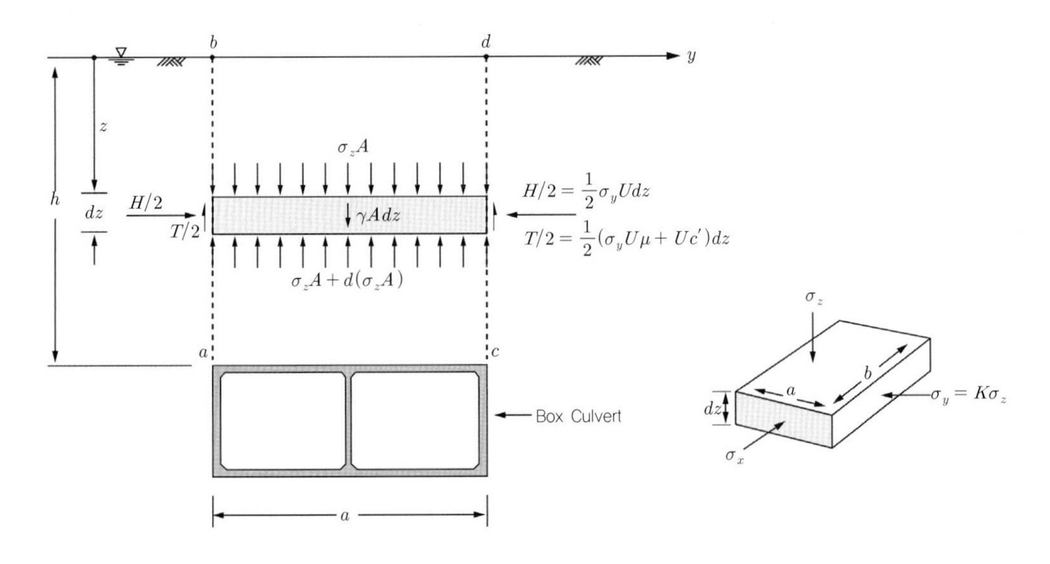

그림 2.39 Box culvert 상부지반의 파괴메커니즘

여기서, $\sigma_y/\sigma_z = K_a \simeq \tan^2(\pi/4 - \phi'/2)$이다. ϕ'값이 존재하는 흙의 경우 Culvert 상부는 아칭이 형성됨을 알 수 있다. 실제로 아칭영향은 $\sigma_y = \sigma_z K_a$ 관계를 부정정문제로 만든다. 특히 지반요소 측면에 작용하는 응력은 터널 **상부 흙의 자중이 외부로 전이되는 아칭현상**으로 인해 분명하게 고려되었다고 보기 어렵다. 따라서 위 식은 팽창이 없는 지반에서만 성립한다고 볼 수 있다.

2.3.2.6 무한사면의 안정문제

건조 모래지반의 무한사면. 무한사면의 파괴면은 일반적으로 사면과 나란한 방향으로 일어나는 것으로 가정할 수 있다. 무한사면 파괴체에서 구간 폭이 b인 사면 슬라이스에 대한 자유물체(free body)를 그림 2.40과 같이 가정하면, 단위 두께 당 무게는 $W = \gamma bh(1)$이다.

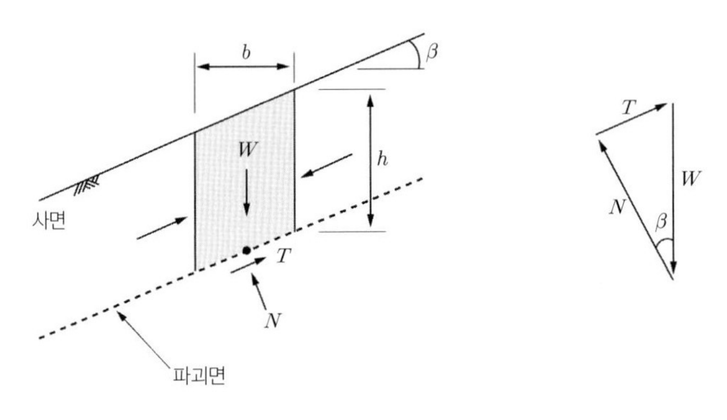

그림 2.40 건조사질토의 무한사면의 파괴메커니즘

파괴면 법선력, N과 저항력 T는 각각, $N = W\cos\beta$, $T = W\sin\beta$ 이다. 파괴면에서 동원(mobilize) 가

능한 마찰저항력(R_f)은 $c' = 0$ 조건에 대하여

$$R_f = \sum \tau_f = N\tan\phi' = W \cdot \cos\beta \cdot \tan\phi' \tag{2.97}$$

안정을 유지하기 위한(한계평형) 강도와 동원 가능한 전단강도의 비인 안전율(F_s, factor of safety)은 다음과 같이 정의할 수 있다.

$$F_s = \frac{R_f}{T} = \frac{\sum \tau_f}{T} = \frac{N\tan\phi'}{W\sin\beta} = \frac{\tan\phi'}{\tan\beta} \tag{2.98}$$

식 (2.98)을 보면 무한사면의 안전율은 사면의 높이나 깊이에 무관하고, 단지 사면을 구성하는 지반의 전단저항각(ϕ')과 사면경사(β)에 의존함을 알 수 있다. 최대경사는 $F_s = 1$일 때 얻어지는데, 사면의 최대경사가 전단저항각에 의해 제약됨을 의미한다.

침투가 있는 $c' - \phi'$ 지반의 무한사면. 그림 2.41에 보인 바와 같이 사면의 지표면에 평행한 흐름이 있는 $c' - \phi'$ 지반의 포화사면을 생각하자. 유효 수직력 N'에 대하여 안전율을 결정해보자. 그림 2.41과 같이 가정한 사면파괴 평면에서 무한 사면의 한 슬라이스 요소의 자유물체도에서 간극수에 의한 작용력(U)은 다음과 같다.

$$U = (\gamma_w h \cos^2\beta)\frac{b}{\cos\beta} = \gamma_w bh\cos\beta \tag{2.99}$$

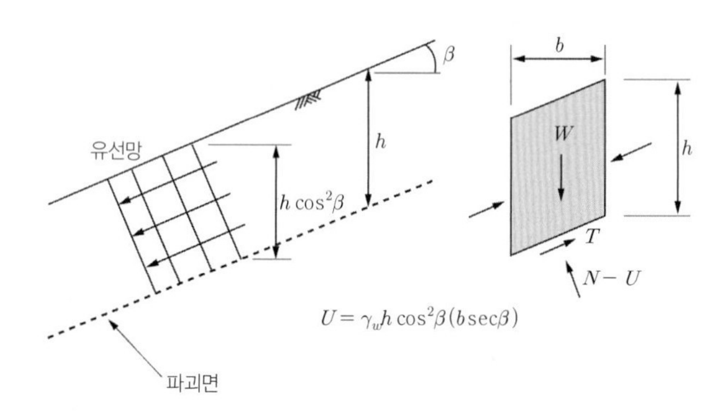

그림 2.41 침투가 있는 $c' - \phi'$ 지반의 무한사면 파괴

파괴면을 따라 발생하는 마찰력(R_f)은 ϕ'과 유효수직력을 이용하여 다음과 같이 나타낼 수 있다.

$$R_f = \sum \tau_f = c' b\sec\beta + (N - U)\tan\phi' \tag{2.100}$$

따라서, 안전율은 다음과 같다.

$$F_s = \frac{R_f}{T} = \frac{c' b\sec\beta + (N-U)\tan\phi'}{W\sin\beta} \tag{2.101}$$

위식에서 $W = \gamma_{sat}bh$ 로 대체하여 다시 정리하면, 안전율은 다음과 같이 표현된다.

$$F_s = \frac{c' + h(\gamma_{sat} - \gamma_w)\cos^2(\beta)\tan\phi'}{\gamma_{sat}h\sin\beta\cos\beta} \tag{2.102}$$

여기서 $\gamma' = (\gamma_{sat} - \gamma_w)$ 이다. $c' = 0$ 인 입상토 지반의 경우, 다음과 같이 단순화된다.

$$F_s = \frac{\gamma'}{\gamma_{sat}} \times \frac{\tan\phi'}{\tan\beta} \tag{2.103}$$

식(2.103)을 식(2. 98)과 비교해보면 무한사면의 안전율은 침투에 무관하게 여전히 사면의 높이와 깊이 h에 독립적이다. 하지만, 안전율은 γ'/γ_{sat} 비율만큼 감소함을 보였다. 건조토와 비교하면 안전율의 감소율은 약 50% 정도이다.

예제 전단 저항각이 ϕ'인 사질토의 안식각(β, repose angle)을 구해보자.

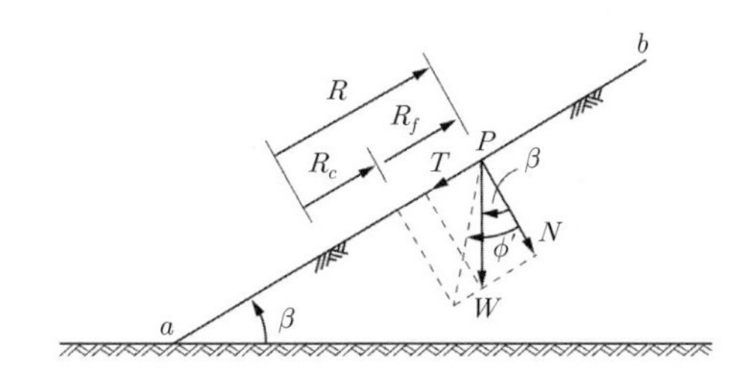

그림 2.42 사질토지반의 안식각

풀이 그림 2.42와 같이 중량 W인 흙 입자 P가 파괴면 $a-b$를 따라 평형을 이루고 있다면, $T = W\sin\beta$이다. 수직분력 N이 기여하는 마찰력, $R_f = N\tan\phi' = W\cos\beta\tan\phi'$, 점착저항력, $R_c = c'A$이다. 여기서 A는 입자 간 단위점착력 c'를 야기하는 입자접촉 면적이다. 안식각은 파괴상태이므로 그림 2.42에 보인 파괴평면으로 흘러내리기 직전상태에서 유발력 T와 저항력 $R = R_f + R_c$은 같다.

$W\sin\beta = W\cos\beta\tan\phi' + c'A$

겉보기 점착력도 c'에 기여할 수 있다. 안식각 β는 다음 조건으로 구해질 수 있다.

$$\tan\beta = \tan\phi' + \frac{c'A}{W\cos\beta} \tag{2.104}$$

사질토의 경우 $c' = 0$이므로 $\tan\beta = \tan\phi'$. 따라서 $\beta = \phi'$.

2.3.3 한계이론법(limit theorem)

한계이론은 1950년대에 Drucker et al.,(1951, 1952)에 의해 개발된 소성 경계면 이론(plastic bounding theorems)을 기반으로 성립되었으며, 미소변형상태의 완전소성 및 연계 유동법칙(associated flow rule)을 가정한다. 이는 수직성(normality rule)법칙에 따라 소성변형률($d\epsilon_{ij}^p$)이 항복면($F(\sigma_{ij})$)에 수직한 방향으로 일어난다고 가정하는 것이다. 이때 소성변형률은 $d\epsilon_{ij}^p = \lambda\,(\partial F/\partial\sigma_{ij})$이다(제1권 4장 참조). 이러한 유형의 소성모델에서는 파괴 시 변위나 변형률이 정의되지 않으므로 강체블록의 변위속도 또는 변형률 속도를 거동 변수로 다룬다.

한계이론은 지반거동이 강체-완전소성이며 파괴상태에서 특정한 변형률장 및 응력장이 존재한다고 가정한다. 한계이론은 '안정이론(safe theorem)'과 '불안정이론(unsafe theorem)'으로 구분되며 이들 두 이론이 각각 실제 파괴하중에 대한 하한치(L_l, lower bound value)와 상한치(L_u, upper bound value)를 주므로 안정이론을 하한치이론, 불안정이론을 상한치이론이라고도 한다.

하한이론(lower bound theorem)은 지반 내에서 외부하중 및 체적력이 평형을 이루고 어디에서도 흙의 파괴규준을 위반하지 않는 **응력메커니즘이 존재(정적 허용 응력장, statically admissible stress field)**한다면 그 외부하중과 체적력은 실제로 파괴를 야기할 수 있는 하중(L_c)보다 같거나 작아 하한치(L_l)를 나타낸다는 것이다. 즉, 응력경계조건과 항복조건을 만족하는 평형상태인 정적허용응력장(statically admissible stress fields)에 의해 지지되는 하중(load)은 진 한계하중(L_c, true limit load)의 하한치이다.

$$L_l \le L_c \tag{2.105}$$

반면에, **상한이론(upper bound theorem)은** 외부하중 및 체적력(body force)이 한 일이 지반 내부에서 소산된 에너지와 같게 되는 **변형메커니즘(동적 허용 속도장, kinematically admissible velocity field, 또는 동적허용변형율장, dynamically admissible strain field)**이 존재한다면, 이 외부하중과 체적력의 합은 파괴를 야기할 수 있는 하중의 상한 값을 나타낸다는 것이다. 이와 관련한 어떤 가정상의 오차도 정해(L_c) 보다 큰 파괴하중상태(L_u)에 있게 할 것이므로 동적허용 변형률량에 의해 지지되는 하중은 진(眞) 한계하중으로서 상한치이다.

$$L_c \le L_u \tag{2.106}$$

상한이론은 파괴순간의 운동학적 적합조건, 즉 **변위의 적합조건을 만족**하는 반면, 하한이론은 파괴 직전상태로서 평형조건을 만족하며 다음 조건이 성립한다.

$$L_l \le L_c \le L_u \tag{2.107}$$

따라서 만일 하한 및 상한치 해가 같다면($L_l = L_u = L_c$) 이는 정해(exact solution)가 될 것이다.

2.3.3.1 하한이론(lower bound theorem)

파괴 직전의 평형조건, 응력경계조건, 파괴규준을 만족하는 하중은 실제 파괴하중보다 크지 않다. 이 조건을 만족하는 응력상태를 정적허용응력장(statically admissible stress field)이라 한다. 정적허용응력장내에서 **응력의 불연속선(응력점프, stress jump)이 존재하며 이 선을 따라 파괴가 일어난다고 가정**한다.

깊은 굴착의 예를 통해 허용 응력장의 불연속성을 살펴보자. 그림 2.43에서 굴착면 모서리 수직선의 수평응력은 평형을 만족하지만, 수직응력은 응력점프를 보이므로 이 선이 응력의 불연속선이다. 또 수평선의 수직응력은 연속적이지만 수평응력의 점프(jump)가 일어나는 불연속선이다.

하한이론은 평형 및 항복조건만을 고려하며, 흙의 변형은 고려하지 않는다. 전 지반매체에 대하여 정력학적으로 허용 가능한 응력장을 얻을 수 있다면(즉, 어느 곳에서도 항복에 도달하지 않았다면) 그 응력장에서 평형상태에 있는 하중은 안전 측에 있을 것이다. **이 해법의 정확도는 가정한 응력장이 얼마나 실제에 가까운가에 달려 있다**.

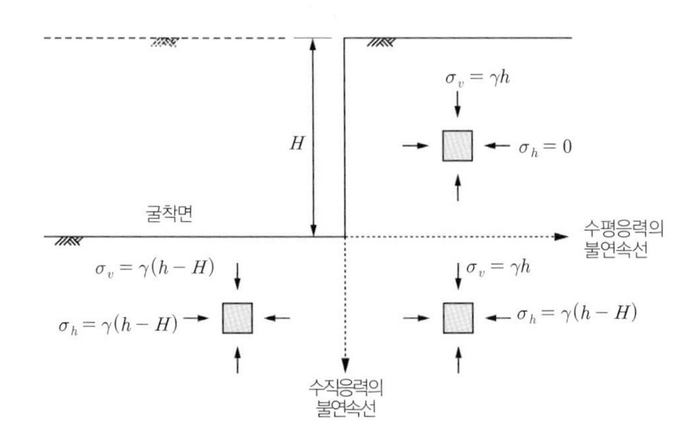

그림 2.43 응력 불연속선의 예(굴착에 대한 2–응력불연속선의 예시), $K_o = 1$

그림 2.44 (a)는 정적허용응력장에서 응력불연속선이 통과하는 지반 요소를 예시한 것이다. 응력불연

속 면에서의 응력변화를 Mohr 원으로 표시하면 그림 2.44 (b)와 같다. 앞의 그림에서 교점 C가 응력불연속 면에서의 응력을 나타낸다. P_a, P_b는 각각 a, b 영역 응력의 극점(pole)을 나타낸다. Mohr 원에서의 회전각은 물리면에서 회전각의 2배에 해당한다.

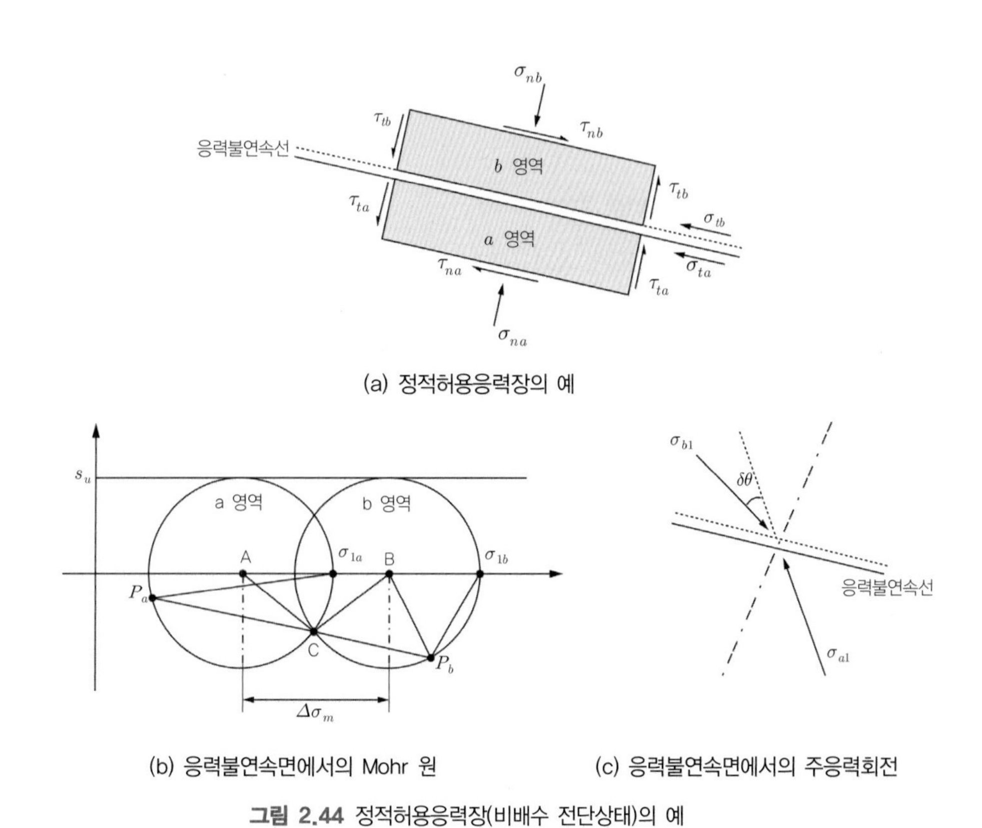

(a) 정적허용응력장의 예

(b) 응력불연속면에서의 Mohr 원

(c) 응력불연속면에서의 주응력회전

그림 2.44 정적허용응력장(비배수 전단상태)의 예

응력불연속면에서의 주응력의 회전각은

$$\delta\theta = \frac{1}{2}(\angle CB\sigma_{1b} - \angle CA\sigma_{1a}) = \frac{1}{2}\angle CBP_b$$

따라서 이에 상응하는 주응력의 이동량은 다음과 같다. s_u가 비배수 전단강도일 때,

$$\Delta\sigma_m = 2s_u \cdot \sin\delta\theta \tag{2.108}$$

즉, 최대주응력이 $\delta\theta$만큼 회전하면 Mohr 원은 $2s_u\sin\delta\theta$만큼 이동한다. 구하고자 하는 해는 초기주응력에 주응력의 이동량을 합한 값으로 다음과 같이 나타난다.

$$q_u = \sigma_{1a} + \Delta\sigma_m = \sigma_{1a} + 2s_u \sin\delta\theta \tag{2.109}$$

이 과정을 종합하면 하한치이론으로 해를 구하는 순서를 다음과 같이 정리할 수 있다.

① 정적 허용응력장, 즉 응력의 불연속장을 가정한다.

② 이미 알고 있는 응력경계면에 접하는 영역 내에서 가용한 응력장이 되도록 응력성분을 결정한다.

③ 응력경계면에서 불연속선을 넘어갈 때 주응력의 회전각을 구하여 Mohr 원의 이동량을 구한다.

④ 파괴토체의 모든 경계면에 대하여 '①→③'을 반복계산하여 얻어진 최대응력이 가정한 파괴모드의 해가 된다.

⑤ 보다 부드럽고 실제에 가까운 응력장을 가정하여 위 가정을 반복함으로써 얻어지는 최대의 응력이 이 문제의 하한치해이다.

허용응력장만 적절히 가정하면 하한치를 구하는 과정은 비교적 단순하다. 그러나 정확해를 주는 응력장을 가정하기란 쉽지 않으므로 컴퓨터를 이용하여, 평형조건과 경계조건을 만족하는 응력계 중에서 파괴기준을 넘지 않는 최대 응력계를 구하는 방법(선형계획법)이 많이 사용된다.

적용 예 : 미끄러운 저면을 갖는 대상기초의 지지력(비배수조건)

기초중심에 대하여 대칭이므로 문제의 반만 고려한다. 응력불연속면을 한 개에서 5개까지 늘려가며 하한해를 구해보자.

① 단일 불연속면을 갖는 응력장에 대한 하한해

지반의 비배수 전단강도가 s_u인 경우, 지반의 자중을 무시하고, 불연속면을 그림 2.45 (a)와 같이 가정하면, 영역 I, II에 대한 Mohr 원은 그림 2.45 (b)와 같다.

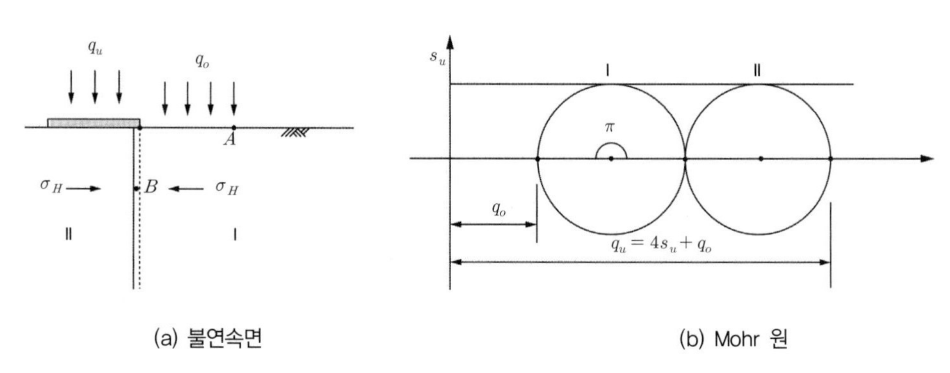

그림 2.45 단일 응력장과 Mohr 원

영역 I의 주응력은 점 A에서 $\sigma_{3I} = \sigma_v = q_o$, 영역 II의 점 B에서 $\sigma_{3II} = \sigma_{1I}$ 이다. 즉, 영역 I의 최대주응력이 영역 II의 최소주응력과 같아진다. 영역 II의 최대주응력은 q_u라 할 수 있으므로 $q_u = 4s_u + q_o$이다. σ_1이 σ_3로 바뀌었으므로 이때 주응력 회전각=$\pi/2$이다.

② 2개의 불연속면으로 나타낸 응력장의 하한해

불연속면을 그림 2.46 (a)와 같이 가정하였다면, 마찬가지 방법으로 각 영역에 대하여 Mohr 원을 그림 2.46 (b)와 같이 그려 주응력 회전각을 구할 수 있다.

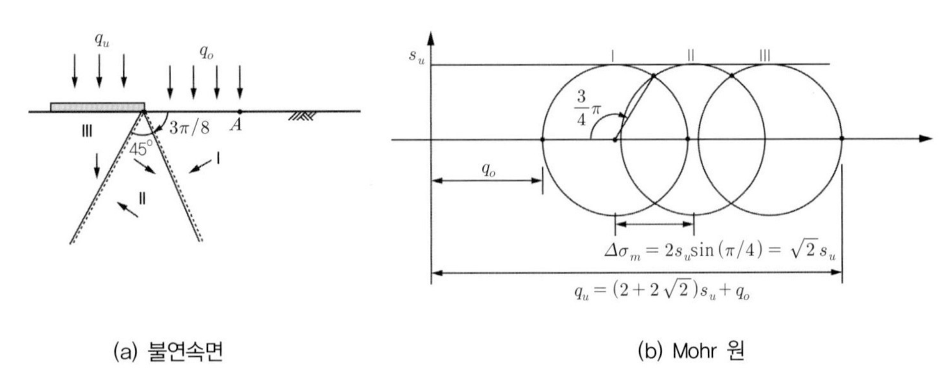

(a) 불연속면 (b) Mohr 원

그림 2.46 2 응력장과 Mohr 원

영역III에서의 최대주응력(지지력), $q_u = 4.83s_u + q_o$

③ 3개의 불연속면으로 나타낸 응력장의 하한해

마찬가지 방법으로 불연속영역을 그림 2.47 (a)와 같이 가정하여 각 영역에 대하여 Mohr 원을 그리면 그림 2.47 (b)와 같다.

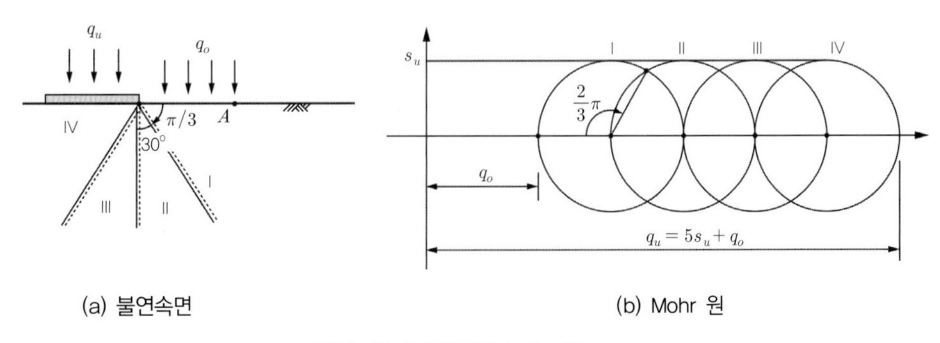

(a) 불연속면 (b) Mohr 원

그림 2.47 3 응력장과 Mohr 원

영역IV에서의 최대주응력(지지력), $q_u = 5s_u + q_o$

④ 5개의 불연속면을 갖는 응력장의 하한해

마찬가지 방법으로 불연속영역을 그림 2.48 (a)와 같이 가정하여 각 영역에 대하여 Mohr 원을 그리면 그림 2.48 (b)와 같다. 이로부터 영역III에서의 최대주응력(지지력), $q_u = 5.09s_u + q_o$ 이다.

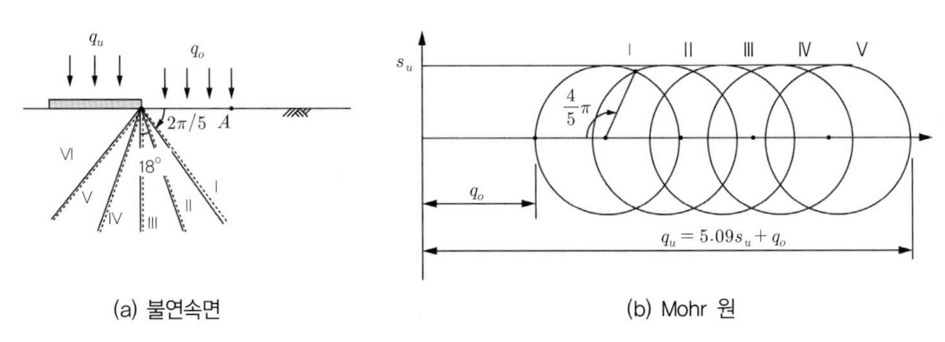

그림 2.48 5 응력장과 Mohr 원

⑤ 응력장을 세분화하여 ①~④ 과정을 반복하다보면 실제 파괴 상태에 접근하므로 정해에 가까운 하한해가 구해진다.

예제 앞의 한계평형해석에서 다루었던 저면이 매끈한 대상기초(smooth rigid footing) 예제를 단일응력장의 하한계이론으로 다루어보자(단위중량을 무시하고 Tresca 파괴조건을 적용).

풀이 그림 2.49와 같이 응력존을 나누면 이 응력장은 비배수강도 파괴조건(Tresca), $\sigma_1 - \sigma_2 = 2s_u$를 만족하며 또한 각 불연속면에서 평형조건을 만족한다. 기초저면에서 $\sigma_1 = 4s_u$이 성립하므로 $q_{low} = 4s_u$ (앞의 단일불연속면 대상기초문제와 동일)

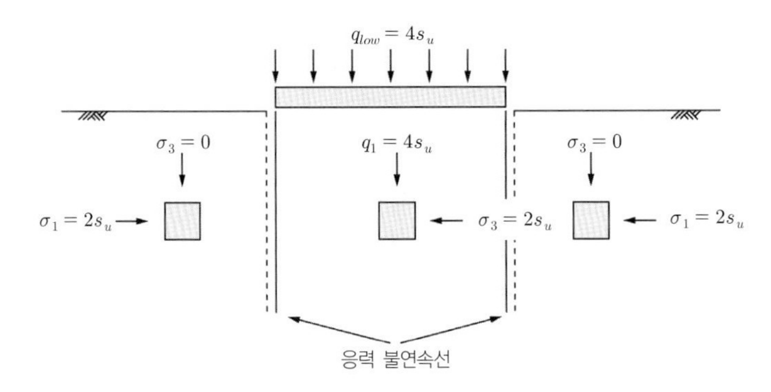

그림 2.49 점토지반 위의 대상기초(strip footing)에 대한 허용응력장

2.3.3.2 상한이론(upper bound theorem)

속도경계조건과 소성유동법칙을 만족하는 **동적 허용 속도장(kinematically admissible velocity field) (또는 동적 허용 변형률장(dynamically admissible strain field))**에서 외부일과 내부 일의 평형조건을 만족하는 하중은 파괴하중이다. 비록 파괴하중에 대한 진 한계 하중(true limit load)은 유일성을 만족하지만 실제 파괴 메커니즘은 그렇지 않다. 즉, 여러 개의 파괴메커니즘이 동일 파괴하중을 줄 수 있다. 따라서 최소 상한해를 주는 파괴메커니즘을 찾아야 한다.

파괴순간의 적합조건, 변위의 경계조건 및 파괴하중을 만족하는 하중은 실제파괴하중보다 작지 않다. 상한이론은 **동적 허용 변형률장(dynamically admissible strain field)**이라고 하는 파괴순간의 운동학적인 파괴메커니즘을 가정하며 이 메커니즘에 대한 **에너지 평형조건을 이용하여 파괴하중을 구하게 된다.** 동적 허용 변형률장에서의 파괴면은 경계치 문제의 해가 만족하여야 할 조건 중 변위의 적합조건과 변위경계조건 그리고 소성흐름의 적합성을 만족하여야 하며 강체 내부의 소성일은 없는 것으로 가정한다.

동적 허용 변형률장에서의 파괴메커니즘은 강체 지반블럭과 이의 미끄러짐 선(線)으로 구성되며 이 파괴 미끄러짐 선을 **속도의 불연속선(변형률 속도의 점프)**이라고 한다. 이 선을 따라 정지 토체와 운동토체 간 거동속도의 돌발적 불연속(jumping discontinuity)이 발생한다고 가정한다.

그림 2.50은 수직 굴착면에 대한 동적허용변형율장, 즉 파괴메커니즘의 한 예를 보인 것이다. 그림에서 보듯이 운동하는 토체는 정지토체에 대하여 ψ의 각도로 팽창하면서 좁은 파괴 천이 영역을 형성한다고 볼 수 있다. 이때 ψ를 팽창(dilatancy)각이라 한다. 흔히 단순화를 위해 연계소성 유동규칙인 $\psi = \phi'$로 가정하는 경우가 많다. 일반적으로 파괴 시 한계상태에서는 체적변화가 없기 때문에 $\psi = \phi'$의 가정은 적절하지 않다. 그러나 $\psi = \phi_{cr}'$로 가정하는 것은 $\phi = 0$보다 더 큰 파괴하중 값을 주므로 역시 상한해를 준다. 만일 $\psi = \phi' = 0$이면 파괴 시 팽창이 일어나지 않고 미끄러짐이 일어난다고 보는 것이다.

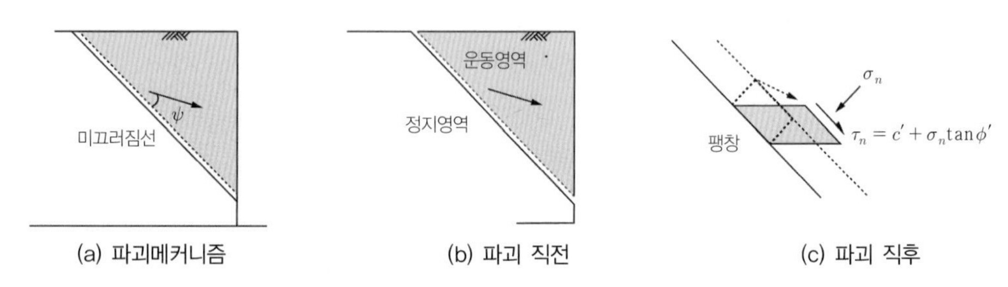

그림 2.50 수직 굴착면에 대한 동적허용변형율장의 예

이를 종합하면 상한치이론으로 해를 구하는 순서는 다음과 같이 정리할 수 있다.

① 동적허용변형율장에 해당하는 파괴메커니즘을 가정한다.

② 속도 불연속 경계면에서의 속도성분을 결정한다.

③ 경계외력에 의한 일률과 토괴자중에 의한 일률의 합으로 표시되는 전체외력 일률과 전체 내부 소산일률을 등치시켜 경계외력을 구하면 이 값이 가정한 파괴메커니즘에 대한 해가 된다.

④ 부드럽거나 여러 개의 직선으로 구성되어 보다 실제에 가까운 진보된 파괴메커니즘들을 계속 반복 가정함으로써 얻어지는 최소의 파괴하중이 상한해이다.

적용 예: 미끄러운 저면을 갖는 대상기초의 지지력

불투수 점토지반 상에 위치하는 미끄러운 저면을 갖는 폭 B인 대상기초(strip footing)의 지지력을 상한치 이론에 의거 산정해보기로 한다. 파괴메커니즘을 각각 원호(slip-circle), 블록(block), 전단팬(shear fan)으로 가정해보자.

① 원호 파괴메커니즘에 대한 상한해

그림 2.51의 대상기초가 모서리 O점을 기준으로 원호파괴가 일어난다면

$d\theta$=단위시간당 회전각일 때, 총 외부일, $\Delta W_e = \frac{1}{2}(B d\theta)(q_u - q_o)B$

총 내부소산일, $\Delta W_i = \pi B s_u V_r$ 여기서 $V_r = B \cdot d\theta$ 이므로 $\Delta W_i = \pi B s_u B d\theta$

외부일(ΔW_e)=내부소산일(ΔW_i)이므로, $\frac{1}{2}(B\,d\theta)(q_u - q_o)B = \pi B s_u B d\theta$ 이다. 따라서 $q_u = 2\pi s_u + q_o$

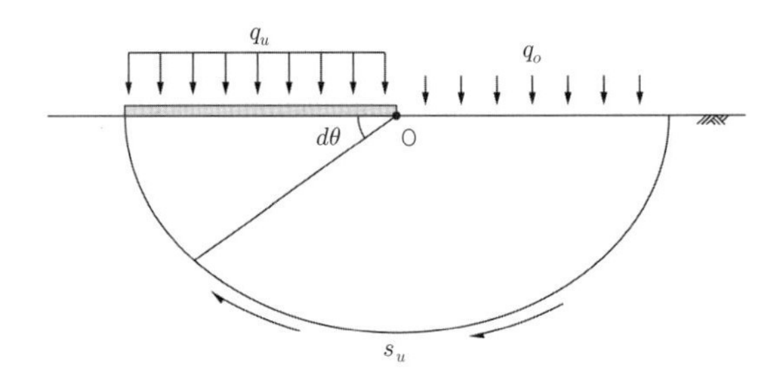

그림 2.51 Slip-circle 파괴메커니즘

② 블록(Sliding rigid block) 파괴메커니즘에 대한 상한해

외부일(단위시간당), $\Delta W_e = (q_u - q_o) \cdot B \cdot V_0$

내부일, ΔW_i

- 강체블록Ⓐ의 수직방향 속도를 고려함으로써 $V_1 = \sqrt{2}\, V_0$

- 강체블록Ⓑ에 대하여 $V_2 = \sqrt{2}\, V_1 = 2 V_0$

- 강체블록Ⓒ에 대하여 $V_3 = V_1 = \sqrt{2}\, V_0$

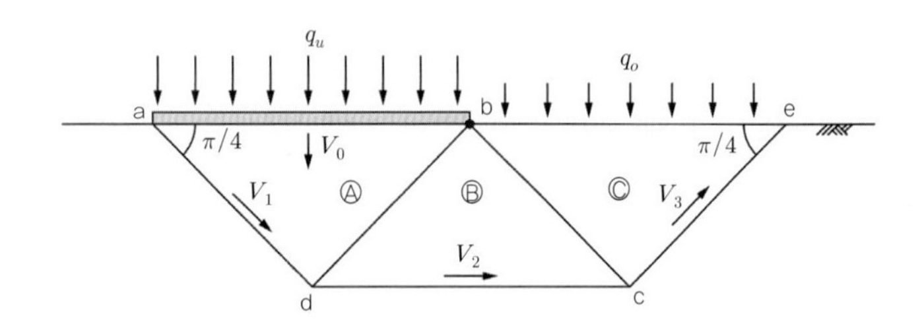

그림 2.52 블록(sliding rigid block) 파괴메커니즘

총 내부소산일률은 속도의 불연속선을 따라 소산된 일률의 합으로 계산할 수 있다. V_1, V_2는 정지 강체에 대한 상대속도이므로 불연속선 ad, dc, ec에서는 V_2만이 변형률 불연속선에 평행한 성분을 가지고 있고, 그 크기는 $\Delta V = V_2 \cos 45 = V_1 = 2V_0$이다.

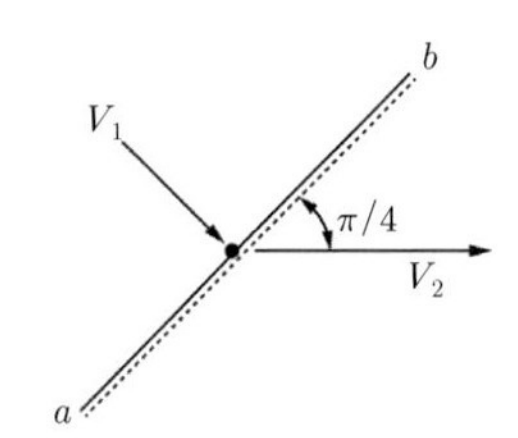

그림 2.53 경계면에서의 속도불연속

불연속선을 따라 산정한 내부소산 일은 다음과 같다.

불연속선	① 속도의 불연속량	② 길 이	③ 작용내력(시간당)	④ 소산일(ΔW_i) ①×③
ad	$\sqrt{2}\,V_0$	$B/\sqrt{2}$	$s_u B/\sqrt{2}$	$s_u V_0 B$
bd	$\sqrt{2}\,V_0$	$B/\sqrt{2}$	$s_u B/\sqrt{2}$	$s_u V_0 B$
ba	$2V_0$	B	s_uB	$2s_u V_0 B$
be	$\sqrt{2}\,V_0$	$B/\sqrt{2}$	$s_u B/\sqrt{2}$	$s_u V_0 B$
ec	$\sqrt{2}\,V_0$	$B/\sqrt{2}$	$s_u B/\sqrt{2}$	$s_u V_0 B$
총 소산율				$6s_u V_0 B$

총 외부 일률 = 총 내부소산 일률이므로, $(q_u - q_o)\,V_0 B = 6\,s_u\,V_0 B$이다. 따라서

$$q_u = 6s_u + q_o$$

③ 전단팬(sliding rigid block, shear fan) 파괴메커니즘에 대한 상한해

그림 2.54에서 $oc = od = B/\sqrt{2}$ 이다. 또 기하학적 조건에 따라, $V_{ac} = V_{co} = V_{od} = V_{de} = \sqrt{2}\,V$ 이다.

총 외부일, $\Delta W_e = (q_u - q_o)BV$ 이며, 총 내부소산일, $\Delta W_i = ac, od, de$ 면의 소산일($\Delta W_i 1$) + 원호영역에서 소산일($\Delta W_i 2$)이다.

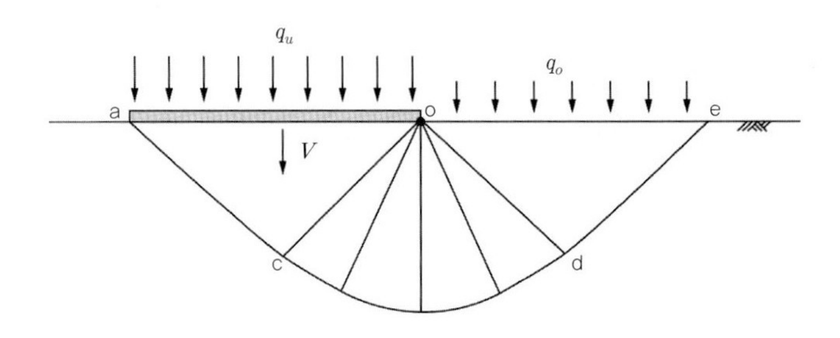

그림 2.54 전단팬(shear fan–원호영역) 파괴메커니즘

$$(\Delta W_i 1) = \frac{B}{\sqrt{2}} s_u \sqrt{2}\, V + \frac{B}{\sqrt{2}} \frac{\pi}{2} s_u \sqrt{2}\, V + \frac{B}{\sqrt{2}} s_u \sqrt{2}\, V$$

$$(\Delta W_i 2) = \int_0^{2\pi} s_u \frac{B}{\sqrt{2}} \sqrt{2}\, V d\theta = \frac{\pi}{2} s_u B V$$

총 내부소산일, $\Delta W_i = (\Delta W_i 1) + (\Delta W_i 2) = s_u B V (2+\pi)$

$q_u = (2+\pi) s_u + q_o$

예제 저면이 매끈한 대상기초의 지지력을 부분원호파괴면을 가정하여 한계이론으로 구해보자.

풀이 그림 2.55와 같이 파괴가 강체(rigid–body)원호로 구성되는 경우(단위중량 무시)

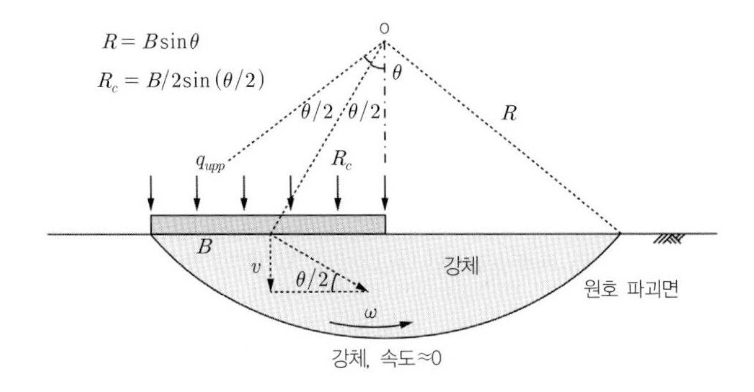

그림 2.55 점토지반 위 대상기초의 상한 파괴메커니즘

속도 불연속면을 따라 소산되는 내부 에너지율, $\dot{W}_{int} = \int \Delta u_s s_u dL = (R\dot{\omega}) s_u (2R\theta)$이다. 여기서 $\dot{\omega}$는 원점 '0'에 대한 파괴면 각속도, Δu_s는 불연속면을 따른 접선 속도점프이다. 외부일률은, $\dot{W}_{ext} = q_{upp} B v = q_{upp} B R_c \dot{\omega} \sin\left(\frac{\theta}{2}\right) = q_{upp} B \frac{B}{2} \dot{\omega}$이다. 내부에너지와 외부에너지가 같으므로

$q_{upp} = 4\,s_u / \sin^2\theta$

q_{upp}의 최솟값을 구하기 위하여 $dq_{upp}/d\theta = 0$을 만족하는 θ를 구하면, $\theta_c = 66.8^\circ$이다. 따라서 최소 상한해는 $q_{upp} = 5.52\,s_u$이다. 따라서 상한해와 앞 예제의 하한해로부터 다음이 성립한다.

$4\,s_u \le q_u \le 5.52\,s_u$

위의 해를 보면 하한해와 상한해의 차이가 크다. 두 값 모두 정해가 아니다. 정해를 구하려면 계속 반복하여 응력경계면을 실제에 가깝도록 세분화한 하한해와 실제 파괴형태와 일치하는 파괴모드에 대한 상한해를 구하여야 하며, 두 값이 일치할 때의 값이 정해이다.

응력장법(Slip-line법)

Slip-line 법은 강소성체의 지반의 모든 점이 파괴 상태에 있다고 가정하고, 파괴규준과 평형방정식을 풀어 해를 얻는다. 일례로 그림 2.56의 **면이 매끄러운 대상기초** 아래 지반이 항복상태에 도달할 때 그 항복영역은 소성평형상태에 있다고 가정할 수 있다. 이 경우 항복조건과 평형조건으로부터 소성평형 미분방정식을 얻을 수 있고 이를 만족하는 Slip-line, s를 결정할 수 있다. 여기에 응력경계조건을 더함으로써 기초지반 아래의 응력(즉, 지지력)을 알아낼 수 있다. Slip-line법은 주어진 경계조건에서 소성평형조건을 만족하는 전 영역에 대하여 평균응력 σ_m과 주응력 회전각 α를 구하는 문제가 된다. 극한지지력 q_u는 최대주응력이므로 기울기는 수평면에서 $\pi/4$이다. 부채꼴 중심각은 $\pi/2$로서 이것이 주응력의 회전각이다. 기초 바로 아래의 주응력이 지지력이다.

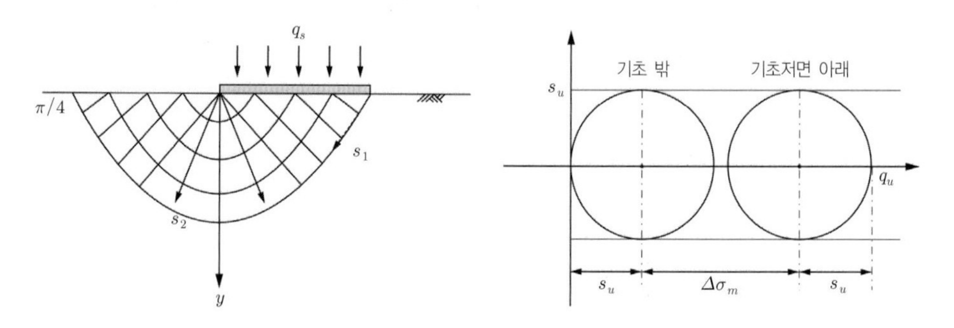

그림 2.56 비배수조건의 대상기초의 지지력(s: slip-line)

평형방정식은 3개의 미지수를 포함하고 있다. 이 경우 주응력을 이용하여 평균주응력 $\sigma_m = (\sigma_1 + \sigma_3)/2$과 최대주응력의 방향 α, 즉 2개의 미지수를 이용하여 표현하는 것이 가능하다. Slip-line을 따르는 평균주응력의 변화량 $\Delta\sigma_m$은 최대주응력의 회전각 $\Delta\alpha$와 연직거리의 변화량 Δy의 합의형태로 주어진다.

Mohr 원으로부터 최대하중은 $q_u = s_u + \Delta\sigma_m + s_u$로 계산된다. s_1 slip-line을 따라 기초저면에서 주응력회전각 $\Delta\alpha = \pi/2$, 연직거리 변화량 $\Delta y = 0$이므로 $\Delta\sigma_m = 2s_u\,\Delta\alpha + \gamma\Delta y$. 따라서 $\Delta\sigma_m = \pi s_u$이며, $q_u = (\pi+2)s_u$이다.

2.4 수리거동의 이론해석

변형거동의 하중과 침하에 상응하는 흐름거동 변수는 수압과 유량이다. 설계에서 허용누수량 산정, 집수정의 설치, 펌프용량의 산정은 유량의 파악이 필요하며, 지하수위 이하에 설치되는 구조물은 수압하중에 저항하여야 한다.

수리거동의 이론해석은 수압, 유량 및 침윤선을 파악하는 것이며 제1권 6장에서 다룬 수리거동의 지배방정식에 대한 해를 포함한다. 많은 경우 변형거동과 수리거동을 독립적으로 다루지만 압밀지반의 경우 흐름거동과 변형거동이 서로 상관된다. 일반적으로 지반재료의 압축성이 커질수록 상호영향(coupling effects)이 증가한다. **역학거동은 강성이 지배하며 흐름거동은 투수성이 지배한다.** 변형거동의 힘, 변위, 강성은 흐름거동의 수압, 유량, 투수성에 대응된다. 그림 2.57은 흐름거동의 해석법을 정리한 것이다.

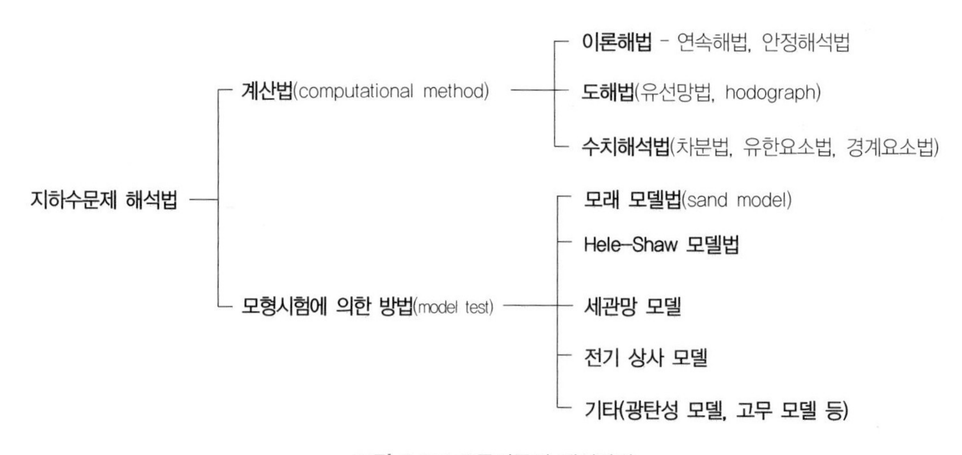

그림 2.57 흐름거동의 해석방법

수리거동의 수치해석법은 3장에서 다루며 도해법은 여기서 다루지 않는다. 실험에 의한 방법은 4장 모형실험에서 다룬다. 이 장에서는 제체, 우물, 터널 수리거동의 이론해석을 다룬다.

2.4.1 수리거동의 기본방정식과 경계조건

연속해가 가능한 수리문제의 유형은 그림 2.58과 같이 댐체의 수리, 우물수리, 깊은 터널의 수리 등 몇 경우에 국한된다. 연장이 충분히 길어 흐름거동이 평면변형조건 또는 축대칭조건으로 가정이 가능한 경우에만 적용할 수 있다. 이외의 복잡한 경계조건을 갖는 수리문제는 수치해석으로만 풀이가 가능하다. 이론해석법은 수리현상에 대한 직관을 제공해주고 수치해석이나 모형시험결과를 검증하는 데 유용하다.

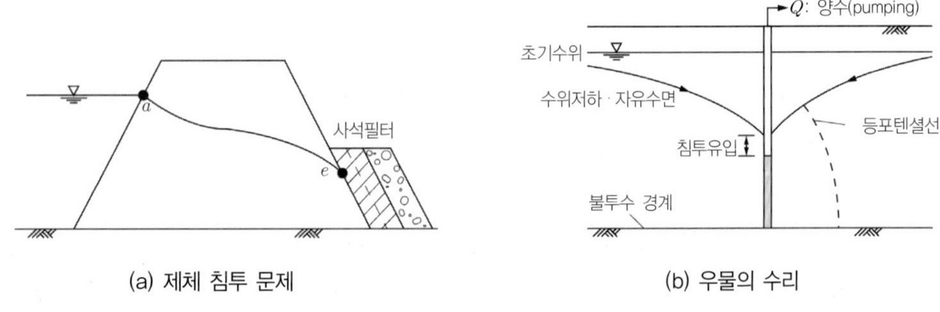

(a) 제체 침투 문제 (b) 우물의 수리

그림 2.58 수리거동의 이론해의 대표적 적용분야(평면 변형 또는 축대칭 문제)

수리거동의 지배방정식

수리거동의 지배방정식은 다음과 같이 Darcy 법칙으로 표현되는 운동방정식, 연속방정식으로 구성된다(제1권 6.4절 참조).

운동방정식(Darcy's law) : $v_x = -k_x \dfrac{\partial h}{\partial x},\ v_y = -k_y \dfrac{\partial h}{\partial y},\ v_z = -k_z \dfrac{\partial h}{\partial z}$ (2.110)

여기서 h는 수두이며, 베르누이 정리(에너지보존법칙)에 의거, $h_{total} = z + \dfrac{u_w}{\gamma_w} + \dfrac{v^2}{2g}$ (2.111)

연속방정식 : $k_x \dfrac{\partial^2 h}{\partial x^2} + k_y \dfrac{\partial^2 h}{\partial y^2} + k_z \dfrac{\partial^2 h}{\partial z^2} = \dfrac{\partial \epsilon_v}{\partial t}$, 또는 $\dfrac{\partial v_x}{\partial x} + \dfrac{\partial v_y}{\partial y} + \dfrac{\partial v_z}{\partial z} = \dfrac{\partial \epsilon_v}{\partial t}$ (2.112)

2차원 이방성 투수성조건($k_x \neq k_z$)의 경우, 축척변환, $\overline{x} = x\sqrt{k_z/k_x}$

$$\frac{\partial^2 h}{\partial \overline{x}^2} + \frac{\partial^2 h}{\partial^2 z} = 0 \tag{2.113}$$

축대칭문제에 적용하기 위한 원통좌표계를 도입할 경우 식 (2.113)은 다음과 같이 표현된다.

$$k_r \frac{\partial^2 h}{\partial r^2} + k_r \frac{1}{r}\frac{\partial h}{\partial r} + k_z \frac{\partial^2 h}{\partial z^2} = \frac{\partial \epsilon_v}{\partial t} \tag{2.114}$$

극좌표계에서 축대칭이고, θ에 따른 변화가 없는 경우, $\dfrac{1}{r}\dfrac{\partial}{\partial r}\left(r\dfrac{\partial h}{\partial r}\right) = 0$이므로 이 방정식의 해는, $h = C_1 \ln r + C_2$의 형태로 나타난다.

이론해석은 흐름의 미분방정식의 해를 구하는 것이므로 경계조건이 필요하다. 정상류상태의 흐름경계조건은 보통 다음 4가지 조건으로 나타난다.

- 경계면(AC) : $h = known(h$: 수두)
- 불투수경계면 : $\partial h/\partial n = 0$, 불투수면에 수직한 흐름은 '0'($n$: 경계면에 수직한 단위벡터)
- 통과 유량을 아는 면 : $\partial h/\partial n$=특정 값
- 자유수면 : 실제위치는 알지 못하나 수면에 수직한 흐름이 없고($\partial h/\partial n = 0$), 압력이 대기압 ($z = h$)이라는 두 조건이 성립한다. 자유수면에 대하여 Dupit은 $dh/ds \simeq dh/dx$ 가정을 도입하였다.

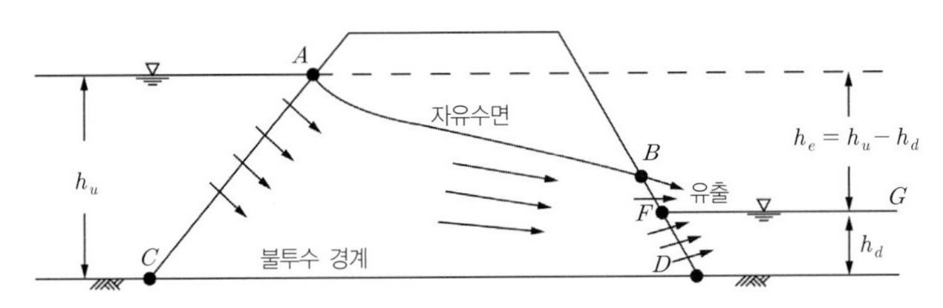

그림 2.59 수리경계조건 예 – 댐체

자유수면에 대한 Dupit의 가정

자유수면을 갖는 비구속류(unconfined flow) 흐름 해석을 위하여 Dupit은 다음의 두 가정을 도입하였다.

- 유선경사의 작은 변화는 수두에 영향을 미치지 않는다. $h(x,y) = h(x)$
- 흐름을 야기하는 수두경사는 수위경사와 같다.

$i_g = \dfrac{dh}{ds}$, $i_{gx} = i_g \cos\theta$, $i_{gy} = i_g \sin\theta$, θ가 충분히 크지 않으면 $i_g = i_{gx}$. 즉, $\dfrac{dh}{ds} = \dfrac{dh}{dx}$.

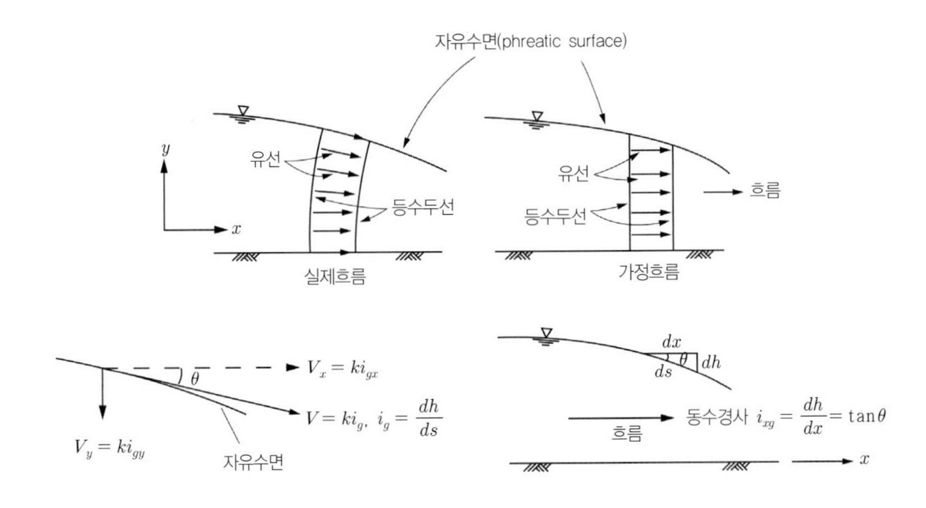

그림 2.60 Dupit의 가정

흐름이 시간에 따라 변화하는 부정류인 경우 앞의 3조건은 동일하나, 네 번째 자유수면조건은 복잡한 시간 의존적 거동을 포함한다. 저류계수(S), $d\epsilon_v = -dh\,S$를 이용하면 연속방정식은 다음과 같이 나타난다.

$$\frac{\partial v_x}{\partial x} + \frac{\partial v_y}{\partial y} + \frac{\partial v_z}{\partial z} = \frac{\partial \epsilon_v}{\partial t} = -S\frac{\partial h}{\partial t} \qquad (2.115)$$

$$k_x\frac{\partial^2 h}{\partial x^2} + k_y\frac{\partial^2 h}{\partial y^2} + k_z\frac{\partial^2 h}{\partial z^2} = \frac{\partial \epsilon_v}{\partial t} = S\frac{\partial h}{\partial t} \qquad (2.116)$$

지배방정식의 유형과 경계조건

실제의 지하수 수리문제는 2차원 또는 방사형흐름에 대하여 여러 경우의 해가 존재한다. 지배방정식의 유형은 투수계수의 변동성과 시간의존성에 따라 표 2.3과 같이 구분될 수 있다.

표 2.3 수리 지배방정식의 유형과 경계조건

수리문제의 유형	투수 계수	시간 의존성	지배방정식	가능한 경계조건(표 2.4)
침투(seepage)				
2차원 수직단면흐름	Var	No	$\frac{\partial}{\partial x}\left(k_x\frac{\partial h}{\partial x}\right)+\frac{\partial}{\partial z}\left(k_z\frac{\partial h}{\partial z}\right)=0$	ⓐ,ⓒ,ⓓ,ⓕ
2차원 수직단면흐름	Cons	No	$\frac{\partial^2 h}{\partial x^2}+\frac{\partial^2 h}{\partial z^2}=0$	ⓐ,ⓒ,ⓓ,ⓕ
3차원 침투문제	Var	No	$\frac{\partial}{\partial x}\left(k_x\frac{\partial h}{\partial x}\right)+\frac{\partial}{\partial y}\left(k_y\frac{\partial h}{\partial y}\right)+\frac{\partial}{\partial z}\left(k_z\frac{\partial h}{\partial z}\right)=0$	ⓐ,ⓒ,ⓓ,ⓕ
3차원 침투문제	Var	Yes	$\frac{\partial}{\partial x}\left(k_x\frac{\partial h}{\partial x}\right)+\frac{\partial}{\partial y}\left(k_y\frac{\partial h}{\partial y}\right)+\frac{\partial}{\partial z}\left(k_z\frac{\partial h}{\partial z}\right)=S\frac{\partial h}{\partial t}$	ⓐ,ⓒ,ⓓ,ⓔ,ⓖ
방사형 흐름	Var	No	$\frac{\partial}{\partial r}\left(k_r\frac{\partial h}{\partial r}\right)+\frac{1}{r}\left(k_r\frac{\partial h}{\partial r}\right)+\frac{\partial}{\partial z}\left(k_z\frac{\partial h}{\partial z}\right)=0$	ⓐ,ⓒ,ⓓ,ⓕ
지하수 흐름				
1차원 흐름	Var	No	$\frac{\partial}{\partial x}\left(T_x\frac{\partial h}{\partial x}\right)=-q(x)$	ⓐ,ⓒ,ⓓ
1차원 흐름	Var	Yes	$\frac{\partial}{\partial x}\left(T_x\frac{\partial h}{\partial x}\right)=S\frac{\partial h}{\partial t}-q(x,t)$	ⓐ,ⓒ,ⓓ,ⓔ
2차원 흐름	Var	Yes	$\frac{\partial}{\partial x}\left(T_x\frac{\partial h}{\partial x}\right)+\frac{\partial}{\partial z}\left(T_z\frac{\partial h}{\partial z}\right)=S\frac{\partial h}{\partial t}-q(x,z,t)$	ⓐ,ⓒ,ⓓ,ⓔ
우물 수리				
수직흐름 무시	Var	Yes	$\frac{\partial}{\partial r}\left(mk_r\frac{\partial s}{\partial r}\right)+\frac{m}{r}\left(k_r\frac{\partial s}{\partial r}\right)=S\frac{\partial s}{\partial t}=q(r,t)$	ⓐ,ⓒ,ⓓ,ⓔ
수직흐름 고려	Var	Yes	$\frac{\partial}{\partial r}\left(k_r\frac{\partial s}{\partial r}\right)+\frac{1}{r}\left(k_r\frac{\partial s}{\partial r}\right)+\frac{\partial}{\partial z}\left(k_z\frac{\partial s}{\partial z}\right)=S\frac{\partial s}{\partial t}$	ⓐ,ⓒ,ⓓ,ⓔ,ⓗ

주) 투수계수: Cons= Isotropic(등방), Var=heterogeneous(이방)
S : 저류계수, $S_c = mS$, 전달률(transmissivities) $T_x = \int_{z_b}^{z_t} k_x dz = m\,k_x$, m은 대수층(acquifer)의 포화두께,
q : 단위저류량(recharge), s: 수위저하(drawdown, $s = H - h$)

수리거동의 관심변수는 유량, 침윤선 그리고 유속이다. 전통적으로 제체수리의 관심사는 침윤선과 유량이며, 이에 대하여 제체 및 우물 수리해가 제시되었다. 그러나 이차원 단면에 대한 흐름거동의 연속해를 얻고자 하는 경우 사상(mapping)을 통한 방법이 사용될 수 있다.

표 2.4 경계조건

경계조건	유형	시간의존성	경계조건
ⓐ	고정 수두($h=const$)	No	$h=f(x,y,z)$
ⓑ	고정 수두($h=const$)	Yes	$h=f(x,y,z,t)$
ⓒ	제로 흐름($q=0$)	No/Yes	$\partial h/\partial n=0$
ⓓ	흐름 앎($q=q_o$)	No	$\partial h/\partial n=f(x,y,z)$
ⓔ	흐름 앎($q=q_o$)	Yes	$\partial h/\partial n=f(x,y,z,t)$
ⓕ	정상상태 자유수면	No	$h=z,\ \partial h/\partial n=0$
ⓖ	부정류상태 자유수면	Yes	초기 자유수면 위치, $H(x,y,z,0)=H(x,y,0)$ 수직변동, $dH=\dfrac{dt}{S}(v_z+v_x\tan\alpha+v_z\tan\beta)$, 여기서 α,β는 각각 x,z 방향의 수면경사
ⓗ	부정류상태 자유수면	Yes	유입량 = 저류(recharge)+$S\dfrac{\partial s}{\partial t}$, s : 수위 저하

2.4.2 우물의 수리거동 해

피압대수층 지반의 우물의 수리(정상흐름)

그림 2.61과 같이 피압대수층을 갖는 지반에 우물을 설치하였을 때 양수량 Q_w과 수위저하관계를 구해보자. 피압대수층 유입량은 양수량과 같으므로, $Q_r=Q_w$.

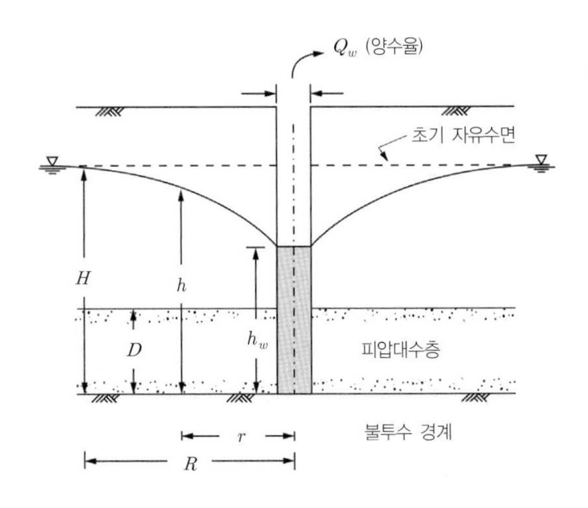

그림 2.61 피압대수층을 포함하는 지반의 우물의 수리

운동방정식, $Q_w = -2\pi r k D \frac{\partial h}{\partial r}$ 을 각각 dr과 dh에 대하여 적분하면, $\frac{Q_w}{2\pi k}\int_{r_w}^{R}\frac{dr}{r} = D\int_{h_w}^{H} dh$

경계조건, $r = r_w \rightarrow h = h_w$; $r = R \rightarrow h = H$ 를 이용하면, 수위와 유량의 관계는 다음과 같다.

$$Q_w = \frac{2\pi k D}{\ln(R/r_w)}(H - h_w) \tag{2.117}$$

피압대수의 관입우물의 수리(비정상흐름)-Theis의 비평형이론

그림 2.62와 같은 피압우물에 대하여, Dupit 가정을 적용하여 운동방정식과 연속방정식을 표현하면

운동방정식, $Q_r = -2\pi r k \frac{dh}{dr}$

연속방정식, $\frac{\partial Q_r}{\partial r} = -2\pi r S \frac{dh}{dt}$

여기서 S는 저류계수. 위 두 식에서 Q_r을 소거하면, $\frac{\partial h}{\partial t} = \frac{kD}{S}\left(\frac{\partial^2 h}{\partial r^2} + \frac{1}{r}\frac{\partial h}{\partial r}\right)$, 또 $\boldsymbol{s = H - h}$라 놓으면,

$$\frac{\partial s}{\partial t} = \frac{kD}{S}\left(\frac{\partial^2 s}{\partial r^2} + \frac{1}{r}\frac{\partial s}{\partial r}\right) \tag{2.118}$$

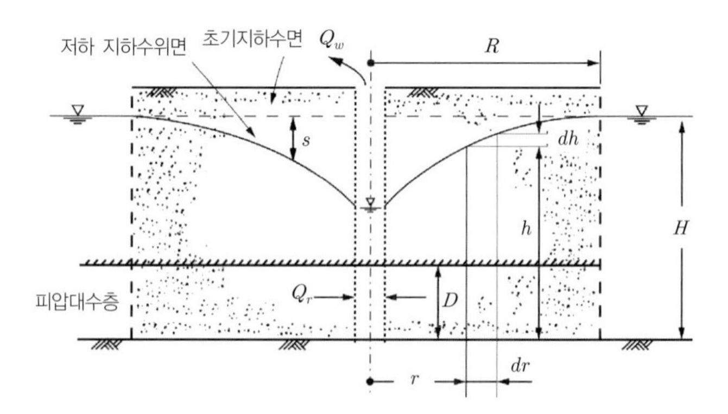

그림 2.62 완전 관입우물의 수리

비정상 경계조건. $t = 0 \rightarrow s = 0$를 가정(수위회복조건); $t = \infty \rightarrow s = 0$; $r = 0\,(t > 0) \rightarrow Q_r = Q_w$이다. 식 (2.118)을 적분한 수위-유량관계는

$$s = \frac{Q_w}{4\pi k D}\int_{\lambda}^{\infty}\frac{e^{-\lambda}}{\lambda}d\lambda = \frac{Q_w}{4\pi k D}W(\lambda) \tag{2.119}$$

여기서 $\lambda = Sr^2/4kDt$이고 $W(\lambda) = -0.5772 + \ln\lambda + \lambda - \frac{\lambda^2}{2 \cdot 2!} + \frac{\lambda^3}{3 \cdot 3!} - \ldots$ 이다.

2.4.3 사각단면 제체의 수리거동의 해

비구속 흐름(unconfined flow)의 사각단면에 대한 수리거동을 유도해보자(그림 2.63). 단위 폭($B=1$) 당 흐름을 q라 하자.

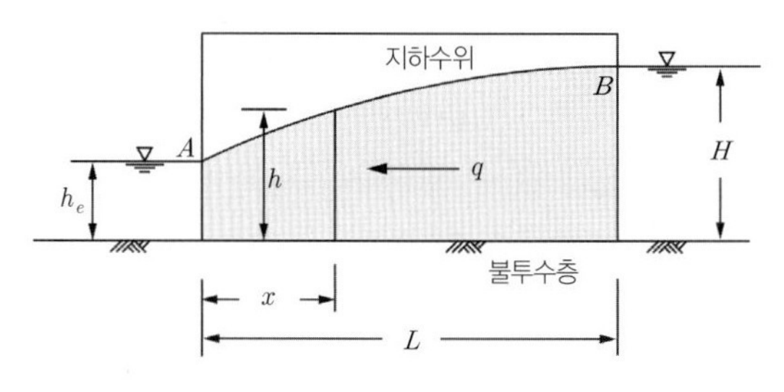

그림 2.63 사각형 제체의 수리

연속방정식, $q_{in} = q_{out}$, $q = vA$

운동방정식(Darcy's law), $v = ki = k\frac{dh}{ds}$

Dupit의 가정을 이용하면 $dh/ds \simeq dh/dx$이므로, 운동방정식은 $q = kiA = k\frac{dh}{dx}h$

$$hdh = \frac{q}{k}dx$$

위 식을 적분하여 경계조건 $x=0,\ h \rightarrow h_e$ 및 $x=L,\ h \rightarrow H$를 적용하면 다음 두 식이 성립한다.

$$h^2 = \frac{2qx}{k} + h_e^2 \tag{2.120}$$

$$q = \frac{k}{2L}(H^2 - h_e^2) \tag{2.121}$$

식 (2.120) 및 식 (2.121)을 조합하여 q를 소거하면 자유수면의 식은 다음과 같다.

$$h^2 = H^2 - \frac{L-x}{L}(H^2 - h_e^2) \tag{2.122}$$

위 식과 연속방정식 및 운동방정식을 이용하여, 유량, 유속을 정의할 수 있다.

NB: 식 (2.122)는 유선과 수두선이 직교한다는 흐름이론에 반한다. 이 오차는 L/H 및 h_e/H 값이 커질수록 심각해진다. 이 조건을 만족하기 위해서는 제체 면을 통한 수직흐름이 있어야 한다. 이를 보정하기 위해 식 (2.122)는 다음과 같이 보정할 수 있다.

$$h^2 = H^2 - \frac{L-x}{L}[H^2 - (h_e^2 - h_s^2)] \tag{2.123}$$

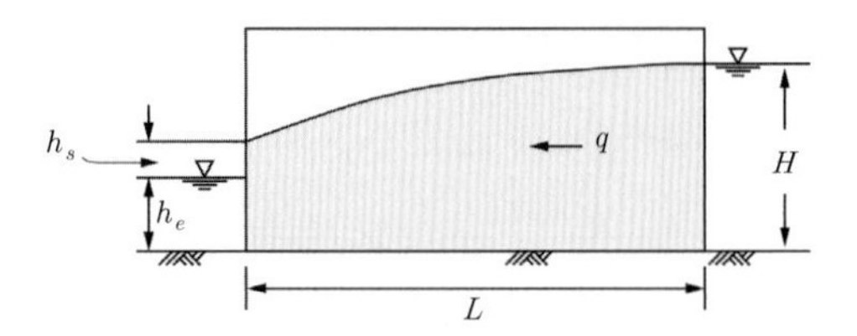

그림 2.64 사각형 제체의 자유수면 보정

예제 그림 2.65와 같은 두께 D인 구속흐름(피압수, artesian))에 대하여, 유선을 수두로 나타내보자.

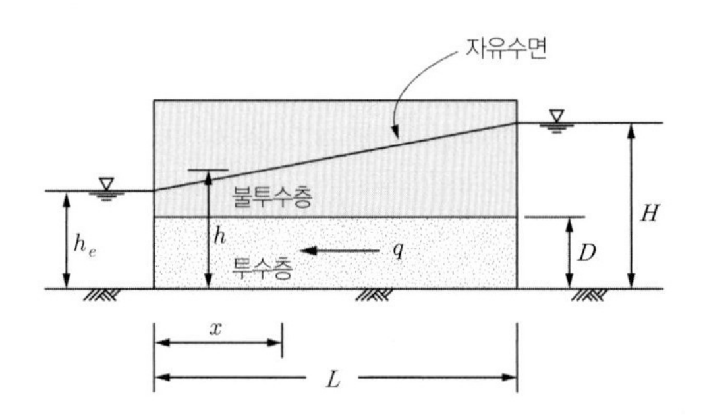

그림 2.65 피압 대수층을 포함하는 사각형 제체의 수리

풀이 운동방정식, $q = kiA = k\frac{dh}{dx}D$을 적분하여 경계조건 $x=0, h \rightarrow h_e$; $x=L, h \rightarrow H$를 대입하면 수두 및 단위유량은 다음과 같이 산정된다.

$$h = \frac{qx}{kD} + h_e$$

$$q = \frac{k}{L}(H - h_e)$$

2.4.4 댐체의 자유수면 수리거동 해

Schaffernak & Iterson의 해($\alpha < 30°$)

제체경사각 α가 충분히 크지 않은 경우($\alpha < 30°$)에는 Dupit 가정을 적용할 수 있다.

Dupit 가정을 적용하면($dh/dx \approx \tan\alpha$) 유출면에서 단위폭 당 유량, $q = k\dfrac{dh}{dx}h = k(a\sin\alpha)(\tan\alpha)$

경계조건 $x = L,\ h = H;\ x = a\cos\alpha,\ h = a\sin\alpha$ 을 이용하여 다음과 같이 a를 정할 수 있다.

$$\int_{a\sin\alpha}^{H} h\,dh = \int_{a\cos\alpha}^{L} (a\sin\alpha)(\tan\alpha)dx$$

$$a = \frac{L}{\cos\alpha} - \sqrt{\frac{L^2}{\cos^2\alpha} - \frac{H^2}{\sin^2\alpha}} \tag{2.124}$$

위 해는 유입부에서 수두선과 유선이 직각으로 만나지 않으므로 보정이 필요하다(Casagrande). 또한 $\alpha > 30°$가 되면 Dupit 가정은 큰 오차를 야기한다.

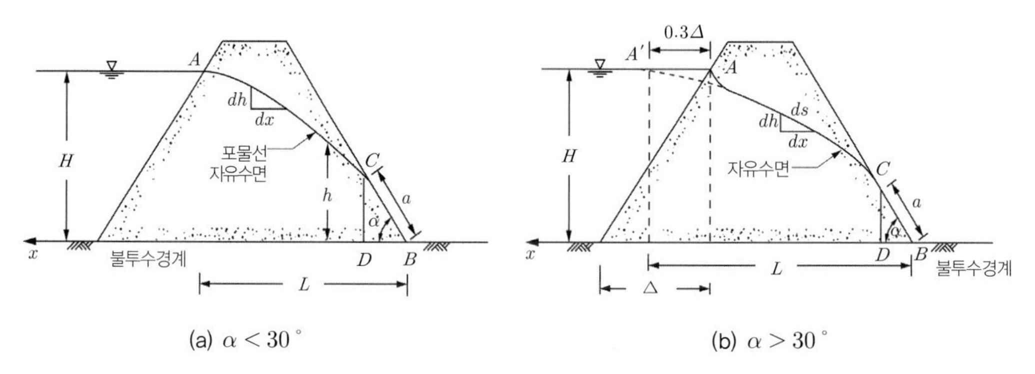

(a) $\alpha < 30°$ (b) $\alpha > 30°$

그림 2.66 사면 경사각에 따른 제체흐름

Casagrande의 해 ($\alpha > 30°$)

이 경우, $dh/ds \approx \sin\alpha$이다. 따라서 유출면의 단위폭 당 유량(운동방정식)은 다음과 같다.

$$q = k\frac{dh}{ds}h = k(a\sin^2\alpha)$$

여기서 **s는 자유수면의 유선방향**이다. 경계조건 $s = a,\ h = a\sin\alpha\ ;\ s = s_o,\ h = H,\ s_o$는 $A'CB$의 길이,

$\int_{a\sin\alpha}^{H} h\,dh = \int_{a}^{s_o}(a\sin^2\alpha)ds$ 이므로,

$$a = s_o - \sqrt{s_o^2 - \frac{H^2}{\sin^2\alpha}} \tag{2.125}$$

위 식은 s_o를 구하여야 하는데, Casagrande는 $\alpha \leq 60^\circ$인 경우, $s_o \simeq \sqrt{H^2+L^2}$를 제안하였다. 약 25%의 편차를 허용하는 경우 $60^\circ \leq \alpha \leq 90^\circ$ 범위에서 위 식을 적용할 수 있다. $90^\circ \leq \alpha \leq 180^\circ$인 경우 유선을 2차 포물선으로 가정한 근사해가 제시되어 있다.

2.4.5 제체 수리거동의 2차원 연속해

2차원 흐름거동의 지배방정식인 Laplace 방정식은 Conformal Mapping의 원리를 이용하여 풀 수 있다. 수두함수 $\phi(x,y)$와 흐름함수 $\psi(x,y)$가 공액조화함수라면 $\phi(x,y) = const$ 및 $\psi(x,y) = const$ 조건은 두 함수의 궤적은 직교한다. 이러한 함수에 대하여 복소 포텐셜, w를 다음과 같이 정의할 수 있다.

$$w = \phi + i\psi \tag{2.126}$$

위 함수는 $z = x + iy$의 해석함수에 해당한다. 따라서 z-공간의 모든 점은 해석함수를 사용하여 w-공간에 사상(mapping)할 수 있다. 변환함수를 $z = w^2$로 정의하면

$$x = \phi^2 - \psi^2 \text{ 및 } y = 2\phi\psi \tag{2.127}$$

$\phi = m,\ \psi = n$으로 일정하다면

$$x = m^2 - \frac{y^2}{4m^2}, \quad x = \frac{y^2}{4n^2} - n^2$$

식 (2.127)의 의미를 도해적으로 표시하면 그림 2.67과 같이 z-공간과 w-공간의 Conformal Mapping을 의미한다.

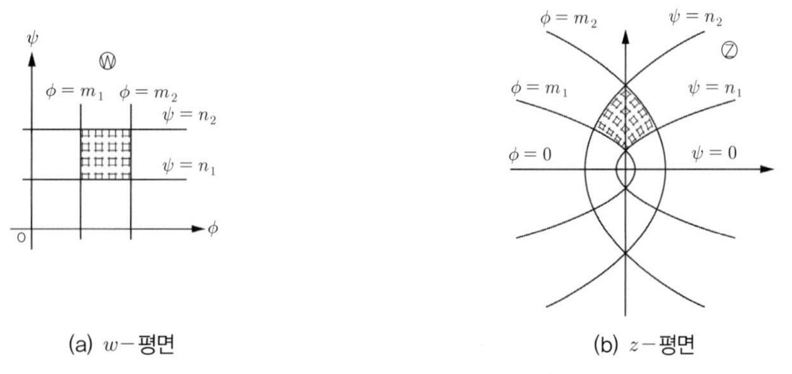

그림 2.67 Conformal mapping($z = w^2$)

댐체의 수리. 그림 2.68 (a)와 같은 댐체의 2차원 흐름을 생각하자. 이 경우 Conformal mapping은 그림 2.68 (b)와 같이 나타낼 수 있다.

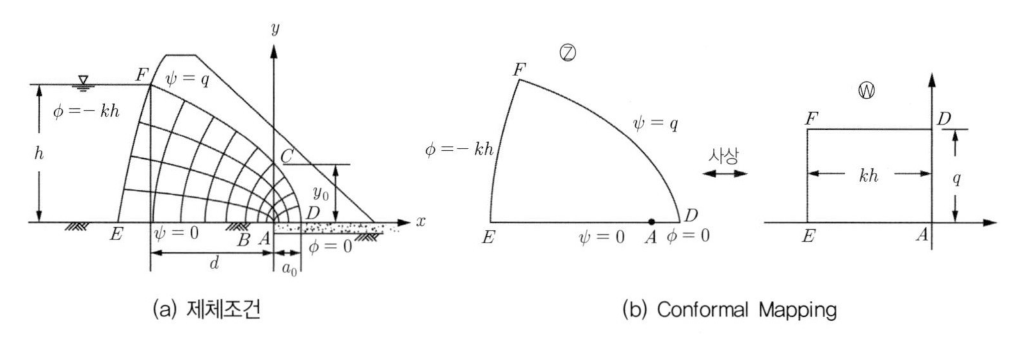

(a) 제체조건 (b) Conformal Mapping

그림 2.68 제체의 수리해석(Kozeny의 해)

변환함수를 $z=Cw^2$로 취하면 변환방정식은, $x=C(\phi^2-\psi^2)$ 및 $y=2C\phi\psi$가 된다.

그림 2.68 (a)의 자유면 FCD에서의 경계조건, $\psi=q, \phi=-kh$를 이용하면, $C=-1/2kq$

$$x=\frac{1}{2}\left(\frac{q}{k}-\frac{ky^2}{q}\right) \tag{2.128}$$

$y=0$에서 $x=a_o$이므로, $a_o=q/2k$ 또 $x=0$에서 $y=y_o$이므로, $y_o=q/k$이다. 따라서 수위곡선은

$$x=\frac{y_o^2-y^2}{2y_o} \tag{2.129}$$

유속은 운동방정식을 이용하며 2차원 평면흐름의 운동방정식은

$$\frac{\partial\phi}{\partial x}=v_x\ ,\quad \frac{\partial\phi}{\partial y}=v_y\ ,\quad \frac{\partial\psi}{\partial x}=-v_y\ ,\quad \frac{\partial\psi}{\partial y}=v_x \tag{2.130}$$

$$v_x=\frac{\partial\phi}{\partial x}=-k\frac{\partial y}{\partial x}$$

식 (2.129)에서 $\frac{\partial y}{\partial x}=-y_o^2\frac{1}{y}$ 이므로,

$$v_x=-k\frac{\partial y}{\partial x}=ky_o^2\frac{1}{y} \tag{2.131}$$

$$v_y = \frac{\partial \phi}{\partial y} = -k$$

2.4.6 터널의 수리 거동해

터널 수리거동의 관심사는 유입량과 수압이다. 터널에 라이닝이 설치되면 수리거동에 영향을 미치게 된다. 우선 터널굴착후의 자유유입량을 살펴보고, 여러 경계조건에 대한 수리거동을 살펴보자.

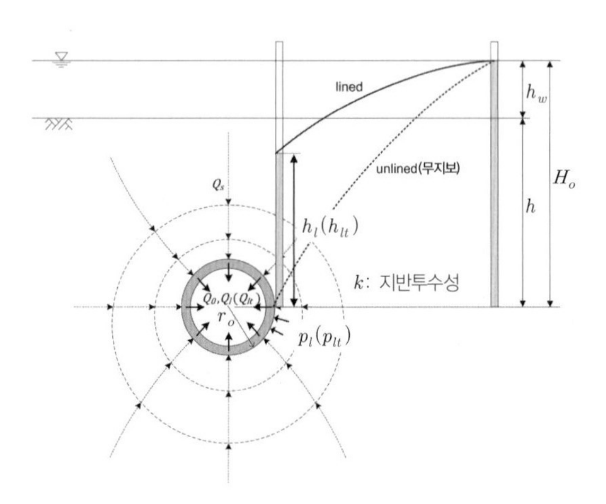

그림 2.69 터널 주변흐름 및 수두분포

터널주변의 층류흐름의 자유유입(Goodman의 해)

터널의 수리거동은 영상법(image method)을 이용하여 풀 수 있다(그림 2.70 참조). 영상법은 축대칭 좌표계를 이용하며, 가상의 공급원(imaginary source)에서의 유출량과 가상의 배수원(imaginary sink)의 유입량이 같다고 가정한다. 흐름의 에너지 수두 (총 수두)가 ϕ라면

$$i = \frac{d\phi}{dr} \tag{2.132}$$

운동방정식에 의해 $v = -ki$, $i = -\frac{1}{k}v$ 이므로, r방향에 대해 다음이 성립한다.

$$\frac{d\phi_r}{dr} = -\frac{1}{k}\left(-\frac{Q_r}{2\pi r}\right) \tag{2.133}$$

식 (2.133)을 적분하여 $r_1 \rightarrow \phi_{r1}, Q_{r1}$ 및 $r_2 \rightarrow \phi_{r2}, Q_{r2}$ 경계조건을 대입하면 다음과 같다.

$$\phi_{r1} = + \frac{Q_{r1}}{2\pi k} \ln r_1 + c_1 \text{ 및 } \phi_{r2} = - \frac{Q_{r2}}{2\pi k} \ln r_2 + c_2$$

해의 중첩원리에 따라, $\phi = \phi_{r1} + \phi_{r2} = \frac{1}{2\pi k}(Q_{r1} \ln r_1 - Q_{r2} \ln r_2) + c_1 + c_2$

여기서 $r_1 = \sqrt{x^2 + (y+h)^2}$, $r_2 = \sqrt{x^2 + (y-h)^2}$ 이므로

$$\phi = \frac{1}{2\pi k}[Q_{r1} \ln \sqrt{x^2 + (y+h)^2} - Q_{r2} \ln \sqrt{x^2 + (y-h)^2}] \tag{2.134}$$

$h \geq r_o$이면 터널 굴착면($x = r_o$, $y = -h$)에서,

$r_1 = \sqrt{x^2 + (y+h)^2} = r_o$ 및 $r_2 = \sqrt{x^2 + (y-h)^2} = \sqrt{r_o^2 + (2h)^2} = \sqrt{4h^2(r_o^2/4h^2 + 1)} \approx 2h$이 된다.

자유유입(유출)조건이라면 $Q_{r1} = Q_{r2} = Q_o$이고, 또, $\phi = -h$, $\phi_o = h_w$, $H_o = h + h_w$이므로 $-h = \frac{1}{2\pi k} \ln \frac{r_o}{2h} Q_o + h_w$ 및 $-H = \frac{1}{2\pi k} \ln \frac{r_o}{2h} Q_o$이 된다. 따라서 **자유유입량** Q_o는 다음과 같이 산정된다.

$$Q_o = - \frac{2\pi k H_o}{\ln \frac{2h}{r_o}} \tag{2.135}$$

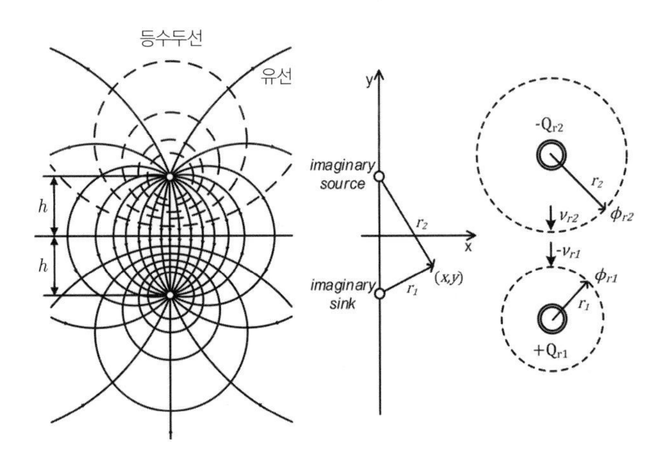

그림 2.70 영상법의 유선과 등수두선

위 식은 주변흐름이 층류인 경우 라이닝이 설치되지 않고 완전배수(fully permeable)가 일어나는 터널의 경우 유입량 식으로서 이를 **Goodman식**이라 한다. 여기서, Q_o : 단위길이당 유입량, k : 지반 투수계수, r_o : 터널 반경, $H_o = h + h_w$, h: 지반침투거리 (수위가 지표 위에 위치하는 경우 구조물 심도), h_w: 구조

물 수심이다.

터널주변의 층류흐름과 $p-Q$ 관계

터널 굴착 후 주변지반보다 투수성이 작은 라이닝을 설치한 경우, 그림 2.71과 같이 구조물 주변으로 흐름제약이 발생하며 이로 인해 구조물 라이닝에 수압이 걸리게 된다. 이때 라이닝 배면에 발생하는 압력수두를 h_l라 하고, 유입량을 Q_l라고 하면 **Goodman 공식은 다음과 같이 변환**된다.

$$Q_l = \frac{2\pi k(H_o - h_l)}{\ln\left(\frac{2h}{r_o}\right)} \tag{2.136}$$

또한 식 (2.135)와 식 (2.136)을 조합하면, 층류에서의 수압-유입량관계를 식 (2.137)과 같이 정의할 수 있다. 이 관계식을 그래프로 도시하면 그림 2.71 (a)와 같이 **층류에 대하여 터널 내 유입량과 라이닝 작용 수압이 선형관계**임을 알 수 있다.

$$\frac{p_l}{p_o} = 1 - \frac{Q_l}{Q_o} \tag{2.137}$$

여기서, $p_l = \gamma_w h_l$, $p_o = \gamma_w H_o$이다.

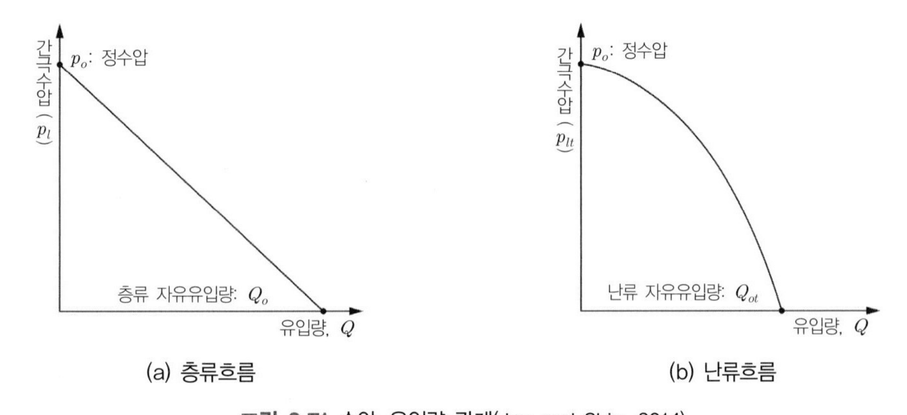

그림 2.71 수압-유입량 관계(Joo and Shin, 2014)

터널주변의 난류흐름과 $p-Q$ 관계

Joo and Shin(2014)은 Forchheimer 공식에 기반하여 난류흐름에 대한 수압-유입량 관계를 유도하였다. 난류흐름에서 에너지경사(동수경사)는 Forchheimer 공식을 이용하면 식 (2.138)과 같이 표기된다.

$$i = \frac{d\phi}{dr} = a\nu + bv^2 \tag{2.138}$$

위 함수를 이용하여 영상법으로 난류에 대한 수압-유량관계를 그림 2.7(b)와 같이 구할 수 있다.

지반을 통한 지하수흐름 형태는 지층의 간극크기, 균열상태 및 공동 등뿐 아니라 동수경사조건에 의해서도 크게 영향을 받는다. 굵은 모래 또는 자갈로 형성된 지반의 경우에는 작은 동수경사조건에서도 난류흐름이 발생하기 쉬우나, 조밀한 모래 또는 간극이 작은 지반의 경우는 동수경사가 높은 조건에서 난류흐름이 나타난다. 따라서, 단일한 물질로 이루어진 지반이라도 동수경사에 따라 층류 및 난류흐름이 동시에 발생할 수 있으며, 동수경사에 따라 흐름의 형태가 변경되는 지반에서의 수압-유입량 관계는 앞에서 설명한 두 경우를 조합하여 구할 수 있다. 구해진 **유량-수압관계는 다음과 같이 2차식**으로 나타난다.

$$\frac{p_{lt}}{p_o} = 1 - \alpha\left(\frac{Q_{lt}}{Q_o}\right) - \beta\left(\frac{Q_{lt}}{Q_o}\right)^2 \tag{2.139}$$

여기서 α, β는 각각 수위와 자유유입량 및 측정유입량으로 정의되는 상수이며, 첨자 't'는 난류(turbulent), 'l'은 라이닝을 고려한 경우를 의미한다.

그림 2.72는 층류 및 난류 흐름의 조합결과를 보인 것이다. 층류에서 난류흐름으로 바뀌는 경계에서의 한계유속을 v_c라고 하고 한계유량을 Q_c라고 하면, 흐름속도 v가 한계유속 v_c보다 작을 경우 수압과 유입량 관계가 선형관계를 보이다가, v_c보다 커지면 포물선형태 곡선으로 바뀌는 형태가 나타날 것으로 보인다.

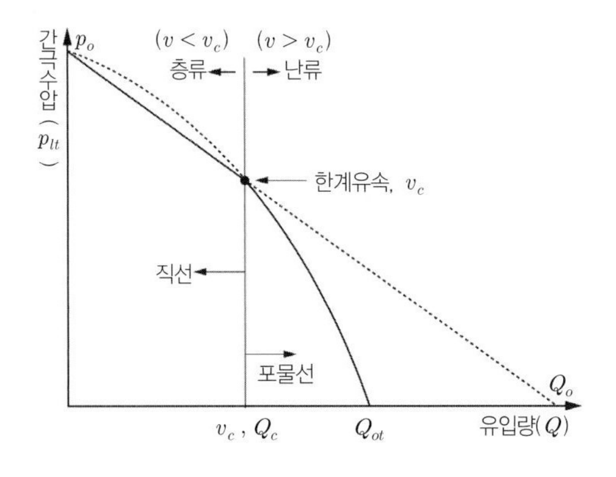

그림 2.72 혼합흐름에서의 수압-유입량관계(Joo and Shin, 2014)

2.5 수리 안정해석

지하수는 지반 속을 흐르면서 에너지를 잃는다. 에너지는 보존되므로 물의 흐름에너지가 지반입자의 에너지로 전환되었을 것이다. 전환된 에너지는 지반입자에 흐름방향의 침투력(seepage force), 즉 마찰견인력(frictional drag force)을 야기한다. 침투력의 증가는 힘의 균형을 무너뜨리고 지반을 불안정하게 한다. 지반 수리불안정 문제는 다음과 같으며, 그림 2.73에 이를 예시하였다. 수리안정문제는 힘의 시스템 평형조건 또는 유효응력 원리로 검토한다.

- 부력(uplift) – 한계평형해석
- 파이핑(piping) – 한계간극비, 크립비, 한계유속
- 내부침식(internal erosion) – 한계유속
- 소류력(scouring)
- 융기(heaving) – 한 평형해석, 유효응력해석
- 액상화(liquefaction) – 지진, 진동(동적 수리불안정 문제)

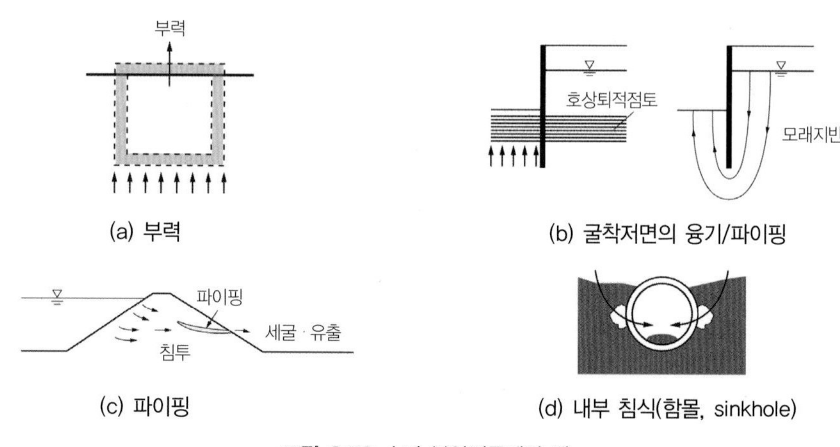

그림 2.73 수리 불안정문제의 예

2.5.1 부력(uplift) 불안정

부력검토는 구조물에 의한 경우와 수압을 받는 불투수 지층의 경우에 대하여 고려하여야 한다.

구조물부력. 먼저 구조물의 부력문제는 한계평형개념으로 검토할 수 있다. 부력에 안정할 조건은 부력(U)이 {구조물 중량(W_{str})+상재하중(W_{soil})+측면마찰력(T)}보다 작아야 한다. 그림 2.74를 참조하여 이를 식으로 나타내면

$$U \leq W_{str} + W_{soil} + T \tag{2.140}$$

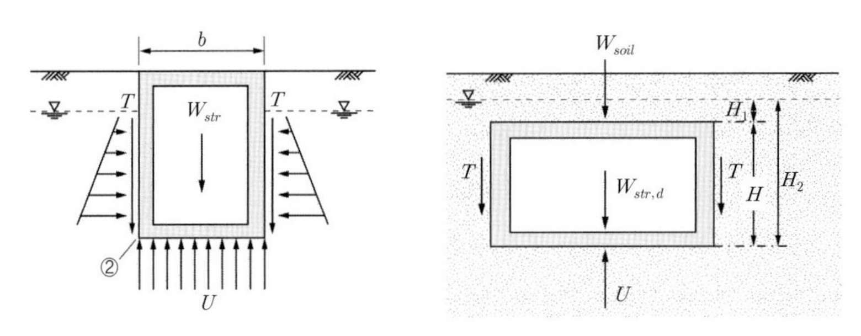

그림 2.74 부력(uplift) 검토조건(U, W_{str}, W_{soil}, T)

NB: 실제설계에서는 코드에서 정하는 하중계수를 적용하여, $U_d = \gamma U_k$, $\gamma > 1.0$ (γ : 하중증가계수)을 적용하고, 저항력도 저항계수를 적용하여 $T_d = \psi \sigma_v{}' \tan\delta_d$($\delta_d$: 벽면마찰력, ψ : 저항감소계수)로 산정한다.

불투수 지층의 수압으로 인한 융기(heaving) 불안정. 그림 2.75와 같이 불투수 굴착저면의 수압으로 인한 융기문제는 부력문제로 다룰 수 있다. 한계평형조건에 따라 상재 중량으로 인한 총 수직응력(σ_v)이 총 수압(u_w)보다 커야 안정이 유지된다. 불투수층의 두께가 d, 불투수층 저면의 수두차가 H_k인 경우 굴착저면 아래 d에서 다음 조건이 성립하여야 한다.

$$u_w \leq \sigma_v \tag{2.141}$$

여기서 $u_w = \gamma_w H_k$, $\sigma_v = \gamma_t d$이다.

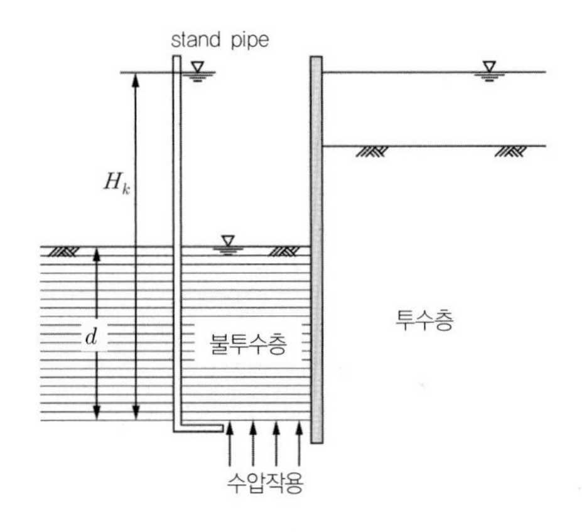

그림 2.75 불투수층으로 인한 부력문제

2.5.2 굴착 저면의 침투 불안정

굴착저면에 불투수층에 위치하는 경우, 부력(uplift)으로 인한 융기파괴가 야기되나, 투수성인 경우는 침투력으로 인한 침투 불안정이 일어날 수 있다. 일반적으로 굴착저면이 **점토층이면 부력문제로 다룰 수 있고, 사질층이면 침투 문제로 다룰 수 있다.** 혼합토 지반의 경우, 침투성이나 작용수압의 크기에 따라 부력문제와 침투력문제가 모두 검토되어야 한다.

침투력 불안정문제는 파이핑문제로 6.5.3절에서 다루는 방법으로 다룰 수 있으나, 굴착저면의 안정과 관련하여 설계코드에서 별도로 다루는 경우가 많으므로 이를 먼저 살펴본다.

굴착저면에서 깊이 z, 면적 A인 요소의 자중은 $z\gamma' A$이다. 반면, 흐름에 의한 상향 작용력(seepage force, S_F, 침투력)은 $S_F = iz\gamma_w A$이다. 요소의 체적이 zA이므로 단위체적당 침투력은 $i\gamma_w$이다. 하향흐름 시 침투력 $S_F = iz\gamma_w A$가 하향으로 작용하며, 상향흐름 시 침투력 $S_F = iz\gamma_w A$가 상향으로 작용한다. 융기는 상향흐름 시 상향침투력이 자중보다 커질 때 발생한다. 즉, $i\gamma_w > \gamma'$ 조건에서 발생한다(이 조건은 식 (2.141)과 동일한 결과를 준다).

전응력 개념의 검토. 수압(u_w) $\leq$ 유효중량(σ_v)이어야 안정하다(굴착저면 융기문제와 동일).

NB: 설계요구조건은 '파이핑 방지조건, $u_{dst,d} \leq \sigma_{stb,d}$' (첨자 dst: destabilizing, stb: stabilizing)으로 규정하고 있다. 여기서 수압 $u_{dst,k} = \gamma_w(d + d_w + \Delta h)$, 유효중량 $\sigma_{std,k} = (\gamma' + \gamma_w)d + \gamma_w d_w$이다. 여기서 첨자 d는 설계치(design value), k는 특성치(characteristic value)를 나타낸다. $u_{dst,d}, \sigma_{stb,d}$는 $u_{dst,k}, \sigma_{stb,k}$에 코드(code)에서 정하는 부분계수를 곱하여 산정한다.

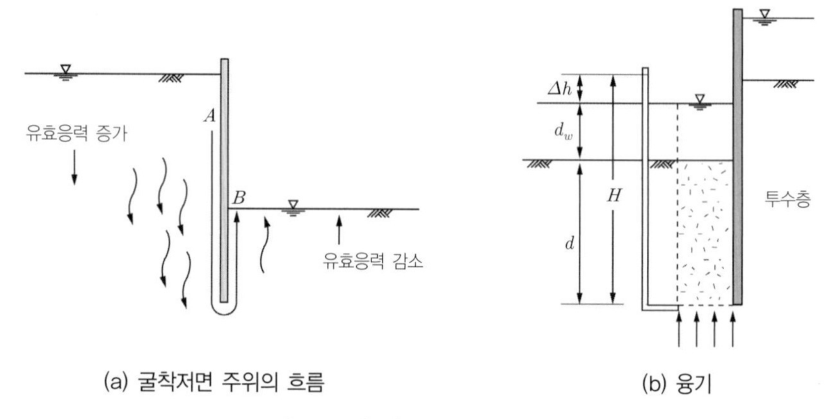

그림 2.76 융기(heaving) 검토조건

유효응력개념의 검토. '유효응력 > 0' 조건을 만족해야 안정하다. 침투수압이 S, 수중중량이 G'인 경우 $\sigma' = (G' - S) > 0$

NB: 설계요구조건은 '설계침투수압($S_{dst,d}$)이 설계 수중 중량($G'_{stb,d}$)보다 작아야 한다'고 규정하고 있다.

$$S_{dst,d} \leq G'_{stb,d}$$

여기서 $S_{dst,k} = \gamma_w \Delta h$, $G'_{std,k} = \gamma' d$

NB: 침투수압(seepage pressure)과 침투력(seepage force)

수두차(Δh)에 γ_w을 곱한 값, $\Delta h \gamma_w$를 침투수압이라 한다. 반면 침투력은 침투압을 유로로 나눈값 ($\Delta h \gamma_w / l = i \gamma_w$)이다. 여기서 i는 요소길이 Δl에 걸쳐 Δh의 수두차가 있었다면, $i = \Delta h / \Delta l$이다. 단위 체적당 침투력은 동수경사에 비례한다.

2.5.3 파이핑 수리 불안정 - 내적불안정

파이핑 메커니즘

모래지반에서 상향흐름이 일어나 침투응력이 모래자중과 같아져 유효응력이 '0'이 되면 모래가 중력을 잃고 마치 부유하는 상태처럼 되는데, 이 상태를 **퀵샌드(quick sand, 流砂)**라 한다. 특히, 동수경사가 한계동수경사보다 커지면 지지력이 없는 상태가 되어 모래가 끓어오르는 현상으로 발전하는데, 이를 **보일링(boiling)현상**이라 한다. 보일링이 시작되면 지표면부터 모래가 유실되고, 유실은 **유로길이를 짧게 하여** 동수경사를 증가시킨다. 증가된 동수경사는 세굴을 가속화하여 동수경사를 급격히 증가시켜 파이프모양의 세굴을 일으키는데, 이를 **파이핑(piping)현상**이라 한다. 파이핑이 구조물 저면을 따라 일어나는 경우, 이를 **루핑(roofing)**이라 한다. 그림 2.77에 이를 예시하였다.

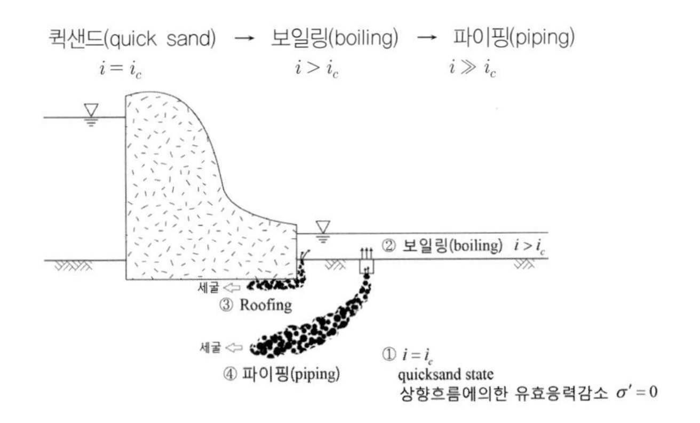

그림 2.77 파이핑 불안정 문제 예(파이핑, 루핑, 액상화)

NB: 액상화(liquefaction, 液狀化)는 역학적으로 유효응력이 '0'인 상태가 되어 모래가 부유하는 퀵샌드와 유사하지만 발생 메커니즘은 다르다. 느슨한 모래지반이 지진하중을 받게 되면, 이때 하중속도가 매우 빨라 진동다짐 때와 같이 다져지는 현상이 일어나면서 미쳐 물은 빠져나가지 못해 간극수압이 크게 증가한다. 마침내 유효응력이 '0'이 되면 액체와 같은 상태가 되면서 지지력을 상실하고, 동수경사가 계속 증가하여 급기야 지표로 분출하기도 하는데, 이를 액상화라고 한다. 차량진동 등에 의해 도로의 노상이 액상화되어, 아스팔트 위로 분출하는 분니(噴泥, floor-up)현상도 액상화의 한 유형이라 할 수 있다. 액상화는 동적 수리안정 문제라 할 수 있다.

한계동수경사(i_c)에 의한 파이핑 검토

물이 흙 속을 통과할 때 감소된 수두(Δh)를 통과한 거리(L)로 나눈 값을 동수경사(hydraulic gradient)라 하며 i : 동수경사, Δh : 감소된 수두, L : 물이 이동한 거리라면 다음과 같이 나타낸다.

$$i = \frac{\Delta h}{L} \tag{2.142}$$

동수경사가 야기하는 침투압력은 $iz\gamma_w$ 이다. 하향흐름은 유효응력을 증가시켜($+iz\gamma_w$) 지반의 추가 침하를 야기할 수 있는 반면, 상향흐름은 유효응력을 감소시켜($-iz\gamma_w$) 지반을 부유상태로 만들 수 있다. 상향흐름의 경우 유효응력은 다음과 같이 표현된다.

$$\sigma' = z\gamma' - iz\gamma_w = 0$$

위 식으로 유효응력이 '0'이 되는 동수경사를 구할 수 있는데, 이를 한계동수경사라 한다.

$$i_{cr} = \frac{\gamma'}{\gamma_w} \text{ 이며, } \gamma' = \frac{(G_s - 1)\gamma_w}{1+e} \text{ 이므로}$$

$$i_{cr} = \frac{\gamma'}{\gamma_w} = \frac{G_s - 1}{1+e} = (1-n)(G_s - 1) \tag{2.143}$$

여기서, i_{cr} : 한계동수경사(critical hydraulic gradient), γ' : 흙의 수중단위중량, e : 흙의 간극비, n : 흙의 간극률 이다. 일례로 G_s=2.68인 모래의 간극비 범위가 0.5~1.0이면 한계동수경사는 1.12~0.84이다. **일반적으로 흙의 한계동수경사는 0.85 ~1.1 범위에 있다**. 한계동수경사를 이용하여 파이핑에 대한 안전율(F_s)을 다음과 같이 표현할 수 있다.

$$F_s = \frac{i_{cr}}{i} \tag{2.144}$$

NB: 동수경사가 한계동수경사 이상이 되면 흙의 유효응력이 '0'이 되어 보일링이나 파이핑과 같은 현상이 발생한다. 위 식은 흙의 자중과 연직방향의 침투력이 평형이 된다는 가정하에 유도된 것이며, 재료의 입경 및 입도분포, 입자 상호 간의 마찰력과 점착력, 간극률과 투수계수 등이 고려되지 않았다. 실제문제에서 한계동수경사보다 작은 동수경사에서 파이핑이 일어나는 경우가 흔히 보고되고 있다. 이는 지반이 균질하지 않아 국부적으로 가장 취약한 지점에서부터 보일링이 시작되기 때문이다.

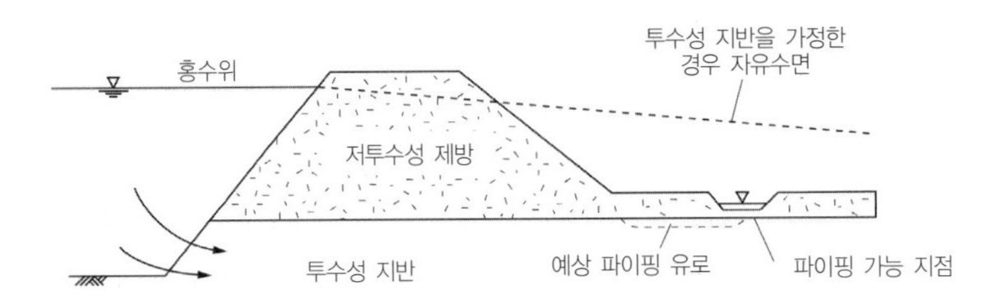

그림 2.78 파이핑 안정

예제 사람이 유사(quick sand)에 빠지면 헤어나지 못한다는 속설이 있다. 이의 사실여부를 증명해보자.

풀이 인체는 70%의 물과 30%의 '단백질 + 지방'으로 이루어져 있는데 물을 제외한 30%가 물보다 밀도가 낮아 인체의 밀도는 물의 밀도보다 약간 작다. 성인 남성의 평균 밀도는 약 0.96g/cm^{3}이다(즉, 비중이 1보다 작다). 몸무게가 70kg이고, $V=M/\rho$이므로, $V=7291.6\text{cm}^3$이다. 같은 부피의 몸무게는 72.916kg이므로 성인남성은 물보다 가볍다. 따라서 사람이 퀵샌드 상태에서 움직이지 않고 가만히 있다면 뜨게 될 것이므로 헤어나지 못한다는 속설은 맞지 않다. 하지만, 무거운 머리 쪽이 늪에 잠기면서 물에 빠져 숨을 쉴 수 없다든가, 빠져나오려고 움직이면 동적영향으로 인해 중량가중효과가 발생하여 단위중량이 물보다 커질 수 있다. 따라서 헤어나려고 움직일수록 더 깊게 빠져들 수 있다. 이 경우 헤어나기 어렵다는 속설은 사실인 것이다.

한계유속(v_c)에 의한 파이핑 검토

흐름이 연직방향으로 일어나지 않는 경우, 수직 흐름을 가정한 한계동수경사식은 적용에 한계가 있다. 이에 따라 **파이핑에 대한 보다 보편적인 개념으로서 유속을 통해 입자의 이동을 고려하는 개념이 제안되었다**.

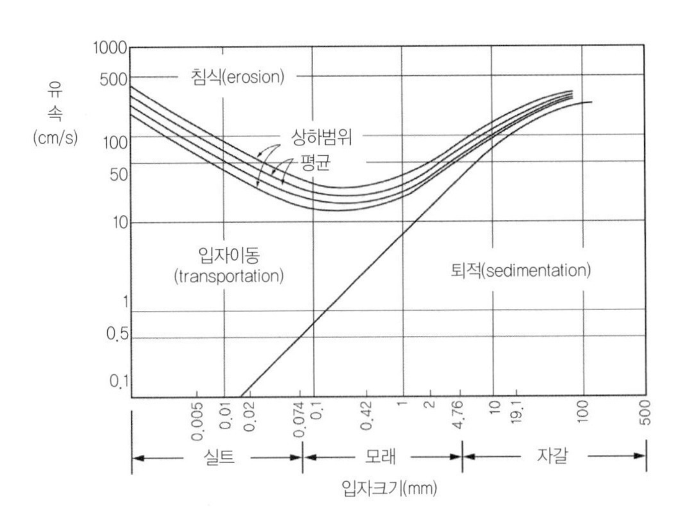

그림 2.79 유속과 입자이동: 입자이동-유속-입경 관계(after Hjulström, 1935)

그림 2.79는 유속과 입경의 관계를 보인 것이다. 입자가 작은 경우 점착력으로 인해 침식을 야기하는 유속이 증가한다(이동은 입자의 들고 남이 큰 차이가 없어 지면변화가 거의 일정한 상태를 말하며, 침식은 입자의 손실이 일어나 지표면의 저하가 발생함을 의미한다). 또 입자의 크기가 커져 중량이 증가하면 유속이 증가하여야 침식이 일어난다.

지반 내 지하수의 침투유속(seepage velocity)이 커지게 되면 흙 입자가 이동하여 파이핑 현상이 발생하게 되는데, 파이핑 현상이 발생되기 시작할 때의 침투유속을 한계유속(critical seepage velocity)이라 한다. 한계유속은 Justin(1923)에 의해 처음으로 제안되었다. Justin이 제안한 한계유속은 다음과 같다.

$$v_c = \sqrt{\frac{Wg}{Ar_w}} = \sqrt{\frac{2}{3}(G_s - 1)dg} \tag{2.145}$$

여기서 v_c : 한계유속, W : 입자중량, A : 유수방향 투영단면적, G_s : 토립자 비중, g : 중력가속도, d : 토립자의 입경이다.

한계유속은 여러 크기의 토립자가 혼합된 지반에서 입경의 기준을 정하기가 어렵다. Justin이 제안한 식은 여러 연구자들이 실험을 통해 검증한 결과, 실제보다 과대평가된 것으로 알려져 있다(우리나라 댐 설계기준(2005)에서는 실제 침투유속이 한계유속의 1/100 이하가 되도록 제시하고 있다). 그림 2.80은 입경과 한계유속의 관계를 보인 것이다. **대수(logarithmic) 입경-한계유속 관계는 직선으로 나타난다.** 즉, **한계유속은 입경의 크기가 증가하면 지수적으로 증가한다.**

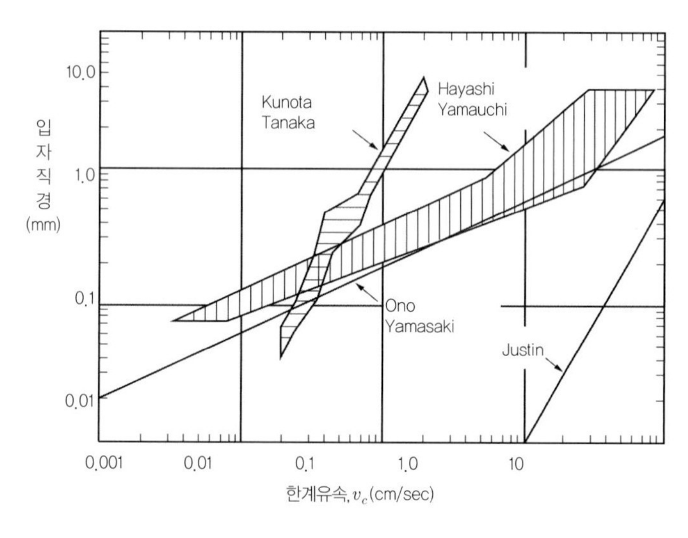

그림 2.80 입경과 한계유속의 관계

한계유속과 소류력

소류력(掃流力, scouring force)은 수문학에서 하상의 안정검토에 사용하는 개념으로 입자에 작용하는 흐름방향의 전단력을 말한다. 소류력이 입자의 바닥 마찰력보다 크면 입자는 유실된다(이동한다). 토사가 움직일 때의 소류력을 한계 소류력이라 하며, 이때의 유속이 수리불안정을 야기하는 한계유속과 관련된다.

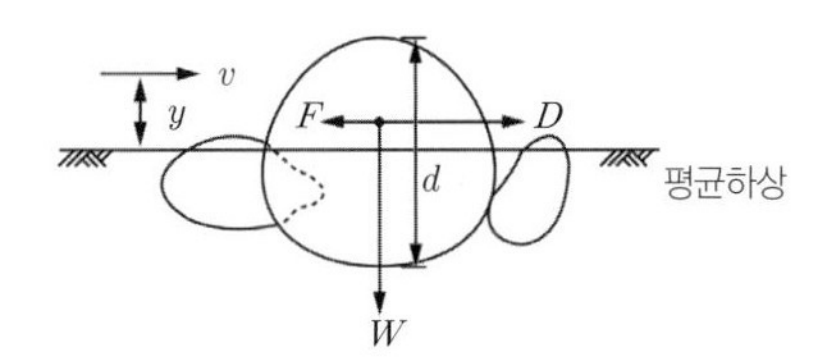

그림 2.81 흐름상태의 입자에 작용하는 힘(D: 소류력, F: 저항력(마찰력), W: 입자중량, d: 입자직경)

입자높이, 단면, 체적을 직경의 비율로 표시하면, $A=\alpha_1 d^2$, $y=\alpha_2 d$, $V=\alpha_3 d^3$

동수압 $p=\rho_w v^2/2$라면(층류흐름), 소류력은 $D \propto A \cdot p$이다. $D=f(A,p)$이므로 소류력 계수 C_D를 도입하여

$$D=C_D \alpha_1 d^2 \frac{\rho_w v^2}{2}$$

마찰저항은 '유효중량 × 마찰계수'이므로, $F=\mu(\rho_s-\rho_w)g\alpha_3 d^3$

한계상태에서 유속이 v_c라면, 이때 '소류력=저항력'이므로, $C_D \alpha_1 d^2 \frac{\rho_w v_c^2}{2} \equiv \mu(\rho_s-\rho_w)g\alpha_3 d^3$

위 식을 정리하면, 식 (2.145)의 Justin 식과 유사해진다.

$$v_c=\sqrt{\frac{2g\mu(\rho_s-\rho_w)\alpha_3}{\alpha_1 \rho_w C_D}d}=\sqrt{\frac{2(G_s-1)\mu\alpha_3}{\alpha_1 \cdot C_D}d \cdot g} \qquad (2.146)$$

위 식을 살펴보면, $v_c=f(d,\mu,\rho_s)$로서 한계유속은 토립자 입경과 밀도, 마찰계수의 함수이며, 입경의 제곱근에 비례한다.

루핑(roofing)과 크립비(creep ratio)

루핑(roofing)은 파이핑이 구조물 저면을 따라 일어나는 경우를 말한다. 그림 2.82와 같이 입자체보다 구조물과 입자 간 접촉면의 투수성이 크므로 파이핑이 이 접촉면(A-B-C)을 따라 발생하기 쉽다. 제방의 붕괴가 구조물 주변에서 시작되는 이유가 이 때문이다. 제방 상에 설치되는 구조물주변의 수리 안정검토가 중요하다.

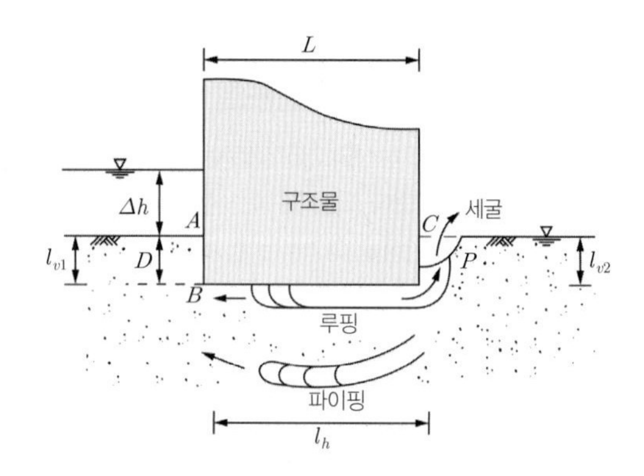

그림 2.82 파이핑(piping)과 루핑(roofing)

Lane(1935)은 수두차와 침투거리를 변수로 하는 가중 크리프비(weighted creep ratio)를 이용하여 루핑(roofing)에 대한 안전을 검토하는 경험적인 방법을 제안하였다. 가중 크리프비(CR)의 정의는 다음과 같다(그림 2.82).

$$CR = \frac{l_w}{h_1 - h_2} = \frac{\frac{l_h}{3} + \sum l_v}{h_1 - h_2} = \frac{\frac{l_h}{3} + \sum l_v}{\Delta h} \tag{2.147}$$

여기서 l_w : 유선이 구조물 아래 지반을 흐르는 최소거리, l_h : 구조물의 폭, l_v : 구조물이 투수층과 접촉하는 길이, h_1 : 상류면의 수두, h_2 : 하류면의 수두이다.

크리프비(creep ratio)는 흙 기초 지반 위에 축조된 280개의 석조 댐 중에서 파이핑 파괴가 발생한 150개 댐을 분석하여 얻어진 것이다. 구조물에 따른 최소침투거리가 수두차와 일정비율 이상이어야 Roofing에 안전하다. 일정비율은 안전율로서 코드의 규정에 따른다. 계산한 크리프비가 안전율 값보다 크면 파이핑에 대하여 안전하다. Lane은 세립모래 $CR > 8.5$, 조립모래 $CR > 5.0$을 제시하였다.

2.5.4 내부침식(internal erosion)과 지하침식

침투력은 흐름 마찰 견인력으로서 지반의 평형상태를 깨뜨려 붕괴에 이르게 할 수 있다. 이 중 지반과 구조물 경계에서 발생하는 붕괴현상을 내부침식이라 한다. 내부침식의 비근한 예로 그림 2.83과 같이 널말뚝 안팎의 수두차로 인한 흐름이 시공 중 초래된 작은 틈에 집중되어 유출수가 발생하는 경우를 들 수 있다. 이때 침투력이 토사를 유출시키고 **내부공동**(internal cavity)으로 진전되어, **공동의 함몰**(sinkhole)로 이어지는 지반 붕괴사고가 야기될 수 있다. 내부 침식 문제는 간극을 자유로이 이동하는 세립자에서 시작되므로 한계유속을 이용하여 검토할 수 있다. 즉, 침투해석을 실시하여 유속을 파악하고, 구성재료의 입경분석을 통해 한계유속을 얻어 비교함으로써 내부 침식여부를 판단할 수 있다. **도심지에**

서 싱크홀이 생기는 대표적인 이유는 하수관거의 균열부를 통한 우수 및 지하수의 유입 시 입자세굴로 인한 주변지반 공동화와 지중 구조물 시공 후 주변 뒤채움토의 장기 침하로 인한 영향을 들 수 있다(석회암 용해로인한 자연 공동 및 싱크홀은 제1권 4.1.1 참조).

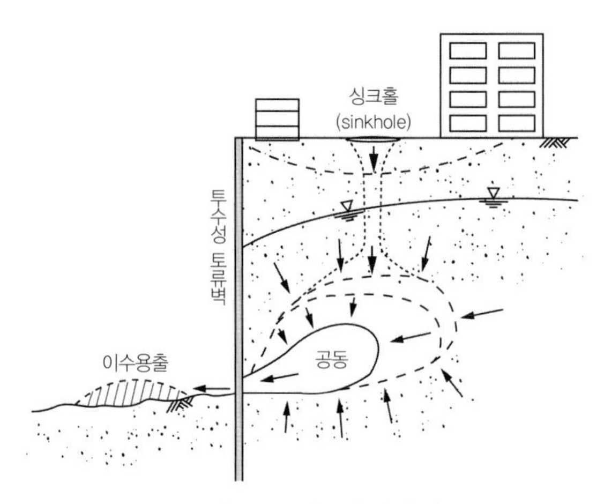

그림 2.83 내부 침식의 예

내부침식은 흐름이 세립토 지반에서 조립토 지반으로 발생하는 경우도 일어날 수 있다. 그림 2.84와 같이 지하수의 침투력이 세립토를 조립토의 공극으로 이동시킬 수 있다. 이런 현상을 '지하침식'이라 하며, 세립토 지반에 공동을 형성시켜 지표로 전파하여 싱크홀(함몰지)에 이르는 지반붕괴를 야기할 수 있다. 지하침식은 세립토와 조립토 간 입경의 상대적 크기, 동수구배가 지배한다. 사력댐의 건설 시 전이층(transition zone)을 두는 이유는 지하침식을 방지하기 위함이다.

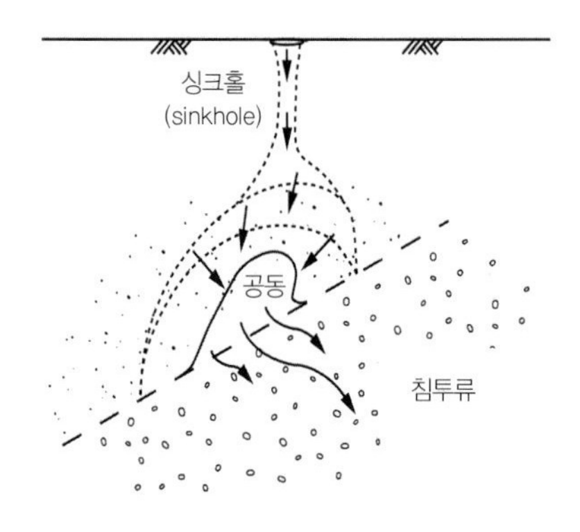

그림 2.84 지하수흐름과 지하침식

2.5.5 침수침하

인공으로 조성된 지반이 불포화된 경우 흡입력(suction) 등에 의해 겉보기 점착력으로 안정이 유지되다가 지하수위가 상승하여 포화가 되면 흡입력이 소멸되면서 강도가 저하하고, 이로 인해 세립토가 조립토 속으로 이동하면서 지반의 체적감소와 침하를 야기할 수 있는데, 이를 **침수침하(wetting settlement)**라 한다.

사력댐의 경우 담수 시 물에 잠기는 제체에서 침하가 일어나는데, 이때 점착력의 손실과 함께 입자에 부력이 작용하여 자중이 감소하는 영향을 나타낸다.

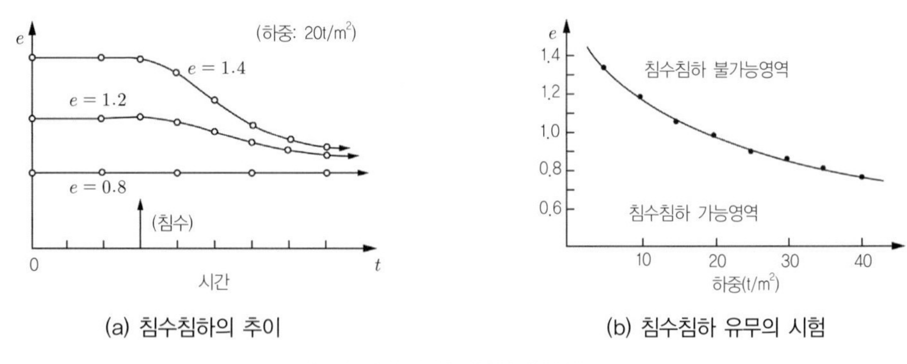

(a) 침수침하의 추이 (b) 침수침하 유무의 시험

그림 2.85 침수침하의 발생특성

그림 2.85는 실험을 통해 간극비에 따른 침수침하 추이를 보인 것이다. 어떤 하중상태에서 어떤 간극비 이상이면 침수 시 간극비 감소(침하)를 보이는데, 그림 2.85 (a)은 하중이 20t/m^{2}일 경우 간극비 $e=1.0$에서 침수침하거동을 보인 예이다. 하중을 달리하여 시험하면 그림 2.85 (b)와 같은 간극비-하중 간 침수침하특성곡선을 얻을 수 있다. 일단 이 곡선이 얻어지면, **해당 흙의 간극비 및 하중상태로 침수침하 가능성을 파악할 수 있다**.

예제 여러 가지 수리 불안정 상황과 검토방법을 살펴보았다. 수리적으로 불안정한 경우 어떠한 지반공학적 대책이 가능할지 살펴보자.

풀이 수리불안정에 대한 대책으로 흔히 사용되는 일반적 대책에는 다음과 같은 것이 있다.

① 파이핑 대책

- 유출지반 상부에 충분한 성토로 침투거리를 늘리거나, 수위차를 줄임
- 입자 간 결합력을 증가(그라우팅)시켜 파이핑 저항력을 높임
- 침투길이(유로)연장-스크린 또는 성토 범의 설치
- 동수경사를 줄이거나 저항성이 높아지도록 단면 조정

- 침투 제어
- 보호 필터 : 입자유실 방지, 보일링, 파이핑 방지
- 분산성 점토사용을 배제
- 수압저감 우물설치(relief well)

② 내부침식(입자유실): 보호필터 설치, 흐름방향 제어, 입도분포 조절, 지층구성 조정
③ 융기대책: 유기토체 하부의 수압 저감, 저항하중의 증가(berm)
④ 부력대책: 구조물 중량 증가, 배수를 통한 수압 저감, 부력저항 인장앵커 설치

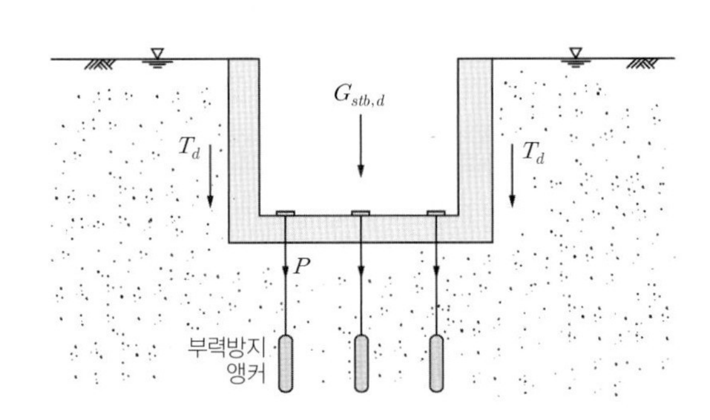

그림 2.86 부력방지 인장앵커

2.6 지반 이론해석법의 활용

이론해석법은 매질, 하중, 경계조건이 단순한 경우에만 적용이 가능하다. 지배방정식은 통상 이상적인 조건을 가정하여 유도되므로 실제문제에서 이론해석을 적용하는 경우는 제한된다. 하지만 **이론해석법은 공학문제에 대한 직관을 제공하거나 다른 설계해석법의 타당성을 검증(validation)하는 도구로써 매우 유용하다**.

따라서 연속해는 다음 두 가지 이유로 중요한 의미를 갖는다. 첫째, 해를 통해 **문제의 본질을 파악**할 수 있으며, 거동의 지배요인들을 확인할 수 있다. 둘째, 연속해(closed-form solution)를 이용하여 다른 해법의 **정확성을 검증**할 수 있다.

특히, 단순해법은 이론적 요구조건을 모두 만족하지 못하므로 비교적 정확도는 떨어지나 적용이 간편하고, 해석의 경제성 측면에서도 선호되며, 분명한 물리적 이해를 제공하는 장점이 있다. 또한 유한요소법과 같이 검증이 용이치 않은 해법의 평가수단으로도 활용될 수 있다. 무엇보다도 오랜 실무적용을 통해 나름의 신뢰성이 확보되어 있다.

이론해석은 모형시험에도 매우 중요하다. 모형시험의 상사법칙은 지배방정식이나 추론함수에 의하여 얻어질 수 있다. 어떤 모형의 시스템에 대하여 거동은 지배하는 요인들을 충분히 포함한 이론해가 있다면

이는 모형시험의 상사성 검토를 위한 추론함수 유도에 매우 유용할 것이다(4장 지반 모형시험법 참조).

수치해석 프로그램을 새로 개발하거나 확장한 경우 이의 타당성을 이론해와 비교함으로써 검증할 수 있다. 대부분의 상업용 프로그램의 경우 이론해를 이용한 검증보고서가 나와 있다. 이 경우 단지 모델링뿐 아니라 정확성 확보를 위한 메쉬의 밀도 등에 정보도 얻을 수 있다(3장 지반 수치해석법 참조).

이 밖에도 여러 경험적인 시험법을 이론해석법으로 분석하려는 시도가 많았다. 또 실제로 그러한 접근을 통해 지반 거동을 더 잘 이해할 수 있게 되었다. 일례로 **콘 관입시험은 전적으로 경험적 시험법으로 출발하였지만, 공동확장 이론을 이용하여 시험원리를 이해할 수 있다.**

콘관입시험(CPT-cone penetration test)의 이론적 이해

CPT는 각도 60도, 단면적 10cm^{2}의 원추형 콘과 주면면적 150cm^{2}의 마찰 슬리브(sleeve)를 2cm/sec의 속도로 관입할 때 원추선단의 선단저항, q_c와 슬리브 마찰저항, f_s를 구하는 원위치 시험이다. CPT 시험은 콘(cone)이 지반에 연속적으로 관입하여 압축파괴를 일으키는 과정이므로 연속체 역학의 탄소성이론으로 다루기 어렵다. CPT 시험의 역학적 원리를 규명하기 위한 다양한 시도가 있었으나 그중 공동확장이론이 비교적 설득력을 얻고 있다.

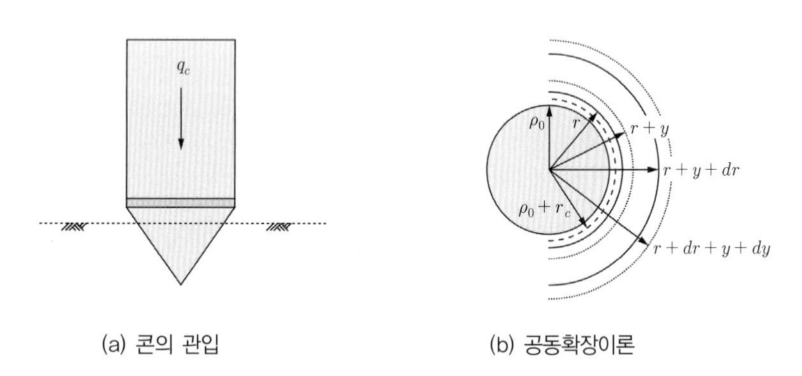

그림 2.87 공동확장이론에 의한 콘관입시험의 이해

공동확장이론은 그림 2.87과 같이 지중에 형성되는 공동 주변의 요소에 전단응력이 존재하지 않는다고 가정하면 다음의 수평방향의 평형방정식을 얻을 수 있다.

$$\frac{\partial \sigma_r}{\partial r} + A\frac{\sigma_r - \sigma_\theta}{r} = 0$$

여기서 r은 콘 중심으로부터 거리, 공동이 구(球)인 경우 $A=2$, 원통인 경우 $A=1$이다. 특정 기준 심도에서 원추형콘의 관입을 공동확장개념으로 이해할 수 있기 때문에 이러한 유추가 가능하다. CPT 시험으로 변형이나 간극수압을 측정하여, 이를 공동확장이론(cavity expansion theory)에 적용하여 관련물성을 구할 수 있다. 다만 콘의 관입은 지반의 연속적 파괴거동이므로 최초공동이 '0'에서 콘이 반경 r까지 확장되는 경우에 해당한다.

이론해석법의 완전성, 그리고 수치해석의 적용범위 확장성을 결합하는 새로운 시도도 가능하다. 실제로 적용된 이론해와 수치해의 조합해법의 예를 Box에 수록하였다. 이 예는 터널주변에 계측기가 설치되지 않은 경우 이론방법으로 구한 자유유입량과 측정 터널유입량을 토대로 수치해석 파라미터 스터디로 얻은 유량-수압($p-Q$)관계곡선으로부터 터널에 작용하는 수압을 예측하는 기법이다.

이러한 해법의 조합 적용의 확대는 향후 복잡한 지반문제를 해결하는 하나의 트렌드가 될 수도 있다. 터널굴착으로 인한 손상평가 기법도 수치해와 이론해를 조합한 예가 있다(Potts et.al, 2001).

이론 및 수치해석적 조합 접근법(theoretical and numerical methods)

계측기가 설치되지 않은 터널라이닝에 작용하는 수압은 얼마나 될까? 측정을 해보면 알 수 있겠지만 이를 위해서는 설치된 방수막을 파손하는 문제가 발생한다. Shin(2009)은 이 문제에 대하여 터널과 지반정보를 이용하여 간단하게 수압을 평가하는 방법을 제안하였다. 수치해석법을 이용하면 제1권 4장 그림 4.161 및 제2권 그림 3.145에 보인 지반과 터널 라이닝의 상대투수성에 대한 수압변화의 대표(특성)곡선을 얻을 수 있다(구체적인 내용은 3장 수치해석 참조).

만일, 라이닝과 지반의 상대투수성을 알 수 있다면 제1권 4장 그림 4.161 및 제2권 그림 3.145의 특성곡선을 이용하여 작용수압을 파악할 수 있다. 즉, 이장에서 다룬 터널 수리이론에 의거 자유 유입량을 계산하고 터널내부로 유입되는 유입량 측정치를 이용하면, 자유 유입량이 측정유량으로 제한되는 상황에 상응하는 지반과 라이닝의 상대투수성을 산정할 수 있다. 그림 2.88에 이 절차를 수록하였다.

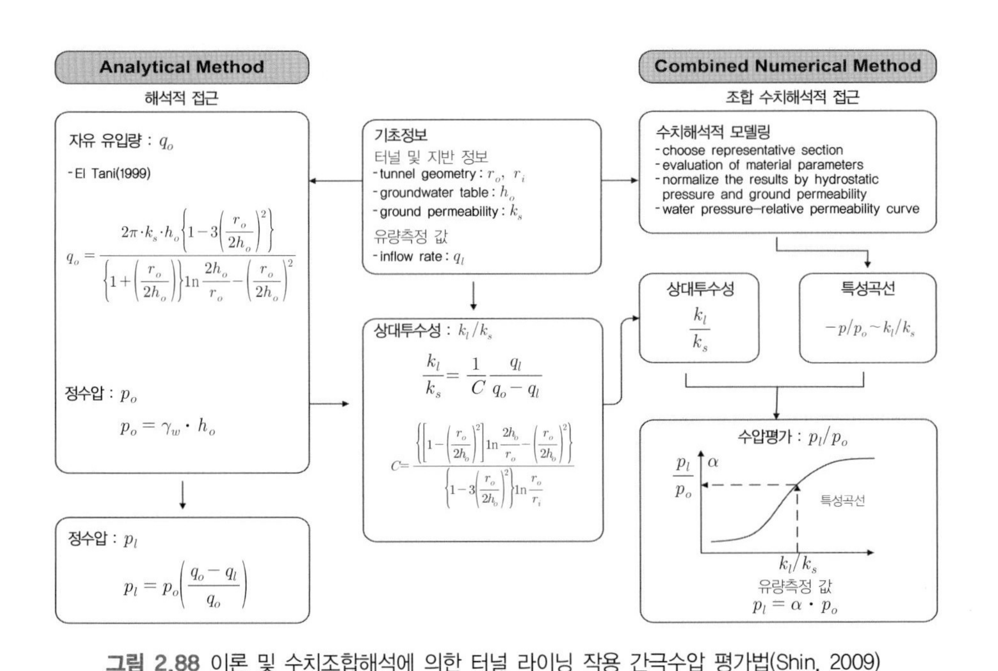

그림 2.88 이론 및 수치조합해석에 의한 터널 라이닝 작용 간극수압 평가법(Shin, 2009)

Chapter 03

지반 수치해석법

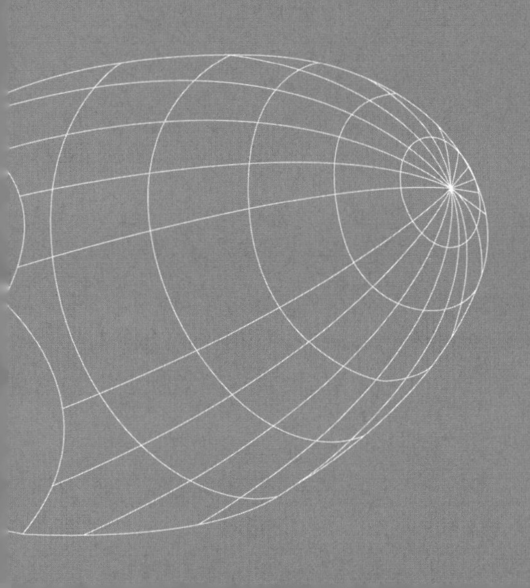

지반 수치해석법

수치해석법은 지반문제를 해결하는 데 있어서 양적으로나 질적으로 점점 더 중요한 부분이 되어가고 있다. 수치해석법의 급격한 확산은 지반해석과 설계방식에 상당한 변화를 가져왔다. 현재 수치해석법의 정교함은 부지 지반특성을 결정(조사)하는 정교함을 훨씬 추월해 있는 것으로 평가되고 있다.

수치해석에 필요한 기본소양은 공업수학부터 탄소성론과 비선형해석에 이르기까지 매우 포괄적이고 다양한 분야를 포함하고 있어, 이를 지반공학과정에 수용(customizing)하기가 용이하지 않다.

수치해석의 광범위한 활용에 비해 이에 대한 교과과정이나 학습기회는 상대적으로 많지 않다. 컴퓨터프로그램의 특성상 수치해석적 지식이 없는 사용자라도 쉽게 결과를 얻을 수 있다. 따라서 **전문가적 지식이 없는 경우 포스트 프로세싱기술을 이용하여, 보고서만 화려하게 꾸미는 오류와 함정에 빠질 우려가 매우 크다**. 이러한 문제들을 지양하기 위하여 보다 체계적인 학습이 필요하다. 이 장은 이러한 인식에 기초하여 지반전문가가 이해하고 있어야 할 수학적 지식과 지반공학적 지식을 수치해석적으로 구현하는 과정을 다루고자 한다. 특히, 유한요소법은 수치해석법 중 활용도가 가장 높으므로 이를 중심으로 살펴보고자 한다. 간단한 연습을 통해 실무적 기반을 제공하며, 나아가 컴퓨터프로그램의 올바른 활용, 그리고 한계와 이용 상의 유의사항에 대하여도 살펴본다. 이 장에서 다룰 주요 내용은 다음과 같다.

- 지반수치해석의 의의
- 강성과 직접강성도법(매트릭스해석)
- 유한요소법 기본이론(정식화)
- 지반 공학적 고려사항(초기, 경계, 하중 조건)
- 시스템 유한요소방정식의 풀이(선형방정식, 비선형방정식)
- 지반구조물별 수치해석 모델링
- 수치해석법의 확장(침투류 해석, 변위-수압 결합해석, 동적해석, 역해석, FDM, DEM)
- 수치해석의 활용, 그리고 오류와 한계

3.1 지반 수치해석 개요

수치해석자는 전통적인 많은 지반해석법 중 "왜 수치해석인가?"에 대한 대답을 할 수 있어야 한다. 이에 대한 일반적인 답변은 이미 1장의 지반해석법의 비교를 통해서 정리한 바 있다. **'변화하는 물성, 다양한 초기조건, 그리고 복잡한 경계조건에 가장 유연하게 적용할 수 있는 지반해석법'**이 바로 수치해석이기 때문이다. 수치해석은 목적물에 대한 안정과 변위, 심지어 인접구조물의 거동을 포함한 광범위한 문제에 대한 해를 제공할 수 있다. 보다 더 구체적인 수치해석의 의의는 다음과 같이 정리할 수 있다.

- 수치해석은 재료거동의 수학적 모델(구성식)에 기초하므로 그 자체로서 완결성을 가진다. 하지만 수학 모델은 많은 단순화와 이상화를 기초로 제안된 것이므로 검증을 통해 정당성이 확보되어야 한다.
- 정당성 확보의 방법으로 이론해나 실험결과와 비교를 들 수 있다. 모든 해법이 어느 정도 단순화와 이상화를 포함하므로 대략적 일치성을 확보한다는 차원의 비교를 수행한다.
- 일단, 모델에 대한 정당성이 확인되었다면, 수치해석법은 그 문제에 대해 강력한 해결의 도구가 되었음을 의미한다. 수치해석을 수치모형시험이라고도 하는데, 모형시험은 비용과 시험조건의 반복구현 한계 때문에 시험조건이나 경우의 수가 매우 제한되지만, 수치해석은 거의 무한에 가까운 조건에 대하여 시뮬레이션이 가능하다.

수치해석은 코드화된 컴퓨터프로그램을 이용하며, 매우 다양한 형태로 결과를 출력할 수 있다. 수치해석법은 근사(approximate)해법으로 분류되지만 경험이 있고 신중한 해석자에게는 특정문제에 대하여 **어떤 해석법으로도 알아낼 수 없는 직관을 제공하는 유용한 수단**이기도 하다. 그렇지 못한 사람들에게 있어 이 방법은 잘못 이용될 가능성이 아주 높다. 따라서 **수치해석은 공학적 관점에서 가장 매력적이면서 또한 가장 위험하기도 하다**.

수치해석의 구분

1장에서 살펴본 바와 같이 수치해석은 모델링방법에 따라 매트릭스해석, FEM, FDM, DEM 등 다양한 방법이 있다. 수치해석법은 재료의 거동, 수리상호작용과의 연계, 모델의 차원, 배수조건 등에 따라 여러 가지 형태로 분류할 수 있다.

- 재료거동에 따라 : 선형 해석(linear analysis)과 비선형 해석(non-linear analysis) 또는 탄성 해석(elastic analysis)과 탄소성 해석(elasto-plastic analysis)
- 모델의 기하학적 차원에 따라 : 2차원 해석과 3차원 해석
- 수리거동과 역학거동의 결합(coupling)여부에 따라 : 비연계 해석과 연계 해석
- 배수조건에 따라 : 전응력 해석(비배수해석)과 유효응력 해석(배수해석)
- 작용하중의 시간의존성에 따라 : 정적(static) 해석과 동적(dynamic) 해석

• 불확실성의 고려방식에 따라 : 확정론적(deterministic) 해석과 신뢰도기반해석
• 해석의 미지수 조건에 따라 : 순 해석(forward analysis)과 역 해석(back analysis)

해석대상 지반문제의 상황을 분석하여 해석의 신뢰성과 경제성을 종합 고려한 해석법과 모델링의 수준을 결정하여야 한다.

수치해석은 지반해석법에 있어 다양한 경계조건 및 물성변화를 고려할 수 있는 적용범위가 가장 넓은 방법이다. 컴퓨터 기술의 향상과 전산프로그램의 개발로 인해 사용이 급속도로 확대되어 왔고 이제 가장 널리 사용되는 설계해석법으로 자리 잡았다. 역사적으로 지반 수치해석법에는 지반반력계수 모델링법(subgrade reaction model method, beam-spring method)과 완전수치모델링법(full numerical approach)의 두 가지 접근방법이 사용되어 왔다. 완전수치모델은 요소의 연속성 여부에 따라 연속모델과 불연속모델로 구분된다. 수치해석법을 구분하면 다음과 같다.

• 지반반력계수 모델링법(beam-spring approach)
• 완전수치 모델링법(full numerical approach)
  - 연속모델법(continuum model) : 유한요소해석법(FEM), 유한차분법(FDM) 등
  - 불연속모델법(discontinuum model) : 개별요소법(DEM), 입상체 모델법(PFC, particle flow code) 등

지반반력계수 모델링 방법은 지반의 거동을 스프링의 거동으로 단순화하는 것이다. 그림 3.1 (a)에 기초의 지반반력계수 모델을 예시하였다. 이 방법은 과거 주로 지반-구조물 상호작용을 조사하기 위하여 사용되었다. 이 해법으로 얻어지는 해는 궁극적으로 구조물의 내력과 변형이다. 인접지반의 거동 혹은 전반안정에 대한 정보는 제공하지 못하며 인접한 다른 구조물의 영향도 고려하지 못한다.

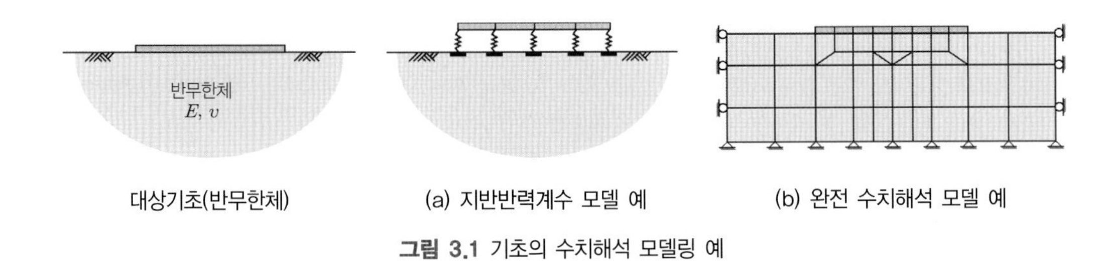

대상기초(반무한체) (a) 지반반력계수 모델 예 (b) 완전 수치해석 모델 예

그림 3.1 기초의 수치해석 모델링 예

완전수치 모델링법(그림 3.1 b)은 대상지반문제의 모든 부분을 모델링에 포함하며 일반적으로 이 범주의 해석은 경계치문제가 만족하여야 할 모든 조건을 만족한다. 특히 실제적인 흙의 응력-변형율 거동과 현장 조건과 일치하는 경계조건을 고려할 수 있다. 완전수치모델이 현장조건을 정확하게 반영하는 능력은 흙의 거동을 나타내는 구성방정식의 적절성과 부여한 경계조건의 정확성에 달려 있다. **완전수치모델은 복잡한 현장 상황의 거동을 예측하는 데 유용하며, 궁극적으로 이 해법은 앞서 살펴본 해법들이 갖는 어떤 한계도 배제할 수 있다는 장점이 있다.**

수치해석의 전처리와 후처리

수치해석은 엄청난 양의 계산을 수행한다. 계산량은 요소와 절점의 수에 비례한다. 본 해석은 컴퓨터가 알아서 한다고 해도 데이터를 준비하고 입력하는 과정(전처리, pre-process)과 결과를 시각적으로 처리하는 과정(후처리, post-processing)이 필요하며, 이를 인력으로 처리하는 수고를 덜기 위한 전·후처리를 편리하게 해주는 S/W가 포함되어 있다. 그림 3.2는 지반수치해석의 해석체계를 보인 것이다.

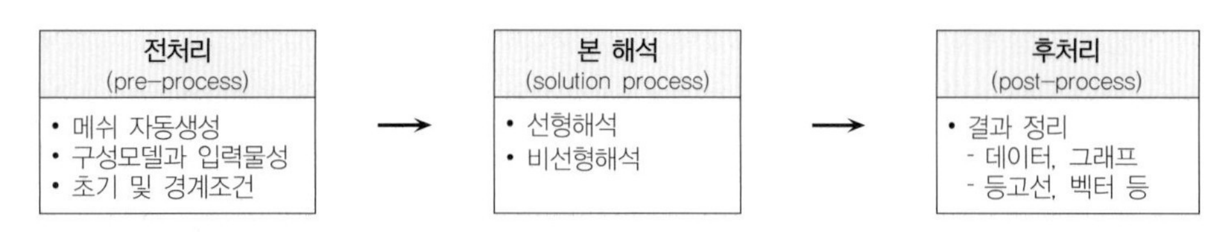

그림 3.2 수치해석의 전·후처리

전처리의 대표적 기능은 요소(mesh generation) 자동생성기능이다. 요소와 절점정보를 모두 입력하여야 하는데, 메쉬가 많은 경우 이를 수작업으로 수행하기란 쉽지 않다. 따라서 메쉬 자동생성기능과 생성메쉬의 출력을 통해 적정성을 확인하는 것이 전처리의 핵심이다. 수치해석 결과는 절점 혹은 가우스포인트에 대하여 주어지므로 요소가 많은 경우 이를 숫자로 관리하기란 거의 불가능하다. 따라서 결과를 벡터, 그래프, 등고선, 분포도 등 시각화(visualization)하는 후처리(post processing)가 필요하다.

수치해석(유한요소)이론의 전개절차

수치해석의 이론영역은 매우 광범위하다. 이 책은 수치해석의 지반공학적 적용에 초점을 두고 있으며, 지반 모델링의 실질적인 문제와 최근 활용추세까지도 포함하고 있다. 이 책의 전개순서는 대체로 수치해석의 일반적인 전개순서에 따른다. 유한요소법을 비롯한 수치해석이론의 일반적인 전개순서는 다음과 같다.

① 수치해석 근사화(유한요소 근사화)

② 대상문제의 지배방정식에 기초한 수치방정식 정식화 : $\{F\}=[K]\{u\}$, $\{Q\}=[k]\{u_w\}$

③ 요소화(discretization)와 요소성분의 결정 : 선형탄성해석의 경우, 요소강성 $[K]^e$ 및 하중벡터 $\{F\}^e$

④ 지반공학적 모델링(경계조건, 건설과정, 배수조건 등)

⑤ 전체(시스템) 지배방정식 조립 : e.g. $[K]$ 및 $\{F\}$

⑥ 조립방정식의 풀이 : e.g. $\{u\}=[K]^{-1}\{R\}$

⑦ 이차변수(변형률, 응력 등) 산정 : e.g. $\{\epsilon\}=[N]\{u\}$

3.2 강성과 직접강성도법(매트릭스해석)

힘과 변위의 관계로부터 유도된 (강성을 계수로 하는) 변위의 연립방정식을 푸는 해석법을 매트릭스해석 또는 직접강성도법(direct stiffness method)이라고도 한다.

매트릭스해석은 힘과 변형의 관계정의가 간단하게 유도되는 스프링, 바(트러스), 보와 같은 요소에 쉽게 적용할 수 있다. 즉, 매트릭스해석은 구조요소(element)가 하나의 부재를 형성하는 이산요소계(discrete system)해석에 편리하다. 트러스(truss), 보, 프레임(frame) 등이 이러한 구조계에 속한다. 매트릭스해석은 주로 구조해석문제에 적용되지만, 지반문제도 버팀벽, 지반앵커, 록 볼트, 네일(soil nail), 파일, 터널라이닝, 기초 등과 같이 구조체를 포함하는 경우가 많다.

매트릭스해석은 수치해석적 근사화와 무관하지만 이에 대한 이해는 강성행렬의 유도와 물리적 의미를 파악하는 데 도움이 된다. 주요 매트릭스 해석 대상요소와 관련 지반구조물은 다음과 같다.

- 스프링요소 : 지반반력 스프링(지반을 스프링으로 모사), 지반앵커
- 바(bar, truss)요소 : 록 볼트(rock bolt), 지반네일
- 보(beam)요소 : 말뚝, 터널 라이닝, 버팀벽, 옹벽, 기초(모멘트 영향이 큰 부재)

NB : 단위부재를 하나의 요소로 모델링할 수 있는 구조시스템을 이산 구조계(descrete system)라 하며, 스프링, 트러스, 프레임으로만 이루어진 구조물이 이에 해당한다. 이러한 구조체는 유한요소 근사화 개념의 적용 없이 힘과 변위의 관계로 요소방정식을 유도할 수 있다. 임의의 연속된 매질의 구조계를 요소화한 경우, 이를 연속요소계라 한다.

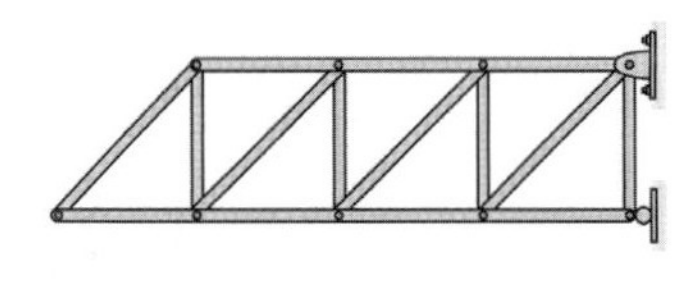

(a) 개별 요소계(discrete system)

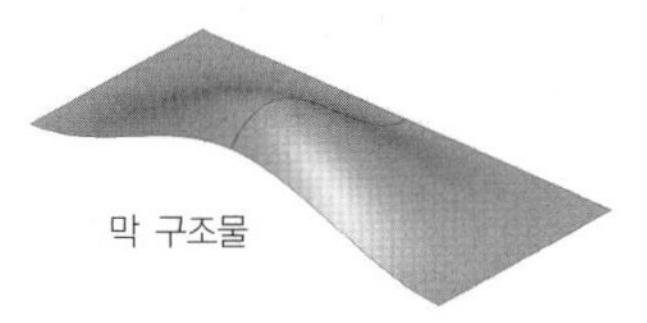

(b) 연속 요소계(continuous system)

그림 3.3 개별 요소계와 연속 요소계

이산계 시스템에 대한 매트릭스해석의 절차는 통상 다음과 같다.

① 요소의 분할(모델링) : 스프링, 바, 보 요소

② 요소강성의 산정 : $[K]^e$, 요소방정식 $\{F\}^e = [K]^e\{u\}^e$

③ 요소강성의 좌표변환($[K']^e = [T]^T[K]^e[T]$)(경사부재의 경우) 및 시스템 방정식의 조립 : $[K]$, $\{F\} = [K]\{u\}$

④ 하중, 변위 등 경계조건 대입 및 방정식 정리

⑤ 방정식 풀이 : $\{u\} = [K]^{-1}\{F\}$

3.2.1 요소와 강성(stiffness)

강성은 **단위변위를 일으키는 힘의 크기**로 정의된다. 일례로 그림 3.4 (a)와 같이 요소 작용력 F^e, 요소 절점변위 u^e, 요소강성 K^e인 바(bar)요소의 평형방정식은 $F^e = K^e u^e$이다. 강성의 정의에 따르면 $u^e = 1$일 때의 힘 F^e가 강성 K^e이다. 그림 3.4 (b)처럼 2자유도계 요소의 경우 절점 1에서 변위가 1이고, 절점 2가 고정되었다면 절점 1에 작용하는 힘 $F_1 = K_{11}$, 절점 2에 작용하는 힘은 $F_2 = K_{12}$이다. 이를 일반화하면, 절점 i의 단위 변형이 1일 때, 절점 j의 강성은 K_{ij}로 나타낼 수 있다.

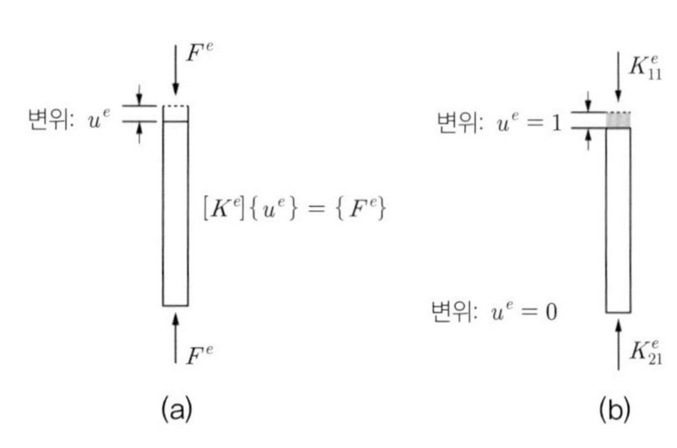

그림 3.4 1차원 요소의 강성

다자유도 문제의 강성

多자유도계 문제를 통해 강성 개념을 일반화할 수 있다. 다른 모든 절점의 변위는 고정되어있고, 절점 j의 변위 u_j가 1일 때 유발되는 절점 i의 힘 F_i의 크기가 강성 K_{ij}이다. 즉,

$u_j = 1$ 및 $u_1 = u_2 = \ldots = u_{j-1} = u_{j+1} = \ldots = u_n = 0$ 조건에서 $F_i = K_{ij}$이다. 이는 단위길이당 힘의 의미이므로 다음과 같이 쓸 수 있다.

$$K_{ij} = \frac{\partial F_i}{\partial u_j} \tag{3.1}$$

이를 전체 방정식의 관점에서 고찰하면 아래 시스템방정식에서 강성 K_{ij}는 변위 u_j와 하중 F_i에 대응된다.

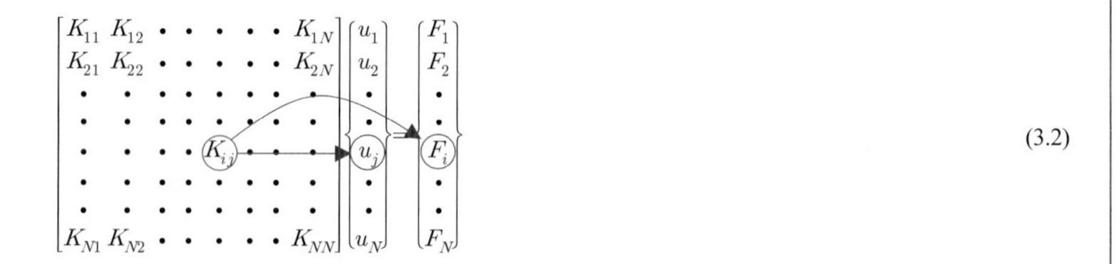

(3.2)

스프링 및 바 요소의 강성

한 개의 스프링 요소에 대한 힘과 변위관계는 그림 3.5와 같이 $F=ku$로 나타난다. 변위, $u=1$일 때, 힘은 $F=k\times1$이므로 스프링요소의 강성은 스프링상수 $K=k$이다.

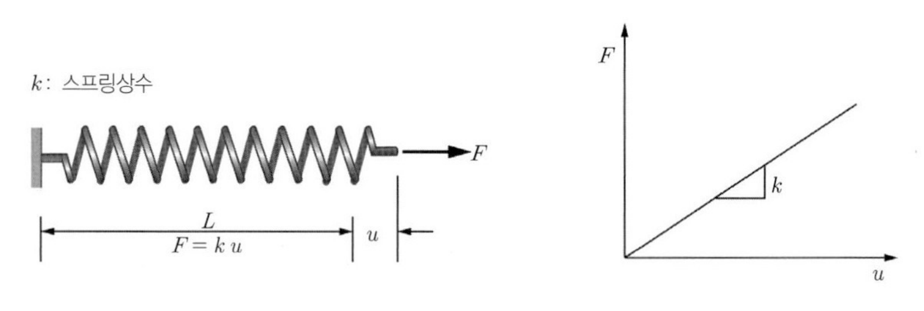

그림 3.5 스프링의 강성

힘과 변위의 관계로부터 스프링 요소의 강성을 구해보자. 스프링요소는 2개 절점을 가지며, 부재가 좌표축과 일치하는 경우 절점 당 1개의 자유도(변형이 허용되는 축의 수, degree of freedom)를 갖는다.

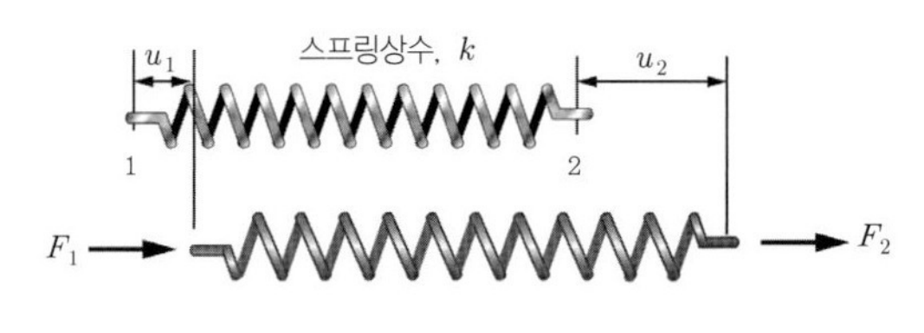

그림 3.6 스프링요소의 변위와 자유도

요소지배방정식은 $\begin{bmatrix} k_{11} & k_{12} \\ k_{21} & k_{22} \end{bmatrix} \begin{Bmatrix} u_1 \\ u_2 \end{Bmatrix}^e = \begin{Bmatrix} F_1 \\ F_2 \end{Bmatrix}^e$ 이다. 강성의 정의에 의거

$u_1=1,\ u_2=0$일 때 $F_1^e=k=k_{11}^e$

$u_1=1,\ u_2=0$일 때 $F_2^e=-k=k_{12}^e$

$u_1=0,\ u_2=1$일 때 $F_1^e=-k=k_{21}^e$

$u_1=0,\ u_2=1$일 때 $F_2^e=k=k_{22}^e$

따라서 스프링의 요소의 강성행렬은 아래와 같다.

$$[K]^e=\begin{bmatrix} k & -k \\ -k & k \end{bmatrix} \tag{3.3}$$

바(bar) 요소도 축력만 지지 가능하므로 부재가 좌표축과 일치하는 경우 절점 당 1개의 자유도를 갖는다. 스프링과 바(bar) 요소 모두 축력에 저항하는 구조재이나, 스프링은 압축에 저항하지 못하고, 바(bar) 요소는 인장과 압축 모두 저항할 수 있다.

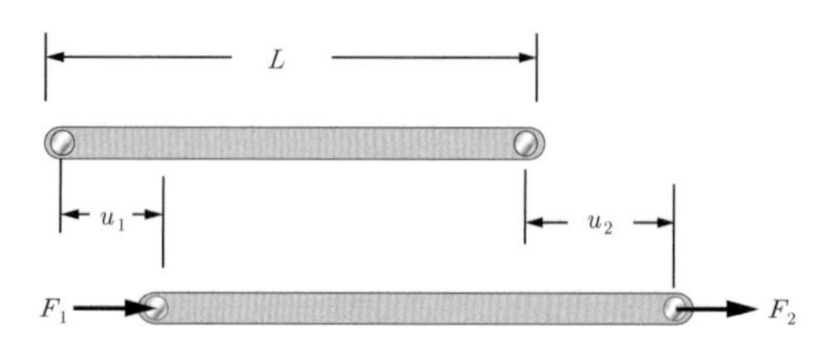

그림 3.7 바(bar) 요소의 거동과 자유도

단면적 A, 탄성계수 E인 바 요소가 축방향 거동만 한다고 가정하면, $\epsilon = u/L$, $\sigma = F/A$이다. Hooke 법칙에 따라 $\sigma = E\epsilon$이므로 $F = EAu/L$, $u = 1$일 때의 힘, $F = EA/L$이므로 축강성은 EA/L이다. 즉, 바(bar)의 스프링 상수는 $k = EA/L$이다.

$$\frac{EA}{L}\begin{bmatrix} 1 & -1 \\ -1 & 1 \end{bmatrix}\begin{Bmatrix} u_1^e \\ u_2^e \end{Bmatrix} = \begin{Bmatrix} F_1^e \\ F_2^e \end{Bmatrix} \tag{3.4}$$

보 요소의 강성

보(beam) 요소는 모멘트를 받는 구조로서 한 절점에서 3개의 자유도를 갖는다. 따라서 보 요소의 강성행렬은 6×6이 된다. 요소지배방정식, $[K'^e]\{u'^e\} = \{F'^e\}$이며, 힘과 변위는 각각 (6×1) 행렬이다.

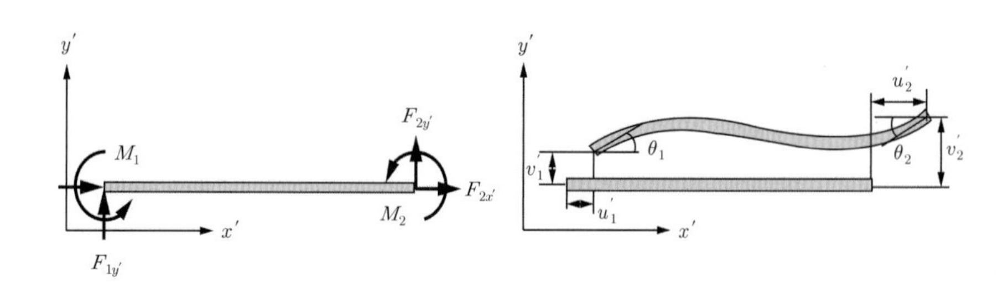

그림 3.8 보(beam) 요소의 거동과 자유도

요소방정식의 형태는 다음과 같다.

$$\begin{bmatrix} k'_{11} & k'_{12} & k'_{13} & k'_{14} & k'_{15} & k'_{16} \\ k'_{21} & k'_{22} & k'_{23} & k'_{24} & k'_{25} & k'_{26} \\ k'_{31} & k'_{32} & k'_{33} & k'_{34} & k'_{35} & k'_{36} \\ k'_{41} & k'_{42} & k'_{43} & k'_{44} & k'_{45} & k'_{46} \\ k'_{51} & k'_{52} & k'_{53} & k'_{54} & k'_{55} & k'_{56} \\ k'_{61} & k'_{62} & k'_{63} & k'_{64} & k'_{65} & k'_{66} \end{bmatrix} \begin{Bmatrix} u'_1 \\ v'_1 \\ \theta_1 \\ u'_2 \\ v'_2 \\ \theta_2 \end{Bmatrix} = \begin{Bmatrix} F'_{1x} \\ F'_{1y} \\ M'_1 \\ F'_{2x} \\ F'_{2y} \\ M'_2 \end{Bmatrix} \tag{3.5}$$

강성행렬은

$$[K'^e] = \begin{bmatrix} \frac{EA}{L} & 0 & 0 & -\frac{EA}{L} & 0 & 0 \\ 0 & \frac{12EI}{L^3} & \frac{6EI}{L^2} & 0 & -\frac{12EI}{L^3} & \frac{6EI}{L^2} \\ 0 & \frac{6EI}{L^2} & \frac{4EI}{L} & 0 & -\frac{6EI}{L^2} & \frac{2EI}{L} \\ -\frac{EA}{L} & 0 & 0 & \frac{EA}{L} & 0 & 0 \\ 0 & -\frac{12EI}{L^3} & -\frac{6EI}{L^2} & 0 & \frac{12EI}{L^3} & -\frac{6EI}{L^2} \\ 0 & \frac{6EI}{L^2} & \frac{2EI}{L} & 0 & -\frac{6EI}{L^2} & \frac{4EI}{L} \end{bmatrix} \tag{3.6}$$

3.2.2 강성행렬의 좌표변환(coordinate transformation)

바(bar) 요소의 좌표변환

바 요소의 좌표계를 부재요소와 수평 및 수직으로 택하는 경우 각 절점변형은 1자유도계이다. 그러나 트러스 구조에서 보는 바와 같이 경사부재(斜材)가 존재하므로 요소의 좌표계와 구조물 전체 전반좌표계가 일치하지 않는다. 따라서 요소방정식을 시스템 방정식으로 통합하기 위해서는 요소의 좌표축 방정식을 시스템좌표축의 방정식으로 변환하여야 한다. 좌표변환이란 그림 3.9에서 보는 바와 같이 국부좌표계(local coordinate, $x'-y'$)의 물리량을 전체좌표계(global coordinate system, $x-y$)의 물리량으로 전환하는 것이다. 일반적으로 요소의 강성행렬은 요소좌표계로 구하고 이를 전체 좌표계의 값으로 변환한다.

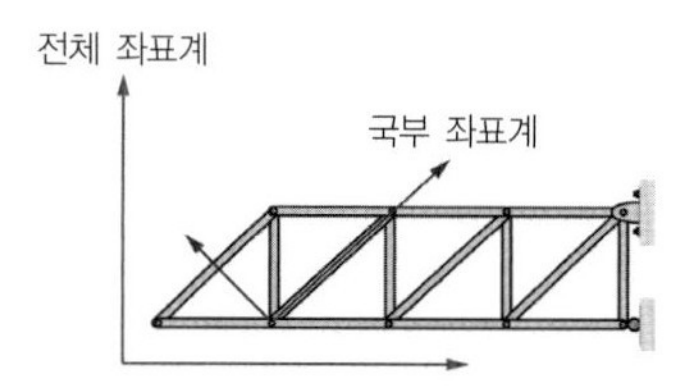

(a) 전체(global) 좌표계와 국부(local) 좌표계

그림 3.9 바(bar) 요소의 좌표변환 – 계속

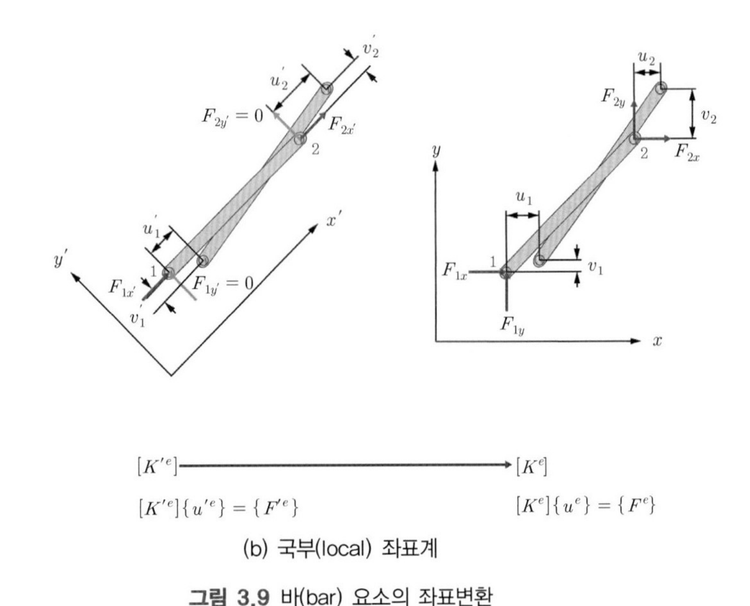

(b) 국부(local) 좌표계

그림 3.9 바(bar) 요소의 좌표변환

힘과 변위의 좌표변환으로부터 변환법칙을 살펴보자. 먼저 힘에 대하여 국부좌표계($x' - y'$)의 힘을 전체좌표계($x - y$)로 변환하는 경우, (힘의 평형방정식을 이용) 다음과 같이 나타낼 수 있다.

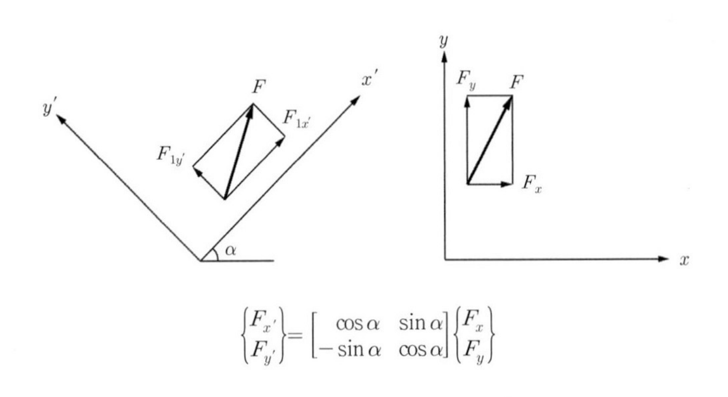

$$\begin{Bmatrix} F_{x'} \\ F_{y'} \end{Bmatrix} = \begin{bmatrix} \cos\alpha & \sin\alpha \\ -\sin\alpha & \cos\alpha \end{bmatrix} \begin{Bmatrix} F_x \\ F_y \end{Bmatrix}$$

그림 3.10 힘 벡터의 좌표변환

이를 바 요소에 적용하면, 바 요소는 절점에서 2개의 자유도와 분력을 가지므로 $\{F'^e\} = [T]\{F^e\}$

$$\begin{Bmatrix} F_{1x'} \\ F_{1y'} \\ F_{2x'} \\ F_{2y'} \end{Bmatrix} = \begin{bmatrix} \cos\alpha & \sin\alpha & 0 & 0 \\ -\sin\alpha & \cos\alpha & 0 & 0 \\ 0 & 0 & \cos\alpha & \sin\alpha \\ 0 & 0 & -\sin\alpha & \cos\alpha \end{bmatrix} \begin{Bmatrix} F_{1x} \\ F_{1y} \\ F_{2x} \\ F_{2y} \end{Bmatrix} \tag{3.7}$$

여기서 매트릭스 $[T]$를 좌표변환 행렬(transformation matrix)이라 한다. 마찬가지 방법으로 변위벡터에 대한 좌표변환을 고려하면, $\{u'^e\}=[T]\{u^e\}$

$$\begin{Bmatrix} u_1' \\ v_1' \\ u_2' \\ v_2' \end{Bmatrix} = \begin{bmatrix} \cos\alpha & \sin\alpha & 0 & 0 \\ -\sin\alpha & \cos\alpha & 0 & 0 \\ 0 & 0 & \cos\alpha & \sin\alpha \\ 0 & 0 & -\sin\alpha & \cos\alpha \end{bmatrix} \begin{Bmatrix} u_1 \\ v_1 \\ u_2 \\ v_2 \end{Bmatrix} \tag{3.8}$$

식 (3.7) 과 (3.8)을 요소 방정식에 대입하면

$[K'^e]\{u'^e\}=\{F'^e\}$, $[K^e]\{u^e\}=\{F^e\}$이고, $\{u'^e\}=[T]\{u^e\}$, $\{F'^e\}=[T]\{F^e\}$이므로,

$$[K'^e][T]\{u^e\}=[T]\{F^e\}$$

$$[T]^{-1}[K'^e][T]\{u^e\}=\{F^e\}$$

변환매트릭스는 $[T]^{-1}=[T]^T$이며, $[K^e]\{u^e\}=\{F^e\}$이므로,

$$[K^e]=[T]^T[K'^e][T] \tag{3.9}$$

$$[K'^e]=\frac{EA}{L}\begin{bmatrix} 1 & 0 & -1 & 0 \\ 0 & 0 & 0 & 0 \\ -1 & 0 & 1 & 0 \\ 0 & 0 & 0 & 0 \end{bmatrix} \tag{3.10}$$

위 식은 국부좌표계에서 요소의 강성행렬을 구하여 변환매트릭스를 좌우로 곱해주면 전체좌표계의 강성행렬이 얻어짐을 의미한다. 부재의 기울기 α가 기하학적으로 정해지고 입력파라미터이므로 경사 트러스부재의 강성행렬식은 다음과 같이 정리할 수 있다.

$$[K^e]=\begin{bmatrix} \cos\alpha & -\sin\alpha & 0 & 0 \\ \sin\alpha & \cos\alpha & 0 & 0 \\ 0 & 0 & \cos\alpha & -\sin\alpha \\ 0 & 0 & \sin\alpha & \cos\alpha \end{bmatrix} \frac{EA}{L} \begin{bmatrix} 1 & 0 & -1 & 0 \\ 0 & 0 & 0 & 0 \\ -1 & 0 & 1 & 0 \\ 0 & 0 & 0 & 0 \end{bmatrix} \begin{bmatrix} \cos\alpha & \sin\alpha & 0 & 0 \\ -\sin\alpha & \cos\alpha & 0 & 0 \\ 0 & 0 & \cos\alpha & \sin\alpha \\ 0 & 0 & -\sin\alpha & \cos\alpha \end{bmatrix}$$

$$=\frac{EA}{L}\begin{bmatrix} \cos^2\alpha & \sin\alpha\cos\alpha & -\cos^2\alpha & -\sin\alpha\cos\alpha \\ \sin\alpha\cos\alpha & \sin^2\alpha & -\sin\alpha\cos\alpha & -\sin^2\alpha \\ -\cos^2\alpha & -\sin\alpha\cos\alpha & \cos^2\alpha & \sin\alpha\cos\alpha \\ -\sin\alpha\cos\alpha & -\sin^2\alpha & \sin\alpha\cos\alpha & \sin^2\alpha \end{bmatrix} \tag{3.11}$$

보 요소의 좌표변환

보 요소는 절점에서 3개의 자유도를 갖는다. 앞 절의 바 요소의 변환행렬에 모멘트변환을 고려하여야 한다. 변환행렬 $[T]$는 다음과 같이 표현된다.

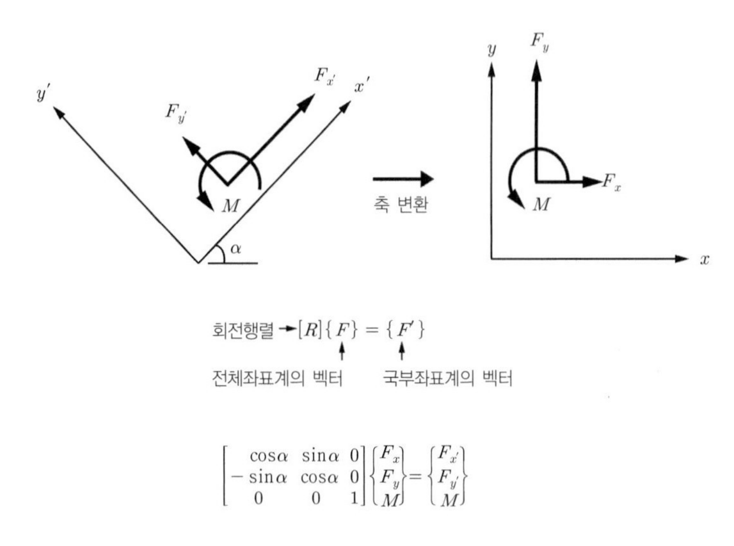

$$\begin{bmatrix} \cos\alpha & \sin\alpha & 0 \\ -\sin\alpha & \cos\alpha & 0 \\ 0 & 0 & 1 \end{bmatrix} \begin{Bmatrix} F_x \\ F_y \\ M \end{Bmatrix} = \begin{Bmatrix} F_{x'} \\ F_{y'} \\ M \end{Bmatrix}$$

그림 3.11 보요소의 좌표변환

변위에 대해서도 $[R]\{u\}=\{u\}^e$ 이 성립한다. 이를 보요소에 적용하면 좌표변환 행렬 $[T]$ 는 다음과 같다.

$$[T] = \begin{bmatrix} R & 0 \\ 0 & R \end{bmatrix}$$

$$[T] = \begin{bmatrix} \cos\alpha & \sin\alpha & 0 & 0 & 0 & 0 \\ -\sin\alpha & \cos\alpha & 0 & 0 & 0 & 0 \\ 0 & 0 & 1 & 0 & 0 & 0 \\ 0 & 0 & 0 & \cos\alpha & \sin\alpha & 0 \\ 0 & 0 & 0 & -\sin\alpha & \cos\alpha & 0 \\ 0 & 0 & 0 & 0 & 0 & 1 \end{bmatrix} \tag{3.12}$$

NB: 수치해석의 이점은 각 요소에 대한 강성이 이미 컴퓨터코드에 프로그래밍 되어 있어 매번 유도하여 구할 필요가 없다는 것이다. 해석자는 절점좌표와 같은 기하학적 정보와 경계조건과 하중 그리고 재료의 물성만으로 프로그램을 사용하여 해를 얻을 수 있다.

시스템방정식의 요소강성행렬은 $[K^e]=[T]^T[K'^e][T]$ 이므로 다음과 같이 정리된다.

$$[K^e]=\begin{bmatrix} \cos\alpha & -\sin\alpha & 0 & 0 & 0 & 0 \\ \sin\alpha & \cos\alpha & 0 & 0 & 0 & 0 \\ 0 & 0 & 1 & 0 & 0 & 0 \\ 0 & 0 & 0 & \cos\alpha & -\sin\alpha & 0 \\ 0 & 0 & 0 & \sin\alpha & \cos\alpha & 0 \\ 0 & 0 & 0 & 0 & 0 & 1 \end{bmatrix} \cdot \begin{bmatrix} \frac{EA}{L} & 0 & 0 & -\frac{EA}{L} & 0 & 0 \\ 0 & \frac{12EI}{L^3} & \frac{6EI}{L^2} & 0 & -\frac{12EI}{L^3} & \frac{6EI}{L^2} \\ 0 & \frac{6EI}{L^2} & \frac{4EI}{L} & 0 & -\frac{6EI}{L^2} & \frac{2EI}{L} \\ -\frac{EA}{L} & 0 & 0 & \frac{EA}{L} & 0 & 0 \\ 0 & -\frac{12EI}{L^3} & -\frac{6EI}{L^2} & 0 & \frac{12EI}{L^3} & -\frac{6EI}{L^2} \\ 0 & \frac{6EI}{L^2} & \frac{2EI}{L} & 0 & -\frac{6EI}{L^2} & \frac{4EI}{L} \end{bmatrix} \cdot$$

$$\begin{bmatrix} \cos\alpha & \sin\alpha & 0 & 0 & 0 & 0 \\ -\sin\alpha & \cos\alpha & 0 & 0 & 0 & 0 \\ 0 & 0 & 1 & 0 & 0 & 0 \\ 0 & 0 & 0 & \cos\alpha & \sin\alpha & 0 \\ 0 & 0 & 0 & -\sin\alpha & \cos\alpha & 0 \\ 0 & 0 & 0 & 0 & 0 & 1 \end{bmatrix} \tag{3.13}$$

통상 해석자는 블랙박스와 같은 컴퓨터를 마주하여 일하게 되는데, 매트릭스해석은 간단한 예제를 직접 수계산으로 풀어볼 수 있으므로 컴퓨터 해석과정을 이해하는 데 도움이 된다. 물론 절점 수가 매우 작은 단순한 구조체에 대해서만 수 계산이 가능하다. 강성행렬의 형태나 시스템방정식의 형성 등은 이후의 장에서 설명할 유한요소법과 거의 동일하다.

3.2.3 시스템 방정식과 풀이

시스템은 요소로 구성된다. 따라서 요소에 대하여 개별적으로 산정된 요소방정식은 전체 시스템방정식으로 통합되어야 한다. **요소에서 시스템방정식을 유도하는 과정을 정식화(formulation)라 한다.** 수치해석법의 경우 정식화는 시스템 에너지 방정식과 같은 전체지배방정식의 원리에 의해 이루어진다. 하지만 매트릭스해석은 힘과 변위의 방정식으로부터 쉽게 유도될 수 있다. 모든 요소의 강성이 전체좌표계의 값으로 얻어지면, 각 요소의 전체좌표계 행렬을 구성할 수 있다.

일례로 요소의 좌표축과 시스템 좌표축이 일치하는 수평 스프링부재의 시스템방정식을 구해보자. 힘의 평형방정식을 스프링요소에 적용하면 다음과 같이 직관적 수준으로 요소방정식을 구할 수 있다. 힘과 변위의 관계로부터, 요소방정식은 $F_1 =-F_2 = k(u_1-u_2)$이다. 이 식을 풀어 행렬식으로 다시 쓰면 다음과 같다.

$$\begin{bmatrix} k & -k \\ -k & k \end{bmatrix}\begin{Bmatrix} u_1 \\ u_2 \end{Bmatrix}=\begin{Bmatrix} F_1 \\ F_2 \end{Bmatrix}$$

실제문제의 경우 수십~수백 개의 부재가 모여 시스템을 이루므로 다원연립방정식을 푸는 문제가 된다. 이 방정식(행렬식)을 쉽게 풀 수 있는 여러 해법이 제안되었으며, 선형방정식의 경우 주로 가우스 소거법을 이용한다. 조합된 시스템방정식의 풀이는 3.5절에서 다룬다.

예제 다음 트러스를 매트릭스 해법으로 해석해보자.

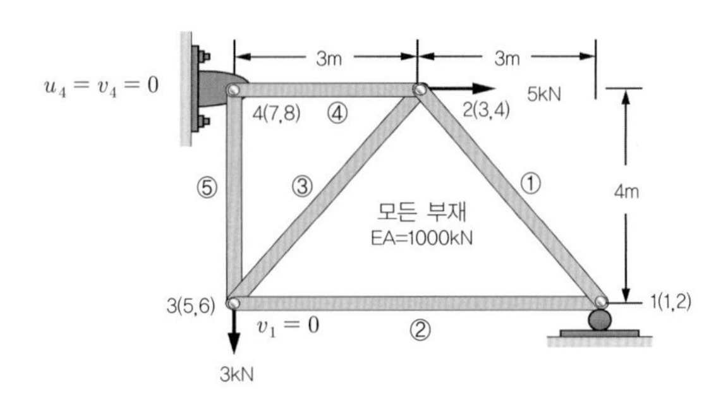

그림 3.12 예제

풀이

(1) 부재 강성행렬

① 부재1:

$L_1 = 5,\ \cos\alpha = 0.6,\ \sin\alpha = 0.8,\ \cos^2\alpha = 0.36,$

$\sin^2\alpha = 0.64,\ \cos\alpha\sin\alpha = 0.48$

$$\left[K^e\right]^{①} = \begin{bmatrix} 72 & 96 & -72 & -96 \\ 96 & 128 & -96 & -128 \\ -72 & -96 & 72 & 96 \\ -96 & -128 & 96 & 128 \end{bmatrix} \begin{matrix} 1 \\ 2 \\ 3 \\ 4 \end{matrix} \quad (\text{열: } 1\ 2\ 3\ 4)$$

② 부재2:

$L_2 = 6,\ \cos\alpha = 1,\ \sin\alpha = 0,\ \cos^2\alpha = 1,$

$\sin^2\alpha = 0,\ \cos\alpha\sin\alpha = 0$

$$\left[K^e\right]^{②} = \begin{bmatrix} 167 & 0 & -167 & 0 \\ 0 & 0 & 0 & 0 \\ -167 & 0 & 167 & 0 \\ 0 & 0 & 0 & 0 \end{bmatrix} \begin{matrix} 1 \\ 2 \\ 5 \\ 6 \end{matrix} \quad (\text{열: } 1\ 2\ 5\ 6)$$

③ 부재3:

$L_3 = 5,\ \cos\alpha = 0.6,\ \sin\alpha = -0.8,\ \cos^2\alpha = 0.36,$

$\sin^2\alpha = 0.64,\ \cos\alpha\sin\alpha = -0.48$

$$\left[K^e\right]^{③} = \begin{bmatrix} 72 & -96 & -72 & 96 \\ -96 & 128 & 96 & -128 \\ -72 & 96 & 72 & -96 \\ 96 & -128 & -96 & 128 \end{bmatrix} \begin{matrix} 3 \\ 4 \\ 5 \\ 6 \end{matrix} \quad (\text{열: } 3\ 4\ 5\ 6)$$

④ 부재4:

$L_4 = 3,\ \cos\alpha = 1,\ \sin\alpha = 0,\ \cos^2\alpha = 1,$

$\sin^2\alpha = 0,\ \cos\alpha\sin\alpha = 0$

$$\left[K^e\right]^{④} = \begin{bmatrix} 333 & 0 & -333 & 0 \\ 0 & 0 & 0 & 0 \\ -333 & 0 & 333 & 0 \\ 0 & 0 & 0 & 0 \end{bmatrix} \begin{matrix} 3 \\ 4 \\ 7 \\ 8 \end{matrix} \quad (\text{열: } 3\ 4\ 7\ 8)$$

⑤ 부재5:

$L_5 = 4,\ \cos\alpha = 0,\ \sin\alpha = 1,\ \cos^2\alpha = 0,$

$\sin^2\alpha = 1,\ \cos\alpha\sin\alpha = 0$

$$\left[K^e\right]^{⑤} = \begin{bmatrix} 0 & 0 & 0 & 0 \\ 0 & 250 & 0 & -250 \\ 0 & 0 & 0 & 0 \\ 0 & -250 & 0 & 250 \end{bmatrix} \begin{matrix} 5 \\ 6 \\ 7 \\ 8 \end{matrix} \quad (\text{열: } 5\ 6\ 7\ 8)$$

(2) 요소방정식의 조립과 시스템방정식

$$
\begin{bmatrix}
239 & 96 & -72 & -96 & -167 & 0 & 0 & 0 \\
96 & 128 & -96 & -128 & 0 & 0 & 0 & 0 \\
-72 & -96 & 477 & 0 & -72 & 96 & -333 & 0 \\
-96 & -128 & 0 & 256 & 96 & -128 & 0 & 0 \\
-167 & 0 & -72 & 96 & 239 & -96 & 0 & 0 \\
0 & 0 & 96 & -128 & -96 & 378 & 0 & -250 \\
0 & 0 & -333 & 0 & 0 & 0 & 333 & 0 \\
0 & 0 & 0 & 0 & 0 & -250 & 0 & 250
\end{bmatrix}
\begin{Bmatrix} u_1 \\ v_1 \\ u_2 \\ v_2 \\ u_3 \\ v_3 \\ u_4 \\ v_4 \end{Bmatrix}
=
\begin{Bmatrix} F_{1x} \\ F_{1y} \\ F_{2x} \\ F_{2y} \\ F_{3x} \\ F_{3y} \\ F_{4x} \\ F_{4y} \end{Bmatrix}
$$

(열 번호: 1 2 3 4 5 6 7 8 / 행 번호: 1 2 3 4 5 6 7 8)

(3) 경계조건

$v_1 = u_4 = v_4 = 0$

$F_{1x} = F_{2x} = F_{3x} = 0$

$F_{1y} = R_{1y}$

$F_{4x} = R_{4x},\ F_{4y} = R_{4y}$

$$
\begin{bmatrix}
239 & -72 & -96 & -167 & 0 & 96 & 0 & 0 \\
-72 & 477 & 0 & -72 & 96 & -96 & -333 & 0 \\
-96 & 0 & 256 & 96 & -128 & -128 & 0 & 0 \\
-167 & -72 & 96 & 239 & -96 & 0 & 0 & 0 \\
0 & 0 & -128 & -96 & 378 & 0 & 0 & -250 \\
96 & -96 & -128 & 0 & 0 & 128 & 0 & 0 \\
0 & -333 & 0 & 0 & 0 & 0 & 333 & 0 \\
0 & 0 & 0 & 0 & -250 & 0 & 0 & 250
\end{bmatrix}
\begin{Bmatrix} u_1 \\ u_2 \\ v_2 \\ u_3 \\ v_3 \\ 0 \\ 0 \\ 0 \end{Bmatrix}
=
\begin{Bmatrix} 0 \\ -5 \\ 0 \\ 0 \\ -3 \\ R_{1y} \\ R_{4x} \\ R_{4y} \end{Bmatrix}
$$

(열 번호: 1 3 4 5 6 2 7 8 / 행 번호: 1 3 4 5 6 2 7 8)

(4) 시스템방정식의 풀이

$$
\begin{bmatrix}
239 & -72 & -96 & -167 & 0 \\
-72 & 477 & 0 & -72 & 96 \\
-96 & 0 & 256 & 96 & -128 \\
-167 & -72 & 96 & 239 & -96 \\
0 & 0 & -128 & -96 & 378
\end{bmatrix}
\begin{Bmatrix} u_1 \\ u_2 \\ v_2 \\ u_3 \\ v_3 \end{Bmatrix}
=
\begin{Bmatrix} 0 \\ -5 \\ 0 \\ 0 \\ -3 \end{Bmatrix}
\qquad
\begin{Bmatrix} u_1 \\ u_2 \\ v_2 \\ u_3 \\ v_3 \end{Bmatrix}
=
\begin{Bmatrix} -0.023 \\ -0.015 \\ 0.006 \\ -0.023 \\ -0.012 \end{Bmatrix}
$$

위 식으로 변위를 구하면 반력값은 다음과 같이 계산된다.

$$
\begin{Bmatrix} R_{1y} \\ R_{4x} \\ R_{4y} \end{Bmatrix}
=
\begin{Bmatrix} 0 \\ 5 \\ 3 \end{Bmatrix}
$$

3.3 유한요소법

유한요소(finite element)란 표현은 1960년 Clough가 처음 사용하였으며. 그 첫 적용은 항공기의 구조해석이었던 것으로 알려져 있다. Zienkivicz는 Imperial College에서 콘크리트댐의 해석에 FEM을 적용을 연구하였고, 이후 FEM이 토목공학의 설계해석도구로 자리 잡는 데 크게 기여하였다. 컴퓨터의 발달은 이 해석법이 다양한 범주의 문제에 대한 가장 강력하고 다양한 기능을 갖는 진보된 해법으로서의 지위를 누리게 하였다.

3.3.1 유한요소 근사화

유한요소법(FEM, finite-element method)은 대상문제(시스템)를 그림 3.13과 같이 유한개의 요소(작은 영역)로 분할하여 연속체의 거동을 절점변수로 다룬다. 유한개의 각 영역을 **요소(element)**, 그리고 요소를 구획 짓는 선들의 교점을 **절점(node)**이라 한다. 유한요소법은 절점 거동변수(미지수)에 대한 다원 연립방정식을 푸는 문제가 되며, **미지수의 개수는 대략 '(절점 개수)×(절점에서의 자유도 수)'**이다.

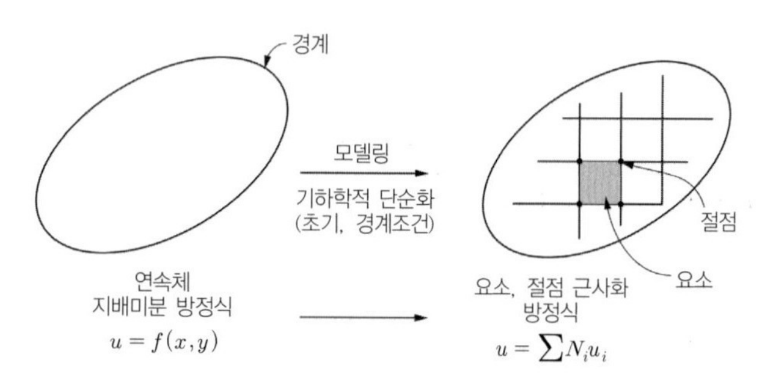

그림 3.13 유한요소 근사화 개념

근사화와 보간함수

유한요소 근사화(finite element approximation)란 연속된 변형량을 유한개의 절점 값으로 나타내는 것으로 다음과 같이 표현된다.

$$\phi = \sum N_i \phi_i \tag{3.14}$$

여기서 ϕ는 연속함수, ϕ_i는 절점값, N_i는 보간함수이다. 요소와 절점의 선택은 보간함수 N_i를 규정하게 된다.

보간함수(interpolation function). 유한요소법은 연속해를 절점에서의 값과 보간함수(interpolation function)만으로 표현할 수 있다는 전제로 제안된 방법이다. 예로, 그림 3.14와 같이 삼각형 세 절점에서의 거동(예, 변위, 수두, 온도 등의 변수)을 ϕ_1, ϕ_2, ϕ_3라 하면, 요소 내 임의 위치의 거동 ϕ는 절점거동과 보간함수를 이용하여 다음과 같이 나타낼 수 있다.

$$\phi = N_1\phi_1 + N_2\phi_2 + N_3\phi_3 \tag{3.15}$$

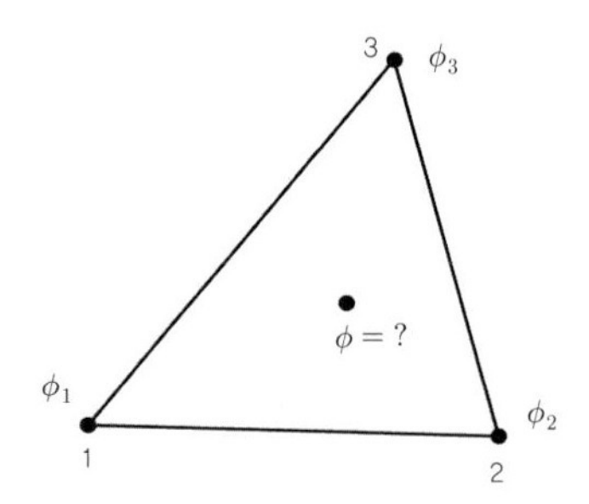

그림 3.14 보간함수의 정의 예

이를 좀 더 일반화해보자. 어떤 영역문제의 이론해를 연속함수 $\phi(x,y)$라고 하자. 유한요소해석의 해는 요소의 각 절점에 대한 해이므로 절점 i에서의 해를 $\phi_i(x_i,y_i)$라 하면, 이를 이용하여 근사적인 연속해를 절점 간의 변화를 정의하는 보간함수, N_i를 이용하여 다음과 같이 나타낼 수 있다(우선, 절점당 한 개의 자유도를 갖는 문제를 고려한다).

$$\phi = N_1\phi_1 + N_2\phi_2 + \dots N_i\phi_i + \dots + N_n\phi_n = [N]\{\phi\} \tag{3.16}$$

일반적으로 **보간함수 N은 변형문제에서 변위의 형상과 유사한 모양으로 나타나므로 유한요소법에서는 이를 형상함수(shape function)라고 한다**. 형상함수는 요소의 형상과 절점 수에 따른 거동에 근거하여 다양하게 제시되어 왔다. **형상함수는 자기 절점 i에서 단위거동 '1'을 나타내며 다른 절점에서 거동이 '0'이 되도록 정의한다**.

$$\sum_{i=1}^{n+1} N_i = 1 \tag{3.17}$$

형상함수는 수학적으로 절점 값을 연속적으로 보간하는 함수이다.

다항식을 이용하여 그림 3.15의 2차원 4절점 사각형요소에 대한 형상함수를 보간함수의 수학적 정의로부터 도출하는 과정을 살펴보자. 아는 값은 각 절점의 좌표이다. 각 절점에서 2개의 자유도(u,v)를 갖는 경우이므로 다음과 같은 거동의 가정이 가능하다(이 가정은 거동의 정확성을 결정하는 중요사항이며, 물체의 거동특성에 부합하게 함수가 가정되어야 한다. **실제 요소의 거동특성은 실험이나 이론을 통해 파악할 수 있다**).

$$\phi = \alpha_1 + \alpha_2 x + \alpha_3 y + \alpha_4 xy = [P]\{\alpha\}\text{ , 여기서 } [P] = [1, x, y, xy] \tag{3.18}$$

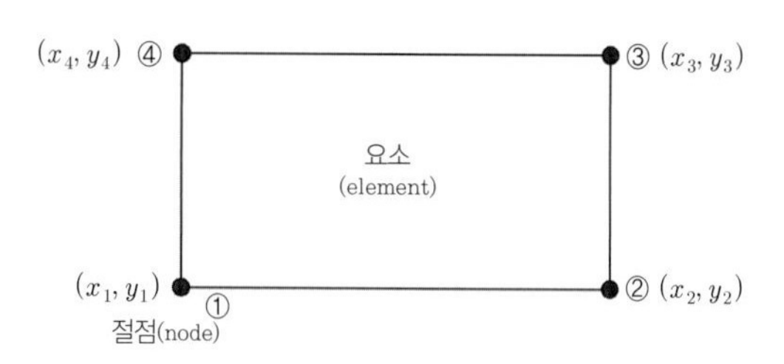

그림 3.15 4절점 4각형 요소

요소절점에 대하여 다음 4개의 식이 성립한다.

$$\begin{aligned}
\phi_1 &= \alpha_1 + \alpha_2 x_1 + \alpha_3 y_1 + \alpha_4 x_1 y_1 \\
\phi_2 &= \alpha_1 + \alpha_2 x_2 + \alpha_3 y_2 + \alpha_4 x_2 y_2 \\
\phi_3 &= \alpha_1 + \alpha_2 x_3 + \alpha_3 y_3 + \alpha_4 x_3 y_3 \\
\phi_4 &= \alpha_1 + \alpha_2 x_4 + \alpha_3 y_4 + \alpha_4 x_4 y_4
\end{aligned} \tag{3.19}$$

위 식들을 다시 쓰면

$$\{\phi\} = [G]\{\alpha\}\text{ 여기서 } [G] = \begin{bmatrix} 1 & x_1 & y_1 & x_1 y_1 \\ 1 & x_2 & y_2 & x_2 y_2 \\ 1 & x_3 & y_3 & x_3 y_3 \\ 1 & x_4 & y_4 & x_4 y_4 \end{bmatrix}$$

$\{\alpha\} = [G]^{-1}\{\phi\}$ 이므로 식 (3.18)에 대입하면, $\phi = [P][G]^{-1}\{\phi\}$

$\phi = [N]\{\phi\}$ 이므로 형상함수 $[N]$은 다음과 같이 정의 된다.

$$[N] = [P][G]^{-1} \tag{3.20}$$

절점좌표 값의 역행렬을 이용하여 형상함수를 연속함수로 나타낼 수 있다.

보간함수의 일반화

보간함수 N은 보통 다항식(polynomials)을 이용하여 표현한다. 다항식은 미분 및 적분 등 수학적 연산이 용이하다. 다항식(ϕ_n)을 이용한 보간함수의 표현은 거동의 물리적 특성에 착안하여 그림 3.16의 배열표를 활용하여 다음과 같이 나타낼 수 있다.

- 1개 독립변수의(1차원) 다항식 $\phi_n(x) = \sum_{i=0}^{n+1} \alpha_i x^i$
- 2개 독립변수의(2차원) 다항식 $\phi_n(x,y) = \sum_{k=0}^{(n+1)(n+2)/2} \alpha_k x^i y^j \qquad i+j \le n$
- 3개 독립변수의(3차원) 다항식 $\phi_n(x,y,z) = \sum_{l=0}^{(n+1)(n+2)(n+3)/6} \alpha_l x^i y^j z^k \qquad i+j+k \le n$

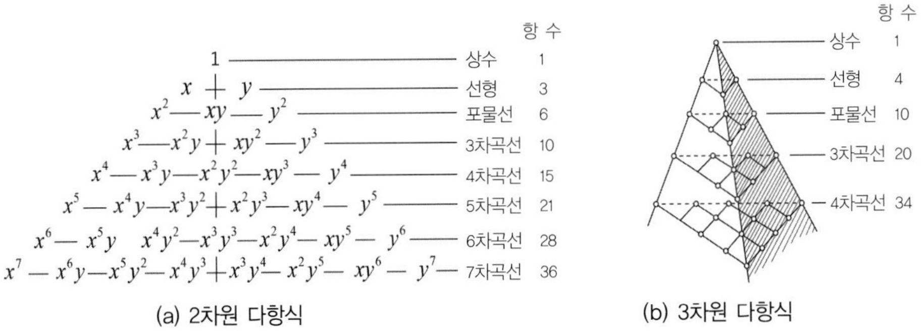

항 수

1 — 상수 1

$x + y$ — 선형 3

$x^2 — xy — y^2$ — 포물선 6

$x^3 — x^2y + xy^2 — y^3$ — 3차곡선 10

$x^4 — x^3y — x^2y^2 — xy^3 — y^4$ — 4차곡선 15

$x^5 — x^4y — x^3y^2 + x^2y^3 — xy^4 — y^5$ — 5차곡선 21

$x^6 — x^5y \quad x^4y^2 — x^3y^3 — x^2y^4 — xy^5 — y^6$ — 6차곡선 28

$x^7 — x^6y — x^5y^2 — x^4y^3 + x^3y^4 — x^2y^5 — xy^6 — y^7$ — 7차곡선 36

(a) 2차원 다항식

항 수

상수 1

선형 4

포물선 10

3차곡선 20

4차곡선 34

(b) 3차원 다항식

그림 3.16 다항식의 구성항 배열표

여기서 α는 보간계수이다. 다항식 계수의 갯수는 이미 알고있는(known) 절점변수의 수와 같도록 취해진다. 일례로 요소가 삼각형 모서리에서 절점을 갖는(3절점) 요소라면 절점변수는 3이고 독립변수는 $2(x,\ y)$이므로 선형거동을 하는 연속변수 ϕ는 $\phi = \alpha_1 + \alpha_2 x + \alpha_3 y$이 된다.

형상함수의 자연좌표계(natural coordinates) 표현

전체좌표계(global coordinates)에 대한 형상함수 $[N]$을 구하기 위해서는 $[G]$의 역행렬을 구하여야 한다. 경우에 따라서는 역행렬이 존재하지 않을 수 있고, 또 모든 요소에 대하여 역행렬을 구하는 문제는 상당한 시간과 컴퓨터 자원을 요한다.

이러한 문제를 해결하기 위하여 좌표계의 범위가 영(0)에서 단위 값(±1) 범위로 분포하는 국부좌표계(local coordinates)인 자연좌표계(natural coordinates)를 도입한다. 자연좌표계는 시스템좌표계를 단위길이가 되도록 정규화한 개념이므로 정규화좌표계라고도 하며, 매핑(mapping)기법을 통해 다시 시스템(전체)좌표계의 값으로 변환할 수 있다. 이런 이유로 자연좌표계를 모좌표계(parent coordinates)라고도 한다.

일례로 그림 3.17의 길이 l인 1차원 요소를 자연좌표계로 나타내보자. 임의 위치 x는 아는 절점좌표 (x_1, x_2)를 이용하여

$$x = \xi x_1 + \eta x_2 \tag{3.21}$$

여기서 $\xi = (x - x_1)/(x_2 - x_1)$, $\eta = (x_2 - x)/(x_2 - x_1)$이다. $0 \le (\xi, \eta) \le 1$이고 $\eta + \xi = 1$(자연 좌표계의 성질)이므로 $x = \xi x_1 + (1-\xi)x_2$로 표시할 수 있다. 따라서 시스템좌표계 'x'는 자연좌표계 'ξ'로 나타낼 수 있다. (ξ, η)은 좌표계 보간함수에 해당한다.

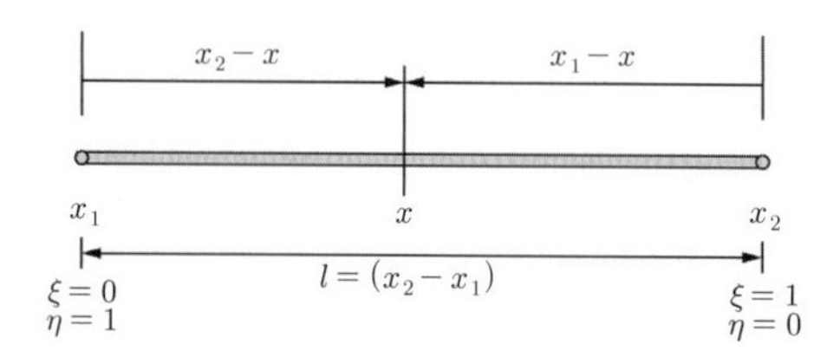

그림 3.17 1차원 요소의 자연좌표계 표현

따라서 요소의 형상함수를 자연좌표계로 표시할 수 있다면 이는 정규화 개념을 고려한 일반화가 가능하여 연산이 편리해진다. 위의 경우 거동은 $u = \xi u_1 + \eta u_2$로 나타낼 수 있다.

NB: 위의 경우 좌표계 보간함수 (ξ, η)는 $x = \xi x_1 + \eta x_2$로, 거동의 형상함수 (ξ, η)는 $u = \xi u_1 + \eta u_2$로 나타난다. 이와 같이 요소의 거동을 표시하는 형상함수가 좌표계의 보간함수와 동일한 요소를 등매개 변수요소(isoparametric elements)라 한다. 등매개 변수 요소는 자연 좌표계와 모 좌표 간 매핑이 편리하며 중간 절점을 갖는 요소의 곡선거동 모사에 유용하다.

3.3.2 주요 유한요소와 형상함수

요소화(finite element descretization)는 유한요소해석의 첫 단계이다. 유한요소 형상의 선택은 대체로 대상문제의 기하학적 형상과 요구되는 해석의 정도에 따라 선택한다. 지반문제에 대한 요구조건은 요소의 형태가 대상문제에 포함되는 모든 가능한 실제상황, 예로 구조물의 곡선 경계면을 사실 그대로 모델링하는 것이다. 여기서는 2차원 요소까지 살펴보고 3차원 요소는 3.5.4절에서 다룬다.

요소의 종류는 재료, 차원, 요소 내 절점 수, 기하학적 형상에 따라 구분할 수 있다. 그림 3.18은 유한요소해석에 주로 사용되는 요소를 보인 것이다.

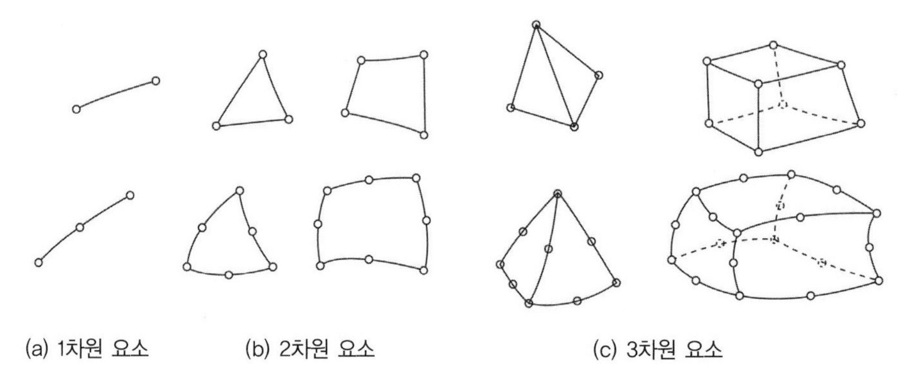

(a) 1차원 요소 (b) 2차원 요소 (c) 3차원 요소

그림 3.18 요소의 종류

각 요소는 표현하고자 하는 거동에 따라 절점자유도가 정해진다. 일례로 전체좌표계와 일치하는 1차원 선 요소로 스프링을 모사할 때는 절점당 축변위만 존재한다. 즉, 1개의 자유도(1-Degree of Freedom, 1-DOF)를 갖는다. 그러나 임의경사의 2차원 트러스를 표현한다면 절점에서 수직 및 수평변위가 가능하므로 2-DOF가 된다. 만일 2차원 보 요소를 표현하는 것이라면 절점 자유도는 회전각을 포함하여 3-DOF가 될 것이다. 3차원 보 요소(플레이트)라면 절점 자유도는 6-DOF가 된다. 요소는 각 절점에서 '(절점 수)×(절점 당 자유도 수)'에 해당하는 절점자유도를 갖는다.

형상함수는 요소의 형상, 절점 자유도에 따라 달라진다. 지반문제의 모델링에 흔히 사용되는 1, 2 및 3차원의 대표적인 요소에 대하여 살펴본다.

1차원 스프링/바 요소

스프링(spring)/바(bar)요소는 절점에서 1개의 자유도 변수(u)를 갖는다. 형상함수는 요소의 총 자유도만큼 필요하다. 그림 3.19 (a)는 1차원 축거동의 1개 거동변수를 2절점 변위로 나타낸 2절점 바 요소이고, 그림 3.19 (b)는 1차원 거동의 1개 거동변수를 3절점변위로 나타낸 3절점 바 요소이다 (축방향 변위를 수직으로 표시한 것임).

- 2절점 요소, $u(x)= N_1 u_1 + N_2 u_2 = [N_1, N_2]\begin{Bmatrix} u_1 \\ u_2 \end{Bmatrix}$ (3.22)

- 3절점 요소, $u(x)= N_1 u_1 + N_2 u_2 + N_3 u_3 = [N_1, N_2, N_3]\begin{Bmatrix} u_1 \\ u_2 \\ u_3 \end{Bmatrix}$ (3.23)

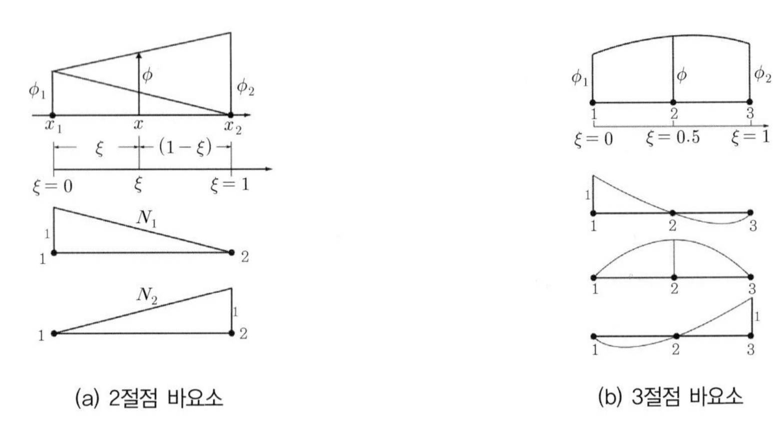

(a) 2절점 바요소 (b) 3절점 바요소

그림 3.19 스프링/바 요소의 형상함수

NB: 바요소 축이 전체 좌표계와 일치하지 않는 경우 각 요소는 전체 좌표계 관점의 2차원 요소가 되며 절점 자유도도 2개가 된다. 예로, $\{u_1\}=\begin{Bmatrix} u_{1x} \\ u_{1y} \end{Bmatrix}$ 이 경우 2절점 요소의 유한요소 근사화는 $\{u\}=\begin{Bmatrix} u_x \\ u_y \end{Bmatrix}=$

$\begin{bmatrix} N_1 & 0 & N_2 & 0 \\ 0 & N_1 & 0 & N_2 \end{bmatrix}\begin{Bmatrix} u_{1x} \\ u_{1y} \\ u_{2x} \\ u_{2y} \end{Bmatrix}$가 된다.

2차원 고체요소(평면변형 요소)

2차원 평면변형요소는 각 절점에서 2개의 자유도(u,v)를 갖는다. n개의 절점을 갖는 평면요소에 대하여

$$u(x)=\sum_{i=1}^{n} N_i u_i,\ \ v(x)=\sum_{i=1}^{n} N_i v_i \tag{3.24}$$

삼각형요소. 삼각형요소는 3절점 일정변형률요소(constant strain element)와 6절점 선형변형률요소(linear strain element)가 주로 사용된다. 일정변형률요소는 삼각형요소 내 변형률이 일정하다고 가정하므로(1차원 변위장) 절점과 절점 간 변형률이 현저하거나 휨(곡선변형)이 야기되는 문제(2차원 변위장)에는 부적합하다. **선형변형률 요소는 실제거동에 가까운 변형률 모사가 가능하다**.

① 3절점 삼각형요소

3절점요소이므로 3개의 형상함수를 이용하여 거동을 정의할 수 있다. 3절점 3각형요소는 절점당 자유도가 2이므로 총 6개의 자유도를 갖는다.

(ξ,η) 좌표계의 삼각형을 그림 3.20과 같이 (x,y) 좌표계로 매핑하면 보간 함수 $N(\xi,\eta)$을 이용하여

$$x = N_1 x_1 + N_2 x_2 + N_3 x_3 \tag{3.25}$$
$$y = N_1 y_1 + N_2 y_2 + N_3 y_3$$

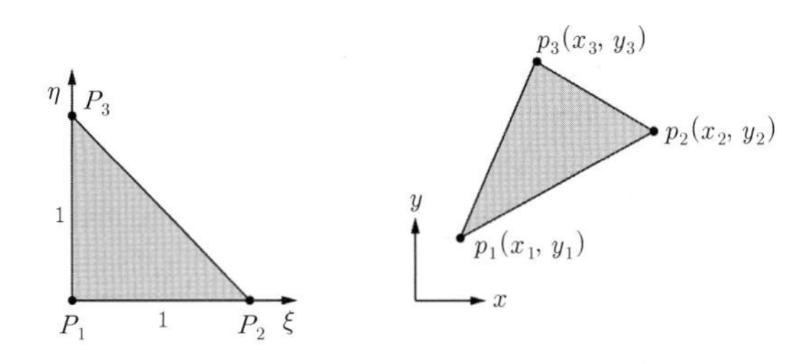

그림 3.20 3절점 삼각형 요소

절점 $P_1(\xi, \eta)$은 $\xi = 0$, $\eta = 0$이고 형상함수 $N_1 = 1$, $N_2 = N_3 = 0$이므로 절점 P_1은 위 매핑함수로 $x = x_1$, $y = y_1$으로 매핑된다. 즉, (0, 0) → (x_1, y_1). 이러한 개념으로 삼각형의 점과 면에 대한 매핑을 시행하면, 보간(형상)함수는 다음과 같이 정의된다.

$$N_1 = 1 - \xi - \eta,\ N_2 = \xi,\ N_3 = \eta$$

$$\begin{Bmatrix} u \\ v \end{Bmatrix} = \begin{bmatrix} N_1 & 0 & N_2 & 0 & N_3 & 0 \\ 0 & N_1 & 0 & N_2 & 0 & N_3 \end{bmatrix} \begin{Bmatrix} u_1 \\ v_1 \\ u_2 \\ v_2 \\ u_3 \\ v_3 \end{Bmatrix} \tag{3.26}$$

② 6절점 삼각형요소

각 절점에서 2개 자유도를 가지므로 총 12개의 절점변위를 갖는다. 6절점 요소이므로 6개의 형상함수로 거동을 정의할 수 있다.

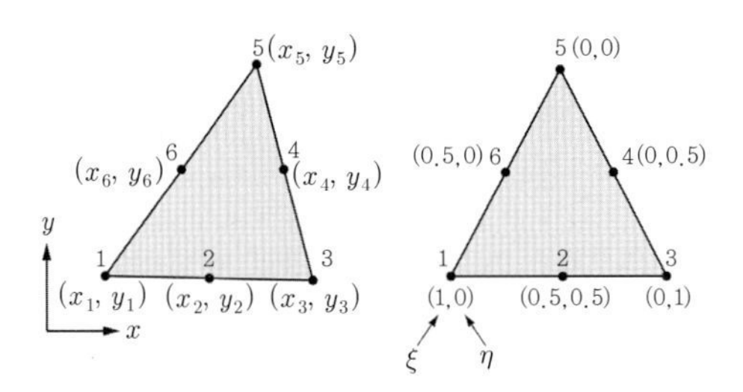

그림 3.21 삼각형요소의 시스템좌표계와 자연좌표계

$$
\begin{Bmatrix} u \\ v \end{Bmatrix} = \begin{bmatrix} N_1 & 0 & N_2 & 0 & N_3 & 0 & N_4 & 0 & N_5 & 0 & N_6 & 0 \\ 0 & N_1 & 0 & N_2 & 0 & N_3 & 0 & N_4 & 0 & N_5 & 0 & N_6 \end{bmatrix} \begin{Bmatrix} u_1 \\ v_1 \\ \vdots \\ u_6 \\ v_6 \end{Bmatrix} \tag{3.27}
$$

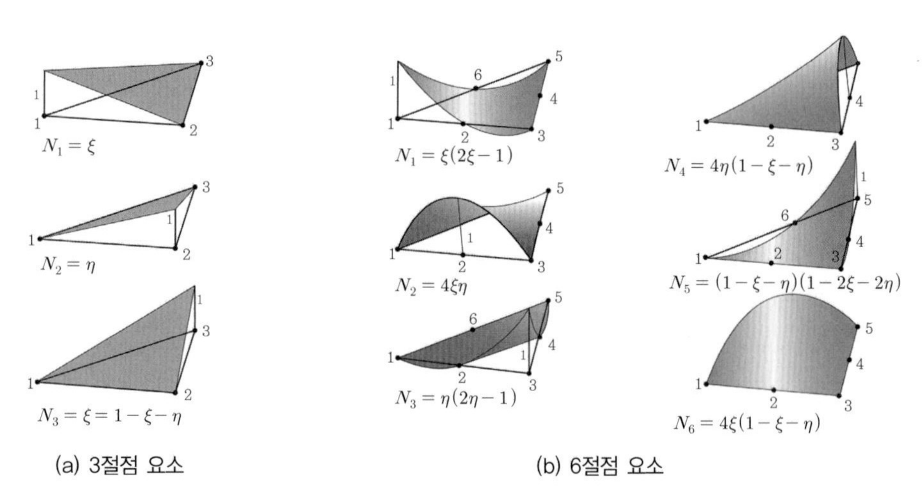

그림 3.22 삼각형요소의 형상함수

사각형요소. 4절점 요소와 8절점요소가 주로 사용되며, **8절점 사각형요소가 실제 변형거동 모사에 더 적합하다**. 그림 3.23과 같이 4절점 요소가 순수 휨 하중을 받는 경우, 절점에서 직접 변형률의 선형변화는 유지될 수 있으나, 절점에서 직각이 유지되지 않을 뿐 아니라 전단응력이 발생하는 문제가 있다.

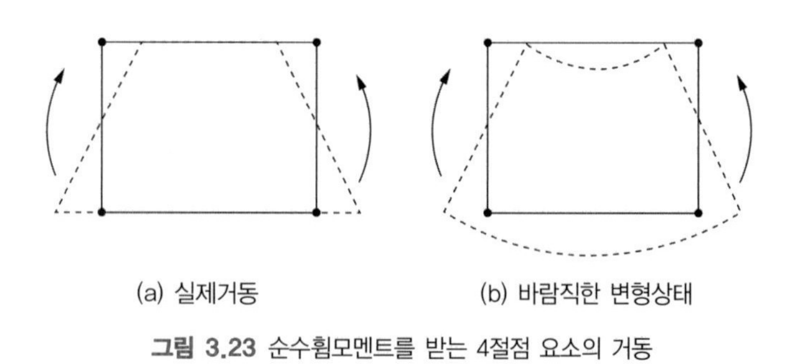

그림 3.23 순수휨모멘트를 받는 4절점 요소의 거동

평면요소 변형률(ϵ_{xx}, ϵ_{yy}, ϵ_{xy})은 2차식의 포물선 형태로 변화한다. 이는 사각형요소에 중간절점을 도입한 8절점 요소로 모사할 수 있다. 8절점 등 파라미터 요소 내 변위는 η과 ξ에 대하여 2차식이 될 것이므로 휨 거동을 정확하게 표현할 수 있다.

① 4절점 사각형요소

4절점 요소이므로 4개의 형상함수로 거동을 정의할 수 있다. 각 절점에서 2개 자유도를 가지므로 총 8개의 절점변위를 갖는다.

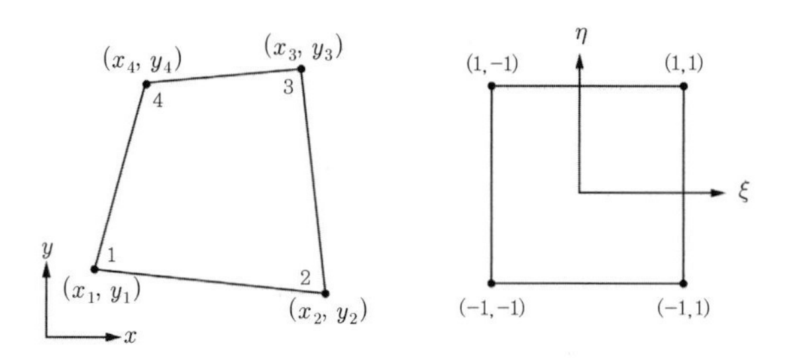

그림 3.24 4절점 사각형요소

$$\begin{Bmatrix} u \\ v \end{Bmatrix} = \begin{bmatrix} N_1 & 0 & N_2 & 0 & N_3 & 0 & N_4 & 0 \\ 0 & N_1 & 0 & N_2 & 0 & N_3 & 0 & N_4 \end{bmatrix} \begin{Bmatrix} u_1 \\ v_1 \\ \vdots \\ u_4 \\ v_4 \end{Bmatrix} \tag{3.28}$$

② 8절점 사각형요소

8절점요소이므로 8개의 형상함수로 거동을 정의할 수 있다. 각 절점에서 2개 자유도를 가지므로 총 16개의 절점변위를 갖는다.

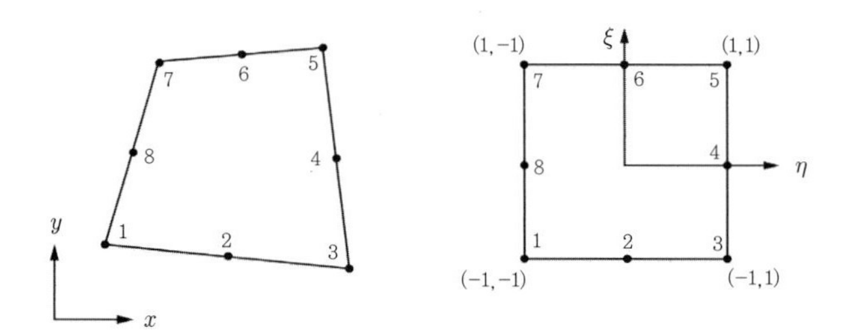

그림 3.25 8점 사각형요소

$$\begin{Bmatrix} u \\ v \end{Bmatrix} = \begin{bmatrix} N_1 & 0 & N_2 & 0 & \cdots & N_8 & 0 \\ 0 & N_1 & 0 & N_2 & \cdots & 0 & N_8 \end{bmatrix} \begin{Bmatrix} u_1 \\ v_1 \\ u_2 \\ v_2 \\ \vdots \\ u_8 \\ v_8 \end{Bmatrix} \tag{3.29}$$

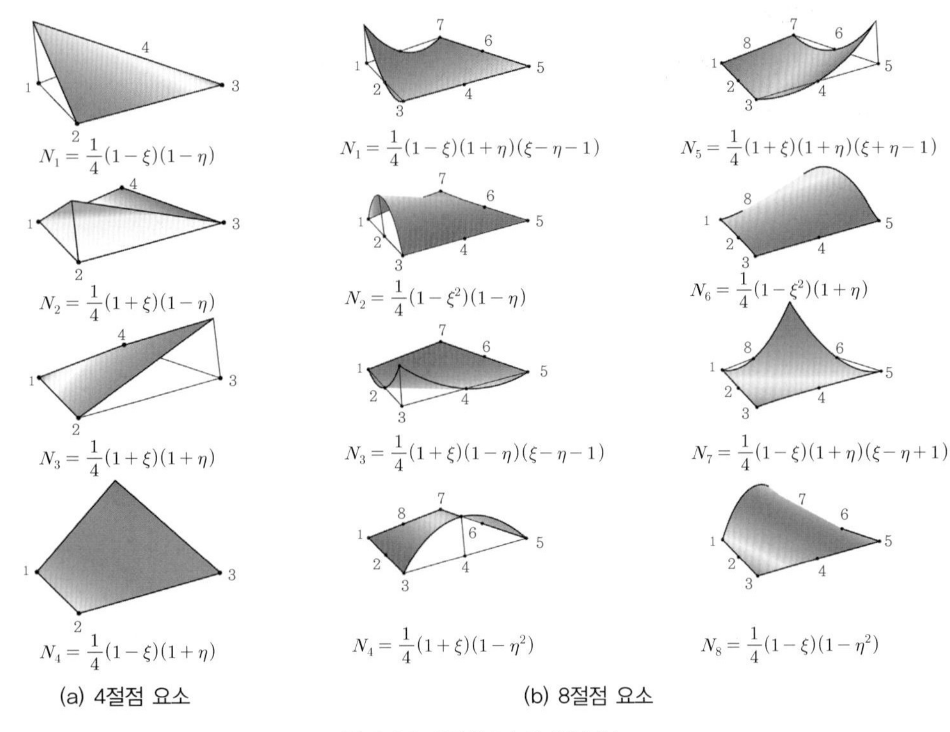

(a) 4절점 요소 (b) 8절점 요소

그림 3.26 사각형요소의 형상함수

3절점 직선보 요소

많은 지반문제가 구조물과 복합적으로 다루어지므로, 구조물의 강성행렬에 대한 구체적 고찰이 필요하다. 지반요소와 구조물요소가 접하는 **지반-구조물 상호작용문제의 경우 접합부에서 절점 간 역학적 연속성이 성립하여야 한다**. 또한 접합부에서 강성의 차이로 분리거동(gap)이 생길 수 있으므로 이를 고려하는 요소에 대한 고찰도 필요하다.

축방향 변위를 무시하면 보 요소의 자유도는 절점 당 2개씩(수직변위, 회전각) $\{\omega, \theta\}$ 총 6개이다. 이때 구성행렬은 평면변형문제이므로 $[D]=[2\times 2]$ 이 된다. 보 요소의 형상함수는 그림 3.27과 같다.

$$\begin{Bmatrix} w \\ \theta \end{Bmatrix} = \begin{bmatrix} N_1 & 0 & N_2 & 0 & N_3 & 0 \\ 0 & N_1 & 0 & N_2 & 0 & N_3 \end{bmatrix} \begin{Bmatrix} w_1 \\ \theta_1 \\ w_2 \\ \theta_2 \\ w_3 \\ \theta_3 \end{Bmatrix} \tag{3.30}$$

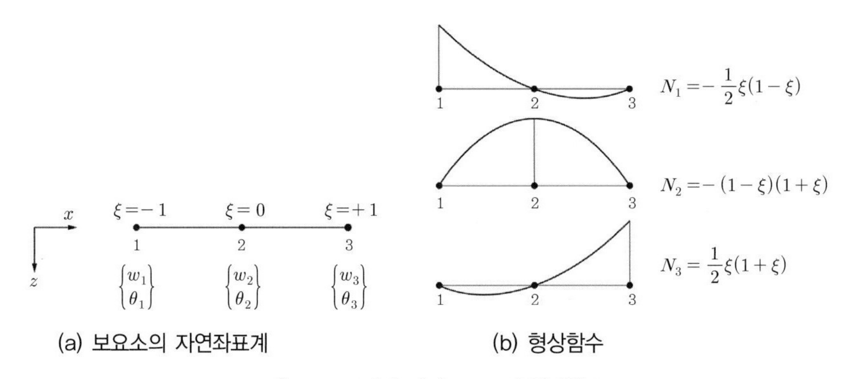

그림 3.27 3절점 직선보요소의 형상함수

3절점 Mindlin 곡선보 및 쉘요소

구조물은 차원에 따라 적절히 선택되어야 하나 2차원 모델링의 경우 보 요소는 3절점 등파라미터 곡선형 Mindlin 보 요소가 편리하다. 3절점 등파라미터 곡선형 Mindlin 보 요소는 8절점 2D 사각형요소와 적합조건이 만족된다. 그림 3.28과 같이 자연좌표계(natural coordinates)와 전체좌표계에서 나타낼 수 있다.

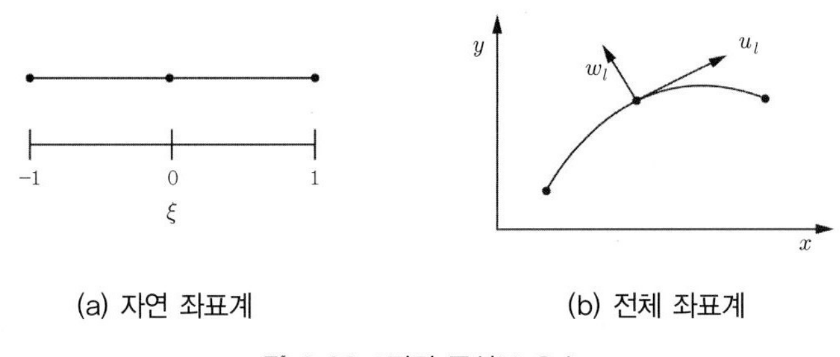

그림 3.28 3절점 곡선보 요소

형상함수는 3절점 직선보 요소와 동일하다. 이 요소를 평면변형 및 축대칭문제의 해석에 적용하면 쉘(shell) 요소가 된다.

NB: 보 요소에서는 큰 강성으로 인해 변위가 억제되는 현상이 나타날 수 있는데, 이를 록킹(locking)현상이라 한다. 이는 감차적분(reduced integration, 수치적분 참조)과 실제거동에 부합하는 대체 형상함수(N)를 채용함으로써 해소할 수 있다. 그림 3.29의 점선과 같이 요소 단부 절점의 형상함수는 직선으로, 중간절점의 형상함수를 상수로 나타낸 대체 형상함수가 더 좋은 결과를 주는 것으로 알려져 있다.

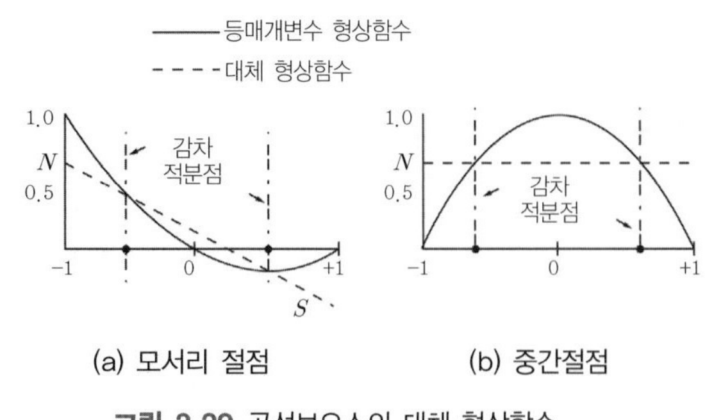

그림 3.29 곡선보요소의 대체 형상함수

멤브레인 요소

보 요소는 휨모멘트나 전단력을 전달하지 못하는 요소로 변환시킬 수 있다. 평면변형 문제나 축대칭문제에서 멤브레인(membrane)요소는 절점이 핀(pin)으로 연결된 요소표면의 접선방향 힘만을 전달하는 구조체로 모델링할 수 있다. 멤브레인 요소는 인장력만을 허용하므로 지오텍스타일(geofabric)의 거동모사에 유용하다.

평면변형 그리고 축대칭해석에 있어서 멤브레인 요소는 요소면에 접선방향으로만 힘(membrane forces)을 전달할 수 있다. 궁극적으로 스프링요소와 유사하지만 기하학적으로 곡선형 요소를 포함할 수 있다는 점이 다르다. 멤브레인 요소는 전체(global) 좌표계에서 절점당 2개의 자유도(u, w)를 갖는다. 평면변형조건에서는 오직 1개의 변형률성분, 즉 종방향 변형률 $\{\epsilon_l\}$만 갖는다. 축대칭조건에서는 여기에 원주방향 변형률$\{\epsilon_\psi\}$(circumferential strain)이 추가된다(앞에서 다룬 Mindlin 보의 정의와 같다).

3.3.3 유한요소 정식화

거동의 형상함수 및 응력-변형 구성관계가 파악되었다면 절점거동을 미지수로 한 유한요소방정식을 구할 수 있는데, 이 과정을 **유한요소정식화(finite element formulation)**라 한다. 유도된 정식은 시스템과 요소 모두에 대하여도 성립한다. 유한요소 정식화는 다음과 같은 방법들을 이용할 수 있다.

- 직접 강성법(direct stiffness method) (3.2절)
- 변분법(variational method)
- 가중잔차법(method of weighted residuals, MWR)

직접강성법은 힘과 변위의 관계로부터 요소의 방정식을 구성하는 방법으로서 이미 3.2절 매트릭스해석에서 다루었다. 변분법은 변분원리(variational calculus)에 의해 시스템의 거동을 정의하는 범함수[함수의 함수(functionals), 예 함수, $\phi=f(x_1,x_2\cdots)$, 범함수(예, $\Pi=f(\phi_1,\phi_2\cdots)$)]를 최대 또는 최소화($\delta\Pi=0$)하는 조건을 이용하여 유한요소방정식을 얻는 방법이다. 역학문제의 경우 시스템 총에너지를 범함수로 고려할 수 있다.

가중잔차법은 편미분 방정식($\Pi(\phi)-f=0$)의 근사해법중의 하나이다. 지배방정식에 대한 시행해($\overline{\phi}$)를 가정하면 시행해는 방정식을 정확히 만족시키지 못하여 오차를 야기한다. 이때 시행해와 정해의 차이를 잔차(residual), $R(=\Pi(\overline{\phi})-f)$이라 하며 잔차를 최소화하는 조건으로 정식을 얻는다.

유한요소법은 흐름, 물질이동, 전도 등 다양한 분야에 적용되고 있어, 책마다 다른 기술방식과 분야별 선호양식이 있다. 이에 대한 보다 구체적인 내용은 다른 책을 참고 바란다. 범용적인 이론유도는 편미분 방정식의 근사해를 구하는 가중잔차법이 많이 사용된다. 여기서는 보다 직접적인 물리적 의미를 줄 수 있는 에너지함수의 변분원리를 통해 정식화 과정을 살펴보기로 한다.

변분법에 의한 유한요소방정식 정식화

변분법을 이용하여 보다 일반적인 상황에 대하여 지반공학에 흔히 사용되는 유한요소방정식을 구하는 과정을 살펴보자. 우리에게 익숙한 에너지함수를 시스템을 지배하는 지배방정식, 즉 범함수(function of functions)로 채택하면 이 경우 변분원리는 최소일의 원리와 개념적으로 같다. 그림 3.30과 같이 면적 Ω^e, 경계면 Γ^e인 요소를 고려하자.

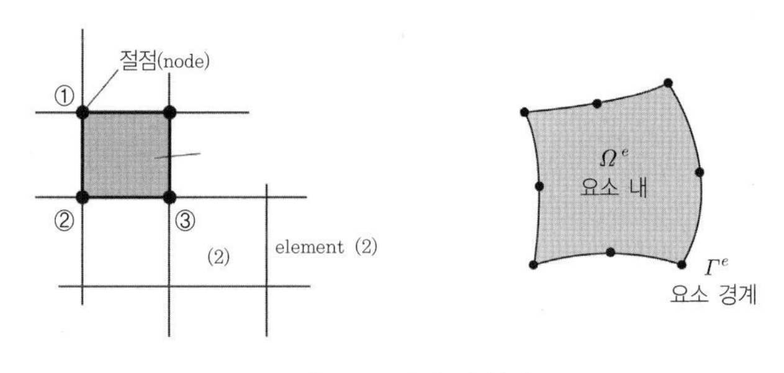

그림 3.30 요소의 정의

요소경계에 하중 $\{T\}$와 $\{F^e\}$가 작용할 때 내부 및 외부에너지 총합은 다음과 같다.

$$\Pi=\frac{1}{2}\int_{\Omega^e}\{\epsilon\}\{\sigma\}d\Omega-\int_{\Gamma^e}\{u\}\{T\}d\Gamma-\{u^e\}\{F^e\} \quad (3.31)$$

여기서 $\{T\}$: 요소 경계에서 분포하중의 세기, $\{u^e\}$: 요소 경계의 변위, $\{u\}=[N]\{u^e\}$ 또는 $\{u\}=\{u^e\}[N]^T$, $[N]$: 요소의 형상함수이다.

구성관계 $\{\sigma\}=[D]\{\epsilon\}$와 변형률-절점변위 관계 $\{\epsilon\}=[B]\{u^e\}$를 대입하면

$$\Pi = \frac{1}{2}\int_{\Omega^e}\{u^e\}[B]^T[D][B]\{u^e\}d\Omega - \int_{\Gamma^e}\{u^e\}[N]^T\{T\}d\Gamma - \{u^e\}\{F^e\} \tag{3.32}$$

$\{u^e\}$는 좌표의 함수가 아니므로

$$\Pi = \{u^e\}\left(\frac{1}{2}\int_{\Omega^e}[B]^T[D][B]d\Omega\{u^e\} - \int_{\Gamma^e}[N]^T\{T\}d\Gamma - \{F^e\}\right)$$

변분을 취하면 다음과 같이 나타난다.

$$\delta\Pi = \{\delta u^e\}\left(\int_{\Omega^e}[B]^T[D][B]d\Omega\{u^e\} - \int_{\Gamma^e}[N]^T\{T\}d\Gamma - \{F^e\}\right) = 0$$

이 등식이 성립되기 위해서는 괄호 안의 값이 제로가 되어야 한다.

$$\int_{\Omega^e}[B]^T[D][B]d\Omega\{u^e\} - \int_{\Gamma^e}[N]^T\{T\}d\Gamma - \{F^e\} = 0 \tag{3.33}$$

이를 다음과 같이 간략히 표시할 수 있다.

$$[K^e]\{u^e\} = \{F^e\} + \{F^d\} = \{R^e\} \tag{3.34}$$

여기서, $[K^e] = \int_{\Omega^e}[B]^T[D][B]d\Omega$: 요소 강성행렬, $\{F^d\} = \int_{\Gamma^e}[N]^T\{T\}d\Gamma$: 분포하중 벡터.

3.3.4 요소 강성행렬

유한요소 정식화에서 강성은 다음의 적분식으로 표현된다. 강성행렬을 구하기 위해서는 구성행렬 $[D]$와 변형률-변위 연계행렬 $[B]$가 필요하며, 요소의 면적적분이 수행되어야 한다.

$$[K^e] = \int_A [B]^T[D][B]dA \tag{3.35}$$

구성행렬 $[D]$

구성행렬 $[D]$는 이미 제1권 5장에서 다루었다. 유효응력 $\{\sigma\}$에 대하여 $\{\sigma\} = [D]\{\epsilon\}$로 정의되므로, $[D]$는 요소의 유효응력 파라미터로 정의할 수 있다. 대표적인 요소에 대한 구성식은 다음과 같다.

① 1차원 스프링, 바요소. $\{\epsilon\}=\{\epsilon_{xx}\}$ 이므로

$$[D]=k : \text{스프링요소},\ [D]=\frac{EA}{L} : \text{바요소}$$

② 2차원 고체(solid) 요소. $\{\epsilon\}=\{\epsilon_{xx},\ \epsilon_{yy},\ \epsilon_{xy}\}$

$$\text{평면 변형조건} : [D]=\frac{E}{1-\nu^2}\begin{bmatrix} 1 & \nu & 0 \\ \nu & 1 & 0 \\ 0 & 0 & \frac{1-\nu}{2} \end{bmatrix} \tag{3.36}$$

③ 2차원 보요소의 구성행렬. 보 요소의 구성방정식은 일반적인 쉘(shell)요소로부터 취할 수 있다. 평면변형조건과 축대칭응력조건을 생각할 수 있는데, 평면변형조건의 경우 변형률 성분은 $\{\epsilon\}=\{\epsilon_l,\ \chi_l,\ \gamma\}$ 이며, 따라서 구성방정식은 $[D]=[3\times 3]$ 이며 다음과 같다(여기서 ϵ_l:축방향 변형률, χ_l:휨 변형률, γ:전단변형률, K는 전단보정계수이다).

$$[D]=\begin{bmatrix} \frac{EA}{1-\nu^2} & 0 & 0 \\ 0 & \frac{EI}{1-\nu^2} & 0 \\ 0 & 0 & KGA \end{bmatrix} \tag{3.37}$$

축대칭의 경우 원주방향(ψ)의 힘과 모멘트 항이 추가되어 변형률은 $\{\epsilon\}=\{\epsilon_l,\ \chi_l,\ \gamma,\ \epsilon_\psi,\ \chi_\psi\}$이 되며 구성방정식은 5×5가 된다. 평면변형조건에서는 $\epsilon_\psi=\chi_\psi=0$이다. 등방탄성거동 가정 시 축대칭인 경우의 구성행렬은 다음과 같다.

$$[D]=\begin{bmatrix} \frac{EA}{1-\nu^2} & 0 & 0 & \frac{EA\nu}{1-\nu^2} & 0 \\ 0 & \frac{EI}{1-\nu^2} & 0 & 0 & \frac{EI\nu}{1-\nu^2} \\ 0 & 0 & KGA & 0 & 0 \\ \frac{EA\nu}{1-\nu^2} & 0 & 0 & \frac{EA}{1-\nu^2} & 0 \\ 0 & \frac{EI\nu}{1-\nu^2} & 0 & 0 & \frac{EI}{1-\nu^2} \end{bmatrix} \tag{3.38}$$

여기서 I는 단면2차 모멘트, A는 단면적(평면변형률해석-단위단면적)이다. 휨모멘트를 받는 보에서 전단응력분포는 비선형이다. 그러나 편의상 1개의 대표값으로 전단변형률을 나타내기 위해 보정계수 K를 도입한다. K는 단면형상에 따라 달라지며 사각형보의 경우 $K=5/6$이다.

단면이 작고 긴 보의 경우 휨변형이 거동을 지배하며 해는 K 값에 거의 영향을 받지 않는다.

$$\epsilon_l = \frac{du_l}{dl} - \frac{w_l}{R} \tag{3.39}$$

축대칭해석에서는

$$\epsilon_\psi = -\frac{u}{r_o} \tag{3.40}$$

구성행렬은 $\{\epsilon_l, \epsilon_\psi\}$에 대하여

$$[D] = \begin{bmatrix} \frac{EA}{(1-\nu^2)} & \frac{EA\nu}{(1-\nu^2)} \\ \frac{EA\nu}{(1-\nu^2)} & \frac{EA}{(1-\nu^2)} \end{bmatrix} \tag{3.41}$$

④ 멤브레인요소(membrane element). 멤브레인 요소의 유한요소 정식화과정은 u, r_o에 대한 등매개변수요소로 보와 거의 같다. 이 요소는 스프링요소에 비해 최대축력 설정 및 탄소성거동 모사가 가능한 장점이 있다. 특히 축대칭해석에서는 축력(hoop force)을 설정할 수 있어 스프링요소의 한계를 극복할 수 있다.

요소의 면적적분(등매개변수 요소)

각 요소에 대한 면적적분은 용이하지 않으므로 수치적분법을 도입한다. 이는 등매개변수요소(isoparametric element)개념을 도입함으로써 가능하다. 등매개변수 요소란 요소의 기하학적 형상(geometry)과 거동(behavior)을 동일한 형상함수로 나타낸 요소를 말한다. 즉, 다음이 성립한다.

$$x = [N]\{x_i\} \tag{3.42}$$
$$u = [N]\{u_i\}$$

기하학적 형상과 거동을 동일한 함수로 정의하는 등매개변수 요소는 2차 이상의 고차요소의 경우, 등매개변수 보간에 의해서 곡선좌표계(curvilinear coordinates)와 직각좌표계 간의 매핑이 가능하므로 곡선요소의 표현에 유리하다.

등 매개변수요소는 그림 3.31과 같이 자연좌표계로 정규화하여 나타낼 수 있다. 요소강성은 자연좌표계에서 산정하여 전체좌표계로 매핑(mapping)하는 개념이 된다.

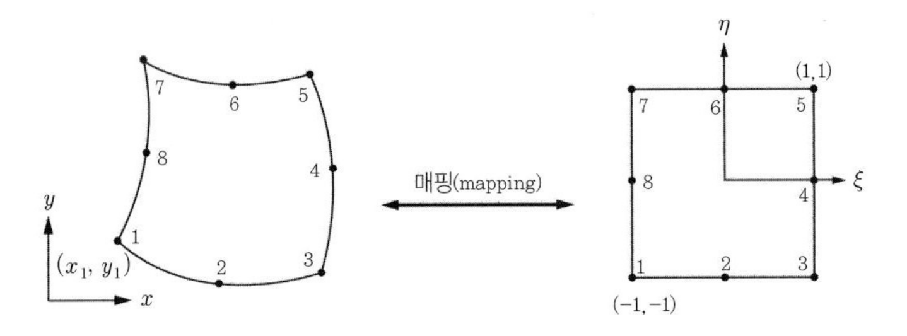

그림 3.31 글로벌 좌표계와 모 좌표계 간 관계

좌표계 매핑. 2차원 요소에 대하여 그림 3.32에서 전체 좌표계에서 면적은 $dA = dxdy$이다.

$$\overrightarrow{PQ} = \left\{ \frac{\partial x}{\partial \xi} d\xi, \frac{\partial y}{\partial \xi} d\xi \right\}$$

$$\overrightarrow{PR} = \left\{ \frac{\partial x}{\partial \eta} d\eta, \frac{\partial y}{\partial \eta} d\eta \right\}$$

$$|J| = \begin{vmatrix} \frac{\partial x}{\partial \xi} & \frac{\partial y}{\partial \xi} \\ \frac{\partial x}{\partial \eta} & \frac{\partial y}{\partial \eta} \end{vmatrix} = \frac{\partial x}{\partial \xi}\frac{\partial y}{\partial \eta} - \frac{\partial y}{\partial \xi}\frac{\partial x}{\partial \eta}, \text{ 또 } dA = \overrightarrow{PQ} \cdot \overrightarrow{PR} = |\overrightarrow{PQ}| \times |\overrightarrow{PR}| \sin\theta = |J| d\xi d\eta \tag{3.43}$$

$dA = dxdy = |J| d\xi d\eta$이며, $|J|$를 Jacobian Matrix라 한다.

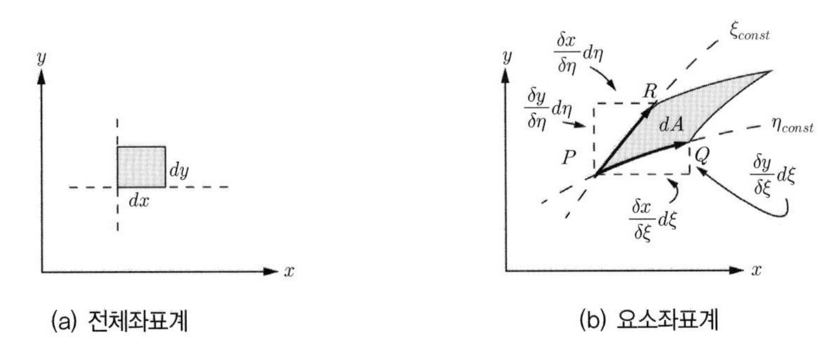

그림 3.32 요소의 사상(mapping)과 면적변환

등매개변수요소(isoparametric elements)는 다음이 성립하므로

$$x = N_1 x_1 + N_2 x_2 + \cdots + N_n x_n \tag{3.44}$$

$$y = N_1 y_1 + N_2 y_2 + \cdots + N_n y_n$$

따라서 $|J|$ 결정에 필요한 성분은 다음과 같이 형상함수의 미분치와 절점 좌표값으로 결정된다.

$$\frac{\partial x}{\partial \xi} = \sum_{i=1}^{n} \frac{\partial N_i}{\partial \xi} x_i, \ \frac{\partial y}{\partial \xi} = \sum_{i=1}^{n} \frac{\partial N_i}{\partial \xi} y_i, \ \frac{\partial x}{\partial \eta} = \sum_{i=1}^{n} \frac{\partial N_i}{\partial \eta} x_i, \ \frac{\partial y}{\partial \eta} = \sum_{i=1}^{n} \frac{\partial N_i}{\partial \eta} y_i \tag{3.45}$$

변형률-변위관계 행렬 : [B]

평면변형조건의 변형률-변위관계는

$$\begin{Bmatrix} \epsilon_x \\ \epsilon_y \\ \gamma_{xy} \end{Bmatrix} = \begin{Bmatrix} \dfrac{\partial u}{\partial x} \\ \dfrac{\partial v}{\partial y} \\ \dfrac{\partial u}{\partial y} + \dfrac{\partial v}{\partial x} \end{Bmatrix} = [B]\{u_i\} \tag{3.46}$$

n절점 요소

$$\{\epsilon\} = \begin{Bmatrix} \epsilon_x \\ \epsilon_y \\ \gamma_{xy} \end{Bmatrix} = \begin{bmatrix} \dfrac{\partial N_1}{\partial x} & 0 & \dfrac{\partial N_2}{\partial x} & 0 & \cdots & \dfrac{\partial N_n}{\partial x} & 0 \\ 0 & \dfrac{\partial N_1}{\partial y} & 0 & \dfrac{\partial N_2}{\partial y} & \cdots & 0 & \dfrac{\partial N_n}{\partial y} \\ \dfrac{\partial N_1}{\partial y} & \dfrac{\partial N_1}{\partial x} & \dfrac{\partial N_2}{\partial y} & \dfrac{\partial N_2}{\partial x} & \cdots & \dfrac{\partial N_n}{\partial y} & \dfrac{\partial N_n}{\partial x} \end{bmatrix} \begin{Bmatrix} u_1 \\ v_1 \\ u_2 \\ v_2 \\ \bullet \\ \bullet \\ \bullet \\ u_n \\ v_n \end{Bmatrix} \tag{3.47}$$

$$\{\epsilon\} = [B]\{u^e\} \tag{3.48}$$

식 (3.47)에서 등매개변수는 $N = f(\xi, \eta)$이므로 $\dfrac{\partial N_i}{\partial x}$와 $\dfrac{\partial N_i}{\partial y}$를 바로 구할 수 없다. 전체 좌표계와 요소 좌표계 간 관계를 기초로 이 미분을 풀기 위해 다음의 Chain Rule을 적용하면

$$dN_i = \frac{\partial N_i}{\partial x} dx + \frac{\partial N_i}{\partial y} dy \tag{3.49}$$

식 (3.49)를 각각 ξ와 η로 편미분하면

$$\frac{\partial N_i}{\partial \xi} = \frac{\partial x}{\partial \xi}\frac{\partial N_i}{\partial x} + \frac{\partial y}{\partial \xi}\frac{\partial N_i}{\partial y}$$

$$\frac{\partial N_i}{\partial \eta} = \frac{\partial x}{\partial \eta}\frac{\partial N_i}{\partial x} + \frac{\partial y}{\partial \eta}\frac{\partial N_i}{\partial y}$$

$$\begin{Bmatrix} \dfrac{\partial N_i}{\partial \xi} \\ \dfrac{\partial N_i}{\partial \eta} \end{Bmatrix} = \begin{bmatrix} \dfrac{\partial x}{\partial \xi} & \dfrac{\partial y}{\partial \xi} \\ \dfrac{\partial x}{\partial \eta} & \dfrac{\partial y}{\partial \eta} \end{bmatrix} \begin{Bmatrix} \dfrac{\partial N_i}{\partial x} \\ \dfrac{\partial N_i}{\partial y} \end{Bmatrix} \tag{3.50}$$

식 (3.50)으로부터 $[B]$ 의 구성성분을 다음과 같이 산정할 수 있다.

$$\begin{Bmatrix} \dfrac{\partial N_i}{\partial x} \\ \dfrac{\partial N_i}{\partial y} \end{Bmatrix} = \frac{1}{|J|} \begin{bmatrix} \dfrac{\partial x}{\partial \xi} & -\dfrac{\partial y}{\partial \xi} \\ -\dfrac{\partial x}{\partial \eta} & \dfrac{\partial y}{\partial \eta} \end{bmatrix} \begin{Bmatrix} \dfrac{\partial N_i}{\partial \xi} \\ \dfrac{\partial N_i}{\partial \eta} \end{Bmatrix} \tag{3.51}$$

$$\frac{\partial N_i}{\partial x} = \frac{1}{|J|}\left\{\frac{\partial x}{\partial \xi}\frac{\partial N_i}{\partial \xi} - \frac{\partial y}{\partial \xi}\frac{\partial N_i}{\partial \eta}\right\} = \frac{1}{|J|}\left\{\left(\sum_{i=1}^{n}\frac{\partial N_i}{\partial \xi}x_i\right)\frac{\partial N_i}{\partial \xi} - \left(\sum_{i=1}^{n}\frac{\partial N_i}{\partial \xi}y_i\right)\frac{\partial N_i}{\partial \eta}\right\} \tag{3.52}$$

$$\frac{\partial N_i}{\partial y} = \frac{1}{|J|}\left\{-\frac{\partial x}{\partial \eta}\frac{\partial N_i}{\partial \xi} + \frac{\partial y}{\partial \eta}\frac{\partial N_i}{\partial \eta}\right\} = \frac{1}{|J|}\left\{-\left(\sum_{i=1}^{n}\frac{\partial N_i}{\partial \eta}x_i\right)\frac{\partial N_i}{\partial \xi} + \left(\sum_{i=1}^{n}\frac{\partial N_i}{\partial \eta}y_i\right)\frac{\partial N_i}{\partial \eta}\right\}$$

여기서 $|J| = \begin{vmatrix} \dfrac{\partial x}{\partial \xi} & \dfrac{\partial y}{\partial \xi} \\ \dfrac{\partial x}{\partial \eta} & \dfrac{\partial y}{\partial \eta} \end{vmatrix} = \dfrac{\partial x}{\partial \xi}\dfrac{\partial y}{\partial \eta} - \dfrac{\partial y}{\partial \xi}\dfrac{\partial x}{\partial \eta}$ (3.53)

$$\frac{\partial x}{\partial \xi} = \sum_{i=1}^{n}\frac{\partial N_i}{\partial \xi}x_i,\ \frac{\partial y}{\partial \xi} = \sum_{i=1}^{n}\frac{\partial N_i}{\partial \xi}y_i,\ \frac{\partial x}{\partial \eta} = \sum_{i=1}^{n}\frac{\partial N_i}{\partial \eta}x_i,\ \frac{\partial y}{\partial \eta} = \sum_{i=1}^{n}\frac{\partial N_i}{\partial \eta}y_i$$

면적적분은 $dA = dxdy = |J|\,d\xi d\eta$ 이므로 요소강성행렬은 다음과 같이 변환된다.

$$[K^e] = \int_A [B]^T[D][B]dA = \int_{-1}^{+1}\int_{-1}^{+1}[B]^T[D][B]|J|\,d\xi d\eta \tag{3.54}$$

NB: 요소의 적분식을 ξ, η의 정규화 좌표계로 정의함으로써 수치적분의 일반화가 가능해진다. 즉, 컴퓨터는 미리 프로그래밍 된 형상함수, 미분행렬, 입력물성, 절점 좌표값을 이용하여 수치적분을 수행하여 강성행렬을 구한다.

예제 그림 3.33의 밑변 B, 높이 H인 3절점 삼각형 요소의 $[B]$ 행렬을 구해보자. 삼각형요소에 대하여 $N_1 = 1-\xi-\eta$, $N_2 = \xi$, $N_3 = \eta$ 세 절점의 좌표가 (x_i, y_i)이며, 여기서 $i = 1,2,3$이다.

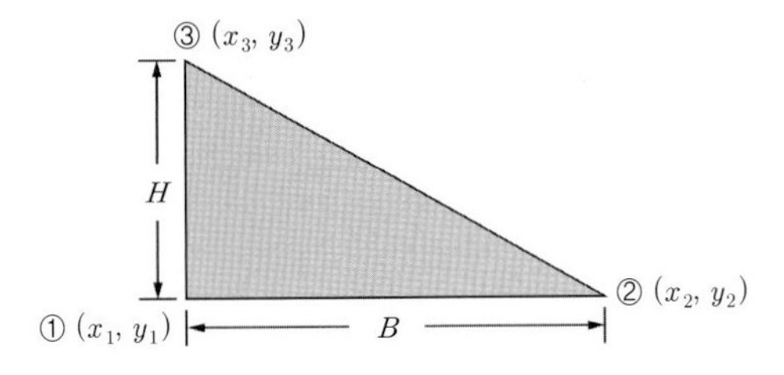

그림 3.33 폭 B, 높이 H인 삼각형요소

풀이 먼저 Jacobian 행렬을 구해보면

$$\frac{\partial x}{\partial \xi}=\sum_{i=1}^{n}\frac{\partial N_i}{\partial \xi}x_i=-1\times x_1+1\times x_2-0\times x_3=x_2-x_1=B$$

$$\frac{\partial y}{\partial \xi}=\sum_{i=1}^{n}\frac{\partial N_i}{\partial \xi}y_i=-1\times y_1+1\times y_2-0\times y_3=y_2-y_1=0$$

$$\frac{\partial x}{\partial \eta}=\sum_{i=1}^{n}\frac{\partial N_i}{\partial \eta}x_i=-1\times x_1+0\times x_2+1\times x_3=x_3-x_1=0$$

$$\frac{\partial y}{\partial \eta}=\sum_{i=1}^{n}\frac{\partial N_i}{\partial \eta}y_i=-1\times y_1+0\times y_2+1\times y_3=y_3-y_1=H$$

$$|J|=(x_2-x_1)(y_3-y_1)-(x_3-x_1)(y_2-y_3)=BH$$

평면변형요소의 $[B]$ 매트릭스는, $[B]=\begin{bmatrix}\frac{\partial N_1}{\partial x} & 0 & \frac{\partial N_2}{\partial x} & 0 & \frac{\partial N_3}{\partial x} & 0\\ 0 & \frac{\partial N_1}{\partial y} & 0 & \frac{\partial N_2}{\partial y} & 0 & \frac{\partial N_3}{\partial y}\\ \frac{\partial N_1}{\partial y} & \frac{\partial N_1}{\partial x} & \frac{\partial N_2}{\partial y} & \frac{\partial N_2}{\partial x} & \frac{\partial N_3}{\partial y} & \frac{\partial N_3}{\partial x}\end{bmatrix}$

$$\frac{\partial N_i}{\partial x}=\frac{1}{|J|}\left\{\left(\sum_{l=1}^{n}\frac{\partial N_l}{\partial \xi}x_l\right)\frac{\partial N_i}{\partial \xi}-\left(\sum_{l=1}^{n}\frac{\partial N_l}{\partial \xi}y_l\right)\frac{\partial N_i}{\partial \eta}\right\}$$

$$\frac{\partial N_i}{\partial y}=\frac{1}{|J|}\left\{-\left(\sum_{l=1}^{n}\frac{\partial N_l}{\partial \eta}x_l\right)\frac{\partial N_i}{\partial \xi}+\left(\sum_{l=1}^{n}\frac{\partial N_l}{\partial \eta}y_l\right)\frac{\partial N_i}{\partial \eta}\right\}$$

$$\frac{\partial N_1}{\partial \xi}=-1,\ \frac{\partial N_1}{\partial \eta}=-1,\ \frac{\partial N_2}{\partial \xi}=1,\ \frac{\partial N_2}{\partial \eta}=0,\ \frac{\partial N_3}{\partial \xi}=0,\ \frac{\partial N_3}{\partial \eta}=1$$

$$\sum_{i=1}^{n}\frac{\partial N_i}{\partial \xi}x_i=B,\ \sum_{i=1}^{n}\frac{\partial N_i}{\partial \xi}y_i=0,\ \sum_{i=1}^{n}\frac{\partial N_i}{\partial \eta}x_i=0,\ \sum_{i=1}^{n}\frac{\partial N_i}{\partial \eta}y_i=H$$

$$\frac{\partial N_1}{\partial x}=\frac{1}{|J|}\left\{\left(\sum_{i=1}^{n}\frac{\partial N_i}{\partial \xi}x_i\right)\frac{\partial N_1}{\partial \xi}-\left(\sum_{i=1}^{n}\frac{\partial N_i}{\partial \xi}y_i\right)\frac{\partial N_1}{\partial \eta}\right\}=\frac{1}{BH}(-B)$$

$$\frac{\partial N_2}{\partial x}=\frac{1}{|J|}\left\{\left(\sum_{l=1}^{n}\frac{\partial N_l}{\partial \xi}x_l\right)\frac{\partial N_2}{\partial \xi}-\left(\sum_{l=1}^{n}\frac{\partial N_l}{\partial \xi}y_l\right)\frac{\partial N_2}{\partial \eta}\right\}=\frac{1}{BH}(B)$$

$$\frac{\partial N_3}{\partial x}=\frac{1}{|J|}\left\{\left(\sum_{l=1}^{n}\frac{\partial N_l}{\partial \xi}x_l\right)\frac{\partial N_3}{\partial \xi}-\left(\sum_{l=1}^{n}\frac{\partial N_l}{\partial \xi}y_l\right)\frac{\partial N_3}{\partial \eta}\right\}=0$$

$$\frac{\partial N_1}{\partial y}=\frac{1}{|J|}\left\{-\left(\sum_{i=1}^{n}\frac{\partial N_i}{\partial \eta}x_i\right)\frac{\partial N_1}{\partial \xi}+\left(\sum_{i=1}^{n}\frac{\partial N_i}{\partial \eta}y_i\right)\frac{\partial N_1}{\partial \eta}\right\}=\frac{1}{BH}(-H)$$

$$\frac{\partial N_2}{\partial y}=\frac{1}{|J|}\left\{-\left(\sum_{i=1}^{n}\frac{\partial N_i}{\partial \eta}x_i\right)\frac{\partial N_2}{\partial \xi}+\left(\sum_{i=1}^{n}\frac{\partial N_i}{\partial \eta}y_i\right)\frac{\partial N_2}{\partial \eta}\right\}\equiv 0$$

$$\frac{\partial N_3}{\partial y}=\frac{1}{|J|}\left\{-\left(\sum_{i=1}^{n}\frac{\partial N_i}{\partial \eta}x_i\right)\frac{\partial N_3}{\partial \xi}+\left(\sum_{i=1}^{n}\frac{\partial N_i}{\partial \eta}y_i\right)\frac{\partial N_3}{\partial \eta}\right\}=\frac{1}{BH}(H)$$

$[B]$ 매트릭스의 성분은 다음과 같이 산정된다.

$$[B]=\begin{bmatrix} \frac{\partial N_1}{\partial x} & 0 & \frac{\partial N_2}{\partial x} & 0 & \frac{\partial N_3}{\partial x} & 0 \\ 0 & \frac{\partial N_1}{\partial y} & 0 & \frac{\partial N_2}{\partial y} & 0 & \frac{\partial N_3}{\partial y} \\ \frac{\partial N_1}{\partial y} & \frac{\partial N_1}{\partial x} & \frac{\partial N_2}{\partial y} & \frac{\partial N_2}{\partial x} & \frac{\partial N_3}{\partial y} & \frac{\partial N_3}{\partial x} \end{bmatrix} = \frac{1}{BH}\begin{bmatrix} -B & 0 & B & 0 & 0 & 0 \\ 0 & -H & 0 & 0 & 0 & H \\ -H & -B & 0 & B & H & 0 \end{bmatrix}$$

3.3.5 요소 강성행렬의 수치적분

유한요소 정식화로 유도한 요소강성은 적분형태로 나타난다. 따라서 요소 강성행렬을 산정하기 위하여 **요소단위로 적분을 수행**하여야 한다. 평면변형률조건의 등 매개 변수 요소가 두께 t인 경우, 요소 강성행렬은 다음과 같이 표현된다.

$$[K^e]=\int_{\Omega^e}[B]^T[D]\,[B]\,d\Omega=\int_{-1}^{+1}\int_{-1}^{+1}t\ [B]^T[D][B]\,|J|\,d\eta\,d\xi \tag{3.55}$$

식 (3.55)의 적분은 수치적분법을 이용한다.

수치적분은 적분함수를 일정구간으로 나누어 구간면적을 합산해나가는 사다리꼴공식(trapezoidal rule)과 심프슨공식(Simpson rule), 그리고 적분점과 가중치(weight)를 이용하는 가우스적분법(Gauss quadrature)이 있다. **유한요소법을 비롯한 컴퓨터 수치해석은 대부분 가우스 적분법을 이용한다**.

가우스적분의 원리

가우스적분은 적분점(integration point, gauss point)에서 평가된 함수값의 가중합으로 적분값을 구하는 방식으로 다음과 같이 정의된다.

$$\int f(x)dx=\sum_{i=1}^{n}w_i f(x_i) \tag{3.56}$$

가우스적분(gaussian integration)의 적분점(x_i)을 가우스 포인트(Gauss point)라고 한다. n은 가우스 포인트 개수, x_i는 가우스 포인트의 위치, w_i는 가우스 포인트 i에서 가중치이다. 예를 들어 3개의 적분점을 갖는 $-1\le x\le+1$ 구간의 1차원 가우스적분은 다음과 같이 표현된다.

$$\int_{-1}^{+1}f(x)dx=\sum_{i=1}^{3}w_i f(x_i)=w_1f(x_1)+w_2f(x_2)+w_3f(x_3) \tag{3.57}$$

좀 더 일반화하여 함수 $f(x)$를 a, b 구간에 대하여 적분하는 경우를 고려해보자(그림 3.34). $a \sim b$ 구간을 $-1 \sim +1$ 구간으로 정규화하면 $x(\xi) = a(1-\xi)/2 + b(1+\xi)/2$이다. 이때 ξ를 정규화 좌표계라 한다. w_i가 가중치이고, $f(x_i)$가 적분점 $x_{i=1,2,3}$에서 평가된 함수 값이라면, 가우스적분은 다음과 같다.

$$\int_a^b f(x)dx = \int_{-1}^{1} f\{x(\xi)\}\frac{dx}{d\xi}d\xi = \frac{b-a}{2}\int_{-1}^{1} f\{x(\xi)\}d\xi \approx \frac{b-a}{2}\sum_{i=1}^{n} w_i f\{x(\xi_i)\} \tag{3.58}$$

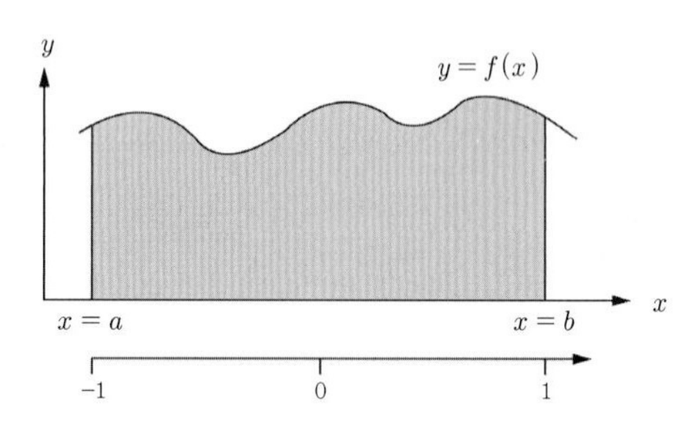

그림 3.34 가우스적분 예시

예제 함수 $f(x) = -\frac{5}{7}x + 5$를 0에서 7까지 적분해보자(2점 적분).

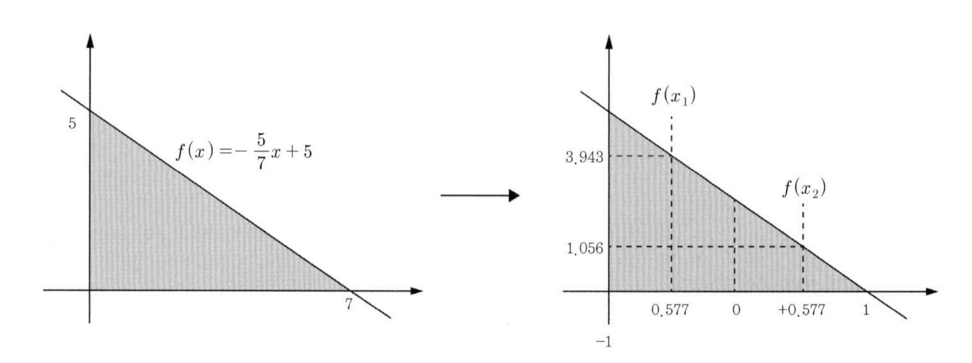

그림 3.35 적분예제

풀이 그림 3.35에서 2점 적분에 대한 삼각형요소의 가우스 포인트 위치 $\xi_1 = -0.57735$, $\xi_2 = +0.57735$, 가중치 $w_1 = w_2 = 1.0$이다. 적분점의 위치와 가중치는 가우스적분표 참조.

$x(\xi) = a(1-\xi)/2 + b(1+\xi)/2$를 이용하면 $(a=0,\ b=7)$

$$x_1 = x(\xi_1) = \frac{1-(-0.57735)}{2} \times 0 + \frac{1-0.57735}{2} \times 7 = 1.479275$$

$$x_2 = x(\xi_2) = \frac{1-0.57735}{2} \times 0 + \frac{1+(+0.57735)}{2} \times 7 = 5.520725$$

$$f(x_1) = -\frac{5}{7} \times 1.479275 + 5 = 3.943375$$

$$f(x_2) = -\frac{5}{7} \times 5.520725 + 5 = 1.056625$$

$$\int_0^7 f(x) = \frac{7}{2} \sum_{i=1}^{2} w_i f(x_i) = \frac{7}{2} \{w_1 f(x_1) + w_2 f(x_2)\} = \frac{7}{2}(1 \times 3.943375 + 1 \times 1.056625) = 17.5$$

위 도형에서 직접 면적을 구하면 $7 \times 5 \div 2 = 17.5$이다(이 경우 수치해는 정해와 같다).

평면요소의 수치적분

2차원 영역의 수치적분은 그림 3.36으로부터 적분점과 가중치를 각각의 축에 대하여 전개하여 n점 적분($n = l \times m$)은 다음과 같이 나타낼 수 있다.

$$\int_a^b \left(\int_c^d f(x,y) dy \right) dx = \frac{(b-a)(d-c)}{4} \sum_{k=1}^{n} w_k f(x_k, y_k) \tag{3.59}$$

여기서 $x_i = x(\xi_i)$, $y_j = y(\eta_j)$, $w_k = w(\xi)_i w(\eta)_j$이다.

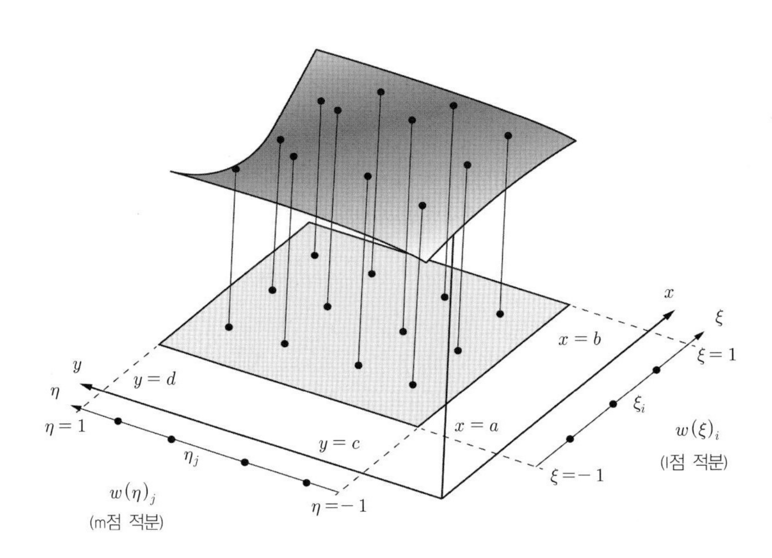

그림 3.36 평면요소의 적분

식 (3.59)의 적분식을 자연좌표계로 정의된 유한요소법의 요소강성행렬에 적용하면 평면요소(3각형 및 4각형 요소)의 수치적분은 다음과 같이 정의된다.

$$\iint_A K(x, y) dxdy = \int_{-1}^{1} \int_{-1}^{1} K[x(\xi, \eta), y(\xi, \eta)] \, |J| \, d\xi d\eta$$

$$\approx \sum_{i=1}^{l}\sum_{j=1}^{m} f[x(\xi_i, \eta_j), y(\xi_i, \eta_j)]w(\xi)_i w(\eta)_j |J|_{ij} \qquad (l \times m \text{ 적분})$$

$$= \sum_{k=1}^{n} f[x(\xi_k, \eta_k), y(\xi_k, \eta_k)]w_k |J|_k \qquad (n\text{점 적분}, n = l \times m) \qquad (3.60)$$

4각형요소의 경우 4점 및 9점 적분을 수행한다. 각 가우스 포인트(적분점)의 위치와 가중치는 아래 보인 그림 3.37와 같다.

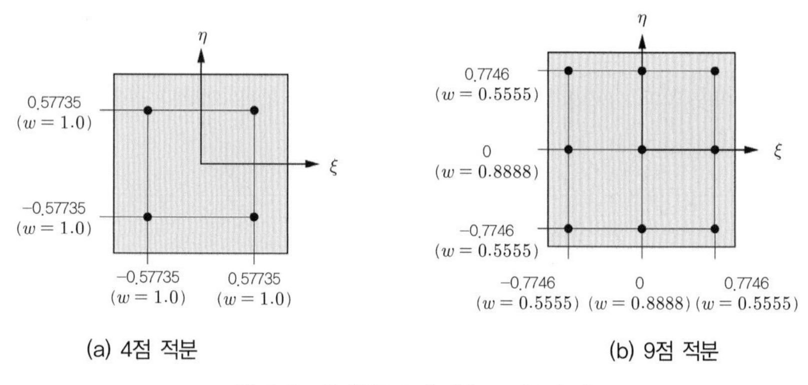

그림 3.37 사각형요소의 가우스 적분점 예

요소 강성행렬의 적분 연습

유한요소방정식에서 강성행렬과 절점하중의 결정은 적분을 필요로 한다. 평면요소의 경우 적분점은 $n = l \times m$개가 된다. **수치적분은 각 가우스 적분점에서 산정한** $[B]$, $[D]$, $|J|$**를 이용**하여 다음과 같이 이루어진다.

$$[K^e] = \int_A [B]^T[D][B]dA = \int_{-1}^{+1} [B]^T[D][B]|J|d\xi d\eta = \sum_{i=1}^{n} [B]_i^T[D]_i[B]_i w_i |J|_i \qquad (3.61)$$

여기서 i는 가우스 적분점의 번호이다. 비선형해석의 경우(다음 절) 요소강성행렬은 해석과정에서 응력이나 변형률에 따라 변화한다. **강성행렬은 수치적분으로 계산되므로 요소방정식은 엄격히 말해 적분점에 대하여 성립하는 것이다.** 따라서 응력과 변형률도 이들 적분점의 값으로 산정하는 것이 편리하다. 이렇기 때문에 많은 프로그램의 응력 및 변형률 출력결과가 적분점에서의 값이다. 가우스적분점의 응력을 절점응력으로 바꾸기 위해서는 응력의 평활화(smoothness)가 필요하다. 이는 전체방정식의 해가 구해진 후 2차 해를 구하는 과정이므로 3.5절에서 다룬다.

예제 그림 3.38 (a)와 같은 평면응력 사각형 요소의 강성행렬을 2×2 적분법으로 구하라. 이 경우 가우스 적분점과 가중치는 그림 3.38 (b)와 같다.

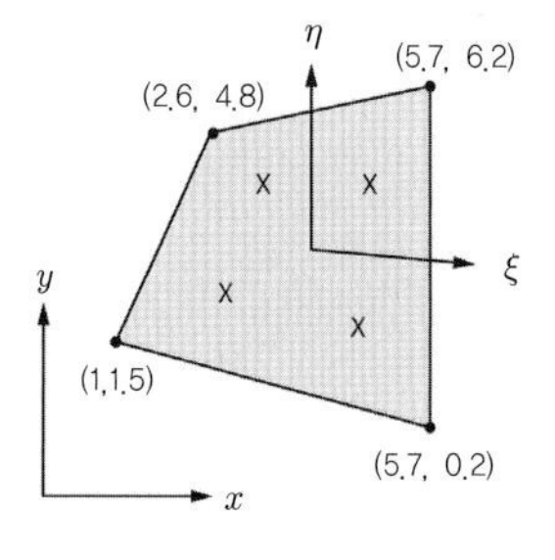

i	ξ_i	η_i	w_i
1	−0.57735	−0.57735	1.0
2	0.57735	−0.57735	1.0
3	0.57735	0.57735	1.0
4	−0.57735	0.57735	1.0

(a) 사각형요소　　　　(b) 가우스 적분점과 가중치

그림 3.38 4절점요소의 가우스 적분점과 가중치

풀이 ① 형상함수: N

4각형 4절점요소의 형상함수는 다음과 같다.

$$N_1=\frac{1}{4}(1-\xi)(1-\eta),\ N_2=\frac{1}{4}(1+\xi)(1-\eta),\ N_3=\frac{1}{4}(1+\xi)(1+\eta),\ N_4=\frac{1}{4}(1-\xi)(1+\eta)$$

② 행렬: $[B]$

$[B]$ 매트릭스 $n=4$

$$[B]=\begin{bmatrix} \frac{\partial N_1}{\partial x} & 0 & \frac{\partial N_2}{\partial x} & 0 & \cdots & \frac{\partial N_4}{\partial x} & 0 \\ 0 & \frac{\partial N_1}{\partial y} & 0 & \frac{\partial N_2}{\partial y} & \cdots & 0 & \frac{\partial N_4}{\partial y} \\ \frac{\partial N_1}{\partial y} & \frac{\partial N_1}{\partial x} & \frac{\partial N_2}{\partial y} & \frac{\partial N_2}{\partial x} & \cdots & \frac{\partial N_4}{\partial y} & \frac{\partial N_4}{\partial x} \end{bmatrix}$$

$$\frac{\partial N_i}{\partial x}=\frac{1}{|J|}\left\{\frac{\partial x}{\partial \xi}\frac{\partial N_i}{\partial \xi}-\frac{\partial y}{\partial \xi}\frac{\partial N_i}{\partial \eta}\right\},$$

$$\frac{\partial N_i}{\partial y}=\frac{1}{|J|}\left\{-\frac{\partial x}{\partial \eta}\frac{\partial N_i}{\partial \xi}+\frac{\partial y}{\partial \eta}\frac{\partial N_i}{\partial \eta}\right\},\ \text{여기서}\ |J|=\begin{vmatrix} \frac{\partial x}{\partial \xi} & \frac{\partial y}{\partial \xi} \\ \frac{\partial x}{\partial \eta} & \frac{\partial y}{\partial \eta} \end{vmatrix}$$

$\frac{\partial x}{\partial \xi}=\sum_{i=1}^{4}\frac{\partial N_i}{\partial \xi}x_i$, $\frac{\partial y}{\partial \xi}=\sum_{i=1}^{4}\frac{\partial N_i}{\partial \xi}y_i$, $\frac{\partial x}{\partial \eta}=\sum_{i=1}^{4}\frac{\partial N_i}{\partial \eta}x_i$, $\frac{\partial y}{\partial \eta}=\sum_{i=1}^{4}\frac{\partial N_i}{\partial \eta}y_i$를 이용하여 $\xi=-0.57735$ $\eta=-0.57735$ 및 (x_1, y_1) 좌표계를 대입하면, 적분점 1의 변형률–변위행렬 $[B]_1$을 구할 수 있다.

$$[B]_1=\begin{bmatrix} -0.2038 & 0 & 0.1628 & 0 & 0.0546 & 0 & -0.0136 & 0 \\ 0 & -0.1373 & 0 & -0.1077 & 0 & 0.0368 & 0 & 0.2082 \\ -0.1373 & -0.2038 & -0.1077 & 0.1628 & 0.0368 & 0.0546 & 0.2082 & -0.0136 \end{bmatrix}$$

$[B]_2$, $[B]_3$, $[B]_4$는 좌표점 (x_2, y_2), (x_3, y_3), (x_4, y_4)을 각각 대입하여 구한다.

③ 행렬: $[D]$, 적분점 1의 구성행렬 $[D]_1$ 계산

$$[D]_1 = \frac{E}{1-\nu^2}\begin{bmatrix}1 & \nu & 0 \\ \nu & 1 & 0 \\ 0 & 0 & (1-\nu)/2\end{bmatrix} = \frac{2.1\times10^6}{1-0.25^2}\begin{bmatrix}1 & 0.25 & 0 \\ 0.25 & 1 & 0 \\ 0 & 0 & (1-0.25)/2\end{bmatrix} = \begin{bmatrix}2.24 & 0.56 & 0 \\ 0.56 & 2.24 & 0 \\ 0 & 0 & 0.84\end{bmatrix}\times10^6$$

구성행렬은 물성에 의해 정의되므로 $[D]_1 = [D]_2 = [D]_3 = [D]_4$이다.

④ 요소강성행렬

$$[K^e] = \sum_{i=1}^{4}[B]_i^T[D]_i[B]_i t_i w_i |J|_i$$

$$= \begin{bmatrix} 10.86 & 2.404 & -6.373 & 0.134 & -4.640 & -3.093 & 0.153 & 0.555 \\ & 8.234 & 1.534 & 0.796 & -3.093 & -2.778 & -0.845 & -6.251 \\ & & 9.990 & -4.338 & 3.701 & -1.238 & -7.318 & 4.042 \\ & & & 9.917 & 0.162 & -3.139 & 4.042 & -7.574 \\ & & & & 10.52 & 2.442 & -9.584 & 0.489 \\ & & & & & 7.937 & 1.889 & -2.020 \\ & & & & & & 16.75 & 5.086 \\ & & & & & & & 15.84 \end{bmatrix}\times10^5$$

감차적분(reduced integration)

가우스적분의 최적 적분차수는 사용하고자하는 요소의 종류(type)와 형상에 따라 달라진다. 요소에 따라 적분차수를 달리 할 수도 있다. **적분차수가 크다고 정확도가 높아지는 것은 아니다**. 적분차수가 크면 오히려 강성이 크게 계산되어 변위를 구속하는 록킹(locking)현상을 나타내게 된다. **록킹 방지를 위해서는 오히려 적분차수를 낮추는 것이 효과적이다**.

강성행렬의 산정에 있어 내부 가우스 포인트를 모두 사용하는 것은 연산 시간소요가 크고, 록킹으로 인해 결과의 정확성을 감소시키기도 한다. 이 경우 보다 적은 개수의 가우스 포인트를 사용하는 **'감차적분(reduced integration)'기법을 이용하면 오히려 정확도가 개선된다**. 일례로 4절점 또는 8절점 사각형 요소에서 강성을 산정함에 있어 보통 2×2 가우스 포인트를 사용하는데, 적분차수를 낮추면 비논리적인 변형 모드(zero energy mode)가 채택되어 계산량의 감소뿐 아니라 변형 에너지의 변화도 초래하지 않는 정확도 높은 결과를 얻을 수 있다.

좀 더 구체적으로 살펴보면 그림 3.25의 8절점 사각형 요소에서 형상함수는 3차의 다항식 형상함수로 나타나고, 이의 적분은 4차의 형상함수로 나타난다. 따라서 정확한 강성행렬의 산정을 위하여 그림 3.39 (a)와 같이 3×3 가우스 포인트(Gauss point) 공식이 요구된다. 하지만 9점 가우스적분으로 산정한 유한요소 강성은 실제보다 훨씬 크게 계산되어 변위를 억제하는 영향을 미친다. 이러한 초과 강성은 대개 내부 절점이 추가되어 이에 상응하는 추가의 가우스 포인트를 사용할 때 발생한다. 따라서 그림 3.39 (b)와 같이 가우스 포인트를 줄인 2×2의 4점 적분이 보다 정확한 결과를 준다. 절점배열과 부합하는 3×3 점 적분은 완전(full)적분, 2×2 점 적분은 감차적분(reduced integration)이라 한다.

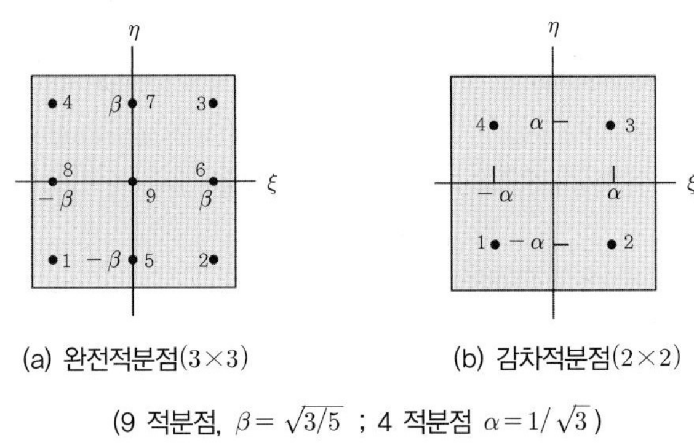

(a) 완전적분점(3×3) (b) 감차적분점(2×2)

(9 적분점, $\beta = \sqrt{3/5}$; 4 적분점 $\alpha = 1/\sqrt{3}$)

그림 3.39 사각형요소의 가우스 적분점

요소 내 변위장(displacement field)으로부터 계산되는 변형률과 응력은 일반적으로 가우스 포인트에서 계산된다(따라서 이 점에서의 값이 가장 정확하다). 따라서 절점에서의 변형률 또는 다른 점에서의 변형률을 구하는 경우 가우스 포인트의 값으로부터 (외삽법에 의해) 산정하여야 정확도가 높다.

3.3.6 유한요소 모델링과 시스템방정식

앞 절에서 유한요소해석에 대한 정식화이론 그리고 그에 따른 강성, 하중산정 방법을 살펴보았다. 상업용 S/W는 이러한 이론전개와 요소방정식 등이 이미 코드화되어 사용자가 좌표정보만 입력하면 연산을 수행하게 되어 있다. 따라서 실제로 **유한요소법은 코드화된 프로그램을 이용하므로 고도의 전문가가 아닌 일반 수치해석자가 접하는 해석영역은 매우 제한되어 있다**(유한요소해석 과정을 해석자의 역할과 프로그램 수행내용을 Box에 정리하였다).

유한요소 컴퓨터 코드를 이용한 해석을 수행하는 경우 해석자가 할 일은 다음과 같다.

- **모델링 및 유한 요소화**: 대상 지반문제를 유한개의 요소로 나눈다. 영역의 경계좌표만 입력함으로써 메쉬의 자동생성이 가능하다. 요소의 기하학적 좌표가 정의된다.
- **요소의 강성을 구하기 위한 재료물성의 준비**: 통상 탄성계수와 단면적, 요소의 치수
- **초기 및 경계조건**: 초기응력 생성을 위한 단위중량, 하중조건, 알려진 변위조건 등

이 밖에 프로그램이나 풀이방식의 선정, 그리고 프로그램에서 요구하는 해석제어 및 결과출력의 양식과 형태에 대한 옵션의 선택 등도 해석자가 할 일이다. 따라서 해석자가 관여할 수 있는 부분이 한정되어 있으므로 유한요소 이론에 대해 충분한 이해가 없을 경우 컴퓨터해석 결과에 대한 신뢰성을 판단하기 어렵다.

유한요소해석 절차

유한요소해석의 일반적 절차는 다음과 같다. 여기서 (★) 표시는 상업용 프로그램(S/W)을 이용한 해석 시 해석자가 관여할 수 있는 영역이다.

1. 요소화(element discretisation) 와 모델링(모델러) (★+프로그램)

해석하고자하는 경계치문제의 기하학적 형상을 요소라고 하는 작은 영역으로 분할한다. 이 과정을 요소화(혹은 이산화)라고 한다. 각 요소는 요소 내부 또는 경계에 절점을 갖는다. 모델링은 요소(절점 수, 형상함수)의 선택, 구성식, 기하학적 경계요소, 기초입력물성 등을 확정하는 과정이다. 요소화 과정에서 요소와 절점의 번호부여, 절점의 좌표 생성이 이루어진다. 이때 초기응력조건 등을 설정하여야 한다.

2. 요소강성행렬(프로그램)

변분원리(최소일의 원리) 등을 사용하여 얻은 정식화 방정식을 이용하여 요소 강성행렬을 구한다. 요소의 절점좌표와 구성방정식의 입력파라미터가 필요하다.

예: $[K^e]\{\Delta u^e\}=\{\Delta R^e\}$, 여기서 $[K^e]$는 요소강성행렬, 국부좌표계의 물리량을 전체 좌표계로 변환한다.

3. 하중 및 변위경계조건(boundary conditions) (★+프로그램)

변분원리(최소일의 원리) 등을 사용하여 얻은 정식화 방정식을 이용하여 하중벡터를 구한다. 또 모델러가 입력한 경계에서 절점변위조건을 고려하여 시스템방정식을 조정하고 실제 풀어야 할 방정식의 규모를 결정한다.

4. 전체 시스템방정식(assemblage)(프로그램)

요소의 강성행렬이 모두 구해지면 이를 한 개의 시스템방정식으로 구성하여야 한다. $[K_G]\{\Delta u_G\}=\{\Delta R_G\}$, 여기서 $[K_G]$는 전체 강성행렬, $\{\Delta u_G\}$는 절점의 증분변위벡터, $\{\Delta R_G\}$는 증분하중벡터이다. 하중과 변위의 경계조건을 이용하여 풀어야 할 방정식을 결정한다.

5. 시스템방정식의 풀이(프로그램)

시스템방정식은 다원연립 방정식의 형태로 나타난다. 먼저 일차적으로 이 방정식을 풀어 각 절점에서의 변위 $\{\Delta u_G\}$를 얻는다. 그리고 이차계산으로 변위로부터 변형률과 응력을 산정한다. $\{\epsilon\}=[B]\{u\}$, $\{\sigma\}=[D]\{\epsilon\}$.

6. 결과출력(모델러) (★+프로그램)

결과의 출력형태는 수치, 그래프, 등고선, 색깔표시 등 프로그램의 옵션 중에서 모델러가 선택할 수 있다.

모델링과 요소화(finite element discretization)

대상문제의 모델영역을 설정하고 요소화하는 과정을 모델링이라 한다. 모델영역은 대상문제에 따라 다르나 통상적으로 고려하려는 외부영향이 미치는 범위 이상이어야 한다. 요소화된 모델요소를 메쉬(mesh)라고 한다. **요소의 크기와 형태를 어떻게 결정할 것인가는 경험과 직관의 문제이다.** 일반적으로 요소의 크기는 작용(action, 예, 하중)이 집중되는 영역에서는 충분히 작게 하여야 하며, 작용지점과 멀어질수록 요소를 크게 할 수 있다. 요소화된 모델을 유한요소 메쉬라 하며, 일반적으로 메쉬를 작성할 때 다음 사항이 고려되어야 한다.

- 기하학적 형상이 가능한 실제에 가깝게 모델링한다.
- 기하학적 경계 혹은 재료경계가 곡선인 경우 요소면에 중앙절점이 있는 고차절점 요소를 사용한다.
- 메쉬 작성 시 기하학적 불연속을 고려하여야 한다. 불연속, 혹은 균열과 같은 불연속면에 요소면 및 절점과 일치시킴으로써 모델링이 가능하다. 또한 재료 특성이 다른 경계면은 요소 경계면으로 구분한다.
- 메쉬 설계 시 작용하중 등 경계조건의 영향이 고려되어야 한다. 만일 작용하중이 불연속적이라면 불연속점에 절점을 둠으로써 쉽게 고려할 수 있다.
- 거동을 알고자 하는 점 혹은 면이 모델의 면 또는 절점(혹은 Gauss Points)과 일치하여야 결과비교가 가능하다.

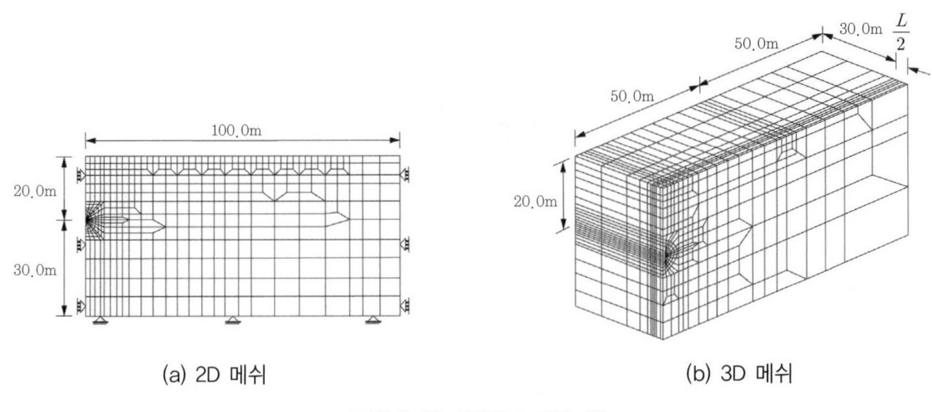

그림 3.40 요한요소 메쉬 예

요소가 표현 가능한 형상은 요소에 위치하는 절점(node)의 수와 밀접한 관계가 있다. **직선면을 갖는 요소의 경우 절점은 모서리에만 위치한다.** 만약 요소가 **모서리 사이의 면에 추가 절점을 갖는다면 3점을 부드럽게 연결하는 곡면을 갖게 할 수 있다.** 요소화된 경계치문제는 요소의 면과 절점이 서로 연속적으로 연결된 것으로 본다. 고차절점 요소를 사용하면 메쉬가 촘촘하지 않더라도 정확도가 개선되는 이점이 있다.

요소의 크기와 수. 요소의 크기와 수는 해석결과에 영향을 미치며 대체로 재료의 거동과 관계된다. 예로 선형재료거동에 대해서는 요소의 크기가 크게 문제될 것이 없다. 다만 거동이 급격하게 변화하는 영역에 대해서는 특별한 주의가 필요하다. 정확해를 얻기 위하여 **거동변화가 큰 영역에서는 메쉬를 세분화하는 것이 좋다.** 일반적인 비선형재료거동에 대하여 해는 하중이력에 따라 변화하므로 상황은 보다 복잡해진다. 따라서 이러한 문제에 대하여는 해석과정에서 변할 수 있는 경계조건, 재료특성, 그리고 경우에 따라 기하학적 형상까지도 고려하여 메쉬를 작성하여야 한다. 모든 경우에 대하여 요소의 크기가 일정하고 규칙적일 때 좋은 결과를 준다. 따라서 뒤틀리거나 가늘고 긴 요소가 없도록 하는 것이 좋다.

요소의 번호 부여(numbering)

요소와 절점에 번호를 부여하는 일은 행렬식으로 표시되는 방정식의 크기와 관련된다. 일반적으로 **넘버링은 대칭적으로 하는 것이 바람직하다.** 그림 3.41은 4절점 사각형요소로 이루어진 메쉬의 넘버링 예를 보인 것이다. 절점번호는 일반적으로 왼쪽에서 오른 쪽으로 아래서 위로 순차적으로 부여한다. 요소번호는 절점과 별개의 번호를 같은 방법으로 부여한다. 일정한 패턴으로 넘버링 하였을 때 행렬의 크기가 작아진다. 메쉬에서 요소의 위치를 정의하기 위하여 요소연결정보(element connectivity list)가 입력되어야 한다. 통상 각 요소에 대하여 요소의 절점번호를 반시계 방향으로 입력하는데, 그림 3.41의 요소 ②의 경우 연결정보는 4개이며 2, 3, 7, 6의 순서가 된다. 대부분의 상업용 프로그램은 이러한 과정을 메쉬 자동생성기능을 이용하여 처리한다.

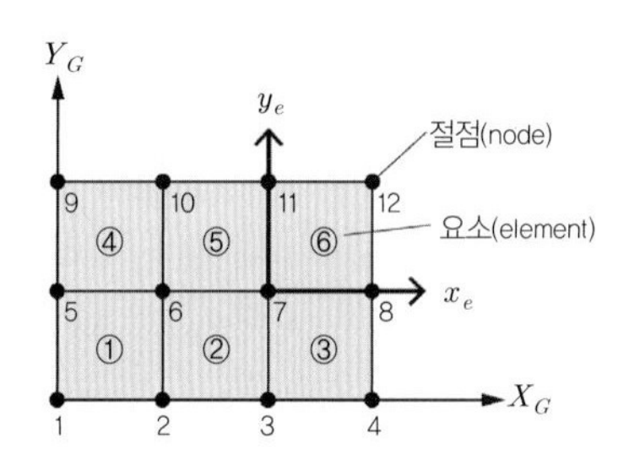

그림 3.41 요소 넘버링 예

시스템 방정식의 조립

요소 방정식의 다음단계는 각 요소의 평형방정식을 조합(assembling)하여 해석대상 전체(시스템)영역에 대한 방정식 $[K_G]\{\Delta u_G\}_n = \{\Delta R_G\}_n$을 유도하는 것이다. 여기서 $[K_G]$는 시스템강성행렬, $\{\Delta u_G\}_n$는 전체 유한요소 메쉬의 절점변위 증분벡터, $\{\Delta R_G\}_n$는 우변하중벡터이다. 행렬과 벡터의 크기는 절점과 자유도에 비례한다. n은 증분단계를 나타낸다.

번호체계에 따라 개별요소 강성행렬 $[K^e]$을 전체 강성행렬의 크기는 $[K_G]$로 조합하는 과정을 시스템 방정식의 조립이라 한다. 어떤 절점에서 전체 강성행렬 항은 요소사이에 공통적인 자유도를 취하는 개별요소의 기여부분을 더함으로써 얻어진다.

요소 수준(레벨)에서 **강성행렬 항은 요소에 포함된 자유도에 상응한다. 메쉬 차원에서 강성행렬 항은 전체 메쉬의 자유도에 상관된다.** 따라서 전체강성행렬의 크기는 자유도 총 개수와 요소의 자유도들 사이의 연결 절점에서 나타나는 '0'이 아닌 항의 개수에 따라 결정된다.

조합과정을 예시하기 위하여 그림 3.41의 요소가 **각 절점에서 단 1개의 자유도를 갖는** 문제를 생각해 보자(2차원 해석에서 절점 당 자유도는 2임에 유의. 절점에서 단지 1개의 자유도를 가지므로 강성행렬은 단순해지고 조합과정도 설명하기가 용이해진다. 이 경우 각 절점 자유도는 2개의 내부 자유도(u,v)를 갖는다고 가정하는 것과 같다). 이런 조건에서 자유도는 절점수와 같다. 먼저 그림 3.42에 보인 바와 같이 요소 강성행렬을 구한다.

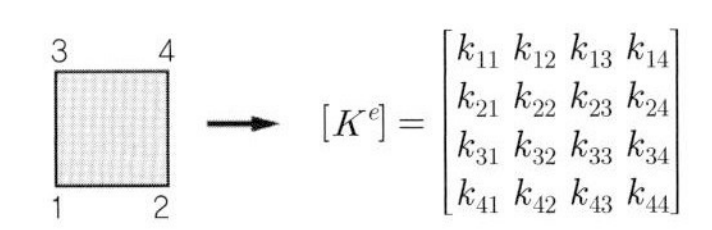

그림 3.42 요소의 강성행렬(1점 1 자유도 가정) – 국부좌표계

이 요소는 전체 메쉬의 일부분이므로 전체 자유도 번호 체계로 변환하면 강성행렬은 그림 3.43과 같은 형태가 될 것이다. 예로 그림 3.42의 강성 k_{11}는 전체 강성행렬의 절점 2에 기여한다. 따라서 전체 강성행렬 K_{22}에 대하여 요소 강성행렬이 기여하는 크기는 k_{11}에 해당한다. 여기서 주목할 것은 요소 강성행렬의 각 행과 열은 그 요소 자유도에 상관된다는 사실이다.

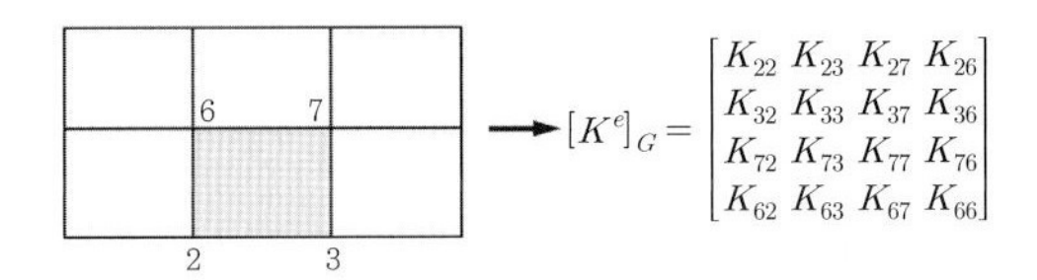

그림 3.43 전체강성행렬의 자유도로 표시한 요소강성행렬(1점 1 자유도 가정) – 전체좌표계

예제 그림 3.44의 2요소 문제에 대하여 1절점 1자유도를 가정하여 전체 강성행렬을 구성해보자.

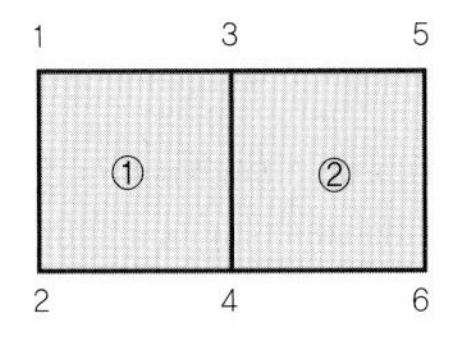

그림 3.44 2요소 문제의 요소강성 행렬조합 예(1절점 1자유도 가정)

풀이 요소 ①

요소 강성행렬

$$[K^e] = \begin{array}{c} \\ 1 \\ 2 \\ 4 \\ 3 \end{array} \begin{array}{c} \begin{array}{cccc} 1 & 2 & 4 & 3 \end{array} \\ \begin{bmatrix} k_{11}^1 & k_{12}^1 & k_{14}^1 & k_{13}^1 \\ k_{21}^1 & k_{22}^1 & k_{24}^1 & k_{23}^1 \\ k_{41}^1 & k_{42}^1 & k_{44}^1 & k_{43}^1 \\ k_{31}^1 & k_{32}^1 & k_{34}^1 & k_{33}^1 \end{bmatrix} \end{array}$$

시스템 강성행렬 기여 위치

$$[K_G] = \begin{array}{c} \\ 1 \\ 2 \\ 3 \\ 4 \\ 5 \\ 6 \end{array} \begin{array}{c} \begin{array}{cccccc} 1 & 2 & 3 & 4 & 5 & 6 \end{array} \\ \begin{bmatrix} k_{11}^1 & k_{12}^1 & k_{13}^1 & k_{14}^1 & 0 & 0 \\ k_{21}^1 & k_{22}^1 & k_{23}^1 & k_{24}^1 & 0 & 0 \\ k_{31}^1 & k_{32}^1 & k_{33}^1 & k_{34}^1 & 0 & 0 \\ k_{41}^1 & k_{42}^1 & k_{43}^1 & k_{44}^1 & 0 & 0 \\ 0 & 0 & 0 & 0 & 0 & 0 \\ 0 & 0 & 0 & 0 & 0 & 0 \end{bmatrix} \end{array}$$

요소 ②

요소 강성행렬

$$[K^e] = \begin{array}{c} \\ 3 \\ 4 \\ 6 \\ 5 \end{array} \begin{array}{c} \begin{array}{cccc} 3 & 4 & 6 & 5 \end{array} \\ \begin{bmatrix} k_{33}^2 & k_{34}^2 & k_{36}^2 & k_{35}^2 \\ k_{43}^2 & k_{44}^2 & k_{46}^2 & k_{45}^2 \\ k_{63}^2 & k_{64} & k_{66}^2 & k_{65}^2 \\ k_{53}^2 & k_{54}^2 & k_{56}^2 & k_{55}^2 \end{bmatrix} \end{array}$$

시스템 강성행렬 기여 위치

$$[K_G] = \begin{array}{c} \\ 1 \\ 2 \\ 3 \\ 4 \\ 5 \\ 6 \end{array} \begin{array}{c} \begin{array}{cccccc} 1 & 2 & 3 & 4 & 5 & 6 \end{array} \\ \begin{bmatrix} 0 & 0 & 0 & 0 & 0 & 0 \\ 0 & 0 & 0 & 0 & 0 & 0 \\ 0 & 0 & k_{33}^2 & k_{34}^2 & k_{35}^2 & k_{36}^2 \\ 0 & 0 & k_{43}^2 & k_{44}^2 & k_{45}^2 & k_{46}^2 \\ 0 & 0 & k_{53}^2 & k_{54}^2 & k_{55}^2 & k_{56}^2 \\ 0 & 0 & k_{63}^2 & k_{64}^2 & k_{65}^2 & k_{66}^2 \end{bmatrix} \end{array}$$

요소 강성행렬의 조합,

$$[K_G] = [K_G^1] + [K_G^2] = \begin{bmatrix} k_{11}^1 & k_{12}^1 & k_{13}^1 & k_{14}^1 & 0 & 0 \\ k_{21}^1 & k_{22}^1 & k_{23}^1 & k_{24}^1 & 0 & 0 \\ k_{31}^1 & k_{32}^1 & k_{33}^1 + k_{33}^2 & k_{34}^1 + k_{34}^2 & k_{35}^2 & k_{36}^2 \\ k_{41}^1 & k_{42}^1 & k_{43}^1 + k_{43}^2 & k_{44}^1 + k_{44}^2 & k_{45}^2 & k_{46}^2 \\ 0 & 0 & k_{53}^2 & k_{54}^2 & k_{55}^2 & k_{56}^2 \\ 0 & 0 & k_{63}^2 & k_{64}^2 & k_{65}^2 & k_{66}^2 \end{bmatrix}$$

전체강성행렬의 특징

컴퓨터 저장 용량의 효율성을 고려하여야 하는 경우 전체강성행렬의 구조는 매우 중요하다. 그림 3.44에 보인 전체강성행렬에 대하여 몇 가지 특징을 살펴볼 수 있다. 즉, 전체 강성행렬에서 영이 아닌 항은 요소 자유도를 공유하는 절점에 대하여만 나타난다. 따라서 각 전체강성행렬의 열(row)에 대하여 최종의 영이 아닌 항은 특정 자유도와 연결된 가장 높은 번호의 자유도에 상응한다. 즉, 그림 3.44에서 요소 1에 대하여 절점(자유도) 4, 요소 2에 대하여 절점6이 된다. 이 특성으로 인해 전체강성행렬 성분 중 '0'인 항이 퍼져있고 또 밴드(band)화되는 형상을 나타낸다.

강성행렬은 구성행렬 $[D]$ 가 대칭이므로 요소강성행렬 $[K^e]$는 대칭이며, 따라서 전체강성행렬 $[K_G]$도 대칭이다. 전체 강성행렬에서 영이 아닌 성분은 요소간 자유도(변위)의 연결점에서 나타난다. 메쉬의 기하학적 형상을 보면 어떤 절점의 자유도는 인접한 요소의 자유도에만 관련된다. 따라서 인접하지 않은 요소가 더 많으므로 전체 강성행렬에는 많은 제로 성분이 나타난다. 게다가 이들 제로 항은 행렬의 대칭축의 외곽 쪽으로 위치하여 **제로가 아닌 항은 대각선 축을 중심으로 대상영역(帶狀, banded structure)으로 나타난다.**

이로서, 강성행렬의 특징은 다음과 같이 요약할 수 있다.

- 대칭행렬(symmetric matrix): $K_{ij} = K_{ji}$ 혹은 $[K] = [K]^T$ (하지만, **탄소성해석에서 비연계 소성유동법칙을 채택하면 비대칭행렬**이 된다).
- 대상행렬(banded matrix): 실제로 연결된 요소 간 영향이 미치지 않는 강성행렬은 '0'이므로 대상행렬의 특징을 나타내며, 실제 강성행렬은 밴드 폭 만큼만 저장, 관리하면 된다.

행렬성분의 조합, 저장 및 계산 시 컴퓨터 계산의 효용성을 최대화하기 위하여 전체강성행렬의 대칭성과 밴드구조가 적절히 이용된다. 강성행렬의 대칭 및 대상(strip) 특징은 컴퓨터 계산 시 압축저장이 가능하게 해준다.

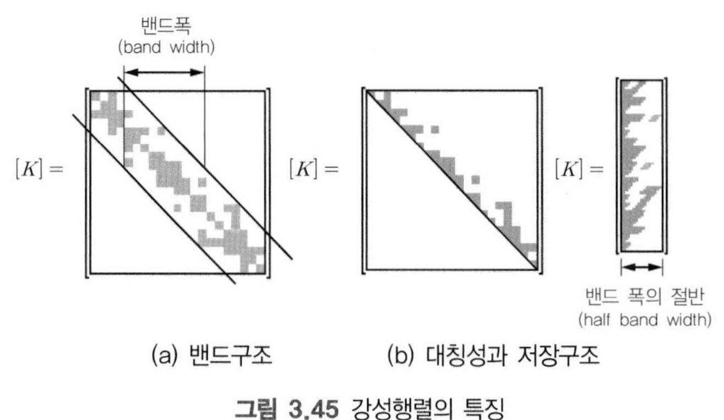

그림 3.45 강성행렬의 특징

조립된 전체 유한요소 방정식은 하중 및 변위 등의 경계조건과 건설과정 등 요소의 추가나 제거 등의 조건을 고려하여, 아는 하중벡터나 변위벡터를 제외한, 실제 풀어야 할 방정식으로 수정하여야 한다. 이 수정에 관련되는 주요내용들은 '3.4 지반공학적 모델링' 부분에서 다룬다.

3.4 지반공학적 모델링과 경계조건

전체조립방정식을 조립한 후, 혹은 풀이과정에서 방정식의 크기나 내용을 변화시키는 조건들을 고려하여 실제로 풀어야 할 전체방정식의 규모와 내용을 확정지어야 한다. 통상적으로 하중과 변위의 경계조건이 이에 해당하나, 지반공학문제의 경우, 간극수의 흐름, 건설작업의 영향 등 다양한 지반공학적 고려사항이 있다. 이들 조건은 유한요소방정식의 수정(modification)을 필요로 하며, 이를 통해 실제로 풀어야 할 유한요소방정식의 크기가 결정된다. 지반수치해석에서 중요한 지반공학적 고려사항은 다음과 같다.

- 기하학적 모델링
- 초기응력조건의 재현
- 하중경계조건 : 점 하중, 분포하중, 수압하중, 체적력
- 변위경계조건
- 건설과정 : 굴착과 구조물의 설치, 성토
- 배수조건 : 배수, 비배수, 부분배수
- 경계면(interface) 거동 : 전달경계, 무한요소
- 지반–구조물 상호작용

초기응력을 제외한 위의 고려사항은 대부분 전체 지배방정식, $[K_G]\{\Delta u\}_{nG}=\{\Delta R_G\}$의 수정(modification)을 필요로 한다. 예로, 변위의 경계조건은 $\{\Delta u\}_{nG}$항에 영향을 미치며, 하중경계조건은 $\{\Delta R_G\}$항에 영향을 미친다. 굴착과 성토는 요소를 제거하거나 추가하게 되므로 $[K_G]$와 $\{\Delta R_G\}$에 모두 영향을 미치게 될 것이다. 요소의 제거와 추가는 지배방정식 전체에 영향을 미치는 경계조건으로서 강성행렬과 우변하중벡터의 수정이 필요하므로 앞의 두 조건보다 복잡하다. n은 증분단계.

지반재료는 경계조건 외에도 자중에 의한 영향이 큰 매질로서 초기응력상태의 재현, 이질 재료 간 인터페이스 거동, 배수조건 등 특별한 고려가 필요하다.

NB : 여기서 다루는 지반공학적 고려사항은 유한요소해석 프로그램(S/W)에서는 옵션으로 다루어지는 경우가 많으므로 모든 상업용 프로그램에서 동일하게 다루지 않을 뿐더러 어떤 프로그램에서는 제공되지 않는 기능일 수도 있다.

3.4.1 기하학적 모델링과 초기조건

기하학적 모델링

유한요소모델링은 해석의 프로파일을 정하는 문제로서 지형, 지층 등 기하학적인 사항과 재료거동, 재료 간 경계거동, 결과의 활용계획 등을 종합하여 이루어져야 한다. 특히 대상지반문제가 암 지반과 흙

지반을 모두 포함하는 경우, 재료에 따른 거동특성이 적절하게 고려될 수 있도록 지층경계를 고려한 메쉬화가 이루어져야 한다. 특히, 다음 사항들은 유한요소 메쉬 작성 시 선(線)으로 구분하거나 절점이 위치하도록 고려하여야 한다.

- 지형 및 수리조건 : 예, 그림 3.46의 A
- 지층변화 및 지질구조(파쇄대 등 불연속면) : B
- 계측위치(절점) : C
- 거동의 결과를 알고자하는 위치(절점)
- 구조물과의 경계 : D

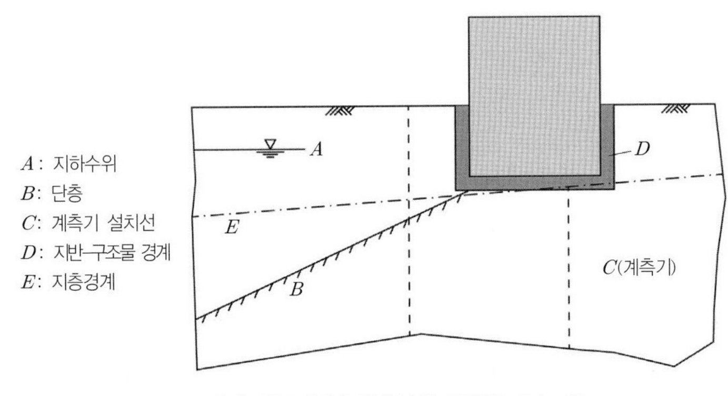

그림 3.46 지반수치해석의 모델링 요소 예

초기지반응력

초기응력조건(initial stress conditions)의 설정은 어떤 작용이 지반에 가해지기 전의 지중응력상태를 재현하는 것이다. 지반재료는 응력이력(stress history)이 이후 거동에 중요한 영향을 미치므로 초기응력조건은 실제지반에 부합하게 재현되어야 한다.

정밀한 해석이 요구되는 경우 초기응력은 대상 부지에 대한 현장응력 측정시험으로 결정하여야 할 것이다. 그러나 지반이 불균질하고, 이방성이며 측정기기를 지반에 설치할 때 지반이 교란되어 응력장이 변화하므로 지반 내 정확한 응력을 측정하기란 대단히 어렵다. 또한 현실적으로 많은 비용이 들고, 다양한 형태로 분포하는 응력상태를 모두 측정하거나 재현하기도 용이하지도 않다. 따라서 대부분의 경우 지반의 초기응력은 지중정지응력(geostatic stress)으로 가정하는 경우가 많다(초기지중응력은 제1권 3장의 초기응력을 참고).

수평지표면下 수직 정지지중응력(geostatic stress). 지표면이 수평이고 흙의 특성이 수평방향으로 거의 변하지 않는 경우의 지반 응력상태를 정지지중 응력 상태(geostatic condition)라 하며 단위중량 γ_t이고 심도가 z인 경우 다음과 같이 정의한다.

$$\sigma_{vo} = \gamma_t \cdot z \tag{3.62}$$

$$\sigma_{ho} = K_o \ \sigma_{vo}$$

여기서, K_o는 횡방향 정지응력계수이며, 지반구조물의 해석결과에 중요한 영향을 미친다(K_o는 제1권 3장 3.5절 초기응력 참조).

단일경사지표면을 갖는 지반의 지중응력. 제1권 3장 '초기응력'에서 지표면이 수평이 아닌 경우 요소에 전단력이 존재함을 살펴보았다.

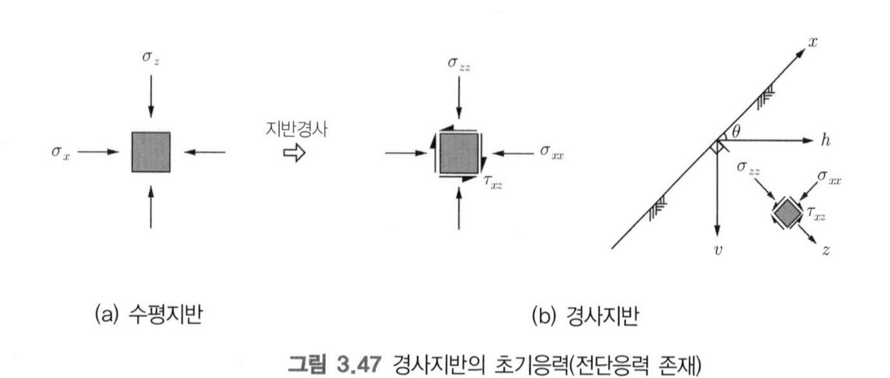

그림 3.47 경사지반의 초기응력(전단응력 존재)

응력의 축변환(axis transformation)개념을 이용하여 경사지반의 응력을 다음과 같이 산정할 수 있다.

$$\begin{Bmatrix} \sigma_{vv} \\ \sigma_{hh} \\ \tau_{vh} \end{Bmatrix} = \begin{bmatrix} \cos^2\theta & \sin^2\theta & \sin2\theta \\ \sin^2\theta & \cos^2\theta & -\sin2\theta \\ -\dfrac{\sin2\theta}{2} & \dfrac{\sin2\theta}{2} & \cos2\theta \end{bmatrix} \begin{Bmatrix} \sigma_{xx} \\ \sigma_{zz} \\ \tau_{xz} \end{Bmatrix} \tag{3.63}$$

임의 지표형상의 지반의 초기응력. 경사지반이나 불규칙한 지형의 초기응력은 이론적으로 설정할 수 없다. 이 경우 본 해석에 앞서 초기응력설정을 위한 전단계 수치해석을 수행하여 그 결과를 이용할 수 있다. 그림 3.48과 같은 지반의 초기응력은 현재의 지표면 형상을 포함하는 수평지반응력을 정지 지중응력상태로 가정하고 현재지반 이외의 부분을 제거하는 수치해석을 수행하면, 이때 산정된 응력이 현재지반의 초기응력에 해당한다. 계산된 변형을 '0'으로 재설정하여 본 해석을 위한 초기화가 필요하다.

NB: 기존 건물, 매설물 등이 위치하는 상황의 지반문제를 해석하는 경우 초기응력은 이전에 진행된 사업들을 모두 순차적으로 모델링함으로써 과거로부터 현재까지의 응력 상속상태(inherited stresses)를 구현할 수 있다.

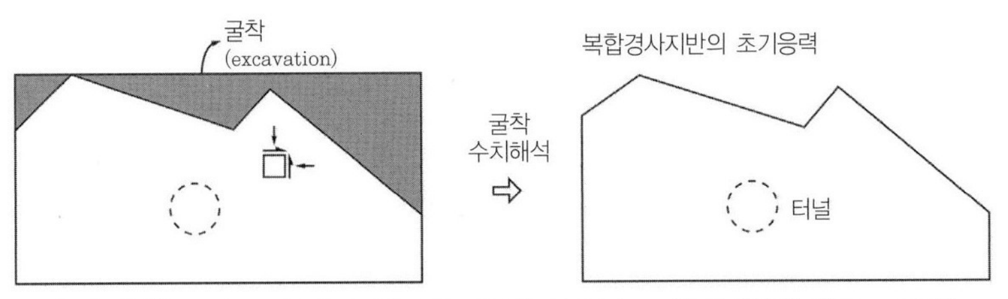

그림 3.48 수치해석에 의한 복합경사지반의 초기응력 재현 개념

3.4.2 하중 경계조건

하중조건에는 점(點)하중, 선(線)하중, 분포하중 등이 있다. 하중의 영향은 전체유한요소방정식의 우(右)변 항(right hand side vectors)에 반영된다.

점하중(point loads)

경계에 작용하는 표면력은 절점하중으로 부여하여야 한다. 평면변형률해석과 축대칭해석의 경우 실제문제의 선하중에 해당한다. 점(點)하중의 절점 하중은 직접입력이 가능하다.

그림 3.49는 문제의 경계에서 어떤 각도로 기울어져 작용하는 점하중의 예를 보인 것이다(프로그램에 따라 점하중의 작용면의 기울기를 고려하기 위하여 점하중 좌표계(point loading axes) 옵션을 사용하기도 한다).

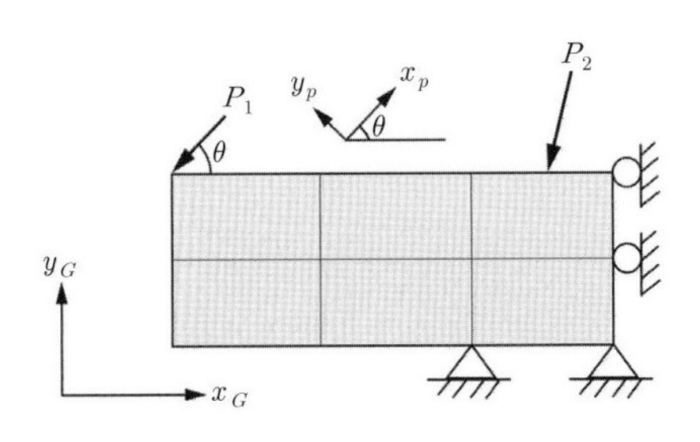

그림 3.49 점하중 예

만일 점하중이 절점 사이에 작용하는 경우, 절점하중의 값은 아래와 같이 유한요소 정식화과정에서 정의된 방법으로 계산하여 인접한 두 절점에 작용시켜야 한다(3.3 유한요소 정식화 참조).

$$\{\Delta R_e\} = \int_s [N^T]\{P\} ds \tag{3.64}$$

여기서 s는 요소의 표면적(surface)이다.

분포하중

응력분포형상이 단순한 경우 등가의 절점하중은 적분 없이도 산정할 수 있다. 그림 3.50에 요소 경계면과 하중형태에 따른 등가 절점하중의 산정 예를 보인 것이다.

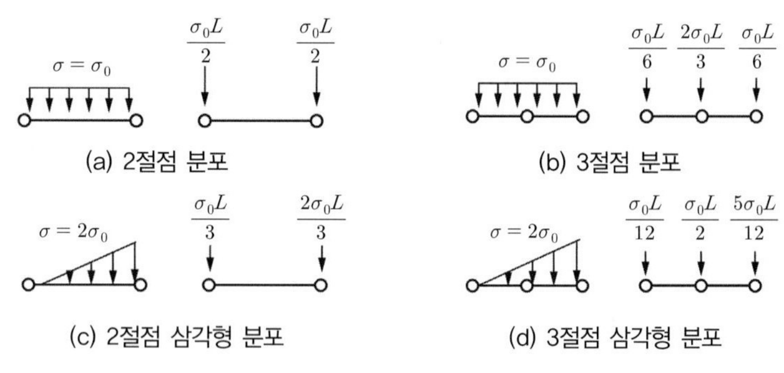

그림 3.50 요소경계면에서 등가 절점하중 산정 예(요소 면길이 : L)

여러 요소에 걸쳐있는 분포하중은 점하중과 마찬가지로 등가의 절점하중으로 변환되어야 한다. 일례로 그림 3.51과 같이 경계면 1, 4 구간에서 임의의 분포하중 $\{\sigma\}$가 작용할 때, 등가의 절점하중은 다음 식으로 산정할 수 있다.

$$\{\Delta R_E\} = \int_s [N^T]\{\sigma\} ds \tag{3.65}$$

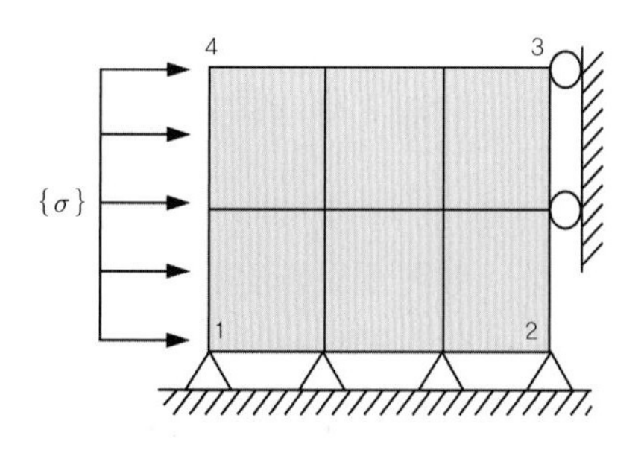

그림 3.51 여러 요소에 걸친 분포하중 예

체적력

지반문제는 중력(자중), 즉 체적력(body force)의 고려가 중요하다. 터널굴착, 댐건설이 그 예이다. 체적력도 다른 하중과 마찬가지로 등가 절점하중으로 입력되어야 한다(대부분의 유한요소 프로그램에 있어서 체적력에 상응하는 절점력이 프로그래밍에 의해 자동 계산된다). 그림 3.52는 요소 체적력(자중)을 '1'이라 했을 때 절점에 배분되는 비율을 예시한 것이다.

$$\{\Delta R_E\} = \int_v [N^T] \gamma_t \, dv \tag{3.66}$$

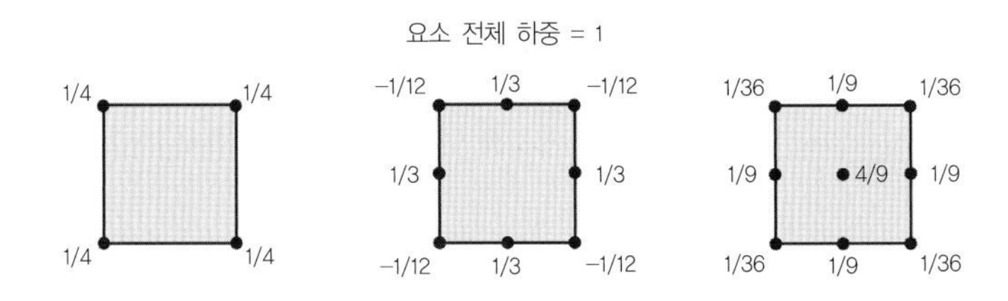

그림 3.52 체적력의 등가절점하중(요소 단위하중이 '1'인 경우 절점 상당력)

수압하중

수압을 하중으로 고려하는 경우는 모델 또는 재료 경계면에서 침투가 제약된 경우로서(비배수조건에서 모델경계에 작용한 수압변화가 이에 해당한다), 이 경우 수압하중을 등가의 절점하중으로 변환하여야 한다. 만일 어떤 불투수요소에 작용하는 간극수압이 Δu_w 만큼 변화하였다면 이로 인한 등가 절점하중은 다음과 같이 산정할 수 있다.

$$\{\Delta R_E\} = -\int_v [B]^T \{\Delta u_w\} dv \tag{3.67}$$

3차원 조건에서 $\{\Delta u_w\} = [\Delta u_w, \Delta u_w, \Delta u_w, 0, 0, 0]$ 이며, $[B]$는 변형률-변위 관계 행렬($\{\epsilon\} = [B]\{u\}$)이다.

3.4.3 변위경계조건

변위경계조건은 전체 유한요소 지배방정식의 절점 변위 항 $\{\Delta u\}_{nG}$에 대하여 고려한다. 변위의 크기가 알려진 자유도는 더 이상 미지수가 아니므로 전체방정식에서 이 자유도에 관련되는 행과 열을 배제하여야 한다. 일례로 Δu_u와 ΔR_u는 미지의 값이며 Δu_p와 ΔR_p는 이미 아는 값이라 할 때(그림 3.53), 전체 유한요소 방정식을 다음과 같이 분할할 수 있다.

$$\begin{bmatrix} K_u & K_{up} \\ K_{up}^T & K_p \end{bmatrix} \begin{Bmatrix} \Delta u_u \\ \Delta u_p \end{Bmatrix} = \begin{Bmatrix} \Delta R_p \\ \Delta R_u \end{Bmatrix} \tag{3.68}$$

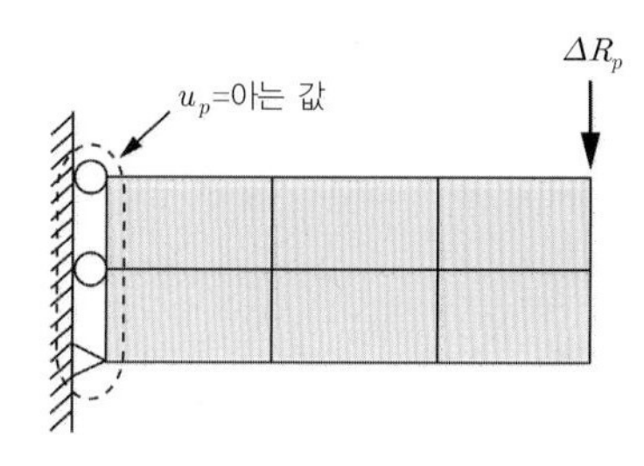

그림 3.53 변위의 경계조건

첫 번째 행렬방정식 $[K_u]\{\Delta u_u\}+[K_{up}]\{\Delta u_p\}=\{\Delta R_p\}$에서, $\{\Delta R\}=\{\Delta R_p\}-[K_{up}]\{\Delta u_p\}$라 놓으면,

$$[K_u]\{\Delta u_u\}=\{\Delta R\} \tag{3.69}$$

우변벡터는 작용하중으로서 아는 값이므로 미지의 변위 $\{\Delta u_u\}$를 얻을 수 있다. $\{\Delta u_u\}$가 결정되면 두 번째 행렬방정식을 이용하여 다음과 같이 반력을 구할 수 있다.

$$\{\Delta R_u\}=[K_{up}]^T\{\Delta u_u\}+[K_p]\{\Delta u_p\} \tag{3.70}$$

강체거동의 방지

모든 경우에 있어서 충분한 변위경계조건이 설정되어 전체 메쉬의 회전이나 이동과 같은 강체거동이 일어나지 않도록 하여야 한다. 이런 조건이 만족되지 않으면 전체 강성행렬은 특이조건(singular)이 되어 풀 수 없게 된다. 일례로 2차원 평면변형문제의 경우 적어도 2개 이상의 x 방향자유도와 한 개의 y 방향자유도를 구속하거나, 혹은 y 방향의 2자유도와 x 방향의 1자유도가 구속되어야 한다.

대칭조건의 활용

대칭조건을 만족하는 문제는 전체 모델의 반만 모델링하면 되며, 축대칭문제는 한단면만 고려하면 된다. 이 경우 대칭축은 변형이 일어나지 않는 조건을 설정(prescription)할 수 있다. 보 구조물을 반만(예 터널의 라이닝) 모델링하는 경우 대칭거동이 일어나기 위해서는 대칭경계면에서 수평변위와 각 회전이 구속되어야 한다. 대칭경계에서 수리경계조건은 '유량=0'이 된다. 그림 3.54는 원형터널의 반단면 모델링 시 천단 및 인버트에서 변위 경계조건을 예시한 것이다. 수평변위가 '0' 라이닝 각변형이 '0'일 때 대칭조건이 구현된다.

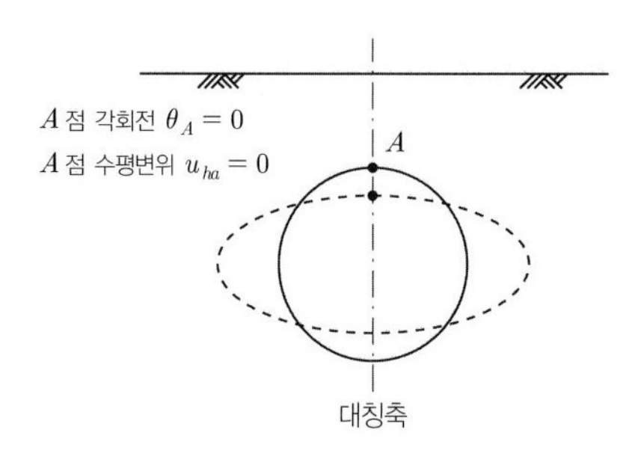

그림 3.54 터널라이닝(beam) 구조물의 대칭점 경계조건 예

3.4.4 건설과정의 모사(simulation)

지반프로젝트의 대부분이 굴착(excavation) 혹은 성토를 포함한다. 도로건설 시 절토, 터널굴착, 깊은 굴착 등이 절토공사를 포함하며, 사력댐, 도로 등이 성토건설(construction)의 예라 할 수 있다. 수치해석에서 건설과정을 모사(simulation)하는 방법은 설치된 구조물이나 작업과정을 미리 요소로 모델에 포함하고, **증분(단계)해석(incremental analysis)과정에서 상황에 부합하게 요소를 추가(활성화, activation)하거나 제거(비활성화, de-activation)함으로써 고려할 수 있다**.

굴착과정의 모델링(요소의 제거)

굴착작업(excavation)은 요소를 제거함으로써 구현할 수 있다. 그림 3.55는 터널 굴착을 예시한 것이다. 요소의 제거와 동시에 굴착경계면에 굴착 유발응력을 작용시킴으로써 굴착과정을 모사한다.

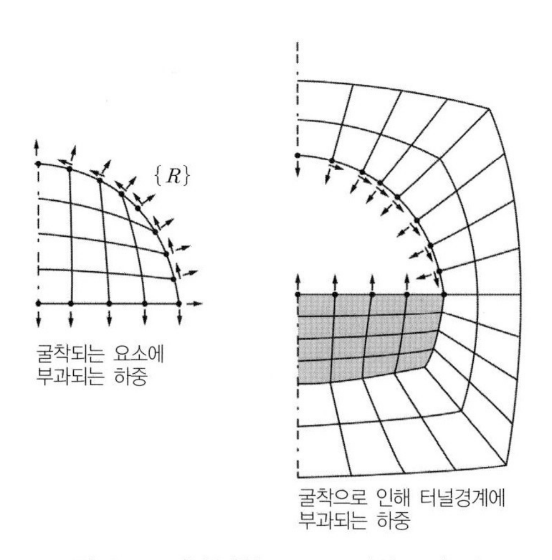

그림 3.55 터널굴착(excavation)의 모사 예

따라서 굴착모사를 위해서는 먼저, 경계면응력벡터 $\{R\}$와 등가인 절점하중을 결정하여야 한다. 등가 절점력은 굴착경계면에 인접한 굴착된 요소들로부터 내부 절점하중벡터 $\{P\}$에서 외부하중벡터 $\{I\}$를 뺀 값으로 다음과 같이 계산될 수 있다(Brown & Booker, 1985).

$$\{R_E\} = \{P\} - \{I\} = \int_v [B]^T \{\sigma\} dv - \int_v [N]^T \gamma_t \ dv \tag{3.71}$$

여기서 $[B]$는 변형률-변위관계 행렬, $\{\sigma\}$는 요소의 응력벡터, $[N]$은 형상함수행렬, γ_t는 단위중량, v는 굴착된 요소의 체적이다. **절점력은 굴착경계면에 접한 절점에만 부과된다**.

굴착과정을 적절하게 고려하기 위하여 실제 굴착작업에 상응하는 순차적인 증분해석이 필요하다. 이 경우 각 증분해석 단계는 다음 순서에 따른다.

① 특정 증분해석단계에서 굴착(제거)될 요소를 지정한다.

② 식(3.71)을 이용하여 굴착경계면에 가할 등가 절점력을 구한다. 굴착요소를 비활성화시키고 전체 유한요소방정식에서 관련된 요소와 절점 강성행렬 성분을 제거 또는 조정한다.

③ 나머지 경계조건을 고려하여 전체유한요소 방정식을 구성하고, 방정식을 풀어 증분 변위, 변형률, 응력을 구한다.

④ 변위, 응력, 변형률증분을 이전 단계의 값에 더하여 누적결과를 얻는다.

⑤ 다음 단계의 증분해석을 수행한다.

성토과정의 모델링(요소의 추가)

댐 건설, 옹벽배면의 뒤채움 등 많은 지반공학 프로세스가 공사의 진행과 함께 형상이 달라진다. 이러한 과정을 유한요소해석으로 모델링하는 일은 단순하지 않다. 우선 사용하고자하는 컴퓨터프로그램이 어떠한 형태로든 이를 고려할 수 있는 옵션을 포함하고 있어야 한다. 건설과정의 모델링은 일반적으로 다음의 단계로 이루어진다.

① 건설시점을 정할 수 있도록 해석의 全과정을 여러 단계로 나누는 증분해석이어야 하며, 건설될 요소는 미리 유한요소 메쉬 내에 포함되어 있어야 한다. 건설이 시작되기 전까지는 역학적 기능이 없는 비활성(deactivated) 상태에 있어야 한다. 통상 **아주 작은 강성 값을 부여함으로써 비활성 상태를 유지한다**.

② 건설로 추가될 요소는 건설과정에 부합하는 특정 증분해석단계에서 활성화되어야 하며 그 재료에 합당한 응력-변형률 거동을 나타내도록(입력파라미터를 결정) 하여야 한다.

③ 건설된 요소의 자중으로 인한 절점력은 앞에서 살펴본 체적력 산정방법으로 산정하여 우변 하중

벡터에 더해진다.

④ 전체 강성행렬과 모든 경계조건들은 건설이 이루어지는 해석단계에서 조립되는데, 요소가 추가되므로 방정식의 규모가 증가한다. 이 방정식을 풀어 절점변위와 요소변형률 및 응력을 얻는다.

⑤ 새로 건설된 요소는 비활성화 유지를 위해 작은 강성 값을 가지고 있었으나, 시공단계에서는 건설된 재료에 부합하는 구성식을 갖도록 활성화하여야 한다. 건설이 이루어진 해석단계에서 건설된 요소와 연결되지 않은 절점의 변위는 '0'으로 처리하여야 한다. 건설요소의 구성방정식이 경화 혹은 연화거동을 고려하는 경우, 다음단계 해석을 위해 상태파라미터를 업데이트하여야 한다.

마찬가지 방법으로 다음 단계의 성토작업 해석을 계속 반복한다. 최종결과는 각 증분해석단계의 결과를 누적 합산함으로써 얻어진다. 요소의 비활성화(deactivation)는 일반적으로 다음 두 가지 방법으로 구현할 수 있다.

- 전체 유한요소 방정식을 구성할 때 비활성요소를 포함하지 않는 방법이 있다. 즉, 비활성요소의 절점자유도나 강성을 활성화되기 전까지 방정식에 포함시키지 않는 것이다. 그러나 이 방법은 요소의 활성화가 전체 유한요소방정식의 넘버링시스템과 행렬구성에 영향을 미치므로 유한요소프로그램이 아주 정교한 절점 및 요소 넘버링시스템을 채택하여야만 가능하다.
- 넘버링 시 시스템에 변화가 없도록 비활성 요소를 활성화된 메쉬 방정식에 포함시키되, 활성화 전까지 그로 인한 역학적 영향이 나타나지 않도록 하는 방법이 있다. 이는 비활성요소의 강성을 아주 작게 취함으로써 가능하다. 이 요소를 존재하지만 기능이 없는 유령요소(ghost element)라고도 하며, 이는 고도의 수학적 조작(mathematical manipulation)에 해당한다. 이 경우 포아슨비를 0.5에 가깝게 설정해서는 안 되는데, 그 이유는 유령요소가 비압축성을 나타내 결과에 영향을 미칠 수 있기 때문이다.

건설과정을 유사화하는 유한요소해석을 그림 3.56에 보인 댐 건설 예를 통하여 살펴볼 수 있다. 댐건설은 4개의 수평층으로 모델링하였으므로 4단계의 증분해석이 필요할 것이다. 해석 시작 시 댐을 구성하는 모든 요소가 비활성상태에 있다. 첫째 층이 건설되는 증분해석 시 해당 층의 모든 요소를 활성화시키고, 계획된 구성방정식을 부여한다. 요소 자중으로 인한 체적력이 등가의 절점하중으로 계산되어 우변 하중벡터($\{\Delta R\}_G$)에 더해진다. 전체강성행렬과 경계조건을 고려하여 해를 구한다.

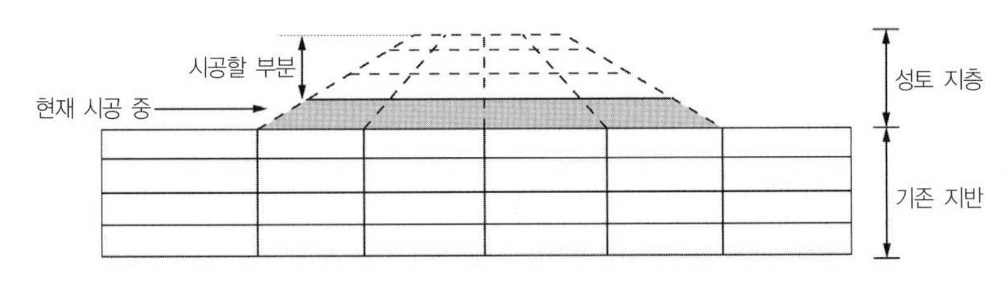

그림 3.56 제방 성토의 모델링

새로 추가되는 요소의 절점은 이미 있던 요소와 연결되어야 하므로 해당 절점변위는 요소추가 시 '0'으로 재설정한다.

그림 3.57은 터널건설 시 라이닝 설치 모사과정을 보인 것이다. 굴착 전부터 유한요소 메쉬에 라이닝 요소(보요소)를 포함하여야 하며, 해당 증분해석단계에서 보요소를 활성화시킴으로써 라이닝 설치효과를 준다. 댐과 달리, 굴착하중을 증분 재하하되 특정 해석단계(예, 전체굴착하중의 40%를 재하한 시점)에서 라이닝을 활성화시키고 잔여하중은 보요소 활성 후 재하하여 라이닝과 지반이 함께 분담하는 것으로 모사함으로써 3차원 터널굴착 과정을 고려한다(3.7절 터널 모델링 참조).

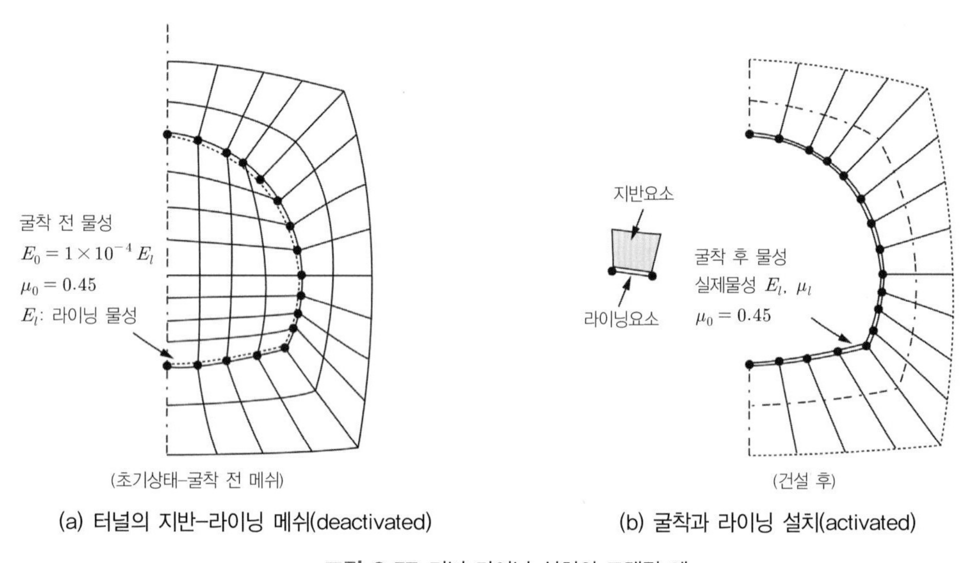

(a) 터널의 지반-라이닝 메쉬(deactivated) (b) 굴착과 라이닝 설치(activated)

그림 3.57 터널 라이닝 설치의 모델링 예

구조부재의 추가 – 스프링 구조요소 추가

건설과정에서 앵커, 멤브레인 등과 같이 축인장에 저항하는 어떤 구조요소를 모델링하는 대안으로서 스프링경계조건을 사용할 수 있다. 스프링은 일정한 강성상수 k_s를 갖는 선형재료이다. 스프링요소는 유한요소해석에서 절점연결, 단절점, 연속 스프링의 3가지로 형태로 고려할 수 있다.

절점연결 스프링. 흙막이 공사에서 굴착면 지지대를 모델링하는 경우 그림 3.58 (a)와 같이 $i-j$를 연결하는 스프링으로 모사할 수 있다. 평면변형조건이므로 이 스프링은 실제 멤브레인 요소처럼 거동한다. 스프링 강성은 전체강성행렬에 더해져야 한다.

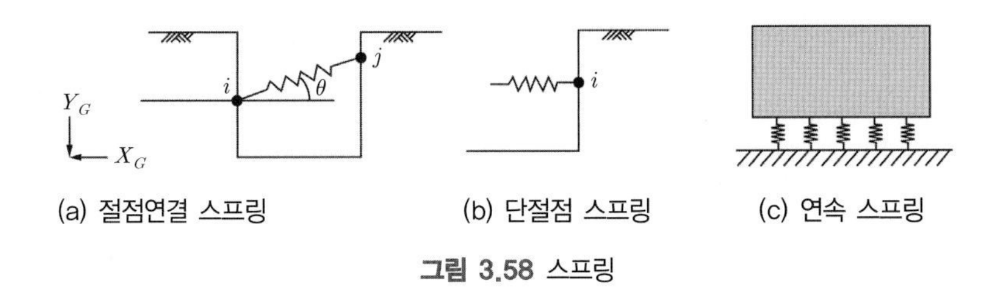

(a) 절점연결 스프링 (b) 단절점 스프링 (c) 연속 스프링

그림 3.58 스프링

이 경우 두 절점간의 변위 $\{\Delta u_i, \Delta v_i, \Delta u_j, \Delta v_j\}$에 대하여 $\{\Delta u\}_g = [Q]\{\Delta u\}_l$이며, 이때 $[Q]_{4\times 4}$가 된다. 요소 $i-j$에 대한 스프링력에 대한 방향여현(direction cosine) 행렬은 다음과 같다.

$$[Q] = \begin{bmatrix} \cos\theta & \sin\theta & 0 & 0 \\ -\sin\theta & \cos\theta & 0 & 0 \\ 0 & 0 & \cos\theta & \sin\theta \\ 0 & 0 & -\sin\theta & \cos\theta \end{bmatrix} \tag{3.72}$$

여기서 θ는 X_G에 대한 스프링경사각이며, $[Q]^T[Q]=1$. $[Q]$를 이용하여 변환된 요소강성행렬의 절점 i와 j에 관련되는 항에 더해진다.

$$[K_s]_G = [Q]^T[K_s][Q] \tag{3.73}$$

여기서, $[K_s] = \begin{bmatrix} K & 0 & -K & 0 \\ 0 & 0 & 0 & 0 \\ -K & 0 & K & 0 \\ 0 & 0 & 0 & 0 \end{bmatrix}$

단절점 스프링(single node). 스프링은 한쪽경계가 절점에 연결되지 않고, 접지된 상태 혹은 대칭경계면을 나타낸 경우로서 그림 3.58 (b)에 예를 보였다. 이 경우 변환행렬 $[Q']$는

$$[Q'] = \begin{bmatrix} \cos\theta & \sin\theta \\ -\sin\theta & \cos\theta \end{bmatrix} \tag{3.74}$$

식 (3.73)에서 i점 관련항만 취하면 되므로, $[K_s] = \begin{bmatrix} K & 0 \\ 0 & K \end{bmatrix}$

$$[K_s]_G = [Q']^T[K_s][Q'] \tag{3.75}$$

$$[K_s]_G \begin{Bmatrix} \Delta u_i \\ \Delta v_i \end{Bmatrix} = k_s \begin{bmatrix} \cos\theta^2 & \sin\theta\cos\theta \\ \cos\theta\sin\theta & \sin\theta^2 \end{bmatrix} \begin{Bmatrix} \Delta u_i \\ \Delta v_i \end{Bmatrix} = \begin{Bmatrix} \Delta R_{ui} \\ \Delta R_{vi} \end{Bmatrix} \tag{3.76}$$

연속 스프링. 그림 3.58 (c)와 같이 요소경계를 따라 스프링의 분포가 연속적이라면 이는 유한요소 정

식화 과정에 따라 **절점스프링 조건으로 변환**되어야 한다.

$$[K_s] = \int_s [N]^T [k_s][N] ds \tag{3.77}$$

3.4.5 배수조건의 고려

간극수의 존재는 지반이 다른 재료와 구분되는 가장 큰 특징 중의 하나이다. 지반 내 지하수의 흐름은 지반문제를 시간함수의 4차원 문제가 되게 한다. 다행히도 많은 경우 간극수압의 변화가 없거나 혹은 흐름이 시간에 따라 변화하지 않는 정상상태에 있는데, 이러한 경우는 시간독립적인 문제로 고려할 수 있다. 시간독립적인 문제는 흐름거동의 두 극단적인 경우로써 완전배수(fully drained)문제 그리고 비배수(undrained)문제가 이에 해당한다.

그림 3.59는 전단속도를 달리하여 시험한 점토시료의 파괴강도를 보인 것이다. **이 그림은 배수조건이 강도에 미치는 영향을 분명하게 보여준다**. 재하속도가 매우 빠르거나 매우 느린 경우 강도는 일정하게 나타난다. 하지만 두 극단적 조건의 중간거동은 시간의존성 거동을 보인다.

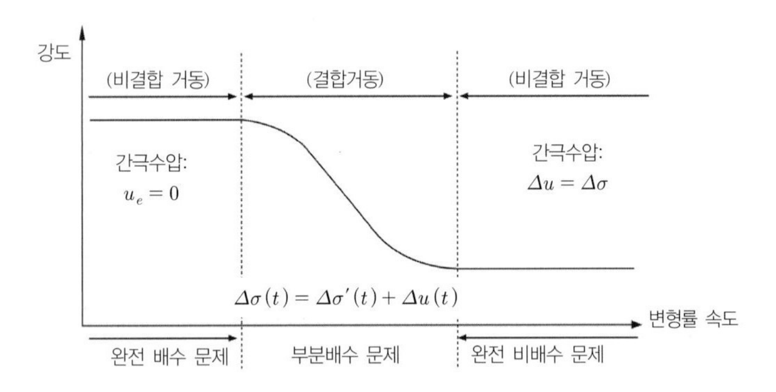

그림 3.59 시간의존성에 대한 모델링 개념(점토의 배수조건과 강도특성)

지반 수치해석에서 완전 배수조건 혹은 비배수 조건이면 간극수압을 별도로 고려하지 않는 전응력 해석법의 적용이 가능하다. 그러나 **시간에 따른 간극수압을 파악하고자 하는 경우 변위와 간극수압이 연계된 결합해석(coupled analysis)의 도입이 필요하다**. 따라서 지하수와 관련된 지반문제를 해석하는 경우 대상문제를 시간의존적인 문제로 다룰 것인가를 판단하는 것은 해석방법의 선택과도 관련된다.

유효응력해석과 전응력해석

지반 변형은 유효응력의 변화에 의해 야기된다. 비배수조건의 문제를 제외한 **대부분의 구성모델이나**

유한요소식의 전개는 응력-변형해석이므로 유효응력개념을 전제로 한다. 유효응력기반의 해석을 배수조건해석, 전응력 기반의 해석을 비배수조건의 해석이라 한다. 완전 배수조건 해석은 유효응력해석에 해당된다. 완전 비배수조건의 경우 물과 지반이 합쳐진 하나의 다른 재료로 거동한다. 물이나 입자 자체의 압축성이 매우 작으므로 비배수 조건에서 체적변화는 무시할 만하다고 가정한다. 체적변형이 없음에도 지반이 변형하는 것은 모양의 변화, 즉 전단변형이 일어나기 때문이다.

물을 포함하는 지반문제에 어떠한 해석법이 적절한가는 주어진 문제의 상황이 얼마나 시간 의존적인가에 의해 결정된다(여기서 말하는 시간의존성의 문제는 크립(creep)거동은 포함하지 않는다).

완전배수 조건(유효응력해석). 간극수압의 변화가 없는 경우로서 전응력의 변화는 유효응력의 변화와 같다. 즉, $\{\Delta\sigma'\} = \{\Delta\sigma\}$. 이 경우 $[D]$ 구성에 필요한 파라미터는 배수시험으로 구해진 값을 사용하여야 한다. E 및 ν는 유효응력 파라미터이며, 이때 해석은 유효응력해석이다.

완전비배수 조건(전응력해석). 간극수의 상대적 거동이 (흙 구조에 대해) 전혀 일어나지 않는다는 가정을 내포하여, 흙 요소와 간극수의 변형이 정확하게 같다. 이 경우 $[D]$ 행렬은 비배수 시험으로 구한 파라미터(E_u 및 ν_u)가 사용되어야 한다. 만일 지반이 완전히 포화되어 있어 외력을 받는 동안 체적의 변화가 일어나지 않는다면 비배수 포아슨비는 $\nu_u = 0.5$가 된다. 이 값은 물리적으로 타당하지만, $[D]$ 항을 무한대로 증가시키므로 수치해석적 불안정성(numerical instability)을 야기한다. 이러한 문제를 피하면서 **비배수 조건을 적절히 표현하기 위하여 비배수 포아슨 비를 0.5보다는 작고 0.49보다는 큰 값을 사용한다**. Potts(1999)는 휨성 대상기초에 대한 비배수 수치해석을 통해 $\nu_u = 0.499$**의 값이 적절함**을 보고하였다.

대부분의 공학문제는 최악조건(worst case)을 가정하여(ULS에 대한 MU 조건)에 대하여 검토하는데, 이런 상황은 **대체로 비배수 조건에서 나타난다**. 예를 들어 그림 3.60와 같이 점토지반 위의 급속 성토인 경우 건설 중에는 재하속도가 배수속도보다 훨씬 빠르므로 비배수안정문제로 검토하여야 하나, 성토완료 후 상당시간이 경과하면 지반의 과잉 간극수압이 소산되어 장기안정은 배수조건으로 검토하여야 할 것이다. 이 경우 안전율 최소상태는 성토직후 비배수조건에서 나타난다.

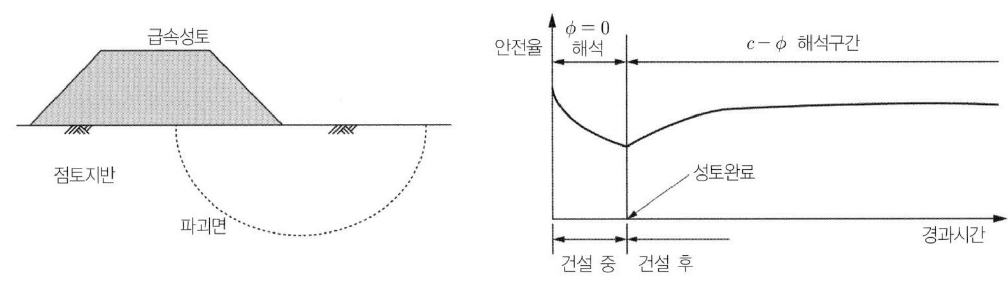

그림 3.60 안정의 시간의존성 예

비압축성 탄성(incompressible elasticity)

하중을 가하는 경우 압축이 거의 일어나지 않는 탄성거동을 비압축성 탄성문제라 한다. 예로 고무의 체적탄성계수 K는 전단탄성계수 G보다 훨씬 크므로 이 경우 체적변화는 거의 없이 전단변형만 일어나는데 이때의 거동은 비압축성으로 가정할 수 있다.

ν_u=0.5~0.49이므로 **포화토의 비배수거동은 비압축성에 가깝다.** 흙입자나 물의 압축성은 매우 작다. 지반공학 관점에서 이들을 비압축성으로 가정하는 것은 매우 타당하다. **비압축성 물체는 무한대에 가까운 체적탄성계수 값을 갖는다.**

$$K \to \infty, \quad \nu \to 0.5, \quad E_u \to 3G \tag{3.78}$$

따라서 비압축성물체의 거동을 정의하기 위하여 필요한 상수는 오직 탄성계수 E_u 또는 전단탄성계수 G이다. 전단탄성계수는 간극수의 존재여부에 영향을 받지 않으므로 G는 배수조건이나 비배수조건이나 같은 값을 갖는다. 만일 배수조건의 지반탄성상수 2개를 알면 G와 E_u 값을 얻을 수 있다.

배수파라미터를 이용한 비배수해석

전응력해석으로는 간극수압을 바로 알 수 없다. 하지만 실제 지반문제에서는 간극수압의 크기를 알아야 할 필요가 있는 경우가 많다. 만일 비배수 해석결과를 유효응력의 관점으로 표현할 수 있다면 간극수압을 알 수 있을 뿐만 아니라, 통상 유효응력 파라미터로 표현되는 고급 응력-변형 모델을 사용한 비배수 해석이 가능해진다.

지반은 입자체요소와 간극수가 같은 물리적 공간을 점유하는 두 개의 요소로 가정할 수 있다. 완전 비배수 상태에서는 체적변화가 없다고 가정하므로 지반 입자와 간극수 간의 상대적 변위는 무시할 만하다. 따라서 지반 입자체(s)와 간극수(f)는 정확히 같은 변형과정을 보이는 것으로 생각할 수 있다. 즉, $\{\Delta\epsilon_s\} = \{\Delta\epsilon_f\} = \{\Delta\epsilon\}$. 실제 지반에서는 재하와 동시에 흐름이 일어날 수 있으므로 이 가정이 물리적으로 타당하지 않을 수도 있다. 그러나 매체간의 상대적 거동이 무시할 만하다고 전제하고, 압밀의 영향을 '0'에 가까운 시간단위에서 생각하면 위의 가정은 소위 '비배수 상태'의 정의와 합치된다. 따라서

$$\{\Delta\sigma\} = \{\Delta\sigma'\} + \{\Delta\sigma_f\} \tag{3.79}$$

여기서 $\{\Delta\sigma_f\} = \{\Delta u_w, \Delta u_w, \Delta u_w, 0, 0, 0\}^T$. Δu_w는 간극수압의 변화량이다. 구성관계에 따라 다음이 성립된다.

$$\{\Delta\sigma'\} = [D']\{\Delta\epsilon\} \text{ 및 } \{\Delta\sigma_f\} = [D_f]\{\Delta\epsilon\} \tag{3.80}$$

식 (3.80)을 식 (3.79)에 대입하면,

$$[D] = [D'] + [D_f] \tag{3.81}$$

$[D_f]$는 간극수의 체적탄성계수, K_f와 관련된다. 실제로 간극수는 간극만을 점유한다. 만일 지반 입자의 체적탄성계수가 K_s라면 간극수압의 변화는 간극수와 지반 입자의 변화를 야기할 것이고, 그와 관련한 유효응력의 변화는 지반 입자의 체적변화를 야기하게 될 것이다. 그러나 유효응력은 입자의 면적으로 볼 때 매우 작은 접촉점을 통해 전달되므로 이로 인한 체적변화는 무시할 만하다. 따라서 총 체적변화, 즉 체적 변형률은 다음과 같이 표현할 수 있다.

$$\Delta\epsilon_v = \frac{n}{K_f}\Delta u_w + \frac{(1-n)}{K_s}\Delta u_w = \left(\frac{n}{K_f} + \frac{1-n}{K_s}\right)\Delta u_w = \frac{1}{K_e}\Delta u_w \tag{3.82}$$

여기서 n은 간극률이다. 간극수의 등가체적변형계수 K_e는 다음과 같이 정의된다.

$$K_e = \frac{1}{\dfrac{n}{K_f} + \dfrac{(1-n)}{K_s}} \tag{3.83}$$

흙 입자의 체적탄성계수 K_s는 입자구조체(skeleton)의 강성보다 매우 크다. 그러나 간극수의 K_f는 상대적으로 K_s보다 훨씬 크며 따라서 식 (3.83)은 다음과 같이 근사화할 수 있다.

$$K_e \simeq \frac{K_f}{n} \tag{3.84}$$

실제로 포화토의 경우, K_s와 K_f는 지반 구조체(skeleton)의 강성 값보다 훨씬 크다. 따라서 정확한 K_s나 K_f의 값이 중요한 것은 아니며, 적당히 큰 K_e 값을 가정함으로써 비배수 상태를 표현할 수 있다. 그러나 너무 큰 K_e를 사용하면 수치해석적 불안정이 초래될 수 있다. 위 해석에서 K_e를 '0'으로 놓음으로써 배수해석도 가능하다. 그러나 배수/비배수가 모두 포함되는 문제에 K_e를 사용하는 것은 시간경과에 따른 강성의 변화를 무시하는 결과를 초래하게 된다.

3.4.6 경계면(인터페이스)거동의 고려

지반문제 모델링에 있어서 경계면은 불연속면 또는 강성의 차이가 큰 이질 재료 간 경계(interface)와 모델의 외곽경계(outer boundaries of a model)를 들 수 있다. 재료경계는 보통 인터페이스 요소로 고려하며, 모델 경계의 거동은 무한요소(infinite element)로 모사하기도 한다.

전응력해석을 이용한 간극수압 산정방법

점토지반상의 기초의 단기 침하문제와 같이 유효응력과 간극수압의 구분이 불필요한 지반문제를 유효응력개념으로 해석하는 것은 문제를 불필요하게 복잡하게 만든다.

비배수 해석 시 등방 탄성조건에서는 체적 변형률과 전단 변형률이 서로 독립적이다. 즉, 정수압 변화가 어떤 전단 탄성변형도 발생시키지 않는 것처럼, 전단응력도 체적변화를 초래하지 않는다. 이 경우 근사적인 간극수압(Δu_w)을 다음과 같이 산정할 수 있다.

$$\Delta u_w \simeq \Delta\sigma_m = \frac{1}{3}(\Delta\sigma_x + \Delta\sigma_y + \Delta\sigma_z) \tag{3.85}$$

그러나 체적응력과 전단응력이 서로 영향을 미치는 경우(예로 조밀한 모래와 같은 팽창성지반이나, 연약점토 같은 압축성 지반은 이러한 결합거동을 보인다), 또는 상당한 크기의 압축성을 나타내는 흙(이 경우 K_e가 K보다 아주 크다는 전제가 맞지 않는다)은 전응력개념을 적용할 수 없다. 이런 조건은 유효응력해석이 타당하다. 유효응력 해석은 제1권 6장에서 살펴본 Biot의 결합 지배방정식에 의거한 변위와 간극수압의 결합(coupled)유한요소방정식을 이용할 수 있다.

이 경우에 대하여 Skempton(1954)은 간극수압계수(A, B)를 이용하여 간극수압을 구하는 간편법을 다음과 같이 제안하였다(3축압축시험 조건의 경우).

$$\Delta u_w = B\Delta\sigma_m + A\Delta\sigma_q \tag{3.86}$$

인터페이스(interface)요소

일반적으로 구조물의 강성과 지반의 강성은 100 ~ 10,000배나 차이가 나므로 경계부에서 접촉강도를 초과하면 상대변위가 발생할 수 있다. 이러한 예는 터널 라이닝, 흙막이 벽, 옹벽 등 구조물과 지반의 접촉부에서 확인할 수 있다.

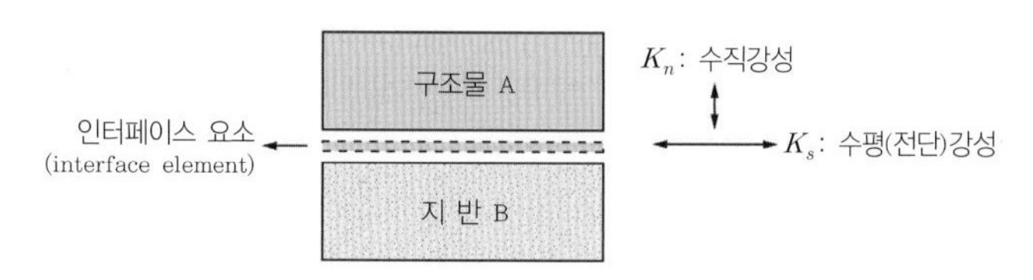

그림 3.61 경계요소의 예

지반의 경계면 거동을 모델링하기 위하여 그림 3.61과 같은 경계요소를 사용할 수 있다. **경계면에서의 수직 및 수평거동은 경계면의 강성(K_n, K_s)을 이용하여 정의한다.** 인터페이스 요소는 지반-구조물의 경계, 즉 옹벽배면, 파일주변, 기초저면 등 재료 간 상대 이동이 예상되는 위치의 거동모사를 위해 사용한다. 이 요소는 흙-지반 경계거동인 미끄러짐, 분리거동을 나타내는 구성방정식을 포함하여야 한다. 지반-구조물 경계면에서의 불연속거동을 고려하기 위하여 많은 모델요소가 제안되었다(그림 3.62). 대표적 인터페이스 모델링법은 다음과 같다.

- 일반적인 구성방정식을 이용하되 얇은 연속체요소를 사용하는 방법(Pande & Sharma, 1979; Griffith, 1985) (그림 3.62 a)
- 경계면의 양쪽 절점을 잇는 '스프링' 등의 연결요소(linkage element)를 사용하는 방법(Hermann, 1979; Frank et al, 1982) (그림 3.62 b)
- 두께가 '0'이거나 유한한 특수인터페이스요소를 사용하는 방법(Goodman et al, 1968; Ghaboussi et al, 1973; Carol & Alonso, 1988; Wilson, 1977; Desai et al, 1984; Beer, 1985; R. Day, 1990) (그림 3.62 c)
- 인터페이스에서 힘과 변위의 적합성 유지조건을 부여하여 흙과 구조물을 별도로 모델링하여 연결하는 조합방법(hybrid method)(Zienkewicz, 1975; Lai & Booker, 1989)

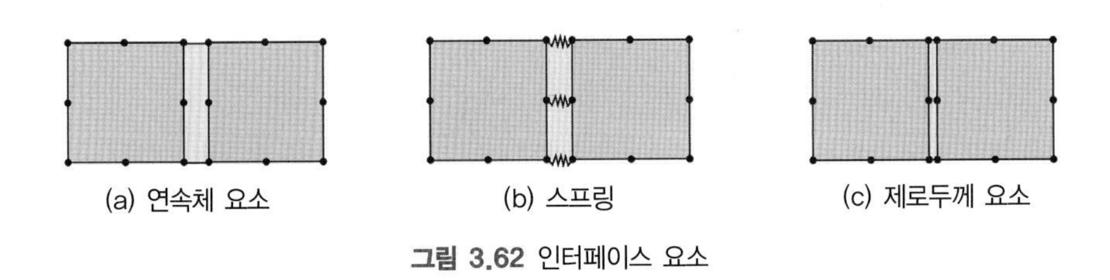

그림 3.62 인터페이스 요소

위 방법들 중에서 제로(zero)두께 요소가 논리적으로 가장 타당한 것으로 알려져 있다.

제로 두께 지반요소(zero thickness element). 이 지반요소는 2D 평면변형 및 축대칭 조건에 대하여 개발되었다(Day, 1990). 인터페이스요소의 응력은 수직응력(normal stress), σ_n와 전단응력, τ(shear stress)로 구분할 수 있다. 이 응력들은 각각 수직변형률 ϵ_n과 전단(접선)변형률, γ와 연관되며 다음의 응력-변형률관계식을 만족한다.

$$\begin{Bmatrix} \Delta\sigma_n \\ \Delta\tau \end{Bmatrix} = [D] \begin{Bmatrix} \Delta\epsilon_n \\ \Delta\gamma \end{Bmatrix} \tag{3.87}$$

등방선형탄성거동에 대하여 구성행렬은 각각 탄성수직강성 K_n과 전단강성 K_s을 이용하여 다음과 같이 나타낼 수 있다.

$$[D] = \begin{bmatrix} K_n & 0 \\ 0 & K_s \end{bmatrix} \tag{3.88}$$

그림 3.63과 같은 곡선형 6-절점 등파라미터 인터페이스 요소를 생각해보자. 인터페이스 요소의 변형률은 요소의 하단부와 상단부 사이의 상대변위로 정의한다.

$$\epsilon_n = \Delta v_l = v_l^t - v_l^b \tag{3.89}$$

$$\gamma = \Delta u_l = u_l^t - u_l^b$$

여기서 $u_l = v\sin\alpha + u\cos\alpha$, $v_l = v\cos\alpha - u\sin\alpha$ 이다. u와 v는 x_g와 y_g 방향에 대하여 전체좌표계에서의 변위이다.

$$\epsilon = (v_l^t - v_l^b)\cos\alpha - (u_l^t - u_l^b)\sin\alpha$$

$$\gamma = (v_l^t - v_l^b)\sin\alpha + (u_l^t - u_l^b)\cos\alpha$$

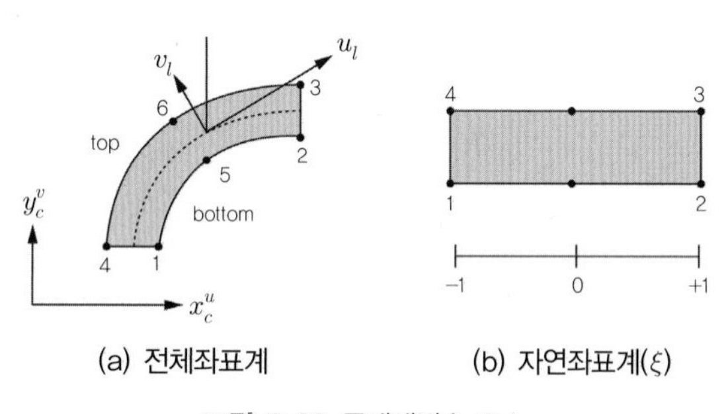

그림 3.63 등매개변수 요소

변형률을 행렬식으로 다시 쓰면 다음과 같다.

$$\begin{Bmatrix} \epsilon \\ \gamma \end{Bmatrix} = \begin{bmatrix} -\sin\alpha & \cos\alpha \\ \cos\alpha & \sin\alpha \end{bmatrix} \begin{Bmatrix} u_l^t - u_l^b \\ v_l^t - v_l^b \end{Bmatrix} \tag{3.90}$$

등매개변수(isoparametric) 요소의 함수(N_i)를 이용하여 변위는 다음과 같이 나타낼 수 있다

$$v^b = N_1 v_1 + N_2 v_2 + N_5 v_5,\ v^t = N_3 v_3 + N_4 v_4 + N_6 v_6 \tag{3.91}$$

$$u^b = N_1 u_1 + N_2 u_2 + N_5 u_5,\ u^t = N_3 u_3 + N_4 u_4 + N_6 u_6$$

이때 등파라미터 형상함수는 다음과 같이 표현된다.

$$N_1 = N_4 = \frac{1}{2}\xi(\xi - 1),\ N_2 = N_3 = \frac{1}{2}\xi(\xi + 1),\ N_5 = N_6 = (1 - \xi^2) \tag{3.92}$$

ξ는 자연좌표로서 요소길이를 따라 $-1 \leq \xi \leq +1$ 값을 갖는다. 위 식들로부터 $\begin{Bmatrix} \epsilon \\ \gamma \end{Bmatrix} = [B] \begin{Bmatrix} v \\ u \end{Bmatrix}$의 $[B]_{6\times 2}$ 행렬은 다음과 같이 얻어진다.

$$[B] = \begin{bmatrix} -\sin\alpha & \cos\alpha \\ \cos\alpha & \sin\alpha \end{bmatrix} \begin{bmatrix} 0 & -N_1 & 0 & -N_2 & 0 & N_3 & 0 & N_4 & 0 & N_5 & 0 & N_6 \\ -N_1 & 0 & -N_2 & 0 & N_3 & 0 & N_4 & 0 & -N_5 & 0 & N_6 & 0 \end{bmatrix} \tag{3.93}$$

정식화 과정을 통해 강성행렬을 유도하면 자연좌표계에서 다음과 같다.

$$[K_E] = \int_{-1}^{+l} [B]^T [D][B] \, |J| \, dl \tag{3.94}$$

여기서 $|J| = \left[\left(\frac{dx}{d\xi} \right)^2 + \left(\frac{dy}{d\xi} \right)^2 \right]^{\frac{1}{2}}$

등매개변수 요소이므로 기하학적 형상도 형상함수를 이용하여 나타낼 수 있다.

$$x^t = x^b = N_1 x_1 + N_2 x_2 + N_5 x_5 \tag{3.95}$$

$$y^t = y^b = N_1 y_1 + N_2 y_2 + N_5 y_5$$

따라서 미분 값은 다음과 같다.

$$\frac{dx}{d\xi} = N_1' x_1 + N_2' x_2 + N_5' x_5 \tag{3.96}$$

$$\frac{dy}{d\xi} = N_1' y_1 + N_2' y_2 + N_5' y_5$$

N' 은 N의 미분치로서 $N_1' = \xi - \frac{1}{2}$, $N_2' = \xi + \frac{1}{2}$, $N_5' = -2\xi$이다.

여기서 $\sin\alpha = \frac{1}{|J|} \frac{dy}{d\xi}$, $\cos\alpha = \frac{1}{|J|} \frac{dx}{d\xi}$ 이다.

NB: 제로두께요소는 인접 상·하 재료 간 강성의 차이가 큰 경우($k_s/k_l > 100$) 수치해석적 불안정(numerical instability)이 야기될 수 있다. 또한 제로(0) 두께 요소의 인접 상·하 절점은 같은 좌표를 가지므로 메쉬 자동생성 시 문제가 되지 않도록 하는 프로그램상의 수학적 고려(mathematical manipulation)가 필요하다.

무한요소(infinite element) – 해석영역의 경계면의 모델링

모델에 포함되지 않는 경계면 밖의 영향을 경계면에 위치하는 요소를 이용하여 고려하는 방법을 무한요소법이라 하며, 모델경계에 접하는 영역좌표를 무한대로 취하므로 무한요소(infinite element)라 한다.

무한요소의 형상함수는 여러 가지 방법으로 얻을 수 있다. 그 중 하나인 매핑(mapping)방식은 유한영역을 무한영역으로 사상(mapping)함으로써 요소의 형상함수를 얻는다. 무한측의 형상 함수값은 ∞가 되도록 한다. 그림 3.64에 무한 형상함수의 예를 도시하였다. 형상함수를 이용하여 앞 절에서 전개한 방정식과 동일한 방식으로 요소강성행렬을 구할 수 있다.

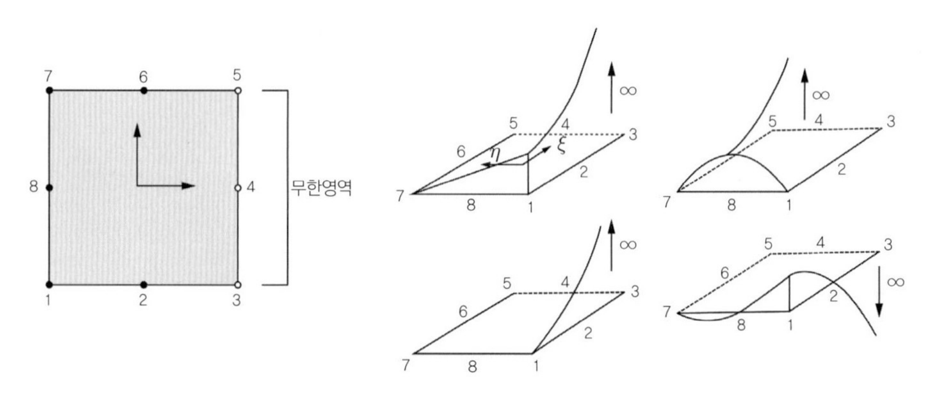

그림 3.64 무한요소와 형상함수의 예(serendipity infinite element)

그림 3.65는 Boussinesq 이론해와 유한요소해, 그리고 무한요소를 채용한 유한요소해를 비교한 것이다. 무한요소해는 이론해와 거의 일치한다. 유한요소해는 메쉬가 성긴 경우 근사해와 이론해 간 차이가 크다. 메쉬를 아주 조밀하게 하여야 유한요소해와 이론해의 차이를 줄일 수 있다.

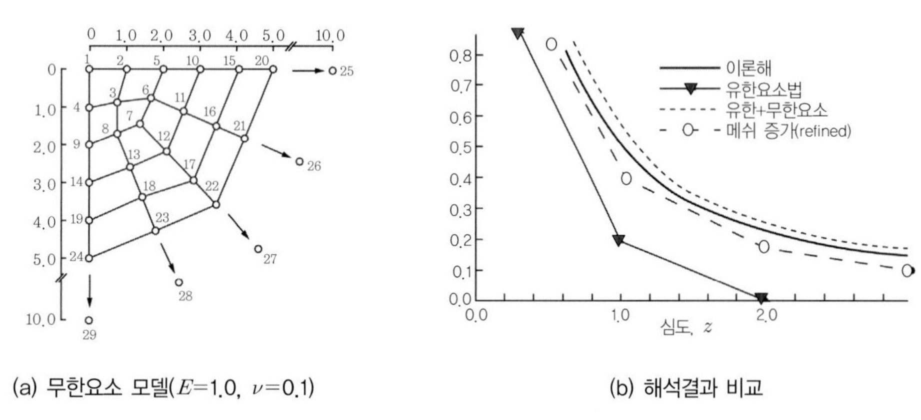

(a) 무한요소 모델(E=1.0, ν=0.1)

(b) 해석결과 비교

그림 3.65 무한요소의 Boussinesq 문제에 적용 및 비교

3.5 유한요소방정식의 풀이

3.5.1 시스템 유한요소 방정식

3.2절과 3.3절에서 유한요소해석의 전체 시스템방정식의 조립과정을 살펴보았다. 전체 방정식의 풀이과정은 선형거동방정식과 비선형거동방정식이 완전히 다르다. 제1권에서 살펴보았듯이 **흙의 거동은 일반적으로 비선형, 탄소성이므로 지반수치해석의 학습은 선형거동의 해법보다 비선형 거동의 해법에 보다 중점을 두어야 할 것이다**. 대부분의 유한요소입문을 다루는 책이 구조재료를 위주로 다루다보니 기초이론인 선형방정식의 풀이에 치우쳐져 있어, 정작 지반공학에서 중요한 의미를 갖는 비선형해법에 대한 학습기회가 충분하지 못하였다.

선형거동의 경우 변위와 하중의 총벡터 관계는 시스템(전체) 방정식으로서 다음과 같이 나타낼 수 있다. 하중항은 잔류벡터로도 고려하므로 $\{F\}$ 대신 $\{R\}$로 표현한다.

$$[K_G]\{u_G\}=\{R_G\} \tag{3.97}$$

선형해석에서 $[K_G]$의 크기는 해석하는 동안 일정하게 유지된다. 반면 비선형해석의 경우 $[K_G]$ 값이 변형률에 따라 변화하므로 다음과 같이 증분형태로 표현되며, 증분·반복해석기법을 도입하여야 한다.

$$[K_G]\{\Delta u_G\}=\{\Delta R_G\} \tag{3.98}$$

시스템 방정식의 수정(modification)

힘의 평형방정식은 실제 하중변화에 대하여 성립하는 것이므로 선형, 비선형과 관계없이 증분개념인 'Δ'를 사용할 수 있다. 따라서 요소 강성행렬을 조립한 전체 유한요소 방정식의 형태는 다음과 같다.

$$\begin{bmatrix} K_{11} & K_{12} & \bullet & \bullet & \bullet & \bullet & \bullet & \bullet & K_{1n} \\ K_{21} & K_{22} & \bullet & \bullet & \bullet & \bullet & \bullet & \bullet & K_{2n} \\ \bullet & \bullet & \bullet & \bullet & \bullet & \bullet & \bullet & \bullet & \bullet \\ \bullet & \bullet & \bullet & \bullet & \bullet & \bullet & \bullet & \bullet & \bullet \\ \bullet & \bullet & \bullet & \bullet & \bullet & \bullet & \bullet & K_{ij} & \bullet \\ \bullet & \bullet & \bullet & \bullet & \bullet & K_{ji} & \bullet & \bullet & \bullet \\ \bullet & \bullet & \bullet & \bullet & \bullet & \bullet & \bullet & \bullet & \bullet \\ K_{n1} & \bullet & \bullet & \bullet & \bullet & \bullet & \bullet & \bullet & K_{nn} \end{bmatrix} \begin{Bmatrix} \Delta u_1 \\ \Delta u_2 \\ \bullet \\ \bullet \\ \bullet \\ \bullet \\ \bullet \\ \Delta u_n \end{Bmatrix} = \begin{Bmatrix} \Delta R_1 \\ \Delta R_2 \\ \bullet \\ \bullet \\ \bullet \\ \bullet \\ \bullet \\ \Delta R_n \end{Bmatrix} \tag{3.99}$$

위 방정식의 어떤 절점은 구속되어 있거나 또 하중이 재하되는 경계조건을 갖고 있다(이러한 경계조건으로 인해 시스템이 이동하거나 회전하지 않고 안정 상태에 있게 한다). 경계부에서는 변위, Δu 혹은 하중, ΔR 값을 아는 절점이 있게 된다. 이미 답을 아는 경우이므로 해당 방정식을 전체 시스템 방정식에서 제외하고 풀어야 한다.

일례로 그림 3.66의 절점자유도 28번의 거동이 구속('0')되었다면 28번 자유도에 해당하는 열과 행은 전체 시스템방정식에서 배제된다. 이와 같은 방법으로 변위나 하중이 정의된 절점 자유도의 열과 행을 배제한 방정식이 풀어야 할 유한요소 방정식이 된다.

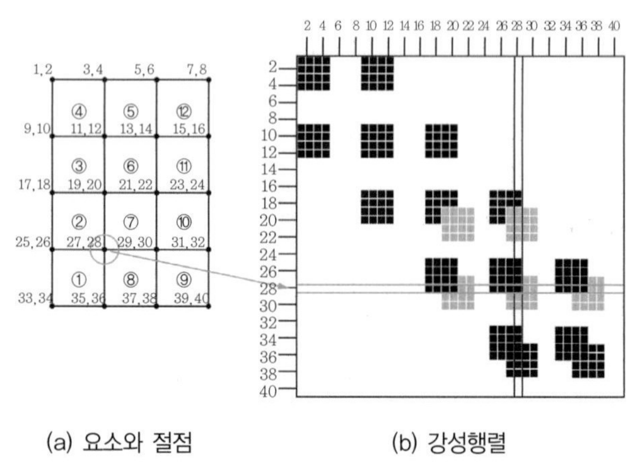

그림 3.66 경계조건을 고려한 유한요소방정식 재구성

아는(소거할) 자유도와 존속시킬 자유도로 분할(여기서, b : 소거할 자유도, c : 존속할 자유도)하면

$$\begin{bmatrix} [K_{bb}] & [K_{bc}] \\ [K_{cb}] & [K_{cc}] \end{bmatrix} \begin{Bmatrix} \{\Delta u_b\} \\ \{\Delta u_c\} \end{Bmatrix} = \begin{Bmatrix} \{\Delta R_b\} \\ \{\Delta R_c\} \end{Bmatrix} \tag{3.100}$$

식 (3.100)을 2개의 대수 방정식으로 나누어서 다음과 같이 표시할 수 있다.

$$[K_{bb}]\{u_b\} + [K_{bc}]\{\Delta u_c\} = \{\Delta R_b\} \tag{3.101}$$

$$[K_{cb}]\{u_b\} + [K_{cc}]\{\Delta u_c\} = \{\Delta R_c\} \tag{3.102}$$

식 (3.101)을 다시 쓰면

$$\{\Delta u_b\} = [K_{bb}]^{-1}\{\Delta R_b\} - [K_{bb}]^{-1}[K_{bc}]\{\Delta u_c\} \tag{3.103}$$

식 (3.103)을 식 (3.102)에 대입하면 풀어야 할 방정식은 다음과 같다.

$$\left([K_{cc}] - [K_{cb}][K_{bb}]^{-1}[K_{bc}]\right)\{\Delta u_c\} = \{\Delta R_c\} - [K_{cb}][K_{bb}]^{-1}\{\Delta R_b\} \tag{3.104}$$

여기서 $[\overline{K}]=[K_{cc}]-[K_{cb}][K_{bb}]^{-1}[K_{bc}]$ 및 $\{\Delta\overline{R}\}=\{\Delta R_c\}-[K_{cb}][K_{bb}]^{-1}\{\Delta R_b\}$라 놓으면

$$[\overline{K}]\{\Delta u_c\}=[\Delta\overline{R}] \tag{3.105}$$

방정식의 수정은 요소의 추가와 제거 등 3.4절에서 살펴본 다양한 지반공학적 모델링 상황에서 발생할 수 있다. 이를 적절히 고려하기 위하여 증분해석 체계를 채택하면 해석과정에서 방정식의 수정이 가능하다.

전체 강성행렬의 저장

강성행렬은 밴드(band) 구조를 가지므로 행렬의 모든 성분을 다 저장할 필요는 없다. 행렬의 대칭성을 고려함으로써 전체 행렬 성분의 약 1/2만 저장하면 된다.

3.4절에서 살펴본 바와 같이 전체 강성행렬은 대각선 밴드구조를 갖는다. 대각선에서 각 열(column)에 대하여 영이 아닌 항까지의 행렬성분 높이 중 최대가 되는 값이 그 행렬의 밴드 폭이 된다. 2D 해석의 경우 강성행렬은 2차원 배열로서 줄(row) 개념으로 저장된다. 즉, 밴드 폭은 열(column) 단위로 산정되고 저장은 줄(row) 단위로 이루어진다. 따라서 저장 배열의 열 개수는 밴드 폭과 같다.

어떤 자유도의 밴드 폭은 요소에 연결된 가장 높은 번호를 갖는 자유도와 요소의 자유도 자체와의 차이에 의해 결정된다. 그러므로 이 차이는 자유도에 번호를 부여하는 방법에 따라 달라진다. 밴드폭을 최소화하기 위하여 자유도 번호를 재부여하는 등의 다양한 알고리즘이 있다.

3.5.2 선형 유한요소방정식의 풀이

선형 유한요소방정식의 해법은 가우스소거법(Gauss elimination), 촐스키분해법(Cholesky decomposotion), 반복법(iterative method) 등 매우 다양하다. 가우스 소거법은 강성행렬의 저장과 운용기법에 따라 대상 행렬법(banded matrix method), 스카이라인 조립해법(skyline assembly method), 프런탈 조립해법(frontal assembly method) 등으로 구분된다. 스카이라인 조립법은 강성행렬에 스카이라인 주소를 부여하여 1차원 배열로 저장하는 방법이며, 프런탈 조립해법은 방정식을 조립하는 도중 조립이 완료된 방정식을 소거해 나가는 방식이다.

3.2절의 강성도법의 선형탄성 매트릭스해석도 여기에서 제시하는 풀이과정에 따른다. 전체유한요소방정식은 대규모 연립방정식의 형태로 주어지며, 통상 절점변위$\{\Delta d\}_n$를 미지수로 한다. 이 방정식을 푸는데, 대부분의 상용프로그램들은 **2차원 해석에는 가우스 소거법(Gauss Elimination)을 사용한다. 3차원 해석의 경우는 반복법(iterative method)이 비용측면에서 효용이 높다**.

Gauss 소거법에 의한 선형해석

가우스소거법은 강성행렬을 "Sky Line Profile" 형태로 저장하고 이의 역행렬은 주로 삼각형분해(triangular decomposition)법을 이용하여 구한다.

강성행렬을 삼각형 행렬로 분할하면

$$[K_G] = [L]\,[DM]\,[L]^T \tag{3.106}$$

$[L]$은 하부 3각형 행렬, $[L] = \begin{bmatrix} 1 & & & \\ L_{21} & 1 & & \\ . & . & . & \\ L_{n1} & L_{n2} & . & 1 \end{bmatrix}$ $[DM]$은 대각선행렬 $[DM] = \begin{bmatrix} D_1 & & 0 \\ & D_2 & \\ & & . \\ 0 & & D_n \end{bmatrix}$ (3.107)

$$[K_G] = \begin{bmatrix} K_{11} & K_{12} & . & K_{1n} \\ K_{21} & K_{22} & . & . \\ . & . & . & . \\ K_{n1} & K_{n2} & . & K_{nn} \end{bmatrix} = \begin{bmatrix} D_1 & L_{12}D_1 & . & L_{n1}D_1 \\ & L_{12}^2 D_1 + D_2 & . & . \\ & & . & . \\ & & & L_{1n}^2 D_1 + L_{2n}^2 D_2 + .. + D_n \end{bmatrix} \tag{3.108}$$

$[L]$과 $[DM]$을 이용하면 시스템방정식은 다음과 같이 쓸 수 있다.

$$[L]\,[DM]\,[L]^T\{\Delta u\} = \{\Delta R\} \tag{3.109}$$

연산을 위해 $\{\Delta u'\}$, $\{\Delta u''\}$를 각각 아래와 같이 놓으면

$$\underbrace{[L]\ \overbrace{[DM]\ \underbrace{[L]^T\ \{\Delta u\}}_{\{\Delta u'\}}}^{\{\Delta u''\}}}\ = \{\Delta R\} \tag{3.110}$$

여기서 $\{\Delta u\}$는 자유도를 알 수 없는 벡터이며, $\{\Delta R\}$은 우변 절점력 벡터이다.

$\{\Delta u''\} = [DM]\,[L]^T\{\Delta u\}$이므로, $\{\Delta u''\} = [L]^{-1}\{\Delta R\}$

$\{\Delta u'\} = [L]^T\{\Delta u\}$이므로, $\{\Delta u'\} = [DM]^{-1}\{\Delta u''\}$

$$\{\Delta u\} = [L]^{-T}\{\Delta u'\} \tag{3.111}$$

1단계 : 전방치환(forward substitution)

$$\Delta u_1'' = \Delta R_1$$

$$\Delta u_2'' = \Delta R_2 - L_{12}\Delta u_1''$$

$$\Delta u_3'' = \Delta R_3 - L_{13}\Delta u_1'' - L_{23}\Delta u_2'' \quad \ldots\ldots$$

$$\Delta u_n'' = \Delta R_n - \sum_{k=1}^{n-1} L_{kn}\Delta u_k'' \tag{3.112}$$

2단계 : 대각선행렬의 역행렬(invert diagonal matrix)

$$\Delta u_1' = \frac{\Delta u_1''}{D_1}$$

$$\Delta u_2' = \frac{\Delta u_2''}{D_2} \quad \ldots\ldots$$

$$\Delta u_n' = \frac{\Delta u_n''}{D_n} \tag{3.113}$$

3단계 : 후방치환(backward substitution)

$$\Delta u_n = \Delta u_n'$$

$$\Delta u_{n-1} = \Delta u_{n-1}' - L_{n-1,n}\,\Delta u_n$$

$$\Delta u_{n-2}'' = \Delta u_{n-2}' - L_{n-2,n-1}\Delta u_{n-1} - L_{n-2,n}\Delta u_n \quad \ldots\ldots$$

$$\Delta u_1 = \Delta u_1' - \sum_{k=2}^{n} L_{1k}\Delta u_k$$

예제 3.2절 강성도법 트러스 예제의 강성행렬과 우변하중벡터가 아래와 같이 산정되었다. 이 산정과정을 가우스소거법을 이용하여 전개해보자.

$$[K_G] = \begin{bmatrix} 239 & -72 & -96 & -167 & 0 \\ -72 & 477 & 0 & -72 & 96 \\ -96 & 0 & 256 & 96 & -128 \\ -167 & -72 & 96 & 239 & -96 \\ 0 & 96 & -128 & -96 & 378 \end{bmatrix} \;;\; \{\Delta R\} = \begin{bmatrix} 0 \\ -5 \\ 0 \\ 0 \\ -3 \end{bmatrix}$$

풀이 ① $[DM]$ 및 $[L]$ 행렬

$$D_1 = K_{11} = 239$$

$$L_{21} = K_{21}/D_1 = -0.301$$

$$D_2 = K_{22} - L_{21}^2 D_1 = 455.31$$

$$L_{31} = K_{31}/D_1 = -0.402 \;;\; L_{32} = [K_{32} - L_{31}L_{21}D_1]/D_2 = -0.064$$

$$D_3 = K_{33} - L_{31}^2 D_1 - L_{32}^2 D_2 = 215.6$$

$$L_{41} = K_{41}/D_1 = -0.699 : L_{42} = [K_{42} - L_{41}L_{21}D_1]/D_2 = -0.269$$

$$L_{43} = [K_{43} - L_{41}L_{31}D_1 - L_{42}L_{32}D_2]/D_3 = 0.0981$$

$$D_4 = K_{44} - L_{41}^2 D_1 - L_{42}^2 D_2 - L_{4,3}^2 D_3 = 87.379$$

$$L_{51} = K_{51}/D_1 = 0; L_{52} = [K_{52} - L_{51}L_{21}D_1]/D_2 = 0.2108; L_{53} = [K_{53} - L_{51}L_{31}D_1 - L_{52}L_{32}D_2]/D_3 = -0.565$$

$$L_{54} = [K_{54} - L_{51}L_{41}D_1 - L_{52}L_{42}D_2 - L_{53}L_{43}D_3]/D_4 = -0.667$$

$$D_5 = K_{55} - L_{51}^2 D_1 - L_{52}^2 D_2 - L_{53}^2 D_3 - L_{54}^2 D_4 = 250$$

$$[L] = \begin{bmatrix} 1 & & & & \\ -0.301 & 1 & & & \\ -0.402 & -0.064 & 1 & & \\ -0.699 & -0.269 & 0.0981 & 1 & \\ 0 & 0.2108 & -0.565 & -0.667 & 1 \end{bmatrix} \quad [DM] = \begin{bmatrix} 239 & 0 & 0 & 0 & 0 \\ 0 & 455.31 & 0 & 0 & 0 \\ 0 & 0 & 215.6 & 0 & 0 \\ 0 & 0 & 0 & 87.379 & 0 \\ 0 & 0 & 0 & 0 & 250 \end{bmatrix}$$

② 1단계: 전방치환 : $\Delta u_n'' = \Delta R_n - \sum_{k=1}^{n-1} L_{nk}\Delta u_k''$

$$\Delta u_1'' = \Delta R_1 = 0$$

$$\Delta u_2'' = \Delta R_2 - L_{21}\Delta u_1'' = -5$$

$$\Delta u_3'' = \Delta R_3 - L_{31}\Delta u_1'' - L_{32}\Delta u_2'' = -0.3176$$

$$\Delta u_4'' = \Delta R_4 - L_{41}\Delta u_1'' - L_{42}\Delta u_2'' - L_{43}\Delta u_3'' = -1.312$$

$$\Delta u_5'' = \Delta R_5 - L_{51}\Delta u_1'' - L_{52}\Delta u_2'' - L_{53}\Delta u_3'' - L_{54}\Delta u_4'' = -3$$

$$[\Delta u''] = \begin{bmatrix} 0 \\ -5 \\ -0.3176 \\ -1.312 \\ -3 \end{bmatrix}$$

③ 2단계: 대각선행렬의 역행렬 (invert diagonal matrix) : $\Delta u_n' = \dfrac{\Delta u_n''}{D_n}$

$$\Delta u_1' = \frac{\Delta u_1''}{D_1} = 0\ ;\ \Delta u_2' = \frac{\Delta u_2''}{D_2} = -0.01098\ ;\ \Delta u_3' = \frac{\Delta u_3''}{D_3} = -0.00147\ ;$$

$$\Delta u_4' = \frac{\Delta u_4''}{D_4} = -0.01502\ ;\ \Delta u_5' = \frac{\Delta u_5''}{D_5} = -0.012$$

$$[\Delta u'] = \begin{bmatrix} 0 \\ -0.01098 \\ -0.00147 \\ -0.01502 \\ -0.012 \end{bmatrix}$$

④ 3단계: 후방치환 (backward substitution) : $\{\Delta u\} = [L]^{-T}\{\Delta u'\}$

$$\Delta u_5 = \Delta u_5' = -0.012$$

$$\Delta u_4 = \Delta u_4' - L_{54}\Delta u_5 = -0.02302$$

$$\Delta u_3 = \Delta u_3' - L_{43}\Delta u_4 - L_{53}\Delta u_5 = -0.006$$

$$\Delta u_2 = \Delta u_2' - L_{32}\Delta u_3 - L_{42}\Delta u_4 - L_{52}\Delta u_5 = -0.02302$$

$$\Delta u_1 = \Delta u_1' - L_{21}\Delta u_2 - L_{31}\Delta u_3 - L_{41}\Delta u_4 - L_{51}\Delta u_5 = -0.012$$

$$[\Delta u] = \begin{bmatrix} -0.02302 \\ -0.01502 \\ -0.006 \\ -0.02302 \\ -0.012 \end{bmatrix}$$

2차 해석변수(변형률, 응력 등)의 계산

전체방정식의 미지수는 절점변위, 지점반력 등이다. 이들 1차해를 이용하여 2차해인 응력, 변형률 등을 산정한다. 선형거동을 하므로 절점변위가 계산되면 변형률과 응력을 얻을(stress recovery) 수 있다.

$$\{\epsilon\} = [B]\{u_e\},\ \{\sigma\} = [D]^T\{\epsilon\} \tag{3.114}$$

$[B]$ 매트릭스는 가우스 포인트에 대하여 산정되므로 응력은 가우스 적분점에서 가장 정확한 값을 나타낸다. 이를 절점 값으로 나타내려면 외삽보간이 필요하다.

예제 그림 3.67의 4절점 사각형요소의 구성행렬과 변위가 아래와 같이 구해진 경우 응력을 구해보자.

구성행렬, $[D]_1 = \begin{bmatrix} 2.24 & 0.56 & 0 \\ 0.56 & 2.24 & 0 \\ 0 & 0 & 0.84 \end{bmatrix} \times 10^6$, 절점변위 $\{u_e\} = [-0.2, 1.8, 0.5, 1.1, 1.3, 0.2, 0.8, 0.7]^T$

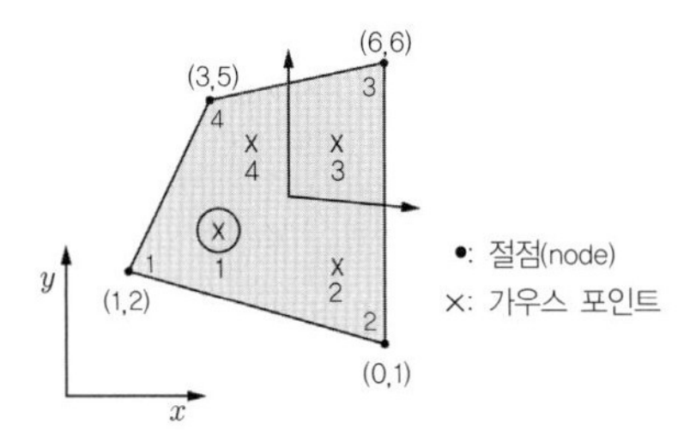

그림 3.67 응력계산 예제

풀이 적분점에 대하여 $[D]$ 및 $[B]$는 다음과 같다.

(적분점 1)

변형률-변위 행렬

$$[B]_1 = \begin{bmatrix} -0.2038 & 0 & 0.1628 & 0 & 0.0546 & 0 & -0.0136 & 0 \\ 0 & -0.1373 & 0 & -0.1077 & 0 & 0.0368 & 0 & 0.2082 \\ -0.1373 & -0.2038 & -0.1077 & 0.1628 & 0.0368 & 0.0546 & 0.2082 & -0.0136 \end{bmatrix}$$

응력(적분점 1), $\{\sigma\}_1 = [D]_1[B]_1\{u_e\} \rightarrow \begin{Bmatrix} \sigma_x \\ \sigma_y \\ \tau_{xy} \end{Bmatrix}_1 = \begin{Bmatrix} 289.2 \\ -374.0 \\ 1.4 \end{Bmatrix}$

(적분점 2)

$$[B]_2 = \begin{bmatrix} -0.1854 & 0 & 0.1549 & 0 & 0.0720 & 0 & -0.0415 & 0 \\ 0 & -0.0274 & 0 & -0.1549 & 0 & 0.1408 & 0 & 0.0415 \\ -0.0274 & -0.1854 & -0.1549 & 0.1549 & 0.1408 & 0.0720 & 0.0415 & -0.0415 \end{bmatrix}$$

응력(적분점 2), $\{\sigma\}_2 = [D]_2[B]_2\{u_e\} \rightarrow \begin{Bmatrix} \sigma_x \\ \sigma_y \\ \tau_{xy} \end{Bmatrix}_2 = \begin{Bmatrix} 300.8 \\ -266.0 \\ -28.3 \end{Bmatrix}$

(적분점 3)

$$[B]_3 = \begin{bmatrix} -0.0529 & 0 & 0.0980 & 0 & 0.1973 & 0 & -0.2424 & 0 \\ 0 & -0.0356 & 0 & -0.1514 & 0 & 0.1330 & 0 & 0.0540 \\ -0.0356 & -0.0529 & -0.1514 & 0.0980 & 0.1330 & 0.1973 & 0.0540 & -0.2424 \end{bmatrix}$$

응력(적분점 3), $\{\sigma\}_3 = [D]_3[B]_3\{u_e\} \rightarrow \begin{Bmatrix} \sigma_x \\ \sigma_y \\ \tau_{xy} \end{Bmatrix}_3 = \begin{Bmatrix} 180.5 \\ -303.9 \\ 25.1 \end{Bmatrix}$

(적분점 4)

$$[B]_4 = \begin{bmatrix} -0.0134 & 0 & 0.0810 & 0 & 0.2347 & 0 & -0.3023 & 0 \\ 0 & -0.1994 & 0 & -0.0810 & 0 & -0.0219 & 0 & 0.3023 \\ -0.1994 & -0.0134 & -0.0810 & 0.0810 & -0.0219 & 0.2347 & 0.3023 & -0.3023 \end{bmatrix}$$

응력(적분점 4), $\{\sigma\}_4 = [D]_4[B]_4\{u_e\} \rightarrow \begin{Bmatrix} \sigma_x \\ \sigma_y \\ \tau_{xy} \end{Bmatrix}_4 = \begin{Bmatrix} 103.5 \\ -479.8 \\ -95.0 \end{Bmatrix}$

결과의 도해적 표현

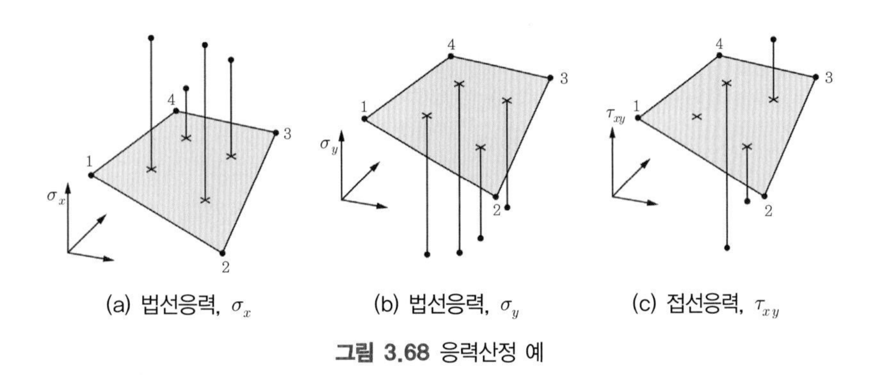

(a) 법선응력, σ_x (b) 법선응력, σ_y (c) 접선응력, τ_{xy}

그림 3.68 응력산정 예

응력의 평활화(stress smoothing)

유한요소법은 근사해법이다. **변위의 적합조건이 만족되므로 요소 간 변위의 연속성은 확보되나 힘의 평형은 근사적 충족조건이므로 요소 간 응력 불연속이 나타난다**. 응력은 적분점에서 계산되므로 그림 3.69와 같이 절점응력으로 외삽(extrapolation)하고, 또 요소 간 연속되도록 하는 처리가 필요하다.

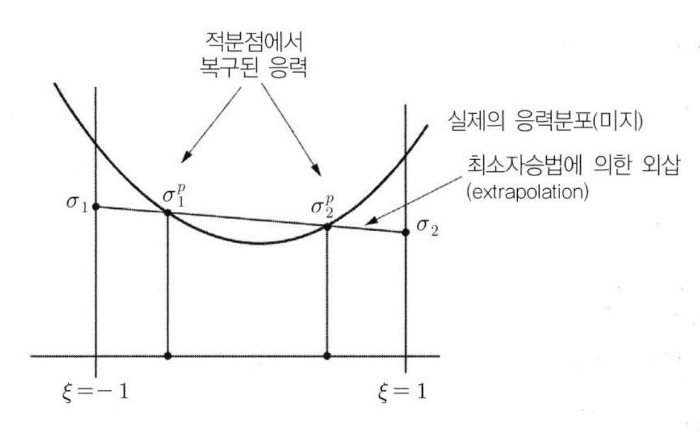

그림 3.69 절점 응력의 산정방법

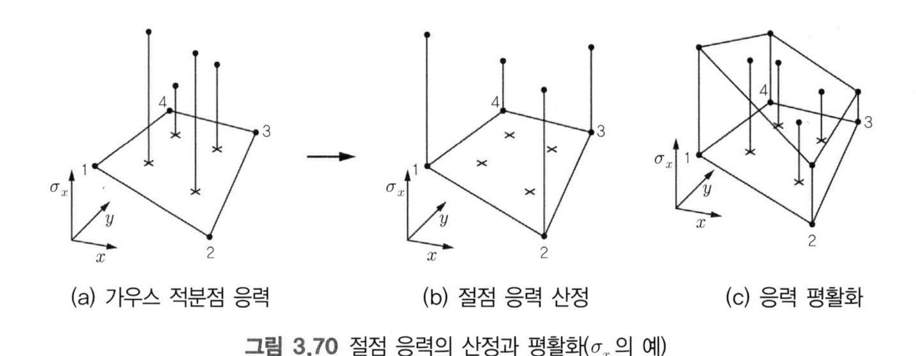

그림 3.70 절점 응력의 산정과 평활화(σ_x 의 예)

요소별로 절점에서 계산된 응력은 공통된 하나의 응력으로 평가되어야 한다. 통상평균값을 사용한다.

3.5.3 비선형 유한요소방정식의 풀이

일반적으로 물체의 거동이 비선형성(nonlinearity)을 나타내는 이유는 재료의 소성거동(항복) (elasto-plastic), 기하학적 비선형성(휨성이 큰 재료의 경우 기하학적 변화가 응력-변형률관계에 영향을 미친다), 경계조건의 비선형성(contact or non-linear boundary) 등에 기인한다. 이로 인해 비선형방정식은 다음의 특징을 나타낸다.

- 중첩법(superposition)이 성립하지 않는다.
- 하중이력(loading history)이 거동에 영향을 미치며, 재하(loading)와 제하(unloading)시 강성거동이 다르다.
- 역학거동이 하중 크기에 비례하지 않는다.
- 초기응력상태가 해석결과에 중요한 영향을 미친다.

비선형 방정식의 풀이법

비선형 해석 시 해석 단계마다 구조물의 강성행렬이 변화된다. 따라서 탄소성 해석을 포함한 비선형 해석에서 특정 해석단계의 해는 일반적으로 총 변형량과 하중이력(loading history)에 의존한다. 비선형 거동의 해석은 하중 증분 구간에서 근사적 선형거동을 가정하는 증분해석 기법을 이용한다.

비선형 증분해석법의 대표적 예를 그림 3.71에 도시하였다. 그림 3.71(a)는 **접선 강성법(tangential stiffness method)으로서 각 하중증분에 대하여 반복단계마다 새로운 강성행렬을 산정**하여 이용하며, 그림 3.71(b)는 **초기 강성법으로 매 증분하중단계의 초기강성을 매 반복단계에서 그대로 이용**한다. 접선 강성법은 적은 반복횟수로 해에 수렴한다는 장점이 있지만 매 반복단계마다 강성행렬을 새로 구하고, 강성행렬의 분해(factorization) 및 역산(back substitution) 절차가 필요하므로 컴퓨터의 연산량이 많아지는 단점이 있다. 반면에 초기 강성법은 강성행렬의 변화가 없으므로, 이 후 단계에서는 하중벡터의 역대입만 수행한다. 매 반복해석 시 연산횟수가 대폭 줄어드는 장점은 있으나 해에 수렴하기까지 많은 반복 횟수를 요한다.

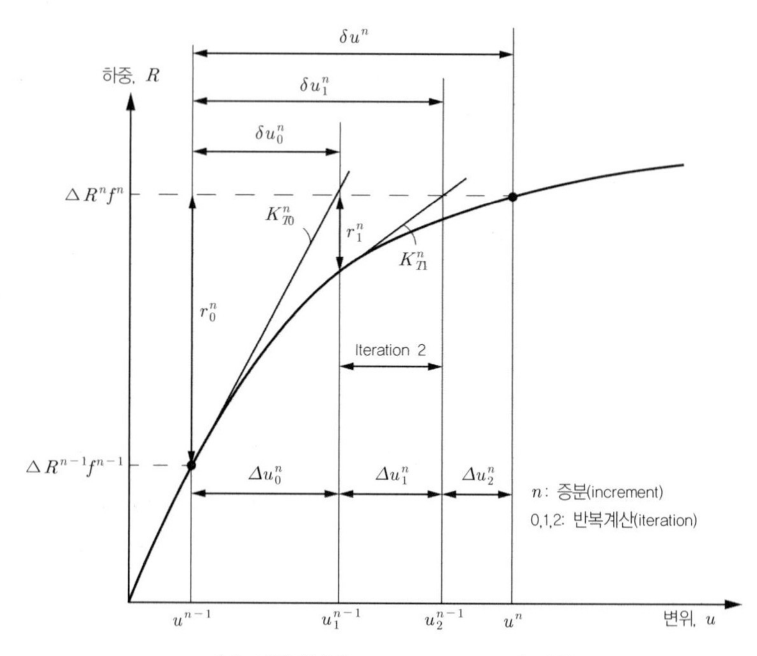

(a) 접선강성법 : Newton Raphson(NR)법

(매 하중 증분의 반복단계마다 새로운 강성행렬 구성)

그림 3.71 비선형해석법 – 계속

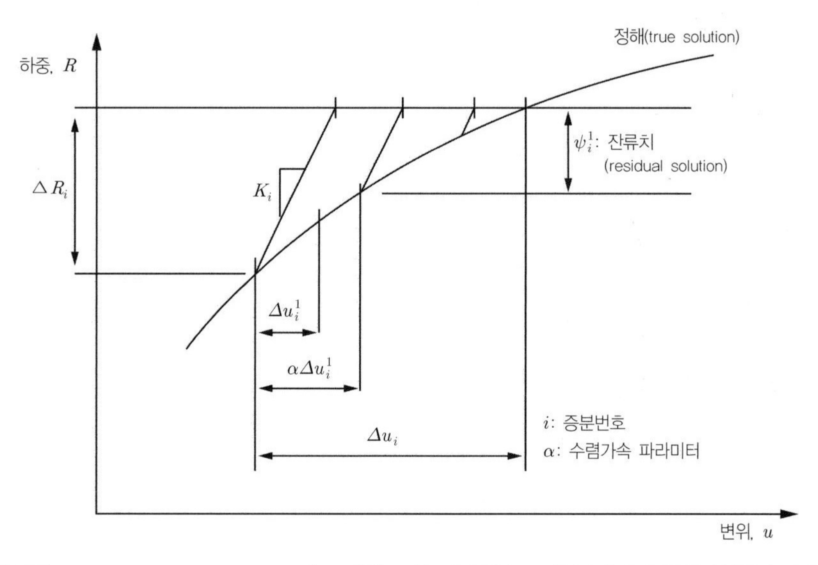

(b) 초기강성법 : Modified Newton Raphson(MNR)법 – 매 하중증분의 반복단계에서 동일강성행렬 사용

그림 3.71 비선형해석법

대표적인 접선강성법은 NR(Newton-Raphson)법이고, 대표적 초기강성법은 MNR법이다. NR법은 매 반복회수마다 가장 최근 결정된 응력-변형률에 기초하여 $[K_G]_i$와 이의 역행렬을 구한다. 반면에 수정 MNR에서는 계산노력을 줄이기 위해 증분 최초반복단계에서만 $[K_G]_i$를 계산하고, 역수를 구하여 이를 증분구간 전체 반복계산에 적용한다. 수렴을 촉진시키기 위하여 가속(acceleration)기법을 사용할 수 있다.

MNR법에 의한 비선형방정식의 풀이

비선형방정식은 증분형식으로 표현된다. 각 하중 증분단계를 i라 하면, 시스템방정식은 다음과 같이 쓸 수 있다.

$$[K_G]_i \{\Delta u_G\}_i = \{\Delta R_G\}_i \tag{3.115}$$

MNR법은 계산된 증분해가 오차상태에 있는 것으로 보아, 계산된 증분변위를 잔류하중(residual load(measure of error))을 계산하는데 사용한다. 잔류하중벡터는 가정해에 대한 오차량에 해당한다.

$$[K_G]_i \{\Delta u_G\}_i^j = \Psi^{j-1} \tag{3.116}$$

여기서 j는 반복횟수이며, Ψ는 잔류벡터로서, $\Psi_i^0 = \{\Delta R_G\}_i$로 둔다. 이 과정을 잔류벡터가 충분히 작아질 때까지 반복한다. n은 증분단계로서 증분변위는 반복변위의 합계와 같다. MNR법을 이용한 반복

과정을 수학적으로 정리하면 다음과 같다.

i번째 증분해석의 반복회수 j : $i=0,\ j=1$에 대하여

$i=i+1$

① i^{th} 증분단계의 강성 : $[K_G]_i$

초기 잔류치, $\{\Psi\}_i^{j-1}=\{\Delta R\}_i^{j-1}$라 놓는다(최초 $\{\Psi\}_i^{j-1}=\{\Psi\}_i^0$).

$j=j+1$

② 변위산정 : $\{\Delta u\}_i^j=[K_G]_i^{-1}\{\Psi\}_i^{j-1}$

③ 내부응력 산정

$\{\Delta\epsilon\}_i^j=[B]\{\Delta u\}_i^j$

구성방정식 적분 : Stress point algorithm (sub-stepping scheme)

$\{\Delta\sigma\}_i^j=\int_{\Delta\epsilon}[D]^{ep}d\epsilon$

항복면 이탈보정 (projecting back, scaling back)

$\{\sigma\}_i^j\ \rightarrow\ F(\sigma_i^{*j})\approx 0$을 만족하는 $\{\sigma\}_i^j$ 산정 ← 각 Sub-stepping에 대하여

누적응력 산정(F : 항복함수)

$\{\sigma\}_i^j=\{\sigma\}_i^{j-1}+\{\Delta\sigma^*\}_i^j$

$F>0$: 탄성 → $i=i+1$

$F<0$: 소성

④ 내부력 : $\{I\}_i^j=\sum^n\int_{ve}[B]^T\{\sigma\}_i^j dv_e$

⑤ 잔류하중벡터 : $\{\Psi\}_i^j=\{\Delta R\}_i^{j-1}-\{I\}_i^j=\{\Delta R\}_i^{j-1}-\sum^n\int_{ve}[B]^T\{\sigma\}_i^j\ dv_e$

⑥ 수렴조건 판정 : 예 $\dfrac{\|\{\Psi\}_{inc}\|}{\|\{\Delta R\}_G\|}\leq$ 1~2%

수렴이 안 된 경우, $j\rightarrow j+1$하여 ②→⑥ 반복

$j=j$에 대하여

$\{\Delta u\}_i^j=[K_G]_i^{-1}\{\Psi\}^{j-1}$

수렴된 경우, 다음 단계 증분해석 $i\rightarrow i+1$하여 ①→⑥ 반복

MNR해법의 핵심은 각 반복단계에서 잔류하중을 결정하는 것이다. 잔류하중벡터를 산정하기 위해서는 이전 반복단계에서 마지막으로 계산된 누적응력상태를 결정하여야 한다. 누적응력상태는 이전 반복단계에서 최종적 결정된 증분변위로부터 각 적분점에 대하여 증분변형률을 산정하고, 변형률경로를 따라 구성식을 적분하여 응력의 변화량을 산정한 후 이를 증분해석 시점의 누적응력의 합으로써 얻는다. 이 응력변화량을 증분시점의 응력에 더하여 등가 절점력을 구한다. 이 절점력과 외부 하중의 차가 잔류하중이다. 한 증분구간동안 $[K_G]_i$를 일정하다고 가정하므로 오차가 발생하며, 이 오차가 수렴기준에 들어올 때까지 해석을 반복한다. 하중증분구간에 걸쳐 구성식이 변화하므로 응력변화산정을 위한 적분 시 주의가 필요하다.

여기서 $[K_G]_i$는 i번째 증분방정식의 최초 탄성강성 행렬이다. σ^*는 보정된 응력, n은 요소의 수, 위첨자 '0'인 경우는 최초 상태를 의미한다. 위 과정은 당해 반복회수에서 잔류하중벡터 및 변위가 주어진 수렴한계에 도달할 때까지 반복된다.

구성식 적분–응력산정(stress point algorithm)

시스템방정식의 해석을 통해 변위가 얻어지면 $\{\epsilon\}=[B]\{u\}$로 변형률이 산정된다. 변형률이 구해지면 구성방정식을 이용하여 응력을 구한다. 소성상태에서 응력과 변형률은 비례관계에 있지 않으므로 구성모델을 변형률 경로를 따라 적분하는 기법을 사용하여 응력을 산정하는데, 이를 스트레스 포인트 알고리즘(stress point algorithm)이라 한다. 여기에는 Sub-stepping법과 Return법이 있다. 여기서는 선형탄성 변형률 경화/연화 소성구성모델을 가정한 Stress Point Algorithm인 Sub-stepping법을 살펴보기로 한다.

각 적분점에서 증분변형률 $\{\Delta\epsilon\}$를 산정했다고 가정하자. 초기 재료거동이 탄성이라 가정하면 각 가우스 포인트에 대하여 증분응력은 탄성구성방정식, $[D]$를 적분하여 얻을 수 있다. 선형탄성을 가정하면 $\{\Delta\sigma\}=[D]\{\Delta\epsilon\}$가 될 것이다. 이 응력증분이 증분해석 초기 누적응력 $\{\sigma_o\}$에 더해져 누적응력이 다음과 같이 산정된다.

$$\{\Delta\sigma\}=\int_{\Delta\epsilon}[D]^{ep}d\epsilon \tag{3.117}$$

$$\{\sigma\}=\{\sigma_o\}+\{\Delta\sigma\} \tag{3.118}$$

이제 항복함수를 이용하여 각 가우스 포인트에 대해 응력상태를 체크한다. 어떤 가우스 포인트에서 $F(\sigma,\kappa)\le 0$이면 탄성 상태이다. 따라서 위에서 구한 증분응력 $\{\Delta\sigma\}$는 보정이 필요 없는 정확한 값이다.

하지만 가우스 포인트에 대한 체크결과 $F(\sigma,\kappa)\ge 0$ 이면 소성항복을 의미하며 이 경우 그림 3.72와 같이 통상 초기 탄성상태(A)에서 출발하여 응력상태가 초기 항복면 밖(점 C)에 위치할 것이다.

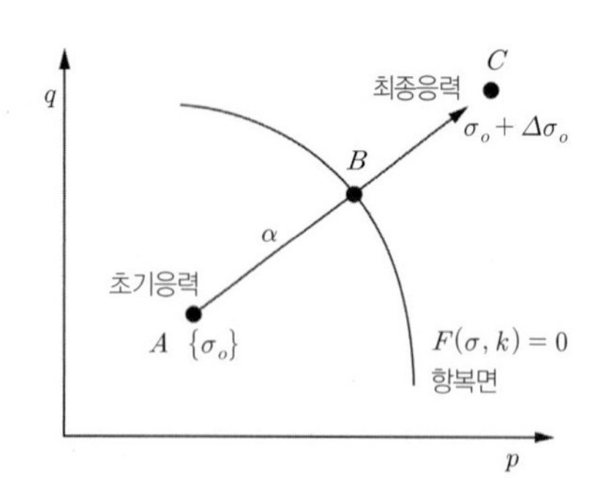

그림 3.72 최초 항복면 초과응력

응력경로를 보면 그림 3.72의 응력증분의 일부는 탄성구간이며, 나머지는 소성구간에 위치하고 있다. 소성론에 따라, $\{\Delta\sigma\}$ 상태도 항복면상에 위치하여야 한다. 이는 수학적으로 다음 항복면 방정식을 만족하는 α 값을 찾음으로써 가능하다.

$$F(\sigma_o + \alpha\Delta\sigma, \kappa) = 0 \tag{3.119}$$

여기서 α는 스칼라량이다. α를 산정하는 가장 단순한 방법은 항복함수 $F(\sigma', \kappa)$를 다음과 같이 단순 선형 보간하는 것이다. 즉,

$$\alpha = \frac{F(\sigma_o + \alpha\Delta\sigma, \kappa)}{F(\sigma_o + \alpha\Delta\sigma, \kappa) - F(\sigma_o, \kappa)} \tag{3.120}$$

만일 $F(\sigma, \kappa)$가 응력의 선형함수이면 위 가정은 이론적으로 옳다. 그러나 많은 고급 소성론에서 이 선형가정은 성립하지 않는다. 따라서 보다 더 논리적인 방법으로 α를 평가하는 방법이 필요하다. 일단 α가 결정되면 순 탄성증분 응력, $\{\Delta\sigma^e\} = \alpha\{\Delta\sigma\}$과 탄성변형률, $\{\Delta\epsilon^e\} = \alpha\{\Delta\epsilon\}$을 얻을 수 있다.

탄성증분 변형률의 나머지 부분 $(1-\alpha)\{\Delta\epsilon\}$는 탄소성거동과 관련된 변형률이다. 이 경로를 미소의 Sub-step으로 분할하고 탄소성구성방정식 $[D^{ep}]$를 이 경로를 따라 적분함으로써 응력증분을 얻을 수 있다. 이 적분을 해석적으로 수행하기 어려우므로 수치해석적 방법을 사용한다. 일반적으로 Euler, 수정 Euler 그리고 Runge-Kutta 기법이 사용된다. 여기서는 오차제어 기능을 갖는 수정 Euler 적분기법을 살펴보기로 한다.

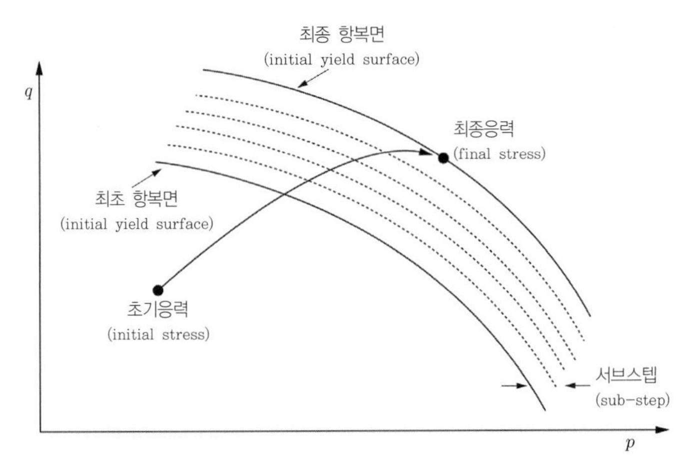

그림 3.73 Sub-Stepping Method(p : 평균유효응력)

오차제어 기능을 갖는 수정 Euler 적분기법. 이 방법은 탄소성 구성행렬 $[D^{ep}]$를 탄소성변형률, 증분변형률 $\{\Delta\epsilon_{inc}\}=(1-\alpha)\{\Delta\epsilon\}$의 경로를 따라 적분하는 기법이다. 비례상수, ΔT $(0 \le \Delta T \le 1)$를 이용하여 변형률을 $\Delta T(1-\alpha)\{\Delta\epsilon\}$ 크기의 Sub-step으로 나누고, 각 Sub-step에 대하여 수정 Euler 적분을 수행한다.

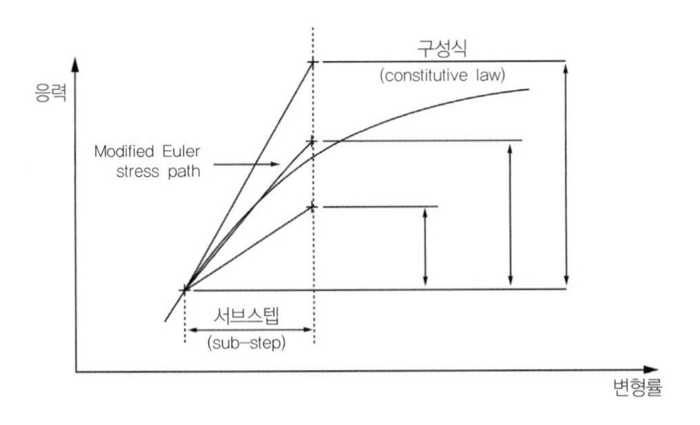

그림 3.74 수정 오일러적분법(Modified Euler Integration Method)

초기파라미터는 다음과 같다.

$$\{\Delta\epsilon_{inc}\}=(1-\alpha)\{\Delta\epsilon\} \tag{3.121}$$

$$\{\Delta\epsilon_{ss}\}=\Delta T\{\Delta\epsilon_{inc}\} \tag{3.122}$$

수정 Euler 근사법은 다음과 같다.

$$\{\Delta\sigma_1\} = [D^{ep}]\{\Delta\epsilon_{ss}\} \quad (3.123)$$

$$\{\Delta\epsilon_1^p\} = \Lambda\frac{\partial Q}{\partial\sigma},\ \Lambda = f(\sigma,\ \kappa,\ \Delta\epsilon_{ss}) \quad (3.124)$$

$$\{\Delta\kappa_1\} = \{\Delta\kappa(\Delta\epsilon_1^p)\} \quad (3.125)$$

첫 번째 계산 후 응력과 경화파라미터, $\{\sigma\}+\{\Delta\sigma_1\}$, $\{\Delta\kappa\}+\{\Delta\kappa_1\}$을 이용하여, 두 번째 Euler 적분을 수행한다. 마찬가지방법으로 $\{\Delta\sigma_2\}$, $\{\Delta\epsilon_2^p\}$, $\{\Delta\kappa_2\}$를 구한다.

평균값을 다음과 같이 취한다.

$$\{\Delta\sigma\} = (\Delta\sigma_1 + \Delta\sigma_2)/2,\ \{\Delta\epsilon\} = (\Delta\epsilon_1 + \Delta\epsilon_2)/2,\ \{\Delta\kappa\} = (\Delta\kappa_1 + \Delta\kappa_2)/2 \quad (3.126)$$

주어진 Sub-step 변형률 $\{\Delta\epsilon_{ss}\}$에 대하여 Euler 평가치의 오차(E)는 각 Sub-step에 대하여 $E \approx (\Delta\sigma_2 - \Delta\sigma_1)/2$가 되며 상대오차는 각 Sub-step에 대하여, 수렴기준, $R = \frac{||E||}{||\{\sigma + \Delta\sigma\}||}$이 허용오차 한계보다 크면 ΔT를 새로 가정하여 $\Delta T_{new} = \beta\Delta T$로 하여 반복 계산한다. 여기서 β는 스칼라량이며, $0.1 \le \beta \le 2.0$가 적정하다.

최종응력 및 변형률은 다음과 같이 산정한다.

$$\{\sigma\}_i = \{\sigma\}_{i-1} + \{\Delta\sigma\} \quad (3.127)$$

$$\{\epsilon^p\}_i = \{\epsilon^p\}_{i-1} + \{\Delta\epsilon^p\} \quad (3.128)$$

항복면 이탈응력의 보정(projecting back)

수정 Euler적분이 주어진 수렴조건에 도달했다하더라도 이것이 응력상태가 항복면 상에 있음을 의미하는 것은 아니다(경화/연화모델의 경우). 응력상태가 항복면 상에 위치하지 않는 경우 이를 항복면이탈(yield surface drift)이라고 하며 이는 누적오차를 야기하므로 보정되어야 한다.

Potts & Gens(1985)이 제시한 방법을 살펴보기로 한다. 그림 3.75와 같이 적분점에서 소성응력상태가 $\{\sigma\}$이고 경화/연화 파라미터가 $\{\kappa\}$인 경우를 생각하자. Sub-stepping 시점의 응력상태를 A라 하고 이 점은 항복면 $F(\sigma,\ \kappa) = 0$상에 있다고 하자.

Sub-step Algorithm 구현 후의 응력상태는 점B에서 $\{\sigma + \Delta\sigma\}$가 되며 경화/연화파라미터도 변화한다. 즉, $\{\Delta\kappa\}$로 인해 항복면이 $F(\sigma,\ \kappa) = 0$에서 $F(\sigma + \Delta\sigma,\ \kappa + \Delta\kappa) = 0$로 이동한다. 응력의 이탈로 인해 응력상태 B는 새로운 항복면과 떨어져 있다. Sub-step 후의 응력과 경화파라미터를 시점(A) 및 종점(B)

에 대하여 표시하면, $\{\sigma_A\}$, $\{\epsilon_A\}$, $\{\kappa_A\}$, $\{\sigma_B\}$,$\{\epsilon_B\}$, $\{\kappa_B\}$로 쓸 수 있다. $\{\sigma_C\}$, $\{\epsilon_C\}$, $\{\kappa_C\}$를 항복조건을 모두 만족하는 보정 값이라 하자. 만일 응력이 $\{\sigma_B\}$에서 $\{\sigma_C\}$로 보정된다면 보정량 $\{\sigma_B\}-\{\sigma_C\}$은 이에 상응하는 탄성 변형률을 야기할 것이며, 그 크기는 다음과 같다.

$$\{\Delta\epsilon^e\}=[D]^{-1}(\{\sigma_C\}-\{\sigma_B\}) \tag{3.129}$$

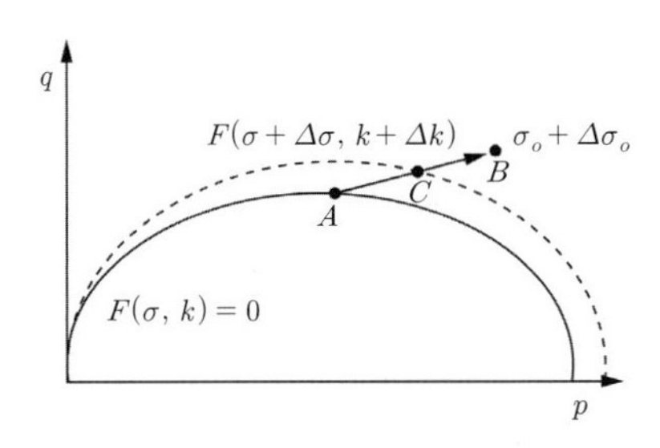

그림 3.75 응력의 보정

보정과정에서 Sub-step에서 총변형률은 변화가 없어야 하므로 탄성변형률 변화와 같은 크기의 반대 방향 소성 변형률을 발생시켜야 한다.

$$\{\Delta\epsilon^p\}=-\{\Delta\epsilon^e\}=[D]^{-1}(\{\sigma_B\}-\{\sigma_C\}) \tag{3.130}$$

소성 변형률증분은

$$\{\Delta\epsilon^p\}=\Lambda\left\{\frac{\partial Q}{\partial\sigma}\right\} \tag{3.131}$$

위 두 식으로부터

$$\{\sigma_C\}=\{\sigma_B\}-\Lambda[D]\left\{\frac{\partial Q}{\partial\sigma}\right\} \tag{3.132}$$

대부분 유한요소 해석은 Sub-stepping Tolerance(SSTOL)을 충분히 작게 취함으로써 항복면 이탈을 억제한다. 이 경우 이탈이 있다 하더라도 결과에 큰 영향을 미치지 않는다.

유한요소법에서는 일반적으로 요소의 가우스 포인트(Gauss point)에서 응력이 계산된다. 탄소성 해석에서는 각 가우스 포인트의 응력상태를 이용하여 그 점의 항복여부를 판단한다. 탄소성 이론에 따라 항복 발생 시 응력상태는 항상 항복 곡면 상에 놓여 있어야 한다. 그러나 수치해석 과정에서는 항복곡면에 근접한 탄성응력 상태에서 증분 하중을 작용시켜 다음 단계의 해석을 실시하면 항복곡면 밖의 응력상태가 얻어지게 된다. 이때 증분응력의 일부는 탄성응력으로 전응력(total stress) 증가에 기여하지만 이를 제외한 나머지는 적절한 방법으로 수정하여 응력상태가 항상 항복곡면 상에 위치하도록 하여야 한다. 가우스 포인트의 응력은 3.5.2절의 응력 평활화 기법을 이용하여 절점응력으로 변환할 수 있다.

NB: 항복상태에 도달한 각 가우스 포인트에 대하여 Stress point algorithm을 적용하여 소성응력을 산정하고, Projecting back 과정을 통해 항복면 이탈을 보정하여야 한다. 이 과정은 매우 복잡하고 반복적인 작업이다. 하지만 항복상태에 들지 않는 대부분의 요소는 이 과정이 불필요하므로 복잡한 계산은 소성영역에 대하여만 적용된다.

수렴조건

반복해법의 경우 현재상태의 해가 정해에 가까운 정도를 파악하고, 이에 따라 반복해석의 진행 여부를 판단하는 수렴조건(convergence criteria, tolerance)이 함께 다루어져야 한다. **수렴조건이 너무 느슨하면 해의 정확도가 떨어지고, 너무 엄격하면 불필요한 계산낭비가 일어나므로 수렴조건은 경제성과 정확도를 고려하여 설정되어야 한다**.

비선형문제에 있어서 수렴조건에 사용되는 변수는 변위, 불평형력(잔류치) 혹은 에너지이다. 흔히 변위를 수렴조건으로 사용하나 이는 느린 수렴률에 의해 수렴상태를 잘못 판단할 수 있다. 불평형력이 보다 신뢰할 만하다.

일반적으로 수렴조건은 변위, 불평형력(잔류력 또는 에너지) 벡터의 스칼라 놈(scalar norm)으로 표시하며 다음과 같이 정의되는 Euclidean norm이 가장 일반적으로 사용된다.

$$\| x \| = \left[\sum_{i=1}^{n} |x_i|^2 \right]^{\frac{1}{2}} \tag{3.133}$$

MNR법의 경우 변위와 하중벡터를 이용하여 수렴조건을 설정할 수 있다. 반복단계 i의 변위 $(\{\Delta u\}_{nG}^{i})^{j}$ 잔류하중 $\{\Psi\}^{j}$에 대하여, 두 변량은 모두 벡터이므로 크기는 스칼라 놈(norm)으로 나타낼 수 있다.

$$\| (\{\Delta u\}_{nG}^{i})^{j} \| = \sqrt{((\{\Delta u\}_{nG}^{i})^{j})^{T}(\{\Delta u\}_{nG}^{i})^{j}} \tag{3.134}$$

$$\| \{\Psi\}^{j} \| = \sqrt{(\{\Psi\}^{j})^{T}\{\Psi\}^{j}} \tag{3.135}$$

수렴조건은 각 증분해석단계에 대하여 설정되어야 하므로 누적변위 $\| \{u\}_{nG} \|$에 대한 증분변위 $\| \{\Delta u\}_{nG}^{i} \|$ 비, 또는 우변항 하중벡터 $\| \{R_G\} \|$에 대한 잔류하중벡터 $\| \{\Psi\}^{i} \|$의 비로 정의한다. **변위에 대하여는 보통 1%, 하중벡터에 대해서는 1~2%로 설정한다**.

$$\varepsilon = \frac{\| (\{\Delta u\}^i_{nG})^j \|}{\| \{u\}_{nG} \|} \text{ 또는 } \varepsilon = \frac{\| \{\Psi\}^j \|}{\| \{R_G\} \|} \tag{3.136}$$

비선형 방정식의 풀이 연습

비선형문제의 풀이는 전체하중을 여러 하중단계로 나누고, 각 하중단계에 대하여 수렴할 때까지 반복해석을 수행하여야 한다. 비선형방정식은 증분-반복해법(incremental-iterative scheme)에 의해 풀 수 있다. 실제 비선형 유한요소방정식은 각 증분의 반복 단계마다, 탄소성구성행렬의 수치적분을 통해 요소 내 응력을 구하고 내부력을 산정하는 복잡한 과정을 거친다. 수치적분까지 포함하는 비선형 유한요소해석의 실제 예를 제시하기 용이하지 않으므로 여기서는 1-DOF 비선형 문제를 통해 비선형 방정식의 해석과정을 살펴보자.

예제 그림 3.76과 같이 외력 R, 변위 d의 1차원 비선형문제가 비선형탄성계수 $K(d) = K_o - cd$로 거동한다. $R = 1.5$, $K_o = 5.0$, $c = 4$, $\epsilon = 0.00015$로 하여 변위의 수치 근사해를 구해보자. $\Delta R = 0.5$로 가정하자.

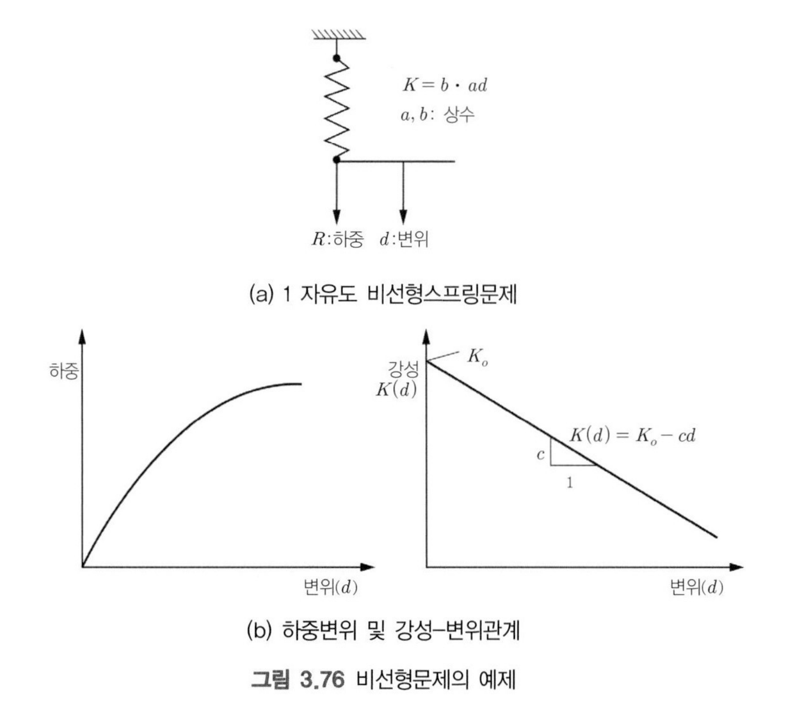

그림 3.76 비선형문제의 예제

풀이 예제의 풀이과정을 앞 절의 이론을 토대로 전개해보자. NR 및 MNR법을 이용하여 풀어보기로 한다.

앞의 MNR법을 참조하면 $i=i^{th}$ 증분, $j=j^{th}$ 반복에 대한 해석순서는 다음과 같다.

0) $i=1$

1) $j=0$

$d_i^0=0, \quad \Delta R_i=\dfrac{R}{n}$

2) 내부력 산정

$F_i^j=K_i^j F_i^j$

(책 본문에서 응력의 적분과정에 해당되나, 예제는 1자유도계 문제로서 K값이 주어졌으므로 Hooke 법칙으로 바로 구한다)

예제에서 $K(d_i^j)=K_o-cd_i^j$이므로,

$F_i^j=K_i^j d_i^j=-cd_i^{j\,2}+k_o d_i^j$

3) 잔류치 산정: $\Psi_i^j=\Delta R_i-F_i^j$

예제에서 $\Psi_i^j=\Delta R_i+cd_i^{j\,2}-k_o d_i^j$

4) 잔류치 산정 후 수렴판정 : $|\Psi_i^j| < \epsilon|\Delta R_i|$ → 만족 시 9)로

5) $d=d_i^j$에서 탄젠트 강성

Newton Raphson: $K_i=f(d_i^j)$,

Modified Newton Raphson: K_i=const

6) 반복 변위증분 산정

$\Delta d_i^j=K_i^j\,\Psi_i^j$

7) 변위 업데이트

$d_i^{j+1}=d_i+\Delta d_i^j$

8) $j\to j+1$ 제 2)항으로

① 정해(exact solution). $R-p=cd^2-K_o d+R=0$**이므로** $d=\dfrac{1}{2c}(K_o\pm\sqrt{K_o^2-4cR})$

$d=R=0$ 이므로 정해(exact solution)는 $d=\dfrac{1}{2c}(K_o-\sqrt{K_o^2-4cR})=0.5$

증분해석의 경우, 정해는 각 증분에 대하여 $d^n=\dfrac{1}{2c}(K_o-\sqrt{K_o^2-4cR^n})$로 구할 수 있다.

② **Newton Raphson법에 의한 수치 근사해.**

각 하중증분 i 및 반복단계 j에 대하여

접선탄성계수 : $K_{Ti}^j = 5 - 4d_i^j$ – 반복단계 j마다 강성변화

증분횟수 $n=i$	하중단계 ΔR_i	반복횟수 j	총 변위 d_i^j $d_i^j = d_i^{j-1} + \Delta d_i^j$	잔류치 Ψ_i^j $\Psi_i^j = \Delta R_i + c d_i^{j\,2} - K_o d_i^j$	접선탄성계수 K_{ti}^j $K_{Ti}^j = 5 - 4d_i^j$	반복 변위 Δd_i^j $\Delta d_i^j = K_{Ti}^{-1} \Psi_i^j$
1	0.5	0	d_1^0 0.00000	Ψ_1^0 0.50000	K_{t1}^0 5.00000	Δd_1^0 0.10000
		1	d_1^1 0.10000	0.04000	4.60000	0.00870
		2	d_1^2 0.10870	0.00378	4.56522	0.00083
		3	d_1^3 0.10952	0.00036	4.56190	0.00008
			0.10960	0.00003		
2	1.0	0	0.10960	0.50003	4.56159	0.10962
		1	0.21922	0.09612	4.123110	0.02331
		2	0.24254	0.02262	4.02986	0.00561
		3	0.24815	0.00557	4.00741	0.00139
		4	0.24954	0.00139	4.00185	0.00035
		5	0.24988	0.00035	4.00046	0.00009
		6	0.24997	0.00009		
3	1.5	0	0.24997	0.50009	4.00012	0.12502
		1	0.37499	0.18752	3.50004	0.05358
		2	0.42857	0.09185	3.28574	0.02795
		3	0.45652	0.05104	3.17392	0.01608
		4	0.47260	0.03040	3.10960	0.00978
		5	0.48238	0.01886	3.07049	0.00614
		6	0.48852	0.01201	3.04591	0.00394
		7	0.49246	0.00776	3.03015	0.00256
		8	0.49503	0.00507	3.01990	0.00168
		9	0.49671	0.00334	3.01318	0.00111
		10	0.49781	0.00221	3.00875	0.00073
		11	0.49855	0.00146	3.00581	0.00049
		12	0.49903	0.00097	3.00387	0.00032
		13	0.49936	0.00065	3.00258	0.00022
		14	0.49957	0.00043	3.00172	0.00014
		15	0.49971	0.00029	3.00114	0.00010
		16	0.49981	0.00019		
총 변위			0.49981			

③ **Modified Newton Raphson 방법에 의한 수치근사해.**

각 하중증분 i에 대하여

접선탄성계수 : $K_{Ti}=5-4d_i$ - 반복단계 j에서 강성일정

증분횟수 $n=i$	하중단계 ΔR_i	반복횟수 j	총 변위 d_i^j $d_i^j=d_i^{j-1}+\Delta d_i^j$	잔류치 Ψ_i^j $\Psi_i^j=\Delta R_i+\alpha d_i^{j\,2}-K_o d_i^j$	접선탄성계수 K_{ti}^j $K_{Ti}^j=5-4d_i^j$	반복 변위 Δd_i^j $\Delta d_i^j=K_{Ti}^{-1}\Psi_i^j$
1	0.5	0	0.00000	0.50000	5.00000	0.10000
		1	0.10000	0.40000	5.00000	0.00800
		2	0.10800	0.00666	5.00000	0.00133
		3	0.10933	0.00116	5.00000	0.00023
		4	0.10956	0.00020	5.00000	0.00004
		5	0.10960	0.00004		
2	1.0	0	0.10960	0.50004	4.56159	0.10962
		1	0.21922	0.09612	4.56159	0.02107
		2	0.24029	0.02949	4.56159	0.00647
		3	0.24676	0.00976	4.56159	0.00214
		4	0.24890	0.00330	4.56159	0.00072
		5	0.24962	0.00113	4.56159	0.00025
		6	0.24987	0.00036	4.56159	0.00008
		7	0.24996	0.00013	4.56159	0.00003
		8	0.24998	0.00005		
3	1.5	0	0.24998	0.50005	4.00006	0.12501
		1	0.37499	0.18751	4.00006	0.04688
		2	0.42187	0.10254	4.00006	0.02564
		3	0.44751	0.06351	4.00006	0.01588
		4	0.46339	0.04198	4.00006	0.01049
		5	0.47388	0.02885	4.00006	0.00721
		6	0.48109	0.02034	4.00006	0.00508
		7	0.48618	0.01459	4.00006	0.00365
		8	0.48982	0.01059	4.00006	0.00265
		9	0.49247	0.00776	4.00006	0.00194
		10	0.49441	0.00572	4.00006	0.00143
		11	0.49584	0.00423	4.00006	0.00106
		12	0.49690	0.00314	4.00006	0.00079
		13	0.49768	0.00234	4.00006	0.00058
		14	0.49827	0.00175	4.00006	0.00044
		15	0.49870	0.00130	4.00006	0.00033
		16	0.49903	0.00097	4.00006	0.00024
		17	0.49927	0.00073	4.00006	0.00018
		18	0.49946	0.00055	4.00006	0.00014
		19	0.49959	0.00041	4.00006	0.00010
		20	0.49969	0.00031	4.00006	0.00008
		21	0.49977	0.00023	4.00006	0.00006
		22	0.49983	0.00017		
총 변위			0.49983			

기하학적 비선형 문제

비선형 문제는 일반적으로 재료적 문제와 기하학적 문제로 구분된다. 기하학적 비선형 문제는 그림 3.77의 휘어지는 낚싯대와 같이 변형이 크게 일어나 요소의 초기위치가 무시할 수 없을 정도로 변화하는 경우로서 이는 재료 비선형 문제와 같은 방법으로 다룰 수 없다.

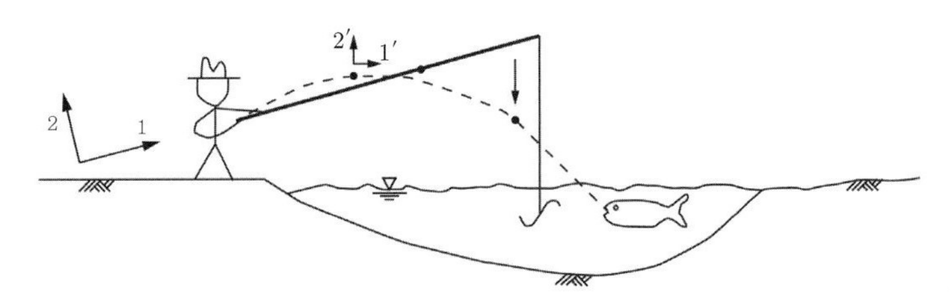

그림 3.77 기하학적 비선형 문제의 예

기하학적인 비선형 문제를 다루기 위해서는 요소의 위치가 시간(하중변화)에 따라 변화하는 현상을 고려하는 새로운 응력 및 변형률 정의를 도입하여야 한다. 요소의 초기의 중심점이 시간(하중증분)에 따라 변화하는 응력은 일반적으로 2차 Piola-Kirchhoff 응력텐서(물체의 원래 형태에 대한 응력에 질량의 변화를 설명하기 위한 변형경사(deformation gradient)를 고려)와 Jaumann 응력비 텐서(물리적 회전을 포함하는 기하학적 형상의 변화를 고려)로 나타낼 수 있으며, 변형률은 Green-Lagrange 응력 텐서를 이용하여 표현할 수 있다.

기하학적 비선형 문제인 대변형 문제를 해석할 때는 요소의 크기가 변화하므로 요소의 면 혹은 선 적분으로 구하는 경계응력 등을 해석동안 요소의 변형에 상응하도록 계속해서 수정해 나가야 한다. 이러한 예를 대변형이 일어나는 삼축시료(그림 3.78 a)를 통해 살펴볼 수 있다. 해석 시점에서 균등한 셀 압력 100kPa가 시료에 적용된다면 이에 상응한 절점력은 식 (3.65)를 이용한 적분을 통해 구할 수 있다(그림 3.78 b). 미소변형 문제에서는 시험 시작단계에서 적용된 절점력이 변화 없이 그대로 남아 있을 것이다. 하지만 만약, 셀 압력이 일정한 상태에서 시료가 수직으로 20%까지 압축되는 대변형이 일어나면 줄어든 요소에 상응하게 식 (3.65)의 적분값이 달라지므로 절점력도 변화되어야 한다. 요소의 20% 압축변형에 상응하는 절점력을 구해보면 그림 3.78 (c)와 같다. 즉, 절점 수평력의 경우 0.45에서 0.405로 약 10% 감소한다.

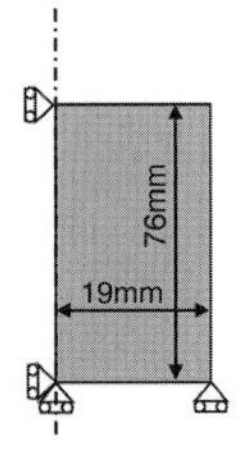

(a) 삼축 시료

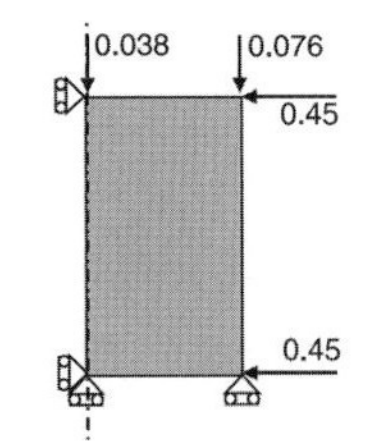

(b) 원시료에 등방압력 1.0kPa 적용 후 절점력

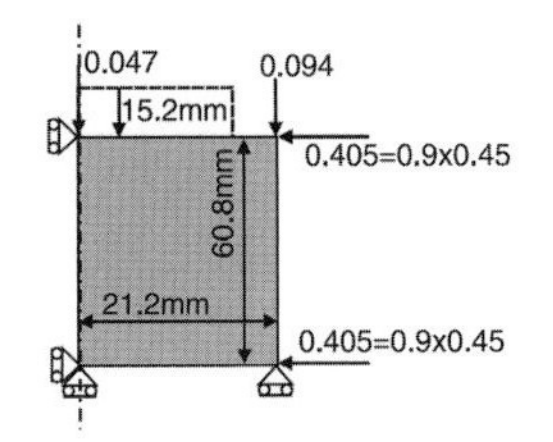

(c) 20% 변형 후 요소에 등방압력 1.0kPa 이후의 절점력

그림 3.78 삼축시험에서 대변형 해석

3.6 지반 유한요소해석의 응용과 확장

유한요소법의 적용분야는 지속적으로 확대되어왔고 또 확대되어 가고 있다. 컴퓨터 발달로 용량문제 해소 및 연산속도 증가로 3차원 해석은 일반화되고 있다. 유한요소해석은 응력해석 외에도 침투(seepage 문제), 변위-수압 결합거동해석, 동적해석 또한 역(逆)해석(back analysis), FSAFEM(Fourier Series Aided FEM) 등 확장응용도 다양해졌다.

3.6.1 3차원 유한요소 해석

3차원유한요소이론은 2차원 이론에 비해 절점당 자유도가 증가한 것에 불과하므로 이론적 전개는 2차원 이론과 큰 차이가 없다. 그러나 3차원적 해석에 요구되는 계산노력이나 컴퓨터자원은 엄청나게 증가한다. 이러한 요구자원을 감소시키기 위한 방법을 찾는 것이 3차원 해석의 주된 관심사이다. 일반적으로 선형탄성해석에서 3차원 시스템방정식의 강성행렬의 역행렬계산은 직접법보다는 반복법(iteration method)이 선호된다.

3차원 유한요소

전통적인 3차원 유한요소해석은 앞에서 기술했던 2차원 이론과 같다. 단지 2차원 평면(slice)에 대한 해석이 아닌 문제의 전체영역을 다루는 차이만 있을 뿐이다. 즉, 요소화에 있어 2차원이 아닌 3차원 요소를 도입하여야 한다. 가장 많이 사용되는 3차원 요소는 사면체요소와 팔면체요소이다. 그림 3.79는 20절점 6면체 요소를 보인 것이다.

등매개변수요소를 가정하면 모(parent) 요소로부터 유도된 전체좌표계의 요소에 대하여 변위와 요소 내 절점의 좌표계는 다음과 같이 나타낼 수 있다.

$$\{u, v, w\}^T = [N_i]\{u_i, v_i, w_i\}^T \tag{3.137}$$

$$x = \sum_{i=1}^{20} N_i x_i,\ \ y = \sum_{i=1}^{20} N_i y_i,\ \ z = \sum_{i=1}^{20} N_i z_i \tag{3.138}$$

여기서 x_i, y_i, z_i는 요소 내 20절점에 대한 전체(global) 좌표계이며 $N_i\,(i=1,2,3 \cdots 20)$은 형상함수이다. 위 조건을 이용하면 3차원 요소의 강성행렬 유도에 필요한 기하학적 요소가 정의된다. 자연좌표계 (ξ, η, ζ)에서 형상함수는 -1에서 $+1$까지 변화하므로 형상함수는 그림 3.79와 같다.

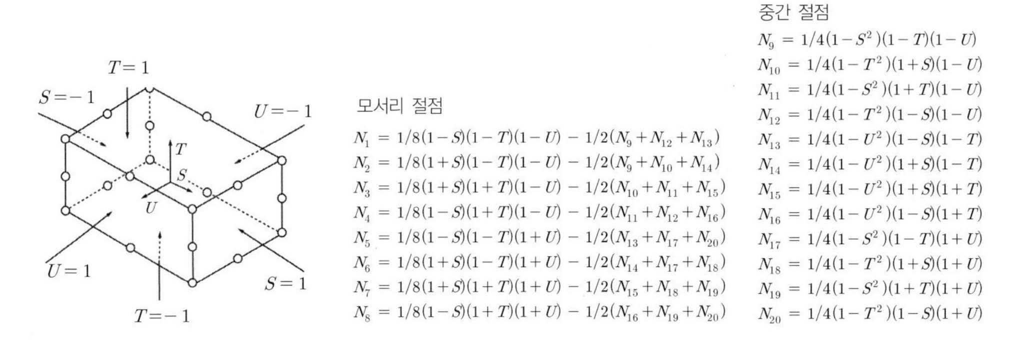

그림 3.79 20절점 8면체 등파라미터 요소(isoparametric element)

수치적분

3차원 요소의 자연 좌표계는 ξ-η-ζ의 3축으로 구성되므로 가우스 포인트와 가중치가 각각의 축에 대하여 정의되어야 한다. 그림 3.80은 6면체 요소의 적분개념을 보인 것이다. 3차원 요소의 강성행렬의 수치적분을 수행할 때는 각각의 축방향이 고려되어야 한다. 예를 들어 20절점 8면체요소는 감차적분 시 $2\times2\times2$개의 가우스포인트, 완전적분 시 $3\times3\times3$개의 가우스 포인트가 있다.

$$\iiint_V f(x, y, z)\,dxdydz \approx \sum_{k=1}^{n} f\left[x(\xi_k, \eta_k, \zeta_k), y(\xi_k, \eta_k, \zeta_k), z(\xi_k, \eta_k, \zeta_k)\right] w_k |J|_k \tag{3.139}$$

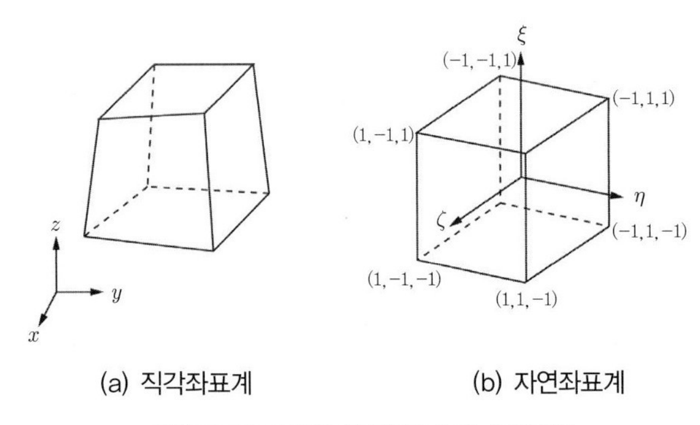

(a) 직각좌표계 (b) 자연좌표계

그림 3.80 3차원 육면체요소의 수치적분

3차원 유한요소 방정식의 특징

3차원 해석은 요소의 수, 절점 수, 가우스 포인트의 수가 2차원 해석과 비교할 수 없을 정도로 증가한다. 따라서 훨씬 더 많은 컴퓨터자원이 필요하다. 예를 들어 수직하중을 받는 저면이 구형기초문제를 생각해 보자. 이중 대상기초는 평면변형해석, 사각형기초는 2차원 축대칭해석이 가능할 것이다.

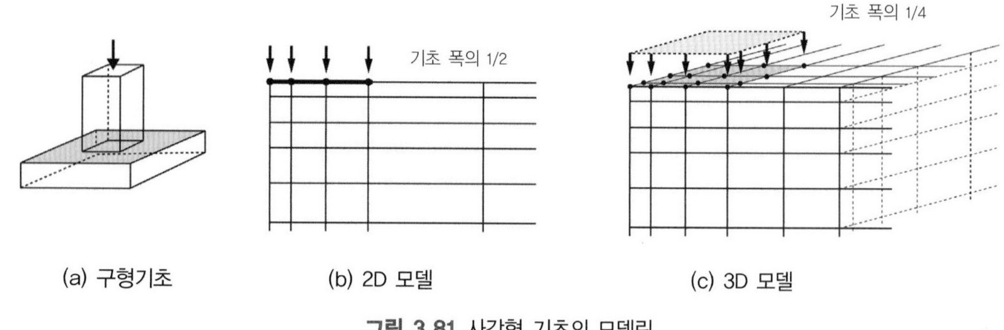

그림 3.81 사각형 기초의 모델링

2차원 메쉬는 8절점 사각형 요소 145개, 총 절점수 482개, 따라서 964자유도를 갖는 문제가 된다. 기하학적으로 대칭이므로 기초중심에서 변위를 제로로 두어 전체의 반만 해석하면 된다. 그러나 구형기초는 평면변형조건이 성립하지 않으므로 3차원적 고려가 불가피하다. 그러나 기초중심을 지나는 2개의 대칭면이 있으므로 전체문제의 4분의 1만 모델링하면 될 것이다. 3차원 메쉬는 416개의 20절점 8면체요소로 구성되며 절점 수는 2,201개, 자유도 수는 6,603개에 이른다. 이에 대한 하중-변위 해석과정을 보면 3차원해석이 평면변형해석보다 소요시간은 108배, 메모리용량은 76배나 더 소요된다. 이 경우 3차원 메쉬 밀도가 2차원보다 훨씬 낮으므로 만일 요소밀도로 메쉬를 작성했다면 이 차이는 훨씬 더 증가할 것이다.

실제 3차원으로 해석이 불가피한 문제는 구조물의 기하학적형상이 아주 복잡하거나 지층구성이 심하게 변화하는 경우로써 요소수가 크게 증가한다. 또 지반의 특성상 비선형해석이 필요하고 지하수의 영향까지도 고려하여야 하는 경우 3차원 해석에 요구되는 컴퓨터자원은 거의 슈퍼컴퓨터수준에 이를 것이다. 이 경우 너무 많은 비용과 자원이 소요되므로 아주 특별한 경우에만 채용이 정당화될 수 있다. 최근들어 컴퓨터시스템 비용문제는 점점 더 의미가 작아지고 있다. 대신, 모델러의 전문성이 더 중요한 사안이 되고 있다.

계산노력을 줄일 대안으로 요소의 **절점수를 줄이는 방법**을 생각해볼 수 있다. 그러나 8절점 8면체요소와 20절점 8면체 요소를 사용한 경우의 결과를 비교하면 8절점 요소를 사용하는 경우 변위장을 선형적으로 단순화한 데서 오는 강성거동 때문에 파괴점이 나타나지 않는 등 상당한 오류가 초래될 수 있다. 따라서 컴퓨터계산노력을 줄이기 위한 다른 노력이 시도되었는데, 그 대표적인 예가 **방정식을 푸는 기법을 개선**하는 것이다.

3차원유한요소 방정식의 풀이

3차원해석을 수행할 때 컴퓨터계산 자원의 대부분은 강성행렬의 역행렬을 구하는 데 소요된다. 현재까지 가우스소거법(직접법, direct method)보다 반복법이 좀 더 계산작업을 줄이는 데 효과적이라고 알려져 있다. 여기서는 강성행렬의 역행렬을 구하기 위한 반복법을 살펴보고자 한다. 반복법 중 가장 널리 사용되는 방법은 공액경사법(conjugate gradient method)이다.

반복법의 출발은 해에 대한 최초가정이다. 그리고 오차를 줄여가는 반복계산을 수행하여 정해를 얻는다. 따라서 이 방법은 초기해의 가정과 이로부터 정해에 도달하는 반복계산의 알고리즘이 중요하다.

전체방정식$[K_G]\{\Delta u_G\}_n = \{\Delta R_G\}_n$에 대하여, 초기해 $\{\Delta u_G\}_i$ 값을 가정하면 불평형력, 즉 오차는 다음과 같다.

$$\{g\}_i = [K_G]\{\Delta u_G\}_i - \{\Delta R_G\} \tag{3.140}$$

$\{g\}_i$가 '0'이 될 때 변위의 정해가 얻어질 것이다. 반복계산은 다음단계의 변위를 초기 가정벡터 $\{\Delta u_G\}_i$에서 $\{\Delta u_G\}_{i+1}$로 업데이트한다.

$$\{\Delta u_G\}_{i+1} = \{\Delta u_G\}_i - \eta_i\{\delta\}_i \tag{3.141}$$

여기서 $\{\delta\}_i$는 반복벡터, η_i는 스칼라 Step길이, i는 반복횟수를 나타낸다. 반복벡터는 일반적으로 다음과 같이 나타난다.

$$\{\delta\}_i = -\alpha_i\ [K_a]^{-1}\{g\}_i + \beta_i\{\delta\}_{i-1} \tag{3.142}$$

$[K_a]$는 근사 강성행렬이며 $\{g\}_i$는 식 (3.141)과 같이 불평형력 벡터이다. $[K_a]$는 $[K_G]$와 단위행렬(identity matrix) $[I]$의 중간 값을 갖는다. 흔히 $[K_a] = [DM]$으로 취한다. 만일 $[K_a] = [K_G]$, $\alpha_i = \eta_i = 1$, $\beta_i = 0$ 이며 $\{\Delta d_G\}_i = 0$이면 위 식은 가우스소거법과 같아진다. 어쨌든 $[K_G]$보다 역행렬계산이 쉽도록 $[K_a]$를 선정하는 것이 중요하므로 $[K_a] = [DM]$ 또는 $[K_a] = [I]$를 취한다. 일반적으로, $[K_a] = [I]$인 반복법을 'Basic'이라 하며, $[K_a] = [DM]$인 반복법은 'Scaled' 또는 'Pre-conditioned'라고 한다. 또 $\beta_i = 0$로 취하는 경우 α단일 파라미터식이 되는데, 이를 단순반복법(simple iteration method)이라 한다. $\alpha_i = 1$, $[K_a] = [I]$ 또는 $[K_a] = [DM]$로 놓고 η_i와 β_i을 최소일의 원리로 산정하는 반복법을 공액경사법(conjugate gradient method)이라 한다.

3.6.2 침투문제의 유한요소해석

불포화조건까지 고려하는 침투류의 지배 미분방정식(Strack, 1989)은 다음 식과 같이 나타낼 수 있다.

$$\frac{\partial}{\partial x}\left(k_x\frac{\partial h}{\partial x}\right) + \frac{\partial}{\partial y}\left(k_y\frac{\partial h}{\partial y}\right) + \frac{\partial}{\partial z}\left(k_z\frac{\partial h}{\partial z}\right) + q = \frac{\partial \theta}{\partial t} \tag{3.143}$$

여기서 h는 전수두, k_x, k_y, k_z는 x, y, z 방향의 투수계수, q는 외부유량, t는 시간, θ는 체적 함수비다.

위 지배방정식을 유한요소 정식화하려면 우선 거동변수에 대한 유한요소 근사화가 필요하다. 흐름의 거동변수는 수압 또는 수두이다. 따라서 u_w가 절점수압이라면, 수압(u_w)은 수압형상함수 N_w를 이용하여 다음과 같이 유한요소 근사화 개념을 적용할 수 있다.

$$u_w = \sum N_{wi} u_{wi} \tag{3.144}$$

요소 내 간극수압의 분포는 간극수압형상함수 $[N_w]$에 의해 결정된다. 변위형상함수 $[N]$과 간극수압형상함수 $[N_w]$이 같다면, 간극수압은 변위와 같은 분포로 요소 내에서 변화할 것이다. 만일 8절점 사각형 요소라면 변위와 간극수압 모두 요소 내에서 2차함수로 변화할 것이다. 그러나 변위가 2차함수로 변화한다면 변형률과 유효응력(적어도 선형거동재료에 대하여)은 선형적으로 변화할 것이다. 반면에 간극수압은 $[N_w]$와 직접 관계되므로 2차함수의 형태로 변화할 것이다. 유효응력원리는 간극수압과 유효응력의 선형적 관계를 정의하므로 위의 가정에 불일치가 발생한다. 이 불일치가 이론적으로 가능하다 할지라도 실제 **유효응력과 간극수압은 같은 차수(order)로 변화한다고 보는 것이 타당하다**.

따라서 8절점 사각형요소라도 요소의 모서리, 즉 4절점에서만 간극수압 자유도를 부여하면 이 문제를 해소할 수 있다. 즉, $[N_w]$는 모서리 절점만을 이용하며 따라서 이 경우 $[N_w]$와 $[N]$은 같지 않다. 6절점 3각형요소의 3모서리 절점을 취하거나 20절점 6면체(hexahedral)요소에서 모서리(coner) 8절점을 사용하면 마찬가지 조건을 얻을 수 있다.

제1권 6장에서 다룬 비정상 지하수의 흐름지배방정식을 Galerkin의 가중잔차법(weighed residual)으로 정식화한 유한요소 방정식은 다음과 같다.

$$\int_v ([E]^T [k] [E]) dV \{h\} + \int_v (\lambda [N_w]^T [N_w]) dV \left\{ \frac{\partial h}{\partial t} \right\} = q \int_A ([N_w]^T) dA \tag{3.145}$$

여기서, $[E]$:동수경사 행렬, $[k]$:투수계수구성 행렬, $\{h\}$:절점수두 벡터, $h = u_w/\gamma_w$, $[N_w]$:간극수압 보간함수 벡터, q: 요소변의 단위유량, $\lambda = \gamma_w m_w$: 비정상상태 침투에 대한 저류 항이다. 위식을 수두를 미지수로 하는 유한요소 방정식으로 표기하면 다음과 같다.

$$[\Phi]\{h\} + [M]\{h\} t = \{Q\} \tag{3.146}$$

$\{u_w\} = \gamma_w \{h\}$ 임을 이용하여, 위 식을 간극수압의 형태로 다시 쓸 수 있다.

$$[\Phi]\{u_w\} + [M]\{u_w\} t = \gamma_w \{Q\} \tag{3.147}$$

여기서, $[\Phi]=t\int_A([E]^T[k][E])dA$: 요소투수 행렬, $[E]=\left[\dfrac{\partial N_w}{\partial x_i}\right]^T$ (3.148)

$$[M]=t\int_A(\lambda[N_w]^T[N_w])dA \text{ : 질량 행렬} \tag{3.149}$$

$$[Q]=q\,t\int_A([N_w]^T)dA \text{ : 유량 벡터} \tag{3.150}$$

t는 요소두께이다. 식 (3.148)은 비정상류도 고려한 일반적인 침투해석의 유한요소 방정식이다.

정상류 침투해석의 경우 포화조건에 해당하며 수두는 시간의 함수가 아니므로, 결국 미분항은 소멸되어 유한요소 방정식은 다음과 같이 간략하게 표현된다.

$$[\Phi]\{u_w\}=\gamma_w\{Q\} \tag{3.151}$$

그림 3.82는 침투류해석 결과의 예를 보인 것이다. 흐름거동의 변수는, 유량, 유속(seepage velocity), 수압 등으로 나타낼 수 있다.

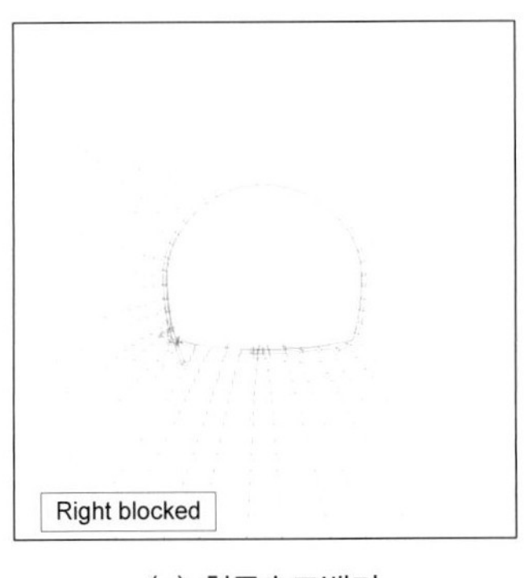

(a) 침투속도벡터

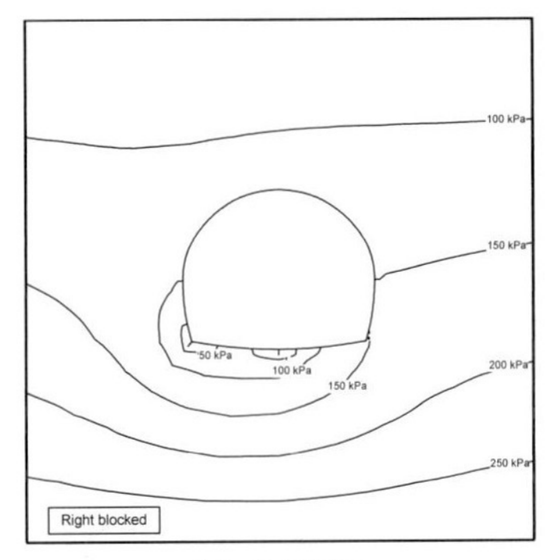

(b) 수압분포

그림 3.82 터널의 침투류 해석 예(수리열화로 인한 터널 오른쪽 배수공 막힘)

수리경계조건(hydraulic boundary conditions)

흐름거동 문제는 절점에서 간극수압자유도를 갖는다. 따라서 메쉬의 경계에서는 간극수압 혹은 유량 경계조건을 적용하여야 한다. 대부분의 유한요소 프로그램은 사용자가 경계조건을 적용하지 않는 경우 '$Q=0$' 흐름조건을 자동적(default)으로 취한다. 따라서 사용자는 당해 프로그램의 자동설정 경계조건에 대한 이해가 필요하다. 경계조건은 메쉬 내부절점에 대하여도 적용할 수 있다. 증분간극수압 경계조건(Δu_w)은 유한요소방정식의 좌항(left hand side)에 영향을 미친다. 즉, 변위경계조건을 설정(prescribing)하는 것과 유사하다.

유량을 경계조건으로 설정하는 경우 영향은 우변(right hand side) 벡터에 미치며 이것은 힘의 경계조건을 설정하는 것과 유사하다. 대표적인 수리경계조건은 주입, 흡입, 침강 등을 표현할 수 있다.

특정 증분해석단계에서 유한요소 메쉬경계에서 물의 유입조건을 부여할 수 있다. 일례로 단위수량이 q_n인 강우가 지표에 가해지는 경우 침투경계조건을 적용할 수 있다. 일반적으로 q_n은 지표에 따라 변화할 수 있으므로 연속적인 q_n을 다음과 같이 등가의 절점유량 $\{Q_n\}$으로 변환하여야 한다.

$$\{Q_n\} = \int_s [N_w]^T q_n dS \tag{3.152}$$

여기서 S는 침투흐름이 일어나는 요소의 면적이다. 이 적분은 수치적분법으로 풀이가 가능하다.

특정 절점 군에 그림 3.83과 같이 양수(sink) 혹은 주수(source)의 흐름경계조건을 부할 수 있다. 양수경계조건은 굴착 면에서의 안정을 위한 펌핑을 통한 배수를 생각할 수 있으며, 주수는 옹벽배면의 과잉침하를 제한하기 위하여 물을 주입시키는 경우를 생각할 수 있다. 양수우물의 영향은 양수량과 같은 크기의 흐름(유량)을 양수지점 A에 경계조건으로 부여하며 주입정의 영향은 주입유량을 절점 B에 부여함으로써 고려할 수 있다.

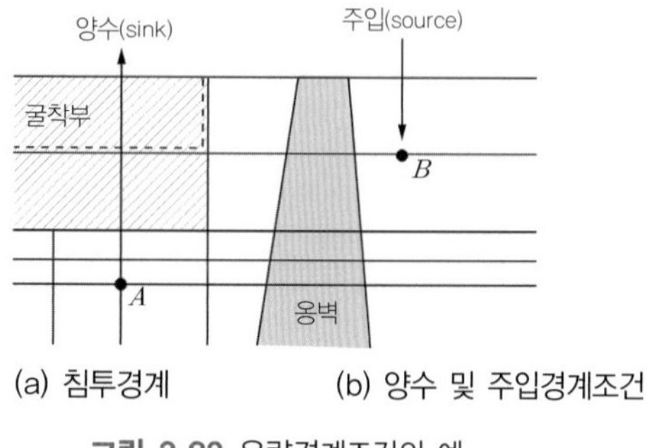

그림 3.83 유량경계조건의 예

예제 하천인접지역에서 깊은 굴착을 하는 경우, 모델의 수리경계조건을 설정해보자.

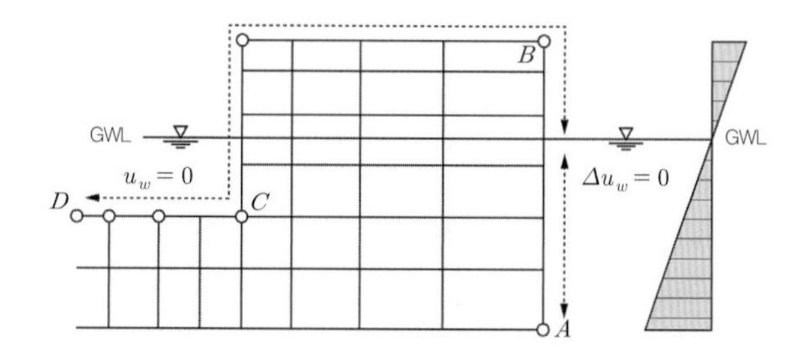

그림 3.84 굴착문제의 수리경계조건

풀이 굴착모델을 그림 3.84와 같이 설정하고 대칭성을 고려, 반단면을 해석한다고 하자. 모델경계(BA)는 하천이 가까이 위치하여 유입이 충분하여 수압변화가 없다면 해석 전 과정 동안 간극수압은 변화없이 초기값을 그대로 유지한다고 가정할 수 있다. 즉, 모든 증분단계에 대하여 $\Delta u_w = 0$의 경계조건을 부여한다. 이것은 모델경계가 굴착면과 충분히 멀리 떨어져 영향을 받지 않고 유입이 충분한 상태를 의미한다. 굴착면의 경우 일단 굴착이 완료되면 굴착면(CD)은 투수성이 되고, 간극수압은 영($u_w = 0$)으로 설정된다. 이후 단계에서 계속 제로 간극수압을 유지할 것이므로 $\Delta u_w = 0$ 수리경계조건을 부여할 수 있다. 지하수위는 저하할 것이므로 굴착수직면과 지하수위면은 굴착과 함께 수위저하가 발생하는 자유수면문제가 될 것이므로 이 구간은 시행착오를 통해 최종 자유수면 위치를 결정하는 자유수면 옵션구간으로 설정하여야 한다.

3.6.3 변위-수압 결합해석(coupled analysis)

제1권 6.5절에서 Biot의 변형-흐름 결합지배방정식을 살펴보았다. 결합(coupled)이란 변위와 간극수압 간 상호작용의 고려를 의미한다. 결합(coupled) 해석은 Biot의 지배방정식에 기반하며 변형방정식과 흐름의 연속방정식을 조합한 유한요소방정식을 이용한다.

결합거동의 유한요소 정식화

시간 의존성 거동은 구성방정식 및 평형방정식을 포함하는 Biot(1941)의 압밀이론을 이용하여 정의할 수 있다. 결합방정식은 절점에서 간극수압 자유도가 추가되므로 유한요소 근사화를 위한 절점변수가 변위와 간극수압이 된다.

수두 h는 중력방향 단위벡터가 $\{i_G\} = \{i_{Gx},\ i_{Gy},\ i_{Gz}\}^T$이라면, 다음과 같이 표현된다.

$$h = \frac{u_w}{\gamma_w} + (X i_{Gx} + Y i_{Gy} + Z i_{Gz}) \tag{3.153}$$

k_{ij}는 투수계수 성분으로서 등방조건의 경우 $k_{xx} = k_{yy} = k_{zz}$이고 $k_{xy} = k_{yz} = k_{zx} = 0$이다. 가상일의 원리와 경계조건을 적용하면, 증분 n에 대하여 다음의 유한요소 평형방정식과 연속방정식이 얻어진다.

$$[K_G]\{\Delta u\}_{nG} + [L_G]\{\Delta u_w\}_{nG} = \{\Delta R_G\} \tag{3.154}$$

$$[L_G]^T\left(\frac{\{\Delta u\}_{nG}}{\partial t}\right) - [\Phi_G]\{u_w\}_{nG} = [n_G] + Q \tag{3.155}$$

여기서 $[K_G] = \sum_{i=1}^{N}\left(\int_V [B]^T[D][B]dV\right)_i$ (3.156)

$$[L_G]=\sum_{i=1}^{N}(\int_V \{m\}[B]^T[N_w]dV)_i \tag{3.157}$$

$$[\Phi_G]=\sum_{i=1}^{N}(\frac{1}{\gamma_w}\int_V [E]^T[k]\,[E]dV)_i,\ [E]=\left[\frac{\partial N_w}{\partial x},\ \frac{\partial N_w}{\partial y},\ \frac{\partial N_w}{\partial z}\right]^T \tag{3.158}$$

$$\{\Delta R_G\}=\sum_{i=1}^{N}[(\int_V [N]^T\{\Delta F\}dV)_i+(\int_S [N]^T\{\Delta T\}dS)_i] \tag{3.159}$$

$$\{m\}^T=\{1,1,1,0,0,0\},\ [n_G]=\sum_{i=1}^{N}\left(\int_v [E]^T[k]\{i_G\}dV\right)_i \tag{3.160}$$

식 (3.154) 및 식 (3.155) 유한요소식은 시간전개법(time marching process)을 이용하여 풀 수 있다. 만일 시간 t_1에서의 해 (변위 $\{u\}_{nG}$, 간극수압 $\{u_w\}_{nG}$ $)_1$를 안다면, 그림 3.85의 시간 $t_1+\Delta t$에서의 해 $(\{u\}_{nG},\ \{u_w\}_{nG})_2$를 얻을 수 있다. 이를 시간전개법이라 하며, 다음의 적분으로 표시된다.

$$\int_{t_1}^{t_2}[\Phi_G]\{u_w\}_{nG}dt=[\Phi_G][\beta(\{u_w\}_{nG})_2+(1-\beta)(\{u_w\}_{nG})_1]\Delta t \tag{3.161}$$

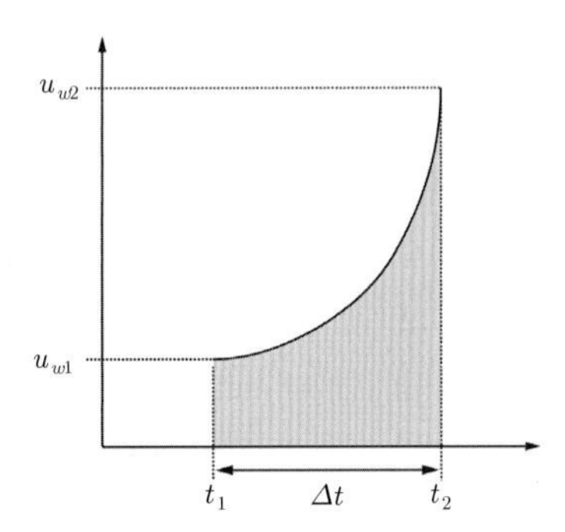

그림 3.85 간극수압 근사적분

$\{u_w\}_{nG}$는 시간간격 Δt 에 걸쳐 변화할 것이므로 위 식의 좌변 적분항은 그림 3.85의 시간 t_1에서 t_2 사이의 곡선의 면적에 해당한다. 사실 $\{u_w\}_{nG}$가 어떻게 변화하는지 모르므로 위곡선의 형상을 알 수 없으나 $(\{u_w\}_{nG})_1$, $(\{u_w\}_{nG})_2$ 값은 안다. 따라서 위 식은 곡선 아래의 면적을 구하는 것이다. 예를 들어 $\beta=1$이면 면적은 $(\{u_w\}_{nG})_2\Delta t$가 되며, $\beta=0.5$이면 면적은 $0.5\Delta t\{(\{u_w\}_{nG})_1+(\{u_w\}_{nG})_2\}$가 된다. 수치해석적 안정성을 확보하기 위하여 $\beta\geq 0.5$가 되도록 선택한다. 시간 전개법을 적용하면 결합유한요소방정식은 다음과 같이 된다.

여기서 β는 근사 적분해법을 위한 수치 파라미터이며 0.5 이상이 적절한 것으로 보고되었다(Booker and Small, 1975). 주로 β=0.5 사용한다.

$$[L_G]^T\{\Delta u\}_{nG} - \beta\Delta t[\Phi_G]\{\Delta u_w\}_{nG} = [n_G]\Delta t + Q\Delta t + [\Phi_G]\{u_w\}^T_{nG} \cdot \Delta t \quad (3.162)$$

식 (3.154) 및 식 (3.162) 두 식을 결합한 변형방정식과 흐름의 연속방정식을 결합한 변위-간극수압 연계 유한요소방정식을 다음과 같이 표현할 수 있다.

$$\begin{bmatrix} [K_G] & [L_G] \\ [L_G]^T & -\beta\Delta t \cdot [\Phi_G] \end{bmatrix} \begin{Bmatrix} \{\Delta u\}_{nG} \\ \{\Delta u_w\}_{nG} \end{Bmatrix} = \begin{Bmatrix} \{\Delta R_G\} \\ ([n_G] + Q + [\Phi_G]\{u_w\}^t_{nG}) \cdot \Delta t \end{Bmatrix} \quad (3.163)$$

여기서, $[K_G]$: 전체강성행렬, $[L_G]$: 변위와 간극수압의 연계행렬, $[R_G]$: 우변 하중 벡터, $[B]$: 요소 변형율-변위행렬, $[D]$: 구성행렬, $\{m\}$: 단위 열벡터, $[N_w]$: 간극수압 요소 형상함수, $[N]$: 변형 요소 형상함수, $\{\Delta F\}$: 물체력 벡터, $\{\Delta T\}$: 우변 표면력 벡터, β: 수치파라미터, $[\Phi_G]$: 투수계수 행렬, $\{n_G\}$, $\{Q\}$: 우변유량 벡터이다.

시간 의존성거동해석은 시간적분이 필요하므로 거동이 선형탄성이고 투수계수가 일정한 경우라도 증분해석기법이 적용된다. 구성모델이 비선형이라면 시간간격을 하중조건의 변화와 조합하여 풀이할 수 있다. 이때 풀이과정도 3.5절에서 살펴 본 비선형해석과정을 적용할 수 있다. 식 (3.163)에서 투수계수는 행렬 $[\Phi_G]$로 표현된다. 이들 투수계수가 일정하지 않고 응력준위에 따라 변화한다면 행렬 $[\Phi_G]$와 $[n_G]$도 해석과정에 걸쳐 변화하게 될 것이다. 따라서 이 문제는 투수계수행렬이 단위 증분 동안 일정하지 않은 문제와 유사하다. 비선형 투수계수행렬을 다루는 여러 수치해석방법 중 Sub-stepping Point Algorithm을 채용한 MNR법이 비교적 잘 맞는 것으로 알려져 있다.

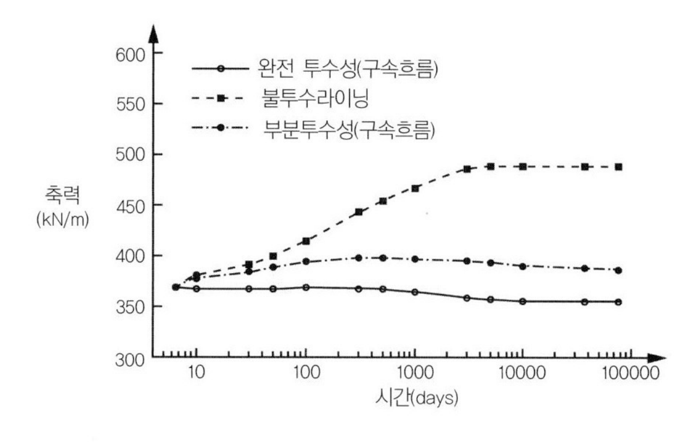

그림 3.86 결합해석의 예(시간에 따른 터널 천단부 축력변화, $k_l = 2.0\times10^{-11}$ m/sec, $k_l/k_s = 0.1$)

정상침투 시의 결합방정식. 지반을 강체로 가정할 수 있다면 지반의 변형은 일어나지 않고, 간극을 통한 흐름거동만 일어날 것이다. 이 경우 위 유한요소식은 다음과 같이 단순화된다.

$$[\Phi_G]\{u_w\}_{nG} = \{n_G\} + Q \tag{3.164}$$

식 (3.164)는 정상침투를 나타내는 전체유한요소방정식으로서 식 (3.151)과 유사하다. 흙의 강성을 매우 크게 취하면 결합방정식의 해는 정상침투해석 결과와 같다.

결합거동의 모델링은 특정 경계면에서 수리거동과 변위거동 모두에 대한 경계조건이 설정되어야 한다. 2개 이상의 절점이 같은 간극수압조건을 갖도록 묶는 경계조건을 부여할 수 있다. 그림 3.87과 같이 불연속면을 인터페이스요소로 표현할 경우, 이 요소는 두께가 영이므로 압밀 거동을 표현할 수 없다. 따라서 흐름이 지층 1, 2를 통과하도록 하는 조건이 필요하다. 인터페이스가 투수층으로 인식되도록 AB, CD, EF 등을 절점결합(TDF, tied degree of freedom)옵션을 이용하여 묶어 줌으로써 흐름의 연속성을 확보할 수 있다(이 옵션은 프로그램에 따라 가능하지 않을 수 있다).

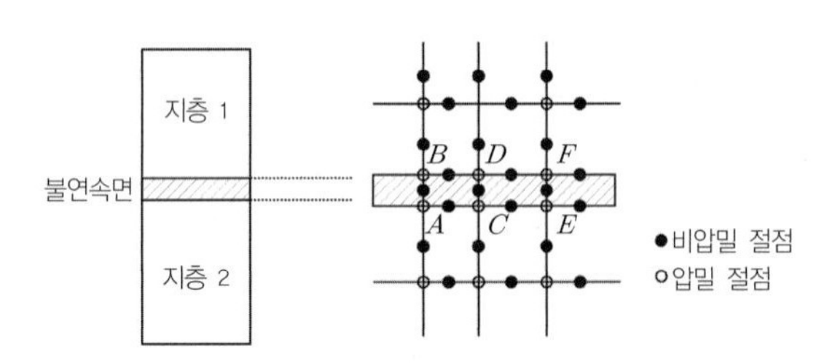

그림 3.87 간극수압 자유도 묶기

한 개의 유한요소 내에서 어떤 요소는 압밀이 일어나고 어떤 요소는 압밀이 일어나지 않도록 하는 것도 가능하다. 만일 그림 3.88과 같이 점토지반위에 모래가 위치하는 경우 점토지반 요소는 압밀절점으로, 모래요소는 비압밀(non-consolidating) 절점으로 다룰 수 있다.

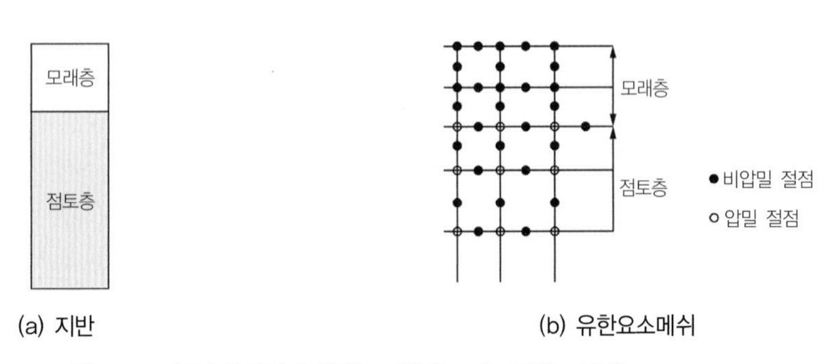

(a) 지반 (b) 유한요소메쉬

그림 3.88 간극수압절점의 선택(보간형태 표시 4절점, 8절점)

침투경계. 물은 수두가 높은 곳에서 낮은 곳으로 흐르게 된다. 터널과 같은 지반굴착과정에서는 지반에 부압이 생길 경우 흐름이 마치 터널에서 지반으로 흐르는 모순이 생길 수 있다. 이런 현상이 발생하지 않도록 하는 경계조건의 설정이 필요할 수 있다. 터널경계에서 매해석단계마다 수압을 점검하여 논리적 모순이 발생하지 않도록 절점유량을 제어하여야 한다.

3.6.4 동적 지반문제의 해석

동적지반 거동의 지배방정식은 제1권 6장에서 살펴보았다. 동적 지반문제의 수치해석은 지반반력계수 모델링법과 완전수치해석 모델링법이 사용될 수 있다.

동적 유한요소방정식

요소에 대한 동적 유한요소방정식은 정적방정식에 질량항과 감쇠항이 추가되며 다음과 같다.

$$[m_e]\{\ddot{u}\}+[c_e]\{\dot{u}\}+[k_e]\{u\}=\{R(t)_e\} \tag{3.165}$$

유한요소 근사화, $u=\sum N_i u_i \quad \dot{u}=\sum N_i \dot{u}_i \quad \ddot{u}=\sum N_i \ddot{u}_i$ 이며, 각 행렬은 다음과 같이 표현된다.

$$[m_e]=\rho\int_{-1}^{1}\int_{-1}^{1}[N]^T[N]\,|J|\,d\xi d\eta \tag{3.166}$$

$$[c_e]=\rho\int_{-1}^{1}\int_{-1}^{1}[B]^T[H][B]\,|J|\,d\xi d\eta \tag{3.167}$$

$$\{R(t)_e\}=\int_{-1}^{1}\int_{-1}^{1}[N]^T\{W\}\,|J|\,d\xi d\eta+\int_s[N]^T\{T\}\,dS \tag{3.168}$$

여기서, $[H]$는 감쇠성분이고 $\{W\}$, $\{T\}$는 각각 체적 및 경계하중이다. 따라서 $[M]$, $[C]$, $[K]$를 각각 조합질량, 감쇠, 강성행렬이라 할 때, 시스템지배방정식은 다음과 같이 나타난다.

$$[M]\{\ddot{u}\}+[C]\{\dot{u}\}+[K]\{u\}=\{R(t)\} \tag{3.169}$$

모델링방법

지반반력계수 모델. 반무한 탄성체(elastic half space)의 지반을 스프링과 감쇠기(dash pot)으로 모델링하는 기법이다. 일례로 그림 3.89와 같이 수평지반이 깊이에 따라 균질한 경우, 기초('^'표기)와 영향권 지반(added mass)을 포함한 모델의 지배방정식은 다음과 같다.

$$[\widehat{m}_c + m_c]\{\ddot{u}_c\} + [\hat{c}_c + c_c]\{\dot{u}_c\} + [\hat{k}_c + k_c]\{u_c\} = ([\widehat{m}_c + m_c])\{\ddot{u}_g\} \quad (3.170)$$

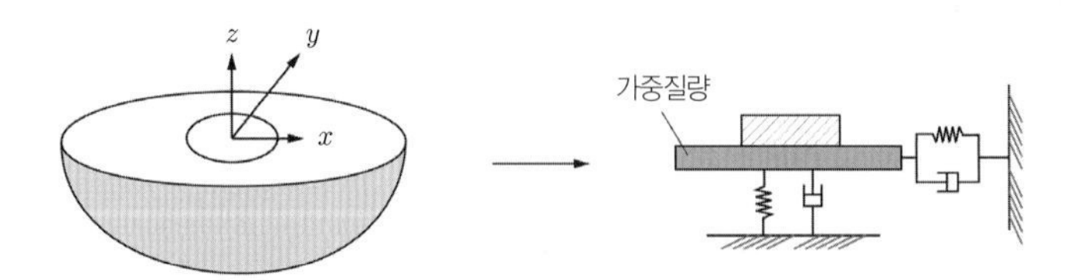

그림 3.89 지반반력계수 모델링(c : 원형기초)

완전수치해석 모델. 지반매질을 모두 요소로 고려할 수 있다. 다만, 해석의 경계를 유한하게 정의하여야 하며, 모델경계(전달경계)에서 진동파의 전파특성이 고려되어야 한다.

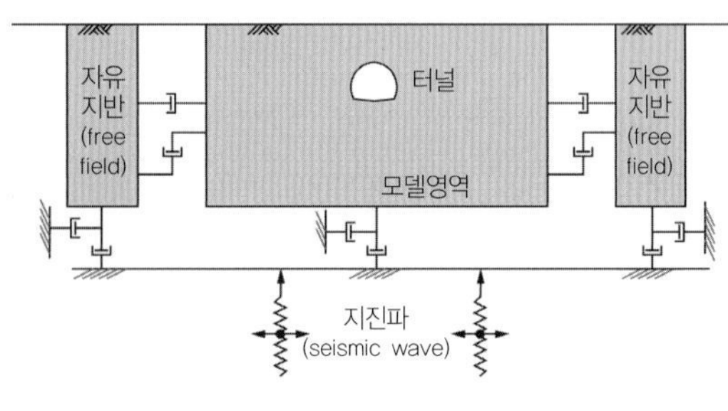

그림 3.90 동적모델 예

완전수치해석에서 형상함수를 이용하여 산정한 질량행렬(mass matrix)은 에너지 원리를 고려하여 정확하게 산정된 것이므로 '연속분포질량행렬(consistent mass matrix)'이라 부른다. 반면에 평균개념으로 절점에 배분할 수도 있는데, 이렇게 산정한 질량행렬을 '집중분포질량행렬(lumped mass matrix)'이라 한다. 3절점 삼각형 요소의 질량행렬을 예시하면 아래와 같다(m은 단위면적당 질량).

$$\text{연속분포질량행렬, } [m_e] = \frac{m}{12}\begin{bmatrix} 2&0&1&0&1&0 \\ 0&2&0&1&0&1 \\ 1&0&2&0&1&0 \\ 0&1&0&2&0&1 \\ 1&0&1&0&2&0 \\ 0&1&0&1&0&2 \end{bmatrix}, \text{ 집중분포질량행렬 } [m_e] = \frac{m}{3}\begin{bmatrix} 1&0&0&0&0&0 \\ 0&1&0&0&0&0 \\ 0&0&1&0&0&0 \\ 0&0&0&1&0&0 \\ 0&0&0&0&1&0 \\ 0&0&0&0&0&1 \end{bmatrix} \quad (3.171)$$

감쇠행렬. 댐핑은 주파수의 함수이다. 비선형해석에서 감쇠는 이력거동에서 비롯된다. 따라서 강성행렬의 변화로 고려할 수 있다(예, 복소강성). 아주 작은 변형률에서의 감쇠를 고려하거나 감쇠를 고려하지 않음으로써 발생할 수 있는 수치해석적 문제를 피하기 위하여 작은 값의 점성감쇠를 고려할 수 있다. 이를 일정감쇠(consistent damping)이라 하며, 동해석의 고전적인 방법으로서 Rayleigh damping을 주로 사용하는데, 이는 감쇠행렬 및 질량행렬, 강성행렬과 선형결합 관계에 있다고 가정한 것이다.

$$[c] = \alpha[m] + \beta[K] \tag{3.172}$$

유효 감쇠비(damping ratio, $D = \frac{c}{c_c} = \xi$)는 $\xi = \frac{\alpha}{2\omega} + \frac{\beta\omega}{2}$ 이다. 유효 감쇠비는 주파수 ω와 함께 변화하나, 재료의 소성거동을 나타내는 감쇠는 ω에 무관하다. 특정 동해석에서 주파수의 범위가 산정될 수 있다면, α, β 값은 그림 3.91의 주파수-감쇠 그래프의 일정한 감쇠값에 대해서 산정될 수 있다. $\omega = \omega_1$ 및 $\omega = \omega_2$에서 감쇠비가 $\xi = \xi_c$이면 다음이 성립한다.

$$\frac{\alpha}{2\omega_1} + \frac{\beta\omega_1}{2} = \xi_c = \frac{\alpha}{2\omega_2} + \frac{\beta\omega_2}{2} \tag{3.173}$$

여기서 $\alpha = \frac{2\xi_c\omega_1\omega_2}{\omega_1 + \omega_2}$, $\beta = \frac{2\xi_c}{\omega_1 + \omega_2}$ 이다. **질량감쇠(mass damping)계수 α는 낮은 주파수에서 작동하며, 강성감쇠(stiffness damping)계수 β는 보다 높은 고주파수에서 작동한다.**

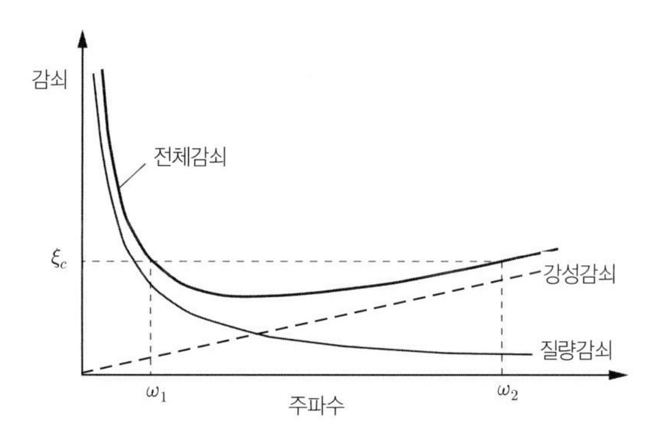

그림 3.91 Rayleigh 감쇠(damping)

경계조건. 동적해석에 있어 모델경계에서 기하감쇠의 고려가 매우 중요하다. 이는 **진동파가 해석경계를 전파하여 돌아오지 않음으로써 발생하는 에너지 손실**을 고려하는 것이다. 따라서 동적모델의 경계는 이 감쇠를 고려하기 위한 점성 감쇠경계를 도입하여야 한다.

동적 방정식의 해법

동적해석은 크게 응답스펙트럼법(response spectra analysis), 모드해석법(modal analysis), 직접적분법(direct integration method), 복소응답해석법(complex response analysis) 등으로 구분된다. 이들 방법은 풀이영역의 지배변수에 따라 주파수영역 해석(frequency domain analysis)과 시간영역 해석(time domain analysis)으로도 구분할 수 있다(그림 3.92).

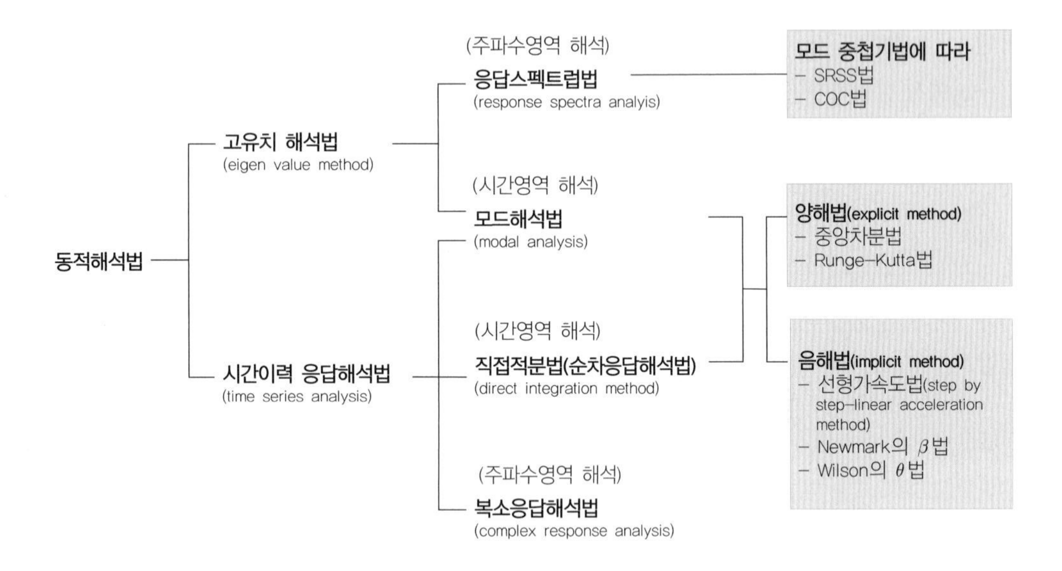

그림 3.92 동적해석의 방법

대부분의 동적해석은 선형조건에만 적용가능하며, 비선형해석은 시간적분법만 가능하다. 동적해석은 주로 전응력개념으로 다루어왔으나, 지반거동의 특성상 간극수압의 동적영향이 중요하여 이를 고려하는 유효응력개념의 해석도 수행되고 있다.

시간이력해석. 시간 이력해석은 구조물에 동적하중이 작용할 경우에 구조물의 동적특성과 가해지는 하중을 사용하여 임의의 시간에 대한 구조물의 거동(변위, 부재력 등)을 동적 평형방정식의 해를 이용해 계산하는 것으로 직접적분법과 모드중첩법이 있다.

직접적분법(direct integration method). 동적 평형방정식을 시간에 따라 점진적으로 적분하여 해를 구하는 방법으로 평형방정식의 형태 변화 없이 시간단계마다 적분을 사용하여 해를 구한다. 주로 강성이나 감쇠의 비선형을 고려한 해석에 적용이 되며, 시간단계에 대하여 해석을 수행하므로 시간 단계의 수에 비례하여 해석시간이 소요된다. Newmark법이 수렴성이 좋은 것으로 알려져 있다.

모드중첩법

모드중첩법(mode superposition method)은 구조물의 변위를 서로 직교성을 갖는 변위현상의 선형조합 형태로 구하는 방법으로, 주로 대형지반 또는 지하구조물의 선형 동적해석에 효과적인 방법이다. 감쇠행렬(C)이 질량행렬(M)과 강성행렬(K)의 선형조합으로 이루어질 수 있다는 가정을 전제로 하며 다음과 같이 표현한다.

$$u(t) = \sum_{i=j}^{m} \Phi_i q_i(t) \tag{3.174}$$

$$\Phi^T M \Phi \ddot{q}(t) + \Phi^T C \Phi \dot{q}(t) + \Phi^T K \Phi\, q(t) = \Phi^T R(t) \tag{3.175}$$

$$m_i \ddot{q}_i(t) + c_i \dot{q}_i(t) + k_i q_i(t) = R_i(t), (i = 1,2,3,\cdots, m) \tag{3.176}$$

$$q_i(t) = \frac{1}{m_i \omega_{Di}} \int_0^t R_i(\tau) e^{-\xi_i \omega_i (t-\tau)} \sin \omega_{Di}(t-\tau) d\tau \tag{3.177}$$

여기서, $\omega_{Di} = \omega_i \sqrt{1-\xi_i^2}$, α, β: Rayleigh 계수, ξ_i: i번째 모드의 감쇠비, ω_i: i번째 모드의 고유주기, Φ_i: i번째 모드 형상, $q_i(t)$: i번째 모드에 의한 단자유도 방정식의 해이다.

그림 3.93은 모드해석의 모드 예를 보인 것이다. 자유도 수에 상응하는 주파수 및 모드형태가 얻어진다. $\omega_2 \approx \omega_3$인 경우 2, 3번째 모드에 의한 응답의 위상차가 거의 같아지는 데 따라서 두 모드의 최댓값도 거의 같은 시점에 나타난다(이 경우 실제 응답이 응답변위의 SRSS(square root of the sum of the square) 결과보다 크다).

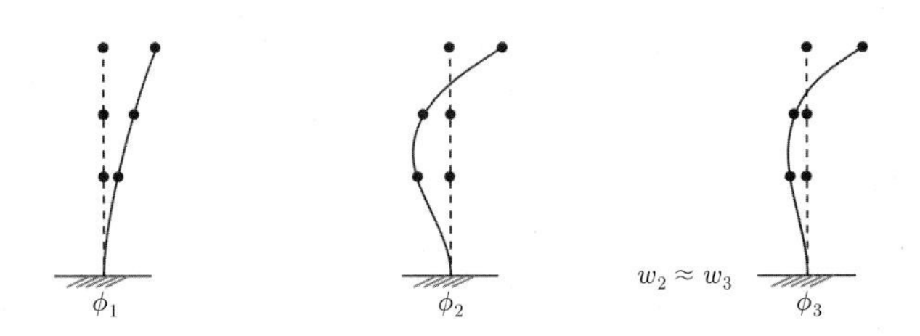

그림 3.93 모드해석 결과의 예(건물의 집중질량 모델)

NB: SRSS는 RMS(root mean square)라고도 하며, 각 진동모드의 최대응답치를 제곱하여 더한 후 이의 평방근을 말한다. 근사 중근이 있는 경우 과대한 결과가 얻어질 수 있다.

자유진동해석(고유치해석)

단일 자유도계에서 고유주기를 구하는 방법은 운동방정식에서 하중과 감쇠항을 영으로 가정하여 자유진동 방정식을 만들게 되면 선형 2차 미분방정식이 된다.

$$m\ddot{u} + c\dot{u} + ku = R(t) \text{에서 } c=0,\ R(t)=0 \text{ 이면} \tag{3.178}$$

$$m\ddot{u} + ku = 0 \tag{3.179}$$

여기서, u는 진동에 의한 변위이므로 $u = A\cos\omega t$라고 가정하여 식 (3.179)에 적용하면 고유치는 다음과 같은 형태로 구해진다.

$$\omega^2 = \lambda = \frac{k}{m},\ \ \omega = \sqrt{\frac{k}{m}},\ f = \frac{\omega}{2\pi},\ \ T = \frac{1}{f} \tag{3.180}$$

여기서, ω^2: 고유치(eigenvalue), ω: 회전고유진동수(rotational natural frequency), f: 고유진동수(natural frequency), T: 고유주기(natural period)이다.

다자유도계의 비감쇠 자유진동 조건하의 모드형상(mode shape)과 고유주기(natural periods)를 구하기 위해 사용된 특성방정식은 다음과 같다.

$$u(t) = \sum_{i-j}^{m} \Phi_i q_i(t) \tag{3.181}$$

$$[K]\,\underline{\Phi}_n = \lambda_n [M]\,\underline{\Phi}_n \ \text{ 또는 } ([K] - \lambda_n [M])\,\underline{\Phi}_n = 0 \tag{3.182}$$

여기서, $[K]$: 구조물의 강성행렬(stiffness matrix), $[M]$: 구조물의 질량행렬(mass matrix), λ_n : n번째 모드의 고유치(eigenvalue), $\underline{\Phi}_n$: n번째 모드의 모드형상(mode vector)이다.

위 방정식의 풀이를 고유치해석이라 하며, 구조물 고유의 동적 특성을 분석하는 데 사용되며 자유진동 해석(free vibration analysis)이라고 한다. 고유치해석을 통해 구해지는 구조물의 주요한 동적특성은 고유모드, 고유주기 그리고 모드 기여계수(modal participation factor)등이며 이들은 구조물의 질량과 강성에 의해 구해진다.

고유모드(vibration modes)는 구조물이 자유진동(또는 변형)할 수 있는 일종의 고유현상이며, 주어진 모양으로 변형시키기 위해 소요되는 에너지가 제일 작은 것부터 순차적으로 1차 모드형상, 2차 모드형상, n차 모드형상이라 칭한다. 고유주기는 고유모드와 일대일 대응되는 고유한 값으로 구조물이 자유진동상태에서 해당 모드형상으로 1회 진동하는 데 소요되는 시간을 의미한다.

예제 그림 3.94의 2DOF 시스템의 고유진동수를 구해보자.

풀이 $M = \begin{bmatrix} m & 0 \\ 0 & 2m \end{bmatrix}$, $K = \begin{bmatrix} k & -k \\ -k & 3k \end{bmatrix}$이다. 따라서 고유치 방정식은 다음과 같다.

$$|K - \omega^2 M| = \begin{vmatrix} (k-\omega^2 m) & -k \\ -k & (3k - 2\omega^2 m) \end{vmatrix} = 0$$

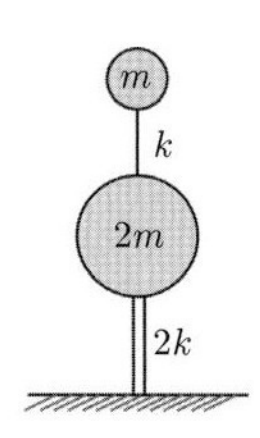

그림 3.94 2DOF 시스템

위 식으로부터 $\omega^2 = \frac{1}{2}\frac{k}{m}$, $\omega^2 = \frac{2k}{m}$ 따라서 $\omega = \sqrt{\frac{k}{2m}}$ 또는 $\omega = \sqrt{\frac{2k}{m}}$

$\omega = \sqrt{\frac{k}{2m}}$ 의 경우, $\{\phi\}^{(1)} = \begin{Bmatrix} 1 \\ \frac{1}{2} \end{Bmatrix}$, $\omega = \sqrt{\frac{2k}{m}}$ 의 경우, $\{\phi\}^{(2)} = \begin{Bmatrix} 1 \\ -1 \end{Bmatrix}$, 따라서 $[\phi] = \begin{bmatrix} 1 & 1 \\ \frac{1}{2} & -1 \end{bmatrix}$

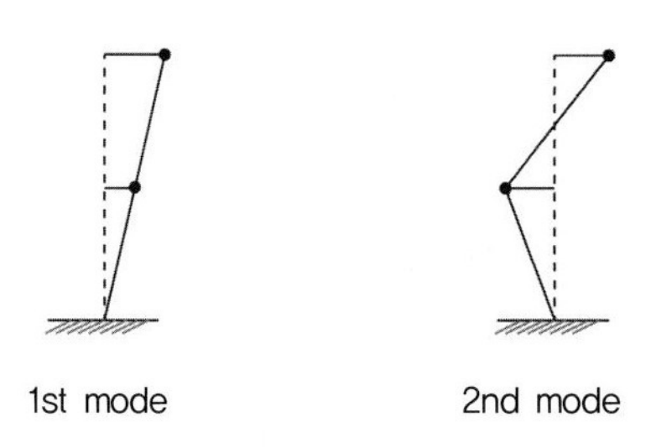

그림 3.95 모드 형상

일반해는 $\{u\} = [\Phi]\{f(t)\} = \sum_{i=1}^{n}\{\phi\}^{(i)} f_i(t) = \sum_{i=1}^{n} a_{(i)}\phi_j^{(i)}\cos(\omega_i t + \theta_i)$라 하면 해는 다음과 같다.

$$\begin{Bmatrix} u_1 \\ u_2 \end{Bmatrix} = a_{(1)}\begin{Bmatrix} 1 \\ \frac{1}{2} \end{Bmatrix}\cos\left(\sqrt{\frac{k}{2m}}\,t + \theta_1\right) + a_{(2)}\begin{Bmatrix} 1 \\ -1 \end{Bmatrix}\cos\left(\sqrt{\frac{2k}{m}}\,t + \theta_2\right)$$

응답스펙트럼법

응답스펙트럼은 어떤 특정한 지진에 대하여 일정한 감쇠율과 고유진동수를 갖는 구조물의 동적응답의 관계를 고유진동수(T)와 최대 응답치(변위, 속도, 가속도의 최대치)의 함수로 표현한 것으로 어떤 일정한 감쇠비를 가진 구조물의 고유주기나 진동수에 따른 지진의 최대응답을 나타낸 그래프를 말한다. 따라서 고유치해석을 수행하여 고유주기를 얻었다면 응답스펙트럼 그래프를 이용하여 동적응답의 최대치를 근사적으로 구할 수 있다. 즉, 응답스펙트럼법은 고유주기를 알면 설계지진동의 응답스펙트럼 곡선에서 바로 설계 지진동에 대한 최대 응답치를 구하는 방법이다.

응답스펙트럼법을 적용하기 위해서는 설계 지진하중에 대하여 감쇠를 고려한 응답스펙트럼 곡선이 준비되어 있어야 한다. 그림 3.97에 이의 예를 보였다.

응답스펙트라(response spectra)

그림 3.96에 보인 바와 같이 지반을 전단스프링으로 나타낸 SDOF에 대한 응답스펙트럼을 구해보자.

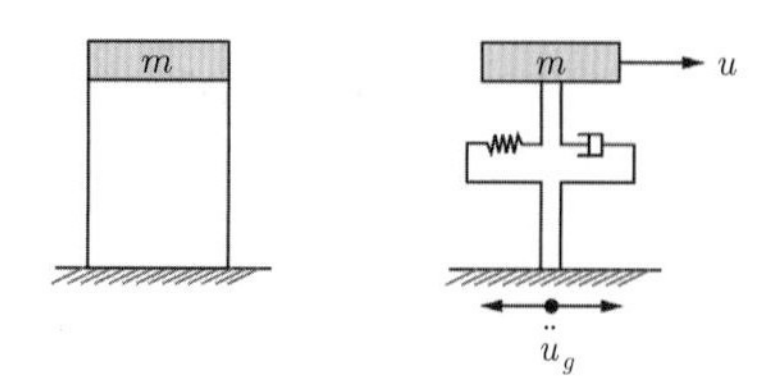

그림 3.96 SDOF 예

지배방정식, $m\ddot{u}+c\dot{u}+ku=-m\ddot{u}_g$이다. Duhamel Integral(제1권 6장 참조)에 따라, 응답(response)변위는,

$$u(t)=\frac{1}{m\omega_D}\int_0^t -m\ddot{u}_g(\tau)e^{-\xi\omega(t-\tau)}\sin\omega_D(t-\tau)d\tau \tag{3.183}$$

만일 $\xi<0.2$이면, $\omega_D=\omega\sqrt{1-\xi^2}$이다. 여기서 ω는 구조물의 자연 진동수이다. 식 (3.183)에서 적분항의 적분은 지진하중에 대한 응답적분으로서, 물리적으로 속도의 의미를 갖는다.

$V(t)=\int_0^t \ddot{u}_g(\tau)e^{-\xi\omega(t-\tau)}\sin\omega(t-\tau)d\tau$라 할 때, $S_V(\xi,\omega)=\max|V(t)|$라 정의하여 $S_V(\xi,\omega)$를 속도스펙트럼(spectral pseudo-velocity)이라 한다. $\ddot{u}_g$는 지진가속도.

$u_{\max}=\frac{1}{\omega}S_V(\xi,\omega)=S_D(\xi,\omega)$를 변위스펙트럼(spectral displacement)이라 하며, $S_D(\xi,\omega)=\frac{1}{\omega}S_V(\xi,\omega)$이 성립한다.

$$\dot{u}(t)_{\max}\doteq S_V(\xi,\omega) \tag{3.184}$$

$$\begin{aligned}\ddot{u}(t)_{\max}&=\left[-2\xi\omega\dot{u}(t)-\omega^2u(t)\right]_{\max}\\&\approx\left[\omega^2u(t)\right]_{\max}=\omega^2S_D(\xi,\omega)=wS_v(\xi,w)=S_A(\xi,\omega)\end{aligned} \tag{3.185}$$

즉, 입력지진에 대하여 S_A, S_V, S_D를 산정해 두면, 이로부터 바로 응답거동을 산정할 수 있다.

응답스펙트라는 SDOF를 기준으로 한 것이므로, 다자유도계의 경우 진동모드에 따라 스펙트럼 곡선에서 최대치를 읽어 각각의 기여율을 고려하여 중첩하여 산정한다. 각 진동모드의 최대응답발생시간이 다르므로 단순 중첩법은 과대한 결과를 줄 수 있어 SRSS방법 등을 이용한다.

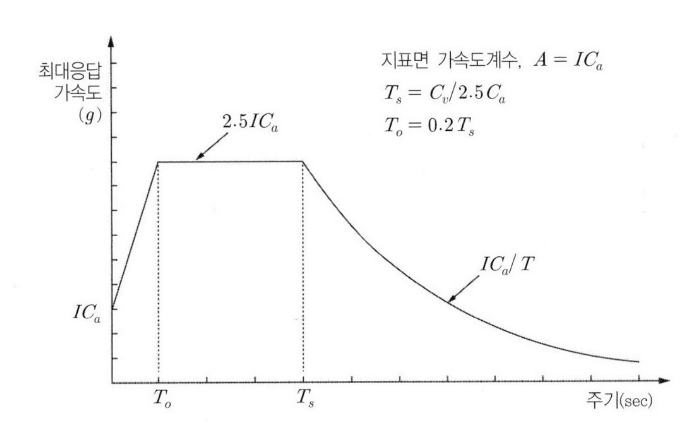

I: 위험도계수(재현주기 1000년인 경우 1.4), C_a, C_v: 지반종류에 따른 지진계수

그림 3.97 표준설계응답스펙트럼(5% 감쇠의 지표 자유장 운동)

주파수영역해석

일부 지반 동해석 프로그램(예, LUSH, FLUSH 등)은 주파수영역해법을 채용하고 있다. 이는 시간영역 지배방정식을 주파수 영역으로 변환함으로써 가능하다. 그림 3.98의 모델의 3차원 슬라이스 모델의 경계조건을 모두 고려한 시스템 지배방정식은 다음과 같이 나타낼 수 있다.

$$[M]\{\ddot{u}\} + [K]\{u\} = -\{m\}\ddot{y} - \{V\} + \{F\} - \{T\} \tag{3.186}$$

$\ddot{y}$: 모델저면(base) 가속도 방향, $\{V\}$, $\{F\}$, $\{T\}$는 경계력(boundary force)이다. $\{V\} = [C](\{\dot{u}\} - \{\dot{u}\}_f)/L$이며 모델평면 앞뒤(지면에 수직한 방향) 점성경계로부터 야기되는 힘이다. L은 모델 두께, $[C]$는 자유지반(free field)성격에 따라 정해지는 감쇠(dash-pot) 단순 대각선 행렬, $\{\dot{u}\}_f$는 자유지반(free field) 속도이다. $\{F\}$는 모델의 지반 단부에 작용하는 힘(free field에서 수직방향성분은 거의 없다)으로 $\{F\} = [G]\{u\}_f$, $[G]$는 free field에서 복소강성으로 구성된 주파수 독립 단순 강성행렬이다. $\{T\}$는 전달경계력으로 $\{T\} = ([R] + L)(\{u\} - \{u\}_f)$와 같이 표현된다. 여기서 $[R]$, $[L]$은 각각 양단의 주파수 종속 경계면 강성행렬(Lysmer and Drake(1972), Wass(1972))이다. 이들 행렬이 모델의 양단에서 전달경계로 인한 동적영향을 나타내는 행렬이다.

운동방정식은 복소응답법(complex response method)으로 풀 수 있다. Fourier Series의 주요 항만 취하여(truncated Fourier Series) 지반진동을 주파수영역으로 변환하면 $\ddot{Y}_s$를 얻을 수 있으므로

$$\ddot{y}(t) = Re\sum_{s=0}^{N/2} \ddot{Y}_s \exp(i\omega t) \tag{3.187}$$

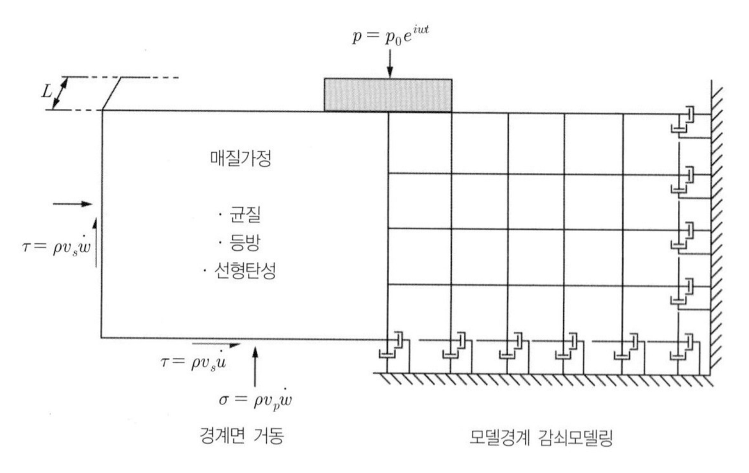

그림 3.98 3차원 슬라이스 주파수영역 해석모델

N은 디지타이즈된 입력운동 점의 수(진동수 성분)이며 'Re'는 실수(real number) 영역을 의미한다. 응답과 자유장 변위 또한 다음과 같이 Fourier Series로 나타낼 수 있다.

$$\{u\} = Re\sum_{s=0}^{N/2}\{U\}_s \exp(i\omega_s t) \tag{3.188}$$

$$\{u\}_f = Re\sum_{s=0}^{N/2}\{U_f\}_s \exp(i\omega_s t) \tag{3.189}$$

진폭 $\ddot{Y}_s$와 $\{U_f\}_s$ 는 FFT (Fast Fourier Transformation)를 통해 쉽게 얻을 수 있다. 위 식들을 운동방정식에 대입하면 각 주파수 ω_s에 대하여 $\{U\}_s$를 구하는 다음과 같은 선형 방정식을 얻을 수 있다.

$$\left([K]+[R]_s+[L]_s+\frac{i\omega_s}{L}[C]-\omega_s^2[M]\right)\{U\}_s=-\{m\}\ddot{Y}_s+\left([G]+[R]_s+[L]_s+\frac{i\omega_s}{L}[C]\right)\{U_f\}_s \tag{3.190}$$

위 식은 다음과 같이 단순한 형태로 표시할 수 있다.

$$[K]_s\{U\}_s=\{P\}_s\ddot{Y}_s \tag{3.191}$$

$$[K]_s=\left([K]+[R]_s+[L]_s+\frac{i\omega_s}{L}[C]-\omega_s^2[M]\right) \tag{3.192}$$

$$\{P\}_s=\left([G]+[R]_s+[L]_s+\frac{i\omega_s}{L}[C]\right)\{A_f\}_s+\{m\} \tag{3.193}$$

$\{U\}_s = \{A\}_s \ \ddot{Y}_s$이고, $\ddot{Y}_s = 1$이면(이때 $\{A\}_s$를 증폭함수(amplification function)라 정의한다.

$$[K]_s\{A\}_s = \{P\}_s \tag{3.194}$$

위 식은 가우스 소거법을 이용하여 간단히 풀 수 있다. 변위는 식 (3.188)을 이용, 역 FFT로 구할 수 있다. 그림 3.99는 풀이절차를 예시한 것이다.

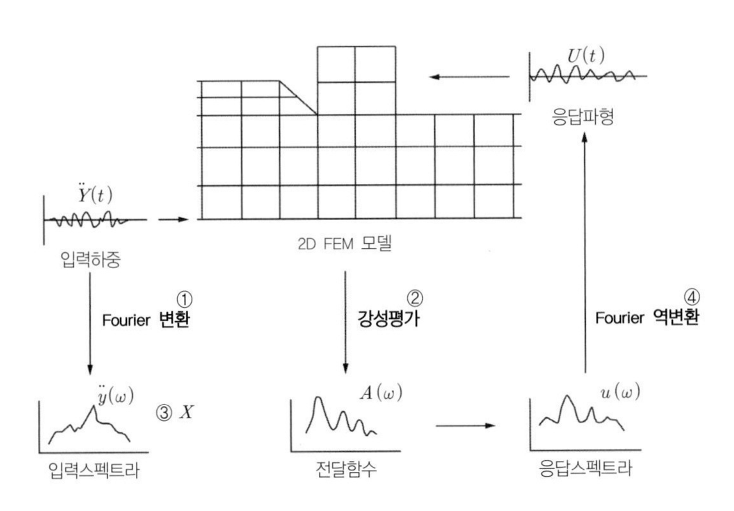

그림 3.99 복소 응답해석 예

주파수영역 해석에서는 복소 강성을 이용하여 재료감쇠를 $[K]$에 포함가능하다. 복소 전단강성을 이용한다. β는 감쇠비이다.

$$G^* = G(1 - 2\beta^2 + 2i\beta\sqrt{1-\beta^2}) \approx G\exp(2i\beta) \tag{3.195}$$

자유지반(free field) 거동은 $\{U_f\}_s = \{A_f\}_s \ \ddot{Y}_s$, $s = 0, 1, 2, 3, \ldots\ N/2$이다. 따라서 변위는 다음과 같이 얻어진다.

$$\{u\} = Re\sum_{s=0}^{N/2}\{A\}_s \ \ddot{Y}_f \exp(i\omega_s t) \tag{3.196}$$

3.6.5 역해석

역해석(back analysis)은 모니터링 결과를 이용하여 모델링 파라미터 및 수치해석모델의 적정성을 평가하는 데 유용하여, 연구목적으로도 많이 활용된다. 하지만 **역해석은 다수의 해가 있는 문제에서 全영역에 대한 최적해가 아닌 국부적인 해만 줄 수 있다**. 즉, 한 지점에서 역해석을 통해 얻은 설계변수 값을 술영역에 적용할 경우, 상당한 오차가 발생할 수 있으므로 가능한 많은 지점에서 측정한 자료를 종합적으로 분석하여 적용하는 것이 적절하다.

역해석은 모델의 검증과 연구, 그리고 조사가 불충분했던 문제에도 유용하게 활용될 수 있다. 역해석을 통해, 적용 수치모델이 실제 지반거동을 재현하는 데 사용 가능한지 확인할 수 있고, 보완개선할 수 있다.

역해석의 기본원리

정(순)해석(forward analysis, direct analysis)이 설정된 초기조건, 지반물성을 기초로 외부하중 등에 의한 변위, 응력, 혹은 변형률을 구하는 것인 반면, **역해석(back analysis)은 측정된 변위, 응력, 혹은 변형률로부터 초기응력, 지반물성 및 경계조건 등을 알아내는 해석을 말한다**(그림 3.100).

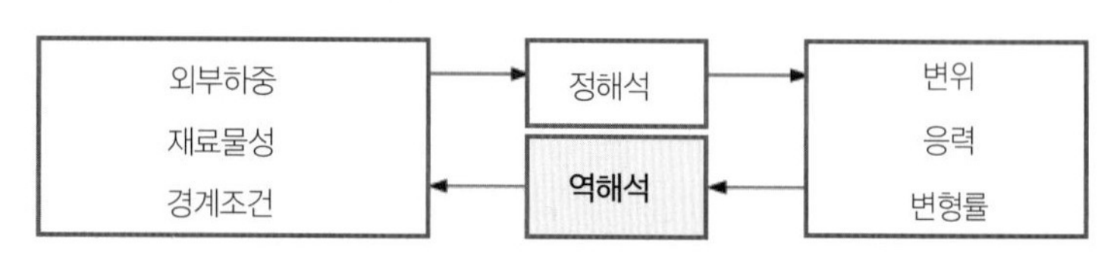

그림 3.100 정(순)해석과 역해석의 관계

결국, 수치해석결과가 현장 계측결과에 일치하도록 수치해석모형의 미지 매개변수를 구하는 과정을 역해석이라 할 수 있다. 일반적으로 역해석은 두 단계로 진행된다. 첫 단계는 문제의 응력, 변형율과 변위분포를 결정하기 위한 응력해석이며, 두 번째 단계는 현장에서 측정된 값과 응력해석으로부터 얻어진 값의 차이를 오차로 보고 이 비선형 오차함수를 최소화시키는 최적화 단계이다.

역해석은 크게 확률론적인 방법과 확정론적인 접근법이 있다. 확률론적인 방법은 칼만필터(Kalmanfilter) 이론에 근거하여 구하고자 하는 파라미터를 가정한 확률분포 형태로 구한다.

역해석 방법은 개략적으로 역산법(inverse method), 직접법(direct method) 2가지로 구분할 수 있다. 역해석은 별도의 역해석 전용프로그램을 사용하거나, 기존 정해석 프로그램을 활용할 수 있다. 정해석 프로그램을 이용하면 시행착오법(trial and error method)으로 해를 구할 수 있다. 하지만 시행착오로 정해를 찾아가는 방법은 많은 시간과 노력이 소요된다.

역산법(inverse method)

역산법은 변위 등 계측치가 있을 경우 정해석 지배방정식을 역으로 전개하여 대상 지반에 대한 설계 파라미터를 구하는 방법이다. **탄성문제에만 적용 가능하고 비선형이나 점탄성 문제에 적용할 수 없다.**

역산법을 이용한 강도정수의 산정 예(back analysis of elastic constants). 이 방법은 Kavanagh와 Clough가 구조 문제에서 탄성계수의 역해석을 위해 제시한 유한요소접근법에 기초하고 있으며, 최소자승법을 사용하여 미지 매개변수의 최적값을 구한다(그림 3.101).

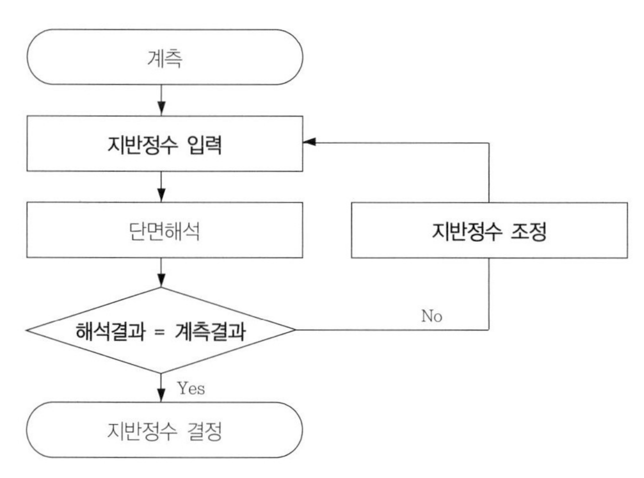

그림 3.101 물성에 대한 역산법 절차

역산법 역해석에서 구하고자하는 역학적 변수가 선형정수(상수)이더라도, 대상 지반문제가 여러 재료로 구성되어 있고 두 개 이상의 정수를 구하여야 하므로, 역해석 과정을 푸는 방정식은 비선형으로 나타난다. 역산법은 각 유한요소의 강성행렬 $\underline{K}^e$와 미지 매개변수와의 관계를 선형으로 가정한다. 등방탄성 재료의 경우에는 임의 두 탄성 파라미터, 예로 영계수(Young's modulus)와 포아슨비(Poisson ratio)를 미지수로 택할 수 있다. 체적탄성계수 B와 전단탄성계수 G가 미지수로 설정된 경우 요소의 강성행렬을 다음과 같이 나타낼 수 있다.

$$\underline{K}^e = B\,\underline{K}^e_B + G\,\underline{K}^e_G \tag{3.197}$$

식 (3.197)의 우항에 위치한 두 행렬은 각각 요소(e)에서의 체적과 강성 성분을 나타낸다. 위식에 매개변수를 도입하여 일반화하면, 조합된 유한요소방정식에서의 강성 행렬 $\underline{K}$는 다음과 같이 나타낼 수 있다.

$$\underline{K} = \sum_{i=1}^{2n} p_i\,\underline{K}_i \tag{3.198}$$

여기서, n : 성질이 다른 재료의 개수($2n$: 미지선형매개변수의 수), $\underline{K}_i$: 1이 되는 i번째 매개변수를 제외한 모든 계수를 '0'으로 설정하였을 때 얻어지는 조합된 강성행렬, p : 매개변수.

실제 시스템에서 m 개의 점 변형성분을 현장에서 측정하였다면, 유한요소방정식은 다음과 같이 분할하여 쓸 수 있다.

$$\begin{bmatrix} \underline{K}_{11} & \underline{K}_{12} \\ \underline{K}_{21} & \underline{K}_{22} \end{bmatrix} \begin{Bmatrix} \underline{u}_1^* \\ \underline{u}_2 \end{Bmatrix} = \begin{Bmatrix} \underline{f}_1 \\ \underline{f}_2 \end{Bmatrix} \tag{3.199}$$

여기서, 벡터 u_1^*=측정된 모든 변위 집합, $\underline{f}_1$, $\underline{f}_2$=알고 있는 절점하중 벡터. 이를 풀어쓰면

$$\underline{u}_2 = \underline{K}_{22}^{-1} (\underline{f}_2 - \underline{K}_{21} \underline{u}_1^*) \tag{3.200}$$

$$(\underline{K}_{11} + \underline{Q} \, \underline{K}_{21}) \, \underline{u}_1^* = \underline{f}_1 - \underline{Q} \, \underline{f}_2 \tag{3.201}$$

여기서, $\underline{Q} = \underline{K}_{12} \cdot \underline{K}_{22}^{-1}$ 이다.

식 (3.201)을 식 (3.198)에 대입하여 정리하면 다음과 같은 식으로 나타낼 수 있다.

$$\sum_{i=1}^{2n} p_i \, \underline{r}_i = \underline{f}_1 - \underline{Q} \, \underline{f}_2 \tag{3.202}$$

$$\underline{r}_i = (\underline{K}_{11,i} - \underline{Q} \, \underline{K}_{21,i}) \, \underline{u}_1^* \tag{3.203}$$

식 (3.203)의 강성행렬은 앞의 식 (3.199)에 적용되었던 기준을 적용하여 행렬 $\underline{K}_i$를 분할하여 얻을 수 있다. $2n$ 벡터 $\underline{p}$에서 미지 탄성매개변수를 그룹으로 모으고 $m \times 2n$ 행렬 $\underline{R}$에서 벡터 $\underline{r}_i$를 그룹으로 모으면 다음과 같다.

$$\underline{R} = [\underline{r}_i | \underline{r}_2 | \cdots | \underline{r}_{2n}] \tag{3.204}$$

식 (3.202)에서 다음 관계를 얻을 수 있다.

$$\underline{R} \, \underline{p} = \underline{f}_1 - \underline{Q} \, \underline{f}_2 \tag{3.205}$$

식 (3.205)는 방정식의 수가 미지 탄성매개변수보다 많거나 같을 때 얻어진다. 이 '양에 관한' 조건은 역해석에서 의미 있는 해법을 얻는 데 필수적이지만 충분하지 않음을 주의해야 한다.

측정된 변위의 수가 미지 선형상수의 수보다 많다고 가정할 때, 식 (3.205)에 최소자승법을 적용하여 다음과 같은 비선형방정식 행렬식을 유도할 수 있다.

$$\underline{R}^T \underline{R} \, \underline{p} = \underline{R}^T (\underline{f}_1 - \underline{Q} \, \underline{f}_2) \tag{3.206}$$

이 행렬 방정식의 해법은 상호절차를 통하여 구하여진다. 각 반복단계마다 조합된 강성행렬인 $\underline{K}_{22}$의 역행렬을 필요로 하며 이는 반복해석의 최종단계에서 얻어지는 벡터 $\underline{p}$에 의해 산정된다.

직접법(direct method)

직접법은 응답변수인 변위, 응력 등의 계측결과와 해석결과를 비교하여 그 차이가 정해진 범위에 들 때까지 수치해석을 이용한 반복계산을 통하여 역해석 대상인 미지 매개변수를 구하는 방법이다. 이 방법은 정해석 과정과 계측결과와 해석결과의 차이인 오차함수를 최소화하는 과정을 포함하며 설계변수의 오차가 허용범위에 수렴할 때까지 반복 계산한다. 기존의 정해석 프로그램을 수정하여 사용할 수 있는 반면, 계산시간이 역산법에 비교하여 길다는 단점이 있다. 비선형 등 다양한 문제에 적용할 수 있다.

계측결과와 해석결과 사이의 차이는 다음과 같이 오차함수 ε로 정의할 수 있다.

$$\varepsilon = \sum_{i=1}^{m}(u_i - u_i^*)^2 \leq \xi \tag{3.207}$$

여기서, u_i^*= i번째 실측값, u_i=계산값, m=계측점의 수, ξ=허용범위이다. 식 (3.207)의 오차함수는 다음과 같이 다시 쓸 수 있다.

$$\varepsilon = \sum_{i=1}^{m}(d_i)^2 = \left\{(d_i)^2 + (d_i)^2 + \cdots + (d_i)^2\right\} \leq \xi \tag{3.208}$$

여기서, $d_i = u_i - u_i^*$이다. 식 (3.208)의 오차함수가 허용범위로 수렴하기 위해서는 d_i의 크기가 0으로 수렴해야하는 다음의 필요충분조건을 만족하여야 한다.

$$\varepsilon \leq \xi, \text{ if } d_i \approx 0 \text{ for } i = 1, \cdots, m \tag{3.209}$$

따라서, 식 (3.208)과 같이 오차함수가 허용범위로 수렴하여 d_i의 크기가 '0'에 가까워진다는 것은 각 계측지점의 계측값과 계산값이 거의 일치하게 된다는 것이므로, 이때의 매개변수가 최적해가 되는 것이다. 그림 3.102는 직접법의 절차를 예시한 것이다.

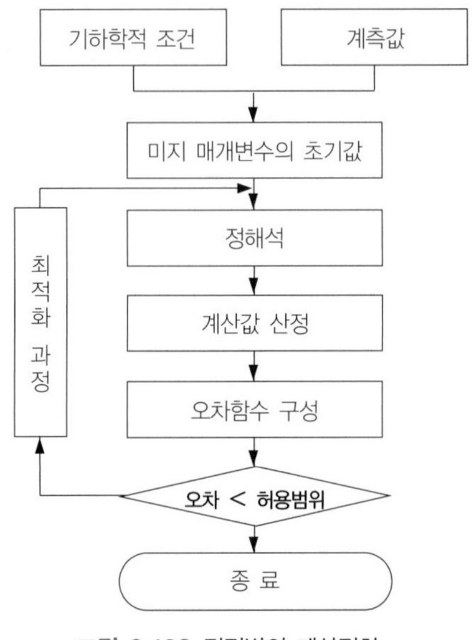

그림 3.102 직접법의 계산절차

일반적으로 식 (3.207)로 정의되는 오차는 미지매개변수의 복잡한 비선형함수이다. 최적화 기법은 어느 특정함수의 최소 또는 최대가 되기 위한 독립변수의 조건을 찾는 기법으로서 x^*가 아는 값일 때 목적함수 F는 다음과 같은 조건을 만족하여야 한다.

$$\frac{\partial F}{\partial x_i}|x_i = x^*, \ \frac{\partial^2 F}{\partial x_i^2}|x_i = x^* \ \geq 0 \tag{3.210}$$

여기서 목적함수를 다음식과 같이 구조물의 변형과 해석결과와 차의 제곱을 합한 것으로 정의하면, 최적화 기법을 이용하여 목적함수가 최소가 되는 조건을 찾을 수 있다.

$$F = \sum_{i=0}^{m+1} [u_i - F(E, \nu, c', \phi')]^2 \tag{3.211}$$

여기에 주로 사용되는 최적화과정은 Simplex(Flexible polyhedron) Method, Rosenbrok's algorithm, Powell method 등이 있다.

FSAFEM

축대칭 2차원 해석은 기하학적 형상, 하중, 재료특성, 경계조건이 모두 축대칭조건을 만족하는 경우에만 적용할 수 있다. 축대칭이 아닌 변량을 Fourier Series를 이용하여 조화함수로 표현할 수 있다면 축대칭 문제로 해석할 수 있는데 이를 FSAFEM(Fourier Series Aided FEM)이라 한다. 변위 u를 퓨리에 전개로 표시하면 조화함수의 반경방향, 수직방향, 원주방향에 대하여 각각 u',v',w'와 u'',v'',w''를 정의할 수 있다.

$$u = u^0 + u_1^{'}\cos\theta + u_1^{''}\sin\theta + u_2^{'}\cos2\theta + u_2^{''}\sin2\theta + ... + u_l^{'}\cos l\theta + u_l^{''}\sin l\theta \qquad (3.212)$$

여기서 $u^0, u_1^{'}, u_1^{''}$ ...는 변수 u(반경방향, 수직방향, 원주방향)에 대한 Harmonic Coefficients이다. 유한요소 해석에서 변위장은 절점변위와 형상함수(N_i)로 나타낼 수 있으므로 유한요소 근사화식은 다음과 같이 표현된다.

$$u = \sum_{i=1}^{n} N_i \left(\sum_{l=0}^{L} u_i^{'l}\cos l\theta + u_i^{''l}\sin l\theta \right) \qquad (3.213)$$

또한, 재료물성으로 정의되는 구성방정식의 변화도 Fourier 전개를 통해 나타낼 수 있다.

$$[D] = [D^0] + [D_1^{'}]\cos\theta + [D_1^{''}]\sin\theta + ...[D_l^{'}]\cos l\theta + [D_l^{''}]\sin l\theta \qquad (3.214)$$

식 (3.213), 식 (3.214)를 이용하고, 작용하중의 Fourier 전개를 종합하면 Fourier 계수를 미지수로 하는 유한요소방정식을 얻을 수 있다. 방정식을 Fourier 계수에 대하여 풀어서 이를 절점변위 u_i로 변환하면 해가 얻어진다.

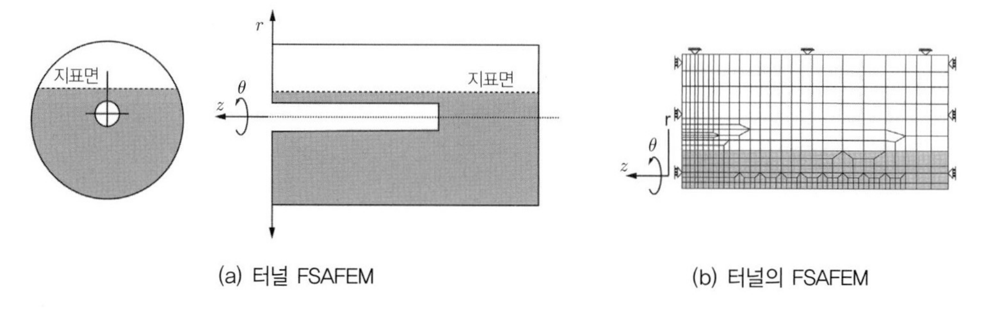

(a) 터널 FSAFEM (b) 터널의 FSAFEM

그림 3.103 터널굴착의 FSAFEM 모델링(물성의 불연속적 변화를 Fourier series로 고려)

FSAFEM은 기하학적 형상은 축대칭이지만, 하중과 물성이 축대칭조건이 아닌 경우의 3차원 해석에 유용하다. 따라서 지반문제 중 파일, 깊은 터널 등의 문제에 적용가능하다. 그림 3.103은 이 방법을 비축대칭 문제인 얕은 터널문제에 적용한 예를 보인 것이다(Shin, 2002).

3.7 주요 지반구조물의 수치해석 모델링

3.7.1 지반공학적 모델링

지반공학에서 다루는 기초, 흙막이, 댐, 터널, 사면 등의 지반구조물은 각기 다른 부지, 지반, 형상 그리고 건설과정의 차이로 인해 수치해석 시 구조물마다 나름의 특별한 모델링과 지반공학적 모델링이 필요하다. 일반적으로 모델링 시 고려하여야할 사항은 다음과 같다.

① 모델영역의 선정. 모델경계는 작용(건설행위)의 영향이 미치지 않는 범위까지 포함하여야 한다. 이는 지반종류, 지하수 조건, 지형 등의 요인에 따라 달라질 수 있다. 일반적으로 모델저면(바닥) 경계의 경우 지반강성이 심도와 함께 증가하므로 경계조건이 해석에 미치는 영향이 크지 않으며, 반면 모델의 측면경계는 이에 미치는 결과 영향이 크다. 구성모델의 선택에 따라서도 경계영향이 달라진다.

② 모델차원의 결정(2D-평면변형, 2D-축대칭 또는 3D). 역학성 일치성이 유지되는 한 가급적 단순한 모델이 바람직하다. 평면변형이나 축대칭조건인 경우에 한해서 2D 모델링이 가능하다. 평면변형은 동일단면이 충분한 길이로 연속됨을 전제로 하므로 요소의 설치와 제거도 동일단면에 걸쳐 동시에 일어남을 의미한다.

대칭성을 고려하면 계산량이 반 이상으로 줄어들므로 이를 최대한 이용하는 것이 바람직하다. 축대칭문제는 하중과 물성도 축대칭이어야 한다(FSAFEM을 이용하면 축대칭이 아닌 하중과 물성변화를 고려한 3D 해석이 가능하다). 2D 모델링가정이 성립하지 않는 경우 3D 모델링을 고려하여야 한다.

③ 요소와 절점. 요소의 선택은 대상문제의 기하학적 형상, 모델차원, 정확도 등을 고려하여 결정한다. 일반적으로 8절점 사각형요소가 지반거동을 표현하는 데 유리하다고 알려져 있으나 모델의 형상이 단순한 경우에 타당하다. 간극수압은 곡선변화거동이 아니므로 선형변화로 고려하기 위해 모서리 절점에서만 고려한다.

④ 구성모델과 입력파라미터. 지반구성모델은 실제 지반거동을 사실적으로 표현할 수 있어야 한다. 구성모델과 관련하여 다음 사항들이 고려되어야 한다.

- 입력파라미터는 대상문제의 주된 응력경로와 동일한 응력경로 시험으로 결정한 값을 사용하여야 해석의 정확도가 높아진다.
- 많은 경우 등방 선형탄성해석을 수행하는데, 이는 실제 지반거동과 많은 차이가 있어 잘못된 결과를 초래할 수 있다.
- 선형탄성–완전소성모델은 지반의 인장응력한도를 설정할 수 있고, 발생할 수 있는 응력의 크기를 제한할 수 있다. 하지만 지반과 구조물이 접하는 경계면의 거동예측은 정확치 않다.
- 비선형탄성–완전소성 또는 응력 경화/연화 모델은 구조물 주변거동예측에 좋은 결과를 준다. 일반적으로 미소변형률의 비선형탄성모델과 소성거동모델을 사용하는 것이 좋다. 전자는 실제 변위의 크기 예측정확도에 영향을 미치고 후자는 응력의 크기를 규정하는 기능을 한다. 거동을 비교할 때는 크기뿐 아니라 전반적 변형도 중요하다.

- 구조요소를 모델링하는 경우 흔히 인장저항도 가능한 선형탄성 재료를 가정한다. 대개의 경우 이 가정은 적절하다. 다만 무근 콘크리트 같은 구조요소의 경우 인장력의 한계를 두어야 한다.

⑤ 지반-구조물 상호작용의 고려. 많은 지반문제가 흙막이, 앵커, 기초 슬라브(slab), 인장말뚝과 같은 구조부재를 포함한다. 구조부재는 지반과 같이 연속적인 경우가 많지 않으므로 지반-구조물 문제를 2차원 평면변형문제로 모델링하는 경우 주의가 필요하다. 이론적으로 이들 구조물을 2차원 연속체로 모델링하는 것은 가능하나 이는 상당한 단순화를 의미한다. 대부분의 상황에서 **구조물의 치수는 대상문제 전체규모에 비해 아주 작은 부분**이며, 따라서 이를 있는 그대로 모델링하면 요소 크기가 작아져 전체 해석요소수가 아주 많아지는 문제가 있다.

지반-구조물 복합문제의 경우 구조재에서 발생하는 상세응력분포보다는 모멘트나 축력 또는 전단력의 평균분포가 주된 관심사이다. 이러한 이유 때문에 구조재는 통상 치수가 0인(폭=0) 보, 즉 휨모멘트, 축력 및 전단력을 받는 요소로 고려한다. 또한 **지반과 구조물 경계인 인터페이스거동이 적절히 고려되어야 한다.**

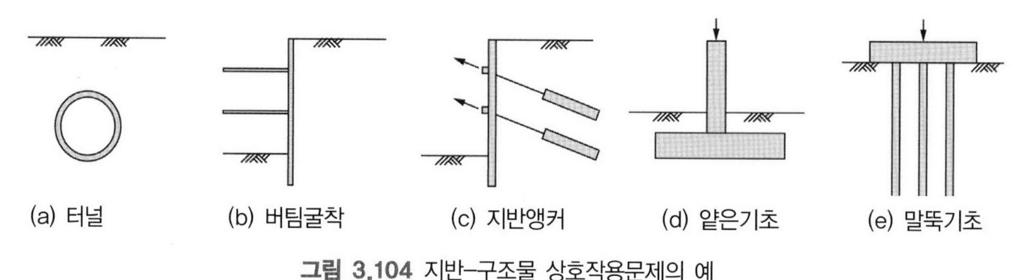

그림 3.104 지반–구조물 상호작용문제의 예

⑥ 배수조건과 지하수 작용. 재하속도와 지반투수성을 고려하여 전응력 또는 '유효응력 해석 여부를 결정하여야 한다. 해석조건에 따른 입력 파라미터를 사용한다. 건설 또는 운영 중 지하수 모델링은 중요한 고려사항이다. 지반공사는 일반적으로 배수를 필요로 한다. 펌핑 또는 배수 시스템을 설치하여 간극수압변화를 최소화하거나 구조물에 작용하는 수압하중을 줄이게 된다. 수치해석 시 이러한 수리경계조건을 적절히 고려하여야 한다. 압축성지반의 시간에 따른 거동을 파악하기 위해서는 변위-수압 결합유한요소해석을 수행하여야 한다.

⑦ 초기응력조건. 건설작업 시행 전 원지반을 '자연지반(green field) 조건'이라 하며, 이때의 응력상태가 초기조건에 해당된다. 기초, 흙막이 구조물, 터널 등의 존재는 지반응력 상태를 변화시킨다. 구조물이 있는 경우 기존건물 건설과정부터 고려하여야 현재상태의 응력이력을 재현할 수 있다.

⑧ 장기거동의 고려. 장기거동은 일반적으로 수리거동에 의해 일어난다. 시간에 따른 장기거동은 결합해석을 통해 조사할 수 있다. 일반적으로 건설 중에는 배수를 허용(경계부 수압=0)한다. 구조물이 완공된 후 경계면이 배수흐름제로($q=0$) 조건으로 바뀌면, 점토지반에서는 팽창거동(swelling)이 일어난

다(balloon effect). 이 과정에서 구조물의 응력부담이 늘어날 수 있다.

3.7.2 기초(foundations)

기초의 수치해석은 재하시험을 실대형 기초로 재현하는 '수치모형시험' 개념으로 재현할 수 있다. 기초의 형식과 조건에 따라서 모델링 방법이 다르다.

얕은기초

기초는 형상과 대칭성을 고려하여 모델링 방식을 결정하여야 한다. 기초단면이 같은 형상으로 충분히 긴 경우 대상기초로서 2D 평면변형 모델링이 가능하다. 원형기초의 경우 수직하중만 작용한다면 축대칭 모델링을 적용할 수 있다. 이 두 조건에 해당하지 않으면 3D 모델링을 고려하여야 한다. 기초 모델링 시 중요 고려 사항은 근입깊이, 지반 구성방정식, 기초와 지반경계거동의 표현, 기초 저면의 조도, 강성 등이다.

휨(연)성기초. 기초가 휨성이면, 접지압이 균일하게 분포한다고 가정할 수 있다. **휨성기초는 하중제어(load control)기법으로 해석**하여야 하며, 그림 3.105와 같이 기초에 등분포하중 ΔF_y를 가하는 증분해석(incremental analysis)을 수행한다. 거친 기초와 매끈한 기초를 경계조건을 이용하여 수학적으로 표현할 수 있다. **매끈한 저면의 경우 $\Delta F_x = 0$, 거친 저면의 경우 $\Delta u = 0$ 경계조건을 적용한다.**

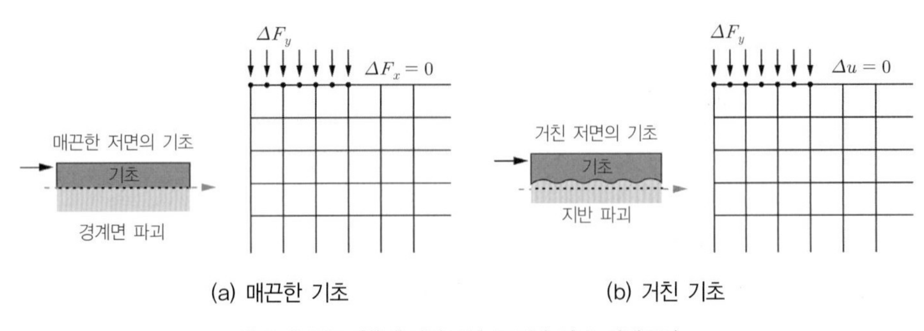

그림 3.105 휨(연)성기초의 조도에 따른 경계조건

강성기초. 강성기초의 경우 기초의 강성이 크므로 변형이 무시할 만하고 저면의 변형이 동일하다고 할 수 있다. 따라서 이 경우는 **변위제어(displacement control)기법의 해석이** 유용하다. 강성기초는 절점동일거동(tied degree of freedom, TDOF) 옵션(조건)을 이용하여 모델링할 수 있다. 기초저면 절점의 변위의 크기는 모르지만 거동의 크기가 동일하도록 묶는 방법이다.

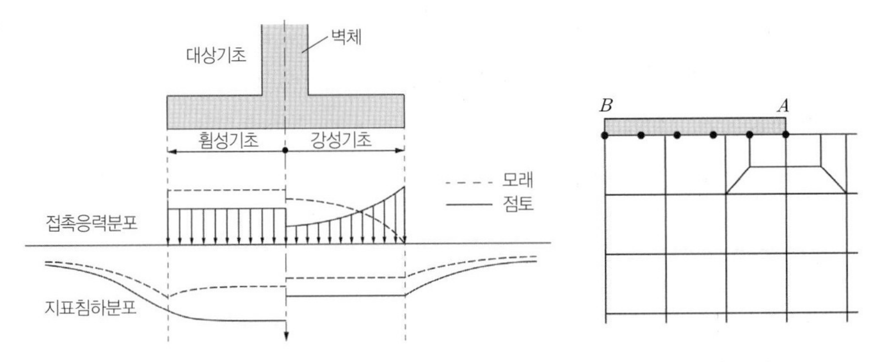

그림 3.106 강성기초의 모델(•: 동일수직변위로 묶는 옵션 부여)

일례로 그림 3.106의 강성기초 중앙 B점에 하중 P가 작용하는 문제를 보자. AB구간 수평하중은 $\Delta F_x = 0$, 그 외 구간은 $\Delta F_x = \Delta F_y = 0$이다. 강체기초이므로 AB구간의 수직변위의 크기는 같을 것이다. 이 조건은 경계 AB를 따른 각 절점의 수직자유도에 단일 자유도를 부여함으로써 설정할 수 있다. 즉, AB구간의 각 절점수직변위를 1개의 자유도로 묶는 것은 미지수를 감소시키므로 전체강성행렬의 구조를 변화시킨다.

기초와 지반의 상대거동의 모델링. 저면의 조도(roughness)는 기초와 지반의 상호거동에 영향을 미친다. 조도의 영향은 그림 3.107과 같이 기초와 지반 사이에 경계요소를 도입함으로써 고려할 수 있다. 조도는 경계요소의 강성 크기로 표현할 수 있다. 필요시 인장한도를 두어야 한다.

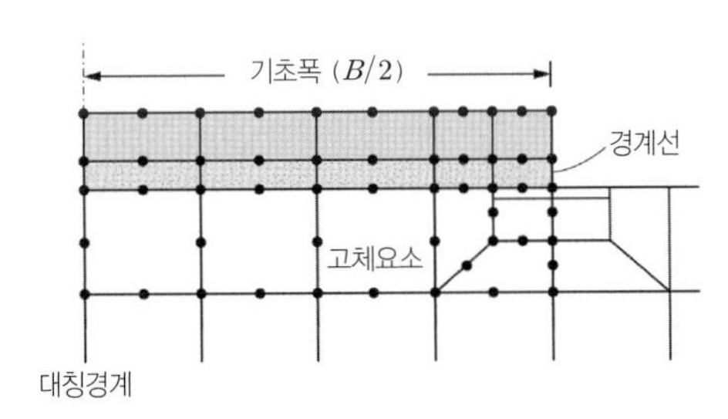

근입깊이가 '0'인 경우

그림 3.107 기초저면의 경계요소 도입 예

깊은기초

깊은기초에는 말뚝, 케이슨, 버킷(bucket)기초 등이 있다. 여기서는 모델의 대칭성 및 복잡성을 고려할 때 비교적 단순한 말뚝(pile)에 대하여 살펴보자.

단일말뚝(single pile). 수직하중을 받는 단일 말뚝은 축대칭 모델링이 가능하다(만일 수직하중이 아니라면 FSAFEM을 이용한 축대칭해석이 가능하다). 말뚝과 지반경계면의 상대거동은 필요한 경우 인터페이스 요소를 도입하여 고려할 수 있다.

일반적으로 경계요소의 사용 여부에 따라 하중-변위 곡선의 기울기는 큰 차이를 보인다. 하지만 변위의 큰 차이에 비해 지지력의 차이는 거의 없다. 실제로 지반-구조물 경계의 강성결정이 용이하지 않으므로, 지지력 예측에 비중을 두어 큰 강성 값을 사용하는 것(결합모델)이 일반적이다.

축하중을 받는 단일 말뚝을 모델링할 때 경계면에 얇은 고체요소를 두거나 인터페이스 요소를 두어 경계면의 상대거동을 고려할 수 있다. 고체요소를 사용하는 경우 두께가 충분히 얇지 않으면 주면마찰력을 과대평가할 수 있다. 경계요소의 경우 수직 및 수평강성을 선택할 때 주의가 필요하다. 강성비가 너무 크면 수치에러가 일어날 수 있으며, 너무 작으면 파일거동에 영향을 미친다.

인접한 요소와 강성차가 현저한 경우 경계요소를 사용하면 수치불안정(ill-conditioning)이 발생한다. 일반적으로 **경계요소의 수직강성 K_n, 전단강성 K_s가 인접요소의 강성(E)보다 100배 이상이 되면 수치불안정(ill-conditioning)이 야기될 수 있다.** 이 경우 전체강성행렬의 대각선에서 멀리 떨어진 위치에 영이 아닌 항들이 나타난다. 수치해석적 불안정이 일어나면 해석결과가 일정한 경향을 나타내지 않으며, 결과적으로 정확도가 떨어진다.

2D해석에서 두께 t인 얇은 경계(interface)의 강성과 포아슨비가 각각 E_i, ν_i인 경우 등가 수직 및 전단강성은 다음과 같이 표현된다(Day and potts, 1994).

$$K_{in} = \frac{E_i}{t(1-\nu_i^2)} \quad K_{is} = \frac{E_i}{2t(1+\nu_i)} \tag{3.215}$$

$K_{in} = K_{is}$이면 $(1-\nu_i^2) = 2(1+\nu_i)$가 되어 $\nu_i = -1$이 된다. $\nu_i = -1$이면 K_{in}과 K_{is}가 부정(infinite)이 된다. 이런 문제를 피하기 위하여 포아슨비 $\nu_i = 0$로 둘 수 있다. 수치불안정 문제는 대상문제마다 달라질 수 있으며, 총 요소 수를 그대로 두더라도 경계요소에 접하는 요소의 크기를 줄이면, 수치불안정을 개선하는 효과가 있다.

수평하중이 작용하는 말뚝을 해석하는 경우 말뚝이 배면에서 지반과 분리(gap)되는 현상을 고려하여야 한다. 이런 현상이 예견되면 인장응력에 저항하지 않도록 하는 경계요소를 도입하여야 한다. 지반의 팽창거동은 말뚝거동에 상당한 영향을 미친다(Box에 예시). 따라서 구성방정식을 선정할 때 지반물성과 거동특성에 대한 사전조사가 필요하다.

무리말뚝의 2D 모델링. 무리 말뚝은 단일 말뚝의 반복이므로 2D 모델링이 가능한 경우가 많다. 다만, 그림 3.110과 같이 **등가의 연속된 판상(sheet)구조물로 가정된다**. 축강성 및 휨강성을 충분히 크게 적용하면, 흙이 말뚝 사이를 이동하는 변형이 일어나지 않음을 가정하는 것이다.

수치해석에 의한 기초 지지력 산정

전통적인 설계체계에 비추어 수치해석은 사용성, 즉 변형을 따지는 문제는 쉽게 충족시킬 수 있다. 그러나 안전율은 한계평형법으로 정의된 것이므로 수치해석으로 안전율을 구하기 위해서는 특별한 수치해석적 고려가 필요하다.

수치해석으로 기초 지지력을 구하는 문제는 지반거동의 현상과 원리를 응용하여 접근할 수 있다. 가장 쉽게 생각할 수 있는 방법은 수치해석을 이용하여 실제 기초에 대한 재하시험을 모사하는 것이다. 그림 3.108과 같이 기초모델을 작성하고 재하하중을 점차 증가시켜 가면서 해석을 수행하여 하중–침하곡선을 얻을 수 있고 이로부터 한계하중, 즉 지지력을 산정할 수 있다. 이때 기초의 침하도 함께 얻어진다.

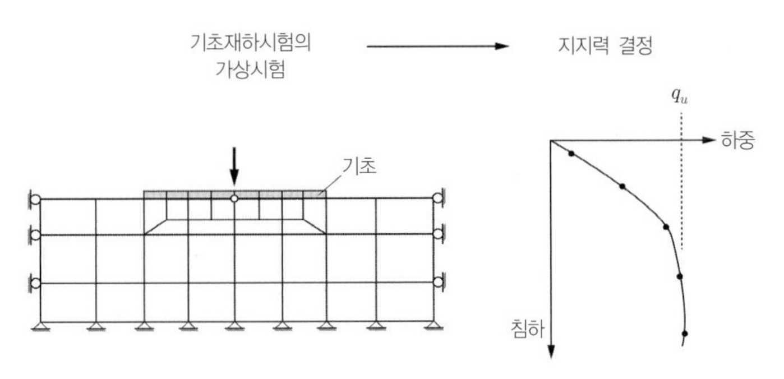

그림 3.108 수치해석에 의한 기초의 하중–침하곡선

수치해석결과에 따르면 침하–하중관계는 저면의 조도의 영향이 중요하다. 그림 3.109는 조도와 지반재료의 팽창각의 영향을 고려한 해석결과를 보인 것이다. 조도가 지지력에 미치는 영향이 현저함을 보였다.

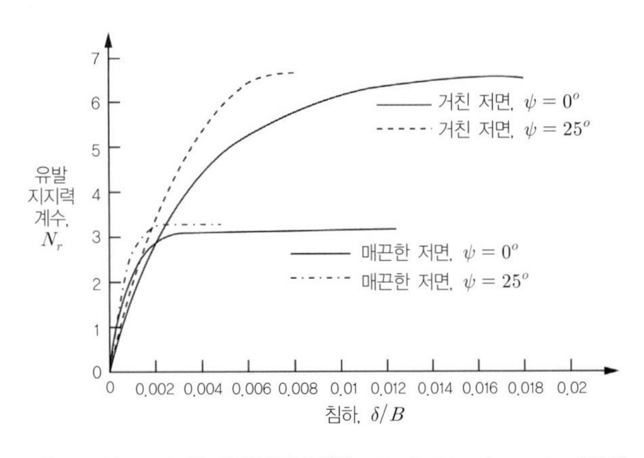

그림 3.109 조도 및 팽창각의 영향(Potts & Zdravkocevic, 1999)

NB: 수치모형시험(3.9.3절 참조), 조도모델링은 3.7.2절 참조

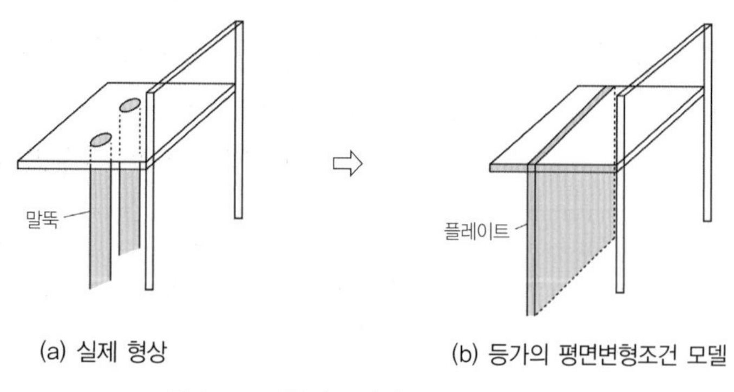

그림 3.110 말뚝의 모델링 예: 보 또는 고체요소

일반적으로 굴착면 아래 흙의 횡방향 거동이 구속되므로 말뚝의 횡방향 강성을 작게하여 말뚝 사이의 흙의 이동을 허용하는 것이 보다 실제적이다. 즉, 경우에 따라 말뚝을 보 요소보다는 스프링 요소나 멤브레인 요소로 표현하는 것이 보다 적절할 수 있다. 만일 선형탄성 스프링 요소로 슬라브 절점과 말뚝 선단만을 연결하는 말뚝으로 나타내었다면, 이는 **주면 마찰을 무시하고 선단 지지만을 고려한 것**이 된다. 말뚝을 멤브레인 혹은 보요소로 나타내었다면 말뚝의 주면을 흙과 연결시켜 제한된 범위의 주면저항력을 고려할 수 있다. 평면변형해석에서 요소의 두께를 '0'으로 보는 경우 선단저항은 한 개 절점에 집중되는 문제가 있는데 이것이 선단지지모델링의 한계라 할 수 있다.

3.7.3 깊은 굴착과 버팀흙막이

흙막이 구조물에는 중력식 옹벽(중력식, 반중력식, 캔틸레버, 역캔틸레버), 토류벽(버팀 흙막이, 앵커지지 흙막이, 근입형 흙막이), 보강토 옹벽 등이 있다. 흙막이 구조물은 토압저항 구조물로서 유사한 지반공학적 기능을 갖게 되나, 적용용도, 시공법 등의 차이가 있어서 수치해석적 모델링이나 고려사항은 서로 다르다. 여기서는 버팀 흙막이, 앵커지지 흙막이, 옹벽 그리고 근입형 흙막이에 대해 살펴본다.

해석영역과 구성방정식

그림 3.111과 같이 깊은 굴착으로 인한 흙막이 구조물 인근 지표침하는 구성모델에 따라 다르게 나타난다. 고급구성방정식이 흙의 실제거동을 잘 표현한다. 선형탄성모델을 사용하는 경우 실제거동에서 나타나지 않는 굴착면 부근의 융기 그리고 굴착면과 멀리 떨어진 모델 측면경계까지 변형이 일어난다. 반면에 비선형탄성 모델을 사용하면 이러한 비현실적 영향은 무시할 만큼 작아진다.

일반적으로 모델 측면경계의 수직변위를 허용하는데(roller절점 도입), 모델경계가 굴착면으로부터 충분히 떨어진 경우라면 수직변위를 구속해도 결과에 거의 영향을 미치지 않는다. 다만 변위구속으로 인하여 측면경계에서 응력이 증가하는 현상이 나타날 수 있으나 이는 굴착으로 인한 영향과 관련이 없으므로 무시할 수 있다(이러한 현상은 터널과 같은 굴착공사에서도 마찬가지이다).

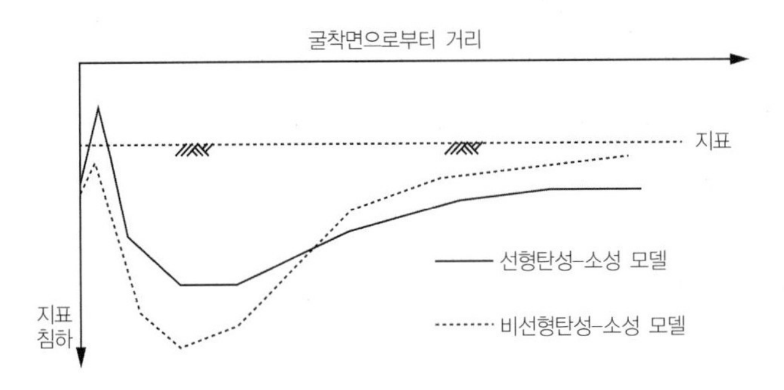

그림 3.111 구성모델 흙막이 인접 지표면 침하해석결과에 미치는 영향

흙막이 지지구조물의 모델링

대부분의 흙막이 구조물의 해석은 평면 변형이거나 축대칭 모델이므로 구조물요소도 같은 방식으로 모델링되어야 한다. 일례로 버팀보의 경우 그림 3.112와 같이 개별 단면을 등가의 연속된 슬래브 단면으로 대체하여야 평면변형 조건이 성립한다. **구조요소는 휨, 압축 및 인장에 대하여 이와 같이 등가의 구조체로 모델링되어야 한다.**

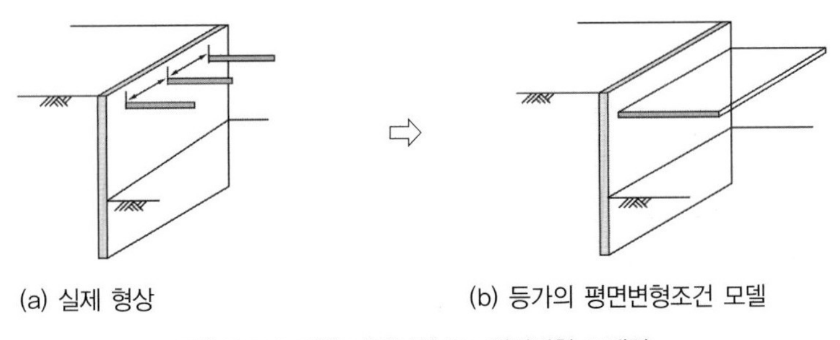

그림 3.112 개별 버팀보의 2D-평면변형 모델링

근입벽체는 범(berms), 앵커, 지지슬라브(relieving slab) 등으로 지지력을 보강할 수 있다. 지지구간의 강성은 설치 시 연결상태, 온도, 받침 등에 영향을 받으므로 **'유효강성(effective stiffness)'**의 평가가 중요하다. 강성을 과대평가하면 거동문제의 심각성을 축소시킬 수 있으므로 유의하여야 한다. 앵커와 같은 구조체는 3차원적 고려 대상이므로 이를 2D 모델링하는 경우 상당한 단순화 작업이 필요하다. 지지구조의 연결형식(축력, 전단, 모멘트 전달형식)은 구조거동에 상당한 영향을 미치므로 연결상태를 고려하여 모델링한다.

구조적인 연결부의 모델링. 지지구조에는 버팀보(props), 타이(ties), 앵커(anchors), 둔덕(berm) 등이 있다. 지지구조와 흙막이 구조물 간 연결 상세가 적절하게 고려되어야 한다. 버팀보 구조는 구조물과 연결된 수동적으로 저항하는 지지구조이며, 타이나 앵커, 지반보강은 구조물이 지지하는 지반응력에 의존하는 지지구조이다.

흙막이 구조 벽체와 지지구조 간 연결형태는 중요한 모델링요인이다. 거동특성이 다른 부재들이 연결되는 부분을 모델링하는 경우 여러 측면을 고려하여야 한다. 예를 들어 버팀벽과 지지대(strut)의 연결부는 단순, 핀(pin)-연결 혹은 모멘트 연결 등으로 모델링 가능하다. 평면변형해석 시 이들 연결방법을 그림 3.113에 예시하였다. 실제 거동과 가장 유사한 연결이 되도록 모델링하여야 한다.

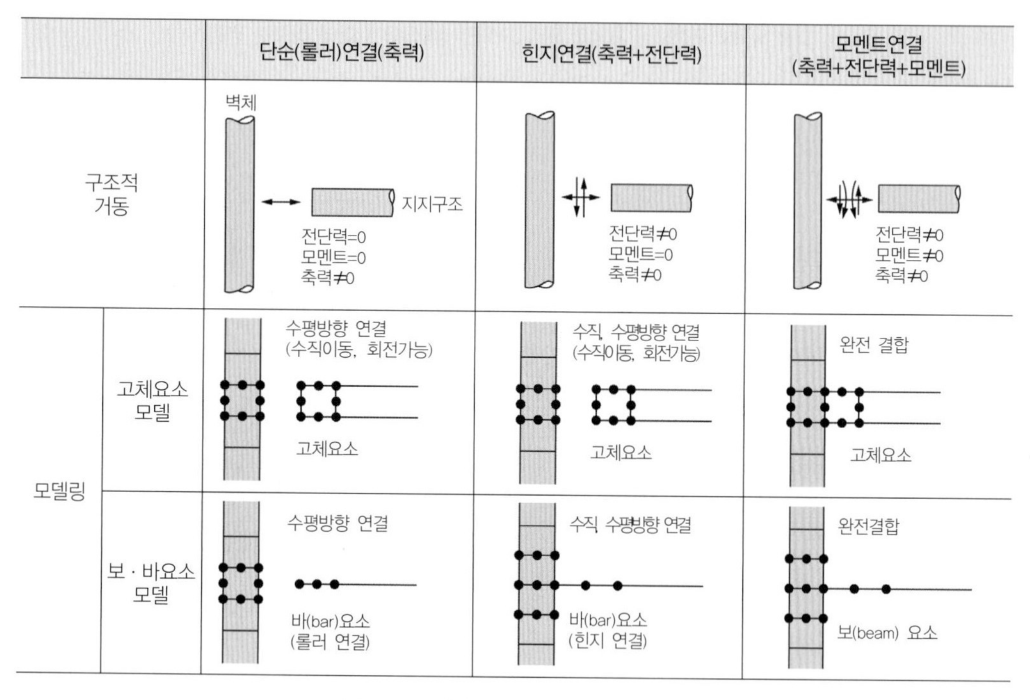

그림 3.113 지지구조 연결부 거동(• : 절점)

버팀벽(propped wall)

버팀벽은 도심지와 같이 굴착공간의 제약이 따르는 경우 가장 일반적으로 채택되는 흙막이 공법이다. 버팀벽은 통상 말뚝과 띠장에 의해 지지되며, 그림 3.114와 같이 지하수 유출방지를 위해 배면그라우팅을 시행하는 경우가 많다. 이를 정확히 모델링하기 위해서는 변형-간극수압 연계의 결합해석(coupled analysis)이 필요하다.

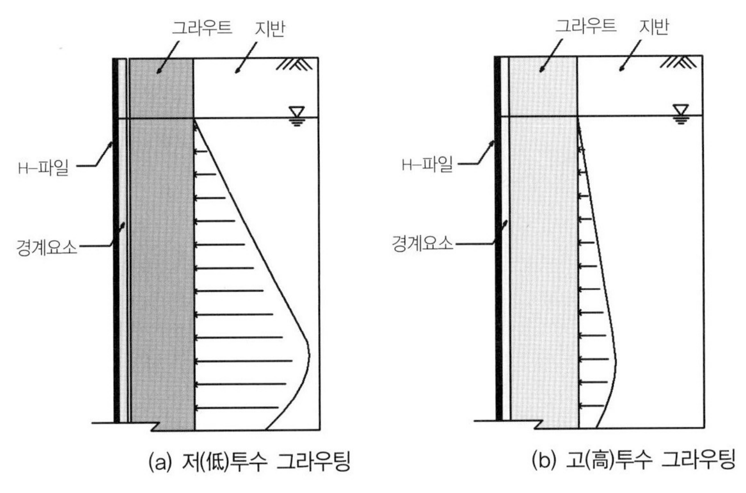

그림 3.114 버팀벽의 구조-수리 상호작용

그림 3.115는 배면이 그라우팅된 버팀벽의 구조-수리 상호작용해석을 위한 결합요소모델을 보인 것이다. 지지구조물은 보요소로, 그라우트와 지반은 고체요소로 모델링하여 구조-수리 복합거동을 모사할 수 있다.

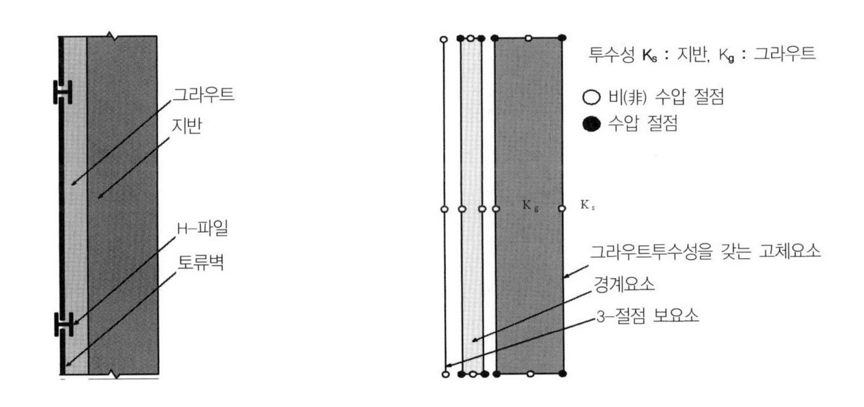

그림 3.115 버팀벽 구조-수리 상호작용 결합모델

3.7.4 앵커와 앵커지지 흙막이

지반앵커는 편의상 고정부와 자유부로 나눌 수 있다(그림 3.116). 파일과 마찬가지로 각 앵커에 대하여 지반에 수직한 방향으로 단위 길이당 등가의 축 강성이 계산될 수 있다. 2D 등가 강성을 구할 때는 앵커의 간격을 고려하여야 한다.

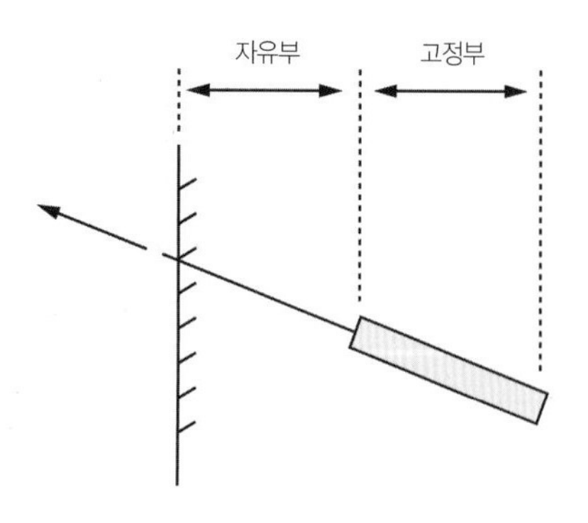

그림 3.116 지반앵커

앵커의 두 부분을 스프링과 멤브레인(또는 이들의 집합) 요소로 모델링할 수 있다. 스프링은 두 절점 간 거동을 모사하는 반면, 멤브레인으로 고정부를 모사할 수 있다. 그림 3.117 (a)는 앵커의 자유부를 스프링으로 모델하고 고정부를 멤브레인으로 모델링한 예를 보인 것이다. 일반적으로 지반과 앵커 자유부 사이에 발생하는 전단응력은 무시한다. 결과적으로 스프링은 버팀벽(A)과 앵커고정부(B)의 시점을 연결한다. 파일과 마찬가지로 이런 모델링 방법은 앵커 고정부의 저항능력을 적절히 모사하지 못하므로 비교적 조악한 수준의 모델링에 해당한다.

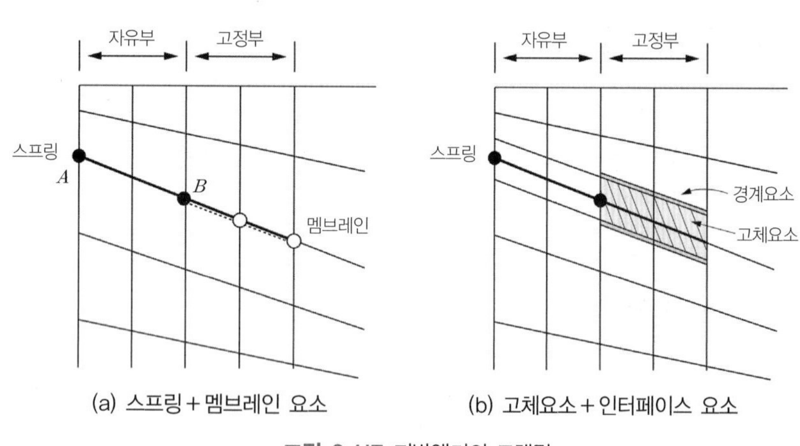

그림 3.117 지반앵커의 모델링

그림 3.117 (b)는 고체요소와 인터페이스요소를 도입하여 앵커고정부를 모델링한 것이다. 이 모델링은 주면저항과 선단저항 모두 고려할 수 있다.

고체 요소 및 조인트 요소는 앵커 간격을 고려하는 등가개념을 적용하여야 한다. 많은 경우에 이는 그리 간단치 않다. 지반요소에 **등가 영계수**를 부여함으로써 고정부가 휨강성을 갖게 할 수 있다. 이는 앵커와 지반 간 상대거동을 가능하게 하나 앵커 사이(지면에 수직한 방향)의 흙 이동을 제한하는 문제가 있다.

앵커는 선단고정앵커와 전면부착앵커가 있다. **앵커의 가장 효과적인 모델링 방법은 고정부를 보요소로 고려하고 지반과의 경계에 경계요소를 도입하는 방법이다.** 자유부의 강선(tendon)은 지반과 연결되지 않는 탄성스프링으로 고려하여야 마찰력이 배제되어 과대한 저항력을 방지할 수 있다.

3.7.5 옹벽 구조물

중력식 옹벽

흙막이 구조물에서 옹벽, 버팀벽, 보강토, 중력식옹벽은 지반기초 위에 건설되며 배면은 채움재로 다져진다. 따라서 **기초의 거동, 구조물의 물성 그리고 뒤채움재가 주요 모델링 대상**이다. 뒤채움재는 층상다짐으로 시공되는데, 다짐응력을 수치해석적으로 표현하는 것은 매우 복잡한 문제이다. 따라서 각 층의 수평응력을 측압계수로 정의하는 단순한 방법을 적용하는 경우가 많다(이는 댐 시공 시 층상 다짐방법과 동일한 모델링 기법이다).

중력식옹벽을 수치해석하는 데 따른 주요 이슈는 관련재료(구조물, 기초, 뒤채움재 등)의 구성방정식, 건설과정의 고려, 지반과 구조물의 경계거동 등이다. 특히 토압이론식(예, Coulomb 토압식)에서 알 수 있듯이 벽체와 지반 경계의 물성(마찰각)은 거동에 중요한 요소이므로 적절하게 모델링되어야 한다.

건설과정의 해석 중 실제와 다른 인장응력상태가 나타날 수도 있다. 그 예로 지반과 옹벽을 결합 모델링하면 건설이 진행되는 동안 요소가 벽체에 매달려 인장응력상태가 될 수 있기 때문이다. 이를 피하기 위한 좋은 방법은 그림 3.118과 같이 **경계요소(interface elements)를 도입**하는 것이나, 이 또한 제약과 한계가 있어 사용 시 유의하여야 한다.

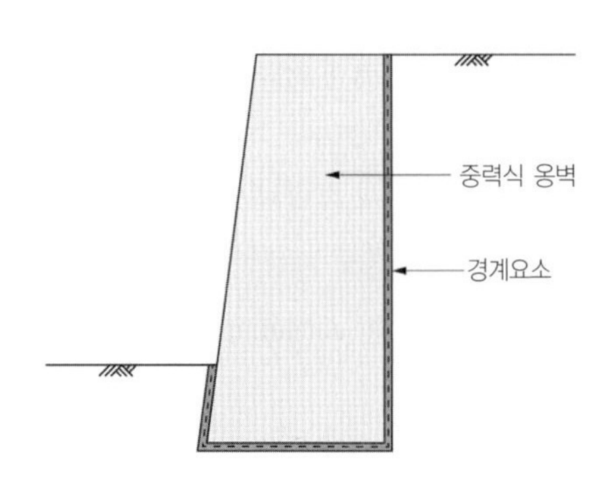

그림 3.118 인터페이스를 고려한 옹벽모델

흙막이 모델에 포함되는 지반재료는 일반적으로 채움재와 원지반으로 구성된다. 원지반토는 모든 흙막이 구조물에 포함되나, 채움토는 중력식 옹벽과 같은 일부 구조만 해당된다. 채움재는 자유배수와 장기침하예방을 위하여 흔히 모래나 자갈을 사용한다. 이런 재료의 거동은 보통 MC모델이나 Lade 이중 항복 모델로 표현할 수 있다. MC모델을 사용하는 경우 탄성구간의 거동은 비선형 탄성모델을 사용하는 것이 좋다. 또는 응력이나 변형률 의존형 체적 또는 전단탄성계수 모델도 좋은 결과를 주는 것으로 알려져 있다.

그림 3.119와 같이 옹벽 뒤에 채움재를 성토하는 경우를 생각해보자. 성토는 아래서부터 층별로 이루어질 것이다. 첫 번째 층을 성토하는 동안 옹벽에 접하는 요소 A는 옹벽의 강성으로 인해 거동이 억제될 것이다. 즉, 절점이 결합되어 있을 것이므로 강성의 차이로 인해 지반이 침하되면 요소가 옹벽에 매달리는 현상이 일어날 수 있다. 요소 A가 이때 발생하는 인장응력을 이겨내지 못하면 부적합문제가 발생한다. 이런 현상은 매 성토층에서 옹벽에 접하는 요소에 대하여 발생할 수 있다.

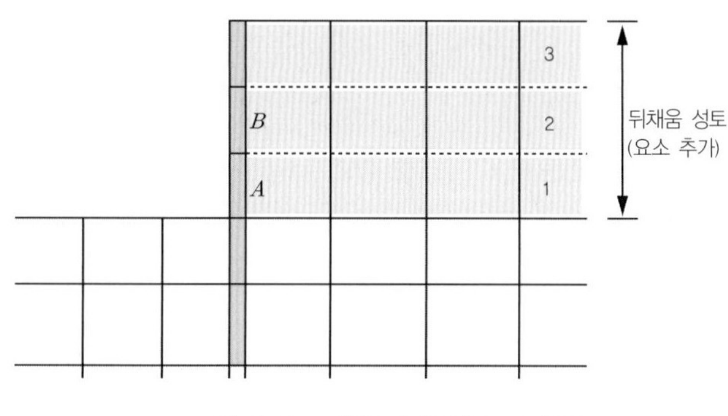

그림 3.119 기존요소에 새 요소 추가

이러한 문제를 극복하는 방법은 다음과 같다.

- 건설 후 요소의 응력을 새 요소에 적합하도록 조정한다. 이 조정에 대한 정해진 원칙이 없으므로 여기에는 전문가적 접근이(ad-hoc approach) 필요할 것이다. 이 경우 유한요소 방정식 전체 평형조건이 성립하여야 하므로 방정식 우변항 벡터도 그에 상응하게 조정되어야 한다.
- 옹벽 뒤의 요소를 아주 작게 자르고 다짐 층도 세분화하면 요소에 걸리는 인장응력이 감소된다.
- 마찰이 없는 인터페이스 요소를 옹벽과 지반 사이에 배치한다.

보강토 옹벽

보강토 옹벽은 보강 띠의 인장강도를 이용하여 옹벽을 축조하는 기법이다. 토사 흘러내림 방지를 위하여 벽체 전면에는 전면판(facing membrane)을 설치한다. 보강토 옹벽의 시공순서는 그림 3.120과 같이 지층포설과 보강띠(reinforcing strip) 설치를 반복하는 것이다.

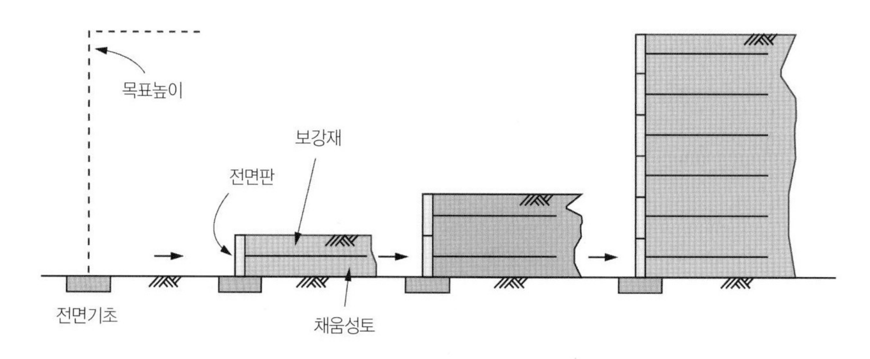

그림 3.120 보강토 옹벽의 시공순서

보강띠는 철판, 지오텍스타일 등 다양한 소재가 사용될 수 있다. 보강토 옹벽의 형태가 다양하고 시공방법도 상이하므로 수치해석적 모델링 기법도 통일하여 제시하기 어렵다. 보강토 옹벽은 2차원 혹은 3차원으로 모델링할 수 있다. 보강띠 구간이 반복되므로 3차원 모델은 그림 3.121과 같이 비교적 단순하게 나타난다.

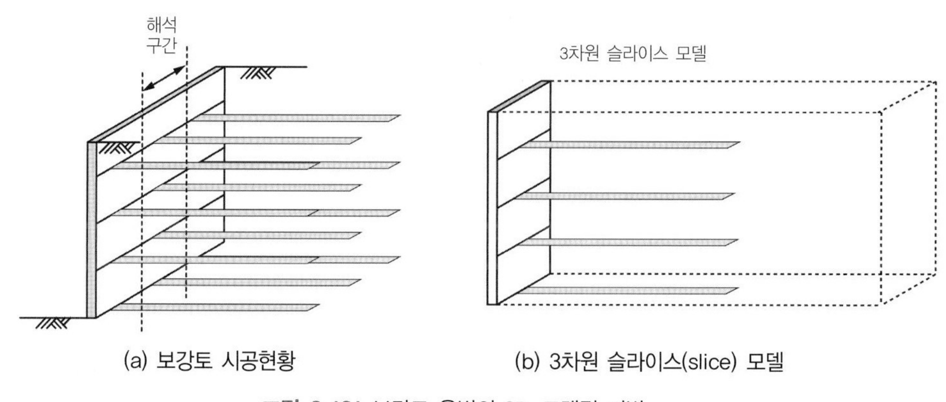

(a) 보강토 시공현황　　(b) 3차원 슬라이스(slice) 모델

그림 3.121 보강토 옹벽의 3D-모델링 기법

시공과정의 고려. 보강토 옹벽의 시공단계는 그림 3.122와 같이 고려할 수 있다. 즉, 1개 층씩 단계별로 시공하되, 시공 중 옹벽의 수평변위는 구속한다. 시공 이후 수평변위 구속을 제거하여 다음 층 시공부터는 변형이 일어날 수 있도록 한다.

보강토 옹벽의 보강재와 지반사이의 **상대거동을 고려하고자 할 경우 지반과 보강재 사이에 경계요소(interface elements)를 도입**함으로써 고려할 수 있다. 보강재는 인장에 저항하는 선형탄성재료로 모델링한다. 전면판의 영향은 그림 3.123과 같이 분절된 Mindlin 보 요소 등을 사용하여 모델링할 수 있다.

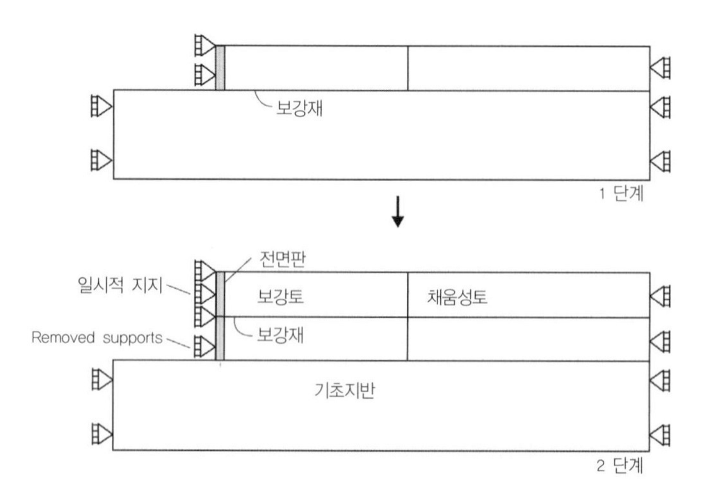

그림 3.122 시공단계의 모델링

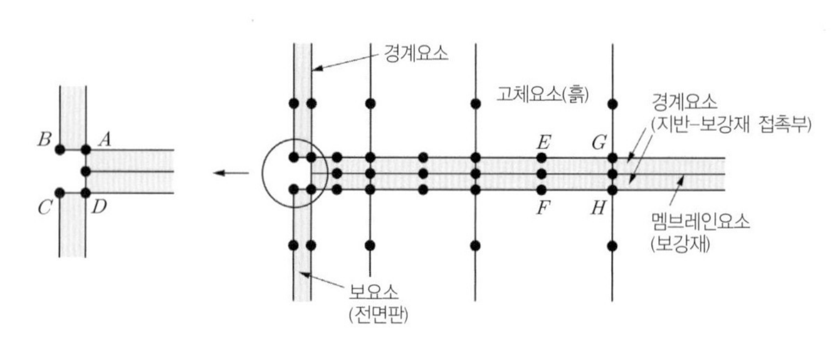

그림 3.123 보강토 옹벽의 2차원 모델링(전면판-보요소, 전면판과 지반사이에 경계요소 설치)

보강시스템의 파괴는 주로 보강재-지반 사이에서 일어나므로, 연속된 파괴를 가정하는 2차원 평면 변형해석과 일치하지 않는다. 경계요소에 폭을 고려한 등가 개념을 도입한 강도파라미터를 사용하는 방법이 대안이 될 수 있다. 가장 좋은 방법은 3차원 해석을 수행하는 것이다. 국부적 변위와 응력이 반복적으로 변화하는 경우 단위 폭 개념의 3D 해석으로 모사할 수 있다(그림 3.121 참조).

3.7.6 근입형 흙막이-지중연속벽

슬러리월(slurry wall), 세컨트(secant) 파일, 주열식 파일 등은 도시구간에서 흔히 사용되는 흙막이 공법이다. 이들 공법은 주변구조물 보호를 위하여 침하를 억제하거나 지하수 유출차단에 유용하다.

연속벽은 통상적으로 시공위치에 벽체를 미리 설치(wished-in-place)하는 해석을 수행하는 경우가 많으나, **현장계측 결과에 따른 벽체 설치를 위한 굴착과정에서 이미 상당한 지반 수평변형이 발생하는 것으로 알려져 있다**. 연속벽은 일반적으로 변위를 억제하기 위하여 설치하므로 변형메커니즘에 보다 주의가 필요하며, 초기 천공할 때 일어나는 지반변형을 고려하지 않으면 지반 거동을 과소평가하는 문제가 있다. 이를 고려하기 위하여 연속벽 모델링 시 벽체와 지반사이에 경계요소를 도입할 수 있다.

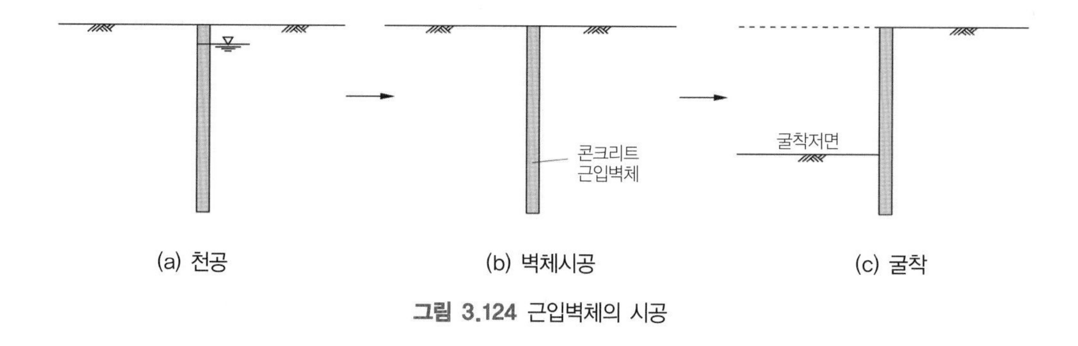

그림 3.124 근입벽체의 시공

연속벽을 사실적으로 모델링하려면 3차원적 고려가 필요하다. 3차원해석은 일반적으로 단순한 구성모델을 사용하게 되므로 지반거동을 실제적으로 표현하는데 한계가 있다. 따라서 벽체설치 영향을 고려하지 않고 본 공사의 굴착만을 고려하는 평면변형해석이 많이 사용된다. 벽체구조물은 일반적으로 고체요소나 보(쉘)요소로 모델링한다. 보요소를 사용하는 경우, 구조물 폭을 고려하지 못한다.

만일 버팀벽이 콘크리트 다이아프램 형식이라면 고체요소(solid element)를 사용하여 기하학적 형상과 재료성질을 모델링할 수 있다. 일반적으로 2차원 평면변형조건으로 모델링할 수 있다. 하지만, 만일 버팀벽이 세칸트 혹은 접근말뚝이거나 쉬트파일 혹은 강말뚝과 토류벽의 조합 등의 구조라면 종방향 단면이 연속적이지 않아 평면변형조건을 만족하지 않는다. 이를 평면변형조건으로 모델링하기 위해서는 근사화가 필요하다. 이것은 보통 단위미터 당 평균 축강성(EA)과 휨모멘트 강성(EI)을 사용함으로써 가능하다. 만일 버팀벽을 3차원 혹은 2차원 보 요소로 모델링한다면 구조물 입력파라미터를 그대로 사용하면 될 것이다. 하지만, 만일 흙과 같은 고체요소를 사용한다면 평균 축 및 모멘트 강성은 고체요소의 등가 두께 't' 및 등가강성 E_{eq}로 변환하여야 한다. 등가강성은 다음 조건을 통해 구할 수 있다.

$$\text{축강성,}\quad t\,E_{eq} = EA \tag{3.216}$$

$$\text{휨모멘트 강성,}\quad \frac{E_{eq}\cdot t^3}{12} = EI \tag{3.217}$$

여기서 E는 버팀벽의 영계수이고, A 및 I는 각각 단위 길이당 단면적, 단면 2차모멘트이다. 위 모델링방법은 버팀벽의 거동을 근사적으로 다루는 것이므로 부재 내의 정확한 응력분포를 알기는 어렵다.

3.7.7 댐과 제방의 수치해석

댐 건설은 다양한 지반공학적 고려사항을 포함하고 있다. 댐은 일반적으로 댐 축방향으로 단면이 크게 변하지 않는 특징 때문에 평면변형조건의 2D 모델로 해석하는 경우가 많다. 하지만 폭이 좁고 경사가 급한 계곡에 설치되는 댐은 평면변형조건으로 가정하기 어렵다. 이러한 경우는 3D 해석이 고려되어야 한다.

댐은 역학거동과 수리거동이 동시에 일어나는 구조물로서 이 두 거동의 영향을 함께 고려하기 위하여 '전응력해석 + 침투력해석' 또는 '결합해석'을 수행한다.

댐과 제방의 모델링은 건설, 담수, 운영 중·장기거동의 등의 3단계로 구분된다. 특히 불포화 영역이 존재하므로 이에 대한 거동 및 흐름특성에 대한 고려도 필요하다. 사력댐의 기하학적인 형상은 비교적 단순하나 점토 코어를 포함하는 경우가 많으므로 점토부터 사석까지 여러 재료의 거동을 고려하여야 한다. 또, 건설 후 물을 담게 되므로(담수, reservoir filling) 상당한 주응력회전과 함께 수리-변형거동이 일어난다.

응력경로와 구성모델

댐체는 여러 형태의 지반재료로 구성되므로 특성에 부합하는 구성방정식의 선정이 요구된다. Fill 재는 사질재료로서 일반적으로 Lade의 이중 항복면 모델을 많이 사용한다. 사석은 '비선형탄성-Mohr-Coulomb 완전소성모델' 혹은 '선형탄성-Lade의 이중항복모델'을 주로 사용한다. 입력파라미터는 동일한 응력경로 시험으로 결정하여야 하는데, 댐제체 요소의 실제 응력경로는 매우 복잡하다. 그러나 주응력의 회전영향을 무시한다면, 건설과정의 댐 요소의 응력경로는 일반적으로 압밀시험이나 표준 삼축압축시험의 중간정도에 해당한다(Potts and Zdravkovic, 2001).

NB: 실제거동을 얼마나 잘 구현하는가는 구성모델의 선택에 달려 있다. **정도가 다른 구성모델을 사용했음에도 해석결과와 측정결과가 잘 일치한다는 보고가 많이 있는데, 이것은 모두 계측이 이루어진 후 해석한 것(어느 정도 일부러 맞추려는 노력이 게재된)**임을 유의할 필요가 있다.

댐은 규모에 따라 건설기간이 달라지지만 통상 3~5년 이상 소요되는 것이 보통이다. 물막이 댐부터 시작하여 본 댐의 순서로 단계별 시공된다. 일반적으로 댐 중심부에 위치하는 점토코어의 투수계수는 $10^{-7} \sim 10^{-8}$ cm/sec 수준이며, 투수계수가 낮으므로 건설동안 간극수압 소산을 무시하는 경우가 많다. 댐 해석 시 주요 관심 거동변수는 침하, 응력 및 변형률 그리고 간극수압이다.

제체 성토시공과정의 고려

댐이나 성토제방은 보통 수평으로 얇은 층을 포설하고 다져가며 연속적으로 시공한다(layered

construction). **탄(소)성해석의 경우 층이 두꺼울수록 다짐현상에 따른 오차가 증가한다.** 다짐의 영향은 수평응력의 증가로 고려할 수 있으나, 다짐층의 두께가 3~5m인 이하인 경우는 중요하지 않다. **새로운 층의 포설은 중력의 활성화(gravity turn-on) 기법으로 고려할 수 있다.** 축조할 요소를 중력이 제로인 상태로 모델에 포함시켰다가, 당해 요소의 시공단계에서 전등을 켜듯 중력을 작용(turn-on)시키는 것이다.

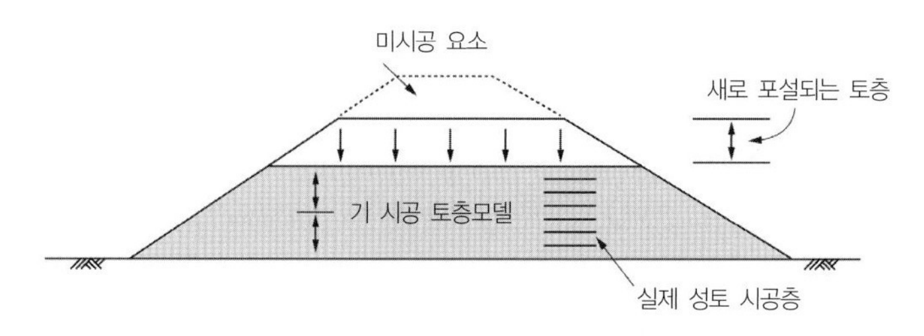

그림 3.125 층상 다짐 건설공법의 모델링

건설과정의 모델링에서는 층 두께를 얼마로 할 것인가가 중요하다. 갑자기 중력을 작용시켰을 때, 요소 두께에 따라 휨 거동(bending)이 달라지기 때문이다. 즉, 층 두께로 인한 강성이 변형에 영향을 미친다. 다짐 메커니즘은 복잡한 문제로서 통상 고려하지 않는다.

담수(reservoir filling)과정의 고려

댐이 완공되면 비교적 짧은 기간에 계획 수위까지 물의 담수를 시작하게 된다. 담수기간이 충분이 짧다면 이 기간 동안 점토코어 내 간극수압소산은 무시할 만 할 것이다. 일반적으로 담수의 영향은 다음과 같다.

- 정수압이 댐코어 상류 측 경계면에 작용
- 사석과 전이층(transition zone)에 부력작용(buoyancy)
  - 수위상승으로 어떤 요소가 물에 잠길 경우 단위중량의 변화, $\Delta\gamma = \gamma_w - \gamma_m$
  - 수위하강으로 어떤 요소가 물에서 노출될 경우 단위중량의 변화, $\Delta\gamma = \gamma_m + \gamma_w - \gamma_{sat}$

여기서 γ_w는 물의 단위중량, γ_m, γ_{sat}는 각각 수위 상부 흙의 습윤 단위 중량, 포화단위중량이다. **담수의 영향을 해석해보면 수압과 상부 사력층의 부력으로 인해 코어가 상류 측으로 변형하는 경향을 나타낸다.**

하지만 댐 상류표면을 불투수로 시공한 경우(콘크리트 차수면 댐), 담수의 영향은 그림 3.126과 같이 불투수재 경계면에 수압이 작용하는 것으로 모델링한다.

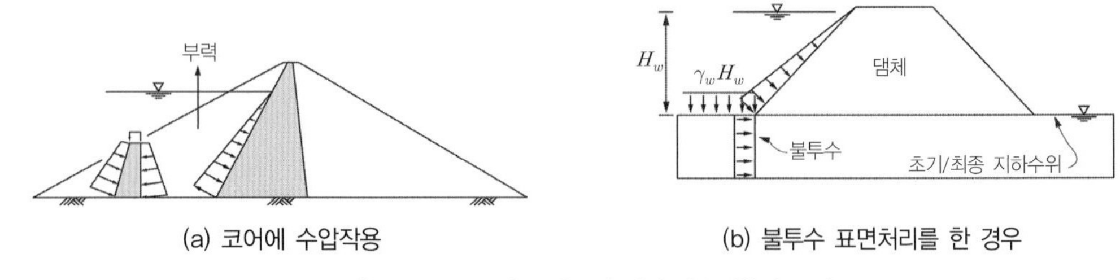

(a) 코어에 수압작용

(b) 불투수 표면처리를 한 경우

그림 3.126 콘크리트 차수면 댐의 담수영향의 고려

담수 시 중요한 검토사항은 수압할렬(hydraulic fracturing)이다. **수압할렬은 댐체 내 최소 주응력이 수압보다 작은 경우 발생할 수 있다.** 결합 수치해석을 수행하면 쉽게 이를 비교할 수 있다. 전응력 해석의 경우 Skempton의 간극수압계수를 이용하여 간극수압을 산정할 수 있다. 그림 3.127 (a)는 Dale Dyke에 대한 수압할렬을 검토한 것이다. 담수조건을 배수, 비배수조건으로 하여 코어의 상류측면(upstream side)에 대하여 최소주응력과 수압을 비교한 것이다. 비배수조건, 즉 수위가 매우 빠른 속도로 상승하는 경우(그림 3.127 b) 수압할렬의 가능성을 보였다.

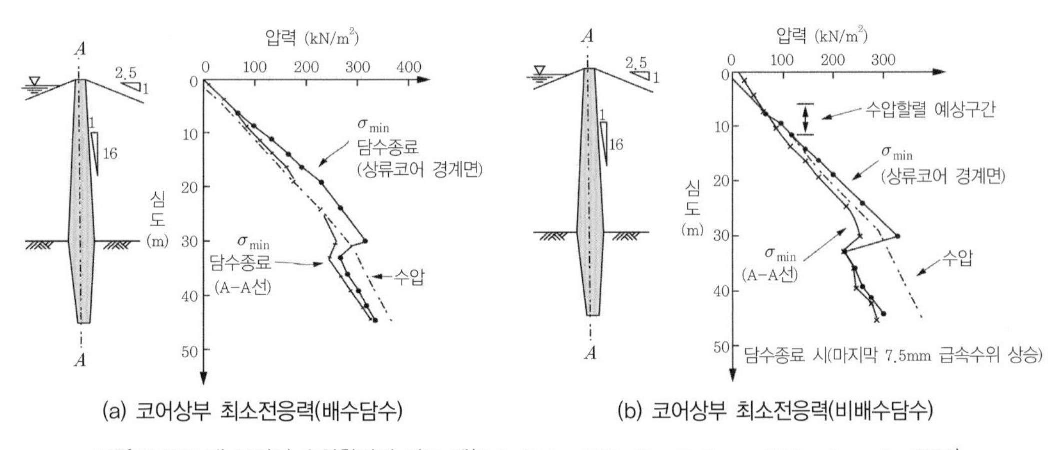

(a) 코어상부 최소전응력(배수담수)

(b) 코어상부 최소전응력(비배수담수)

그림 3.127 댐 코어의 수압할렬의 검토 예(Dale Dyke, UK, after Potts and Zdravkocevic, 1999)

장기거동의 고려

정상 침투조건에서 댐의 변형은 코어 간극수압의 소산으로 인해 발생한다. 수위변동이나 간극수압소산과 같은 장기거동을 파악하기 위해서는 결합거동해석이 필요하다. 이 경우 반복하중에 따른 지반거동 모사가 가능한 구성모델을 사용하여야 한다. 그림 3.128은 수위 변화로 인한 댐의 장기거동해석 결과를 보인 것이다.

댐의 침윤선 상부는 불포화토 영역이므로 거동해석 시 이의 영향을 고려하여야 한다. 특히 불포화토 영역의 흐름도 무시할 수 없는 경우가 많아 이에 대한 영향도 검토되어야 한다. 불포화토의 유효응력식은 복잡하고 적용성이 낮으므로 간극을 물과 공기가 복합된 특성을 갖는 단일매질(homogenized pore fluid)로 고려하는 방법도 시도되었다.

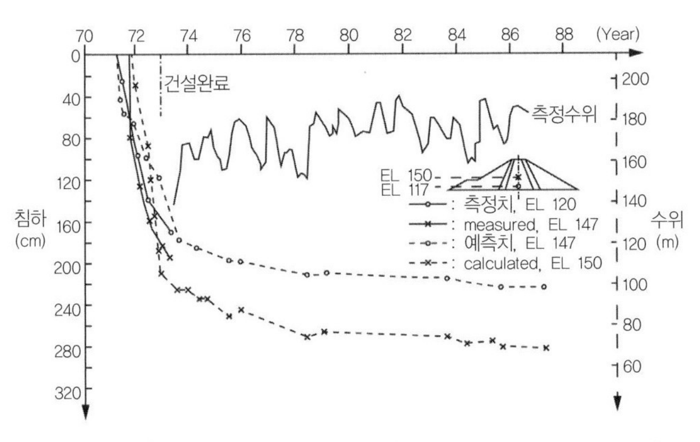

그림 3.128 댐의 장기거동해석(CON2D) 예–결합해석(Shin, 1987)

3.7.8 사면의 수치해석

건설행위는 절토사면을 형성하는 경우가 많다. 절토의 수치해석적 표현은 요소의 제거로 가능하다. 절토사면의 해석은 사면모델과 이에 상응하는 초기응력의 설정을 필요로 한다. 사면의 초기응력설정은 제1권 3장에서 살펴보았다.

사면이 입상토로 조성된 경우 투수성이 크므로 배수조건 문제로 다룰 수 있다. 절토는 굴착사면 주변에 응력감소와 수압저감을 초래한다. 점토사면의 경우 배수가 제약되면 시간경과와 함께 간극수압이 새로운 평형상태를 찾아가면서 팽창(swelling)이 발생한다. 팽창이 일어나면서, 평균 유효응력이 감소하여 응력상태가 파괴에 접근하게 된다. 즉, 시간경과와 함께 사면 안전율이 감소한다.

절토사면의 해석은 통상 지반조건에 따라 점성토사면은 전응력(비배수), 사질토사면은 유효응력(배수) 조건의 해석을 적용한다. 각각을 단기, 장기 안전성평가라고도 한다. 중간단계에서 간극수압변화를 알고자 한다면 변위-간극수압 결합해석이 필요하다.

절토사면을 해석하는 경우 지반재료에 따른 거동의 차이를 고려하여야 한다. 일반적으로 강성(stiff) 점토는 취성(brittle)거동을 보인다. 취성거동을 모델링하기 위해서는 변형률 연화(strain-softening)현상을 고려하여야 한다. 한편, 저소성 지반재료는 연화거동을 보이지 않으며 일반적으로 단순한 탄성-완전소성 모델로도 좋은 결과를 준다. 정규 및 약간 과압밀 점토는 사면굴착 시 상당한 소성연화를 보인다. 따라서 첨두응력을 모사할 수 있는 탄소성구성모델이 요구된다. 취성파괴는 파괴면에 걸쳐 전단강도가 동시에 균일하게 유동되지 않음을 의미하는 것이다.

수치해석을 이용한 사면안정해석 - 강도감소법

수치해석을 이용하여 사면의 안정문제를 검토할 수 있다. 사면 내 어떤 점의 파괴강도가 $\tau_f = c_f{}' + \sigma_n \tan\phi_f{}'$이고 전단강도를 전단응력 이하 수준으로 저감시켜가면($c_f{}' = c'/SRF$ 또는 $\phi_f{}' = \phi'/SRF$, $\phi_f{}' = \tan^{-1}(\tan\phi'/SRF)$) 최취약부(통상 사면하단부)에서 대변형이 일어나서 수치해석적으로 적분이 불가능한 상태, 즉 수렴이 안 되는 상태에 이른다. 이 조건은 국부파괴에 해당되나 이때 사면의 전단파괴 형상이 이미 거의 정해지고, 전단소성 변형율도 파괴면을 따라 크게 진전되어 파괴상태로 보는 데 문제가 없다. 이 방법을 '강도감소법(strength reduction method)'이라 하며, 수치해석적으로 사면안전율을 구하는 일반적인 방법이다. 적용 강도감소계수(Strength reduction factor, SRF)는 안전율(F_s)과 같다.

$$F_s = \frac{\int_l |\tau| dl}{\int_l |\tau_f| dl} \tag{3.218}$$

그림 3.129는 수치해석에 의한 사면파괴거동을 보인 것이다.

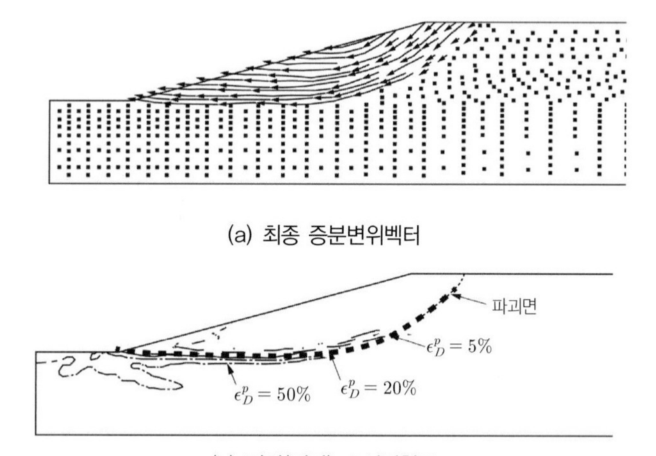

(a) 최종 증분변위벡터

(b) 편차(전단) 소성변형률

그림 3.129 수치해석에 의한 사면 안정해석(전단소성 변형률과 파괴면 관계)

그러나 강도감소법은 기하학적 상태가 복잡하거나 강도파라미터가 다수의 변수로 구성되는 경우 개념적 타당성의 성립이 모호해지고 해석의 신뢰성도 문제가 될 수 있다. 특히, 강도변수가 단순한 Mohr-Coulomb 모델을 사용할 때만 근사적으로 적용될 수 있다. 또한 파괴로 정의하는 비수렴 조건은 비선형해석에서는 여러 제어 변수에 의해 달라질 수 있으므로 결과의 임의성도 크다.

3.7.9 터널의 수치해석

이미 굴착이 완료된 터널은 기하학적으로 2D 조건하에 있지만, 건설 중인 터널, 즉 굴착면주변은 3D 거동상태하에 있다. 터널(NATM)은 굴착 직후 록볼트 설치, 숏크리트 라이닝 타설 등의 지보재를 설치한다. 따라서 터널의 수치해석은 굴착면의 3차원 영향의 고려, 요소의 제거와 설치 등을 포함한다. 터널의 건설로 야기되는 응력상태는 일반적으로 3차원적이며, 터널주변의 지반거동은 다음과 같은 요인에 의해 지배된다. 그림 3.130은 터널의 3D 및 2D 모델링 개념을 예시한 것이다.

- 터널 통과구간의 지층, 지질구조 및 수리조건
- 터널의 형상, 심도
- 지형, 기존건물, 지질이력에 의해 터널건설 이전에 형성된 초기응력상태
- 지반과 구조체의 구성방정식과 입력파라미터
- 굴착, 지보의 설치 등 건설과정

특히, 도심지에서 터널건설은 기존의 주변구조물에 영향을 미치므로 굴착으로 야기되는 지반변형을 가급적 최소화하여야 할 필요가 있다. 이러한 **복잡한 지반-구조물 상호작용은 수치해석으로만 풀 수 있으며, 수치해석을 통해 터널과 주변지반 및 구조물의 응력-변형률 상태에 대한 충분한 정보를 제공할 수 있다.** 그림 3.130은 터널의 3D 및 2D 모델링 개념을 예시한 것이다.

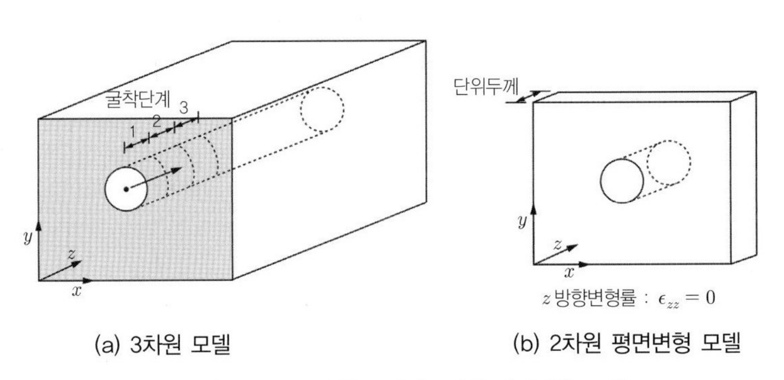

(a) 3차원 모델 (b) 2차원 평면변형 모델

그림 3.130 3차원 모델과 2차원 평면변형 모델

터널의 모델영역

터널해석 시 모델영역은 터널굴착으로 인한 영향이 미치지 않는 범위 이상으로 하여야 한다(그림 3.131). 현장계측결과에 따르면, 지표 침하의 횡방향 폭은 모래지반에서 $1H \sim 1.5H$로 분포하며(H는 터널축 (중심)까지 깊이), 점토지반에서는 $2.0H \sim 2.5H$로 분포한다(Mair and Taylor, 1997 참조). 이는 관찰된 변형영역이므로 실제 눈으로 관찰되지 않는 응력변화를 수반하는 범위는 이보다 크다.

영향범위는 현장의 주응력의 크기와 방향에도 영향을 받는다. 일례로 천층(shallow)터널이 포함된 사

각형 모델영역에서 원위치 응력이 주응력과 같은 경우, 측면에서 $6D \sim 11D$ 떨어진 거리에서 수평변위가 구속되었다고 가정할 수 있다. 그러나 원위치 응력이 기울어져 주응력회전이 있는 경우 더 넓은 해석영역이 고려되어야 한다.

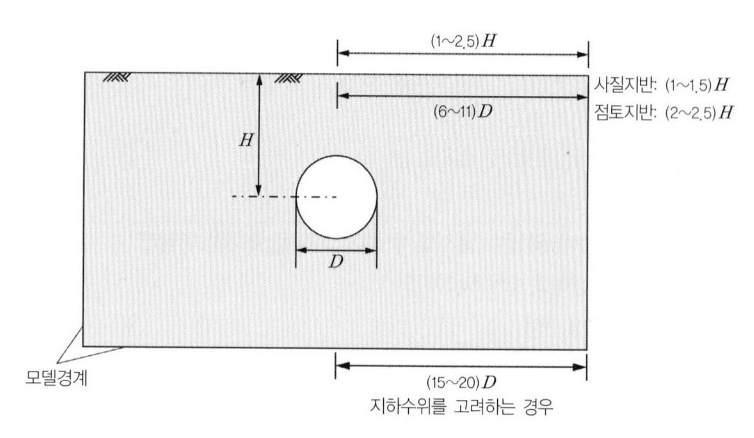

그림 3.131 모델영역 예

요소화와 구성방정식의 선택

평면변형요소의 경우 삼각형 또는 사각형요소로 표현하는 데 중간절점이 있는 요소가 터널의 곡선형상을 표현하는 데 유리하다. 굴착으로 인한 변형은 터널주변에 집중되므로 터널 굴착면에 가까울수록 요소의 크기를 작게 하는 것이 바람직하다.

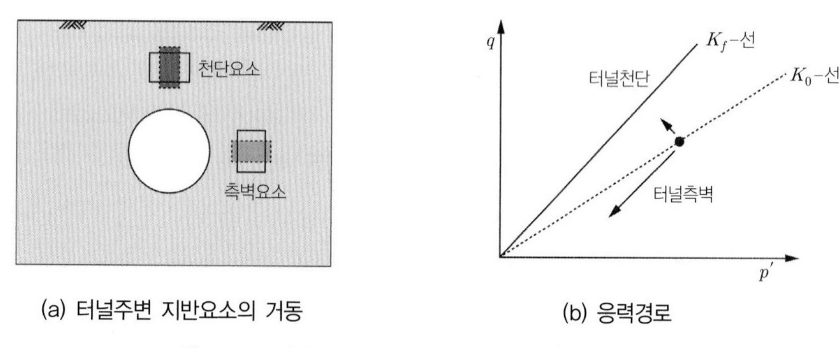

그림 3.132 터널주변 지반요소의 거동과 응력경로

구성방정식은 해석결과에 가장 중요한 영향을 미치는 요소 중의 하나로서 실제지반거동에 부합하는 모델을 선택하여야 하며, 지반파라미터는 응력경로에 상응하도록 평가하여야 한다. 터널의 경우 굴착

면 주변의 응력경로는 위치마다 변화한다. 일례로 그림 3.132와 같이 터널 천정부의 지반요소는 시료의 수직하중을 감소시키는 응력경로를 보이는데, 이는 삼축 인장시험결과와 유사하다. 반면에 스프링라인 근처의 요소는 수평하중이 감소하므로 삼축 압축시험결과와 부합한다. 실제로 위치마다 다른 응력경로를 모두 고려하기는 어려우므로 터널의 주 관심거동과 이에 **지배적인 영향을 미치는 지반의 응력경로를 대표 응력경로로 고려**할 수 있을 것이다.

터널해석에 있어서 **구성방정식은 적어도 '비선형탄성+완전소성' 또는 '선형탄성+탄소성'의 결합모델의 사용이 추천되고 있다**. 지반의 비선형성을 고려하지 않는 경우 침하의 크기 및 형상이 실측결과와 매우 다르게 나타날 수 있다. 해석영역을 가깝게 설정하고 선형탄성해석을 할 경우 터널과 지표가 그림 3.133처럼 위로 떠오르거나 얕고 넓은 침하현상이 나타나는 현상을 보이는 것이 대표적인 예라 할 수 있다. 이러한 형상은 해석영역을 충분히 멀리 설정하고 지반의 본질적 특성인 비선형탄성 및 탄소성을 고려하면 거의 해소된다.

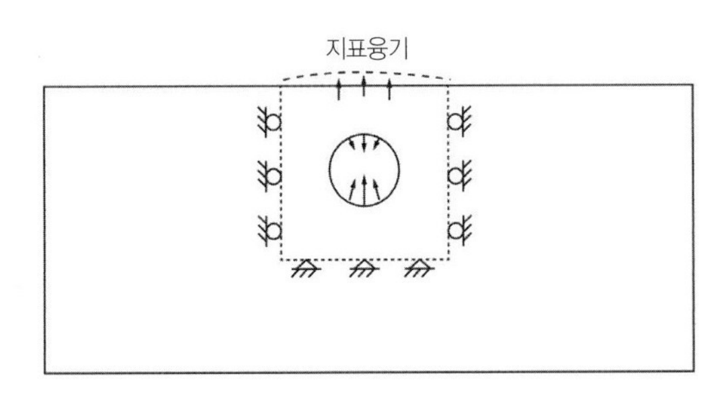

그림 3.133 탄성해석의 오류(지표융기)

숏크리트 모델링. 구조요소는 실제거동에 부합하게 모델링하여야 한다. 와이어메쉬로 보강된 모멘트 저항력을 갖는 30cm의 숏크리트(shotcrete) 는 2D의 경우 보요소 혹은 3D의 경우 쉘 요소로 모델링할 수 있다. 만일 숏크리트를 비구조개념에 가깝게 고려하고자 한다면 2D의 경우 바(bar)요소 또는 3D의 경우 멤브레인(membrane)요소로도 모델링할 수 있다.

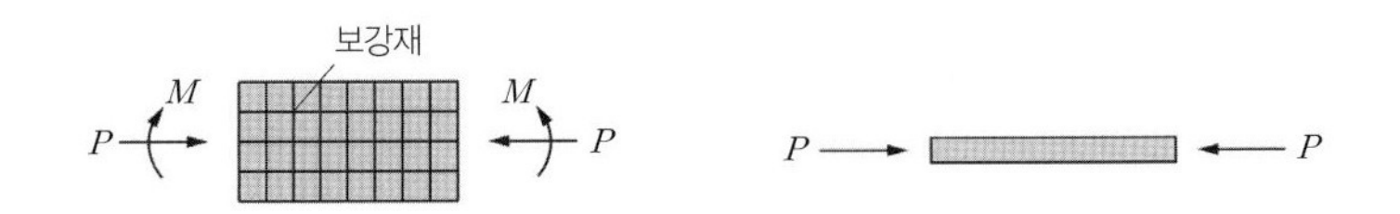

(a) 보강된 두꺼운 숏크리트(고체요소) (b) 얇은 숏크리트(멤브레인 요소)

그림 3.134 Shotcrete 모델링

숏크리트(shotcrete=sprayed concrete)라이닝을 3D로 해석을 하는 경우 20절점의 얇은 브릭(brick)요소를 사용할 수도 있다. 실제터널의 규모, 숏크리트 두께 등을 종합하여 거동을 판단하고 실제 라이닝의 역학적 거동을 모사할 수 있는 요소로 모델링하여야 한다.

굴착과정의 모델링 방법

터널수치해석은 지반, 터널, 하중재하 등의 조건과 상황에 따라 3D, 축대칭 및 평면변형 2D 해석으로 모델링할 수 있다(그림 3.135).

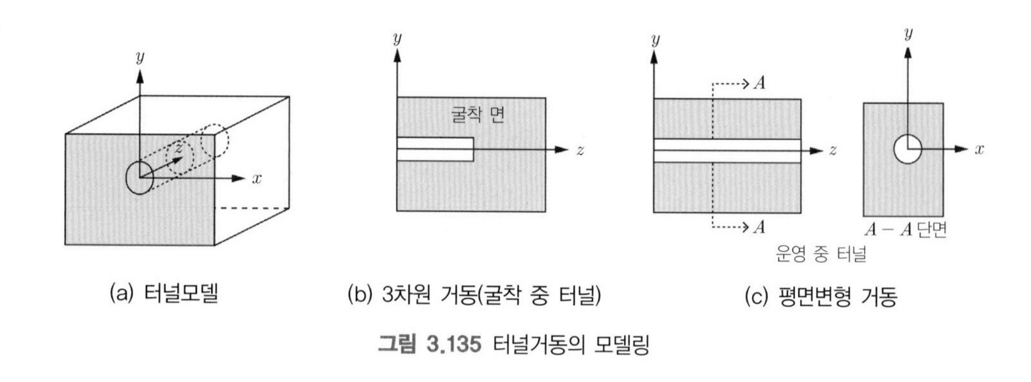

그림 3.135 터널거동의 모델링

3D-해석. 건설과 관련된 복잡한 요소들은 3D해석법을 적용함으로써 거의 다 고려할 수 있다. 사용 컴퓨터프로그램은 3D 메쉬 생성이 용이하고, 결과의 3D 그래프처리가 가능하여야 한다. 하지만, 3D 해석은 시간소모가 많고 노력 소요가 크므로 2D해석 파라미터 선정 혹은 2D 모델링이 어려운 복잡한 문제에 주로 적용한다.

2D-축대칭 해석. 2D축대칭해석은 지표영향을 배제할 수 있고, 물성, 하중 모두 축대칭인 경우 적용할 수 있다. **깊은 심도의 균질지반에 건설되는 작은 직경의 원형터널에 대해서만 가능하다**. 천층 터널에서는 이러한 조건이 거의 성립하지 않는다. 터널의 축대칭해석은 2D 해석의 노력과 자원으로 굴착면의 종횡방향 하중전이를 3차원적으로 파악할 수 있게 한다. 터널의 굴착과 지보재의 설치영향이 이 모델링방법으로 조사될 수 있다.

2D-평면변형 해석. 완성된 터널은 축방향 변형률을 '0'으로 가정할 수 있으므로 평면변형조건의 가정이 성립한다. 터널에 대한 평면변형해석이 비교적 널리 사용되나 다음 조건들을 고려할 수 없으면 3D 해석이 고려되어야 한다.

• 층리면, 불연속면과 같은 지질학적 조건이 터널 축과 평행하지 않은 경우

- 초기 지중응력
- 터널 축방향으로 진행하는 굴착과정의 고려. 특히 터널 굴착면으로부터 떨어진 곳의 지보재 설치
- 앵커나 마이크로파일 같은 지보 설치

평면변형해석으로 터널굴착면의 안정문제, 터널 축방향 하중전달이 내공변위나 지보재 압력에 미치는 영향은 고려할 수 없다. **터널 건설과정을 2D 모델링하는 것은 굴착면의 3차원 조건을 2차원으로 다루는 문제로서 경험파라미터를 도입하는 특별한 고려가 필요하다.**

굴착면 3D 영향의 2D 모델링기법

터널의 굴착과정은 3차원 문제이다. 이를 2차원으로 모사하기 위한 여러 가지 방법들이 제시되어 왔다. 일반적으로 3차원 효과를 2차원적으로 고려하기 위하여, 하중, 변위, 지반강성을 하중재하단계별로 제어하여 3차원 건설과정을 2차원으로 표현한다. 제어파라미터는 계측결과, 3D해석, 유사경험으로부터 얻어진다.

3D 조건을 2D 조건으로 모사하는 방법은 다음과 같으며 표 3.1은 이를 비교한 것이다(Sakurai, 1978; Panet and Guenot, 1982; Dolezalvoa et al., 1991).

- 응력감소계수법(하중분담률법) : 응력감소계수를 도입하여 이완하중을 단계별로 재하 하는 방법(α-법)
- 강성감소법 : 이완하중을 단계별로 재하하며, 이에 따라 굴착 요소의 강성도 단계별로 저감시키는 방법(β-법)
- 갭(gap) 파라미터 및 지반손실(volume loss)법 : 목표한 천단침하 및 지표체적손실(volume loss)이 얻어 질 때까지 이완하중을 단계별로 재하하는 방법(v_l-법)
- 시간파라미터법 : 지하수 유출 등 시간의존성거동의 고려(η-법)

표 3.1 터널의 2차원 모델링 방법

모델링 방법		제어 파라미터	라이닝타설전 상태정의	Reference
하중제어법(하중분담률법)		굴착 상당력	$\{R_i\}=\alpha\ \{R\}$	Panet and Guanot(1982)
강성제어법(강성감소법)		굴착단면의 강성	$E_i=\beta E_o$	Swoboda(1979)
변 위 제어법	Gap 파라미터법	천단침하	G_{ap}: 천단침하	Addenbrooke(1996)
	지반 손실율법	지표침하체적	V_l : 지반손실	Rowe et al.(1983)
시간제어법		시간 파라미터	$t^*=\eta T$	Shin and Potts(2001)

하중분담률법

2D 해석의 문제점은 2D 평면해석이므로 굴착면의 안정과 관련하여 정보를 얻을 수 없다는 것이다. 그림 3.136은 굴착으로 유발되는 경계력과 건설과정을 고려하는 하중분담률법의 개념을 예시한 것이다.

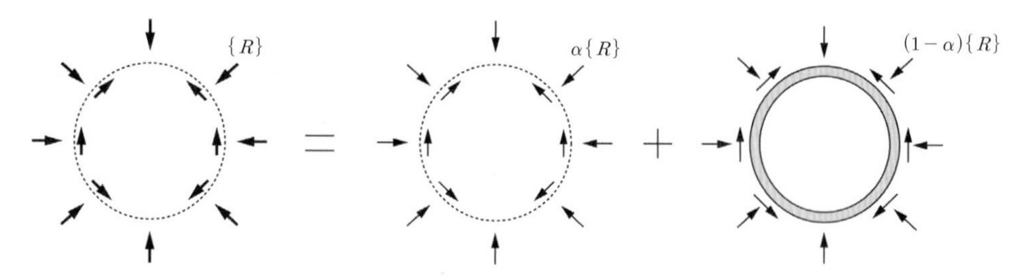

(a) 굴착 상당력 산정 : $\{R\}$ (b) 라이닝 설치 전 재하 : $\alpha\{R\}$ (c) 라이닝 설치 후 재하 : $(1-\alpha)\{R\}$

그림 3.136 터널굴착 시 굴착면 작용응력 - 2D 모델링 예

그림 3.137은 하중분담률법에서 굴진에 따른 하중분담률 α와 지반반응곡선을 보인 것이다. α를 적절히 선택함으로써 터널굴착면으로부터 지보거리 영향을 고려할 수 있으며, 보다 실제적인 터널내공변위, 지표침하 그리고 라이닝 부재력을 2D 해석으로 산정할 수 있다.

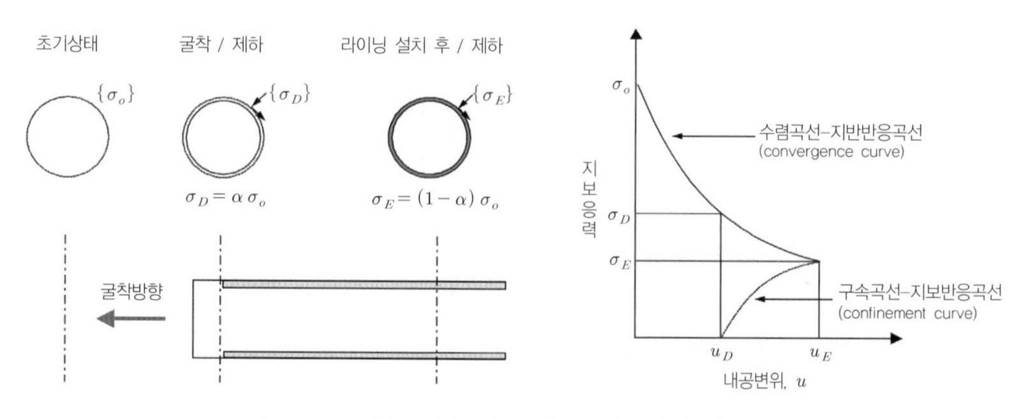

그림 3.137 3차원 터널거동의 2차원 모델링 – 하중분담률법

α는 무지보 원형터널의 3D해석(탄성, 점탄성, 탄소성)을 수행하여 터널 종방향 변위 u_n의 분포를 평가하여 결정할 수 있다(Sakurai, 1978). 최근에는 현장계측으로 얻을 수 있는 내공변위나 체적손실 값을 이용하는 방법이 더 선호된다. α는 경험파라미터로서 논리적으로 결정되어야하며 다음과 같은 방법들이 사용될 수 있다.

유사지반의 대표해석(representative analysis)을 활용한 α 결정법. 지반의 비선형 거동으로 인해 계측결과로부터 바로 경험 파라미터를 산정하기 어렵다. 따라서 이 경우 해석 대상 지반과 유사한 지반의 횡방향 침하에 대한 계측결과를 활용하는 대표해석 방법을 고려할 수 있다. 유사지반이란 터널과 지층의 구성이 거의 같아 같은 지반모델 및 지반파라미터를 사용할 수 있는 두 지반관계로 정의할 수 있다.

먼저 계측결과를 아는 지반에 대한 역해석을 수행하여 계측결과와 가장 잘 일치하는 경험파라미터를 얻었다면, 이를 해석 대상지반의 경험파라미터로 사용할 수 있다. 이 파라미터는 결국 프로그램의 특성과 구성모델 등의 영향을 모두 포함하여 결정된 것이므로, 같은 프로그램을 사용하여 새로 해석하고자 하는 지반에 적용함으로써 부분적으로 오차의 자연소거를 유도할 수 있다(그림 3.138).

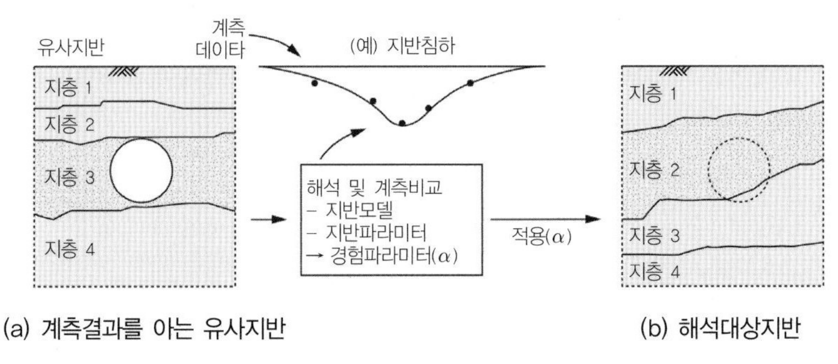

그림 3.138 유사지반 계측결과 활용법

3차원 대표해석 결과를 활용한 α의 결정. 계측결과가 제공되지 않는 지반은 대표단면에 대한 3차원 해석을 수행하여 2차원 해석의 기본 파라미터를 설정하는 해석 방법을 활용할 수 있다(그림 3.139).

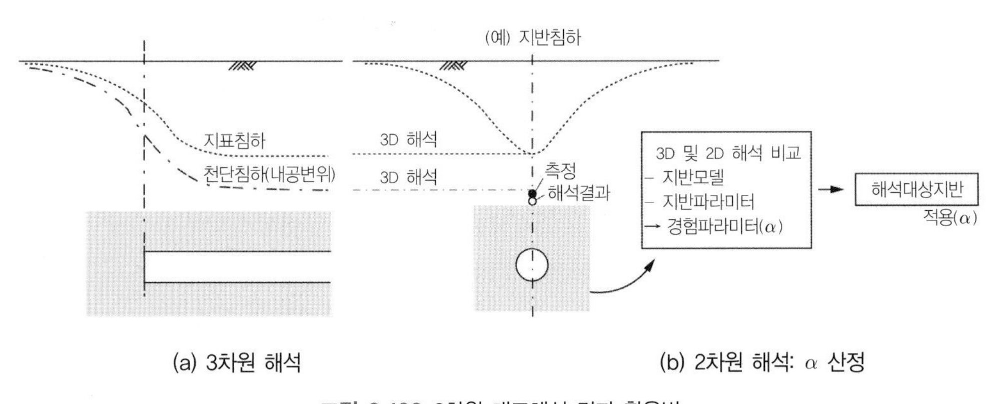

그림 3.139 3차원 대표해석 결과 활용법

같은 문제를 3차원 그리고 2차원으로도 모델링하여 두 해석결과로부터 얻어지는 관찰변수(지표침하 또는 내공변위)가 일치하도록 2차원 경험파라미터를 시행착오적으로 산정할 수 있다. 지반거동이 등방탄성 혹은 비배수 탄성이라면 어느 한 변수를 택하여 평가하여도 무방할 것이나 비선형, 소성변형이 지배적인 경우 2개 이상의 관찰변수를 선정하여 이를 최적 만족하는 파라미터를 찾는 것이 바람직하다.

변위제어법 – Volume loss법, Gap 파라미터법

점성토 지반에서 터널굴착으로 인한 천단변위(gap)나 지반손실(volume loss 지표침하면적)을 알 경우 유용하다(그림 3.140). 이 방법은 London Clay의 비배수거동 지반의 터널해석에 부합한 방식으로, 터널 굴착 시 지표침하면적이 일정하다는 데 착안하여 시도되었다. 즉, 비배수전단의 경우 체적변화가 없으므로 지표손실과 터널내부 굴착계획선 안쪽으로 밀려들어 온 유입변형면적이 같다고 가정한다. 증분해석을 수행하여 설정한 지표손실, 또는 갭(gap)에 도달한 해석단계에서 라이닝을 설치한다. 이 방법은 계측에 바탕을 둔 변위 파라미터를 이용하여 터널굴착과정을 2차원적으로 모사하는 것으로 계측결과가 충분한 특정지반에서 라이닝 거동에 대해 비교적 정확한 결과를 준다.

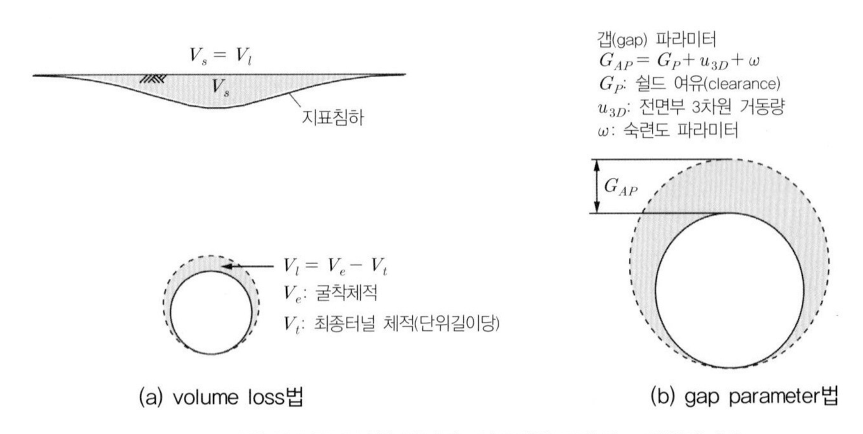

그림 3.140 3차원 터널거동의 2차원 모델링 – 변위제어법

시간제어법(time-based approach)

대부분의 3차원해석법은 굴착 시 시간의존성 거동이 없는 경우를 전제로 하고 있다. 그러나 굴착 시 배수로 인해 라이닝-배수재-지하수 상호작용, 압밀작용이 있는 경우, 앞에서 살펴본 모델링방법은 더 이상 유효하지 않다. Shin et al(2002)은 시간파라미터(Time factor)를 제어변수로 도입하여 시간의존적 거동을 포함하는 굴착의 3차원 영향을 고려하는 방법을 제안하였다. 이 방법은 수리거동모델링을 포함하므로 변위-간극수압 결합 해석을 필요로 한다.

지하수위 아래 터널굴착은 굴착하중과 지하수 이탈현상 모두 고려하여야 한다(압밀이 일어나지 않는 지반의 경우 비압밀조건(non-consolidating) 설정이 필요하다. 그렇지 않으면 과대변형의 오류가 유발된다). 지반투수성에 지배되나 풍화토와 같은 경우 굴착면이 접근해오면서 이미 배수가 시작된다. 이 경우 3차원 굴착영향을 시간을 제어변수로 하는 시간제어법(time based approach)를 활용할 수 있다.

이 방법은 굴착으로 인한 응력이완이 오차함수(error function)의 형상을 따르고, 굴착응력이 시간 T에 걸쳐 이완되는 것으로 가정한다. 굴착속도(v_c)와 계측결과로부터 일반적으로 $T = (2 \sim 4)Dv_c$ 관계에 있다(D는 터널직경).

$$\sigma(t)=\frac{\sigma_o}{2}\{1+erf(t)\} \tag{3.219}$$

이 방법은 제어변수를 시간으로 택하여 하중분담개념을 시간분담개념으로 전환한 것으로 3차원 영향을 고려하는 라이닝이 설치되는 시간을 $t^*=\alpha T$로 제안하였다. 이를 통해 배수가 일어나는 지반의 흐름거동과 굴착응력이완효과를 동시에 고려할 수 있다. 그림 3.141은 이 모델링 개념을 예시한 것이다.

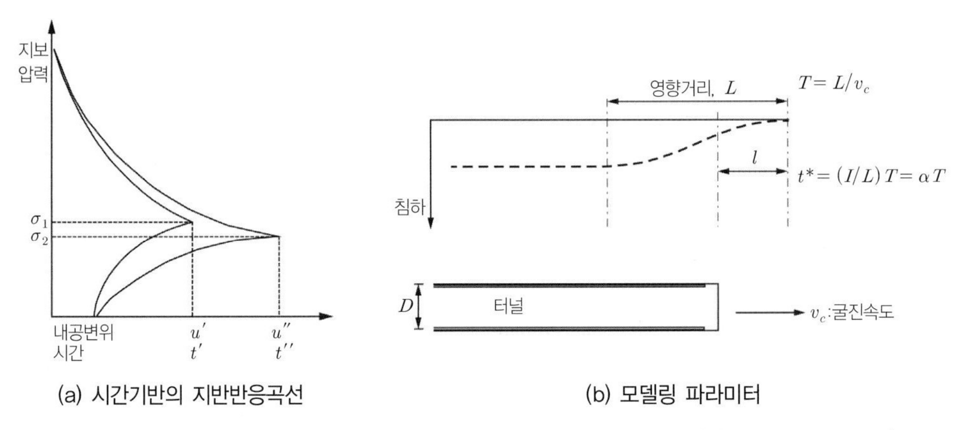

그림 3.141 시간파라미터법(time-based convergence confinement method) (Shin et. al., 2002)

시간제어법의 장점은 건설과정에 이은 장기거동해석에도 유용하다. 시간파라미터법으로 건설과정을 해석한 후 이를 초기상태로 하여 장기 압밀거동해석을 수행하면 터널건설로 인한 시간의존적 장기영향을 파악할 수 있다. 이 모델링 방법은 변위-흐름의 결합해석(coupled analysis)도구가 요구되며, 지반특성에 따른 해석경험의 축적이 필요하다.

터널의 3차원 모델링

2D 해석의 가장 실질적인 문제는 터널 터널굴착면 주위는 평면변형조건으로 볼 수 없으므로 모델링의 기본 가정을 만족하지 않는다는 사실이다. 초기응력조건이 $K_o=\nu/(1-\nu)$인 선형 탄성매질 내 무지보 원형터널의 경우, 평면변형면에 수직방향응력인 σ_z의 영향이 상당하다. 결과적으로 평균수직응력 σ_{oct}에도 영향을 미쳐 실제 터널의 응력-변형률 장이 평면변형률 조건을 만족하지 않게 된다(Panet et al., 1989). 이런 문제는 $K_o>1$인 지반에 건설되는 터널에서 현저해진다. 이런 특성 때문에, 아이러니하게도 물리적으로 더 정확한 비선형 구성모델을 사용한 2D 해석이 더 큰 오차를 나타낼 수 있다(Vogt et al., 1998; Dolezalova and Danko, 1999).

실질적인 터널내공변위, 지표침하 그리고 라이닝하중을 예측하기 위해서는 고급 구성방정식을 채용한 3D 수치해석을 고려할 필요가 있다. 3D 모델링은 실제 건설과정을 다음과 같이 세밀하게 표현할 수 있다.

- 주어진 K_o에 대하여 정확한 응력상태를 재현하여 고급 구성모델의 적용이 가능하다.
- 굴착면의 안정과 굴착면이 지표침하에 미치는 영향을 평가할 수 있다.
- 굴착면으로부터 지보재 거리의 영향이 내공변위 수렴 및 라이닝하중에 미치는 영향을 평가할 수 있다.
- 주어진 막장거리(face distance,관찰기준단면에서 막장까지 거리)에 상응하는 감소계수 β_n을 결정할 수 있어, 3D 해석과 동시에 α–법의 적용에 필요한 정보를 제공한다.

터널건설과정의 중요한 특징은 굴착으로 인한 불균형력은 항상 굴착면에 작용하며 라이닝하중은 응력의 전이에 의해서 발생한다는 사실이다. 이 경우 터널 2D 모델링에서 흔히 발생하는 문제점인 터널 바닥부 라이닝의 비실제적인 상승거동(unrealistic heave)은 나타나지 않는다.

터널의 경계조건

역학거동과 관련한 경계조건(변위고정조건 또는 하중재하조건) 설정 시, 유효응력 개념으로 경계조건을 설정할 것인지, 전응력 개념으로 설정할 것인지 구분하는 것이 중요하다. 터널 라이닝의 변형은 라이닝에 작용하는 전응력에 의존하는 반면, 지반거동은 유효응력에 의존한다. 유효응력해석(변위-수압 연계해석)은 변위 및 수리경계조건을 동시에 설정하여야 한다.

변위경계조건. 모델링의 횡방향경계에서 통상 수평변위를 구속하고, 저면경계에서는 수직 · 수평 모두 구속한다. 수평거리가 충분한 경우 횡방향 경계에서 수직·수평 모두 구속하기도 한다. 반단면 해석 시 대칭면은 수평거동을 구속하며, 라이닝의 경우 대칭면에서 천단과 인버트에서 라이닝의 회전각을 '0'으로 설정하여야 한다.

수리경계조건. 지하수가 차있는 지반에서 터널을 굴착하면 굴착경계면이 대기압조건이 되므로 터널 굴착면을 향해 흐름이 일어난다. 마치 터널이 배수구처럼 거동한다.

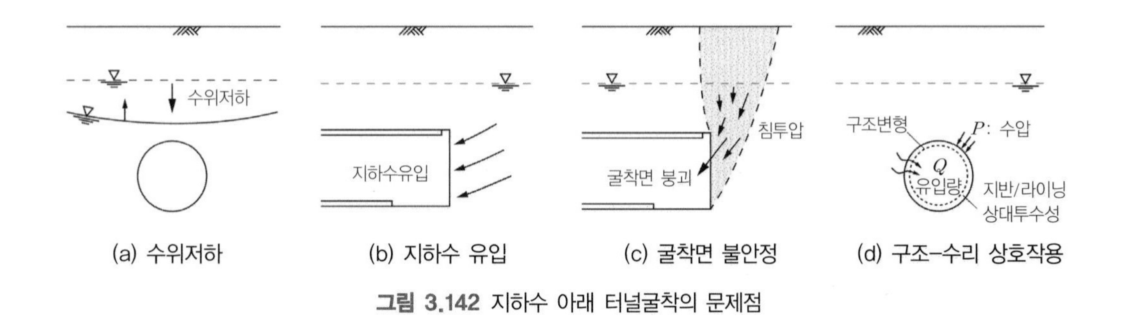

그림 3.142 지하수 아래 터널굴착의 문제점

터널로 배출이 일어나면 그림 3.142처럼 지하수위 저하, 인접한 우물수위 감소(심지어 고갈), 압밀로 인한 지반침하 등이 야기된다. 지하수의 유입은 지반의 유효응력 감소로 전단저항을 감소시키고, 굴착면을 향한 침투력의 발생, 지반 내 미세입자를 이동시켜 터널의 안정과 변형에 영향을 미칠 수 있다. 저투수성지반에서 지하수유출은 시간의존성거동을 야기하는 주요인이다. 게다가 연약지반에서 굴착면을 향한 침투력은 터널굴착면의 안정을 저해할 수 있다.

지하수위의 저하는 해석영역으로 유입되는 유량이 터널 내 배출량보다 적을 때 발생한다. 지하수 유입이 충분한 경우 지하수위가 일정하게 유지되는 구속흐름을 가정할 수 있으나, 유입량이 배출량보다 적으면 비구속흐름을 설정하여야 한다.

모델의 최외곽 경계면(그림 3.143 a의 $BCDA$)에서 수두 ϕ는 원지반의 수두를 유지한다고 설정한다. 모델이 대칭이어서 반단면만 해석하는 경우 대칭면에서는 흐름이 없는 것으로 설정한다($Q=0$, 그림 3.143 b). 일반적으로 터널외곽경계를 터널 중심으로부터 멀리 잡을수록 지하수위저하가 커지는 결과를 준다. Arn(1987)과 Anagnostou(1995b)의 수치해석결과에 따르면 **모델 외곽경계는 터널로부터 적어도 터널직경의 15~20배 떨어져 있어야 한다.**

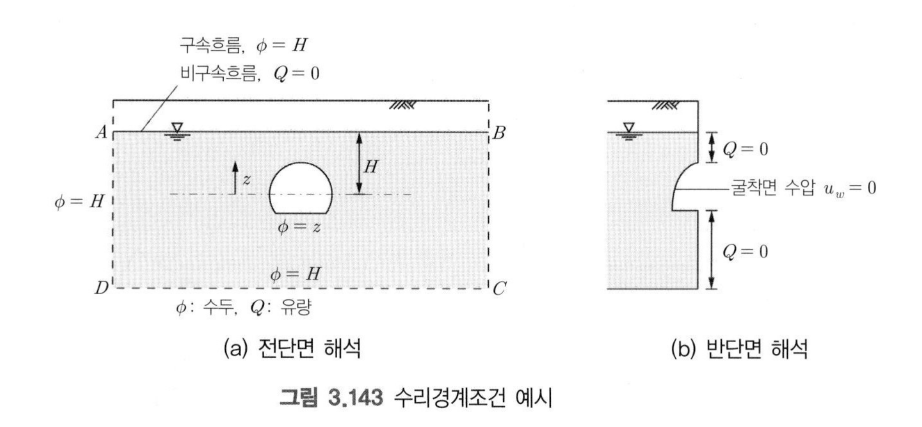

(a) 전단면 해석 (b) 반단면 해석

그림 3.143 수리경계조건 예시

수면 AB에 따른 경계조건은 수리 및 지질조건(hydro-geological conditions)에 따라 달라질 것이며 시간에 따라 변화할 것이다. 결과적으로 두 가지 중요한 수리경계조건을 검토해볼 수 있다. 우선 첫 번째로 강우, 인접한 하천, 호수, 우물 등으로 수위가 일정하게 유지되는 경우이다. 이때의 수리경계조건은 AB를 따라 수두를 일정하게($\phi = H$) 두는 경우이다. 이 경우 수위는 그대로이지만 터널 주변지반의 간극수압은 감소한다. 두 번째는 지하수의 보충이 이루어지지 않아 지하수위가 저하하는 경우이다. 수위저하는 자유면(free surface) 수리경계를 도입함으로써 고려할 수 있다(Bear, 1972). 자유수면을 포화지반과 불포화지반이 연속되는 경계로 고려할 수도 있다(Marsily, 1986). 자유수면은 압력 u_w가 대기압($u_w = 0$, $\phi = z$)인 면으로 정의한다. 지하수의 외부유입(보충)을 '0'으로 가정하므로 AB는 흐름이 없는 경계조건이다($Q=0$).

굴착면이 오픈된 경우 대기압이 작용하여 유출면이 된다. 하지만 슬러리 쉴드나 토압식 실드의 경우 굴착전면이 필터케이크 또는 실질적인 투수제어로 불투수 조건이 되는 경우 흐름 '제로($Q=0$)'인 수리경계조건이 적용되어야 한다(Anagnostou and Kovári, 1996, 1999). 방수막이 설치된 경우 터널벽면은 흐름 제로조건($Q=0$)을 적용한다. 오픈 굴착면, 투수성이 큰 배수층을 포함하는 면, 라이닝 미타설 굴착면 등 흐름이 일어나는 수리경계조건은 $u_w=0$ 또는 $\phi=z$. 이 경계조건에서는 대기압과 수압의 크기를 비교하여 수압이 대기압보다 큰 조건에서는 $u_w<0$이 되어야 하며, 그 이외의 경우 $Q=0$조건을 적용하여야 물이 터널에서 지반으로 흐르는 비현실적 현상을 방지할 수 있다.

터널 라이닝시스템의 구조-수리 상호작용

NATM 터널과 같이 지하수가 지반-숏크리트-배수재를 관통하여 흐르는 경우 흐름경계조건은 일정하게 유지되지 않을 수 있다. 즉, 장기적으로 배수층이 폐색되거나 균열로 인해 누수가 일어나는 등의 수리경계조건이 변화할 수 있다. 일례로 배수터널이 폐색으로 유입저항이 발생하거나 비배수 터널에 누수가 일어나는 현상은 수리경계조건이 변화하는 경우로서 이를 수리적 열화(hydraulic deterioration)라 한다. 수리적 열화는 라이닝에 작용하는 수압이나 통과유량의 크기를 변화시키는데, 특히 그림 3.144 (a)와 같은 이중구조라이닝의 경우 흐름저항은 수압증가로 이어져 라이닝콘크리트에 수압하중으로 작용하며 이로 인해 구조물에 부담이 야기될 수도 있다.

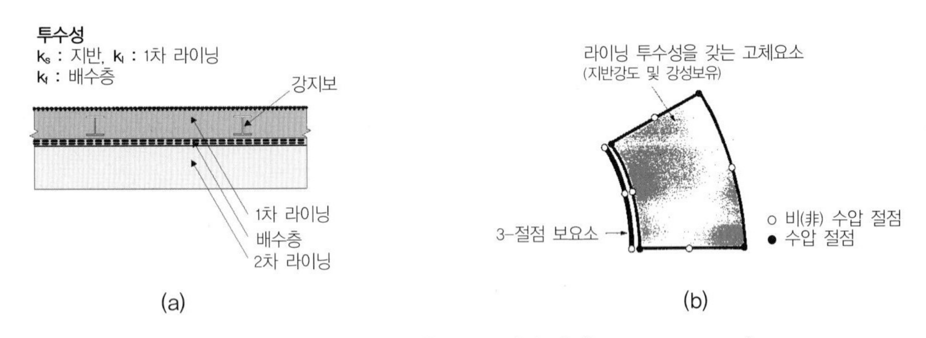

그림 3.144 구조-수리 상호작용의 복합요소 모델링 기법(Shin et al., 2002)

Shin et al. (2002)은 터널의 침투특성과 수리열화를 고려한 구조-수리 상호작용을 모델링하기 위하여 그림 3.144 (b)와 같은 복합요소모델링 기법을 도입하였다. 수리거동은 고체요소로, 구조거동은 보요소로 표현함으로써 흐름과 변위의 결합거동을 표현하였다. 복합요소 모델링기법을 이용한 지반과 라이닝 간 상대투수성의 영향에 대한 조사결과를 그림 3.145에 보였다. 그림 3.146은 이 모델링기법을 이용하여 London Clay의 30년간 계측거동을 모사한 것이다. 수치해석을 통해 측정결과와 일치하는 결과는 측벽의 경우 비배수조건에서, 천단의 경우 부분 배수조건에서 얻어짐을 확인하였다.

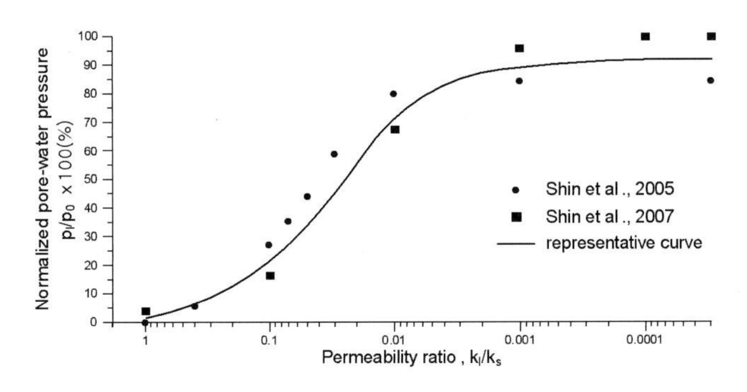

그림 3.145 지반-라이닝 상대투수성에 따른 라이닝 수압분포 특성(Shin et al., 2002)

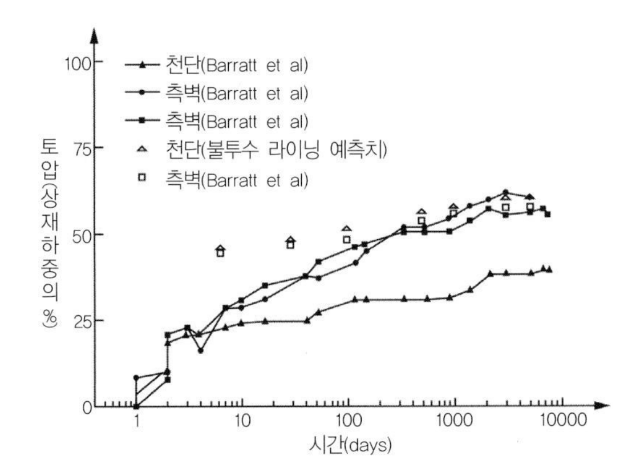

그림 3.146 결합 유한요소법에 의한 London Clay의 터널거동의 모사(after Barratt et al., 1994; Shin et al., 2002)

터널해석의 경우 산정된 경험파라미터의 신뢰도에 따라 해석결과의 사용수준을 판단할 수 있으므로, 경험파라미터의 사용 값과 산정근거를 분명히 제시하여야 한다. 특히 인접건물 손상평가 등 예측해석의 경우는 3차원 해석 혹은 계측 데이터베이스를 활용한 경험법을 병행 사용하여 종합 판단하는 것이 바람직하다. 경험법이 통상 지표침하만 산정이 가능한 데 비해 수치해석은 지표침하는 물론 지반의 전반적 거동, 특히 터널 주변거동과 라이닝의 응력까지도 연계 파악이 가능하므로 경험법과 수치해석법의 조합 분석은 거동예측의 신뢰도를 크게 향상시킬 수 있다.

NB: 터널 수치해석의 유의사항 – 2차원 터널해석의 신뢰도는 경험파라미터의 정확도가 지배한다. 따라서 터널 해석자는 신뢰성 있는 경험파라미터를 얻기 위해 노력하여야 하며, 한편으로 경험파라미터의 신뢰도에 상응하는 만큼 해석결과의 이용에 제약이 필요하다. 예를 들어 임의로 40%의 하중 분담률(α)을 선정하여 얻어진 해석결과는 영향분석이나 대안비교 등의 목적에는 사용 가능할지라도, 건물손상 등을 평가하는 예측해석에서는 α 평가에 대한 근거가 부족하다는 지적이 있을 수 있다.

세그먼트터널 라이닝의 수리-구조 상호작용 모델링

세그먼트라이닝은 볼트로 연결된 3차원적 조립형태를 이루므로 모델링이 쉽지 않다. 세그먼트 터널의 방수는 세그먼트 단면의 홈에 설치되는 실재와 개스킷에 의해 이루어진다. 방수원리는 그림 3.147 (a)와 같이 실재의 압력을 침투수압보다 크게 설정하는 것이다. 하지만 시공상의 오차나 작업의 오류 등으로 인해 세그먼트 터널의 누수는 대부분 연결부를 통해 일어난다. 또한 세그멘트와 지반사이에 뒤채움이 이루어지므로 이의 영향도 고려되어야 한다. 그림 3.147 (b)는 세그먼트 라이닝의 이질 재료특성을 고려한 구조-수리 모델을 보인 것이다.

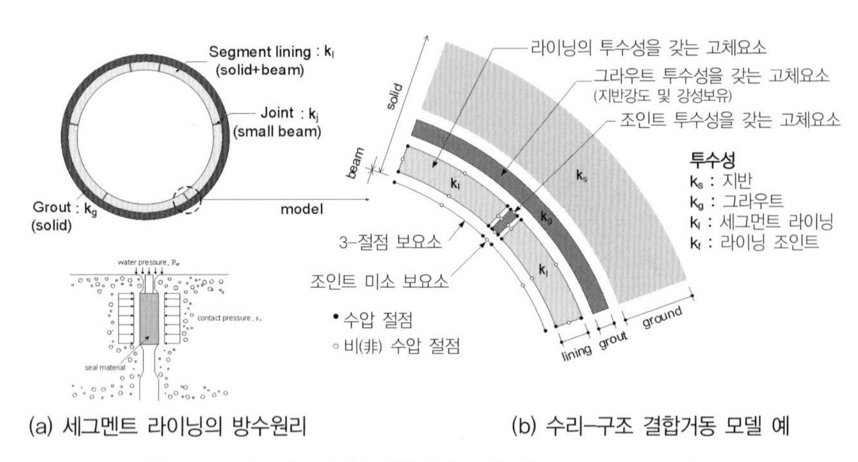

(a) 세그멘트 라이닝의 방수원리 (b) 수리-구조 결합거동 모델 예

그림 3.147 세그먼트라이닝 결합해석 모델 예(Shin et al., 2012)

그림 3.148은 세그먼트 터널의 결합해석결과를 예시한 것이다. 침투는 연결부의 수리적 열화를 통해 일어난다. 열화되어 침투가 일어나는 조인트에 침투의 집중이 일어난다. 연결부에서 미소하게라도 흐름이 발생하면 그에 상응하여 수압은 감소한다.

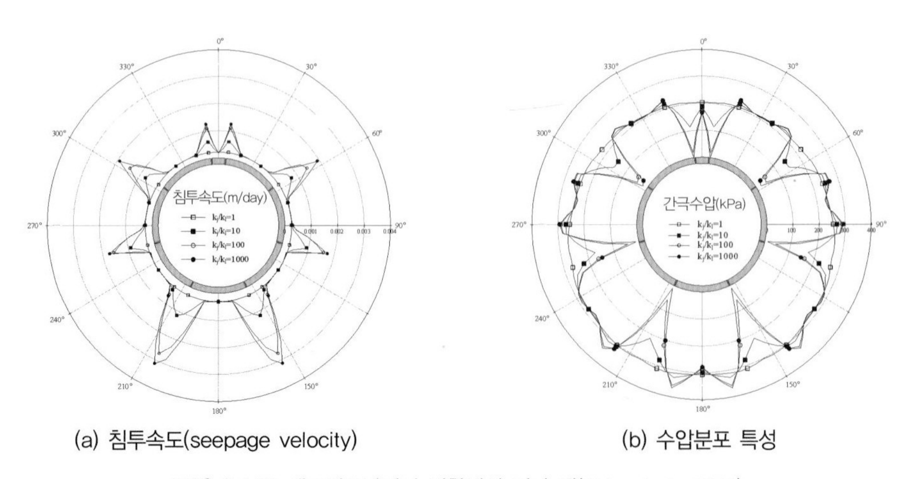

(a) 침투속도(seepage velocity) (b) 수압분포 특성

그림 3.148 세그먼트라이닝 결합해석 결과 예(Shin et al., 2012)

3.8 기타 지반수치해석법

수치해석법의 확대는 유한요소법에 국한되어 있지 않다. 유한차분법(FDM)도 매우 광범위하게 사용되는 수치해법 중의 하나이며, 불연속체 해석법인 개별요소법(DEM)해석도 사용이 일반화되고 있다. 또한 주로 연구목적이긴 하나 개별 입자모델링법인 입상체해석법(PFC)도 사용이 확대되고 있다. 유한요소법 이외의 수치해석법에 대한 원리와 기본개념 그리고 지배방정식을 살펴보자.

3.8.1 유한차분법(FDM)

유한차분법을 지반공학에 적용하는 경우 크게 두 가지로 구분된다. 첫째는 제1권 6장에서 다룬 **지배미분방정식의 풀이법으로 단순 이용하는 경우**와, 둘째는 **지반거동의 정적 및 동적 연속체 역학의 시스템 지배방정식을 푸는 경우(예 FLAC)**이다. 이 경우 유한요소이론과 같은 정식화 과정이 없이 요소 미분방정식의 적분을 통한 이론전개가 가능하다. 유한차분법은 계산과정이 순차적이어서 유한요소법보다 메모리 용량의 소요가 적다는 장점이 있다.

유한차분해석(FDM)의 기본원리

차분해석법은 수리거동문제나 동적문제 해석에 선호되어 왔다. 2차원 수리거동의 지배방정식으로부터 수두를 구하는 문제를 예로써 FDM의 원리를 살펴보자. 그림 3.154와 같은 연속함수 $f(x)$가 구간 $x_1 < x < x_n$에서 연속적이며 x_i에 대하여 f_i가 정의될 수 있다고 하자.

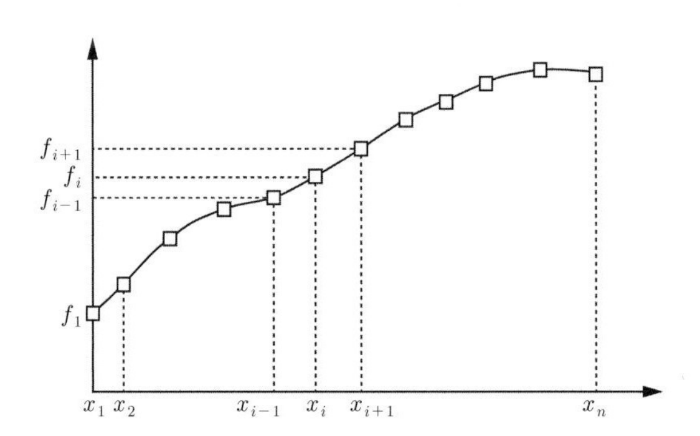

그림 3.149 1차원 함수미분의 절점 요소화(discretisation)

함수 $f(x)$가 미분가능하다면 Taylor 전개로부터

$$f(x+\Delta x) = f(x) + \frac{df}{dx}(x)\Delta x + \frac{1}{2!}\frac{d^2 f}{dx^2}(x)\Delta x^2 + \frac{1}{3!}\frac{d^3 f}{dx^3}(x)\Delta x^3 + \ldots \quad (3.220)$$

식 (3.220)을 $x = x_i$에 대하여 다시 쓰면

$$f_{i+1} = f_i + \frac{df}{dx}\bigg|_i \Delta x + \frac{1}{2!}\frac{d^2f}{dx^2}\bigg|_i \Delta x^2 + \frac{1}{3!}\frac{d^3f}{dx^3}\bigg|_i \Delta x^3 + \ldots \tag{3.221}$$

$$f_{i-1} = f_i - \frac{df}{dx}\bigg|_i \Delta x + \frac{1}{2!}\frac{d^2f}{dx^2}\bigg|_i \Delta x^2 - \frac{1}{3!}\frac{d^3f}{dx^3}\bigg|_i \Delta x^3 + \ldots \tag{3.222}$$

3차항 이상을 무시하면, 1차 미분 값은 위 두 식의 차로부터 다음과 같이 구할 수 있다.

$$\frac{df}{dx}\bigg|_i \approx \frac{f_{i+1} - f_{i-1}}{2\Delta x} \tag{3.223}$$

마찬가지로 2차 미분 값은 식 (3.221) 및 식 (3.222) 을 더하면 다음과 같이 구할 수 있다.

$$\frac{d^2f}{dx^2}\bigg|_i \approx \frac{f_{i+1} + f_{i-1} + 2f_i}{\Delta x^2} \tag{3.224}$$

식 (3.223) 및 식 (3.224)은 일차 및 이차 미분의 근사식이다. 미분에 대한 정해와 근사해간 오차는 Δx^2에 비례한다. Δx가 0에 접근하면 근사 미분 값은 이차함수 형태로 정해에 접근한다.

NB : 차분법의 양해법(explicit method)과 음해법(implicit method)

양해법은 t와 $t-\Delta t$에서 아는 값을 이용하여 $\{u\}_{t+\Delta t}$를 구하는 방법이며, 음해법은 t와 $t-\Delta t$에서 아는 값과 $t+\Delta t$에서 값을 이용하여 $\{u\}_{t+\Delta t}$를 구하는 방법이다. 양해법은 계산이 간단하나 오차확산방지 및 계산 안정성을 위해 작은 Δt를 취하여야 한다. 음해법은 안정성이 비교적 높으나 정밀도는 낮다.

시스템 지배 미분방정식의 차분해

차분법의 기본원리가 바로 적용될 수 있는 시스템 지배방정식문제는 압밀해석과 지반의 동적거동해석 문제를 들 수 있다.

기본원리에서 살펴본 미분방정식의 일차원 차분해는 2차원 변수 x, y에 대해서도 같은 방법으로 전개할 수 있다. 이차원 거동은 그림 3.150과 같이 격자로 요소화할 수 있다. 절점은 i, j로 나타내고, 곡선형 경계는 근사적으로 직선세그먼트로 표현할 수 있다.

흐름문제에 대한 Laplace 방정식을 생각해보자. 수두를 h라 하면

$$\frac{d^2h}{dx^2} + \frac{d^2h}{dy^2} = 0 \tag{3.225}$$

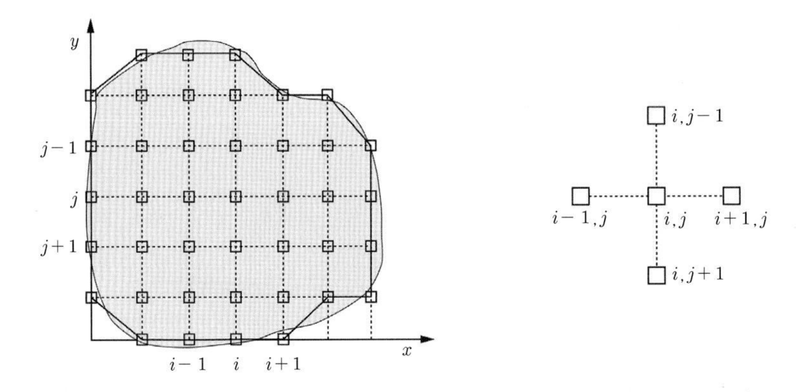

그림 3.150 이차원 문제의 유한차분 요소화

$\Delta x = \Delta y$로 취하여, 앞에서 살펴 본 식 (3.221) 및 (3.222)에 의하면,

$$h_{i,j} = \frac{1}{4}(h_{i+1,j} + h_{i-1,j} + h_{i,j+1} + h_{i,j-1}) \tag{3.226}$$

흐름문제는 경계치문제로서 경계의 조건이 설정되어야 한다. 일례로 어떤 경계가 불투수인 경우라면, h가 수리 포텐셜이고, 경계에 수직한 벡터가 n이라면 침투속도, $\frac{\partial h}{\partial n} = 0$이다. $n = x$이면, $\frac{\partial h}{\partial x} \approx h_{i-1,j} - h_{i+1,j} = 0$이므로 $h_{i,j+1} = h_{i,j-1}$이다. 따라서 식 (3.226)은

$$h_{i,j} = \frac{1}{4}(h_{i+1,j} + h_{i-1,j} + 2h_{i,j-1}) \tag{3.227}$$

모델의 기하학적 형상에 따라 다양한 경계조건이 발생할 수 있으며 그림 3.151에 불투수경계조건의 예를 보였다.

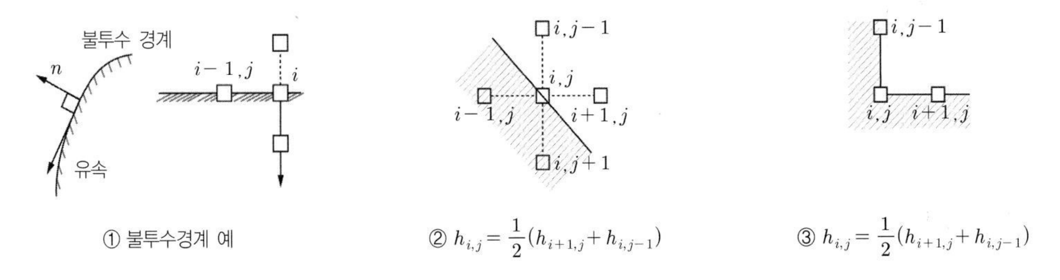

그림 3.151 유한차분 경계조건의 예(불투수경계의 유형) – 계속

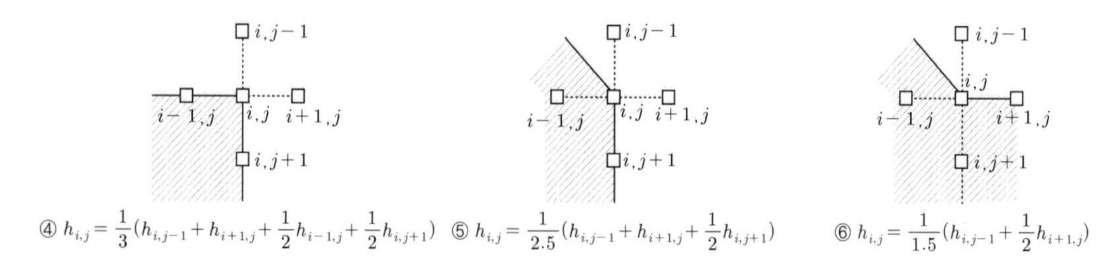

그림 3.151 유한차분 경계조건의 예(불투수경계의 유형)

예제 Laplace 방정식이 성립하는 변수 $h(x,y)$에 대한 영역이 그림 3.152 (a)와 같이 $(0,1)$ 및 $(1,0)$로 정의되는 경우, $h(x,y)$의 경계조건이 $h(x,0)=0$; $h(1,y)=0$; $h(0,y)=0$; $h(x,1)=4500(1-x)$였다. 격자를 그림 3.152 (b)와 같이 $4\times4=16$ 절점으로 구분했을 때 내부 절점의 $h(x,y)$를 구하라.

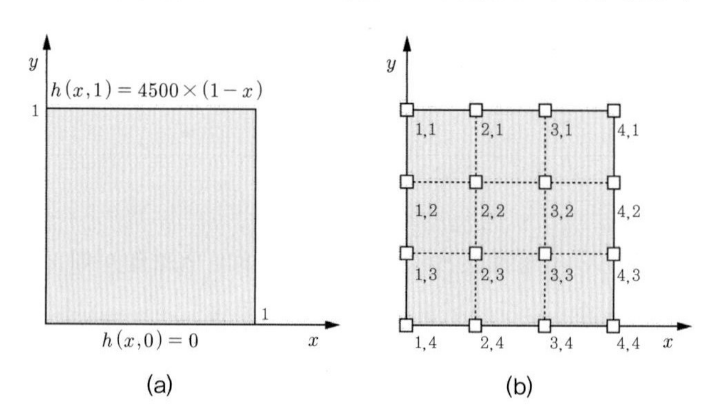

그림 3.152 수리문제의 유한차분법 예시

풀이 $x=1/2$에 대하여 대칭이므로, $h_{2,2}=h_{3,2}$ 및 $h_{2,3}=h_{3,3}$이다. 따라서 미지수는 $h_{2,2}$와 $h_{2,3}$뿐이다. 차분식에 의한 두 개의 선형연립방정식이 성립한다.

$h_{2,2}=\frac{1}{4}(1000+0+h_{2,3}+h_{2,2})$ 및 $h_{2,3}=\frac{1}{4}(0+0+h_{2,3}+h_{2,3})$

$$\begin{bmatrix} 3 & -1 \\ -1 & 3 \end{bmatrix}\begin{Bmatrix} h_{2,2} \\ h_{2,3} \end{Bmatrix}=\begin{Bmatrix} 1000 \\ 0 \end{Bmatrix}$$

위 식을 풀면 $h_{2,2}$=375, $h_{2,3}$=125이다.

FDM을 이용한 압밀해석. 압밀방정식 $\frac{\partial u}{\partial t}=C_v\frac{\partial^2 u}{\partial z^2}$를 차분식을 이용하여 전개하면

$$\frac{\partial u}{\partial t}=\frac{1}{\Delta t}(u_{i,j+1}-u_{i,j-1})$$

$$\frac{\partial^2 u}{\partial z^2} = \frac{1}{(\Delta z)^2}(u_{i-1,j} - 2u_{i,j} + u_{i+1,j})$$

여기서 (i,j)는 행(row) i와 열(column) j의 교점인 절점위치를 나타낸다. 위 두식을 이용하여 압밀방정식을 다시 쓰면, $u_{i,j+1} = u_{i,j} + \frac{C_v \Delta t}{(\Delta z)^2}(u_{i-1,j} - 2u_{i,j} + u_{i+1,j})$

이 식은 경계가 아닌 절점에서 성립한다. 불투수 경계에서는 흐름이 '0'이므로

$$\frac{\partial u}{\partial z} = \frac{1}{2\Delta z}(u_{i-1,j} - u_{i+1,j}) = 0$$

따라서 압밀방정식의 유한차분 표현은, $u_{i,j+1} = u_{i,j} + \frac{C_v \Delta t}{(\Delta z)^2}(2u_{i-1,j} - 2u_{i,j})$

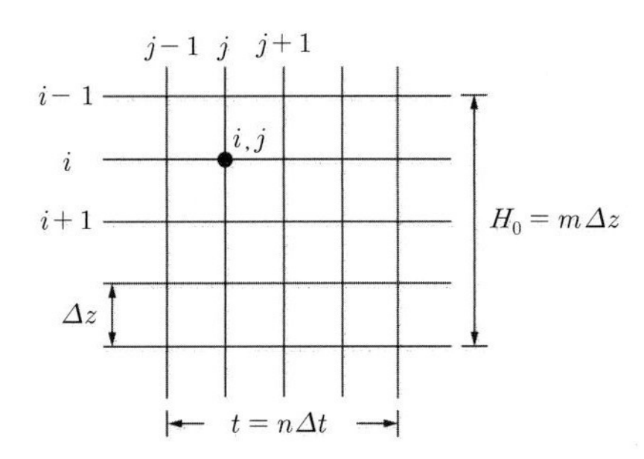

그림 3.153 FDM 그리드(i^{th}−depth, m−row ; j^{th}−time, n−column)

많은 연구에서 $\frac{C_v \Delta t}{(\Delta z)^2}$의 값이 0.5보다 작아야 식이 수렴하는 것으로 확인되었다. 실제로는 0.25가 수렴성이 좋다.

차분기법을 이용한 지반거동 해석

앞에서 다룬 차분해석은 단순히 특정문제의 시스템 지배 미분방정식의 풀이기법으로 적용한 것이다. 지반의 거동은 동적 및 정적의 연속체 거동으로서 지반요소의 미분방정식 풀이에 차분해석기법을 도입할 수 있다.

하중의 작용, 성토 굴착 등의 영향은 초기의 평형상태를 깨뜨리고 거동을 유발한다. 차분법에서는 이 **거동 유발 원인력을 절점의 불평형력으로 정의하고, 이 불평형력이 전파하며 새로운 평형상태에 도달하는 과정을 해석**하는 것이다. 따라서 거동의 지배방정식은 시간의 함수로 표현되는 운동방정식에 기초하며 변위의 가속도 및 속도성분을 거동변수로 다룬다.

거동 변위를 u, 변위속도를 $\dot{u}$, 그리고 가속도를 $d\dot{u}_i/dt$라 정의하면 미소 지반요소의 거동의 평형 미분 방정식은 각 시간간격(time step) Δt에 대하여 다음과 같이 표현된다.

$$\rho(\frac{\partial \dot{u}_i}{\partial t_i}) = \frac{\partial \sigma_{ij}}{\partial x_j} + \rho\, g_i \tag{3.228}$$

여기서, ρ: 밀도, $\dot{u}_i = du_i/dt$: 속도, t: 시간, σ_{ij}: 응력텐서, g_i: 중력가속도이다. 각 그리드 영역의 질량, m이 해당 절점에 뭉쳐(lumped) 있는 절점질량으로 가정한다. 절점에서의 작용력 f에 대하여, Newton's의 제 2법칙($f = ma$)에 의거 가속도는 다음과 같이 정의된다.

$$\frac{\partial \dot{u}}{\partial t} = \frac{f}{m} \quad (i.e., f = ma) \tag{3.229}$$

여기서, $\partial \dot{u}/\partial t$: 절점의 가속도, f: 작용력으로 절점 불균형력(out-of balance force)에 해당된다. 계산된 가속도를 차분법으로 적분하면 절점의 속도를 얻을 수 있다. 불균형력에 대한 일반화된 차분방정식은 '**외부 일률 = 내부 축적 일률**' 조건을 활용하여 절점 n에서 다음과 같이 얻어진다.

$$-f_i^n = \frac{T_i^{\,n}}{3} + \frac{\rho b_i V_i^n}{4} - m^n\left(\frac{d\dot{u}_i}{dt}\right)^n \tag{3.230}$$

여기서 i=1,3(좌표축), n: 절점, f^n: 절점력, m^n: 절점질량, b_i: 단위체적력, T_i^m, $V_i^{\,n}$은 각각 절점으로 배분되는 표면적과 체적이다. 위의 시간 차분식을 이용하여 절점의 속도($\dot{u}$)를 구하면, 다음의 속도-변위 증분 방정식을 이용하여 변형률 증분을 구할 수 있다.

$$\Delta\epsilon_{ij} = \frac{1}{2}\,[\frac{\partial \dot{u}_i}{\partial x_j} + \frac{\partial \dot{u}_j}{\partial x_i}]\,\Delta t \tag{3.231}$$

여기서, $\Delta\epsilon_{ij}$: 변형률증분 텐서, $\dot{u}_i$: 속도의 i 방향성분($u = \dot{u}\,\Delta t$), x_i: 좌표의 i 방향성분, Δt: 시간간격(time step). 이 관계는 FEM의 변형률-변위관계와 유사하다. **변형률증분이 결정되면 구성방정식을 이용하여 다음과 같이 응력을 계산**할 수 있다.

$$\Delta\sigma_{ij} = f\,(\Delta\epsilon_{ij},\ \sigma_{ij}\ \ldots\ldots) \tag{3.232}$$

$\Delta\sigma_{ij}$은 응력증분텐서, 함수 f는 구성방정식이다. eq. $\Delta\sigma_{ij} = D_{ijkl}\Delta\epsilon_{kl}$. 따라서 유한차분해석은 유한요소법과 마찬가지로 제1권 5장에서 다룬 임의의 구성방정식을 채택하여 지반거동을 모사할 수 있다. 이상의 차분기법에 의한 지반거동해석 절차를 요약하면 다음과 같다.

① 초기 평형상태에서 하중작용 굴착, 성토 등의 작업은 변형(u)를 유발하며, 각 절점(grid point)에 이에 상응하는 불균형력 f(unbalanced force)를 야기한다(절점하중을 최초 불평형력으로 가정).

Time step

② 변위로부터 가속도 산정(각 절점), $\partial \dot{u}/\partial t = f/m$

③ Δt에 대하여 운동방정식을 이용하여 불균형 절점력으로 부터 변위속도를산정, $\partial \dot{u}/\partial t \rightarrow \partial u/\partial t$

④ 변위속도로부터 변위증분을 산정, $\partial u/\partial t \rightarrow du$

⑤ 변형률증분과 대상재료의 구성방정식을 이용하여 응력증분을 구한다.

⑥ 각 그리드(grid) 절점(point)에서 불균형력이 충분히 작아져 수렴한계 도달 여부

NB: 1 Cycle의 계산과정을 1 Time step의 기본단위로 하고 각각의 Time step과정에서는 인접요소에 대한 변수에 전혀 영향을 주지 않고 오로지 독립된 요소로서 운동방정식을 통하여 새로운 속도와 변위를 계산하며, 구성방정식을 통해서는 새로운 응력과 절점력을 산출하게 된다. 여기서 1 Time step 과정에서 인접요소에 영향을 끼치지 않는 이유는 단위 Time step을 아주 작게 선택하면 그 기간 동안 다른 요소에 물리적으로 영향을 전파할 수 없다는 가정이 유효하기 때문이다. 다시 말하면 이것은 계산을 위한 파동속도가 물리적인 파동속도보다 항상 앞서기 때문에 Time step, 즉 계산 기간 동안에는 기지(known)값이 고정된 상태에서 평형방정식과 구성방정식이 작용한다고 볼 수 있다.

위 미분방정식의 차분해석은 아주 작게 설정된 Time step마다 이전 Time step에서 구한 값을 초기값으로 하여 방정식의 해를 구하는 양해법(explicit method)을 이용한다. 이 과정을 그림 3.159에 나타내었다. 그림 3.155는 터널에 대한 차분해석 그리드(grid)를 예시한 것이다.

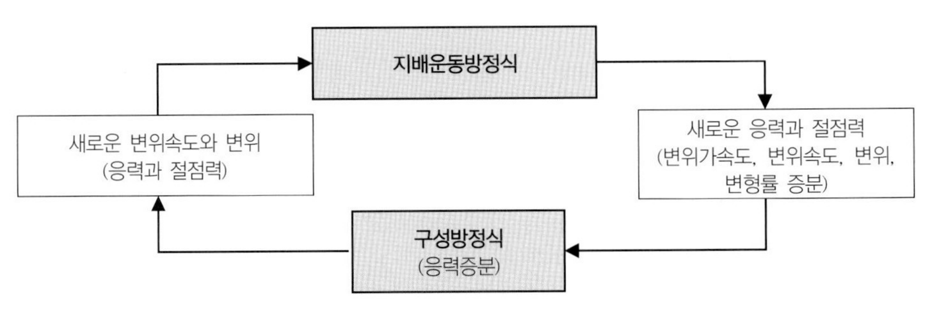

그림 3.154 거동의 차분해석 싸이클(Δt)

NB: 유한요소해석은 요소거동 개념에 기초하므로 '메쉬(mesh)', 유한차분법은 절점값의 수치해석으로 그리드(grid)란 표현을 주로 사용한다.

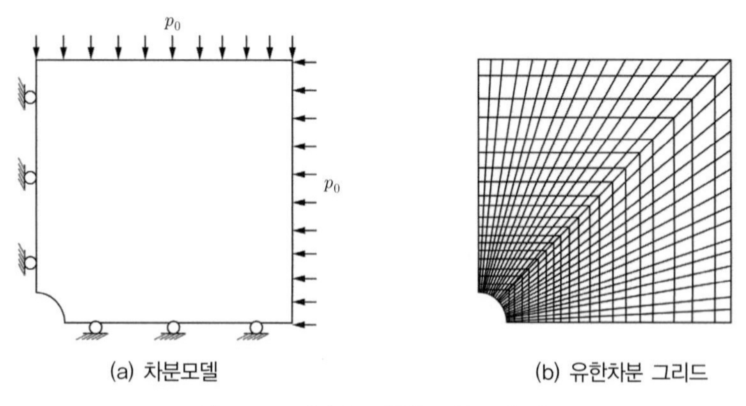

그림 3.155 터널의 유한차분해석 모델 예

3.8.2 개별요소법(DEM)

개별요소법(DEM, discrete element method)은 불연속체의 거동해석법이다. 불연속체의 거동은 연속체의 미분방정식이 성립하지 않는다. **특정 불연속체와 이에 접하는 불연속체와의 접촉거동과 상호작용에 따른 동적 운동방정식이 지배방정식이 된다**.

실제 개별요소의 불연속 거동은 매우 복잡한 문제이다. DEM의 기본가정은 **각 불연속체가 '강체(rigid body)이며 요소의 변형은 입자간 접촉점에서만 발생한다'고 가정한다**. 각 요소에 대한 **운동방정식을 차분법으로 푼다**. 입자는 중심위치와 반경으로 정의한다. 접촉점의 거동은 입자 간 슬라이딩, 수직 및 수평변위(상대이동)로 정의하며, 동적영향에 따른 감쇠거동을 정의할 수 있다. 따라서 개별요소의 거동을 정의하는 변수는 그림 3.156과 같이 입자회전(ψ), 접촉변위(u, v)이다.

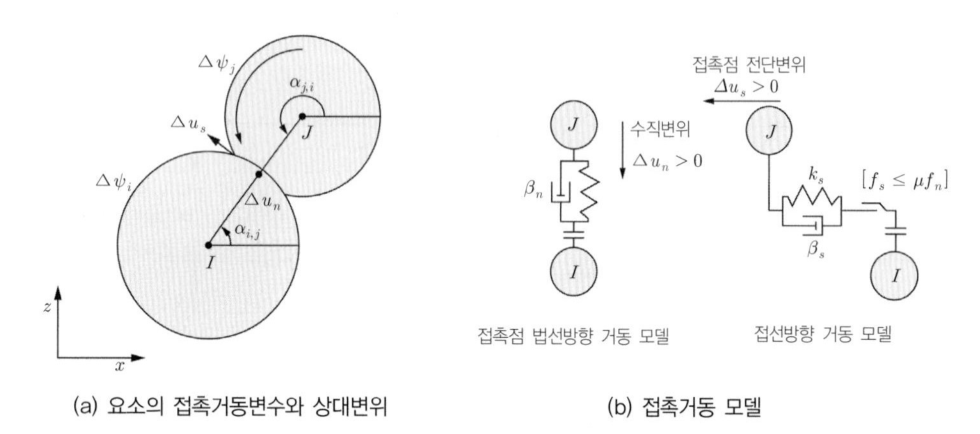

그림 3.156 개별요소의 거동변수와 모델

요소의 운동지배방정식은 다음과 같이 시스템 평형방정식을 이용하여 작용력(힘, 모멘트)의 총합으로 나타낼 수 있다.

$$F = \Sigma f_c + \Sigma f_b + \Sigma f_t = m\ddot{u} \tag{3.233}$$

$$M = \Sigma M_c + \Sigma M_t = I\dot{\psi} \tag{3.234}$$

여기서 f_c:요소 간 접촉력, f_b:요소체적력, f_t:요소표면력, m:요소질량, u:요소변위($\ddot{u}$:가속도), M_c:요소상호작용모멘트, M_t:표면력에 의한 모멘트, I: 요소관성모멘트, ψ: 요소회전변위($\dot{\psi}$:각가속도)이다.

위 식들은 요소에 대해서만 성립하며 시스템에 대하여 연속적으로 성립하는 것은 아니다. 따라서 식 (3.233)과 식 (3.234)는 연립방정식으로 정식화되지 않으므로 **시간영역에서 요소별로 순차적으로 계산하는 방식으로 푼다.** 방정식의 풀이는 이전 시간(t_{n-1})의 요소위치로부터 각 접촉점의 상호작용력을 구하고, 이어 $\ddot{u}$와 $\dot{\psi}$를 구하고, 이어 수치 적분하는 방식으로 이루어진다.

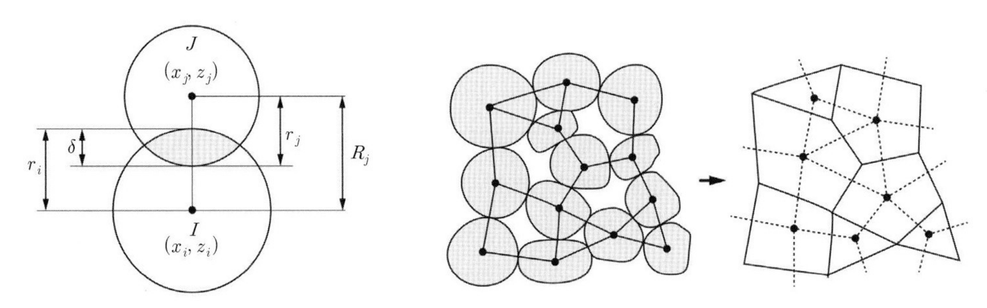

그림 3.157 요소의 접촉거동

개별요소법이론의 핵심은 접촉판정과 접촉거동이론이다. 그림 3.157에서 임의 요소 $I(x_i, z_i)$, $J(x_j, z_j)$를 생각하자. 각각의 반경이 r_i, r_j라면, 다음조건을 이용하여 접촉 여부를 판별한다.

$$r_i + r_j \geq R_{ij} \quad \text{여기서 } R_{ij}\text{는 두 요소의 중심거리} \tag{3.235}$$

시간 Δt에 발생하는 요소의 이동이 각각 Δx, Δz, $\Delta\psi$ 라면, 접촉점 거동은 상대변위Δu_n, Δu_s와 상대회전각 α로 나타낼 수 있다(그림 3.156 a).

접촉점 거동을 지배하는 물성은 스프링 강성 k, 감쇠계수 β 그리고 입자 간 마찰계수 μ이다. 이를 이용하면 접촉점 작용력은 수직(법선)방향으로 스프링 및 감쇠력은 각각 다음과 같이 정의할 수 있다.

$$\Delta e_n^t = k_n \Delta u_n \tag{3.236}$$

$$\Delta d_n^t = \beta_n (\Delta u_n / \Delta t) \tag{3.237}$$

수평(전단)방향으로 스프링 및 감쇠력은 각각

$$\Delta e_s^t = k_s \Delta u_s \tag{3.238}$$

$$\Delta d_s^t = \beta_s (\Delta u_s / \Delta t) \tag{3.239}$$

여기서 k, β는 각각 수직 및 수평강성(물성)이며 첨자 n은 수직, s는 전단을 의미한다. 입자 간 분리가 일어나면 위 힘은 모두 '0'이 된다. 시간 t에 요소에 작용하는 법선 및 전단력 총합은 각각 $f_n^t = e_n^t + d_n^t$, $f_s^t = e_s^t + d_s^t$이고, Coulomb 마찰법칙에 따라 힘의 절대값에 대하여 $f_s^t = \mu f_n^t$가 만족되어야 한다.

접촉점에서의 거동변수를 좌표변환을 이용하여 전체좌표계로 변환하면 요소에 대한 각 축방향 합력과 중심 외주면 모멘트를 구할 수 있다. 또 가속도는 축변위 x_i와 요소질량 m_i를 이용하면 Newton 법칙에 의해 관성력(f_{x_i})를 이용 $\ddot{x}_i{}^t = f_{x_i} / m_i$로 구할 수 있다.

DEM 해석을 위해 정의되어야 할 파라미터는 법선 및 전단 스프링 강성 k, 감쇠계수 β 그리고 입자 간 마찰계수 μ 등이다. 사실 이들 파라미터를 정의하는 것은 용이하지 않다. DEM은 거동의 복잡성으로 인해 기하학적 단순화와 많은 가정이 필요하다. 또한 입력파라미터를 통상적인 물성시험으로 결정하기 어려운 문제가 있다. DEM은 특정불연속거동을 조사하거나 지반불연속 거동연구에 유용하다. 그림 3.158은 절리지반의 터널굴착에 대한 DEM 해석의 예를 보인 것이다.

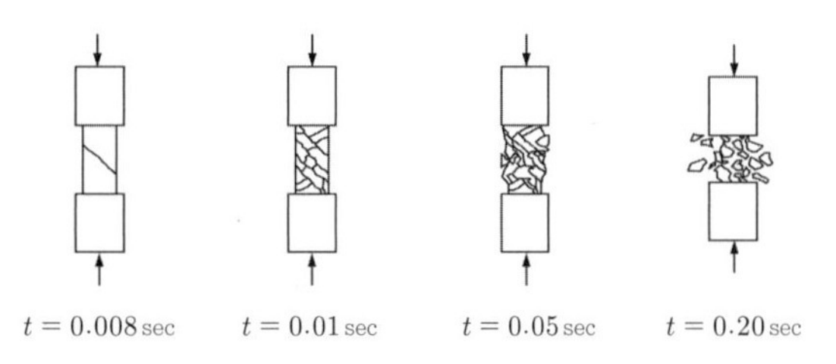

(a) 암석시료의 일축압축 파괴 모사

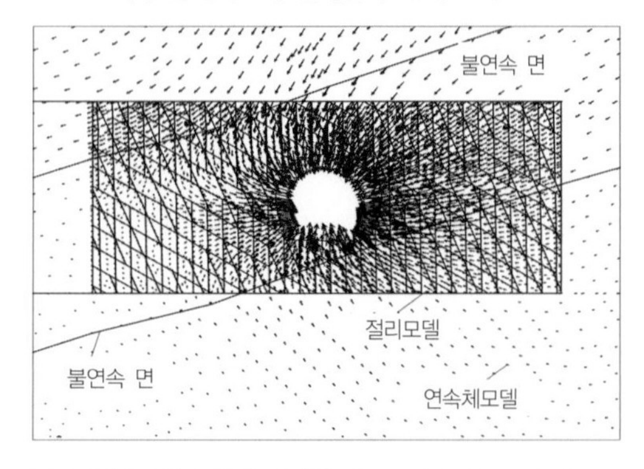

(b) 불연속 지반 내 터널굴착 2D 해석 결과–변위벡터

그림 3.158 DEM 해석 예

3.8.3 입상체 해석(PFC)

DEM은 강성행렬의 구성없이 차분기법으로 푸는 데 비해 입상체해석(PFC, particle flow code)은 정적평형조건에 기초한 강성행렬을 구성하고, 연립방정식을 푸는 기법이다. 하지만, PFC법은 유한요소법과 달리 강성행렬이 입자의 이동이나 회전에 따라 매 순간 변화한다.

비교적 간단한 원형입자에 대한 PFC 지배방정식을 살펴보자. 그림 3.159 (a)는 회전, 이동 중인 입자와 이에 접한 입자의 거동 상태를 보였다. 결국 PFC는 개별입자거동과 접촉점 거동을 구하는 것이다.

시간 t에서 입자 G의 거동변수는 다음과 같다.

$$\{u\}_G = \{u_x, u_y, r, \omega\}^T \tag{3.240}$$

여기서 u_x, u_y: 각각 x, y방향 변위이며, r: 입자반경, ω: 각속도이다. 접촉점 C에서 상대변위는 다음과 같다.

$$\{u\}_C = \{u_n, u_t\}^T \tag{3.241}$$

위 거동변수는 각각 $x-y$ 및 $n-t$ 좌표계의 값이므로 다음과 같이 좌표변환이 가능하다.

$$\{u\}_G = [T]\{u\}_G \tag{3.242}$$

여기서 변환행렬 $[T] = \begin{bmatrix} \cos\theta & \sin\theta \\ -\sin\theta & \cos\theta \end{bmatrix}$ 이다.

그림 3.159 (b)의 힘의 작용체계로부터 입자 방정식은 접촉점 C에서, $\{F\}_C = [K]_C\{u\}_C$. 여기서 $[K] = \begin{bmatrix} k_n & 0 \\ 0 & k_s \end{bmatrix}$.

입자 G에 대하여, $\{F\}_G = \left\{f_x, f_y, \dfrac{m}{r}\right\}^T$ 이며, 시스템방정식은 다음과 같다. m은 회전모멘트.

$$\{F\}_G = [K]_G\{u\}_G$$

모든 접촉점에 대한 조합강성은 변환행렬 $[T]$를 이용하면 다음과 같이 표현된다.

$$[K]_G = \Sigma\,[T]^T[K]_C[T] \tag{3.243}$$

입자 G의 거동 $\{u\}_G$는 인접입자 G'에 대하여 힘과 모멘트를 유발하므로 접촉력 $\{F\}_G = \{f_n, f_t\}$.

$$\{F\}_{G'} = [K]_{G'G}\{u\}_G \tag{3.244}$$

여기서 $[K]_{G'G}$는 입자 G의 거동에 대한 입자 G' 의 요소강성행렬이다. 요소 간 접촉점과 거동변수의 독립성 때문에 요소 강성행렬은 2종류가 필요하다.

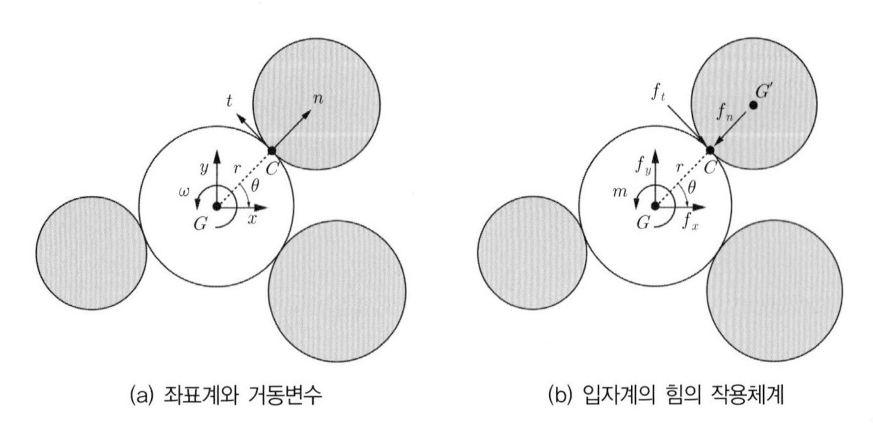

(a) 좌표계와 거동변수 (b) 입자계의 힘의 작용체계

그림 3.159 PFC 요소 좌표계와 거동변수 및 역학체계 정의

$[K]_G$와 $[K]_{G'G}$를 구하면 $\{F\}_C$ 및 $\{F\}_G$식을 이용하여 $\{u\}_C$ 및 $\{u\}_G$를 구할 수 있으며 $\{u\}_G$를 이용하여 인접입자의 영향력 $\{F\}_{G'}$를 산정할 수 있다.

PFC는 요소의 접촉점 수나 요소의 활동이동 조건에서 수치해석적 특이조건이 발생하기 쉽다. 따라서 바로 역행렬을 구하지 않고 입자를 고정하는 등의 중간조건을 이용하여 해를 구한다. 그림 3.160은 사면붕괴현상을 PFC로 시뮬레이션한 결과를 보인 것이다.

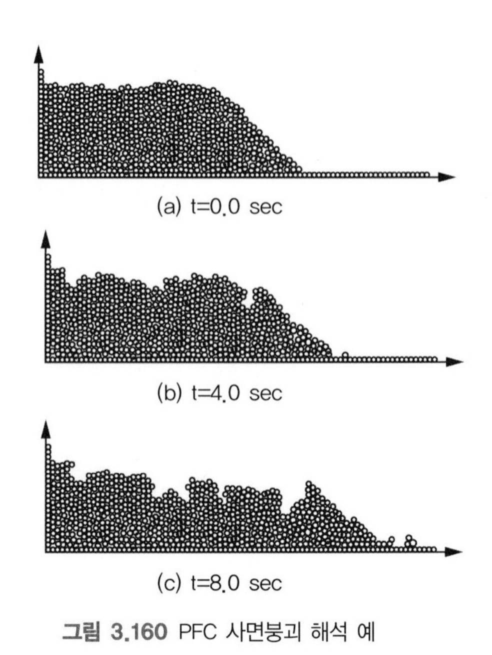

(a) t=0.0 sec

(b) t=4.0 sec

(c) t=8.0 sec

그림 3.160 PFC 사면붕괴 해석 예

3.9 지반수치해석의 활용, 그리고 오류와 한계

수치해석법은 결과의 입출력방식이 편리하며, 표현방법이 다양하고, 복제생산이 가능하므로 **비전문가도 간단한 기능만 익혀 설계해석도구로 사용하는 경우가 늘고 있다**. 그러나 수치해석 구현에 여전히 많은 제약과 한계가 있고, 작은 원인에도 결과가 크게 달라지는 등의 문제가 있어 결과해석에는 많은 경험과 전문가적 판단이 요구된다. 이 절에서는 수치해석 프로그램의 선정과 검증, 프로그램 개발자와 해석자의 책임, 지반수치해석에서 발생 가능한 오류와 한계를 고찰함으로써 수치해석의 전문가적 접근의 필요성을 살펴보고자 한다.

수치해석법을 적용할 때는 모델링, 프로그램의 구현능력, 입력파라미터의 신뢰도 등을 감안하여 결과의 활용 용도와 수준을 설정하는 것이 중요하다. 따라서 **수치해석 모델러는 충분한 전문 소양이 필요하며, 수치해석보고서는 전문가적이고 종합적인 판단의 총합이 되어야 한다.**

3.9.1 해석 프로그램(S/W)의 선정과 검증

지반수치해석분야에는 많은 상업용 프로그램이 활용되고 있다. 지반문제는 앞에서 열거한 여러 특징 때문에 구조분야와 함께 사용하는 범용 프로그램으로 묶여져 있는 경우는 많지 않다. 수치해석자는 일반적으로 어떤 프로그램을 선정하는가보다는 소속된 기관이 보유하고 있는 프로그램 혹은 본인이 숙달한 프로그램을 사용하여 해석하고자 할 것이다. 일반적으로 대상문제를 기하학적으로 모델링할 수 있는 요소의 종류와 지반재료의 구성모델에 대한 충분한 옵션(option & library)을 제공하고, 무엇보다 지반 비선형해석이 가능한 프로그램이 적합할 것이다.

대부분의 상업용 프로그램들은 개발과정에서 검증을 거친 것이므로 통상적인 문제에 적용하는 데 문제가 없을 것이다. 하지만 오류가 발생할 가능성을 완전히 배제할 수 없으며, 수치해석 모델러(numerical modeller) 자신도 해석결과에 확신을 가지기 위해 최소한의 검정을 수행할 수 있다. 대부분의 경우 코드의 복잡성과 접근한계 때문에 모델러는 코드를 한 줄 한 줄 검토할 위치에 있지 않다. 대신에 다음과 같은 방법으로 프로그램의 적정성을 검토할 수 있다.

- 코드가 공개된 경우 코드를 직접 읽어 확인
- 답을 아는 특정 문제에 대한 시험해석을 수행하여 결과를 비교
- 이론해(closed form solution)를 이용한 결과 비교
- 이미 결과가 옳다고 알려진 다른 컴퓨터프로그램의 결과 또는 다른 해법으로 산정한 결과와 비교
- 같은 프로그램 및 문제를 다른 컴퓨터(H/W)에서 산정한 결과와 비교함으로써 H/W와 S/W의 충돌 여부를 검토

벤치마킹(bench marking)

위와 같은 컴퓨터 프로그램 검정의 체계적 접근의 필요성이 제기되어 검정 표준을 설정하기 위한 노력들이 시도되었다. **해가 알려진 문제를, 사용하고자 하는 프로그램으로 해석하여 신뢰성을 확인하는 과정을 벤치마킹이라 한다.** 벤치마킹의 목적은 수치해석 시 사전에 발견되지 않으면 심각한 문제를 야기할 수 있는 오류들을 찾아내기 위한 것이다. 우선, 벤치마킹에 사용되는 용어를 정의하면 다음과 같다.

- 벤치마크(bench mark) : 컴퓨터프로그램의 수행능력을 검증하기 위하여 공식화한 문제
- 벤치마킹(bench marking) : S/W의 운영 및 수행능력의 시험, 유효성, 검증 등의 과정
- 검증(verification) : '요구대로 올바르게 만들고 있는가?(Do the job right?)'를 점검, 시연 등을 통해 검사하는 일로 주로 개발자(developer)의 역할
- 확인(validation) : '올바른 제품을 만들었는가?(Do the right job?)'를 확인하는 일로 책임자(functional expert)의 역할. 프로그램 공개의 마지막 단계에서 특정기능이 올바르게 수행됨을 확인
- 인증(accreditation) : 수요자 혹은 사용자의 적합 승인

벤치마킹의 목적은 프로그램의 특성을 가능한 최대 한도로 테스트하는 것이다. 벤치마킹의 범위와 소요시간은 프로그램의 구조와 복잡성에 따라 달라진다. 정교하고 광범위한 문제해석이 가능한 프로그램일수록 많은 테스트작업을 요할 것이다. 이를 위해 프로그램의 특성을 체크할 표준화된 문제들을 규정할 필요가 있다.

일반적으로 **벤치마킹은 엄밀해(closed form solution)와 비교하는 방법, 그리고 다른 프로그램을 사용한 해석결과와 비교하는 방법을 주로 사용한다.** 벤치마크는 알려진 해가 있는 문제이어야 하나, 이론해를 찾기 어려운 경우는 검증된 다른 프로그램으로부터 얻은 해와 비교하는 방법도 적용 가능하다.

3.9.2 수치해석 모델러의 역할과 책임

프로그램 개발자가 사용자에 대해 무한 책임을 질 수는 없다. 반면, 구매한 프로그램을 활용하여 아무리 많은 경제활동을 하여도, 개발자가 사용자에게 추가적인 부담을 요구하지도 않는다는 것이 통념이다(계약조건에 따라 달라질 수도 있다). 하지만 설계 성과로 제시된 수치해석결과에 문제가 있어 이것이 설계의 흠, 또는 사고의 원인이 되었다면 책임문제는 법적 판단을 받아야 할 만큼 복잡해진다.

개발자와 사용자의 책임문제

개발자는 소스코드(computer source code)에 대하여 책임을 지게 된다. 따라서 프로그램이 바르게 작동하고 있고, 해당이론이 올바르게 구현되었음을 확인하기 위하여 충분한 검토를 수행할 필요가 있다. 그러나 프로그램이 사용되는 방법 또는 사용자가 그 프로그램을 사용하는 데 따른 문제까지 개발자의 책임이라 할 수 없다.

개발자는 프로그램의 모든 오류(bugs)를 추적할 수 없다. 오류 중 일부는 특정 방법으로 사용할 때만 나타날 것이다. 그러므로 사용자는 그러한 프로그램의 한계를 인식할 필요가 있다. 과거에는 사용자가 코드를 수정할 기회가 없었으나 최근 개발되는 상업용 프로그램은 새로운 구성모델 등을 사용자가 직접 프로그램을 입력할 수 있는 'User Defined Subroutine(UDS)' 방식을 채용하는 경우가 많다. 이 경우는 전통적인 개념의 사용자와 개발자의 개념이 모호해진다. UDS에 대한 검증작업이 필요하므로 개발자는 오차제어(error control)를 위한 보다 확대된 검증(검토)절차를 도입하여야 한다.

사용자는 개발자가 프로그램이 올바르게 작동되는지 확인하기 위한 충분한 검토를 수행하였을 것으로 기대한다. 하지만 이것을 당연히 여겨서는 안 된다. 사용자는 프로그램의 사용 전에 개발자가 수행한 검증(testing)의 범위를 알 필요가 있으며 정확한 해를 얻기 위하여 필요시 추가적인 검정을 수행할 필요가 있다.

사용자에게 컴퓨터소스코드에 접근할 더 많은 기회가 주어져야 한다는 견해도 제기되고 있다. 그럼으로써 사용자는 프로그램의 운영과정을 더 잘 이해하게 되고, 특정상황에서는 프로그램을 적합하게 수정(customizing)할 수도 있을 것이다. 이것은 프로그램을 검증하는 단계에서 개발자에게도 문제의 발생 및 오차의 원인을 파악하는 데 도움을 줄 수 있을 것이다. 그러나 문제는 코드를 이해할 수 있거나 필요한 대로 수정할 만한 충분한 능력을 갖춘 사람이 아주 드물다는 것이다. 그리고 비교적 작은 코드의 수정도 간혹 예기치 못한 오차를 야기하거나 다른 서브루틴과의 인터페이스 문제를 초래할 수 있으므로 수정은 엄격한 시험절차를 거치도록 해야 한다. 또한 사용자가 코드를 소유하거나 그것을 검정할 기회를 갖는다는 사실이 '책임문제가 개발자로부터 사용자에게로 이전되는가?' 하는 문제도 발생한다. 이 경우 사용자가 프로그램을 검정해야 할 훨씬 더 많은 필요성이 제기될 수도 있다. 만일 문제가 발생하였다면 사용자가 책임을 면하기 위해 확인해낸 문제를 개발자가 인정할 수 있을 것인가? 이러한 제반 논의는 결국 문제발생에 앞서 수치해석 모델러의 중요성을 강조하는 것이므로 모델러의 역할과 책임의 분명한 정립을 통해서 얼마간 해소될 수 있을 것이다.

수치해석 모델러(numerical modeller)

지반수치해석은 구성방정식을 비롯한 지반거동에 대한 구체적인 이해가 필요하며, 초기 · 경계조건, 모델링 방법의 선택 등 상당한 경험을 요구하고 있어 수치해석 모델러라고 하는 인적 요소가 매우 중요하다. 지반수치해석 모델러라 함은 '**지반공학적 소양을 갖춘 경험 있는 수치해석전문가**'를 말한다. 수치해석적 소양이란 앞서 언급한 유한요소이론의 전개와 지반 구성방정식 그리고 이의 수학적 표현 등이 여기에 해당할 것이다(지반역공학의 제1권 내용의 전부를 포함한다). '경험 있는'은 해석자가 지반공학적 지식에 근거하여 입력-출력 결과를 평가하고 판단할 수 있는 능력을 말한다.

모델러는 프로그램의 선정, 모델링, 물성평가, 결과분석에 이르기까지 해석도구는 물론 대상문제의 거동과 설계 내용에 대한 구체적인 이해가 있어야 한다. 어떤 사실을 공학적으로 설명하는 기술(description)

에 능통하여야 하나, 해석의 한계, 신뢰수준, 활용범위와 제약조건 등에 대하여 지반전문가로서 본인의 책임한계와 결과의 활용수준을 기술적으로 정의할 수 있어야 한다.

지반수치 모델러는 해석대상지반의 거동을 가장 잘 표현하는 구성모델을 선정하고 대상문제의 응력경로에 부합하는 입력파라미터를 결정하여야 한다. 이를 위해 지반분야 책임기술자는 그림 3.161과 같이 지반설계와 관련된(현재는 완전히 분리되어 독립적으로 일하고 있는) 해석팀과 조사팀 간 긴밀한 협업을 도모하여야 하며, 정보가 체계적이고 종합적으로 다루어지고 평가 분석될 수 있도록 하여야 한다.

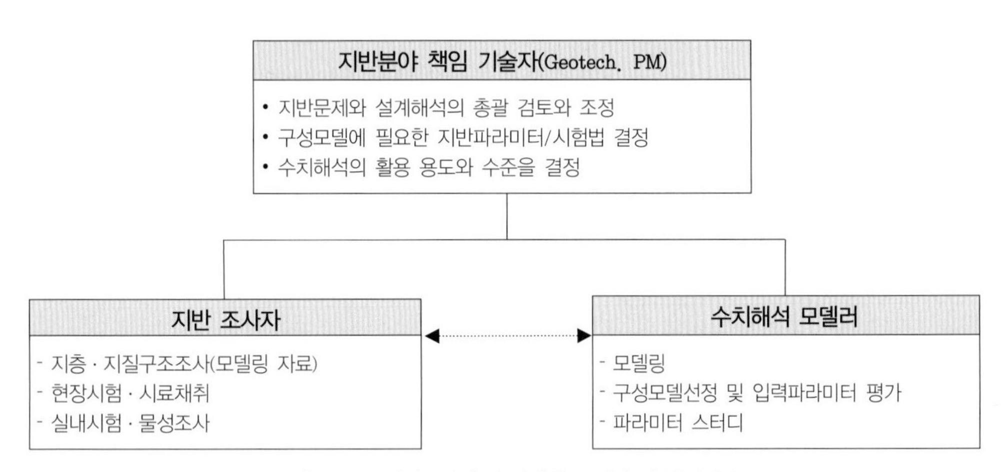

그림 3.161 지반조사자–수치해석 모델러 간 협력체계

수치해석 모델러는 프로그램의 선택, 입력파라미터의 평가, 해석의 가정과 전제의 불충분, 모델링의 타당성 등에 대해 이해하고 있어야 한다. **입력물성, 해석결과에 대하여 건전한 비판적 시각으로 접근하는 것이 바람직하다**. 데이터의 유일성을 맹신하는 우를 범해서는 안 된다. **입력 물성의 수준이 요구되는 결과의 정도에 못 미친다면 해석결과의 사용 용도를 제한할 수 있어야 한다**. 수치해석 모델러는 해석에 관련된 조건, 가정 그리고 입력치의 평가 정도, 초기 및 경계조건을 수치해석보고서에 기술되도록 하여야 한다.

3.9.3 지반수치해석의 활용

수치해석법의 활용범위는 일일이 열거할 수 없을 정도로 광범위하다. 수치해석의 용도는 크게 정성해석과 정량해석으로 구분할 수 있다. 정성해석은 수치적 결과보다는 개념적 이해를 위한 해석이며 정량해석은 해석의 결과를 절대수치로 얻고자 하는 해석을 말한다. 그림 3.162는 수치해석의 활용범위를 예시한 것이다.

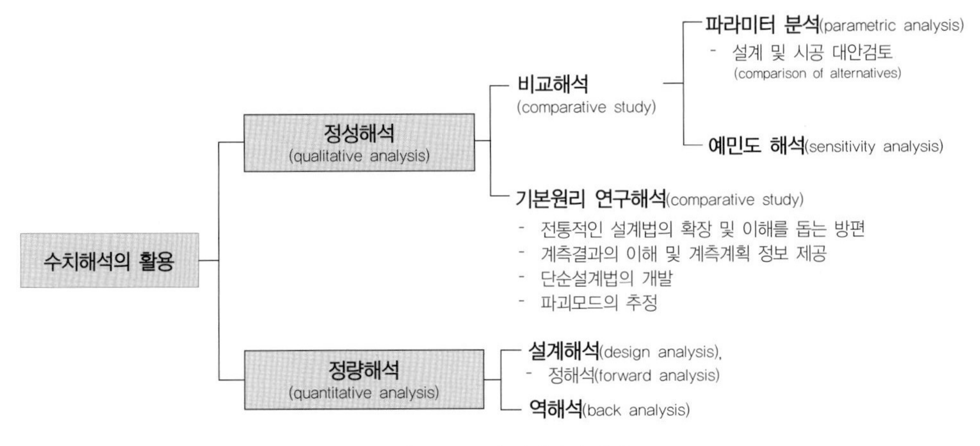

그림 3.162 수치해석의 활용

정성해석

정성해석(qualitative study)은 숫자적 정보보다는 문제의 해를 지배하는 공학원리의 개념적 이해를 위한 해석이다. 예를 들면 어떤 설계를 하는 데 있어 특정 파라미터의 영향(impact)을 조사하는 것은 정성해석으로 볼 수 있다. 어떤 이해를 위한 정성적 접근은 비교해석(comparative studies)과 기초원리해석(basic principle studies)으로 구분할 수 있으며, 비교해석은 파라미터 해석(parameter studies)과 예민도 분석(sensitivity studies)으로 구분할 수 있다.

파라미터 해석. 파라미터스터디는 지반의 불확실한(알려지지 않은) 속성을 알아보기 위한 것이다. 이 해석을 통해 지반물성의 가능한 범위가 토목구조물 또는 지반에 미치는 영향을 조사할 수 있다. 그림 3.163은 말뚝기초의 표면조도에 따른 지지력 특성을 해석한 예를 보인 것이다.

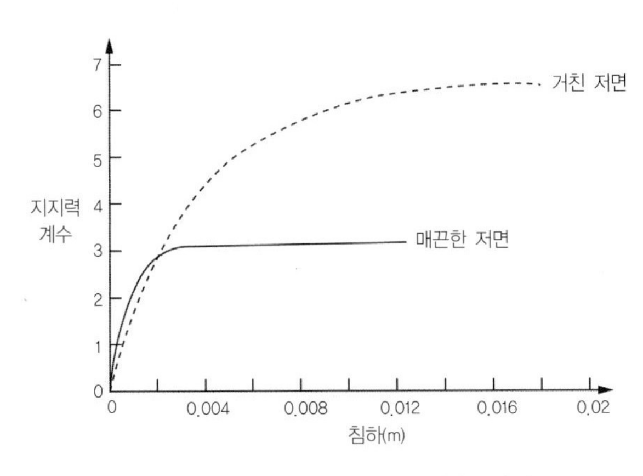

그림 3.163 파라미터해석의 예(말뚝기초)

예민도 분석(sensitivity study). 지반파라미터를 고정하고, 영향(impact)을 알고자하는 구조물(또는 시공방법)을 파라미터로 하는 해석이다. 예로 그림 3.164와 같이 하중분담율을 달리하는 터널해석을 수행하여 지표침하특성을 평가해보는 해석을 들 수 있다. **예민도 연구의 목적은 토목구조물(또는 시공법 등)의 설계 파라미터를 주어진 지반조건에 맞도록 최적화(optimize)하기 위한 것이다.**

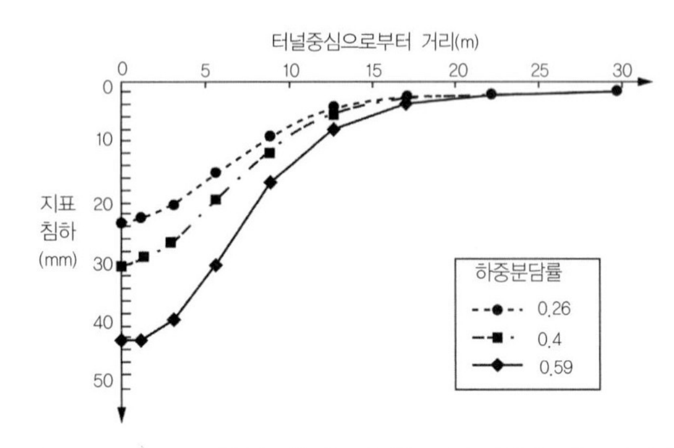

그림 3.164 예민도 해석의 예(터널라이닝 설치 시점에 따른 지표침하)

설계대안의 검토. 일반적으로 설계는 '구상(concept design) → 기본설계(basic design) → 상세설계(detail design)'의 단계로 진행된다. 상세설계는 구체적인 정량적 결과를 기반으로 하나, 구상설계나 기본설계 과정에서는 형상의 결정, 대안의 비교 등 정량적 수치해석보다는 정성적 해석이 중요하다. 일례로 댐의 형상(shape)이나 단면(cross section)구성을 확정하는 경우 여러 대안을 정하여 수치해석을 시행함으로써 역학적으로 유리한 대안을 미리 검토해볼 수 있다. 미리 모사(simulation)해볼 수 있다는 것은 수치해석의 가장 유용한 활용방안 중의 하나이다.

그림 3.165는 댐의 단면을 결정하기 위한 대안검토의 예를 보인 것이다. 단면을 크게 할 경우 안정성은 커지나 경제성이 낮아지며, 반대로 단면을 줄이면 경제성은 커지나 안정성이 낮아지는 문제가 있다. 가능한 대안에 대하여 해석을 수행함으로써 안정성과 경제성의 최적조합 단면을 찾을 수 있다.

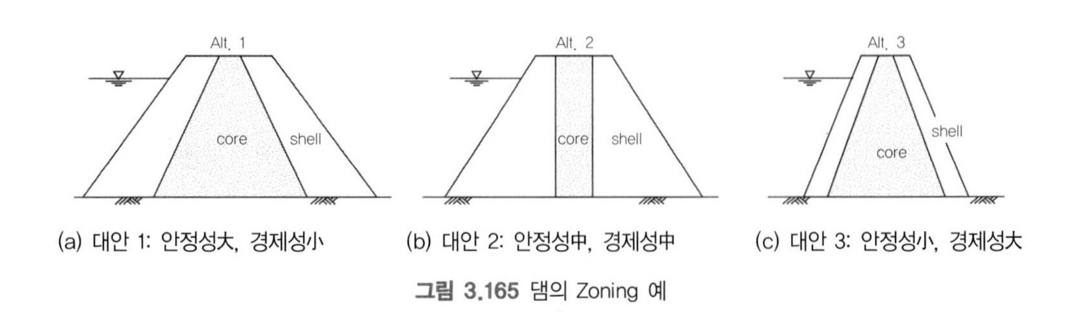

그림 3.165 댐의 Zoning 예

기본원리 연구. 이 해석은 공학원리의 이해를 향상시켜 설계요구조건을 결정하기 위하여 수행한다. 예를 들어 인접터널 간 지반(pillar)에서의 응력의 분포를 이해하는 것은 터널 배치를 최적화하는 데 도움을 줄 것이다. 지진영향 또는 발파영향의 해석도 이러한 적용에 해당한다.

한계평형해석이나 한계상한이론은 파괴모드를 필요로 하는데, 수치해석은 이를 파악하는 유용한 도구로 활용될 수 있다(터널의 파괴모드 추정 예를 Box에 예시하였다).

정량해석

설계란 대상목적물의 안정성과 사용성을 경제적으로 확보하는 활동이라 할 수 있다. 이때 안정성은 붕괴에 대한 적당한 안전율을 갖는 것이며, 사용성은 운영 중 가능한 상황에 대하여 기능손상, 혹은 저하가 없도록 하는 것이다. 지반공학에서 전통적인 의미의 설계란 극한 평형법 혹은 한계이론을 이용한 지반붕괴(활동, 전도 등) 검토, 그리고 탄성론에 의한 변형량 검토의 방법으로 수행되어 왔다. 이 두 가지 설계사안은 연속적이지 않은 각기 다른 방법으로 검토되어 왔다.

이와 같이 사용성과 안정성을 서로 다른 문제로 검토하던 전통적 설계프로세스에 수치해석이 도입되면서 많은 변화와 함께 혼동을 불러일으켰다(그림 3.166). 그것은 수치해석이 두 조건의 검토경계를 허문, 이른바 **'진행성 파괴(progressive failure)'** 모델링 기법이기 때문이다. 수치해석의 도입은 이와 같은 지반의 전통적 설계방식에 지반거동의 이해는 높여주지만, 전통적 설계개념을 대체하는 정량적 해석으로서는 많은 논란이 있어 왔다.

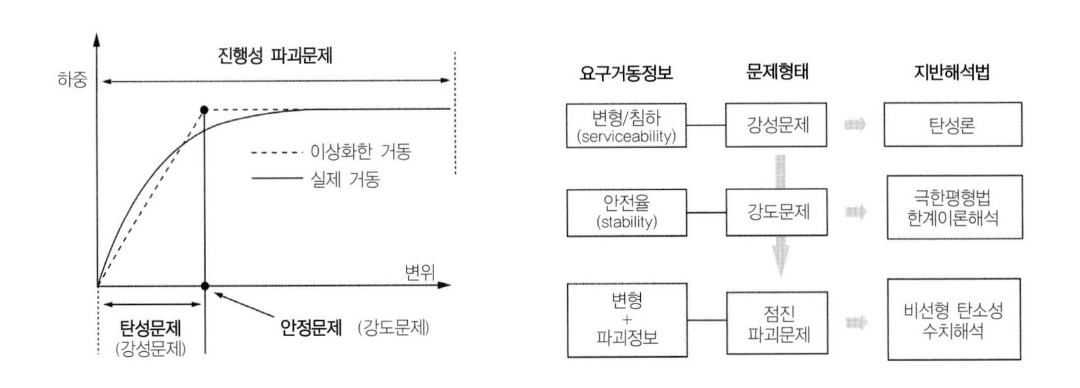

그림 3.166 전통설계(탄성/안정문제)와 수치해석(진행성 파괴문제)

논쟁의 관점은 다음 두 가지이다. 첫째는 안정문제와 변위문제를 구분하던 종래의 해석방식을 하나의 연속적인 방식으로 다루는 **'점진해석(progressive analysis)'** 개념의 도입에 따른 문제이다. 강도개념을 전제로 한 안정검토와 탄성이론에 근거한 사용성검토에 수치해석을 도입하면서 이를 탄소성 문제,

즉 진행성파괴 문제로 다룰 수 있게 된 것이다. 따라서 수치해석의 모든 입력자료와 프로그램도구가 완전하다면 전통적 설계기법은 모두 수치해석으로 대체가능하다는 의미가 된다.

두 번째는 과거 복잡한 문제를 해석 가능한 단순한 문제로 이상화가 필요하였으나 **오늘날 수치해석은 거의 다루지 못할 문제가 없을 정도로 복잡한 재료 및 경계조건의 문제를 다룰 수 있다**는 사실이다. 이 두 측면만을 고려할 때, 수치해석이 설계해석에서 선호될 수밖에 없음이 분명하다.

그러나 수치해석이 갖는 이러한 장점에도 불구하고 이를 설계해석에 적용하는 경우 상당한 '조심성'이 요구되어 왔다.

수치해석은 구성방정식, 입력자료, 초기 및 경계조건 등 모든 오류의 상호영향과 간섭을 점검하기 어렵고, 무엇보다도 계산과정이 컴퓨터라는 블랙박스 내에서 이루어지므로 충분한 경험자라도 오류 여부를 확인하기가 용이치 않다는 것이다. 따라서 모델링, 지반구성방정식, 입력파라미터, 초기 및 경계조건 등 해석에 요구되는 모든 요소가 받아들일만한 수준의 신뢰도를 가질 때만 정량해석(quantitative analysis)이 의의를 가질 수 있다.

NB: 수치해석은 구성모델을 통하여 대상지반이 실제 겪게 될 이력을 재현하는 것이므로 만일 해석결과가 충분히 신뢰할 만하다면, 전통적인 설계방식을 모두 대체할 수 있을 것이다. 하지만 지반의 불확실성 문제와 수학적 모델링의 한계로 경험의 산물인 전통해석법을 대체하기보다는 보완적 해법을 사용하는 경우도 많다. 전통적인 설계법이 안전율로 규정되는 데 비해, 수치해석결과는 지지력과 사면안정 등을 제외하면 안전율을 알 수 없다. 최근 종래의 안정해석기법을 수치해석적으로 푸는 한계수치해석법(limit FEM)의 개발은 해석법의 경계구분을 모호하게 한다.

일반적인 설계프로세스에서 수치해석의 역할을 정리하면 그림 3.167과 같다. 정량해석이라 하더라도 설계의 시행착오적 프로세스에서 가정된 설계안의 설계요구조건의 만족여부의 판단 기능을 한다. 정량적 수치해석 결과는 시공과정의 모니터링을 위한 관리기준으로 활용할 수 있다.

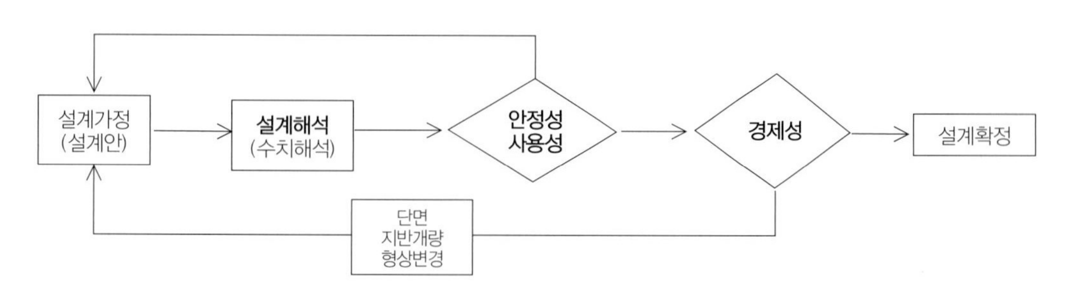

그림 3.167 설계절차와 최적화 과정

수치해석에 의한 터널의 파괴메커니즘 추정

수치해석으로 파괴메커니즘을 얻기 위해서는 증분해석이 필요하며, 해석결과를 증분변위벡터, 속도 특성치 그리고 소성 전단변형률 등고선으로 나타낼 수 있어야 한다. 그림 3.168에 보인 바와 같이 하중증분별 증분벡터는 지반의 현재 이동 상태를 나타내며, 속도 특성치는 지반의 활동면을 나타낸다. 이들 정보와 소성전단변형율의 전파방향으로부터 파괴모드를 추정할 수 있다. 그림 3.169는 이러한 개념에 의거하여 화강풍화토 지반의 터널파괴모드를 예측하고 실제 파괴모드와 비교한 것이다. 두 경우 모두 터널 어깨부로 전단변형률이 집중되고 파괴가 진행됨을 보였다.

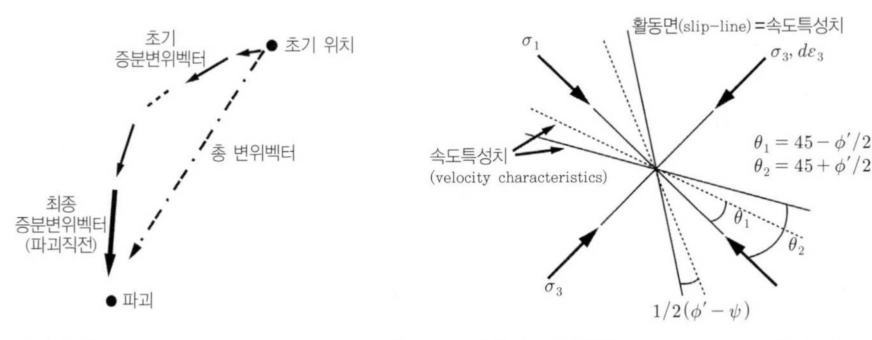

(a) 증분변위벡터(incremental displacement vector) (b) 속도특성치(velocity characteristics)

그림 3.168 파괴모드 추정 변수(속도특성치는 Slip면을 의미)

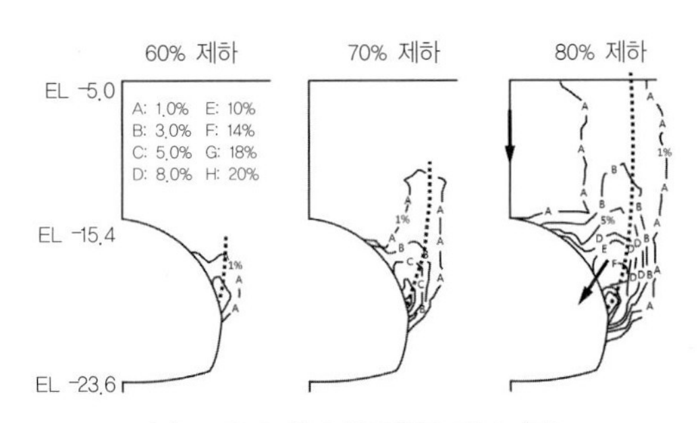

(a) 소성편차(전단)변형률 발달과정

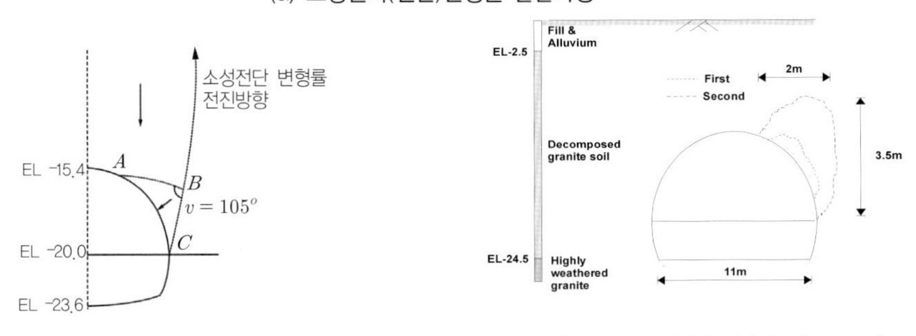

(b) 예측 파괴모드 (c) 실측 파괴모드(서울지하철 자료,1994)

그림 3.169 화강토 지반 내 터널의 파괴모드 추정 예(Shin, 2000)

창발적 모델링(creative modeling)

자연계의 현상은 수학적으로 간단히 정의할 수 있는 수준으로 단순치 않으며, 상황과 조건, 위치에 따라 변화한다. 따라서 모델링 기법을 특정하게 패턴화하려 해서는 안 된다. 같은 지반문제라 하더라도 경계조건이 다르고 지형, 물성 등 거동의 요인이 얼마든지 다르게 나타나기 때문에, 미묘한 고려를 통해서도 공학적 의미를 사뭇 다르게 구현해낼 수 있다.

터널의 구조-수리 상호작용의 모델링 예

지하수위 아래서 터널을 굴착하는 경우, '지반→1차라이닝→배수재→배수공'의 흐름이 일어나며, 배수재와 배수공은 터널 수명기간 동안 압착과 입자퇴적에 따른 수리적 열화거동을 겪게 된다. 수리열화는 라이닝작용 간극수압을 증가시켜 구조적 거동을 야기할 수 있다. 즉, 터널주변에서 흐름거동과 변형거동이 결합되는 구조-수리상호작용이 발생한다. Shin et al.(2002)은 라이닝-배수재-지하수상호작용은 라이닝의 구조적 특성과 수리적 특성을 각각 보(beam)요소와 고체요소로 고려하는 복합요소모델링 기법을 도입하였다. 그림 3.170 (a)는 구조요소와 수리요소를 조합한 복합요소를 보인 것이다. 그림 3.170 (b)는 이런 개념을 이중구조 라이닝(lining to lining model)으로 확장한 것을 보인 것이다.

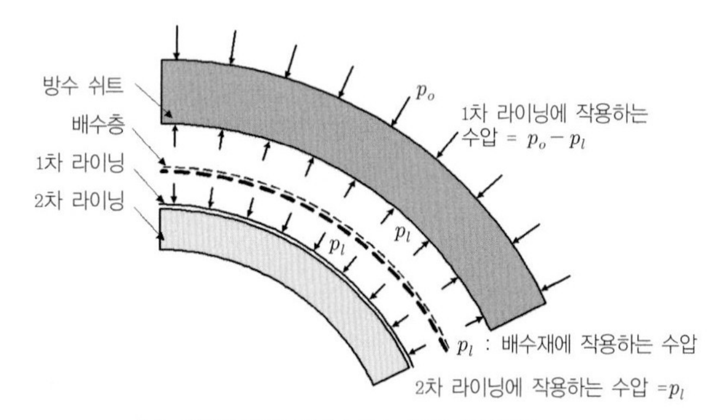

(a) 이중구조라이닝 구조-수리 상호작용

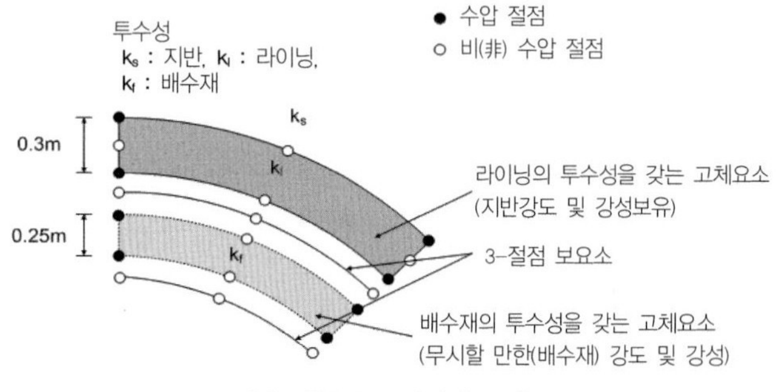

(b) 이중 구조라이닝 모델

그림 3.170 라이닝-배수재-지하수 상호작용 모델(Shin et al., 2002)

지반수치해석은 모델러의 아이디어에 따라 활용범위가 무궁무진하다. 특히 특정 **현상을 수치해석적으로 모사하는 데는 지반공학 지식에 근거한 창발적 아이디어가 필요하다.** 수치해석을 창발적으로 이용하기 위해서는 우선 보유하고 있는 프로그램이 충분한 옵션을 제공하거나 수정할 수 있어야 한다. 그러나 보다 더 중요한 것은 수치해석 모델러가 해석하고자 하는 지반문제의 현상을 어떻게 해석적으로 표현하는가가 중요하다. 창발적 모델링은 단순히 경계조건을 설정하는 문제부터 코드를 변경하는 문제까지 포함한다(Box는 터널-지반 간 수리-구조적 상호작용의 모델링 시도를 예시한 것이다).

수치모형시험(numerical model tests)

지반공학의 경우 모형시험을 이용한 파라미터 스터디를 수행하는 경우가 많은데, 수치해석을 이용하면 보다 경제적이고 다양한 파라미터에 대한 해석을 수행할 수 있다. 이러한 장점 때문에 수치해석을 '**수치모형실험**'이라고도 한다. 모형시험은 비용과 시험에 드는 자원과 노력으로 인해 시험조건과 시험회수가 제약되기 마련이다. 반면에 수치해석은 쉽게 조건을 바꿔 무한 반복적인 해석을 수행할 수 있다. 따라서 시험결과를 수치해석으로 적절히 표현하는 것이 검증되었다면, 보다 광범위한 영향요인조사 등은 수치해석을 활용할 수 있을 것이다. 이런 이유로 수치해석은 '**염가의 실험실**'이라 할 수 있다. 그림 3.171에 수치모형시험의 개념을 보였다.

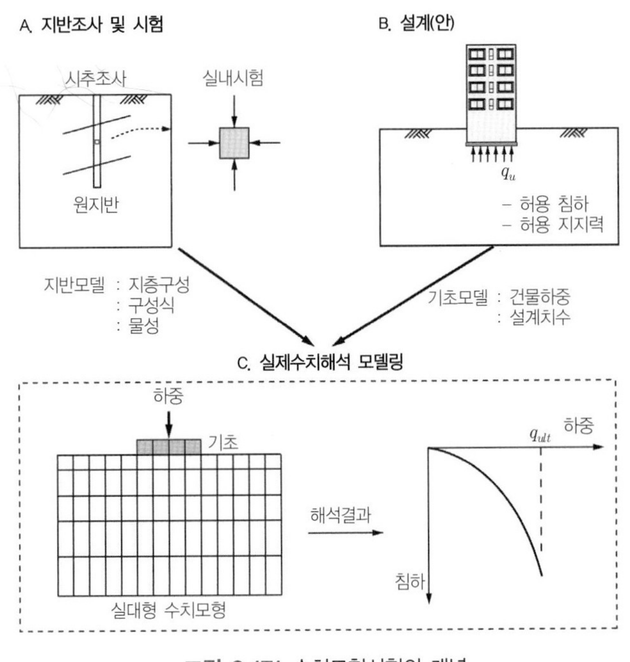

그림 3.171 수치모형시험의 개념

3.9.4 수치해석결과의 정리와 보고

수치해석의 일반절차는 전처리(pre-processing), 해석(solution process), 후처리(post-prossing)의 3단계로 이루어지며, 설계자는 각 프로그램이 포함하는 해석 체계(scheme)에 대한 전반적인 이해를 토대로 대상문제에 대한 수치해석결과 보고서를 작성하여야 한다. 보고서에 포함되어야 할 항목은 일반적으로 다음과 같다.

- 사용 프로그램의 선정
- 모델링(모델영역 선정, 요소화, 경계조건, 작용하중)
- 구성방정식의 선택 및 입력 파라미터
- 결과의 표현

해석 프로그램의 선정과 검증

프로그램은 통상 해석자가 접근가능한 가용성(availability)과 대상 문제의 특성을 고려하여 선정된다. 모델러는 대상문제에 사용할 프로그램에 대하여 적어도 다음 사항을 확인할 필요가 있다.

- 검증보고서(validation report)의 적정성
- 솔버(solver)와 주요 컨트롤 변수(특히 비선형 솔버)
- 대칭 vs 비대칭 솔버 채용여부
- 구성방정식 라이브러리(library) – 구성식의 종류와 입력변수의 정의
- 비선형 문제의 풀이 방식
- 프리 & 포스트 프로세서의 표현 능력

NB : Solver(솔버) – 수치해석의 핵심기능은 요소강성행렬의 구성과 이의 조립 그리고 전체 시스템방정식의 해를 구하는 것이며, 이 과정을 흔히 '솔버'라 칭한다. 모델러가 직접 관여하는 전 및 후처리와 달리, 상업용 S/W에서 솔버는 전적으로 프로그램에 의해 작동되는 영역이다.

모델링(요소화)

모델링은 수치해석영역과 사용요소의 종류를 정하는 일이다. 구성모델에 기초한 설계단계의 정량해석과 경제적인 최적단면 선정에 있어 모델링은 매우 중요하다. 또한 대상문제의 단순화, 이상화와 관련하여 기하학적 형상 및 공사과정에 대한 고려가 필요하다. 지반 공학적 모델링에 있어 검토하여야 할 주요사항은 다음과 같다.

- 2D vs 3D 모델링
- 선형탄성해석 vs 탄소성 모델링
- 동적 vs 정적 모델링

- 구조–수리 작용 연계 모델링
- 대칭성 고려 : 하중, 재료, 기하학적 특성
- 요소의 사용 : 보 요소, 고체 요소.
- 인터페이스 거동
- 굴착(요소 제거, deactivation), 설치(요소 도입, activation)
- 초기 및 경계조건

구성 모델과 입력파라미터

모델러는 해석대상문제의 지반거동을 표현할 수 있는 적절한 구성방정식을 선정하여야 한다. 지반조사는 선정된 모델이 요구하는 지반파라미터를 제공할 수 있도록 계획되어야 한다. 지반구성방정식 선정 시 실제 지반거동에 기초하여야 하며 다음과 같은 사항이 검토되어야 한다.

- 선형 vs 비선형 탄성
- 등방 vs 이방성
- 연계 vs 비연계 소성유동법칙
- 완전소성 vs 경화소성 거동
- 입력파라미터 구득 및 평가의 적절성

수치해석 결과의 표현

수치해석의 장점은 해석결과를 다양하게 표현할 수 있다는 데 있다. 일반적으로 지반문제 사용성 판단의 기준이 되는 변위, 안정성 평가의 중요한 정보가 되는 소성영역 및 소성전단 변형률이 중요하게 다루어져야 한다. 만일 보, 트러스 등의 구조요소가 포함된 경우라면 응력의 크기가 중요하게 다루어져야 한다. 지반공학에서 중요하게 다루어지는 거동변수는 일반적으로 다음과 같다.

- 변위(침하) : 벡터, 등고선
- 소성영역 : 등고선
- 소성전단 변형률 : 등고선
- 소성전단 변형률의 발달과정 – 파괴모드 추정
- 간극수압(과잉간극수압)
- 하중전이(응력등고선)
- 응력 경로
- 구조요소 : 변형, 응력 등

위의 거동변수는 각 해석단계에 대하여, 다이아그램, 벡터, 등고선, 그래프 등으로 나타낼 수 있다(그림 3.172). 고찰하고자 하는 거동을 가장 잘 드러낼 수 있는 방법으로 결과가 정리되어야 한다.

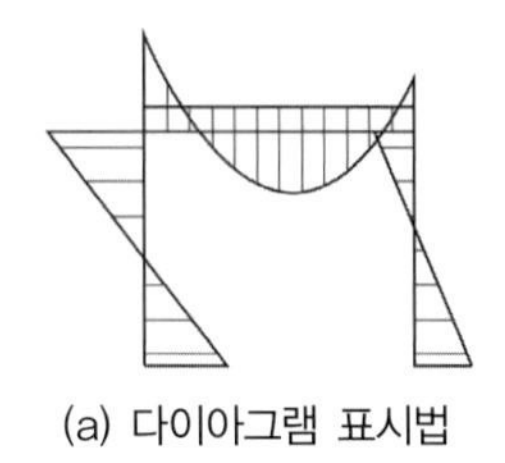
(a) 다이아그램 표시법

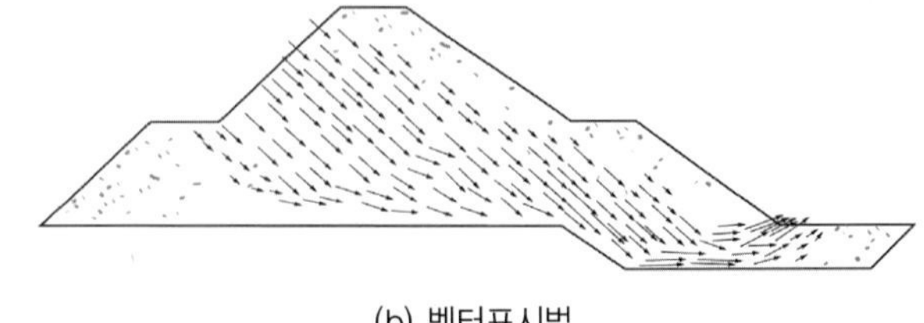
(b) 벡터표시법

그림 3.172 거동결과의 표현 예

수치해석 보고서의 작성(reporting)

어떤 지반공사현장의 사고원인 중의 하나로 수치해석의 오류를 지적한 사례가 있었다. **수치해석을 설계에 활용하는 것은 정량적 활용이므로 만일 잘못되었다면 책임소재의 문제가 따를 수 있다**. 따라서 모델러는 본인이 수행한 해석결과를 정리하는 데 있어서 신뢰도 수준에 대한 분명한 언급이 필요하다. 신뢰도 수준을 정량적으로 정하기 어려우므로 결국 보고서 기술 내용을 통하여 수행한 **해석이 내포하는 가정, 평가, 예측 등을 상세히 기술**하는 방식으로 이루어질 수밖에 없다.

수치해석 보고서는 해석의 모든 과정이 적절한 공학적 논리에 따라 이루어졌음이 기술되어야 한다. 따라서 해석에 고려된 모든 요소와 이를 도출하기 위한 다음의 근거들이 일목요연하게 정리·제시되어야 한다.

- 해석대상 문제의 기하학적 형상
- 지층구성 및 지층별 거동 특성
- 시공방법 및 이의 모델링 방법
- 지반구성모델 및 입력 파라미터 평가
- 모델링 상세 – 요소종류, 인터페이스거동의 고려방법
- 해석법의 구체적 내용(연계(coupled) vs 비연계, 전 응력 vs 유효응력 해석)
- 해석결과 – 위치와 단면, 파라미터 및 예민도 분석 결과
- 해석 신뢰도에 대한 평가, 적용범위

특정 해석보고서는 전제된 대상문제에 대한 결과이므로, 시공 중 공법이 바뀌거나, 지층이 상이한 경우라면 그 보고서는 더 이상 유효하지 않다. 따라서 모델러는 위 해석의 적용범위와 상황변화를 관계자들이 잘 인지할 수 있도록 주기(note)하여야 한다.

3.9.5 지반수치해석의 오류

수치해석의 목적을 의도한대로 달성하기 위해서는 프로그램, 구성모델, 입력파라미터, 모델러 등 관련되는 요소와 절차, 그리고 인적요소까지 적정하여야 한다. 그림 3.173에 인적요소를 제외한 지반수치

해석의 모델링 관련요소와 관련 오류의 유형을 정리한 것이다. 관련된 모든 요소가 오류의 가능성을 내포할 수 있음을 이해하고 있어야 한다.

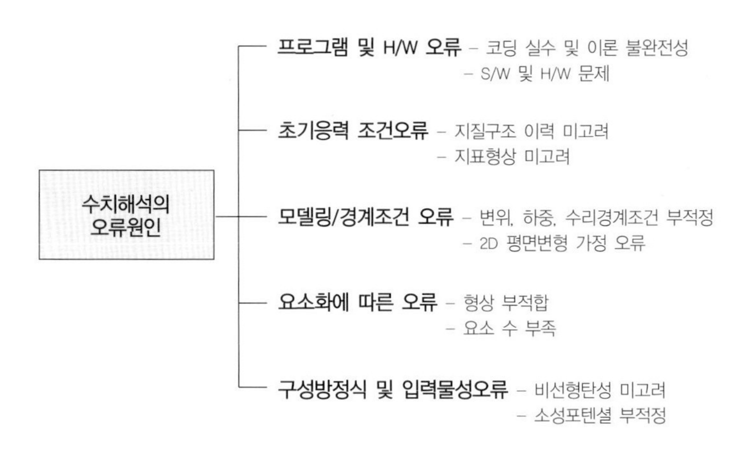

그림 3.173 지반수치해석의 주요 오류와 요인

프로그램 및 시스템(HW) 오류

앞에서 다룬 벤치마킹 프로세스를 통해 사용하고자 하는 컴퓨터프로그램(S/W)이 올바르게 작동하는지, 결과가 신뢰할 만한지 확인하여야 한다. S/W와 관련하여 발생할 수 있는 오차의 원인은 다음과 같다.

① 코딩의 실수. 코딩의 실수는 개발자가 이론을 잘못 적용하거나 프로그래머가 해석적 방법을 정확히 이해하지 못하면 야기될 수 있다. 코드 자체 내에 잘못 계산을 야기할 실수를 포함하는 오류들은 운영체계, 컴파일러 등에 의해 확대될 수 있다. 이런 오류는 흔하게 발견된다.

② 해석이론의 불완전성. 수치해석이론이 적절하지 않은 경우 해석자체가 수치해석적으로 불안정하여 오류를 포함하는 결과를 제공할 수 있다. 예로 비선형해석시 반복법을 사용하는 경우 증분의 크기에 따라 수렴이 안 되는 경우가 이에 해당한다고 할 수 있다. 사용자가 프로그램에 사용된 이론이나 계산방법을 이해하지 못하여 문제를 올바르게 모델링하지 못한 경우도 마찬가지다.

③ S/W의 부적절한 사용. 프로그램을 의도하지 않은 부분에 적용하거나 입력(pre-processing) 매뉴얼에 잘못을 포함된 경우 사용자에게 그릇된 정보를 제공할 수 있다. 계산이 적절하게 수행된 경우라도 후처리(post-processing)의 잘못으로 결과표현에 오류가 게재될 수 있다.

④ H/W 문제. 펜티엄이 처음도입 되었을 때 결과의 부정확성을 주는 흠이 발견된 예처럼, H/W의 결함이 해석결과에 영향을 미칠 수 있다. H/W와 S/W 사이의 충돌 같은 문제로 인해 개발된 시스템과 다른 기종의 컴퓨터를 사용하거나 다른 운영체제(OS)를 사용할 때 다른 답을 줄 수 있다.

초기(응력)조건의 오류

지반에 당초부터 내재하는 초기응력의 적절한 구현 여부는 해석결과에 지대한 영향을 미친다. 일반적으로 수평지반의 경우 '정지 지중응력상태'를 가정하나 실제지반은 수억 년에 걸친 지질작용을 받은 (특히 암반) 상태로서, 현장시험에 의하지 않고는 초기응력 예측이 불가할 때가 많다.

경사지반, 혹은 암반지반은 이런 측면에서 초기응력 구현에 많은 주의가 필요하다. 수평지반 요소는 전단응력이 없지만 경사지반은 전단력이 작용한다. 또한 암반지반의 경우 구조응력(tectonic)의 영향으로 수평토압계수가 1.0보다 큰 경우가 대부분이다.

이러한 오류를 줄이기 위해서는 원칙적으로 현장시험결과를 토대로 초기응력이 설정되어야 한다. 지표형상이 불규칙하거나 기존 구조물을 포함하는 경우, 초기응력을 설정하기 위하여 '수평지반 제거법', '기존 구조물 모델링' 등의 수치해석적 고려가 필요하다. 단위중량이 현저히 다른 지층들로 구성된 지반도 초기전단 응력상태가 있을 수 있다.

기하학적 모델링 및 경계조건의 오류

경제성 추구는 공학목적의 중요한 부분이므로 어느 정도 모델의 단순화와 이상화를 지향할 수밖에 없다. 그러나 이는 상대성이 고려된 것이어야 한다. 프로젝트의 중요도 혹은 예상되는 문제의 중요도로 판단하여 단순화의 정도가 결정되어야 한다.

어느 정도 변형에도 문제될 것이 없는 시골의 농로의 건설에 고급모델과 정교한 해석법을 사용하지 않고, 원자력발전소와 같이 중요한 구조물을 설계하는데 있어, 단순 구성방정식과 단순모델을 사용하지 않는 것처럼 말이다.

① 3차원 구조부재의 2차원 평면변형모델링. 지반 공사 시 설치되는 근입 버팀벽, 앵커, 기초 슬라브와 인장말뚝과 같은 구조부재는 3차원적이다. 이들 문제를 2차원 평면변형문제로 모델링하는 경우 역학적 등가 개념을 고려하여야 한다. 평면변형모델은 모델의 형상이 지면에 수직한 방향으로 연속됨을 의미한다. 따라서 3차원 형상을 기하학적으로 2차원 투영형상으로 모델링하면 모서리 효과가 없어져 실제 현상을 과대평가(overestimate)하게 된다.

② 대칭성 오류. 실무에서는 모델링이 용이하고, 계산이 신속한 2D 해석이 선호된다. 많은 문제가 3차원적이지만 이를 2D로 모델링하는 경우 모델링에 따른 논리적 정당성이 확보되어야 한다.

2D 모델링의 흔한 오류 중의 하나는 대칭성의 가정이다. 2D 모델이 3D 모델보다는 보수적인 결과를 주는 경우 일반적으로 2D해석을 용인하기도 하지만 경우에 따라 상당한 차이가 야기될 수 있다. 그림 3.174에 보인 바와 같이 건물이 위치하는 깊은 굴착문제, 지층이 변화하는 흙막이 설계 등이 이러한 오류의 예에 해당한다.

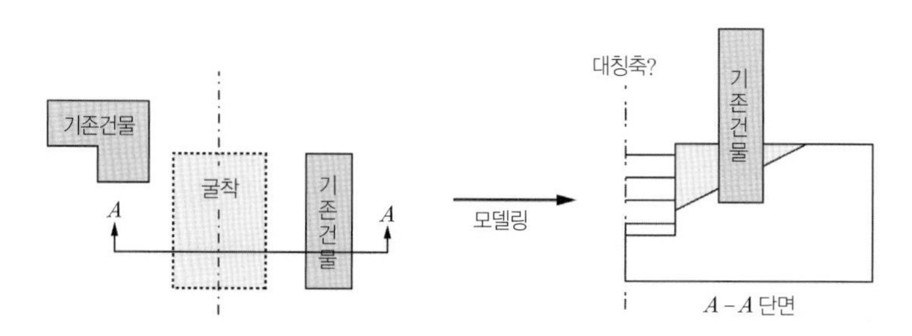

그림 3.174 대칭성 모델링의 오류 예

경계조건은 가급적 사실과 같이 구현되도록 설정하여야 한다. 많은 경우 '변위=0' 혹은 '수압=0', '유량=0' 등과 같이 간단하게 가정하지만 실제문제는 부분변위, 누수 등 간단하게 정의되지 않는 경우도 많다.

③ 수리경계조건 건설과정 모델링의 한계. 건설과정에서 추가되는 요소는 전체거동에 영향을 주지 않는 아주 낮은 강성을 갖는 선형탄성재료로 초기부터 전체모델에 반영된다. 일단 건설(요소의 추가)이 되면 건설된 재료거동에 상응하는 강성으로 전환된다. 이 경우 건설 직후 새로 추가된 요소의 응력상태가 기존의 구성모델로 유도된 응력상태와 일치하지 않으면 문제가 야기될 수 있다.

요소화에 따른 오류

① 요소형상의 오류. 요소의 형상은 때로 해석상의 문제를 야기할 수 있다. 예로 4각형 등파라미터 요소와 관련하여 수치적 안정성을 위하여 다음과 같은 고려가 필요하다.

- 좌표계 간의 사상(mapping)에 따른 문제를 피하기 위하여 요소 내부 모서리각은 180°보다 작아야 한다. 모서리각이 30°~150° 범위일 때 최적의 결과를 준다.
- 요소가 얇아지면 횡방향 자유도에 상응하는 강성계수가 종방향 변위에 대한 강성계수보다 현저히 크다. 이 현상은 시스템 방정식을 풀 때 수학적 불안정(ill-conditioning)을 야기하여 오차의 원인이 된다. 이를 피하기 위하여 장변과 단변의 비($h:b$)를 5 : 1보다 작게 유지하는 것이 좋다.

(a) 요소의 모서리각 (b) 요소의 세장비

그림 3.175 사각형 요소의 적정형상 조건 예

② 요소의 크기와 개수. 응력변화가 심할 것으로 예상되는 경우, 더 작고 많은 요소로 메쉬를 구성하여야 정확한 해를 얻을 수 있다. 같은 모델에 대하여 무조건 요소가 많다고 해서 정확한 결과를 주는 것이 아니고, 응력 집중이 일어나는 곳과 같은 부분의 요소를 세부화하는 것이 훨씬 더 좋은 결과를 준다.

어떤 컴퓨터프로그램은 정확도를 개선하기 위하여 자동적으로 메쉬를 재분할하는 기능을 주기도 한다. 즉, 초기에 균등한 요소로 해석을 하고 해석결과에 기초하여 응력변화가 집중되는 영역의 요소를 작게 분할하여 다시 해석을 수행한다. 이 과정을 반복하여 메쉬 분화가 해석결과에 영향을 미치지 않을 때까지 반복 수행한다.

이제까지 예시한 오류들은 많은 종류의 오류들 중 초보적인 수준의 오류들을 열거한 것에 불과하다. 많은 경우 오류의 발견은 바로 확인되지 않고 해석결과의 내용분석을 통해 확인된다. 또 어떤 결과는 옳고, 어떤 부분은 옳지 않아 이것이 오류인지 아닌지 판단도 쉽지 않다. 이 사실은 **오류의 발견에 많은 수치해석적 그리고 지반공학적 경험이 토대되어야함을 의미하는 것이다.** 수치해석은 입력자료, 제어변수만 가지고 이루어지므로 결과에 대해 건전한 비판적 관점에서 우선 살펴보는 것도 바람직하다.

구성방정식의 오류

해석의 많은 오류가 구성모델에서 비롯된다. 그 대표적인 예가 등방선형탄성을 사용하는 경우와 연계 소성유동법칙을 사용하는 경우 파괴 시 체적변형률이 크게 계산되는 것이다. 또한 비선형탄성, 경화거동 및 팽창성거동의 고려 여부에 따라서도 소성 후 거동양상이 매우 다르게 나타날 수 있다.

① 비선형탄성의 미고려. 지반은 비선형탄성 거동을 나타낸다. 그러나 많은 경우 여전히 선형 탄성으로 가정하게 되는데, 경우에 따라 이는 물리적으로 이해되지 않는 결과를 주기도 한다. 일례로 터널 해석 시 선형탄성모델을 이용한 지표침하는 넓고 완만한 형상으로 실제 계측결과와 많은 차이를 보인다(그림 3.176). 이런 경우 지반의 실제거동 특성인 '비선형 탄성'을 사용하여, 폭이 깊고 좁은 형태의 실제와 유사한 침하결과를 얻을 수 있다. 이러한 문제는 지반물성의 이방성 특성을 고려함으로써 훨씬 더 정확도를 개선할 수 있다.

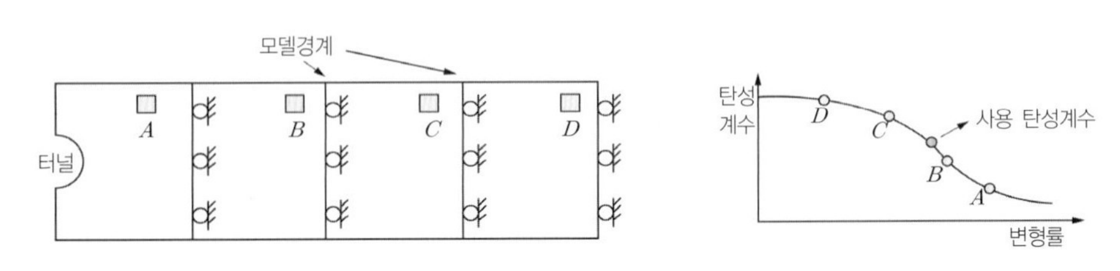

그림 3.176 비선형탄성 터널해석(위치별 유동된(mobilized) 탄성계수)

② 비배수 해석 시 MC모델의 적용오류. Mohr-Coulomb 모델의 한계를 보완하기 위하여 다일레이션 각을 $\psi \approx 0 \sim \phi'$ 범위로 부여한 소성포텐셜을 도입할 수 있다. 이 각은 소성팽창의 크기를 제어하여 흙이 일단 항복상태에 접어들면 일정한 값을 유지한다. 대부분의 흙이 파괴 시 한계상태에 있으므로 이 상태에서 체적이 팽창하는 것은 실제적이지 않다. 이런 모델링은 배수조건(체적변화가 허용되는)의 경계치 문제의 경우 심각한 영향을 미치지 않는다. 하지만 체적변화가 거의 없는 비배수 지반문제에 대하여 예상 밖의 결과를 나타낼 수 있다.

일례로 저면이 미끄러운 강성의 대상(strip)기초에 대하여 비배수조건을 기초저면의 변위를 증가시켜 가는 방법으로 해석을 수행하면 팽창각이 클수록 큰 지지력을 나타낸다. 이는 비배수조건을 적절히 고려하지 못한 때문이며, $\psi = 0$인 경우가 실제거동에 부합한다.

③ 소성포텐셜함수의 오류. 축차응력면에서 소성포텐셜의 형상은 평면변형해석에 있어 파괴 시 Lode Angle, θ에 영향을 미칠 수 있다. 이것은 소성포텐셜의 형상이 유동되는 흙 강도의 크기에 영향을 미친다는 사실을 의미한다. 많은 상업용 컴퓨터프로그램에 있어서 사용자는 소성포텐셜의 형상을 제어할 장치를 두고 있지 않다.

④ 입력물성의 오류. 물성은 모델에 의해 결정되는 파라미터이다. 따라서 물성의 오류는 모델선택이 정당함을 전제로 논의되어야 한다. 가장 흔한 물성 오류중의 하나는 사질토에서 팽창각(체적변화)을 고려하지 않는 문제를 들 수 있다. 그림 3.177에 보였듯이 말뚝해석 시 팽창각의 고려 여부는 지지력 결과에 상당한 차이를 준다. 이와 같이 물성선택에 있어 적어도 핵심거동을 정의하는 파라미터가 간과되어서는 안 된다.

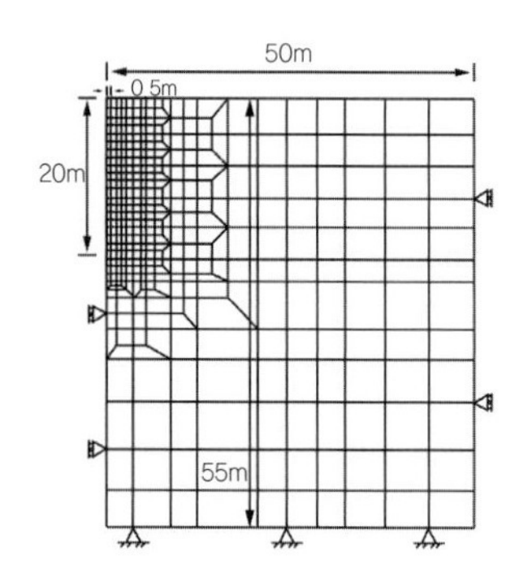

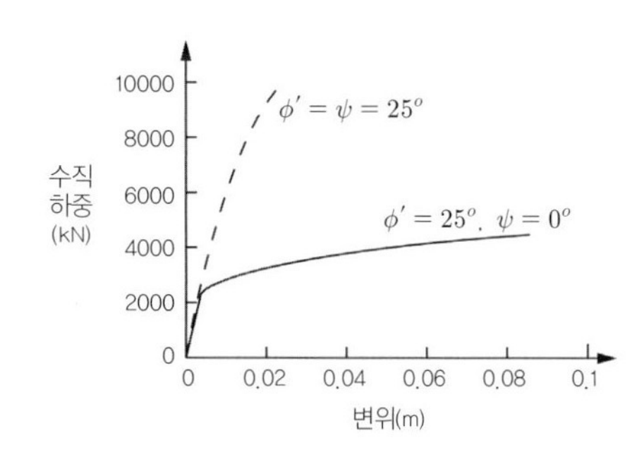

그림 3.177 물성의 영향(예, 팽창각(dilation angle)의 영향)

3.9.6 수치해석의 한계와 극복

'한계'의 긍정적 기능은 '연구개발'의 새로운 목표가 설정될 수 있다는 것이다. 1960년대만 해도 한계로 인식되던 많은 수치해석적인 문제들이 연구개발을 통해 개선되었고, 현재도 해결이 진행 중이다. 하지만 지반문제의 독특한 불확실성으로 인해 여전히 수치해석의 한계라고 인식될 수 할 수 있는 영역이 남아있다.

- **'있는 그대로(as it is)' 모델링의 한계 :** 시추조사와 같은 점 조사 결과를 토대로 공간적으로 변화하는 지반의 비균질성을 모델링하는 데 한계가 있고, 지반입력 파라미터 정확도의 한계, 그리고 기존 프로그램으로 다루어지지 않는 특이거동의 표현에 한계가 있다.
- **지반거동의 수학적 표현과 모델링의 한계 :** 지반의 입자적, 연속체적 그리고 수리적 거동과 연속 및 불연속거동의 속성을 종합하는 만능의 구성모델을 기대하기 어렵고, 정교한 모델일수록 많은 입력파라미터가 필요하며, 수학적 정교함보다 입력파라미터의 정확도에 해석신뢰도가 지배되는 한계가 있다.

수치해석은 최근 10년간 상당한 수준으로 발전을 거듭하였다. 그 중에서도 컴퓨터 H/W의 발달은 계산의 경제성을 혁신적으로 개선하였다. 구성모델의 진화로 대표되는 수학적 모델링에 있어서도 보완과 새로운 모델 개발이 크게 진전되었다. 일례로 대표적 '탄성-완전소성'모델로 사용되었던 Mohr-Coulomb(MC) 모델이 비연계소성유동법칙(non-associated flow rule) 및 경화법칙(hardening rule)을 채용하는 확장 MC(extended Mohr-Coulomb)모델로 개선되어 왔다(제1권 3장 참조).

지반의 비균질, 이방성, 비선형 특성을 고려할 때 아무리 비용을 들여 수학적 모델링 기법과 발전과 시험법을 개선하여도 경제적으로 해결되지 않는 부분이 있을 수밖에 없다. 특히, 수학적 모델링은 정교하게 발달해온 반면, 입력 파라미터의 결정수준은 크게 개선되지 못하였고 여전히 평균개념 혹은 특성치 개념으로 평가되므로 실무적으로 정교한 고급구성모델이 더 좋은 결과를 준다는 결론을 말하기에 주저하게 된다.

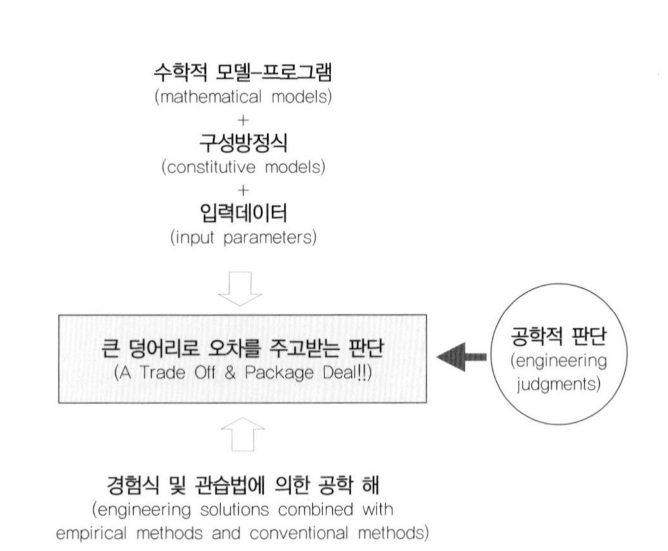

그림 3.178 수치해석과 공학적 판단

이런 문제 때문에 수치해석 모델러는 때로 게재되는 모든 **불확실성을 고려한 공학적 타협**(engineering compromise)을 하여야 하는 경우도 있다. 그림 3.178은 수치해석에 관여되는 요소와 이를 통해 해석된 결과가 공학적 의의를 갖도록 하는 전략적 개념을 보인 것이다. 수학만으로 해결이 용이하지 않은 지반 문제에 경험적 판단을 많이 가미하듯 수치해석도 그러한 사고가 필요할 수 있다. 다만 그런 판단의 주체는 초보적 혹은 기능적 수치해석자가 아닌, 지반공학의 지식과 경험이 풍부한 수치해석 모델러이어야 한다.

Chapter 04

지반 모형시험법

지반 모형시험법

값싸고 작은 모형(model)에서 얻은 자료를 대규모 원형(prototype)에 대한 설계 자료로 변환시킬 수 있다면, 이는 매우 유용하고 경제적인 접근법일 것이다. **수천억 원짜리 댐을 무턱대고 만들어볼 수 없으므로…**.

'축척이 다른 유사시스템'의 거동을 추론하기 위하여 '모형 역학계(model mechanical system)'의 물리적 현상을 관찰하는 모형시험을 다루는 학문을 '모형역학'이라 한다. 모형시험은 직접관찰을 통한 물리적 거동의 이해법이다. 지금까지 해결된 적이 없고, 기하학적으로나 물리적 경계가 복잡해서 이론적 접근이 어려운 지반공학문제의 조사에 유용하다.

지반공학에서 **모형시험(model test)은 원형(prototype, 설계대상 목적물)의 지반문제를 파악하거나 해결하기 위하여 수행한다**. 모형시험이 성립하기 위해서는 원형과 모형 간 **상사성(similitude)**이 성립하여야 한다. 하지만, 지반공학문제의 경우 다양한 재료와 영향요인을 포함하므로 완전한 상사성을 만족하는 모형시험은 용이하지 않다. 따라서 모형시험의 핵심 기술 중의 하나는 원형거동을 지배하는 요인을 파악하고 이를 기준으로 모형에 대한 단순화의 수준을 결정하는 일이다.

이 장에서는 모형시험법의 원리와 상사성 그리고 활용에 관련한 사항 등을 살펴본다. 이 장에서 다룰 주요 내용은 다음과 같다.

- 모형시험의 의의
- 축척과 상사성(scale and similitude) – 상사성 역학
- 차원해석과 상사조건의 유도
- 실내 축소모형시험
- 원심모형시험(centrifugal model test)
- 모형시험의 활용과 전망

4.1 모형시험(model test)의 의의

모형(model)시험은 원형(prototype)의 지반문제를 모형으로 단순화하여 원형의 거동을 외삽(extrapolation) 고찰하는 방법이다. 현장의 원형조건이 단 한번 조사하는 것이라면 모형시험은 적은 비용으로 여러 개의 모형을 만들어 다양한 영향을 조사할 수 있다는 장점이 있다. 모형시험은 독립적인 지반문제 해법보다는 기존의 이론해법, 수치해석법 등의 보완해법으로서 활용되는 경우가 많다. 모형시험의 적용성은 다음과 같다.

- 지반문제의 파악 및 거동 메커니즘의 조사
- 기존사례가 없는, 새롭게 시도되는 지반 구조물의 거동 조사
- 복합재료로 구성되어 상호작용 파악이 필요한 경우
- 수치해석, 이론해석 등 다른 지반해석법과 조합한 검증

모형시험에서 가장 중요한 것은 **모형과 원형 간 상사성(law of similitude)을 확보**하는 일이다. 상사성이 확보되지 않은 경우 시험결과는 실제거동과 유리되고 연구자를 그릇된 결론으로 오도할 수 있다. 최근 들어 많은 실험연구가 수행되고 있으나 **상사성에 대한 기초적인 검증도 없이 전개되는 경우가 많아 결과의 신뢰성에 대해 의문을 갖게 되는 경우가 많다.** 모형실험을 이용하여 지반문제를 조사하고자 하는 경우 우선 차원해석(dimensional analysis)등을 수행하여 상사성을 검토하여야 한다.

모형시험을 위한 모형의 제작은 대상 지반문제의 모델링에서 출발한다. 적절한 가정을 통하여 **원형의 상황을 단순화하는 과정을 모델링**이라 한다. 지반문제의 경우 모델의 원형이 포함하는 모든 요소들 중, **지배적인 영향요인을 도출해내고, 중요하지 않은 요소를 제거**하는 방법으로 모델링한다.

예제 간단한 예를 통해 모형이 단지 길이의 축소만으로 이루어지는 것이 아니라는 사실을 살펴보자. 그림 4.1 (a)와 같이 한 변의 길이가 a인 콘크리트 입방체를 한 변의 길이가 d인 정사각형 단면의 콘크리트 기둥이 지지하는 경우를 생각해보자. 콘크리트 단위중량이 $\gamma = 2.5\text{t/m}^3$, 항복강도가 $\sigma_f = 2{,}500\text{t/m}^2$일 때 원형의 치수가 각각 $a = d = 310\text{m}$인 경우 a를 100m, 3.10m로 줄이는 축소모형을 생각해보자.

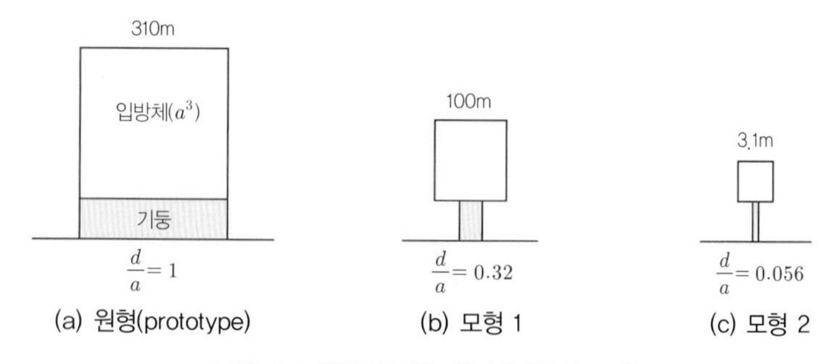

그림 4.1 원형과 모형 예(지배거동의 고려)

풀이 관찰대상 지배거동을 콘크리트 기둥의 응력, 즉 항복거동으로 하자. 기둥의 응력은 $\sigma = \gamma a^3/d^2$이다. 원형과 모형의 파괴조건이 동일하게 나타나야 하므로 $\sigma = \sigma_f$이며, 따라서 $\sigma_f = \gamma a^3/d^2$이다. 이로부터 $d/a = \sqrt{(\gamma/\sigma_f)a} \simeq (1/32)\sqrt{a}$이다. 따라서 a를 각각 $100m$, $3.10m$로 하는 경우 입방체와 기둥모형의 크기 비 d/a는 그림 4.1 (b), (c)에 보인 바와 같이 $\sqrt{1/1000} \cdot \sqrt{a}$이며, 각각 0.32 및 0.056이 된다.

모형시험의 분류

모형시험은 현상을 모사(simulation)한다는 관점에서 물리모형시험(physical model test)과 수치모형(numerical model)으로 구분하기도 한다(사실, 수치모형은 물리모형에 비해 훨씬 더 적은 비용으로 지반문제를 다룰 수 있다. 혹자는 수치모형을 **염가(공짜)의 실험실**이라고도 한다(그림 4.2).

원형과 모형의 상대적 크기에 따라 원형규모의 모형(full-scale models)과 축소모형(small-scale models)으로 구분한다. 축소모형시험은 다시 1g 중력장하(下)의 실내 축소모형시험(single gravity model test)과 원심가속도로 중력을 모사하는 원심모형시험(centrifugal model test)으로 구분할 수 있다.

원형과 일치하는 크기의 모형시험을 원형규모(실대형)의 모형시험(full-scale physical model test)이라 한다. 실대형 시험은 지반조건에 대한 제어가 어려워 핸들링이 어렵고, 축소 모형시험에 비해 많은 시간과 비용이 필요하다.

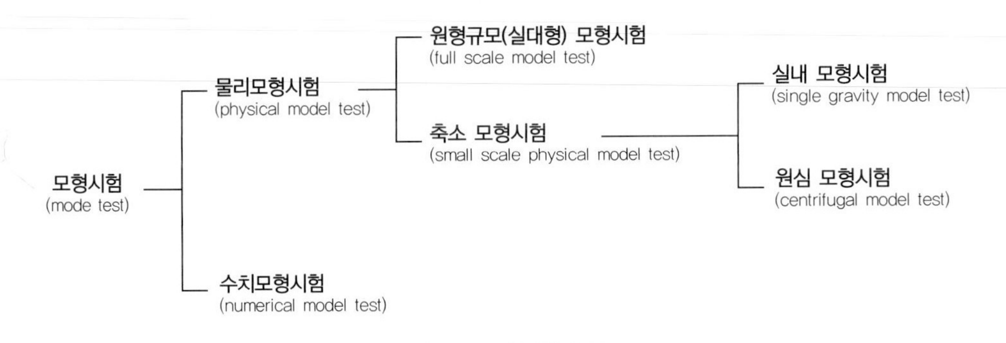

그림 4.2 모형시험의 분류

축소모형(small-scale model)을 지배적 거동요소만을 고려하여 단순하게 제작하면 시험 조건에 대한 제어가 용이하다. 하지만 이 경우 모델의 거동에서 원형의 거동을 추론하기 위해서는 모형과 원형의 상사성이 적정하게 확보되어야 한다.

원심모형시험은 중력 대신 원심력을 이용하여 축소스케일에 상응하는 규모의 중력상태를 구현하는 지반시험 방법이다. 일반적으로 길이의 축소율의 역수로 중력배수를 설정하면, 중력을 $Ng(N=50\sim200)$로 가할 수 있어 원형의 1/50~1/200에 해당하는 축소모형으로 지반구조물의 거동을 조사할 수 있다.

4.2 상사성 역학(similarity mechanics) - 기본물리량과 축척법칙

어떤 현상에 대한 역학법칙이 모형과 원형 모두에 적용가능 할 때 모형시험의 정당성이 확보될 수 있다. 하지만, 수학적으로 공식화된 자연법칙은 어떤 한계 축척 내에서만 유용하며, 이 범위를 넘어서면 신뢰할 만한 결과를 주지 못하는 경우가 많다.

모형과 원형 사이에 동일한 역학법칙이 적용되는 조건을 상사조건이라 한다. 상사조건은 지배미분방정식 또는 차원해석을 이용하여 설정할 수 있다. 상사조건을 다루기 위해서 우선 물리현상을 정의하기 위한 기본물리량부터 살펴보자.

4.2.1 기본물리량

자연현상은 길이, 질량, 시간, 가속도, 힘, 속도, 점성 등의 물리량으로 설명할 수 있다(그림 4.3). 이들 물리량은 공통적으로 길이(L), 질량(M), 시간(T)을 기본단위로 하고 있다. L, M, T를 기본단위로 표시한 물리량의 멱수를 그 물리량의 차원이라 한다. 일례로 속도(=거리/시간)는 LT^{-1}의 차원을 갖는다. 질량 M 대신 힘, F를 사용하기도 한다. Newton 운동법칙에서 $F=ma$(a:가속도)이므로 힘 F의 차원은 MLT^{-2}로 나타낼 수 있다.

그림 4.3에 자유물체이 낙하운동에 대한 기본물리량의 개념을 예시하였다. 위치에너지나 운동에너지 모두 M, L, T로 정의할 수 있다.

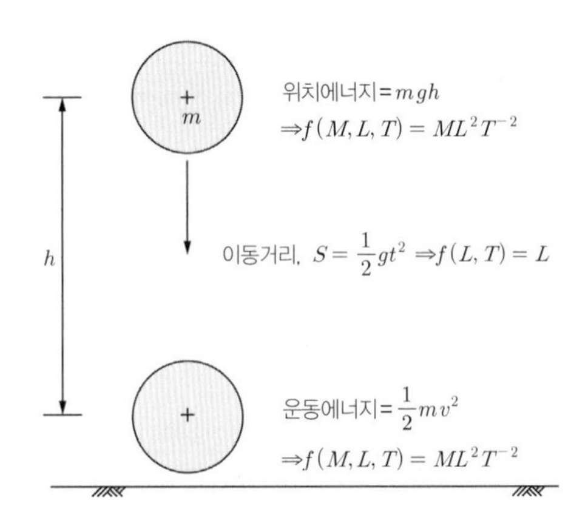

그림 4.3 자유낙하 물체의 기본물리량 예

표 4.1에 공학에서 주로 다루는 물리량과 그 차원을 정리하였다.

표 4.1 공학 물리량의 차원

물리량		LMT 계	LFT 계
기본물리량	길이(l, L)	L	L
	질량(m, M)	M	$L^{-1}FT^2$
	시간(t, T)	T	T
	힘(하중, 반력)(F)	LMT^{-2}	F
기하학적 물리량	면적(A)	L^2	L^2
	체적(V)	L^3	L^3
운동학적 물리량	속도(v)	LT^{-1}	LT^{-1}
	가속도(중력가속도, g)	LT^{-2}	LT^{-2}
	각속도(ω)	T^{-1}	T^{-1}
	유량(q)	L^3T^{-1}	L^3T^{-1}
역학적 물리량	변위(δ)	L	L
	밀도(ρ)	$L^{-3}M$	$L^{-4}FT^2$
	응력(압력)(σ, p)	$L^{-1}MT^{-2}$	$L^{-2}F$
	단위중량(γ)	$L^{-2}MT^{-2}$	$L^{-3}F$
	점성계수(μ)	$L^{-1}MT^{-1}$	$L^{-2}FT$
	탄성계수(E)	$L^{-1}MT^{-2}$	$L^{-2}F$
	운동량	LMT^{-1}	FT
	에너지	L^2MT^{-2}	LF

4.2.2 축척계수(scaling factor)와 축척법칙(scaling law)

모형은 원형을 일정 비율로 축소한 것이다. 모형으로부터 원형과 유사한 거동을 얻어내기 위해서 모형 물리량의 수정이 필요하다. 이러한 물리량의 수정 법칙을 축척법칙(scaling laws)이라고 한다. **어떤 물리량(거동변수) k의 원형에 대한 모형의 비(n_k)를 축척계수(scaling factors) 또는 축소율이라 한다.** 축소모형시험의 경우 $n_k \le 1.0$이다. **축척계수 또는 축소율의 역수($n = 1/n_k$)를 '배수'라 한다.**

$$n_k = \frac{(k_{\text{모형변수}})_m}{(k_{\text{원형변수}})_p} \quad (\text{첨자 } m: \text{모형(model)}, \ p: \text{원형(prototype)}) \tag{4.1}$$

거동을 지배하는 변수는 다양하며 서로 영향을 미친다. 거동정의에 필요한 변수는 기하학적, 역학적 및 운동학적 변수로 구분할 수 있으며, 따라서 모형은 원형과 기하학적, 역학적 및 운동학적 상사성이 만족되도록 제작되어야 한다.

일반적으로 기본 독립변수(기본물리량의 예 : 길이, 질량, 시간)에 대한 축척을 정의하면 조합변수(유도 물리량)는 기본변수의 축척을 이용하여 축척계수를 정의할 수 있다. 하지만, 변수 간 상관성이 있을지라도 거동의 지배성이나 영향성을 고려하여 특정 물리량(밀도, 강성 등)의 축척계수는 기본 물리량과 상관없이 독립적인 축척을 설정할 수도 있다.

길이(length). 축소 물리모형(small scale physical model)제작을 위한 첫 단계는 길이의 축소율을 정하는 것이다. 길이의 축척계수(축소율) n_l은 다음과 같이 정의한다.

$$n_l = \frac{l_m}{l_p} \tag{4.2}$$

그림 4.4는 원형과 모형 간 길이의 축척 예를 보인 것이다.

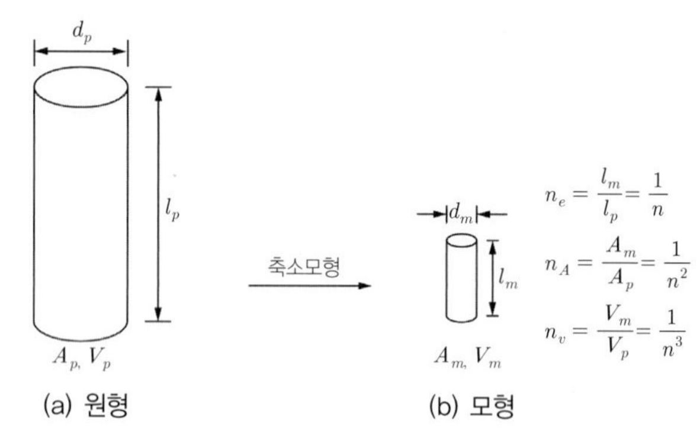

그림 4.4 길이의 축척

밀도(density). 모형의 재료를 원형과 다른 종류로 대체할 경우 밀도의 축소율을 검토해야 한다. 일반적으로 원지반과 같은 종류의 흙을 주로 사용하지만, 경우에 따라 다른 재료를 사용할 수도 있다. 밀도의 축척계수는 다음과 같이 정의된다.

$$n_\rho = \frac{\rho_m}{\rho_p} \tag{4.3}$$

원형과 모형의 재료가 같다면 밀도의 축척계수는 $n_\rho = \rho_m / \rho_p = 1$이다. 같은 재료를 사용하여도 조밀도의 차이로 밀도의 차이가 발생할 수 있다.

시간. 기본물리량이므로 축소율의 정의에 따라 시간의 축척계수, $n_t = \frac{t_m}{t_p}$ (4.4)

속도. 길이와 시간의 축척계수를 이용하면, 속도의 축척계수, $n_v = \frac{v_m}{v_p} = \frac{(l_m/t_m)}{(l_p/t_p)} = \frac{n_l}{n_t}$ (4.5)

가속도. 길이와 시간축척을 이용하면,

$$n_a = \frac{a_m}{a_p} = \frac{l_m/t_m^2}{l_p/t_p^2} = \frac{l_m}{l_p}\frac{t_p^2}{t_m^2} = \frac{n_l}{n_t^2} \tag{4.6}$$

가속도는 중력장과 관련된다. 특히 원형의 지반거동은 중력에 의해 지배된다. 가속도 축척계수는 일반적으로 기준변수로 사용하는 경우가 많으므로(길이와 시간축척계수를 이용하지 않고) 다음과 같이 독립축척계수를 주로 사용한다.

$$\text{가속도 } n_a = \frac{a_m}{a_p}\text{, 중력가속도 } n_g = \frac{g_m}{g_p} \tag{4.7}$$

(지중)응력. 지반은 밀도와 중력가속도로 인해 초기 정지지중응력상태에 있다. 정지상태의 응력평형을 조건으로부터 $\sigma_v + d\sigma_v - \sigma_v = \rho g dz$. 따라서 $d\sigma_v = \rho g dz$이므로 응력은 밀도, 중력가속도, 길이의 곱 차원이다. 따라서 응력의 축척계수는 다음과 같다.

$$n_\sigma = n_\rho n_g n_l \tag{4.8}$$

하중. 외부하중과 내부응력에 대하여 동일한 축척개념의 적용이 필요하다. 예로 하중은 '응력×면적'이다. 따라서 하중의 축척계수(n_p)는 응력 축척계수에 n_l^2이 곱해져야 하므로 축척계수는 다음과 같다.

$$n_p = n_\rho n_g n_l^3 \tag{4.9}$$

평면변형 문제의 경우 단위 길이 당 외부하중의 축척계수는 $n_\rho n_g n_l^2$이다.

강성(stiffness). 지반재료는 비선형거동을 하므로 강성의 모사가 용이하지 않다. 따라서 지반재료의 전단강성, G를 독립변수로 가정하는 것이 편리하며, 전단강성의 축척계수를 다음과 같이 정의할 수 있다.

$$n_G = \frac{G_m}{G_p} \tag{4.10}$$

실제 시험에서 지반의 변형특성에 대한 제어가 용이하지 않으므로 강성이 독립변수라는 가정은 꼭 옳다 할 수 없다. 강성은 동적거동이나 파동전파 거동 등 모사에 필요한 미소변형률 상태의 강성(small strain stiffness)과 하중재하에 따라 상당한 변형을 일으키는 대변형률 상태의 비선형 강성을 구분하여 고려한다. 일반적으로 **변형규모가 작으면 미소변형률에서의 강성은 독립변수로 가정할 수 있다**.

미소변형률 강성은 근사적으로 유효응력의 함수로 표시할 수 있다: $G \propto \sigma^{\alpha}$. 여기서 α는 지반에 따른 상수이다. 실험결과에 따르면 α는 점성토는 0.5 사질토는 1.0이며 혼합토는 0.5~1.0 사이의 값을 갖는다. $\alpha = 1$인 경우는 강성이 변형률에 무관함을 의미한다. 반면에 상당한 혹은 대변형률에서의 강성은 일정하게 정의하기 어려우므로 한계상태개념(critical state concept)의 응력의 축척계수와 간극비 e(혹은 비체적(specific volume), v)를 이용하여 정의하는 경우가 많다. 즉, $\Delta v = \Delta e = \lambda \ln n_{\sigma}$, 여기서 λ는 한계상태선의 기울기, n_{σ}은 응력의 축척률이다.

응력에 따라 변화하는 비선형 강성은 모형에서 고려하기 어렵다. 따라서 **초기미소변형률의 강성 축척기준만 만족시키고, 이후 비선형거동은 모형의 지반재료가 응력 의존적 비선형 거동을 할 것이므로 특별한 고려 없이 그대로 두게 된다**. 따라서 강성의 축척계수는 미소변형률 상태를 기준으로 다음과 같이 고려하면 편리하다.

$$n_G = \frac{1}{n^{\alpha}} \tag{4.11}$$

변형률(strain)과 변위(displacement). 변형률은 응력변화가 야기하는 물리량으로서 강성에 지배된다. 일반적으로 기하학적 상사성을 먼저 확보하고, 변형률축척계수, $n_{\epsilon} = 1$을 사용하여 모형과 원형의 강성 상사성을 유지시킨다.

변형은 특정 구간거리의 변형률을 적분하여 얻는다. 따라서 변형의 축척계수는 변형률과 거리의 곱이다. 변형률의 축척계수를 1로 유지하려면 원형에 상응하는 모형의 특정 위치에서 변형률이 동일해지도록 하여야 한다. $1g$ 축소모형시험에서는 응력과 강성의 축척계수를 같게 만들기 어렵다. 원형과 모형의 변형률이 같다면 원형의 변위는 변형률에 길이의 축척계수를 곱하여 구할 수 있다.

투수성(permeability). 투수계수의 영향변수는 Poiseuille's law로부터 고찰할 수 있다. $k = C d_s^2 \frac{\gamma_w}{\mu} \frac{e^3}{1+e}$ 여기서 C: 간극형상계수, d_s : 표준입경, μ : 유체점성, e : 간극비이다. 절대투수성(비투수성, K: specific permeability)의 정의와 Poiseuille's law를 조합하면

$$K = \frac{k\mu}{\gamma_w} = \frac{k\mu}{\rho_w g} = C d_s^2 \frac{e^3}{1+e}, \text{ 또는 } k = \frac{K\gamma_w}{\mu} = \frac{K\rho_w g}{\mu} \tag{4.12}$$

K의 차원은 길이의 제곱이므로, 유체의 특성과는 무관하다. 따라서 투수성의 축척계수는 K 영향을 배제하고, 유체밀도의 축척계수, $n_{\rho f}$, 유체점성의 축척계수, n_{μ}를 이용하여 다음과 같이 쓸 수 있다.

$$n_k = \frac{n_{\rho f} n_g}{n_{\mu}} \tag{4.13}$$

동수경사(hydraulic gradient). 동수경사는 흐름방향 혹은, 간극수압 상태를 나타내며 무차원계수이다. Darcy 법칙에서. $v = ki = \dfrac{k}{\gamma_w}\dfrac{\Delta p}{l}$ 이므로(Δp:수압) 이를 동수경사로 나타내면 다음과 같다.

$$i = \frac{1}{\gamma_w}\frac{\Delta p}{l} = \frac{1}{\rho_w g}\frac{\Delta p}{l} \tag{4.14}$$

따라서 수압에 대한 축척계수를 n_p라 할 때 동수경사의 축척계수는 다음과 같이 표현할 수 있다.

$$n_i = \frac{n_p}{n_{\rho f} n_g n_l} \tag{4.15}$$

지반 내 전응력의 변화는 간극수압을 유발한다. 투수성이 낮은 경우에는 체적변화를 야기하려는 전응력의 변화가 평균유효응력을 변화시켜 체적을 일정하게 유지시키게 된다. 이 경우 압력변화($\Delta u_w = \Delta h\, r_w$)의 축척계수는 $n_p = n_\rho n_g n_l$이므로, 간극수압변화로부터 야기되는 동수경사의 축척계수는 $n_i = n_\rho / n_{\rho f}$이다.

시간(time). 지반문제 중에서 시간에 대한 고려가 필요한 경우는 압밀, 크립(creep), 동적거동의 3가지 유형으로 구분하여 살펴볼 수 있다.

① 압밀거동의 시간축척계수

압밀이론에서 시간함수는 다음 식으로 나타난다.

$$T = \frac{c_v t}{H^2} = \frac{kt}{m_v \gamma_w H^2} = K\frac{tE_{oed}}{\mu H^2} \tag{4.16}$$

여기서, $c_v = \dfrac{k}{m_v \gamma_w}$, $K = \dfrac{k\mu}{\gamma_w}$, E_{oed}=구속 탄성계수이다. 위 식을 t에 대해 정리하면, $t = \dfrac{T}{K}\dfrac{\mu H^2}{E_{oed}}$.

T, K는 무차원이고, $n_E \simeq n_G$라 하면 압밀거동에 대한 시간축척계수는 다음과 같다.

$$n_t = \frac{n_\mu n_l^2}{n_G} \tag{4.17}$$

② 크립(creep)거동의 시간축척계수

크립은 원형과 모형에 상관없이 같은 비율로 발생한다. 따라서 크립의 시간축척계수는 1로 본다. 즉, $n_{creep} = 1$이다. 축척계수가 1이면 모형과 원형의 거동이 정량적으로 같음을 의미한다.

③ 동적거동의 시간축척계수(dynamic time scale factor):

동적거동의 시간축척계수는 운동에너지 보존법칙을 이용하여 나타낼 수 있다.

- 위치에너지(potential energy) = 단위중량 × 변위 → $n_{PE} = n_\rho n_g \times \dfrac{n_\rho n_g n_l^2}{n_G}$ (4.18)

- 운동에너지(kinetic energy) = 밀도 × 속도^2 → $n_{KE} = n_\rho \times n_v^2$ (4.19)

에너지 보존법칙인, 위치에너지 = 운동에너지, 즉 $n_{PE} = n_{KE}$로부터 속도의 축척계수(n_v)는 다음과 같다.

$$n_v = n_g n_l \sqrt{n_\rho / n_G} \tag{4.20}$$

속도는 가속도와 시간의 곱($v = at$)이므로 위식의 n_g가 가속도의 축척계수임을 고려하면 ($n_a \approx n_g$), 시간에 대한 동적 축척계수는

$$n_t = n_l \sqrt{n_\rho / n_G} \tag{4.21}$$

이상으로 모형시험에서 요구되는 변수들에 대한 축척계수를 살펴보았다. 엄격한 의미에서 올바른 모형은 지배함수의 모든 무차원 변수가 관련 축척규칙(scaling laws)을 만족시키는 경우에만 얻어진다. 하지만 원형의 모든 조건을 만족시킬 수는 없으므로 지배적인 영향의 중요 물리량을 우선하여 상사성을 확보한다.

원형과 모형 간 축척계수가 1, 즉 모형제작 시 축소율을 고려하지 않아도 되는 물리량은 그림 4.5와 같이 밀도, 가속도, 동수경사, 시간(creep) 등이다.

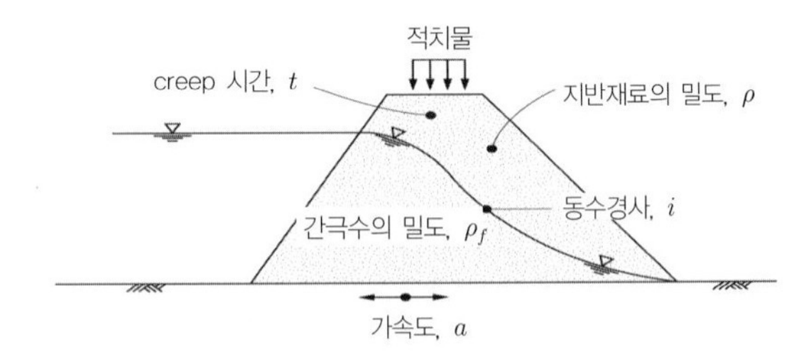

그림 4.5 모형과 원형의 축척을 고려하지 않아도 되는 물리량($n = 1$) : 밀도, 동수경사, 가속도, creep 시간

앞에서 고찰한 축척계수(scaling factor)를 정리하면 표 4.2와 같다. 이 표는 **원형과 모형이 같은 지반재료**임을 전제로 한 것이다. 무차원 변수에 축척개념을 도입하면 보다 편리하게 상사조건을 만족하는 모형의 제작방향을 설정할 수 있다.

표 4.2 축척계수(scaling factor, 길이 축척계수, $n_l = 1/n$, n은 배수)

물리량		축척계수		
		기본표현	1g(실내축소모형)	ng(원심모형)*
기본물리량	길이(l)	n_l	$1/n$	$1/n$
	밀도(ρ)	n_ρ	1	1
	가속도(g)	n_g	1	n
힘과 변위	강성(G)	n_G	$1/n^\alpha$	1
	응력(σ)	$n_\rho n_g n_l$	$1/n$	1
	하중	$n_\rho n_g n_l^3$	$1/n^3$	$1/n^2$
	하중/길이	$n_\rho n_g n_l^2$	$1/n^2$	$1/n$
	변형률(ϵ)	$n_\rho n_g n_l / n_G$	$1/n^{1-\alpha}$	1
	변위(δ)	$n_\rho n_g n_l^2 / n_G$	$1/n^{2-\alpha}$	$1/n$
유체거동	간극수의 점성(μ)	n_μ	1 또는* $1/n^{1-\alpha/2}$	1 또는 n
	간극수의 밀도(ρ_f)	$n_{\rho f}$	1	1
	투수성(k)	$n_{\rho f} n_g / n_\mu$	1 또는* $1/n^{1-\alpha/2}$	n 또는* 1
	동수경사(i)	$n_\rho / n_{\rho f}$	1	1
시간과 동적거동	시간(diffusion)	$n_\mu n_l^2 / n_G$	$1/n^{2-\alpha}$ 또는 $1/n^{1-\alpha/2}$	$1/n^2$ 또는 $1/n$
	시간(creep)	n_{creep}	1	1
	시간(dynamic)	$n_l (n_\rho / n_G)^{1/2}$	$1/n^{1-\alpha/2}$	$1/n$
	속도(v)	$n_g n_l (n_\rho / n_G)^{1/2}$	$1/n^{1-\alpha/2}$	1
	주파수(f)	$(n_G / n_\rho)^{1/2} / n_l$	$n^{1-\alpha/2}$	n
	전단파 속도	$(n_G / n_\rho)^{1/2}$	$1/n^{\alpha/2}$	1

주) $n_l = l_m / l_p$,

α : 지반의 변형거동을 지배하는 역학변수는 강성이다. 따라서 강성을 기본물리량과 같이 독립변수로 다룰 수 있다면 상사성검토가 매우 편리해 질 수 있다. 실험결과에 따르면 변형률이 충분히 작은 경우 강성과 응력의 관계는 다음과 같이 표시할 수 있다.

$G \propto \sigma^\alpha$

이때 α는 상수이다. α를 차원해석에 도입하면 역학변수인 강성, 변형률, 변위 그리고 연관변수인 유체거동과 동적 거동의 축척계수를 α를 이용하여 나타낼 수 있다. 이 경우 축척계수는 α의 함수로 나타난다.

- 점토, $\alpha = 1.0$
- 사질토, $\alpha = 0.5$
- 혼합토, $\alpha = 0.5 \sim 1.0$

* : 원심모형시험의 경우 중력배수 'N' 길이축척계수의 배수($n = 1/n_l$)가 같은 경우임. $n = N$ (표 4.6 참조)

예제 구조물을 포함하지 않는 간단한 암반터널의 축소모형을 그림 4.6과 같이 제작하고자 한다. 모형실험을 통해 제작 가능한 축소 터널의 크기와 실험장치가 수용할 수 있는 모형 시험체의 최대크기(480mm × 480mm × 76mm)를 고려하여 실제터널단면(12m × 9m)을 그림 4.6과 같이 축소모형을(60mm × 40mm) 제작하였다. 따라서 길이[L]에 대한 축소율은 1/200이다. 축척법칙에 근거하여 축척계수(축소율)를 결정해보자. 현장 암반의 밀도와 모형재료의 밀도는 아래와 같다.

구분	현장 지반의 밀도 (kN/m³)	모형재료의 밀도 (kN/m³)	모형재료의 세부사항	건조기간
풍화암	20	15.6	모래 : 석고 : 물 = 135 : 65 : 100	7일

풀이 축소율을 산정하는 순서는 기본물리량 길이$[L]$, 시간$[T]$, 질량$[M]$ 중에서 우선 길이에 대한 축소율을 결정하고 나서 이를 기준으로 시간, 밀도$[ML^{-3}]$, 질량, 응력$[ML^{-1}T^2]$ 등의 축소율을 차례로 산정할 수 있다.

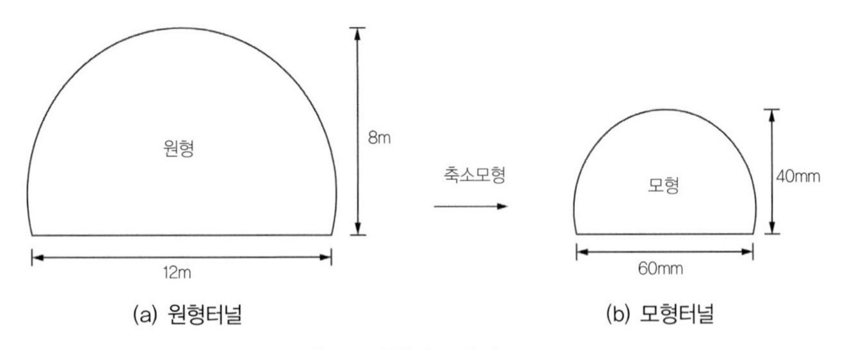

(a) 원형터널 (b) 모형터널

그림 4.6 원형과 모형의 규모

① 기본물리량 축척계수

시험계획에서 길이에 대한 축척계수는 다음과 같다.

$$n_l = l_m/l_p = \frac{60mm}{12m} = \frac{1}{200}$$

$1g$ 시험이므로 중력가속도$[[LT^{-2}]$는 현장과 실험실에서 모두 같다. 따라서 시간에 대한 축척계수(축소율)는 다음과 같다.

$$n_g = \frac{(l_m/l_p)}{(t_m^2/t_p^2)} = \frac{n_l}{n_t^2} = 1$$

위 식에서 시간의 축척계수($n_t = \dfrac{t_m}{t_p}$)는 다음과 같다.

$$n_t = \frac{t_m}{t_p} = \sqrt{n_l} = \frac{1}{\sqrt{200}} = \frac{1}{14.14}$$

즉, 원형보다 약 14배 빠른 시험시간 제어가 가능하다(하지만, 위 예제는 시간의존성 거동이 아니므로 여기서는 의미 없다).

질량의 축소율을 결정하기 위해서는 현장 지반의 밀도와 모형재료의 밀도의 비를 통해 밀도 $[ML^{-3}]$의 축소율을 먼저 구하고 이로부터 질량의 축소율$[M]$을 구한다. 모형재료(모래, 석고, 물의 중량비가 135:65:100인 혼합물)의 밀도는 15.6kN/m^{3}이고 원형 지반인 현장 지층의 밀도는 20kN/m^{3}이므로 밀도$[ML^{-3}]$ 및 질량 $[M]$의 축소율은 다음과 같이 계산된다.

$$n_\rho = \frac{\rho_m}{\rho_p} = \frac{15.6}{20} = \frac{1}{1.282}$$

$$n_M = \frac{M_m}{M_p} = \frac{V_m \rho_m}{V_p \rho_p} = \frac{l_m^3 \rho_m}{l_p^3 \rho_p} = n_l^3 n_\rho = \left(\frac{1}{200}\right)^3 \times \left(\frac{1}{1.282}\right) = \frac{1}{10,256,000}$$

② 응용물리량의 축척계수

본 축소모형실험을 통해 하중에 따른 터널 및 주변지반의 변형 및 파괴 거동을 조사하여야 하므로 주된 측정물리량은 응력강성 및 강도$[ML^{-1}T^{-2}]$이다. 응력 및 강도$[ML^{-1}T^{-2}]$의 축척계수는 앞에서 살펴본 축척법칙으로 이용하여 다음과 같이 산정할 수 있다.

$$n_\sigma = n_\rho n_g n_l = \frac{1}{1.282} \times 1 \times \frac{1}{200} = \frac{1}{256}$$

또는, $$n_\sigma = \frac{M}{LT^2} = \frac{n_M}{n_l n_t^2} = \frac{\left(\frac{1}{10,256,000}\right)}{\left(\frac{1}{200}\right) \times \left(\frac{1}{14.14}\right)^2} = \frac{1}{256}$$

본 예제에서 살펴본 기본 및 응용 물리량에 대한 축소모형실험의 축척계수(축소율)를 정리하면 표 4.3과 같다.

표 4.3 실험모형의 축소율 산정 예

기본물리량	차원	축소율	물리적 성질	차원	축소율
길이	[L]	1/200	질량	[M]	1/10,256,000
시간	[T]	1/14.14	변형계수	$[ML^{-1}T^{-2}]$	1/256
가속도	$[LT^{-2}]$	1	응력	$[ML^{-1}T^{-2}]$	1/256
밀도	$[ML^{-3}]$	1/1.282			

NB : 예제의 터널 모형은 동일 중력하의 단일재료 모형에 대한 정적인 문제에 대하여 살펴본 것이다. 원형의 거동이 모형에서 구현되어야 하므로 복합요인이 게재된 경우 기하학적 측면뿐 아니라 운동학적 및 역학적 상사성도 성립하여야 한다. 이는 4.3절에서 구체적으로 살펴본다.

4.3 원형과 모형의 상사성

경제적 조건 등의 이유로 대부분의 모형(model)은 원형(prototype)보다 작게 만들어진다. 모형시험은 원형의 거동을 실험실에서 작은 규모의 모델로 재현하는 것이므로 중력장, 재료강성, 흐름조건 등이 원형과 일치하여야 거동의 유사성을 확보할 수 있다.

4.3.1 상사조건의 일반원리

모형과 원형 간에 거동의 동일성을 확보하기 위해 만족되어야 할 조건을 상사성(similarity) 또는 상사조건(similitude conditions)이라 하며, 그림 4.7에 보인 다음 세 가지 조건이 만족할 때 완전한 상사성이 성립한다.

- 기하학적 상사성(geometric similarity)
- 운동학적 상사성(kinematic similarity)
- 역학적 상사성(mechanical similarity)

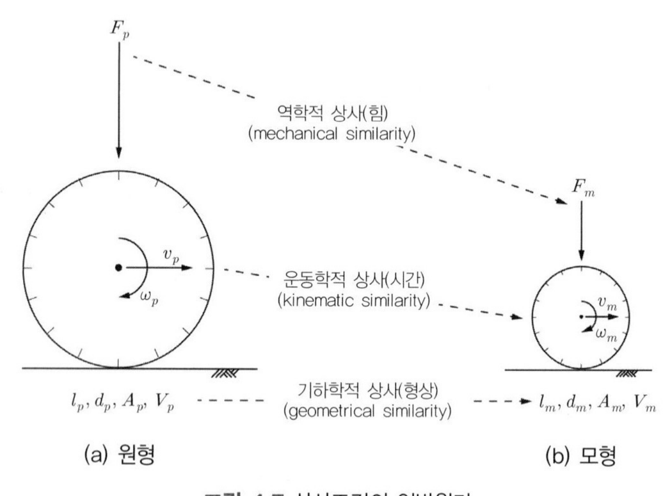

그림 4.7 상사조건의 일반원리

기하학적 상사성

원형과 모형 사이의 모든 대응하는 크기(규모, 길이)의 비가 같을 때 기하학적 상사성이 성립한다. 기하학적 상사성은 모형과 원형이 직교(Cartesian)좌표계의 **세 방향에 대해 모두 같은 길이 축적비를 가질 때 만족된다**.

$$\frac{l_m}{l_p} = n_l = const \tag{4.22}$$

일반적으로 모형과 원형이 상호 대응하는 부분에서 **대표길이의 비가 모두 동일하다면 원형과 모형 간에 기하학적 상사성(geometrical similarity)이 성립**한다고 할 수 있다. 기하학적 상사조건에는 길이, 면적, 체적의 비가 있다.

- 대표길이의 비, $\frac{l_m}{l_p} = n_l = const$
- 면적 비, $\frac{l_m^2}{l_p^2} = n_l^2 = n_A = const$
- 체적 비, $\frac{l_m^3}{l_p^3} = n_l^3 = n_V = const$

운동학적 상사성

모형의 운동의 형태 또는 경로가 기하학적으로 상사되고 그 **운동에 내포된 여러 대응하는 입자들의 속도비가 같을 때 운동학적으로 상사이다.** 다시 말하면, 모형과 원형에서 동일한 입자가 동일한 시간에 동일한 위치에 있을 때 이들의 운동이 운동학적으로 상사라고 할 수 있다. 운동학적 상사는 길이 축척계수 n_l과 시간 축척계수 n_t를 이용하여 정의할 수 있다.

$$\frac{v_m}{v_p} = \frac{(l/t)_m}{(l/t)_p} = \frac{n_l}{n_t} = const \tag{4.23}$$

$$\frac{t_m}{t_p} = n_t = const$$

역학적 상사성

모형과 원형의 각 대응점에 작용하는 힘의 축척계수가 같을 때 성립한다. 이를 위해서 모형과 원형에서 길이의 축척비, 시간의 축척비 및 힘(또는 질량)의 축척비가 같아야 한다. 힘의 종류는 압력(F_p), 중력(F_g), 점성력(F_v), 표면장력(F_s), 관성력(F_i) 등이다. Newton 제 2법칙에 따르면 모든 힘의 합력은 관성력과 같으므로 다음이 성립한다.

$$Ma = \sum F = F_p + F_g + F_v + F_s \tag{4.24}$$

여기서 M은 물체 질량, a는 가속도이다. 따라서 역학적 상사조건은 다음과 같이 표현된다.

$$\frac{(Ma)_m}{(Ma)_p}=\frac{(F_p)_m}{(F_p)_p}+\frac{(F_g)_m}{(F_g)_p}+\frac{(F_v)_m}{(F_v)_p}+\frac{(F_s)_m}{(F_s)_p}=const \tag{4.25}$$

힘은 벡터이므로 **'모형에 작용하는 힘의 다각형'이 '원형에 작용하는 힘의 다각형'과 상사**이면 역학적 상사성이 성립한다. 따라서 각 힘을 개별적으로 고려할 수도 있다. 실제 모든 힘에 대한 상사성을 만족시키기 어려우므로, **실용적으로는 가장 지배적인 힘에 대한 상사성만을 고려하게 된다**.

상사조건의 유도

기하학적, 운동학적, 역학적 상사조건이 만족되면 모형에서 발생하는 현상은 이에 대응하는 원형의 현상과 완전히 상사가 된다. 하지만, 어떤 지반문제도 거동이 기하학적, 운동학적 및 역학적으로 딱히 구분되지 않는다. 따라서 **대상지반문제에 대한 거동지배방정식의 기하, 운동 및 역학적 주요 지배변수를 상호 결합시킨 몇 개의 무차원변수를 도입할 수 있다면 이 변수 값이 원형과 모형에서 동일하도록 모형을 제작함으로써 상사성을 확보할 수 있다.**

상사성의 확보는 궁극적으로 원형과 모형 간 규모 차이에 따른 영향을 배제하는 것이다. 관련 거동변수의 무차원 형태 표현은 시험결과를 정리할 때 사용하는 **정규화(normalization) 개념과도 유사**하다. 즉, 특정변수로 정규화함으로써 그 변수의 특정 영향을 배제하여 비교를 가능하게 할 수 있다. 실험결과를 무차원 변량으로 정리해 놓으면, 이와 유사한 현상은 이 실험결과를 이용하여 구할 수 있는 등 해의 일반화 효과가 있다. 즉, 하나의 실험결과를 무차원으로 정리해 놓은 도표(예, Taylor 사면안정도표 등)를 통해 기하학적 상사성이 있는 다른 모든 경우의 현상을 해석할 수 있는 것이다. **무차원 변수를 이용한 상사조건은 지배미분방정식, 혹은 차원해석법을 이용하여 구할 수 있다**.

차원해석법에는 추론함수법과 이용법과 Buckingham π-정리법이 있다.

4.3.2 지배 미분방정식을 이용한 상사조건의 유도

원형과 모형 사이에 상사성이 성립하기 위해서는 거동의 지배방정식이 두 시스템 모두에 성립되어야 한다. 거동의 지배방정식을 미분방정식으로 표현할 수 있는 두 예제를 통해 모형과 원형의 상사조건의 유도방법을 살펴보자.

평판기초의 모형시험을 위한 상사조건

그림 4.8과 같은 탄성지반위 평판(plate)기초에 대한 모형시험을 생각하자(원칙적으로 지반과 평판의 조합거동을 고려하여야 하나 여기서는 평판거동만을 다루기로 한다). 평판의 탄성거동에 대한 원형(prototype)의 미분방정식은 다음과 같이 유도된다(구조역학 Plate Theory 참조).

$$\frac{\partial^4 w}{\partial x^4}+\frac{\partial^4 w}{\partial x^2 \partial y^2}+\frac{\partial^4 w}{\partial y^4}=12(1-\nu^2)\frac{p}{Eh^3} \tag{4.26}$$

w는 변위, E와 ν는 각각 평판의 탄성계수 및 포아송비, p, h는 각각 단위면적당 하중 및 평판의 두께이다.

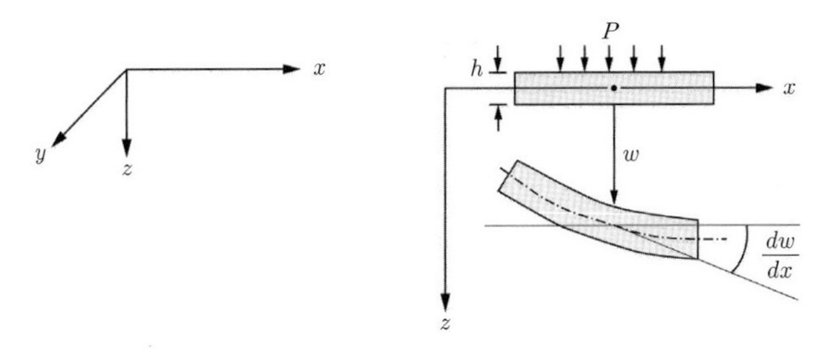

그림 4.8 평판연속기초(plate foundation)

이를 어떤 축척의 모형으로 만들었을 때, 모형의 좌표계를 $x'-y'$, 변위, 하중, 재료상수를 각각 w', p', E', ν' 그리고 두께를 h'라 하면 모형계의 지배 미분방정식은 다음과 같이 쓸 수 있다.

$$\frac{\partial^4 w'}{\partial x'^4}+\frac{\partial^4 w'}{\partial x'^2 \partial y'^2}+\frac{\partial^4 w'}{\partial y'^4}=12(1-\nu'^2)\frac{p'}{E' h'^3} \tag{4.27}$$

원형과 모형의 미분방정식이 상호 변환될 수 있도록 다음과 같이 축척계수(scaling factor)가 존재한다는 필요조건을 가정하자.

$$w'=n_w w,\ x'=n_l x,\ y'=n_l y,\ E'=n_E E,\ h'=n_l h,\ \nu'=n_\nu \nu\ ,\ p'=n_p p \tag{4.28}$$

식 (4.28)을 식 (4.27)에 대입하여 모형의 지배방정식을 다시 쓰면

$$\left(\frac{\partial^4 w}{\partial x^4}+\frac{\partial^4 w}{\partial x^2 \partial y^2}+\frac{\partial^4 w}{\partial y^4}\right)=12(1-n_\nu^2\nu^2)\frac{n_p p}{n_E n_h^3 E h^3}\frac{n_l^4}{n_w} \tag{4.29}$$

이 모형의 지배방정식이 원형식과 같아지려면 다음 두 조건이 만족되어야 한다.

$$n_\nu=1 \tag{4.30}$$

$$\frac{n_w}{n_l^4}\frac{n_E n_h^3}{n_p}=1$$

식 (4.30)의 첫 번째 조건은 원형과 모형의 포아슨비(ν)가 같아야 함을 의미한다. 두 번째 조건은 강성의 축척계수를 포함하는 역학적 상사조건이라 할 수 있다. 완전한 기하학적 상사성이 만족된다면 $n_w = n_h = n_l$이므로 두 번째 조건은 $n_E = n_p$, 즉 $p'/p = E'/E$ 조건이 된다.

이로부터 탄성평판기초에 대한 모형시험의 상사조건은 '포아슨비가 같고, 단위면적당 하중 비가 탄성계수비와 비례하여야 한다'이다. 따라서 이들 조건을 만족하는 모형을 제작하여 모형시험을 수행하면 **원형의 변형은 모형의 변형에 길이 축척계수를 곱하여 구할 수 있다**.

인장 네일(nail) 모형시험을 위한 상사조건의 유도

최근 활용이 많아지고 있는 네일의 모형시험을 위한 상사조건을 제2장 이론해석에서 다룬 인장 네일의 지배방정식을 이용하여 유도해보자. 2장에서 다룬 인장 네일의 지배방정식은 다음과 같다.

$$\frac{d^2w}{dz^2} = \frac{Gw}{2E^* r_o^2} \tag{4.31}$$

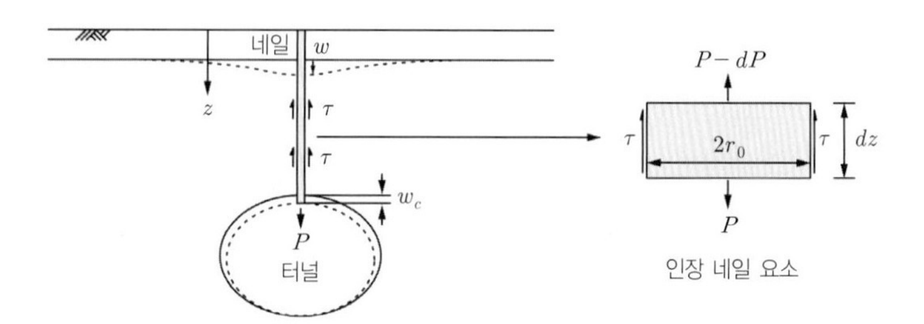

그림 4.9 선지보 인장네일의 거동(Seo and Shin, 2014)

모형변수를 각각 $w', z', G', E^{*'}, r_o'$라 하면(w: 침하, z: 심도, G: 지반의 전단탄성계수, E^*는 네일의 탄성계수일 때, r_o: 네일의 반경) 각 변수의 축척계수(scaling factor)를 $w' = n_w w$, $z' = n_l z$, $G' = n_G G$, $E^{*\prime} = n_{E^*} E^*$, $r_o' = n_{r_o} r_o$로 설정할 수 있다. 여기서 $n_l = l_m/l_p$, $n_G = G_m/G_p$, $n_{E^*} = E_m^*/E_p^*$, $n_{r_o} = r_{o_m}/r_{o_p}$이다. 상사성이 성립하기 위해서는 모형에서도 지배방정식이 성립하여야 하므로

$$\frac{d^2w'}{dz'^2} = \frac{G'w'}{2E^{*\prime} r_o'^2} \rightarrow \frac{d^2(n_w w)}{d(n_l z)^2} = \frac{n_G G\, n_w w}{2n_{E^*} E^*(n_{r_o})^2 r_o^2} \rightarrow \frac{d^2w}{dz^2} = \left(\frac{n_l^2}{n_w}\frac{n_G n_w}{n_{E^*} n_{r_o}^2}\right)\frac{Gw}{2E^* r_o^2} \tag{4.32}$$

모형 토조의 치수와 변위의 축척계수가 같다면, $n_w = n_z = n_l$이므로 $\frac{d^2w}{dz^2} = \left(\frac{n_l^2 n_G}{n_{r_o}^2 n_{E^*}}\right)\frac{Gw}{2E^* r_o^2}$ 이다.

따라서, 모형의 거동이 실물과 같아지려면 다음 조건이 만족되어야 한다.

$$\frac{n_l^2\, n_G}{n_{r_o}^2\, n_{E^*}} = 1 \text{조건, 즉 } \left(\frac{l_p}{r_{op}}\right)^2 \frac{G_p}{E_p^*} = \left(\frac{l_m}{r_{om}}\right)^2 \frac{G_m}{E_m^*} \tag{4.33}$$

만일 같은 재료를 사용하면 $G_m = G_p$ 또 $n = n_l = l_m/l_p$ 이다. 모형재료가 결정된 경우라면 반경 r_o는 $r_{om} = n\ r_{op}\sqrt{E_p^*/E_m^*}$ 과 같이 선택할 수 있다. 모형과 실물의 원형과 모형의 네일재료가 같다면 $r_{om} = n\ r_{op}$ 로 나타낼 수 있다.

예제 모형터널의 직경 50mm, Nail 모형(원형 D32)은 지름 0.8mm의 철사(steel wire, $r_o = 0.4$ mm)를 사용하였다면 이때 모사 대상인 원형터널의 크기를 구해보자.

풀이 $n_l = r_{om}/r_{op} = 1/40$ 이므로, $D_m/D_p = 0.05/D_p = 1/40$. 원형터널의 직경($D_p$)은 약 2.0m이다.

4.3.3 차원해석법에 의한 상사조건의 유도

차원해석(dimensional analysis)이란 원형의 거동과 이론관계에 있는 변수나 파라미터들로부터, 모형의 이론관계를 구성하는 요소들을 추론해내는 기법으로 모형역학의 상사조건 유도에 많이 사용된다.

차원해석을 통해 거동의 지배영향요인을 파악하고, **공학적 직관**에 의해 거동을 지배하는 영향변수들을 최소한의 무차원 변수로 도출해낼 수 있다. **지배적 영향요인이 포함된 무차원 변수 값이 원형과 모형에서 같다면 원형과 모형 간 상사성이 확보되었다고 할 수 있다.**

차원해석은 거동의 영향요인이 많아 지배적인 무차원변수 위주로 상사성을 따질 때 유용하다. 모든 관련 독립변수들이 동시에 상사성을 만족하여야 완전한 모형이나, 실제로는 지배적인 거동에 대한 무차원변수의 상사성만을 다루는 경우가 많다. 특히, 지반의 거동이 비선형이고 모형의 구조가 여러 종류의 재료로 구성되어 있는 지반거동의 경우 모든 무차원변수에 대한 상사성을 만족시키기가 용이하지 않다.

차원해석은 실험이나 이론을 계획할 때 변수의 선정, 상대적 중요성 등 연구하고자 하는 물리적 관계식의 형태에 대하여 상당한 통찰을 할 수 있게 해준다. 차원해석은 일종의 농축화 기법으로서 주어진 물리적 현상에 영향을 미치는 실험변수의 개수와 그 복잡성을 줄이는 방법이다. 차원해석을 효과적으로 활용하려면 상당한 직관과 숙련을 위한 훈련이 필요하다.

차원의 동차성 원리(principle of dimensional homogeneity)

어떤 방정식이 물리현상에 관계되는 변수들 사이의 관계를 바르게 나타내고 있다면 그 식은 차원적으로 동차이다. 즉, **방정식을 구성하는 덧셈, 뺄셈 항들이 같은 차원을 가진다.** 차원해석은 동차성의 원리를 이용하여 만일 어떤 현상에 n개의 차원변수가 관련되어 있다면 이 문제를 단지 k개의 무차원 변수만을 갖는 문제로 귀착시키는 것이다. 차원해석에 사용되는 변수를 정의하면 다음과 같다.

① **차원변수(dimensional variables) :** 실제로 변화하는 양으로서 차원해석에 의해 무차원화의 대상이 되는 변수이다. 차원해석을 이용한 모형의 상사성 검토와 관련하여 변수와 상수를 다음과 같이 구분할 수 있다.

- 결정할 변수(출력변수) : 반력, 응력, 변형률, 변위
- 모형변수 : 길이, 탄성계수, 밀도, 포아슨비, 온도팽창계수
- 원인변수 : 하중, 압력, 온도, 가속도
- 초기조건변수 : 자중으로 인한 응력(self-induced stress, σ_o), 강제 변형(forced displacement, u_o)

② **차원상수 :** 경우마다 변할 수는 있지만 주어진 문제에 대하여 일정하게 유지되는 무차원수

③ **순수상수 :** 수학적 조작으로 개입된 무차원 상수(예, 각도, 회전, 자연수)

④ **파라미터 :** 변수에 영향을 주는 양

⑤ **스케일링 파라미터(반복변수) :** 파라미터 중 무차원 변수를 만들기 위하여 소거되는 파라미터로서 다음과 같이 선정하여야 한다.

- 스케일링 파라미터끼리는 결코 무차원이 될 수 없으나, 다른 변수가 추가됨으로써 무차원화가 가능하다.
- 결정할 변수(출력변수)를 스케일링 파라미터로 선택해서는 안 된다. 결정할 변수이므로 소거되어서는 안 된다.
- 모호하지 않고, 보편적인 변수를 스케일링파라미터로 선택한다.

다음 예제를 통해 차원변수 및 상수의 의미와 지배거동의 무차원 표현 개념을 이해해보자.

예제 중력낙하물의 거리-시간관계 지배방정식, $S=f(S_o, V_o, t, g)$은 다음과 같이 표시된다. 이 식에 차원변수를 도입하여 무차원식으로 표현해보자.

$$S=S_o+V_o t+\frac{1}{2}gt^2$$

풀이 위 식이 포함하는 물리량은 S, S_o, V_o, t, g이다.

① 변수(variable) : 이론이나 실험의 결정 출력치(출력변수)로서 t, S가 이에 해당된다.

② 파라미터 : 변수에 영향을 주는 양 S_o, V_o, g이다.

③ 스케일링 파라미터 : 파라미터 중 무차원 변수를 정의하는 데 사용할 파라미터로서 경험과 직관에 의해 산정한다. 위 식의 경우 3개 파라미터 중 2개 파라미터를 스케일링 파라미터로 선택할 수 있다(최종결과를 어떻게 제시하고 싶은지를 고려하여 스케일링 파라미터를 선정한다). 스케일링 파라미터로 S_o와 g를 선택하면 다음과 같은 무차원 변수를 도입할 수 있다.

$S^*=S/S_o$, $t^*=t\sqrt{g/S_o}$, $\beta=V_o/\sqrt{gS_o}$

따라서 위 지배방정식의 무차원 방정식은 다음과 같아진다.

$$S^* = 1 + \beta t^* + \frac{1}{2} t^{*2}$$

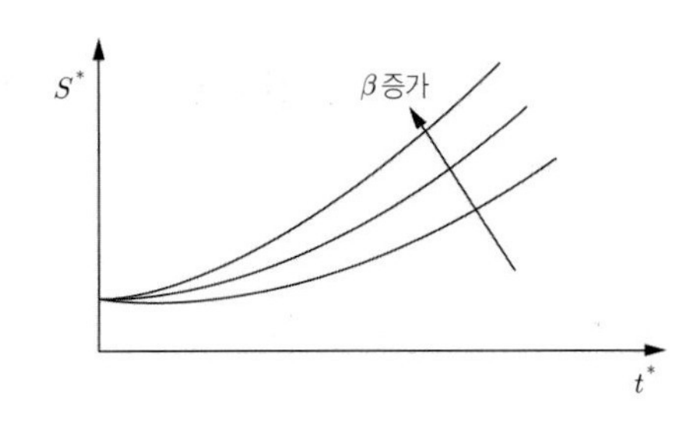

그림 4.10 무차원변수에 의한 거리-시간관계 지배방정식

4.3.4 추론함수식에 의한 상사조건의 유도

추론함수란 시스템의 원인과 결과변수를 정성적으로 취하여 구성한 함수를 말한다. 추론함수를 이용하여 무차원함수를 만드는 과정은 다음과 같다.

- 독립적(상호영향을 미치지 않는 관계)인 시스템 거동변수를 선정하여 지배함수를 추론
- 함수값의 무차원화
- 변수의 무차원화
- 무차원 변수와 무차원 함수값의 상관관계를 구함

추론함수를 이용하여 무차원함수를 만드는 과정을 임의 함수 ϕ를 가정하여 살펴보자.

어떤 시스템의 거동, ϕ가 영향요인(모형변수와 원인변수)$(a, A, \alpha, \Gamma, \rho, v, ...)$에 의해 지배되고 각 변수가 독립적(상호영향을 미치지 않는 관계)이라 가정하면, 추론함수는 다음과 같이 표시할 수 있다.

$$\phi = f(a, A, \alpha, \Gamma, \rho, v, ...) \tag{4.34}$$

① 우선 함수 ϕ가 차원을 갖는다면 이를 무차원화한다. ϕ와 같은 차원의 변수가 a라면 ϕ를 a로 정규화하여 함수를 무차원화할 수 있다. 이때 변수 a를 괄호 밖으로 끌어냈으므로 변수가 소거되어 식의 단순화가 이루어진다.

$$\frac{\phi}{a} = f(1, A, \alpha, \Gamma, \rho, v, ...),\ 즉\ \frac{\phi}{a} = f(A, \alpha, \Gamma, \rho, v, ...) \tag{4.35}$$

② 변수 α, Γ와 ρ, v^2의 차원이 같다고 가정하면, 다음과 같이 두 변수를 무차원화할 수 있다.

$$\frac{\phi}{a} = f\left(A, \frac{\alpha}{\Gamma}, \frac{\rho}{v^2}, ...\right) \tag{4.36}$$

③ 식의 단순화를 위해 좌항의 무차원변수가 무차원함수와의 상관성이 있는지 고려한다. 일례로 $\frac{\alpha}{\Gamma}$ 와 $\frac{\phi}{a}$ 가 직접 비례관계에 있다고 가정하면 이를 괄호 밖으로 끌어낼 수 있다(비례관계가 없다면 우항에 그대로 두어야 한다).

$\frac{\phi}{a} = \frac{\alpha}{\Gamma} f\left(A,\ \frac{\rho}{v^2}, ...\right)$ 이 식은 다시 다음과 같이 정리할 수 있다.

$$\frac{\phi\Gamma}{a\alpha} = f\left(A,\ \frac{\rho}{v^2}, ...\right) \tag{4.37}$$

④ 위 함수의 변수 A가 무차원이고, 3번째 이하 변수의 기여가 무시할 만하다면

$$\frac{\phi\Gamma}{a\alpha} = f\left(A,\ \frac{\rho}{v^2}\right) \tag{4.38}$$

⑤ 만일 $\frac{\rho}{v^2} = f'(h)$ 이고, h가 무차원 변수라면

$$\frac{\phi\Gamma}{a\alpha} = f(A,\ h) \tag{4.39}$$

따라서 거동을 정의하는 무차원 변수는 $(\frac{\phi\Gamma}{a\alpha})$이고, A와 h는 독립변수이다.

차원해석으로 얻어진 무차원 변수의 값이 원형과 일치하도록 모형을 제작하면 상사성이 확보된다. 즉, 위 시스템의 경우 모형(m)과 원형(p)에 대하여 독립변수 A와 h가 $A_m = A_p$ 및 $h_m = h_p$상태에서 $\left(\frac{\Gamma}{a\alpha}\right)_m = \left(\frac{\Gamma}{a\alpha}\right)_p$ 조건을 만족하면, $\phi_m = \phi_p$가 되어 모형의 거동이 원형의 거동과 일치하게 된다.

무차원 변수와 축척법칙

차원해석으로 유도한 무차원 변수에 축척개념을 도입하면, 보다 편리하게 모형의 제작방향을 설정할 수 있다. 앞에서 유도한 식 (4.39) 무차원 변수조건을 다시 쓰면 다음과 같다.

$$\left(\frac{\Gamma_m}{a_m\alpha_m}\right) = \left(\frac{\Gamma_p}{a_p\alpha_p}\right),\ \text{또는} \left(\frac{\Gamma_m/\Gamma_p}{(a_m/a_p)(\alpha_m/\alpha_p)}\right) = 1 \tag{4.40}$$

Γ, a, α 의 축척계수를 각각 n_Γ , n_a ,n_α라 하면, 위 시스템의 원형과 모형 간 축척법칙(scaling law)은 다음과 같다.

$$\frac{n_\Gamma}{n_a n_\alpha} = 1 \tag{4.41}$$

위 조건이 성립하면 원형과 모형은 완전 상사이다. 추론함수법을 이용한 차원해석은 엄격한 이론 체계 없이 직관을 이용하여 전개하는 것이지만, 추론함수법은 Langhaar(1951)에 의해 수학적 타당성이 입증된 방법이다.

4.3.5 Buckingham이론에 의한 상사조건의 유도

추론함수식은 주관적이므로 임의성이 커 체계적 접근이 용이하지 않다. Buckingham은 차원의 동차성 원리를 이용하여 지배방정식의 모든 변수를 일련의 무차원 관계 방정식으로 유도하는 이론, 즉 **Buckingham의 π-정리**를 제시하였다.

먼저, 차원해석의 동차성의 원리를 이해하기 위하여 정지 지중응력을 차원해석 개념으로 살펴보자. 기본 물리량으로 힘 F, 길이 L, 시간 T인 $[FLT]$를 선택하면, 연직 지중응력(σ_v)은 단위중량(γ)과 지반심도(h)의 비례함수일 것이므로 다음과 같이 가정할 수 있다.

$$\sigma_v = f(\gamma, h) = k\gamma^a h^b \tag{4.42}$$

여기서 k는 비례상수이다. 각 물리량의 차원은

$$[\sigma_v] = [FL^{-2}],\ [\gamma] = [FL^{-3}],\ [h] = [L] \tag{4.43}$$

식 (4.42)과 식 (4.43)로부터,

$$[FL^{-2}] = ([FL^{-3}])^a([L])^b$$

이 식을 정리하면, $[FL^{-2}] = [F^aL^{-3a+b}]$이다. **양변이 동일차원**이어야 하므로 $1 = a$, $-2 = -3a + b$의 두 조건이 성립한다. 따라서 $a = 1, b = 1$로 결정된다. $\sigma_v = k\gamma h$ 시험을 해보면 상수 $k = 1$이므로 $\sigma_v = \gamma h$이다. Buckingham의 π-정리는 이러한 차원일치법의 체계적 접근법이 이다.

Buckingham의 π-정리

지배방정식 함수 f가 n개의 물리량, $A_1, A_2, A_3, ..., A_n$을 변수로 하는 경우

$$f(A_1, A_2, A_3, ..., A_n) = 0 \tag{4.44}$$

차원을 정의하기 위한 기본 물리량(예, L, M, T)의 수를 m이라 하고, $A_1, A_2, A_3, ..., A_n$ 각각은 몇 개의 기본 물리량으로 구성된 변수라면 $(m+1)$ 개에서 m개의 기본적 차원을 소거하여 독립적인 무차원항 π를 다음과 같이 만들 수 있다.

$$\pi_1(A_1, A_2, ..., A_m, A_{m+1}) = A_1^{a_1} A_2^{a_2} .... A_m^{a_m} A_{m+1}^{-1} \tag{4.45}$$

$$\pi_2(A_1, A_2, ..., A_m, A_{m+2}) = A_1^{b_1} A_2^{b_2} .... A_m^{b_m} A_{m+2}^{-1}$$

....

$$\pi_{n-m}(A_1, A_2, ..., A_m, A_n) = A_1^{x_1} A_2^{x_2} .... A_m^{x_m} A_n^{-1}$$

이때 $A_1, A_2, ..., A_m$을 스케일링 파라미터(반복변수)라 하며, n개의 변수로부터 $j(j \le m)$개를 선택할 수 있다. 위 식을 식 (4.44)의 형태로 정리하면

$$\phi(\pi_1, \pi_2, \pi_3, ..., \pi_{n-m}) = 0 \tag{4.46}$$

지반공학의 경우 기본차원은 L, M, T계, 또는 L, F, T계를 사용한다. 이 경우, $m=3$이다. π항은 다음과 같이 구성된다.

$$\pi_1 = A_1^{a1} A_2^{a2} A_3^{a3} A_4^{-1}$$

$$\pi_2 = A_1^{b1} A_2^{b2} A_3^{b3} A_5^{-1}$$

....

$$\pi_{n-3} = A_1^{x1} A_2^{x2} A_3^{x3} A_n^{-1}$$

여기서 A_1, A_2, A_3은 모든 π항에 공통이며, **출력변수가 분자에 올 수 있도록 마지막 항에 임의의(주로 -1) 멱수를 부여**한다. 이는 4개의 멱수 중에서 하나는 임의로 정해도 문제가 없기 때문이다. 위 식에서 $x_1, x_2, ...$ 등의 멱수는 임의의 지수이다. 각 π군의 변수는 서로 독립적이며 추가의 무차원 변수를 각 군에 포함된 물리량의 지수 곱으로 포함할 수 있다. 이를 Buckingham의 π-정리라 한다.

π-정리에 의한 차원해석 절차

차원변수 n개, 기본 차원변수(예, MLT) $m=3$, 스케일링파라미터의 수(반복변수) j(기본차원변수와 같거나 작다. 위 식에서 $A_1, A_2, ..., A_m$)일 때, 무차원 변수는 $n-j=k$개가 된다. π-정리에 따른 차원해석 절차를 정리하면 다음과 같다.

① 지배방정식에 관련된 모든 변수(n)를 파악한다.

② 기본물리량 차원(fundamental dimension)을 선택한다. MLT 또는 FLT. 이 경우 $m=3$.

③ 모든 변수들의 차원을 기본물리량으로 (MLT 또는 FLT) 나타낸다(차원일람표, 차원행렬).
함수식을 이용한 방법은 변수조합이 너무 막연하고 임의적이다. 이 경우 보다 편의적으로 무차원 변수를 도출해내기 위하여 차원행렬(dimensional matrix)기법을 이용하면 편리하다. 차원행렬은 세로축에 단위 물리량(M, L, T), 가로축에 지배 거동변수를 나타내며, 행렬성분은 각 변수의 기본 물리량이 몇 차(차원)인지를 나타낸다(예제 참조).

④ 열거된 변수들로부터 스케일링파라미터(scaling parameter)를 j개 선정한다($j \leq m$). 최초 가정은 차원변수(기본물리량)의 개수와 같다고 놓고 시작한다($j=m$). 어떠한 스케일링파라미터도 다른 스케일링파라미터의 차원의 지수 곱으로 나타나는 차원을 가지지 않도록 한다(예, 면적(A)과 단면2차 모멘트(I)). 선택된 스케일링파라미터에 출력변수가 포함되어서는 안 된다.

⑤ π를 구성하지 않는 j 개의 스케일링 파라미터를 선정하고 적합성 확인한다.

⑥ j개의 스케일링파라미터에 잔여 변수($n-m$개) 중 1개를 추가하여 멱-적을 만들고 멱-적을 무차원화할 수 있는 적절한 지수를 부여하여 π를 구한다. 이때 출력변수가 분자에 나타나도록 추가변수의 멱을 선택한다. 반복작업으로 $n-j=k$개의 π를 모두 구한다.

4.3.6 π-정리에 의한 차원해석의 예

차원해석의 적용 예를 고찰하기 위한 침투류, 모관현상, 탄성거동, 동적거동 문제에 대한 모형시험의 상사조건을 살펴보자.

예 1 흐름과 관련된 지반문제의 모형시험

그림 4.11과 같이 수중물체를 지지하는 말뚝선단의 수평력을 모사하는 경우를 생각해보자.

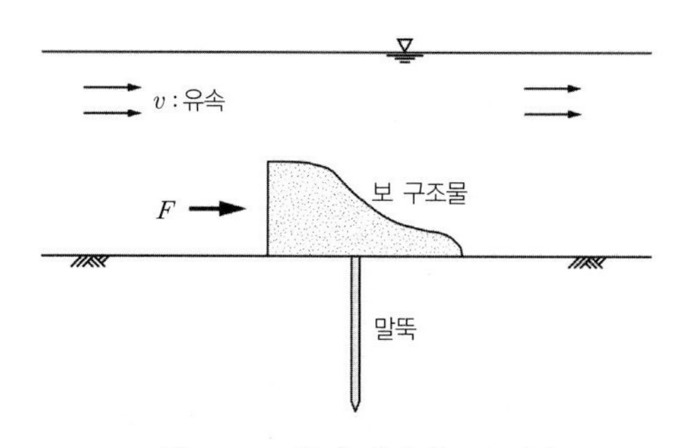

그림 4.11 흐름이 야기하는 수평력

수중 물체에 작용하는 힘 F는 물체길이 L, 유동속도 V, 유체밀도 ρ, 그리고 유체점성 μ에 의존한다. 즉, 파일두부에 작용하는 힘을 지배하는 요인의 지배방정식을 다음과 같이 표현할 수 있다.

$$F = f(L, V, \rho, \mu)$$

① 이 시스템의 변수는 F를 포함하여 5개로서, $n=5$이며, 출력변수는 F이다.

② 차원일람표

F	L	V	ρ	μ
MLT^{-2}	L	LT^{-1}	ML^{-3}	$ML^{-1}T^{-1}$

차원행렬

	F	L	V	ρ	μ
M	1	0	0	1	1
L	1	1	1	−3	−1
T	−2	0	−1	0	−1

③ 스케일링파라미터(j)는 3(MLT)보다 작거나 같다. L, V, ρ만으로는 π를 형성할 수 없다. M은 ρ에만, T는 V에만 포함되어 있기 때문이다. 따라서 $j=3$, $n-j=k$이므로 $k=2$이다. π−정리에 따르면 이 문제는 정확히 2개의 무차원 변수로 나타낼 수 있다.

④ 스케일링파라미터 $j=3$개를 선정하는 데 L, V, ρ의 조합으로 시도해본다.

⑤ L, V, ρ에 추가변수를 1개씩 차례로 결합시켜 2개의 π를 구한다.

(π_1)
힘F를 추가하여 π_1을 구한다. 추가변수의 지수는 임의로 선택가능하나 F는 출력변수이므로 분자에 1승으로 나타나도록 지수를 선택한다.

$$\pi_1 = L^a V^b \rho^c F = (L)^a (LT^{-1})^b (ML^{-3})^c (MLT^{-2}) = M^0 L^0 T^0$$

지수들이 같다고 두면(우항의 멱지수 '0'는 무차원을 의미한다)

- 길이 : $a+b-3c+1=0$

- 질량 : $c+1=0$

- 시간 : $-b-2=0$

따라서 $a=-2$, $b=-2$, $c=-1$이므로 첫 번째 무차원변수는

$$\pi_1 = L^{-2} V^{-2} \rho^{-1} F = \frac{F}{\rho V^2 L^2}$$

(π_2)

μ에 대한 지수로서 임의 값을 택할 수 있다. 관습상 '−1'을 택하면

$$\pi_2 = L^a V^b \rho^c \mu^{-1} = (L)^a (ML^{-1})^b (ML^{-3})^c (ML^{-1}T^{-1})^{-1} = M^0 L^0 T^0$$

- 길이 : $a+b-3c+1=0$

- 질량 : $c-1=0$

- 시간 : $-b+1=0$

따라서 a=b=c=1이므로 두 번째 무차원 변수는

$$\pi_2 = L^1 V^1 \rho^1 \mu^{-1} = \frac{\rho VL}{\mu}$$

⑥ π_1은 견인계수(drag coefficient)이고 π_2는 Reynolds수(RE)에 해당한다. 두 무차원 변수 π_1, π_2가 입출력 관계에 있으므로, $\pi_1 = f(\pi_2)$ 무차원 변수 함수식은 $\frac{F}{\rho V^2 L^2} = f\left(\frac{\rho VL}{\mu}\right)$.

원형과 모형에 대하여 다음 두 조건이 성립하면 상사성이 확보된다.

$$\left(\frac{F}{\rho V^2 L^2}\right)_p = \left(\frac{F}{\rho V^2 L^2}\right)_m \quad , \quad \left(\frac{\rho VL}{\mu}\right)_p = \left(\frac{\rho VL}{\mu}\right)_m$$

예 2 모관현상의 모형시험

그림 4.12와 같은 모관현상에 대하여 모관수두는 간극의 직경(D), 액체의 단위중량(γ), 표면장력(σ_T)의 함수이다.

$$\Delta h = f(D, \gamma, \sigma_T)$$

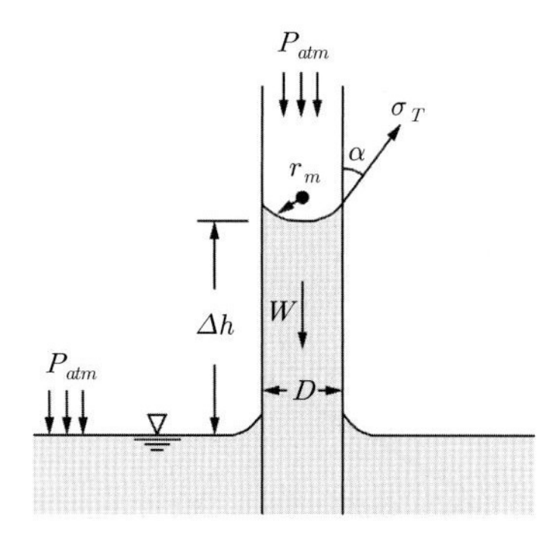

그림 4.12 모관현상모델

① 기본차원 MLT계를 사용하면 $m=3$이다. 총 변수 $n=4$이고, 출력변수는 Δh이다.

② 차원일람표

Δh	D	γ	σ_T
L	L	$ML^{-2}T^{-2}$	MT^{-2}

차원행렬

	Δh	D	γ	σ_T
M	0	0	1	1
L	1	1	−2	0
T	0	0	−2	−2

③ 스케일링파라미터는 차원행렬에서 최대멱수로 산정할 수 있다. 따라서 $j=2$, 반복변수로 D와 γ를 택한다. $n-j=k=2$

④ 두 개의 무차원 π항으로 나타낼 수 있다.

$$\pi_1 = D^a\gamma^b\Delta h = M^0L^0T^0$$

$$\pi_2 = D^c\gamma^d\sigma_T = M^0L^0T^0$$

따라서, $a=-1, b=0, c=-2, d=-1$이며, $\pi_1 = \dfrac{\Delta h}{D}$, $\pi_2 = \dfrac{\sigma_T}{D^2\gamma}$이다.

π_1과 π_2가 입–출력관계에 있으며 $\pi_1 = f(\pi_2)$

$$\frac{\Delta h}{D} = f\left(\frac{\sigma_T}{D^2\gamma}\right)$$

원형과 모형에 대하여 $\left(\dfrac{\Delta h}{D}\right)_p = \left(\dfrac{\Delta h}{D}\right)_m$, $\left(\dfrac{\sigma_T}{D^2\gamma}\right)_p = \left(\dfrac{\sigma_T}{D^2\gamma}\right)_m$ 이 상사조건이다.

예 3 탄성거동의 모형시험

그림 4.13과 같이 탄성거동을 하는 구조체(예, 고무)의 형상과 물성 물리량. 즉, 모형변수는 l, E, μ, 그리고 원인과 결과(출력변수)의 물리량으로서 하중(p), 반력(R), 변형(δ), 응력(σ), 변형률(ϵ) 등이 있다.

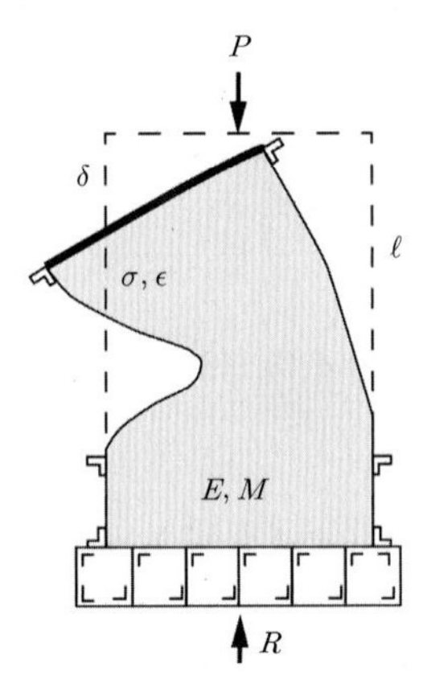

그림 4.13 탄성문제 모델

하중계(force system)를 채용하면 거동의 정의를 위한 기본물리량은 길이(L)와 힘(F)이면 충분하다(시간차원이 필요 없으므로, $m=2$). 차원행렬은 종축에 기본물리량, 횡축에 시스템 거동 지배변수 물리량을 표시하여 아래와 같이 나타낼 수 있다.

$\phi = f_1(l,E,\mu) + f_2(p,R,\delta,\sigma,\epsilon)$ 또는 $\phi = f(l,E,\mu,p,R,\delta,\sigma,\epsilon)$

변수의 차원행렬은 다음과 같다.

	l	E	μ	p	R	δ	σ	ϵ
L	1	−2	0	0	0	1	−2	0
F	0	1	0	1	1	0	1	0

8개의 시스템 변수($n=8$)를 2개의 기본물리량($j=m=2$)을 이용하면 $n-j=k$이므로, $k=6$이다. 즉, 6개의 무차원 변수로 나타낼 수 있다. π−정리를 이용하여 무차원 변수를 정리해보면 다음과 같다.

$$\pi_1 = \frac{\sigma}{E},\ \pi_2 = \frac{l}{\delta},\ \pi_3 = \frac{p}{R},\ \pi_4 = \mu,\ \pi_5 = \epsilon,\ \pi_6 = \frac{p}{El^2}$$

이 밖에도 $\frac{\sigma l^2}{p}$, $\frac{p\sigma}{ER}$, $\frac{\mu}{\epsilon}$ 등의 무차원 변수를 도입할 수 있으나 이는 앞의 변수를 곱하면 얻을 수 있는 변수이므로 의미가 없다. 따라서 무차원 변수의 함수식은 다음과 같이 쓸 수 있다.

$$\phi(\pi_1,\pi_2,\pi_3,....,\pi_6) = \phi\left(\frac{\sigma}{E},\frac{l}{\delta},\frac{p}{R},\mu,\epsilon,\frac{p}{El^2}\right) = 0$$

각 무차원 변수의 원형과 모형의 값이 동일할 때 상사조건이 만족된다.

예 4 동하중 문제의 모형시험

그림 4.14와 같은 제방에 작용하는 지진모형시험을 생각하자. 우선 제방을 강체라 가정해보자. 제방의 높이 h, 지진하중($f(t)=a\omega t$) 진폭 a, 각속도 ω, 제방밀도 ρ_M, 물의 밀도 ρ_w, 제방의 파괴응력 σ_{cr}라면 함수는 다음과 같이 표현할 수 있다.

$\phi = f(h, a, \omega, \rho_M, \rho_w, \sigma_{cr}, g, E)$

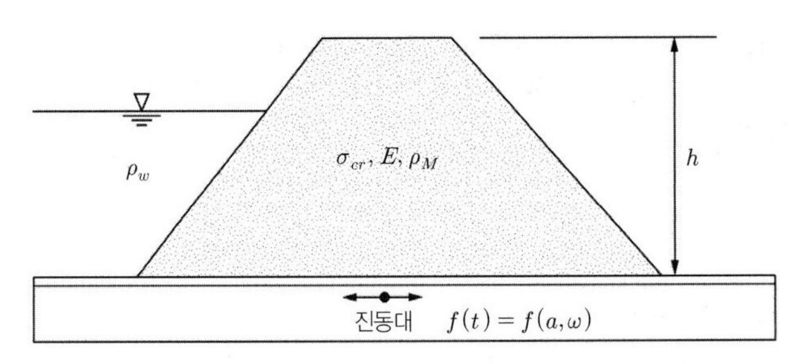

그림 4.14 제방의 지진하중 시험모형

따라서 차원행렬은 다음과 같이 구성할 수 있다.

	h	a	ρ_M	ρ_w	σ_{cr}	ω	g	E
M	0	0	1	1	1	0	0	1
L	1	1	-3	-3	-1	0	1	-1
T	0	0	0	0	-2	1	-2	-2

π−해석에 의한 무차원 변수는 다음과 같이 얻어진다.

$$\pi_1 = \frac{\sigma_{cr}}{\omega^{-2}\rho_M a^2} \;;\quad \pi_2 = \frac{a}{h} \quad;\quad \pi_3 = \frac{\rho_M}{\rho_\omega}$$

모형과 원형의 유체가 같다면 $\rho_w{}' = \rho_w$(‘ ′ ’은 모형의 변수를 의미)

$$\rho_M{}' = \frac{\rho_w{}'}{\rho_w}\rho_M = \rho_M \quad \text{그리고,}\ a' = \frac{h'}{h}a = n_l a$$

위 조건들이 만족되면 모형의 진동주기에 대하여 다음의 상사조건이 얻어진다.

$$\omega' = \frac{\omega}{n_l}\sqrt{\frac{\sigma_{cr}{}'}{\sigma_{cr}}}$$

축척이 1/100이라면 $n_l = 1/100$. 모형의 파괴응력과 원형의 파괴응력이 같다면, 즉 $\sigma_{cr}{}' = \sigma_{cr}$이라면 모형의 진동주파수는 원형의 100배, 진폭은 원형의 1/100이다.

정수압으로 인한 초기하중(자중)을 포함하는 경우를 생각해보자. 모형에서 초기 하중은 원형의 1%도 안 되는 매우 작은 크기이나, 모형에서는 균열을 야기할 만큼 큰 값이다. 이 경우 중력가속도 g를 적절히 제어함으로써 이론적으로 모형제방에 작용하는 정수압을 변화시킬 수 있다. 차원행렬에 g를 추가하면 다음의 상사조건을 추가로 얻을 수 있다.

$$\pi_4 = \frac{\sigma_{cr}}{g\rho_M h} \quad \text{또는} \quad \frac{h' g' \rho_M{}'}{hg\rho_M} = \frac{\sigma_{cr}{}'}{\sigma_{cr}}$$

$g = g'$이면 모형재료의 $\sigma_{cr}{}'$가 원형의 1/100이 되어 실질적이지 못하다. 다른 방법으로 앞의 π_3 밀도 상사조건에서 모형 유체를 원형보다 무거운 재료를 사용하면

$$\sigma_{cr}{}' = n_l\,\sigma_{cr}\frac{\rho_w{}'}{\rho_w}$$

이는 제방재료의 밀도도 같은 비율로 증가시켜야함을 의미한다. 모형재료의 강도를 낮게 하고 밀도는 높게 선정하기는 어렵다. 만일, 제방이 강체가 아니고 탄성거동을 한다면 앞의 거동모형과 같은 변수를 차원해석에 도입하여야 한다. 이 경우 제체 변형에 대한 상사조건으로 다음을 고려할 수 있다.

$$\frac{E'}{E} = \frac{\sigma_{cr}{}'}{\sigma_{cr}}$$

실제로 적절한 탄성모형재료를 만들어내기는 매우 어렵다. 하지만, 다행히도 실제에서는 동하중의 충격특성 때문에 이 탄성거동의 영향은 중요하지 않아 무시할 만하다.

4.4 실험실 축소모형시험(1g-model test)

흔히 접하게 되는 **실험실 축소모형시험은 대기 중력상태, 즉 $g=1$인 조건의 모형시험으로 원형과 같은 단일중력장(single gravity)시험이다.** 축소 물리 모형시험은 단순화의 편의성과 저비용 장점 때문에 많이 사용된다. 이 경우 중력의 축척계수는 다음과 같이 표현할 수 있다.

$$n_g = \frac{g_m}{g_p} = 1 \tag{4.47}$$

앞에서 살펴본 바와 같이 **모형시험으로 원형의 거동을 추정하기 위해서는 차원해석으로 무차원 변량을 파악하고 축척규칙(scaling law)을 이용하여 상사성(similarity)을 확보하여야 한다.** 일반적으로 모형에서 측정한 거동을 원형의 거동으로 외삽(extrapolation)하기 위해서는 상사법칙에 의해 축척계수가 정확히 파악되어 있어야 한다.

이 절에서는 지반공학 분야에 흔히 수행되는 축소모형시험 상사조건을 살펴본다. 상사조건은 앞에 살펴본 지배방정식, 추론함수, π-정리 등 어느 것이나 이용할 수 있다. 지반공학 거동의 경우 지배거동이 이미 알려진 경우가 많으므로 여기서는 주로 추론함수 개념을 사용하여 살펴본다.

4.4.1 토류구조물의 모형시험

지반모형실험은 구조물을 포함하지 않는 토류구조물 모형과 지반-구조물 상호작용 모형으로 구분하여 살펴볼 수 있다. 구조물을 포함하지 않는 모형시험의 경우 거동정의 변수가 적어 상사조건을 만족시키기가 보다 용이하다.

점성토지반의 절토사면 모형시험

그림 4.15와 같이 비배수 전단강도, s_u, 단위중량, γ인 점성토 절토사면의 안정문제에 대한 모형실험을 고찰하자. 사면안전거동의 거동변수는 이미 알려져 있으므로 추론함수법을 이용하자. 일반적으로 사면안전률 F_s는 사면높이 H, 경사각 θ, 전단강도 s_u, 단위중량 γ, 단단한 지반까지의 깊이 D의 함수로 나타낼 수 있다.

$$F_s = f(H, \theta, s_u, \gamma, D) \tag{4.48}$$

위 식이 포함하고 있는 변수를 LFT 계의 차원을 살펴보면 다음과 같다.

$$[1] = f([L], [1], [FL^{-2}], [FL^{-3}], [L]) \tag{4.49}$$

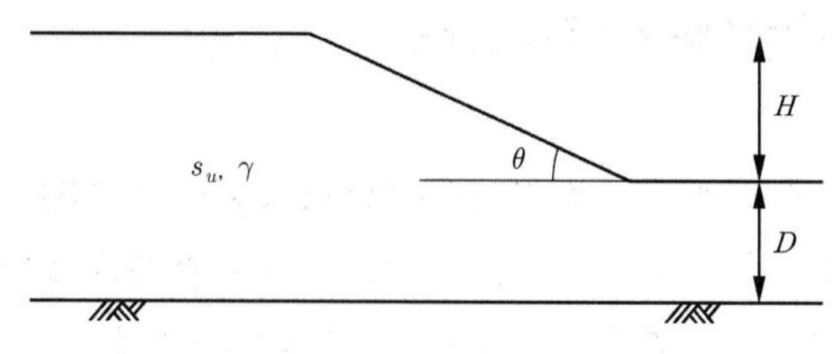

그림 4.15 점성토 절토사면의 안정

이로부터 변수 H, s_u, γ를 무차원계수 $\frac{s_u}{\gamma H}$로 대체하고, D를 H로 정규화하면 안전율은 다음과 같이 3개의 무차원 변수의 함수로 나타낼 수 있다.

$$F_s = f\left(\frac{s_u}{\gamma H}, \theta, \frac{D}{H}\right) \tag{4.50}$$

$F_s = 1$인 경우에 대하여 최솟값의 전단강도를 찾아보자. 지반강도의 항 $\frac{s_u}{\gamma H}$는 사면기울기 θ와 깊이 D의 함수로 나타낼 수 있다(예, Taylor의 사면 안정도표). 식 (4.50)은 다음과 같이 변형될 수 있다.

$$\frac{s_u}{F_s \gamma H} = f\left(\theta, \frac{D}{H}\right) \tag{4.51}$$

위 결과를 이용하여 사면모형의 제작을 생각해보자. 원형과 같은 안전율을 갖는 사면모형을 만들려면, 모형의 무차원값(θ, D/H) 및 무차원강도 $s_u/(\gamma H)$가 원형과 일치하도록 하여야 한다. 일례로 단위중량은 같지만 H를 줄인 축소모형을 만들고자 한다면, 무차원값이 원형과 일치하도록 모형에 사용하는 재료의 전단강도를 높이와 같은 비율로 줄여야 한다.

실제로 γ는 밀도 ρ와 중력가속도 g의 곱이다. 밀도는 흙의 다짐에 따라 달라지는 요소이나 중력가속도는 지구상 어디서나 거의 일정하다. $\gamma = \rho g$를 이용하여 식 (4.51)을 다시 표현하면

$$\frac{s_u}{F_s \rho g H} = f\left(\theta, \frac{D}{H}\right) \tag{4.52}$$

따라서 H를 줄이는 비율만큼 g를 증가시킬 수 있다면, 모형의 강도와 밀도는 원형과 같게 유지할 수 있다. 실제로 **강도를 임의로 줄이기는 용이하지 않지만, 원심모형시험을 이용한다면 중력은 증가시킬 수 있다.**

위 문제를 축척계수 개념으로 다시 정리해보자. 특정 θ, D/H에 대하여 $F_s = 1$인 조건의 축소모형을 제작한다면, 모형과 원형에 대하여 무차원변수 값이 다음과 같이 일치하여야 한다.

$$\left(\frac{s_u}{\rho g H}\right)_m = \left(\frac{s_u}{\rho g H}\right)_p \tag{4.53}$$

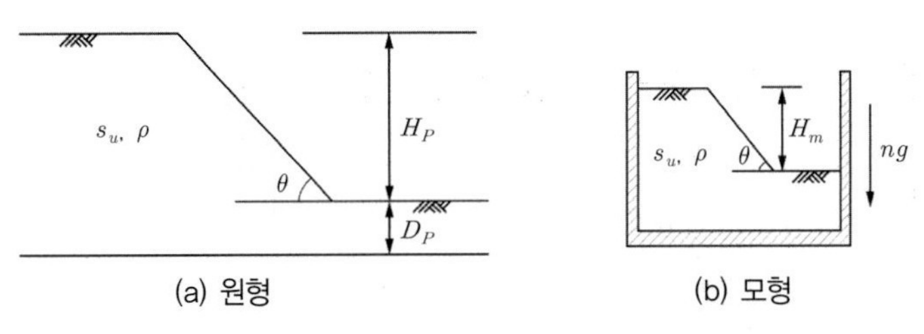

그림 4.16 모형 사면의 축척화(scaling)

s_u, ρ, g, H에 대한 축척계수를 각각, n_{su}, n_ρ, n_g, n_l이라 하면, 축척법칙은 다음과 같다.

$$\frac{n_{su}}{n_\rho n_g n_l} = 1 \tag{4.54}$$

모형과 같은 재료를 사용한다면 $n_{su}=1,\ n_\rho = 1$이다. 길이의 축적 $n_l = 1/100$으로 하였다면, $n_g = 100$ (즉, 원심모형시험의 중력배수 $N = 100$)일 경우 상사성이 성립한다.

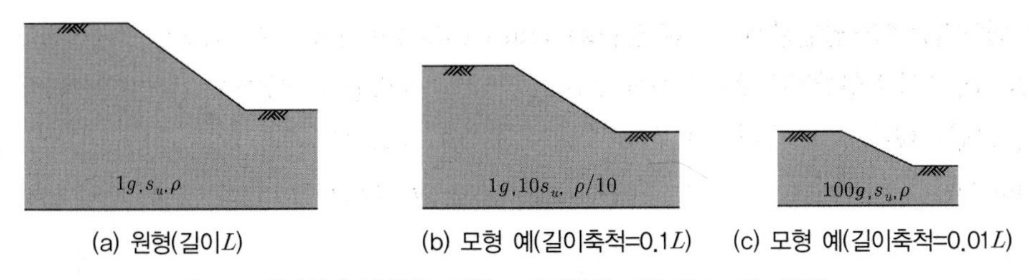

그림 4.17 상사성이 성립하는 점성토 사면안정 모형 예(D, θ는 일정)

압밀모형 시험

압밀문제의 경우 지배방정식이 있으므로 이를 이용하여 상사조건을 얻을 수 있다. Terzaghi의 1차원 압밀이론식은 다음과 같다.

$$\frac{\partial u}{\partial t} = c_v \frac{\partial^2 u}{\partial z^2} \tag{4.55}$$

여기서 c_v는 압밀계수(L^2T^{-1})이다. 간극수압 u 의 영향요소는 초기 간극수압(u_i), 위치(z), 시간(t),

점토층의 높이(H), 압밀계수(c_v)이다. 따라서 추론함수는

$$u = f(u_i, z, t, H, c_v) \tag{4.56}$$

각 변수들을 조합하여 다음과 같이 무차원변수의 함수를 만들 수 있다.

$$\frac{u}{u_i} = f(\frac{z}{H}, \frac{c_v t}{H^2}) \tag{4.57}$$

$U = u/u_i$, $Z = z/H$, $T = c_v t/H^2$라고 놓으면, $U = f(Z, T)$. 이들 무차원 변수를 이용하여 식 (4.55)의 Terzaghi의 1차원 압밀식을 다시 쓰면 다음과 같이 나타낼 수 있다.

$$\frac{\partial U}{\partial T} = \frac{\partial^2 U}{\partial Z^2} \tag{4.58}$$

위 편미분 방정식을 풀어 U를 T, Z의 함수로 표시할 수 있다면 이는 무차원 해(정규화 해)이므로 압밀 문제에 대한 일반적인 해가 될 것이다.

정규화(normalization)와 차원해석(dimensional analysis)

사면안정문제와 압밀문제를 통해 정규화(normalization)의 의미를 추가적으로 이해할 수 있다. 무차원 변수의 도입은 영향변수를 단순하게 해주는 효과와 특정영향을 배제하여 결과를 일반화하는 효과를 준다. 그림 4.18은 $F=1$에 대하여 식 (4.52)를 이용하여 θ와 D/H를 변수로 하는 $s_u/(\gamma H)$값을 정리한 Taylor 사면안정도표이다. 모든 변수가 무차원이므로 범용적 활용이 가능하다.

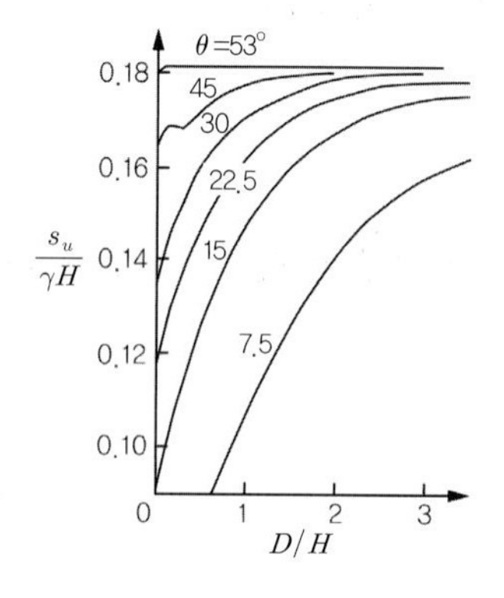

그림 4.18 Taylor 사면안정도표

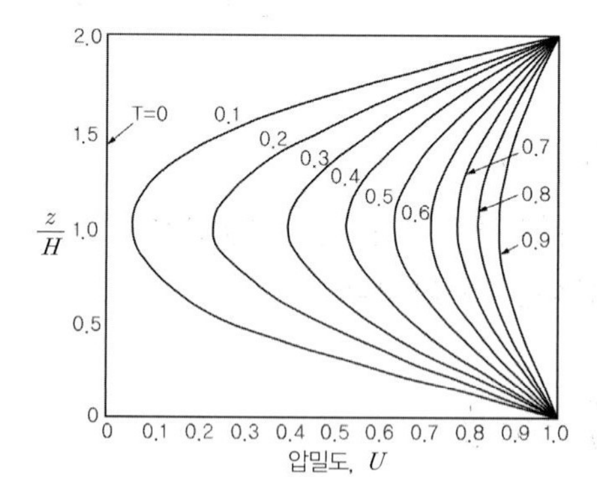

그림 4.19 Terzaghi 압밀해 T와 Z에 대한 U의 변화

그림 4.19는 압밀해로서 식 (4.58)의 무차원변수 T, Z, U를 특정 압밀조건에 대하여 정의하고 있다. 이를 이용하면 어떤 알려진 흙에 대한 압밀거동을 산정할 수 있다.

지반수리모형(유체마찰, fluid drag)

사면안정 같은 지반문제는 단 하나의 지배적인 무차원변수로 상사조건을 만족시킬 수 있었다. 그러나 대부분의 지반문제는 다수의 무차원변수를 고려하여야 한다. 이러한 경우에는 결과에 영향이 적은 무차원변수를 무시하고 가장 지배적인 영향을 미치는 변수만 취함으로써 문제를 단순화할 수 있다. 그 대표적인 예가 유체의 마찰력 문제이다.

일반적으로 유체를 다룰 때 관련되는 변수는 약 8가지($F, \rho, l, v, \mu, K, T, g$)이며, 유체의 거동을 지배하는 주요 힘은 마찰력이다. 유체 거동과 관련한 변수들이 나타낼 수 있는 힘의 유형을 표 4.4에 보였다.

표 4.4 유체 마찰력의 작용력과 무차원변수의 유형

작용력의 표현

작용력	표현
외력(external force)	F
유압(fluid pressure force)	Δpl^2
관성력(inertial force)	$\rho v^2 l^2$
점성력(viscous force)	μvl
중력(gravitational force)	ρgl^3
탄성력(elastic force)	Kl^2
표면장력(surface tension force)	Tl

무차원 변수의 표현

무차원 변수	표현	명칭
관성력/점성력	$\frac{\rho vl}{\mu}$	*Reynolds*
관성력/중력	$\frac{v^2}{gl}$	*Froude*
관성력/탄성력	$\frac{\rho v^2}{K}$	*Mach*
관성력/압력	$\frac{\rho v^2}{\Delta p}$	*Euler*
관성력/표면장력	$\frac{\rho v^2 l}{T}$	*Weber*
외력/관성력	$\frac{F}{\rho v^2 l^2}$	*drag coefficient*

표 4.4를 보면 7가지 형태의 힘을 관성력(inertia force)과 조합함으로써 6개의 무차원 변수를 도출할 수 있다(무차원 변수를 두 개씩 택하여 비를 구하면 그 또한 무차원 변수이다). 위로부터 5개 무차원 변수는 흔히 유체흐름의 지표로 사용된다. Reynolds Number는 점성력에 대한 관성력의 비이며, Froude Number는 중력에 대한 관성력의 비이다.

이들 조건을 동시에 모두 만족시킬 수 있는 축소모형을 만드는 것은 거의 불가능하다. 일반적으로 위 6가지의 무차원 변수 중 대상문제에 지배적인 무차원 변수를 택하여 원형과 모형의 상사조건을 설정한다. 일례로 Mach number는 소리의 속도와 흐름의 속도의 비에 관계되는 계수인데, 지반공학에서 다루는 지하수와 같이 속도가 작은 유체는 Mach number를 고려할 필요가 없다.

지반공학의 지하수문제는 대부분 층류(laminar flow)이므로 지하수관련 모형시험은 Reynolds Number를 이용하여 상사성을 검토할 수 있다.

$$R_e = \frac{\rho v l}{\mu} \tag{4.59}$$

식 (4.59)를 축척계수를 이용하여 전개하면 다음과 같다. 여기서 n은 모형에 대한 원형의 배수이다.

$$n_\mu = n_\rho n_v n_l = n_\rho \frac{1}{n^{1-\alpha/2}} \frac{1}{n} = n_\rho \frac{1}{n^{2-\alpha/2}} \tag{4.60}$$

일례로 밀도가 같은 유체를 사용하여 모형을 제작하는 경우($n_\rho = 1$), $\alpha = 0.5$(사질토)일 때

$$n_\mu = \frac{1}{n^{1.75}} \tag{4.61}$$

층류조건은 범위가 넓으므로 밀도와 점성을 적절히 고려하여 층류조건을 만족하도록 하면 흐름의 상사성을 확보할 수 있다.

4.4.2 지반-구조물 복합문제의 모형시험

구조물을 포함하는 지반모형시험을 생각해보자. 먼저, 이 구조물이 강체 거동을 할 것인지 여부가 지배함수 구성에 중요하다. **강체거동의 경우 구조물의 물성을 고려하지 않아도 되기 때문이다.** 하지만, 구조물이 변형 거동을 하는 경우의 **시스템거동은 지반과 구조물의 상대강성에 의해 지배**되므로 지반과 구조물의 물성변수를 모두 고려하여야 한다.

탄성지반에서 강성(rigid) 원형기초의 침하조사 모형시험

강성기초는 지반강성에 비하여 구조물의 강성이 충분히 큰 경우로서 기초하부의 침하가 균일하게 형성될 것이다. 탄성론을 참조하면 반경 R인 원형기초의 침하(w)에 대한 추론함수는 다음과 같이 표현할 수 있다(그림 4.20).

$$w = f(P, R, K, G) \tag{4.62}$$

여기서 P, R, K, G는 각각 기초하중, 기초반경, 지반의 체적 및 전단강성이다.

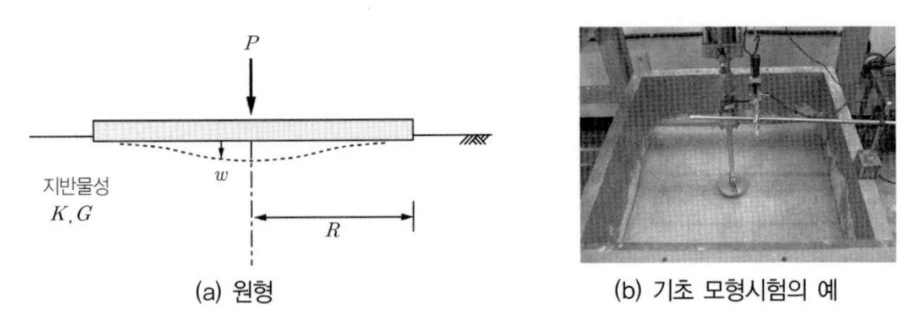

(a) 원형 (b) 기초 모형시험의 예

그림 4.20 탄성지반에서 강성원형기초의 모형

영향변수 중 반경거리 등을 이용하여 함수와 관련변수를 무차원화하면

$$\frac{w}{R} = f\left(\frac{P}{GR^2}, \frac{G}{K}\right) \tag{4.63}$$

탄성거동으로 가정하면, 하중과 변위는 비례하므로 괄호 밖으로 내보낼 수 있다.

$$\frac{w}{R} = \frac{P}{GR^2} f\left(\frac{G}{K}\right) \tag{4.64}$$

$\frac{G}{K}$ 는 포아슨비 ν에만 관련되므로($K = f(E, \nu)$, $G = f(E, \nu)$), 따라서 침하량은 다음과 같이 나타낼 수 있다.

$$\frac{wGR}{P} = f(\nu) \tag{4.65}$$

따라서 모형제작 시 $\nu_m = \nu_p$ 조건과 $(wGR/p)_m = (wGR/p)_p$ 조건이 되도록 하면 상사성이 만족된다.

NB : 위 식에 대한 이론 해는 Boussinesque가 제시한 바 있다. $\frac{wGR}{P} = \frac{1-\nu}{4}$

만일 기초가 직사각형이라면 무차원방정식은 다음과 같이 쓸 수 있다. $\frac{wGL}{P} = f\left(\nu, \frac{L}{B}\right)$

따라서 모형제작 시, $\nu_m = \nu_\rho$, $(L/B)_m = (L/B)_P$ 조건과 $(wGL/P)_m = (wGL/P)_P$을 만족하면 상사성이 확보된다.

탄성지반에서 휨성(flexible)원형기초의 침하조사 모형시험

강성기초의 경우 모형시험으로부터 원형과 동일한 크기의 침하를 얻으려면, 모형의 포아슨비가 원형 지반과 같고, 기초의 상대강성은 지반의 강성과 기초의 반경과 근사적으로 같은 비율로 축소되어야 한다. 즉, 원형에서의 무차원 값이 모형에서의 값과 일치하여야 한다.

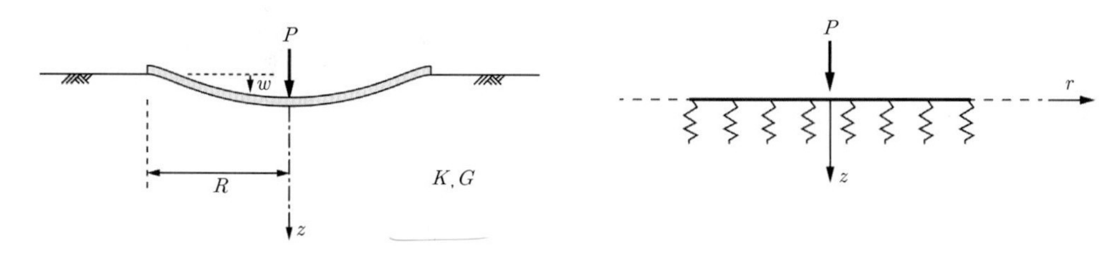

그림 4.21 탄성지반 위의 원형기초

하지만, 휨성 원형기초의 경우 그림 4.21과 같이 침하는 한 개 값이 아닌 기초 위치에 따라 변하는 값이 된다. 휨성 기초의 침하에 대한 추론함수는 다음과 같이 표현할 수 있다.

$$w = f(r, R, P, G, K, F_r) \tag{4.66}$$

E_r, ν_r은 각각 기초의 탄성계수와 포아슨비이다. 기초두께가 h인 경우 기초의 휨강성은 다음과 같다.

$$F_r = \frac{E_r h^3}{12(1-\nu_r^2)} \tag{4.67}$$

이 경우 무차원함수는 다음과 같이 도입할 수 있다.

$$\frac{w}{R} = f\left(\frac{P}{GR^2}, \frac{r}{R}, \frac{G}{K}, \frac{GR^3}{F_r}\right) \tag{4.68}$$

침하는 하중에 비례하므로 P/GR^2 항을 외부로 빼내 정리하면 다음과 같다.

$$\frac{wGR}{P} = f\left(\frac{r}{R}, \frac{G}{K}, \frac{GR^3}{F_r}\right) \tag{4.69}$$

G/K는 포아슨비의 함수이다. 휨성기초에서 변형의 지배변수는 상대강성이다. 기초의 상대강성은 지반의 전단강성에 기초반경의 세제곱한 값을 곱한 값이 일정한 비율로 축소되어야 한다.

$$\frac{GR^3}{F_r} = const \tag{4.70}$$

F_r에 대한 축척계수가 n_F라면 식 (4.70)은 다음의 축척법칙으로 표현할 수 있다.

$$n_F = n_G n_l^3 \tag{4.71}$$

n_G가 1이 아닌 경우, 위 식을 만족하도록 기초의 두께나 재료의 영계수(Young's modulus)를 조정하는 것이 필요할 것이다.

예제 원형기초의 두께 h_p=0.5m, E_p=25GPa, ν=0.3에 대하여 1g에서 길이축척 n_l=1/100의 모형을 제작하고자 한다. 지반재료는 사질토로서 α=0.5이다. 모형을 E_m=70GPa의 알루미늄합금으로 제작하고자 한다. 이 경우 모형의 두께 h_m을 산정해보자. 원형과 모형 간 포아슨비 차이는 무시할 만하다고 가정한다.

풀이 기초의 영계수 및 두께에 대한 축척계수를 각각 n_E , n_h라면 다음조건이 만족되어야 한다.

식 (4.67)에서 $n_F \equiv n_E n_h^3$이므로, $n_F = n_E n_h^3 = n_G n_l^3$ 또는 $n_h = n_l \left(\frac{\left(\frac{1}{100^{0.5}} \right)}{\left(\frac{70}{25} \right)} \right)^{\frac{1}{3}}$

따라서 모형기초의 두께 h_m=1.65mm

탄성지반에서 휨성(flexible)원형기초의 응력조사 모형시험

휨성 원형기초하의 접지응력은 앞의 변형추론함수를 참조하면 다음과 같이 나타낼 수 있다.

$$\sigma = f(r, z, R, P, G, K, F_r) \tag{4.72}$$

$$\frac{\sigma R^2}{P} = f\left(\frac{r}{R}, \frac{z}{R}, \frac{P}{GR^2}, \frac{G}{K}, \frac{GR^3}{F_r} \right) \tag{4.73}$$

위 식에는 탄성체에서 하중-응력이 비례한다는 것을 의미하는 무차원 계수가 2개($\sigma R^2/P$ 및 P/GR^2) 존재한다. 따라서 1개(P/GR^2)는 생략해도 무방하다. 따라서 무차원 함수식은 다음과 같이 나타낼 수 있다. 모형과 원형에 대하여 4개의 무차원 변수가 같을 때 완전한 상사성이 성립된다.

$$\frac{\sigma R^2}{P} = f\left(\frac{r}{R}, \frac{z}{R}, \frac{G}{K}, \frac{GR^3}{F_r} \right) \tag{4.74}$$

기초 침하 모형시험에서 비선형성(soil nonlinearity)을 고려한 모형시험

앞의 모형시험은 지반을 완성 탄성체 혹은 파괴상태로 가정한 것이다. 하지만 지반의 지배적 특성인 비선형성을 모형해석에 도입할 필요가 있다. 이 경우 지반 구성방정식을 고찰하여 고려할 수 있는데, 거동이 복잡할수록 모델 변수가 많아져 완전한 상사성 확보가 어려워진다.

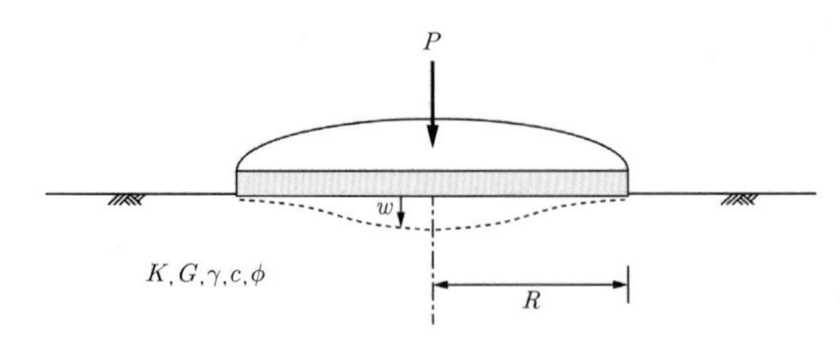

그림 4.22 원형기초에 대한 지반재료의 비선형성의 고려

탄소성재료의 거동은 기하학적 형상은 물론, 재료물성과도 관련된다. 단위중량 γ가 깊이에 따른 응력을 결정한다는 사실을 고려하면, 침하의 추론함수는 다음과 같이 나타낼 수 있다.

$$w = f(R, P, G, K, \gamma, c', \phi') \tag{4.75}$$

차원해석을 수행하면

$$\frac{w}{R} = f\left(\frac{P}{GR^2}, \frac{G}{K}, \frac{c'}{G}, \frac{\gamma R}{c'}, \phi'\right) \tag{4.76}$$

강도 c'와 강성 G를 갖는 탄성-완전소성재료의 경우, 강도에 대한 강성비는 흙의 강도에 도달하는 데 필요한 **특성 변형률(characteristic strain)** ϵ_c로 설정할 수 있다. 특성 변형률의 개념은 일반화할 수 있다. 일례로 경화소성모델의 경우 마찰강도의 50%에 도달할 때의 변형률을 특성 변형률로 정할 수 있다.

$$\epsilon_c = \frac{c'}{G} \tag{4.77}$$

$$\frac{w}{R\epsilon_c} = f\left(\frac{P}{R^2 G\epsilon_c}, \frac{\gamma R}{G\epsilon_c}, \frac{G}{K}, \phi'\right) \tag{4.78}$$

위 식이 변형률개념을 포함하도록 정리하면, ϵ_c는 지반모델(구성식)에 따라 달라진다. 만일 ϵ_c로 구성모델이 잘 표현된다면 무차원량 ϕ'는 고려하지 않아도 될 것이다. 하지만, ϕ'는 변형률과 평균응력 및 조밀도의 함수여서, 일정하지 않다(변수)는 문제가 있다.

기초의 지지력 모형시험(bearing capacity of a footing)

지지력 모형시험은 변형관계를 고려하지 않아도 되므로 기초의 강성은 고려할 필요가 없다. 지지력 공식을 참조하면, 직사각형 기초의 지지력 추론함수는 근입심도, 기초크기와 지반의 강도파라미터로 나타낼 수 있다. 즉, $Q_u = f(L, B, d, c', \phi')$. 영향변수에 대한 차원해석을 통해 5개 무차원 변수로 구성되는 다음의 무차원 함수를 얻을 수 있다.

$$\frac{Q_u}{\gamma B^2 L} = f\left(\frac{L}{B}, \frac{d}{B}, \frac{c'}{\gamma B}, \phi'\right) \tag{4.79}$$

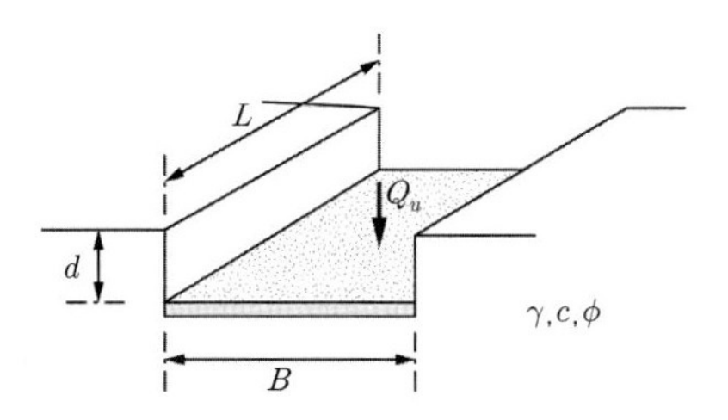

그림 4.23 사각형기초의 지지력 변수

수직하중을 받는 말뚝-지반상호작용 모형시험

단일말뚝의 경우 지배방정식이 알려져 있으므로 이를 이용하여 상사조건을 설정할 수 있다. 말뚝에 재하된 하중은 말뚝 주면의 마찰력과 단부 지지력으로 전달된다. 말뚝의 단면이 원형이고, 깊이 z에서의 상대침하는 w, 말뚝과 지반의 경계면에 발생하는 전단응력 τ는 말뚝 주변지반의 변형과 강성에 따라 변화한다고 가정할 때, 지반의 전단강성 G, w, r_o의 관계식은 비례상수 k를 도입하면

$$\frac{\tau}{G} \approx \frac{w}{4r_o} \tag{4.80}$$

이 식은 말뚝 직경($2r_o$)의 수 배 거리에 전단응력이 집중됨을 의미한다. 이론적으로 탄성 영향범위는 무한대에 이른다.

그림 4.24의 단면 A에서

축하중 P 인 경우 평형방정식, $\frac{dP}{dz} = -2\pi r_o \tau = -\frac{\pi}{2} Gw$

말뚝의 탄성압축률, E_p 이면, $\frac{dw}{dz} = \frac{P}{AE_p} = -\frac{P}{\pi r_o^2 E_p}$

위 두 식으로부터 지배방정식은 $\frac{d^2 w}{dz^2} = \frac{Gw}{2E_p r_o^2}$

지배방정식을 이용한 상사조건을 유도하면, $n_w = n_l = n_r$ 인 경우, $n_G = n_{E_p}$ 로 나타낼 수 있다.

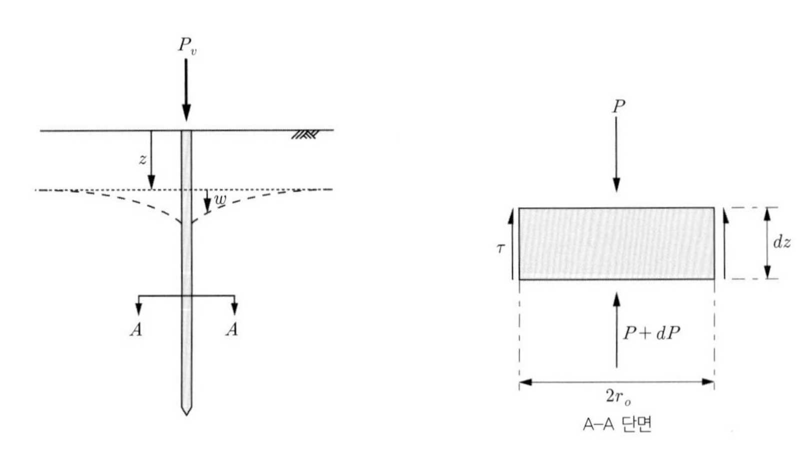

그림 4.24 탄성지반의 축하중을 받는 파일

수평하중을 받는 말뚝–지반 상호작용 모형시험

말뚝과 주변지반과의 하중전이 메커니즘을 얻기 위한 모형시험을 생각해보자. 탄성상태를 가정하면, 수평하중을 받는 말뚝의 지배방정식은

$$EI\frac{d^4y}{dz^4} = -Ky \tag{4.81}$$

여기서 K는 지반반력계수, z는 파일두부로부터 심도거리, y는 말뚝의 수평변위이다. K는 일반적으로 지반의 전단탄성계수 G와 비례관계에 있어 $K=\beta G$로 놓을 수 있다(β는 비례상수).

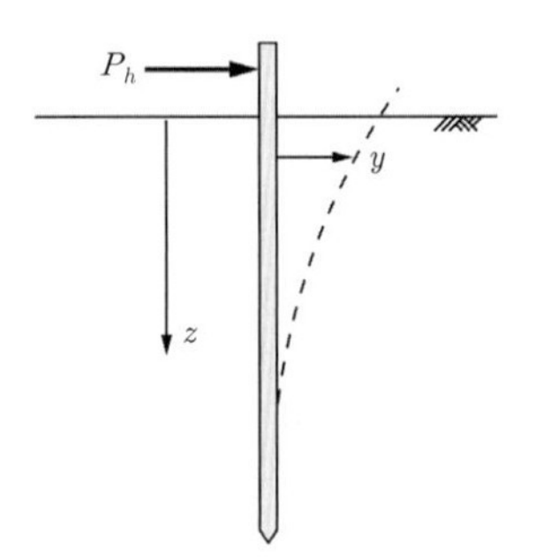

그림 4.25 탄성지반 내 수평하중을 받는 말뚝

다음과 같이 무차원 변수를 도입하자.

$$\zeta = \frac{z}{l} \quad \lambda = \frac{y}{y_o} \tag{4.82}$$

여기서 l은 말뚝길이, y_o는 두부에서 파일변위이다. 수평하중을 받는 말뚝의 지배방정식은 다음과 같다.

$$\frac{EI}{l^4}\frac{d^4\lambda}{d\zeta^4} = -K\lambda \tag{4.83}$$

위 식과 $K=\beta G$로부터 이 시스템의 무차원 변수는 Gl^4/EI로 나타나며, 이는 물리적으로 파일과 지반의 상대강성을 의미한다. 무차원 변수 Gl^4/EI의 값이 원형과 모형이 동일하도록 모형을 제작하면 된다. 말뚝의 영계수와 단면2차모멘트의 축척계수가 각각 n_E, n_I 이라면, 위의 상사조건은 다음과 같이 표현된다.

$$n_E n_I = n_G n_l^4 \tag{4.84}$$

예제 길이축척이 $n_l = 1/n$이면, 단일중력장에서 $n_E n_I = 1/n^{4+\alpha}$(ng의 원심모형시험은 $n_E n_I = 1/n^4$, 20m 길이의 말뚝, 직경 0.5m이고 두께 25mm인 강철 중공말뚝, $E = 210$GPa, $n_l = 1/100$로 가정하였을 때, 모형말뚝의 제원을 산정해보자.

풀이 지반강성G를 무시할 수 있는 경우와 G가 응력에 따라 변하는 경우로 구분하여 살펴보자.

① 지반의 강성 G가 원형과 동일한 경우(α=0)의 해.

$\alpha = 0$이면 시험은 중력장과 무관해진다. 모형지반의 강성은 원형지반과 같다. 단일 중력모델에서 응력에 대한 축척계수는 $1/n$이 되고, 변형률도 마찬가지가 된다. 따라서 모형에서 말뚝의 길이는 0.2m. 무차원 변수를 일정하게 유지하려면 모형말뚝의 강성은 $1/n^4$로 줄여야 한다. 이 조건을 만족하려면 말뚝의 직경을 $1/n$인 5mm로 줄이고, 두께는 0.25mm가 되어야 한다.

실제로 이런 작은 규모의 중공모형말뚝을 만들기 어렵다. 중공모형말뚝을 속이 찬 파일로 변경하는 것을 생각해보자.

원형의 중공말뚝의 단면이차모멘트, $I_p = \frac{\pi}{8}t_p d_p^3$

모형의 단면이차모멘트, $I_m = \frac{\pi}{64}d_m^4$

상사성 확보위하여 $I_m/I_p = 1/n_l^4$, 따라서 모형의 말뚝직경은 d_m=3.98mm이 된다.

만일 강(steel)말뚝이 아닌 알루미늄 재료의 말뚝을 사용한다면, E_m =70GPa이므로, 이에 상응하게 I_m과 d_m을 증가시킬 수 있다. 이 경우 d_m=5.23m가 된다.

② 지반의 강성 G가 응력에 따라 변하는 경우($\alpha = 0.5$)의 해.

(i) $\alpha \neq 0$인 지반재료 사용하는 단일 중력모형에서 모형말뚝의 강성은 지반재료의 강성을 함께 고려하여야 한다. 길이에 대한 축척계수, $n_l = \frac{1}{n} = \frac{1}{100}$이므로

$$\frac{\pi}{64}d_m^4 E_m = \frac{1}{n^{9/2}}\frac{\pi}{8}d_p^3 t_p E_p$$

말뚝이 속이 찬 알루미늄 봉인 경우, $d_m = 2.94\text{mm}$이며, 중공 강봉인 경우, $d_m = 2.23\text{mm}$이다.

(ii) $\alpha = 1$인 경우, 지반재료의 강성축척은 응력의 축척과 같고, 말뚝의 휨강성 축척은 $1/n_l^2$이다. 이 경우 속이 찬 알루미늄 봉으로 하면 $d_m = 1.65\text{mm}$, 중공 강봉으로 하면 $d_m = 1.25\text{mm}$가 된다. 만일 폴리에틸렌 재료($E_m = 0.9\text{GPa}$)를 사용하면, $\alpha = 1$인 경우, 속이 찬 말뚝파일 직경 $d_m = 4.9\text{mm}$가 된다.

휨성 지지벽체-지반상호작용 모형시험

휨성 버팀벽문제는 평면변형조건으로 다룰 수 있다. 지지벽체의 단위폭당 모멘트, M/b은 지지벽체의 단위폭 당 휨강성, EI/b에 연관된다. 지지벽체와 지반 사이의 상호작용은 지반강성 G와 버팀벽 깊이 H와도 관계된다. 상사성 확보를 위한 무차원변수는 지반-구조물 상호거동 방정식으로부터 다음과 같이 설정할 수 있다.

$$\Phi = \frac{EIb}{GH^3} \tag{4.85}$$

여기서 b는 모형과 원형의 폭으로 평면변형조건에서는 스케일링이 필요 없다. 따라서 상사법칙은 $n_E n_I = \frac{1}{n^{3+\alpha}}$이다.

예제 원형이 콘크리트로 된 버팀벽이 $E_p = 20\text{GPa}$, 두께 $t_p = 0.3\text{m}$이다. 길이 1/100 축척으로 $E_m = 70\text{GPa}$인 알루미늄 재료로 모형을 만들고자 한다. 모형의 두께 t_m을 구해보자. 재료를 강재, 마이크로시멘트(microcement), 폴리에텔렌을 사용하는 경우에 대해서도 살펴보자.

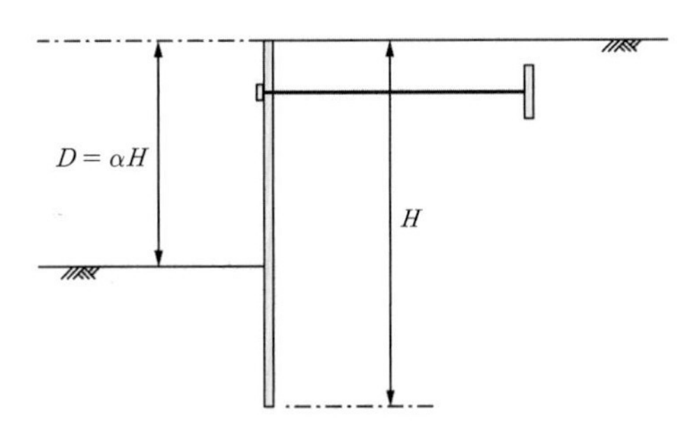

그림 4.26 휨성 앵커 버팀벽의 모형시험

풀이 $\alpha = 1/2$로 가정하면 모형 버팀벽의 두께 t_m

$$\frac{(1/12)E_m t_m^3}{(1/12)E_p t_p^3} = \frac{1}{n^{7/2}}$$

$$t_m = t_p\left(\frac{E_p}{E_m}\frac{1}{n^{7/2}}\right)^{1/3} = 0.3\left(\frac{20}{70} \times \frac{1}{100^{7/2}}\right)^{1/3} = 0.9\text{mm}$$

재료를 달리하여 모형을 제작하는 경우 두께도 재료 강성에 따라 다음과 같이 변화한다.

재료	E_m(GPa)	t_m(mm)
알루미늄	70	0.90
강재	210	0.64
마이크로시멘트	10	1.75
폴리에틸렌	0.9	3.90

휨성 컬버트(flexible culvert)-지반 상호작용 모형시험

연장이 충분히 긴(구조물 폭에 비해서) 매립 컬버트는 평면변형문제로 다룰 수 있다. 휨성구조물로서 단위폭당 모멘트 M/b, 컬버트의 단위폭당 휨강성 EI/b(휨강성은 컬버트의 기하학적 형상에 의존)에 지배된다. 컬버트와 지반의 상호작용은 또한 컬버트의 직경 D, 지표로부터의 심도 C, 작용하중인 지반의 단위중량 ρg, 단위폭당 지표하중 P/b, 지반강성 G에 영향을 받는다.

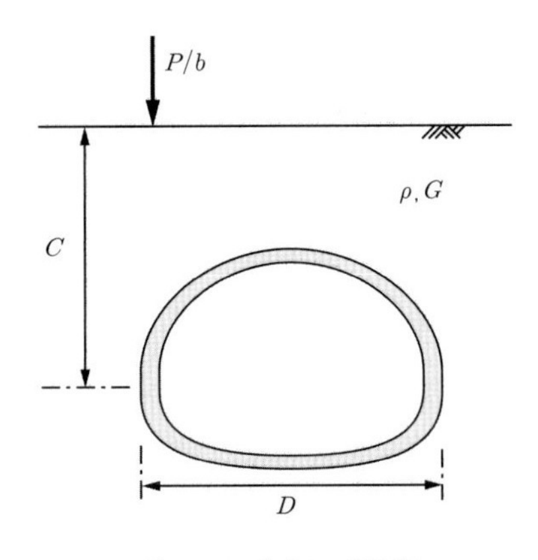

그림 4.27 컬버트 거동변수

거동의 추론함수는 다음과 같이 구성할 수 있다.

$$\frac{M}{b}=f\left(C, D, \frac{P}{b}, \rho g, \frac{EI}{b}, G\right) \tag{4.86}$$

차원해석을 통해 무차원 변수화하면 다음과 같이 5개의 무차원 변수를 갖는 함수가 도출된다.

$$\frac{M/b}{\rho g D^3}=f\left(\frac{C}{D}, \frac{P/b}{\rho g CD}, \frac{EI/b}{GD^3}, \frac{PD^2}{EI}\right) \tag{4.87}$$

상사성 유지를 위해 기하학적 특성인 첫 번째 항, C/D는 원형과 모형에서 동일 값으로 유지되어야 한다. 두 번째는 하중 상사성, 세 번째는 상대 휨강성의 상사성 그리고 네 번째는 하중과 강성관계의 상사성을 의미한다.

예제 1g 조건(단일중력모델)에서 길이 축척계수 $n_l = 1/n$, 휨강성 축척계수 $n_D = 1/n^{3+\alpha}$인 경우에 대하여 모형 컬버트에 대한 두께를 결정해보자.

풀이 원형 컬버트가 강재로 되어 있고 $E_p = 210\text{GPa}$, 단면계수 $EI/b = 6.25\times10\text{-}6\text{m}^4/\text{m}$라 가정하자. 컬버트는 주름진 강재로 이루어졌지만 모형은 곡선형철판(curved steel sheet)으로 가정하여 두께 t_m을 구해보자. 축적이 1/100라 가정하고, $\alpha = 1/2$이면,

$$\frac{1}{12}t_m^3 = 6.25\times10^{-6}\left(\frac{1}{100}\right)^{7/2}$$

따라서 두께 t_m=0.19mm이다. 플라스틱 소재(E_m =0.9GPa)를 사용할 경우 t_m=1.2mm.

동적 지반-구조물 상호작용 모형시험

동적하중에 대한 지반구조물의 응답(response)의 크기는 작용 동하중의 주파수와 지반의 고유주파수의 근접성에 의존한다. 지반과 구조물이 합쳐진 시스템의 자연주파수는 쉽게 평가할 수 없지만, 지반과 구조물 각각의 고유주파수(지반의 경우 탁월주파수)는 파악할 수 있다. 동적지반문제의 경우 정적 및 동적상호작용 모두를 고려하여야 한다.

먼저 정적상호작용을 고려해보자. 예로 길이 l, 휨강성 EI, 단면적 A, 밀도 ρ_s인 수평재하말뚝을 캔틸레버보로 생각하면 고유주파수는 $(\pi/l)^2\sqrt{(EI/\rho_s A)}$ 이다. 이 고유주파수의 축척계수는

$$n_{fs} = \frac{1}{n_l^2}\left(\frac{n_{EI}}{n_{\rho s}n_A}\right)^{1/2} \tag{4.88}$$

$n_{EI}, n_{\rho s}, n_A$는 각각 휨강성, 밀도, 면적에 대한 축척계수이다. 이것으로 정적 지반-구조물 상호작용에 대한 상사성이 성립된다. $n_{EI} = n_G n_l^4$이며, $n_A = n_l^2$이므로,

$$\left(\frac{n_G}{n_{\rho s}n_A}\right)^{1/2} = \left(\frac{n_G}{n_{ps}}\right)^{1/2}\frac{1}{n_l} \tag{4.89}$$

(거동을 모사할 때 지배적인 거동에 대한 이해가 있어야 한다. 여기서는 휨강성 거동을 지배적인 것으로 다루었지만 만일 지반과 말뚝 간 마찰력이 지배적인 지반문제이면 마찰거동을 고려하여야 한다.)

다음, 동적상호작용의 상사성을 고려해보자. 동적거동의 상사성은 주파수 축척계수로 설정할 수 있다. 동적 주파수 축척계수(scale factor) $(n_G/n_{ps})^{1/2}/n_l$, 지층의 고유주파수도 같은 개념으로 스케일링한

다. 즉, 원형과 모형의 주파수 축척계수를 동일하게 취함으로써 동적 상사성을 확보할 수 있다.

4.4.3 지하수 모형시험법

지하수흐름거동의 해석은 이론해법, 도해법, 수치해법 등의 계산(해석)에 의한 방법 외에 모형시험에 의한 방법이 사용될 수 있다. 지하수 모형시험법에는 모래 모델법, Hele-Shaw 모델법, 세관망 모델법, 전기상사 모델법 등이 있다. 흐름거동에 대한 모형시험은 수리학분야에서 주로 사용하는데 1g-조건의 소형 축소모델을 이용하여 지하수 거동을 조사하고 상사법칙에 따라 원형의 수리거동을 추정한다.

모래 모델법(sand model)

대상문제를 모래를 이용하여 모형으로 조성하고, 실제조건과 부합하게 수리경계조건을 만든다. 흐름의 상사법칙에 따른 축척의 고려가 중요하다(4.2절 참조). 모형에 요구되는 침투를 발생시키고 유량, 수두를 측정하고 상사법칙을 이용하여 원형의 수리거동을 얻는다.

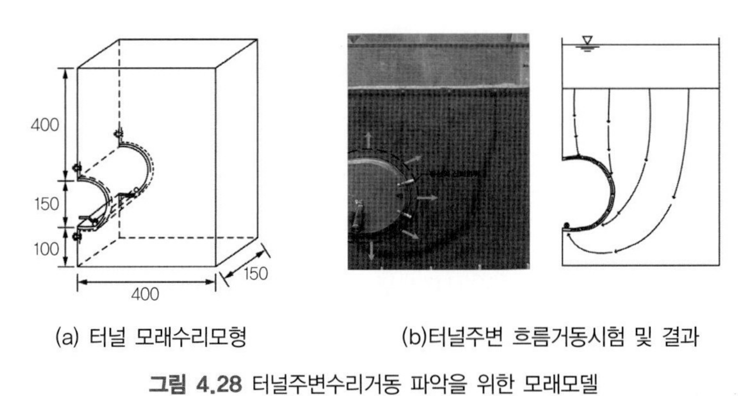

(a) 터널 모래수리모형 (b)터널주변 흐름거동시험 및 결과

그림 4.28 터널주변수리거동 파악을 위한 모래모델

Hele-Shaw 모델법

얇은 간극을 둔 2차원 평행판 사이에 점성유체를 흘려 지하수 흐름거동을 모사하는 모형시험법이며, 평행판 모델이라고도 한다. 두 판사이의 간격과 유체점성을 조절하여 Darcy 법칙이 성립하는 층류흐름을 모사할 수 있다. 판을 유리나 아크릴로 제작하고, 주입유체에 색소를 첨가하면 유선을 파악할 수 있다. 판의 간격을 부분적으로 변화시켜 제한적으로 불균질성을 고려하는 시험도 가능하다. 2차원 거동만 모사가 가능하다.

세관망 모델법

관경이 매우 작은 세(細)관을 그림 4.29와 같이 격자로 만들어 양측에 수두차를 야기하여 흐름거동을 조사할 수 있다. 수위, 유량 등을 측정하고 상사법칙을 이용하여 원형의 거동을 산정한다. 세관의 직경을 변화시켜 불균질, 이방성지반을 모사할 수 있고, 세관의 격자망(net)을 3차원적으로 만들어 3차원 수리거동의 조사도 가능하다.

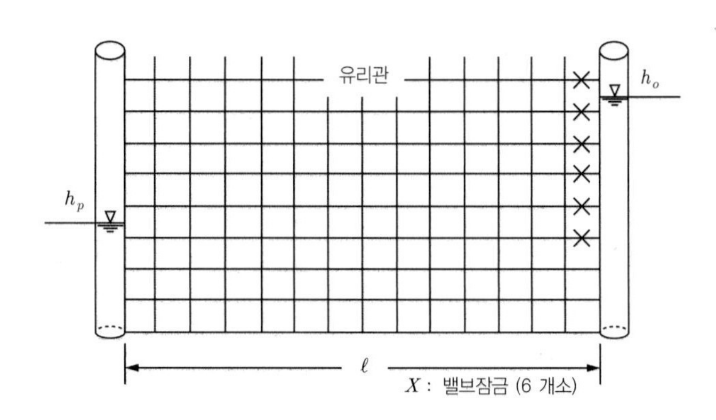

그림 4.29 세관망 모델('×' : 흐름차단 심볼)

전기상사 모델법

지하수거동의 Darcy 법칙은 전류의 오옴법칙에 대응된다. 이 법칙을 이용하여 전기적 흐름으로부터 침투류의 거동을 파악하는 방법이 전기 상사모델법이다. 지하수와 저류의 대응변수는 표 4.5와 같다.

표 4.5 수리거동과 전류거동의 상사성

지하수 흐름	전류흐름
수두, h	전위, E
동수구배, dh/dl	전위구배, dE/dl
투수계수, k	전도도 σ(전기저항의 역수), $\sigma = 1/R(R$: 전기저항)

수리거동과 전류거동은 1:1로 대응한다. 따라서 전기적으로 모형을 구축하여 전위분포를 측정하고 등전위선을 조사하면 그로부터 침투류의 수위와 유량을 산정할 수 있다.

4.5 원심모형시험(centrifugal model test)

터널, 댐, 사면 등과 같이 입상체의 지반은 자중, 즉 중력에 지배를 받는다. 이 경우 원형과 모형 간의 중력장 차이로 상사성 확보가 용이하지 않다. **원심모형시험은 원심력을 이용하여 원형에 상응하는 중력장을 모형에 작용시키는 시험법이다.** 모형에 길이 축척계수($n_l = 1/n$)에 상응하는 배수(times)의 중력장(Ng, $n = N$)을 원심력을 이용하여 재현하면 모형은 원형에 상응하는 중력장에 놓이게 된다(그림 4.30).

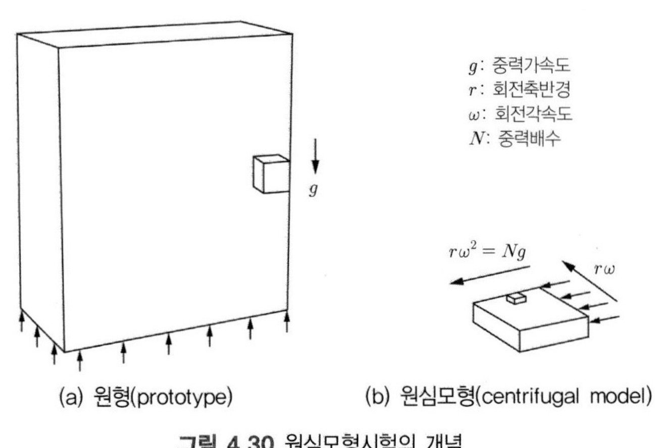

그림 4.30 원심모형시험의 개념

원심모형시험은 당초 지반재료거동의 재현을 위해 사용하기 시작하였지만, 장비의 발달과 함께 건설과정의 모사기술로 발전해왔다. 현재 원심모형시험은 지진/토질 동역학 분야, 얕은 기초 및 말뚝 기초, 사면의 안정, 굴착 및 옹벽, 지반환경, 터널 및 지하구조물, 연약지반에서의 지반개량 및 지반보강 등 지반공학의 거의 전 분야에 적용되고 있다.

점점 더 많은 원심모형시험의 연구 성과가 현장에서 폭넓게 이용가능해지면서 지반의 원심모형시험은 물리적 모델링의 분야에서 아주 빠른 속도로 유행하는 또 하나의 도구로 받아들여져 왔다. 이런 상황은 보다 더 정교한 기계설비의 발전을 촉진하였고, 장비개선과 적용확대가 상호 상승작용을 일으키며 발전해왔다.

4.5.1 원심모형시험의 원리

원심모형시험의 개요

원심모형시험의 아이디어는 1869년 영국인 아버지와 프랑스인 어머니 사이에서 태어난 Edouard Phillips가 발표하였다. 그는 자중이 거동에 중요한 역할을 하는 경우 원심모형이 모형과 원형의 상사성을 얻는 데 유용함을 인지하였다. 원심모형시험은 교량분야에 최초로 적용이 시도되어 1:50의 축소모형을 50g의 원심가속도를 가하여 시험하였다.

원심모형시험기에는 보형(beam type)과 드럼형(drum type)이 있으며 일반적으로 사용되는 원심모형기는 보원심모형기(beam centrifuge)이다. 보원심모형기는 그림 4.31과 같이 수평보 중앙의 연직축을 회전시키는 형태로서, 보의 한 쪽 끝단에는 모형을 설치한 토조를 올려놓을 수 있는 플랫폼이 있고, 그 반대쪽 끝단에는 원심력이 한쪽방향으로만 발생할 경우 시험장비의 불안정을 방지하기 위한 평형추가 달려 있다. 플랫폼은 수평보(beam)에 힌지로 연결되어 정지 상태에서는 보와 수직을 이루지만 일정속도의 회전에 이르면 보의 축과 일치하는 수평방향으로 회전이 일어나게 된다. 원심모형기의 동력이 클수록 큰 모형에 대한 시험이 가능하다.

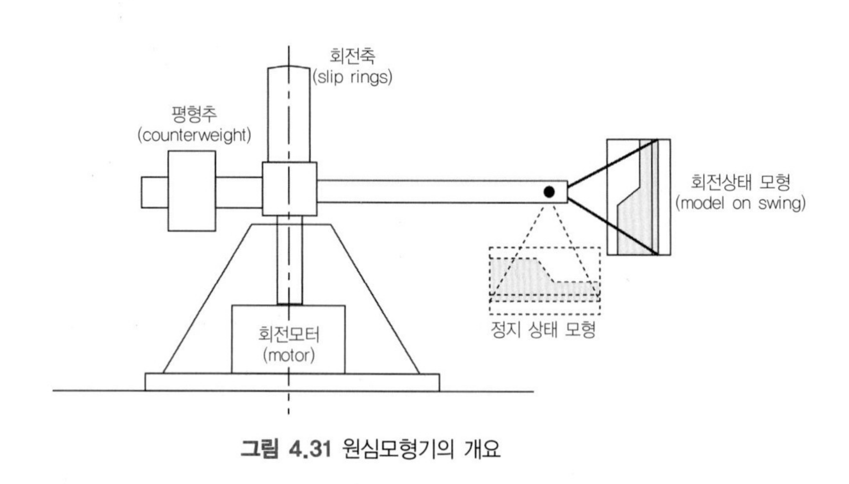

그림 4.31 원심모형기의 개요

그림 4.32는 자연지반의 지중응력장과 원심모형시험으로 구현되는 원심가속도 중력장에서의 요소의 응력상태를 비교한 것이다.

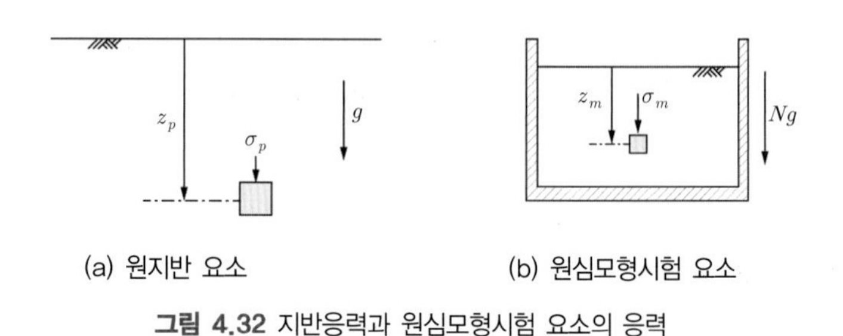

(a) 원지반 요소 (b) 원심모형시험 요소

그림 4.32 지반응력과 원심모형시험 요소의 응력

드럼 원심모형기(drum centrifuge)

드럼(drum)원심모형시험기는 '원통세탁기'라는 애칭이 있을 정도로 세탁기 혹은 탈수기와 유사하다. 모델은 그림 4.33과 같이 드럼의 안쪽에 주로 수직방향으로 끊어짐 없이 같은 단면이 연속되는 형태로 장착된다. 일반적으로 댐과 같이 하나의 긴 지반 모형시험에 유용하다.

드럼시험기는 보(beam)형에 비해 더 큰 가속도를 가할 수 있으나 모형의 크기는 일반적으로 더 작다. 보원심모형기가 일반적으로 0.5m의 모형높이(원형에서의 50m)에 100g의 가속도가 사용되는 반면에, 드럼 모형시험기는 0.2의 모형높이(원형에서의 80m)에 400g의 가속도가 사용된다. 드럼시험기는 일반적으로 1.0m의 반경에 0.5m 두께의 모형을 대상으로 하는데, 이 경우 원형의 크기는 2.4km x 200m에 해당한다.

400g에 달하는 가속도는 시간 절약에도 많은 도움이 된다. 압밀 시간축척율과 관련하여 100g의 가속도로 1년의 효과를 얻기 위해서는 53분이 걸리지만, 400g의 가속도로는 3.3분이면 가능하다.

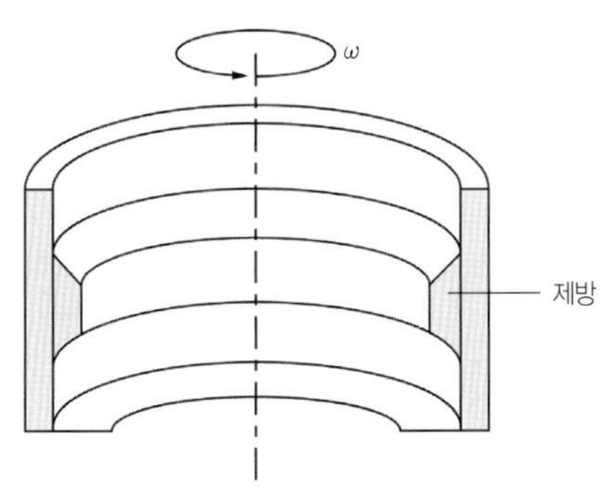

그림 4.33 Drum centrifuge의 개념도(ω 회전속도)– 제방모형의 예

원심모형시험의 원리

원심모형시험의 기본원리는 원운동에 발생하는 방사형의 가속도를 이용하여 원형에 상응하는 원심중력장을 만들어 모형시험을 하는 것이다. 원심모형시험기의 원운동 회전체는 그림 4.34 (a)와 같다.

회전체가 회전중심으로부터 반경 r 거리에 있는 모형이 각속도 ω로 회전하면 모형은 그림 4.34 (b)와 같이 $\omega^2 r$의 원심가속도를 받게 된다. 원심가속도를 중력가속도의 배수(N)로 나타내면 $\omega^2 r = Ng$. 여기서 g는 중력가속도이다.

$$N = \frac{\omega^2 r}{g} \tag{4.90}$$

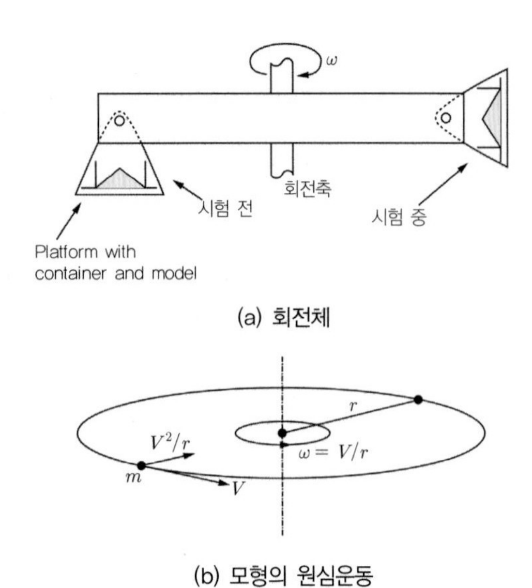

(a) 회전체

(b) 모형의 원심운동

그림 4.34 원심모형시험기의 원심운동

원 지반 중력상태요소의 경우 중력방향의 힘의 평형조건을 고려하면

$$d\sigma_{vp} = \rho g dz \quad \Rightarrow \quad \sigma_{vp} = \int_0^z \rho g dz = \rho g z \tag{4.91}$$

원심력상태의 모형요소에 대하여 원심력방향의 힘의 평형조건을 고려하면

$$d\sigma_{vm} = \rho N g\, dz \quad \Rightarrow \quad \sigma_{vm} = \int_0^{z\, n_l} \rho N g\, dz = N n_l \rho g z \tag{4.92}$$

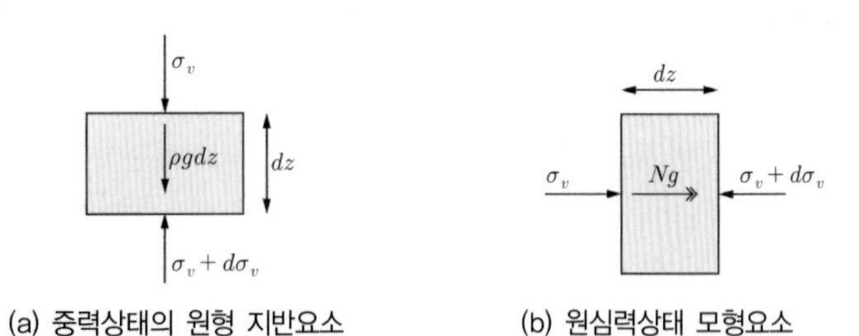

(a) 중력상태의 원형 지반요소 (b) 원심력상태 모형요소

그림 4.35 요소응력상태 비교

길이의 축소율 n_l을 원심가가속도의 중력배율 N과 같도록 모형을 제작하였다면, $N \cdot n_l = 1$이므로 다음과 같은 응력의 동일조건이 얻어진다.

$$\sigma_{vm} = \sigma_{vp} = \int_0^{z/n_l} \rho N g dz = N n_l \rho g z = \rho g z \tag{4.93}$$

여기서 $N = 1/n_l$이다. 위에서 살펴본 응력조건은 회전반경 r이 특정하게 주어지는 경우 특정점에 대하여 성립하는 것이다. 실제 모델은 높이(H)혹은 두께가 $0 \sim H$로 변화하므로 실제 원심모형기 내의 모형은 모형의 깊이에 따라 원형과 모형 간 응력의 불일치가 발생하고, 일정한 모형에 대하여 모형 중앙과 측면의 원심력도 동일하지 않으며, 모형에 원심가속도 외에 중력가속도가 작용하는 문제가 있다.

이러한 제약요인은 **시험기의 반경에 대하여 시료의 높이와 폭을 충분히 작게 선택**($H/r < 0.1$, $B/r < 0.1$)함으로써 그 영향을 최소화할 수 있다. 이러한 영향들을 원심모형시험의 **축척영향(scale effects)**이라고 하며, 다음 절에서 자세히 다룬다.

예제 원형의 100분의 1크기의 지반제체에 대한 원심모형시험을 계획할 때, 모형과 원형의 재료가 같다면 동일응력조건을 위해 원심모형시험의 원심가속도의 크기는 얼마로 해야 할지 알아보자.

풀이 응력의 상사성 $n_\sigma = 1$인 조건이 되도록 한다. n_l이 $1/100$이고 원지반과 같은 흙을 사용한 경우, $n_\rho = 1$이다. $n_\sigma = 1$이 되기 위한 $n_g = 100$, $n_g = g_m/g_p$, $g_p = 1$이므로 $g_m = 100$. 즉, 원심가속도를 100g로 하여 모형의 중력효과를 100배로 늘리면, 원형과 같은 응력을 재현할 수 있다.

4.5.2 원심모형시험의 축척영향

원심모형시험의 축척규칙은 차원해석 또는 지배 미분방정식으로부터 유도될 수 있다. 원심모형시험은 흔히 소규모 모형으로인한 축척오차 때문에 결과의 타당성에 대한 논란이 있어 왔다. 즉, 비균질 가속도장과 작은 규모의 모델에 원형의 세부사항을 모두 고려하지 못하는 한계에서 오는 시험오차의 극복이 원심모형시험의 중요과제이다. 모형에 원형의 상세 내용을 모두 포함하기는 거의 불가능하다. 따라서 어느 정도 근사화가 불가피하다. **모형시험의 불완전성으로 인한 오차문제를 축척영향(scale effects)이라 하며 원심모형시험과 관련한 쟁점**은 다음 3가지로 요약할 수 있다.

- 입자크기의 영향
- 비균질 가속도장으로 인한 수직응력오차
- 수평회전가속도 영향(coriolis effect)

일반적으로 축척오류를 검토하는 좋은 방법은 '**모형의 모델링(modelling of models)**' 기법을 사용하는 것이다. 하나의 원형에 대하여 여러 축척의 원심모형모델을 만들어 적절한 가속도로 시험한다. 이때 모델은 축척영향을 반영한 거동을 나타내므로 모델링에 대한 유용한 정보를 제공한다. 이 방법은 모델링 절차에 대한 가치 있는 정보를 제공하나 모델 데이터가 원형 스케일로 외삽(extrapolation)됨을 보장하는 것은 아니다. 다만, 참고할 만한 원형 거동정보가 없을 때 모형시험결과를 검증하는 데 유용하다.

모형의 모델링(modelling of models)

모형시험 시행자가 흔히 받게 되는 질문은 '모형거동과 원형의 거동을 어떻게 비교할 것인가?', 혹은 '모형의 결과를 어떻게 검증할 수 있는가?'이다. 원형은 거동을 알 수 없으므로 Ko(1988)는 모형의 모델링 개념을 도입하여 이를 설명하고자 하였다.

어떤 원형에 대하여 두 개의 다른 축적, n_1, n_2의 모형시험을 수행하였을 때, 더 작은 축적 n_1과 큰 축적 n_2의 관계는 원형과 모형의 관계로 유추할 수 있다. 만일 두 시험결과가 동일하다면 이를 통해 원형과 모형과의 관계를 확인할 수 있다. 이와 같이 원형을 몇 개의 다른 스케일로 모델링하여 결과를 비교하는 방법을 사용하게 되는데, 이를 '모형의 모델링(modelling of model)'법, 또는 '축소 모델링 기법(reduced-scale modelling techniques)'이라고 한다. 이 원리가 성립하기 위해서는 모형 간 길이와 축척의 곱이 같아야 한다. 그림 4.36 (a)는 터널에 대한 모형의 모델링 개념을 보인 것이다.

그림 4.36 (b)는 '모형의 모델링' 개념을 나타낸 것이다. 모형에 따른 모형 시험의 결과가 같기 위해서는 축척계수와 길이의 곱이 일정하게 모형을 제작하여야 한다. 일례로 10m 높이의 원형은 실대형, 1/10, 1/100 스케일로 모델링할 수 있으며, 이는 그림에서 점 $A1$, $A2$, $A3$에 해당한다.

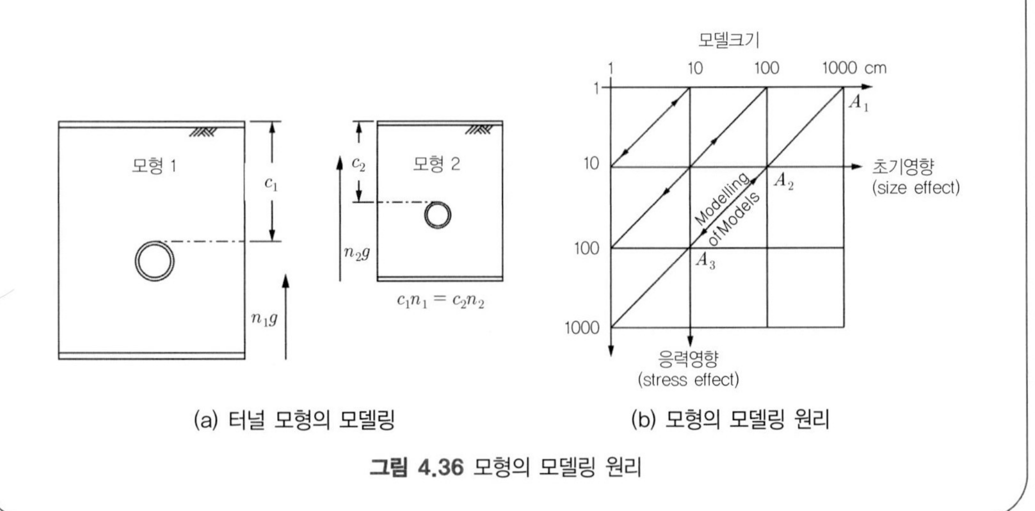

(a) 터널 모형의 모델링 (b) 모형의 모델링 원리

그림 4.36 모형의 모델링 원리

입자크기의 영향

원심모형연구자가 가장 자주 받는 질문은 지반입자의 크기를 N배만큼 줄이지 않고 어떻게 원심모형시험이 정당화될 수 있는가이다. 모형과 원형간의 축척관계를 생각하면 같은 재료를 사용할 경우 입자의 크기 또한 증가될 것이므로 상응하게 작은 입자를 사용하여야 한다는 것이다. 일례로 1:100 축척 모델에서 지반입자는 마치 자갈정도로 생각될 수 있다. 점토는 모래크기의 입자가 될 것이다.

d를 흙의 평균입자 크기, L을 모델크기라 할 때 바람직한 모델은 d/L 비율이 원형과 모델에서 같아야 한다. 즉, $d_m/L_m = d_p/L_p$. 만일, $L_m \equiv h_m$이라면

$$d_m = \frac{d_p}{N} \tag{4.94}$$

위 식은 모형의 입자크기는 원형에서 사용된 흙보다 N배 작은 평균입자크기이어야 함을 의미한다. 하지만 이는 현실적인 문제를 야기할 수 있다. 예를 들어 $100g$의 가속도를 갖는 모델에서 원형이 고운모래(fine sand)로 구성된 $d_p = 0.1$mm의 평균입자크기를 갖는다면, 모형입자는 점토크기에 해당하는 $d_p/100 = 0.001$mm가 평균입자크기가 되어야 할 것이다.

작은 축척의 모형에 높은 가속도로 시험을 하는 경우 원지반토가 조립인 경우는 입자크기가 문제가 될 수 있다. 이 경우 입자 크기는 모형의 크기와 비교하여 중요하게 다루어져야 하는데, 그 이유는 입자크기가 응력-변형률 거동에 영향을 미칠 수 있기 때문이다. 지반입자 크기의 국부적인 영향은 더 큰 문제가 될 수 있다. 기초(foundation)에 대한 모형연구에 따르면 **기초의 크기와 입자크기의 비가 15 이하이면 입자영향이 나타나는 것으로 보고되었다**.

입자크기의 영향에 대한 답변은 단순하지 않다. 다만, **입자크기의 영향은 입자크기가 감소함에 따라 줄어든다는 사실이 논리적으로 입증되고 있다.** 따라서 자갈처럼 입자가 큰 시료는 원심모형시험 시 입자크기를 감소시키는 것이 필요하다. 하지만 원형의 고운 모래시료를 크기를 줄여 시험하는 경우 부정적인 영향이 더 커질 수 있으며, 실제로 원형입자가 작은 경우, 입자크기의 영향도 크지 않은 것으로 알려져 있다. 따라서 각 시험상황에서 입자크기에 대한 영향의 종합적인 평가가 필요하며 긍정요인과 부정적 요인을 비교형량한 공학적 판단에 기초하여 모델에 사용할 흙을 결정하여야 한다.

비균질 원심가속도장으로 인한 응력오차

원심가속도는 회전축의 반경(r) 외곽방향으로 작용하며, 그 크기는 회전 반경(모델심도)과 각속도(ω)의 제곱에 비례한다. 원심모형은 일정한 깊이와 폭을 가지므로 회전축에 대한 반경의 크기가 모형의 심도와 폭에 따라 변화하게 되며 따라서 원심가속도 장이 일정하게 형성되지 않는다. 즉, 모형의 폭(B)과 깊이(H)에 따른 원심가속도의 불일치 문제가 나타난다.

다시 말해, 모형의 두께(H) 및 폭(B)에 따라 원심력의 크기가 달라져 비균질 가속도장이 나타난다. 일반적으로 토목공학에서 다루는 지반구조물에 작용하는 지구중력의 크기는 균일하다고 가정한다.

비균질 수평가속도 장의 영향(폭 B의 영향). 중력가속도의 방향은 구조물의 어느 위치에서나 지구 중심을 향하고 있다. 일반적인 토목 건축물의 규모는 지구의 크기에 비해 비교할 수 없을 만큼 작으므로 구조물에 작용하는 중력가속도의 방향은 서로 평행상태에 있다고 가정할 수 있다. 반면에 원심모형시험의 가속도 방향은 회전축 중심방향의 방사형이고, 회전반경의 크기도 모형의 크기와 비교할 때 비교적 큰 편이다. 따라서 수평하게 제작된 모형의 표면에 작용하는 원심력은 중앙에서 최대이고 양 측면으로 갈수록 작아지는 상황이 된다.

원심모형 토조에 물을 채워 돌리면 중력차이로 수면은 그림 4.37 (a)와 같이 변화하며, 이러한 영향 때문에 수평으로 제작된 연약점토 모델의 경우 원심력의 차이로 표면에서 그림 4.37 (b)와 같이 표면파괴와 같은 불안정 문제가 야기될 수도 있다. **이러한 문제는 모형의 폭을 반경보다 충분히 작게 취함으로써 해소할 수 있다**. 일반적으로 $B/r < 0.1$이면 이러한 영향은 무시될 수 있다. 앞의 모형 높이 제약조건과 종합하면 **모형의 크기는 높이나 폭이 회전반경 반경의 10% 이내 크기로 제작하는 것이 바람직하다**.

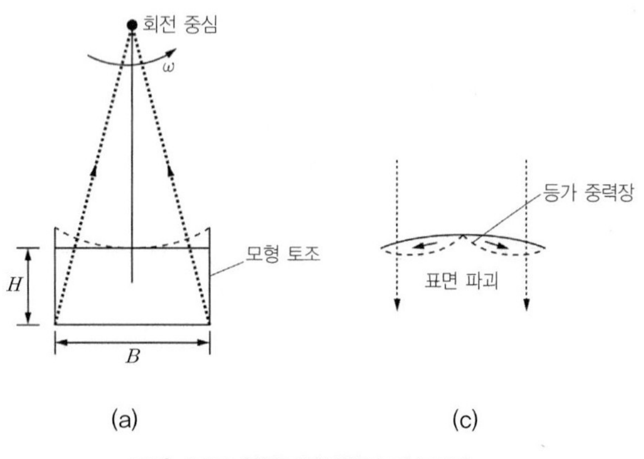

그림 4.37 원심모형시험의 가속도장

비균질 수직가속도장의 영향(H의 영향). 시료 높이를 따라 수직가속도장의 차이가 응력상태에 미치는 영향을 구체적으로 살펴보자. 모형과 원형의 관계를 그림 4.38 (a)에 보인 바와 같이 모형높이 h_m, 원형의 높이 h_p라 하고 원심가속도를 $r\omega^2$이라 하자.

길이의 축소비가 n_l이고, 원심가속도의 중력배수를 $N(=n=1/n_l)$으로 설정하였다면($N>1.0$), 모델 바닥에서 $h_p=Nh_m$이므로, $\sigma_{vp}=\rho g h_p=\rho g N h_m$이고, 회전 원심가속도의 중력배수$N$으로 나타내는 회전반경을 유효원심반경 R_e라 하면, $Ng=\omega^2 R_e$이다.

모델상부(top)의 반경이 R_t일 때 모델깊이 z에서 수직응력

$$\sigma_{vm}=\int_0^z \rho\omega^2(R_t+z)\,dz=\rho\omega^2\left(R_t+\frac{z}{2}\right) \qquad (4.95)$$

깊이 $z=h_i$에서 모형과 원형의 수직응력이 같다면

$$R_e=R_t+0.5h_i \qquad (4.96)$$

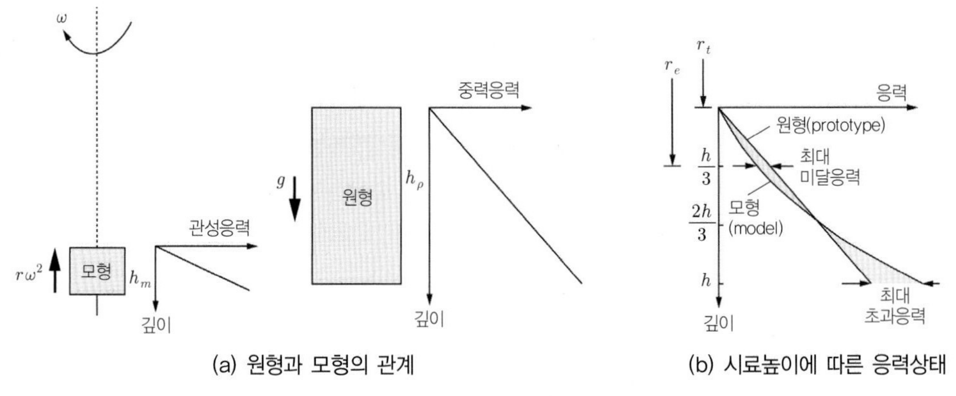

그림 4.38 수직가속도장의 차이의 영향

그림 4.38에 따르면 모형의 응력이 원형보다 가장 현저하게 작아지는 미달응력(under stress)은 $z=0.5h_i$에서 발생하며, $Ng=w^2R_e$ 조건을 이용하면, 원형보다 큰 초과응력(over stress)은 모델 바닥인 $z=h_m$에서 발생한다.

미달응력비(under stress ratio), $r_u=\dfrac{\sigma_{vp}-\sigma_{vm}}{\sigma_{vp}}=\dfrac{0.5h_i\rho g N-0.5h_i\rho\,\omega^2\left(R_t+\dfrac{0.5h_i}{2}\right)}{0.5h_i\rho g N}=\dfrac{h_i}{4R_e}$

초과응력비(over stress ratio), $r_o=\dfrac{\sigma_{vm}-\sigma_{vp}}{\sigma_{vp}}=\dfrac{h_m\rho\,\omega^2\left(R_t+\dfrac{h_m}{2}\right)-h_m\rho g N}{h_m\rho g N}=\dfrac{h_m-h_i}{2R_e}$

$r_u=r_o$이면 $\dfrac{h_i}{4R_e}=\dfrac{h_m-h_i}{2R_e}$이므로, $h_i=\dfrac{2}{3}h_m$이다. 모델높이의 2/3 깊이에서 모형과 원형의 응력일치가 일어난다. 대부분의 원심모형시험의 경우 $h_m/R_e<0.2$이므로 모델높이에 따른 응력편차의 영향은 실제로 크지 않다. 유효 회전반경은 다음과 같다.

$$R_e=R_t+0.5h_i=R_t+\frac{h_m}{3} \tag{4.97}$$

중력가속도장의 영향. 가속도장(field)의 또 한 가지 문제는 원심가속도의 방향은 중력과 직각을 이룬다는 것이다. 따라서 모형은 원심가속도라는 유사중력과 이와 직교하는 중력을 받는다. 모형은 실제 두 가속도의 합력방향의 힘을 받게 된다. 그러나 **일반적으로 원심가속도의 크기(통상 100g 이상)가 중력가속도(1g) 보다 현저히 크므로 중력의 영향은 무시할 수 있다.**

수평 회전가속도장(Coriolis effect)

원심모형시험은 인공적으로 중력가속도장을 만들어내는 편리한 방법이지만 회전축이 고정되어 시료 폭이 넓어지면 원심가속도가 반경방향으로 주어지므로 물체에 연직으로 작용하는 중력장의 차이가 생긴다. 따라서 모형의 폭(수평길이)에 따른 **가속도의 수평(횡방향)성분이 존재한다. 이 회전 가속도장의 영향은 Coriolis effects**로 더 잘 알려져 있다(이의 영향은 모형을 shaking table 위에 장착하는 내진(seismic) 동적시험에서 중요한 고려사항이 된다).

실험결과에 따르면 모형의 1/2 폭이 200mm이고 유효반경이 1.6m인 경우 횡방향가속도는 최대 2/16, 또는 수직가속도의 0.125배 정도로 나타난다. 만일 주요 거동이 시료의 중앙이 아닌 외곽에서 발생하는 시험이라면 이 영향은 심각한 것으로 알려져 있다.

일정속도 $V(=r\omega)$로 회전하는 원심모형시험기의 버켓 토조 내에 설치된 모델이 원심 가속도 Ng를 받고 있을 때, 모델 내 지반요소에 관련되는 모든 가속도 성분을 살펴보자. 그림 4.39에서 회전축에서 거리 r만큼 떨어진 점 A의 좌표계는 $X=r\cos\theta$, $Y=r\sin\theta$와 같이 표현할 수 있다. 이때 속도 및 가속도의 구성성분은 다음과 같다.

$$V_X=\frac{dX}{dt}=\cos\theta\frac{dr}{dt}-r\sin\theta\frac{d\theta}{dt},\ V_Y=\frac{dY}{dt}=\sin\theta\frac{dr}{dt}+r\cos\theta\frac{d\theta}{dt}$$

$$\frac{d^2X}{dt^2}=\cos\theta\frac{d^2r}{dt^2}-2\sin\theta\frac{dr}{dt}\frac{d\theta}{dt}-r\sin\theta\frac{d^2\theta}{dt^2}-r\cos\theta\left(\frac{d\theta}{dt}\right)^2 \tag{4.98}$$

$$\frac{d^2Y}{dt^2}=\sin\theta\frac{d^2r}{dt^2}+2\cos\theta\frac{dr}{dt}\frac{d\theta}{dt}+r\cos\theta\frac{d^2\theta}{dt^2}-r\sin\theta\left(\frac{d\theta}{dt}\right)^2$$

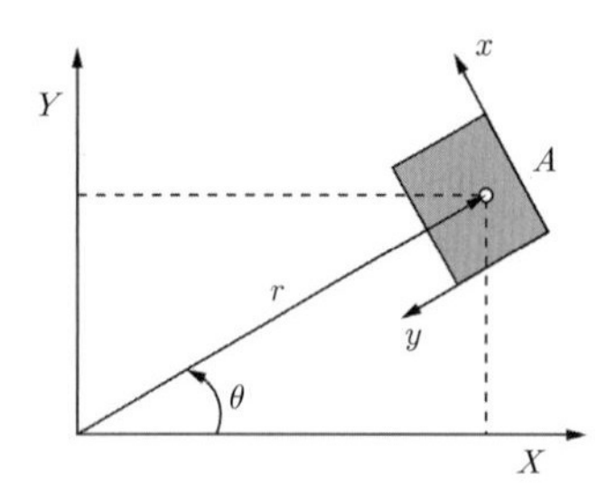

그림 4.39 $X-Y$ 좌표계(회전평면)와 $x-y$ 좌표계(모형)

원심모형기 회전평면좌표계 $X-Y$와 모형에 대한 국부좌표계 $x-y$를 도입하면, 점 A의 위치에 대한 축 변환 관계는 다음과 같이 표현할 수 있다.

$$\begin{Bmatrix} x \\ y \end{Bmatrix} = \begin{bmatrix} \cos(90+\theta) & \sin(90+\theta) \\ -\sin(90+\theta) & \cos(90+\theta) \end{bmatrix} \begin{Bmatrix} X \\ Y \end{Bmatrix} = \begin{bmatrix} -\sin\theta & \cos\theta \\ -\cos\theta & -\sin\theta \end{bmatrix} \begin{Bmatrix} X \\ Y \end{Bmatrix} \tag{4.99}$$

$X-Y$및 $x-y$좌표 간 원점이 일치하지 않으므로 원점이동을 고려하면, $x = C_1 - X\sin\theta + Y\cos\theta$이고, $y = C_2 - X\cos\theta - Y\sin\theta$ 이다. 여기서 C_1 및 C_2 는 상수이다. 위 식을 두 번 미분하고 식 (4.98)과 조합하면 국부좌표계(즉, 모델영역)의 가속도는 다음과 같다.

$$\frac{d^2x}{dt^2} = 2\frac{dr}{dt}\frac{d\theta}{dt} + r\frac{d^2\theta}{dt^2} = \frac{2}{3}\Gamma_c + \Gamma_h \tag{4.100}$$

$$\frac{d^2y}{dt^2} = -\frac{d^2r}{dt^2} + r\left(\frac{d\theta}{dt}\right)^2 = -\Gamma_v + \Gamma_i$$

위 식의 각 합으로부터 모형에 작용하는 가속도성분은 다음 4가지로 구분된다.

- 수평 진동 가속도(θ방향), $\Gamma_h = r\frac{d^2\theta}{dt^2}$
- 수직 진동 가속도(r방향), $\Gamma_v = \frac{d^2r}{dt^2}$
- 관성 가속도, $\Gamma_i = r\left(\frac{d\theta}{dt}\right)^2 = \omega^2 r = \frac{V^2}{r}$ 여기서 ω : 각속도($V = r\omega, \theta = \omega t, \omega = 2\pi f$)
- Coriolis 가속도, $\Gamma_c = 2\frac{dr}{dt}\frac{d\theta}{dt} = 2v\omega = 2v\frac{V}{r}$

여기서 Γ_h과 Γ_v는 동적시험 시에 적용하게 되는 진동가속도이다(지진과 같은). **원심모형기의 회전속도 $V = rd\theta/dt$에 대하여 상대적으로 발생하는 모형 내 입자 반경방향(수직)운동속도($v = dr/dt$)의 변화를 Coriolis 가속도(Γ_c)라** 하며, 다음과 같이 표현할 수 있다(V는 원심모형기의 선속도, w는 각속도).

$$\Gamma_c = 2v\frac{d\theta}{dt} = 2v\frac{V}{r} \tag{4.101}$$

실제로 진동이 발생하지 않는 일정 회전속도에서 입자의 움직임이 관성가속도보다 충분히 느려서, $\Gamma_c/\Gamma_i < 0.1$이라면 Coriolis 가속도 영향은 무시할 만하다. 이 조건은 $v < 0.05\,V$와 상응하다.

빠르게 움직이는 입자의 경우, 모델 내 입자이동경로는 곡선이며, 이때 곡선의 곡률반경 r_c는 $r_c = v^2/\Gamma_c$로 정의할 수 있다. 여기에 식 (4.101)의 Γ_c을 대입하면 다음과 같다.

$$\frac{r_c}{r} = \frac{v}{2V} \tag{4.102}$$

r은 원심모형의 유효반경을 나타내기 때문에(그림 4.39 참고), 식 (4.102)는 $r_c > r$일 때, 곡률효과가 상당히 줄어드는 것을 의미한다. 따라서 빠르게 움직이는 입자(진동시험)에서 Coriolis 가속도와 관련한 오차는 식 (4.102)의 속도가 다음조건을 만족할 때 무시할 수 있다.

$$v > 2V \tag{4.103}$$

그러므로 식 (4.101)와 식 (4.103)의 두 식으로부터, Coriolis effects를 고려하여야 할 입자수직운동속도(v)의 범위를 원심기의 선속도 V로 나타내면 다음과 같다.

$$0.05V < v < 2V \tag{4.104}$$

예제 $N=100g$ $r=4$m, $V=62$m/sec, $\omega=16$radian/sec인 원심모형시험에서 Coriolis 가속도비를 살펴보고, 침투속도가 0.5m/sec일 때 이로 인한 오차를 추정해보자.

풀이 Coriolis 가속도는 모형내부의 거동을 야기할 수 있다. '(Coriolis가속도/원심가속도)=$2v\omega/r\omega^2$ =2×(모형내부 거동속도/컨테이너 비행속도)'로 평가할 수 있다. 원심가속도에 대한 Coriolis가속도의 크기는 다음과 같다.

$$\frac{2v}{V}=\frac{2\times0.5}{62}=0.16=1.6\%$$

이 값은 원심가속도의 1.6%를 의미하므로 Coriolis가속도의 영향은 크지 않은 것으로 평가된다.

예제 $100g$의 원심모형시험에서 부피 $V_m=3\times10^{-2}\text{m}^3$인 모형이 주파수 $f_m=100$Hz와 진폭 $a_m=1.5$mm의 10반복주기를 동하중을 가하였다. 진동지속시간은 $t_m=10/100=0.1$sec이다. 진동에 따른 가속도(각가속도$=rw^2$)의 크기를 산정해보자.

풀이 이 시험은 지진에 대한 시뮬레이션으로서 $a_m\omega_m^2=a_m(2\pi f)_m^2=1.5\times10^{-3}\times4\pi^2\times10^4=592\text{m/s}^2\approx60.3g$이다. 체적은 $V_p=N^3V_m=30{,}000\text{m}^3$와 같이 계산된다.

주파수 $f_p=f_m/N=1\text{Hz}$, 진폭 $a_m=Na_m=0.15\text{m}$인 10주기 반복진동 조건으로서 지진 시간은 $t_p=Nt_m=10\text{s}$이다. 원형가속도는 그림 4.39를 참고하면, $a_p(2\pi f_p)^2=0.15\times4\pi^2\times1=5.92\text{m/s}^2\approx0.6g$

진동 시간동안 원심모형시험 속도를 $V=30$m/sec로 한다고 가정하면, 최대진동에서 Coriolis가속도에 의해 발생하는 오차를 원심가속도의 비율로 나타내면 다음과 같다.

$v=a_m2\pi f_m=1.5\times2\pi\times10^{-1}=0.94\text{m/sec}$. 따라서,

$$\frac{\Gamma_c}{\Gamma_i}=\frac{2v}{V}=\frac{2\times0.94}{30}=0.062$$

이 경우에 Coriolis 가속도에 의해 발생하는 오차는 6.2% 수준이다(이 영향은 무시할 만하다).

4.5.3 원심모형시험의 상사조건

원심모형시험도 1g-축소모형시험과 마찬가지로 원형의 모든 거동을 정확하게 모델링할 수는 없다. 따라서 일반적으로 원형거동에 지배적인 요인을 고려하는 데 집중하게 된다. 원심모형시험은 특히, 지반구조물의 지배거동요인인 중력(지반응력)재현과정에 집중하게 된다.

대부분의 원심모형시험은 길이의 축척계수($n=1/n_l$) 역수와 중력배수(N)을 같게 취함으로써 상사적인 편의를 확보한다. 즉, 모형과 원형의 응력 상사성은 모형의 크기가 원형보다 N배 작을 때 (즉, $N=n=1/n_l$) 모형을 첨자 m, 원형은 p를 사용하여 축척관계를 다음과 같이 나타낼 수 있다.

길이. $n_l=l_m/l_p=1/n$이므로 $n=N$이면 $l_p=Nl_m$이다.

단위중량. 원형과 모형의 밀도가 같다면, 단위중량은 $\gamma_p=\rho g$이다. 따라서 모형의 단위중량은 원형보다 N배 커야 한다.

$$\gamma_m=\rho Ng=N\gamma_p \tag{4.105}$$

동수경사. 동수경사는 흐름경로의 길이에 대한 전수두 손실 Δh(마찰에 의한 손실)의 비, $i=dh/dl$로 정의한다. 간극수압은 원형과 모형에서 동일하여야 하므로 $i_p=dh/(dl)_p$ 그리고 $i_m=dh/(dl)_m$이다. 여기에 길이의 축척을 적용하면, 수압이 동일한 경우 원심모형시험의 모형에서의 동수경사는 다음과 같이 원형보다 N배 더 크다.

$$i_m=\frac{dh}{(dl)_p(1/N)}=Ni_p \tag{4.106}$$

침투속도. Darcy's law를 이용하여 원심모형시험에서의 침투속도를 표현하면 $v_m=ki_m$가 된다. 모형과 원형이 동일한 투수성을 갖는다면 침투속도는 모형이 원형보다 N배 빠르다.

$$v_m=kNi_p=Nv_p \tag{4.107}$$

NB : 침투류 흐름에 대한 축척규칙과 관련하여 두 가지 이슈가 있다. 동수경사와 Darcy의 투수성 문제가 그것이다. 분명한 것은 원심모형시험에서 침투속도가 증가하는 현상이 관찰된다는 사실이다. Darcy의 법칙, $v=ki$에서 투수성은 고유 투수성(intrinsic permeability), $K=\mu k/\rho g$을 살펴보면 k는 분명히 중력가속도의 함수로 판단할 수 있다(μ는 유체의 동적점성, ρ는 밀도. K는 지반입자의 형상, 크기, 조밀도 등의 함수). 모형과 원형의 유체가 동일하다면, $k_m=Nk_p$이고, $i_m=i_p$이다(동수경사는 무차원이므로). 따라서 앞에서 살펴본 바와 같이 Darcy 법칙에 의해 모형의 유속이 원형의 N배에 달함을 알 수 있다.

$$v_m = i_m k_m = i_p(Nk_p) = Nv_p$$

하지만 원형과 모형의 재료가 같다면 $k_m \approx k_p$일 것이다. 여기서 두 길이의 비로 정의되는 동수경사 개념에 대해 의문이 있을 수 있다. 동수경사는 보다 실질적 의미로는 **어떤 길이에 걸친 압력저하의 비율**로서, 압력경사를 나타낸다. 위 식에서 $k_m = k_p$이면 압력경사에 대하여 $i_m = Ni_p$가 성립한다. 이 경우 Darcy 법칙은

$$v_m = i_m k_m = (Ni_p)\, k_p = Nv_p \tag{4.108}$$

어느 경우에도 원심모형의 침투속도의 축척계수는 $1/N$이다. 재료물성이 $k_m \approx k_p$일 것이므로 후자의 가정이 보다 타당한 것으로 보인다. 어쨌든 모형의 침투속도가 원형의 침투속도보다 N배 빠르다.

침투시간. 침투시간은 침투속도에 대한 흐름경로의 길이에 대한 비율로 표현할 수 있으므로 모형에 대하여, $t_m = L_m/v_m$이다. 길이 축척 식과 속도 축척 식을 여기에 적용하면, 다음과 같이 물의 침투시간은 모형이 원형보다 N^2배 빠르게 나타난다.

$$t_m = \frac{L_p}{N} \times \frac{1}{Nv_p} = \frac{1}{N^2} t_p \tag{4.109}$$

일례로 원형에서 400일 걸리는 압밀은 $100g$의 원심모형시험에서는 1시간 걸린다. 여기에는 모형에서 기하학적으로 배수 길이가 줄어든 영향이 게재되었기 때문이다(원심모형기는 타임머신이 아니다).

침투유량. Darcy's law로부터 원심모형에서 단위길이 당 유량은 $q_m = L_m v_m t_m$이다. 여기서 L_m은 흐름경로의 수직횡단 길이를 나타낸다. 길이, 속도, 시간의 축척 식을 이용하면 단위길이 당 유량은 원형보다 N^2배 작다(그림 4.40).

$$q_m = \frac{1}{N^2} q_p \tag{4.110}$$

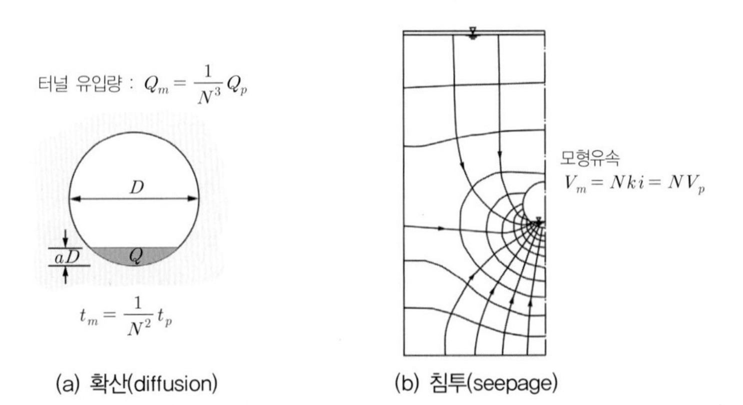

그림 4.40 원심모형시험에서 확산과 침투문제의 상사조건

면적이 A_m인 경우, 총유량은 $Q_m = A_m v_m t_m$이며, 같은 방법으로 전개하면, 모형의 유량이 원형보다 N^3배 적다.

$$Q_m = \frac{1}{N^3} Q_p \tag{4.111}$$

확산문제. 압밀방정식의 시간계수는 $T_v = c_v t_{cm}/L_m^2 = c_v t_p/l_p^2$과 같이 쓸 수 있다. 여기서 L은 배수길이를 의미하고, t는 시간을 나타낸다. 압밀계수 c_v는 원형과 모델에서 모두 같다고 가정하면, 모형과 원형의 시간관계는 다음과 같이 모형에서 압밀시간이 원형의 N^2분의 1로 짧아진다.

$$t_{cm} = \frac{1}{N^2} t_p \tag{4.112}$$

레이놀즈수. 레이놀즈수는 흐름상태를 정의하는 기준이므로 모델과 원형의 흐름상태를 동일하게 유지하여야 할 필요가 있을 때 상사성 지표로서 검토하여야 한다. 일반적으로 원심모형시험에서 레이놀즈수가 10보다 작으면 층류로 본다. 원심모형시험 모델에서 이 조건을 살펴보자. $\rho = 1$인 경우 레이놀즈수는 무차원이며 원심모형시험에서 $R_{em} = v_m d/\mu$와 같이 표현할 수 있다. 여기서 v_m은 모델의 침투속도, d는 흙 입자의 평균 지름, μ는 물의 동점성계수이다. 원형과 모델에서 d, μ가 같다고 하면(즉, 동일 재료 사용), 침투속도에 대한 축척규칙을 이용하여 다음과 같이 모형의 레이놀즈수가 원형보다 N배 더 크다. 따라서 모델에서 층류상태를 유지하기 위해서는 레이놀즈수를 10보다 작게 되도록 하여야 한다.

$$(R_e)_m = N v_p \frac{d}{\mu} = N (R_e)_p \tag{4.113}$$

위 식을 참조하여 원형과 모형의 레이놀즈수를 같게 하려면 ① 모형의 평균입자가 원형보다 N배 작아야 하거나, ② 물보다 N배 더 점성을 갖는 유체를 사용해야 한다. ① 조건은 현실성이 없으므로 물 대신 오일과 같은 유체를 사용하면 ② 조건을 이용할 수는 있다. 물 대신 다른 유체를 사용하는 경우, 흙 입자의 표면성질을 변화하여 모델의 거동에 영향을 줄 수 있으므로 유의하여야 한다.

동적 원심모형시험의 상사조건

동적시험의 경우 정적 상사조건을 만족함은 물론 동적거동에 대한 상사성도 만족하여야 한다. 일반적으로 동적거동은 모형(또는 원형)의 고유주파수(또는 탁월주파수)가 가진 주파수와 같은 경우 동적증폭이 일어나므로 주파수의 상사성을 확보하는 것이 중요하다. 그 이유는 원형과 모형에서 공진이 일어나는 조건이 같아야 하기 때문이다. 따라서 만일 주파수의 일치성이 만족되지 않으면 원형과 동적 응답특성이 전혀 다른 결과를 얻게 된다.

동적거동을 통해 상사성을 살펴보자. 이를 위해 원형의 반복(조화)운동 변위 u_p를 포함하는 기본 미분 방정식을 고찰하자.

$$u_p = a_p \sin(2\pi f_p t_p) \tag{4.114}$$

여기서 a_p는 원형의 진폭, f_p는 원형의 진동수이다. 속도는 다음과 같다.

$$\frac{du_p}{dt_p} = 2\pi f_p a_p \cos(2\pi f_p t_p) \tag{4.115}$$

식 (4.115)에서, 속도진폭은 $(2\pi f_p)a_p$ 이다. 가속도는

$$\frac{d^2u_p}{dt_p^2} = -(2\pi f_p)^2 a_p \sin(2\pi f_p t_p) \tag{4.116}$$

가속도 진폭 $(2\pi f_p)^2 a_p$ 이다.

모형의 동적거동은 각각 변위진폭 a_m, 속도 진폭 $(2\pi f_m)a_m$, 가속도 진폭 $(2\pi f_m)^2 a_m$ 이다.

동적 상사조건을 만족하기 위해서는 시간축척($1/N$), $a_m = (1/N)a_p$, $f_m = Nf_p$을 고려하면

- 길이, 시간, 가속도의 축척계수는 $1/N$(단, 침투 압밀은 $1/N^2$임을 유의)
- 속도의 축척계수는 1

동적모형시험 중 지진을 모사하는 경우 진동대 위에 모형이 위치하게 된다. 이때 원형지반의 지진파 메커니즘과 모형토조 내 파 전파 메커니즘이 그림 4.41과 같이 달라질 수 있다. 따라서 토조 벽면에서 반사되는 진동파의 영향이 최소화되도록 하는 대책이 필요하다.

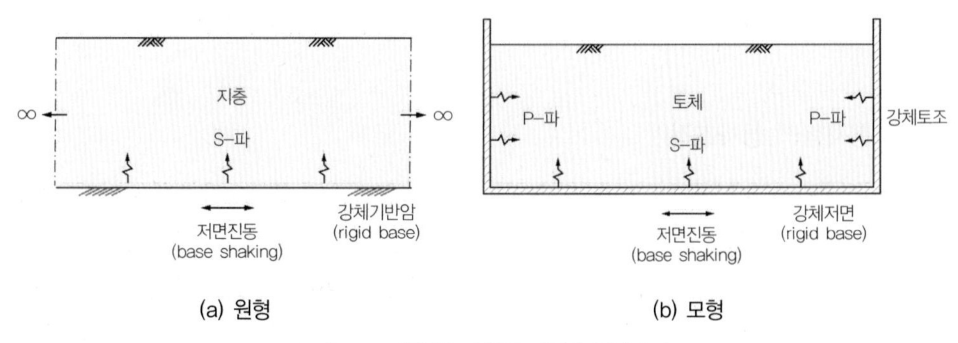

그림 4.41 원형과 모형의 지진파 전파특성

예제 지속시간이 10sec 이고, 1Hz 10cycle인 지진하에서 0.1m 진폭의 거동은 100g의 원심모형기에서 구현하기 위한 동적시험 조건을 알아보자.

풀이 주파수 100Hz, 10cycle, 지속시간 0.1sec, 진폭 1mm

시간 축척계수는 특별한 고려가 필요하다. 점토제방의 안정검토 시 지진동안 낮은 투수성이 흐름을 방해할 것이다. 아무런 흐름이 없을 것이므로 동적시간의 축척계수는 $1/N$을 적용해야 한다. 과잉간극수압 소산을 모델링하는 경우의 축척계수는 $1/N^2$이다.

일반적으로 유체의 점성을 증가시킴으로써 유효투수성을 감소시키는 방법을 채용하기도 한다. 일례로 실리콘액(100cSt)은 물의 100배에 달하는 점성을 가지나 같은 밀도를 나타낸다. 이 액체를 사용하면 Darcy의 투수성은 100배 저하될 것이다. 따라서 실리콘 용액과 모래를 사용하는 100g의 원심모형시험은 시간의 축척계수가 1/100인 시험과 동일하다.

동적원심모형시험의 경우 가속도장을 야기하는 또 다른 문제는 앞에서 살펴본 Coriolis 가속도로서 원심모형에 대해 진동대(shaking table) 시험을 하는 경우 원심가속도의 방향이 모델폭에 따라 변화함에 따라 발생하는 가속도이다. 이의 크기는 $\Gamma_c = 2\omega v = 2v\,V/r$이다.

이상에서 고찰한 원심모형시험의 중력배수와 축척관계를 정리하면 표 4.6과 같다.

표 4.6 원심모형의 상사성($N = n = 1/n_l$) (after Kuffer & James, 1989)

거동구분	물리량	모델치수/원형치수
거동일반	응력	1
	변형률	1
	길이	$1/N$
	질량	$1/N^3$
	밀도	1
	힘	$1/N^2$
	중력	N
동적거동	시간	$1/N$
	주파수	N
	속도	1
	가속도	N
	변형률 속도	N
확산거동	시간	$1/N^2$
	변형률 속도	N^2

주) 원형과 모형이 같은 지반재료 및 유체를 사용하고 물성이 변형률속도에 따라 변하지 않는 것으로 가정

4.5.4 원심모형시험의 모형제작과 시험수행

원심모형시험은 시료준비 및 모형제작, 건설과정의 모사, 모형검측, 시험과 측정의 순서로 이루어진다.

축척결정

모형의 축척은 장비가 수용할 수 있는 최대치수에 제약을 받는다. 가급적 축척계수를 작게 하여 가능한 한 모형 크기를 크게 하여야 한다. 작은 모형일수록 계측이 어렵고, 계측기 설치에 따른 영향에 민감하여 모형의 제작절차가 까다롭다. 하지만 파라미터 조사연구에서는 단순한 경계조건을 갖는 작은 모형을 사용하는 것이 경제적이다.

깊이가 매우 깊은 문제(예 말뚝거동)를 모델링하는 경우 원형의 크기를 기준으로 모델링하기 어렵다. 이 경우 지반의 유효응력수준을 증가시키기 위하여 하향침투를 야기하는 방법을 채택한 사례가 있다.

원심모형기 가속도 수준의 결정

일반적으로 적절한 가속도수준은 기하학적 축척계수와 동일하다. 하지만 다른 재료를 사용하거나 부분 상사성을 만족하는 경우에는 축척계수와 중력배수를 달리 적용할 수도 있다. 즉, $N \neq n(=1/n_l)$.

모형시험기에서 가속도 크기는 반경거리에 따라 선형적으로 증가한다. 적절한 가속도 수준은 모형의 저면으로부터 높이 3분의 1 지점 값으로 선정하여야 가속도 차이에 따른 오차를 최소화할 수 있다.

이상적으로 모형 내 지층은 원심모형 회전 반경에 대한 곡률에 평행하여야 한다. 하지만 대부분의 모형은 수평 지층으로 만들어진다. 만일 모형 폭이 회전반경의 20%를 초과하면 수평지층의 모형경계에서 횡방향 가속도가 원심가속도의 10% 수준까지 발생한다.

이 영향은 실제 모형의 관찰거동은 회전 중심축 근처로 국한함으로써 배제할 수 있다. 적절한 원심가속도 수준 N으로부터 축척법칙을 이용하여 시간 축척계수를 결정할 수 있다. 시간축척계수를 알면 모델의 가동주파수를 정할 수 있다. 이를 통해 가동방법과 요구되는 가동력(actuation power)이 정해진다.

압밀현상을 포함하는 모델링을 하는 경우 장비로 구현하기 어려울 정도로 가동주파수가 너무 빠르거나, 매우 큰 응력이 필요할 수 있다. 가동주파수가 크면 원형에서는 나타나지 않는 관성영향들이 나타날 수 있다. 따라서 가동주파수는 보다 관리 가능한 수준으로 감소시켜야 한다. 하지만 줄어든 가동주파수가 간극수압소산에 현저한 영향을 미치지 않도록 하여야 한다. 입상재료의 경우 현저한 간극수압변화가 쉽게 발생할 수 있어 간극수압 소산속도를 지연시키기 위하여 점성이 있는 액체를 사용할 수 있다.

모래모형으로 동적시험을 하는 경우 관성과 확산(압밀)에 대한 시간축척계수와 일치시키기 위하여 일반적으로 축척계수만큼 간극수의 점성을 증가시킨다. 하지만 점성유체를 사용하는 경우 진동이 공명조건에 가까워지면 지반재료의 감쇠가 증가하는 것으로 알려져 있다.

모형의 준비(model preparations)

점토모형. 점토지반에서 평형유효응력상태를 만들기 위해서는 압밀이 필요하고 압밀은 많은 시간을 소요로 한다. 압밀 토조(consolidometer)를 모형 거치대로 이용하면 별도의 슬러리 토조장비 없이 시험할 수 있다는 장점이 있다.

원심기를 가속하면 압밀 토조의 점토시료 내 응력상태는 깊이에 따라 선형적으로 증가한다. 이에 따라 압밀비는 표면에서 1보다 크고 어느 깊이 이상부터 정규압밀상태가 된다. 실제 점토에서는 지하수위 변동과 같은 요인 등으로 이런 경향이 좀 더 강하게 나타난다.

모래모형. 모래 모형은 노즐이나 회전디스크(spinning disc)를 이용하여 토조 내 직접강사(direct pluviation)하는 방법으로 제작할 수 있다. 이 방법은 자연상태의 모래퇴적 상태를 매우 유사하게 모사할 수 있다. 이론적으로 강사는 모형전체에 대하여 동시에 이루어지는 것이 바람직할 것이다. 그래야만 모래층이 넓의 범위에 걸쳐 자연적으로 생성될 때의 상황이 모사될 수 있다. 모래시료의 경우 입자배치가 거동에 미치는 영향이 매우 크므로 재현성(reproducibility)과 반복성(repeatability)이 매우 중요하다.

간극수. 동적 원심모형 시험의 경우 간극수의 선택 시 고려하여야 할 요구조건들은 다음과 같다.

- 뉴턴유체(유체의 흐름전단속도(s)가 전단응력에 비례, $\tau=\mu s$, μ는 동점성 계수)이어야 함
- 물과 동일한 압축성
- 어떤 입자 모양과 크기에도 사용가능한 화학적 극성
- 무독성, 환경적 적합성
- 쉽게 구득이 가능한 재료로 구성
- 신뢰도와 반복성이 확보되면서 쉽고 정확한 혼합이 가능
- 시간에 따른 안정성
- 무(無)부식성

간극수를 포함하는 모형의 경우, 앞의 차원해석에서 살펴본 대로 시간축척과, 점성축척을 고려하여야 한다. 시간축척은 압밀, 침투흐름, 동적거동 등에 따라 달라진다. 실제로 이러한 구분이 애매한 경우가 있다. 일례로 고운 모래(fine sand)의 경우 진동에 의해 간극수압이 증가하여 액상화가 발생할 수 있으므로 모형제작 시 간극수압 소산속도를 고려하여야 한다.

간극수 점성의 상사성을 확보하기 위하여 물에 글리세롤(glycerol)이나 실리콘 오일(silicon oil)을 첨가하여 점성을 높일 수 있다. 이 방법을 사용하는 투수성도 100배 이상 변화시킬 수 있다. 그러나 첨가제가 입자 간 접촉력 혹은 표면장력 등에 영향을 미쳐 입자의 물리적 성질을 변화시킬 수도 있으므로 주의가 필요하다.

혼합물의 농도를 조정하면 밀도는 ±2% 정도 변화하나 점성을 3배 이상 변화시킬 수 있다.

지반건설과정의 재현(modeling of geotechnical processes)

원심모형시험에서 지반건설과정의 모사는 시험기가 회전하는 중에 이루어져야 하며, 어떤 방법으로 모사할 것인가 하는 것은 전적으로 시험자의 독창성에 달렸다. 일반적으로 건설과정으로 모사되어야 할 공정에는 다음과 같은 작업이 있다.

- 절토사면 모형시험 시 절토과정
- 제방 모형시험 시 성토과정
- 기초 모형시험 시 재하 또는 제하 과정
- 말뚝기초 모형시험 시 설치과정
- 버팀굴착 시 굴착과정
- 터널모형시험 시 굴착과정 등이다.

건설과정을 모사하는 데 있어 관건은 얼마나 실제와 유사하게 모사할 수 있는가이다. 원형의 지반이 경험하게 되는 응력경로를 검토하고 이를 모형에서 유사하게 재현하여야 한다.

그림 4.42는 모형의 유형에 따른 건설과정 모사 예를 보인 것이다. 그림 4.42 (a)의 모델은 강성이 작은 고무로 트렌치와 수직구 모양을 만들고 여기에 물을 채운 다음 시험 중 목표가속도에 도달한 후 물을 배수시킴으로써 굴착효과를 모사한다. 그림 4.42 (b)의 터널은 고무로 터널모형을 설치하고 여기에 압축공기를 채운 다음 시험 중 튜브 압력을 저하시켜 터널굴착영향을 모사한다. 건설과정은 시험자의 아이디어에 따라 다양하게 구현될 수 있으며 로봇을 이용한 정밀한 모사도 가능하다.

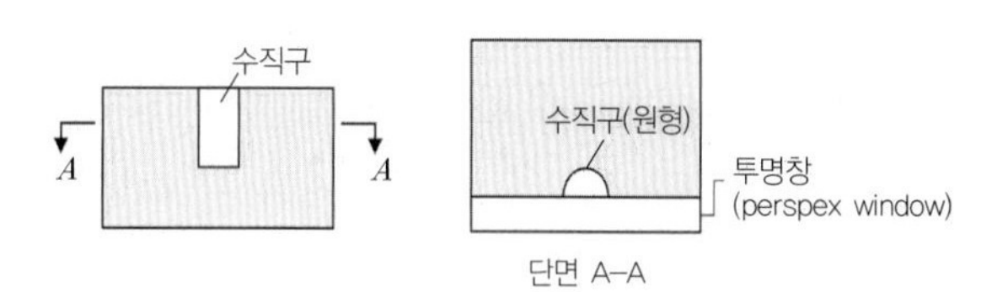

(a) 원형 수직구(shaft) 모형 - 반 단면 모형

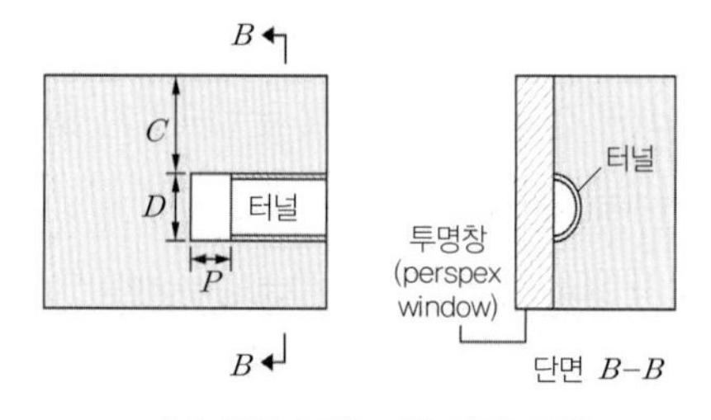

(b) 터널 모형 - 반 단면 모형

그림 4.42 건설과정의 모사 예

일례로 절토사면은 로봇 작동 기구를 탑재하여 회전 중 작동시켜 수평토층 모형(test bed)을 절삭함으로써 절토과정을 모사할 수 있다. 또 터널이나 버팀굴착의 경우 모형의 흙을 제거하는 대신, 단위중량이 흙과 유사한 Zinc Chloride 용액을 이용하여 회전 중 배출시키는 방법으로 굴착을 유사화할 수 있다. 모형의 건설과정이 적정한지는 원형과 모형의 응력경로를 비교해 봄으로써 평가할 수 있다.

건설과정의 모사에 어떤 표준적인 방법이 있을 수 없고, 건설과정도 여건에 따라 다를 수 있으므로 정해진 방법이 있을 수 없다. 독창성을 발휘하여 얼마든지 새로운 시도를 할 수 있는 영역이다.

시험 중 거동측정

원형에서 지반조사를 수행하듯 조성된 모형의 물성의 초기상태를 조사하는 것이 중요하다. 이때 조사장비도 모형스케일에 상응하도록 제작하여 사용하는 것이 좋다.

원심모형기가 작동하고 있는 동안, 최대한 많은 정보를 얻는 것이 바람직하지만 관찰수단이 부족하고 측정기기 설치 공간의 제약도 있다. 시험 중 모니터링하여야 하는 대상은 간극수압, 변위, 응력, 구조물거동 등이며 동적시험의 경우 가속도 등 동적변수가 추가된다. 고속 원심회전상태에 있는 소형모형에 대한 측정이므로 모든 측정 작업이 어렵다.

단면변화를 알기 위하여 측면을 유리로 하여 마찰을 줄이고, 수평선과 마커(marker)를 설치하면 유리단면을 통하여 모형의 변형을 관찰할 수 있다. 모형 내부의 거동을 측정하기 위하여 Radiography를 이용할 수 있다. 비스무쓰(bismuth)나 납(lead) 페이스트를 모형 내 주입하여 놓고 시험 중 X-ray로 모형 내부의 거동을 촬영할 수도 있다.

원심모형시험의 주요 고려사항

원심모형시험에서 가장 첫 번째로 고려되어야 할 관점은 안전이다. 원심모형시험은 잘 훈련된 스태프들로 다루어져야 하는 기계이다. 모델러들은 적어도 기계 공학, 전자 설비, 시스템 컨트롤 및 데이터 취득에 정통해 있어야 한다. 원심모형시험은 일반적으로 집중적인 자원이 제공되어야 하므로 상당한 비용과 시간이 소요된다. 원심모형시험 작업은 모형의 준비에서 대부분의 시간과 노력을 소비하게 되는데, 그 과정에서 중요하게 고려할 사항을 요약하면 다음과 같다.

- 적절한 컨테이너를 선정하여 특정 경계 조건으로 시뮬레이션되는 거동이 흙의 종류에 따라 잘 구현될 수 있도록 해야 한다.
- 모형의 제체 조건, 간극유체 흐름, 모형의 크기가 적절하게 고려되어야 한다. 레이놀즈수는 층류의 조건의 경우 10 이하로 유지되어야 한다. 층류조건은 Ng의 가속도가 적용된 모형에서 물 보다 점성이 N배 더 있어야 하는 간극유체를 사용하여 충족시킬 수 있다. 또한 수직응력 축척오차를 최소화하기 위해서, 모형의 높이는 원심모형의 유효 반지름(회전의 중심에서 모형깊이의 3분의 1 지점)의 10분의 1범위로 유지한다. 또한, 시

험 중의 온도변화와 공기역학을 고려하여 영향을 받지 않도록 하여야 한다.

- 시험결과를 설명할 때, 시험실 조건하 모형의 재구성 영향을 감안해야 한다. 특히 점토나 실트로 재성형하는 경우, 다짐으로 형성된 슬러리로 만들어져야 한다. 원심모형시험 시 토체의 높은 간극수압으로 인해 배수경로가 발생되고, 이로 인해 압밀이 다양하게 나타날 수 있다. 이 현상은 슬러리를 선행압밀하여 방지할 수 있다. 입상토의 경우, 다짐과 낙하법과 같은 정교한 기술로 원하는 밀도의 모형을 만들어낼 수 있다.
- 기계와 Actuator는 강성이 크고 크기가 고정되어 있기 때문에, 기계장비 및 작동은 잠재적으로 문제를 야기할 수 있다. 모형 안에 매립되는 간극수압, 응력, 변위 측정기는 지반의 강성증가효과를 최소화하는 방법으로 배치되어야 한다. 또한, 모형 안에 묻히는 변위계와 도선에도 주의가 필요하다.
- 짧은 시간에 많은 데이터양을 저장할 수 있는 데이터 취득 시스템은 원심모형시험을 성공적으로 수행하기 위해서 필요하다. 이런 관점에서 최신 전자, 디지털 기술이 결합된 정교한 상업적 시스템들의 활용을 고려할 만하다.

4.6 모형시험의 활용과 전망

오늘날 모형시험은 설계자가 문제를 해결하는 유용한 수단중의 하나로 받아들여지고 있다. 엔지니어가 지반문제에 대한 답을 얻기 위한 지반설계해석법은 통상 이론해석법(관습법), 컴퓨터를 이용한 수치해석법, 모형시험 3가지로 구분되며 모형시험은 독립 혹은 다른 해법의 보완용도로 사용된다.

이들 3가지 설계해석법에 대한 노력의 상대적 크기(relative effort)와 대상문제의 난해정도(degree of difficulty)를 그림 4.43에 보였다.

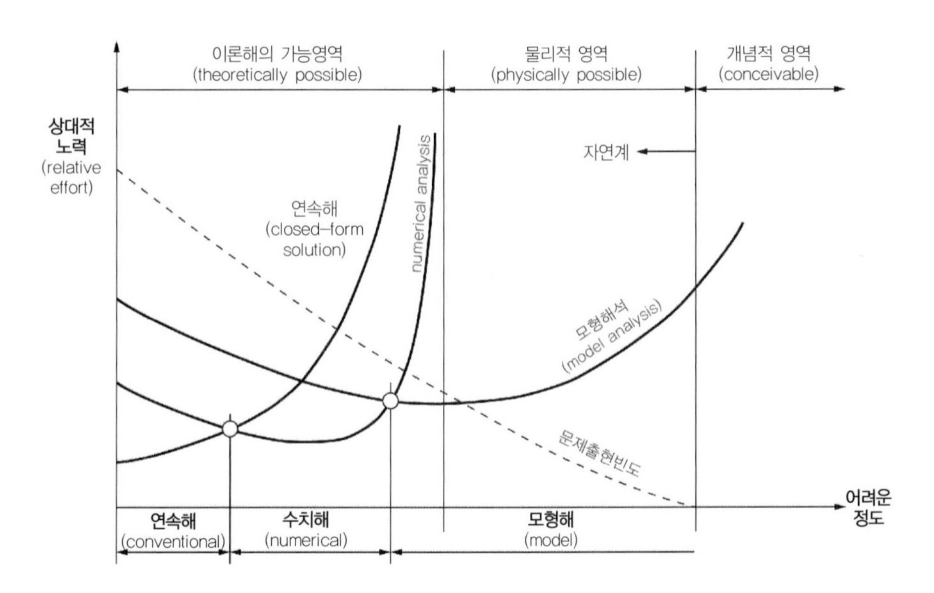

그림 4.43 지반해석법의 난해도와 해결에 소요되는 상대적 노력

간편해(관습해)는 단순화된 문제에 대한 해만 가능하며, 문제의 난해도(복잡성)가 높아질수록 노력이 증가한다. 사업용 S/W의 개발로 시간 소요가 작고 적용성이 넓은 수치해석을 이용하면 이론해의 적용 난해도 범위가 확장되나 근본적으로 관습법(이론해법)의 범위를 크게 벗어나지는 못한다. 모형시험은 근본적으로 속성이 다르고 독특한 난해도의 문제에 대한 해를 가능케 한다. 모형시험은 경우에 따라 기존 메카닉스의 제약을 넘는 실질적 수단을 제공해준다.

모형시험의 활용전망

모형시험은 실제문제의 해결보다는 지반문제의 현상 연구에 주로 사용되어 왔다. 그 주요 이유는 모형이 갖는 축척, 경계조건 그리고 건설과정 모사의 한계 등 때문이다. 일례로 원지반의 시료를 그대로 이용하는 경우 흙의 구조(fabric)는 모형시험에서 상당한 영향으로 과장되어 나타날 수 있다. 어떤 모델링에서든지 경계조건은 과장되지 않게 적절히 고려되어야 한다. 모형시험의 경우 변형이 집중되는 곳 이외의 부분까지 충분히 포함되도록 가급적 크게 만드는 것이 좋다. 하지만 토조(container)로 인하여 변형이 제한되는 경계조건이 도입되므로 변위경사가 크거나 집중되는 것이 문제가 될 수 있다.

1960년대에 원심모형시험을 제안한 Andraw Schofield는 이 시험법이 지반설계에 필수불가결한 도구가 될 것으로 예상했었다. 원심모형시험으로 많은 지반문제 연구를 수행한 Craig(1985)는 이 시험법이 지속성 있게 나아가려면 현상적인 연구를 넘어서 임의 **모형에 대한 변수변화(parametric variation)**가 가능하여 설계법칙을 개발하는 역할을 갖도록 발전시켜야 한다고 하였다.

성공적인 원심모형시험 기술은 모델링의 단순화가 지반거동메커니즘을 왜곡시키지 않게 함으로써 가능하다. 가능한 최대한 많은 중요한 영향요인들을 포함시켜야 한다. 원심모형시험은 실제 흙을 사용함으로써 구성모델이나 수치해석모델에서 다루지 못하는 변덕스런 요소들(vagaries)을 고려하는, 경계조건을 매우 잘 제어할 수 있는 지반해법이다. 따라서 잘 디자인된 원심모형시험결과는 수치해석을 비롯한 다른 수단의 결과를 검증하는 도구가 될 수 있다.

모든 지반문제 해법이 다 그러하듯 모형시험을 수행할 때도 우선 결과에 대한 기대를 예측(prediction)하고 출발한다. 시험의 관찰(observation) 결과가 기대치와 달리 깜짝 놀랄 만하거나 어리둥절할 만하다면 더 깊은 이해와 보다 개선된 예측을 위한 숙고(reflection)가 요구될 것이다. **실제로 많은 과학적 진보가 깜짝 놀랄만한 이상한 결과에서 비롯되었음을 주지할 필요가 있다**.

Chapter 05

지반 리스크해석과 관찰법

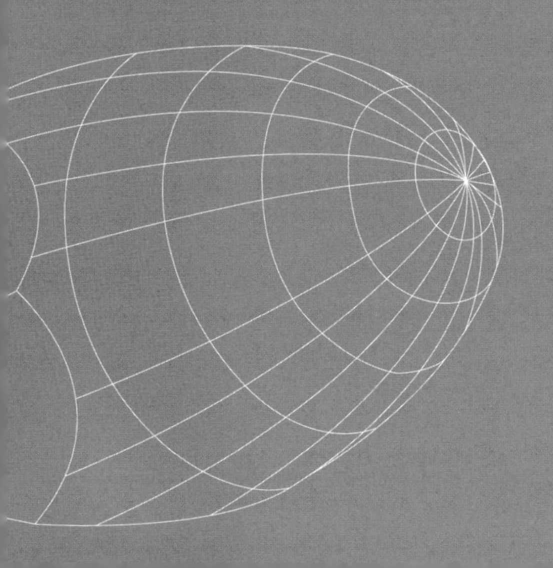

지반 리스크해석과 관찰법

아무리 많은 비용을 들여 지반조사를 수행하여도, 지반문제를 완벽하게 파악할 수 없다. 따라서 실제지반의 거동을 예측하여 지반문제에 대처하는 데는 한계가 있을 수밖에 없다. 현재 공사장에서 발생하는 리스크(risks)의 상당부분이 지반과 관련되어 있어 지반공학적 리스크는 어떤 건설사업에서도 중요사안이 되고 있다. 수용할 수밖에 없는 지반 리스크를 안전하고 경제적으로 관리하는 기법으로서 1960년대 이래 관찰법(observational method, OM)이 주목을 받아왔다. 관찰법은 건설과정을 모니터링하여 미리 준비된 계획에 따라 공사 중 설계를 수정(modify)하는 **리스크관리 개념의 지반설계법**이라 할 수 있다.

관찰법에 대한 최초의 정의를 시도하였던 Prof. Peck은 다음과 같은 표현으로써 지반거동 관찰의 필요성을 지적하였다.

"If at any time safety is in danger of being compromised, allow nature to speak for herself and adjust the design and construction procedures on the basis of observations as a project proceeds(Ralph B. Peck, 1969)."

이의 핵심을 우리말로 정리하면 다음과 같이 표현할 수 있을 것이다.

"... 지반의 외침을 들어라, 그리고 그것을 현장(설계·시공)에 반영하라 ..."

관찰법은 안전성의 손상 없이 설계불확실성을 모니터링으로 대체하여 사업의 경제적 효율성을 높이는 대안으로서 지반공학적 리스크 관리기법이라 할 수 있다. 이 장에서는 전반적 지반 리스크의 평가개념을 살펴보고 이의 관리대책으로서 관찰법을 살펴보고자 한다. 이 장에서 다룰 주요 내용은 다음과 같다.

- 지반의 불확실성과 지반리스크 해석
- 관찰법의 기본개념과 관찰설계의 원리
- 관찰법의 설계
- 지반거동의 감지와 측정원리 및 모니터링
- 관찰법의 적용 예 - 터널사업을 중심으로

5.1 지반 불확실성과 지반공학적 리스크

어떤 건설사업도 불확실성이 게재된다. 건설공사에 수반되는 지반리스크의 대부분은 지반불확실성에서 비롯된다. **사업을 성공적으로 이끌기 위해서는 리스크를 피하던가 허용가능한 수준으로 저감시켜야 한다.**

5.1.1 지반설계의 불확실성

설계는 조사로 얻어진 정보에 기초하여 붕괴에 대한 안정성과 사용성이 확보된 최종목적물을 제안하는 작업이다. 하지만 현실적인 조사의 한계(그림 5.1)에 따른 설계정보의 불확실성으로 설계의 이상화 및 단순화가 불가피하며, 따라서 실제 지반을 확인하기 전까지는 설계내용을 100% 확신할 수 없는 문제가 있다.

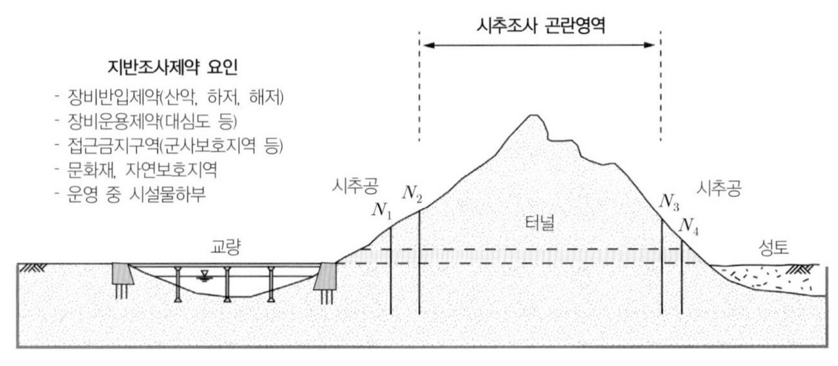

그림 5.1 지반조사의 한계 예

지반 불확실성의 특징

지반 불확실성으로 인해 야기되는 현재의 지반설계의 한계는 다음과 같이 정리할 수 있다.

- 자연지반의 지층구성과 물성은 3차원적으로 변화한다. 설계에 제공되는 조사정보는 대상 지반의 독립된 장소에서 얻은 극히 작은 일부일 뿐이다.
- 지반거동은 교란정도와 시간, 응력 및 환경변화에 아주 예민하다. 강도, 변형성, 투수성 등 실험실에서 얻는 정보는 자연지반과 큰 편차를 보일 수 있다.
- 정교한 시험, 원심모형시험, 고급수치해석은 설계의 완성도를 향상시키는 데 도움이 되나 지반물성의 불확실성으로 인해 실제거동에 접근하는 데 한계가 존재한다.
- 지반공사(작업)는 지역마다, 부지마다 적용특성이 다르고 건설영향도 다르므로 어떤 현장에서 적용한 설계를 다른 현장에 똑같이 적용할 수 없다.

지반 불확실성과 지반 리스크

지반 불확실성은 설계 시 지반공학적 지반리스크로 전이된다. 즉 불확실성의 영향으로 지반 문제예측이 정확하지 못하고, 설계의 신뢰성이 떨어져 비용 증가나 공기의 지연과 같은 부정적 영향을 미치게 된다. 일반적으로 지반불확실성과 함께 지반 관련 리스크가 문제를 크고 심각하게 만드는 근본적인 원인은 다음과 같은 지반의 특수성 때문이다.

- 지반과 지하수의 물성과 분포는 이미 건설 전부터 결정되어 있는 것으로서 구조재료와 달리 제어할 수 없다.
- 지반과 지하수 상태는 위치와 깊이에 따라 변동성이 매우 크다. 이는 강재나 콘크리트같이 사람에 의해 계획대로 만들어진 다른 건설재료와 반대되는 특성이다. 그림 5.2 에 콘크리트와 지반의 강도 분포특성을 예시하였다. 예기치 못한 지반조건은 매우 흔한 경우이다.

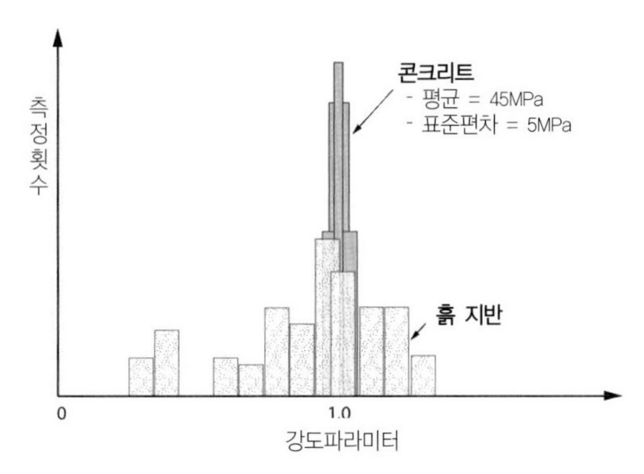

그림 5.2 콘크리트와 지반의 강포분포 특성

- 건설사업에서 지반이 문제를 일으키는 원인은 매우 다양하다. 일례로 화학물질의 침투, 굴착면으로 지하수 유입, 사면붕괴, 과대지반침하 등이 있다. 그림 5.3에 건설사업 중 발생할 수 있는 지반 관련 문제의 종류와 발생비율을 예시하였다. 일반적으로 경미한 문제의 경우, 건설비의 약 5% 증가요인이 있다고 본다. 경우에 따라 전혀 예상치 못한 지반조건이 출현한다면 총사업비가 100%까지도 늘어날 수 있다.

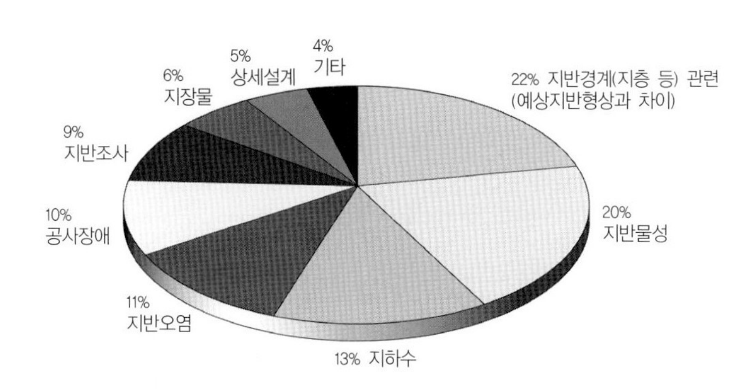

그림 5.3 건설 중 발생하는 지반문제의 유형과 발생비율

• 지반공학이 상당한 발전을 이루었지만 지반설계의 정확성은 여전히 크게 미흡하다. 그림 5.4로부터 지반설계해석의 임의성과 불확실성이 얼마나 큰지 확인할 수 있다. 그림 5.4 (a)는 여러 지반전문가가 설계한 말뚝지지력과 측정결과를 비교한 것이다. 그림 5.4 (b)는 기초침하의 예측치에 대한 측정치를 비교한 것이다. 이 두 예를 통해 지반설계는 실질적 신뢰성이 매우 낮음을 알 수 있다.

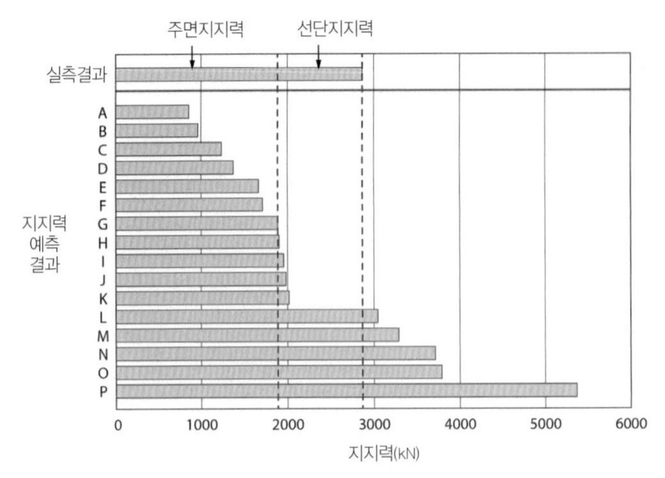

(a) 말뚝지지력 설계와 측정치 비교 예

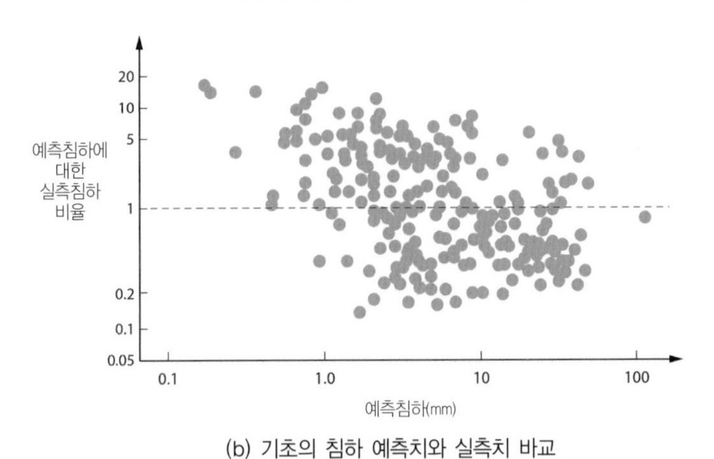

(b) 기초의 침하 예측치와 실측치 바교

그림 5.4 설계의 불확실성과 한계(after Wheeler, 1999; Clayton, 1988)

• 지반공사는 일반적으로 건설사업의 초기에 진행되므로 초기단계에 발생한 지반문제는 이후의 공사에 영향을 미쳐 공기지연을 초래하기 쉽다.

5.1.2 사업프로세스와 리스크 그리고 비용분담

그림 5.5는 건설사업의 진행 사이클과 관련한 지반불확실성의 상대적 크기 변화를 보인 것이다. 사업 진행에 따른 조사정도의 향상 그리고 공사착공단계에서의 현장 확인에 따라 지반조건에 대한 불확실성

은 감소해간다. 하지만 현장주변의 굴착되지 않은 부분에 대한 불확실성이 여전히 남아 있으므로 어느 정도 지반 리스크는 시공 후 운영 중에도 남아 있다.

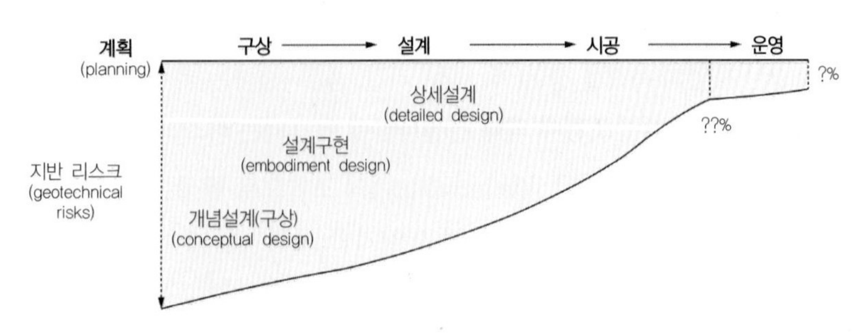

그림 5.5 사업진행에 따른 지반설계의 불확실성

일반적으로 **조사비는 프로젝트에 따라 차이는 있지만 전체 사업비의 10% 내외**이다. 프로젝트 코스트는 건설비와 조사비로 구분할 경우 초기 조사비의 증가는 불확실성을 제거하므로 프로젝트 코스트를 저감시킨다. 즉, 조사정보가 불충분 할수록 지반공학적 리스크는 증가하게 된다. 그림 5.6은 조사의 정도와 사업비의 관계를 보인 것이다. 하지만 어느 정도 이상의 조사비 투자는 건설비 저감에 대한 기여에 비해 비용투자가 오히려 커지게 되므로 건설비와 조사 시험비의 합, 즉 프로젝트 코스트를 최소화하는 수준의 조사가 경제적 조사기준이라 할 수 있다.

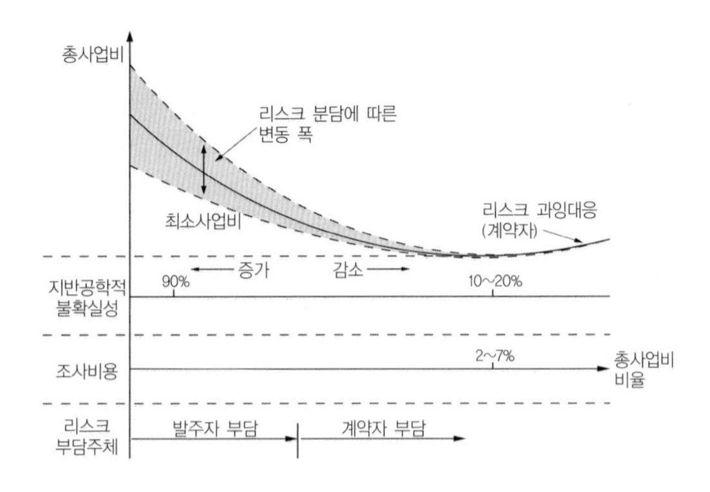

그림 5.6 조사의 정도와 사업비(after Sutcliffe, 1972)

5.2 지반리스크의 평가와 해석

5.2.1 지반리스크(geotechnical risks)의 정의

리스크의 용어상 정의는 위험, 손실 또는 상해와 같은 부정적 영향을 미칠 가능성을 의미한다. 따라서 건설사업의 리스크란 사업의 목적을 성취(예, 비용, 기간, 품질 등)하는 데 부정적 영향을 미치는 발생가능한 사건을 말한다. **부지의 지반조건에 의해 건설사업에 야기되는 리스크를 지반리스크라 한다.**

리스크는 위험요인(hazards)과 취약성(vulnerability)의 조합으로 발생한다. 위험요인(hazards)은 잠재적 위해성을 갖는 어떤 것으로서 재료(물질)(예, 연약지반, 오염지반 내 비소 등), 기하학적 형상(예, 사면, 공동) 또는 사람(예, 미숙련 기술자) 등이 이에 속한다. 취약성(vulnerability)란 위험요인(hazards)이 비우호적 결과를 초래할 가능성을 결정하는 요인들이다(예, 건설할 특정부위의 질).

NB : 많은 경우 리스크와 위험요인을 구분하지 않는데, 이의 구분이 꼭 필요한 것은 아니나, 최선의 리스크대책은 리스크특성을 파악(identify)하고, 이를 피하는 것이므로 이를 구분하는 것이 지반 리스크 평가와 관리에 유용하다.

리스크 평가란 가능한 정보를 이용하여 리스크의 원인을 파악하고, 리스크 수준을 정하는 체계적 작업을 말하며, **리스크관리(risk management)란 리스크를 다루기 위한 정책, 절차, 실무의 총체적 적용체계**를 말한다. 리스크관리는 정량적인 부분도 있지만 정성정인 판단을 포함하므로 정성적 평가(assessment)와 정량적 해석을 병행한다.

지반리스크는 기술적, 계약적 그리고 관리적 요인의 3성분으로 구성된다. 기술적 문제는 연약지반 또는 오염지반처럼 지반의 특정문제로부터 발생한다. 고용주가 선택한 계약의 형태가 계약적 리스크를 결정한다. 사업관리 리스크는 상급관리자나 전문가가 그 프로젝트를 관리하는 방법에서 비롯된다. 일반적으로 지반공학적 리스크가 발생하는 원인은 다음과 같이 구분할 수 있다.

- **예상하지 못한 지질학적 원인(unpredicted geological causes)**
  (예측 안 된 'unpredicted'은 예측할 수 없는 'unpredictable'과는 아주 다름)
  - 수압이 작용하는 모래·자갈 등의 미고결층
  - 파쇄대, 단층대
- **계획과 시방조건 미흡**
  - 지질학적 조건을 적절히 고려하지 못했을 때
  - 지반 분류기준의 잘못 적용으로 지지구조의 부적합한 선택
  - 부적합한 시공자재와 관리기준
  - 문제발생 시 긴급조치계획의 부적합
- **계산과 수치해석의 실수**
  - 설계 입력 자료의 실수

- 지하수 영향을 충분히 고려하지 못한 경우
- 부적합한 재료모델과 컴퓨터 프로그램 사용

• **시공의 실수**
- 공사시행 절차상 오류
- 재료 부적절
- 안전조치 미흡

• **관리의 실수**
- 경험이 충분하지 않은 설계자와 현장관리인 선정
- 과거 사고사례들의 문제점에 대한 인식 부족
- 현장 계측의 분석결과가 공사관리에 즉시 적용되지 못함

건설사업은 지반공학 리스크 외에도 많은 형태의 리스크를 포함한다. 따라서 사업관리는 지반리스크를 비롯한 모든 리스크를 사업전체 리스크관리 시스템에서 종합하고 리스크를 제어할 수 있어야 한다. 효과적인 지반리스크 관리로부터 얻을 수 있는 이득은 매우 크다. 리스크관리시스템은 모든 지반리스크를 파악하고, 해석하며 제어하여야 한다.

5.2.2 지반공학적 리스크의 평가(risk assessment)

지반리스크의 평가절차와 주요내용

리스크의 평가란 관련된 위험요인을 도출하고 이의 상대적 중요성을 판단, 해석하여 대책을 검토하고 관리체계를 수립하는 과정이다. 그림 5.7은 일반적인 리스크평가절차를 예시한 것이다. 이 중 **리스크 해석이란 리스크의 수준을 정량적으로 계량화하는 작업이다**. 이 절차에 따라 지반리스크 평가절차의 전반을 고찰해보기로 한다.

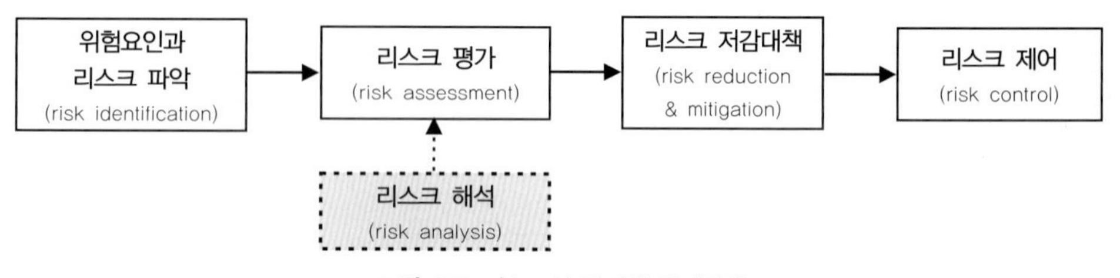

그림 5.7 리스크의 평가와 관리절차

많은 경우 리스크 평가와 해석을 동일시하나 리스크 해석은 **리스크 평가과정의 일부**라 할 수 있다. 하지만 리스크평가와 리스크 해석의 핵심요소는 유사하다. 지반공학적 리스크 평가의 주요내용은 다음과 같다.

- 부지에 존재할 것으로 예상되는 지반위험요인을 추정한다.
- 적용공법과 지반에 관련되는 리스크를 결정한다.
- 가능성과 영향도(예, 비용, 공기)에 따라 순위를 매긴다(리스크 해석).
- 각 리스크의 심각성을 토대로 요구되는 대책의 유형을 결정한다.
- 프로젝트의 특정단계와 리스크의 연계성을 파악한다.
- 각 리스크가 누구에 의해 어떻게 관리될 수 있는지 파악한다.
- 각 리스크를 관리할 조치를 기록한다.
- 조치를 취한 후 각 리스크의 심각성에 대하여 재평가한다.
- 정기적으로 리스크 등록부(risk register)를 검토하고, 새로운 리스크를 등록하며, 처리된 리스크를 제거한다.
- 리스크 등록부를 이용하여 참여자간 의사소통한다.

위험요인(hazards)의 파악

리스크를 유발할 수 있는 위험요인은 사업특성과 준비여건에 따라 다르다. 그림 5.8은 지반공학적 위험요인의 파악절차를 보인 것이다.

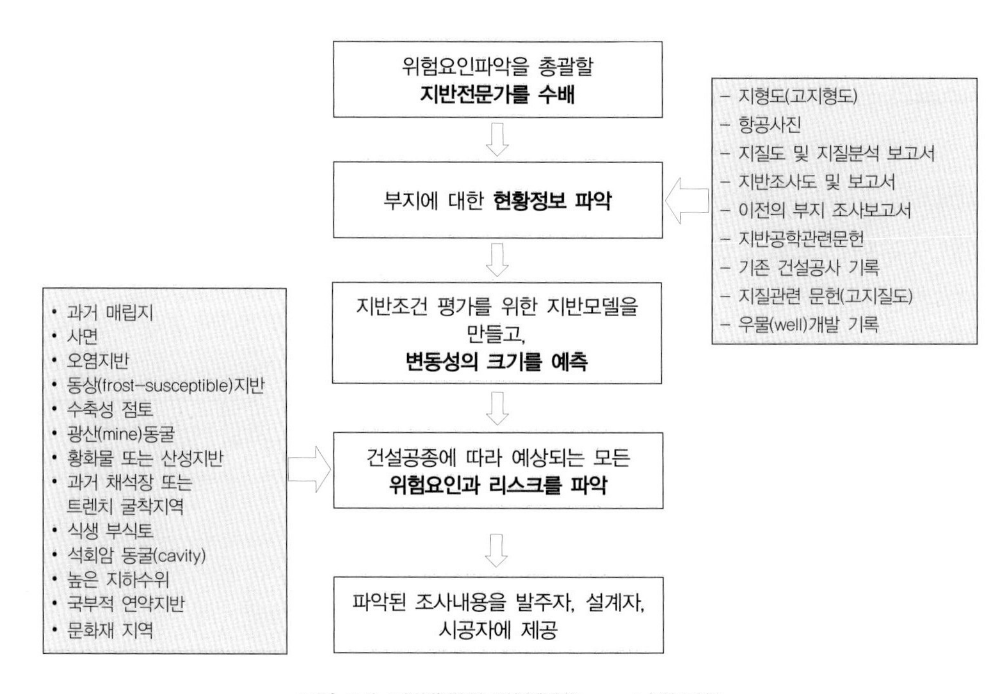

그림 5.8 지반공학적 위험요인(hazards)의 파악

위험요인에 따른 리스크와 리스크 수준의 평가

각 **위험요인은 리스크로 전환된다. 리스크는 위험요인이 초래하는 물리적(비용, 시간에 영향을 미치는) 영향을 말한다.** 위험요인을 리스크로 전환할 경우 부지와 환경, 사업여건, 그리고 결과영향을 충분히 고려하여야 한다. 일례로 얕은 기초의 소규모 빌딩 프로젝트의 경우 위험요인을 리스크로 전환하고자 할 때, 건물의 위치, 기초의 형식과 깊이, 부등침하에 대한 기초의 예민도, 기초에 사용되는 콘크리트 등의 요인들을 고려하여야 한다.

흔히 나타나는 **지반 리스크의 예**를 열거하면 다음과 같다.

- 지반 내 예상치 못한 공동(cavity)이나 국부적 연약부(soft spot)로 인해 건물기초가 파괴될 가능성
- 지반에 타설된 콘크리트가 지하수 내 산이나 황화물에 의해 부식될 가능성
- 예상치 못한 수위상승으로 인해 운영 중인 고속도로의 절토사면이 붕괴할 가능성
- 예상치 못한 자갈 또는 모래층의 출현으로 깊은 굴착의 배수체계가 무용지물이 될 가능성
- 공사 중 지반공사의 문제로 인해 계약 공기가 증가할 가능성

리스크가 파악되면 각 리스크의 발생가능성과 결과영향을 분석하는 리스크해석을 실시하여 리스크 수준을 결정하여야 한다(리스크 해석은 다음 절에서 구체적으로 다룬다).

리스크 대책의 수립

리스크에 대처하는 전통적 방식은 다음과 같다.

- 피할 수 있다면, 피한다(avoid). 예, 부지 이전, 노선변경 등
- 비우호적(unfavorable)이라면 전환(transfer)한다. 예, 공사보험가입, 전면기초를 파일기초로 변경
- 전환하기 어려운 리스크라면, 저감(mitigate)시킨다. 예, 지반개량, 기초강성 증가
- 저감이 어렵다면, 수용하여 관리한다. 예, 관찰법 등 공사 중 리스크 발생여부를 모니터링

리스크 평가결과의 전파와 관리(risk management)

평가된 리스크는 공사참여자 간 공유하여야 하며, 통상 **리스크 등록부(risk register)**를 이용하여 관리한다. 리스크 등록부는 리스크 평가와 관리에 대한 압축기록부로서 이행사항의 기록유지 및 공사 참여자간 의사소통을 위하여 운영한다. 리스크등록부는 일반적으로 다음 내용을 포함하여야 한다.

- 부지의 모든 위험요인(hazards)
- 위험요인들로부터 평가된 리스크
- 평가된 리스크의 수준
- 리스크 대응계획

- 대책이 사업의 어떤 단계에서 누구에 의해 만들어졌는가?
- 대응조치의 평가결과
- 리스크에 대한 재정적 부담이 발생한다면, 누가 책임질 것인가?

리스크로 인한 손해와 분담결정

리스크 저감은 대부분 비용을 수반한다. 일반적으로 지반 리스크는 계약형태에 따라 그림 5.9 (a)와 같이 사업 발주자와 계약자의 책임분담이 달라지며 리스크 분담특성은 전체사업비에도 영향을 미친다. 따라서 지반 불확실성의 관리는 기술적, 계약적, 공사운영 측면은 모두 고려하여야 한다. 계약적으로 설계의 분리계약은 발주자의 책임이 커지며, 일괄(turnkey)계약은 계약자의 책임이 커진다. **리스크의 분담 주체는 일반적으로 계약으로 정해진다.** 일반적으로 알려진 계약형태에 따른 리스크의 분담책임은 그림 5.9 (b)에 보인 바와 같다.

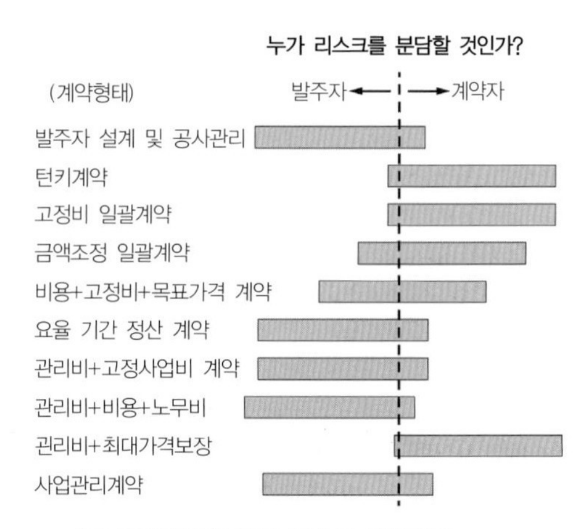

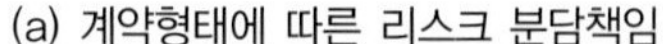
(a) 계약형태에 따른 리스크 분담책임

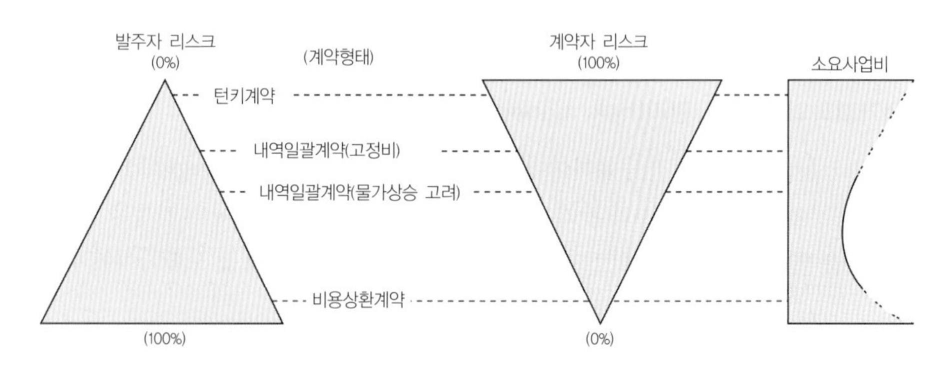

(b) 리스크와 분담형태(after Kuesel, 1979 and Barton et al., 1992)

그림 5.9 계약형태에 따른 리스크 분담책임

계약자와 발주자 간 리스크 분담에 대한 책임논쟁은 사업추진에 상당한 장애가 되므로 설계와 시공을 아우르는 **관찰설계가 이의 적절한 대안이 될 수 있다**. 지반의 특성상 시공과정에서 지반을 확인함으로써 완전한 정보가 취득되므로 시공 단계에서 주어지는 마지막의 조사 기회를 활용하여 설계를 확정하는 접근이 합리적일 수 있다.

지반공학적 리스크관리 시스템

지반문제는 거의 모든 건설프로젝트에 관련되므로 실질적인 지반 련련 리스크가 감지되었다면 어떤 리스크 관리시스템도 지반공학적 리스크를 관리하는 목표를 포함하여야 한다. 지반 관련 리스크는 체계적으로 관리되어야 한다. 다행히도 안전과 위생 그리고 환경분야에서 리스크관리경험이 많이 축적되어 왔다. 점증하고 있는 패스트 트랙(fast-track) 혹은 분할(fragmented) 발주공사 환경에 보다 확실한 성과를 제공하기 위하여 리스크 기반의 설계 및 공사관리가 요구되고 있다.

리스크관리 체계-리스크매니지먼트시스템. 리스크 매니지먼트시스템은 리스크관리 정책하에 프로젝트 관리차원의 고위관리자의 주도로 추진되어야 한다. 리스크 관리정책은 지반리스크 관리를 도입함으로써 얻을 수 있는 비용과 편익에 기반하며, 일반적으로 다음을 기초로 수립된다.

- 체계적 절차의 개발, 예 리스크 등록부(risk management register) 개발(그림 5.10)
- 효과적인 리스크 관리를 위한 책임의 분산
- 가용한 자원(사람, 장비)의 충분한 확보와 적절한 교육(training)의 제공
- 관리시스템과 업무추진절차의 효율성 검토

Site Development Risk Management Register – Project X
Reference : **Date:** 17/05/00 **Status :** Information

CATEGORY	RISK No.	HAZARD	PRIOR TO RCM LIKELIHOOD	SEVERITY Capital cost	SEVERITY Programme	SEVERITY Safety	RISK Capital cost	RISK Programme	RISK Safety	RISK CONTROL MEASURE (RCM)
	66	Limitations on disposal of groundwater	2	3	3		6	6	0	Estimate flow quantities during dewatering. Undertake early discussions with EA regarding disposal of groundwater. Develop strategy for cleaning up effluent prior to disposal (requires knowledge of likely contaminants). Investigate fallback disposal of water
	85	Damage to building due to ground movements caused by site excavation	3	2	2		6	6	0	Adopt appropriate construction methods. Undertake movement/vibration monitoring during works. Establish trigger and action levels for movements and agree plans with project team and affected parties
	29	Removal of excessive amounts of contaminated material	2	3	2		6	4	0	Carry out desk study and site investigation to determine nature and extent of contaminated spoil prior to excavation. Establish site procedures to identify contaminated material and whether it can be processed/placed on site or needs to be taken away
	72	'Professional objectors' delay the scheme	2	2	4		4	8	0	Keep local residents and interest groups well informed as to development proposals from early stage. Hold regular meetings with residents. Identify action groups and liaise accordingly
	45	Delay in programme due to approval for use of listed structure	2	2	3		4	6	0	Liase with EH and LA regarding plans for development from early stage
	4	Impact on design due to location of utility services	2	2	2		4	4	0	Identify precise location of services and agree constraints on nearby development with utility at earliest opportunity. Avoid heavily loaded foundations in vicinity of services

그림 5.10 리스크 관리 등록부의 운영 예(취약성과 리스크를 각각 비용, 운영, 안정성으로 구분한 예)

그림 5.11은 사업의 추진절차와 건설사업진행과정을, 그리고 사업참여자의 역할을 고려한 지반리스크 관리 절차를 예시한 것이다.

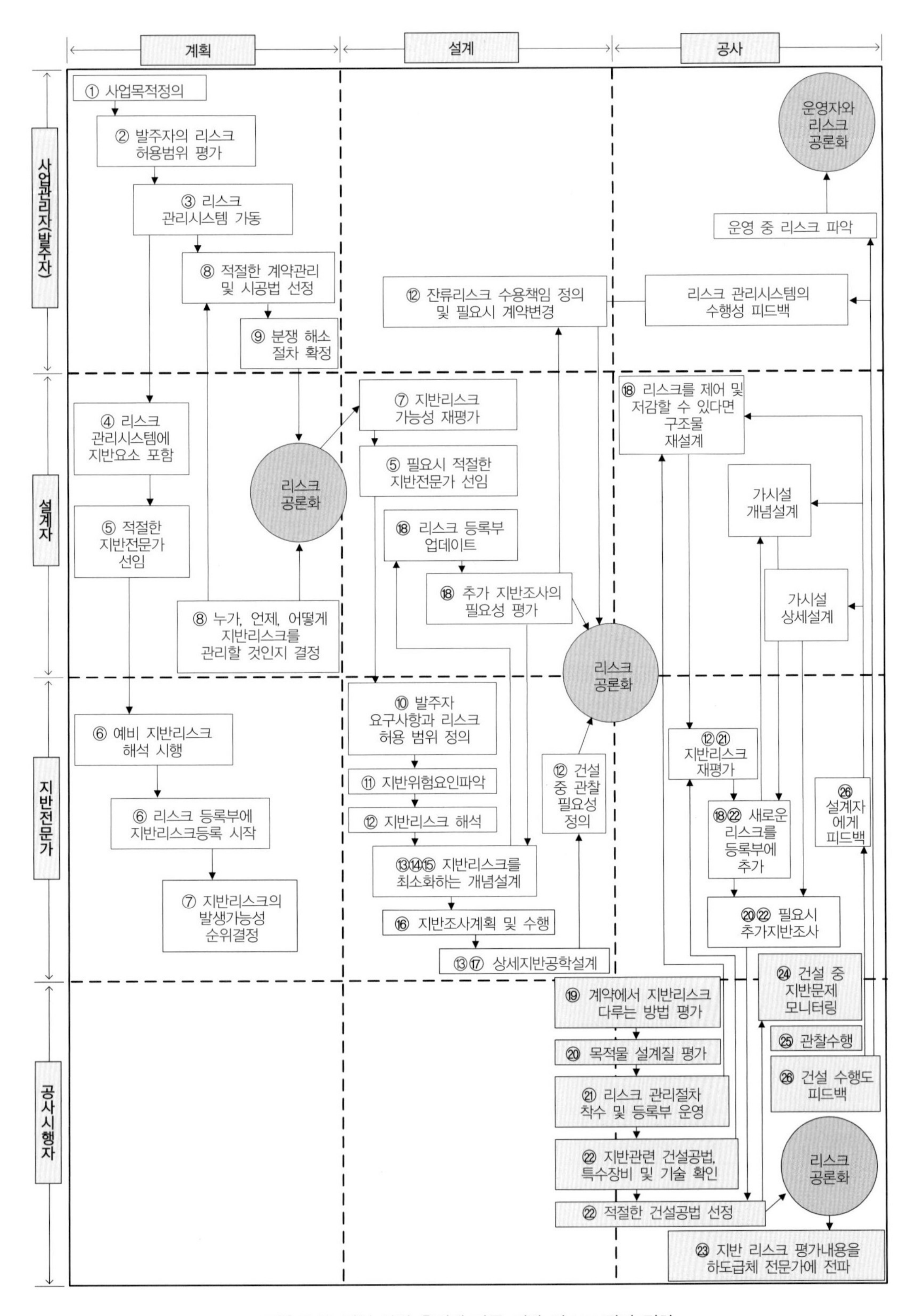

그림 5.11 건설 사업 추진에 따른 지반 리스크 관리 절차

5.2.3 지반 리스크 해석(geotechnical risk analysis)

리스크 해석이란 리스크로 인한 영향의 심각성을 정량적으로 평가하는 것을 말한다. 즉, 리스크해석은 리스크의 수준을 정량화하는 작업이다. 위험요인이나 리스크의 영향정도는 건설사업의 특성, 규모, 주변 환경, 공사규칙, 발주방식 등에 따라 달라진다. 따라서 단 한 개의 틀로 정량화 작업을 규정하기 어렵고 그럴 필요도 없을 것이다. 다만, 건설사업의 성격을 종합적으로 고려하고 기왕에 사용되어온 체계를 적절히 활용하는 것이 사업참여자 간 의사소통에 도움이 될 것임에 틀림없다.

리스크의 정도는 어떤 특정 상황에서 예상되는 손상, 손실 또는 위해에 대한 충격으로서 일반적으로 **'리스크의 정도(degree of risk)=발생가능성(likelihood)× 영향(effect)'** 으로 정량평가한다. 영향은 '결과(consequence)'라고도 한다. 리스크의 정도를 R, 발생가능성을 L, 영향(effect)을 E로 나타내며, 일반적으로 다음과 같이 계량화한다.

$$R = L \times E \tag{5.1}$$

리스크의 정량화는 정성적 내용의 계량화를 필요로 하며, 이는 통상 상대적 중요성을 기준으로 한 규모화(scaling) 기법을 도입함으로써 가능하다. 통상 4~5 Scale의 규모 기준을 사용한다.

발생가능성(L)의 평가

주어진 사건이 일어날 가능성(likelihood)은 일반적으로 표 5.1과 같은 4단계 기준으로 평가할 수 있다. 발생가능성은 5단계 구분법도 종종 사용되고 있다.

표 5.1 발생가능성의 규모(scale)

규모(scale)	발생가능성(likelihood)	발생확률(chance, per section of work)
4	발생 가능한(probable)	> 1 in 2
3	발생할 것 같은(likely)	1 in 10 ~ 1 in 2
2	발생할 것 같지 않은(unlikely)	1 in 100 ~ 1 in 10
1	무시할 만한(negligible)	1 in 100

주1) 발생가능성에 대한 스케일은 관리자에 의지에 따라 다음 5단계로 구분할 수도 있다.
5 : 발생가능성 거의 확실(업무단위당 발생확률 70% 이상),
4 : 발생가능(확률 50-70%),
3 : 약간의 발생가능성(확률 30-50%),
2 : 발생가능성 거의 없음(확률 10-30%),
1 : 무시할 만한 수준(확률 10% 이하)

주2) '1~4 시스템'은 경계에 걸칠 옵션이 제공되지 않는 문제가 있어, '1~5단계 시스템'을 선호하는 경우도 많다.

결과 영향(E)의 평가

각 위험요인이 관련된 사건이 일어났을 때의 영향(effect, severity, impact, consequence)의 평가가 필요하다. 이때 일정한 체계(consistent framework)에 기초하여 정량적으로 평가하며, 한 위험요인에 대하여 영향을 비용(cost), 공기(programme), 안정성(safety)로 구분하여 평가할 수 있다(그림 5.10 참조).

리스크의 영향은 위험요인과 발생할 취약성을 조합하여 결정한다. 주로 리스크로 일어난 손실을 평가하는 것이지만 리스크에 대한 사람과 조직의 허용수준을 감안하여야 한다. 일례로 몇 천 파운드의 손실은 소기업에 치명적이지만 대기업에는 관리 가능한 수준일 수 있다.

따라서 리스크의 허용수준은 개인과 조직에 따라 다르므로 참여 기업, 그리고 프로젝트마다 리스크의 규모를 정하여 운영하는 것이 타당할 것이다. 즉, 프로젝트 및 사업체 마다 재정, 안전, 환경영향 등을 고려하여 특화된(customized) 리스크의 유형과 스케일을 도입하는 것이 바람직하다. 표 5.2는 흔히 사용되는 리스크 규모의 구분 예를 보인 것이다.

표 5.2 영향의 규모(scale)

규모(scale)	결과(effect, consequence)	비용증가 %(공기 또는 안정성)
4	아주 높음	＞ 10%
3	높음	4 ～ 10%
2	낮음	1 ～4%
1	아주 낮음	＜ 1%

리스크 수준(R)의 결정

리스크 수준은 발생 가능성의 규모에 결과영향의 규모를 곱하여 산정한다. 영향을 곱하여 리스크 수준을 판정한다. 판정은 또 다른 정성적 스케일을 정하는 일을 포함한다. 표 5.3은 흔히 사용되는 리스크 수준의 정량적 스케일을 예시한 것이다.

표 5.3 리스크 수준

리스크 수준 (degree of risk)	리스크 수준(risk level)	발생확률 (chance, per section of work)
1～4	발생 가능한(probable)	＞ 1 in 2
5～8	발생할 것 같은(likely)	1 in 10 ～ 1 in 2
9～12	발생할 것 같지 않은(unlikely)	1 in 100 ～ 1 in 10
13～16	무시할 만한(ngligible)	1 in 100

예제 그림 5.12와 같은 소형 구조물 건설프로젝트를 기획하는 과정에서 기초위치에 연약지반이 나타나고, 산과 황화물에 오염된 높은 지하수위가 확인되었다. 공사시작전의 리스크를 평가해보자.

풀이 앞에 예시된 표 5.1~표 5.3의 기준을 이용하자. 3개 위험요인을 각각 1, 2, 3으로 구분하고 한 개 위험요인이 2개 이상의 리스크를 야기할 수 있는 경우 각 위험요인을 a, b, c 등으로 구분하자. 아래 표는 위에서 제시한 표 5.1 및 표 5.2에 따라 가능성(L)과 영향(E)을 평가하고, $R = L \times E$로 리스크 수준을 평가한 것이다.

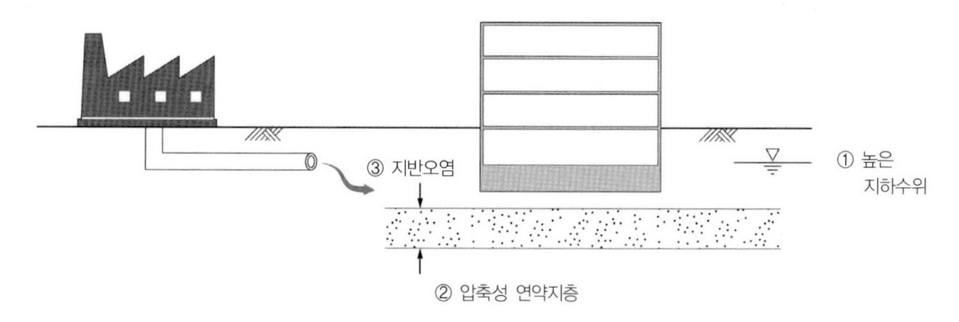

그림 5.12 예제 - 지반문제(위험요인)

구분번호 (Risk ID)	위험요인 (hazards)	리스크(risk)	영향(결과) (effect, consequence)	제어 전 리스크 수준 ($R = L \times E$)		
				L	E	R
1a	기초위치에 연약지층	지지력 파괴	기초 파괴	2	4	8
1b		과대침하	상부구조 손상	3	4	12
2	산과 황화물에 오염도	콘크리트 부식	기초 파괴	3	3	9
3a	높은 지하수위	지반 불안정화	기초트렌치 붕괴	1	2	2
3b		기초 지하수 유입	콘크리트 타설지장	2	1	2

예제 앞 예제의 리스크 평가결과를 기초로 각 영향에 대한 대책을 리스크 처리자와 비용분담까지도 고려하여 검토해보고 적절히 처리된 것을 가정하여 리스크 제어결과를 재판단해보자.

풀이 공사계약이 포괄적인 것으로 전제할 경우, 각 영향에 대한 리스크 처리자와 비용분담책임, 그리고 제어 후의 리스크수준 평가 예는 다음과 같다.

구분번호 (Risk ID)	영향(결과) (consequence)	리스크 처리자	비용 (financial risk) 분담	제어 후 리스크 수준 ($R = L \times E$)		
				L	E	R
1a	기초 파괴	공사 중, 토공업체	시공계약자	1	4	4
1b	상부구조 손상	설계 중, 구조 및 지반설계자	발주자	3	1	3
2	기초 파괴	지반조사 중, 조사업체	발주자	1	1	1
3a	기초 트렌치 붕괴	지반조사 중, 토공업체	시공계약자	1	2	2
3b	콘크리트 타설 지장	지반조사 중, 토공업체	시공계약자	1	2	2

지반 설계해석의 제약과 리스크저감대책으로서의 관찰법

설계에서 제안된 결정론적 '최적제안(best-shot)'이 신뢰성에 의문을 제기하는 경우가 많다. 특히 지반조사의 한계로 어려움이 있는 경우 위험도 파악 후 다음의 절차가 바람직하다.

- 동료 간 평가(Peer Review)를 통해 핵심파괴모드를 간과하지 않았는지 확인하고, 실제파라미터를 확보하여 정확하고 완전한 설계해석을 수행한다.
- 불확실한 파라미터에 대한 영향을 평가하기 위하여 몬테카를로 시뮬레이션 등을 비롯한 예민도해석을 수행한다.
- 핵심파괴모드에 대하여 한 개 이상의 대책을 마련한다('belt and brace' 접근법으로 대책을 강화한다).
- 건설 중 관찰법을 적용하여 설계적정성을 확인한다. 설계를 유연하게 가져갈 수 있을 경우 주요거동을 모니터링하여 준비된 대로 설계를 수정해가는 관찰법(observational method)을 적용한다.

일반적으로 대책은 비용을 수반한다. 사업규모에 비추어 수용 가능한 경우 큰 문제없이 진행 가능하지만, 만일 철도노선의 구조물하부 통과와 같은 문제는 대책에 따라 상당한 비용이 발생한다. 이 경우 발주자와 지상건물 운영자 그리고 설계, 시공자는 기술적 견해차가 나타날 수 있다. **이러한 경우 모니터링을 통한 리스크관리법으로서 관찰법의 적용성을 검토할 만하다**.

리스크대책과 관찰법

그림 5.13은 앞에서 고찰한 지반리스크의 대책의 추진 우선순위와 절차를 흐름도로 예시한 것이다. 과거와 달리 지가의 상승과 도심의 건설제약 환경은 설계자가 리스크를 피하거나 전환시키기 어려운 상황에 놓이게 한다. 따라서 많은 경우 리스크를 관리할 수 없는 환경에 놓이는데, 지반의 불확실성 조건이 그 한 예이며, 이 경우 비용과 안정성의 타협문제가 쟁점이 되어 왔다. 수용해서 관리할 수밖에 없는 지반리스크는 모니터링을 기법을 도입하여 현장에서 확인해가며 대책을 추진하는 방법으로 관리하는데, 이를 **관찰법(observational method)**이라 한다.

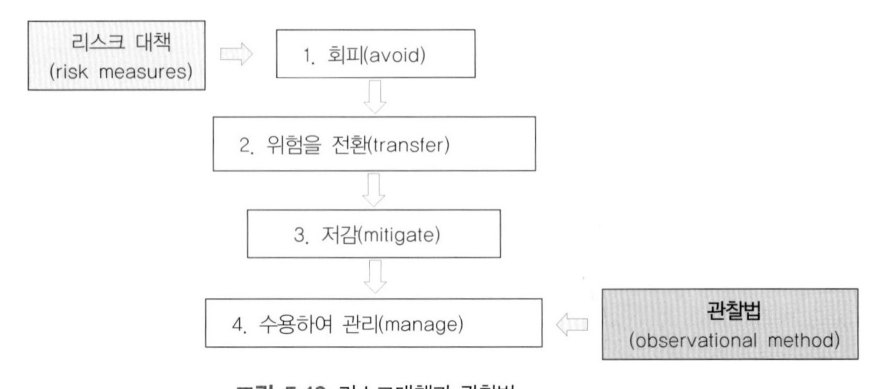

그림 5.13 리스크대책과 관찰법

5.3 관찰법의 원리

5.3.1 관찰법의 논리적 배경

건설프로젝트를 완성해가는 과정으로서 설계는 기존 정보에 기반한 경험(experience), 해석과 추론(reasoning), 관찰(observation) 등을 필요로 한다(그림 5.14). 경험은 유사지반에서의 성공적 사례에 기반한 선험 지식을 말하며, 추론은 지반모델링에 기반한 해석해(analytical solution)를 얻는 과정, 마지막으로 관찰은 건설(제작) 중 모니터링에 의한 확인을 의미한다.

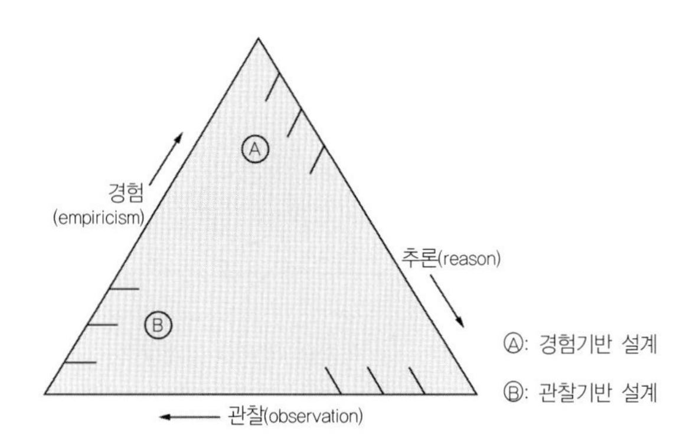

그림 5.14 설계구성요소와 설계법

설계란 현장시공을 위해 도면과 시방을 확정하는 작업으로서, 공사착수 전 치밀(robust)하게 준비되어야 한다. 하지만 실제설계는 경험, 추론 그리고 관찰의 보완관계를 통해 최적화를 추구하게 된다. 이들의 조합은 일정하게 정해지지 않는다. 일례로 익숙한 지반에서의 터널설계는 경험적 설계에 기반하게 될 것이나(그림 5.14의 A 영역에 해당), 지반정보의 예측이 어려운(불확실성이 큰) 지반에서의(그림 5.14의 영역 B) 터널설계는 관찰을 조합한 추론설계가 보다 현실적일 것이다.

관찰은 시공 중에 가능하므로 설계와 시공의 통합적 접근에서 가능하다. **관찰법**은 이러한 배경에 의해 도입된 **설계와 시공의 복합개념**으로서 궁극적으로 지반정보의 한계와 지반문제 예측의 신뢰성 부족으로 야기되는 지반공학적 리스크를 수용하여 관리하는 기법이라 할 수 있다.

NB : 왜 관찰법인가?

관찰법은 1960년대 후반에 제안되었다. 안전과 경제성을 동시에 추구하는 고도의 설계시공법으로서 높은 기술수준, 투명하고도 평등한 계약행정, 그리고 윤리성이 요구된다. 기술능력에 한계가 있거나 비윤리적 공사관행이 많은 사회에는 적용하기 쉽지 않다. 관찰법의 중요성이 다시금 강조되는 이유는 그간 건설문화가 상당히 향상되어 왔고 건설공사, 특히 지반공사에 관련된 불확실성을 안전하고 경제적으로 극복할 수 있는 대안이기 때문이다.

지반설계의 확정적 측면과 잠정적 측면

그림 5.15는 지반조사 정보의 충분정도와 설계개념을 비교한 것이다. 모든 설계는 기본적으로 기술적으로 치밀한(robust) 확정설계를 지향하여야 한다. 하지만, 확정설계는 조사에 많은 비용이 투입되며, 설계가 구속되므로 설계자의 책임정도도 커진다. 반면, 조사가 불가하거나 충분히 시행하지 못한 경우, 설계의 신뢰성이 떨어진다(잠정설계). 예측 못한 상황에 따른 리스크가 커지게 된다. 이러한 상황은 리스크에 대한 부담책임을 명확히 하기 어려워 공사 중 많은 계약적 문제가 야기될 수 있다.

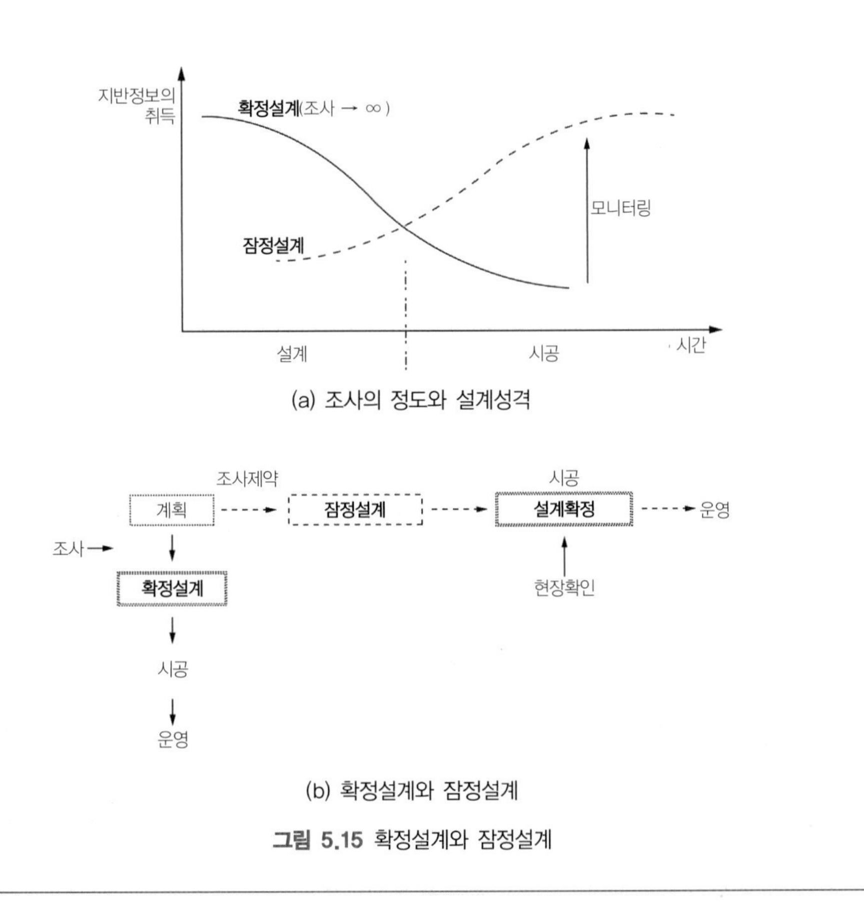

(a) 조사의 정도와 설계성격

(b) 확정설계와 잠정설계

그림 5.15 확정설계와 잠정설계

5.3.2 관찰법의 정의와 기본원리

관찰법은 Terzaghi & Peck(1967)이 처음 제안하였고, Peck(1969)에 의해 관찰법(OM, observational method)이라는 개념으로 체계화되었다. OM은 안정성과 경제성의 타협을 통한 지반 리스크관리라는 개념으로 출발하였으며, 지난 60년간 설계능력과 모니터링기술의 향상으로 보편화되었다.

관찰법의 정의(Peck, 1969)

관찰법은 지반 불확실성으로 리스크가 높은 건설 사업에 대하여 예측, 모니터링, 검토 그리고 시공 중 설계를 수정해가는 설계 · 시공기법으로서 안전(safety)을 희생시키지 않으면서, 시간과 공사비를 절약하기 위한 방법으로 제안되었다. Peck(1969)은 관찰법의 8단계 핵심 절차를 다음과 같이 제시하였다.

① **충분한 지반조사를 수행** - 조사를 통해 대상지반의 전반적 구조, 성상 그리고 물성을 파악한다.

② **가장 발생가능성이 높은(MP, most probable) 및 가장 비우호적인(MU, most unfavourable) 설계지반조건을 설정** - 가장 발생 가능한 조건(MP)과 가장 비우호적인 조건(MU)의 설계파라미터를 상정하여 두 조건에 대한 해석을 수행하고 편차를 평가한다. 지반설계의 MP 및 MU 조건은 주로 물성으로 고려한다.

예 : 어떤 점토에 대하여 강도정수를 MP 및 MU 조건으로 평가한 예를 살펴보면,
MP 조건: $\phi' = 24^\circ$, $c' = 10$kPa, MU 조건: $\phi' = 23^\circ$, $c' = 0$

③ **MP조건에 대한 해석 및 설계수행** - 가장 발생 가능한(MP) 설계지반조건으로 설계안을 설정하고, 상세설계를 수행하여 공사에 착수할 설계내용을 정한다.

④ **설계를 기초로 모니터링계획 수립** - 설계해석을 통해 예상거동과 허용거동을 평가하여 관리기준(trigger values)을 설정하고, 건설과정에서 측정할 거동변수와 물량을 정한다.

⑤ **MU조건에 대한 해석** - 가장 비우호적인 설계파라미터에 대한 해석을 수행하여 예상거동을 평가한다.

⑥ **가장 비우호적인 조건에 대한 대응계획(contingency plan) 수립** - ⑤의 설계해석을 기초로 관리기준을 확정하고, 관리기준 초과 시 대처할 설계수정안(contingency plan)을 준비하여, 대처요령(시공계획)을 마련한다.

⑦ **공사 중 모니터링 수행 및 실제 거동상황 평가** - 건설 중에 모니터링을 수행하고, 실제거동과 관리기준을 비교하여 위험상황을 대비한다.

⑧ **관리기준을 초과할 것으로 '예상'되면 실제조건에 부합하도록, 준비된 대응계획(contingency plan)에 따라 설계를 수정(modification)하여 공사내용을 변경 시행한다.**

여기서 ③ 및 ⑤는 하중과 설계물성을 달리하여 1장에서 제시한 설계해석법에 따라 수행한다. 관찰법의 특징은 설계지반조건을 한 가지 조건으로 설정하지 않고, **경제적인 실질수준(MP조건)의 설계로 출발하되 안전이 위협되는 경우(MU조건) 준비된 설계안과 절차에 따라 설계를 수정해가는 것**이다. 관찰법의 8단계는 공사의 성격과 복잡성에 따라 선택적으로 적용될 수 있다. 현재 관찰법은 EC7을 비롯한 대부분의 선진국 Code에 인용되어 있다.

사업 내 대책(AB INITO)과 사업 외 대책(BEST-WAY-OUT). 관찰설계에서 모니터링결과, 관리기준

을 초과하는 상황도 발생할 수 있다. 이 경우 관찰법에서 준비된 대책은 더 이상 사용할 수 없어 추가적인 대책이 필요하다. 이 대책을 기 고려된 사업 내 대책(ab inito)과 구분하여, 사업 외 대책(best-way-out approach)이라 한다. 그림 5.16은 지반공학적 관찰설계의 흐름도를 보인 것이다. 관리기준을 벗어나 설계수정이 이루어지는 경우 지반모델도 변화하므로 이를 고려한 재해석, 허용기준 재설정 등의 작업이 수반되어야 한다(OM구간에서는 사업 외 대책도 'OM 내 OM'으로 다룰 수 있다).

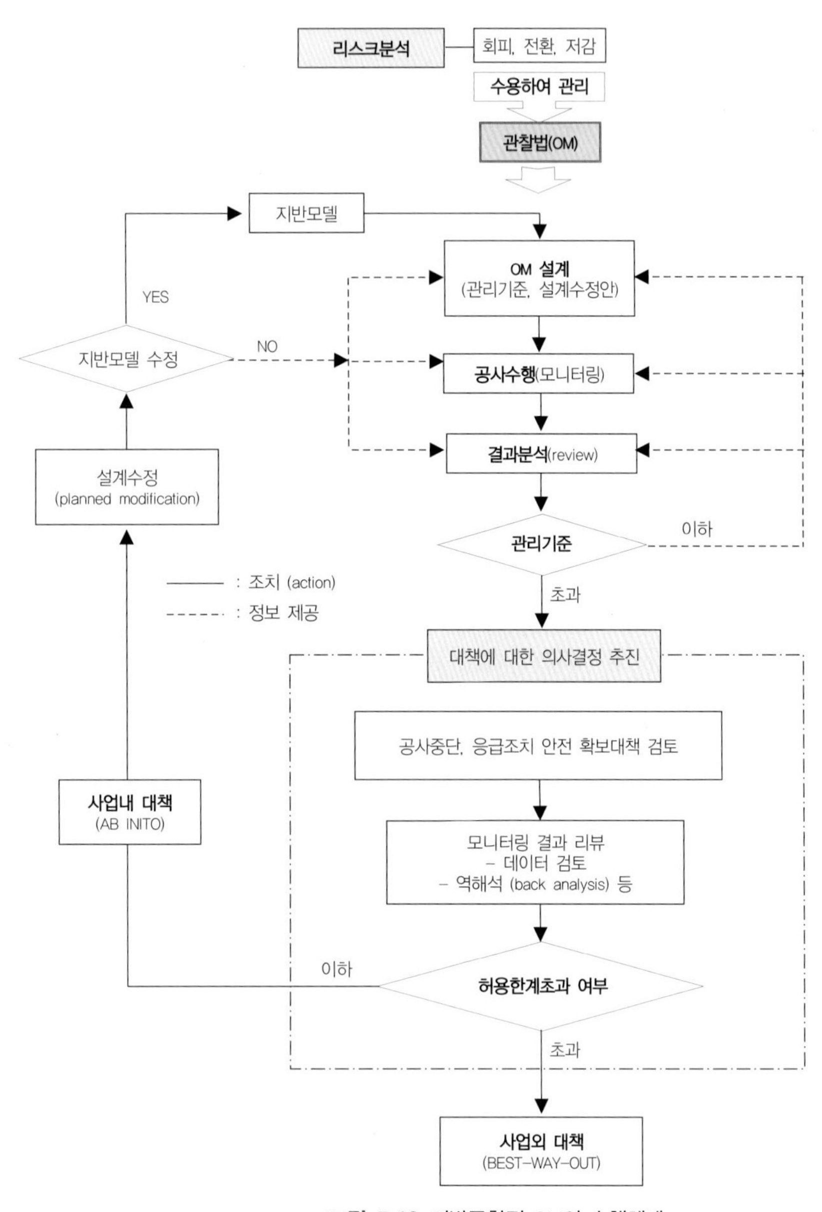

그림 5.16 지반공학적 OM의 수행체계

NB : 관찰설계의 시행요건

관찰법에서 Peck(1969)이 제안한 설계방법은 **'가장 발생 가능한(MP, most probable) 조건'**과 **'가장 비우호적인(MU, most unfavourable) 조건'**을 모두 고려하여 설계해석을 수행하는 것이다. 설계지반조건이 다르면 설계내용이 달라지고 시공법도 달라질 수 있다. 따라서 비용과 계약에 관한 문제가 수반된다. 공사착수는 MP 조건의 설계를 기반으로 하되, 모니터링 결과에 따라 미리 준비해 둔 MP~MU 조건에 부합하는 설계로 수정해 가는 것이므로 OM 설계방식은 전통설계보다 2배에 가까운 설계노력이 소요되고, 따라서 비용도 1~2배가 더 소요된다. 그래도 OM을 수행하는 이유는 OM의 적용이 처음부터 MU 조건의 확정설계를 시행하는 것에 비교가 되지 않을 정도로 전체 사업비 절감에 기여하기 때문이다.

관찰법의 리스크 저감원리

관찰설계(OD, observational design)의 원리는 그림 5.17을 통해 살펴볼 수 있다. 공사 중 이상거동이 시작되어 리스크가 높아질 경우, 모니터링을 이를 통해 조기 발견하고 필요한 조치(recovery)를 취함으로써 리스크를 저감시킬 수 있다. **이상거동의 발견이 늦을수록 리스크 위험도가 증가하고 위협 노출기간도 늘어난다.** 따라서 리스크관리를 위해서 허용 가능한 거동수준의 설정과 조기발견을 위한 적절한 모니터링 체계가 도입되어야 하며, **대응에 소요되는 시간을 최소화하는 것이 핵심**이다.

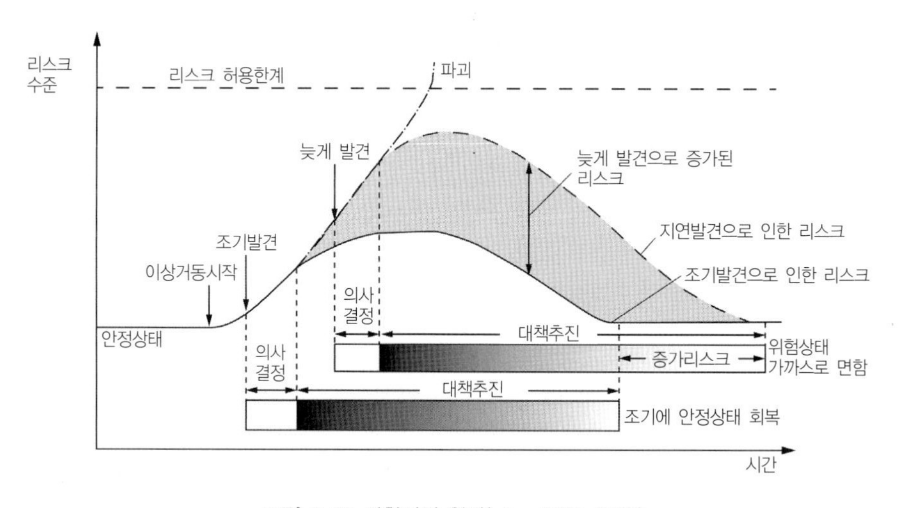

그림 5.17 관찰법의 원리(after HSE, 1996)

관찰법의 설계·시공 제어 원리

관찰법의 원리를 실제 지반문제에 적용하기 위해서는 위험판단에 대한 정량적 기준, 즉 관리기준(trigger values)이 제시되고 또한 리스크 발견 시 저감대책을 즉시, 시공가능한 수준으로 구체화하여야 한다. 이를 위해 설계요구조건(한계상태)을 설정하고 설계해석을 통해 관리기준과 설계수정안을 준비하여야 한다.

주어진 설계조건에 대하여 설계해석을 수행하면 해석결과는 한계상태를 나타내므로 관리기준치로 정할 수 있다. 이때 '**발견-리뷰-의사결정-설계수정-조치**'에 소요되는 시간(recovery cycle time)도 고려하여야 한다. 상황이 얼마나 빠른 속도로 악화되는가가 관건이다. 관리기준치와 함께 이상(abnormal) 상황의 경계값을 설정하면 설계수정 등의 조치시기를 확보하기 용이하다.

그림 5.18은 그림 5.17의 관찰법의 시공관리 원리를 리스크저감 원리로 설명한 것이다. 발견-분석-조치에 소요되는 시간을 고려하여 거동경계를(**녹·황·적 신호시스템**으로) 한계상태(ULS, SLS)로부터 설정한다. 한다. 황색구간에 접어들면서 거동의 변화속도를 통해 위험을 감지하고 **거동이 황색-녹색 경계의 기준치(trigger value)를 초과하기 전에 설계수정조치(implement planned modification)를 취하여 리스크를 제어하여야 한다**. 표 5.1은 OM의 추진 절차를 리스크관리 절차와 비교한 것이다.

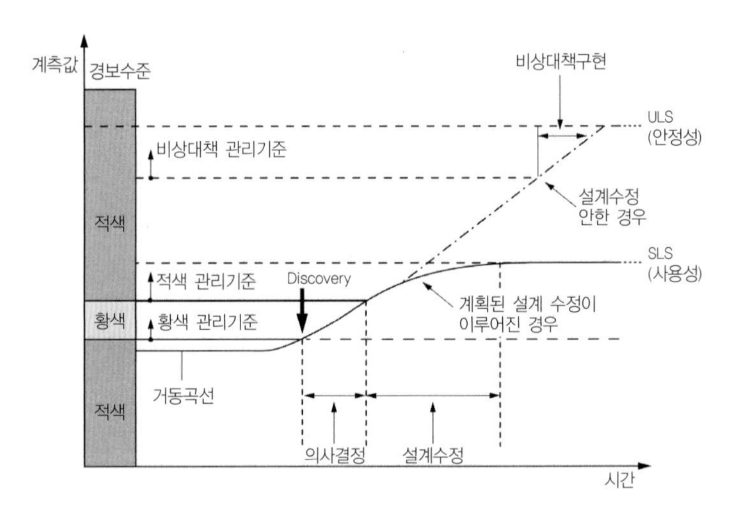

그림 5.18 관찰법의 시공제어 원리

표 5.4 OM의 리스크관리 원리

관찰법(OM)		리스크관리(risk management methodology)
계획과 설계 데스크 분석 지반조사	1	위험요인 분석(hazards identification)
자료분석	2	리스크 평가(risk assessment)
초기설계(initial design) 최종설계(final design) 관리기준(trigger criteria)	3	리스크 저감(risk reduction)
시공관리와 모니터링 모니터링계획 부지 모니터링 자료분석과 설계수정	4	리스크 제어(risk control)

설계수정 원리

Peck(1969)의 관찰법은 적정(MP)기준의 설계를 적용하고 이를 그림 5.19 (a)에 보인 바와 같이 공사 중 리스크가 허용한계로 접근하기 전 설계를 수정(design modification)하여 안전 상태로 리스크를 저감하는 개념이다. 핵심은 **'위험의 조기발견-신속한 의사결정-준비된 절차에 따른 지체 없는 수정'이며, 시간관리가 중요하다**.

Powderham(1994)은 파라미터의 적절성 및 설계해석의 정확성 등을 고려하여 추가적인 보수성을 갖도록 Peck(1969)의 방법을 보완하는 방안을 제안하였다. 적용 설계지반조건이 'MP(most probable)' 조건보다 'More Probable' 조건이 보다 적절하다고 제안하였다. 여기서 More Probable 조건은 MC (characteristic)와 MP의 중간 개념이다. 'More Probable' 조건의 지반파라미터는 MC(characteristic) 조건의 값을 사용할 것을 제안하였다. 이를 **점진 수정법(progressive modification)**이라 하며, 그림 5.19 (b)에 이 개념을 보였다. MC 조건을 사용하므로 공사 중 거동은 안전 측이나 불안전 측으로도 일어날 수 있다. 불안전측으로 이동하면 준비된 설계수정을 통해 MU상태에 이르기 전 리스크를 저감한다. 하지만 거동이 안전 측으로 일어나는 경우 비용절감이 가능한 설계수정도 가능하다. 이 개념은 MP 조건보다 **보수적인 조건을 취하여 경제성은 좀 떨어지지만 대신 안전관리수준을 더 우위에 둔다는 논리**이다.

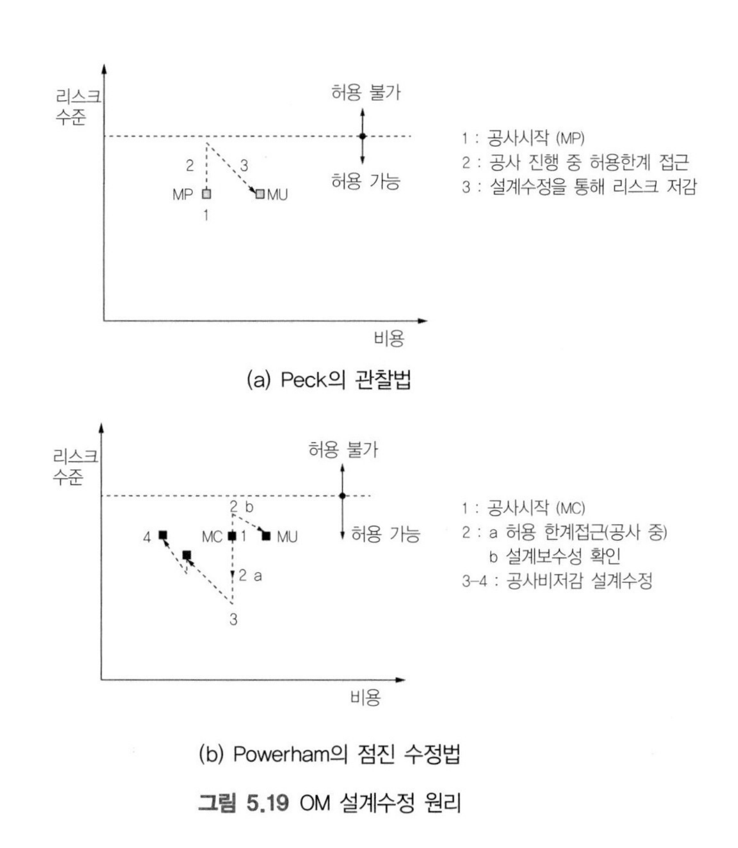

(a) Peck의 관찰법

(b) Powerham의 점진 수정법

그림 5.19 OM 설계수정 원리

관찰법의 성공적 시행사례 예: 시카고 Harris Trust 빌딩의 흙막이 공사

시카고에 위치하는 Harris Trust 빌딩 건축을 위한 터파기 공사에서 지보시스템을 설계하는 공사에 관찰법이 적용되었다. 터파기 현황은 그림 5.20 (a)와 같다. 시카고지역의 충분한 계측자료 등을 분석한 결과, 실제하중은 그림 5.20 (b)와 같이 사다리꼴 토압에 크게 못 미치는 것으로 분석되었다. 이에 따라 시공사는 안전율을 기존의 2/3 정도로 하는 설계를 제안하였다. 이렇게 함으로써 상당한 공사비 절감이 기대 되었다. 이는 기존 스트러트 측정치의 평균하중개념의 설계이다. 이와 함께 공사단계에서 스트러트의 축하중을 측정하여 관리기준을 초과하면 즉시 공사 중 추가적인 스트러트를 설치하는 대책이 수립되었다. 공사 중 추가 스트러트를 지체 없이 설치할 수 있도록 설계에 반영하였다. 실제 공사를 수행함에 있어 3개의 추가적인 스트러트 설치만 필요하였다.

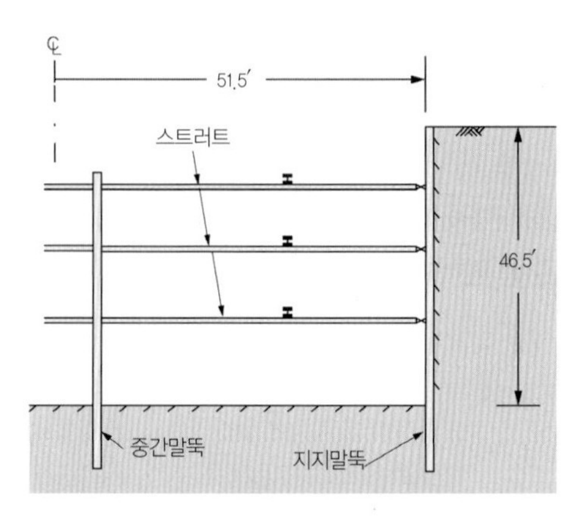

(a) 지지벽체 단면(′: feet)

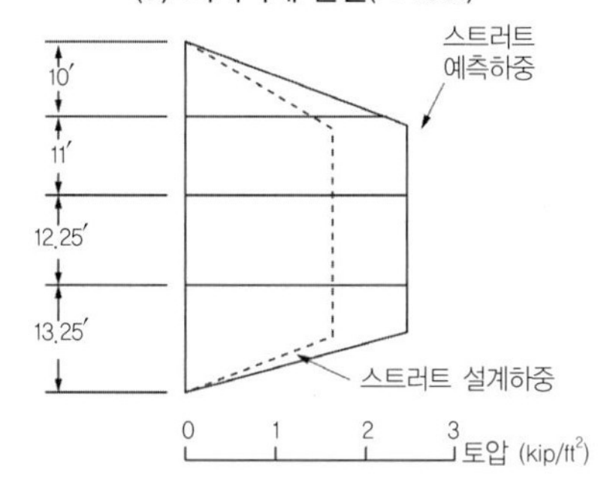

(b) 설계–측정–최악조건예측 비교

그림 5.20 Harris Bank and Trust Co., Chicago

이 추가비용 및 계측비는 전체 사업비 저감에 비하면 무시할 만하였다. 만일, 이 경우 문제가 발생 후 스트러트를 추가하는 개념으로 접근하였다면 검토에 따른 설계시간 소요, 작업조건확보 등으로 추가적인 시간과 경비가 소요되고 안전확보도 어려운 상황이 되었었을 수 있다. 이 사례는 관찰법을 활용할 경우 얻을 수 있는 이득을 예시하기 위하여 Peck(1969)이 발표한 내용이다.

5.4 관찰법의 설계와 운영

5.4.1 관찰설계의 기본원리

지반공학적 설계는 일반적으로 계산에 의한 설계, 경험설계(예, 스트러스 하중 설계), 재하시험이나 모형시험으로 검증된 설계 등의 3가지가 있다. 이 3가지 설계법은 모두 제안된 설계(설계안을 가정하여)를 검증하는 방식으로 이루어진다. **관찰설계(OM, observational design)설계는 위의 3가지 설계해석법 중 어느 것을 이용할 수도 있으나** 시공 중 비우호적 조건(MU)을 고려하기 위한 다중의 설계지반조건(MP, MU)을 취한다. 일반적으로 MP 조건으로 공사에 착수하고, MU 조건에 대비한 설계수정안을 준비한다.

따라서 OM은 설계시공법이나 기존의 확정설계(predefined design)개념과는 차이가 있다. **OM은 지반조건과 거동의 불확실성이 광범위하게 내재된 경우 적용하는 설계법이다.** OM설계는 계획, 모니터링, 설계수정이 종합된 설계법으로 전통적 설계절차에 비해 훨씬 더 많은 조사와 노력이 소요된다. OM 관찰설계(observational design, OD)의 핵심요소는 다음과 같이 정리할 수 있다.

- 설계지반조건의 설정 : 지반문제의 SLS 및 ULS 조건설정, 하중 및 지반물성평가
  - 가장 발생가능성이 높은 조건(MP, most probable) 및 가장 비우호적 조건(MU, most unfavorable)
- 관리기준(허용 거동기준, trigger value)의 설정
- 모니터링 계획
- 설계수정안 및 시공방안

5.4.2 관찰설계의 설계요구조건

설계조건의 규정은 프로젝트와 주변건물의 중요도에 따라 달라질 수 있다. 또한, 해당지역의 설계코드가 요구하는 규정을 고려하여야 한다. 일반적으로 다음조건을 적용한다.

- 사용한계상태(SLS) : MP(most probable) 또는 MC(moderately conservative) 조건(영국)
- 극한한계상태(ULS) : MU(most unfavourable) 조건

NB: 설계요구조건은 하중과 강도선택 기준을 정의하며, 주변상황을 고려하여 선정하여야 한다. 자연지역(green field site)의 경우 제방과 같은 소규모 구조물이 안전과 관계되는 경우 극한한계상태(ULS)가 고려된다. 반면에 도심과 같은 개발지역(built-up area)은 기존구조물의 사용한계(SLS)가 보다 엄격한 거동기준이 될 것이다.

각 한계상태 설계요구조건에 대하여 물성평가에 대한 해석 지반조건이 설정되어야 한다. 해석 지반조건은 불확실성에 대한 고려로서 일반적으로 **SLS에 대해서는 MP(가장 발생확률이 높은-평균) 또는 MC(적정 보수) 조건을 적용하며, ULS 조건에 대해서는 MU 조건(95% 신뢰도 5% 분위)을 적용한다.**

각 설계조건의 적용 의미를 물성(강도)과 응답(변형)에 대하여 그림 5.21에 예시하였다.

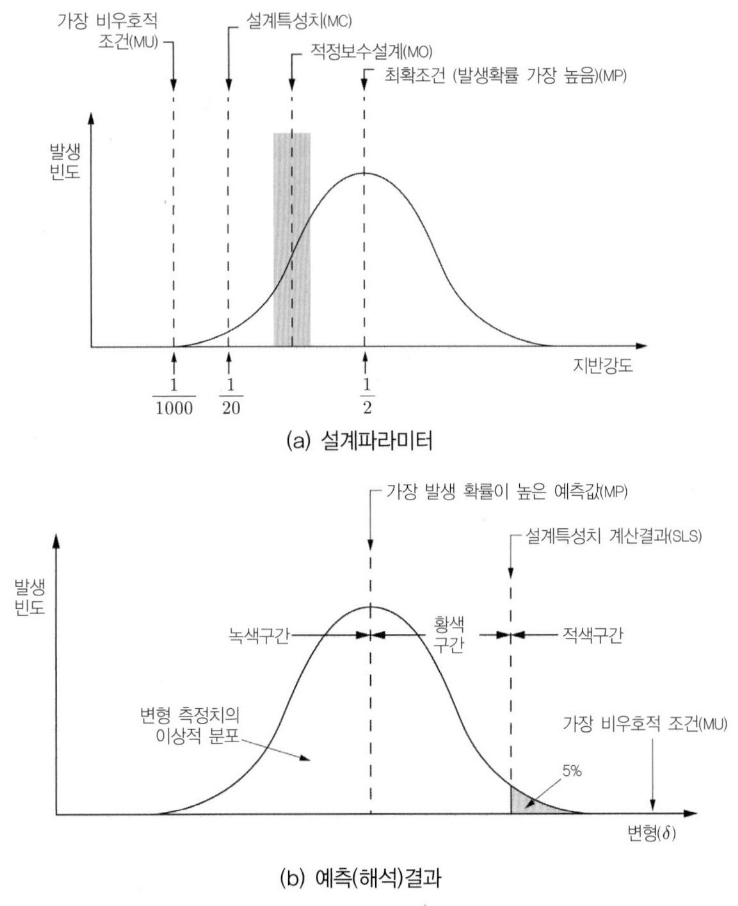

그림 5.21 설계기준에 따른 예측결과의 예

관찰법의 OM에서 허용거동한계는 일반적으로 MP 및 **'특성치(characteristic)'** 파라미터를 이용한 사용한계상태(SLS)로 해석한 결과를 적용설계로 한다. 극한한계상태(ULS)의 경우 설계기준은 MU조건으로 정할 수 있으며 설계수정안은 MU 조건에 대하여 안정을 확보하도록 하여야 한다. 지반의 평균거동조건이라 할 수 있는 **MP 조건의 파라미터를 사용하면 MU 조건보다 경제성은 향상되나 안정성은 덜 보수적이 된다.**

그림 5.21에 설계조건과 관리기준치(녹색, 황색, 적색구간)의 개념도 예시하였다.

관찰설계와 전통적 확정설계의 비교

전통적 지반설계는 보수적 설계조건에 대한 확정설계(predefined design)이다(그림 5.22 a). 확정설계는 공사시행과 독립적으로 이루어지므로 설계와 시공간 연계가 유연하지 못하다. 확정설계와 관찰설계의 가장 큰 차이는 설계조건의 설정에 있다. 확정설계의 설계조건은 '적정 보수적' 개념인 반면, 관찰법의 설계조건은 실제 가장 발생 가능한(MP, most probable) 조건과 가장 비우호적인 조건(MU, most unfavourable)을 모두 고려한다(그림 5.22 b). 표 5.2에 관찰법과 전통적 확정 설계법을 비교하였다.

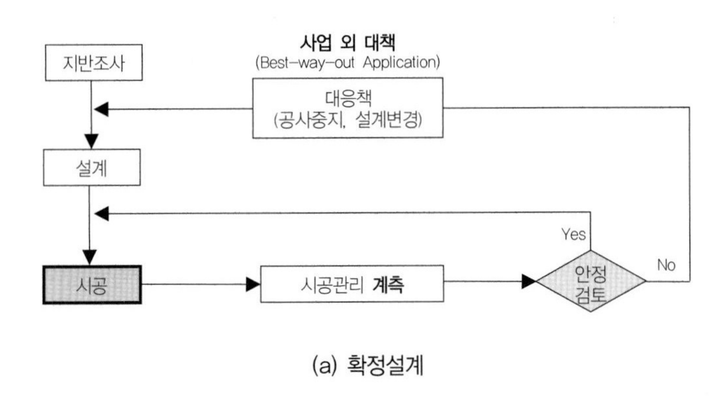

(a) 확정설계

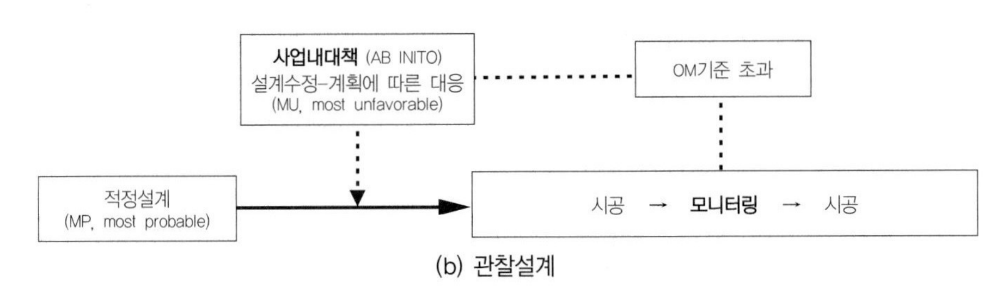

(b) 관찰설계

그림 5.22 확정설계와 관찰법

표 5.2 확정설계와 관찰설계의 비교

구분	확정설계(predefined design)	관찰설계(observational design)
설계조건 (설계파라미터)	설계파라미터(1조건) 적정보수(MO), 또는 특성치(MC)	설계파라미터(2조건 이상) : MP~MU (공사착수-MP, 시공관리-MU)
설계유연성	확정설계(단일설계안)	유연설계 (착수설계, 수정설계안)
설계/시공관계	설계 → 시공(단일 시공법)	설계 → (모니터링 ↔ 시공 ↔ 설계수정): 복수의 시공법
모니터링(계측)의의	설계 예측치 초과여부 확인	'모니터링 → 설계수정' 설계수정 여부 결정
허용거동한계 초과 시	사업 외 대책 (best-way-out approach)	미리 정해진 사업 내 설계수정 (ab initio : pre-defined modification)

5.4.3 관찰법의 설계해석(design analysis)

설계조건이 설정되면 설계해석법에 따라 구조물설계에 들어간다. 관찰법에서는 설계내용뿐 아니라 시공관리를 위한 거동의 허용한계, 모니터링 프로그램, 설계수정안이 함께 제시되어야 한다. 관찰설계의 경우 주요 설계내용은 다음 4가지이며 설계해석을 통해 건설공사 착수 전에 제시되어야 한다.

- 관리기준(허용 가능한 거동한계)의 설정 – 실제거동이 허용한계 내에 위치할 확률이 존재한다고 보고, 거동의 범위를 평가
- 허용한계 내에서 실제거동이 드러날 수 있도록 모니터링 계획을 수립
- 모니터링결과가 관리기준(허용거동한계)을 초과하는 경우 반영할 설계수정안을 준비

설계해석은 이론해석, 수치해석, 모형시험(계측계획에 모형시험의 활용) 등 1장에서 살펴본 모든 설계해석법을 사용할 수 있다.

설계해석의 절차

모니터링 계획에 필요한 거동의 취약지점과 지배적인 거동변수가 무엇인지 파악하기 위하여 다수의 설계해석법을 조합하여 이용할 수 있다. 특히, 원심모형시험은 중력과 응력경로의 상사성 확보에 유리하고 시간 의존성 문제의 경우 시간영향을 단축시켜주는 이점이 있다. 모형시험을 이용하면 파괴모드, 항복영역 등을 파악할 수 있다. 그림 5.23에서는 관찰법의 설계해석 절차를 예시한 것이다. 설계시행착오를 줄이기 위하여 OM설계는 초기설계(initial design)와 최종설계(final design)의 단계로 추진한다.

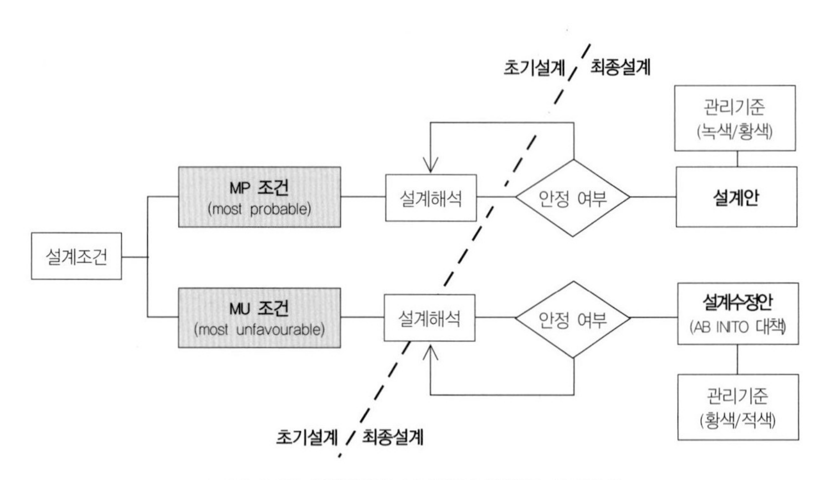

그림 5.23 관찰법의 설계해석 절차와 설계성과

초기설계는 개념설계(scheme design)로서 이 단계에서 시공계획, 설계수정방안, 응급대책 등 OM 전반계획을 검토하며 SLS 및 ULS 요구조건에 대하여 MP & MU 및 MC & MU의 두 조합에 대한 예비설

계를 수행한다. 이 단계에서 설계수정을 구현하기 위한 절차와 자원을 검토한다. 설계수정안은 응급대책(contingency plan)과 공사비 절감대책(cost saving)을 모두 포함할 수 있다.

최종설계에서는 MP(또는 MC) 및 MU조건에 대하여 상세설계해석을 수행하고 시공대상구조물과 인접구조물에 대한 관리기준치를 설정한다. 또한 설계수정 내용을 확정하고 구체적 응급조치와 자원 수급전략도 결정한다. 이때 설계는 손상 등에 안전한 치밀한 설계(robust design)이어야 한다.

NB: OM의 '설계수정(planned modification)'은 확정설계의 설계변경(change design)과 다르다. 설계수정은 이미 관련기관과 협의되어 계약에 고려된(ab initio) 대책의 선택을 말한다. 설계변경은 설계 시 고려되지 못한 상황에 대한 사업 외 대책(best way-out approach)에 해당한다.

SLS 해석. 그림 5.24와 같이 측정한 변형의 분포와 지반 특성치에 근거한 예측결과가 서로 상응하다고 가정하자.

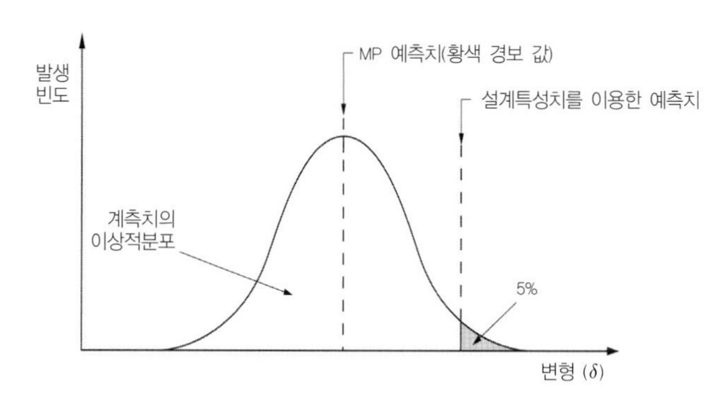

그림 5.24 SLS 예측치와 계측치의 관계 예

MP(most probable)조건으로 해석한 결과는 황색경보값(amber trigger criteria)으로 사용될 수 있다 (관리기준 설정 참고). 시공 중 측정한 값의 통계를 통해 특성값(measured characteristic value)를 구하여 발생확률이 가장 높은 예측값(predicted most probable value)과 비교하면 그림 5.25와 같다(변형은 특성치를 사용한 경우보다 약 30% 작음).

ULS 해석. 설계코드에서 제공하는 부분계수를 적용하여, '설계값=특성치/부분계수'을 구한다. 이때 설계치는 MU(most unfavourable) 조건을 나타낸다. 이 값을 이용한 설계해석 결과는 ULS 조건에 해당되며, 이 결과를 MP(most probable) 조건 및 MC(characteristic) 조건과 비교하면 그림 5.26과 같다. 이결과는 **예측 최대치로서 적색경보조건(red condition)으로 설정할 수 있다**. ULS 발생 확률은 약 10^{-6} 정도인 것으로 알려져 있다. 모든 파라미터나 하중이 동시에 최악의 조건에 놓이는 것으로 가정하는 것은 불필요하게 지나친 보수적인 결과를 줄 수 있다.

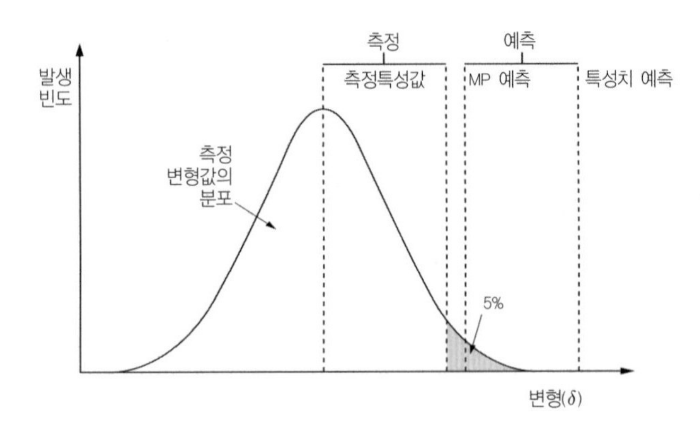

그림 5.25 예측 MP 및 특성치 조건의 예측과 측정치 비교

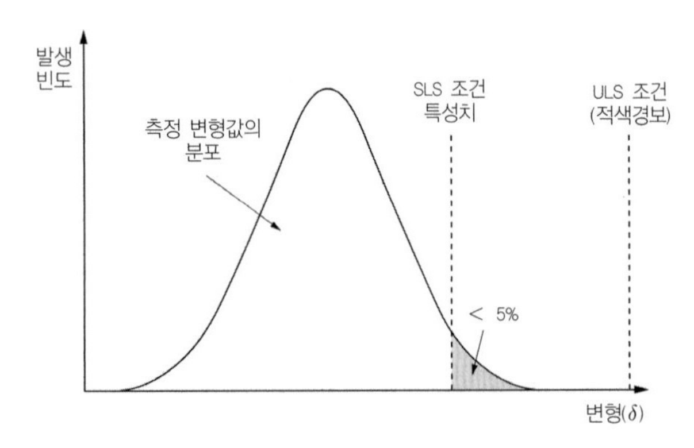

그림 5.26 ULS, SLS 설계 예측과 관리기준

관리기준의 설정

관찰법은 관리기준 설정이 필요하다. 관리기준은 허용치와 변수 변화속도에 의해 규정될 수 있다. 특히, 변화속도는 향후거동 진전 예측에 중요하다. 거동의 허용한계는 실내시험, 이론 및 수치해석, 그리고 초기 시공실적 및 유사한 조건을 갖는 계측결과를 토대로 결정하는 것이 합리적이다. 변화의 절대변화량 및 변화속도 등을 참고하여 지속성 또는 급변성에 대해 각각 결정한다.

관리기준은 보통 분명하고 편리한 개념부여를 위해 신호등(traffic light) 관리시스템을 이용하여 설정한다. 허용거동을 각각 녹색, 황색, 적색 관리구간으로 구분하여 각 구간 상황에 대하여 필요한 조치를 취하도록 계획한다. 이때 각 구간 경계의 설정은 다음과 같이 할 수 있다.

- 녹색(green)–황색(amber) 경계 : SLS의 MP(또는 MC) 및 MU 조건의 해석값 이하로 설정
- 황색(amber)–적색(red) 경계 : USL의 MP(또는 MC) 및 MU 조건의 해석값 이하로 설정
- 적색(red) 한계 : USL의 MU 조건의 해석 값을 참고하여 설정

관리기준은 OM에 있어서 계획된 설계수정을 판단하는 기준을 말한다. 보통 SLS의 MP 조건이 황색조건 거동의 한계가 되며 적색조건의 허용 가능한 한계는 ULS 조건으로 설정될 수 있다. 관리기준은 SLS 또는 ULS 상태를 미리 파악할 수 있는 조건으로 선정되어야 한다. 응력 또는 변형의 관점으로 설정할 수 있다. 그림 5.27은 관리기준치를 정하는 데 고려할 영향요인들을 정리한 것이다. 실제 설계에서는 목적물의 대상뿐만 아니라 주변영향도 검토하여 필요시 별도의 안전관리기준을 마련해야 하며 작업자와 공공의 안전을 위한 안전규정을 감안한 대책까지도 고려하여 한다.

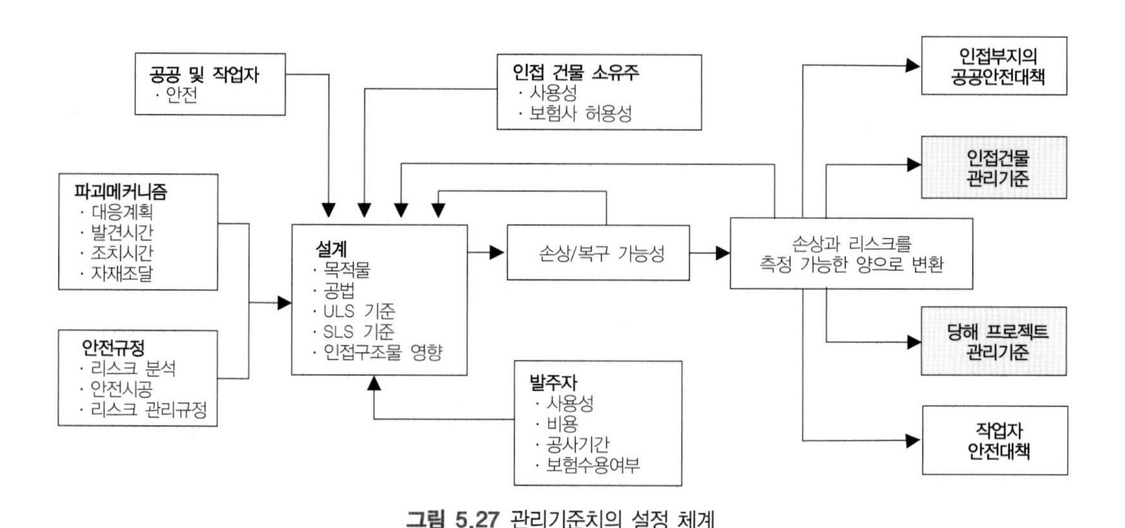

그림 5.27 관리기준치의 설정 체계

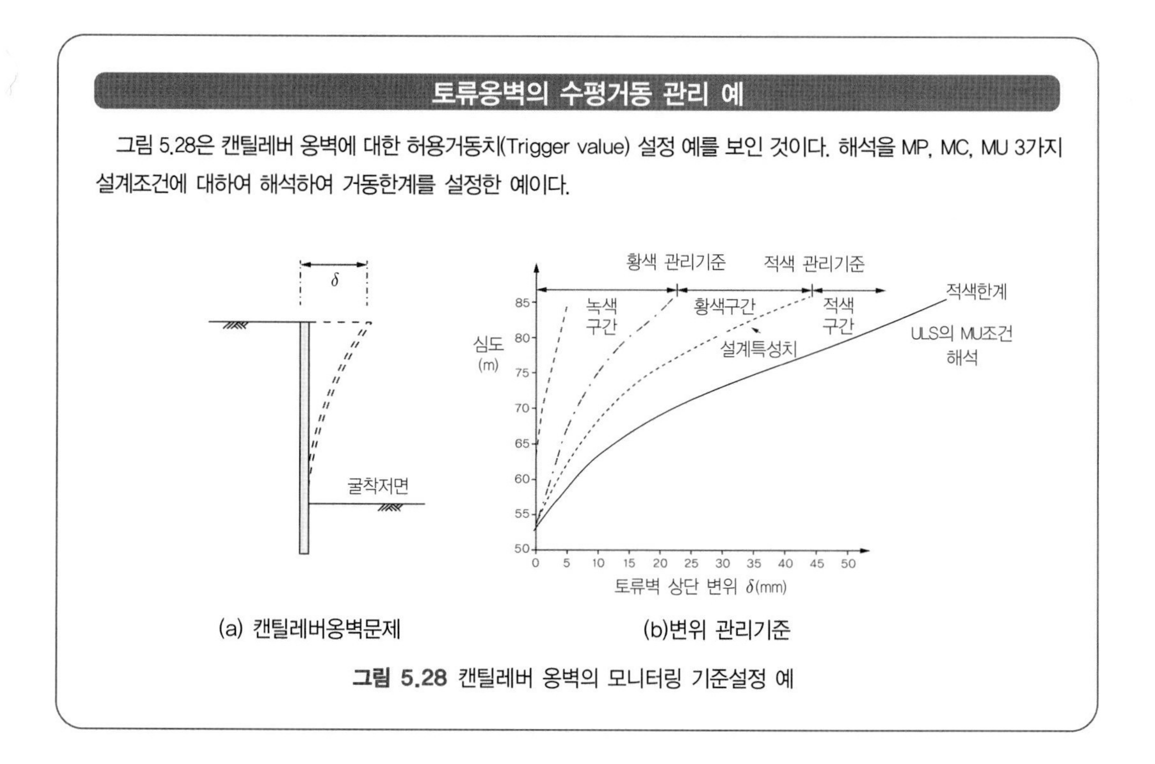

토류옹벽의 수평거동 관리 예

그림 5.28은 캔틸레버 옹벽에 대한 허용거동치(Trigger value) 설정 예를 보인 것이다. 해석을 MP, MC, MU 3가지 설계조건에 대하여 해석하여 거동한계를 설정한 예이다.

(a) 캔틸레버옹벽문제 (b)변위 관리기준

그림 5.28 캔틸레버 옹벽의 모니터링 기준설정 예

5.4.4 모니터링과 설계수정

모니터링의 목적은 설계자가 설계의 적정성을 확인하거나 준비된 설계수정을 구현하는 데 필요한 충분한 정보를 얻는 데 있다. 모니터링은 미지의 상황을 추정할 뿐 아니라 조기 발견하는 시스템이다. 모니터링 계획은 필요한 관찰거동을 파악, 계측시스템의 정의, 그리고 시공제어절차, 보고방법 및 모니터링 빈도 결정을 포함한다.

모니터링 프로그램은 설계단계에서부터 고려되어야 한다. 설계해석에 의한 예측결과에 따라 계측대상 거동을 구체화하고, 위험경고수준(level of hazard warning), 즉 관리기준을 마련하여야 한다. 관리기준은 프로젝트의 성격, 주변여건 등에 따라 달라질 수 있으며 전문가의 판단이 매우 중요하다. **모니터링 계획은 참여자 모두가 이해할 수 있도록 가급적 단순해야 한다.**

관찰법(observational method)과 계측(instrumentation)

계측은 계기를 이용한 모니터링을 말한다. 관찰법을 흔히 계측(instrumentation)과 동일시하는 경우가 많은데, 계측은 전통적 확정설계법과 OM법에 모두 채택될 수 있다. 하지만, 그 역할에는 큰 차이가 있다. 확정설계법에서 계측은 단지 설계예측치의 확인 혹은 공사장의 안전관리나 시공제어를 목적으로 시행한다.

반면, OM에서의 계측은 준비된 설계수정을 실행할지 여부에 대한 판단기준으로서, 관찰법의 구성요소 중 가장 중요한 요소 중의 하나이다. OM에서 계측은 그림 5.29와 같이 모니터링의 한 부분에 해당한다.

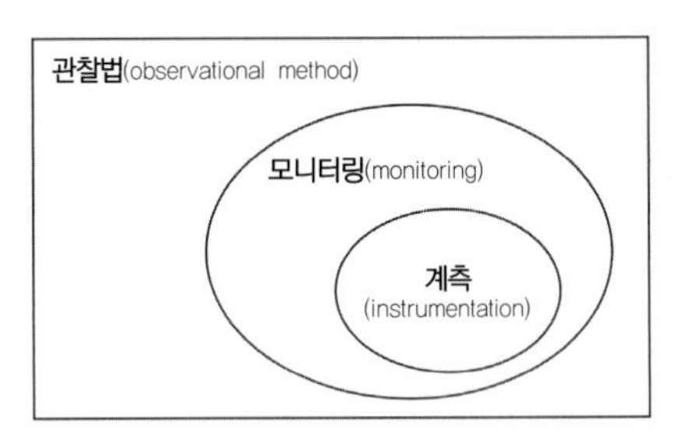

그림 5.29 OM과 계측

계측이 보편화되면서 관찰법의 모니터링과 전통설계의 공사관리용 계측개념의 구분이 점점 더 모호해지고 있다. 하지만, 확정설계의 계측은 그 필요성에 대한 논리적 주장만큼 현장에서 중요하게 다루어지지 않고 있다. 이는 계측기의 설치가 적다거나 비용투자가 적다는 것이 아니다. 오히려 과다한 것이 문제가 되는 측면이 더 강하다. 확정설계의 계측이 건설 사업에 정확히 피드백되는 경우가 많지 않아 비용의 낭비와 오히려 걸림돌이 되는 경우가 많다는 것이다.

많은 모니터링 프로그램이 실패하게 되는데, 그 대표적인 이유는 수집된 자료를 제대로 사용하지 않기 때문이다. 이는 대부분 모니터링 계획이 분명한 목적이 없이 이루어지고 있다는 사실을 반증하는 것이다. 계측의 낭비적 요소와 비효율적 측면은 OM의 추진에도 걸림돌이 되고 있다. 따라서 전통설계의 계측이든 관찰법이든 **모든 계측은 목적이 분명하여야 하며, 측정된 자료는 반드시 활용되어야 한다.**

모니터링 프로그램

설계해석을 통해 적용설계안, 관리기준, 설계수정안, 모니터링계획이 마련되었다면 이를 구현할 구체적 절차와 업무체계를 반영한 모니터링 프로그램을 수립하여야 한다. 그림 5.30은 OM의 모니터링프로그램 운영체계를 보인 것이다.

OM에서는 측정값이 관리기준에 접근할 때 취하여야할 대책이 분명하게 정의되어야 한다. 신호등 관리체계(traffic light system)를 도입한 경우 각 단계에서 다음과 같은 판단기준과 조치를 포함한다.

- **안전-녹색(green) :** 관리 기준치에 이르지 않았다 하더라도 계측결과의 이상 경향에 대해서 주의 깊게 분석하여 문제 상황으로 발전 여부를 파악하여야 한다. 이를 위해 녹색경보치(green or early warning value)를 도입한다.
- **주의-황색(amber) :** 황색관리기준은 사용한계상태(SLS) 조건의 예측치와 의사결정 소요시간을 고려하여 정한다. 황색경보관리는 공사시행전략에 따라 경미한 설계수정이 이루어질 수도 있다. 대책을 준비하며 신중하게 공사를 수행하며, 측정 빈도를 증가시킨다.
- **위험-적색(red) :** 적색경보조건(적색한계)은 극한한계상태(ULS)조건의 예측치와 의사결정 소요시간을 고려하여 정한다. 적색조건은 적색관리기준치를 초과한 경우, 공사를 중지하고 지반거동을 방지하기 위한 준비된 대책 시행. 계측기 성능과 작동성 평가, 육안검식, 기 설정된 대책추진 등을 착수 한다. 준비된 설계수정을 반영하여 관련 한계상태를 초과하지 않도록 하여야 한다.

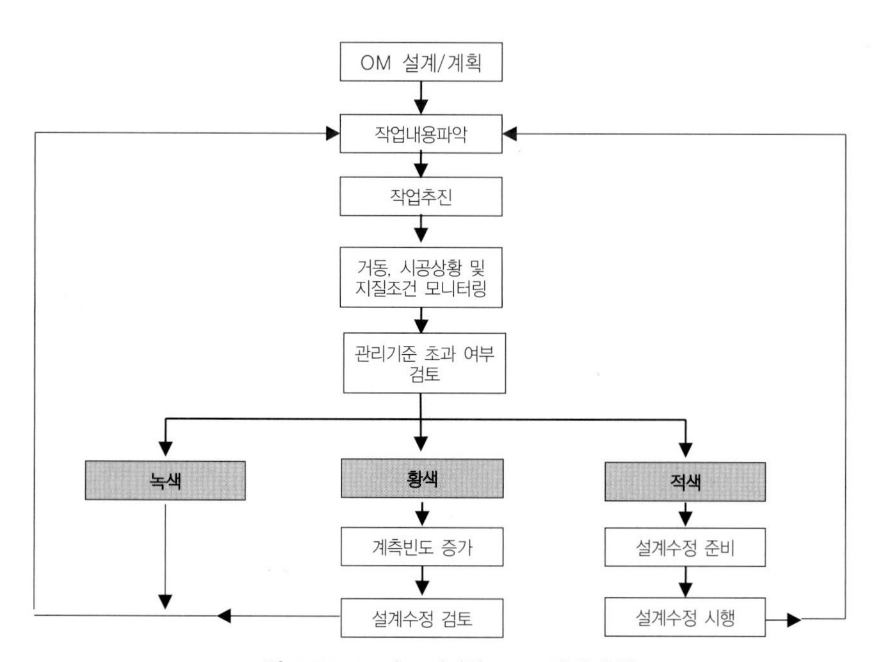

그림 5.30 OM의 모니터링 프로그램의 운영

모니터링결과의 표현과 분석

모니터링 결과는 관련정보 및 관리기준을 참조하여 분석되고 설계수정여부의 판단근거가 되어야 한다. 모니터링 데이터는 적절하게 평가되고 필요한 조치의 결정을 지원해야 한다. 모든 정보는 비정상 거동 여부의 판단을 위해 경험 있는 전문가가 검토 · 분석하여야 한다. 자료 분석은 의사결정의 지연을 피할 수 있도록 미리 이루어져야 하므로, 일반적으로 전문가(Ad-hoc)자문과 같이 시간이 소요되는 절차는 바람직하지 않다. **설계수정을 위해 정보의 적시분석이 필수적**이며, 다음과 같은 데이터를 반드시 분석한다.

- 예측조건과 실제지반조건의 차이
- 시공계획과 실제 시공속도의 차이
- 예측치와 측정치 비교
- 거동의 경향을 포함한 모니터링 분석자료

측정결과는 의미 있는 정보로 프로세싱(processing)되어야 한다. 데이터 프로세싱의 첫째 목적은 **필요한 조치를 가급적 빨리 취할 수 있도록 변화를 쉽게 알게 하는데 있으며**, 두 번째로 거동의 경향과 예측결과를 비교하는 데 있다. 관리 그래프에는 신호등 체계의 관리기준이 함께 표시되어야 한다. 가장 흔하게 사용되는 표현기법은 다음과 같으며 그림 5.31에 그 예를 보였다.

- 데이터 스크린이 가능한 그래프
- 시간변화 그래프
- 측정값과 예측치의 비교 그래프
- 원인과 결과관계 그래프, 예 하중–변위
- 요약 그래프

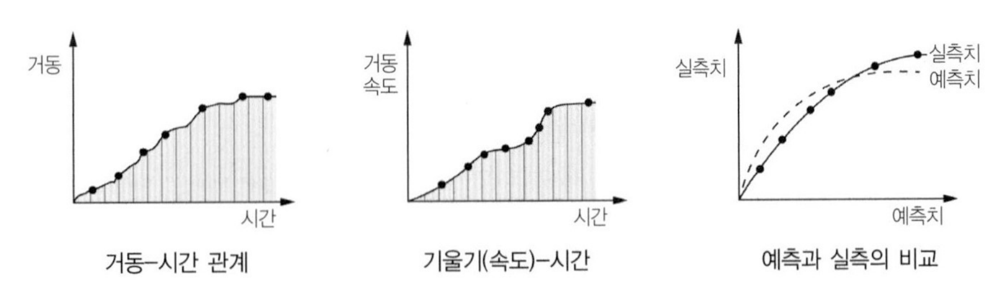

그림 5.31 계측값의 표현과 분석에 대한 대표적 그래프의 예

경향과 변화속도. 관리기준에 대한 접근여부도 중요하지만 신속한 대응계획을 위해 위험의 조기발견과 거동의 경향과 변화속도 또한 중요하다. 일반적으로 변화속도가 큰 비정상적 경향은 시공숙련도 미흡(bad workmanship) 및 불량건설재료 사용, 지지력부족, 예측 못한 지반조건 등의 상황에서 발생한다.

모니터링결과의 리뷰 프로세스

모니터링 프로그램은 한계거동 뿐 아니라 거동의 진행속도, 예측치와 편차 등 다양한 검토가 필요하다. 기본적으로 시간에 따른 변화량 관리가 핵심이다. 관리기준치에 도달하지 않았더라도 시간의 변화양상에 따른 판단이 중요하며, 추세선을 통해 미리 필요한 대책을 시행할 수 있어야 한다. 관리기준치에 도달하면 이미 대책이 의미 없는 상황이 되기 때문이다. 관찰법에서 모니터링의 체계적인 리뷰과정은 보통 다음의 '**R-A-D-O**'의 4단계로 이루어진다.

① **Process R: 현황분석(Review)** – 현장의 실제 조건과 거동자료에 중점을 둔다. 지반 구성, 건설기록, 역해석에 제공될 정보로서 건설행위의 발생순서 그리고 예기치 못한 거동에 이르는 물리적 측정치 등의 자료를 분석한다.

② **Process A: 역해석(back Analysis)** – MP 조건의 지반파라미터로 해석한 결과를 현장 모니터링결과와 비교한다. 만일 일치하지 않으면 역해석 절차를 진행하여 파라미터를 수정한다.

③ **Precess D: 수정된 설계의 검증(verify modified Design)** – 잔여 건설단계에 대하여 역해석으로 입증된 파라미터와 실제모델을 사용하여 장래거동을 예측. 이때 구조물의 거동은 사용성에 대해서는 적정보수(moderately conservative) 또는 특성치 조건(characteristic)의 파라미터를 사용하며, 안정성 검토를 위해서는 MU조건을 사용한다.

④ **Process O: 결과조치(output plans and triggers)** – 수정설계에 대하여 모든 관련자들에게 정보를 제공하여야 하며, 변경된 모니터링 프로그램이 있다면 함께 제공한다.

설계수정안의 적용

설계수정안은 프로젝트에 따라 다르다. 일반적으로 **경미한 수정은 공사속도를 조절하거나 시공법의 간단한 변경 등을 통해 가능**하다. 하지만 적색조건이 우려되는 경우는 MU 조건의 해석결과에 따르되, 이때는 지반보강공사, 구조물보강공사 등 비용과 시간소요가 큰 설계수정안이 반영될 수 있다. 설계수정은 의사결정과 조치과정을 포함하며, 위험수준 제어에 소요되는 시간을 최소화하기 위한 관리조직구조(management structure)가 중요하다. **설계수정시간이 길어질수록 위험도는 높아진다**.

그림 5.32 (a)는 NATM터널의 내공변위를 통해 거동의 변화속도와 설계수정을 통한 거동제어 개념을 보인 것이다. 일단 설계해석을 통해 MP조건의 관리기준 곡선이 설정되었다면, 계측치와 비교, 비정상 여부 판단이 가능하다. 그림 5.32 (b)는 비우호적 지반조건으로 인해 과대변위가 발생한 경우이다. 이 내공변위 곡선의 초기 기울기는 그림 5.32 (b)의 MP조건보다 급하다. 이 곡선의 경사를 향후 시간으로 외삽하면 사용한계상태(SLS)를 초과하는 것으로 나타난다. 따라서 이 상황에서 설계수정이 이루어져야 한다. 이상거동의 조기발견과 적시분석을 통해 계획된 설계수정이 지체 없이 가능하여야 한다.

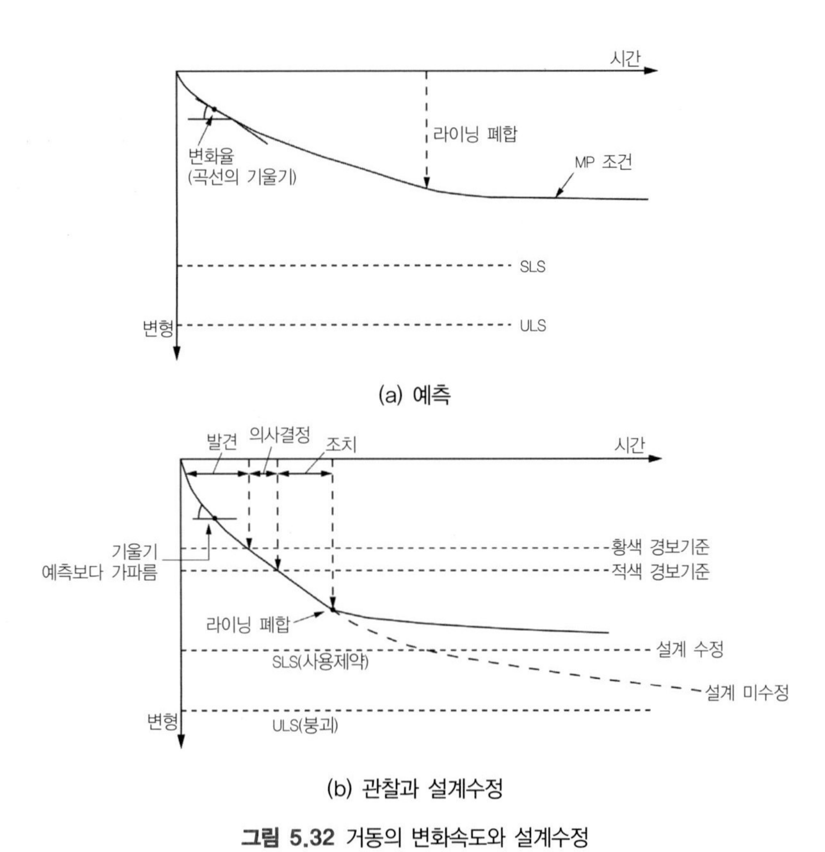

(a) 예측

(b) 관찰과 설계수정

그림 5.32 거동의 변화속도와 설계수정

예제 연약지반 위에 성토를 하여 압밀을 촉진시키는 도로건설공사를 수행하고자 한다. 지반공학적 문제는 제방아래의 연약지반에만 관련되어 있고, 제방자체와는 무관하며 공사 조건은 다음과 같다고 가정하자.

- 제방상부는 도로로 계획되었으며, 가급적 빨리 완공하고자 한다.
- 제방은 초연약점토층의 두께와 비교했을 때 충분히 넓다.
- 초 연약점토층에 연직배수(drain) 및 단계별 성토가 계획되었다.
- 초 연약점토 내에 약간의 실트층이 분포한다.
- 초기 지하수는 정수압 상태에 있다.
- 점토의 총 수직 압축변형률은 15%로 예측되었다.

그림 5.33에 대상문제의 현황을 보였다. 이 공사에 OM을 적용하고자 할 때 다음 사항을 구체화해보자.

① 관련지반문제와 지반 리스크

② 거동변수와 규모

③ 설계해석과 수정설계안

④ 모니터링 프로그램

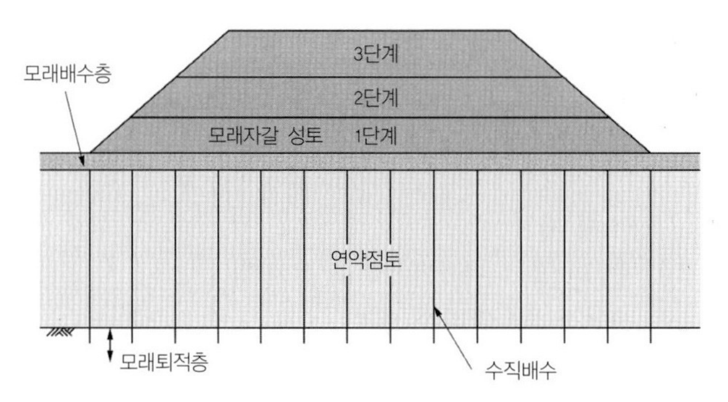

그림 5.33 연약지반상 성토도로 축조계획

풀이 ① 관련지반문제와 지반리스크의 정의(5.5.1절 참조)

제어하여야 할 지반거동 메커니즘은 기초 침하(초 연약점토의 압밀), 점토의 수평변위로 인한 제방 양쪽측면의 융기 및 회전 활동 파괴이다.

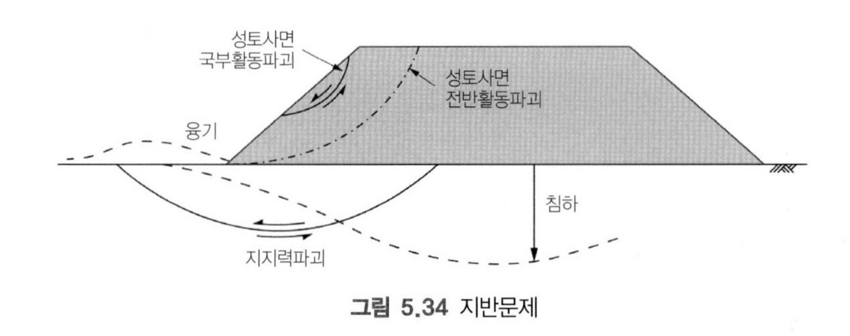

그림 5.34 지반문제

지반공학적 문제는 "연약지반의 초기 부지(현장)조건은 무엇인가?", "제방은 단기적으로는 안정한가?", "언제 다음 단계의 다짐 성토로 넘어 갈 수 있을지?, 연약지반의 압밀 진척도와 관련된 강도회복은?" 등이다.

지반공학 리스크는 (i) 제방의 붕괴와 (ii) 도로의 완공시기의 지연이다. 압밀에 따른 강도의 증가가 예상보다 완만하여, 공정이 느려지면, 완공 지연에 따른 시공사의 추가공사비 요구 클레임이 있을 수 있다.

② 거동변수와 규모

모니터링 대상 파라미터는 점토의 간극수압, 수직변위, 수평변위 등이다.

- 점토의 간극수압 : 초기 수압 + 제방의 무게로 인한 추가수압을 산정하여 다음단계 성토를 시행할 시기를 결정
- 수직변위 : 예상 수직 변형률 15%에 상응하는 지표침하
- 수평변위 : 예상되는 최대 발생변위를 평가
- 관리기준(trigger level)도 결정되어야 한다.

③ 설계해석과 설계수정안(5.5.1절 참조)

- 설계해석 - 단기적 안정문제는 ULS 조건으로 검토하고, 장기적 안정문제는 SLS 조건으로 검토할 수 있다. ULS 조건의 경우 지반강도의 MP 및 MU 조건으로 해석한다. MP 조건으로 시공에 착수하고, MU조건으로 관리기준과 설계수정안을 마련한다.
- 설계수정안: (i) 성토재 제거
  (ii) 제방의 끝부분에 범(berm) 설치 등
  (iii) 사면경사 완만하게 조정

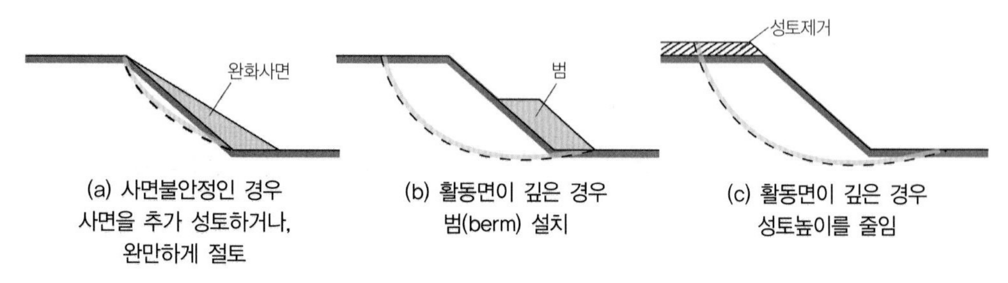

그림 5.35 설계해석과 설계수정안

④ 모니터링 프로그램

계측기의 선정

- 점토의 간극수압 : 진동현식 간극수압계
- 수직변위 : 측량기 및 측정 - 층별 침하계 - 자기/리드 스위치 형식
- 수평변위 : 측량기 및 측점 - 경사계

계측기 설치위치

- 최소한 세 개의 주계측 단면과 그의 3배 이상의 부계측 단면을 선정한다.
- 각 단면에 계측기의 위치를 정한다. (예, 수압계는 연직드레인의 사이에 설치)

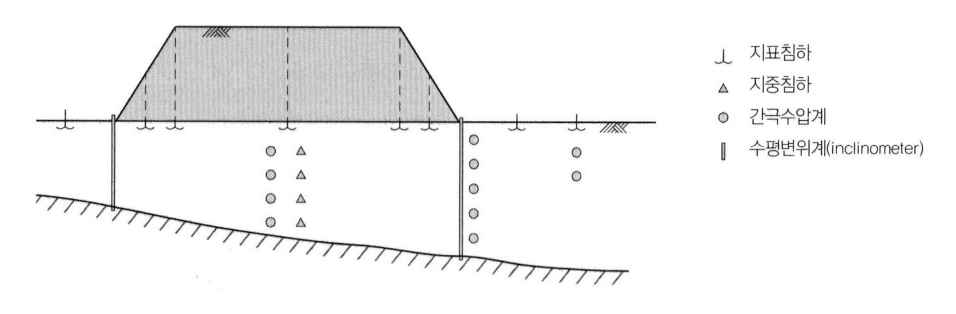

그림 5.36 성토제방의 계측계획 예

5.5 지반거동의 모니터링

설계해석에서 제시된 관리기준과 이를 판단할 수 있는 거동변수가 설정되면, 공사 중 모니터링계획이 수립되어야 한다. **모니터링은 가장 취약한 한계상태가 가장 잘 드러날 수 있도록 계획하여야 한다**.

5.5.1 모니터링 계획

지반공사에 있어서 모니터링의 궁극적 목적은 공사비의 초과 또는 공기지연으로 인한 경제적 손실을 야기하는 지반공학적 리스크(geotechnical risk) 저감이다. 지반 리스크의 대부분은 붕괴, 침하 등 지반사고에서 비롯된다. 일반적으로 지반거동 모니터링계획은 다음의 사전작업을 통해 구체화된다.

- **프로젝트 및 초기지반 상태 정의 :** 프로젝트의 유형, 부지형상, 지층구성, 지반재료의 물성, 지하수 조건, 인접 구조물 현황, 환경조건, 시공법을 파악한다.
- **지배 거동메커니즘 예측 :** 모니터링프로그램을 전개하기 전 가장 지배적일 것으로 판단되는 메커니즘에 대한 가설을 설정한다.
- **관련지반문제를 정의 :** 설치되는 모든 계측기는 지반공학적 물음에 답변할 수 있어야 한다. 지반공학적 의문이 없다면 계측기를 설치할 필요가 없다(GOLDEN RULE)지반프로젝트에 대하여 답변되어야 할 빈번한 지반공학적 질문과 설계기준상 한계상태조건은 다음과 같다.

  - 활동, 지지력, 슬라이딩, 전도, 활동 등 붕괴의 안정성이 유지되는가? – ULS 조건
  - 파이핑, 히빙(heaving), 루핑(roofing) 등 수리적으로 안정한가? – ULS 조건
  - 인접구조물 및 시설(life lines)은 안전한가? – SLS 조건
  - 지하수위 저하가 발생하는가? – SLS 조건
  - 침하나 변형이 발생하는가? – SLS 조건
  - 인장균열이 발생하는가? – SLS, ULS 조건
  - 붕락(암반)의 위험이 있는가? – SLS 조건

각 질문에 대한 답변은 모니터링계획을 통해 세밀하게 준비되어야 한다.

- **모니터링 파라미터의 선정 :** 관련지반문제 파악에 가장 관련 있는 파라미터를 선정. 간극수압, 변형, 경사, 전응력, 구조부재의 하중과 변형률, 온도 등
- **변화의 규모 예측 :** 적절한 계측기 선정을 위하여 발생가능한 최대변화를 측정하고 관련정보를 설정한다. 관리기준이 수치로 제시되어야 한다.
- **Risk 제어를 위한 정의, 해석, 역할분담을 계획 :** 건설에 관련된 모든 리스크가 파악되어야 한다. 리스크는 통상 붕괴, 과다침하, 구조물손상, 사면붕괴 등으로 나타난다.

5.5.2 모니터링 프로그램의 설계

모니터링 프로그램은 설계에 반영된 계측계획을 구체적으로 구현하는 작업이다. 계측 프로그램 계획의 최초단계는 계측요소와 계측위치 및 계측기기를 선정하는 것이다. 계측기의 선정은 계측설계의 배치를 기초로 한 여러 요소의 고려가 필요하다. 계측의 실행은 설치(installation), 보정(calibration), 측정 및 자료 획득, 기록, 변환(processing) 그리고 자료해석의 단계로 이루어진다. 모니터링 프로그램에 고려되어야 할 사항은 다음과 같다.

- 측정목적의 설정과 측정항목설정
- 측정범위(영역) 설정
- 측정 위치(location, point) 선정
- 측정기기의 선정
- 측정빈도, 분석기준의 설정 및 운영(모니터링)

측정항목의 선정

일단 지반문제가 정의되면 그 문제를 관찰하기 위한 거동변수를 설정하여야 한다. 특히, 관찰법에서는 **관리기준(trigger values) 거동변수를 가장 직접적으로 확인할 수 있는 변수를 측정항목으로 삼아야 한다**. 지반문제와 관련한 거동은 크게 지표거동(surface movements), 지중변형(subsurface deformations), 수압(pressure), 토압(earth pressure) 그리고 구조물의 응력(stress)으로 구분할 수 있다. 변형률 거동은 응력과 연계되므로 변형률로부터 압력을 평가할 수 있다. 표 5.4는 지반문제와 거동변수를 예시한 것이다.

지표거동. 지표거동은 건설 중인 구조물과 주변지반의 안정 확보 그리고 영향권 내 인접구조물 등 운영 중인 시설의 사용성 확인에 필요한 거동이다. 지표거동에는 침하, 팽윤(heave), 부등침하, 경사(tilt), 횡변위 등이 있다. 침하나 팽윤은 지표의 수직변위로서, 특히 부등침하의 경우 일정 한도를 넘으면, 구조물에 변형손상을 야기할 수 있다. 경사(tilt)는 구조물에 부등침하를 야기하게 되며 옹벽 구조물, 사면 그리고 지질구조 거동의 지표가 된다. 지표 횡변위는 사면이나 단층활동의 지표가 된다. 터널과 같은 지중구조물은 내공변위가 거동관리의 지표가 된다.

지중변형. 지중변형의 형태는 지중의 변위(수직, 횡), 변형률경사(strain gradient), 내부침식(piping) 등이다. 지중의 압밀층의 압밀로 인한 수직변형은 지표침하를 야기할 수 있어 지중의 압축성 지반의 조사와 측정이 중요하다. 사면, 옹벽구조물, 파일기초, 성토제방아래의 연약층, 단층 등에서는 지중의 수평변위가 야기 될 수 있다. 또한 지표하중은 매설관이나 연약토층에 횡변위를 야기할 수 있다. 사력댐과 보강제체의 부등변형, 암반굴착의 단부, 암반상의 과대지표하중 등은 변형률 경사를 초래한다.

압력과 응력. 변형은 주로 응력조건의 변화로 초래되므로 응력의 측정은 거동평가의 기초요소로 활용될 수 있다. 특히 응력의 초기(in situ)상태는 설계조건, 설계가정 및 파괴에 접근성 등을 파악하는 데 유용하다. 간극수압(수위), 제체 내, 기초하부 및 구조부재 내 응력 그리고 옹벽과 터널 등 지반지지 구조물 내에 작용하는 토압, 그리고 암반의 잔류응력 등이 응력조건을 구성하는 요소이다.

수리거동. 많은 지반사고가 지하수와 관련되어 있다. 지반에서 지하수위저하는 침하, 압밀 등의 거동변형을 야기한다. 또한 제방 및 댐의 하부, 가물막이 하부 등에서는 침투력에 의해 지중에서 파이핑으로 이어지는 내부침식이 일어날 수 있다.

구조물 거동. 많은 경우 지반문제는 구조물의 거동과 연관된다. 구조물의 거동은 총침하, 부등침하, 경사, 각변위, 수평변형률 등으로 정의할 수 있다. 구조물에 구조적 부담을 주는 부등침하, 각변위, 경사와 같은 거동항목이 중점관리항목이다. 구조물의 거동조사는 구조전문가와 협업이 필요한 부분이다.

표 5.4 지반문제와 거동변수

관련거동변수와 지반문제		주요 발생위치
지표거동	• 침하(subsidence)	성토, 채움부(fills), 건물기초, 터널상부지표, 옹벽 배면
	• 융기(heave, rebound)	채움부(fills), 건물
	• 부등침하	건물내부
	• 경사(tilt)	옹벽, 건물, 암반경사, 지표경사
	• 수평변위	사면, 인장균열(옹멱, 흙막이, 사면상부), 절리, 단층,
지중변형	• 지중침하	압밀변형, 터널 천단변형
	• 수평변위	사면파괴부, 옹벽 및 파일변형, 응력을 받는 연약층, 단층거동
	• 선형 변형률 경사	댐의 기초 및 교대의 부등침하, 암반굴착
	• 파이핑 침식	댐의 기초 및 주변 지하수로
압력(수압)과 응력	• 간극수압	지하수위(GWL), 피압상태, 과잉간극수압
	• 하중과 응력	기초하부, 제체 내부, 구조부재, 옹벽지지부, 터널라이닝
	• 암반의 잔류응력	암반굴착
구조물	• 침하/부등침하	기초
	• 경사	기둥
	• 수평변형률	기초보

측정영역(범위)의 설정

해당 문제의 관심거동을 고려하여 관찰영역을 설정하고, 관찰영역 내에서 관심 거동에 대한 계측 요소와 계측 위치가 결정 되어야 한다. 측정영역의 설정 시 고려할 사항은 다음과 같다.

- 일반적으로 응력–변형 거동은 구조물 규모 혹은 깊이의 수배 정도 범위
- 건설 대상 구조물뿐만 아니라 주변의 건물, 지하매설물의 영향을 고려
- 지하수흐름이나 오염물의 이동의 관찰범위는 변형거동보다 훨씬 더 넓은 영역의 관찰이 필요

거동의 영향권의 설정은 계측기의 증가를 의미하므로 비용문제와도 관련된다. 따라서 영향권을 정확하게 판단하여야 효과적이고 경제적인 계측계획을 마련할 수 있다. **직접영향권의 판단은 과거 유사지반의 계측자료, 충분한 모델경계범위를 설정한 수치해석 결과 등을 이용할 수 있다.** 그림 5.37은 깊은 굴착에 따른 영향범위의 예를 보인 것이다. 기존 실측결과 분석자료와 수치해석결과를 참고하되 이 경우 계측 영향권은 적어도 지표거동이 일어나는 거리 이상으로 설정하여야 한다.

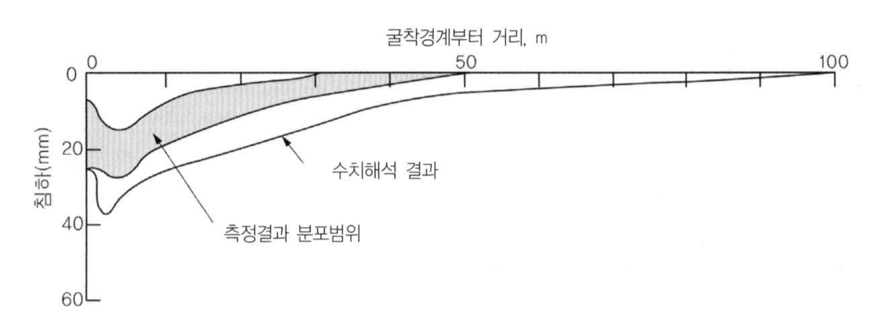

그림 5.37 깊은 굴착의 영향범위 예

한편, 지하수의 영향이 포함되는 지반문제의 경우 영향범위는 역학적 변형거동의 범위보다 훨씬 크다. 이는 지하수의 유동영향 때문이며, 그림 5.38에 이를 예시하였다.

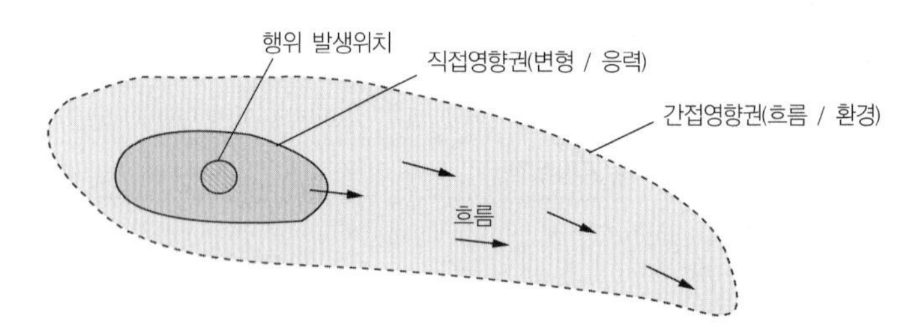

그림 5.38 지하수 흐름이 있는 경우 관찰영역 및 영향권 예

깊은 굴착 흙막이 주변지반의 거동범위와 모니터링 계획 예

도심지에서 수행하는 굴착공사는 작은 변위에도 심각한 영향을 미칠 수 있어 주의가 필요하다. 도심지에서 깊은 굴착을 수행하는 경우 영향범위는 일반적으로 그림 5.39와 같은 기존의 경험 정보를 활용할 수 있다.

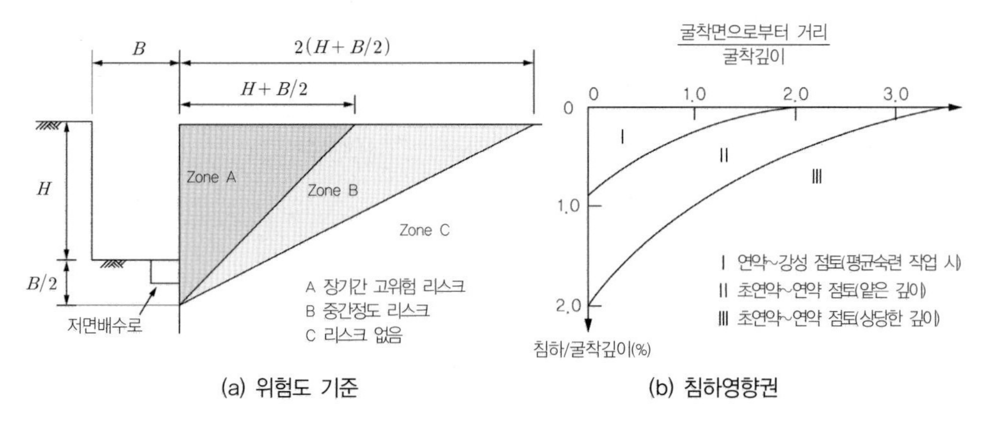

(a) 위험도 기준 (b) 침하영향권

그림 5.39 깊은 굴착의 영향범위 검토

경험자료로부터 측정영역이 파악되었다면, 관찰대상 핵심 지반문제에 대한 거동변수를 정하고 측정위치를 결정하여야 한다. 깊은 굴착과 관련한 중요한 지반거동은 침하와 지하수위 저하이다. 그림 5.40은 도심지의 깊은 굴착공사에 대한 계측계획의 예를 보인 것이다(실제 적용하는 경우 예상 지반문제에 따라 필요한 부분만 목적을 분명히 하여 시행한다).

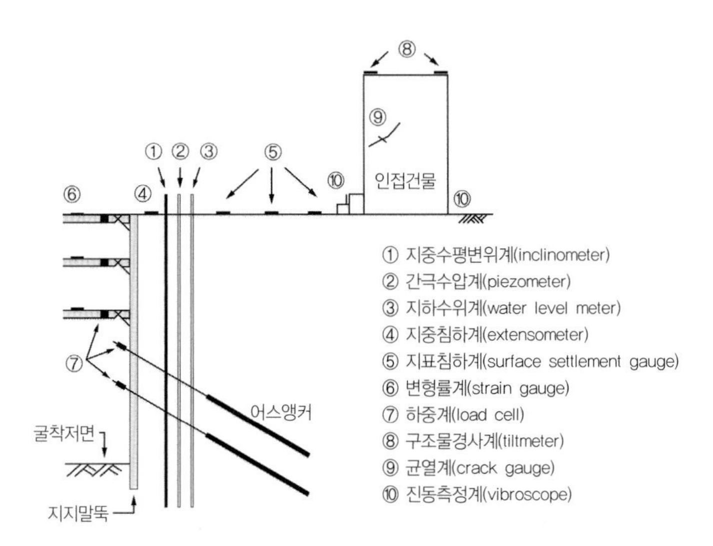

그림 5.40 깊은 굴착의 계측계획 예

계측기의 설치위치

설계는 '취약조건(worst condition 또는 most unfavorable condition)'을 가정하여 이루어지므로 관찰법의 이러한 개념에 부합하게 거동변수를 선정하여야 하며, **취약 거동을 가장 먼저 뚜렷하게 드러내는 취약지점의 거동이 모니터링 되어야 한다**. 예를 들면 그림 5.41과 같이 파괴면의 거동이 파악될 수 있도록 계측기를 배치하되 가장 먼저 파괴에 도달하는 '*A*' 위치의 거동상태가 중요하게 다루어져야 한다.

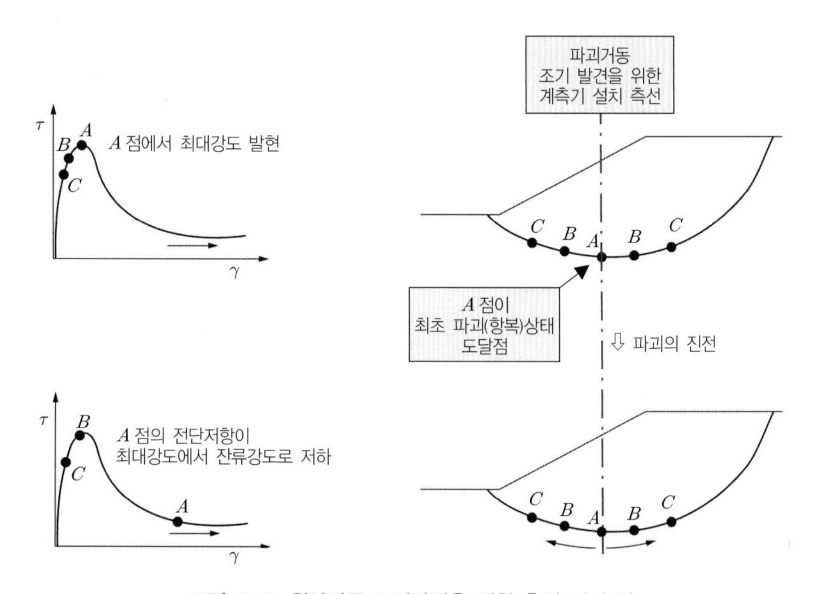

그림 5.41 취약거동 조기발견을 위한 측선 설치 예

계측기의 설치위치는 지반의 문제의 성격과 지반의 거동을 이해를 토대로 어디에 무엇을 설치할 것인가를 판단할 수 있다. 일반적으로 **측정위치**는

- 응력집중이 예상되는 곳
- 가장 먼저 항복 또는 파괴강도에 이르는 지점
- 예상 활동면 혹은 설계상 최소 안전율의 파괴면
- 배수장애가 있는 지점
- 불확실성 요소가 많아 거동의 평가가 어려운 위치(접근 곤란 위치 등)
- 구조물 균열 및 경사
- 기타 다른 영향이 게재되지 않는 위치

측정대상 시설물의 규모나 위험도를 기준으로 계측기기 배치밀도를 설정하는 것이 바람직하며, 구조적으로 가장 위험한 단면(대상 시설물의 최대변위와 최대응력이 나타날 것으로 예상되는 위치)에 중점적으로 계측기기를 배치하여야 한다. 유한요소 수치해석의 결과는 이 계측계획에 매우 유용하다.

한 위치에 대하여 여러 거동을 동시에 측정하기 위한 계측기의 조합설치는 각각의 거동 원인별로 계측 항목과 계측기기의 관련성을 검토한 다음, 계측 목적을 고려하여 각 계측기기가 **상호 연관성을 유지하도록 가능한 인접한 단면에 배치**하여야 한다.

계측기의 선정

최근 들어 측정기기의 발달이 가속화되면서 정밀하고 복잡한 기능의 계측 기기들이 건설공사에 적용되기 시작하였다. 계측기기의 적용성은 신뢰성(reliability), 간편성(simplicity), 편의성(ease of calibration), 설치와 활용성을 기준으로 판단한다. 계측기의 선택은 비용계획, 유지관리의 편의성까지도 종합적으로 고려하여 결정하여야 한다.

계측기 마다 특성이 있어 일반화하기는 어렵지만 대체로 넓은 영역에 대한 정보를 장기적으로 제공할 수 있으며, 저렴하고, 회수 가능한 장비를 사용하는 것이 바람직하다.

계측기의 설치와 모니터링

계측기는 언제, 어디에, 어떻게 설치하는가에 따라 사양이 결정된다. 다음 사항은 계측의 실효성 확보를 위하여 준수하여야 할 **단순하지만 매우 중요한 계측기 설치 기본원리**를 정리한 것이다.

- 측정하고자하는 거동 발생 전 설치하여야 한다.
- 측정기기 설치로 인해 측정거동이 영향을 받아서는 안 된다.
- 지속가능해야 한다.
- 연관분석이 가능하여야 한다.
- 계측위치는 해석, 실험 등의 결과와 비교할 수 있도록 배치한다.

계측결과의 상호 연계분석은 모니터링계획 시부터 고려되어야 한다. 같은 단면에, 혹은 인접 설치한 경우에만 연계분석이 가능함을 이해하고 있어야 한다. 그림 5.42는 특정 위치에서 터널거동의 연계분석을 위한 계측기 배치 예를 보인 것이다. 터널의 경우 연계분석을 할 계측기는 모두 터널직경 범위 내로 설치하는 것이 바람직하다. 유용한 연관거동은 다음과 같다.

- 변위–간극수압
- 변위–토압
- 간극수압–토압
- 간극수압–누수량
- 토압–누수량

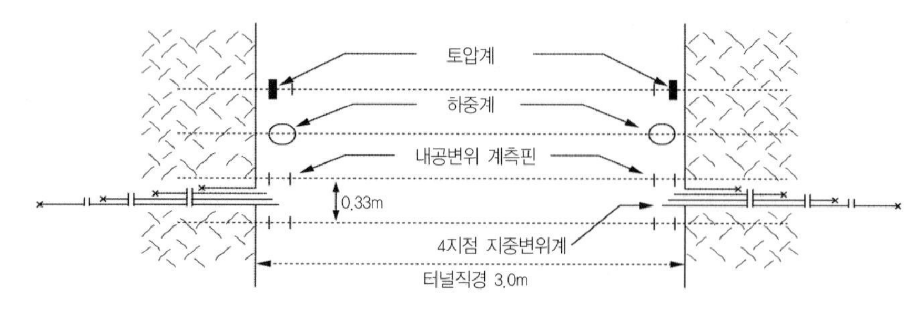

그림 5.42 연계분석을 위한 계기의 인접배치 예(터널의 경우 약0.33m 간격)

계측결과는 측정일자, 경과일수, 초기치, 금회 변위, 누계변위를 정해진 양식에 항목별로 정리하여야 하며, '시간(경과일수)-계측치'를 그래프로 표시하여 거동의 변화경향을 신속히 파악할 수 있도록 하여야 한다. 또한 **관리기준을 함께 표시하여 위험상태 접근도를 동시에 파악**할 수 있어야 한다. 계측 결과 분석은 당해 현장 또는 유사 현장에서 수행한 수치해석결과, 경험치, 타 계측결과 등을 참조하여 실시하며, 각종의 계측결과를 상호 연계시켜 분석하여야 한다.

NB: 계측의 중요성

건설사업에서 계측은 공사 관리와 리스크 관리에 중요 요소이며, 특히 도심지 공사에서 그러하다. 계측기는 공사의 영향이 미치기 전에 설치되어야 하며, 지반의 거동을 확인할 수 있도록 하여야 한다. 계측은 지반의 미세한 거동을 정확하게 읽어내야 하므로 계측계획, 설치, 관리가 모두 전문가에 의해 정성을 들여 이루어져야 한다. 이러한 사항들은 계측에 있어 매우 중요하고도 기본적임에도 현장에서는 잘 이행되지 않는 경우가 많다. 계측 수행하였음에도 지반문제를 예측하지 못한 경우가 있는데, 그 한 예를 그림 5.43에 보였다. 지중구조물 하부를 굴착하는 경우 구조물 거동만 측정하는 경우이다. 구조물이 넓을 경우 구조물 변형은 거의 없으나 구조물과 지반 사이는 지반 침하로 인해 공극 혹은 공동(cavity)이 발생할 수 있다. 이런 경우 구조물에 계측 홀(hole)을 만들어 지반거동을 모니터링하여야 하며, 공동발견 시 공사 후 이 홀을 이용하여 공동을 메우는 그라우팅을 할 수 있다.

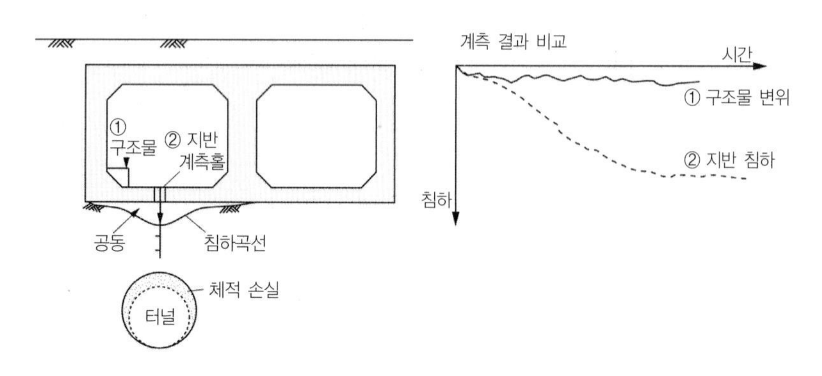

그림 5.43 구조물 하부 굴착에 따른 계측 실패사례

5.5.3 지반거동의 감지와 측정

지반거동은 계측기를 이용하여 측정한다. 계측기는 기계, 전기적 운영체계이고 주로 상업적인 제품을 구입하여 사용하므로 지반공학과 다소 거리가 있는 분야로 인식되고 있다. 하지만 많은 사례에서 계측기 자체의 문제가 측정결과에 영향을 미치는 것으로 보고되고 있다. 따라서 계측기를 활용하는 **지반 기술자는 단순한 구입 사용을 넘어 원리와 기능을 이해하여야 모니터링의 의의를 제대로 구현할 수도 있고, 특정 상황에 대하여 이를 맞춤형으로 개선하여 활용할 수 있다.**

계측시스템

지반문제를 정의하고, 이를 관찰하기 위한 거동변수를 선정하였다면 물리적 거동의 인터페이스에서 데스크의 모니터까지 연결하는 모니터링 시스템을 구축하여야 한다. 계측은 '감지(센싱)-변환-출력'으로 이루어진다. 그림 5.44는 지반거동 모니터링변수와 센서 그리고 변환 가능 형태를 정리한 것이다.

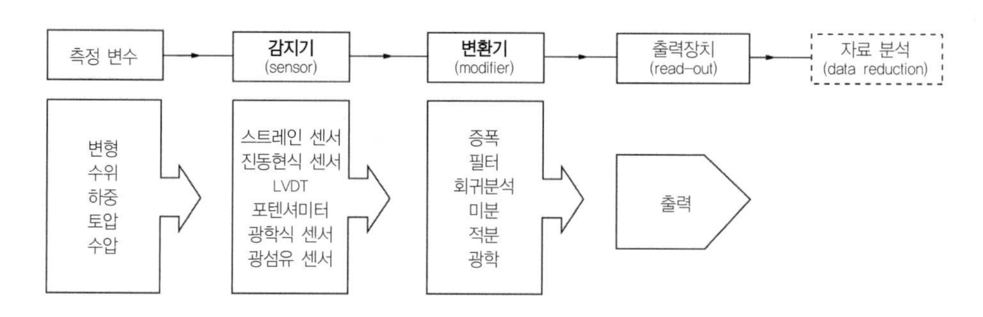

그림 5.44 계측시스템 구성 예(센서의 감지와 변환)

지반거동의 감지원리

감지소자(센서, 변환기)는 에너지를 공급하는 어떤 한 시스템에서 2차 시스템으로 흘러간 에너지에 의해 활동되는 장치이다. **감지소자는 물리적 에너지를 변환기를 이용하여 전기 또는 빛 에너지로 변환하고 이를 다시 물리적 거동으로 정보화한다.** 일반적으로 기계적 방법(다이얼게이지, 멤브레인 원리)과 전기적 방법(전기저항게이지 원리, 진동 현 원리, 선형변위원리), 광학적 방법 등의 원리로 작동한다. 감지소자는 그 감지방식에 따라 그림 5.45와 같이 구분할 수 있다.

감지소자는 그 자체로도 계측기로 활용될 수 있지만, 대부분 상업용 계측기에 내장된다. 따라서 상업용 계측기를 활용하는 경우, 내장된 센서의 특성의 이해는 측정결과를 해석하는 데 유용하다. 경우에 따라서는 지반 전문가가 특정 거동을 모니터링하기 위하여 특정 감지소자를 이용한 측정기를 제작하여야 할 때도 있다. 지반거동에 따른 각 센서(감지소자)의 적용분야를 정리하면 표 5.5와 같다.

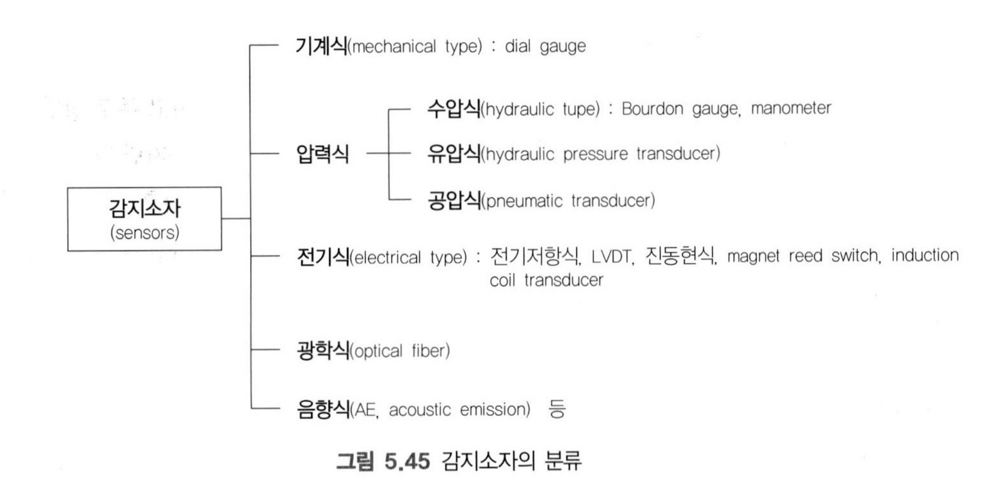

그림 5.45 감지소자의 분류

표 5.5 관찰거동에 따른 대표적 감지소자

관찰항목	대표적 감지소자
응력 및 변형	전기저항식(스트레인 게이지), 진동현식, 광섬유
변위	전기저항식, 진동현식, 포텐셔미터, LVDT, 광섬유, 광학식
각도	LVDT, 포텐셔미터, 광학식
경사	전기저항식,진동현식,광섬유, 포텐셔미터, LVDT, 광학식
가속도	전기저항식, LVDT, 압전소자
하중	전기저항식, 진동현식, 광섬유, 포텐셔미터, LVDT
수압	수압식, 유압식, 공기식

전기저항 스트레인게이지의 원리

저항 스트레인게이지 선이 힘을 받아 변형하면 단면적이 변화하고 결과적으로 전기저항이 변화한다. **스트레인 게이지의 길이 변화가 전기 저항에 비례하는 특성을 이용**하여 변형을 전기저항변화로 변환시킨다.

$$c\,\frac{\delta l}{l} = \frac{\delta R}{R} \tag{5.2}$$

여기서 l, R은 각각 스트레인 게이지의 길이 및 저항이며, $\delta l, \delta R$는 변화량이다. c는 비례상수이다.

일반적으로 4개 또는 8개의 스트레인게이지를 설치하여 출력전압의 변화로 변형률을 측정한다. 그림 5.46은 스트레인 게이지를 미리 정해진 방향으로 원통형 셀에 부착하여 여기서 얻어지는 전기전항신호로 변형률을 측정하는 Strain Rosette를 예시한 것이다.

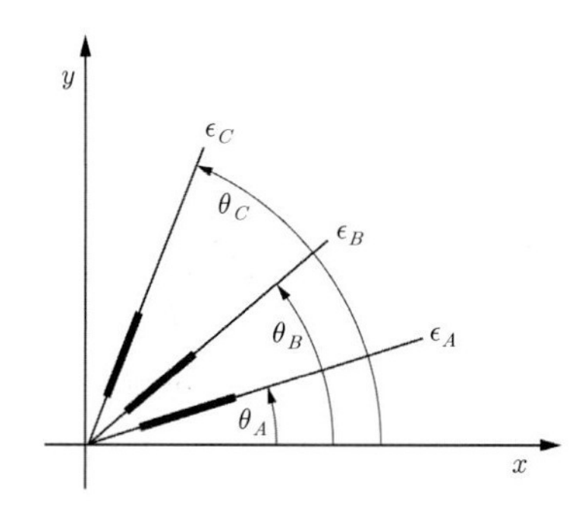

그림 5.46 스트레인 게이지 로제트

$$\epsilon_A = \frac{\epsilon_{xx} + \epsilon_{yy}}{2} + \frac{\epsilon_{xx} - \epsilon_{yy}}{2}\cos(2\theta_A) + \epsilon_{xy}\sin(2\theta_A) \tag{5.3}$$

$$\epsilon_B = \frac{\epsilon_{xx} + \epsilon_{yy}}{2} + \frac{\epsilon_{xx} - \epsilon_{yy}}{2}\cos(2\theta_B) + \epsilon_{xy}\sin(2\theta_B)$$

$$\epsilon_C = \frac{\epsilon_{xx} + \epsilon_{yy}}{2} + \frac{\epsilon_{xx} - \epsilon_{yy}}{2}\cos(2\theta_C) + \epsilon_{xy}\sin(2\theta_C)$$

0°- 45°- 90° Rosette에 대하여, $\epsilon_{xx} = \epsilon_A$, $\epsilon_{yy} = \epsilon_C$, $\gamma_{xy} = \epsilon_A + \epsilon_C - 2\epsilon_B$이 성립한다.

진동현 센서의 원리

인장상태의 강선(measuring wire)을 전기코일로 진동시켜 자기장변화를 야기하면 유도코일에 교류 전압이 발생한다. **이때 출력된 전압의 전기적 진동수는 강선의 진동수와 같아지는데,** 진동현 센서 (vibrating wire transducer)는 이 원리를 이용하여 물리적 거동을 감지한다. 그림 5.47과 같은 진동현의 F, L, T, M 이 각각 진동주파수, 현의 길이, 인장력, 단위 길이 당 현의 중량이라면, 측정 주파수는 $f = \sqrt{T/M}\ /(2L)$ 이다. $\sigma = E\epsilon$ 이므로 다음이 성립한다.

$$f = \frac{1}{2L}\sqrt{\frac{AE\epsilon}{M}} = \frac{1}{2L}\sqrt{\frac{AE}{M}}\ \sqrt{\epsilon} = K\sqrt{\epsilon} \tag{5.4}$$

여기서, E는 탄성계수, $K = \sqrt{(AE)/M}\ /(2L)$ 이다. 만일 변형 중인 물체의 두 점을 연결하는 강선의 변형 전·후 주파수(f_o, f)를 측정하였다면, 변형 전 주파수, $f_o = K_o\sqrt{\epsilon_o}$ 인 경우 변형률은 다음과 같이 산정된다.

$$\Delta\epsilon = \epsilon - \epsilon_o = (K^2 - K_o^2)(f^2 - f_o^2) \tag{5.5}$$

일반적으로 강선(wire)의 인장력을 항복응력의 10% 수준으로 설정하며, 변형, 하중, 온도, 수압 등 다양한 거동 측정에 사용된다.

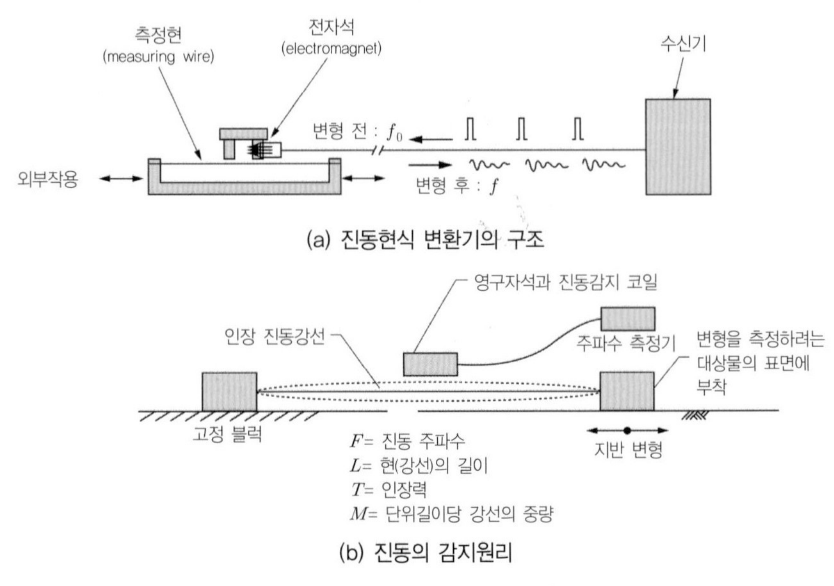

그림 5.47 진동현식 변환기의 원리

선형 변위 변환기의 감지 원리

선형변위변환기(LVDT, linear variable transformer)는 **거동의 변화를 전압변화로 감지**하는 소자이다. 그림 5.48 (a)와 같이 물리적 변위와 연결된 자성을 띤 코아가 코일내부에서 움직이면 2차 코일에 전압변화를 야기한다. 1차 코일에 교류전압을 가하고 자성코아를 움직이면 코아가 움직이는 쪽에 있는 2차 코일의 출력전압은 증가하고 그 반대쪽에 있는 2차코일의 출력전압은 감소하게 된다. 코아의 변위와 2차 코일의 출력전압은 그림 5.48 (b)와 같이 선형 비례관계에 있다. 출력부에서 전압이 변위로 변환된다. LVDT는 습기나 부식에 저항성이 높고 장기 내구성이 크다. 너무 긴 전선을 사용할 경우 신호감소 영향이 나타날 수 있다.

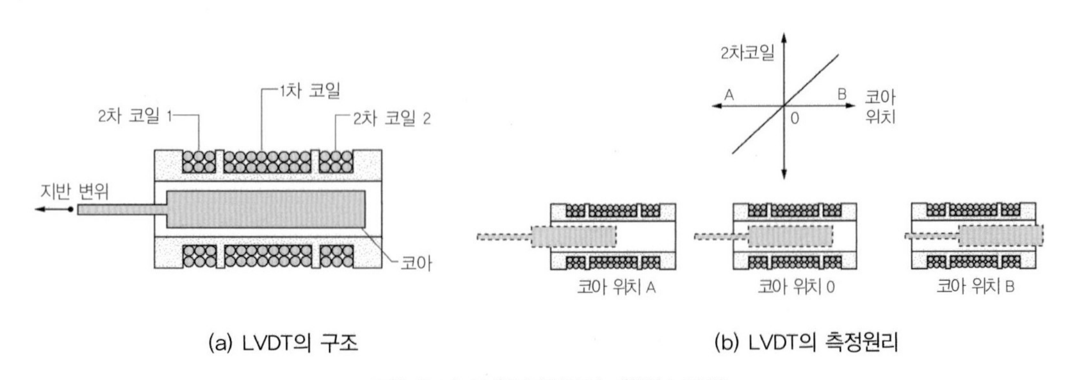

그림 5.48 LVDT(자성코아, 활동부 점선)

측정 질(quality)의 정의 파라미터

측정의 질을 유지하기 위하여 센서를 포함한 계측기는 정확성, 안정성 등의 허용한계를 설정하게 된다. 다음은 이와 관련한 용어의 정의이다.

- **정확도(accuracy) :** 측정치가 참값에 가까운 정도로서, 측정치가 실제거동에 가까운 정도. 정확도는 '(±)숫자'로 표시
- **정밀도(precision) :** 같은 조건에서 동일한 대상을 여러 번 측정한 실측치들의 상호유사성 정도. 각 계측 값이 평균값에 가까운 정도를 말한다. 따라서 정밀도는 반복성 (reproductibility)과 같은 의미이다. 계측기의 정밀도를 나타내는 자리수가 작을수록 정밀한 기계이다. 예로 정밀도 ±1.00인 계측기는 ±1.0인 계측기 보다 정밀하다.

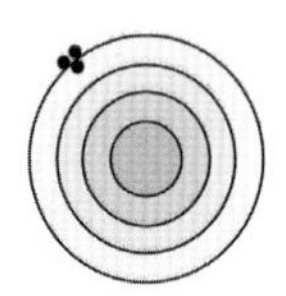

(a) 높은 정밀도, 낮은 정확도

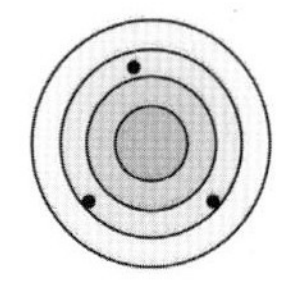

(b) 낮은 정밀도, 평균값은 정확

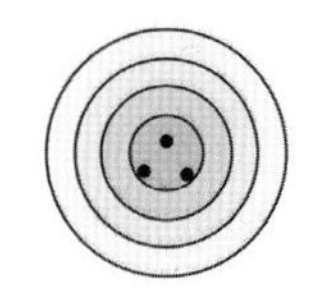

(c) 높은 정밀도 및 정확도

그림 5.49 정밀도와 정확도

- **민감도(sensitivity) :** 계측기로 측정 가능한 최소의 단위를 말한다. 측정범위가 넓은 계기일수록 떨어진다.
- **신뢰도(reliability) :** 신뢰도란 계측기가 요구되는 범위를 넘어선 과대변형, 높은 압력, 부식, 습도와 물기, 온도, 건설영향, 분진환경, 불규칙한 전력공급, 유지관리 접근한계 등에 저항하는 능력을 말한다. 따라서 전기식보다는 기계식이, 이동장치보다는 고정 장치의 신뢰도가 높다.
- **일치성(conformance) :** 계측기의 설치로 인해 측정파라미터 값이 영향 받지 않아야 하는데, 계측기가 계측파라미터에 영향을 미친 정도를 일치성이라 한다.
- **분해능/해상도(resolution) :** 계측기의 가장 작은 측정단위(스케일)를 말한다.
- **오차(error) :** 실제거동과 측정값의 차이를 말한다. 오차는 부주의, 피로, 미숙 등의 인적요인과 부정확한 보정, 설치불량과 같은 기계적 요인 그리고 열, 습도, 진동과 같은 환경적 요인에 의해 일어날 수 있다.

5.5.4 지반거동의 측정

거동의 측정은 감지소자 그리고 기계적 측정기의 문제로 본질적인 지반공학문제와는 다소 거리가 있는 것처럼 보이지만, **계측기기의 문제가 지반공학적 판단에 영향을 미칠 수 있기 때문에 관찰법의 적용과 관련해서 지반공학의 영역에서 깊이 있게 다룰 필요가 있다.**

모니터링의 핵심은 지반의 실제 거동을 정확히 파악하는 일이다. 따라서 관련기술자는 계측기의 작동원리를 올바로 이해하고, 소정의 정밀도를 갖는 계측기의 선택과 설치, 그리고 측정에 이르는 전 과정을 정확히 이해하고 있어야 한다. 모니터링에 대한 기계·전기적 지식과 함께 계측기의 설치에 따른 지반

의 변화(modification)문제도 충분히 인식하고 있어야 한다. **관찰법에서는 모니터링 계획이 설계의 일부분임을 유념**하여야 한다.

지반공사와 관련한 대표적 거동인 스트러트 등 구조부재의 하중, 지표침하, 지중변위, 토압, 간극수압, 지하수 거동의 특성에 대하여 살펴본다.

하중의 측정

지반공사 시, 스트러트, 앵커, 지반가설재 등은 안정성 검토를 위하여 하중상태를 모니터할 필요가 있다. 하중의 측정은 로드셀(load cell)로 이루어진다. 로드셀은 하중감지 원리에 따라 메커니컬 하중계, 스트레인 게이지 하중계, 수압하중계, 진동현 하중계가 있다.

하중계의 선택은 접근성, 물의 존재 여부, 손상 가능성, 계측기간, 하중형태 등의 환경요인을 고려하여야 한다. 하중계의 부적합 설치는 측정에 상당한 오류를 야기할 수 있다. 설치 시 유의하여야 할 점은 다음과 같다.

- 하중 지지면은 수평이 되도록 한다.
- 몰탈이나 재하판 같은 패드가 필요하다.
- 편심하중이 일어나지 않도록 집중화 장치가 필요하다.
- 직사광선을 피한다.
- 적절한 공간배치를 통해 모멘트가 걸리지 않도록 한다.

지표변형의 측정

지표침하. 지상 구조물의 총 침하 또는 부등침하 평가에 필요하다. 대부분의 지표거동은 측량기법으로 측정한다. 최근에는 Photo Theodolite나 일련의 Precise Camera를 이용한 Photogrammetric Method가 사용되기도 한다. 이미지를 통해 3차원 거동을 계측할 수도 있다. 광학측량기의 경우 오차는 1.0 mm 이하 이다. 전자측량기(electronic distance measuring equipment, EDM)는 측량상의 종래의 많은 문제를 해결했고, 5km 당 오차가 ± 5.0 mm 이하이다.

지표침하는 기준점(reference point, surface movement point)의 설치가 매우 중요하다. 지반의 거동을 모니터링하고자 하는 경우 도로의 포장면의 강성, 동결현상에 따른 지반 융기(frost heaving) 등의 영향이 배제되도록 하여야 한다. 통상 기준고정점(datum pillar)은 지표에서 깊이가 적어도 1.0m 이상으로 한다. 측점(levelling station)이 훼손되지 않도록 하여야 한다. 벤치마크(bench mark)는 지반거동의 영향이 미치지 않도록 충분히 멀리 떨어져 있어야 한다.

지표 수평변형(률), 인장균열. 지표 수평변형률은 건물기초의 손상여부에 대한 지표가 되고 사력댐, 사면 등의 거동과 관련해서도 중요하다. 가장 간단한 수평변위 측정법은 두 측점간 거리 변화를 측정하여 변형률을 구하는 것이다. 수평변위가 진전되면 사면상부에는 인장균열이 발생하므로 이의 모니터링이 중요하다. 측점(stud)을 설치하고 측점간 거리를 모니터링하거나, 지중변위계(Rod extensometer)를 수평으로 설치하여 수평거리변화를 측정하는 방법을 사용할 수 있다. 두 점 간 상대변위를 측정하는 간단한 측정 장치인 이동표적기(sliding target)를 그림 5.50에 예시하였다.

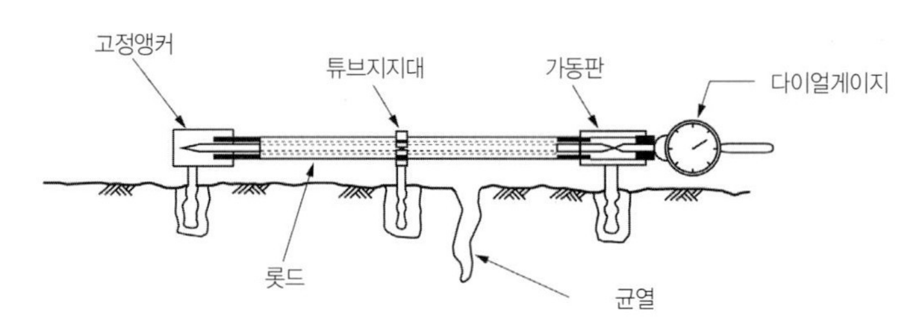

그림 5.50 인장균열의 모니터링(tension crack monitoring)

표 5.6은 대표적 지표거동의 유형과 발생위치와 그 측정법을 예시한 것이다.

표 5.6 지표거동의 형태, 발생위치 및 측정방법

거동	발생위치	측정방법
침하 (settlement, subsidence)	• 성토, 채움부(fills), 건물 • 터널상부지표, 옹벽 배면	• 정밀측량장비(침하판 병용) • 침하 extensometer
융기(heave)	• 굴착저면 및 인접부 채움부 (fills)	• 정밀측량장비, 침하 extensometer
부등침하	• 건물내부	• 정밀측량장비, 수준기
경사(tilt)	• 옹벽, 건물, 암반경사 • 지표경사	• 경사계(tiltmeter) • Mercury pools set in piers
수평변위(horizontal displacement)	• 사면 • 인장균열, 절리 • 단층	• 정밀측량, GPS Terrestial photography Wire extensometer Precision electric strain meter Sliding wire contact • Simple strain meter with pins • 정밀측량

지중거동의 측정

지중침하. 지중침하는 보통 지중변위계(익스텐소미터, extensometer)를 이용하여 측정한다. 지중변위계는 롯드(rod)를 이용하여 지중의 고정점과 지표 간 상대변위를 측정하거나 자석이 내장된 판이 일정간격으로 설치된 튜브에 감응탐침(torpedo)을 통과시켜 지점 간 상대변위를 측정한다.

지중수평변위. 수평변위는 경사계(inclinometer)나 변형계(deflectometer)를 이용한다. 경사계는 지반변형에 순응하는 휨성관을 설치하고, 일정구간마다 경사를 감지할 수 있는 Servo-accelerometer가 장착된 측정부 탐침(torpedo)을 밑으로 내려가며 측정한다. 경사계는 보링공에 수직한 변형만 측정할 수 있으며, 비틂이 일어나는 지반에 사용할 수 없으므로 적용환경을 잘 선택하여야 한다.

측정탐침(torpedo)은 전기적 특성을 이용하는 Potentiometer Type(Wheatstone bridge)과 진동현(vibrating wire)방식이 있다. 변형이 야기하는 경사가 현의 장력을 변화시키는데 이 변화하는 특성을 전압으로 감지하여 경사를 산정한다. L은 탐침의 길이, $\delta\theta_i$는 i구간에서 측정기울기라하면 수평변위는 다음과 같이 산정된다(그림 5.51).

$$\Delta_h = \sum_{i=1}^{n} l \sin \delta\theta_i \quad (5.6)$$

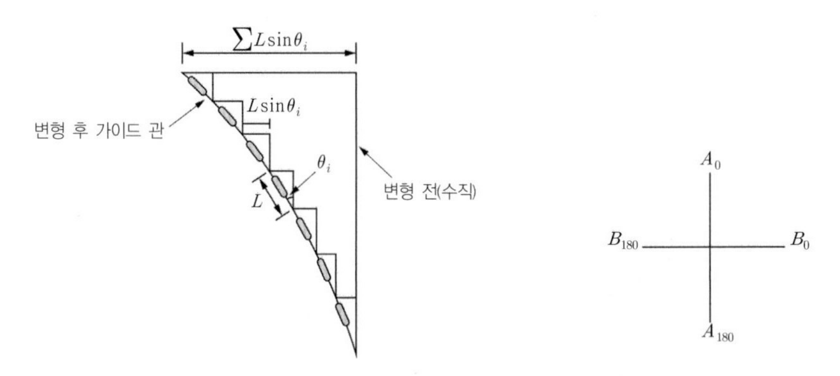

그림 5.51 경사계(inclinometer)를 이용한 수평변위의 산정

표 5.7 지중변형의 형태, 발생위치 및 측정방법

거동	발생위치	측정방법
지중수직변위	• 지중 압밀층의 압밀변형 등 • 광산터널 천정변형	• 수직 rod-extensometer • settlement reference point • Borros points • 음향검출장치
지중수평변위	• 사면파괴 부(a,b,c,d) • 옹벽 및 파일변형(a) • 응력을 받는 연약층(a) • 단층거동(a,b,d)	a) inclinometer(soil, rock) b) deflectometers(rock) c) shear strip indicators d) slope failure sensors e) 음향검출장치
선형변형률 경사	• 댐의 기초 및 교대 • 암반굴착 시 주변거동 • 댐기초의 부등침하	• rock bolt extensometers • multiple position borehole • extensometer • electrical strain meters
파이핑 침식	• 댐의 기초 및 주변 • 지하수로	• 음향검출장치 • 물감 혹은 방사능동위원소법
내공변위(convergence)	• 터널	• 스틸테이프, line extensometer

토압의 측정

일반적으로 **토압계는 일차적으로 변위를 측정하며 이로부터 압력을 환산한다**. 따라서 대부분의 토압계는 지반재료와 접촉되는 부분이 휨성재료의 격벽(다이아프램, diaphragm)으로 되어 있다. 다이아프램에 가해지는 압력을 감지하는 방법은 수압, 스트레인 게이지, 진동현식 센서가 주로 사용된다.

토압계는 계기에 직각한 방향의 압력을 측정하여야 하는데, 설치상의 문제, 토압계의 강성의 영향 등이 있어 토압의 직접측정은 실제로 상당히 까다로운 문제이다. 그림 5.52와 같이 토압계 자체의 강성이 주변지반의 강성보다 훨씬 크면 지반 내 원래 응력장을 변화(교란)시키는 문제가 있다.

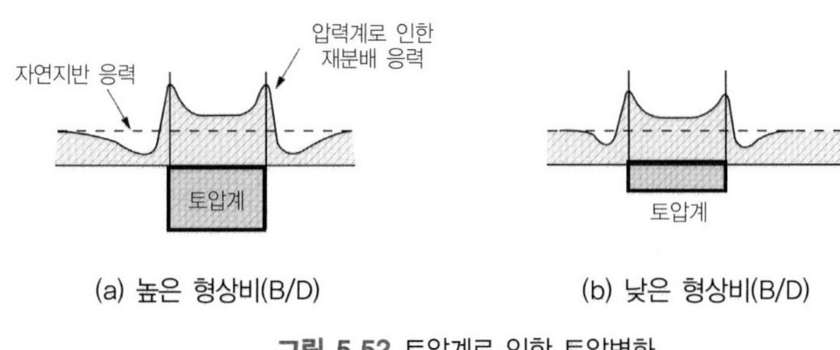

그림 5.52 토압계로 인한 토압변화

토압계의 강성이 클수록 하중전이(load transfer) 특성으로 인해 지반압력을 과다하게 측정한다. 따라서 토압계 선정 시 원래의 지반응력(free field pressure), p를 얻을 수 있는가가 검토되어야 한다. Taylor (1947)는 그림 5.53과 같이 측정토압, p_e가 상대강성에 영향을 받음을 고려하여 다음 식을 제시하였다.

여기서 N은 반력계수($N = k_s D$)의 의미를 갖는 지반물성이며, E_s, E_c 는 각각 지반 및 셀의 탄성계수이다.

$$\frac{p_e}{p} = \frac{\frac{B}{D}\left[\frac{N}{E_s} - \frac{N}{E_c}\right]}{1 + \frac{B}{D}\frac{N}{E_c}} \tag{5.7}$$

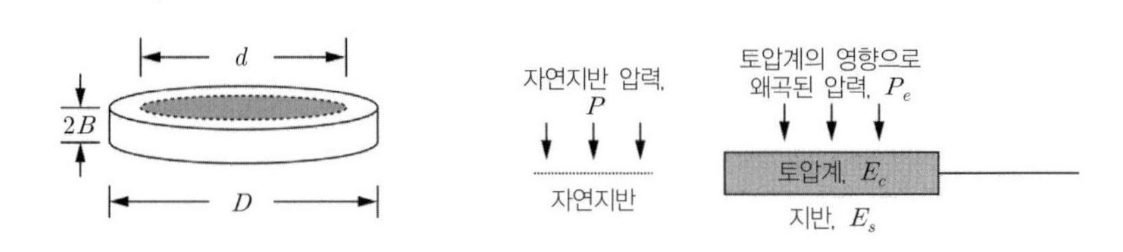

그림 5.53 토압의 측정

Taylor는 토압계의 형상비(B/D, aspect ratio)와 휨성계수(flexibility factor=$E_s d^3/E_c t^3$, 여기서 d, t는 각각 다이아프램의 직경과 두께)가 측정치에 영향을 미침을 지적하였다. 일반적으로 토압은 토압계 격벽에 수직한 방향의 응력만을 측정할 수 있다. 일축압축상태에서는 휨성비가 1 이하면 좋으나, 실제 지반은 3축응력상태이므로 토압계와 평행하게 작용하는 응력에 대한 고려도 필요하다. 일례로 스트레인게이지 토압계의 경우 수평토압을 측정할 경우 수직응력이 수평응력보다 크므로($\sigma_{vo} > \sigma_{ho}$) 다이아프램의 스트레인게이지에 영향을 줄 수 있다. 이 영향을 직교 민감도(cross-sensitivity)라 하며, 이를 줄이기 위해서도 B/D 값을 최소화하여야 한다.

지반의 3차원 응력상태를 파악하기 위해서는 그림 5.54처럼 토압계를 다양한 방향과 경사로 설치하여 측정결과를 응력해석하여야 한다.

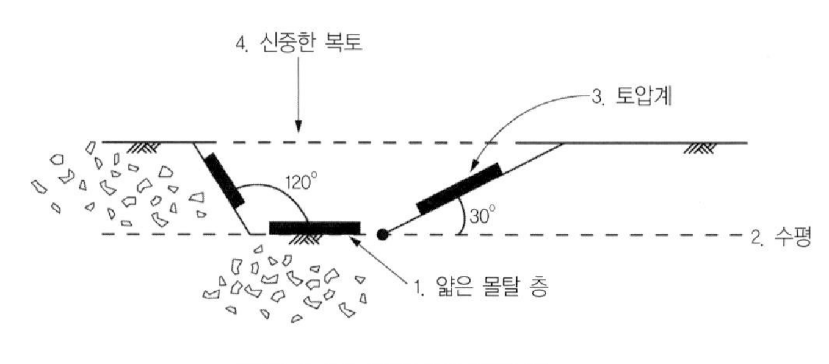

그림 5.54 토압계의 배치 예

그림 5.55처럼 4개의 토압계를 서로 다른 평면에 설치하면 Mohr 원을 통해 지반의 주응력 상태를 파악할 수 있다.

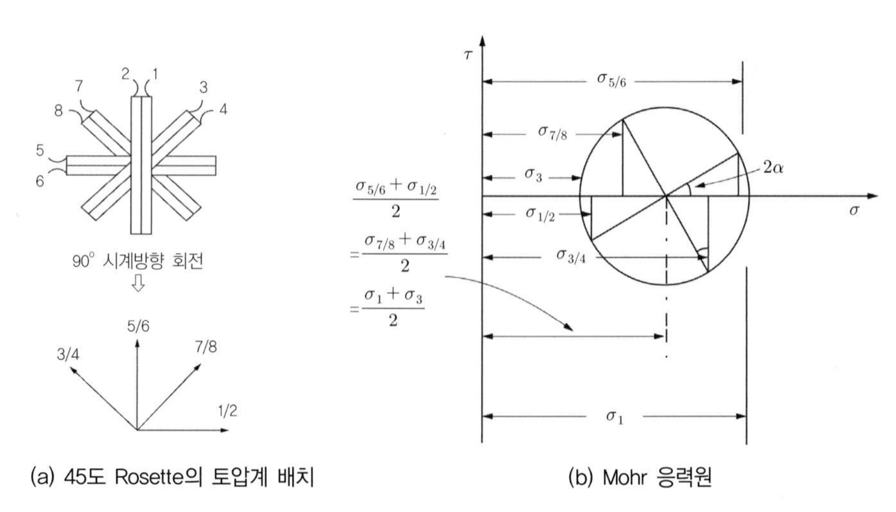

(a) 45도 Rosette의 토압계 배치　　(b) Mohr 응력원

그림 5.55 토압계의 배열과 응력해석 예

토압계는 토압이 격벽에 균일하게 유도되도록 설치하여야 한다. 그림 5.56 (a)와 같이 모난 사석(rockfill) 중에 설치하는 경우 국부적인 압력이 작용하지 않도록 주변에 모래 채움을 하여야 한다.

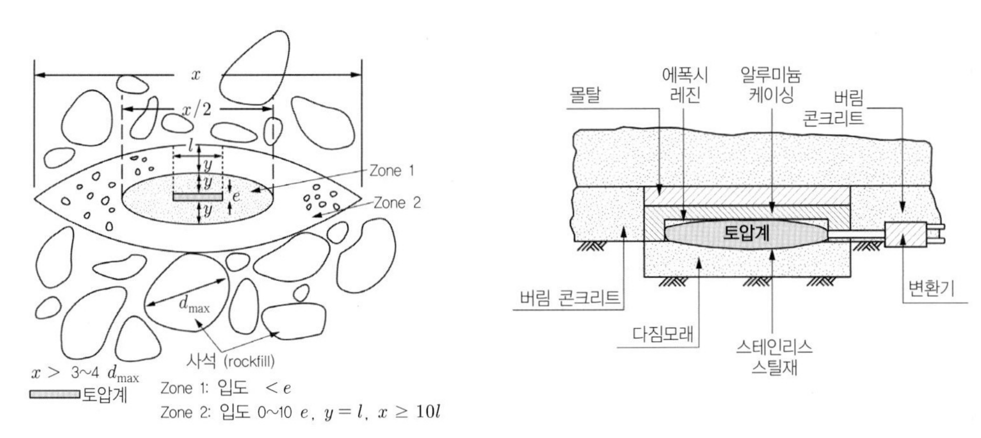

(a) 토압계의 사석(rockfill) 내 설치 (b) 구조물 저면 설치

그림 5.56 토압계의 설치 예

벽체 기초 등 구조물에 작용하는 토압을 파악하기 위하여, 토압계는 구조물에 부착하여 설치하는 경우가 많다. 이 경우 그림 5.56 (b)와 같이 토압계의 다이아프램 이외의 부분은 구조물 내에 위치토록 하고, **다이아프램이 구조물저면과 대략 일치하도록 설치**하여야 한다. 균등 토압유도를 위하여 격벽의 전면에는 모래층(sand bed)을 설치한다. 표 5.8에 지반 압력거동의 발생위치와 측정법을 예시하였다.

표 5.8 압력, 응력의 형태, 발생위치 및 측정방법

거동	발생위치	측정방법
지압	• 기초하부 • 제체 내부 • 구조부재 • 옹벽 지지부 • 터널 라이닝	• 압력셀(pressure cell) • 로드셀(load cell) • 스트레인 게이지 • 음향 검출장비 • 진동현 응력미터
간극수압	• 건설 영향권 내 지하수위 아래	• stand pipe • Casagrande piezometer • hydraulic piezometer • pneumatic piezometer • electrical piezometer
암반의 잔류응력	• 암반굴착	• 스트레인미터와 overcoring • borelhole methods • deformation meter • flat jack tests • hydraulic fracturing

간극수압의 측정

공사 중 **지반제체의 안정은 간극수압을 모니터링함으로써 파악할 수 있으므로 간극수압은 중요한 계측요소**이다. 수압측정 계측기는 다양한 원리를 채용한 여러 종류가 있다. 지반의 내재적인 복잡성 때문에 정확하고 신뢰성 있는 간극수압의 측정은 쉽지 않다.

기본적으로 모든 간극수압계(피에조미터)는 다공성 측정기구를 지중에 위치시켜 측정기구 주변으로 흐름을 야기하고 주변 수압과 평형을 이룰 때의 수압을 측정한다. 지반에 따라 투수성이 다르므로 **평형수압이 도달하는 데 소요되는 지체시간(time lag)**의 차이가 있다. 지체시간을 줄이는 것이 간극수압측정에서 매우 중요하다. 지체시간을 고려하여, 수압계의 설치시기를 판단하여야 한다.

지체시간(time lag)의 평가. 수압계에서 지반에서 수압이 인지되기 위해서는 주변지반의 물이 측정요소로 흘러 들어와야 한다. 더 이상 물이 흘러들어 오지 않는 평형상태의 수압이 측정수압이다. 수압이 평형에 이르는 데는 시간이 소요되는 지체시간(time lag)은 수리이론을 이용하여 구할 수 있다.

Hvorslev(1951)은 비압축성 지반의 피에조미터의 형상에 관계없는 지체시간 해를 제시하였다. 그림 5.57에서 시간 t에서 공내 수두차 $H=z-y$이면, 단위시간당 유량은 다음과 같다.

$$q = FkH = Fk(z-y) \tag{5.8}$$

여기서 F는 피에조미터 다공성 단부(tip)의 크기와 형상에 따른 형상계수(≈단면기준 유입주면장). dt시간동안 유입량은 $qdt = Ady$이므로, 식 (5.8)과 조합하면 다음식이 얻어진다.

$$\frac{dy}{z-y} = F\frac{k}{A}dt \tag{5.9}$$

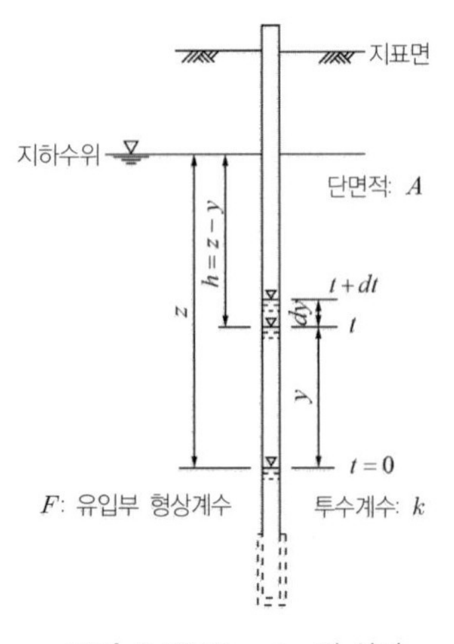

그림 5.57 Time lag의 산정

수압평형에 필요한 총유량 $V=AH$, 지체시간(time lag) T라면,

$$T=\frac{V}{q}=\frac{A}{Fk} \tag{5.10}$$

식 (5.9)와 식 (5.10)으로부터, $\dfrac{dy}{z-y}=\dfrac{dt}{T}$ (5.11)

식 (5.11)이 지체시간에 대한 기본 미분방정식이다. 지하수압이 일정한 경우, 즉 $z=H_o$이면

$$\frac{dy}{H_o-y}=\frac{dt}{T} \tag{5.12}$$

식 (5.12)의 해는 다음과 같다.

$$\frac{t}{T}=\ln\left(\frac{H_o}{H}\right) \text{ 또는 } \frac{H}{H_o}=e^{-t/T} \tag{5.13}$$

수압계(피에조미터)의 지체시간을 짧게 하기 위하여 계기 주변에 투수성이 좋은 모래를 채워 흐름을 피에조미터에 집중시킨다.

간극수압계의 설치. 간극수압계는 오픈 시스템과 폐쇄시스템으로 구분된다. 오픈시스템은 직접 수위를 측정하는 형태이며, 폐쇄시스템은 원격으로 데이터를 읽을 수 있다. 피에조미터 주변은 투수성이 좋은 모래를 채우고, 피에조미터 상부는 투수량을 줄여 지체시간을 짧게 하기 위하여 점토와 같은 원지반의 투수계수보다 작은 투수계수 재료로 채워서 흐름을 피에조미터에 집중시킨다. 그림 5.58은 피에조미터의 설치표준방법을 예시한 것이다.

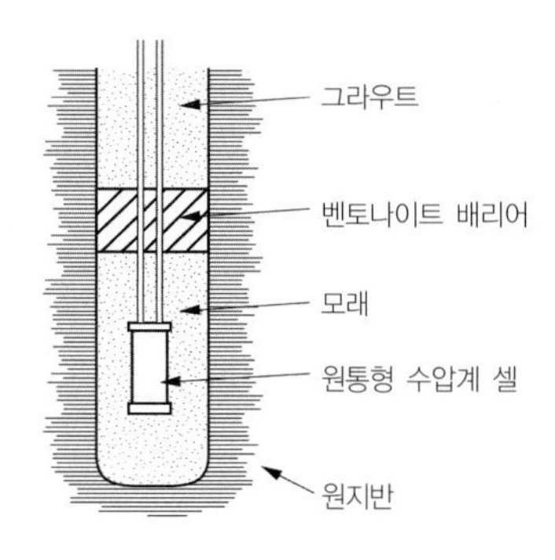

그림 5.58 피에조미터(hydraulic piezometer)의 설치

지하수 거동의 모니터링

지반 내 지하수의 이동은 지반거동에 중요한 영향을 미친다. 일례로 지반굴착 시 지하수 통제 실패에 따른 굴착면 불안정과 침하, 세립토(fines) 유실에 따른 침하, 균등 세립 모래, 비점성 실트, 연약점토, 파쇄암반 절리의 실트 및 연약점토 충전물, 미고결 입자가 유실되기 쉽고 이로 인해 파이핑, 공동 등 지반문제가 야기되는 경우가 흔하다. 따라서 **지하수의 영향 혹은 변동이 예상되는 지반문제에 대해서는 유출 속도, 수위, 이동방향 등이 모니터링되어야 한다**.

이밖에도 지하 수자원의 손실, 수질변화-오염물의 이동과 염수의 침투, 저류물질의 누출, 매립지 침출수 유출, 비료 및 살충제 함유 농업용수, 도시하수 및 기름 유출. 우물, 웰포인트, 지반조사 및 공사용 시추공(boreholes) 등에 의한 오염물 유입, 목재파일기초의 건조, 습지와 식생의 파괴 등의 영향이 야기될 수 있어 지하수의 모니터링은 매우 중요하다.

구조부재의 거동의 측정

도심지 건설공사는 건물이 밀집된 지역에서 이루어지므로 인접구조물의 안전확보가 중요한 문제인 경우가 많다. 기존건물에 대해서는 우선 공사 시작 전 현황을 구체적으로 조사하여야 한다. 기존구조물의 기울기, 균열상태 등을 먼저 파악하여야 추후 공사 시 분쟁을 방지할 필요가 있다. 기존건물에 대한 계측요소는 변형(침하), 하중, 기울기, 균열의 생성 및 확장 여부이다. 침하는 앞의 방법들을 적용할 수 있으며 경사는 측점을 설치하여 경사계(clinometer 혹은 tiltmeter)를 이용할 수 있다.

상대변위(convergence meter). 가까운 두 측점 간의 거리를 측정하여 수렴성 및 안정성평가에 활용할 수 있다. 그림 5.59와 같은 두 지점에 고정핀(pin)을 설치하여 거리변화로 상대변위를 측정하는 방법과 서로다른 길이의 롯드(rod)를 설치하여 개별롯드의 변형으로부터 두 롯드의 길이 차 구간에서 발생하는 상대변위를 측정하는 방법이 있다. 예로 터널의 내공변위는 전자를 이용하며, 터널상부 지반의 지중변위는 후자를 지표에 설치하는 방법을 사용한다.

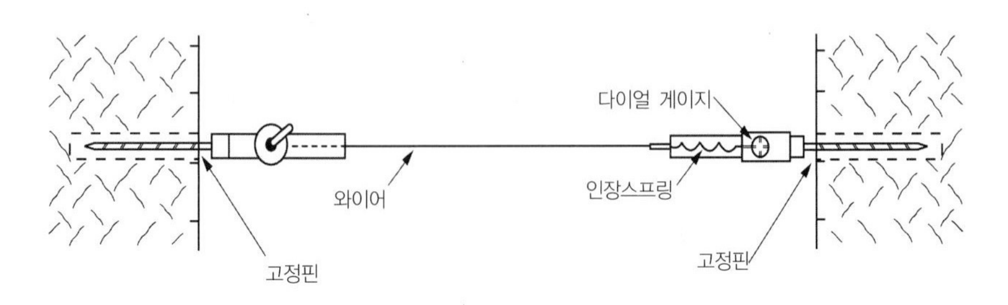

그림 5.59 상대변위계(터널 내공변위 측정)

5.6 관찰법의 적용 예 – 터널

일반적으로 관찰법은 불확실성요인이 많은 지반공사에 부합하다. 전통적으로 **터널설계는 우발계획 개념을 기반으로(contingency basis) 이루어지므로 공사 중 확인되는 상황에 따라 설계변경을 허용한다.** 따라서 터널공사는 관찰법의 적용이 가장 활발하고 유용한 분야이다. 이 절에서는 터널공사에 대한 OM 적용 특성을 살펴보고 샌프란시스코 Bay Area Transit과 런던 DLR(도클랜드 경전철, Dockland Light Railway)의 맨션하우스 통과구간에 적용된 OM사례를 고찰한다.

5.6.1 터널공사의 특징과 OM 설계

터널공사의 특징

대부분의 터널붕괴는 막장부근에서 공사 중 발생한다. 일단 터널이 굴착되고 라이닝이 타설되면 터널은 붕괴로부터 상당히 안정해진다. 그림 5.60과 같이 **터널은 일반적으로 굴착 중 안전율이 최소가 되는 특징을 보인다.** 기존 붕괴사례로 보면 지보가 미처 설치되기 전 굴착상태에서 붕괴발생확률이 가장 높다. 터널의 붕괴는 터널만의 문제가 아니라 주변구조물의 손상을 수반하기 때문에 생명과 재산보호를 위해 인접 건물의 안전 확보에 특별한 고려가 필요하다.

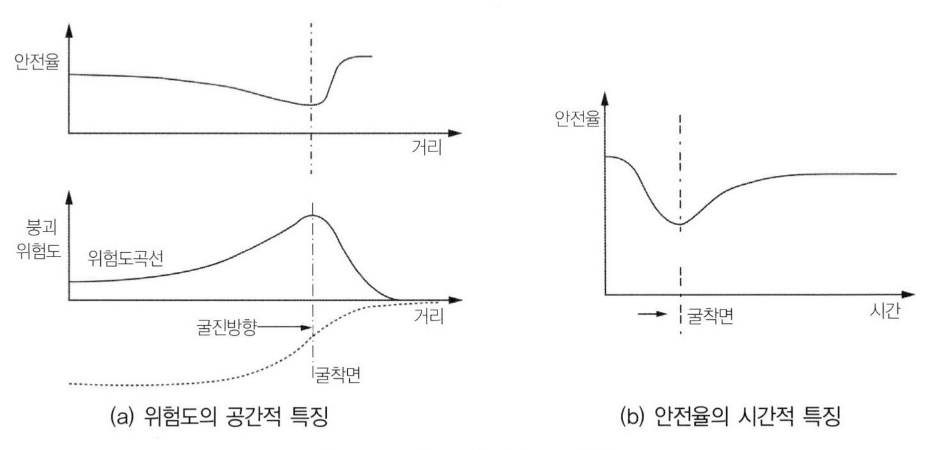

(a) 위험도의 공간적 특징 (b) 안전율의 시간적 특징

그림 5.60 터널건설의 안전율 개념

터널공사가 도심에서 이루어질 경우 터널자체의 안정성뿐만 아니라 터널과 인접한 구조물의 사용성을 확보하여야만 하므로 많은 비용이 소요될 수 있다. 경우에 따라서는 건설주체와 건물주체간 갈등이 생길 수 있고, 발주자를 지원하는 전문가와 기존건물소유주를 지원하는 전문가 사이에는 관리기준, 보호대책 등에 대하여 상당한 기술적 입장차이가 생길 수도 있다.

일반적으로 터널사업자측은 비용문제로 경제성을 우선한 대책을 선호할 것이나, 건물소유주는 건물에 미치는 영향을 최소화하는 대책을 원할 것이다. 따라서 터널사업자는 통상 '적정설계(MP, most probable)'를 지지하고 건물소유주측은 가장 비우호적인(MU, most unfavourable) 상황을 대비하고자 하기 때문이다. 이러한 경우 OM이 대안이 될 수 있다.

OM구간의 선정

만일 터널공사 전 구간을 OM 대상으로 한다면 불필요하게 많은 설계비용이 소요될 것이다. 따라서 관찰법은 리스크수준은 높으나 피할 수 없는 경우로서 안전성과 경제성이 이슈가 되는 특정구간에 주로 적용한다.

특정구간, 혹은 특정문제에 대하여 불확실성을 비용으로만 감당하는 것이 적절하지 못한 상황이 있기 마련인데, 이때 관찰법의 적용을 검토할 수 있다. 따라서 터널프로젝트에 따라 관찰법이 여러 구간에 구현 될 수도 있고, 없을 수도 있다. 기존터널공사에서 OM의 적용사례를 보면, 불확실성이 높은 특정구간을 통과하는 데 따른 안전하고 경제적인 공사 관리방법으로 OM이 선택되었다. 현재까지 성공적인 터널 OM으로 발표된 사례는 대부분 인접구조물의 안전한 통과와 관련이 있다.

터널의 OM은 전체 프로젝트 중 그림 5.61과 같이 지반문제의 영향이 중요한 일부구간을 대상으로 하여 수행되는 경우가 대부분이다. 터널프로젝트와 관련한 OM 대상구간은 주로 다음과 같다.

- 주변 중요구조물을 인접하여 통과하는 경우
- 지반이 취약하여 터널의 안정이 심각히 우려되는 경우
- 기존터널과 인접하여 진행되는 건설공사 등

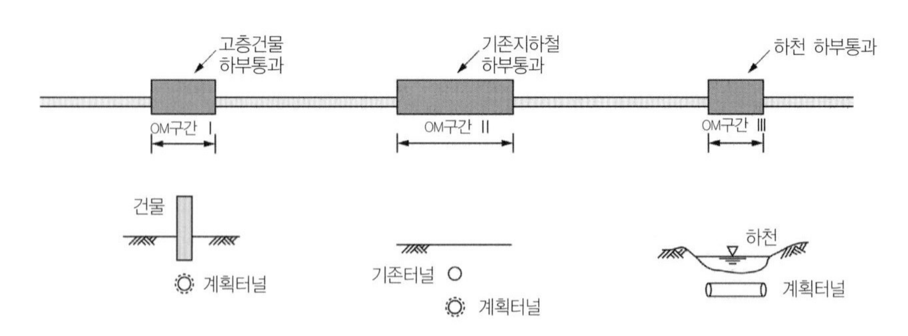

그림 5.61 주요지역 통과 OM 구간의 선정 예

NB: 터널 건설공사의 특성상 지반불확실성 요소가 많으므로 OM 대상이 아닌 구간은 확정설계 구간으로써 시공관리나 설계의 검증을 위한 계측이 수행될 수 있다. 터널 OM의 특징은 계측, 대책, 관리기준이 터널 자체보다는 인접구조물에 초점이 맞춰지는 경우가 대부분이다. 하지만, 만일 기존터널에 인접하여 건물을

신축한다면, 주 관심대상은 터널이 될 것이다. 최근에 도시공간 부족으로 기존 지하철에 인접하여 고층건물을 신축하는 경우가 많은데 이 경우가 그러한 예이다.

터널을 보호하기 위한 OM

대부분의 관찰법은 터널공사를 OM으로 수행하는 경우이다. 그림 5.62와 같이 기존 터널에 인접하여 깊은 굴착 또는 신설터널을 건설하는 경우 관련 공사에는 기존터널을 보호하는 OM이 도입되어야 할 것이다.

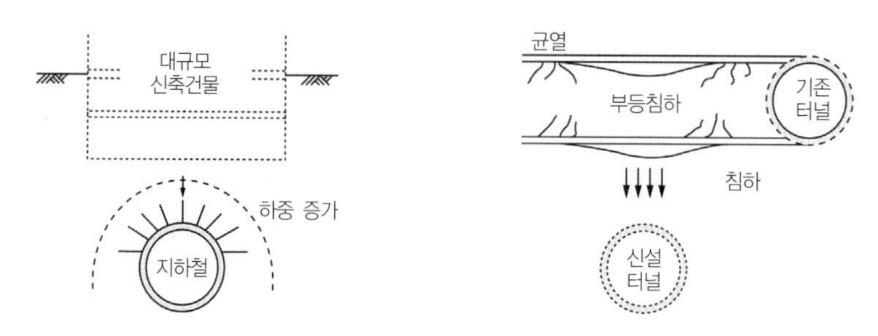

그림 5.62 인접공사로 인한 기존터널의 영향 예 – 기존건물 하부통과, 기존터널 하부통과

일반적으로 보강대책은 상당한 추가 비용이 소요되고, 시간지체의 요인이 되므로 기존 운영 중인 터널의 운영자와 주변에 신축건물 건설자의 이해관계가 대립될 수 있으며, 이 경우 안전성과 경제성의 최적점을 찾는 방안으로 OM이 타협안으로 제시될 수 있다.

운영 중 터널에 문제가 야기되는 경우 시민의 안전을 저해할 우려가 있으므로 기존 터널 운영기관(철도, 도로 관리청)은 매우 엄격한 관리기준을 설정하고 있다.

설계해석

터널 OM설계의 주 대상은 고층건물, 주거지, 문화재, 교량 등의 인접부로서 변형이나 붕괴가 인명의 손실이나 상당한 경제적 손실을 야기할 우려가 있는 곳이다. 이 경우 주된 지반공학적 질문과 이에 대한 설계는 크게 다음 2가지로 구성된다.

- 터널 굴착면은 안정한가? – 지표변형, 지중변형, 절리 간극수압 (ULS 설계조건)
- 인접구조물, 시설의 손상은 없는가? (SLS 설계조건)

터널프로젝트의 특정구간이 OM 적용대상으로 선정되면, 우려되는 지반문제에 대하여 SLS 및 ULS 조건을 설정하고, OM 설계개념에 입각하여 MP 및 MU 조건을 고려한 해석과 관리기준 그리고 설계수정안을 마련한다.

관리기준(trigger values)

터널굴착, 특히 도심 내 천층터널(shallow tunnel)은 터널상부에 지반에 변형을 야기하며, 이로 인해 상부구조물에도 변형이 일어난다. 인접구조물의 영향정도는 그림 5.63과 같이 터널의 규모, 심도, 상부 구조물의 크기 배치상태 등에 따라 다르다.

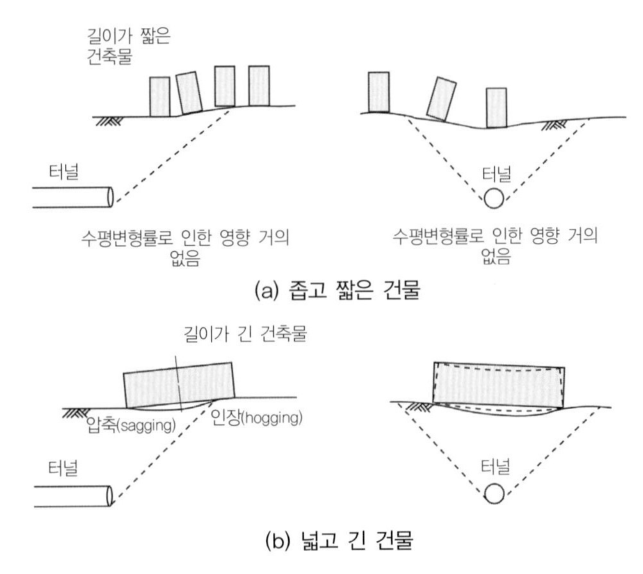

그림 5.63 터널굴착과 구조물규모에 따른 거동

일반적으로 건물의 거동은 총침하, 상대침하, 수평변형률, 각변형(angular distortion) 등이 주요 관찰 대상이 된다. 허용거동의 크기는 구조물마다 다르다. 관리기준의 설정은 우선 그림 5.64와 같이 위험을 가장 잘 드러낼 수 있는 핵심거동요소(예 구조물의 경우 각변형, 수평변형률 등)를 정의하여야 한다.

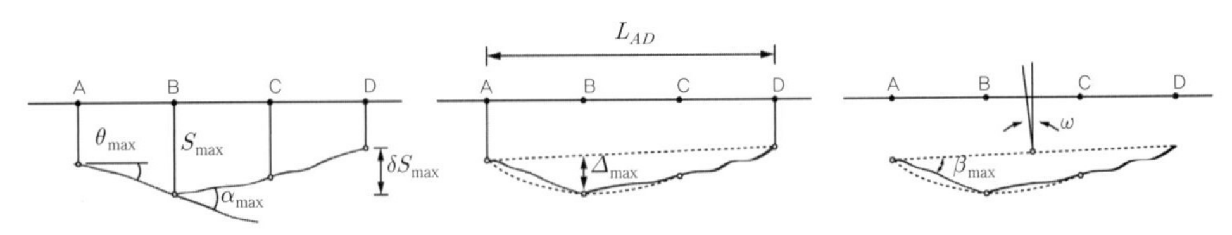

S_{max}: 최대침하, δS_{max}: 상대침하, θ: 회전(rotation), α: 각변형률(angular strain),
Δ: 상대변형(relative deflection), Δ/L: 변형비(deflection ratio),
ω: 경사(tilt), β: 각회전(angular distortion)

그림 5.64 구조물거동의 정의

OM에서는 적정설계조건(MP)과 가장 비우호적인적인 조건(MU)을 고려한 해석을 통해 구조물의 정량적인 거동을 평가하여야 한다. 구조물 운영기관이 가지고 있는 관리기준을 종합하여 위험거동을 미리 판단할 수 있도록 관리기준을 설정한다. 그림 5.65는 인접구조물에 대한 관리기준 설정 예를 보인 것이다.

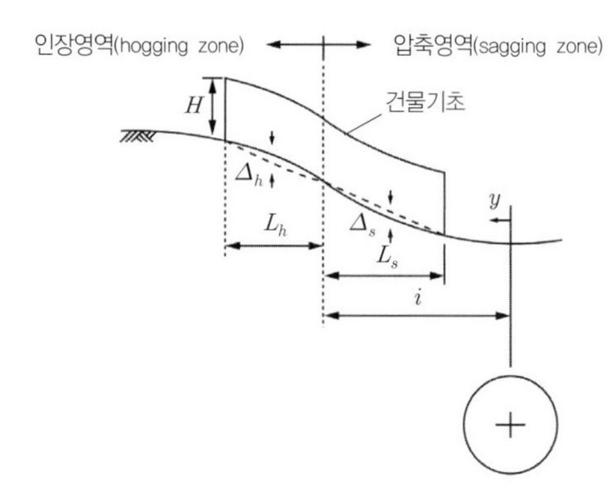

(a) 지반변형과 구조물 거동

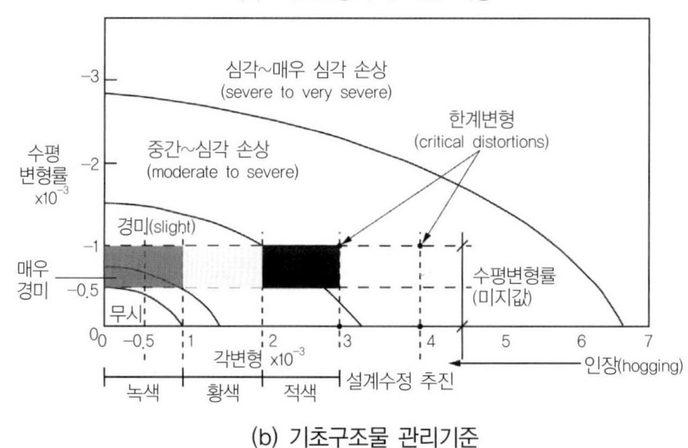

(b) 기초구조물 관리기준

그림 5.65 관리기준의 설정 예(Boscardine & Cording의 손상평가 기준에 근거함)

설계수정안 – 관리기준 초과대책

일반적으로 설계수정안은 크게 다음 2가지 관점의 대안이 가능하다. 그림 5.66은 인접구조물 보호를 위한 설계수정 대책을 예시한 것이다.

- 공사방법의 변경 : 시공속도 조절, 분할굴착 등
- 설계내용 수정
  - 터널대책 : 터널보강, 지보 증가
  - 지반보강 : 보상그라우팅, 차단벽(cut-off wall)

- 구조물대책 : 언더피닝, 잭킹

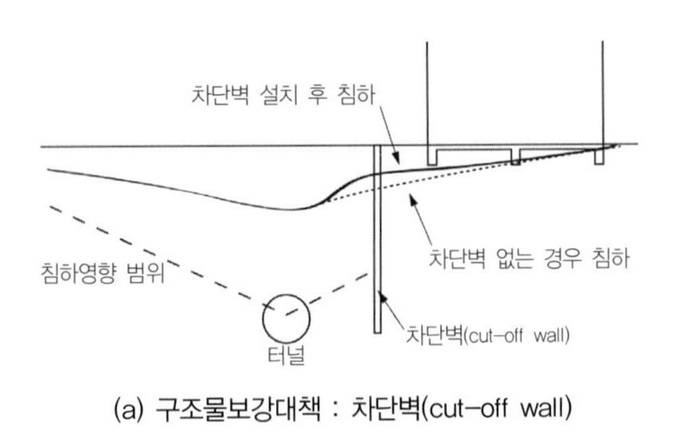

(a) 구조물보강대책 : 차단벽(cut-off wall)

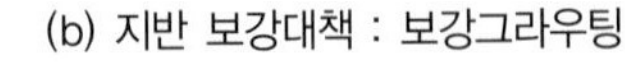

(b) 지반 보강대책 : 보강그라우팅

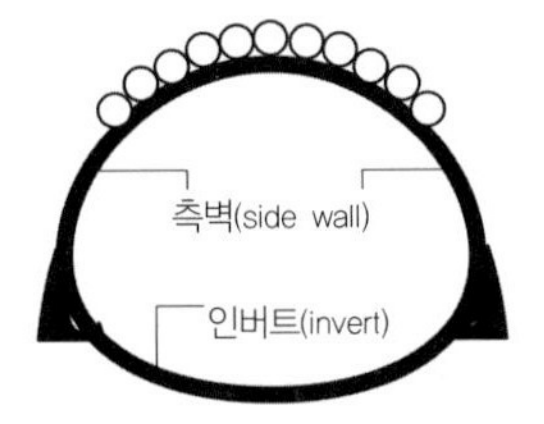

(c) 터널대책 : 강관보강을 통한 터널의 보강

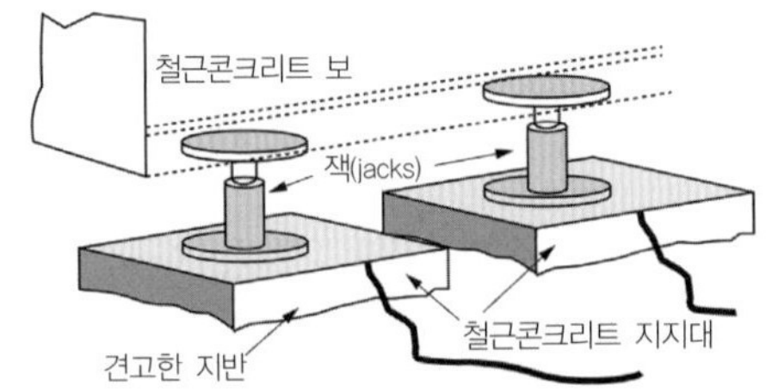

(d) 구조물 대책 : 구조물 잭킹

그림 5.66 보강대책의 예

모니터링계획(monitoring plan)

계측범위. 계측계획은 터널굴착 시 지반거동, 인접구조물 거동 등에 대한 전반적인 이해를 필요로 한다. 특히 터널굴착으로 인한 거동영역의 평가를 통해 모니터링범위가 설정되어야 한다. 일반적인 터널 굴착영향의 범위는 그림 5.67을 참고하여 설정할 수 있다. 지하수가 높은 경우 거동범위가 이보다 크게 늘어날 수 있다.

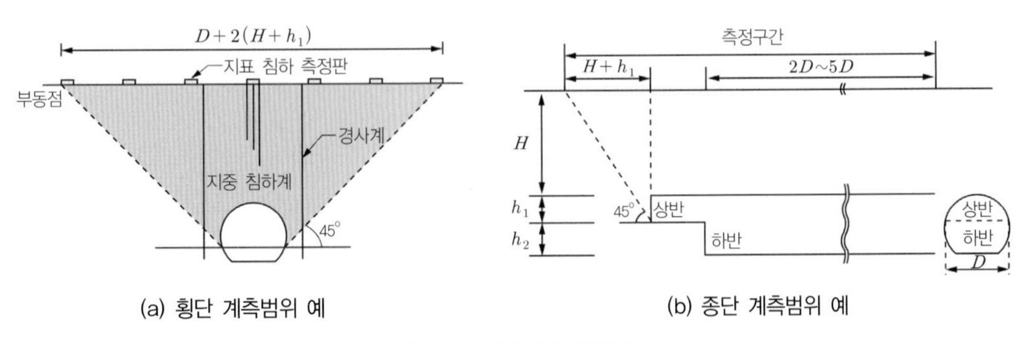

(a) 횡단 계측범위 예

(b) 종단 계측범위 예

그림 5.67 터널 계측의 범위

계측항목. 터널 및 주변구조물의 안전성 그리고 사용성에 미치는 영향을 평가할 수 있는 항목을 선정한다. 계측목적, 터널 구조물의 용도 및 형태, 사용 건설재료의 특성, 지질 및 지하수 상태, 외부하중, 주변환경 및 시공여건 등을 고려한다. 그림 5.68에 표준적인 계측단면을 예시하였다.

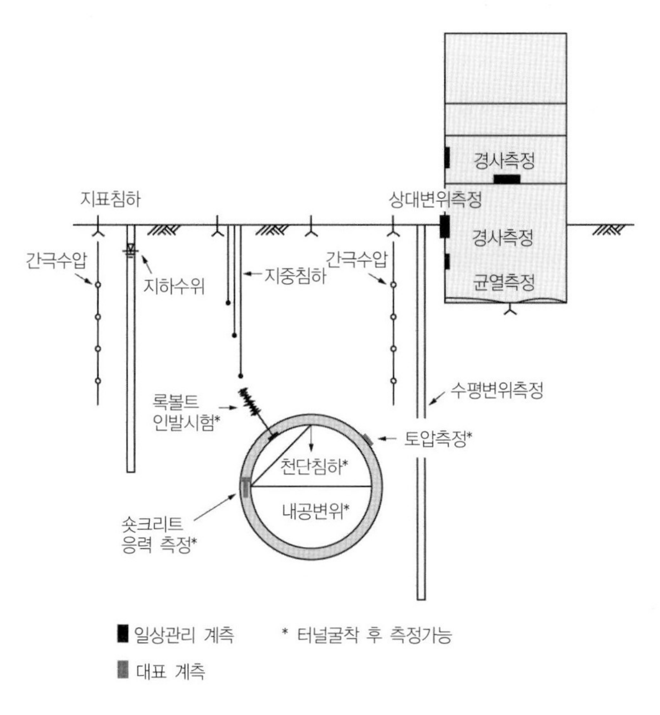

그림 5.68 계측기 배치 예

터널거동은 다양한 거동요소를 포함하므로 이를 고려하여 계측계획을 수립하고 분석하여야 한다. 다음은 터널 모니터링과 관련하여 유의할 사항이다.

- 터널굴착 후 설치한 터널 내부의 측정치는 초기거동이 반영되어 있지 않으므로 정량적 거동지표로 활용하기 어렵다.
- 천단/내공 변위는 상당부분의 변형이 굴착면 도달 전 발생하지만 터널내부에 측점설치가 어려우므로 지표침하와 종합적인 상관관계를 분석하여야 한다.
- 계측기의 배치는 파악된 지반의 취약성을 가장 잘 드러낼 수 있도록 계획되어야 한다.

예제 수평지층의 경우 내공변위 측정 패턴은 그림 5.69 (a)와 같이 설정할 수 있다. 만일 그림 5.69 (b)와 같이 단층대가 확인되었다고 할 때 터널의 내공변위 측선배치를 계획해보자.

풀이 계측은 취약거동이 가장 잘 드러나도록 계획되어야 한다. 단층대의 취약거동을 관찰할 수 있는 방향으로 그림 5.69 (b)의 터널 내부와 같이 설치되어야 한다.

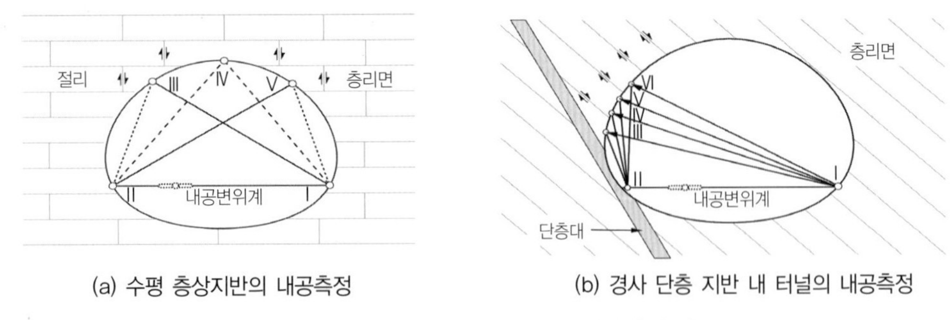

(a) 수평 층상지반의 내공측정 (b) 경사 단층 지반 내 터널의 내공측정

그림 5.69 지층구성에 따른 내공변위의 측정 예

모니터링 결과분석. 터널 내에 설치되는 계측기의 측정값은 그림 5.70에 보인 바와 같이 굴착 이후에나 얻을 수 있다. 따라서 **내공변위의 경우 지상구조물의 안정거동을 평가하기에는 계측 데이터 획득시점이 너무 늦다. 따라서 굴착의 영향을 미리 감지할 수 있는 지표거동, 구조물거동 등을 모니터링하여 상관관계 등을 통해 보정하여야 한다.**

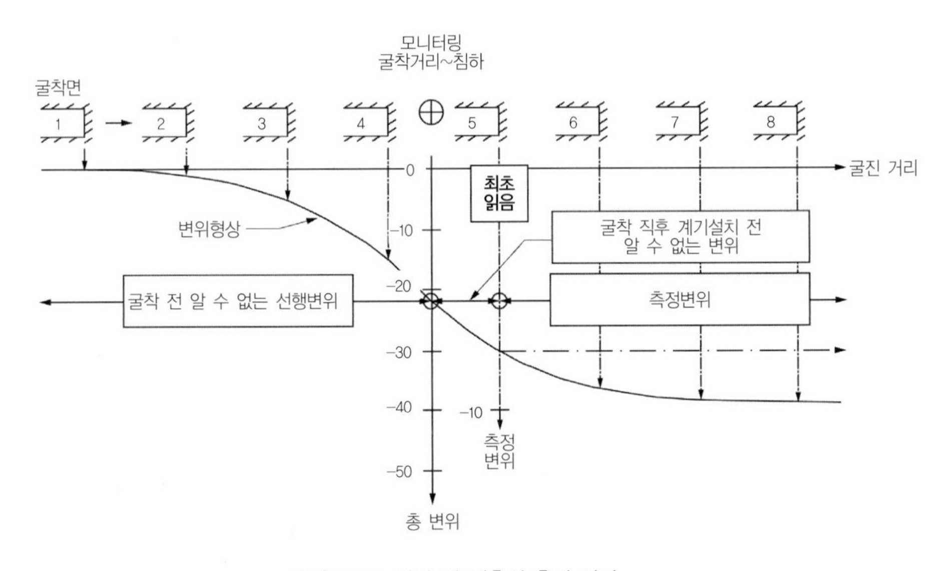

그림 5.70 터널 내 계측의 측정 시기

계측결과를 분석하여야 구조물의 거동을 판단할 수 있다. 그림 5.71은 지표침하로부터 수평변형률을 평가하는 방법을 예시한 것이다.

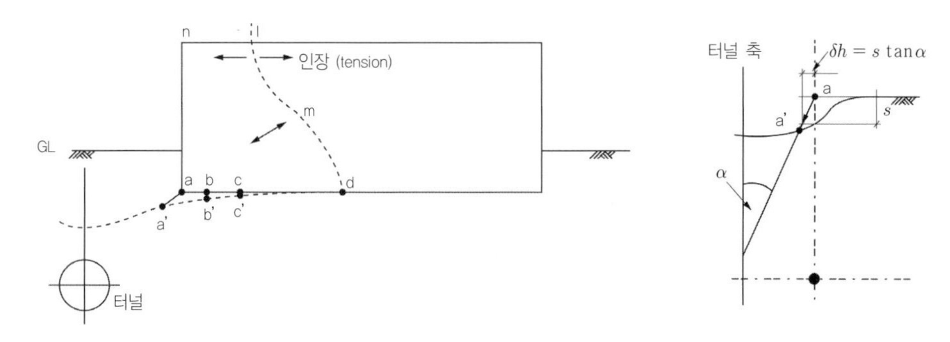

그림 5.71 수평변형의 평가

터널굴착과 간극수압 그리고 부압

터널굴착은 지하수영역을 교란시킨다. 투수성이 큰 지반에서 자유면 굴착은 자유배수를 야기하며 지하수위저하가 일어난다. 반면, 투수성이 낮은 흙의 경우 지하수 교란영향은 상당히 오랜 기간에 걸쳐 일어난다.

과압밀 지반의 예를 통해 간극수압거동을 구체적으로 살펴보자. 굴착은 응력을 해방시켜 굴착면에 직각인 방향의 응력을 '0'으로 만든다. 굴착면이 접근해오면 지하수 유출로 정수압이던 수압이 급격히 떨어지며, 불포화영역이 발생하고, 지반의 이완과 함께 그림 5.72 (a)와 같이 부압상태에 이르게 된다. 부압의 발생은 팽창 영역에 집중되므로 그림 5.72 (b)와 같이 파괴선과 밀접한 관계가 있다. 라이닝이 설치되면 이 후 수압은 라이닝 투수성에 따라 달라진다. 만일 라이닝이 불투수성에 가까울 경우 수압은 장기적으로 정수압에 가깝게 회복될 것이다.

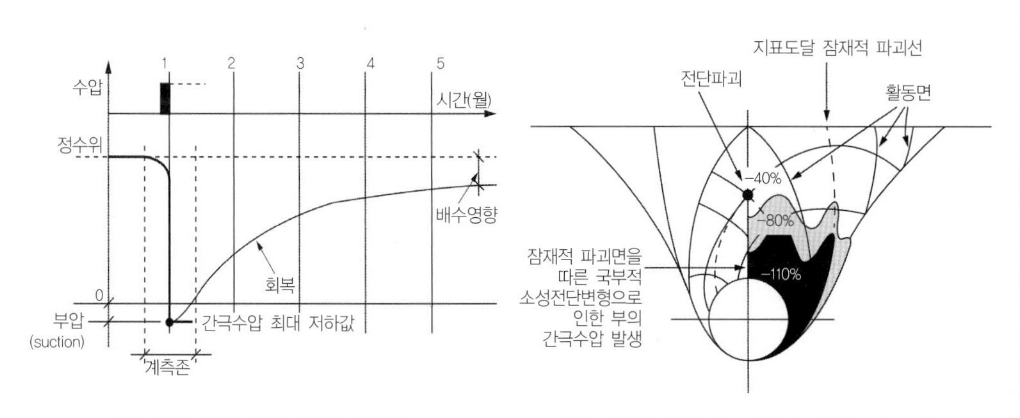

(a) 터널굴착에 따른 간극수압변화

(b) 파괴가 진전되는 경우 부압분포 등고선

그림 5.72 터널굴착과 간극수압변화

NB : 부압효과는 터널안정에 도움을 준다. 풍화토의 경우 배수가 일어나므로 부압효과를 기대할 수 있다. 하지만, 물이 지속적으로 스며 나오거나 주변에서 유입되면 부압효과가 사라져 불안정 상태로 이동할 수 있다. 풍화지반의 많은 터널붕괴가 지하수 유출과 함께 일어나는 사례는 지하수 유입으로 부압효과가 사라지는 영향과도 관련이 있다.

5.6.2 샌프란시스코 Bay Area Transit 사례

프로젝트개요 및 OM 대상

이 사례는 샌프란시스코 지하철 BART노선의 단선터널구간 중 건물에 인접하여 통과하는 구간에 대한 OM으로서 Peck(1969)이 발표하였다. 그림 5.73은 OM구간의 평면과 지층구성을 보인 것이다. 터널은 8층 철근콘크리트로 건물 확대기초의 하부에 인접하여 계획되었다. 당시 이 건물은 지하층까지 모두 사용 중에 있었고, 향후 추가적으로 8층을 더 수직 증축하는 계획이 반영되어 있었다.

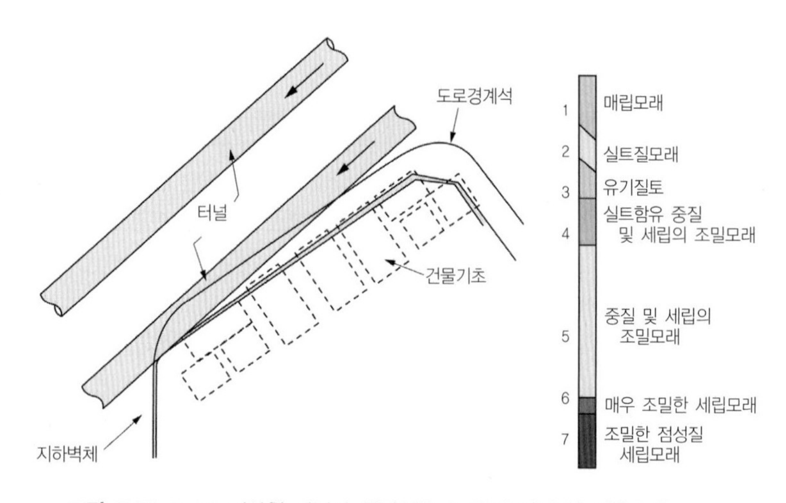

그림 5.73 BART 지하철 터널과 인접건물 OM구간 평면 및 지층구성

터널굴착에 따른 지반문제

건물기초와 터널 사이의 지층은 약간 점착성을 갖는 토층을 국부적으로 포함하는 매우 단단한 세립질 모래층이다. 하지만 기초 상부 EL15.9m ~ 8.5m에는 느슨한 모래 또는 매립토층이 위치한다. 유기성 퇴적토가 분포하는 매립하천도 확인되었다. 따라서 터널굴착에 따른 수위저하는 기초의 침하를 유발할 것으로 예측되어, 이를 방지할 필요가 있었다. 빌딩기초는 유기성 지층을 걷어내고 설치된 것으로 확인되었다. 그때까지 일어난 빌딩침하는 알 수 없었으나 8층을 수직 증축할 경우 50.8mm ~ 76.2mm의 추가침하가 일어날 것으로 예측되었다.

설계와 대응계획

설계에 참여한 많은 기술자들이 구조물 모서리 침하는 손상을 입힐 만큼 크지 않을 것으로 예상했다. 터널건설로 인한 초과침하가 발생하지 않을 것이란 결론을 보장할 만한 경험사례는 없었지만, 건물이 손상되지 않을 것이란 긍정적 의견이 지배적이었다. 따라서 모니터링을 통한 설계수정방식의 OM 기법이 도입되었다.

Peck이 제안한 OM 설계개념은 MP 조건으로 공사에 착수하되 MU 조건을 고려한 설계안을 준비하고, 모니터링결과에 따라 설계수정을 가하는 것이다. 설계수정안으로 다음 3가지 대안이 검토되었다.

- 언더피닝(underpinning) 대책
- 지하수위 저하와 그라우팅을 실시
- 건물보호벽체 설치+(스트러트 추가)

언더피닝(underpinning) 대책은 건물기초 하부의 강성을 불균일하게 하여 향후 수직증축 시 심각한 부등침하가 우려되어 반영되지 않았다. 지하수위 저하와 그라우팅은 지반이 점토를 함유하고 있고 투수계수도 매우 낮아, 이 또한 배제되었다. 터널과 빌딩사이에 구조벽체(cut-off wall) 설치방안이 최종 설계수정안(대안)으로 선정되어 이에 대한 구체적인 설계가 이루어졌다. 이 대안은 터널굴착에 따른 지반거동으로부터 빌딩을 보호하기 위해 벽체 구조물을 설치하는 것으로 철근콘크리트 원주체(cylindrical body)를 약간 경사지게 하여 소요이격거리를 확보한 것이다. 그림 5.74와 같이 터널하부 조밀한 모래층까지 설치한다. 원통 구조체는 한 번에 한 개씩 슬러리 공법으로 설치되며, 만일 추가 구속이 필요하다면 그림 5.74와 같은 지지 스트러트와 보강 반력벽(점선)을 설치하는 안이 제시되었다. 이 보호대책에 소요되는 비용은 거의 50만 달러(1960s 기준)에 달하였다.

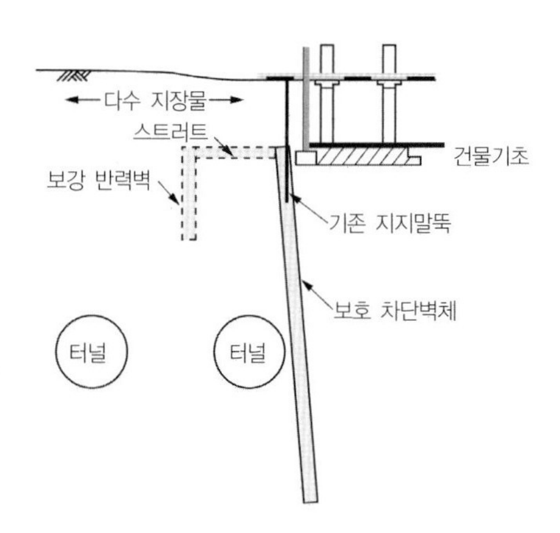

그림 5.74 지하 차단벽체(cut-off-wall)설치 설계수정안

OM 시공 및 관리기준

보호대책공은 초기 착수내용에는 포함되지 않았지만 OM계약 조건으로서, 설계수정안으로 준비되었다. 만일 침하가 거의 일어나지 않도록 터널굴착과정을 제어할 수 있다면, 보호공 대책에 대한 계약은 집행되지 않을 것이나, 침하가 관리기준을 초과하면 계약이 이루어지는 것으로 되어 있었다. 굴착면이

빌딩에 도달하기 수백 미터(수 개월) 전부터 OM 구간의 모니터링이 시작되었다. 지층변화는 크지 않았으나 빌딩에서 좀 떨어진 위치의 초기공사에는 어려움이 있었다. 일부구간에서는 터널중심에서 12.7mm의 지표침하가 발생하기도 하였지만, 다행히도 터널 외측 지표에서의 침하는 매우 작았다. 실제로 터널 통과 시 건물에 발생한 침하는 거의 무시할 만한 수준이었고, 결과적으로 준비되었던 어떤 설계수정(보호대책)안도 적용될 필요가 없었다. 전통적 접근법을 사용하였더라면 큰 비용이 소요되었을 공사가 OM을 통해 안정을 확보하며 경제적으로 추진된 것이다.

5.6.3 런던 DLR의 맨션하우스 통과구간 OM 적용 사례

프로젝트개요-DLR과 Mansion House

이 사례는 Powderham이 1994년 Geotechnique에 발표하였다. Mansion House(MH)는 면적 60m×30m의 5층 석조(masonry) 건물로서 런던 시장(Lord Mayor)의 관저이며, 영국의 1등급 유적지이다(그림 5.75). 이 건물은 1739~1753년에 건설되었고, 이후 확장 공사 등의 구조 변형이 있었다. 특히, 1901년 시작된 지하철인 센트럴라인(Central Line)이 건물 북쪽에 근접하여 통과함에 따라 터널 공사 시 건물 북측에 언더피닝(underpinning)이 실시된 바 있다.

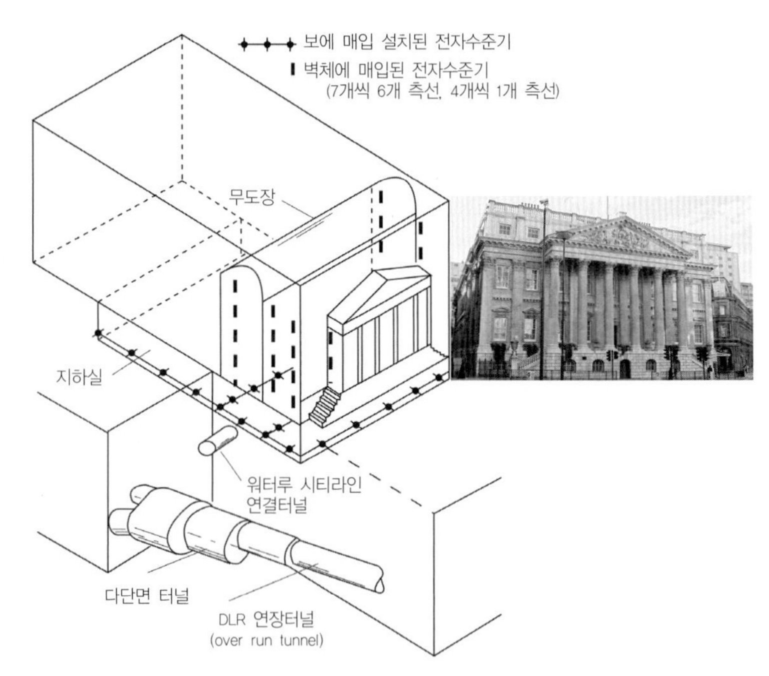

그림 5.75 Mansion House와 하부 및 주변 지하구조물 현황

DLR(Dockcland Light Railway)은 런던 북서부 도클랜드와 도심을 잇는 도클랜드 경전철로서 일부

구간이 그림 5.75와 같이 Mansion House를 근접하여 통과하는 것으로 계획되었다. DLR 계획 단면 주변에는 이미 Central Line을 비롯한 2개의 지하철 노선과 지하보도, 지중매설물이 설치되어 있다. MH 인접구간의 터널단면은 그림 5.75와 같이 본선터널의 연장구간인 '연장터널(overrun tunnel)' 구간과 계단식 확폭 구간인 '다단면터널(step-plate-junction)' 구간으로 구성되었다.

지반문제와 대책 검토

DLR 사업 착수 후인 1989년 중반, DLR 터널굴착의 영향이 그림 5.76과 같이 장기 예측 침하량을 초과할 가능성이 제기되었다. 이에 따라 MH(Mansion House)에 미치는 영향이 우려되었고, MH를 보호하기 위한 광범위한 대책들이 고려되었다. 대체로 다음의 3개 범주의 대안들이 고려되었다.

- 언더피닝(underpinning)과 지반보강(ground treatment)과 같은 기초 보강
- 구조 커튼월(structural curtain wall)로써 터널 굴착에 의한 침하로부터 건물의 기초를 보호하는 방법
- 보상그라우팅(compensation grouting)을 통해 건물의 침하 영향 제거

최초 검토공법은 건물전체에 대하여 잭킹 시스템과 결합된 언더피닝 공법이었다. 하지만 이 공법은 건물 손상뿐만 아니라 공사비용의 추가와 공기 지연에 대한 리스크가 문제되었다. 이에 따라 독립적인 전문 조사팀을 구성하여 건물의 리스크를 최소화하고, 건물 손상을 방지하기 위한 종합적인 대책 마련에 착수하였다.

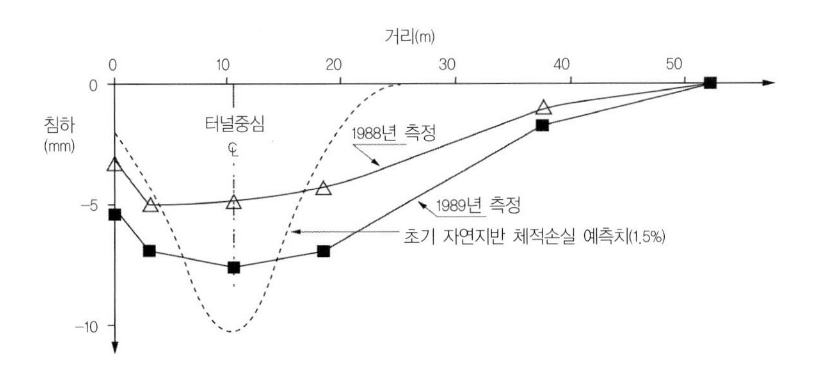

그림 5.76 MH 서측 벽체부 침하예측 및 측정치(MH로부터 18m 이격) (after Powderham, 1986)

관찰법의 적용

Mansion House에 대한 손상 리스크를 최소화하고 제시된 여러 대책들을 통합적으로 검토하기 위하여 관찰법 도입이 결정되었다. 리스크를 허용 가능한 수준으로 낮추기 위한 설계와 공사관리에 대한 절차적 관리시스템(procedural system)이 수립되었다. 이 사업은 사업진행중 문제가 우려되어 OM을 채택

한 사례로 여기서 적용한 절차적 관리시스템이 바로 OM 운영시스템에 해당한다.

리스크 분석 결과, 단기적인 영향뿐만 아니라 장기적인 영향도 고려하는 안전에 대한 포괄적인 보증이 요구되었다. 이를 위해 먼저 건물과 기초의 현재 상태에 대한 평가가 이루어졌다. 이 작업은 건물의 상태의 상세조사와 과거이력에 대한 분석을 포함하였다. 이에 근거하여 터널 굴착방법 및 절차에 대한 상세한 기술 검토가 이루어졌고, 굴착 순서와 리스크 수준에 대한 3단계 관리기준이 설정되었다.

OM 설계. 일반 터널 굴착 구간에 대해서는 설계를 위한 MP 조건 설정이 용이하였지만, Mansion House와 건물의 기초 구간은 설계조건 설정이 단순하지 않았다. Mansion House 건물의 기초에 대한 평가는 역사적 기록(historical information)과 건물의 현황 조사에 기초하여 이루어졌다. 이로부터 가장 비우호적인(MU) 조건에 대하여 터널굴착으로 인한 최대 지반손실(volume loss)과 침하에 따른 건물의 거동 예민성(sensitivity)을 평가하였다.

지반 침하예측은 경험법을 이용하여 구조물이 없는 지반(green field) 조건에 대하여 실시하였다(그림 5.77 (a), Rankin, 1988). Overrun Tunnel과 Step-plate Junction 구간의 **지표체적 손실**은 각각 1.4%와 3%로 예측되었으며, 이로 인한 건물의 거동은 허용 가능한 수준으로서 손상 리스크도 낮게 예측되었다. 건물 손상을 야기하는 지배적인 거동은 건물의 강체회전(free-body rotation, 건물이 변형 없이 기우는 것)일 것으로 평가되었다. 이때 균열의 시작이나 진전을 수반하는 변형거동이 일어난다면, 이는 전단모드에 의한 것으로 평가되었다.

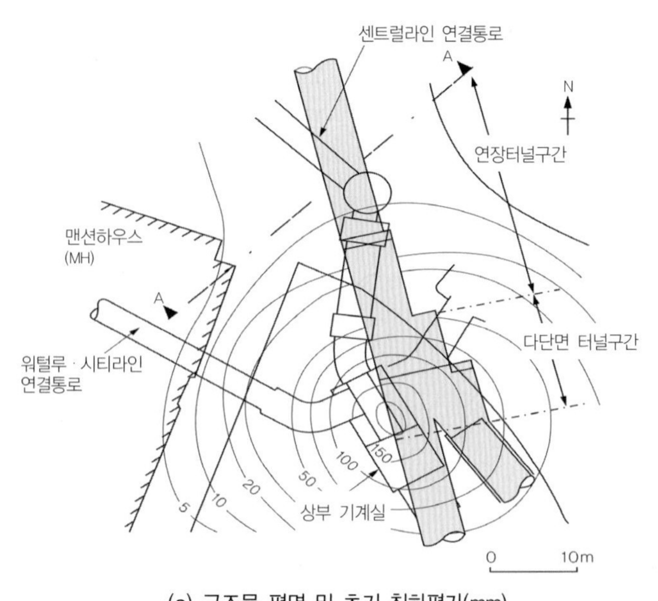

(a) 구조물 평면 및 초기 침하평가(mm)

그림 5.77 단면 프로파일 및 초기침하평가 – 계속

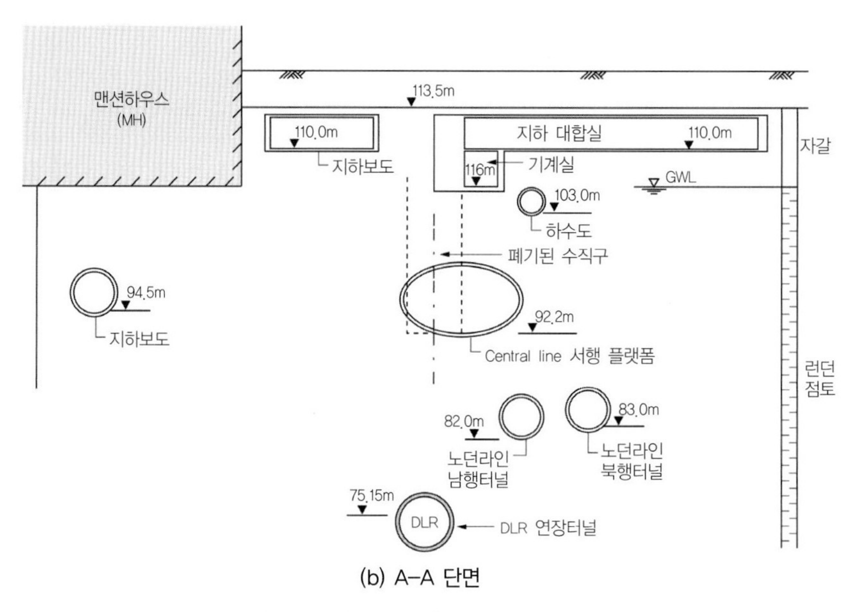

(b) A–A 단면

그림 5.77 단면 프로파일 및 초기침하평가

NB : 지반손실에 의한 지표침하 산정법

런던점토 내 터널 건설은 점토의 낮은 투수성, 그리고 쉴드 TBM의 빠른 굴진속도(10~30m/일)를 고려할 때, 공사 중 비배수 전단거동을 하는 것으로 가정할 수 있다. 비배수 전단거동 시 체적변화가 없으므로 굴착으로 인한 지반변형은 모두 전단변형에 의해 발생하는 것으로 볼 수 있다. 따라서 터널 굴착 시 굴착면 변형으로 밀려들어온 지반체적(V_t)은 지표침하로 인해 지상에서 발생한 지표체적손실(V_s)과 같다고 가정할 수 있다. 즉, $V_t \approx V_s$. 터널단면적(A_T)에 대한 손실량의 백분율을 지반 체적손실($V_l(\%) = V_s / A_T(\%)$)이라 정의한다. 런던점토의 경우 지반손실률은 1~2%이며, 굴착장비의 개선과 함께 감소해왔다.

런던점토의 경우는 충분한 계측 데이터가 있어 체적손실률(V_l)과 터널중심으로부터 최대침하가 일어나는 거리(i) 정보를 다음과 같이 파악할 수 있다(Mair, 1997).

① 경험 자료로부터 런던점토에 대한 V_l과 i를 평가 ; $i = kZ_0 \simeq 0.5\,Z_o$, $V_l = 1 \sim 2\%$, Z_o는 터널심도)

② 최대침하, $S_{\max}$ 및 체적손실, $V_s = V_l\,A_T$ 산정 $V_s = \int_{-\infty}^{+\infty} S dy \approx \sqrt{2\pi}\, i S_{\max}$

③ 터널굴착으로 인한 지표침하곡선은 가우스 확률분포함수의 형상으로 가정할 수 있다. 따라서 앞에서 구한 데이터를 이용하여 다음과 같이 나타낼 수 있다. y는 터널 중심으로부터 거리.

$$S = \frac{\pi D^2 V_l}{(\sqrt{2\pi}\,4i)} \exp(-y^2/2i^2)$$

관리기준의 설정. Boscardin & Cording (1989)이 제시한 기초의 손상평가기준에 따라 그림 5.78과 같은 거동 관리기준이 설정되었다. 이 기준은 기초의 각변형(angular distortion)과 수평 변형을 고려한다. 이론적으로 건물은 인장영역(hogging)에서 취약하기 때문에, 수평변형률 관리가 중요하다. 관리기준의 경계는 각각 각변형 1/2000 및 1/1000로 설정되었다.

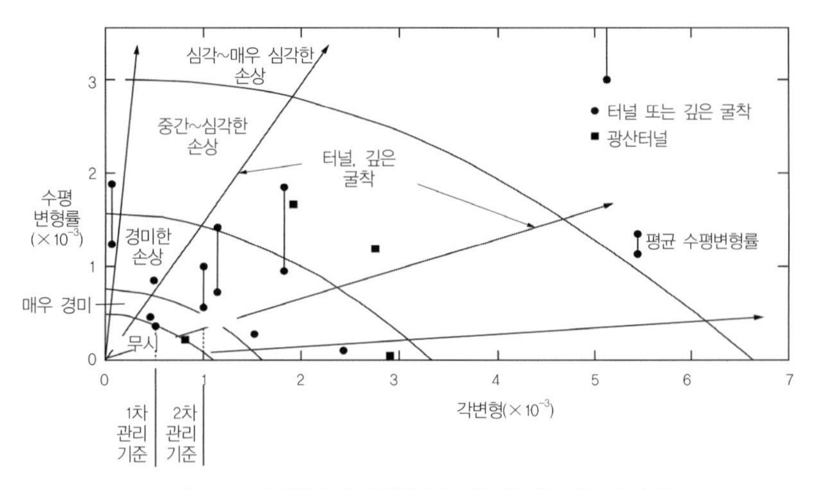

그림 5.78 각변형과 수평변형률에 기초한 건물거동 관리기준

설계수정안. 설계해석 결과 설계수정안으로 앞에서 언급한대로 언더피닝, 지반 보강, 보상그라우팅 및 구조적 보강 등 다수의 보호대책이 제시되었다(Powderham & Tamaro, 1995). 또한 스틸타이(steel tie)를 이용한 구조 보강(strengthening) 대책도 검토되었다. 그림 5.79는 준비된 대책 중 하나인 보상그라우팅법을 보인 것이다. 이들 보강대책들은 모니터링 결과 허용기준을 초과하지 않아 시행되지는 않았다.

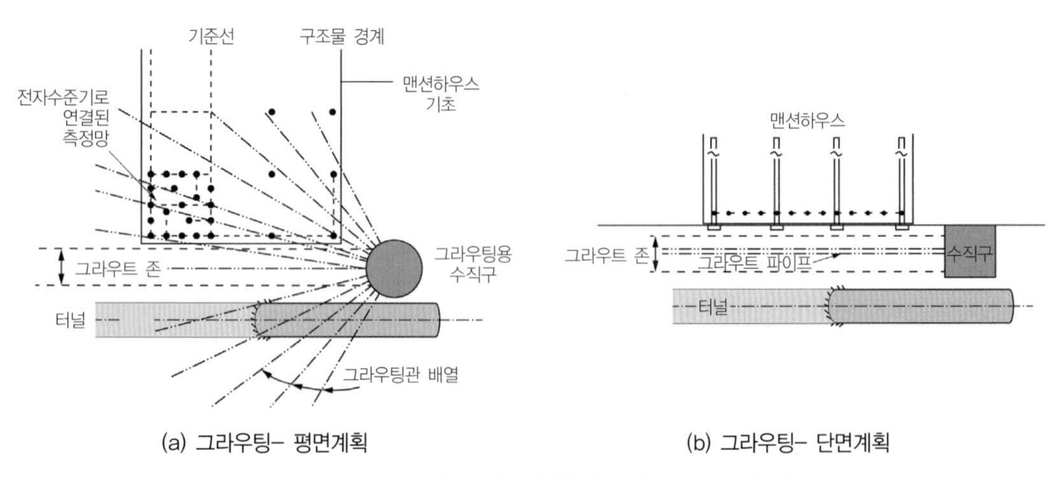

(a) 그라우팅– 평면계획 (b) 그라우팅– 단면계획

그림 5.79 보상그라우팅 대책(설계수정을 위해 준비된 대책) 예시

모니터링 계획. 건물의 미세한 변형거동을 관찰하고 기록하는 관찰시스템의 도입이 최우선적으로 고려되었다. 이를 위해 건물과 지반에 전자수준기(electrolevels)를 수평 및 수직으로 배열하고 이를 정확한 수준측량으로 보완하는 모니터링시스템을 채택하였다(그림 5.80 및 그림 5.81). 전자수준기의 해상도는 호당 1초로서 측정범위는 ±3° 이었다. 이 장비는 원호 당 2.5초의 반복성(repeatability)을 지니고, 경사측

정의 정확도는 1/80,000이었다. 총 101개의 전자수준기가 건물에 부착되었는데, 이 중 55개가 그림 5.80 (a)와 같이 지하층에 네 줄로 수평하게 설치되었다. 나머지 46개는 그림 5.80 (b) 건물의 북쪽 끝에 위치한 7개의 주요 석조기둥면에 수직으로 설치되었다. 보에 설치된(beam-mounted) 수준기는 3m 간격의 기준 핀(reference pin) 간의 변화를 측정하였다. 지중(subsurface)에도 수직, 수평에 맞춰 경사계 관(inclinometer tube)에 전자수준기가 설치되었다. 지하수위도 측정하였으며 사진 분석 측량(analytical photogrammetry)을 이용하여 MH의 연회장 배럴아치 천장(barrel-vaulted roof)의 거동도 조사하였다.

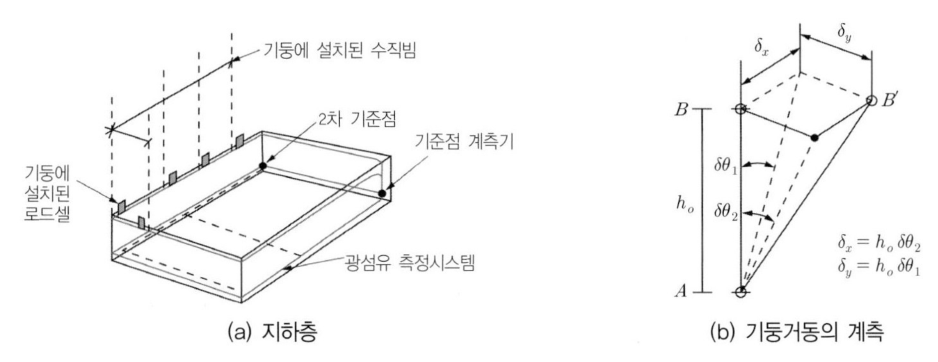

그림 5.80 전자수준기위 배치(지하실 및 기둥)

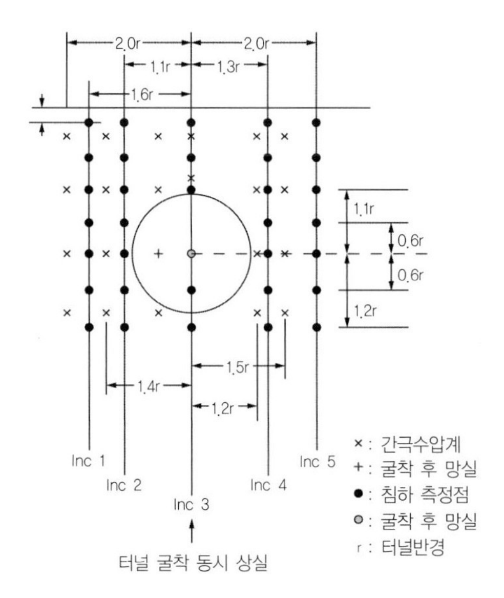

그림 5.81 DLR 시험 터널주변 계측기의 배치 예

OM의 운영

건물주변의 복잡한 기하구조로 인해 지반-구조물 상호작용 메커니즘은 매우 복잡할 것으로 예측되었다. 즉, 고도의 해석적 방법으로 실제 건물의 신뢰할 수 있는 거동을 예측하기에는 너무 많은 영향요인이 게재되어 있어, 수치해석법과 같은 해석적 접근보다는 **리스크 제어에 대한 시스템적 절차를 보다 정교하게 반영한 순차적 접근법(sequential approach)을 도입하였다**. 이에 따른 OM 시공절차는 다음과 같이 수립되었다.

① 리스크가 낮은 Overrun Tunnel을 먼저 착수한다.

② 거동이 첫 번째 관리기준(각변형이 1/2000까지) 이내에 있는 경우 굴착은 계획에 따라 진행한다.

③ 각변형 값이 두 번째 구역 (관리기준(트리거 레벨) 1/2000과 관리기준 1/1000 사이)에 도달하면 관찰의 빈도를 늘리고 건물의 상태를 주의깊게 조사한다. 충분한 관측을 병행하며, 다음 단계의 굴착을 진행한다.

④ 건물 거동이 세 번째 구역(각변형이 1/1000을 넘어선 상태)에 접어들면 다음단계 굴착을 멈추고, 건물의 영향에 대한 종합 평가와 적어도 한 가지 이상의 기 준비된 보호대책의 적용 여부를 검토한다.

그림 5.82에 순차적 접근법(sequential approach)의 흐름도를 나타내었다.

OM시행의 결과와 교훈

MH 하부터널 굴착은 제안된 절차로 공기지연 없이 완료되었다. 측정 침하량은 허용 범위 이내였고, 건물의 각변형(angular distortion)도 1/7,000 이하로 나타나 추가의 설계수정은 하지 않아도 되었다.

사진 분석측량으로 기존 균열의 작은 벌어짐까지도 파악할 수 있었으며, 전자수준기 모니터링 시스템은 매우 정교하고, 신뢰성 있는 결과를 제공하였다. 모니터링 결과를 종합하면 MH의 거동경향은 자유물체거동(강체거동, free-body)에 의한 변형이었고, 따라서 건물 구조에 대한 우려할 만한 손상은 발생하지 않았다.

OM을 적용하여 MH의 손상 리스크를 허용 가능한 수준 이하로 제어가 가능하였다. 무엇보다, 건물 기초 보호 대책에 소요될 상당한 비용과 공기지연을 피할 수 있었다. 만일, 설계수정이 이루어졌다면 차단벽체(curtain wall)는 3백만 파운드, 전체 언더피닝 계획은 1천3백만 파운드가 소요되었을 것으로 추정되었다(Frischmann, Hellings & Snowden, 1994).

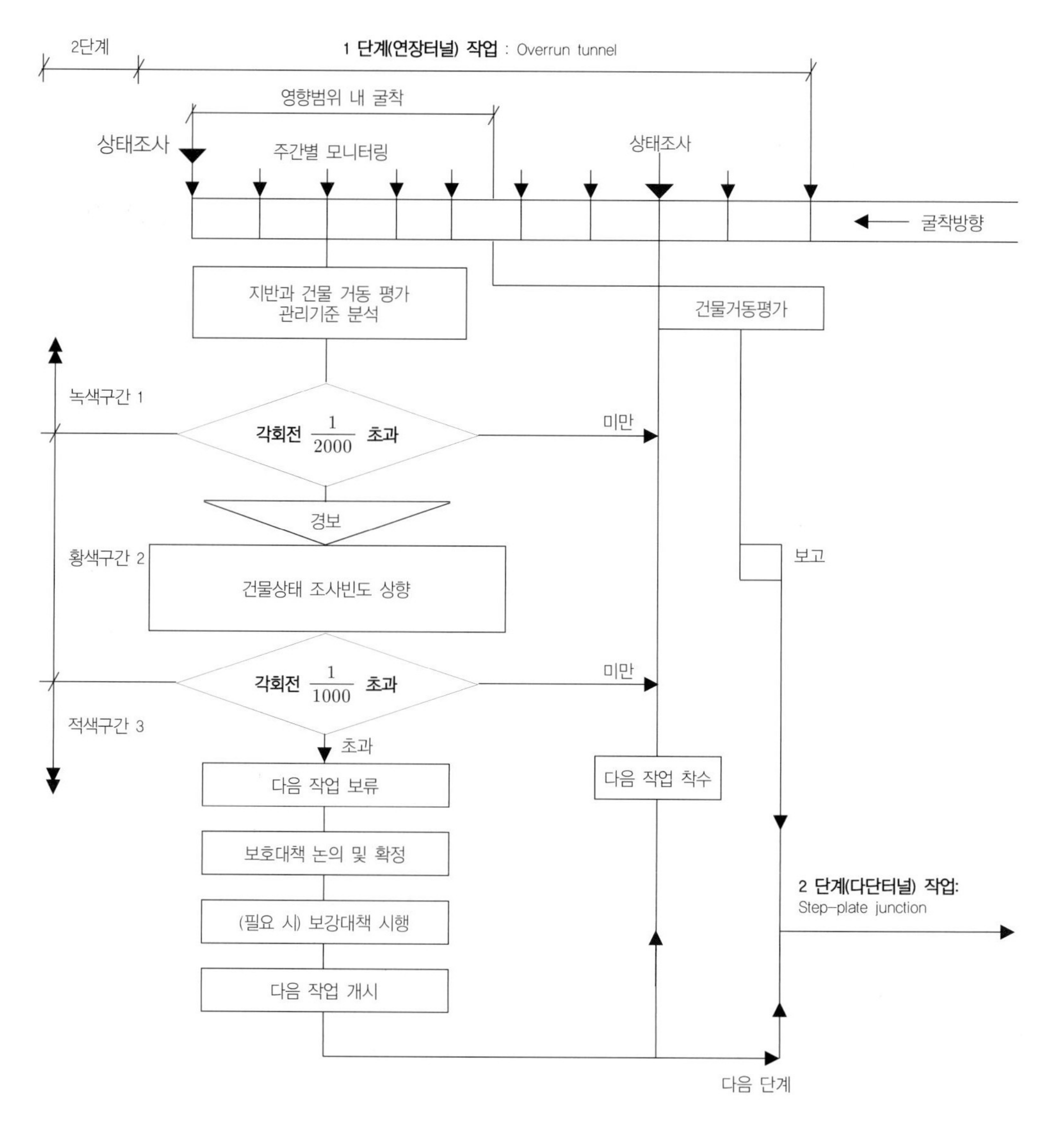

그림 5.82 순차적 접근법의 흐름도

5.7 관찰법의 활용과 과제

관찰법은 고도로 발달된 설계 및 시공기술, 그리고 윤리성에 기반하여야 한다. 이 기법은 사업참여자간 신뢰와 소통, 계약행정이 뒷받침이 되지 않으면 정착되기 어려운 설계·시공법이다. 설계 기술능력에 한계가 있거나 비윤리적 공사관행이 많은 사회에서는 OM을 적용하기 쉽지 않다. 이 방법은 기술뿐만 아니라 참여자간 소통 그리고 제도적 관행까지 포함하는 건설 산업의 문화적 현황이 사업에 투영될 수 있기 때문이다. **OM의 중요성이 다시금 강조되는 이유는 건설공사에 관련된 불확실성을 안전하고 경제**

적으로 극복할 수 있는 가장 이성적인 대안이기 때문이다.

관찰법(observational method)은 유로코드 등 주요 건설코드에도 규정되어 있다. 최근 들어 계측기기의 발달, 원격제어, 수치해석과 조합분석 등 다양한 기술의 발달로 OM의 기술적 기반이 확대되고 있다. 하지만 이에 대한 올바른 **이해가 부족하여 당초취지와 달리 오히려 경제적 부담을 주는 역기능적 사례도 또한 보고되고 있다.**

5.7.1 관찰법의 적용범위

관찰법은 설계의 불확실성을 보완해주는 개념이므로 지반 불확실성이 높은 사업에 유용하다. 특히, 비용이 제약되어 있거나 문화재, 고산지대 등과 같이 시추장비의 접근 제약으로 지반정보의 취득이 용이하지 않은 경우 효과적이다. 지반공학의 불확실성원인은 지질조건, 설계정수 및 모델링의 불완전성, 건설 중 지반조건의 변화(그라우팅, 탈수, 이완 등), 복잡한 가설작업 등에서 비롯된다. 관찰법은 구조물이나 지반에 다 같이 적용될 수 있으나, 붕괴와 같은 최악조건(worst case)이 건설 중에 발생할 수 있는 지반공사에 보다 잘 부합한다고 할 수 있다. 즉, **관찰법은 '공사 중 안전율이 최소'가 되는 공사에 매우 부합한다**(Peck은 이러한 사항까지 구체적으로 언급하지 못했다). 특히 프로젝트 전체에 대한 적용보다는 터널, 깊은 굴착 등을 포함하는 프로젝트의 특정구간을 정하여 적용할 때 효용성이 크다.

OM의 활용은 지반문제의 발생특성에 따라 적용형태를 달리할 수 있다. 일반적인 설계의 경우 시공관리수준의 OM이면 충분하나, 이전에 한 번도 겪은 적이 없는 지반문제의 경우 중요 의사결정체계 및 연구개발의 기능까지 부여할 수 있다.

적용한계

OM기법은 관찰이 가능해야 하므로 돌발거동(brittle)이 우려되는 상황에 적용해서는 안 된다. 이 경우 공사 중 위험에 대하여 설계를 수정할 만한 충분한 시간확보가 어렵기 때문이다. 또한 위험기피(risk averse), 지반조사 불충분, 공사참여자 간 인식부족, 지반의 붕괴가능성이 높은 경우에도 적용하지 말아야 한다. 이러한 논리는 OM을 반대하는 논리로도 사용될 수 있으므로 해당 지반문제를 명확히 하여, 구체적 데이터를 기반으로 한 이성적 논의가 필요하다.

5.7.2 관찰법의 계약과 공사관리

OM을 적용하기 전에 지반불확실성의 관리방법, 사전 합의된 대책들(planned modifications)에 대해 발주자를 비롯한 사업관계자 간 합의가 있어야 한다. 그 이점과 단점이 발주자와 충분히 논의되고 합의되어 계약에 반영되어야 하며, 관련된 제 3자에게도 OM적용에 대한 설명이 필요하다.

계약적 관점(contractual aspects)

관찰법은 리스크를 관리할 수 있는 절차적 시스템이다. 리스크 레벨의 변화는 항상 계약적인 문제를 수반한다. 결과적으로, 계약 조건은 관찰법의 적용에 중요한 영향을 미친다.

일반적으로 증가된 리스크의 우려로 관찰법이 검토되며 그 적용 목적은 다음과 같다.

- 최악의 시나리오를 덜 위험한 상황으로 변환
- 중압감이 크고 제약적인 가설작업을 줄이고, 좀 더 자유로운 작업 환경을 확보
- 원활한 커뮤니케이션, 절차적 계획, 건설 중 제어, 응급조치의 필요성에 대한 중요성을 알려 여기에 집중할 수 있도록 함

OM은 공사 중 설계 수정이 있을 수 있으며, 설계수정안은 시공방법과 상세하게 연관되어야 한다. 따라서 계약은 이러한 절차를 수용할 수 있어야 한다. OM의 사업 내 대책(ab initio)을 적용하는 경우, 계약 조건은 공사가 시작되기 전에 합의되고 반영되어 있어야 한다. OM이 사업전반의 경제성을 높여줄 수 있으나, 설계 및 모니터링 비용과 부대비용을 수반한다. 따라서 이를 비용으로 계상하지 않을 경우 적절한 OM을 구현하기 어려울 것이다. 이것은 큰 비용을 줄이기 위해 소규모 행정비용이 소요되는 것으로 이해하여야 한다.

공사관리 관점 – 조직의 효과적 운영과 소통

설계가 완전히 마무리된 후 발주(tendered)되는 종래의 확정설계는 설계자와 계약자를 단절시켜 공사와 설계 간에 장벽을 만든다. 이러한 단절은 서로 간 대립(confrontation)을 야기할 수 있다. 일례로 확정설계는 설계와 시공을 완전히 단절시켜 기술자가 연속적으로 사업을 파악하기 어렵다. OM은 설계수정을 필요로 하므로 설계자의 현장관여를 전제로 한다. OM과 전통설계의 차이는 공사관리 조직에서 찾을 수 있다. 전통설계법은 설계를 완료함으로써 시공과 단절되나 OM은 공사 중 설계를 확정하여야 하므로 설계를 포함한 공사관리 조직의 팀워크 활동이 공사 중에도 계속되어야 한다. 관찰법을 시행하는 현장은 원활한 커뮤니케이션이 필수적이며, 설계자와 공사팀 간의 쌍무적 협업관계가 이루어져야 한다. 설계와 시공간 강한 연결과 소통이 OM공사 관리조직의 핵심 사안이다.

공사 관계자에게 동기(motivation) 부여와 조화로움(harmony)을 제공할 수 있도록 공사조직이 운영되어야 한다. 이러한 조직의 운영은 비용을 수반하는데, 이 또한 **작은 경비를 들여 큰 비용을 줄인다는 개념으로 이해하여야 한다**.

Chapter 06

지층모델링과 설계지반물성의 평가

지층모델링과 설계지반물성의 평가

Ladd, et al.(1977)은 **"지반재료의 응력-변형거동을 모사하기 위해서는 지반재료의 비선형성(nonlinearity), 항복거동(yielding), 다일러턴시 변화(variable dilatancy), 내재적 및 응력유도 이방성(anisotropy), 응력경로 의존성, 주응력회전, 응력이력(stress history)을 설명할 수 있어야 한다"**고 지반거동의 모델링 요구조건을 정의하였다. 이 장에서는 모델의 선정과 입력물성의 평가를 통해 공학적 의의를 구현하기 위한, 설계에서 규정하는 지반파라미터의 평가절차를 살펴보고, 이에 따른 지반파라미터의 평가개념, 일반적 분포범위 등을 고찰한다. 여기에서 살펴볼 주요 내용은 다음과 같다.

- 지반의 불확실성과 지반특성화(characterization)
- 지층구성의 모델링
- 설계지반물성의 평가와 절차
- 설계지반물성의 확률·통계적 평가
- 지반의 상태정의 파라미터 및 기본물성
- 변형(강성) 파라미터
- 강도 파라미터
- 투수성 파라미터

NB: 물성평가 시 유념할 사항

이 장의 6.5~6.8절에서는 실제 지반특성의 물리적 분포범위를 다룬다. 이의 목적은 설계물성정보를 제공하고자 하는 것이 아니라, 지반문제에 공학적 직관을 활용할 때 필요한 물성의 일반적 분포범위에 대한 참고적 기초정보를 제공하는 데 있다.

제1권을 통해 살펴보았듯이 물성은 기본적으로 부지마다 다르며, 지반문제의 조건과 시험조건에 따라서도 달라진다. 따라서 물성은 원칙적으로 부지에 대한 지반조사결과로부터 결정되어야 하며, 문헌정보를 설계해석에 참고하고자 할 때는, 그 물성의 결정(시험)조건이 검토대상 지반문제의 조건과 부합하는지 우선 검토하여야 한다.

6.1 지반모델링과 특성화(characterization)

건설공사에서 지반조사비가 차지하는 비율은 약 3% 수준이나, 공사클레임 중 약 55%가 지반문제(상태)와 관련되는 것으로 알려져 있다. 계약관련분쟁은 비용으로 쉽게 처리될 수 있지만 만일 지반에 측의 문제로 인해 인명사고가 발생하면 심각한 형사(criminal)책임문제가 수반될 수 있다. 따라서 지반의 지층구성이나 설계물성은 **가용한 데이터를 토대로 이성적이고도 근거주의 적인 접근법을 추구하여야 한다.**

건설 사업이 일반 제조업과 구분되는 가장 큰 특징 중의 하나는 어떤 지반문제도 부지조건이 동일하지 않다는 사실이다. 같은 부지 내에서도 지반물성은 위치와 깊이에 따라, 즉 공간적으로 현저하게 변화한다. 아무리 정교한 지반구성모델을 채용하더라도 그에 상응하는 수준의 정확한 지반물성(파라미터)이 제공되지 않으면 해석의 신뢰도를 높이기 어렵다. 지반물성이 정확하고 신뢰성 있게 평가되어야 할 이유가 여기에 있다. 하지만 **지반의 속성상 지반물성은 공간적으로 변화하며 수많은 영향요인에 의해 거동이 달라지는 복잡성을 나타낸다.**

NB : 지반물성(파라미터)은 지반의 상태를 정의하거나 지반거동의 수학적 모델링에 요구되는 파라미터를 말한다. 지반 재료의 물성(material properties)을 '지반정수', '지반파라미터', '입력치(파라미터)' 등으로 부르기도 한다. 설계물성은 설계결과를 지배하므로 각 설계코드(code)에서는 물성평가의 절차성을 중시하며, 평가과정에 따라 '측정치' → '유도치' → '특성치'로 구분하기도 한다(6.3절).

6.1.1 지반정보의 불확실성과 지반모델링

지반재료는 이방성 · 비균질 재료로써 공학적 모델링이 어려우며, 따라서 **거동을 정의하는 지반물성도 유일하거나 일정하게 유지되지 않는 경우가 많다. 물성은 공간적으로는 물론, 시간, 응력분포, 수위변화 등 많은 환경요인에 따라 변화한다.** 자연지질학적 성인 환경 때문에 물성의 변화성(variability)은 지반의 속성에 해당한다. 따라서 **지반문제의 설계해석 시 지반재료의 변화성과 불확실성을 합리적으로 고려하는 접근이 필요**하다. 그림 6.1에 지층구성의 변화와 물성의 변동성 예를 보였다. 지층은 경계나 두께가 공간적으로 변화하며, 각 지층의 물성도 위치에 따라 상당한 변동성을 나타낸다.

지반에 관련된 지반문제를 해석하기 위해서는 우선 적절한 이상화를 통해 지층 구성을 확정하여야 한다. **지층이란 동일한 거동 혹은 거동의 연속성이 만족되는 지반재료의 군**이라 할 수 있다. 그 다음 각 지층의 거동을 모사할 수 있는 구성모델을 선정하고 여기에 요구되는 지반물성을 결정하여야 한다. 실제로 **지층모델링과 지반거동 모델링은 순차적인 작업이라기보다는 지반정보의 종합적인 분석을 통한 상호연계 작업**으로 이루어져야 한다.

앞의 내용들을 종합하면 지반의 설계해석을 위한 지반모델링은 크게 다음 두 가지로 구성됨을 알 수 있다.

- 지층의 모델링 – 해석영역 지층의 기하학적 공간변화성 결정
- 지반거동의 모델링 – 구성방정식 및 요구 지반파라미터(물성) 결정

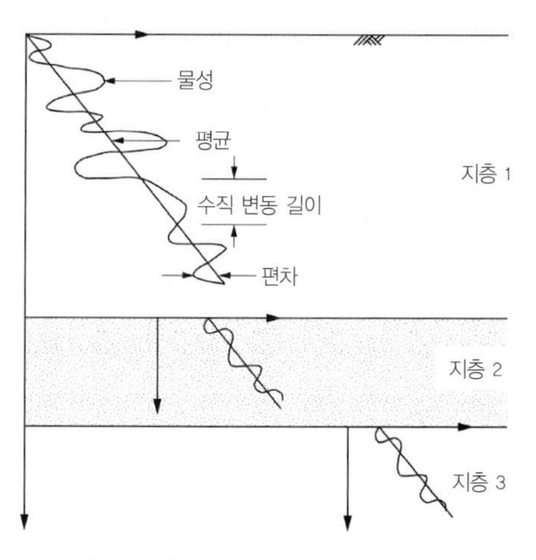

그림 6.1 지층과 지반물성의 변동성 예

지반문제의 모델링에 있어서 구성방정식의 선택과 물성평가의 중요성에 대해서는 많이 강조되어 왔지만, **지층 모델링에 대해서는 그 중요성에 비해 상대적으로 덜 강조되는 것처럼 보인다.** 하지만 물성의 오류가 적은 오차를 야기한다면 지층의 오류는 상당한 오차를 야기할 수 있으므로 지층의 모델링도 물성평가 이상으로 중요하게 다루어져야 한다. 일반적으로 지층구성은 현장 지반조사 작업자의 단순한 기준에 의해 결정되고 이것이 그대로 해석모델에 활용하게 되는 경우가 많은 데, 조사와 해석을 포괄하는 종합적 관점에서 검토되어야 한다. 지반 설계해석은 지층의 기하학적 구성상태 파악(identify), 그리고 적용구성모델의 지반파라미터 결정을 필요로 한다. 이를 지반모델링이라 하며 그림 6.2에 이 절차를 보였다.

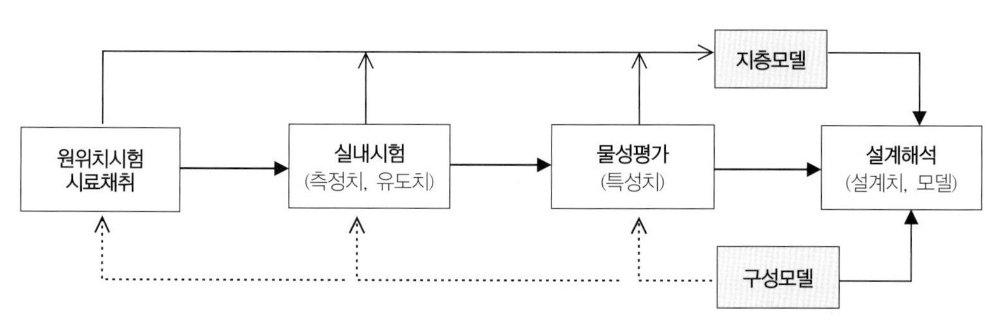

그림 6.2 지층모델링과 물성의 평가

일차적으로 대상지반은 같은 속성을 나타내는 지층으로 모델링되어야 하며, 각 지층의 거동특성은 적절한 구성방정식으로 나타낼 수 있어야 한다. 따라서 지반물성의 공간적으로 변화는 물론, 공학적 모델링 방법, 문제의 중요성 등을 고려하여야 한다.

지반의 모델링은 설계해석(design analysis)을 위해 지층과 물성의 특성과 공간적 변화를 논리적으로 단순화·이상화하는 과정이다. 지반물성의 내재적변동성과 다양한 영향요인을 고려하기 위하여 측정과 시험은 물론 관련된 기존정보까지 최대한 수합하여 분석하고, 데이터가 충분하다면, 보간, 최적화, 확률과 통계기법 등을 도입하여 변동성에 기초한 신뢰도해석 기법도 동원하는 것이 바람직하다.

6.1.2 지반특성화

일반적으로 지반공학에서 **지반특성화(ground characterization)**란 원위치 또는 실내실험 결과로부터 적절한 지반파라미터(정수) 값을 도출해 내는 과정을 일컫는다(제1권 1장 참조). 하지만 지반공학의 문제를 해결하는 관점에서 지반특성화의 개념은 보다 광역적 의미를 갖는다.

광역적 의미의 **지반특성화란 지질학적 분석과 지반조사를 통한 지질학적 모델링, 원위치 또는 실내실험 결과를 토대로 한 지반거동 모델링 그리고 해석 또는 모형시험 등을 위한 지반공학적 모델링을 경험으로 조합하여 지반문제를 해석하는 과정**을 말한다.

그림 6.3 (a)에 지반특성화작업의 구성 체계와 요소 간 상호관계를 보였다. 지반특성화의 모델링 작업은 지질학적(지층) 모델링, 지반(구성방정식)모델링, 지반공학(해석) 모델링으로 이루어지며 이들 모델링 작업은 상호 연관성을 갖고 통합적으로 이루어져야 한다.

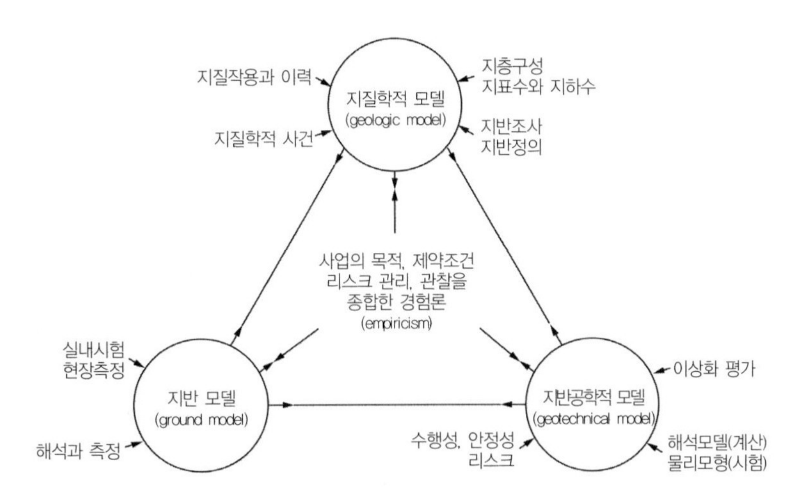

(a) 지반 특성화(after Burland, 1987)

그림 6.3 지반특성화와 지반문제의 모델링 – 계속

(b) 설계해석을 위한 지반공학 모델링 요소

그림 6.3 지반특성화와 지반문제의 모델링

지질학적 모델링(geological modelling)은 지반조사를 통해 지질이력(geologic history), 과거 지질작용을 조사하여 지반(지층, 불연속면 등)을 지질·기하학적으로 재구성하는 작업이다. 각 지층을 구성하는 지반재료의 거동은 적절한 시험을 통해 지반 구성모델로 이상화되어야 한다. 이와 함께 지층정보와 각 지층의 구성거동을 토대로 이를 설계해석에 적용하기 위한 지반공학 모델이 제시되어야 한다.

이들 모델링 과정은 **순차적 단계가 아닌 상호연관관계로 진행**되어야 하며, 사업의 목표, 리스크 관리, 제약조건의 극복 등을 위한 활동에 기여되도록 **경험론(empiricism)으로 종합**되어야 한다.

그림 6.3 (b)는 지반 모델링에 필요한 정보, 즉 지반모델링 요소를 보인 것이다. 지반모델링 요소는 지층구성, 지하수위, 흙 지반과 암 지반의 경계 등 공간 기하학적 상태정보와 지반의 거동특성을 설명하는 변형 및 수리 물성정보로 구성된다. 물성정보로 구성된다. 각 지층은 물론 지층경계와 지층구조물 인터페이스에 대하여도 평가 되어야 한다. 그림 6.4에 지반모델링 요소를 예시하였다.

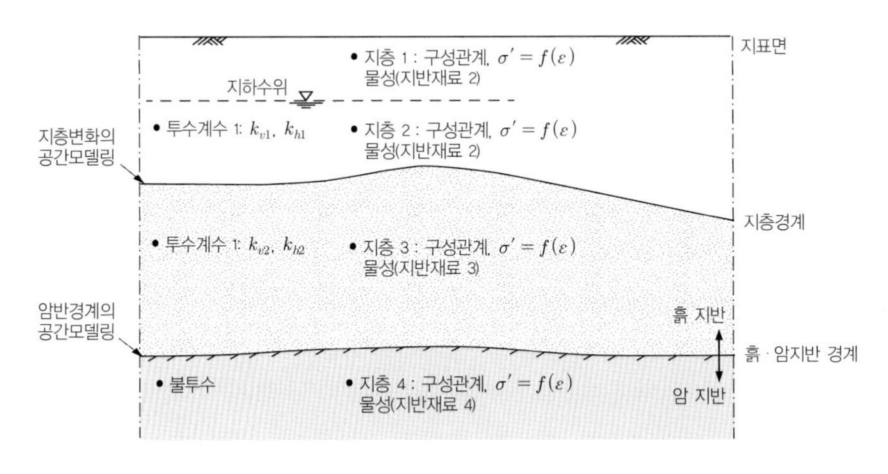

그림 6.4 지층 및 지반거동 모델링 요소

6.2 지층 모델링

통상 시추조사와 시료시험결과를 이용하여 합의된 분류기준에 따라 각 시추공에 대하여 지층을 구분하고 전체 시추공정보를 공간적으로 분석하여 부지의 지층구성모델을 제시할 수 있다. 시추조사는 선(線, line)정보만 제공하므로 시추공 사이는 데이터 모델링법을 이용한 논리적인 보간이 필요하다.

전통적으로 시추공정보를 선형적으로 연결하는 단순한 방법(선형보간법)으로 지층을 모델링하였으나 시추정보가 충분한 경우 지층 구분에 대한 보다 정교한 모델링 기법을 적용할 수 있다. 특히, 지구통계학(geostatistics)기법을 적용하면 지층의 공간적 변화에 대한 논리적 모델을 도출할 수 있다.

지층모델링은 그림 6.5와 같은 절차로 진행되며 지층 보간에는 함수보간 기법과 공간보간(GIS보간) 기법이 있다.

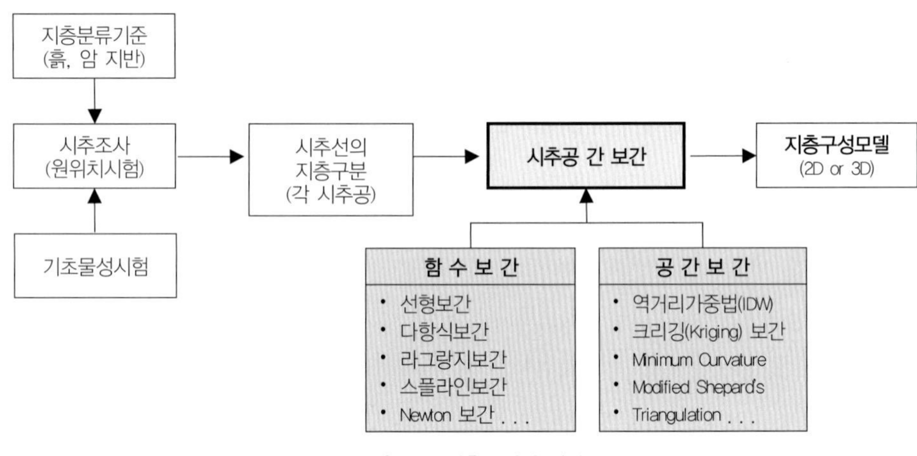

그림 6.5 지층모델링 절차

지층모델링은 시추공간격이 가깝거나 소규모부지에서는 반드시 필요한 것은 아니다. 일반적으로 보간법을 통해 지층모델링을 해야 하는 경우는 다음과 같다.

- 지하철, 도로, 하천 등 노선이 긴 기반시설의 설계 시 시추간격이 먼 경우 지층구성의 추정
- 접근한계로(전·후 지층정보만으로) 조사가 불가한 영역의 지층구성을 추정
- 시추정보, 노두(또는 수면)등의 정보를 종합하여 광역지층구성을 파악하고자 하는 경우

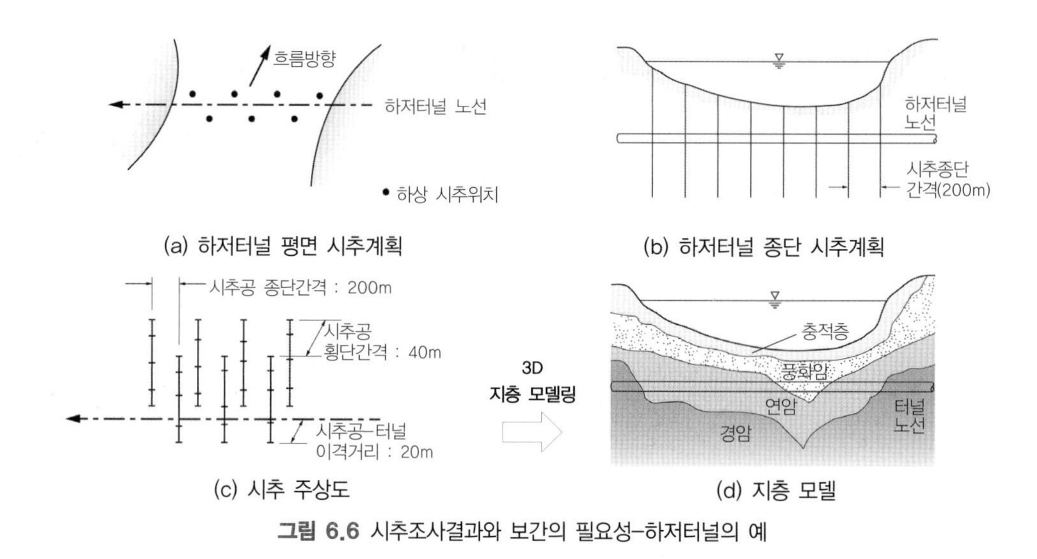

(a) 하저터널 평면 시추계획

(b) 하저터널 종단 시추계획

(c) 시추 주상도

(d) 지층 모델

그림 6.6 시추조사결과와 보간의 필요성–하저터널의 예

6.2.1 함수보간에 의한 지층 모델링

공간적으로 위치가 다른 지점에서의 측정값을 이용하여 관측이나 실험을 통해서 얻어지지 않은 점의 값을 추정하는 것을 보간이라 한다. 특히, 값을 아는 점과 점 사이의 값을 추정하는 경우 내삽(interpolation), 측정값의 범위를 넘어서는 위치의 값을 추정하는 경우 이를 외삽(extrapolation)이라 한다. 지층 보간은 시추공 자료를 이용하므로 내삽보간에 해당한다.

소규모부지 공사의 경우 지층모델은 동일 시추정보를 직선연결함으로써 얻을 수 있다. 하지만, 소규모부지라도 지층의 공간적 변화정도가 매우 크거나, 연장이 매우 긴 지하철 프로젝트의 경우 시추공 간격이 넓으므로 지층의 공간적 변화를 합리적으로 예측할 필요가 있다.

지층모델링에는 2차원 및 3차원적인 보간법을 활용할 수 있다. 2차원보간법은 **함수보간법**이라고도 하며, 여기에는 선형, 지수, 로그, 스플라인, 라그랑지 보간법 등이 있다. 반면, 측정치의 공간적 자기상관(auto correlation) 및 교차 상관관계(cross correlation)를 이용하는 역비례가중치법 및 크리깅(Kriging)법 등의 **지구통계학적 공간보간법**도 활용할 수 있다.

선형보간(linear interpolation)

가장 간단한 보간법으로, 값을 아는 이격된 두 지층경계점간 변화를 직선으로 가정하여 보간하는 방법이다. 함수 $f(x)$가 x_o에서 $f(x_o)$, x_1에서 $f(x_1)$인 경우 선형보간에 의한 x_o~x_1 구간의 임의 점 x^*의 함수값 $f(x^*)$는 다음과 같다.

$$f(x^*) = f(x_o) + \frac{f(x_1) - f(x_o)}{x_1 - x_o} \times (x^* - x_o) \tag{6.1}$$

만일, 함수 $f(x)$가 로그함수라면, $g(x) = \exp\{f(x)\} = \exp\{\ln x\}$로 치환하여 $g(x)$와 x의 선형관계를 적용하여 보간할 수 있다. $g(x_*) = \ln\{f(x_*)\}$이라면 다음이 성립한다.

$$g(x_*) = g(x_o) + \frac{g(x_1) - g(x_o)}{x_1 - x_o} \times (x_* - x_o) \tag{6.2}$$

지수함수인 경우, $g(x) = \ln\{f(x)\} = \ln\{\exp(x)\}$와 같이 지수함수에 로그를 취하여 선형보간법을 적용할 수 있다.

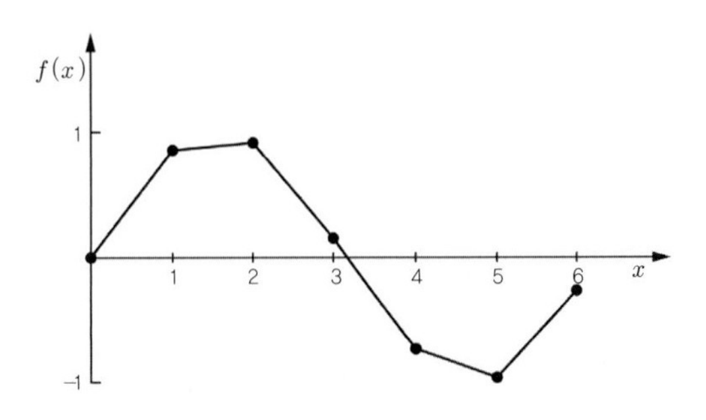

그림 6.7 선형보간(linear interpolation)

선형보간법은 간편하지만 정확한 방법은 아니며, 연속함수로 정의되지 않으므로 시추공 위치에서 미분이 가능하지 않다.

다항식 보간법(polynomial interpolation)

위치 x_i에 대하여 값이 y_i인 경우 $i = n$이라면, 시추공의 지반경계 점들을 통과하는, $(n-1)$ 차수의 다항식이 유일하게 존재한다. 그 다항식을 $p(x) = a_0 + a_1 x + a_2 x^2 + \cdots + a_{n-1} x^{n-1}$와 같이 정의하면, 이 식은 각 시추위치의 지반경계점$(x_1, y_1)(x_2, y_2)\cdots(x_n, y_n)$을 지나므로 다음과 같이 나타낼 수 있다.

$$\begin{aligned} y_1 &= a_o + a_1 x_1 + a_2 x_1^2 + \cdots + a_{n-1} x_1^{n-1} \\ y_2 &= a_o + a_1 x_2 + a_2 x_2^2 + \cdots + a_{n-1} x_2^{n-1} \\ &\vdots \\ y_n &= a_o + a_1 x_n + a_2 x_n^2 + \cdots + a_{n-1} x_n^{n-1} \end{aligned} \tag{6.3}$$

이들 방정식은 미지수 $a_0, a_1 \cdots a_{n-1}$의 선형방정식이다. 이 방정식은 가우스 소거법 등 수치해석법을 이용하여 풀 수 있다. 식 (6.3)의 다항식은 시추공의 지층경계점을 모두 통과하는 함수이다. 그림 6.8에 다항식 보간 예를 보였다.

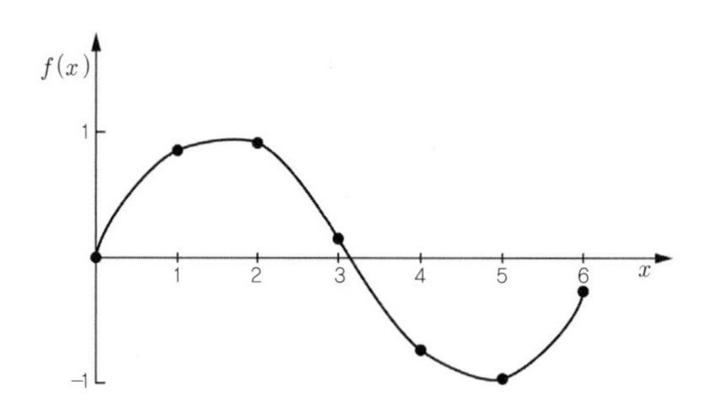

그림 6.8 다항식 보간(polynomial interpolation)

다항식 보간법은 시추공이 많거나 가까이 위치하는 경우 다항식의 차수가 높아지므로 계산의 복잡성이 커지고 **외곽에 위치하는 측정점 부근에서 변화진폭(oscillation)이 커지는 Runge 현상**이 일어나 보간 오류의 가능성이 크다.

라그랑지 보간법(Lagrangian interpolation)

지층경계를 나타내는 n개의 시추공정보를 알 때 그 지층경계점들을 모두 통과하는 함수를 정의할 수 있다. 이러한 함수를 나타내는 방식으로 Lagrange는 다음의 다항식을 제안하였다.

$$f(x) = y_1 \frac{(x-x_2)(x-x_3)\cdots(x-x_n)}{(x_1-x_2)(x_1-x_3)\cdots(x_1-x_n)} + y_2 \frac{(x-x_1)(x-x_3)\cdots(x-x_n)}{(x_2-x_1)(x_2-x_3)\cdots(x_2-x_n)} + \ldots \tag{6.4}$$

이 식은 $x = x_1$에서 첫 번째 항에서는 분수가 1이 되어 $f(x) = y_1$이 되고, 나머지 항은 모두 '0'이 된다. 마찬가지로 모든 주어진 점에 대하여 성립하므로 위 함수는 n개의 점을 통과하는 함수로서 보간함수이다.

스플라인함수 보간법(spline interpolation)

선형보간이 1차함수라면 다항식과 라그랑지 보간법은 $(n-1)$차 다항식의 고차함수이다. 이는 지층 변화의 변동성을 실제보다 훨씬 더 크게 나타내는 문제가 있을 수 있다. **선형보간이 너무 단순하다면 다항식 보간은 복잡성으로 인해 보간 오차가 커진다.** 스플라인 보간은 이런 단점을 보완하기 위하여 연속된 구간을 몇 개의 소 구간으로 나누어 낮은 차원(low-degree)의 다항식을 사용하되 함수의 연속성이 확보되도록 하는 기법이다. 이때, 각 구간마다 선택된 함수들을 **스플라인(spline) 함수**라 한다. 그림 6.9에 스플라인 함수선택의 예를 보였다.

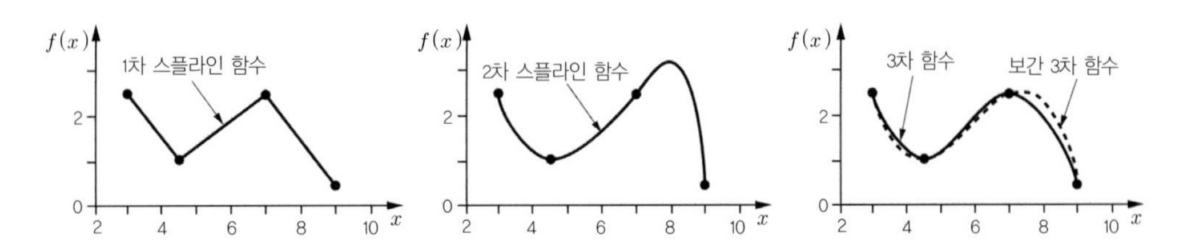

그림 6.9 함수 선택에 따른 스플라인(spline) 보간

각 구간에서 스플라인 함수를 선택할 때 각 점에서 전후 스플라인 함수가 미분이 가능해야 하고 곡률도 같아야 한다. 일례로 그림 6.10은 7개 측정값에 대하여 구간을 6개로 나누어 3차함수로 나타낸 경우이다(다항식보간의 경우 5차함수). x_o 및 x_1에 대하여 $f_1(x_o)$와 $f_1(x_1)$에서 상수값, $f_1(x_1)=f_2(x_1)$, x_1에서 미분조건 $f_1'(x_1)=f_2'(x_1)$ 및 곡률조건 $f_1''(x_1)=f_2''(x_1)$이 만족된다.

$$f(x)=\left\{\begin{array}{ll} -0.1522x^3+0.9937x, & \text{if } x\in[0,1], \\ -0.01258x^3-0.4189x^2+1.4126x-0.1396, & \text{if } x\in[1,2], \\ 0.1403x^3-1.3359x^2+3.2467x-1.3623, & \text{if } x\in[2,3], \\ 0.1579x^3-1.4945x^2+3.7225x-1.8381, & \text{if } x\in[3,4], \\ 0.05375x^3-0.2450x^2-1.2756x+4.8259, & \text{if } x\in[4,5], \\ -0.1871x^3+3.3673x^2-19.3370x+34.9282, & \text{if } x\in[5,6], \end{array}\right\}$$

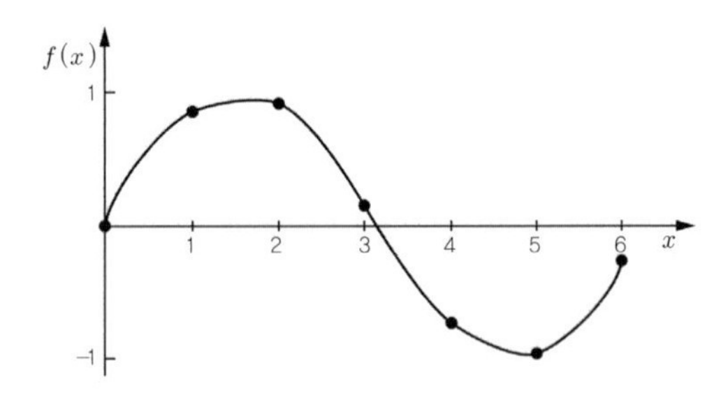

그림 6.10 스플라인 보간 예

스플라인 보간법은 선형보간법보다 오차가 작으며, 다항식 보간법보다 함수 표현이 간단하다. 측정치 양단의 변동성(Runge 현상)도 크게 개선이 된다. 다만 각 구간별로 함수식이 다르므로 여러 개의 함수를 다루어야 하는 문제가 있다.

최소자승법(least square method)에 의한 대표곡선

앞의 보간법은 측정점을 통과하는 것을 전제로 보간한다. 하지만 측정점이 조밀하고 데이터의 변화가 현저한 경우 측정점을 통과하지 않고 측정점들을 대표하는 함수를 찾아 보간하는 방법도 생각할 수 있다. 이때는 회귀분석법에 주로 이용되는 최소자승법(least square method)을 사용할 수 있다. **회귀분석은 데이터의 일반적 추이를 연속함수로 표현**하는 것이므로 데이터의 분포특성에 맞게 함수를 선택하여 수행할 수 있다. 대표적인 방법으로 선형회귀분석(linear regression)과 다항식 회귀분석(polynomial regression)이 있다.

선형회귀분석(linear regression)은 두 변수의 관계를 직선으로 나타내고자 할 때 사용한다. 선형회귀분석이란 데이터 점들을 가장 잘 대표하는 직선을 찾는 것으로 두 변수 간 선형관계를 나타내는 식을 제공한다. 데이터 (x_i, y_i)에 대하여 $(i=1,2,...,n)$, 직선 식, $y=ax+b$을 얻는 과정을 살펴보자.

대표직선과 각 데이터 간 편차(E)를 아래와 같이 정의할 수 있다.

$$E=\sum_{i=1}^{n}(ax_i+b-y_i)^2 \tag{6.5}$$

최적 근사직선은 편차 E가 최소일 때 얻어지므로, $\partial E/\partial a=0$ 및 $\partial E/\partial b=0$ 조건이 성립하여야 한다.

$$\frac{\partial E}{\partial a}=2\sum_{i=1}^{n}x_i(ax_i+b-y_i)=0 \tag{6.6}$$

$$\frac{\partial E}{\partial b}=2\sum_{i=1}^{n}(ax_i+b-y_i)=0$$

식 (6.6)은 미지수 a, b에 대한 연립방정식이므로 이를 풀면,

$$a=\left(n\sum_{i=1}^{n}x_iy_i-\sum_{i=1}^{n}x_i\sum_{i=1}^{n}y_i\right)\Big/\left(n\sum_{i=1}^{n}x_i^2-(\sum_{i=1}^{n}x_i)^2\right) \tag{6.7}$$

$$b=\left(n\sum_{i=1}^{n}y_i\sum_{i=1}^{n}x_i^2-\sum_{i=1}^{n}x_i\sum_{i=1}^{n}x_iy_i\right)\Big/\left(n\sum_{i=1}^{n}x_i^2-\left(\sum_{i=1}^{n}x_i\right)^2\right)$$

위에서는 직선식을 다루었지만 만일 2차 이상의 다항식을 사용하면 데이터의 비선형(곡선) 분포형상을 대표하는 최적곡선을 찾을 수 있다. 이를 **다항식 회귀분석(polynomial regression)**이라 한다. 차수가 m인 다항식은 다음과 같다.

$$P(x)=a_mx^m+a_{m-1}x^{m-1}+\ ....\ +a_1x+a_o \text{ 또는 } P(x)=\sum_{j=0}^{m}a_j\,x^j \tag{6.8}$$

데이터 포인트와 최적(best fit)곡선의 거리제곱의 합의 함수, E는 다음과 같다.

$$E = \sum_{i=1}^{n} [P(x_i) - y_i]^2 \tag{6.9}$$

$\dfrac{\partial E}{\partial a_j} = 0,\ j = 1,2,...,m$ 이므로

$$\sum_{i=1}^{n} [P(x_i) - y_i] \frac{\partial P(x_i)}{\partial a_j} = 0 \tag{6.10}$$

$$\sum_{k=0}^{m} \sum_{i=1}^{n} x_i^{k+j}\ a_k = \sum_{i=1}^{n} y_i\ x_i^j \tag{6.11}$$

식 (6.11)에서 미지수는 a_k이며 연립방정식을 풀어 구할 수 있다. 선형회귀분석은 $m = 1$, 미지수는 $a_1 = a,\ a_2 = b$인 경우에 해당된다.

예제 지하철 건설을 위해 200m 간격으로 지반조사를 시행한 결과 아래와 같은 지반/암반 경계를 파악하였다. 이를 토대로 시추조사 공간 흙/암 지반경계를 추정해보자.

	$N1$	$N2$	$N3$	$N4$	$N5$
깊이(z), m	5.0	5.5	2.1	2.4	9.5

풀이 ① 선형보간 : 시추공간 측정 경계심도를 직선연결

② 다항식보간 : $z = a_0 + a_1x + a_2x^2 + a_3x^3 + a_4x^4$

$z = 11.5 - 29.6583x + 16.1125x^2 - 3.1417x^3 + 0.1875x^4$

③ 스플라인보간

$$\begin{cases} z_1 = 1.1875(x-1)^3 - 1.6875(x-1) - 5, & \text{if } x \in [1,2], \\ z_2 = -2.03759(x-2)^3 + 3.5625(x-2)^2 + 1.875(x-2) - 5.5, & \text{if } x \in [2,3], \\ z_3 = -0.6375(x-3)^3 - 2.55(x-3)^2 + 2.8875(x-3) - 2.1, & \text{if } x \in [3,4], \\ z_4 = 1.4875(x-4)^3 - 4.4025(x-4)^2 - 4.125(x-4) - 2.4, & \text{if } x \in [4,5], \end{cases}$$

④ 대표곡선 : 2차 포물선을 대표곡선으로 하여 나타내면

$z = -1.2071x^2 + 6.6529x - 11.58$

⑤ 그림 6.11에 위 4개 추정곡선을 비교하였다(지하철 건설을 위한 깊은 굴착 계획을 가정하여, 각 경우에 대하여 시추단가 및 지층별 굴착비를 비교함으로써 기반암선 판정의 중요성을 생각해보자).

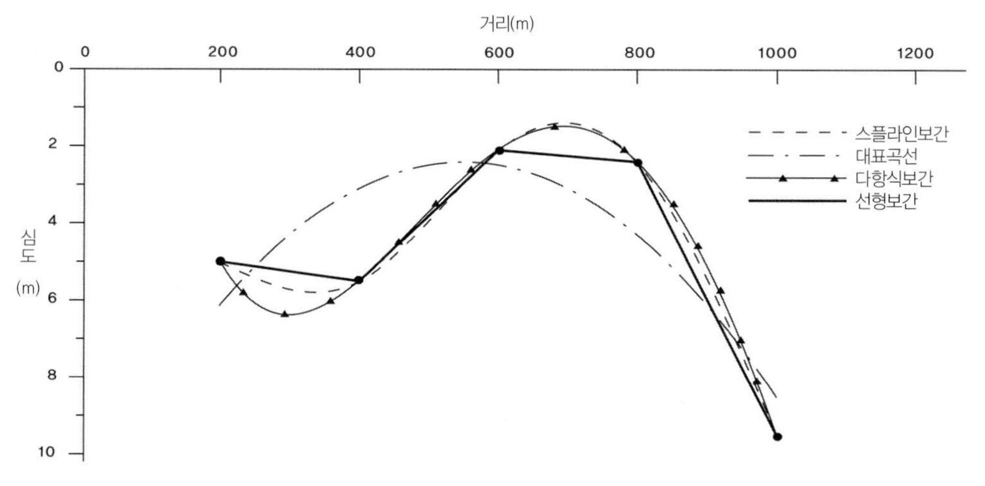

그림 6.11 지층 경계의 보간 예시(기반암 경계)

6.2.2 공간보간법에 의한 지층모델링(GIS 보간법)

공간변화 패턴의 모델링

자연계의 속성은 유사한 값들이 서로 군집되어 나타나며 거리가 멀어질수록 유사성은 떨어진다. 지반물성도 간격이 멀어질수록 상관성이 줄어드는데, 이러한 공간변화 패턴을 파악하는 것이 지반 불확실성의 이해에 중요하다. 지구통계학적 기법을 이용하여 지반물성의 공간변화패턴을 다루는 기법을 GIS(Geographic Information System interpolation) 분석이라 한다.

시추정보와 같은 공간데이터의 내재적 특성을 표현하는 데는 데이터의 공간적 상호관계를 정의하기 위하여 공간적 자기상관(spatial auto-correlation)과 공간 교차상관성(spatial cross- correlation) 개념을 도입한다. **공간 자기상관성은 단일변수의 공간적 위치에 따른 상관관계**를 정의하며, **공간교차상관관계는 서로 다른 변수 간 공간적 위치에 따른 상관관계**를 나타낸다. 따라서 특정 **시추정보를 분석하는 것은 자기 상관관계와 관련**된다.

그림 6.12와 같이 거리 h만큼 떨어진 2개의 지점에 대하여 방향을 고정시켜 다수의 자료 쌍을 생성한 것을 h-scattergram이라 한다. h-scattergram의 변화양상을 파악할 수 있는 정량적 지수로서 **공분산**(covariance), **상관도**(correlogram) 및 **배리오그램**(variogram)이 있다.

그림 6.12와 같이 1차원적으로 변화하는 데이터(예, 깊이에 따른 전단저항각 변화)의 거리(간격 h)에 따른 측정값을 확률변수($z(u_\alpha)$, $z(u_\alpha+h)$)로 고려하면 공분산, 상관도 및 배리오그램을 정의할 수 있다. $h=d_1-d_2$라 하자. N은 데이터(모집단) 수, m은 평균, σ는 표준편차, σ^2이 분산일 때(6.4절 참조) 각각의 정의는 다음과 같다. 여기서 $-h$는 머리, $+h$는 꼬리부를 의미한다.

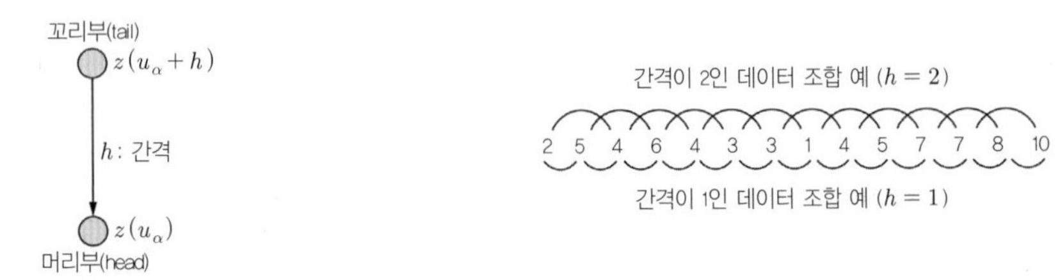

(a) 이격거리 h인 자료 쌍(pair)　　(b) 서로 다른 거리만큼 떨어진 자료 쌍

그림 6.12 1차원 데이터의 예

평균값(mean), $m_{-h} = \dfrac{1}{N(h)} \sum_{\alpha=1}^{N(h)} z(u_\alpha), \;\; m_{+h} = \dfrac{1}{N(h)} \sum_{\alpha=1}^{N(h)} z(u_\alpha + h)$ (6.12)

분산(variance), $\sigma_{-h}^2 = \dfrac{1}{N(h)} \sum_{\alpha=1}^{N(h)} [z(u_\alpha) - m_{-h}]^2 \;\; ; \sigma_{+h}^2 = \dfrac{1}{N(h)} \sum_{\alpha=1}^{N(h)} [z(u_\alpha + h) - m_{+h}]^2$ (6.13)

공분산(covariance), $Cov(h) = \dfrac{1}{N(h)} \sum_{\alpha=1}^{N(h)} z(u_\alpha)\, z(u_\alpha + h) - (m_{-h})(m_{+h})$ (6.14)

자기상관도(auto-correlation), $\rho(h) = \dfrac{Cov(h)}{\sqrt{\sigma_{-h}^2\, \sigma_{+h}^2}}$ (6.15)

이 값들은 1차원 데이터의 h만큼 이격된 통계변수이다. **공분산이나 상관도는 공간상의 유사성을 나타내며, 일반적으로 거리가 멀어질수록 값이 감소한다.** 상관도가 1에 가까울수록 상관성이 높다. h에 따른 $\rho(h)$ 관계로부터 $\rho(h) = 0$이 되는 h를 구할 수 있다. 이때의 h, 즉 상관성이 전혀 없는 지점까지의 거리를 자기상관거리라 한다.

배리오그램(variogram). 거리가 h만큼 떨어진 자료 쌍(pair)의 값 차이를 제곱해서 평균한 값을 배리오그램이라 한다.

$$\gamma(h) = \frac{1}{N(h)} \sum_{\alpha=1}^{N(h)} [z(u_\alpha) - z(u_\alpha + h)]^2 \tag{6.16}$$

식 (6.16)의 제곱 항은 상관관계가 1인 직선과 $z(u_\alpha + h)$ 위치의 거리(d_i)에 관련이 있다(그림 6.13). 따라서 γ 값의 증가는 상관성이 감소함을 의미한다. 일반적으로 두 점간 거리가 증가할수록 γ가 감소할 것이다.

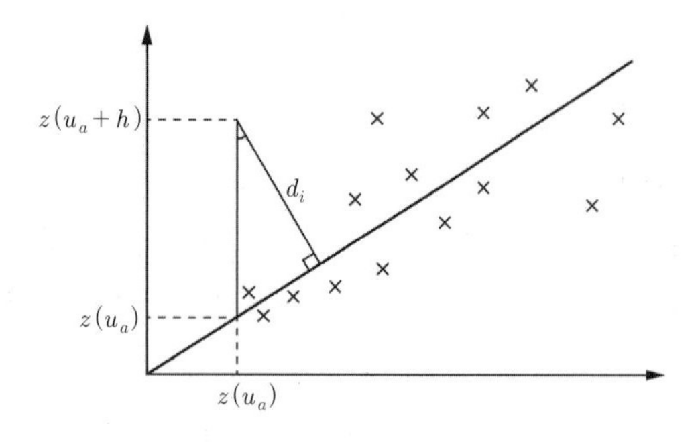

그림 6.13 배리오그램의 의미

공간패턴모델링. 식 (6.12)~(6.15)의 변수들은 지반변동성을 평가하는 지표인 동시에 공간패턴 모델링의 기초변수이다. **공간패턴 모델링은 알고 있는 측정값들로부터 측정값이 없는 임의의 지점 값을 찾아내는 과정을 말한다.** 이를 지구통계학적 공간예측법(모델링)이라고 한다. 여기서는 대표적 공간모델링 기법인 역비례가중치법과 크리깅법을 살펴보고자 한다. 공간모델링 기법을 이용하면 지반성상의 공간적 변화, 즉 지층변화, 지하수위 변화 등을 보다 논리적으로 추정할 수 있다.

NB : 자기상관성

일차원데이터에 대한 상관계수 값을 자기상관성이라 한다. 상관관계는 한 개 변수를 이격 거리에 따라 살펴볼 수 있다(예, 심도에 따른 표준관입시험치, N). 이를 1차원데이터 모델이라 하며 상관성은 데이터의 간격(거리)에 의존한다. 위치 d에서 X의 평균을 $m_X(d)$라 하고, 구간 $d_1 \sim d_2$에 대하여 이격거리 $h = d_1 - d_2$라 하자. 이때 자기상관성은 다음과 같이 표현된다.

$$\rho(d_1, d_2) = \frac{Cov(d_1, d_2)}{\sigma_X(d_1)\, \sigma_X(d_2)} \tag{6.17}$$

여기서

$$Cov(d_1,d_2) = Cov(d_1 - d_2) = Cov(h) = Cov[X(d), X(d+h)] = Cov[X(0), X(h)] = E[X(0)X(h)] - m_X^2$$

이므로

$$\rho(h) = \frac{Cov(h)}{Cov(0)} = \frac{Cov(h)}{\sigma_X^2} \tag{6.18}$$

ρ_{XY}값이 1에 가까울수록 상관도가 높다. 이로부터 불확실성을 나타내는 확률변수 X의 상관성을 정의하기 위해서는 다음 3개의 파라미터가 필요함을 알 수 있다.

- 평균, $m_X(d)$
- 분산(또는 표준편차), $\sigma_X^2(d)$, $\sigma_X(d)$
- 공간변화속도(공분산함수 또는 상관함수), $Cov(h)$, $\rho(h)$, 여기서 $h = \Delta d$

역거리가중법(IDW)

영역이 다수의 셀(cell)로 구성된 경우, 주변의 가까운 점으로부터 선형으로 결합된 가중치를 사용하여 새로운 셀의 값을 결정하는 방법을 역거리가중법(IDW, inverse distance weighted method)이라 한다. 어떤 점의 지층 깊이를 주변의 시추공으로부터 조사하는 경우를 생각해보자. 가까이 있는 실측값에 더 큰 가중치를 주어 보간하는 방법으로 거리가 가까울수록 높은 가중치가 적용된다.

측정치가 없는 어떤 지점의 값 $z^*(u)$을 주변의 측정값 $z(u_\alpha)$ $(\alpha = 1,2....n)$의 선형결합과 가중치를 이용하여 구하는 방법으로 가중치는 거리의 ω 승에 반비례하도록 부여한다.

$$z^*(u) = \frac{1}{\sum_{\alpha=1}^{n} \lambda_\alpha(u)} \sum_{\alpha=1}^{n} \lambda_\alpha(u) \; z_\alpha(u) \tag{6.19}$$

여기서 $\lambda_\alpha(u)$: $z(u_\alpha)$에 대한 가중치로서 $\lambda_\alpha = |u - u_\alpha|^{-\omega}$, w는 상수. n: $z^*(u)$ 평가에 사용된 주변 측정데이터의 수, u, u_α: 예측위치의 위치벡터(u) 및 측정데이터 α 점의 위치벡터(u_α).

예제 어떤 부지의 표준관입시험치가 a,b,c의 위치에서 각각 10, 3, 5라 할 때 그림과 같이 각 점에서 20m 및 10m 떨어진 지점 'o'에서의 표준관입시험치를 IDW로 추정해보자.

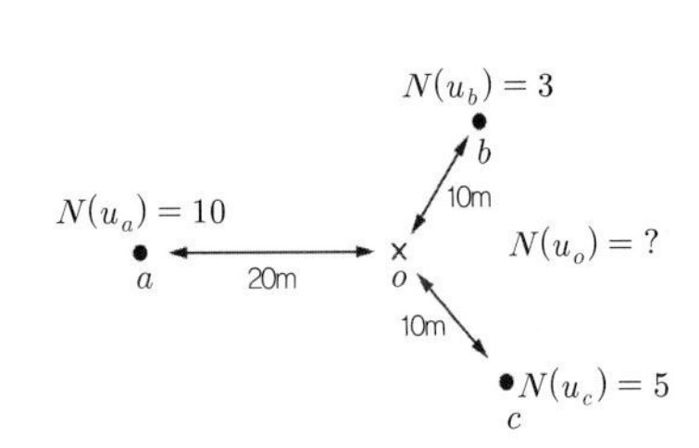

위 치	거리(m) $\lvert u_i - u_\alpha \rvert$	$\lambda_\alpha(\omega=1)$	$\lambda_\alpha z_\alpha$
a	20	0.2	2.0
b	10	0.4	1.2
c	10	0.4	2.0
Σ		1.0	5.2

그림 6.14 표준관입시험치의 추정

풀이 'O' 점의 N값 추정치는 5.2(≃5)이다.

크리깅(Kriging) 보간법

크리깅은 임의 관심 지점의 값을 알기 위해 이미 측정값을 알고 있는 주위의 값들을 선형 조합하여 통계 분석하는 기법이다. 실측값과의 거리 뿐 아니라 주변에 이웃한 값 사이의 상관강도도 고려하므로 매우 정확한 방법으로 알려져 있어 많이 사용된다. 하지만, 보간을 수행할 때마다 새로운 가중치를 계산하므로 많은 양의 계산이 필요하다.

크리깅은 지구통계학의 대표방법으로서, 주변 측정값들의 선형조합으로 측정치가 없는 지점의 값을

예측한다. 이 방법은 역거리가중법과 유사하지만 가중치 결정방법이 크게 다르다. 주변 n개의 측정치가 주어졌을 때, 임의 지점 u에서 확률변수 Z의 추정값 $Z^*(u)$는 다음과 같이 표현된다.

$$Z^*(u) - m(u) = \sum_{\alpha=1}^{n(u)} \lambda_\alpha(u) \ \ [Z_\alpha(u) - m(u_\alpha)] \tag{6.20}$$

여기서, $\lambda_\alpha(u)$: $z(u_\alpha)$에 대한 크리깅 가중치, $m(u), m(u_\alpha)$: 각각 확률변수 $Z(u)$ 및 $Z(u_\alpha)$의 기댓값(혹은 지역 평균값)이다.

실제 공간예측 시 특정 거리의 탐색반경 안에 포함된 $n(u)$개의 표본 자료만을 고려하므로 예측대상 위치가 변하면 추정에 사용하는 자료의 개수와 가중치도 변화한다. 미지의 값 $z(u)$와 관측값 $z(u_\alpha)$를 확률변수 $Z(u)$ 및 $Z(u_\alpha)$의 실현으로 간주하므로 추정오차는 확률변수 $\{Z^*(u)\text{-}Z(u)\}$로 정의할 수 있다. 크리깅법은 $m(u)$를 정의하는 방식에 따라 단순 크리깅(simple Kriging), 정규 크리깅(ordinary Kriging), 경향 크리깅(Kriging with a trend model) 등으로 구분한다.

역거리가중법은 예측위치와 주변 관측값 위치사이의 거리만을 가중치로 사용하나 크리깅은 거리의 함수인 배리오그램(혹은 공분산)을 이용함으로써 공간적인 연속성을 반영하며, 특히 예측 위치와 주변 측정위치 간의 연관성 정보뿐 아니라 주변관측위치 사이의 상호관계도 포함할 수 있다.

그림 6.15 공간보간의 결과 예시

6.2.3 지층경계 및 지하수위의 모델링 예

암 지반과 흙 지반의 경계의 모델링 예

지층모델링에 있어서 가장 중요한 사항 중의 하나는 흙 지반과 암 지반의 경계를 정하는 일이다. 지반 거동예측에 지배적인 영향을 미치는 두 지반은 거동특성이 전혀 다르다. 일반적으로 퇴적토지반에서는 암/흙지반의 경계가 명확하지만 풍화토/암지반의 경우 경계의 설정이 용이하지 않다. 그 이유는 풍화가 공간적으로 일정치 않고, 불연속면, 공동 등의 지질공학적 변이성이 내재되기 때문이다.

그림 6.16은 암반과 지반의 정성적 구분을 보인 것이다. **입자의 평균거동이 제체거동을 지배하는 경우에는 흙지반, 불연속면이 제체거동을 지배하는 경우는 암지반으로 구분할 수 있다.** 그림 6.16에서 보듯, 완전풍화~상당히 풍화된 경우는 상황에 따라 흙지반 또는 암지반으로 분류될 수 있다(제1권 3장 참조).

지층모델링에 앞서 그림 6.16 및 그림 6.17 등을 참고하여 시추자료를 토대로 암과 지반의 경계에 대한 분류기준을 설정하고, 이에 따라 각 시추공에 대하여 기반암경계를 먼저 결정하여야 한다. 즉, 설계대상 구조물에 따른 암반 및 지반분류기준을 먼저 정하여야 한다. 지층모델링은 이들 기준을 이용하여 제한된 시추결과로부터 가장 합리적인 지층 구성 프로파일(profile)을 정하는 것이다.

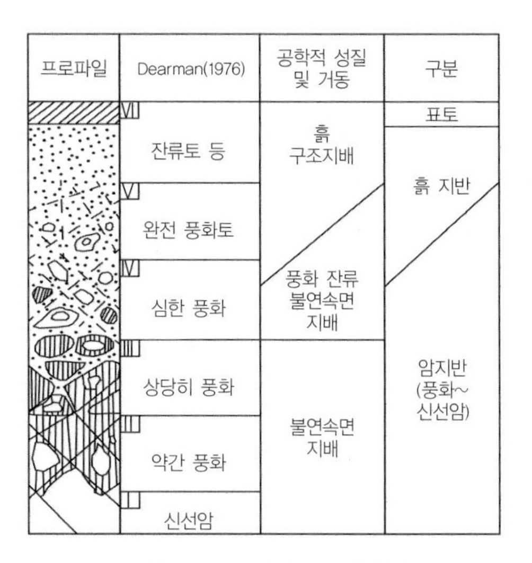

그림 6.16 지층의 구성과 분류

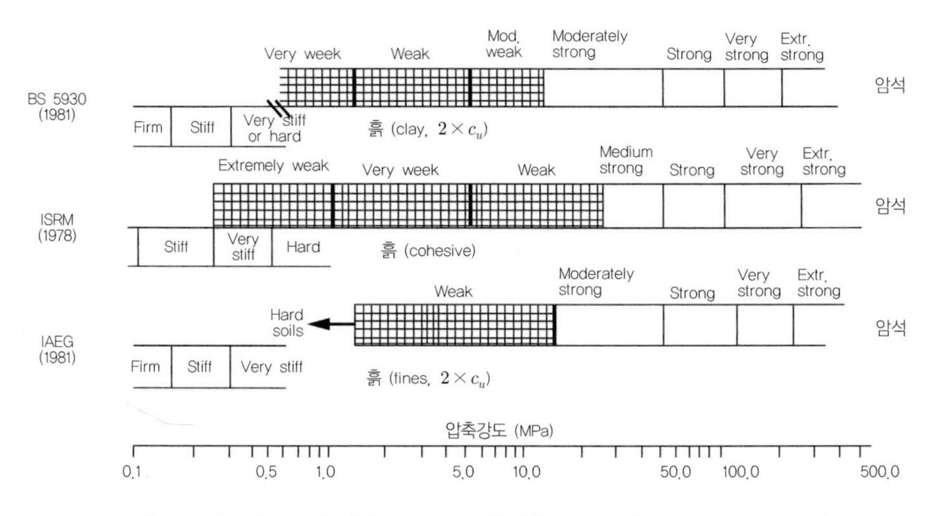

그림 6.17 흙 지반과 암 지반의 구분 – 일축압축강도 기준(after Hencher, 1993)

기반암이 위치하는 지반깊이를 잘못 정하면 지반해석 모델에 오차가 발생하고 특히 지진 지반문제의 액상화, 비대칭 지반거동 평가 시 오류를 야기할 수 있다. 기반암깊이를 정하는 데 따른 불확실성은 측정 오차, 공간적 변화, 접근이 불가하여 시추간격이 먼 경우 등이 주요 요인이다.

기반암이란 일반적으로 암반선이 분명하게 정의되는 고체 암석면을 말하며, 얇은 암편이나 풍화도의 점진적 변화가 이의 평가를 어렵게 한다. 일반적으로 시추조사 결과 Continuous fresh rock surface를 경계로(또는 RQD>75) 흔히 풍화토나 독립된 암괴의 시편이 경계평가의 오류를 야기한다. 그림 6.18은 기반의 경계가 어려울 수밖에 없는 풍화의 변화 예를 보인 것이다. 어디까지를 기반암으로 볼 것인가는 지층구분목적이나 프로젝트의 특성에 따라 달리 설정할 수 있다.

그림 6.18 풍화 프로파일 예

기반암 깊이는 보통 시추공 데이터를 이용하여 평가한다. 좁은 부지의 경우 직선보간이 일반적이지만 연장이 긴 도로나 터널의 설계, 넓은 부지 지반조사결과를 정리하는 경우 보다 논리적인 접근법을 사용하여 기반암 깊이를 평가할 필요가 있다.

기반암경계 모델링은 함수보간이나 지구통계학적 방법을 적용할 수 있다. 그림 6.19는 일부 시추결과는 기반암을 확인하고 일부는 기반암에 도달하지 못한 경우의 시추결과를 이용하여 기반암 깊이를 평가한 예이다.

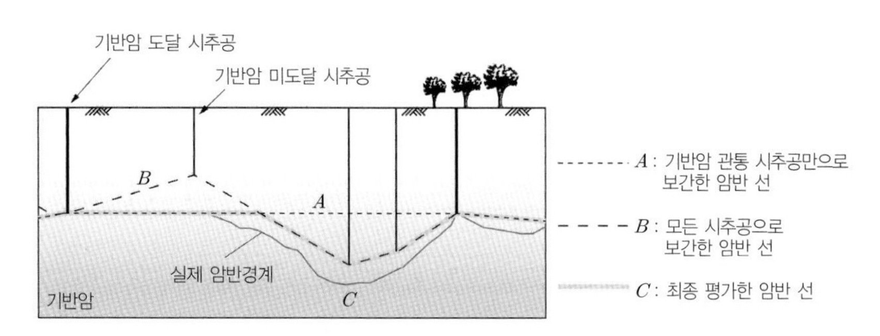

그림 6.19 굴곡진 기반암 깊이의 평가 예

이 경우 기반암을 확인한 시추결과로 우선 경계 보간한다(A). 다음, 모든 시추결과를 사용하여 보간한다(B)(이때 기반암을 확인하지 못한 시추공은 시추 깊이를 기반암 경계로 가정한다). 두 결과 중 기반암 깊이를 가장 깊게 예측한 부분만 취하여 최종결과로 제시하였다(C).

또 다른 경우로서 하천을 따른 지층정보를 파악하는 용역을 수행하는데 있어서 그림 6.20과 같이 계곡부의 기반암선을 추정한 예를 살펴보자. 시추 결과를 이용하여 기반암 깊이의 예비값을 추정한다. 이 예비값과 기존 문헌에서 파악한, 혹은 **지표에 드러난 지형정보를 활용**하여 크리깅 및 다항식의 회귀분석법으로 최종 기반암깊이를 추정한 예이다.

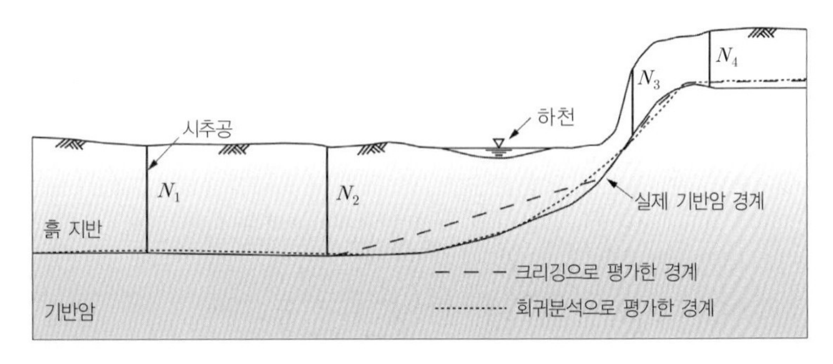

그림 6.20 하천주변 기반암 평가 예

지하수위의 모델링 예

지하수위는 지반문제를 정의하는데 있어 매우 중요한 요소이다. 지하수위 결정은 제한된 시추 정보, 측정법의 한계, 측정치의 변화성 등에 따른 불확실성이 존재한다. 일반적으로 **지하수위는 시추공에서 측정한 정보를 보간하여 얻는다. 이때, 우물, 하천, 노출지하수(샘) 등의 정보를 모두 이용하여야 한다.** 이들 정보를 고려하지 않았을 경우 그림 6.21과 같이 오차가 커질 수 있다.

기반암의 경계추정과 마찬가지로 지하수위의 평가도 지구통계학적 방법인 크리깅을 이용할 수 있다. 시추공만으로 보간된 지하수위는 계곡부에서 실제보다 더 깊게 예측되는 경우가 많다. 따라서 호수, 강, 우물 등의 지상에 노출된 정보도 모두 이용하여 크리깅을 적용하여야 한다.

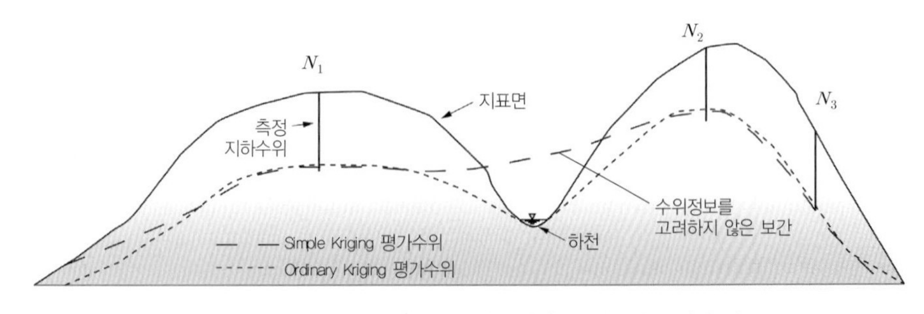

그림 6.21 지역정보와 시추공을 이용한 지하수위 모델링 예

6.3 지반물성의 평가

지반물성은 공간적 변화성, 측정오차, 공학적 모델링 방법, 문제의 중요성 등을 종합하여 지반의 지배거동을 고려할 수 있도록 평가하여야 한다. 이로부터 해당지반의 대표거동 또는 가장 취약한 거동을 고려할 수 있도록 설계물성이 결정되어야 한다.

6.3.1 구성모델과 입력물성

1장의 설계법 고찰로부터, 설계를 위한 지반물성인 '설계 특성치'는 매우 신중하게 평가하여야 함을 살펴보았다. 이는 지반재료가 내재적으로 균질하지 않으며 공간적 변동성이 매우 커 설계에 영향을 미치는 정도가 상당하기 때문이다. 지반물성은 일반적으로 다음 사항들을 고려하여 평가한다.

- 대상 지반문제의 특성
- 사용 지반해석법(구성모델 등)
- 설계조건(응력경로, 배수조건 등)
- 측정 데이터의 양(量)과 변동성(variability)

그림 6.22와 같이 주어진 하중에 대한 반응(변위 또는 파괴안전율)을 알기 위해서는 대상문제의 수학적 모델링이 필요하고 모델은 물성을 필요로 한다. 따라서 모델이 요구물성을 결정한다(Box 참조).

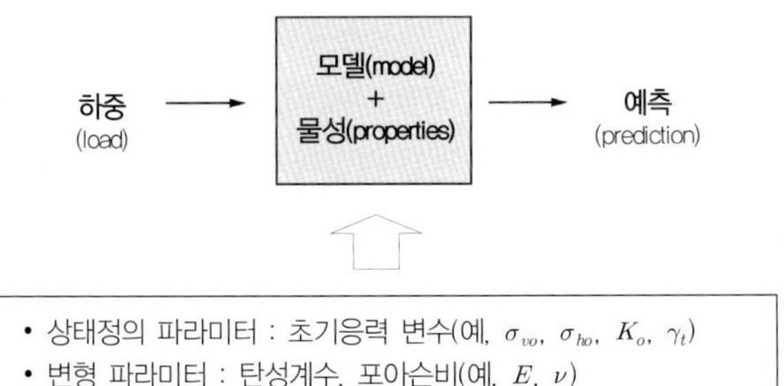

그림 6.22 지반거동예측의 구성성분

지반의 설계해석에서 요구되는 물성은 해석이 채용하는 구성방정식에 의해 결정된다. 일례로 지반거동을 탄성-완전소성(elastic-perfectly plastic)으로 모델링하여 Hooke 탄성모델과 Mohr-Coulomb 모델을 채용한 경우라면, 탄성거동을 정의하는 탄성계수(E)와 포아슨비(ν), 그리고 강도를 정의하는 전단저항각(ϕ')과 점착절편(c')이 요구될 것이다.

지반문제와 구성모델의 적용수준

검토대상문제의 중요도에 따라 모델의 수준을 정하게 되는데, 표 6.1은 지반 구성모델의 특성에 따른 요구 지반물성과 그의 결정방법을 예시한 것이다.

표 6.1 구성모델과 적용성(after Jamiolkowski et al., 1985)

구성모델	구성모델의 주요특성	요구 지반물성의 결정방법
고급 복합모델 (complex model)	비선형 탄소성 시간의존성 거동과 이방성을 고려할 수 있는 고급 모델	정교한 실내시험과 필요한 원위치 시험파라미터
고급 응용모델 (advanced model)	증분 탄소성 구성방정식 및 비선형을 고려하는 고급 모델	표준시험보다 진보된 실내시험, 현장시험
단순모델 (simple model)	층상지반을 포함하는 등방탄성연속체모델 및 경험모델	표준(통상적인) 실내시험 및 현장시험

통상 지반의 경화거동을 고려할 수 있는 모델을 고급모델로 분류한다. 고급모델은 이를 채용하는 수치해석법을 통해 지반해석에 구현된다. 지반 수치해석과 관련하여 요구되는 파라미터는 흔히 인덱스 파라미터(초기응력), 항복 전 거동 정의 파라미터(강성), 항복 후 거동 정의 파라미터(강도)이다.

지반공학적 설계해석에는 초기상태(응력 등)를 정의하기 위한 기초물성과 지반의 강성 및 강도파라미터가 요구된다. 고급구성방정식을 채용하는 경우 더 많은 파라미터가 요구되고 이를 결정하기 위한 훨씬 더 정교한 지반시험이 수행되어야 한다.

지반해석결과의 정확도는 지반구성모델 및 입력지반파라미터의 신뢰도에 지배된다. 따라서 지반물성의 평가는 시험을 통한 측정치와 유사지반의 경험, 적용 지반영역 등을 고려하여 대표성 있는 물성치를 결정하는 매우 중요한 과정이다. **지반해석결과를 지반파라미터의 신뢰도를 넘는 목적으로 사용하는 것은 바람직하지 않다.** 따라서 해석의 목적과 용도에 부합하도록 물성의 평가가 이루어져야 한다.

6.3.2 지반물성의 평가절차

지반은 지질학적, 환경적 그리고 화학적 작용을 받아 형성된 매우 복잡한 공학재료이다. 이런 특성 때문에 현장의 지반 물성은 수직적으로는 물론 수평적으로도 변화한다. **지반물성은 유일(unique)하지도, 일정(constant)하지도 않다.** 따라서 지반파라미터의 평가는 시험결과와 관련된 유사현장 자료, 기존연구결과, 이론, 경험 등의 정보를 종합하여 이루어져야 한다.

그림 6.23은 실험결과로부터 설계파라미터를 도출하는 과정을 보인 것이다. 크게 **'측정 → 유도 → 특성화(characterization) → 계수화(Code)'**의 과정으로 이루어진다.

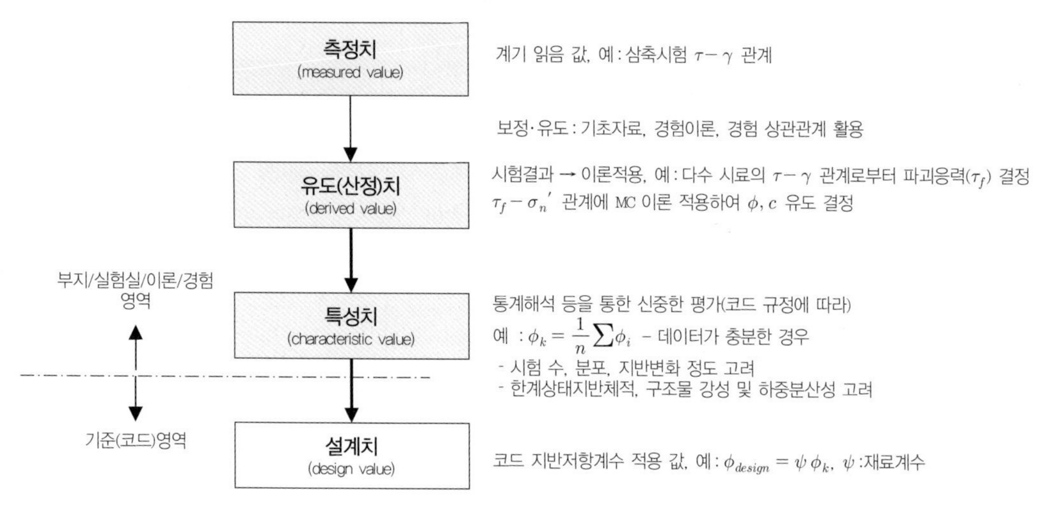

그림 6.23 지반물성치의 평가과정

설계특성치란 일반적으로 측정이나 시험 및 조사로부터 얻은 값을 통계적으로 처리하고 평가한 값으로서 평균값의 신중한 평가값으로 정의한다(영국의 경우(BS) 전통적으로 '특성치' 대신 '적정보수치(moderately conservative, 평균값과 특성치의 중간 혹은 특성치와 동일)'라는 개념을 사용하여 왔다).

① 지반물성의 측정치(measured values, test results)

측정치는 시험에서 기계적으로 얻어진 값을 말한다. **측정치는 보정을 통해 시험결과가 된다.** 삼축시험 측정치에 멤브레인 영향을 고려하거나 SPT에서 롯드 혹은 상재하중을 고려하여 보정하는 것이 한 예이다.

시험결과로부터 지반파라미터를 평가하기 전에, 고려중인 실제 설계조건과 한계상태를 정의하는 것이 중요하다. 일례로 한계상태와 관련하여 첨두(peak) 혹은 잔류(residual, constant volume) 중 어디에 부합하는지 결정하여야 한다. 또한, 측정법과 시험조건은 측정치에 영향을 미치므로 응력경로와 배수조건이 검토할 설계조건과 부합하여야 한다.

응력경로. 일반적으로 가정한 파괴모드의 파괴 유형이 파괴면의 위치마다 다르고, 전 파괴면에서 동시에 파괴 상태에 도달하지 않는다. 전자는 입력파라미터를 선정할 때 시험법, 즉 응력경로의 선정과 관계가 있고, 후자는 파괴면에서 전단강도에 도달하는 시점이 위치마다 다르다는 사실을 의미하는 것이다. **원칙적으로 지반파라미터는 원지반 시료에 실제 일어날 수 있는 응력경로로 시험한 결과로부터 얻어져야 한다.** 그러나 계획·설계 모든 단계 혹은 구조물의 중요도에 따라 요구되는 지반파라미터의 정도가 다르므로 이를 적절히 고려하는 것은 쉽지 않다.

지반물성치의 개념정의 예시

설계물성을 측정치에서 설계치까지 평가해가는 과정에서 측정치, 유도치, 특성치, 그리고 설계치라는 개념이 도입되었다. 이는 불확실성을 고려하기 위한 개념으로서 삼축시험을 예로 하여 각각의 의미를 살펴보자.

① **측정치** : 실제 삼축시험을 수행하여 얻는 데이터를 측정치라 하며, 그림 6.24의 응력-변형률관계 데이터는 측정치라 할 수 있다.

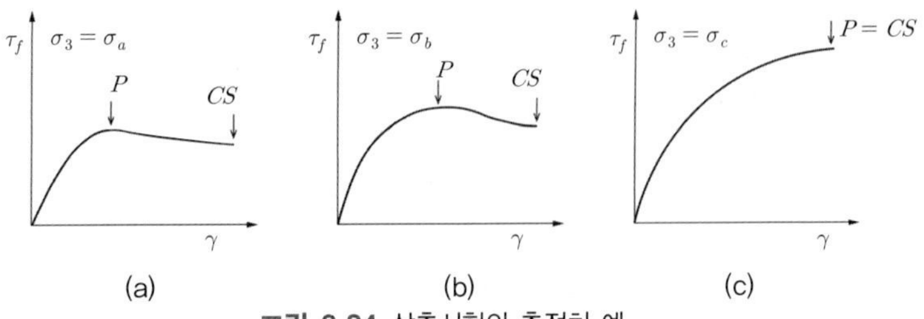

그림 6.24 삼축시험의 측정치 예

② **유도치** : 구속응력을 달리한 다수의 시험으로부터 얻은 파괴응력상태(σ_3 , τ_f)를 결정하고 이를 이용하여 Mohr 응력원을 그려 c' , ϕ' 를 유도할 수 있는데, 이때 c' , ϕ' 를 유도치라 한다.

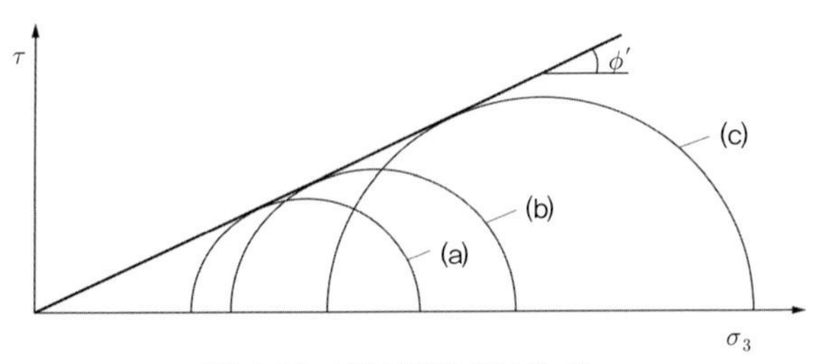

그림 6.25 삼축시험의 유도치 예

③ **특성치** : 특성치는 물성의 신중한 평가값으로 통상 확률 및 통계적 방법을 이용하여 산정한다. 같은 지반에 대하여 응력조건을 달리한 충분한 시험을 수행하면 그림 6.26과 같은 정규분포곡선을 얻을 수 있는데, 이 분포곡선으로부터 물성의 불확실성을 고려하여(통계적으로) 평가한 물성치를 특성치라 한다.

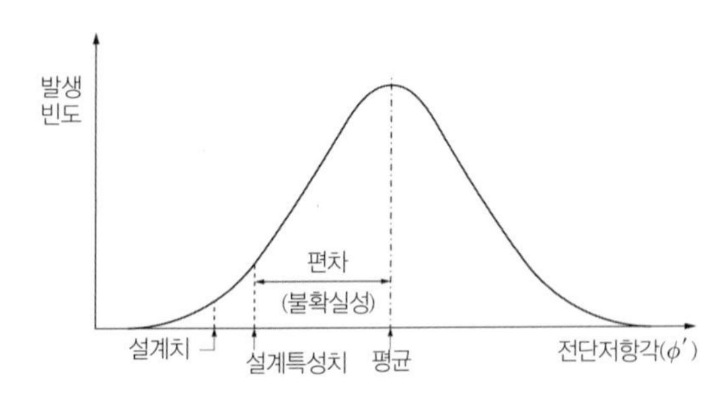

그림 6.26 전단저항각의 특성치 예

④ **설계치** : 한계상태설계법(LSD)의 부분계수(재료계수)와 관련하여 정의되는 재료물성으로서 설계에 적용하기 위하여 특성치에 Code에서 정한 감소계수를 곱하여 산정한 물성을 설계치라고 한다. 앞에서 구한 특성치가 ϕ_k' 라면, 설계치는 $\phi_d' = \psi \phi_k'$ 여기서 ψ를 감소계수라 한다. 설계치는 그림 6.26에 보인바와 같이 특성치보다 작은 값이 된다.

배수조건. 배수조건은 입력파라미터 선정 시 절대적으로 고려하여야 할 사항이다. 일반적으로 완전배수조건의 파괴강도가 비배수보다 2배 이상 크다. 배수와 비배수 중간상태의 강도는 완전배수와 비배수의 중간 값을 갖는다. 따라서 하중환경에 따라 배수조건을 판단하고 그에 부합한 강도파라미터를 사용하여야 한다.

② 지반물성의 유도치(derived value)

어떤 지반파라미터는 시험결과로부터 직접 얻을 수 도 있지만, 추가적인 작업을 통해 얻는 **유도값(derived values)**이 있다. 직접 결정의 예로 말뚝 재하시험에 의한 지지력, 단위중량 등을 들 수 있다. 지반물성의 '유도결정'은 '직접결정'에 대응되는 표현으로서 **측정치를 가공하여 물성을 얻는 과정을 포함한다. 삼축시험치 결과로부터 얻어지는 Mohr-Coulomb(MC)이론의 강도파라미터 c', ϕ' 를 얻는 경우가 이에 해당한다**(Box 참조). 유도값은 상관관계, 이론, 경험 등을 이용하여 결정할 수 있다. 지반물성의 유도결정의 예를 들면 다음과 같다.

- 삼축시험과 MC 이론으로 c', ϕ' 의 결정
- 응력-변형률 곡선으로부터 E_m 결정
- FVT(현장베인시험, field vein tests)로부터 상관관계로 s_u 결정
- SPT(표준관입시험, standard penetration test)의 N 값과 상관관계로 ϕ' 및 E_m 결정

그림 6.27은 설계코드(예, EURO Code 7)에서 제시한 지반파라미터의 유도결정체계를 보인 것이다. 지반파라미터가 시험결과, 상관관계, 경험 및 기타 관련 자료로부터 평가되어야 함을 적시하고 있다. 여기서 '기타 관련 정보'는 유사지반에 대한 시험결과의 해석, 평가한 지반파라미터를 기존 문헌, 지역적 경험 그리고 대규모 현장 사례 및 인접 현장의 측정치와의 상관성 분석 등을 말한다.

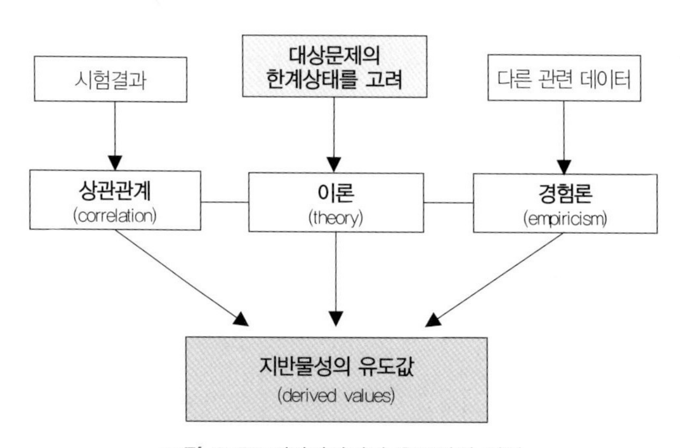

그림 6.27 지반파라미터 유도값의 결정

지반재료는 실험실에서, 아주 잘 통제된 시험 조건하에서 시험하여도 같은 물성을 얻기 어렵다. 따라서 자연지질조건을 내포하는 현장시험의 경우 이러한 특성은 훨씬 더 커지며 따라서 상관관계에 의한 물성추정은 추가적인 불확실성이 게재된다. 표 6.2에 물성의 유도결정방법을 예시하였다.

표 6.2 지반물성의 유도결정법

경험적 상관관계(correlation) 이용법
• 지반의 기초물성과 상관관계를 이용한 평가법. 예) s_u와 소성지수의 관계 • 현장실험결과를 이용한 상관관계법. 예) s_u와 N의 상관관계 • 정규화된 물성을 이용하여 다른 물성을 구하는 상관관계법. 예) E/s_u에서 추정되는 E와 소성지수 사이의 관계
축소 또는 실대형 재하시험으로부터 물성을 역계산(back calculation)하는 방법
• 재하시험결과를 적절한 대응(parallel)모델을 이용하여 역 계산함으로써 물성과 물성의 구간변화를 평가하는 방법 • 재하시험 결과를 '평균' 혹은 '대표' 물성을 이용한 비대응(non-parallel) 모델로 예측하고 보정하여 물성을 얻는 방법. 예) 비선형거동이 분명한 시험결과에 대하여 탄성모델을 사용하여 허용하중 상태의 E_{25} 또는 E_{50}를 추정
이론적 방법, 또는 문헌조사법
• Cam-clay 또는 수정 Cam-clay와 같이 잘 알려진 구성모델을 이용하여 직접 결정하는 방법 • 지반거동을 규정하는 특정모델에 대하여 물성을 가정하는 방법. 예) 지반의 거동을 비배수, 포화, 등방성, 선형거동을 가정하는 경우. $\nu=0.5$이고, 따라서 $E=3G$ • 문헌에 이미 공개된 '표준', '평균' 혹은 '대표' 물성을 기초물성을 이용하여 파악하는 방법

주) s_u = 비배수 전단강도; N= 표준 관입 시험값; E= 탄성계수; ν= 포아슨비; G= 전단탄성계수

③ 지반파라미터의 설계특성치, X_k

지반 지반파라미터의 유도치가 결정되었다면, 이를 기초로 설계해석에 적용할 설계 특성치(characteristic value)를 평가한다. 설계특성치란 측정이나 시험 및 조사로부터 얻은 값을 통계적으로 처리하고 평가한 값으로서 일반적으로 '평균값의 신중한 평가(a cautious estimate of mean value)'로 정의한다. 특성치는 다음 사항들을 고려하여 평가한다.

- 지반의 변동성
- 시험결과의 수 및 시험결과의 분포
- 한계 상태의 유형
- 한계상태에 관련되는 지반의 체적(규모)
- 구조물의 성질(강성, 하중전달 및 배분특성)

상관관계(correlation)

어떤 부지의 경우 지반재료에 대한 상세조사는 비용 소요가 큰 정교한 시험을 요한다. 이런 경우 보통 사업예산의 범위를 초과하므로 제한된 지반정보를 기초로 상관관계를 이용하는 방법이 매우 유용하다. 상관관계는 일반적으로 '원위치 시험결과와 동일지반 시료에 대한 기본물성(index parameters) 또는 실내시료시험결과로부터 상관성을 얻는 법'과 '성상이 알려진 시료에 대한 모형 토조 시험을 수행하여 원위치 시험과의 상관관계를 얻는 법'이 있다.

실내시험결과를 이용하는 방법은 실내시험을 통해, 알려지고 검증된 물성을 원위치 시험결과와 상관시키는 것이다. 같은 조건의 지층에 대하여 충분한 실험 데이터와 원위치시험 데이터가 확보되면 상관성을 얻을 수 있다. 예로 $s_u - N$ 관계 등을 들 수 있다.

모형 토조를 이용하는 방법은 물성을 아는 특정지반재료로 토조를 만들어 원위치 시험을 수행함으로써 물성과 원위치 시험간 상관성 얻는 방법이다. 일례로 모형 토조에 대한 CPT 시험결과로 상대밀도를 구하는 상관관계를 살펴보자. 모래의 상대밀도는 CPT 시험의 q_c와 관계된다. q_c는 유효연직응력, σ_{vo}에 따라 달라진다. 따라서, 상대밀도는 다음과 같이 표현할 수 있다.

$$D_r = f(q_c, \sigma_{vo})$$

모형 토조를 만들어 같은 시료에 대하여 실내시험 결과(D_r)와 CPT 결과의 상관성을 구해볼 수 있다. 상대밀도가 다른 여러 사질토 시료에 대하여 시험한 결과를 정리하면 다음과 같은 상관관계를 도출 할 수 있다.

$$D_r(\%) = 667\left[\log\left(\frac{q_c}{\sqrt{\sigma_{vo}}}\right) - 1\right] \quad (q_c,\ \sigma_{vo}\text{의 단위는 kPa})$$

특성치(characteristic values)의 개념. 유로코드 EN1990는 특성값을 한계상태에 영향을 미치는 신중한 추정값으로 정의하고 있다. 신중한 추정값이란 다소 정성적 기준이며, 이의 사전적 정의는 '문제 또는 위험을 피하기 위한 주의 깊은 계산 또는 판단'이다. 실제로는 전문가에 따른 '신중한'에 대한 해석이론 결과가 다르게 나타나기도 한다. 여기서 '한계상태에 영향을 주는'의 개념은 지반거동의 한계상태에 대한 다양한 측면을 고려해야 한다는 의미이다. 이는 한계상태에 따라 여러 개의 지반 특성값이 존재할 수 있음도 의미한다(일례로, 말뚝 지지력 산정 시 단부지지력과 주면지지력에 필요한 전단저항각을 달리 선택할 수 있음을 의미한다).

일부 설계코드는 '특성치(characteristic value)' 대신 '대푯값(representative value)'이란 용어를 사용하기도 한다. 대푯값은 **'설계에서 의도한 부분에 적절히 적용될 수 있는 현장 지반물성 값에 대한 보수적인 추정값'**이라 정의되나 의미상 신중한 추정값과 거의 동일하다. 단위 중량과 같이 물성의 변화가 적은 지반파라미터의 대푯값은 시험치의 평균값을 특성치로 볼 수 있으나, 불확실성이 높아 변동 범위가 큰 경우의 대푯값은 적정 하한값으로 신중히 결정하여야 한다.

일반적으로 설계특성치에 대한 초보적인 통계법은 평균치를 사용하는 것이다. 하지만 신뢰도 측면에서는 평균치의 사용이 과대 혹은 과소평가의 우려가 있으므로 확률적 개념을 도입하여 특성치(characteristic value)를 정의한다(예 5% 분위 수, 95% 신뢰도 등). 데이터가 없는 경우에는 확실한 경험(well-established experience)을 이용하거나, 기존자료의 매우 신중한 평가로부터 특성치를 결정한다. 그림 6.28에 설계 특성치의 결정체계를 예시하였다. 설계특성치의 통계적 평가는 6.4절에서 자세히 다룬다.

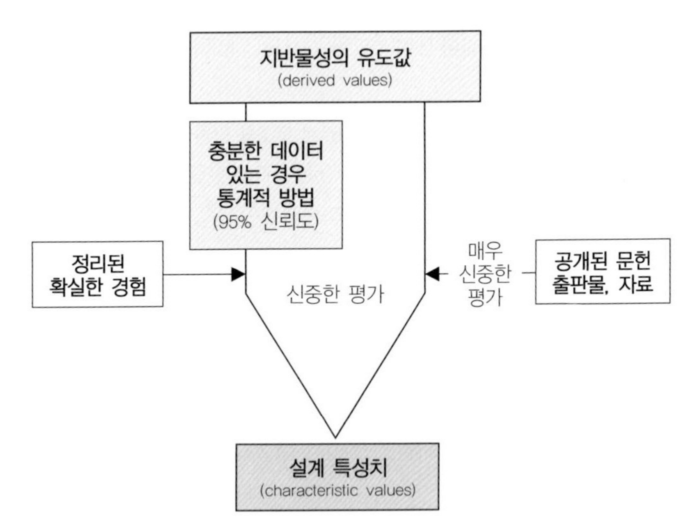

그림 6.28 지반파라미터 설계특성치의 결정(after EURO Code 7)

NB: 구조공학에서 특성치는 전통적으로 통계적인 방법을 사용하여 95%의 신뢰구간으로 평가한다. 작은 값이 불리한 경우 5% 분위수, 큰 값이 불리한 경우 95%분위수를 사용한다. 지반의 경우 불확실성이 크므로 95% 신뢰구간의 50% 분위(평균)를 사용하는 경우가 많다. 그림 6.29에 분위와 신뢰구간을 예시하였다.

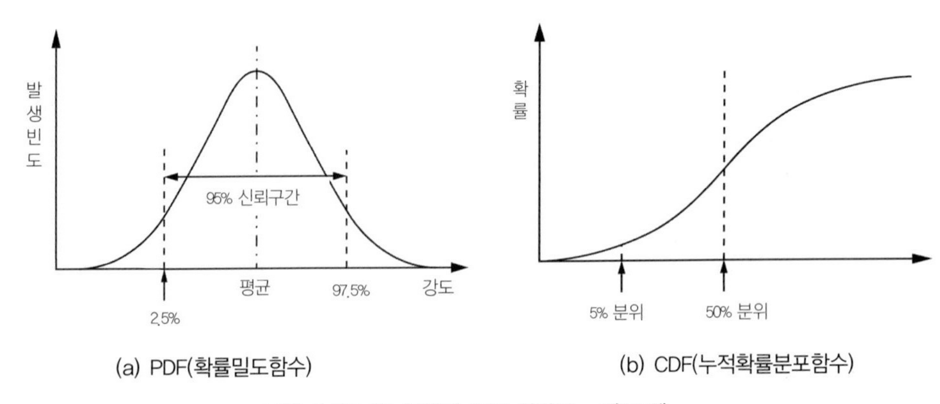

(a) PDF(확률밀도함수)

(b) CDF(누적확률분포함수)

그림 6.29 5% 분위와 95% 신뢰도 – 강도 예

시험결과-평가치-특성치 산정 예

그림 6.30은 비배수전단강도 s_u 에 대한 시험결과와 평가치를 예시한 것이다. 말뚝의 파괴는 주면전단파괴와 선단파괴모드로 생각할 수 있다. 주면체적은 한계상태에 이르는 체적이 말뚝길이에 따른다. 반면 선단파괴는 말뚝선단주변에 파괴면이 형성되므로 한계상태에 이르는 체적이 국소적이다.

① 주면파괴(한계상태체적이 큰 경우). 이 경우 한계상태는 말뚝주면을 따라 비교적 크게 형성될 것이다. 말뚝의 주면저항(말뚝 길이에 따른 평균 강도)은 말뚝 심도 z_1 과 z_2 를 따라 비배수전단강도 시험결과에 대한 평균치의 신중한 평가(예 95% 신뢰구간 하한치)로부터 설계 특성치를 산정할 수 있다.

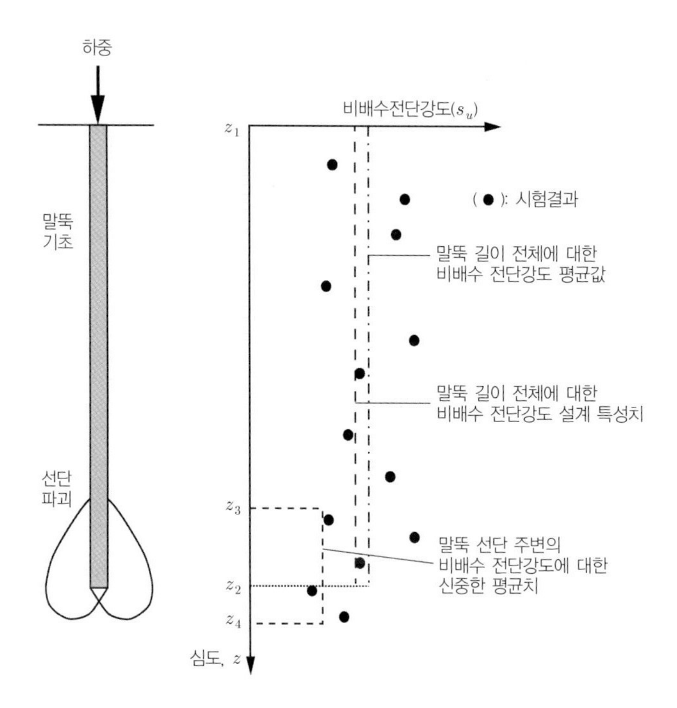

그림 6.30 파일의 파괴모드와 한계상태와 관련된 체적의 크기(after EURO Code Designers Guide, 1997)

② 선단파괴(한계상태 체적이 작은 경우). 이 경우 한계상태가 선단주위에 작게 형성될 것이다. 만약 그림 6.30과 같이 선단주변의 시험치가 존재한다면, 심도 z_3와 z_4 사이에서 평균치에 대한 신중한 평가로 특성치를 결정할 수 있다. 심도 z_3와 z_4 사이의 시험결과가 충분하지 않으므로 최저 시험값을 강조한 신중한 평균값을 특성치로 할 수 있다.

만일 선단파괴면 인근의 소규모 체적의 시험치가 없다면, 선단저항은 깊이 z_1과 z_4 사이에서 가장 낮은 시험치에 근접한 값을 특성치로 평가할 수 있다.

④ 지반물성 설계치(design value), X_d

설계물성치 X_d는 설계특성치에 코드에서 정하는 부분(재료)계수를 이용하여 다음과 같이 산정한다.

$$X_d = \frac{1}{\gamma} X_k \tag{6.21}$$

여기에 **γ는 설계규정(코드)에서 정하는 지반저항에 대한 감소계수로서 재료계수 혹은 부분계수 (partial factor)라 한다.** 부분계수는 물성의 불확실성 설계조건에 따라 달라진다. 작은 물성값을 취하여 보수적인 해석결과를 주는 경우는 $\gamma > 1.0$이다. 그림 6.31은 전단 저항각에 대한, 설계특성치 및 설계치를 예시한 것이다. 표 6.3은 각 코드 및 이론에서 규정하는 강도파라미터의 부분계수를 예시한 것이다(이에 대한 구체적인 내용은 1장에서 다루었다).

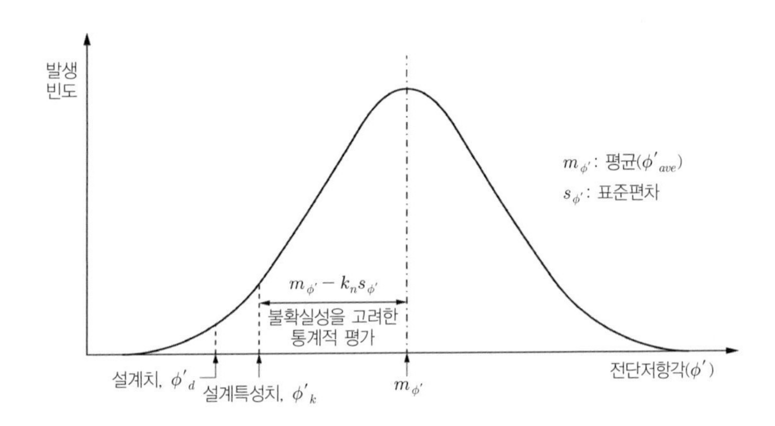

그림 6.31 설계특성치와 설계치(전단저항각 예, k_n은 통계계수 - 6.4절 참고)

표 6.3 각 설계규정에 따른 하중계수 및 저항계수 예

설계규정 (code)		부분계수(재료감소계수) (partial factor)		설계법
		$\tan\phi'$	c'	
CFEM	1992	0.8	0.5-0.65	LRFD
Denmark	1965	0.8	0.57	BS8002
B.Hansen	1956	0.83	0.59	(이론)
AS4678	2002	0.75-0.95	0.5-0.9	LRFD
Eurocode 7	Model 1	0.8	0.8	LSD

주) CFEM : Canadian Foundation Engineering Manual
AS : Australian Standard

지반파라미터의 최적화(constitutive driver)

일반적으로 구성모델에 요구되는 파라미터는 최소 두 개(예, 탄성론) 이상이며 유도(계산)방법, 시험법의 차이, 측정 정밀도 등의 차이에 따라 모든 파라미터가 동일한 신뢰수준으로 결정되지 않는다. 특히, 결과에 미치는 영향정도도 다르므로 그림 6.32와 같이 이들 파라미터 간 정확도를 최적화하는 파라미터의 조합을 생각해볼 수 있다.

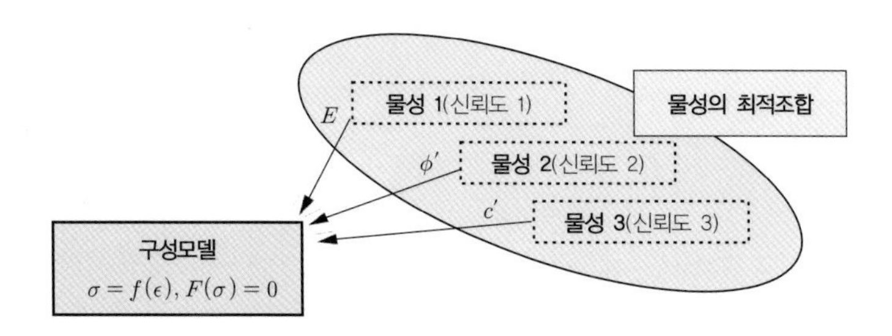

그림 6.32 신뢰도가 다른 탄소성모델 파라미터의 최적조합

시험으로 얻은 측정값과 구성모델의 이론값 간 차이를 측정할 수 있다면, 최적화기법을 이용하여 두 값 간 차이를 최소화시키는 모델물성치의 조합(model parameter set)을 얻을 수 있다. 이론값은 구성모델의 시험조건을 모사하는 변형률과 응력의 혼합구성관계(mixed constitutive relationship)로부터 얻을 수 있다. 그 다음, 이론값과 실험결과의 차이를 나타내는 목적함수(objective function)를 도입한다. 목적함수는 시험결과와 이론값과의 차이인 놈값(norm value)을 이용하여 표현할 수 있다.

목적함수의 최솟값은 최적화 기법을 적용하여 시료에 설정한 각각의 점에 대해 측정치와 이론치의 최소거리를 탐색함으로써 얻을 수 있으며, 이때의 물성이 최적 물성조합이다(Mattsson et al., 1999).

6.4 지반물성의 확률·통계적 평가

지반재료의 내재적 변동성, 측정오차, 변환에 따른 불확실성을 적절히 고려하기 위한 방법으로 확률과 통계를 이용한 신뢰성설계법이 1980년대 초부터 강조되어 왔다. 그동안 데이터의 축적으로 확률통계적 기법에 의한 지반물성의 합리적 평가법이 많은 발전과 체계화가 이루어져왔고 많은 설계코드에서 이러한 접근을 권장하고 있다. 확률·통계는 기존의 토질역학이나 지반공학에서 충분히 다루지 않고 있으므로 이에 대한 기초이론과 정의부터 살펴보기로 한다.

6.4.1 지반물성의 확률·통계적 평가를 위한 기초이론

통계란 데이터에 대한 공학적 커뮤니케이션을 위하여 모집단(population)과 표본(sample)의 특성을 정의하는 학문이다. 통계처리를 위해 자료(data)와 관련한 모집단과 표본, 평균(mean)과 기댓값(expectation), 이산(discrete)과 연속(continuous) 등의 개념부터 살펴보자.

모집단(population)과 표본(sample)

관심 있는 대상의 집합을 모집단(population, N)이라고 하고 모집단에서 취해진 일부를 표본(sample, n)이라고 한다. 모집단에 대하여 특별히 관심 있는 특징(값)을 파라미터(parameter)라 한다. 모집단(N)을 통계적으로 다룬다는 것은 용이하지 않다. 따라서 모집단에서 표본(n)을 추출하여 표본의 통계를 통해 모집단의 특성을 예측하는 것이 통계적 접근법이다(그림6.33).

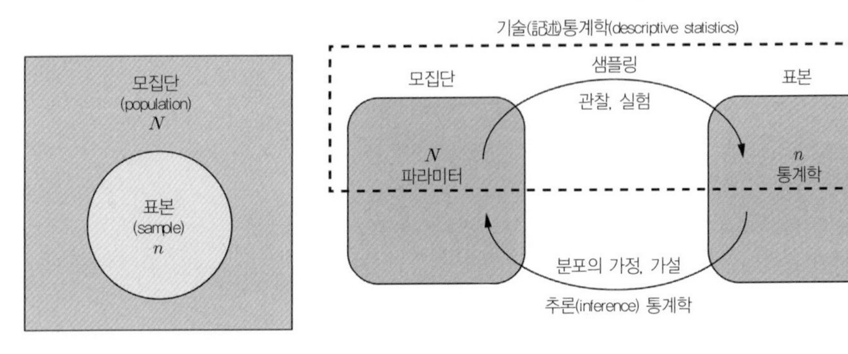

그림 6.33 모집단과 표본

표현규약 : 모집단, 표본, 확률변수의 통계파라미터를 구분하기 위하여 평균, 분산, 표준편차 기호를 달리 정해 사용한다. 각각의 경우에 대한 기호를 다음과 같이 정한다(엄격하게 적용되지 않으므로 주의 요함).

표 6.4 통계 및 확률의 기호규약

	횟수(number)	평균(mean)	분산(variance)	표준편차 (standard deviation)
모집단(population)	N	μ	σ^2	σ
표본(샘플, sample)	n	m	s^2, σ^2	s, σ
확률(probability)	n	E, μ	Var, s^2	s, σ

• 변동계수(coefficient of variation) : V_c

6.4.1.1 모집단의 평균과 분포

평균(mean) μ. 측정값(X_i)의 총합을 표본수(N)로 나눈값을 산술평균(arithmetic mean)이라 하며 변수의 '최적평가(best estimate)'의 의미를 갖는다.

$$\mu = \frac{1}{N}\sum_{i=1}^{N} X_i \tag{6.22}$$

측정값을 크기 순서대로(편의상 작은 값부터) 일렬로 줄을 세웠을 때, 딱 중간에 있는 측정값을 **중앙값(median)**, 가장 빈번하게(가장 많이) 나오는 값을 **최빈값(mode)**이라 한다.

분포(dispersion). 통계적 의미의 분포(dispersion)는 평균(중심)에서 값들이 얼마나 퍼져있느냐를 정의하는 것으로서 범위(range), 분산, 표준편차, 변동계수 등으로 나타낸다. 범위는 최댓값과 최솟값의 차를 말한다.

분산(Var, varience) σ^2. 평균에서 각 값을 뺀 값은 평균에서 얼마나 떨어져 있는가를 나타낸다. 하지만 평균이 중앙에 위치하므로 이들 편차를 합하면 '0'이 된다. 따라서 각각의 값에서 평균값을 뺀 다음 (부호를 없애기 위해) 이를 각각 제곱하여 평균한 값을 분산이라 하며, 데이터의 평균값으로부터 이격거리를 나타낸다(6.4절에서 기호 σ는 응력이 아니고 표준편차임).

$$\sigma^2 = \frac{1}{N}\sum_{i=1}^{N}(X_i - \mu)^2 \tag{6.23}$$

표준편차(standard deviation, 標準偏差), σ. 분산의 단위는 데이터 단위의 제곱이므로 단위를 맞추기 위해 분산에 루트를 씌우고, 이 값을 표준편차라 한다.

$$\sigma = \sqrt{\sigma^2} \tag{6.24}$$

표준편차의 크기는 평균, 즉 최적평가(best estimate)에 대한 불확실성(uncertainty)의 의미를 나타낸다. 표준편차가 크다는 것은 데이터가 넓게 산재되어 있음을 의미한다. 그림 6.34는 정규분포에서 평균과 표준편차를 나타낸 것이다.

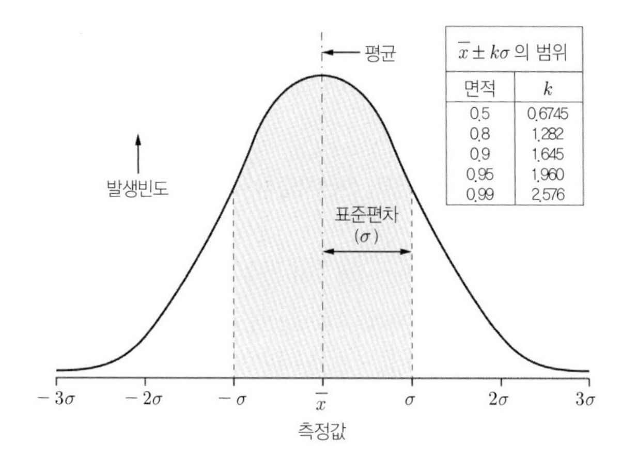

그림 6.34 데이터의 분포특성(정규분포의 예)

변동계수(coefficient of variation), V_c. 변동계수는 표준편차를 평균으로 정규화한 값을 백분율로 나타낸 것으로 비례적 불확실성(proportional uncertainty)의 크기를 나타낸다.

$$V_c = \frac{\sigma}{\mu} \times 100\% \tag{6.25}$$

변동계수가 클수록 불확실성이 크다(데이터가 평균으로부터 널리 분포되어 있음)을 의미한다. 일례로, V_c= 5%는 매우 작은 불확실성, V_c=50%는 상당한 불확실성을 의미한다. 그림 6.35에서 두 분포의 변동계수는 각각 20%와 30%이다. **평균이 작고 넓게 분포할수록 불확실성이 크다.**

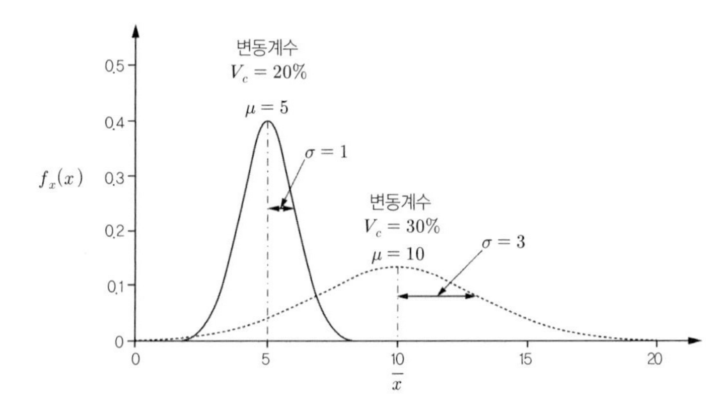

그림 6.35 평균과 분산의 의미

변동계수는 무차원 변수로서 불확실성의 척도이며, 평균과 분산으로 데이터의 분포특성을 정의하는 통계해석에서 매우 중요하다.

NB: 한 개 변수의 불확실성률을 변동계수(V_c)로 정의하는 반면, 두 개 변수간 불확실성의 상관성을 타나내는 데는 공분산(Cov, covariance)으로 정의한다(6.4.1.3절 참조).

예제 삼축시험으로 5개의 시료시험을 통해 구한 전단저항각이 23°, 25°, 27°, 29°, 31°이었다. 통계정보를 구해보자.

풀이 평균(mean): 27°, 중앙값(median): 27°이며, 이 경우 최빈값(mode)은 정의되지 않는다.
범위(range)는 최대치인 31°에서 최소치인 23°을 뺀 8°이다.
분산은 $\sigma^2 = [(27-23)^2 + (27-25)^2 + (27-27)^2 + (27-29)^2 + (27-31)^2]/5 = 8$
표준편차는 $\sigma = \sqrt{8} = 2.828°$
변동계수는 2.282/27×100(%)=10.5(%).

6.4.1.2 표본과 유추(estimation): 모집단 정보 → 표본

표본통계로부터 모집단의 파라미터를 추정하는 것을 유추(estimation)라 한다. 모집단의 관심파라미터는 평균(mean, μ)과 분산(variance, σ^2) 또는 표준편차(standard deviation, σ)이다. 즉, 모집단에서 몇 개를 뽑아보고 **표본의 평균과 분산으로부터 모집단의 평균과 분산을 알아내고자 하는 것이 유추**이다.

표본을 통해 모집단의 파라미터를 추정하기 위해서는 파라미터의 분포특성을 알아야 한다. 모집단 데이터 수가 N, 표본수가 n인 경우, 모집단의 평균(μ)과 표본의 평균(m)을 비교하면 다음과 같다.

$$\text{모집단의 평균} : \mu = \frac{1}{N} \sum_{i=1,N}^{N} X_i \tag{6.26}$$

$$\text{표본의 평균} : m = \frac{1}{n} \sum_{i=1,n}^{n} x_i \tag{6.27}$$

모집단 분산(σ^2)과 표본의 분산(s^2)은 계산법이 약간 다르다. 통계학에 따르면, 모집단에서 추출한 표본의 분산, s^2은 모집단의 분산보다 약간 작게 나오는 경향이 있다. 따라서 표본분산을 구할 때는 샘플의 개수(n)가 아니라 샘플의 개수보다 하나 작은 값($n-1$)으로 나눈다.

$$\text{모집단의 분산} : \sigma^2 = \frac{1}{N} \sum_{i=1,N}^{N} (X_i - \mu)^2 \tag{6.28}$$

$$\text{표본의 분산} : s^2 = \frac{1}{n-1} \sum_{i=1,n}^{n} (x_i - \bar{x})^2 \tag{6.29}$$

표본의 평균(m)은 실제 모집단의 평균(μ)이랑 비슷한 값이지만 정확한 모집단의 평균은 아닐 것이다. 하지만 여러 번 표본을 뽑아 표본의 평균들을 히스토그램(표본값-빈도 관계)으로 그려보면 그 분포특성이 모집단과 유사하게 되는데 이를 이용하여 모집단과 표본의 관계를 정의할 수 있다. 이때 모집단의 표준편차(σ)은 표본의 표준편차(s)를 표본수의 제곱근으로 나눈 값과 동일하다.

$$\sigma = \frac{s}{\sqrt{n}} \tag{6.30}$$

표본의 크기가 커질수록($n \rightarrow N$), 실제 평균인 모집단의 평균이 더 정확하게(즉, 표준편차가 더 작게) 추정될 것이다.

6.4.1.3 확률변수와 확률분포

결과가 $\{x_1, x_2, ...\}$로 주어지는 표본공간 x를 생각할 때, 만일 $X(x)$가 모든 결과에 대응하는 함수라면 이때 X를 확률변수(random variables)라 한다. 일례로 주사위를 던져 3이 나올 확률은 1/6(결과)이다. 이때 특정값 3이 확률변수, X에 해당한다(주사위 던지기의 경우, $X=\{x_1, x_2, ..., x_6\}=\{1,2, ..., 6\}$이다).

확률분포는 가로축이 확률변수, 세로축을 빈도수(frequency)로 하는 히스토그램(histogram)으로 나타낼 수 있다. **히스토그램은 측정값이 어느 값에 얼마나 분포하고 있는가를 나타낸다.** 각 확률변수의 수를 전체 시행수로 나누면 확률이 된다. 확률변수와 확률의 관계곡선을 확률밀도함수(PDF, probability density function)라 한다. 확률밀도함수의 적분값(면적)은 1이다. 확률밀도함수를 $f(x)$라 할 때, 이를 $-\infty$부터 x에 대하여 적분한 함수를 누적확률분포함수(CDF, cumulative probability distribution function)라 한다. 누적확률밀도함수, $F(x)$는

$$F(x) = \int_{-\infty}^{x} f(x)\,dx \tag{6.31}$$

그림 6.36은 어떤 부지에 대한 그간의 지반시험을 통해 구한 시험횟수와 전단저항각의 관계를 히스토그램과 PDF 및 CDF로 각각 나타낸 것이다.

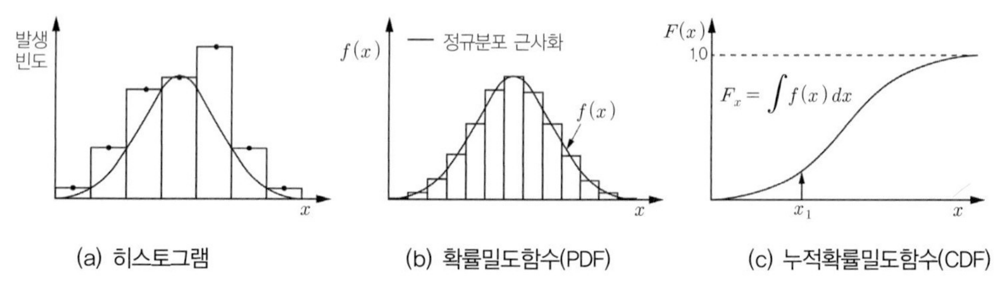

그림 6.36 히스토그램, 확률밀도함수(PDF), 누적확률밀도함수(CDF)

확률분포는 확률변수의 연속성 여부에 따라 이산 확률분포(discrete probability distribution)와 연속 확률분포(continuous probability distribution)로 구분한다. 이산확률 분포는 특정사건의 발생 여부, 게임의 승패 등 가능한 결과가 연속적이지 않은 경우의 분포특성으로서 이항분포(binomial distribution), 포아슨 분포(Poisson distribution) 등이 있다. 한편 사람의 키, 몸무게와 같이 확률변수가 취할 수 있는 결과가 연속적인 경우, 그 분포를 연속확률분포라 한다. 연속확률분포에는 정규(normal), 대수(lognormal), 지수(exponential), 감마(gamma), 와이블(weibull) 분포 등이 있다.

$f_X(x)$가 연속 확률분포함수라 할 때, 확률변수 X에 대하여 평균과 분산을 정의하면 다음과 같다.

확률변수의 평균(또는 기대치, expectation), μ, E

이산확률변수(discrete variables)의 경우, $\mu_X = E[X] = \frac{1}{n}\sum_{i=1}^{n} X_i$ (6.32)

연속확률변수(continuous variables)의 경우, $\mu_X = E[X] = \int x f_X(x)\, dx$ (6.33)

확률변수의 분산, ***Var***

이산확률변수의 경우, $Var[X] = \sigma_X^2 = \sum_i (X_i - \mu_X)^2$ (6.34)

연속확률변수의 경우, $Var[X] = \sigma_X^2 = \int_{-\infty}^{+\infty} (x-\mu_X)^2 f_X(x) dx$ (6.35)

공분산(covariance)과 상관계수(correlation coefficient)

지층모델링에서 1차원 계열변수의 공분산과 자기상관계수를 살펴보았다. 여기서는 독립된 두 변수의 공분산과 상관계수를 살펴본다.

일례로, Mohr-Coulomb 전단강도규준은 두 개의 강도파라미터 ϕ', c' 로 정의되는데, 이와 같이 두 개 이상의 확률변수를 동시에 고려하여야 할 때가 있다. 만일 확률변수 X, Y가 조합확률분포 $f_{XY}(x,y)$에 따른다면 확률분포의 총합은 1이며, 이를 이항분포(bivariate distribution)라 한다.

$$\int_{-\infty}^{+\infty}\int_{-\infty}^{+\infty} f_{XY}(x,y)\, dx dy = 1 \tag{6.36}$$

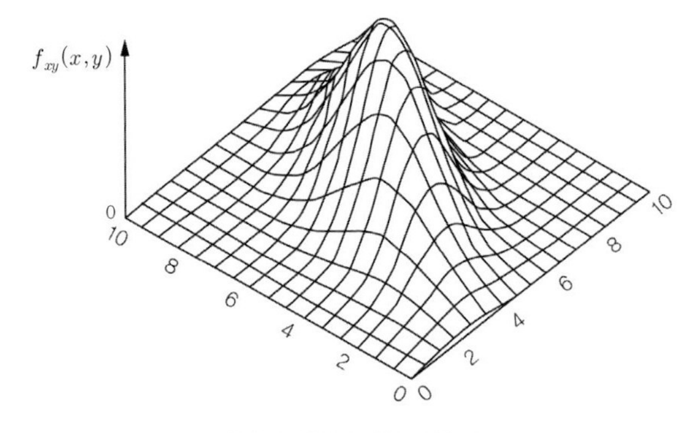

그림 6.37 이항분포의 예

X, Y의 공분산(covariance), $Cov[X, Y]$를 다음과 같이 정의한다.

$$Cov[X,Y] = E[(X-\mu_X)(Y-\mu_Y)] = \int_{-\infty}^{+\infty}\int_{-\infty}^{+\infty}(x-\mu_X)(y-\mu_Y)f_{XY}(x,y)dxdy$$

$$= E[XY] - E[X]E[Y] = E[XY] - \mu_X\mu_Y \quad (6.37)$$

X, Y가 독립 확률변수인 경우, $Cov[X,Y]=0$이다. 따라서

$$E[XY] = E[X]E[Y] \quad (6.38)$$

공분산 $Cov[X,Y]$은 확률변수 간의 상관관계에 대한 정보를 주기는 하지만, 공분산의 크기가 두 확률변수 간 관계의 강도를 나타내는 것은 아니다. 이는 공분산이 변수의 값 크기와 단위에 의존하기 때문이다. **상관계수(correlation coefficient), ρ_{XY}는 공분산을 두 변수 간 표준편차로 정규화한 무차원 변수**로서 다음과 같이 정의한다.

$$\rho_{XY} = \frac{Cov[X,Y]}{\sigma_X\sigma_Y} \quad (6.39)$$

상관계수는 $-1 \le \rho_{XY} \le +1$ 범위에 있으며, $\rho_{XY}=\pm 1$이면 두 확률변수는 완전 선형관계에 있다. $\rho_{XY}=+1$이면 선형 비례, $\rho_{XY}=-1$이면 선형 반비례관계이다. 그림 6.38에 이를 예시 하였다. $\rho_{XY}=0$은 선형독립을 의미한다. 하지만 $\rho_{XY}=0$이라고 해서 두 변수가 완전히 독립적인 것은 아니다.

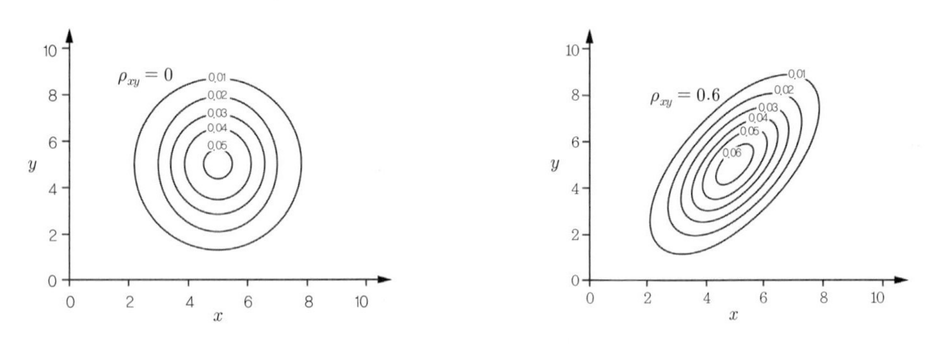

그림 6.38 상관계수의 의미

확률분포

지반정수와 관련한 확률분포 특성은 주로 정규분포(normal distribution)와 대수정규분포(log normal distribution)로 나타난다.

정규분포(normal distribution). 자연에서 발생하는 사건을 측정하여 히스토그램 또는 확률분포곡선(PDF)으로 나타내면 그림 6.39와 같이 대부분 좌우대칭인 종모양(bell-shaped)으로 나타나는데, 이러한 형태의 분포를 정규분포(normal distribution, Gaussian distribution)라 한다.

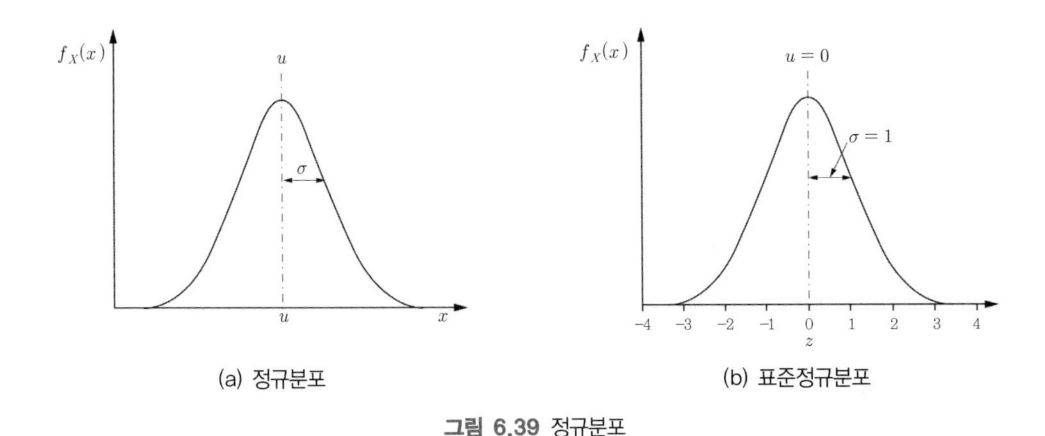

(a) 정규분포 (b) 표준정규분포

그림 6.39 정규분포

그래프의 중앙이 평균(mean), μ이다. 표준편차, σ가 클수록 평평한 모양이 된다. 정규분포 PDF를 $-\infty$부터 x까지 적분한 값이 누적분포함수(CDF, cumulative distribution function)가 된다. 정규분포의 특징은 다음과 같다.

- 확률밀도함수(PDF)는 중앙(평균)을 중심으로 좌우 완전 대칭이다.
- PDF에서 곡선 아래의 면적은 확률을 나타낸다.
- PDF를 $-\infty$부터 $+\infty$까지 적분하면 1.0이다.

주어진 확률변수 X가 정규분포에 따를 때 평균이 μ, 분산은 σ^2라면, 확률변수 X의 확률분포함수 $f_X(x)$는 다음과 같다.

$$f_X(x) = \frac{1}{\sqrt{2\pi}\,\sigma} e^{-\frac{(x-\mu)^2}{2\sigma^2}} \tag{6.40}$$

확률변수 X를 $Z = (X-\mu)/\sigma$ (또는 $X = \sigma Z + \mu$)로 치환하면 확률밀도함수 $f_Z(z)$는 평균(μ)이 '0', 표준편차(σ)가 '1'인 분포가 되는데, 이를 표준정규분포(standard normal distribution, 또는 $Z-$분포)라 한다.

$$f_Z(z) = \frac{1}{\sqrt{2\pi}\,\sigma} e^{-\frac{1}{2}z^2} \tag{6.41}$$

Student's t-분포(student's t-distribution). 표본평균으로부터 모집단평균을 유추할 때 표본평균이 따르는 분포는 표본의 수(size)에 따라 달라진다. 만약 표본 수가 충분히 크지 않다면, 확률분포곡선은 그림 6.40과 같이 꼬리(tail)부분이 정규분포보다 위에 위치하게 되는데, 이러한 분포를 Student's t-분포라 한다.

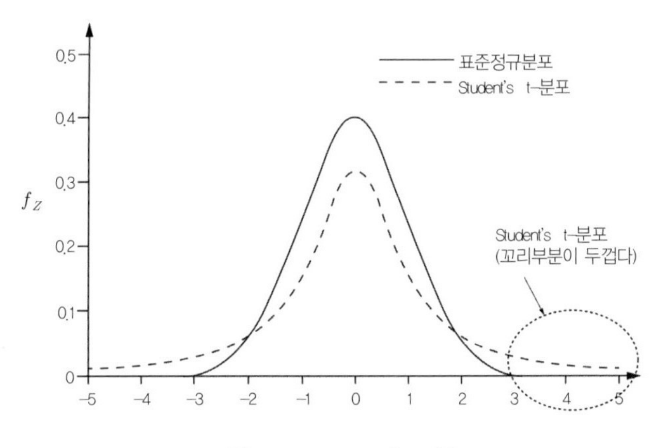

그림 6.40 Student's-t 분포

일반적으로 표본수가 30 이상이면 정규분포로 가정하고, 30 이하이면 Student's t-분포로 본다. **꼬리가 정규분포위에 위치한다는 사실은 예외적인 상황이 정규분포보다 자주 일어난다는 의미이다.** 정규분포는 Student's t-분포의 특별한 형태에 해당한다고 할 수 있다. 지반데이터를 분석하는 경우 데이터수가 충분하지 못한 경우가 많으므로 Student's t-분포를 사용하는 경우가 많다.

대수정규분포(lognormal distribution). 확률변수 X를 $Y = \ln X$로 치환했을 때 확률변수 Y가 정규분포를 따르는 경우 이를 대수정규분포라 한다.

- 대수정규분포의 확률밀도함수, $f_X(x) = \dfrac{1}{x\sigma_{\ln X}\sqrt{2\pi}} e^{-\frac{(\ln x - \mu_{\ln X})^2}{2\sigma_{\ln X}^2}}$

- 평균, $\mu_{\ln X} = \ln(\mu_X) - \dfrac{1}{2}\sigma_{\ln X}^2$ 또는 $\mu_X = e^{\mu_{\ln X} + \frac{1}{2}\sigma_{\ln X}^2}$ (6.42)

- 분산, $Var[X] = \sigma_{\ln X}^2 = \mu_X^2 (e^{\sigma_{\ln X}^2} - 1)$ (6.43)

- 표준편차, $\sigma_{\ln X} = \mu_X \sqrt{(e^{\sigma_{\ln X}^2} - 1)} = \sqrt{\ln\left[1 + \left(\dfrac{\sigma_X}{\mu_X}\right)^2\right]} = \sqrt{\ln[1 + V_{cX}^2]}$ (6.44)

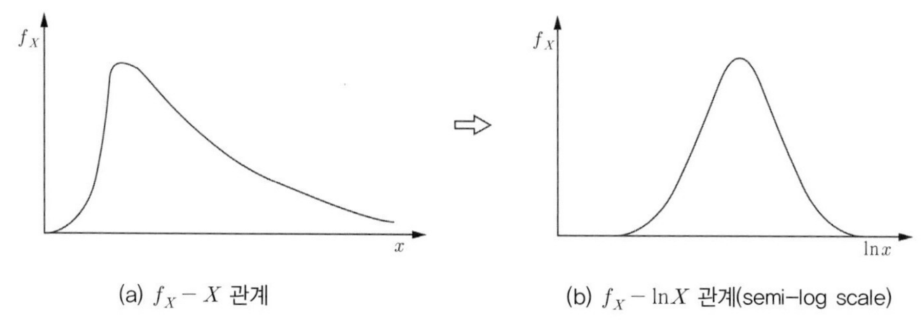

(a) $f_X - X$ 관계　　(b) $f_X - \ln X$ 관계(semi-log scale)

그림 6.41 대수 정규분포의 특성

NB: 확률분포에 있어서 평균(mean)은 확률분포의 중력중심에 해당하며, 이를 확률변수의 1차 모멘트라 한단. 분산(variance)은 확률분포의 중력중심에 대한 관성모멘트에 해당하며 따라서 이를 확률변수의 2차 모멘트라 한다.

6.4.1.4 신뢰구간과 분위

설계에 보수성을 부여하기 위하여 평균 물성치를 얼마나 낮출(높일)것인가를 정하는 것이 중요한데, 이때 통계의 신뢰구간 개념을 적용한다. 모집단의 평균이 전체 데이터의 Q%에 포함될 구간을 평균 μ에 대한 Q% 신뢰구간이라 한다. 데이터 평가에 있어서 신뢰구간은 대상문제에 따라 다르게 설정될 수 있지만 통상 95% 신뢰구간, 98%신뢰구간, 99%신뢰구간이 많이 쓰인다. **토목공학의 경우 보통 95% 신뢰구간을 사용**한다.

그림 6.42에 표준정규분포에 대한 신뢰구간을 예시하였다. 평균이 95%에 포함될 구간을 다른 말로 95% 신뢰구간이라 하며, 95%를 신뢰도라 한다. 그림에서 95% 음영구간의 면적이 전체 면적의 95%에 해당하므로 잔여 면적은 상하로 각각, (100%-95%)/2=2.5%이다. CDF의 관점에서는 2.5% 확률에서 97.5% 확률 구간의 값이 바로 95% 신뢰구간의 상하한 값이 된다.

각 신뢰구간을 형성하는 상한 및 하한 값은 95% 신뢰구간의 경우, 평균으로부터 $\pm 1.96\sigma$, 98% 신뢰구간의 경우 평균으로부터 $\pm 2.33\sigma$, 99% 신뢰구간의 경우평균으로부터 $\pm 2.58\sigma$ 만큼 떨어져 있다. 신뢰구간의 상·하한치는 구조공학분야에서 가장 비우호적(MU, most unfavorable) 설계조건설정에 주로 사용한다(1장 1.2절 참조).

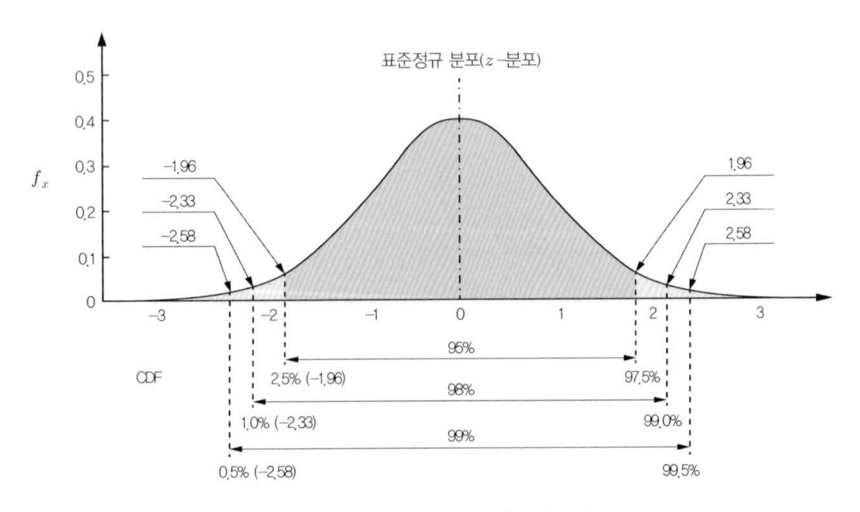

그림 6.42 표준정규분포의 신뢰구간

예제 화강풍화토에 대한 특정 부지의 전단저항각 데이터가 100개가 있다고 가정하자. 이 값들의 평균값을 알고 싶어 이 중 36개의 데이터를 무작위로 뽑아 평균값을 냈더니 32°였고, 표준편차는 9°였다. 전체 데이터의 평균 전단저항각이 95% 신뢰구간에 포함되는 경계값을 구해보자.

풀이 표본수가 30보다 크므로 정규분포를 가정할 수 있다. 모집단의 표준편차는 $\sigma = s/\sqrt{n} = 9/\sqrt{36} = 1.5$. 표본에 대한 PDF를 그림 6.41과 같이 정규분포로 가정한다. 모집단의 평균값(100개 전단저항각 데이터의 평균무게)은 샘플 평균값이랑 비슷하긴 한데, 샘플 평균과 정확히 일치하지는 않고 위의 확률 분포를 따른다. 그림 6.43에서 95% 신뢰구간은 $\mu - 1.96 \times \sigma$과 $\mu + 1.96 \times \sigma$ 사이이다. μ=32, σ=1.5이므로 95% 신뢰구간의 전단저항각의 범위는 29°~34°이다.

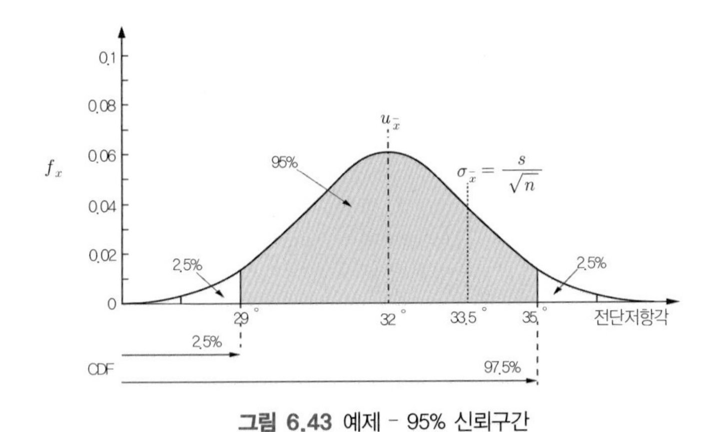

그림 6.43 예제 - 95% 신뢰구간

분위수(fractile, percentile, quantile)

확률변수 X의 누적확률분포함수가 $F(X)$ 일 때 $F(X) = p(\%)$가 되는 경우 확률변수 X의 $p(\%)$ 분위수라 한다. 일례로 중간값은 $p=50\%$ 분위수 이다. 즉, 확률 50%에 대한 분위수는 평균값이다.

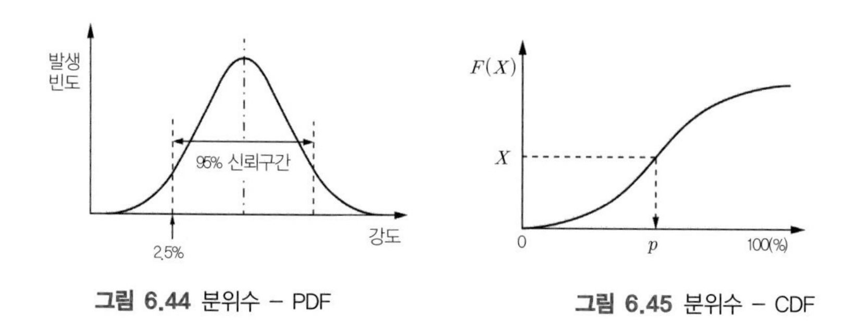

그림 6.44 분위수 - PDF

그림 6.45 분위수 - CDF

6.4.2 지반물성의 변동성과 상관거리

지반재료의 물성은 위치, 측정 및 분석방법에 따라 상당한 변동성을 나타낸다. 그림 6.46은 지반의 깊이에 따른 콘관입시험치의 변화 예를 보인 것이다. 깊이를 따라 일정한 트렌드(trend(추세) ≃ 평균치)를 기준으로 변동하는 양상을 보이는데, 이를 지반물성의 변동성이라 한다.

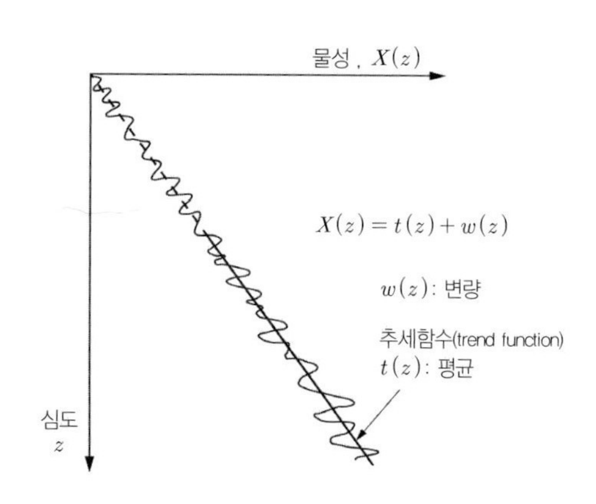

그림 6.46 지반물성의 변동성

그림 6.47은 지반물성을 결정하는 과정에서 불확실성이 게재되는 요인을 예시한 것이다. 이를 종합하면 지반공학적 변동성(variability)은 다음의 3가지 요인이 주가 됨을 알 수 있다.

- 지반의 내재적 변동성(soil variability)
- 측정오차로 인한 시스템 오차
- 변환 불확실성(transformation uncertainty)

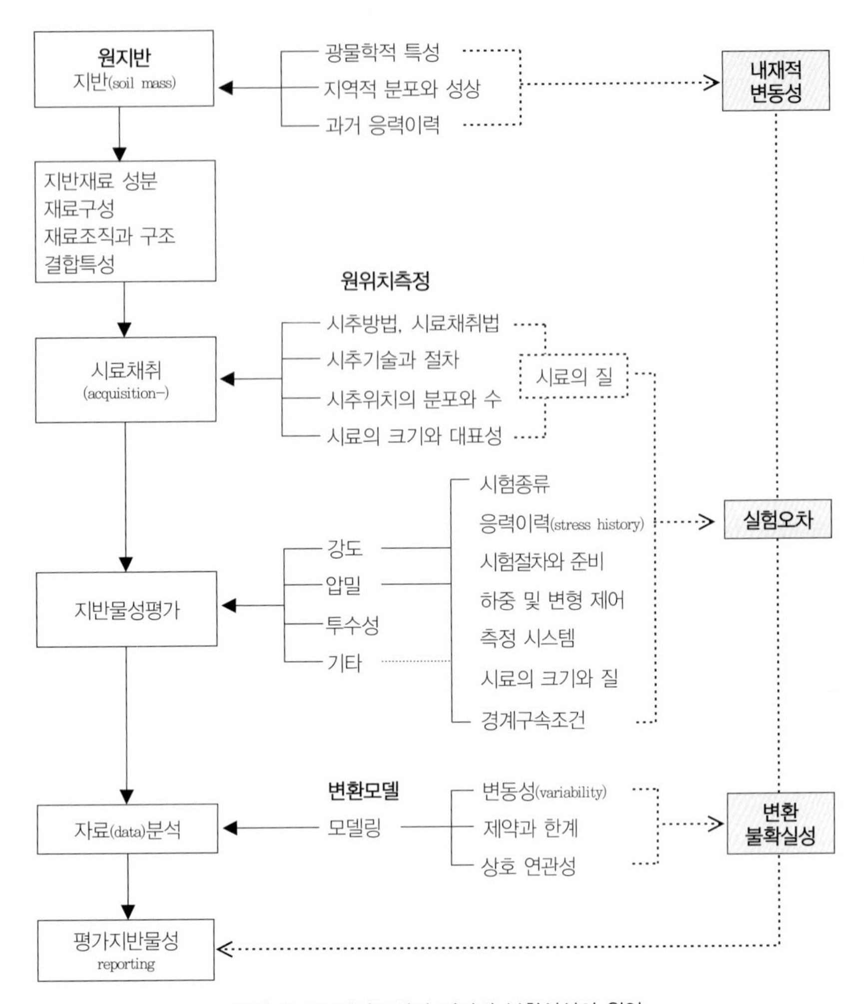

그림 6.47 지반물성의 평가와 불확실성의 원인

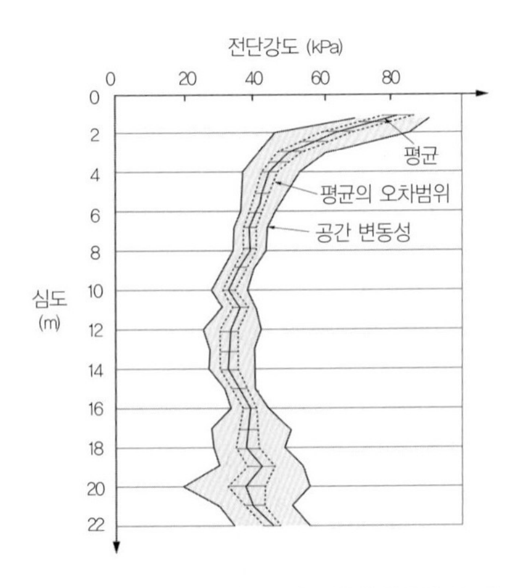

그림 6.48 깊이에 따른 전단강도 평가 예- 내재적 변동성 및 측정오차 특성

그림 6.48을 이용하여 지반물성의 변동성을 살펴보면 첫 번째 외곽포락선(envelope)은 내재적 변동성(w, e)으로 인한 공간변동성을 나타내며, 두 번째 내부 포락선은 측정에 따른 불확실성(ϵ)이라 할 수 있다. 두 요인 모두 지반불확실성을 구성한다. **지반 불확실성의 크기는 고려대상 지반문제의 한계상태에 관련되는 지반체적의 증가와 함께 증가한다.** 고려대상 지반체적이 같을 경우 자기상관거리(autocorrelation distance)가 작은 경우가 불확실성이 크다.

지반물성 변동성의 모델링

지반의 **내재적 변동성**은 지반재료의 공간적 변화에 따른 비균질성으로 인한 것으로 변동계수(V_c, coefficient of variation)와 거리 상관성(distance correlation, 또는 scale of fluctuation)의 확률변수로 나타낼 수 있다. 측정오차(measurement error)는 단순한 확률모델을 사용하여 현장측정치로부터 추출하거나 직접 실내시험을 실시하여 비교연구를 통해 결정할 수 있다. 변환불확실성(transformation uncertainty)은 측정치를 설계물성으로 변환하거나 상관관계를 도입하는 과정에서 게재되는 불확실성으로 확률모델을 이용하여 평가할 수 있다.

내재적 지반변동성. 그림 6.46과 같이 지반물성의 공간변동성을 추세(trend, 평균)함수 $t(z)$, 변량 $w(z)$으로 나타내면, 원위치 물성은 다음 식으로 표현할 수 있다.

$$X(z) = t(z) + w(z) \tag{6.45}$$

평균과 분산이 깊이에 따라 변하지 않는 경우(즉, $t(z) = t$), $w(z)$는 통계적으로 균질하다고 표현한다. 깊이에 따라 달라지는 물성의 변동성에 대한 표준편차는 다음과 같이 나타낼 수 있다.

$$s_w = \sqrt{\frac{1}{n-1}\sum_{i=1}^{n}[w(z_i)]^2} \tag{6.46}$$

여기서 n은 측정점의 수, $w(z_i)$은 깊이 z_i에서의 변동성이다.

일반적으로 지반불확실성은 평균, 분산(또는 표준편차) 및 변동계수로 나타낸다. 통계적 물성평가(6장)와 신뢰성설계(1장)) 결과는 변동계수 V_c의 함수로 표현되므로 설계물성의 V_c는 중요하다. V_c는 물성의 변동가능범위를 나타낸다. 지반물성의 추세(평균, 트렌드)가 t, 변량 w의 표준편차가 s_w라면 지반의 내재적 변동성에 대한 변동계수는 다음과 같다.

$$V_{cw} = \frac{s_w}{t} \tag{6.47}$$

표 6.5는 지반물성의 내재적 변동성에 대한 변동계수의 분포범위를 보인 것이다.

표 6.5 지반재료의 평균물성과 내재적 변동성(after Phoon et al. 1995)

시험법	물성	지반유형	평균	V_c(%)
실내강도 (Lab strength)	$s_u(UC)$	점토	10-40kN/m^2	20-55
	$s_u(UU)$	점토	10-350kN/m^2	10-30
	$s_u(CIUC)$	점토	15-700kN/m^2	20-40
	$\overline{\phi}$	점토 및 모래	20-40°	5-15
CPT	q_T	점토	0.5-2.5MN/m^2	<20
	q_c	점토	0.5-2.0MN/m^2	20-40
	q_c	모래	0.5-30.0MN/m^2	20-60
VST	$s_u(VST)$	점토	5-400kN/m^2	10-40
SPT	N	점토 및 모래	10-70 $blows/ft$	25-50
DMT	I_D	모래	1-8	20-60
	K_D	모래	2-30	20-60
	E_D	모래	10-50MN/m^2	15-65
PMT	p_L	점토	400-2800kN/m^2	10-35
	p_L	모래	1600-3500kN/m^2	20-50
	E_{PMT}	모래	5-15MN/m^2	15-65
기본물성 (index parameters)	w_n	점토 및 실트	13-100%	8-30
	w_L	점토 및 실트	30-90%	6-30
	w_P	점토 및 실트	15-25%	6-30
	PI	점토 및 실트	10-40%	-
	LI	점토 및 실트	10%	-
	$\gamma_t\ \gamma_d$	점토 및 실트	13-20kN/m^3	<10
	D_r	모래	30-70%	10-40; 50-70

측정오차 및 변환불확실성. 그림 6.49에 데이터의 측정과 변환에 따른 불확실성의 개념을 도시하였다. 설계특성치 X_k를 선정하는 데 있어서 내재적 및 측정불확실성(w, e)과 변환불확실성(ϵ)이 게재된다. 변환 불확실성이란 측정치를 설계물성으로 변환하거나 상관관계를 도입하는 과정에서 발생하는 불확실성이다.

물성의 총 변동성은 앞에서 살펴본 내재적 변동성(w), 측정오차(e) 그리고 변환불확실성(ϵ)을 합한 것이다. 따라서 물성의 측정치 X_m의 총변동성은 내재적 변동성 $X(z)=t(z)+w(z)$을 더하여 다음과 같이 쓸 수 있다.

$$X_m(z)=X(z)+e(z)=t(z)+w(z)+e(z) \tag{6.48}$$

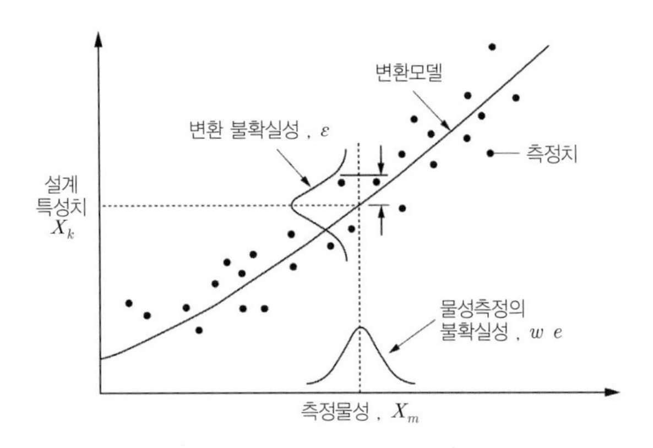

그림 6.49 측정치와 설계치의 변환모델

t는 평균추세이므로 확률변수는 w, e이며, 서로 독립적이라 가정할 수 있다. 측정치를 설계특성치로 변환시키는 데는 변환모델(transformation model)이 필요하다. 변환은 통상적으로 보간(회귀법)법을 이용하는데, 이에 따라 설계 특성치 X_k는 다음과 같이 쓸 수 있다.

$$X_k = T(X_m, \epsilon) = T(t+w+e, \epsilon) \tag{6.49}$$

여기서 T는 변환모델함수(통상 비선형)이며, ϵ는 변환 불확실성이다. t는 확정추세함수(평균)이고, w, e 및 ϵ의 평균은 '0'이다. 식 (6.49)를 Taylor급수 전개하여 1차항까지만 취하면,

$$X_k(z) \approx T(t,0) + w\frac{\partial T}{\partial w}|_{t,0} + e\frac{\partial T}{\partial e}|_{t,0} + \epsilon\frac{\partial T}{\partial \epsilon}|_{t,0} \tag{6.50}$$

여기서 $T(t,0)$는 평균치로서 $T(t,0) = m_{X_k}$이며, X_k의 분산은 2차 모멘트법(FOSM)을 이용하여 다음과 같이 표시할 수 있다.

$$s_{X_k}^2 \approx \left(\frac{\partial T}{\partial w}\right)^2 s_w^2 + \left(\frac{\partial T}{\partial e}\right)^2 s_e^2 + \left(\frac{\partial T}{\partial \epsilon}\right)^2 s_\epsilon^2 \tag{6.51}$$

여기서 $s_w^2, s_e^2, s_\epsilon^2$는 각각 내재적 변동성, 측정오차, 변환 불확실성에 대한 분산이다. 위 식은 지반내 한 점의 설계물성에 대한 통계학적 2차 모멘트를 포함한다. 실제 기초설계의 경우 한 점의 물성값보다는 공간적 변화를 고려하는 것이 더 바람직하다.

NB: Taylor 급수의 2차항 이상을 무시한 근사화를 First Order Estimate라 한다. 여러 변수의 불확실성을 조합하기 위하여 사용하며, 변동계수의 제곱항으로 표현되므로 Second Moment Probabilistic Method(FOSM)이라 한다.

X_k의 공간적 평균값을 X_{ka}라 하면

$$X_{ka} = \frac{1}{L}\int_L X_k(z)\,dz \tag{6.52}$$

여기서 L은 평균길이이다. X_{ka}의 평균과 분산은 2차 모멘트 법을 이용하면,

$$\text{평균, } \mu_k = \mu_{ka} \tag{6.53}$$

$$\text{분산, } s_{ka}^2 \approx \left(\frac{\partial T}{\partial w}\right)^2 \Gamma^2(L) s_w^2 + \left(\frac{\partial T}{\partial e}\right)^2 s_e^2 + \left(\frac{\partial T}{\partial \epsilon}\right)^2 s_\epsilon^2 \tag{6.54}$$

여기서 $\Gamma^2(L)$은 분산감소함수로서 길이 L에 따라 달라진다. $L = \delta_v$인 경우 $\Gamma^2(L) = 1$이며, $L > \delta_v$인 경우 $\Gamma^2(L) = \dfrac{\delta_v}{L}$이다(여기서 δ_v는 수직상관거리).

수직데이터 간격이 증가할수록 함수 값이 감소한다. 이 경우 변동계수 V_c는

$$V_{cX_k} = \frac{s_{X_k}}{\mu_{X_k}} \tag{6.55}$$

$$V_{cX_k}^2 = V_{cw}^2 + V_{ce}^2 + V_{c\epsilon}^2 \tag{6.56}$$

$$V_{X_{ka}}^2 = \Gamma^2(L)\, V_{cw}^2 + V_{ce}^2 + V_{c\epsilon}^2 \tag{6.57}$$

$$Var[f(X_1, X_2, \dots X_n)] \approx \sum_{i=1}^{n}\left(\frac{\partial f}{\partial x_i}\right)^2 Var[X_i] \tag{6.58}$$

NB: 신뢰도 해석과 특성치 – 통계적으로 특성치는 $X_k = X_{mean}(1 \mp k_n V_{c_X})$로 정의된다. 따라서 변동계수 (V_{ck})를 알면 물성의 설계특성치를 결정할 수 있다.

표 6.6은 토목재료에 대한 변동계수를 지반재료와 비교한 것이다. 변동계수가 크다는 것은 불확실성이 크다는 의미이다. 지반재료 물성의 변동계수는 구조재료보다 크며, 같은 지반물성이라도 기본물성의 변동계수보다 역학 물성의 변동계수가 훨씬 크다.

예제 점토의 비배수강도는 다음 식으로 나타낼 수 있다. $\dfrac{s_u}{\sigma_{vo}} = k\,OCR^m$. 여기서 $k = [s_u/\sigma_{vm}]_{NC}$이고, k, m, σ_{vm}는 지반파라미터이다. 비배수강도의 변동계수를 전개해보자.

풀이 $V_{cS_u}^2 = V_{ck}^2 + m^2\, V_{c\sigma_{vm}}^2 + \ln^2\left(\dfrac{\sigma_{vm}}{\sigma_{vo}}\right) Var[m]$

표 6.6 지반재료와 구조재료의 변동계수 비교

재료	파라미터		V_c(%)
흙	전단저항계수	$\tan\phi'$	5~15%
	유효점착력	c'	30~50%
	비배수전단강도	s_u	20~40%
	압축계수	c_c	20~70%
	단위중량	γ	1~10%
콘크리트	강성, 강도 파라미터		8~21%
강재			11~15%
알루미늄			8~14%

상관거리

상관거리(correlation distance, scale of fluctuation)는 공간적으로 변화하는 지반특성이 어느 정도 거리까지 유사성이 있는가를 평가하는 기준이다. **상관거리가 클수록 지반의 불확실성이 상대적으로 감소**하며, 그 거리 범위 내에서 크게 변화하지 않음을 의미한다. 일례로, 시추조사(시추공 수평간격)는 이 상관거리를 벗어나지 않도록 하여야 시추공간상호연관성을 확보할 수 있다.

그림 6.46에서 측정치의 변동이 추세선과 만나는 평균거리 $\bar{d}$는 다음과 같이 정의할 수 있다.

$$\bar{d} = \frac{1}{n}\sum_{i=1}^{n} d_i \tag{6.59}$$

Vanmarcke(1977)는 수직 상관거리를 $\delta_v = 0.8\,\bar{d}$로 결정하는 간편식을 제안하였다.

그림 6.50의 깊이에 따라 변화(1차원)하는 물성에 대한 자기상관도는 4.2절 식 (6.15)에서 살펴본 바와 같이, $d = d_i - d_{i-1}$일 때, 다음과 같이 나타낼 수 있다.

$$\rho_d = \frac{Cov(d)}{\sqrt{\sigma^2_{-d}\sigma^2_{+d}}} \tag{6.60}$$

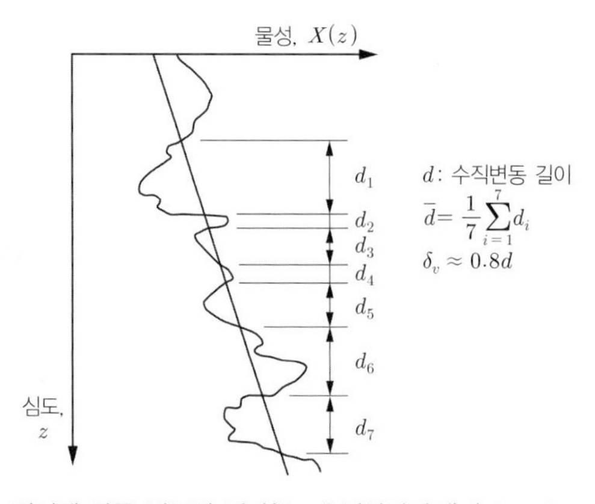

그림 6.50 깊이에 따른 변동성 평가(δ_v: 수직상관거리) (after Spry et al., 1988)

그림 6.51에 상관성과 거리관계를 예시하였다. 일반적으로 데이터간 거리가 증가할수록 상관성은 감소한다. 지반물성의 경우 수평상관거리가 수직상관거리보다 10배 이상 큰 것으로 알려져 있다. 또 기본물성 파라미터(γ_t, G_s 등)의 상관거리가 역학물성(E, ϕ', c' 등) 파라미터의 상관거리보다 크다.

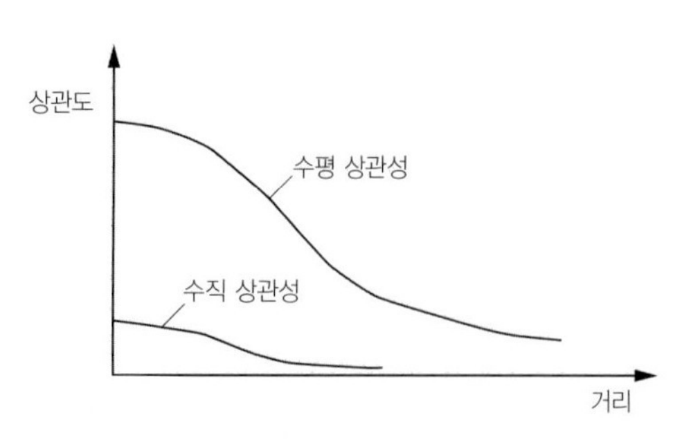

그림 6.51 지반물성의 상관거리분포특성

표 6.7은 지반물성의 상관거리에 대한 예를 보인 것이다. 통상적으로 지반물성에 대한 연직자기상관거리는 0.2~2m, 수평자기상관거리는 20~100m 범위를 나타내는 것으로 알려져 있다. 수평 상관거리가 큰 경우일수록 시추공간거리를 넓게 계획할 수 있다.

표 6.7 지반물성의 상관거리(after Phoon et al., 1995)

물성	지반	상관거리(m)	
		분포범위	평균
수직 상관거리			
q_c	모래, 점토	0.1~2.2	0.9
s_u (VST)	점토	2~6	3.8
w_n	점토, 롬	1.6~12.7	5.7
γ	점토, 롬	2.4~7.9	5.2
수평 상관거리			
q_c	모래, 점토	3~80	47.9
s_u (VST)	점토	46~60	50.7
w_n	점토	–	170

예제 그림 6.52 (a)는 어떤 지반의 깊이에 따른 표준관입시험치의 평균과 변동성을 보인 것이다. 이 데이터 프로파일에 대한 수평 자기상관거리를 구해보자.

풀이 그림 6.52 (a)의 심도 5m에서 표준편차 10, 평균 20인 경우 N 값의 변동계수는 약 0.5이다. 그림 6.52 (b)에 거리와 상관 계수관계를 보였다. 데이터 간격이 증가할수록 상관성이 감소함을 보인다. 자기상관거리($\rho(d) > 0$)는 약 91.4m이다. 이 경우 자기상관거리를 원점으로 외삽하면 외삽치와 데이터의 차이가 약 50%인데 이는 측정 잡음(noise)이 50%라는 의미이다.

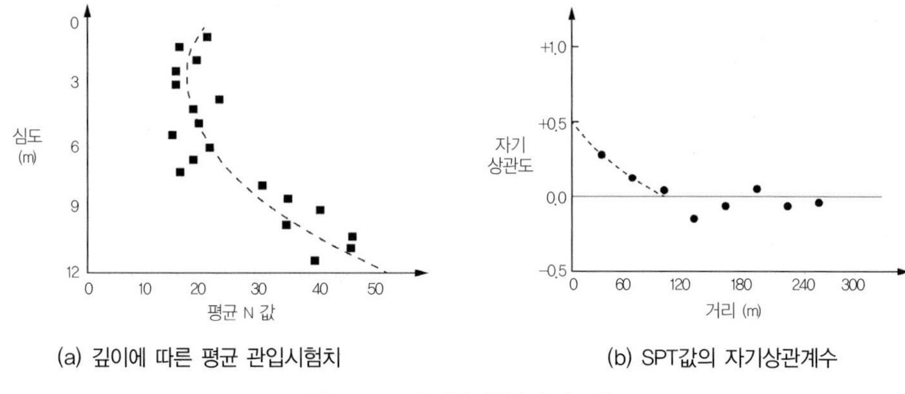

(a) 깊이에 따른 평균 관입시험치 (b) SPT값의 자기상관계수

그림 6.52 표준관입시험치의 변동성

6.4.3 통계적 방법을 이용한 설계특성치의 평가

지반공학 데이터에 대한 통계적 해석은 특성값 결정 시 매우 유용한 공학적 수단이다. 그러나 통계해석 결과가 객관적 타당성을 갖기 위해서는 다음의 전제들이 만족되어야 한다.

- 충분한 데이터가 있는 경우에만 통계를 사용한다(최소 약 10~13개 이상).
- 데이터의 경향을 얻을 수 있는 가장 간단한 형식의 통계를 사용한다.
- 이상(불량) 데이터를 제거한다.
- 데이터를 통합적으로 뿐만 아니라 개별적으로도 해석한다.
- 데이터 결합 시 적절한 상관성을 찾는 데 주의를 기울인다.
- 통계해석결과를 경험적 판단과 조합한다.

설계특성치의 통계적 정의

특성값이란 일반적으로 **'평균값의 신중한 평가(a cautious estimate of mean value)'** 값을 말한다. 신중한 평가 시 고려할 사항은 지반매질의 생성특성에서 오는 우연적 불확실성(내재적 변동성)과 측정, 계산 및 변환에 따른 부정확성에 관련된 인지적 불확실성이다. 이 두 불확실성을 고려하여 설계 특성치는 다음과 같이 표현할 수 있다.

특성치 = 평균값 ∓ 불확실성=평균값 ∓ (인지적불확실성 × 우연적불확실성)

불확실성은 충분한 데이터가 있는 경우 통계적 접근을 통해 보완될 수 있다. 물성의 분포가 정규분포를 보이는 경우, **물성 X_k에 대한 설계특성치의 통계적 정의**는 다음과 같다.

$$X_k = X_{mean} \mp k_n s_X = X_{mean}(1 \mp k_n V_{cX}) \tag{6.61}$$

여기서 X_{mean}(모집단이나 표본을 특정하지 않으나 모집단을 정할 수 없는 문제임)는 X의 평균X_{mean}, s_X는 표준편차, k_n은 빈도수 n에 의존하는 통계계수, V_{cX}는 X의 변동계수이다. 그림 6.53 (a)에 특성값의 의미를 보였다.

토목공학(특히 구조공학)에서 특성치(characteristic value)는 일반적으로 다음과 같이 정한다.

- 작은 값을 취하는 것이 불리한 경우 : 발생 가능한 모든 기댓값의 5%가 X 이하인 값은 하한특성치(inferior characteristic value), $X_{k,\,inf}$를 사용하며, 이 값을 5분위 값이라 한다.

$$X_{k,\infty} = X_{mean}(1 - k_n V_{cX}) \tag{6.62}$$

- 큰 값을 취하는 것이 불리한 경우(예, 강도정수) : 발생 가능한 모든 기댓값의 95%가 X 이상인 값은 상한특성치(superior characteristic value), $X_{k,sup}$를 사용. 이 값을 95분위 값이라 한다.

$$X_{k,\,sup} = X_{mean}(1 + k_n V_{cX}) \tag{6.63}$$

하한특성치는 X가 $X_{k,\,inf}$보다 클 확률이 95%라는 의미이며, 상한특성치는 X가 $X_{k,sup}$보다 작을 확률이 95%라는 의미이다. 이를 확률분포곡선으로 도시하면 그림 6.53 (b)와 같이 나타난다.

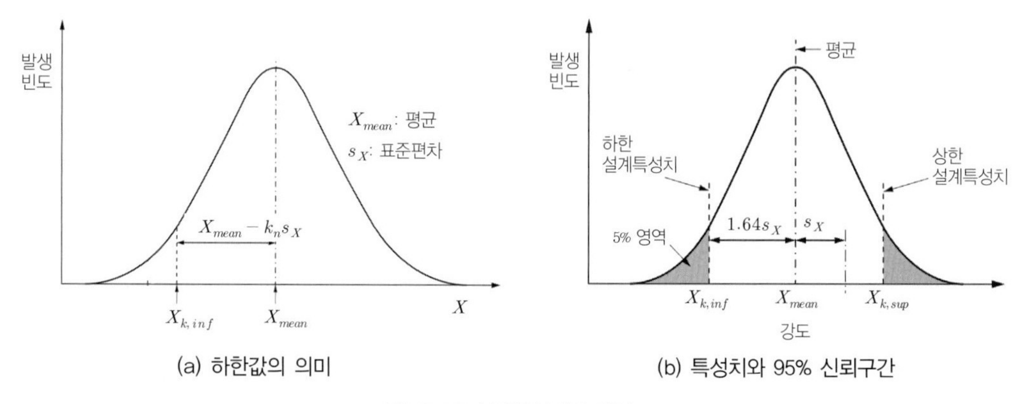

(a) 하한값의 의미 (b) 특성치와 95% 신뢰구간

그림 6.53 설계특성치의 의미

NB: 구조재료의 상한 설계 특성치를 통계적으로 결정하는 경우, 정규분포의 5% 분위수(즉, 초과될 확률이 5%에 해당하는 값)를 기준으로 물성의 특성값을 결정한다. 하지만, 지반 설계의 경우는 5% 분위수보다 더 큰 넓은 영역을 대상으로 하며, 일반적으로 평균(50% 분위수)에 대한 95% 신뢰한계를 대상으로 한다. 이는 지반의 한계상태의 발생을 지배하는 평균값(50% 분위수)이 5% 분위수 특성치보다 큰 값이므로 지반물성의 불확실정도가 큰 특성을 반영한 것이다. 이것이 지반재료와 구조재료의 물성에 대한 설계 특성치 평가의 주된 차이점이다.

6.4.3.1 설계특성치의 통계적 평가

앞에서 살펴보았듯, 설계 특성치 X_k는 변동계수(표본) V_{cX}와 계수k_n을 이용하여 산정할 수 있다. 여기서 k_n은 시험의 갯수 n과 특성치의 '형태'('평균'이나 '분위수')와 변동계수에 대한 선험적 지식에 의존하는 통계적 계수(statistical coefficient)이다. 따라서 지반물성의 통계적 평가는 보통 다음과 같이 구분한다(그림 6.54).

- 선험지식(분산 또는 변동계수)에 의해 대상지반의 모집단(N) 분산을 아는 경우 ← 대규모 한계상태
- 선험정보가 없어 표본 시험(n)으로 결정해야 하는 경우 ← 국부적 한계상태

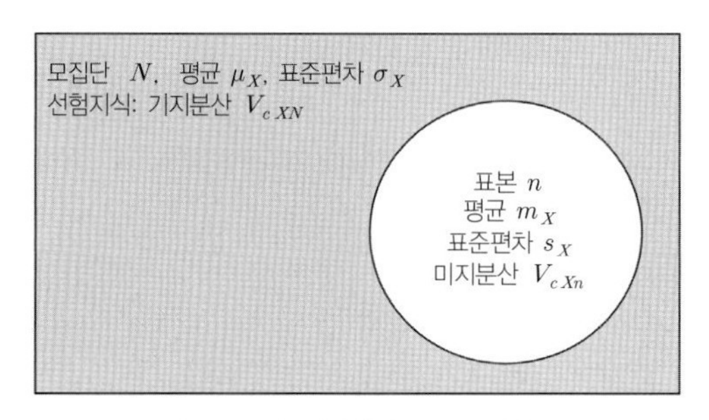

그림 6.54 모집단과 표본 정보

A. 모집단 정보(선험지식)로 결정하는 방법

선험지식을 통해 모집단(N)의 분산(또는 변동계수 V_{cXN})을 알고 있어(즉, μ_X와 σ_X), 표본으로부터 결정할 필요가 없는 경우(그림 6.54의 음영부), $X_{k,inf}$ 및 $X_{k,sup}$에 대한 통계적 정의는

$$\left.\begin{matrix} X_{k,inf} \\ X_{k,sup} \end{matrix}\right\} = \mu_X \mp k_N \sigma_X = \mu_X (1 \mp k_N V_{cXN}) \tag{6.64}$$

- 작은 값이 불리한 경우 : $X_k = \mu_X(1 - k_N V_{cXN})$
- 큰 값이 불리한 경우 : $X_k = \mu_X(1 + k_N V_{cXN})$

여기서, $\mu_X = \frac{\sum_{i=1}^{N} X_i}{N}$, $\sigma_X = \frac{\sum_{i=1}^{N} (X_i - \mu_X)^2}{N}$, $V_{cXN} = \frac{\sigma_X}{\mu_X}$

① **95% 신뢰도 평균값**에 대해 통계계수는 다음과 같이 구할 수 있다.

$k_N = t_{\infty}^{95\%} \sqrt{\frac{1}{N}}$. N은 모집단의 크기이며 $N \to \infty$ 이므로 $t_{\infty}^{95\%} = 1.645$(그림 6.56).

모집단의 분산을 아는 경우이므로(기지분산), $k_N = 1.645 \times \sqrt{\frac{1}{N}}$

② **5% 분위수**의 경우 통계계수는 다음과 같이 구할 수 있다.

모집단의 분산을 아는 경우이므로(기지분산), $k_N = 1.645 \times \sqrt{\frac{1}{N}+1}$

B. 표본(부지시험 자료)으로 결정하는 경우

선험지식이 없어 모집단의 분산을 모르고 부지 시험결과인 표본(n)으로부터 결정하여야 하는 경우 (m_X와 s_X를 알 때) $X_{k,inf}$ 및 $X_{k,sup}$에 대한 통계적 정의는.

$$\left.\begin{matrix} X_{k,inf} \\ X_{k,sup} \end{matrix}\right\} = m_X \mp k_n s_X = m_X(1 \mp k_n V_{cXn}) \tag{6.65}$$

- 작은 값이 불리한 경우 : $X_k = m_X(1 - k_n V_{cXn})$
- 큰 값이 불리한 경우 : $X_k = m_X(1 + k_n V_{cXn})$

여기서, $m_X = \frac{\sum_{i=1}^{n} X_i}{n}$; $s_X = \frac{\sum_{i=1}^{n}(X_i - m_X)^2}{n-1}$; $V_{cXn} = \frac{s_X}{m_X}$

① **95% 신뢰도 평균값**에 대해 통계계수 k_n은 다음과 같이 구할 수 있다.
모집단의 분산을 모르는 경우이므로(미지분산), $k_n = t_{n-1}^{95\%}\sqrt{\frac{1}{n}}$
여기서 $t_{n-1}^{95\%}$는 95% 신뢰수준에서 $(n-1)$ 자유도(표본수)에 대한 t 값이고 n은 표본의 크기이다.

② **5% 분위수**의 경우 통계계수는 다음과 같이 구할 수 있다.
모집단의 분산을 모르는 경우이므로(미지분산), $k_n = t_{n-1}^{95\%}\sqrt{\frac{1}{n}+1}$

k_n 및 k_N값에 대한 정리

설계특성치의 통계적 평가는 결국 측정치에 대한 평균과 변동계수를 구하고, 시료 수(분포특성)와 선험지식을 이용하여 통계상수 k를 산정하는 것이다. 여기서 설계코드의 기준과 변동계수의 획득방법에 따라 k값이 달라지는데 이를 표 6.8에 정리하였다(균질한 지반을 가정). 이때 통계계수는 표 6.8에 따른다.

표 6.8 통계계수 k_N 및 k_n 값의 선정

설계특성치	통계적 기준	변동계수(V_c)	
		미지분산 $V_{cX,unknown}$ (샘플로 얻은 결과)	기지분산 $V_{cX,known}$ (선험정보로 얻은 결과)
평균의 신중한 평가	평균의 95% 신뢰구간	$k_n = k_{n,mean}$	$k_N = k_{N,mean}$
국지적인 낮은 값의 신중한 평가	5% 분위수	$k_n = k_{n,low}$	$k_N = k_{N,low}$

k_n의 의미를 확률분포곡선에 도시하면 그림 6.55와 같다.

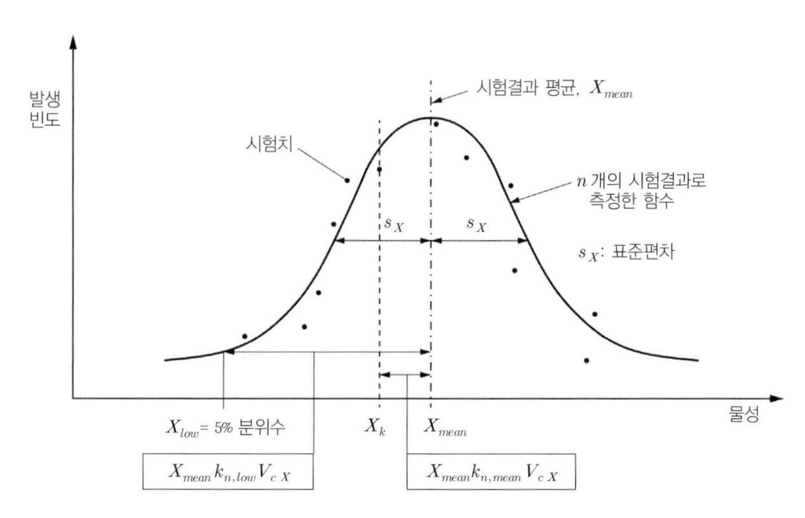

그림 6.55 설계특성치 정의

k_N 및 k_n 값은 시료수가 증가할수록 감소한다. 이 값의 감소는 지반변동성이 작아짐을 의미 하며, 이에 따른 불확실성이 낮아 높은 설계(강도)특성치를 사용할 수 있다는 의미이다.

구조재료에 주로 적용하는 5% 분위수와 지반재료에 주로 적용하는 50% 분위수에 대한 k_N 및 k_n 값을 그림 6.56 및 표 6.9에 보였다.

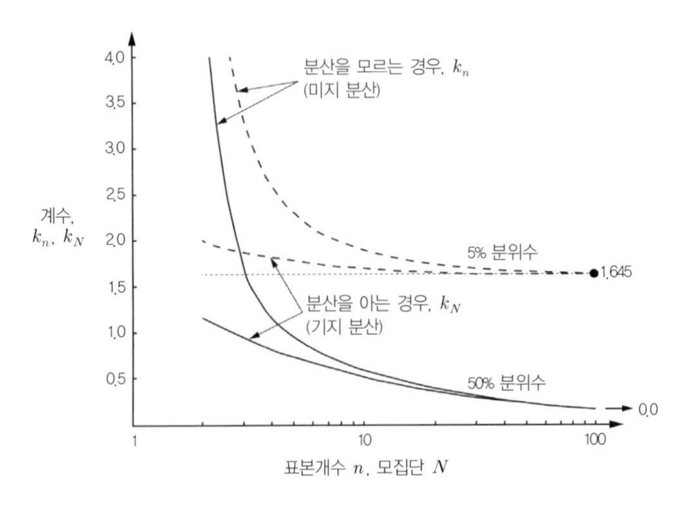

그림 6.56 95% 신뢰한계에서 5% 분위와 50% 분위의 k_N 및 k_n(한계 $k=1.645, 0.054$)

표 6.9 설계규정에 따른 k의 결정

95% 신뢰평균치로서의 설계특성치 평가를 위한 k 계수값			5% 분위의 설계특성치 평가를 위한 k 계수값		
n, N	미지분산 $V_{X,unknown}$	기지분산 $V_{X,known}$	n, N	미지분산 $V_{X,unknown}$	기지분산 $V_{X,known}$
3	1.69	0.95	3	3.37	1.89
4	1.18	0.82	4	2.63	1.83
5	0.95	0.74	5	2.33	1.80
6	0.82	0.67	6	2.18	1.77
8	0.67	0.58	8	2.00	1.74
10	0.58	0.52	10	1.92	1.72
20	0.39	0.37	20	1.76	1.68
30	0.31	0.30	30	1.73	1.67
∞	0	0	∞	1.64	1.64
k_n, k_N	$k_n = t_{n-1}^{0.95}\sqrt{\frac{1}{n}}$	$k_N = 1.64\sqrt{\frac{1}{N}}$	k_n, k_N	$k_n = t_{n-1}^{0.95}\sqrt{\frac{1}{n}+1}$	$k_N = 1.64\sqrt{\frac{1}{N}+1}$

그림 6.56을 보면 $n<5$구간에서 $k-$곡선들 간에 급격한 차이가 발생한다. '미지분산(variance unknown, k_n)' 곡선은 표본수가 감소함에 따라 훨씬 더 급격히 증가한다. 일반적으로 지반조사에서는 각 지층에 측정데이터가 충분치 않으므로 본질적으로 큰 불확실성이 존재한다. 과거의 관찰(선험지식)을 통해 지반정수에 대한 분산을 알고 있다면 불확실성은 줄일 수 있다. 그러나 **실제로 지반조사에 유용하게 사용할 수 있을 정도의 충분한 선험정보가 제공되는 경우는 많지 않다.**

'기지분산(variance known, k_N)'으로 표시한 하부의 실선(50%분위)에서는 k_N값은 $N=100$일 때 0.164와 $N=2$일 때 1.163 사이에서 변동하고, '미지분산(variance unknown, k_n)'으로 표시한 상부의 실

선에서 k_N 값은 $N=100$일 때 0.166과 $N=2$일 때 4.464 사이에서 변동한다. 만일 설계특성치를 5% 분위수에 대하여 구하는 경우 그림 6.53의 점선을 이용하면 된다. 이 경우 $N \to \infty$에 접근하면 통계계수 k_N은 1.645이다. 기지분산의 경우 K값이 작으므로 불확실성(변동성)이 낮다.

한계상태를 지배하는 지반체적의 규모

일반적으로 한계상태의 발생을 지배하는 지반체적의 규모가 클수록 불확실성도 커진다. 따라서 그림 6.57과 같이 대규모 지반체적이 한계상태에 도달하는 경우와 소규모체적이 한계상태에 도달하여 '국부적 파괴가 우려되는' 경우로 구분하여 고려한다.

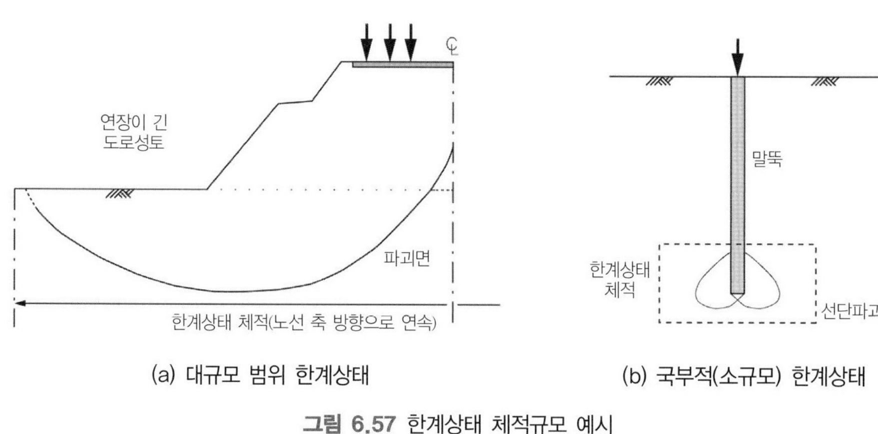

(a) 대규모 범위 한계상태 (b) 국부적(소규모) 한계상태

그림 6.57 한계상태 체적규모 예시

대규모 지반 체적이 한계상태를 지배하는 경우, 설계 특성치 $X_{k,mean}$는 평균치의 신중한 평가로 선정하여야 한다. 신뢰도 95%에서 지반의 한계상태를 지배하는 미지의 파라미터 평균치인 X_{mean}의 평가치를 제공할 수 있어야 한다. X_{mean}의 평가치는 설계 특성치 $X_{k,mean}$보다 더 우호적(큰 값)일 것이다.

소규모 지반(국지적) 체적이 한계상태에 관련되는 경우, 특성치 X_{low}는 지반의 어느 위치에서의 값도 그 특성치보다 덜 우호적일 확률이 5%라고 산정한다. 많은 경우, 5% 분위(fractile)값은 매우 낮은 특성치 X_{low}이며, 이는 매우 보수적인 설계를 의미한다. 이러한 경우 지반 조사를 좀 더 촘촘히 수행하여, 설계에 적용할 파라미터의 평균치를 결정하는 것이 좋다.

통계적 방법을 이용한 특성치 평가절차 요약

앞에서 통계적으로 설계특성치를 결정하는 경우, 변동성에 대한 선험지식을 이용하는 방법과 표본(부지)시험결과를 이용하는 방법을 살펴보았다. 통계적 방법은 지반파라미터를 평가할 때 의무적(mandatory)인 것은 아니다. 통계적 기법으로 지반설계 특성치를 평가할 경우 다음 사항이 고려되어야 한다.

• 모집단의 형태(국부적, 지역적)와 크기(결과의 수), 그리고 한계상태에 이르는 지반체적의 규모(BOX 참조).
• 시료 시험결과의 변동성, 샘플을 채취한 지반 범위와 관련된 측정값의 변화율, 구조물의 하중 재분배 능력
• 시료 시험결과의 지배적인 경향
• 이용 가능한 통계 처리된 선험적 정보
• 특성치에 대해 요구되는 신뢰도 수준

위에 열거한 사항들을 고려하여 설계 특성치를 결정하고자 하는 경우, 적용가능한 통계적 기법은 그림 6.58과 같이 구분해볼 수 있다.

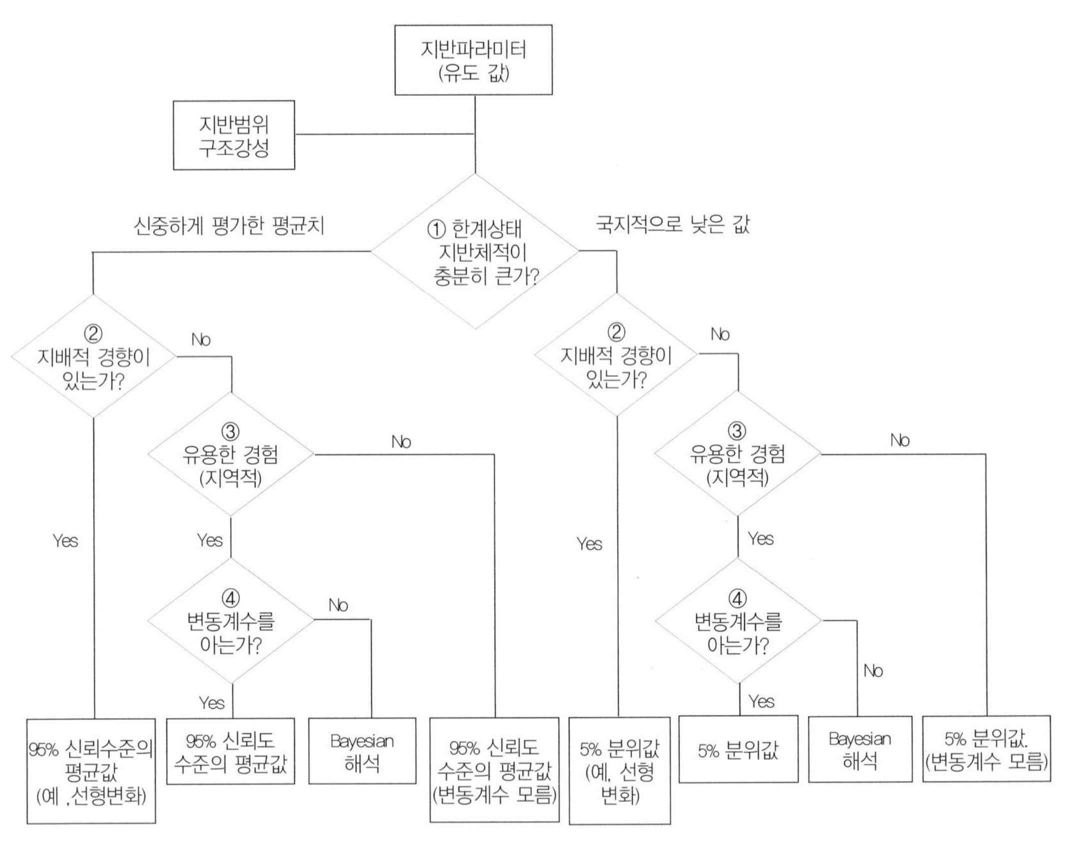

그림 6.58 통계확률적 방법에 의한 지반설계특성치 평가방법

베이지안 통계

베이지안 통계의 출발점인 베이지 정리는 다음과 같다. 'A와 B가 동시에 일어날 확률(P(A∩B))은, B가 일어날 확률, P(B), 에 B가 일어났을 때 A가 일어날 확률, P(A|B), 을 곱하거나, A가 일어날 확률, P(A), 에 A가 일어났을 때 B가 일어날 확률, P(B|A)를 곱한 값과 같다.'

$$P(A \cap B) = P(A|B)P(B) = P(B|A)P(A)$$

$$P(B|A) = P(A|B)P(B)/P(A)$$

이 식을 데이터 분석에 사용하려면 A에 '데이터', B에 '파라미터'를 넣으면 된다. 즉, 어떤 파라미터 값(점착력, 전단저항각 등)의 분포를 알고 있고, 그 분포를 P(파라미터)라고 하자. 이렇게 미리 알고 있는 확률분포를 선험분포(prior distribution)라고 한다. 이제 실험을 해서 데이터를 얻었다 하자. 측정 시에 발생하는 오차에 대한 정보(statistical error, systematic error 등등)를 알고 있다면, 각각의 파라미터가 맞는다고 가정했을 때, 지금 갖고 있는 데이터를 측정할 확률, P(데이터|파라미터)를 계산할 수 있다. 이 값을 가능함수(likelihood function)라고 부른다. P(데이터)도 계산할 수는 있지만, 전체 확률을 1로 만드는 역할을 하는 정규화상수(normalization constant)로 둘 수 있다. 이 둘을 곱하면, 어떤 데이터를 얻었을 때, 파라미터들이 가질 수 있는 값들의 분포, P(파라미터|데이터)를 얻을 수 있다. 이를 후험분포(posterior distribution)라고 한다.

P(파라미터|데이터) = P(데이터|파라미터)P(파라미터)/P(데이터)

베이지안의 관점에서 말하자면, 현재 새로운 관측을 함으로써, 이전에 파라미터들에 대해 가지고 있던 확률(prior)을 개선한 새로운 확률(posterior)을 갖게 된 것이다. 다음번에 새로운 관측을 할 때에는 이전 관측에서 얻은 posterior를 prior로 사용하고, 새로운 관측 데이터를 통해서 새로운 posterior를 얻게 된다. 그리고 이 과정을 반복함으로써 그 파라미터에 대해 갖고 있는 지식들을 계속 개선해 나가는 것이 베이지안 통계(Hierarchical Bayesian model)이다.

Bayesian과 Frequentistic probability는 가장 기본이 되는 '확률'에 대한 정의부터가 다르다. Bayesian은 Frequentist의 확률이 '가정된' 순환논리에 불과하다고 비판한다. 흔히 무한히 많은 시행을 행했을 때 그 시행 횟수와 특정한 사건이 발생하는 빈도수의 비율을 확률로 정의하는 것은 순환논리의 오류라는 것이다. 예를 들면, 주사위를 던졌을 때, 한 눈이 나올 확률이 1/6이라는 것은 주사위 각각의 '확률'이 같다는 전제가 필요하기 때문이다. 이에 반해 Bayesian의 확률은 '어떤 값에 대한 불확실성의 정도'로 정의된다고 할 수 있다. 이 불확실성의 정도가 데이터가 쌓이면서 바뀌어 나간다는 것이다.

6.4.3.2 소량의 데이터를 이용한 설계특성치 평가

전제된 가정조건을 만족시킬 만큼의 충분한 데이터가 있다면 앞에서 살펴본 기법들은 지반정수의 특성값을 결정하는 데 사용될 수 있다. 일부에서는 데이터의 수가 13개 이상(보통 이렇게 많은 데이터를 갖게 되는 경우는 드물다)은 되어야 통계적 방법을 사용할 수 있다고 주장하며, 13개 미만인 경우에는 통계적 기법만을 적용하는 데 회의적인 견해도 있다.

제한된 지반물성 정보로부터 특성값을 결정하는 간단한 방법은 특성치를 다음과 같이 가정하는 것이다.

$$X_k = m_X \mp \frac{s_X}{2} \approx \left(\frac{X_{\min} + 4X_{\text{mode}} + X_{\max}}{6}\right) \mp \frac{1}{2}(X_{\max} - X_{\min}) \tag{6.66}$$

여기서 m_X와 s_X는 X의 평균과 표준편차, $X_{\min}$와 $X_{\max}$는 X의 예측 최소 및 최댓값, X_{mode}는 X의 최빈값을 의미한다. s_X에 대한 항은 $X_{\max}$와 $X_{\min}$가 각각 평균 m_X보다 $s_X \times (1/2)$만큼 크거나 작은 값임을 가정한다. 따라서 극단적인 값들은 사용하지 않는다.

식 (6.66)은 1차원 시계열(時系列) 자료(일정시간간격으로 배열된 데이터들의 수열)로서 자기상관관계를 무시할 수 있는 독립된 흙 시료에 대하여 특성값을 결정할 때 적용이 가능하다. 실제로 시료들의 위치가 '자기상관거리' 이상 떨어져 있는 경우 독립적이라고 가정할 수 있다. 자기상관거리는 보통 연직으로 0.2~2m(퇴적이력에 의존함), 수평으로 20~100m 범위로 본다.

앞의 근사법에 대한 또 다른 방법으로 $X_{\max}$와 $X_{\min}$를 각각, $m_X \pm (1/2) \times s_X$라 가정하는 것이다. 이때 특성값은 다음과 같이 정의된다.

$$X_k = m_X \mp \frac{s_X}{2} \approx \left(\frac{X_{\min} + 4X_{\text{mode}} + X_{\max}}{6}\right) \mp \frac{3}{4}(X_{\max} - X_{\min}) \tag{6.67}$$

측정값과 기존의 실험정보를 결합시키는 베이지안 기법을 사용하면 소량의 데이터에 대한 통계해석 결과를 향상시킬 수 있다.

$$m_X' = \frac{m_X + \frac{1}{n}\left(\frac{s_X}{\sigma_X}\right)^2 \mu_X}{1 + \frac{1}{n}\left(\frac{s_X}{\sigma_X}\right)^2} \text{ 및 } s_X' = \sqrt{\frac{\frac{1}{n}(s_X)^2}{1 + \frac{1}{n}\left(\frac{s_X}{\sigma_X}\right)^2}} \tag{6.68}$$

여기서 m_X와 s_X는 X의 측정된 평균과 표준편차, μ_X와 σ_X는 선험지식으로부터 기대되는 X의 평균과 표준편차, m_X'와 s_X'는 m_X와 s_X의 업데이트된 값이다. 이때 특성치 X_k는 다음과 같이 정의된다.

$$X_k = m_X' \mp \frac{s_X'}{2} \tag{6.69}$$

모집단 평균 μ_X는 문헌이나 유사사례에서 구할 수 있다. 모집단의 표준편차 σ_X 값을 직접 구하기는 쉽지 않으므로 실제 데이터에 대하여 알려진 변동계수(예, 표 6.9) σ_X/μ_X로부터 평가할 수 있다.

예제 지반 설계 특성치 산정 예

그림 6.59는 어떤 지반의 표준관입시험 결과이다. 측정 N값의 분포를 대수정규 및 정규분포로 가정하여 각각 5% 및 50% 분위수에 대한 설계특성치를 구해보자.

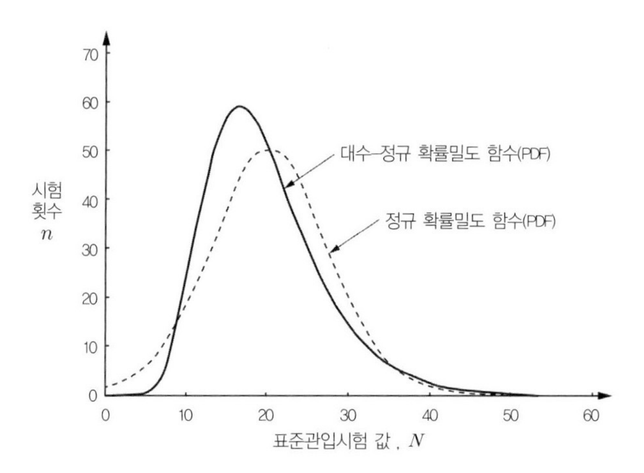

그림 6.59 표석점토에서의 콘관입시험 결과

N값을 정규분포로 보는 경우, 평균 $m_N = 20$; 표준편차는 $s_N = 7$이며, 대수정규분포로 보는 경우, 평균 $m_{lnN} = \ln(m_N) - \frac{1}{2}s^2_{lnN}$= 2.938 ; 표준편차 $s^2_{lnN} = \sqrt{\ln\left[1+\left(\frac{s_N}{m_N}\right)^2\right]} = \sqrt{\ln\left[1+(V_{cN})^2\right]}$ =0.340이다.

풀이 ① **5% 분위수에 대한 95% 신뢰한계 – 데이터를 표본으로 가정**

정규분포 가정. 만약 시험결과가 정규분포를 따른다고 가정하면, 평균 N값은 20, 이 변동계수는 0.35이므로 표본에 대한 미지분산($n \to \infty$)에 대하여 $k_n = 1.645$이다. 따라서 N값의 하한과 상한 특성값은 다음과 같이 구해진다.

$$\left.\begin{matrix} N_{k,inf} \\ N_{k,sup} \end{matrix}\right\} = m_N \mp k_n s_N = 20 \mp 1.645 \times 7 = \begin{cases} 8 \\ 32 \end{cases}$$

즉, 5% 분위수의 N값 설계 특성치는 8과 32이다.

대수정규분포 가정. 확률밀도분포곡선 에서 $m_{\ln X} = 2.448$이고 $s_{\ln X} = 1.047$이다. 하한 및 상한 특성값은 다음과 같다.

$$\left.\begin{matrix} N_{k,inf} \\ N_{k,sup} \end{matrix}\right\} = e^{m_{\ln N} \mp k_n s_{\ln N}} = e^{2.938 \mp 1.645 \times 0.34} = \begin{cases} 11 \\ 33 \end{cases}$$

대수정규분포를 가정한 경우, 하한 특성값은 정규분포보다 37.5%크고, 상한 특성값은 약 3.125% 크다.

② 50% 분위수에 대한 95% 신뢰한계 – 데이터를 모집단으로 가정

대부분의 지반설계는 지반 물성값의 공간 평균값이 5% 분위수보다 더 큰 넓은 영역을 대상으로 한다. 통계적 관점에서 50% 분위수에 대한 95% 신뢰한계 값을 주로 설계특성치로 사용한다. 모집단의 분산을 알고 있어 표본으로부터 결정할 필요가 없고, 데이터가 정규분포를 따른다고 가정하면 그림 6.59의 표준관입시험 결과(평균 20MPa, 표준편차 7)에서 50% 분위수에 대한 95% 신뢰도의 평균값에 대하여 그림 6.56에서 변동계수 0.35인 경우 아래쪽 곡선을 택하면, $k_N=0.054$에 대하여 N의 하한 및 상한 특성값은 다음과 같다.

정규분포 가정.

$$\left.\begin{matrix} N_{k,inf} \\ N_{k,sup} \end{matrix}\right\} = \mu_N \mp k_N \sigma_N = 20 \mp 0.054 \times 7 = \begin{cases} 19 \\ 20 \end{cases}$$

95% 신뢰도 평균값은 19 및 20이다.

대수정규분포 가정.

$$\left.\begin{matrix} N_{k,inf} \\ N_{k,sup} \end{matrix}\right\} = e^{\mu_{\ln N} \mp k_N \sigma_{\ln N}} = e^{2.938 \mp 0.054 \times 0.34} = \begin{cases} 18 \\ 19 \end{cases}$$

③ 결과정리 및 비교

이상의 결과를 정리하면 아래와 같다. 일반적으로 많은 지반정수들의 분포특성은 대수정규분포에 더 가까우며, 변동성이 큰 점을 감안하여 50% 분위를 적용하면 하한치 18, 상한치 19가 된다.

N값 분포		5% 분위(표본)	50% 분위(모집단)
정규분포	하한치	8	19
	상한치	32	20
대수정규분포	하한치	11	18
	상한치	33	19

평가치의 영향도를 분석하기 위해 위 지반의 수평지반반력계수, $K_h = 0.691 \times N^{0.406}(\mathrm{kgf/cm^3})$를 산정해보자.

K_h 값 분포		5% 분위	50% 분위
정규분포	하한치	1.607	2.284
	상한치	2.822	2.332
대수정규분포	하한치	1.829	2.234
	상한치	2.858	2.284

6.5 지반의 상태정의 파라미터

6.5.1 지반재료의 형상 정의 파라미터

입자크기와 체적관계

암석의 풍화로 지반입자가 생성된다. 풍화는 **내재되었던 구속응력이 해제되는 과정**으로 입자크기의 감소와 함께, 표면적을 현저하게 증가시킨다. 그림 6.60과 표 6.10에 이를 예시하였다. **표면적의 증가는 지반거동이 블록 거동에서 입자 거동으로 전이됨을 의미한다.**

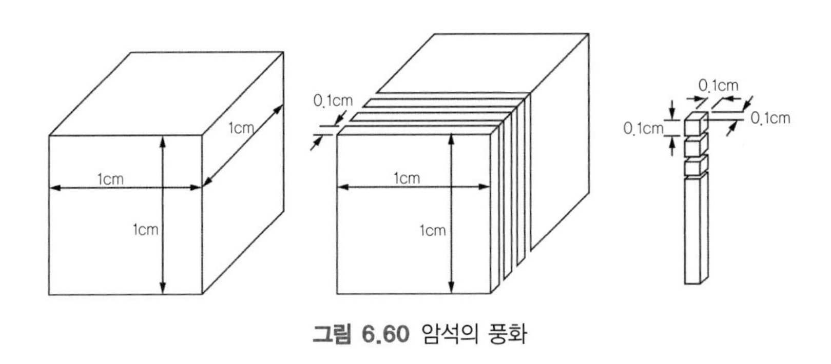

그림 6.60 암석의 풍화

표 6.10 $1cm^3$ 입자가 풍화되면서 변화되는 입자 개수, 체적 및 표면적

특성	입자의 크기(mm)					
	10	1	0.1	0.01	0.001	0.0001
입자의 개수	1	10^3	10^6	10^9	10^{12}	10^{15}
개별입자의 체적(cc)	1	10^{-3}	10^{-6}	10^{-9}	10^{-12}	10^{-15}
총 표면적(cm^2)	6	60	600	6,000	60,000	600,000
자유변의 총 길이(cm)	12	12×10^2	12×10^4	12×10^6	12×10^8	12×10^{10}
모서리의 총 개수	8	8×10^3	8×10^6	8×10^9	8×10^{12}	8×10^{15}

표 6.11 점토광물의 입자특성(after Yong and Warkentin, 1975)

점토광물	평균 두께 (nm)	평균 직경 (nm)	비표면적(km^2/kg)
Montmorillonite	3	100–1,000	0.7–0.84
Illite	30	10,000	0.065–0.1
Chlorite	30	10,000	0.08
Kaolinite	50–2,000	300–4,000	0.01–0.02

주) nm: nano meter(10^{-12}m)

예제 입방체가 가로, 세로, 높이가 각각 열조각으로 나누어질 때 입자체의 변화를 설명해보자.

풀이 입방체의 수는 1000배, 표면적은 10배, 모서리길이 총합은 100배, 모서리수는 1000배가 늘어난다.

지반입자의 형상 정의

지반입자는 부정형이므로 입자형상을 정량적으로 완벽하게 정의할 수는 없다. 입자형상의 영향이 중요한 경우 2차원 Sphericity 또는 3차원 Roundness 개념을 이용하여 정의한다.

2차원 Sphericity. 지반물성은 입자의 형상에도 영향을 받는다. 2차원적 입자형상은 세장비, $s = b/a$로 정의한다. 여기서 a: 입자최대길이, b: 입자최소길이이다.

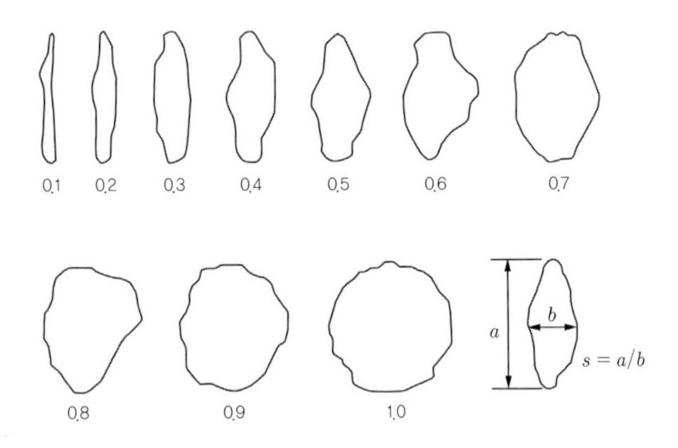

그림 6.61 입자의 2차원적 형상 정의

3차원 Roundness. 입자의 3차원적 형상을 정의하는 파라미터로 **외접반경에 대한 내접반경의 비**로 정의한다.

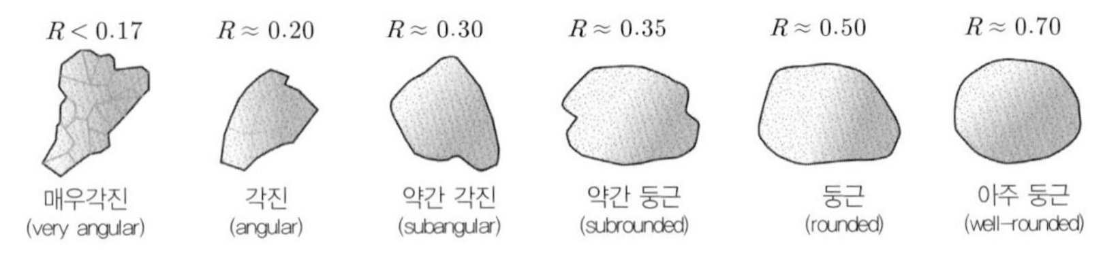

그림 6.62 입자의 3차원 형상정의

암 지반의 성상

암반의 상태는 주로 절리특성으로 정의된다. 절리의 성상은 절리면 프로파일인 JRC(joint roughness coefficient)와 절리의 틈(aperture, amplitude)으로 정의할 수 있다. 그림 6.63은 암반 절리의 정의 파라미터를 보인 것이다.

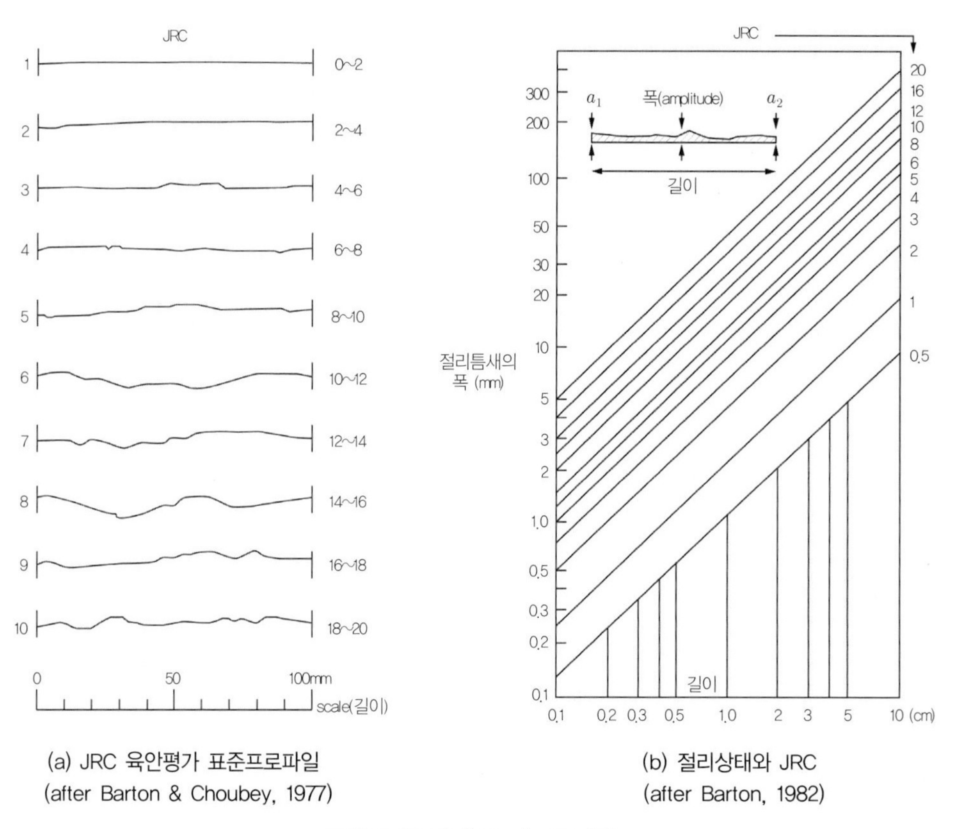

(a) JRC 육안평가 표준프로파일 (after Barton & Choubey, 1977)

(b) 절리상태와 JRC (after Barton, 1982)

그림 6.63 절리(joints) 프로파일

NB: 암 지반을 구조재료로 활용하는 경우 암석(rock)의 강도와 절리간격이 중요하다. 일례로 '석교(stone bridge)'나 '건축 구조재'로 사용하는 경우가 그 예이다. 반면, 암 지반이 기초, 사면 등 대형 기반시설의 일부를 구성하거나 지지하는 경우 암반(rock mass)의 거동이 중요하다. 이 경우 절리상태와 절리면 강도가 거동을 지배한다. 어느 경우든 절리상태는 암 지반의 거동을 지배하는 핵심요소이다.

6.5.2 지반재료의 비중, 단위중량, 간극비

흙 지반재료

단위중량은 함수상태에 따라 건조, 수중, 총 단위중량으로 정의할 수 있다. 표 6.12는 흙 지반시료의 입도특성과 단위중량을 보인 것이다.

표 6.12 흙 지반재료별 입자특성과 단위중량 (after Hough, 1969)

흙의 종류	입경(mm)		D_{10} (mm)	균등계수 C_u	공극비 e_{max}~e_{min}		간극율 n_{max}~n_{min}		건조단위중량 (t/m³)			습윤단위중량 (t/m³)		수중단위중량 (t/m³)	
	D_{max}	D_{min}							최소	다짐 100%	최대	최소	최대	최소	최대
조립토															
(a) 균등한 흙															
세립/중립의 균등한 모래	–	–	–	1.2~2.0	1.0	0.4	50	29	1.33	1.84	1.89	1.35	2.17	0.83	1.17
균등한 무기질 실트	0.05	0.005	0.012	1.2~2.0	1.1	0.4	52	29	1.28	–	1.89	1.30	2.17	0.82	1.17
(b) 입도가 양호한 흙															
실트질 모래	2.0	0.005	0.02	5.0~10	0.9	0.3	47	23	1.39	1.95	1.95	1.41	2.27	0.87	1.27
세립/조립의 모래	2.0	0.05	0.09	4~6	0.95	0.2	49	17	1.36	2.11	2.21	1.38	2.38	0.85	1.38
운모질 모래	–	–	–	–	1.2	0.4	55	29	1.22	–	1.92	1.23	2.22	0.77	1.22
실트질 모래와 자갈	100	0.005	0.02	15~300	0.85	0.14	46	12	1.43	–	2.34	1.44	2.47	0.90	1.47
혼합토															
모래질/실트질 점토	2.0	0.001	0.003	10~30	1.8	0.25	64	20	0.96	2.08	2.16	1.60	2.35	0.61	1.35
자갈/암편섞인 실트질 점토	250	0.001	–	–	1.0	0.20	50	17	1.35	–	2.24	1.84	2.42	0.85	1.42
입도양호한 자갈, 모래, 실트와 점토 혼합토	250	0.001	0.002	25~1000	0.7	0.13	41	11	1.60	2.24	2.37	2.00	2.50	0.99	1.50
점성토															
점토 (점토 30~50%)	0.05	0.5μ	0.001	–	2.4	0.50	71	33	0.80	1.68	1.79	1.51	2.13	0.50	1.13
콜로이드 점토 (2μ 이하 50%)	0.01	10Å	–	–	12	0.60	92	37	0.21	1.44	1.70	1.14	2.05	0.13	1.05
유기질토															
유기질 실트	–	–	–	–	3.0	0.55	75	35	0.64	–	1.76	1.39	2.10	0.40	1.10
유기질 점토 (점토 30~50%)	–	–	–	–	4.4	0.70	81	41	0.48	–	1.60	1.29	2.00	0.29	1.00

주) ① 간극비 : 조립토의 e_{max} 상태는 건조되거나 약간 축축할 때임. 점토의 e_{max} 상태는 완전히 포화되었을 때 발생될 수 있음.
② 조립토의 최소단위중량은 e_{max}일 때이고 모든 포화된 흙의 수중단위중량은 포화단위중량에서 물의 단위중량을 뺀 값임.
③ 조립토의 비중을 2.65, 점토는 2.7, 유기질토는 2.6으로 가정하였음.

예제 불포화토의 함수특성과 단위중량. 불포화토의 단위중량은 함수비와 포화도에 따라 달라진다. 비중 2.7 물의 단위중량을 1000kg/m³을 기준으로 함수비–포화도–간극비–단위중량의 관계를 제시해보자.

풀이 지반요소의 상(phase)관계식을 이용하면 포화도 변화에 따른 함수비–간극비(률)–포화도관계를 그림 6.64와 같이 나타낼 수 있다.

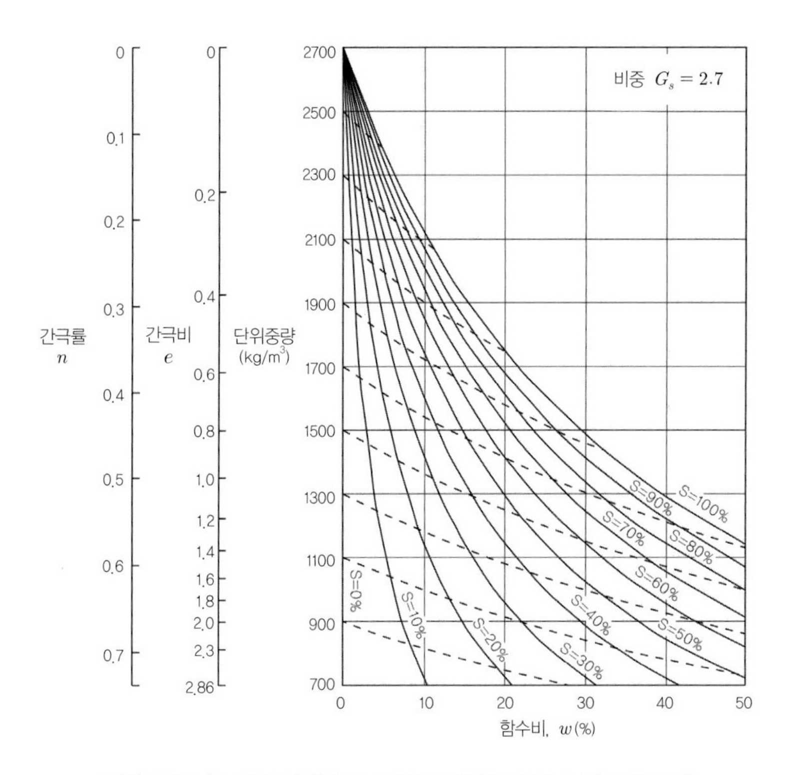

그림 6.64 불포화토의 함수비-포화도 간극률-간극비-밀도 관계 예

암 지반재료

대부분의 조암광물의 비중(specific gravity)은 2.5~3.0 사이에 분포한다. 점토광물은 이보다 약간 낮은 2.0~2.8 범위로 분포한다. 표 6.13은 광물의 비중을 보인 것이다.

표 6.13 광물의 비중

조암광물	비중, G	조암광물	비중, G	점토광물	비중, G
흑운모(biotite)	2.70-3.20	Hornblende	2.90-3.50	Kaolinite	2.50-2.65
방해석(calcite)	2.71-3.72	백운모(muskovite)	2.76-3.00	Montmorillonite	2.00-2.40
백운석(dolomite)	2.80-3.00	석영(quartz)	2.65	Illite	2.60-2.86
장석(feldspar)	2.50-2.80	활석(talc)	2.60-2.70		
석고(gypsum)	2.20-2.40	녹니석(chlorite)	2.60-2.96		

실제 흙 지반이나 암 지반은 다수의 광물로 구성된다. 표 6.14는 암석의 종류에 따른 비중의 분포범위와 평균을 보인 것이다. 해당 암석의 간극률을 함께 보였다.

표 6.14 암석의 성인에 따른 비중과 간극률 분포범위 비교(after Kulhawy, 1975)

특성	암석구분											
	화성암				변성암				퇴적암			
	심성암 (plutonic)		화산암 (volcanic)		비 엽리성암 (non-foliated)		엽리성암 (foliated)		쇄설암 (clastic)		화학적 퇴적암 (chemical)	
	범위	평균	범위	평균	범위	평균	범위	평균	범위	평균	범위	평균
비중 (G_s)	2.50~3.04	2.68	1.45~3.00	2.61	2.63~2.82	2.72	2.18~2.86	2.66	2.32~2.72	2.53	1.79~2.9	2.56
간극률 n(%)	0.3~9.6	2.3	2.7~42.5	10.6	0.9~ 1.9	1.3	0.4~22.4	4.5	1.8~ 21.4	11.3	0.3~36.0	8.1

주) 분석대상 시료개수 4~22개

표 6.15는 암석의 성인별 건조단위중량을 보인 것이다.

표 6.15 암석의 성인별 건조단위 중량(after Griffith)

암석의 종류		체적 비중(겉보기 비중)	건조단위중량(t/m^3)	간극률 %
화성암 (igneous rock)	현무암(basalt)	2.21–2.77	2.21–2.77	0.22–22.06
	휘록암(diabase)	2.82–2.95	2.82–2.95	0.17–1.00
	반려암(gabbro)	2.72–3.00	2.72–3.00	0.00–3.57
	화강암(granite)	2.53–2.62	2.53–2.62	1.02–2.87
퇴적암 (sedimentary rock)	백운석(dolomite)	2.67–2.72	2.67–2.72	0.27–4.10
	석회암(limestone)	2.67–2.72	2.67–2.72	0.27–4.10
	사암(sandstone)	1.91–2.58	1.91–2.58	1.62–26.40
	셰일(shale)	2.00–2.40	2.00–2.40	20.00–50.00
변성암 (metamorphic rock)	편마암(gneiss)	2.61–3.12	2.61–3.12	0.32–1.16
	대리석(marble)	2.51–2.86	2.51–2.86	0.65–0.81
	규암(quartzite)	2.61–2.67	2.61–2.67	0.40–0.65
	편암(schist)	2.60–2.85	2.60–2.85	10.00–30.00
	점판암(slate)	2.71–2.78	2.71–2.78	1.84–3.61

6.5.3 지반재료의 점성 · 열 · 전기적 특성

지반재료는 비역학적 재료로 사용하는 경우 점성, 열 특성, 전기적 특성이 중요하게 다루어지는 경우가 있다.

간극유체의 점성(viscosity)과 표면장력

물의 점성은 흙속을 흐르며 입자에 견인저항력(drag shear force)을 야기한다. 간극유체의 동점성계수는 표 6.16과 같다.

표 6.16 간극유체의 점성(after Tuma,1976)

온도(°C)	점성(viscosity), 절대값(동적) (N sec/m^2) (대기압조건, $p_a = 101.3$kPa)	
	물(×10^{-3})	공기(×10^{-5})
10	1.310	1.761
20	1.009	1.785
30	0.800	1.864
40	0.654	1.909

주) 1 poise=0.1Nsec/m^2, 20도에서 물의 정 점성계수는 1.0019x10^{-2}poise,
공기의 정 점성계수는 183x10^{-6}poise

물의 표면장력은 입상지반재료의 모관거동을 지배한다. 물의 표면장력은 상온(20°C)에서 약 73mN/m이다. 표 6.17은 간극유체의 온도에 따른 점성과 표면장력의 크기를 보인 것이다.

표 6.17 공기-물 접촉면에서 온도에 따른 표면장력(after Kaye and Laby, 1973)

온도 (°C)	표면장력, T_s (mN/m)
0	75.7
10	74.2
20	72.75
30	71.2
40	69.6
60	66.2
80	62.6
100	58.8

지반재료의 열(熱) 특성

열팽창계수. 온도 1°C 상승할 때 증가하는 체적을 0°C의 체적으로 제한값을 체팽창계수라 하고, 온도 1°C 상승할 때 팽창한 길이를 0°C의 길이로 제한 값을 선팽창 계수라 한다. 표 6.18은 지반재료의 열 선팽창계수(coefficient of thermal expansion)를 보인 것이다. 지반 내 열팽창 계수는 10^{-7} 수준으로서 매우 작다.

표 6.18 암석의 평균 열팽창계수 분포 예(after Griffith)

암석의 종류		α (1/°C)
화성암	화강암(granite series)	$34\times10^{-7}-66\times10^{-7}$
	현무암(basalt series)	$22\times10^{-7}-35\times10^{-7}$
	휘록암(diabase)	$31\times10^{-7}-35\times10^{-7}$
	반려암(gabbro)	$20\times10^{-7}-30\times10^{-7}$
퇴적암	백운석/석회암(dolomites/limestiones)	$24\times10^{-7}-68\times10^{-7}$
	사암(sandstones)	$36\times10^{-7}-65\times10^{-7}$
변성암	편마암(gneisses)	$34\times10^{-7}-44\times10^{-7}$
	대리석(marbles)	$34\times10^{-7}-51\times10^{-7}$
	규암(quarzites)	$60\times10^{-7}-61\times10^{-7}$
	편암(schists)	$34\times10^{-7}-43\times10^{-7}$
	점판암(slates)	$45\times10^{-7}-49\times10^{-7}$

주) 상온에서 100도까지 범위(for American rocks)

비열용량(specific heat capacity). 물질의 온도를 1°C 올리는 데 요하는 단위 중량(1kg)당 열량과 1kg의 물(순수)을 1°C 올리는 데 요하는 열량과의 비를 그 물질의 비열이라 한다. 비열은 물질의 온도 상승에 대한 기준으로서 동일 중량이라도 비열이 작을수록 덥히거나 식히기 쉽다. 반대로 비열이 클수록 덥히거나 식히기 어렵다. 일반적으로 질량이 $m(g)$인 물질이 Q(cal)만큼의 열량을 공급받을 때 ΔT(°C)만큼의 온도변화가 발생하는 경우 비열의 정의는 다음과 같다.

$$c_m = \frac{Q}{m\Delta T} \tag{6.70}$$

표 6.19 암석 및 간극유체의 비열용량

물질	온도(°C)	비열용량 c_m(Cal/kg·°C)
방해석($CaCO_3$)	0–100	0.2005
각섬석	20–98	0.195
운모(Mg 성분)	20–98	0.2061
운모(K 성분)	20–98	0.2080
현무암	12–100	0.1996
백운석	20–98	0.222
편마암	17–99	0.196
화강암	12–100	0.192
석회암	15–100	0.216
대리석	0–100	0.210
규사	20–98	0.191
사암	–	0.22

열전도율 (thermal conductivity). 지반 내 유체의(물, 공기)의 특성은 지반거동에 영향을 미치며, 지반 거동과 관련한 간극유체의 중요한 특성은 점성과 열전도이다. 열은 온도차에 의해 이동하며, 열 흐름방정식은 다음과 같다.

$$I = \alpha \frac{A}{l} \theta \quad (6.71)$$

여기서 I는 열 흐름(열류), A는 단면적, θ는 온도차, α는 그 물질의 열전도계수(W/m^2·K)($K(Kelvin)$는 온도단위로서 $^\circ C$로 대체할 수 있다)이다. 간극유체 및 암석의 비열용량과 열전달 특성은 표 6.20과 같다.

표 6.20 간극유체의 온도에 따른 열전달 특성

온도(℃)	물		공기	
	비열용량 (specific heat capacity) C_w(kJ/kg·K)	열전도율 (thermal conductivity) λ_w(W/m·K)	비열용량 (specific heat capacity) C_a(kJ/kg·K)	열전도율 (thermal conductivity) λ_a(W/m·K)
20	4.183	0.560	1.005	0.0257
40	4.179	0.629	1.005	0.0271
60	4.185	0.651	1.009	0.0285
80	4.198	0.667	1.009	0.0299
100	4.219	0.677	1.009	0.0314

주) 1W=1J/sec, 1kCal=4.2kJ

지반재료의 전기적 특성

지반재료의 전기적 성질은 지구물리탐사에 유용하다. 전기탐사의 비저항과 전자기탐사의 유전율이 지반재료의 전기적 특성에 해당한다. 표 6.21 및 그림 6.65는 암석과 물의 전기적 특징을 정리한 것이다.

표 6.21 암석과 물의 전기적 특성

지반재료	고유저항(Ωmm^2/m)	유전상수
조암광물(rock-forming minerals)	$10^{10}-10^{14}$	4-8
화성암(igneous rocks)	$10^{3}-10^{7}$	7-14
퇴적암, 건조(sedimentary, dry)	$10^{3}-10^{9}$	7-14
퇴적암, 습윤(sedimentary, wet)	$10^{1}-10^{4}$	7-14
담수(fresh water)	$10^{1}-10^{3}$	80
해수(salt water)	$10^{-1}-10^{0}$	80

고유저항(specific resistance)이란 물체의 단위길이(m) 및 단위면적(mm^2)당 전기전항($\Omega mm^2/m$)을 말한다. 물체의 대전 상태가 지속되는 척도로서 전기에너지의 저항능력을 유전상수(dielectric constant)라 한다. 유전상수가 클수록 부도체에 가깝다.

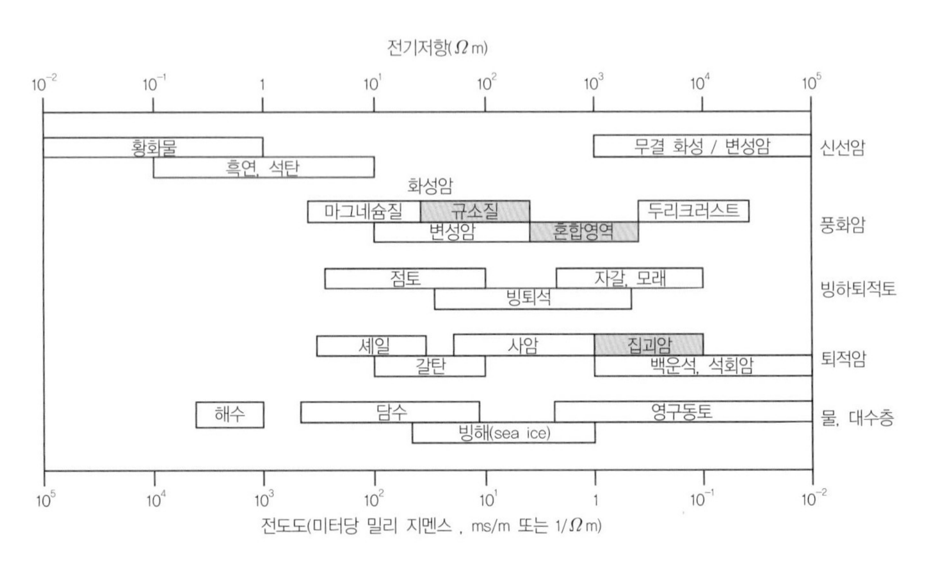

그림 6.65 암석의 비저항분포 예(after Palacky, 1987)

6.6 지반재료의 변형거동 파라미터

일반적으로 변형파라미터라 함은 지반의 변형거동 해석에 요구되는 지반 물성으로서 다음과 같이 구분할 수 있다.

- 정적거동 파라미터: 탄성계수, 포아슨비, 지반반력계수
- 동적거동 파라미터: 동탄성계수(미소변형률탄성상수), 감쇠계수
- 압밀거동: 압밀계수, 압축계수

지반의 변형파라미터는 일반적으로 지반종류(지반구조, PI, OCR, D_r), 시험응력경로(시험법), 변형률, 구속응력, 배수조건 등에 따라 달라지므로 특정 지반문제에 사용할 변형파라미터 평가 시 이들 조건이 부합한지를 검토하여야 한다.

탄성계수는 응력-변형률관계의 기울기로 정의한다. 일반적으로 지반의 응력-변형률관계는 곡선으로 나타나므로 기울기를 취하는 방법에 따라 '**접선탄성계수**(tangent modulus)'와 '**할선탄성계수**(secant modulus)'로 구분한다. 수치해석과 같이 증분해석을 수행하는 비선형 해석은 보통 접선탄성계수를 사

용하나 전 구간 일괄계산을 위해서는 평균 개념의 할선탄성계수를 사용한다.

NB: 접선탄성계수와 할선탄성계수의 상대적 크기는 변형률 점 선택에 따라 다르다. 할선탄성계수 시점변형률에서는 $E_s \langle E_t$ 이나, 종점 변형률에서는 $E_s \rangle E_t$ 이다. 완전 선형 탄성재료에 서는 접선탄성계수와 할선탄성계수가 같은 값을 가진다.

응력과 변형률의 종류에 따라 압축(인장)탄성계수, 체적탄성계수, 구속탄성계수 등으로 구분한다(제1권 4장 참조). 구속이 없는 일축하중상태로 결정한 탄성계수를 Young계수(= E)라 한다. 많은 경우 특별한 언급 없는 탄성계수 값은 구속응력 '0'인 조건, 즉 영계수로 보면 무방하다.

앞으로 살펴볼 지반재료와 구조재료의 변형파라미터의 분포특성을 비교하기 위하여 표 6.22 및 표 6.23에 주요 구조재료와 지반재료의 대표적 영계수와 포아슨비를 비교하였다.

표 6.22 영계수 분포특성(Young's modulus)

재료	영계수(MPa)	재료	영계수(MPa)	재료	영계수(MPa)
연강	210,000	콘크리트	28,000	강성점토	300
구리	120,000	유리	70,000	연약점토	100
알루미늄	70,000	목재	10,000	고무	10

※ 구속응력은 '0' : 또는 대기압 조건(101.2kN/m^2), 화강암: 7dynes/cm^2 × 1011(강성점토 교체)

표 6.23 포아슨비 분포특성

재료	ν	재료	ν	재료	ν
연강	0.3(0.28~0.29)	콘크리트	0.15~0.25	화강암	0.25
구리		유리	0.25	연약점토	
알루미늄	0.35	목재		고무	~0.5

NB: 탄성계수는 구속응력의 증가와 함께 증가한다. 탄성계수, E를 삼축시험 결과로 구하는 경우, $q = \sigma_a{}' - \sigma_r{}'$, $\Delta\epsilon_1$은 파괴응력의 30~50% 까지의 변형률에 대하여 안전율을 고려하여 구한다. 구속응력이 증가할수록 첨두강도(peak strength)와 응력-변형률 곡선의 기울기도 증가한다. 따라서 지반은 구속상태(수평응력)이므로 지반문제에 영계수를 적용하면 거동은 과대평가된다.

6.6.1 흙 지반의 변형 파라미터

흙 지반의 정적 탄성계수

점성토의 탄성계수. 점성토에 가해지는 건설 중의 하중은 대부분 비배수 조건에서 이루어지며 따라서 점성토의 탄성계수는 대부분 비배수 조건으로 정의한다. 비배수 조건에서 강도는 구속응력과 무관하게 일정하므로 강성을 강도로 정규화하여 표현하는 경우가 많다. 비배수 조건의 경우, 물의 비압축성 영향으로 비교적 큰 값을 보인다. 비배수 조건에서는 $E_u/s_u = 3G/s_u$이 성립한다. 그림 6.66은 소성지수에 따른 점성토의 할선전단탄성계수비(E_{us}/s_u, secant undrained modulus ratio)를 나타낸 것이다.

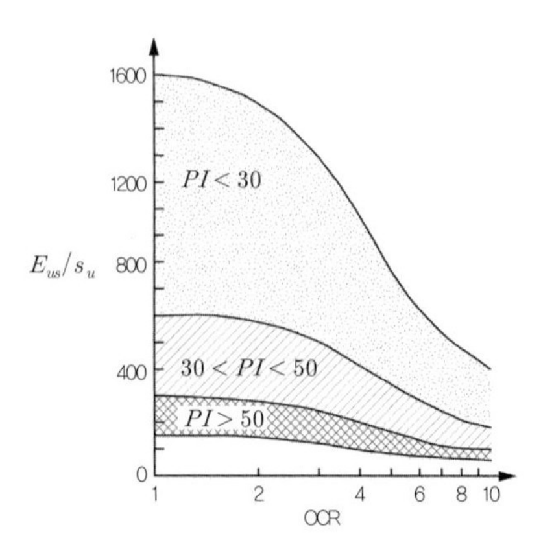

그림 6.66 점토의 비배수 할선탄성계수와 PI 및 OCR 상관관계(after Duncan and Buchignani)

사질토의 탄성계수. 사질토(cohesionless soils)는 투수성이 크므로 동적 하중상태를 제외하고는 일반적으로 **배수조건의 탄성계수가 거동을 지배한다.** 표 6.24에 사질토의 정적탄성계수(영계수)의 분포범위를 점성토와 비교하여 보였다.

표 6.24 흙지반 재료의 영계수(after Lamb & whinman, 1969)

지반조건	탄성계수, E(kPa)	
	비배수조건	배수조건
연약점토(soft clay)	1,500 ~ 10,000	250 ~ 1,500
중질점토(medium clay)	5,000 ~ 50,000	500 ~ 3,500
강성점토(stiff clay)	15,000 ~ 75,000	1,200 ~ 20,000
느슨한 모래(loose sand)	–	10,000 ~ 25,000
중질모래(medium dense sand)	–	50,000 ~ 100,000
조밀한 모래(dense sand)	–	50,000 ~ 100,000

주) 흙 시료는 삼축 시험의 편차응력 0~첨두치(1/2~1/3) 구간의 할선탄성계수, 구속응력=0 조건. 점토는 압밀시험의 압밀곡선의 기울기($\Delta h/h - p$ 관계), 암석은 초기 접선탄성계수

흙 지반의 원위치(초기) 탄성계수

실험실 시료는 시료교란과 관심지반의 대표성 문제 때문에 중요 프로젝트의 경우 현장에서 원위치 시험을 수행하여 탄성계수를 평가한다. 원위치 시험은 응력경계조건을 설정할 수 없고 응력경로 모사도 용이하지 않아 탄성계수의 직접측정이 아닌, 상관관계이용법을 이용하게 된다.

원위치시험은 지중의 구속응력 영향이 고려되고, 불교란 상태에서 이루어진다. 이때의 탄성계수 값은 지반재료가 가질 수 있는 최댓값이므로 G_{max}라 할 수 있다. 일반적으로 G_{max}는 대변형 정적 응력-변형률 실내시험에서 얻은 G 값보다 훨씬 크다.

표 6.25 G_{max}와 원위치시험 파라미터의 관계

시험법	상관관계	적용지반	참고사항	출처
SPT	$G_{max}=20,000(N_{60})^{0.333}(\sigma_m{}')^{0.5}$	모래	G_{max}와 $\sigma_m{}'$는 lb/ft^2	Seed et al.(1986)
CPT	$G_{max}=406(q_c)^{0.695}e^{-1.130}$	점토	G_{max}, q_c는 kPa 세계 여러 곳 현장시험결과 분석	Mayne and Rix(1993)
DMT	$G_{max}/E_d=2.2\pm0.7$	모래	현장실험을 기반	Bellotti et al.(1986)
PMT	$G_{max}=\dfrac{1.68}{\alpha_p}G_{ur}$	모래	G_{ur}은 제하-재하 반복할선탄성계수 α_p는 응력조건계수(이론과 현장시험결과조합)	Byrne et al.(1991)

주) N값의 보정:현장에서 측정한 N값은 앞서 기술한 바와 같이 여러 가지 요인들로 인하여 보정을 필요로 하는데, 일반적으로 에너지 효율(60%)과 상재압에 대하여 보정을 하게 된다. 먼저, 국내에서 가장 일반적으로 사용하고 있는 60% 효율에 대한 보정식은 다음과 같다.

$$N_{60}=N_{measured}\times\frac{E_{measured}}{E_{60}}$$

여기서, N_{60}은 해머의 유효 낙하에너지를 60%로 고려했을 때 의 보정된 값이고, $N_{measured}$는 측정값, $E_{measured}$는 해머 효율로 장비에 따른 상수, E_{60}은 60%의 에너지 효율로서 0.60이다.

흙 지반의 포아슨비 분포특성

등방탄성체(isotropic elastic materials)의 포아슨비(ν)는 0~0.5로 분포한다. 비탄성(inelastic), 팽창성 토사(dilatant soils)의 경우 포아슨비가 0.5를 초과하는데, 이는 더 이상 탄성거동을 하지 않음을 의미한다. 포화 점성토(saturated cohesive soil)는 비배수 재하 시 체적의 변화를 일으키지 않는다. 그러므로 비배수 포아슨비(undrained Poisson's ratio, ν_u)는 0.5이다.

사질토(배수조건). 포아슨비는 변형율에 따라 변화한다(시험의 초기단계에서 시료의 체적은 감소하므로 포아슨비는 이 경우에 0.5보다 작은 값을 갖는다). 모래의 포아슨비는 파괴를 포함하는 대변형률에서만 일정한 값을 가지며, 이때 포아슨비는 0.5보다 큰 값을 갖는다. **ν가 0.5보다 크다는 것은 실험과정에서 팽창이 일어남을 의미한다.** 포아슨비의 변형률 의존성 때문에 실제 문제에 적용하기 위한 정확한 ν 값을 평가하는 것은 어렵다. 표 6.26에 흙 지반 재료의 포아슨비 분포범위를 예시하였다.

표 6.26 흙 지반의 포아슨비(after Kulhawy et al., 1983)

지반구분	포아슨비 ν
포화토(saturated soil), 비배수조건(undrained condition)	0.50
부분포화점토(partially saturated clay)	0.30 ~ 0.40
배수점토(drained clay)	0.20 ~ 0.40
조밀한 모래(dense sand), 배수조건(drained condition)	0.30 ~ 0.40
느슨한 모래(loose sand), 배수조건(drained condition)	0.10 ~ 0.30

주) 포아슨비는 삼축압축시험에서 축 변형률에 대한 횡방향 변형률의 비로 구한다. 이때 변형률은 파괴응력의 30~50%에 해당하는 값에서 선정한다.

6.6.2 암 지반의 변형 파라미터

암 지반의 탄성계수를 산정할 때 암석(intact rock)과 암반의 탄성계수를 분명히 구분하여야 한다. 문헌에 공개된 대부분의 탄성계수 자료는 암석에 대한 값이다. 암반에 대한 탄성계수는 암석의 일축압축강도나 탄성계수를 이용하여 상관관계로 추정하거나 원위치 재하시험, 또는 탄성파탐사 시험을 통해 구한다.

암 지반의 포아슨비는 암석에 대한 일축압축시험이나 일축인장시험을 통해 축방향, 횡방향 변형률로부터 계산되어진다. 포아슨비는 응력수준(stress level), 균열의 존재여부, 온도(temperature), 하중률(rate of loading) 등의 영향을 받는다.

6.6.2.1 암석의 탄성계수와 포아슨비

암석의 탄성계수는 보통 구속응력 '0'조건에서 측정하는 Young의 계수이다. 암석의 탄성계수와 포아슨비는 암석에 대한 일축압축강도 시험이나, 삼축압축시험 중 축차응력 작용 시에 연직방향 변형률과 수평방향 변형률을 측정하여 구할 수 있다. 응력-변형률 곡선에서 초기재하시의 곡선의 기울기보다 제하-재하시의 곡선의 평균 기울기가 더 큰 것이 보통이다. 초기 재하 시에 회복이 가능한 변형뿐만 아니라 회복이 불가능한 소성변형도 함께 발생되기 때문이다.

응력-변형률곡선의 기울기는 구속응력 σ_c에 따라 달라지므로 탄성계수를 구속응력으로 정규화하여 E/σ_c로 나타낼 수 있다. 암석의 경우 E/σ_c 값이 거의 일정하게 나타나는 특성을 나타낸다. E/σ_c 값은 화성암 등과 같이 결정성암(crystalline rock)에서는 비교적 큰 값을 나타내고, 쇄설성암(clastic rock)에서는 작은 값을 나타내며, 통상 200~500 사이에 분포한다. 표 6.27은 암석시료에 대한 변형파라미터의 분포범위를 보인 것이다.

표 6.27 암석의 탄성계수와 포아슨비 분포범위

암석의 종류		영 계수, E ($\times 10^{10}$, N/m^2)	포아슨비, ν
화성암	현무암(basalt)	1.96 - 9.81	0.14-0.25
		4.85-11.15*	0.22-0.25
	휘록암(diabase)	2.94-8.83	0.125-0.25
		2.20-11.40	0.103-0.184
	반려암(gabbro)	5.88-10.78	0.125-0.25
		5.84-8.71	0.154-0.48
	화강암(granite)	2.55-6.86	0.125-0.25
		2.13-7.05	0.155-0.338
퇴적암	백운석(dolomite)	1.96-8.24	0.08-0.20
		7.10-9.30	0.08-0.20
	석회암(limestone)	0.98-7.85	0.10-0.20
		0.80-2.10	0.14-0.30
	사암(sandstone)	0.49-8.43	0.066-0.125
		4.41-5.10	0.21-0.24
	셰일(shale)	0.78-2.94	0.11-0.54
		1.20-4.40	0.23-0.30
변성암	편마암(gneiss)	1.96-5.88	0.091-0.25
		1.41-7.00	0.03-0.15
	대리석(marble)	5.88-8.83	0.25-0.38
		2.8-10.00	0.11-0.20
	규암(quartzite)	2.55-8.70	0.23
		2.80-8.70	0.11-0.20
	편암(schist)	4.0-7.05	0.01-0.20
		-	0.10-0.17

주) * : 한 종류의 암석에 대하여 서로 다른 위치에서 채취한 시료시험의 결과임

실제 암석은 등방성을 나타내는 경우가 거의 없다. 즉, 수직, 수평방향의 투수계수가 다르다. 표 6.28은 암석 탄성계수의 이방성 예를 보인 것이다.

표 6.28 탄성계수의 이방성 예-층리의 영향(after Obert and Duvall, 1967)

암석 종류	영 계수(GN/m^2)			
	층리면과 수직	층리에 평행-1	층리에 평행-2	(E_{max}/E_{min})
대리석(marble)	49.3	63.1	71.7	1.45
석회암(limestone)	33.4	41.0	37.2	1.23
화강암(granite)	30.4	27.4	44.2	1.61
사암(sandstone)	7.1	1.1	11.2	1.58
편마암(gneiss)	18.6	23.1	12.4	1.86
오일셸(oil shale)	12.4	21.4	-	1.72

6.6.2.2 암반의 변형 파라미터

일반적으로 **암반의 탄성계수는 암석 탄성계수의 10~50% 정도** 되는 것으로 알려져 있다. 실내실험으로부터 구한 암석의 탄성계수에 적절한 보정계수를 곱하여 암반의 탄성계수를 평가하는 방법을 사용하기도 한다. 암반탄성계수는 주로 상관관계에 의한 간접 평가법을 이용하여 평가한다. 그림 6.67 (a) 및 (b)는 각각 RQD 값과 파 전파속도에 따른 암반 탄성계수를 보인 것이다.

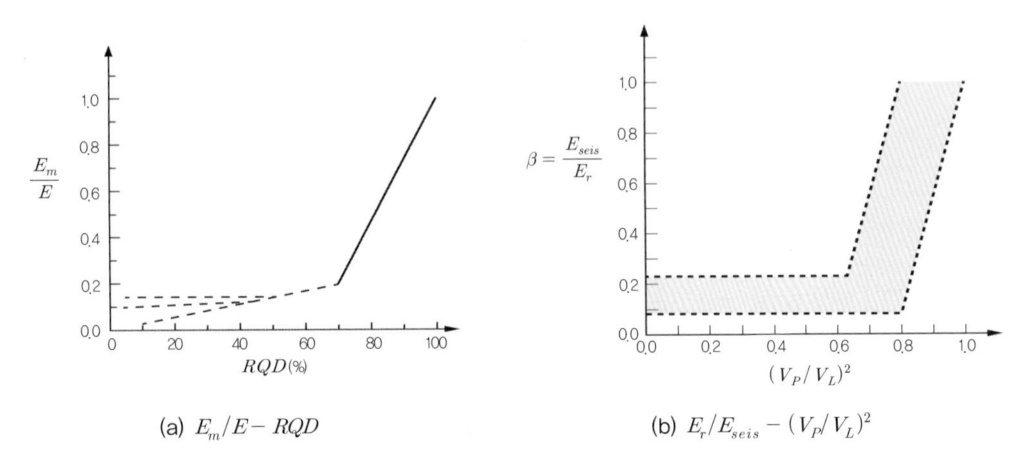

그림 6.67 암석과 암반강성 관계(E_r: 정적 암반강성, E_{seis}: 탄성파탐사로구한 암반강성, V_P, V_L: 각각 현장 압축파속도 및 암석시료 초음파 속도) (after Deere, et al., 1967))

암반분류지수(RMR)는 일반적으로 터널설계를 위하여 제시되었으나 이 파라미터가 암반거동의 종합적인 요소를 고려하므로 이를 암반강성과 상관시키려는 시도가 있어 왔다. 그림 6.68은 RMR(rock mass rating) 및 Q와 암반탄성계수의 상관관계를 보인 것이다(암반역학 참조).

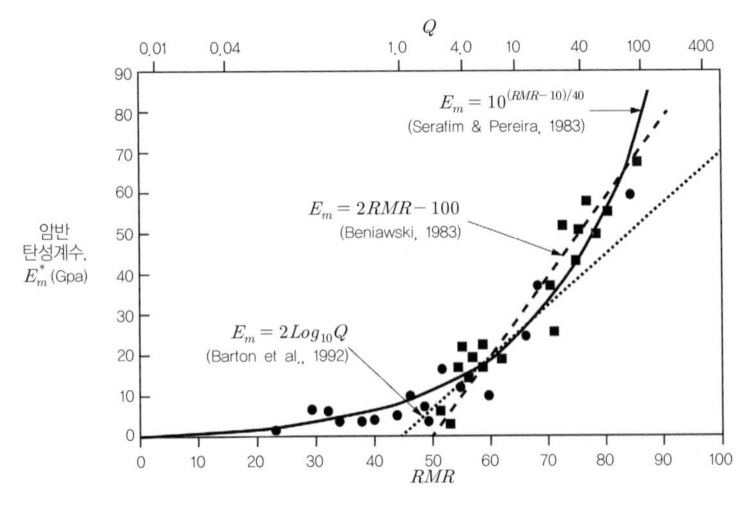

그림 6.68 암반분류지수(RMR)와 암반탄성계수의 상관관계

6.6.2.3 탄성파속도와 미소변형률 변형 파라미터

변형계수와 탄성파 전파속도 사이에는 일정한 관계가 성립하므로 **전파속도를 측정하여 원위치 미소 변형률상태(very small strain)의 초기 변형계수를 구할 수 있다.** 일반적으로 동하중의 영향평가 때는 작은 변형률 영역을 고려하게 되므로 초기 미소변형률 탄성영역의 동적파라미터를 동적물성 이라고도 한다. 탄성파의 전파속도와 탄성파라미터의 관계는 표 6.29와 같다.

표 6.29 탄성파속도와 탄성파라미터

파라미터	탄성파속도-탄성파라미터 관계
압축파 속도(compression-wave velocity)	$V_p = [K+(4/3)G]/\rho^{1/2}$ (m/sec)
전단파 속도(shear-wave velocity)	$V_s = (G/\rho)^{1/2}$ (m/sec)
동포아슨비(dynamic poisson's ratio)	$\nu = (V_p^2/2V_s^2-1)/(V_p^2/V_s^2-1)$
동탄성계수(dynamic young's modulus)	$E_d = \rho(3V_p^2-4V_3^2)/(V_p^2/V_s^2-1)$ 혹은 $E_d + 2\rho V_s^2(1+m)$
동전단탄성계수(dynamic shear modulus)	$G_d = \rho V_s^2 = E_d/2(1+\nu)$
동체적탄성계수(dynamic bluk modulus)	$K = \rho(V_p^2-4V_s^2/3) = E_d/3(1-2\nu)$

주) 단위는 kg/cm^2, kN/m^2

- P파 전파속도 (막대) : $V_p = \sqrt{E/\rho}$, (반무한체) : $V_p = \sqrt{[K+(4/3)G]/\rho}$
- S파 전파속도 : $V_s = \sqrt{G/\rho}$, $m = 1/\nu$ (포아슨 수)
- 물질의 질량밀도 : $\rho = \gamma/g$ kg/m^3

표 6.30은 지반의 풍화에 따른 탄성파 속도의 분포범위를 보인 것이다. 심성암이 잔적토가 되는 경우 탄성파 전파속도는 약 1/10로 감소한다. 표 6.31은 흙 지반과 암석시료의 압축파 속도를 비교한 것이다.

표 6.30 풍화에 따른 암반의 P-파 전파속도

지반	풍화등급	V_p (m/sec)
풍화되지 않은 암반(fresh, sound rock)	F	5000+
약간 풍화되었거나 넓은 간격으로 틈이 있는 암반 (slightly weathered or widely spaced fractures)	WS	5000-4000
보통 풍화되었거나 보통간격으로 틈이 있는 암반 (moderately weathered or moderately close fractures)	WM	4000-3000
심하게 풍화되었거나 틈 간격이 가까운 암반 (strongly weathered or close fractures)	WH	3000-2000
매우 심하게 풍화되었거나 부서진 암반 (very strongly weathered(sprolite) or crushed)	WC	2000-1200[a]
잔적토(residual soil(unstructured saprolite), strong)	RS	1200-600[a]
잔적토(residual soil, weak, dry)	RS	600-300[a]

주) [a] 물의 압축파속도 V_p = 1500 m/sec, 포화토의 압축파 속도, $V_p(\min)$ = 900 m/sec

표 6.31 지반재료의 압축파(compressive wave) 전파속도(V_p)

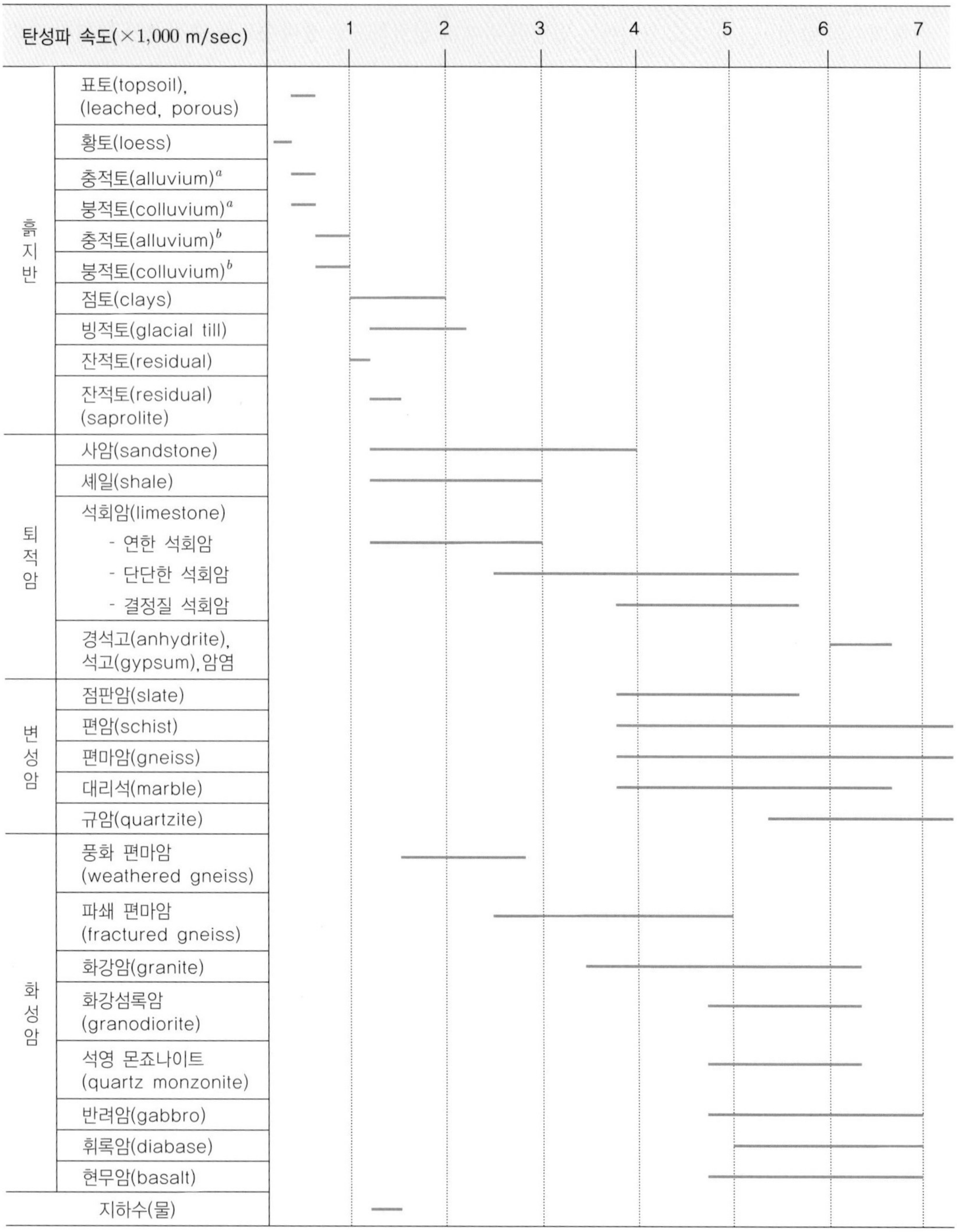

	탄성파 속도(×1,000 m/sec)	1	2	3	4	5	6	7
흙지반	표토(topsoil), (leached, porous)							
	황토(loess)							
	충적토(alluvium)[a]							
	붕적토(colluvium)[a]							
	충적토(alluvium)[b]							
	붕적토(colluvium)[b]							
	점토(clays)							
	빙적토(glacial till)							
	잔적토(residual)							
	잔적토(residual) (saprolite)							
퇴적암	사암(sandstone)							
	셰일(shale)							
	석회암(limestone)							
	- 연한 석회암							
	- 단단한 석회암							
	- 결정질 석회암							
	경석고(anhydrite), 석고(gypsum), 암염							
변성암	점판암(slate)							
	편암(schist)							
	편마암(gneiss)							
	대리석(marble)							
	규암(quartzite)							
화성암	풍화 편마암 (weathered gneiss)							
	파쇄 편마암 (fractured gneiss)							
	화강암(granite)							
	화강섬록암 (granodiorite)							
	석영 몬조나이트 (quartz monzonite)							
	반려암(gabbro)							
	휘록암(diabase)							
	현무암(basalt)							
지하수(물)								

주) [a] 부드럽거나 느슨한, [b] 견고하거나 중간정도의 거칠기
위 값은 건조지반 조건임(포화도의 증가는 파 전파속도를 증가시킨다). 따라서 변화범위는 수위의 영향일 수 있음
암반에서 넓은 분포를 보이는 이유는 풍화도, 파쇄대의 영향임
동토(frozen soil) : 1,219 - 2,134m/sec; 얼음(ice) : 3,048–3,658m/sec ; 물 : 1,524 ; 공기: 335m/sec

NB: 동적 변형 파라미터

동하중의 영향을 평가하는데 필요한 동적 거동파라미터로서 동탄성계수와 감쇠비가 있다. 동적거동에 대한 시험조건은 동하중의 반복횟수(주파수)를 고려하여 적정한 시험법을 택할 수 있다. 일반적으로 고주파수의 미소변형률 파라미터는 탄성파 전파 특성으로부터 파악하고, 대변형 저주파수의 반복하중의 영향은 실내 반복재하시험을 이용하여 구한다.

6.6.3 지반반력계수

지반반력계수(coefficient of ground reaction)는 단위변형을 일으키는 데 요구되는 압(응)력, 즉 $K=p/y$으로 정의된다. 재하판의 크기에 따라 달라지므로 일반적으로 상수로 다루기보다는 이론적으로 유도된 지반반력계수 공식을 이용하여 구한다. 지반을 몇 개의 스프링으로 나타내므로 모델링의 한계는 있지만 빔-스프링 모델과 같은 지반-구조물 상호작용해석 시 여전히 유용하게 활용된다.

표 6.32는 흙지반에 대한 수평지반반력계수(K_h)의 분포범위를 보인 것이며, 그림 6.69는 내부마찰각과 점착력에 따른 K값의 상관관계를 보인 것이다.

표 6.32 수평 지반반력계수의 분포특성 (after Bowles, 1996)

지반	K_h(MN/m^3)
조밀한 모래질 자갈	220 ~ 400
중립질 조립 모래	157 ~ 300
중립질 모래	110 ~ 280
고운 또는 실트질 모래	80 ~ 200
습윤 강성점토	60 ~ 220
포화 강성점토	30 ~ 110
습윤 중립질 점토	39 ~ 140
포화 중립질 점토	10 ~ 80
연약점토	2 ~ 40

주) 건조 또는 습윤인 경우 모두 포함

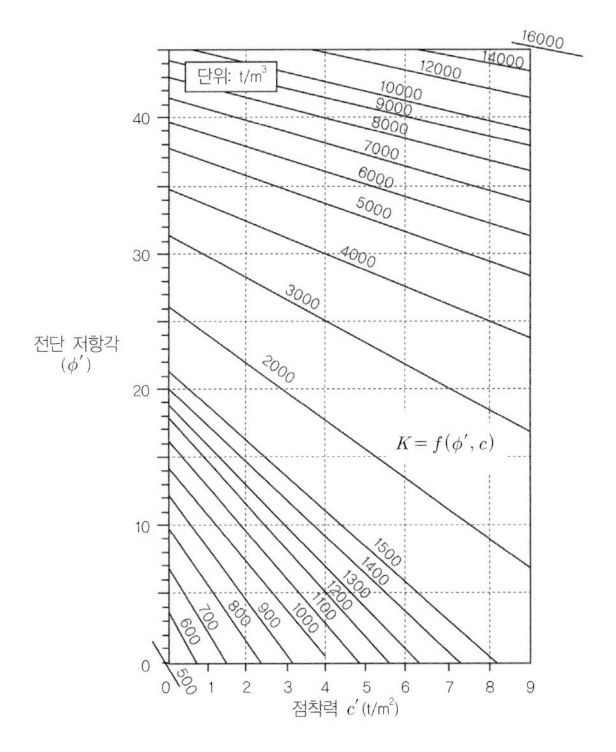

그림 6.69 내부마찰각–점착력–지반반력계수 관계

암반 절리면의 강성계수

암반 절리면이 구조적으로 취약하다. 설계해석을 위해 이를 모델링하는 경우 절리면의 수직 및 전단 강성이 필요하다. 절리면의 수직강성은 지반반력계수에 상응하는 물리량이다. 표 6.33에 암반절리면의 강성을 예시하였다.

표 6.33 절리면 강성계수 예

암석 종류	수직강성 k_n (GPa/m)	전단강성 k_s (GPa/m)	출처
사암(sandstone)	15.73–672.63	2.71–317.33	Brechtel, 1978
셰일(shale)	8.41–100.9	11.93–94.93	Rosso, 1976
현무암(basalt)	290.21–531.6	238.41–439.38	Hart et al., 1985
화강암(granite), 석회암(limestone), 편암(schist), 편마암(gneiss), 점판암(slate), 셰일(shale), 사암(sandstone)	0.27–67.53	0.01–31.46	Goodman, 1968; Kulhawy, 1975

주) 1GPa/m =3,687psi/in

6.6.4 압밀변형 파라미터

흙 지반 재료의 압밀거동 정의에 필요한 파라미터는 압밀계수(C_v)와 압축지수(C_c)이다. 압밀계수는 액성한계 증가에 따라 현저히 감소한다. 그림 6.70은 이 관계를 보인 것이다.

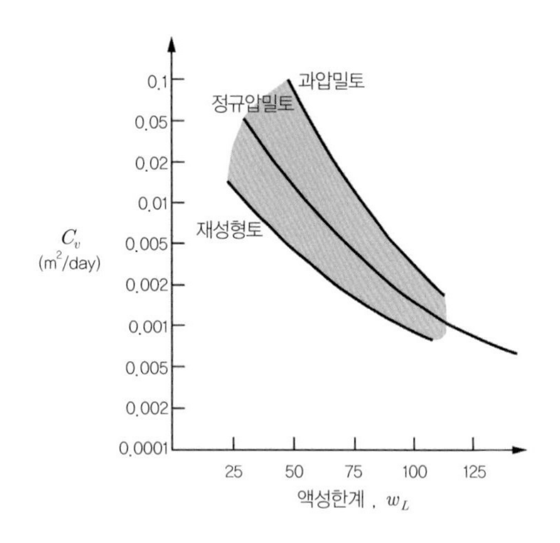

그림 6.70 점성토의 액성한계와 압밀계수의 상관관계(after U.S. Navy, 1982)

압축지수(C_c)는 자연함수비, 액성한계, 초기간극비의 함수이다. 표 6.34는 대표적 점토에 대한 압축지수의 상관식을 정리한 것이다. 표 6.35는 각 지반별로 2차 압밀계수를 압축지수로 정규화하여 나타낸 것이다.

표 6.34 대표적 점토의 압축지수(after)

지반	압축지수
재형성 점토(remolded clays)	$C_c = 0.007(LL-7)$
모든 점토(all calys)	$C_c = 1.15(e_o - 0.35)$
무기질 점성토, 실트, 실트질 점토, 점토	$C_c = 0.30(e_o - 0.27)$
유기질 실트/점토	$C_c = 1.15 \times 10^{-2} w_n$
소성이 매우 작은 흙	$C_c = 0.75(e_o - 0.50)$

주) LL : 액성한계, e_o:초기간극비, w_n: 자연함수비

표 6.35 2차 압밀계수 예

지반 재료	C_α / C_c
입상토, 사력(rockfill)	0.02 ± 0.01
셰일, 이암	0.03 ± 0.01
무기질 점토/실트	0.04 ± 0.01
유기질 점토/실트	0.05 ± 0.01
토탄(muskeg)	0.06 ± 0.01

6.7 지반재료의 강도 파라미터

6.7.1 강도 파라미터의 측정과 평가

강도는 응력의 함수로 정의되며, 강도파라미터는 이 함수를 구성하는 상수이다. 지반재료의 강도는 주로 Mohr-Coulomb 전단강도(MC)이론, $\tau_f = c' + \sigma' \tan\phi'$를 사용하므로 c'와 ϕ'가 대표적 강도정수(strength parameter)이다.

강도파라미터는 입자, 간극수, 배수조건, 생성구조, 시험응력경로 등에 따라 변화한다. 대표적인 영향요인은 응력경로와 배수조건이며 강도파라미터 선정 시 이에 대한 영향이 적절히 고려되어야 한다.

NB: 다양한 강도기준이 제시되었지만(제1권 4장) 실험적으로 파악이 용이한 MC이론의 c'와 ϕ'를 강도파라미터로 다룬다. 이 강도파라미터의 사용성과 편의성 때문에 이후에 제시된 다른 강도모델의 파라미터도 대부분 이 두 파라미터를 이용하여 평가할 수 있는 상관관계가 제시되어 있다.

응력경로의 영향

시험법의 차이는 응력경로의 차이에 해당한다. 그림 6.71은 강도파라미터 결정시험과 적용대상 지반 문제를 예시한 것이다.

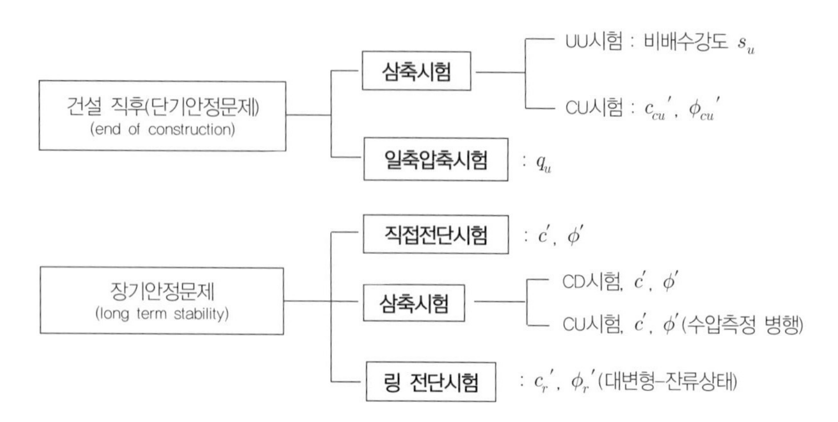

그림 6.71 지반문제에 따른 응력경로(시험법)와 관련강도 파라미터

배수조건의 영향

강도파라미터 선정 시 지반상태와 배수조건을 고려하여야 한다. 특히 지반구조물의 안전율은 설계수명동안 배수상황에 따라 변화하므로 시공조건에 부합하는 강도정수를 선택해야 한다. 시간에 따라 강도가 변화(저하)하는 경우(예, 절취 사면), 이에 따른 강도저하를 고려하여 한다.

표 6.36은 지반 및 해석조건에 따른 흙 지반의 시험법과 이로부터 결정되는 강도파라미터를 보인 것이다.

표 6.36 지반 및 해석조건에 따른 흙 지반의 시험법과 강도파라미터

흙 종류	건설 형태	적절한 삼축시험과 강도 종류
점성토	단기안정문제(건설 직후)	UU 혹 CU시험 : 적절한 원위치 응력수준의 비배수 강도
	단계 시공	CU시험 : 적절한 응력수준에서 비배수 강도
	장기안정문제	간극수압을 측정하는 CU시험, 또는 유효응력파라미터를 위한 CD시험
사질토	모든 경우	현장시험이나 직접전단시험에 의한 배수강도파라미터(ϕ')
$c'-\phi'$ 재료	장기안정문제	간극수압을 측정하는 CU시험, 또는 유효응력파라미터를 위한 CD시험

주) CU : 압밀비배수, CD : 압밀배수, UU : 비압밀비배수

예제 그림 6.72와 같은 수위 급강하 시 수위가 저하된 영역에 대한 전응력해석을 하고자 하는 경우 적용하여야 할 파괴 규준을 제시해보자.

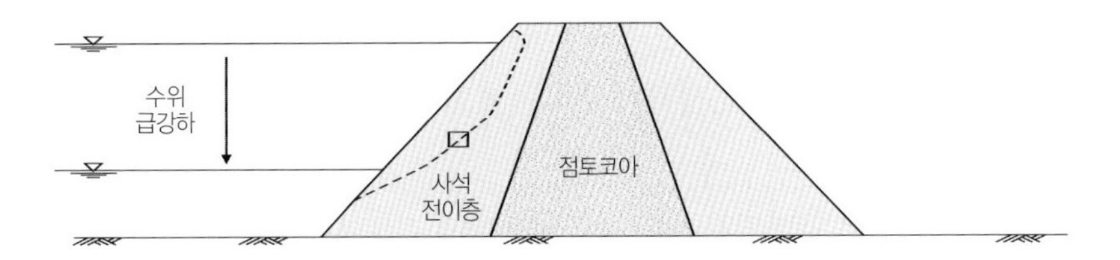

그림 6.72 댐의 수위급강하(rapid draw down)

풀이 수위급강하는 초기 정수압상태의 수압조건에서 지반의 간극수 이탈 속도가 수위하강 속도에 훨씬 못 미치는 상황을 야기한다. 따라서 초기상태는 시료의 해당위치에 상응하는 구속력을 가한 상태에서 정수압조건이며, 파괴는 비배수 상태에서 일어날 수 있으므로 시험조건은 압밀비배수(CU) 조건이 타당할 것이다. 따라서 적용 파괴규준은 c_{cu}', ϕ_{cu}'를 사용한다.

$$\tau_f = c_{cu}' + \sigma \tan\phi_{cu}'$$

6.7.2 흙지반 재료의 강도 파라미터

6.7.2.1 흙지반의 전단저항각

광물의 내부마찰각

전단저항각은 $\phi' = \phi_\mu' + \phi_{cv}'$로 나타낼 수 있다. 여기서 ϕ_μ'는 입자내부 광물 간 마찰각, 즉 내부마찰각이며 ϕ_{cv}'는 한계상태(체적변화≈ 0)의 전단저항각이다. 지반의 경우 입자 간의 접촉마찰도 전단저항각 발현에 기여한다. 표 6.37은 암석을 구성하는 광물입자의 입자표면 마찰각(ϕ_μ')을 예시한 것이다.

표 6.37 광물입자 표면 간 마찰각(after Mitchell and Soga, 2005)

광 물	마찰면의 형태	함수조건	ϕ_μ'(°)
석영(quartz)	입자와 입자	포화	26
장석(feldspar)	입자와 표면	포화	29
방해석(calcite)	블록과 블록	포화	34
운모-백운모(mica-muscovite)	벽개면 (along cleavage faces)	건조	23
		포화	13
운모-흑운모(mica-biotite)	벽개면 (along cleavage faces)	건조	17
		포화	7
녹니석(chlorite)	벽개면 (along cleavage faces)	건조	28
		포화	12

점성토의 전단저항각

점성토의 경우 비배수전단강도는 전단저항각과 무관하며, 크기도 무시할 만하여 통상 $\phi_u \approx 0$으로 가정할 수 있다. 따라서 점성토의 전단강도는 유효응력개념보다는 전응력개념의 비배수 전단강도, s_u로 나타낸다. 하지만 점성토의 장기안정문제의 해석 또는 변형-수압결합문제 해석을 위해서는 배수전단저항각 ϕ'이 필요하다.

일반적으로 예민하지 않고 압밀되지 않은 정규압밀(NC) 점토에 대한 첨두 마찰각(the peak friction angle), ϕ_p'은 한계상태 전단저항각(critical void ratio friction angle), ϕ_{cv}'와 같다. 표 6.38은 점성토의 배수마찰각 분포를 보인 것이다.

표 6.38 점성토의 배수마찰각 분포

점성토 지반의 구분	ϕ'(°)
연약한 벤토나이트	3~7
아주 연약한 유기질 점토	12~16
연약한, 약간의 유기성 점토	22~27
연약한 빙하 점토	27~32
굳은 빙하 점토	30~32
빙하 점토, 혼합된 입자크기	32~35

주) 점착력이 없는 지반재료의 마찰각은 수직응력이 낮은 상태에서 측정된 것이다

배수전단저항각과 소성지수간 상관관계. 전단저항각은 소성지수에 따라 변화한다. 이런 특성은 점토 함유율과도 연관된다. $\sin\phi'$와 소성지수 PI 관계는 그림 6.73과 같이 선형적이다.

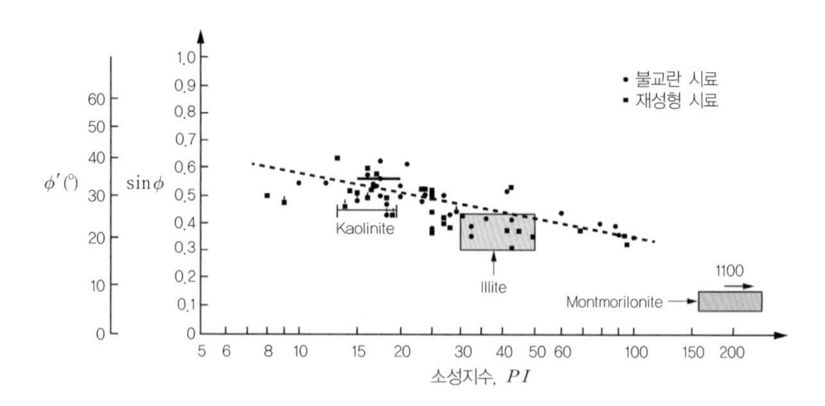

그림 6.73 정규압밀 포화점토 및 실트의 전단저항각–PI 관계

점토함유율(CF, clay fraction)과 잔류전단저항각. 잔류 전단저항각(ϕ_r')은 점성토가 매우 큰 변형을 받은 상태에서 발현된다. 이때 흙 입자는 대체로 파괴면에 평행한 방향으로 재배치되었음을 의미한다. 그림 6.74에 보인 바와 같이 점토함유량의 증가는 잔류 전단저항각을 크게 감소시킨다. 점토함량이 '0'%에서 전단저항각이 30°이던 점토함량이 50%로 증가하면 10° 수준으로 저하된다(이는 점토함유율에 따라 지반거동 특성이 사질토 성향에서 점성토 성향으로 변화할 수 있음을 의미한다).

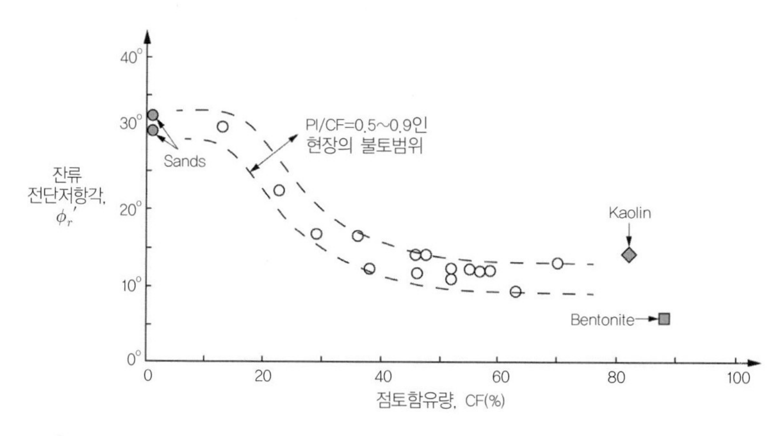

그림 6.74 점토함량과 전단저항각(링전단 및 현장시험결과) (after Skempton, 1985)

사질토의 전단저항각

불교란 시료에 대한 실내시험이 용이하지 않아, 사질토에 대한 강도정수는 주로 표준관입시험이나 콘관입시험결과를 이용한 상관관계로 구한다. 사질토의 경우 대부분의 지반문제가 배수조건에 해당하므로 $c' \simeq 0$라 할 수 있다. 사질토의 경우 조밀한 정도에 따라 전단저항각이 달라지며, 일반적으로 $\phi_{cv}' \approx \phi_r'$에 해당한다. 표 6.39는 사질지반의 종류 및 조밀도에 따른 유효응력마찰각(ϕ_{tc}')을 보인 것이다.

표 6.39 사질토의 전단저항각의 분포범위(ϕ_{tc}': 삼축압축시험에 의한 전단저항각)

사질토 지반의 구분	ϕ_{tc}'(°)	
	느슨(loose)	조밀(dense)
둥근 입자의 균등분포 모래	27.5	34
입도분포 좋은 각진 입자의 모래	33	45
모래질 자갈(sandy gravels)	35	50
실트질 모래(silty sand)	27 - 33	30 - 34
무기질 실트(inorganic silt)	27 - 30	30 - 35

사질토 전단저항각-상대밀도-건조단위중량-간극비 상관관계. 그림 6.75는 사질토의 조밀한 상태와

전단저항각간의 상관관계를 보인 것이다. 이 그림은 소성재료(점토)가 함유되지 않은 사질토의 전단저항각 추정에 유용하다.

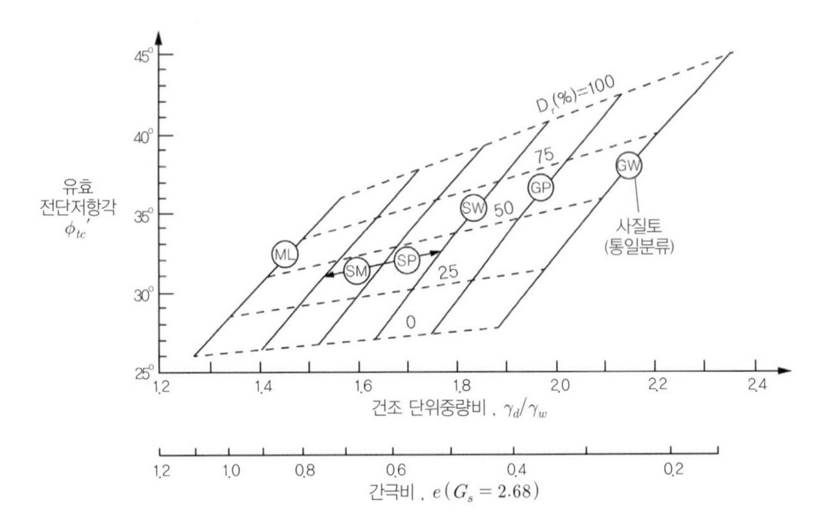

그림 6.75 사질토의 상대밀도(단위중량) – ϕ_{tc}' 관계(after Baligh, 1976)

전단저항각-표준관입시험(STP)의 N값과의 상관관계. 사질지반에 대하여 N값과 전단저항각과의 관계는 많은 현장 데이터 축적이 이루어졌다. 그 대표적 상관관계를 그림 6.76에 보였다.

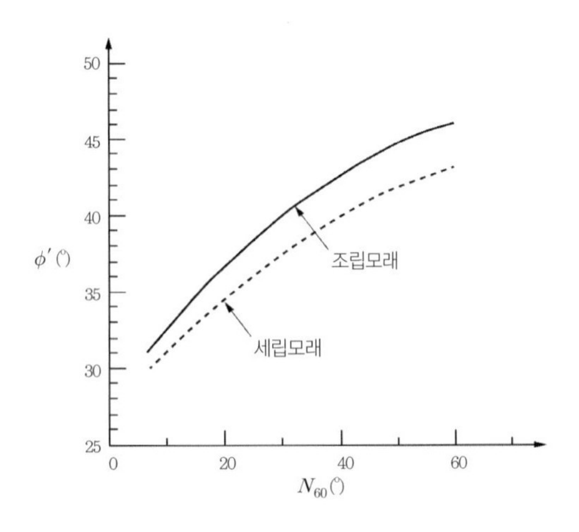

그림 6.76 모래의 N–전단저항각 상관관계(after Terzaghi)

전단저항각-콘관입시험(CPT)시험의 q_c값과의 상관관계. 콘관입시험의 q_c는 수직응력의 크기에 영향을 받는다. 그림 6.77은 수직응력으로 정규화한 콘관입시험치와 전단저항각 - K_o 상관관계를 보인 것이다.

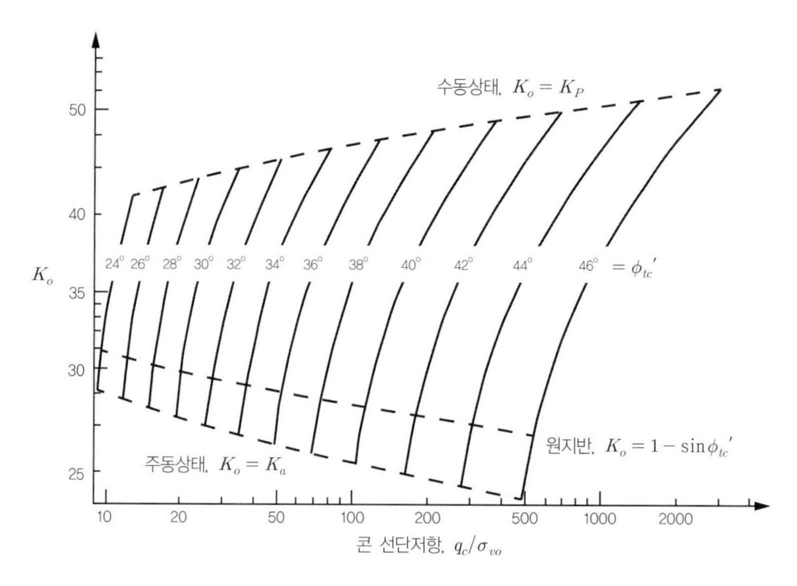

그림 6.77 $q_c/\sigma_{vo} - K_o - \phi_{tc}'$ 관계(after Marchetti, S.,1985)

지반-구조물 인터페이스 전단저항각

이질 재료 간 마찰저항은 동종 재료 간 마찰저항과 다르며 구조물 면의 거칠기(조도, roughness)가 중요한 영향요인이다. 흙 지반(점성토)의 이질 재료 간 인터페이스마찰각은 일반적으로 링전단시험으로 조사할 수 있다. 표 6.40은 흙지반과 콘크리트 및 철 구조물의 인터페이스 전단항각을 보인 것이다. 여기서 $\delta = \alpha\phi'$ 이다. 즉, $\alpha = \delta/\phi'$.

표 6.40 인터페이스 전단저항각(after Lambe & Whitman,1969)

인터페이스	인터페이스의 마찰각과 흙의 마착각의 비, δ/ϕ'	현장조건
모래/거친 콘크리트(sand/rough concrete)	1.0	현장타설(cast-in-place)콘크리트
모래/매끈한 콘크리트(sand/smooth concrete)	0.8 ~ 1.0	프리캐스트(precast)콘크리트
모래/거친 강철(sand/rough steel)	0.7 ~ 0.9	파형(corrugated)함석
모래/매끄러운 강철(sand/smooth steel)	0.5 ~ 0.7	코팅처리(coated) 철구조
모래/목재(sand/timber)	0.8 ~ 0.9	압력가공(pressure-treated) 목재

6.7.2.2 흙 지반의 점착력

점착력은 실제로 인장강도에 해당하지만 여기서 점착력은 강도규준에서 정의되는 $\tau = c' + \sigma \tan\phi'$ 에서 c', 즉 점착절편을 의미한다. 흙 지반의 경우 점착력이 강도증진에 기여하는 영향은 크지 않다. 하지만 암석과 같은 고결재료의 경우 상당한 점착저항을 갖는다. 다만, 절리가 포함되는 경우 인장강도는 '0'에 가깝다.

일반적으로 사질토의 점착력은 무시한다($c' \approx 0$). 하지만 결합구조를 갖는 입상토지반의 경우(예, 불교란 잔류풍화토, structured soil), 건조상태에서 상당한 점착력(결합력, structual bonding)을 갖는다. 표 6.41은 흙 지반재료의 점착력 분포범위를 보인 것이다.

표 6.41 흙의 종류에 따른 점착력

종 류		재료의 상태	점착력 c'(kPa)	통일분류
인공지반	자갈 및 자갈 섞인 모래	다짐토	0	GW, GP
	모 래	조밀도, 입도 무관	0	SW, SP
	사 질 토	다짐토	3	SW, SC
	점 성 토	다짐토	< 5	ML, CL, MH, CH
자연지반	자 갈	조밀도 및 입도 무관	0	GW, GP
	자갈 섞인 모래	조밀도 무관	0	GW, GP
	모 래	조밀도 및 입도 무관	0	SW, SP
	사 질 토	조밀	< 3	SM, SC
		느슨	0	
	점 성 토	굳은 (N=8∼15)	< 5	ML, CL
		약간, 무른 (N=4∼8)	< 3	
		무른 (N=2∼4)	< 1.5	
	점토 및 실트	굳은 (N=8∼15)	< 5	CH, MH, ML
		약간 무른 (N=4∼8)	< 3	
		무른 (N=2∼4)	< 1.5	

6.7.3 암 지반 재료의 강도 파라미터

암 지반재료의 강도파라미터는 암석, 절리면, 암반에 따라 크게 다르며, 절리와 하중의 작용방향에 따라 저항이 달라지는 이방성 특성과 작용하중방향도 고려하여 평가해야 한다.

암석의 강도 파라미터

암석(intact rock), 암반의 물성은 부지마다 변화성이 매우 크다. 따라서 여기 제시된 값은 물리적 감을 얻기 위한 정도의 참고로만 사용하여야 한다. 표 6.42는 대표적인 암석(intact rock)의 성인별 전단저항각 분포범위를 예시한 것이다.

표 6.42 암석의 강도파라미터의 분포 예(after kulhawy, 1975)

강도 파라미터	화성암		변성암		퇴적암	
	심성암 (plutonic)	화산암 (volcanic)	비 엽리구조 (non-foliated)	엽리구조 (foliated)	쇄설암 (clastic)	화학적 퇴적암 (chemical)
점착력 c' (MN/m^2)	16.5–176.0 (56.1)	0.0–77.4 (32.2)	0.0–70.6 (22.9)	14.8–70.3 (45.7)	0.0–73.1 (31.7)	0.0–96.0 (26.3)
전단저항각 ϕ'(°)	23.8–56.0 (45.6)	0.0–64.0 (24.7)	25.3–60.0 (36.6)	15.0–47.6 (27.3)	7.5–55.5 (29.2)	7.0–61.0 (35.9)

주) 평균, 시료표본 : 각 암석에 대하여 8–35개

표 6.43은 대표적 암석시료에 대한 전단저항각의 분포 예를 보인 것이다.

표 6.43 대표적 암석의 전단저항각

암석의 종류		전단저항각 ϕ'(°)
화성암	현무암(basalt)	48~50
	휘록암(diabase)	50~55
	반려암(gabbro)	10~31
	화강암(granite)	45~60
퇴적암	백운석(dolomite)	22
	석회암(limestone)	35~50
	사암(sandstone)	26.6~35
	세일(shale)	15~30
변성암	편마암(gneiss)	31~35
	대리석(marble)	32~50.2
	규암(quartzite)	25.6~60
	편암(schist)	62.25

절리면의 강도 파라미터

절리면의 강도파라미터에 대한 자료는 드물다. 표 6.44 및 표 6.45에 절리면 강도를 예시하였다.

표 6.44 암반절리의 강도분포 예

절리 암반종류	절리 물성	
	절리 점착력(MPa)	절리 마찰각(°)
사암(sandstone), 석회석(limestone), 화강암(granite), 점판암(slate), 편암(schist), 편마암(gneiss)[a]	0~2.69	19~56
화강암(granite), 반려암(gabbro), 조면암(trachyte), 사암(sandstone), 대리석(marble)[b]	0.28~1.10	27~37

주) [a] after Kulhawy, 1975 ; [b] after Jaeger and Cook, 1979

표 6.45 충진절리(filled discontinuities) 및 충진재(filling material)의 전단강도(after Barton, 1974)

암반	충진 특성	최대치(peak)		잔류치(residual)	
		c'(MPa)	ϕ'(°)	c'(MPa)	ϕ'(°)
현무암	점토성 현무암질 각력, 점토부터 현무암편까지 너른 분포	0.24	42		
벤토나이트	초크층 내 벤토나이트 심(seam) 얇은 층 삼축시험	0.015 0.09-0.12 0.06-0.1	7.5 12-17 9-13		
벤토나이트 셰일	삼축시험 직접전단시험	0-0.27	8.5-2.9	0.03	8.5
점토	과압밀, 전단대, 절리	0-0.18	12-18.5	0-0.003	10.5-16
점토셰일	삼축시험 층리면	0.06	32	0	19-25
석탄층내 심	점토 mylonite 심, 10~20mm	0.012	16	0	11-11.5
백운석	변질된 셰일 층리, 두께 ±150mm	0.04	14.5	0.02	17
섬록암(diorite), 화강섬록암	점토 가우지(gouge), 2% PI=17%	0	26.5		
화강암	점토 충진 단층 모래질 롬 충진 단층 구조전단대, 화강암 편리 및 파쇄암 가우지	0-0.1 0.05 0.24	24-45 40 42	0 0.02	
경사암(geywacke)	층리면에 1~2mm의 점토			0	21
석회암	6mm 점토층 10~20mm 점토 충진물 < 1mm 충진 점토	0.1 0.05-0.2	13-14 17-21	0	13
석회암, 대리암, 갈탄(lignite)	내삽 갈탄층 갈탄과 대리암의 접촉면	0.08 0.1	38 10		
석회암	marlaceous 절리, 두께 20mm	0	25	0	15-24
갈탄	점토와 lignite 층	0.014-0.03	15-17.5		
Montmorillonite	80mm 두께 벤토나이트 심(seam) 초크층 내 점토	0.36 0.016-0.02	14 7.5-11.5	0.08	11
편암, 규암	100~15mm 두께의 점토층 얇은 점토층 두꺼운 점토층	0.03-0.08 0.61-0.74 0.38	32 41 31		
슬레이트	변질된 미세 층리	0.05	33		
석영/카올린	재성형 삼축시험	0.042-0.09	36-38		

암석의 일축압축강도와 인장강도

암석의 일축강도는 채취 코어시료에 대한 구속응력이 '0'인 경우에 대한 결과로서, 다른 많은 파라미터의 정규화변수로 많이 이용된다. 표 6.46은 암석의 일축압축강도와 인장강도를 예시한 것이다.

표 6.46 암석의 일축압축강도와 전단강도(after Szechy, 1966; after Farmer, 1968)

암석의 종류		일축압축강도, σ_c	인장강도, σ_t
		(MN/m^2)	
화성암	현무암(basalt)	78 – 412	5.9 - 11.8
	휘록암(diabase)	118 – 245	5.9 - 12.7
	반려암(gabbro)	147 – 196	4.9 - 7.8
	화강암(granite)	118 – 275	3.9 - 7.8
퇴적암	백운석(dolomite)	14.7 – 118	2.5 - 5.9
	석회암(limestone)	3.9 – 196	1.0 - 6.9
	사암(sandstone)	19.6 – 167	3.9 - 24.5
	셰일(shale)	9.8 – 98	2.0 - 9.8
	사암(sandstone)	49	–
변성암	편마암(gneiss)	78 – 245	3.9 - 6.9
	대리석(marble)	49 – 177	4.9 - 7.8
	규암(quartzite)	85 – 353	2.9 - 4.9
	점판암(slate)	98 – 196	6.9 - 19.6

주) 건조시료

6.8 지반재료의 투수성 파라미터

투수계수(coefficient of permeability 혹은 hydraulic conductivity)는 유속과 동수경사 간 비례상수 ($v \propto i$, $v = ki$)이며, 이의 물리적 의미는 매질 내 단위시간당 이동거리이다. 투수계수는 속도의 단위를 가지며 SI 단위에서는 cm/sec를 사용한다.

6.8.1 투수계수의 영향특성과 측정

흙의 투수계수는 여러 가지 요인에 의하여 달라진다. 대표적 영향요인은 유체의 점성, 간극크기의 분포, 입도분포, 간극비, 광물입자의 거칠기, 흙의 포화도 등이다. 어떤 지반의 상황에서 위의 특정영향이 뚜렷하게 나타나는 경우, 이 영향을 고려하여 투수계수를 평가하여야 한다.

투수성은 분포범위가 넓어 한 가지 시험법으로 결정하기 어렵다. 표 6.47에 보인 바와 같이 투수성은 직접 혹은 간접법을 이용하여 구할 수 있다. 간접법에는 모래지반의 경우 입경에 의한 경험식을 이용하는 방법, 점토의 경우 압밀시험 결과로 산정하는 방법 등이 있다. 직접결정법에는 현장시험법과 실내시험법이 있다. 모래 이상의 투수성이 비교적 큰 지반재료의 경우 현장의 양수시험이나 실내 정수위 투수시험법을 적용할 수 있다. 점토와 같이 투수성이 낮은 재료의 경우 실내 변수위 투수시험만 가능하다.

표 6.47 흙의 종류에 따른 간극비와 투수계수와의 관계(after Casagrande and Fadum, 1940)

$k = 10^2$	10^1	1	10^{-1}	10^{-2}	10^{-3}	10^{-4}	10^{-5}	10^{-6}	10^{-7}	10^{-8}	10^{-9}	cm/sec

배수능력		투수성 양호 / 투수 불량 / 실질적 불투수성
토질 조건		깨끗한 자갈
		깨끗한 모래, 깨끗한 모래와 자갈의 혼합물
		매우 가는 모래, 유기질 및 무기질 실트, 모래·실트·점토의 혼합물, 빙퇴석, 층을 이룬 점토의 퇴적물 등
		식물과 풍화의 결과로 만들어진 '불투수성 흙'
		'불투수성'의 흙 예를 들면 풍화대 아래의 균질한 점토
투수계수측정법	직접법	양수시험 등 원위치시험–적절히 수행하면 신뢰성 확보 가능. 상당한 경험 필요.
		정수위 투수시험, 약간의 경험 필요로 함
		변수위 투수시험–신뢰성 낮음, 많은 경험이 필요
	간접법	입도분포로부터 계산, 깨끗한 점착력이 없는 모래와 자갈에만 적용
		수평 모관 시험
		압밀시험 결과로 산정–신뢰성 있으나 상당한 경험이 필요

NB: 암반의 투수성은 현장시험으로 구한다. 현장에서는 투수성의 지표로 Lugion 값을 쓰는 경우가 많다. 길이 l(m), 반경 R(m)인 주입관으로 주입압력 p(kg/cm²)로 1분간 주입한 주입량이 $Q(l/\mathrm{min})$이면, Lugion 값을 다음과 같이 정의한다.

$$L_u = \frac{10Q}{pl}$$

주입압력은 일반적으로 10kg/cm², 주입 길이 5m를 표준으로 하는데, 암반에 불연속면이 없고 균질한 경우 투수계수와 Lugion 값 사이에 다음의 상관관계가 성립한다.

$$k = \frac{1}{2\pi}\ln\left(\frac{l}{R}\right)\frac{L_u}{10^3}\frac{1}{60}\ (\mathrm{cm/sec}) \tag{6.72}$$

6.8.2 투수계수의 분포특성

흙 지반의 투수계수 분포특성

흙 지반의 투수계수는 입자의 크기, 입도분포, 조밀도 등에 따라 달라진다. 표 6.48은 흙 지반재료의 투수성 분포범위를 보인 것이다.

표 6.48 지반재료의 투수성 분포

흙 종류	투수성 분포	투수계수(cm/sec)
깨끗한 모래	높음	$>1\times10^{-1}$
깨끗한 모래와 모래/자갈 혼합	높음 - 보통	$1\times10^{-1}\sim5\times10^{-2}$
고운 모래 / 중간모래	보통 - 낮음	$5\times10^{-2}\sim1\times10^{-2}$
실트질 모래	낮음	$1\times10^{-2}\sim1\times10^{-4}$
모래질 실트, 실트 모래 점토의 혼합층	낮음 - 매우낮음	$1\times10^{-3}\sim1\times10^{-6}$
균열 혹은 박층 점토 (fissured or laminated clays)	매우 낮음	$1\times10^{-5}\sim1\times10^{-7}$
무균열 점토(intact clays)	거의 불투수성	$<1\times10^{-7}$

투수계수의 물리적 의미를 살펴보기 위하여 자연지반에서 발생하는 동수경사(0.1)와 이 조건에서 30cm 이동에 소요되는 시간의 예를 표 6.49에 예시하였다.

표 6.49 흙 지반의 투수계수와 단위시간 당 흐름거리

흙 종류	투수계수(cm/sec)	동수경사 i	30cm 이동 소요시간	유효간극률 n_e
깨끗한 모래	1.0×10^{-2}	0.10	2.5 h	0.30
실트질 모래	1.0×10^{-3}	0.10	1.4 days	0.40
실트	1.0×10^{-4}	0.10	14.0 days	0.40
점토질 모래	1.0×10^{-5}	0.10	174 days	0.50
실트질 점토	1.0×10^{-6}	0.10	4.8 years	0.50
점토	1.0×10^{-7}	0.10	48.0 years	0.50

주) 지반 내 실제 흐름거리는 유출속도(discharge velocity)가 아닌 침투속도(seepage velocity)에 따른다. 침투속도: $v_s = v/n = ki/n$, $v_s = l/t$, $t = nl/(ki)$

NB: 간극수압계수

간극수압계수는 재하응력에 의하여 유발되는 간극수압의 크기를 나타내는 파라미터이다.

$B = \Delta u_w / \Delta\sigma'$ (1차원 압밀시험),

$A = (\Delta u_w - \Delta\sigma_3')/(\Delta\sigma_1' - \Delta\sigma_3')$ (삼축압축시험)이며,

삼축압축시험의 경우, $\Delta\sigma_3' = 0$, $\Delta\sigma_1' = \Delta\sigma_a'$ 이므로 A 파라미터는 $A = \Delta u_w / \Delta\sigma_a'$ 가 된다. 표 6.50에 지반종류에 따른 A 파라미터의 대표적 분포범위를 보였다.

표 6.50 파괴 시 간극수압파라미터 A의 값(after Lambe, 1963)

지반조건	A 파라미터
예민점토(sensitive clay)	1.5-2.5
정규압밀점토(normally consolidated clay)	0.7-1.3
과압밀점토(overconsolidated clay)	0.3-0.7
심한 과압밀점토(heavily overconsolidated clay)	-0.5-0.0
매우 느슨한 고운 모래(very loose fine sand)	2.0-3.0
보통 고운 모래(medium fine sand)	0.0
조밀한 고운 모래(dense fine sand)	-0.3
황토(loess)	-0.2

암 지반의 투수계수 분포특성

암반의 투수성은 절리특성에 의해 지배된다. 같은 암석 및 암반이라도 절리와 풍화도에 따라 투수성이 크게 달라진다. 표 6.51은 암석과 절리의 특성에 따른 암반투수성을 흙 지반재료와 비교하여 보인 것이다.

표 6.51 암반투수성의 분포특성(after Hoek and Bray, 1977)

	k(cm/sec)	암반	간극률, n(%)	파쇄된 암석	토질
실질적 불투수	10^{-10} 10^{-9} 10^{-8} 10^{-7}	무결암반 (작은 간극)	0.1-0.5 0.5-5.0		풍화영역 아래의 균질점토
낮은 투수성, 배수 불량	10^{-6} 10^{-5} 10^{-4} 10^{-3}	사암 풍화암 (화강암, 편암)	5.0-30.0	점토 충진물 (clay-filled joints)	매우 고운 모래, 유기질/무기질 실트, 모래와 점토의 혼합토, 점토층 포함 빙하퇴적토
높은 투수성 배수 양호	10^{-2} 10^{-1} 1.0 10^{1} 10^{2}			절리 발달한 암석 (jointed rock), 열린 절리 암석, 절리 심한 암석, 파쇄 암석	깨끗한 모래, 깨끗한 모래와 자갈의 혼합물, 깨끗한 자갈

암석(intact rock)의 투수성. 표 6.52는 여러 암석(core, intact rock)에 대한 투수성을 예시한 것이다. 같은 암석이라도 투수성의 변화폭이 매우 크다.

표 6.52 암석의 투수계수 분포 예(after Serafim, 1968 - 실내시험 값)

암 석	실험측정값, k(cm/sec)
사암(sandstone, cretaceous flysch)	$10^{-8} \sim 10^{-10}$
실트암(siltstone, cretaceous flysch)	$10^{-8} \sim 10^{-9}$
화강암(granite)	$5\times10^{-11} \sim 2\times10^{-10}$
점판암(slate)	$7\times10^{-11} \sim 1.6\times10^{-10}$
각력암(bressia)	4.6×10^{-10}
방해석(calcite)	$7\times10^{-10} \sim 9.3\times10^{-8}$
석회석(limestone)	$7\times10^{-10} \sim 1.2\times10^{-7}$
백운석(dolomite)	$4.6\times10^{-9} \sim 1.2\times10^{-8}$
사암(sandstone)	$1.6\times10^{-7} \sim 1.2\times10^{-5}$
단단한 이암(hard mudstone)	$6\times10^{-7} \sim 2\times10^{-6}$
흑색 균열편암(balck schists, fissured)	$10^{-4} \sim 3\times10^{-4}$
미립질 사암(fine-grained sandstone)	2×10^{-7}
변질 화강암(altered granite)	$0.6\times10^{-5} \sim 1.5\times10^{-5}$

암반의 투수성. 암반의 투수성은 절리의 성상에 따라 달라지며, 암석의 투수성보다 예측과 측정이 훨씬 더 복잡하고 어렵다. 암반의 투수성은 간극률에 따라 크게 다르다. 표 6.53은 간극률에 따른 대표적 암반의 투수성을 보인 것이다.

표 6.53 암반의 투수계수 분포 예

암반의 종류		투수계수, k(cm/sec)	간극률, n(%)
화성암	현무암(basalt)	$10^{-4} \sim 10^{-5}$	1 ~ 3
	휘록암(diabase)	$10^{-5} \sim 10^{-7}$	0.1 ~ 0.5
	반려암(gabbro)	$10^{-5} \sim 10^{-7}$	0.1 ~ 0.5
	화강암(granite)	$10^{-3} \sim 10^{-5}$	1 ~ 4
퇴적암	백운석(dolomite)	$4.6\times10^{-9} \sim 1.2\times10^{-8}$	-
	석회암(limestone)	$10^{-2} \sim 10^{-4}$	5 ~ 15
	사암(sandstone)	$10^{-2} \sim 10^{-4}$	4 ~ 20
	셰일(shale)	$10^{-3} \sim 10^{-4}$	5 ~ 20
변성암	편마암(gneiss)	$10^{-3} \sim 10^{-4}$	-
	대리석(marble)	$10^{-4} \sim 10^{-5}$	2 ~ 4
	규암(quartzite)	$10^{-5} \sim 10^{-7}$	0.2 ~ 0.6
	편암(schist)	$10^{-4} \sim 3\times10^{-4}$	-
	점판암(slate)	$10^{-4} \sim 10^{-7}$	0.1 ~ 1

암석 및 암반의 투수성 조사 사례를 분석해보면, 같은 암석이라 하더라도 10의 몇 승만큼의 차이가 있다. 암반 내 흐름이 풍화도, 절리 등의 특성에 영향 받는 사실을 생각해보면 이는 매우 자연스러운 현상이다. 따라서 문헌에 의한 암반의 투수성은 평가는 매우 신중하여야 하며, 현장투수시험에 의한 결과만이 신뢰할 만하다.

6.8.3 투수성의 공학적 의의

수리 영향권의 판단

어떤 지점의 지하수 변화가 영향을 미치게 되는 범위를 평가하는데, 우물수리를 이용할 수 있다. 정상 침투 조건에서 우물의 영향반경, 즉 우물 양수로 인해 지하수위저하를 일으키지 않는 최단거리를 우물의 **수리영향권**이라 한다. 수리영향권의 범위는 우물의 크기, 양수속도, 지반의 투수성에 지배된다. 표 6.54는 양수우물로 인한 수리영향권의 예를 보인 것이다.

표 6.54 양수우물의 영향범위

지반 조건(입경, mm)		영향권 반경, R(m)	우물 수리 영향권
거친 자갈	>10	>1,500	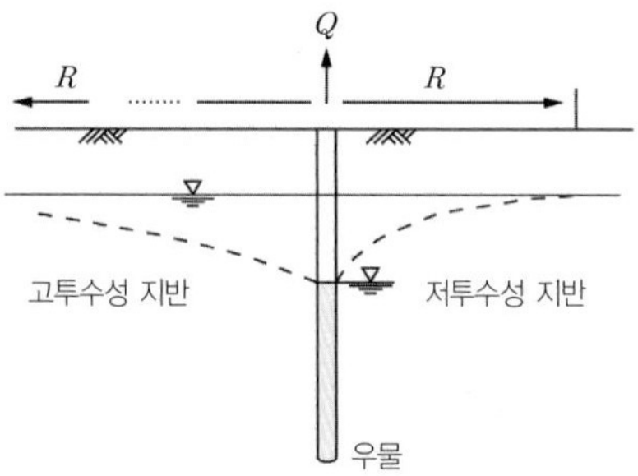 Q, R, R, 고투수성 지반, 저투수성 지반, 우물
자 갈	2-10	500-1,500	
거친 모래[a]	1-2	400-500	
거친 모래[b]	0.5-1	200-400	
거친 모래[c]	0.25-0.5	100-200	
고운 모래[a]	0.10-0.25	50-100	
고운 모래[b]	0.05-0.01	50-50	
실 트	0.0025-0.05	5-10	

주) a, b, c는 입경의 차이가 있는, 채취장소가 다른 시료

지하수위 저하와 지반개량공법의 적용성 판단

투수성은 지반 내 지하수의 이동, 그리고 주입과 같은 지반개량의 건설 활동에 매우 중요한 변수이다. 따라서 지하수 저하공법이나 지반개량공법은 투수계수의 범위에 따라 적절한 공법이 선정되어야 한다.

그림 6.78은 투수성에 따른 지하수위 저하공법과 배수공법을 예시한 것이다. 투수성이 작아지면 중력 흐름으로 지하수를 제어하기 어렵다. 이런 경우 강제 흡입방식인 진공공법이 적용되어야 한다.

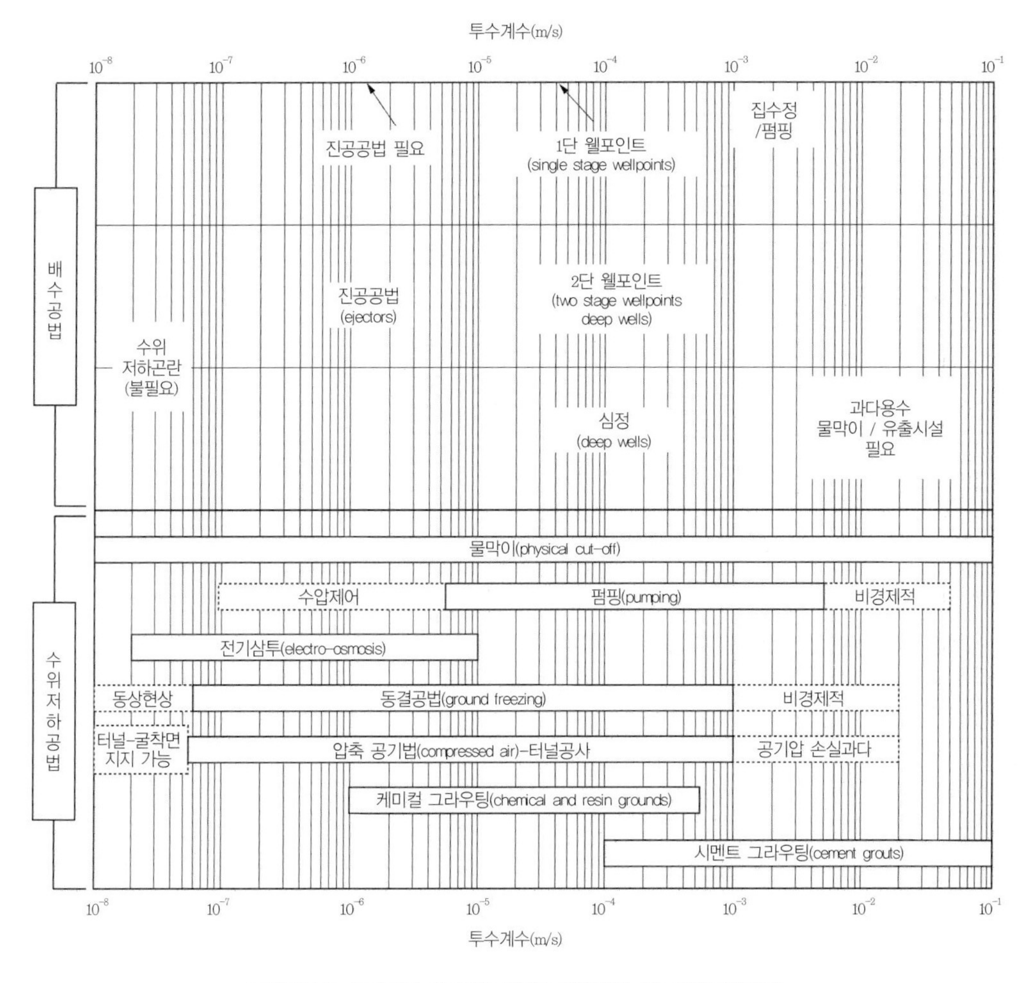

그림 6.78 투수계수에 따른 지하수저하공법 및 지반개량공법

6.9 지반파라미터 평가에 대한 공학적 판단과 활용

이 장을 통해서 분명히 인식하여야 할 것은 지반물성의 평가가 대단히 어려운 일이라는 사실이다. **내재적으로 비균질하며, 공간적으로 변화하는 지반재료의 속성과 비선형, 탄소성, 이방성 거동을 보이는 지반재료의 거동을 몇 개의 대표 물성으로 정의한다는 것은 사실 거의 불가능해보인다.**

특히 지반물성이 과거의 응력이력, 시험의 응력경로, 재하조건에 따라 변화하는 특성을 고려할 때, 특정 상황에 부합하는 정확한 물성을 결정한다는 것은 애당초 가능하지 않은 일로 보인다. 따라서 수치해석이나 설계해석에 사용하는 물성이 얼마나 근거가 충분한지에 대하여 지반전문가는 이해하고 있어야 한다.

이 모든 것을 그래도 의미 있게 해주는 것은 경험과 광범위한 지식이다. 부족한 데이터, 그리고 모델의 한계와 타협(compromise)하여, 현장에서의 거동을 예측하는 정착된 방법 등이 바로 그 예이다. 결과를 알므로 어떻게 하면 현장과 일치하는 결과를 주는 데이터를 정하는 노하우를 우리는 오랜 경험을 통해 정립해왔다. 이러한 상황은 역학적 논리성은 떨어질지라도 공학적 합리성을 추구해온 결과이다.

지반물성의 평가는 광범위한 지식과 경험을 필요로 한다. 6.5절부터 6.8절까지의 지반물성자료는 전문가로서 물리적인 직관적 판단 혹은 예비 검토로만 사용하여야 한다. 이들 파라미터는 특정위치의 지반재료에 대한 특정 시험조건에 대한 결과에 불과한 것이다. 따라서 부지마다 달라지고, 시험조건에 따라 달라지는 지반특성의 올바른 평가는 현장을 통해 풀어내야 한다. 해당 부지의 현장시험결과를 중시하고 지반문제의 조건, 그리고 계산에 사용하고자 하는 모델의 대표성과 재현가능성의 판단은 경험을 통해 검증된 사실에 기반을 두어야 한다.

엄격히 말해, 지반재료의 거동파라미터는 구성모델의 프레임워크에 따른다. 여기서 다룬 지반의 역학(강성 및 강도) 파라미터는 대체로 선형탄성 모델과 Mohr-Coulomb 파괴모델 관점에서 고찰한 것이다. 이 두 모델은 제1권 4장 및 5장에서 다루었듯이 지반거동을 매우 단순화한 모델이다. 지반거동을 보다 실제적으로 모사하기 위해서는 고급 지반모델을 사용하여야 하는데, 이들 모델은 일반적으로 여기서 다룬 피라미터를 포함, 훨씬 더 많은 입력파라미터를 요한다. 일례로 Cam-Clay 모델은 κ, λ, M와 같은 강성 및 강도파라미터가 필요하다. 다행히도 고급구성 모델 개발 시 새로운 파라미터를 기존의 시험으로 구할 수 있는 파라미터를 통해 결정하려는 노력 때문에 일부 파라미터는 파라미터 간 상관관계가 제시된 경우도 많다. 구성모델이 사용 지반파라미터를 결정한다는 사실을 염두에 두고 지반물성시험의 계획 및 평가에 임하여야 한다.

Addenbrooke, T. I. (1996), "Numerical analyses of tunnelling in stiff clay", Ph.D. Thesis, Imperial College, University of London.

Anagnostou, G. (1995), "The influence of tunnel excavation on the hydraulic head", Int. Jnl. for Numerical and Analytical Methods in Geomechanics 19.

Anagnostou, G. and Kovari, K. (1996), "Face stability conditions with earth pressure balanced shields", Tunnelling and Underground Space Technology, 11(2).

Arn, T. H. (1987), Numerische Erfassung der Stroemungsvorgaenge im gekluefteten Fels, Swiss Federal Institute of Technology, Zurich.

Baligh, M. M. (1976), "Cavity expansion in sands with curved envelops", Journal of the Geotechnical Engineering Division, ASCE, 102(GT11).

Barton, N. R. (1974), A review of the shear strength of filled discontinuities in rock, Norwegian Geotechnical Institute Publication, Oslo 105.

Barton, N. and Choubey, V. (1977), "The shear strength of rock joints in theory and practice", Rock Mechanics, 12.

Barton, N. (1982), "Shear strength investigations for surface mining". 3rd International conference on surface mining, Vancouver, SME.

Barton, N., Grimstad, E., Aas, A., Opsahl, O. A., Bakken, A., Pederson and Johansen, E. D. (1992), "Norwegian method of tunnelling", World Tunnelling Congress.

Barratt, D. A., O'Reilly, M. P. and Temporal, J. (1994), "Long term measurements of loads on tunnel linings in overconsolidated clay", Tunnelling'94, London.

Bear, J. (1972), Dynamics of Fluids in Porous Media, Elsevier, New York.

Bellotti, R., Ghionna, V., Jamiolkowsky, M., Lancellotta, R. and Manfredini, G. (1986), "Deformation characteristics of cohesionless soils in In-situ tests", Proceedings, In-Situ'86, Geotechnical Special Publication 6, ASCE, New York.

Beer, G. (1985), "An isoparametric joint/interface element for finite element analysis", International Journal for Numerical Methods in Engineering, 21.

Bieniawski, Z. T. (1980), "Rock classifications: state of the art and prospects for standardization", Transportation Research Record 783.

Bieniawaski, Z. T. (1989), Engineering rock mass classifications, Wiley, NY.

Bond, A. and Harris, A. (2008), Decoding Eurocode 7, Taylor & Francis.

Booker, J. R. and Small, J. C. (1975), "An investigation of the stability of numerical solutions of Biot's equations of consolidation", Int. Jnl. of Solids and Structures, 11.

Bray, J. W. (1967), "A study of jointed and fractured rock-II", Felsmechanik und Ingenieurgeologie, 5(4).

Boscardin, M. D. and Cording, E. J. (1989), "Buildings response to excavation -induced settlement", Journal of Geotechnical Engineering, ASCE, 115(1).

Brown, E. T., Bray, J. W., Ladanyi, B. and Hoek, E. (1983), "Ground response curve for rock tunnels", Journal of Geotechnical Engineering, 109(1).

Brown, P. T. and Booker, J. R. (1985), "Finite element analysis of excavation", Computers in Geotechnics, 1.

Byrne, P. M., Salgado, F. and Howie, J. A. (1991), "Gmax pressuremeter tests", Proceedings of 2nd Int. Conf. on Recent Advances in Geotechnical Earthquake Engineering and Soil Dynamics, St. Louis, Missouri,1.

Carol, I. and Alonso, E. E. (1983), "A new joint element for the analysis of fractured rock", 5th Int. Congr. Rock Mechcanics, Melbourne.

Casagrande, A. and Fadum, R. E. (1944), "Application of soil mechanics in designing building foundations", Transaction of the ASCE, 109.

Chen, W. F. and Mizuno, E. (1990), Nonlinear analysis in soil mechanics - theory and implementation,53.

Clayton C. R. I. (2001), "Managing geotechnical risk", Proceedings of the ICE-Geotechnical Engineering.

Cundall, P. A. and Strack, O. D. L. (1979), "A discrete numerical model for granular assemblies", Geotechnique, 29(1).

Day, R. A. and Potts, D. M. (1990), "Curved Mindlin beam and axi-symmetric shell elements- A new approach", Int. Jnl. for Numerical Methods in Engineering, 30.

Day, R. A. and Potts, D. M. (1994), "Zero thickness interface elements-numerical stability and application", Int. Jnl. Num. Anal. Meth. Geomech., 18.

Day, R. W. (2011), Forensic geotechnical and foundation engineering, Mc Graw Hill.

Deere, D. U., Hendron, A. J., Patton, F. D. and Cording, E. J. (1967), "Design of surface and near-surface construction in rock, Failure and breakage of Rocks", Society of Mining Engineers of AIME, New York.

Deere, D. U. (1963), "Technical description of rock core for engineering purposes", Rock Mechanics Engineering, 1.

Desai, C. S., Zaman, M. M., Lightner, J. G. and Siriwardane, H. J. (1984), " Thin-layer element for interfaces and joints", Int. Jnl. Num. Anal. Meth. Gemech., 8.

Dolezalov, M. and Danko, J. (1999), "Effect of dimension of the analysis and other factors on the accuracy of numerical prediction of surface settlements due to tunnelling", Scientific Seminar on Soil-tructure Interaction, Bratislava.

Drucker, D. C. (1953), "Limit analysis of two and three dimensional soil mechanics problems", Jnl. Mech. Phys. Solids, 1.

Farmer, I. W. (1968), Engineering properties of rocks, E & FN Spon Ltd, London.

Forchheimer, P. (1901), "Wasserbewegung durch Boden", Zeit. Ver. Dtsch Ing., 45.

Frank, R., Guenot, A. and Humbert, P. (1982), "Numerical analysis of contacts in geomechanics", Proc. of 4th Int. Jnl. for Numerical Methods in Engineering , Rotterdam.

Frank, R., Bauduin, C., Driscoll, M., Kavvadas, N., Krebs ovesen N., ORR, T. and Schuppener, B. (2004), Designers' guide to en 1997-1 Eurocode 7: Geotechnical design-general rules, Thomas Telford.

Freudenthal, A. M. (1956), "Safety and the probability of structure failure", American Society of Civil Engineers Transactions, 121.

Ghaboussi, J., Wilson, E. L. and Jeremy I. (1973), "Finite element for rock joints and interfaces", Journal of the soil mechanics and foundations division, 99(10).

Goodman, R. E., Taylor, R. L. and Brekke, T. L. (1968), "A model for the mechanics of jointed rock", Journal of Soil Mechanics & Foundations Division.

Goodman, R. D., Schalwyk, A. and Javandal, I., (1965), "Groundwater inflow during tunnel driving", Engrg. Geol., 2.

Griffiths, D. H. and King, R. F. (1987), Geophysical exploration, Ground Engineers Reference Book. Bell, F. G.(ed.), Butterworths, London.

Griffiths, D. V. (1985), "Numerical modelling of interfaces using conventional finite elements", Proc. 5th Int. Conf. Num. Meth. Geomech., Nagoya.

Fan, H. and Liang, R. (2013), "Reliability-based design of laterally loaded piles considering soil spatial variability". Foundation Engineering in the Face of Uncertainty, Geotechnical Special Publication-ASCE, 229.

Hansen, B. (1953), Earth pressure calculation, Danish Technical Press, Denmark, Copenhagen.

Hansen, B. (1956), "Limit design and safety factors in soil mechanics", Bulletin No. 1, Danish Geotechnical Institute, Denmark, Copenhagen.

Herrmann, L. R. (1978), "Finite element analysis of contact problems", Journal of the Engineering Mechanics Division, 104(5).

Hencher, S. R. (1993), Conference summary, Proc. 26th Ann. Conf. Engng. Group of Geol. Soc., Leeds.

Hjulstrom, F. (1935), "Studies of the morphological activity of rivers as illustrated by the River Fyris", Bulletin 25, Uppsala Geological Inst..

Hoek, E. and Bray, J. W. (1977), Rock slope engineering, Institution of mining and metallurgy, London.

Hough, B. K. (1969), Basic soils engineering, 2nd ed., The Ronald Press, New York.

Hvorslev, M. J. (1951), "Time lag and soil permeability in ground water observations", Bulletin No.36, Waterways Experimental Station, Corps of Engineers, U.S. Army.

International Code Council, (2006), International Building Code, Country Club Hills, IL., USA.

Jaeger, J. C. and Cook, N. G. W. (1979), Fundamentals of rock mechanics, Chapman & Hall, London.

Jamiolkowski, M., Ladd, C. C., Germaine, J. T., and Lancellotta, R. (1985), "New developments in field and laboratory testing of soils". Proceedings, 11th International Conference on Soil Mechanics and Foundation Engineering, 1.

Joo, E. J. and Shin, J. H. (2014), "Relationship between water pressure and inflow rate in underwater tunnels and buried pipes", Geotechnique, 64(3).

Kaye, G. W. C. and Laby, T. H. (1973), Tables of Physical and chemical constants 14th edition, Longman, London.

Kirsh. (1898), "Die theorie der elastizitat und die bedurfnisse der festigkeitslehre", Viet. Ver. Deut. Ing., 42(28).

Kulhawy, F. H. (1975), "Stresses & Displacements around openings in rock containing an inelastic discontinuity", Intl. J. Rock Mech. & Mining Sci., 12(3).

Kuesel, T. R. (1979), "Allocation of risks", Proceedings of RETC, 2.

Kulhawy, F. L. (1975), "Stress deformation properties of rock and rock discontinuities", Engineering Geology, 9.

Kulhawy, F. H., Trautmann, C. H., Beech, J. F., O'Rourke, T.D., Mcguire, W., Wood, W. A., and Capano, C.

(1983), "Transmission line structure foundations for uplift-compression loading", Electric Power Research Institute, Report EL-2870.

Ladd, C. C., Foott, R., Inshihara, K., Schlosser, F., and Poulos, H. G. (1977), "Stress-deformation and strength characteristics", Proceedings, 9th International Conference on Soil Mechanics and Foundation Engineering, 2.

Lambe, T. W. (1963), "Pore pressures in a foundation clay", Transactions of ASCE, 128.

Lambe T. W. and Whitman R. V. (1969), Soil mechanics, John Wiley, New York.

Lane, E. W.(1935), "Security from underseepage masonry dams on earth foundation", Transactions of ASCE, 100.

Lee, I. K. and Coop, M. R. (1995), "The intrinsic behaviour of a decomposed granite soil", Geotechnique, 45(1).

Lewis, P., Reynolds, K. and Gagg, C. (2003), Forensic Material Engineering, CRC Press.

Mair, R. J. (1993), "Developments in geotechnical engineering research application to tunnels and deep excavations", Proc. Instn Civ, Engrs, Civ. Engng, 97(1).

Mair, R. J. and Taylor, R. N. (1997), "Bored tunnelling in the urban environment", Theme lecture, Session 4, Proc. the 4th Int. Conf. Soil Mechanics Foundation Engineering, Hamburg, 4.

Marsily, G. D. (1986), Quantitative Hydrogeology: Groundwater Hydrology for Engineers, Academic Press.

Marston, A. and Anderson, A. O. (1913), "The theory of loads on pipes in ditches and tests of cement and clay drain tile and sewer pipe", Bulletin 31.

Mattsson, H., Axelsson, K. and Klisinski, M. (1999), "On a constitutive driver as a tool in soil plasticity", Adv. Eng. Software, 30.

Mayne, P. W. and Rix, G. J. (1993), "Gmax-qc relationship for clays", Geotechnical Testing Journal, ASTM, 16(1).

Meissner, H. (1991), "Empfehlungen des arbeitskreises 1.6 'Numerik in der Geotechnik', Abschnitt 1, 'Allgemeine empfehlungen'", Geotechnik, 14.

Mitchell, J. K. and Soga, K. (2005), Fundamentals of Soil Behavior, John Wiley & Sons.

Nicholson, D., Tse, C., Penny, C., O'Hana, S. and Dimmock, R. (1999), The observational method in ground engineering: Principles and applications, CIRIA Report 185, London.

Obert, L. and Duvall, W. I. (1967), Rock mechanics and the design of structures in rock. John Wiley & Sons.

Pande, G. N. and Sharma, K. G. (1979), "On joint interface elements and associated problems of numerical ill-conditioning", Int. Jnl. Num. Anal. Meth. Geomech., 3.

Panet, M. and Guenot, A. (1982), "Analysis of convergence behind the face of a tunnel", Proc. Tunnelling'82, London, The Institution of Mining and Metallurgy.

Peck, R. B. (1969), "Deep excavations and tunnelling in soft ground", Proceedings of 7th Int. Conf. on Soil Mechanics and Foundation Engineering, Mexico.

Phoon, K-K., Kulhawy, F. H., and Grigoriu, M. D. (1995), Reliability-based design of foundations for transmission line structures, Electric Power Research Institute, Palo Alto, CA., Report TR-105000.

Pott, D. M. and Zdavković, L. (1991), Finite element analysis in Geotechnical Engineering: Theory, Thomas

Telford, london.

Pott, D. M. and Zdavković, L. (2001), Finite element analysis in Geotechnical Engineering: Application, Thomas Telford, london.

Potts, D. M. and Gens, A. (1985), "A critical assessment of methods of correcting for drift from the yield surface in elasto-plastic finite element analysis", Int. Jnl. Num. Anal. Meth. Geomech., 9.

Powderham, A. J. (1994), "An overview of the observational method: development in cut and cover and bored tunnelling projects", Gotechnique, 44(4).

Powderham, A. J. (2002), "The observational method-learning from projects", Proceedings of the Institution of Civil Engineering, Geotechnical Engineering, 155(1).

Powderham, A. J. and Tamaro, G. J. (1995), "Mansion house london: risk assessment and protection", Journal of Construction Engineering and Management, American Society of Civil Engineers, 121(3).

Rankin, W. J. (1988)."Ground movements resulting from urban tunnelling", Proc. Conf. on Eng. Geol. of Underground Movements, Nottingham.

Rowe, R. K., Lo, K. Y. and Kack, G. J. (1983), "A method of estimating surface settlement above tunnels constructed in soft ground", Can. Geotech. J., 20.

Sakurai, S. (1978), "Approximate time dependent analysis of tunnel support structure considering progress of tunnel face", Int. J. Num. and Anal. Meth. in Geom., 2.

Schofield, A. N. (1980), "Cambridge geotechnical centrifuge operations", Gotechnique, 20.

Seed, H. B. and De Alba, P. (1986), "Use of SPT and CPT tests for evaluating the liquefaction resistance of soils", Proceedings of Insitu '86, ASCE.

Serafim, j. L. (1968), "Influence of interstitial water on the behavior of rock masses", Rock Mechanics in Engineering Practice, Stagg, K. G, and Zienkiewicz, O. C. (ed.), London, Wiley.

Seo, D. H., Lee, T. H., Kim, D. R. and Shin, J. H. (2014), "Pre-nailing support for shallow soft ground tunneling", Tunnelling and Underground Space Technology, 42.

Sharan, S. K. (2003), "Elastic-Brittle-Plastic analysis of circular openings in hoek brown media", International Journal of rock Mechanics and Mining Sciences, 40.

Shin, H. S., Youn, D. J., Chae, S. E. and Shin, J. H. (2009), "Effective control of pore water pressures on tunnel linings using pin-hole drain method", Tunnelling and Underground Space Technology, 24.

Shin, J. H. (2009), "Analytical and combined numerical methods evaluating pore water pressure on tunnels", Geotechnique, 60(2).

Shin, J. H. (2000), "Numerical analysis of tunnelling in decomposed granite", Ph.D. Thesis, Imperial College, University of London.

Shin, J. H. (2008), "Numerical Modeling of Coupled Structural and Hydraulic Interactions in Tunnel Linings", Structural Engineering and Mechanics, 29(1).

Shin, J. H., Addenbrooke, T. I. and Potts, D. M. (2002). "A numerical study of the effect of groundwater movement on long-term tunnel behaviour", Geotechnique, 52(6).

Shin, J. H., Choi, Y. K., Kwon, O .Y. and Lee, S. D. (2008), "Model testing for pipe-reinforced tunnel heading in a granular soil", Tunnelling and Underground Space Technology, 23(3).

Shin, J. H., Kim, S. H. and Shin, Y. S. (2009), "Long-term mechanical and hydraulic interaction and leakage evaluation of segmented tunnels", Soils and Foundations, 52(1).

Shin, J. H., Lee, I. M. and Shin, Y. J. (2011). "Elasto-plastic seepage-induced stresses due to tunneling", Int. Jnl. for Num. Anl. Meth. in Geomechanics, 35(13).

Shin, J. H., Potts, D. M. and Zdravkovic, L. (2005), "The effect of pore-water pressure on NATM tunnel linings in decomposed granite soil", Canadian Geotechnical Journal, 42(6).

Shin, J. H., Potts, D. M. and Zdravkovic, L. (2002), "Three-dimensional modelling of NATM tunnelling in decomposed granite soil", Geotechnique, 52(3).

Shin, J. H. and Potts, D. M. (2002), "Time-based two dimensional modelling of NATM tunnelling", Canadian Geotechnical Journal, 39.

Shin, J. H., Shin, Y. S., Kim, S. H. and Shin H. S. (2007), "Evaluation of residual pore water pressures on linings for undersea tunnels", Chinese Journal of rock mechanics and engineering, 26(2).

Shin, Y. J., Kim, B. M., Shin, J. H. and Lee, I. M. (2010), "The ground reaction curve of underwater tunnels considering seepage forces", Tunnelling and Underground Space Technology, 25(4).

Skempton, A. W. (1985), "Residual strength of clays in land-slides, folded strata and the laboratory", Geotechnique, 35(1).

Spry, M. J., Kulhawy, F. H., and Grigoriu, M. D. (1988), "Reliability-based foundation design for transmission line structures: geotechnical site characterization strategy", Electric Power Research Institute, Palo Alto, CA., Report EL-5507(1).

Sutcliffe, H. (1972), "Owner-Engineer-contractor-Relationship in Tunnelling-an engineer's point of view", Proc. RETC., 1.

Szechy, K. (1966), The art of tunnelling, Budapest: Akadmiai kiadó.

Taylor, D. W. (1948), Fundamentals of soil mechanics. Wiley, New York, NY.

Taylor, D. W. (1947), "Pressure distribution theories, earth pressure cell investigations and pressure distribution data", U.S. Army Engineer Waterways Experimental Station, Vicksburg.

Terzaghi, K and Peck, R. B. (1967), Soil Mechanics in Engineering practice 2nd edition, John Wiley & Sons, New York.

Terzaghi, K. (1943), Theoretical soil mechanics, John Wiley & Sons.

Marchetti, S. (1985), "On the Field Determination of K_0 in sand", Proceedings, 11th Int. Conf. on Soil Mechanics and Foundation Engineering, 5, San Francisco.

Trevor, L., Orr, L. and Eric, R. F. (1999), Geotechnical Design to Eurocode 7, Springer.

Tuma, J. J. (1976), Handbook of physical calculations, McGraw-Hill, New York.

U.S. Navy (1982), Soil mechanics, NAVFAC Design Manual 7.1, Naval facilities engineering command, Arlington, VA.

Vick, S. G. (2002), Degrees of belief: Subjective probability and engineering judgement, ASCE, Reston, VA.

Vogt, C., Bonnier, P. and Vermeer, P. A. (1998), "Analysis of NATM tunnels with 2D and 3D FEM", NUMGE98, Udine.

Wilson, E. L. (1977), "Finite elements for foundations, joints, and fluids", Finite Elements in Geomechanics, G. Gudehus(ed), Wiley, New York.

Withiam, James L., Phoon, Kok-Kwang and Hussein M. (2013), “Foundation engineering in the face of uncertainty”, Geotechnical Special Publication-ASCE, 229.

Wood, M. W. (2004), Geotechnical modelling, Spon Press.

Yong, R. N., and Warkentin, B. P. (1975), Soil properties, and behavior, Elsevier scientific publishing Co., New York.

Zienkiewicz, O. C. and Naylor, D. J. (1973), “Finite element studies of soils and porous media”, Lect. Finite elements in continuum mechanics, Oden and de Arantes(ed.), UAH press.

찾아보기

著者 신종호

신종호(辛宗昊) 교수는 현재 건국대학교 토목공학과 지반공학교수로 재직 중이다. 1983년 고려대학교 토목공학과를 졸업하고 KAIST에서 터널굴착에 따른 지반거동연구로 석사학위, 영국 Imperial College에서 터널의 구조-수리상호거동에 대한 수치해석연구로 박사학위를 받았다.

1985년 대우(現 포스코)엔지니어링에 입사하여 지하철 터널, 사력댐, 깊은 굴착 등의 지반프로젝트에 참여하였다. 17회 기술고등고시를 통해 1988년 서울시 임용 후 한강관리, 고형폐기물처리, 2기 및 3기 지하철 등 도시인프라의 계획, 설계 및 공사관리업무를 담당하였다. 이후 서울시 지리정보담당관실에서 지하시설물 통합관리시스템과 지반정보시스템 구축에도 참여하였다. 2002년부터 2004년까지 서울시 청계천복원사업에 참여하여 복원계획과 설계업무를 담당하였으며, 2009년부터 2012년 초까지 청와대 국토해양비서관과 지역발전비서관을 역임하였다.

2004년 건국대 지반공학교수로 부임한 이래 주로 지반-구조물 상호작용과 관련된 연구를 수행하였으며, 지중구조물의 구조-수리 상호거동(coupled structural and hydraulic behavior) 등의 연구결과로 영국 Institute of Civil Engineers(ICE)로부터 John King Medal(2003), Reed and Malik Medal(2006), Overseas Prize(2012)를 수상하였다. 현재 국제저널인 'Geomechanics & Engineering'의 Editor-in-chief를 맡고 있으며, 한국터널지하공간학회와 한국공학한림원 회원으로 활동하고 있다. '시스템 속에서 저절로 안전이 확보되고, 최고의 전문가가 양성되는' 건설시스템을 구현하는 데도 지대한 관심을 가지고 있다.

지반역공학 II

초판인쇄 2015년 1월 5일
초판발행 2015년 1월 12일

저　　자 신종호
펴 낸 이 김성배
펴 낸 곳 도서출판 씨아이알

책임편집 박영지
디 자 인 백정수, 윤미경
제작책임 황호준

등록번호 제2-3285호
등 록 일 2001년 3월 19일
주　　소 100-250 서울특별시 중구 필동로8길 43(예장동 1-151)
전화번호 02-2275-8603(대표) **팩스번호** 02-2275-8604
홈페이지 www.circom.co.kr

ISBN 979-11-5610-097-3 94530
979-11-5610-095-9 (세트)

정가 30,000원